V. S. Kirpičnikov

Genetische Grundlagen
der Fischzüchtung

Genetische Grundlagen der Fischzüchtung

von Prof. Dr. Valentin Sergeevič Kirpičnikov
Institut für Zytologie
der Akademie der Wissenschaften der UdSSR
Leningrad

Herausgeber der deutschen Ausgabe
Prof. Dr. agr. habil. Werner Steffens
Institut für Binnenfischerei
Berlin-Friedrichshagen

Übersetzer
Dr. agr. Hans-Wolfgang Hattop
Groß Glienicke

VEB DEUTSCHER LANDWIRTSCHAFTSVERLAG BERLIN

Originaltitel

Генетические основы селекции рыб

© Издательство „Наука" 1979

1987 Herausgabe der deutschen Ausgabe
© VEB Deutscher Landwirtschaftsverlag
DDR – 1040 Berlin, Reinhardtstraße 14
Lizenznummer: 101-175/85/87
LSV: 4615
Printed in the GDR
Lektor: Dipl.-Landw. Ingrid Lange
Einbandgestaltung: Rolf Wünsche, Berlin
Gesamtherstellung:
IV/10/5 Druckhaus Freiheit Halle
Bestellnummer: 559 164 1
ISBN: 3-331-00041-8
04200

Einführung des Herausgebers

Im deutschsprachigen Schrifttum gibt es eine Reihe moderner Werke, die sich mit Fragen der Haustiergenetik und der Tierzüchtung befassen. Auch die Erfolge züchterischer Maßnahmen, die bei verschiedenen Tierarten zu erheblichen Leistungssteigerungen geführt haben, sind allgemein bekannt. Demgegenüber fehlt es an zusammenfassender Literatur über den heutigen Stand der Erkenntnisse zu den Fragen der Fischzüchtung und ihrer genetischen Grundlagen. Gerade bei Fischen sind jedoch zweifellos sehr günstige Möglichkeiten für eine züchterische Beeinflussung gegeben, obwohl auch durch Verbesserung der Umweltbedingungen noch erhebliche Potenzen zu erschließen und Züchtungsarbeiten bei Fischen mit nicht unerheblichem Aufwand und Problemen verbunden sind.

Prof. Dr. Valentin Sergeevič Kirpičnikov gebührt das Verdienst, mit seinem Buch, das 1979 in 1. Auflage in Leningrad erschien, eine eingehende Darstellung der Grundlagen der Fischzüchtung gegeben zu haben. Schwerpunktmäßig ist dieses Werk auf die Genetik der Wirtschaftsfische des Süßwassers ausgerichtet, wenn auch die Ausführungen den gesamten heutigen Kenntnisstand der Fischgenetik umspannen. Diese Orientierung entspricht den wissenschaftlichen Aktivitäten des Autors, die ihn zu einem international geachteten Fachmann auf dem Gebiet der Fischzüchtung werden ließen.

V. S. Kirpičnikov wurde 1908 geboren und studierte 1928 bis 1932 an der Moskauer Universität. Er begann schon frühzeitig, sich mit Fragen der Fischgenetik und Fischzüchtung zu befassen. 1937 wurde er Kandidat der biologischen Wissenschaften und nahm im gleichen Jahr seine Tätigkeit am Staatlichen Wissenschaftlichen Forschungsinstitut für Seen- und Flußfischerei (GosNIORCh, früher VNIORCh) in Leningrad auf, mit dem er lange Jahre verbunden war. Besonders bekannt geworden sind seine Arbeiten zur Einkreuzung des Amur-Wildkarpfens bei der Schaffung von winterfesten Teichkarpfen im Nordwesten der UdSSR (Ropscha-Karpfen). Die Ermittlung der grundlegenden Gesetzmäßigkeiten bei der Vererbung der Beschuppung des Karpfens, die untrennbar mit dem Namen von V. S. Kirpičnikov und seinen Mitarbeitern verbunden ist, darf als ein wichtiger Meilenstein bei der Züchtung dieser Fischart angesehen werden.

1967 erwarb V. S. Kirpičnikov den akademischen Grad eines Doktors der Wissenschaften, 1968 wurde er zum Professor ernannt. Seit 1970 arbeitet er am Institut für Zytologie der Akademie der Wissenschaften der UdSSR und befaßt sich intensiv mit genetischen Fragen bei den Pazifischen Lachsen der Gattung *Oncorhynchus*. Die Zahl seiner wissenschaftlichen Veröffentlichungen beträgt heute mehr als 160.

Da die Fischzüchtung mit der weiteren Entwicklung der Fischproduktion, insbesondere der Aquakultur, wachsende Bedeutung erlangen wird, begrüße ich es sehr, daß das vorliegende Werk nach einer englischen Übersetzung (1981) nun auch in einer deutschen Ausgabe erscheint. Es kann damit besser als bisher bei der Verbreitung spezieller fachlicher Kenntnisse wirksam und zur Ausbildung des studentischen Nachwuchses in der Fischgenetik genutzt werden.

Als problematisch erwies sich bei der Bearbeitung des Textes, der vom Autor für die deutsche Übersetzung ergänzt und aktualisiert wurde, insbesondere die Schreibweise der russischen Namen. Ich habe mich dabei nach den verbindlichen Vorschriften für die Transliteration kyrillischer Buchstaben entsprechend dem Duden gerichtet. Mein

Dank gilt vor allem Dr. agr. H.-W. Hattop, Dr. agr. habil. G. Merla und Dr.s.c. agr. G. Seeland für ihre sprachliche und fachliche Unterstützung bei der Herausgabe des Buches.

Möge das Werk von V. S. Kirpičnikov auch in seiner deutschsprachigen Ausgabe zu Fortschritten auf dem Gebiet der Fischzüchtung beitragen.

Werner Steffens

Vorwort

Die Fischbestände der natürlichen Gewässer nehmen infolge der Intensivierung des Fischfanges, des weit verbreiteten Wasserbaues an den Flüssen und der Verschmutzung der Binnengewässer und Meere durch Abwässer aus Industrie und Landwirtschaft ab. Eine ausreichende Versorgung der Menschheit mit Fischfleisch ist heute nur noch durch die schnelle Entwicklung der Fischzucht möglich.

Die Fischzucht ist im Vergleich zur Pflanzenzucht und zur Tierzucht noch sehr jung. Obgleich Fische in einigen asiatischen Ländern schon seit langem gehalten werden, zog man sie bis in die jüngste Zeit hinein nur auf, wobei Eier und Brut in Flüssen und Seen gefangen wurden. Eine Ausnahme bildeten im Osten lediglich der Karpfen *(Cyprinus carpio)* und die domestizierte Form des Giebels, der Goldfisch *(Carassius auratus).* Die Aufzucht des Karpfens begann in China vor 2000 Jahren, später wurde die Karpfenzucht jedoch von einem der chinesischen Kaiser verboten und erst vor verhältnismäßig kurzer Zeit wieder aufgenommen. Der Goldfisch wird schon seit etwa 1000 Jahren in China und Japan aufgezogen, wobei eine Vielzahl von bemerkenswerten Varietäten dieser Art gezüchtet wurden.

In Europa traten die ersten verbesserten Karpfenrassen nach der Domestikation des Donauwildkarpfens im 17. und 18. Jahrhundert auf. Vermutlich etwas später wurden die ersten örtlichen Stämme des Karpfens in China, Japan und Indonesien herausgezüchtet; diese Stämme unterscheiden sich auch heute noch wenig von ihrem Vorfahren, dem asiatischen Wildkarpfen.

Zu Beginn und in der Mitte des 20. Jahrhunderts wurden noch einige weitere Süßwasserfischarten domestiziert. Es handelt sich dabei um die Schleie *(Tinca tinca)* und die Karausche *(Carassius carassius)* aus der Familie der Cyprinidae, die Regenbogen- und die Bachforelle *(Salmo gairdneri, S. trutta fario)* sowie den Bach- und den Seesaibling *(Salvelinus fontinalis, S. namaycush)* von den Salmonidae, den Gurami *(Osphronemus goramy)* aus der Familie Osphronemidae und einige andere. Die Zierfischzüchter schufen zahlreiche Stämme und Rassen von Aquarienfischen, z. B. von Platy, Schwertträger und Guppy (Fam. Poeciliidae), von Labyrinthfischen (Fam. Anabantidae), von Barben (Fam. Cyprinidae), Segelflossern (Fam. Cichlidae) und anderen.

Intensive Arbeiten zur Domestikation neuer Objekte der Teichwirtschaft begannen erst in der zweiten Hälfte unseres Jahrhunderts. Mit Erfolg wurde in vielen Ländern die Zucht dreier Vertreter des chinesischen Flachlandkomplexes, des Graskarpfens *(Ctenopharyngodon idella),* des Silberkarpfens *(Hypophthalmichthys molitrix)* und des Marmorkarpfens *(Aristichthys nobilis)* aufgenommen. Graskarpfen und Silberkarpfen, die sich von Pflanzen ernähren, sind von besonderem Interesse, da die Aufzucht dieser Fische die Nahrungskette im Gewässer wesentlich verkürzt, wodurch der Futterbedarf sinkt. Domestiziert wurden auch die eingeschlechtlichen Linien des Giebels *(Carassius auratus gibelio).* Beherrscht wird die Aufzucht einiger Arten der amerikanischen Sonnenbarsche *(Micropterus salmoides, M. dolimieui, Lepomis gibbosus usw.).* Zu wichtigen Objekten der Teichwirtschaft haben sich auch die Welse der Gattung *Ictalurus* (Fam. Ictaluridae) und *Ictiobus cyprinellus* (Fam. Catostomidae) sowie einige andere Arten entwickelt. In der UdSSR wurden Maränen domestiziert, die Peledmaräne *(Coregonus peled)* und die Große Bodenrenke *(C. nasus).* Vervollständigt werden die Methoden zur Aufzucht des Zanders *(Stizostedion lucioperca),* des Europäischen Welses *(Silurus glanis)* und einiger *Tilapia*-Arten *(Oreochromis mossambicus* und andere). Durchgeführt werden Versuche zur Domestikation der großen indischen Cypriniden (Gattungen *Catla, Labeo* und *Cirrhinus*) sowie von Acipenseridenhybriden *(Huso huso × Acipenser ruthenus)*.

Die Domestikation neuer Fischarten ist unweigerlich verbunden mit der Züchtung, das heißt mit der Veränderung der Nachkommenschaft der kultivierten Arten, und mit der Schaffung von Stämmen, die an das Leben unter den veränderten Existenzbedingungen angepaßt sind.

Die Züchtung ist auch notwendig bei den Arbeiten zur Fortpflanzung von Fischen, die in natürlichen Gewässern leben. In erster Linie gilt das für Salmoniden und Acipenseriden, die im Meer heranwachsen und in den Binnengewässern ablaichen. Eine teilweise oder vollständige Kontrolle der Vermehrung dieser Fische ist möglich und oft notwendig. Es pflanzt sich jedoch im allgemeinen nur ein Teil der Population der aufgezogenen Art fort, wodurch eine Veränderung der genetischen Struktur und oftmals auch eine genetische Verarmung der Art insgesamt erfolgt. Züchtungsmaßnahmen gewinnen daher bei der Arbeit mit Wanderfischen eine besondere Bedeutung. Die Berücksichtigung genetischer Prinzipien ist ferner bei Süßwasser- und Meeresfischen wichtig, deren Fortpflanzung nicht unter der Kontrolle des Menschen stattfindet. Die Bewirtschaftung von Meeresfarmen, d. h. von abgegrenzten Abschnitten des Meeres, die zur Aufzucht von Fischen, Wirbellosen und Algen geeignet sind, gestattet in Zukunft die züchterische Bearbeitung von einigen marinen Fischarten. Noch wichtiger ist die Beteiligung von Genetikern an Arbeiten zur Steuerung der Fangmaßnahmen, zur Verhinderung der schädlichen Folgen der Selektion der Fanggeräte (Entnahme des besten Teiles der Population) und der Überfischung.

Ein großer Teil des Buches ist der Genetik der Fische gewidmet, die Probleme der Züchtung werden nur im letzten Kapitel berührt. Überhaupt nicht behandelt werden die Methoden der Züchtungsarbeit in der Teichwirtschaft. Diese Behandlung der Materie ergibt sich daraus, daß sich die Züchtung bei Fischen in vielen Ländern der Erde nur auf individuelle Erfahrung stützt und genaue genetische Kenntnisse selten genutzt werden. Die moderne züchterische Bearbeitung von Tieren, Pflanzen und Mikroorganismen baut jedoch auf einem festen Fundament auf. Bei der Fischzüchtung müssen sowohl die für alle Organismen gleichermaßen gültigen genetischen Gesetzmäßigkeiten als auch die spezifischen Besonderheiten der Genetik dieser Zuchtobjekte berücksichtigt werden. Leider gibt es weder in der UdSSR noch im Ausland eine vollständige Zusammenfassung zur Genetik und Züchtung von Fischen; veröffentlicht wurden nur einige populärwissenschaftliche Broschüren. Das vorliegende Buch ist ein erster Versuch, alle Unterlagen zur Genetik und den genetischen Grundlagen der Züchtung bei Fischen, die sich in verhältnismäßig kurzer Zeit in der Weltliteratur angesammelt haben, zusammenzustellen. Diese Literatur ist sehr weit verstreut, und ich strebe nicht an, alle veröffentlichten Arbeiten zu verwenden. Ich habe mich aber bemüht, trotzdem die wesentlichsten Untersuchungen zu erfassen und ihre Ergebnisse zu verallgemeinern.

Außer den Literaturangaben wurden in großem Umfang die Unterlagen verwendet, die von mir und meinen Mitarbeitern und Schülern im Laufe von mehr als fünfzig Arbeitsjahren in den Teichwirtschaften und an den natürlichen Gewässern der UdSSR gesammelt wurden. Ich benutze die Gelegenheit, von ganzem Herzen allen Teilnehmern an diesen Arbeiten, den wissenschaftlichen Mitarbeitern und den Fischzüchtern, zu danken. Es ist mir besonders angenehm, vor allem meine erste Mitarbeiterin, E. I. Balkašina, zu nennen, die vor kurzem ihre Tätigkeit beendete und mit der zusammen ich die genetischen und züchterischen Untersuchungen am Karpfen begonnen habe. Ich bin ihr sehr verpflichtet. Die an ihre Stelle getretene K. A. Golovinskaja widmete der Arbeit mit dem Karpfen ihr ganzes Leben und wurde zu einer anerkannten Spezialistin auf dem Gebiet der Genetik, der Selektion und der Züchtungsarbeit in der Fischerei. Viele Jahre hindurch nahmen an den Züchtungsarbeiten am Karpfen (Ropscha-Karpfen) im Nordwesten der UdSSR meine Mitarbeiter aus dem Laboratorium für Genetik und Züchtung des Staatlichen Wissenschaftlichen Forschungsinstitutes für Seen- und Flußfischerei in Leningrad, A.G. Konradt, M.A. Andrijaševa-Nikitina, R.M. Coj, K.V. Krjaževa-Ponomarenko, A.S. Zonova, A.M. Sacharov, M.K. Čapskaja, E.S. Sluzkij und viele andere teil. Die Züchtungsarbeiten am Karpfen in der Versuchsteichwirtschaft des Staatlichen Forschungsinstitutes für Seen- und Flußfischerei Ropscha bei Leningrad wären unmöglich gewesen ohne die ständige Unterstützung von Seiten des unersetzlichen Haupt-Fischzüchters von Ropscha, G.I. D'jakova, und ich bin ihr zutiefst zu Dank verbunden.

An den Arbeiten zur Züchtung des Karpfens auf Widerstandsfähigkeit gegenüber der schweren Infektionskrankheit, der Bauchwassersucht, die unter meiner Leitung im Jahre 1964 im Gebiet Krasnodar aufgenommen wurden, nahmen aktiv teil K.A. Faktorovič, M.A. Životova, N.V. Tolmačeva, Ju.P. Babuškin, L.A. Šart, Ju.I. Iljasov und andere Genetiker und Fischzüchter. Mich erfüllt große Befriedigung, ihnen allen meine tiefste Dankbarkeit auszusprechen.

Eine große Hilfe bei der Abfassung dieses Buches erwies mir N.B. Čerfas, die auf meine Bitte das Kapitel über die Gynogenese der Fische schrieb.

Sehr verbunden bin ich G.V. Sabinin, T.I. Faleeva, N.A. Buckaja, Ju.L. Goroščenko, Ja.V. Baršiene, T.I. Kajdanova und V.Ja. Katasonov für die Herstellung der zytologischen Originalpräparate und der ausgezeichneten Fotos. Einige Zeichnungen (3, 5, 12, 29, 31, 35) wurden von meiner Tochter, O.V. Kirpičnikova, angefertigt.

Das vorliegende Buch wurde in der UdSSR 1979 in russischer Sprache herausgegeben. 1981 wurde es vom Springer-Verlag in einer verbesserten und erweiterten englischen Ausgabe veröffentlicht. Bei der Vorbereitung der deutschen Ausgabe konnten Verbesserungen und Ergänzungen in den Text eingearbeitet werden, die durch das Erscheinen zahlreicher neuer Arbeiten notwendig wurden. Ich hoffe, daß die nunmehr dem deutschen Leser vorliegende Monographie nicht nur für den Spezialisten auf dem Gebiet der Genetik und Züchtung von Fischen nützlich ist, sondern auch für alle, die sich für allgemeine Probleme der Genetik, Züchtung und Evolution der Tiere interessieren.

Leningrad,
Frühjahr 1984   V.S. Kirpičnikov

Inhaltsverzeichnis

1. **Stoffliche Grundlagen der Vererbung bei Fischen** 13
1.1. Die Struktur der Chromosomen und ihre Bedeutung für die Vererbung und Lebenstätigkeit der Organismen 13
1.2. Grundgesetze des Verhaltens der Chromosomen 20
1.3. Mutationen 28
1.4. Die Evolution der Karyotypen bei Fischartigen und Fischen 32
1.5. Chromosomenpolymorphismus 45
1.6. Geschlechtschromosomen 50
1.7. Nichtchromosomale Vererbung 55

2. **Genetik der Fische in Teichen und natürlichen Gewässern** 57
2.1. Die Mendelschen Grundgesetze der Vererbung 57
2.2. Die Vererbung qualitativer Merkmale beim Karpfen *(Cyprinus carpio)* 61
2.3. Die Vererbung qualitativer Merkmale bei anderen Teichfischen 74
2.4. Genetik der Wildfische 78

3. **Genetik der Aquarienfische** 85
3.1. Guppy *(Poecilia [Lebistes] reticulata)* 85
3.2. Platy *(Xiphophorus [Platypoecilus] maculatus)* 91
3.3. Japankärpfling *(Oryzias [Aplocheilus] latipes)* 100
3.4. Labyrinthfische *(Anabantidae)* 102
3.5. Andere Aquarienfische 103

4. **Vererbung quantitativer Merkmale – Phänodevianten bei Fischen** 109
4.1. Allgemeine Gesetzmäßigkeiten der quantitativen Variabilität 109
4.2. Methoden der Heritabilitätsbestimmung bei Fischen 112
4.3. Probleme der genetischen Untersuchung quantitativer Merkmale bei Fischen 122
4.4. Variabilität und Heritabilität der Stückmasse und der Körperlänge, des Zeitpunktes der Gonadenreifung und der Fruchtbarkeit bei Fischen 123
4.5. Variabilität und Heritabilität der Lebensfähigkeit und Widerstandsfähigkeit gegenüber Krankheiten und Umweltfaktoren 128
4.6. Variabilität und Heritabilität morphologischer Merkmale bei Fischen 129
4.7. Variabilität und Heritabilität physiologischer und biochemischer Merkmale 140
4.8. Phänodevianten 142

5. **Biochemische Genetik der Fische** 147
5.1. Allgemeine Grundzüge der Immungenetik bei Fischen 147
5.2. Beispiele für die Blutgruppenvariabilität bei Nutzfischen 151
5.3. Grundlagen des Proteinpolymorphismus bei Fischen 156
5.4. Allgemeiner Umfang des Polymorphismus bei Fischen 159
5.5. Genetik der nicht enzymatischen Proteine bei Fischen 165
5.6. Genetik der Enzyme. Oxydoreductasen 175
5.7. Transferasen, Hydrolasen und andere Enzyme 190
5.8. Genkopplung bei Fischen 200
5.9. Allgemeine Schlußfolgerungen 201

6. **Nutzung der biochemischen Variabilität für embryologische, Populations- und Evolutionsuntersuchungen bei Fischen** 205
6.1. Besonderheiten der Genmanifestierung während der Embryogenese 205
6.2. Funktionale Unterschiede zwischen Isozymen (Isoformen) und zwischen allelen Formen der Eiweiße 210
6.3. Clinenabhängige Variabilität der Eiweißloci 214
6.4. Monogene Heterosis bei Eiweißloci 220
6.5. Natürliche Auslese bezüglich einzelner alleler Gene 223
6.6. Biochemische Genetik und Systematik 226
6.7. Die Evolution der Fischproteine 236
6.8. Biochemische Genetik und Populationsstruktur bei Fischarten 244
6.9. Der Adaptationscharakter des biochemischen Polymorphismus 254

7.	**Gynogenese bei Fischen** 259		8.6.	Neue Richtungen in der Fischzüchtung 306
7.1.	Natürliche Gynogenese und Hybridogenese 259		8.7.	Züchtung von Fischen in natürlichen Gewässern 312
7.2.	Induzierte Gynogenese 270		8.8.	Die wichtigsten vom Menschen geschaffenen Fischrassen 314
7.3.	Praktische Anwendung der Gynogenese 278			

8. Aufgaben und Methoden der Fischzüchtung 282
8.1. Zuchtziele 282
8.2. Zuchtmethoden: Massenauslese 285
8.3. Zuchtmethoden: Auslese nach Verwandtenleistung 290
8.4. Kombinierte Auslese 298
8.5. Inzucht, Kreuzungen und Zuchtsystem 299

9. Schlußfolgerungen 323

Literaturverzeichnis 327

Fischnamenverzeichnis 417

Sachwortverzeichnis 424

1. Stoffliche Grundlagen der Vererbung bei Fischen

1.1. Die Struktur der Chromosomen und ihre Bedeutung für die Vererbung und Lebenstätigkeit der Organismen

Die wichtigsten Gebilde der Zelle sind die in ihrem Kern befindlichen Chromosomen. Sie bewirken die Vererbung der unterschiedlichsten Merkmale bei allen Organismen, die in ihren Zellen einen Kern besitzen, der (bei den Eukaryoten) vom Cytoplasma durch eine Hülle (Membran) getrennt ist. Nach spezieller Färbung sind sie während der mitotischen Zellteilung, besonders im Metaphase-Stadium, gut erkennbar. Bei den verschiedenen Fischarten unterscheiden sich die Chromosomen sowohl in ihrer Größe als auch durch ihre Form. Man kann drei oder vier Typen von Chromosomen differenzieren (Abb. 1):

1. akro(telo)zentrische Chromosomen mit einem Centromer (Abschnitt, an den sich während der Mitose die Spindelfäden anheften), das in der Nähe eines der Enden des Chromosoms angeordnet ist;*
2. subtelozentrische Chromosomen mit einem Centromer, das sich nicht weit vom Ende des Chromosoms befindet; der kurze Arm des Chromosoms ist deutlich erkennbar (das Verhältnis der Längen des langen und des kurzen Armes liegt im Bereich von 3 bis 6);
3. submetazentrische Chromosomen mit einem Centromer, das nahe der Chromosomenmitte gelegen ist, wobei die beiden Chromosomenarme unterschiedliche Länge haben (Längenverhältnis der Arme zwischen 1,6 und 3);
4. metazentrische Chromosomen mit Armen gleicher Länge, wobei das Centromer genau in der Mitte angeordnet ist.

Bei manchen Fischarten besteht der Chromosomensatz (Karyotyp) in der Metaphase nur aus stäbchenförmigen, im allgemeinen kleinen akro- oder subtelozentrischen Chromosomen; bei anderen besteht der Karyotyp vollständig aus größeren meta- und submetazentrischen Elementen. Meist finden wir jedoch im Chromosomensatz zwei, drei oder sogar alle vier Typen. Bei einer Reihe von Knochenfischen, besonders oft jedoch bei den Knorpelfischen (Haie und Rochen) und bei den Knorpel- und Knochenganoiden (Störe, *Amia*) wurden neben den großen zusätzlich sehr kleine Mikrochromosomen gefunden, die sich quantitativ schwer erfassen lassen (OHNO et al. 1969b; NYGREN und JAHNKE 1972b; FONTANA und COLOMBO 1974). PROKOF'EVA (1935) fand bei Salmoniden Chromosomen mit „Trabanten". Bei diesen Chromoso-

Abb. 1
Die wichtigsten Chromosomentypen bei Fischen.
A Schema. B Chromosomen von *Megupsilon aporus* (Cyprinodontidae); die Chromatiden sind im Bereich des Centromers verbunden (UYENO und MILLER 1971); a akro-(telo)zentrische (t), b subtelozentrische (st), c submetazentrische (sm), d metazentrische (m).

---

* Einige Karyologen bezeichnen Chromosomen als telozentrisch, wenn sie keinen zweiten Arm besitzen, im Gegensatz zu den akrozentrischen, die einen sehr kleinen Arm am Endcentromer aufweisen. Die Einteilung der Chromosomen in 4 morphologische Gruppen wird jetzt in den meisten Fällen nach dem Verhältnis der Länge beider Chromosomenarme vorgenommen (Levan et. al 1964).

men sind kleine Abschnitte vom Hauptteil durch schmale Einschnürungen abgetrennt. Die Trabanten wurden später auch in den Chromosomensätzen anderer Fische gefunden.

In jedem der Chromosomen kann man zwei äußerlich gleiche, parallel angeordnete Teile, die Chromatiden, erkennen, aus denen es sich zusammensetzt. Seinerseits besteht jede Chromatide aus einem oder mehreren dünnen Fäden, den Chromonemen oder Genonemen, an denen oftmals Verdickungen, die Chromomeren, zu erkennen sind. Die Chromonemen bestehen aus sehr dünnen doppelten Fäden, die bei den in Teilung befindlichen Zellen spiralig aufgewunden sind. Bei den Kernen der Zellen, die sich in der Interphase befinden und nicht teilen, sind die Fäden in erheblichem Maße gestreckt. In diesen ruhenden Kernen füllen die langen dünnen Chromonemen den gesamten Kern und bilden ein dichtes, im optischen Mikroskop schlecht sichtbares Netz mit einzelnen Chromatinverdickungen und einem oder zwei Nucleoli. Dieses Netz ist jedoch nicht unregelmäßig, die Anordnung der verschiedenen Chromosomen im Kern ist streng fixiert. Die Verbindung mit dem Nucleolus wird mit Hilfe eines besonderen Abschnittes in einem der Chromosomen (Nucleolus-Organisator) hergestellt. Die wichtigsten Komponenten der Chromosomen und der Chromonemen, aus denen sie sich zusammensetzen, sind Eiweiße vom Typ der Histone und Protamine, die offenbar eine strukturelle und regulatorische Funktion besitzen, sowie die Desoxyribonucleinsäure (DNA*). Die Struktur der DNA, die in den biologischen Prozessen und vor allem bei der Vererbung eine wichtige Rolle spielt, wurde von WATSON und CRICK (1953) geklärt.

Das DNA-Molekül stellt eine doppelte Spirale (Doppelhelix) dar. In jedem der beiden Fäden, die diese Spirale bilden, wiederholen sich der Rest der Phosphorsäure und der Desoxyribose viele Male. An jeden Desoxyribose-Rest ist eine der vier Stickstoffbasen – Adenin oder Guanin (Purine), Thymin oder Cytosin (Pyrimidine) – angelagert. Die Basen, die sich in den beiden Ketten der DNA einander gegenüber befinden, sind durch Wasserstoffbrücken miteinander verbunden. Die Konfigurationen der Basen sind so, daß sich nur Adenin mit Thymin und Guanin mit Cytosin verbinden können (Abb. 2). Dadurch ergänzen sich die beiden Ketten, die das DNA-Molekül bilden, in komplementärer Weise.

Die Glieder der DNA, die aus Phosphat, Zucker und einer der Basen bestehen, werden als Nucleotide bezeichnet. Je nach dem Charakter der Base gibt es vier Hauptnucleotide: Desoxyadenosin-5′-Phosphat, Desoxyguanosin-5′-Phosphat, Desoxythymidin-5′-Phosphat und Desoxycytidin-5′-Phosphat. Bekannt sind auch andere, seltener vorkommende „Minor"-Nucleotide, zu deren Bestandteilen chemisch veränderte Basen gehören.

Die Abschnitte des großen DNA-Moleküls, die meist 500 bis 1500 Basen (nach letzten Angaben bis zu 8000 oder mehr) enthalten, entsprechen einer Elementareinheit der Vererbung, einem Gen. Die Paare von Stickstoffbasen können in den DNA-Molekülen in ganz unterschiedlicher Weise kombiniert sein; ihre Sequenz bestimmt die strukturelle und funktionelle Besonderheit des Gens. Die Gene sind auf der ganzen Länge des Chromosoms angeordnet. Bei den Fischen und anderen Wirbeltieren enthält ein Chromosom Hunderte, möglicherweise Tausende von Genen. Zu den Bestandteilen des Chromatins gehört außer der DNA und dem Eiweiß auch die Ribonucleinsäure (RNA), die sich von der DNA durch die Art des Zuckers (Ribose anstelle von Desoxyribose) und einer der Basen (Uracil anstelle von Thymin) unterscheidet.

Nach den gegenwärtigen Vorstellungen sind die wichtigsten Struktureinheiten der Chromosomenspiralen die Nucleosomen. Dabei handelt es sich um Kugeln, die jeweils aus acht Eiweißmolekülen (Histone der vier Typen H2a, H2b, H3 und H4) sowie aus zwei Windungen der DNA-Spirale auf der Außenfläche des Histonkernes bestehen (Abb. 3). Der DNA-Faden, der zu einem Nucleosom gehört, umfaßt

---

* DNA: Abkürzung für desoxyribonucleic acid = Desoxyribonucleinsäure

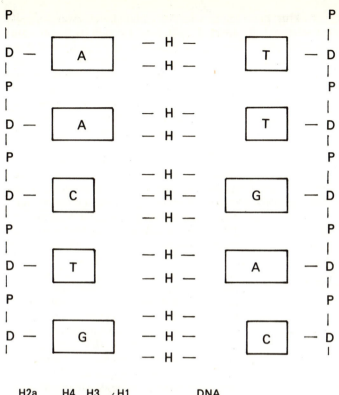

Abb. 2
Struktur der DNA. A, G Adenin- und Guaninbasen (Purine); T, C Thymin- und Cytosinbasen (Pyrimidine); P Phosphorsäurerest; D Desoxyribose; H Wasserstoffbrücke zwischen den Basen.

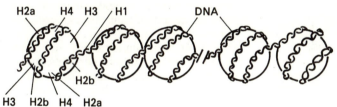

Abb. 3
Struktur der Nucleosomen. H1, H2a, H2b, H3 und H4 Histonmoleküle, DNA Fäden der Desoxyribonucleinsäure.

etwa 170 Basenpaare. Zwei benachbarte Nucleosomen sind durch kurze Abschnitte der „Linker"-DNA verbunden, die mit den Molekülen noch eines weiteren Histon-Eiweißes (H1) zusammenhängen (KORNBERG und KLUG 1981).

Die Spiralstruktur des doppelten DNA-Fadens, die spiralige Drehung der DNA in den Nucleosomen, die Spiralenbildung der Nucleosomenkette und die Struktur der höheren Ordnung, der Chromonemen, und schließlich die komplizierte und dichte Packung der Nucleoproteidketten in den Chromomeren geben die Erklärung dafür, auf welche Weise der DNA-Faden, der eine Länge von einem Zentimeter und mehr erreicht, in dem kurzen, verdickten Chromosom der sich teilenden Zellen Platz findet, dessen Abmessungen einige Mikrometer nicht übersteigen.

Die DNA der Chromosomen und einiger anderer Strukturelemente der Zelle, der Mitochondrien und Plastiden, erfüllt zwei wichtige biologische Funktionen. Eine davon besteht in der Erhaltung der Erbanlagen der Lebewesen. Die andere besteht in der Steuerung der Synthese der für Entwicklung und Stoffwechsel des Organismus notwendigen, spezifischen hochmolekularen Verbindungen, in erster Linie der Ribonucleinsäuren und Eiweiße.

Die erstaunliche Fähigkeit der DNA zur

exakten Reproduktion ihrer Struktur bei jeder Zellteilung (Replikation) schafft die Möglichkeit zur Weitergabe der Erbinformationen von einer Generation zur anderen, von den Eltern auf die Kinder. Der Prozeß der Replikation beginnt mit dem allmählichen Abbruch der Wasserstoffverbindungen zwischen den paarigen (komplementären) Stickstoffbasen, das heißt mit der Teilung von zwei Fäden des DNA-Moleküls (unter Beteiligung eines speziellen „Entflechtungs"-Eiweißes). An die frei gewordenen Basen lagern sich neue komplementäre Nucleotide an (Abb. 4). Anstelle von einer bilden sich zwei doppelte Ketten, und sie erweisen sich auf ihrer gesamten Ausdehnung als gleichwertig mit gleichartiger Aufeinanderfolge der Basenpaare in jedem der Tochtermoleküle. Die Replikation der Chromosomen ist ein komplizierter Prozeß, an dem eine große Zahl von Enzymen beteiligt ist. Wichtig sind insbesondere die DNA-Polymerase, die die Steuerung der richtigen Auswahl der komplementären Nucleotide bewirkt, die DNA-Ligase, die die neu gebildeten kurzen Teilstücke der Tochterketten (die Osakischen Fragmente) miteinander verbindet, und andere. Dieser Vorgang wird in einer Reihe von Hand- und Lehrbüchern eingehender dargestellt (vgl. z. B. WATSON 1978; GERŠENZON 1983).

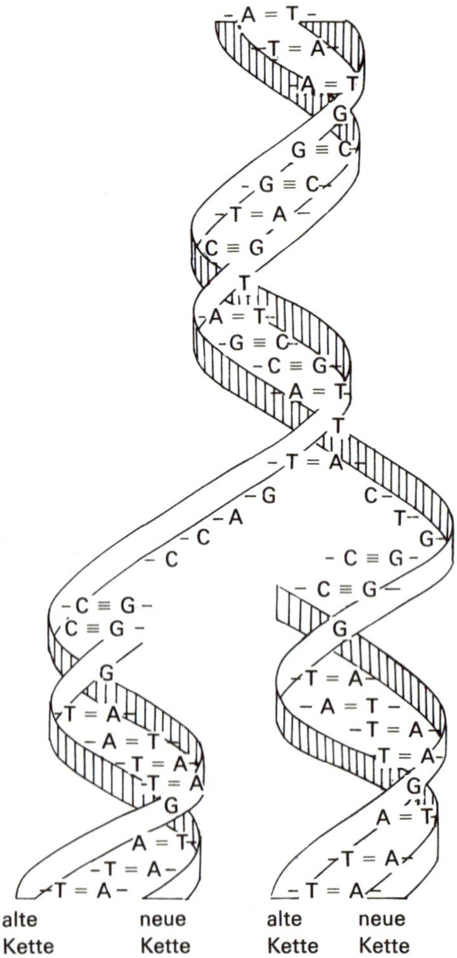

Es ist schwer, sich einen anderen Mechanismus vorzustellen, der ebenso exakt die Beibehaltung der spezifischen Strukturen der komplizierten hochmolekularen Substanz während seiner Vermehrung gewährleisten würde. Die Vollendung des Mechanismus der Replikation der DNA erklärt seine Universalität, die grundsätzliche Beibehaltung der Evolution der Lebewesen auf der Erde über die gesamte Dauer dieses langen Prozesses.

Die zweite Funktion der DNA – die Steuerung der Eiweißsynthese – erfolgt etappenweise. In der ersten Etappe (Transkription) entsteht an einer der beiden Ketten des doppelten Moleküls der DNA ein komplementäres, aus einer Kette bestehendes Molekül der Messenger- oder Informations-RNA (mRNA oder iRNA). Zum Abschluß der Synthese trennt sich dieses Molekül vom Chromosom und gelangt ins Cytoplasma; in der Zelle ist gewöhnlich ein Vorrat an verschiedenen mRNA vorhanden. In der zweiten Etappe (Translation) dient die mRNA als Basis für die Synthese der Eiweißketten – der Polypeptide. Es kann hier nur eine außerordentlich vereinfachte Darstellung des sehr komplexen Prozesses der Translation vermittelt werden, der zum gegenwärtigen Zeitpunkt noch nicht ganz geklärt ist. Drei in einer Reihe liegende Nucleotide bilden in der mRNA ein Codon, das die Information darüber trägt, welche der zwanzig üblichen Aminosäuren das in der Synthese befindliche Polypeptid bilden.

Abb. 4
Replikation der DNA (WATSON 1976). Abkürzungen s. Abb. 2.

Tabelle 1
Genetischer Code

Erster Buchstabe des mRNA-Tripletts	Grundtripletts (Codonen) und die entsprechenden Aminosäuren				Dritter Buchstabe des Tripletts
	Zweiter Buchstabe des Tripletts				
	U	C	A	G	
U	UUU Phe UUC UUA Leu UUG	UCU Ser UCC UCA UCG	UAU Tyr UAC UAA – UAG –	UGU Cys UGC UGA – UGG Trp	U C A G
C	CUU Leu CUC CUA CUG	CCU Pro CCC CCA CCG	CAU His CAC CAA Gln CAG	CGU Arg CGC CGA CGG	U C A G
A	AUU Ile AUC AUA AUG Met	ACU Thr ACC ACA ACG	AAU Asn AAC AAA Lys AAG	AGU Ser AGC AGA Arg AGG	U C A G
G	GUU Val GUC GUA GUG	GCU Ala GCC GCA GCG	GAU Asp GAC GAA Glu GAG	GGU Gly GGC GGA GGG	U C A G

Bezeichnung der Aminosäuren: Phe – Phenylalanin, Leu – Leucin, Ile – Isoleucin, Met – Methionin, Val – Valin, Ser – Serin, Pro – Prolin, Thr – Threonin, Ala – Alanin, Tyr – Tyrosin, His – Histidin, Glu – Glutaminsäure, Asp – Asparaginsäure, Lys – Lysin, Asn – Asparagin, Gln – Glutamin, Cys – Cystein, Trp – Tryptophan, Arg – Arginin, Gly – Glycin
Mit dem Zeichen – sind die „sinnlosen" Codone (Terminatoren) gekennzeichnet

Entscheidende Bedeutung hat hierbei die Anordnung der Basen im Codon. Insgesamt gibt es 64 Codone (Anzahl der Zusammenstellungen aus vieren zu je drei). Das Verhältnis zwischen der Struktur der Codonen und der in die Eiweißkette eingegangenen Aminosäuren wird als genetischer oder biologischer Code (Tab. 1) bezeichnet. Der Code ist „degeneriert"; einige Aminosäuren werden doppelt, dreifach, vierfach und sogar sechsfach mit unterschiedlichen Zusammenstellungen von Basen codiert. Die geringste Bedeutung besitzt hierbei der dritte „Buchstabe" des Codes. Drei Codone nennt man „sinnlos" – sie enthalten keine Information über die Verbindungen von Aminosäuren, an ihrer Stelle wird die Synthese des Eiweißmoleküls abgebrochen (Termination). Der Code wurde in der Mitte der 60er Jahre vollständig dechiffriert und erwies sich als allgemeingültig für alle Tiere, Pflanzen und Mikroorganismen; seine Bedeutung für die Gewährleistung der Lebensprozesse kann schwerlich überschätzt werden. In der Mehrzahl der Fälle entspricht einem Gen ein Endprodukt der Synthese – ein Polypeptid; es gibt aber auch Ausnahmen. So kann bei einigen komplizierten Viren die Transkription an verschiedenen Stellen ein und desselben Abschnittes des DNA-Moleküls beginnen. Ebenso kann die Termination der Synthese verschiedenen Nucleotiden zugeordnet sein. Im Ergebnis dessen kann es zur Bildung mehrerer mRNA und dementsprechend mehrerer aktiv wirkender Eiweiße unter Kontrolle eines einzigen Gens kommen.
In großen Zügen verläuft die Proteinsynthese folgendermaßen (Abb. 5). Die

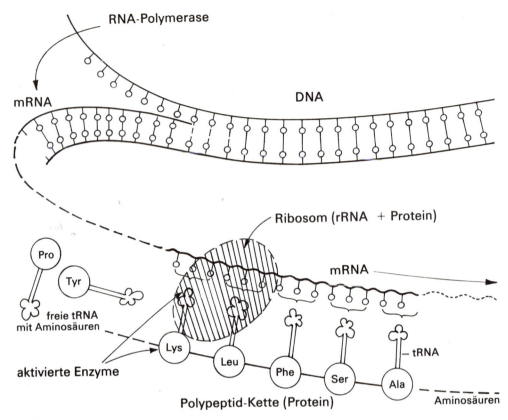

Abb. 5
Schema der Proteinsynthese (Polypeptidsynthese).

Messenger-RNA (mRNA), die dem entsprechenden Abschnitt (Gen) der DNA komplementär ist, gelangt nach ihrem Übergang ins Cytoplasma in Kontakt mit den Ribosomen, das sind kleine intrazelluläre Gebilde, die aus den spezifischen ribosomalen Nucleinsäuren (rRNA) und Eiweißen bestehen. Während der Vereinigung mit den Ribosomen lagern sich an die mRNA nacheinander relativ kleine Moleküle einer besonderen Transfer-RNA (tRNA) an, die am Ende eine der zwanzig Aminosäuren tragen. Im Verlauf dieses Prozesses dehnt sich die mRNA gleichsam über das Ribosom aus, und die Aminosäuren verbinden sich zu einer ununterbrochenen Kette, wobei sich ein Polypeptid bildet. Die tRNA werden dabei abgestoßen. Die freigesetzten Moleküle der tRNA und mRNA können offenbar wiederholt an der Übertragung von Informationen und der Synthese von Polypeptiden beteiligt sein.
Die Exaktheit der Synthese der Eiweißketten wird dadurch gewährleistet, daß jedem Codon in der mRNA ein Anticodon in der tRNA entspricht. Die einander ergänzenden (komplementären) Basen des Codons und des Anticodons verbinden sich für kurze Zeit miteinander. Für alle aktiven Codone der mRNA gibt es im Cytoplasma spezifische tRNA. Die Transfer-RNA ist zusammen mit dem bestimmten Anticodon der Überträger einer streng festgelegten Aminosäure.
Die Menge der DNA im Genom der Eukaryoten, insbesondere der mehrzelligen Pflanzen und der höheren Tiere, ist um ein Vielfaches größer als zur Synthese aller im Organismus vorhandenen Proteine not-

wendig wäre. Dieser Widerspruch ist noch nicht vollständig aufgeklärt. Man kann folgendes feststellen:

1. Bei weitem nicht alle Gene in den Chromosomen bilden ihre Endprodukte, die Eiweiße. Nicht selten werden die Syntheseprozesse mit der Transkription abgebrochen. Es entstehen die Moleküle der RNA (rRNA, tRNA und einige andere), die sich aktiv an der Proteinsynthese beteiligen, aber nicht dazu geeignet sind, als Messenger für die Bildung von Eiweißmolekülen zu dienen. Der Bedarf an solchen Ribonucleinsäuren in den Zellen ist sehr groß, und im Chromosomensatz eines Zellkerns (Genom) entsprechen jedem Typ der RNA Hunderte und sogar Tausende gleichartiger Gene.

2. Die Gene im DNA-Molekül der höheren Organismen sind gewöhnlich durch große „schweigende" Abschnitte (Spacer) unterteilt. In diesen Abschnitten findet keinerlei Bildung von mRNA statt.

3. In den Genomen aller Eukaryoten sind Reihenfolgen der Nucleotide dreier Typen vorhanden: einmalige (die Gene sind im Genom nur in wenigen Kopien vorhanden), mäßig wiederholte (im Genom wiederholen sich diese Gene einige dutzend- bis zu 100000mal) und häufig wiederholte, die in Hunderttausenden und Millionen von Kopien vorhanden sind. Einmalige Reihenfolgen enthalten Gene, kodierende Enzyme und andere in den Zellen aktive Eiweiße. Zu den mäßig oder durchschnittlich wiederholten gehören einige Proteinloci (Gene der Histone und der sauren Eiweiße der Chromosomen und der Immunglobuline). Ihre Hauptkomponenten sind jedoch die Gene der drei Typen der rRNA, die Gene der tRNA sowie einiger Ribonucleinsäuren und Proteine, die an der Steuerung der intrazellulären Prozesse beteiligt sind. Dazu gehören Transkription und Translation, Aktivierung der Wirkung der Strukturgene, sekundäre Veränderungen der Struktur der Moleküle der mRNA usw. (BOUCHARD 1982). Die häufig wiederholten

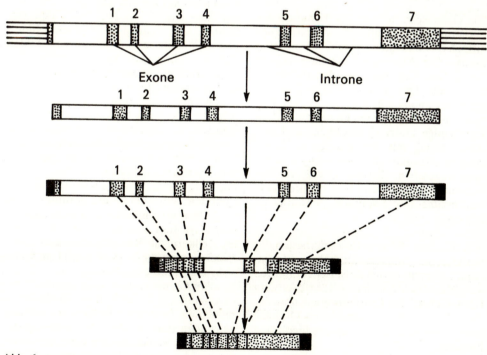

Abb. 6
Splicing der Gene.

schließlich unterscheiden sich von den mäßig wiederholten dadurch, daß sie entweder gar nicht transkribieren oder daß sich nur sehr kurze RNA-Abschnitte daraus ergeben. Im Grunde genommen bestehen diese Wiederholungen aus der Satelliten-DNA, d. h. aus kleinen DNA-Abschnitten (bis zu 10 Nucleotiden), die in Gruppen (cluster-Bildung) vorwiegend in der Nähe des Centromers der Chromosomen angeordnet sind. Die Funktion dieses Teiles der DNA ist noch nicht geklärt.

4. Vor kurzem wurde festgestellt, daß viele Gene der höheren Eukaryoten große Abschnitte enthalten (bis zu 80 bis 90 % der Gesamtlänge des Gens), die nicht im Endprodukt der Synthese, den Polypeptiden, zum Ausdruck kommen. Im Verlauf der Reifung des mRNA-Moleküls (Processing) werden daraus durch spezielle Enzyme einzelne Abschnitte herausgetrennt. Im Augenblick der Eiweißsynthese erweist sich die reife mRNA als wesentlich kürzer als die gerade erst synthetisierte mRNA (Abb. 6).

Die Genabschnitte, die ihre Funktion der Codierung der Eiweißkette (vermittels der mRNA) beibehalten haben, nennt man Exone. Die Abschnitte, die nicht an der Translation teilnehmen, werden als Introne bezeichnet. Der gesamte Vorgang erhielt die Bezeichnung Splicing. Das Vorhandensein von Intronen in den Genen (ihre Zahl kann einige Dutzend erreichen) und ihre Abwechslung mit den Exonen wird von einigen Autoren als Anpassungserscheinung angesehen, die eine gesteigerte Rekombination der Gene und dadurch eine Verkürzung der Evolution gewährleistet (CHAMBOM 1981).

Alle hier aufgeführten Besonderheiten der Struktur des Genoms der höheren Eukaryoten, darunter auch der Fische, erklären weitgehend den Widerspruch zwischen dem DNA-Gehalt der Chromosomen und der Zahl der bei den verschiedenen Organismen vorkommenden unterschiedlichen Proteine.

1.2. Grundgesetze des Verhaltens der Chromosomen

Die Paarigkeit der Chromosomen und ihr Verhalten bei Mitose und Meiose

In den Karyotypen der Fische (wie bei den meisten anderen diploiden Tieren und Pflanzen) sind alle Chromosomen, mit Ausnahme der Geschlechtschromosomen, in Paaren vertreten, deren Elemente nach Größe und Form ähnlich sind. Das Vorhandensein derartiger Paare von homologen Chromosomen ist bei der Untersuchung von Chromosomensätzen in den Zellen der unterschiedlichsten Gewebe und Organe gut zu verfolgen. Die Paarigkeit der Chromosomen wird von Generation zu Generation Dank der exakten Teilung aller Chromosomen bei der Mitose durch die Verringerung der Chromosomenzahl auf die Hälfte während der Reifung der Geschlechtszellen (Meiose) und die Herstellung der Ausgangszahl beim Verschmelzen der Gameten beibehalten.

Die mitotische oder indirekte Teilung der Zellen erfolgt bei den Fischen ebenso wie bei den anderen Tieren. Nach den vier Stadien der Teilung – Prophase, Metaphase, Anaphase und Telophase – bilden sich aus einer der Ausgangszellen zwei Tochterzellen mit zwei Kernen, die jeweils den gesamten Chromosomensatz des elterlichen Kernes enthalten. Auf die Telophase folgt die Interphase (Interkinese); zu dieser Zeit sind die Chromosomen im Kern nicht spiralig gewunden und zum Teil nicht zu erkennen, sie sind zu dünn für die Beobachtung mittels des Lichtmikroskopes.

Die Interphase wird gewöhnlich in drei Perioden aufgeteilt – die postmitotische (G_1), die synthetische (S) und die prämitotische (G_2). Im Laufe der Periode S verläuft im Zellkern die Reduplikation der Chromosomen, zu dieser Zeit erfolgt auch die aktivste Synthese der RNA.

In allen Chromosomen kann man Heterochromatinbezirke feststellen, wo die Chromonemen (und die DNA) stark spiralig gewunden sind und die RNA-Synthese erschwert ist. Ständige echte Heterochromatinbereiche sind jedoch die Bereiche, die an die Centromeren und in einem der Chro-

mosomen an den Nucleolusorganisator angrenzen (KIKNADZE 1972).
Da in den Chromosomen derartig stark spiralisierte DNA-Abschnitte vorhanden sind, haben viele Gene des Genoms zeitweise nicht die Möglichkeit, die mRNA-Synthese, die Transkription, auszuführen. In den unterschiedlichen Geweben und in unterschiedlichen Entwicklungsstadien sind verschiedene Gene aktiv. Ihre Aktivität regulieren spezielle Mechanismen, die hier nicht betrachtet werden.

Die ribosomale RNA (rRNA) wird in großen Mengen in den Nucleoli unter Kontrolle von mehrfach wiederholten speziellen Genen synthetisiert, die im Nucleolusorganisator lokalisiert sind. Dort bilden sich offenbar auch die Ribosomen.

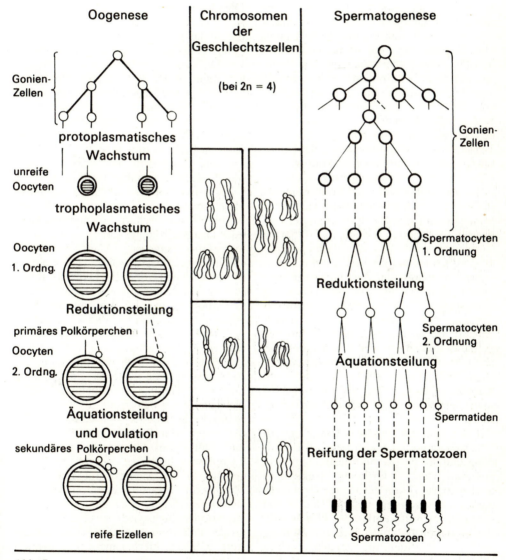

Abb. 7
Schema der Oogenese und Spermatogenese bei Fischen. Reduktion der Chromosomen bei der Meiose.

Die Meiose besteht aus zwei aufeinanderfolgenden Teilungen der Geschlechtszellen, in derem Ergebnis von jedem Paar homologer Chromosomen nur eins in die reife Geschlechtszelle gelangt (Abb. 7). Die primären Geschlechtszellen, die Gonien, teilen sich mehrfach, darauf beginnen sie zu wachsen; in den Kernen dieser Zellen erfolgen komplizierte Umbildungen der Chromosomen. In der männlichen Geschlechtsdrüse wandeln sich die Gonien allmählich in Spermatocyten 1. Ordnung (primäre Spermatocyten) um. Sie kommen bald zur ersten meiotischen Reifeteilung. Die Prophase und die Metaphase dieser Teilung untergliedert man in eine Reihe charakteristischer Stadien, das Leptonem oder Leptotän (Stadium der dünnen Chromosomenfäden), das Zygotän (Stadium der Konjugation homologer Chromosomen), das Pachytän (Stadium der Verkürzung und Verdickung der Chromosomen), das Diplotän (Beginn der Trennung der konjugierten Chromosomen) und die Diakinese (allmähliche Spiralenbildung der Chromosomen). Im Stadium des Diplotäns sind die Chromosomen jeden Paares noch miteinander verbunden, sie bilden eigenartige Figuren, Chiasmata. Im Verlauf des Auseinanderfallens der Chiasmata können sich die homologen Chromosomen abschnittsweise austauschen, es erfolgt die Überkreuzung (Crossing over). Bei den Fischen wurde das Crossing over insbesondere bei genetischen Untersuchungen einiger Arten von Aquarienfischen aus der Familie Poeciliidae (WINGE 1923; DZWILLO 1959; MORIZOT et al. 1977; LESLIE 1982 u. a.) und beim Karpfen (CERFAS 1977; NAGY et al. 1978) sowie bei der Scholle (PURDOM 1976) festgestellt.

Bei der Spermatogenese (Abb. 7 und 8) bilden die diploiden Spermatocyten 1. Ordnung durch die Reduktionsteilung zwei Spermatocyten 2. Ordnung (sekundäre Spermatocyten) von geringerer Größe. In diesen ist schon ein halber (haploider) Chromosomensatz enthalten. Die zweite, die Äquationsteilung, führt zur Bildung zweier Spermatiden, die sich allmählich in bewegliche Spermatozoen umwandeln. Die Replikation der Chromosomen erfolgt nur vor der ersten Teilung, und die reifen Spermien enthalten ebenfalls den haploiden Chromosomensatz.

Zur Laichzeit ist der größte Teil des Hodens bei den Knochenfischen mit Spermien angefüllt, aber auch bei den im Laichen begriffenen Milchnern kann man in der Geschlechtsdrüse Ampullen mit Spermatiden, Spermatocyten zweiter oder erster Ordnung und Bereiche mit primären Gonien finden, die fortfahren, sich zu teilen (Abb. 8c, d).

Die Oogenese (Abb. 7 und 8) unterscheidet sich von der Spermatogenese vor allem dadurch, daß die Eizelle zu Beginn der meiotischen Teilungen infolge der Ansammlung von Dotterreserven sehr große Abmessungen annimmt. Beide Teilungen erfolgen gegen Ende einer langen Periode des Wachstums der Geschlechtszelle. Während des protoplasmatischen (langsamen) Wachstums (Abb. 8a) wandelt sich die Oogonialzelle in die Oocyte 1. Ordnung (primäre Oocyte) um und vergrößert sich infolge der Ausdehnung des Volumens des Cytoplasmas um das Mehrfache. Beim trophoplasmatischen (schnellen) Wachstum, das bei einigen Fischarten ein bis zwei Jahre oder sogar noch länger dauert, sammelt sich in der Oocyte eine große Menge von Dotter an, ihr Durchmesser wächst um mehrere Dutzend Male (Abb. 8b). Die erste Reifeteilung fällt im allgemeinen zeitlich mit der Ovulation zusammen, d. h. mit dem Freiwerden der Eizellen von den sie umgebenden Follikelzellen und dem Austritt der Eier in die Leibeshöhle oder die Ovarien. Der Laich wird fließend und fähig zur Befruchtung und weiteren Entwicklung. Die zweite Teilung erfolgt bei den Fischen gleichzeitig mit dem Eindringen des Spermiums in das Ei oder sogleich danach. Bei der ersten, der Reduktionsteilung, bleibt eine Hälfte des Chromosomensatzes im Cytoplasma des Eies, die zweite Hälfte gelangt in ein kleines, nur unter dem Mikroskop erkennbares Polkörperchen (Richtungskörper). Bei der zweiten, der Äquationsteilung, wird ein weiteres, ebenso großes Polkörperchen abgetrennt (das erstere teilt sich hierbei manchmal in zwei Hälften). Die primäre Oocyte mit einem diploiden Chromosomensatz wandelt sich nach der ersten Teilung in die haploide se-

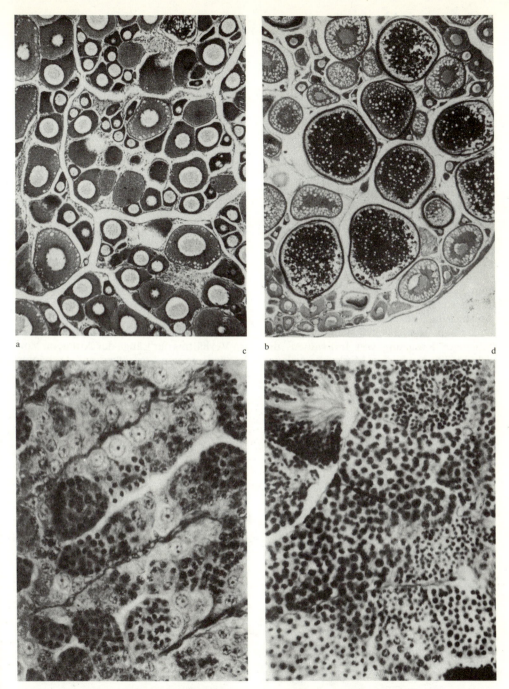

Abb. 8 Oogenese und Spermatogenese bei Fischen. Die Präparate wurden freundlicherweise von T. I. FALEEVA (Oogenese) und N. A. BUCKAJA (Spermatogenese) zur Verfügung gestellt; Foto G. V. SABININ;
a Ovar des Kaulbarsches *(Gymnocephalus cernua)*, Oocyten während des protoplasmatischen Wachstums; b desgl. trophoplasmatisches Wachstum (Dotterakkumulation); c Hoden des Kaulbarsches, Spermatogonien unterschiedlicher Stadien; d desgl., Spermatocyten 1. und 2. Ordnung, Spermatiden und reife Spermatozoen.

kundäre Oocyte und anschließend in die reife Eizelle um. Der weibliche haploide Kern (Pronucleus) verschmilzt mit dem männlichen und bildet den diploiden Kern der befruchteten Eizelle. Jede Oocyte ergibt im Verlauf ihrer Reifung den Ausgangspunkt für nur eine Eizelle, sie behält das gesamte Dotter, das für die Ernährung des Keimes notwendig ist. Die Polkörperchen sterben ab.

Die Reduktion der Chromosomenzahl bei der Meiose ist charakteristisch für die Mehrzahl der Fischarten mit normalem geschlechtlichen Prozeß. Im Ergebnis der Meiose empfängt die Hälfte der reifen Geschlechtszellen eines von zwei Chromosomen jeden Paares, die andere Hälfte empfängt das zweite Chromosom. Die zufällige Kombination dieser Chromosomen beim Verschmelzen des Pronucleus liegt der ersten Regel von MENDEL und der Aufspaltung im Verhältnis 3 : 1 oder 1 : 2 : 1 in der zweiten Generation bei beliebiger Kreuzung von Individuen, die sich durch ein erbliches Merkmal (Anlage) unterscheiden, zugrunde.

Die Reduktionsteilung fällt manchmal bei der parthenogenetischen oder gynogenetischen Fortpflanzung der Fische aus, wenn der männliche Kern an der Entwicklung des Keimes nicht beteiligt ist. In diesen Fällen haben die Kerne der Gameten (Eizellen) die gleiche Chromosomenzahl wie die Kerne des mütterlichen Organismus. Das zufällige Fehlen der Reduktionsteilung bei Fischen mit normalem geschlechtlichen Prozeß führt zur Bildung von diploiden männlichen und weiblichen Gameten. Im Ergebnis dessen kann die Befruchtung mit vereinzelten triploiden (3n) und sogar tetraploiden (4n) Keimen verbunden sein.

Die Individualität der Chromosomen

Die Chromosomen jeden Paares unterscheiden sich durch ihre Größe und Struktur von den Chromosomen der anderen Paare. Diese Unterschiede können bestehen in der Lage der Centromerregion (im Zentrum oder am Ende des Chromosoms), im Verhältnis der Länge der Arme, im Vorhandensein von Fortsätzen und Trabanten usw. Durch eine moderne cytologische Methode, d. h. durch Verabreichung geringer

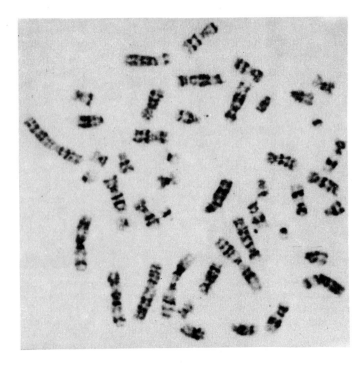

Abb. 9
Individualität der Chromosomen. Chromosomen des Menschen im Stadium der Metaphase, Differential-G-Färbung. Präparat und Foto J. L. GOROŠČENKO.

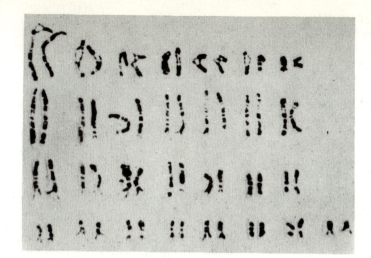

Abb. 10
Individualität der Chromosomen. Chromosomen des Atlantischen Lachses *(Salmo salar)*, Differential-C-Färbung. Präparat und Foto J. V. BARŠIENE.

Mengen von Colchicin an die Fische vor der Fixierung der Gewebe und durch die Herstellung von Quetschpräparaten (ohne Schnitte) erweiterte sich die Möglichkeit der Identifizierung unterschiedlicher Chromosomen (MCPHAIL und JONES 1966). In letzter Zeit verwenden die Cytologen in großem Umfang die Methoden der Differentialfärbung der Chromosomen (Banding), die es gestatten, feinere Unterschiede in der Struktur der einzelnen Paare zu erkennen (Abb. 9). Erfolgversprechende Ergebnisse wurden bei der Bearbeitung der Präparate mit Quinacrin, das die Fluoreszenz einiger Abschnitte der Chromosomen bewirkt (Q-Banding), erzielt. Dadurch gelang es, bei Salmoniden *(Salvelinus leucomaenis, S. malma)* deutliche Unterschiede zwischen den Chromosomen der verschiedenen Paare festzustellen (ABE und MURAMOTO 1974). Bei Fischen wird auch G-Banding, d. h. Bearbeitung der Chromosomen mit Trypsin und nachfolgende Färbung nach GIEMSA (Abb. 10), sowie C-Banding (ZENZES und VOICULESCU 1975; BARŠIENE 1978; OJIMA und TAKAI 1979 u. a.) angewandt.

Die unabhängige Verteilung der Chromosomen im Verlauf der Reduktionsteilung

Bei der Mehrzahl der Tiere und Pflanzen und auch beim Menschen verteilen sich die Chromosomen der verschiedenen Paare bei der Reifung der Geschlechtszellen vollständig unabhängig in den Tochterzellen. Diese Gesetzmäßigkeit, die der dritten Mendelschen Regel zugrunde liegt und die unabhängige Verteilung der Merkmale in der zweiten Generation nach der Kreuzung beinhaltet, trifft in vollem Umfang auch für die Fische zu. Die Anzahl der unterschiedlichen Chromosomenzusammenstellungen in den Gameten wird durch die Zahl der Chromosomenpaare (n) bestimmt und ist gleich 2^n; die Zahl der Kombinationen dieser Chromosomen in den Kernen der Zygoten ist gleich 4^n. Bei mehr als der Hälfte aller untersuchten Fische besteht der Karyotyp aus 48 oder 50 Chromosomen (n = 24 oder 25). Bei n = 24 übersteigt die Zahl der möglichen Gametentypen $16 \cdot 10^6$ und die Zahl der möglichen Zygoten erreicht 10^{14}. Bei den polyploiden Arten der Cypriniden und Catostomiden, bei denen 2n nahe 100 ist (n = 50), ist die Zahl der verschiedenen Gameten annähernd 10^{30} und die Zahl der Zygoten übersteigt 10^{60}. Die Vielfalt der möglichen Zygotentypen ermöglicht bei der geschlechtlichen Fortpflanzung der Fische in natürlichen Populationen die Bewahrung eines sehr hohen Niveaus der genetischen Variabilität der morphologischen, physiologischen und biochemischen Merkmale.

Bekannt sind jedoch auch Fälle der Verletzung des Gesetzes der unabhängigen Verteilung der Chromosomen. Ein bemerkenswertes Beispiel dieser Art wurde bei einer asiatischen Fischart, dem Schokoladengurami (*Sphaerichthys osphromenoides*, Fam. Belontiidae, Perciformes) festgestellt. Bei dieser Art wurden nur 16 große Chromosomen gefunden, darunter 14 metazentrische. In den Spermatocyten bilden diese Chromosomen 5 Strukturen – drei normale bivalente, eine tetravalente (in Gestalt eines Ringes) und eine hexavalente. Im letzteren Fall sind 6 Chromosomen an den Enden miteinander verbunden und bilden einen großen Ring (CALTON und DENTON 1974). Für diese hochspezialisierte Art ist offenbar die nicht zufällige Verteilung der Chromosomen günstig, die die genetische Variabilität begrenzt.

Die Konstanz der Chromosomenzahl

Bei den mitotischen Teilungen der Zellen in Tochterkerne bleibt die gleiche (diploide) Anzahl der Chromosomen wie im Ursprungskern erhalten. Die Meiose führt, wie wir gesehen haben, zur Verringerung der Chromosomenzahl auf die Hälfte; nach der Befruchtung wird nicht nur die Paarigkeit der Chromosomen wieder hergestellt, sondern auch die Anzahl, die für die jeweilige Art charakteristisch ist. Jeder Fischart ist eine streng festgelegte Chromosomenzahl eigen (Abb. 11). Es sind jedoch auch Ausnahmen bekannt. Bei einer Reihe von Formen ist ein Chromosomenpolymorphismus zu beobachten, der mit der Fähigkeit einiger Chromosomen verbunden ist, sich in der Region des Centromers zu vereinigen und zu teilen (zentrische Verschmelzung

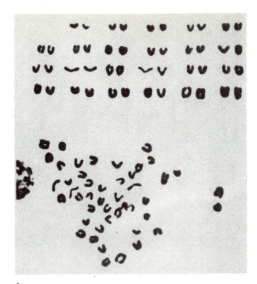

a

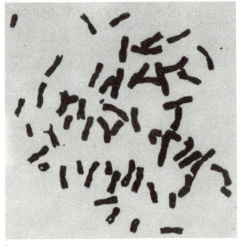

b₁

b₂

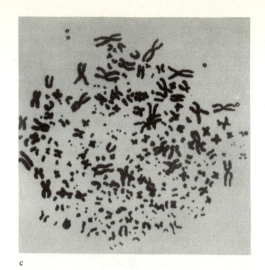

c

Abb. 11 Karyotypen von Fischen.
a *Gobius melanostomus*, 2n = 46, Metaphasenscheibe und Karyogramm (IVANOV 1975);
b *Oncorhynchus nerka*, 2n = 58, Metaphasenscheibe und Karyogramm (Präparat und Foto E. V. ČERNENKO) (a und b auf Seite 26); c, d *Acipenser naccarii*, 2n = 239 ± 7, Metaphasenscheibe und Karyogramm (FONTANA und COLOMBO 1974).

d

oder Fusion und Trennung oder Fission). Hierbei bleibt die Anzahl der Chromosomenarme unverändert. Es sind auch andere Abweichungen möglich. Sie kommen bei den Fischen etwas häufiger vor als bei Vögeln und Säugetieren, aber im allgemeinen stören sie die Regel der Konstanz der Chromosomenzahl nicht (MITROFANOV 1983). Demnach gelten alle Grundgesetze, die die Struktur des Karyotyps und das Verhalten der Chromosomen in Mitose und Meiose betreffen, auch für die Fische.

1.3. Mutationen

Der Chromosomenapparat der Fische bleibt bei all seiner Vollkommenheit nicht unverändert; von Zeit zu Zeit erfolgen in den Genen und Chromosomen Mutationen, d. h. Veränderungen der Struktur, die auf die Nachkommen vererbt werden.
Möglich sind verschiedene Mutationstypen. Die Genmutationen (Punktmutationen) verändern die Struktur des Gens. Sie können durch den Ersatz eines Nucleotids durch ein anderes in einem bestimmten Abschnitt eines Gens infolge eines Replikationsfehlers entstehen (z. B. Substitution eines Guaninnucleotids durch ein Thyminnucleotid). Mutationen können aber auch durch Ausfall eines oder mehrerer Nucleotide aus der langen Kette der DNA oder im Gegensatz dazu durch Eingliederung von Nucleotiden bedingt sein (was beim zufälligen Auseinanderbrechen der Kette geschehen könnte). Wenn bei einer derartigen Veränderung in der Mitte des Gens ein Triplet (3 Nucleotide) aus dem Bestand an sinnlosen Codonen gebildet wird, wird an dieser Stelle die Proteinsynthese unterbrochen, und das synthetische Eiweißmolekül ist verkürzt und unfähig für eine normale Funktion. In anderen Fällen ändert sich nur die Anordnung der Aminosäuren im Eiweiß. Der Ersatz von nur ein oder zwei Aminosäuren braucht keine wesentlichen Auswirkungen auf die Lebensfähigkeit des Organismus zu haben, und die Mutation kann in der Population erhalten bleiben oder auch durch Auslese abgefangen werden.
Angaben über die spontane Häufigkeit von Genmutationen bei Fischen liegen bisher nicht vor. Offenbar ist sie nicht sehr groß: So gelang es beim Karpfen bei der Durchsicht von 260000 Exemplaren nicht, auch nur eine einzige Genmutation hinsichtlich der Beschuppung zu finden (COJ et al. 1974b). Selbst unter der Annahme, daß in dieser Population eine (nicht bemerkte) Mutation entstand, wäre die Mutationsrate nur $4 \cdot 10^{-6}$. Auf das Vorhandensein von Mutationsprozessen in der Natur kann nur aufgrund von indirekten Beobachtungen geschlossen werden. Von der Verbreitung der Genmutationen zeugt vor allem die große, allen Fischen eigene biochemische Variabilität. Die Populationen vieler Fischarten erwiesen sich als reich an mutanten Genformen, die die Synthese der unterschiedlichsten Eiweiße codieren (KIRPIČNIKOV 1973a; LEWONTIN 1974). Eine ähnliche Schlußfolgerung ergibt sich aus dem Vorhandensein einer großen genetischen Variabilität in bezug auf morphologische und physiologische Merkmale sowie aus der Feststellung, daß in natürlichen Fischpopulationen viele aberrante Formen vorkommen (siehe DAWSON 1964).
Die zweite große Gruppe der Mutationen stellen die Chromosomenumbildungen dar. Hierzu gehören die Translokationen (Austausch von Abschnitten innerhalb eines Chromosoms oder zwischen verschiedenen Chromosomen), die Inversionen (Umkehrung von Chromosomensegmenten um 180°), die Duplikationen (Verdopplung von Genen oder Chromosomenabschnitten) und die Deletionen (Verlust einzelner Segmente).
Die Translokationen kommen offenbar ziemlich häufig vor, da sich sogar nahe verwandte Fischarten (und manchmal auch Rassen innerhalb einer Art) in der Struktur des Karyotyps unterscheiden und diese Differenzen in vielen Fällen das Ergebnis evolutionär gefestigter Translokationen sind. Durchaus lebensfähig sind Individuen mit reziproken Translokationen, d. h. mit gegenseitigem Austausch von Chromosomenabschnitten ohne Verlust oder Hinzufügung genetischen Materials (Abb. 12a–c). Die gegenseitigen Chromosomentranslokationen haben große Bedeutung für die Evolution und können manchmal von einer Zu- oder Abnahme der Zahl der Arme begleitet sein. Manchmal überleben auch Exemplare mit zusätzlichen Chromosomensegmenten. Noch wichtiger und offenbar recht häufig sind auch die ROBERTSON-Translokationen oder zentrischen Fusionen. Das Auseinanderbrechen eines akrozentrischen Chromosoms erfolgt nahe dem Centromer. An der Bruchstelle lagert sich ein ganzes oder fast vollständiges Chromosom an, das ebenfalls akrozentrisch ist. Ein oder zwei Chromosomensegmente aus dem Bereich des Centromers gehen (zusammen mit einem der Centromeren)

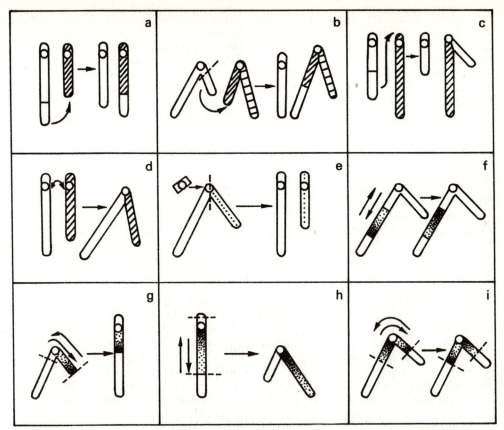

Abb. 12
Chromosomen-Umstrukturierungen, Translokationen und Inversionen bei Fischen (Schema).
a Interchromosomale Translokation ohne Veränderung der Zahl der Arme; b desgl. mit Verringerung der Zahl der Arme; c desgl. mit Vergrößerung der Zahl der Arme; d zentrische Verschmelzung (Fusion) nach dem ROBERTSON-Typ mit Verringerung der Zahl der Chromosomen; e zentrische Trennung (Fission) mit Vergrößerung der Zahl der Chromosomen; f nicht erkennbare parazentrische Inversion; g perizentrische Inversion mit Verringerung der Zahl der Arme; h desgl. mit Vergrößerung der Zahl der Arme; i nicht erkennbare perizentrische Inversion.

verloren, zwei akrozentrische Chromosomen wandeln sich in ein metazentrisches um. Die Anzahl der Arme bleibt dabei unverändert (Abb. 12d). Seltener erfolgt der umgekehrte Prozeß – die zentrische Teilung (Abb. 12e), da hierzu ein überzähliges Centromer notwendig ist. Nach jüngsten Untersuchungen ist auch die direkte Teilung des Centromers in zwei Teile möglich (IMAI 1978).

Die Inversionen (Abb. 12f–i) können zwei Grundtypen zugeordnet werden. Die parazentrischen Inversionen, die den Centromerbereich nicht umfassen, sind schwer festzustellen. Sie entstehen wahrscheinlich bei Fischen ziemlich oft, man kann ihr Vorhandensein jedoch nur bei der Analyse der Vererbung gekoppelter Gene feststellen. Die perizentrischen Inversionen, die das Centromer einschließen, sind weit verbreitet. Wenn zwei Brüche in gleichem Abstand vom Centromer erfolgen, ist es nicht möglich, die Inversion ohne Analyse von Markierungsgenen zu finden. Bei asymmetrischer Anordnung der Bruchstellen ändert sich das Verhältnis oder sogar die Zahl der Chromosomenarme.

Duplikationen von Chromosomenabschnitten kommen zweifellos auch bei den Fischen vor, wenngleich wahrscheinlich nicht oft. Das Vorhandensein von duplizierten Genen wurde mit rein genetischen Methoden festgestellt, unter dem Mikroskop können Duplikationen nicht bemerkt werden. Der Mechanismus der Duplikation besteht wahrscheinlich in ungleichem Crossing over, dem Austausch von Teilen nicht vollständig konjugierter Chromosomen. Vielfach wird den Duplikationen besonders große Bedeutung für die Evolution der Fische zugeschrieben (OHNO 1970a, 1970b u. a.).

Deletionen treten sicher ebenfalls auf und sind wahrscheinlich häufiger als Duplikationen. Deletionen vermindern die Lebensfähigkeit der Organismen jedoch meist beträchtlich, wodurch diese schnell aus den Populationen eliminiert werden.

Über die spontane Häufigkeit des Entstehens von Chromosomenumstrukturierungen bei den Fischen ist nichts bekannt.

Die dritte der Gruppe der Mutationen bilden Ploidie-Änderungen, d. h. bei den sonst diploiden Fischarten (2n) treten Exemplare mit auf die Hälfte verringertem, haploidem Karyotyp (n) oder im Gegensatz dazu mit vergrößertem, triploidem (3n) und tetraploidem (4n) Chromosomensatz, aber auch mit Veränderungen der Zahl einzelner Chromosomen (Aneuploidie) auf.

Haploide Exemplare sind bei den Fischen nicht lebensfähig. Bei der Stimulation der Entwicklung von Eizellen durch Spermatozoen, deren Kern zuvor gestört wurde, erweisen sich fast alle entwickelnden Keime als haploid, der Entwicklungsprozeß ist mit dem Entstehen von Mißbildungen verbunden und wird mit dem Absterben der Embryonen in den späten Stadien der Embryogenese abgeschlossen.

Am meisten verbreitet ist Triploidie. Offenbar treten bei allen Fischarten sehr häufig diploide Gameten auf. Die Hauptursache dafür ist bei den Rogenern die Verschmelzung des Kernes der Eizelle mit dem zweiten Polkörperchen. In diesem Falle erfolgt keine Reduktion der mütterlichen Chromosomenzahl. Die Befruchtung solcher Eizellen mit normalem Sperma (aber auch die Befruchtung normaler Eizellen mit diploiden Spermien oder mit zwei Spermien gleichzeitig – Polyspermie) ergibt triploide Exemplare. Sie können durchaus lebensfähig sein; triploid sind zum Beispiel einige Varietäten des Giebels, *Carassius auratus gibelio* (Abb. 13) (ČERFAS 1966b; KOBAYASHI et al. 1970 u. a.) und einige Rassen der lebendgebärenden Fische *Poeciliopsis* und *Poecilia* (RASCH et al. 1965; SCHULTZ 1969 u. a.). Triploide Exemplare wurden vor kurzem auch bei der Regenbogenforelle und dem kalifornischen Cypriniden *Hesperoleucus symmetricus* sowie beim Steinbeißer *(Cobitis taenia)* gefunden (CUELLAR und UYENO 1972; GOLD und AVISE 1976; THORGAARD und GALL 1979; VASIL'EV und VASIL'EVA 1982). Die geringe Fruchtbarkeit der Triploiden bei den zweigeschlechtlichen Fischen (verbunden mit ungleichmäßiger Verteilung der Chromosomen in der Meiose und manchmal auch ihre vollständige Unfruchtbarkeit (LINCOLN 1981) ist offenbar die Ursache für ihr Fehlen in den Populationen der meisten Arten. Die triploiden Formen entstehen oftmals bei der entfernten Hybridisation von Fischen (VASIL'EV et al. 1975).

Tetraploide Formen kommen sicher auch äußerst selten infolge Verschmelzung diploider Gameten vor, über ihre Häufigkeit in der Natur gibt es jedoch keinerlei Angaben.

Die Möglichkeit des Auftretens von Aneuploidie bei Fischen wurde noch bis vor kurzem in Zweifel gezogen. Die Feststellung eines Exemplares mit 85 Chromosomen, darunter drei Chromosomen, die das Markierungsgen Ldh-B2 enthielten, beim Bachsaibling (2n = 84) (DAVISSON et al. 1972, 1973) läßt die Annahme zu, daß Trisome in einzelnen Fällen überleben können, insbesondere bei Fischen, die aus der Polyploidisierung des Genoms hervorgegangen sind (Salmonidae, Catostomidae und andere).

Die Geschwindigkeit der Mutationsprozesse bei Fischen kann durch Röntgenstrahlen und chemische Einwirkungen bedeutend gesteigert werden. Hier soll nur auf die wichtigsten Fakten eingegangen werden.

Die Röntgenbestrahlung der Geschlechts-

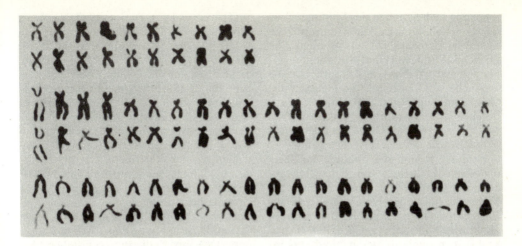
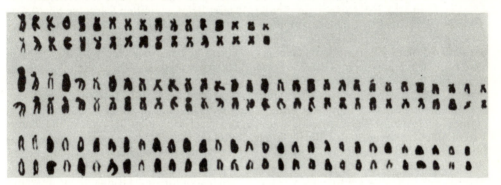

Abb. 13
Triploidie beim Giebel, *Carassius auratus gibelio* (KOBAYASHI et al. 1970). Oben diploider Chromosomensatz (2n = 100), unten triploider Satz (2n = 156).

produkte von Fischen führt zum Auftreten unterschiedlicher Gen- und Chromosomenmutationen (SAMOCHVALOVA 1938; PENNERS 1959; SCHRÖDER 1969a, 1969e, 1973, 1976; PURDOM 1972; EGAMI und HYODO-TAGUCHI 1973; PURDOM und WOODHEAD 1973). Besonders hervorzuheben ist die Arbeit von ANDERS et al. (1971), in der gezeigt wird, daß unter dem Einfluß von Röntgenstrahlen beim Platy Mutationen hervorgerufen werden können, die die Präzision der Regulation der Wirkung des Gens stören, das die Entwicklung der schwarzen Pigmentzellen (Melanophoren) codiert. Im Ergebnis dessen entwickelt sich bei dem Fisch ein Tumor (Prämelanom) der gleichen Art wie bei der Hybridisation des Platys mit dem Schwertträger.

Als sehr wirksam erwiesen sich chemische Mutagene, insbesondere Nitrosoethylharnstoff (NEH). Wenn Spermatozoen oder Eizellen mit NEH behandelt werden, treten bei den Embryonen zahlreiche Chromosomenstörungen auf, die bei der Durchsicht der Mitosen im Stadium der Blastula leicht zu erkennen sind. Dies zeugt von der großen Häufigkeit der Chromosomenmutationen (COJ 1969a, 1969b). Die Häufigkeit der Genmutationen wurden beim Karpfen am Beispiel der Beschuppungsgene S und n bestimmt und betrug 0,02–0,04 % nach Einwirkung von Dimethylsulfat. In einem Versuch mit NEH wurden 40 Mutationen des Gens n von 11 500 Fischen, d. h. 0,36 %, erhalten (COJ 1971b; COJ et al. 1974a, 1974b). Sehr wahrscheinlich ist jedoch, daß das mutante Gen N eine Chromosomenaberration (Deletion) ist und daß die überraschend hohe Häufigkeit der Mutationen im letzteren Fall mit dem Auftreten von Deletionen im Bereich des Gens N, nicht aber mit punktförmigen (Gen)-Mutationen verbunden ist. Unabhängig davon haben die Versuche von COJ jedoch gezeigt, daß die Geschwindigkeit der Mutationsbildung durch die Einwirkung von chemischen Mutagenen auf das Dutzend- oder sogar Hundertfache gesteigert werden kann.

Sehr starke Röntgenbestrahlung der Spermatozoen der Fische wie auch ihre Behandlung mit sehr hohen Dosen chemischer Mutagene führt zur Gynogenese, d. h. zur Entwicklung ohne Beteiligung der Chromosomen des Milchners (vgl. Kapitel 7). Die Embryonen sind hierbei haploid, bis zu 1 % der Keime ist jedoch spontan diploid (ČERFAS 1975; COJ 1976). Durch Temperaturschocks (Temperatursenkung) konnte der Anteil diploider Larven durch Gynogenese beim Schlammpeitzger (ROMAŠOV und BELJAEVA 1965b) und auch beim Karpfen (ČERFAS 1975) wesentlich erhöht werden. Die Abkühlung der Eier führte zur Vergrößerung der Anzahl der Triploiden und Tetraploiden nach normaler Befruchtung (SWARUP 1959; VASECKIJ 1967; VALENTI 1975; THORGAARD et al. 1981). Zu erwähnen ist noch, daß sich unter Einwirkung von Cytochalasin die Anzahl der polyploiden Embryonen bei den Salmoniden vergrößert (REFSTIE et al. 1977b; REFSTIE 1981).

Demnach kann mit Hilfe von Röntgenstrahlen sowie chemischen und Temperatureinwirkungen die Mutationsvariabilität bei Fischen wesentlich gesteigert werden. Einige Mutationen werden sich in Zukunft in der Züchtung anwenden lassen.

1.4. Die Evolution der Karyotypen bei Fischartigen und Fischen

Die Zahl der Chromosomen bei den Fischartigen und Fischen wurde von vielen Autoren untersucht. Es gibt eine Reihe von Zusammenstellungen, in denen Angaben über die Zahl der Chromosomen und der Chromosomenarme enthalten sind (MATTHEY 1949; NOGUSA 1960; POST 1965; SCHEEL 1966, 1972a; ROBERTS 1967; GYLDENHOLM und SCHEEL 1971; HINEGARDNER und ROSEN 1972; CHIARELLI und CAPANNA 1973; DENTON 1973; NIKOL'SKIJ und VASIL'EV 1973; KIRPIČNIKOV 1973a, 1973b, 1979a, 1981; OJIMA et al. 1976; GOLD 1979; GOLD et al. 1980; VASIL'EV 1980). Leider ist keine davon hinreichend vollständig. Bis jetzt wurden die Chromosomenzahlen für mehr als 1400 Arten ermittelt. Eine Vorstellung von den Unterschieden der Karyotypen vermittelt die Untersuchung der Verteilung der Chromosomenzahlen bei den Vertretern der verschiedenen taxonomischen Gruppen (Tab. 2). Die Chromosomensätze erweisen sich als sehr veränderlich, die diploiden Zahlen variieren zwischen 12 und 250. Eine noch größere Variation ist bei der summarischen Menge der DNA im Zellkern festzustellen. Sie steigt beim haploiden Karyotyp von 0,4 pg $(0,4 \cdot 10^{-12}g)$ bei einem der Vertreter der Tetraodontidae bis auf 163 pg bei den Dipnoi, d. h. um das 400fache (Tab. 3). Diese außergewöhnliche Variabilität kann man dadurch erklären, daß die Fische und Cyclostomata eine sehr alte und heterogene Tiergruppe sind, die im Laufe von Hunderten von Millionen Jahren in die unterschiedlichsten Richtungen divergierte.

Wir betrachten jetzt die Gesetzmäßigkeiten in der Evolution des Karyotyps bei einzelnen taxonomischen Gruppen, die am weitesten erforscht sind.

Die Angaben über die Rundmäuler (Cyclostomata) reichen für Verallgemeinerungen nicht aus. Man kann nur feststellen, daß sich die beiden Gruppen – die Inger und die Neunaugen – im Laufe der Evolution weit voneinander entfernten. Bei den Ingern (Myxiniformes) wurde eine geringe Anzahl von Chromosomen bei verhältnismäßig hohem DNA-Gehalt festgestellt; bei den Neunaugen (Petromyzoniformes) hingegen ist die Zahl der Chromosomen hoch, besonders bei den Bewohnern der nördlichen Halbkugel (ZANANDREA und CAPANNA 1964; HOWELL und DENTON 1969; ROBINSON und POTTER 1969; POTTER und ROTHWELL 1970; HOWELL und DUCKETT 1971; POTTER und ROBINSON 1971; NYGREN und JAHNKE 1972a; ROBINSON et al. 1974, 1975; POTTER und ROBINSON 1981), die Menge der DNA ist jedoch gering (HINEGARDNER 1976b). Der Mechanismus dieser Chromosomendivergenz ist bisher nicht aufgeklärt.

Unter den echten Fischen (Pisces) haben sich die primitivsten Gruppen, insbesondere die Knorpelfische (Haie, Rochen, Chimäriden) dahingehend entwickelt, daß die Zahl der Chromosomen und parallel dazu die Menge der DNA zunahm. Bei einigen Rochen besteht der Karyotyp aus fast 100 Chromosomen (NYGREN et al. 1971d); eine Ausnahme bildet nur der Zitterrochen aus der Familie Torpedinidae – *Narcine brasiliensis* mit 28 Chromosomen (DONAHUE 1974). Bei allen Knorpelfischen, mit Ausnahme der Chimäriden, ist der Gehalt an DNA in den Zellkernen auf 2,8 bis 16,2 pg für den haploiden Chromosomensatz vergrößert (Tab. 3). Es gibt Anzeichen für die große Bedeutung der Polyploidisierung in der Evolution der Selachier. So ist bei den Rochen der Gattung *Torpedo* und *Dasyatis* die Menge der DNA im Kern doppelt so groß wie bei den Rochen der Gattung *Raja* (STINGO et al. 1982).

Bei den Lungenfischen (Dipnoi) verlief die Evolution des Karyotyps in der Richtung, daß die Menge der DNA im Zellkern beträchtlich stieg; bei den rezenten Arten beträgt sie zwischen 80 und 160 pg (PEDERSEN 1971; VERVOORT 1980). Gleichzeitig ist bei ihnen die Zahl der Chromosomen gering (Tab. 2 und 3).

Die Untersuchung der Größe der Zellen bei den fossilen Vorfahren der rezenten Lungenfische ergab, daß diese allmählich, aber nicht kontinuierlich zunahm (THOMSON 1972). Offenbar vergrößerte sich parallel dazu auch der Gehalt an DNA in den Kernen. Man darf einige Vermutungen über das Prinzip dieses Prozesses aussprechen. Vor allen übrigen Fischen zeichnet sich die Gruppe der Lungenfische insbesondere durch das Vorhandensein des eigenartigen Lungenorgans aus, das die Schwimmblase ersetzt und den Übergang zur Atmung atmosphärischer Luft ermöglicht. Die gleichzeitige Existenz beider Atmungsmechanismen erforderte große Plastizität der physiologischen Prozesse. Es ist möglich, daß die vielfache Steigerung des Gehalts an DNA dem Organismus die notwendige Menge der verschiedenartigen Enzyme sicherte. Die zunehmende Spezialisierung der Lungenfische und die Begrenztheit der für sie geeigneten ökologischen Nischen (flache, verschlammte, gut erwärmte Binnengewässer) ermöglichten die Verringerung der Chromosomenzahl und dadurch die Schaffung von beständigeren Genkomplexen.

Auf welche Weise die Evolution der Kerne bei den Lungenfischen verlief, ist bisher nicht bekannt. Möglicherweise könnte sie durch aufeinanderfolgende Tandemduplikationen einzelner Chromosomensegmente erfolgt sein (OHNO 1970a, 1970b u. a.). Es ist aber auch Polytänisation, d. h. ein Zunahme der Chromosomenzahl in den Chromosomen nicht ausgeschlossen. Vor kurzem wurde festgestellt, daß es bei den Dipnoi auch zur Polyploidisierung des Genoms kam. Unter den Vertretern der Gattung *Protopterus* gibt es eine Art (*P. dolloi*), bei der sowohl die Chromosomenzahl als auch die Menge der DNA im Kern verdoppelt sind (VERVOORT 1980).

Einige Autoren (MATTHEY 1949; PEDERSEN 1971) nehmen an, daß die Ähnlichkeit im DNA-Gehalt zwischen den Vertretern der Lungenfische und einiger Amphibien (Urodela) mit ihrer phylogenetischen Verwandtschaft zusammenhängt. Es ist auch möglich, daß der Übergang der im Wasser lebenden Wirbeltiere auf das Land zu Anfang mit einer beträchtlichen Vergrößerung des DNA-Gehaltes in ihren Zellkernen verbunden war (BACHMANN 1972), wie dies bei den Lungenfischen erfolgte, die sich an das Leben in beiden Medien angepaßt haben.

Die Chondrostei (Familien Acipenseridae und Polyodontidae) haben viele Chromosomen und einen beträchtlichen DNA-Gehalt. In dieser Beziehung sind sie den Selachiern ähnlich. Es ist möglich, daß diese Entwicklung des Karyotyps mit der Lebensweise und Größe dieser Fische, insbesondere auch mit ihrer großen Beweglichkeit und der Fähigkeit zu schnellem Wachstum zusammenhängt. Beide Fischgruppen vereint eine weitere Besonderheit – das Vorhandensein von kleinen punktförmigen Mikrochromosomen bei einer großen Zahl ihrer Vertreter. Die Rolle der Mikrochromosomen ist im allgemeinen noch ungenügend aufgeklärt, obwohl einige Karyologen annehmen, daß sie „überschüssiges" genetisches Material enthalten, welches im Bedarfsfalle zur verstärkten Eiweißsyn-

Tabelle 2 Chromosomenzahl bei Fischartigen und Fischen

Taxon	Diploide Chromosomenzahl													
	12 bis 20	22	24	26	28	30	32	34	36	38	40	42	44	46
Cyclostomata Myxiniformes								2			1			1
Petromyzoniformes														
Fische Chondrichthyes					1									
Dipnoi								2		2				
Ganoidomorpha: Acipenseriformes														
Polypteri-, Amii-, Lepidosteiformes									6					1
Teleostei Gonorhynchiformes, Clupeiformes					1		1					1	1	1
Salmoniformes: Diploide (Osmeroidei u. andere)	1	3				1			2	1		2		
Polyploide (Salmonoidei)														
Myctophiformes														
Osteoglossiformes, Mormyriformes								1				3		1
Anguilliformes										7	2	2		
Cypriniformes 1. Lebiasinidae		1	2	1		1			3	1	1	4	2	1
2. Characidae					1		1		1	1	1	3		2
3. Cobitidae														
4. Cyprinidae													5	3
5. Catostomidae														
6. andere Familien		1						1		1		1		
Siluriformes									1	1	1	7	3	10
Cyprinodontiformes	6	2	1	3	3	5	4	7	13	9	23	7	8	24
Atheriniformes, Beloniformes, Gadiformes, Bericiformes				2	1				1	1	1	2	1	5
Gasterosteiformes												5		2
Mugiliformes, Synbranchiformes			1		1									1
Perciformes 1. alle Familien, außer 2 und 3	1				1			1	2		2	4	4	7	18
2. Cichlidae											2	3	2	18	9
3. Gobioidei						1					2	1	3	26	21
Scorpaeniformes									1	1	1	2	1	1	5
Pleuronectiformes					1				1		4	5	2	2	4
Tetraodontiformes, Gobiesociformes, Lophiiformes									3	2	1	5	5	6	3
Gesamtzahl der Arten	8	7	4	7	9	8	7	18	32	36	49	52	83	112

48	50	52	54	56	58	60	62 bis 70	72 bis 80	82 bis 90	92 bis 100	102 bis 150	152 bis 200	über 200	Arten insges.
2														6
								2				9		11
				2			7	2	5	3	1			21
							1							5
											8		4	12
							1							8
5		1	1											12
3	7		2	2		1	1	1						27
		1		2	4	3	7	24	13	1	1			56
28	1													29
2	4		1	2										14
	2													13
														17
14	38	30	8	2	1	1	5							109
2	10						1	1	1	5				20
36	157	12	1					1		9	1	1		226
									14					14
3		2	14	1										24
4	6	3	10	8	12	6	10	4	1	4	1			92
124	4		1				1	1						246
17	1	1									1			34
														7
10														13
140	3	1		1				1						186
48	1	1												84
9	2						1							66
37	1													50
15	1													35
5	1													31
504	239	52	38	18	19	11	35	37	20	36	13	10	4	1468

Tabelle 3 DNA-Menge in den Genomen der Fische

Taxon	DNA pg/n	Zahl der Arten	Literaturquelle
Cyclostomata			
Myxini	2,8	1	10
Petromyzoni	1,3–1,6	2	10, 19, 26
Pisces			
Selachomorpha	5,4–16,2	14	10, 11, 16, 24, 28, 34
Batomorpha	2,8–8,1	25	10, 11, 28
Chimaeridae	1,5–1,6	1	10, 27
Dipnoi	80–163	3	24, 29, 30, 33
Coelacanthidae	3,0–7,0	1	24
Polypteridae	4,7–4,9	1	1, 10, 30
Acipenseridae, 2n	1,7–1,8	3	2, 8, 10, 21
Acipenseridae, 4n	2,9–5,1	2	8, 10
Amiidae	1,2–1,4	2	9, 21
Phractolaemidae	1,5	1	32
Clupeidae, Esocidae, Osmeridae u. a.	0,8–2,7	9	3, 7, 9, 21, 27
Bathylagidae	1,7–6,4	4	7
Salmonidae	2,8–3,5	3	4, 5, 9, 12, 17–20, 22, 24
Anguillidae	1,5–2,0	2	23
Cypriniformes:			
Gyrinocheilidae, Anostomidae, Characidae	0,7–2,0	11	12, 27
Cobitidae, Cyprinidae (2n)	0,7–1,4	3	13, 15, 17, 19, 20, 21, 22, 24, 35
Cobitidae, Cyprinidae (4n)	1,7–2,2	3	15, 20, 22, 24, 27, 35
Catostomidae (4n)	2,0	1	31
Siluriformes:			
Bagridae, Ariidae	1,1–2,4	2	12
Callichthyidae (*Corydoras*)	4,1–4,4	3	27
Cyprinodontidae	1,4–1,5	2	6, 25, 27
Poeciliidae	0,6–1,0	17	6, 25, 27
Atherinidae	1,3	1	27
Hemirhamphidae	0,7	1	27
Serranidae, Percidae, Cichlidae, Gobiidae	1,0–1,4	10	9, 12, 14, 27
Echeneidae, Pomatomidae, Anabantidae, Mastacembelidae	0,6–0,9	6	12, 27
Pleuronectidae, Bothidae	0,7–0,8	6	20, 24
Tetraodontidae	0,4	1	27

Literatur:

1. Bachmann (1972); 2. Bachmann et al. (1974); 3. Beamish et al. (1971); 4. Booke (1968); 5. Booke (1974); 6. Cimino (1974); 7. Ebeling et al. (1971); 8. Fontana (1976); 9. Hinegardner (1968); 10. Hinegardner (1976a); 11. Hinegardner (1976b); 12. Hinegardner und Rosen (1972); 13. Kang und Park (1973a); 14. Kornfield et al. (1979); 15. Mauro und Micheli (1979); 16. Mirsky und Ris (1951); 17. Muramoto et al. (1968); 18. Ohno (1970b); 19. Ohno und Atkin (1966); 20. Ohno et al. (1967a); 21. Ohno et al. (1969a); 22. Ojima et al. (1972); 23. Park und Kang (1976); 24. Pedersen (1971); 25. Rasch et al. (1965); 26. Robinson et al. (1975); 27. Scheel (pers. Mitt.); 28. Stingo et al. (1980); 29. Szarski (1970); 30. Thomson (1972); 31. Uyeno und Smith (1972); 32. Vervoort (1979); 33. Vervoort (1980); 34. Vialli (1957); 35. Wolf et al. (1969).

these verwendet werden kann. Die Zahl dieser Chromosomen im Chromosomensatz kann offenbar variieren; ihr Vorhandensein kann man als besonderen Mechanismus zur Vergrößerung der Chromosomenvariabilität ohne Störung der Integrität des Grundgenoms betrachten.

Die Familie der Acipenseriden ist nach der Zahl der Chromosomen und dem Gehalt an DNA im Kern in zwei Gruppen zu differenzieren. Zur einen gehören die Störe, die viele Chromosomen besitzen (*Acipenser gueldenstaedti, A. baeri, A. naccarii* und vermutlich *A. schrencki*), zur anderen zählen der Hausen und der Kalugahausen (*Huso huso* und *H. dauricus*), der Sterlet, der Schip und der Sternhausen (*A. ruthenus, A. nudiventris, A. stellatus*), der Schaufelstör (*Scaphirhynchus platorhynchus*) sowie der Baltische Stör (*A. sturio*), die eine um die Hälfte geringere Chromosomenzahl besitzen (OHNO et al. 1969; SEREBRJAKOVA 1969, 1970; FONTANA und COLOMBO 1974; FONTANA 1976; VASIL'EV et al. 1980).

Es ist zu bemerken, daß unter den Autoren keine einheitliche Ansicht über die Methode der Berechnung der Chromosomenzahl bei den Stören besteht. Die italienischen Karyologen zählen alle Mikrochromosomen, die sowjetischen Wissenschaftler nahmen sie in den ersten Arbeiten nicht mit auf. Ungeachtet dieser Meinungsverschiedenheiten ist am Vorhandensein von zwei karyologischen Gruppen in der Familie Acipenseridae nicht zu zweifeln. Die Unterschiede zwischen diesen Gruppen hinsichtlich der Menge an DNA im Genom und in der Größe der Erythrozyten spricht zugunsten der Hypothese des polyploiden Ursprunges einiger Störarten (FONTANA 1976; VASIL'EV et al. 1980).

Hinweise gibt es auch auf den polyploiden Ursprung des amerikanischen Löffelstöres *Polyodon spathula* (Polyodontidae) (DINGERKUS und HOWELL 1976).

Interessant sind die Wege der Evolution des Karyotyps in den Ordnungen der Heringsartigen (Clupeiformes) und der Lachsartigen (Salmoniformes). Die Heringe, Sardellen und die mit ihnen nahe verwandten Familien haben im großen und ganzen offenbar die Chromosomenzahlen (2n zwischen 48 und 52) beibehalten, die für die Vorfahren der rezenten Knochenfische charakteristisch sind (OHNO 1970b; SCHEEL 1974 u. a.). Einige Arten bilden eine Ausnahme. Bei einem Fisch aus der Familie Gonostomidae *(Gonostoma bathyphilum)* wurden nur 12 große Chromosomen festgestellt (POST 1974). Dies ist die bisher geringste bei Fischen festgestellte Chromosomenzahl. In der gleichen Gattung besteht bei einer anderen Art *(G. elongatum)* der Chromosomensatz aus 48 Chromosomen. Ausgehend von 6 ringförmigen Tetraden in der Meiose wurden die großen Chromosomen von *G. bathyphilum* als Ergebnis einiger zentrischer Verschmelzungen gebildet. Der Chromosomenkomplex dieser Art erinnert an den Chromosomensatz von *Oenothera*, der durch eine beständige strukturelle Heterozygotie des Genoms gekennzeichnet ist.

Aus der Ordnung der Lachsartigen (Salmoniformes) ragen ihren Karyotypen nach die Lachse (Salmonidae) und Äschen (Thymallidae) heraus. Man darf als erwiesen annehmen, daß alle Fische dieser Familien zum Ende des Tertiärs oder des Quartärs eine Verdopplung ihres Chromosomensatzes erfuhren (OHNO et al. 1969a; OHNO 1970a). Bei der ursprünglichen (vermutlich für alle Gruppen gemeinsamen) tetraploiden Form muß die Chromosomenzahl etwa 96 bis 100 betragen haben. Im Prozeß der Verbreitung der Lachse, Coregonen und Äschen erfolgte später eine Divergenz der Karyotypen, die von einer sekundären Diploidisierung des Genoms begleitet wurde. Die Zahl der Chromosomen verringerte sich bei allen Arten, mit Ausnahme der Äschen, in unterschiedlichem Maß. Von der Polyploidie der Lachse und Coregonen zeugen auch die genetischen Kenndaten, insbesondere das Vorhandensein einer Reihe duplizierter Loci im Genom (OHNO 1970a; ENGEL et al. 1971b; KIRPIČNIKOV 1973a; MARKERT et al. 1975; FERRIS und WHITT 1977a; FERRIS et al. 1979).

Die Divergenz der Salmoniden führte zu einer sehr großen Vielfalt von Karyotypen sogar innerhalb einer Gattung (Tab. 4). So variiert bei den Pazifischen Lachsen *(Oncorhynchus)* die Chromosomenzahl zwischen 74 bei *O. keta* und 52 bei *O. gorbuscha*; die Zahl der Arme oder Fun-

Tabelle 4
Zahl der Chromosomen und Chromosomenarme bei Salmoniden (ohne Coregonen)

Gattung und Art	2n	N.F.	Literaturquelle	Vermutete Zahl der Chromosomenumstrukturierungen im Vergleich zum hypothetischen Vorfahren (nach Viktorovskij 1975b)		
				zentrische Fusionen	perizentrische Inversionen	insgesamt
Oncorhynchus keta	74	106–108	23, 25	15	1	16
O. tshawytscha	68	106	17, 25	18	1	19
O. masu (= rhodurus)	64–66	104	6, 17	19–20	0	19–20
O. kisutch	58–60	104–106	25	22–23	0	22–23
O. nerka	56–58	102–104	4, 5, 11, 12, 23, 25	23–24	0	23–24
O. gorbuscha	52	104	16, 25	26	0	26
Salmo trutta	78–82	98–100	8, 19, 20, 27	12	2	14
S. ischchan	80–82	96	10	12	4	16
S. letnica	80	104	7	12	0	12
S. carpio	80	98	15	–	–	–
S. salar	54–60 (58)	72–74	1, 18, 20–22, 24, 27	22–24	15	37–39
S. (Parasalmo) gairdneri	58–65	104	13, 16, 20, 26, 27, 29	22	0	22
S. (P.) mykiss	60–62	104–108	29	–	–	–
S. (P.) clarki clarki	70	106	16, 26	17	1	18
S. (P.) clarki henshavi	64	106	16, 26	20	1	21
S. (P.) clarki levisi	64	106	16, 26	20	1	21
S. (P.) aguabonita	58	104	16	23	1	24
S. (P.) apache	56 (58)	106	16, 33	24	0	24
S. (P.) gilae	56	105 (106?)	2	–	–	–
Salmothymus obtusirostris	82	94	3	10	5	15
Salvelinus fontinalis	84	100	27	10	2	12
S. namaycush	84	100	32	10	2	12
S. leucomaenis	84–86	100	6	9–10	2	11–12
S. alpinus	80–84	96–100	19, 28	12	2	14
S. (alpinus) cronocius	78–82	100	31	11–13	2	13–15
S. malma malma	76–78	96	6, 31	13–14	4	17–18

S. m. krascheninnikovi	82–84	98	6, 31	10–11	3	13–14
S. m. curilus	84–86	100	31	9–10	2	11–12
Hucho taimen	84	102	9	10	1	11
Brachymystax lenok	92	102	9	6	1	7
Brachymystax lenok	90	116	14	–	–	–

Literatur:

1. Baršiene (1977a); 2. Beamish und Miller (1977); 3. Berberovič et al. (1970); 4. Černenko (1971); 5. Černenko (1977); 6. Černenko und Viktorovskij (1971); 7. Dimovska (1959); 8. Dorofeeva (1965); 9. Dorofeeva (1977); 10. Dorofeeva und Ruchkjan (1982); 11. Fukuoka (1972a); 12. Gorškova und Gorškov (1978); 13. Kajdanova (1974); 14. Kang und Park (1973b); 15. Merlo (1957); 16. Miller (1972); 17. Muramoto et al. (1974); 18. Nygren et al. (1968b); 19. Nygren et al. (1971b); 20. Prokofeva (1935); 21. Rees (1967); 22. Roberts (1970); 23. Sasaki et al. (1968); 24. Sepovaara (1962); 25. Simon (1963); 26. Simon und Dollar (1963); 27. Svärdson (1945a); 28. Vasil'ev (1975a); 29. Vasil'ev (1975b); 30. Viktorovskij (1975b); 31. Viktorovskij (1978b); 32. Wahl (1960); 33. Wilmot (1974).

damentalzahl (N.F.) bleibt hierbei fast unverändert (Simon 1963; Černenko 1968, 1971; Černenko und Viktorovskij 1971; Fukuoka 1972a; Viktorovskij 1978b). Viktorovskij (1975b) vermutet, daß fast alle Chromosomenumstrukturierungen, die bei der Divergenz von *Oncorhynchus* erfolgten, zum Typ der zentrischen Fusionen (Robertson-Translokationen) gehören. *O. keta* steht seiner Meinung nach der Ausgangsform am nächsten, die etwa 100 akrozentrische Chromosomen besaß. *O. gorbuscha* ist nach Viktorovskij im Karyotyp am weitesten fortgeschritten und besitzt nur metazentrische Chromosomen.

Die diploide Chromosomenzahl variiert bei den Vertretern der Gattung *Salmo* zwischen 80 bis 82 und 54; die Zahl der Arme ist jedoch nur bei drei Arten, nämlich *S. trutta, S. ischchan* und *S. salar* verringert. Von großem Interesse ist der Karyotyp von *S. salar*. Beim europäischen Atlantischen Lachs neigt die Mehrzahl der Untersucher jetzt zu einer Chromosomenzahl von 58 (Sepovaara 1962; Nygren et al. 1968b, 1972; Baršiene 1977a, 1977b u.a.). Hinsichtlich des Lachses der amerikanischen Küste gibt es keine Übereinstimmung. Zwischen den verschiedenen amerikanischen Populationen wurden Differenzen in der Chromosomenzahl (Boothroyd 1959; Roberts 1970) festgestellt. Die Modalzahl in den unterschiedlichen Populationen beträgt 54, 55 und 56 Chromosomen. Roberts erklärt diese Schwankungen (wie auch die Unterschiede zwischen den Individuen) mit Robertson-Translokationen; die Armzahl bleibt fast unverändert (72). Rees (1967) und Nygren et al. (1972, 1975b) vertreten die Meinung, daß die Chromosomensätze bei den Lachsen der europäischen und kanadischen Populationen identisch sind. Sie stützen sich auf einen sorgfältigen Vergleich der Karyotypen und die Untersuchung von Hybriden zwischen diesen beiden Unterarten, aber auch zwischen dem Lachs und der Seeforelle. Die Abweichungen von einer diploiden Chromosomenzahl von 58 erklären sie mit Untersuchungsfehlern. Es ist darauf hinzuweisen, daß der Atlantische Lachs nach Viktorovskij (1975b) mit nicht weniger als 37 bis 40 die meisten Chromosomenumstrukturierungen durchgemacht hat. Eine erhebliche innerartliche Chromosomenvariabilität ist bei der amerikanischen Forellenart *S. clarki* festzustellen (Tab. 4).

Die Gattung *Salvelinus* (Saiblinge) divergierte in geringerem Umfang; es wird vermutet, daß diese Divergenz später begann (vor oder nach der ersten Eiszeit) und noch nicht abgeschlossen ist (VIKTOROVSKIJ 1975a, 1975; VIKTOROVSKIJ und GLUBOKOVSKIJ 1977). Die morphologische Untersuchung der Saiblinge läßt die Annahme zu, daß sie aus einer Form hervorgegangen sind, die *Salmo trutta* ähnlich war.

Aus den rezenten Saiblingen ragen durch die Vielfalt sowohl ihrer Karyotypen als auch ihrer morphologischen Besonderheiten die zahlreichen nordasiatischen Vertreter der Arten *Salvelinus alpinus* und *S. malma* heraus. Bei vielen von ihnen schwankt die diploide Chromosomenzahl beträchtlich (VIKTOROVSKIJ 1978b).

Unter den Maränen (Gattung *Coregonus*) haben viele Arten 80 Chromosomen; bei einigen Arten ist die Chromosomenzahl auf 78 bis 74 reduziert. Nur eine Art, *C. nasus*, zeichnet sich durch einen wesentlich verringerten Chromosomensatz aus (ANDRIJAŠEVA et al. 1983c). Offenbar erfolgte die Divergenz der Genome erst vor verhältnismäßig kurzer Zeit. Die Maränen der amerikanischen Gattung *Prosopium* veränderten sich stärker. Die Divergenz wurde möglicherweise durch die Vielfalt der von Fischen schwach besiedelten ökologischen Nischen dieser Region beschleunigt (BOOKE 1974).

Die Äschen (Gattung *Thymallus*) haben ihren „altertümlichen" Karyotyp (hinsichtlich der Chromosomenzahl) offensichtlich weitestgehend beibehalten, aber bei ihnen vergrößerte sich im Laufe der Evolution die Zahl der Chromosomenarme. Als Ursache für diese Zunahme sind in erster Linie perizentrische Inversionen anzunehmen.

Die den Lachsen und Maränen nahestehenden Familien der gleichen Ordnung, Osmeridae, Argentinidae und die Tiefseefische Bathylagidae, blieben offenbar auf dem ursprünglichen diploiden Stand. Hiervon zeugen die Angaben über die Zahl der Chromosomen und den Gehalt an DNA (OHNO 1970b; EBELING et al. 1971). Unter den Bathylagidae haben einige Bewohner der großen Tiefen einen erhöhten Gehalt an DNA und eine höhere Chromosomenzahl. Sehr wahrscheinlich hängt das nicht mit Polyploidie, sondern mit der Tandemduplikation des Chromosomenmaterials und Umstrukturierung des Genoms durch Translokationen zusammen.

Schwer zu beurteilen sind die Gründe für die Verringerung der Chromosomenzahl im Verlauf der sekundären Diploidisierung des Genoms der Salmoniden. Es kann dafür drei Erklärungen geben:

1. Die Verringerung der diploiden Chromosomensätze erfolgte automatisch mit größerer Wahrscheinlichkeit im Ergebnis der Fusion von Chromosomen als durch Fission und die zufällige Fixierung dieser Trennungen. Polyploidie ermöglichte die Fusion von ihrem Ursprung nach verwandten Chromosomen (VIKTOROVSKIJ 1975c, 1978b);

2. Die Verringerung der Zahl der Chromosomen war mit der Spezialisierung der Arten verbunden, in deren Verlauf die Bildung von Komplexen gekoppelter Gene zweifellos einen Anpassungsvorteil bot (VORONZOV 1966; HINEGARDNER und ROSEN 1972; KIRPIČNIKOV 1973b);

3. Die zentrische Fusion verwandter Chromosomen war vorteilhaft, da sie zur Beschleunigung der Diploidisierung bei Polyploiden beitrug (ROBERTS 1970).

Die Wahrscheinlichkeit rein zufälliger Fixierung von Chromosomenumbildungen ohne Beteiligung der Auslese ist sehr gering, insbesondere wenn man die Seltenheit dieser Umbildungen bedenkt. Wahrscheinlicher ist, daß bei den evolutionären Umbildungen diejenigen erhalten blieben, die einen adaptiven Wert besaßen. Diese Überlegungen veranlassen dazu, die auf Selektion begründeten Erklärungen für richtiger zu halten.

Es ist darauf hinzuweisen, daß die Spuren der noch nicht sehr alten Polyploidisierung der Salmoniden bei vielen Lachsarten bei der Bildung der ringförmigen Chromosomen, der quadrivalenten und anderen von der Norm abweichenden Chromosomenfiguren im Verlauf der Meiose auftreten (SVÄRDSON 1945a; OHNO et al. 1965, 1969a; NYGREN et al. 1968b, 1971a, 1972, 1975b;

ROBERTS 1970; BARŠIENE 1977a; LEE und WRIGHT 1981).
Von großem Interesse sind die evolutionären Umbildungen in der Ordnung der Karpfenartigen (Cypriniformes). Die Familie Cyprinidae erwies sich als erstaunlich beständig hinsichtlich der Chromosomenzahl; wenn man die wenigen polyploiden Formen außer acht läßt, variiert die Chromosomenzahl hier nur wenig. Nur die spezialisierten Bitterlinge (Rhodeinae) haben eine etwas geringere Chromosomenzahl. Es herrschen Chromosomensätze mit 50 Chromosomen vor (Abb. 14). Die geringe Variation der Chromosomensätze bei den Cypriniden ist unserer Ansicht nach mit deren biologischen Besonderheiten, der hohen Fruchtbarkeit, der Vielfalt der ökologischen Nischen und der Anpassungsfähigkeit verbunden. All das erfordert eine große genetische Variabilität und die freie Kombinierbarkeit der Gene.

Es ist interessant, daß bei einigen Gruppen der Cypriniden, insbesondere bei den amerikanischen Vertretern der Gattung *Notropis*, eine Konstanz der Chromosomensätze besteht, obwohl eine bedeutende morphologische Divergenz der Arten zu verzeichnen ist (GOLD 1980).

Gerade in dieser aufblühenden Gruppe konnten sich polyploide Mutanten erhalten, die Vorteile im Konkurrenzkampf mit den gewöhnlichen diploiden Formen besitzen. Die polyploiden Formen entstanden in drei Familien, Cyprinidae, Cobitidae und Catostomidae. Dies war zweifellos eine wichtige Etappe in der progressiven Evolution der Knochenfische des Tertiärs. Unter den Cypriniden sind viele Arten polyploid, nicht weniger als 7 in der Unterfamilie Barbinae und 2 oder 3 in der Unterfamilie Cyprininae. Der Karpfen *(Cyprinus carpio)*, der Goldfisch *(Carassius auratus)* und die zweigeschlechtliche Form des Giebels *(C. auratus gibelio)* haben doppelte Chromosomensätze (2n = 98–104), die eingeschlechtlichen Populationen des Giebels *(C. auratus gibelio)* sogar dreifache (3n ~ 150) (MAKINO 1939; ČERFAS 1966a). Diploide und triploide Formen gibt es bei einigen Unterarten des Giebels in Japan. Die Unterart *C. auratus langsdorfi* ist sogar in drei Formen vertreten, die Chromosomensätze von 100, 156 und 206 haben (KOBAYASHI et al. 1970, 1973; UEDA und OJIMA 1978). Bei der Karausche aus der Donau *(C. carassius)* besteht der Karyotyp nach jüngsten Untersuchungen aus 50 Chromosomen (RAICU et al. 1981). Diese Angaben bedürfen jedoch noch einer Überprüfung.

In der Unterfamilie Barbinae sind die großen Arten *(Barbus barbus, B. brachycepha-*

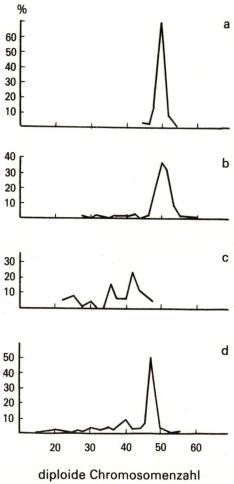

Abb. 14
Verteilung von Fischarten nach der Zahl der Chromosomen in unterschiedlichen taxonomischen Gruppen. a Cyprinidae, b Characidae, c Lebiasinidae (Cypriniformes), d Cyprinodontiformes. Polyploide Arten wurden weggelassen; für polymorphe Arten sind die maximal vorkommenden Chromosomenzahlen angegeben.

lus, B. meridionalis, B. tauricus, Tor putitora u. a.) ihrem Ursprung nach tetraploid. Viele der kleinen Formen (Fische aus der Gattung Puntius, die früher zur Gattung Barbus gezählt wurden, u. a.) sind diploid (OHNO et al. 1967a; FONTANA et al. 1970; SOFRADZIJA und BERBEROVIĆ 1973; SUZUKI und TAKI 1981; VASIL'EV 1983). In beiden Unterfamilien der Cypriniden verlief die Polyploidisierung offenbar unabhängig voneinander. Bei den Schmerlen (Fam. Cobitidae) wurden neben diploiden Arten auch einige mit vielen Chromosomen gefunden (Botia macracanthus, B. modesta, Misgurnus fossilis) (MURAMOTO et al. 1968; FERRIS und WHITT 1977b). Außerdem wurden bei einer Reihe von Arten diploid-tetraploide und diploid-triploid-tetraploide Komplexe gefunden:

- Cobitis biwae — bei zwei Rassen sind 48 und 96 Chromosomen vorhanden (SEZAKI und KOBAYASHI 1978; KIMIZUKA und KOBAYASHI 1983);
- Cobitis taenia — 48 (50), 72–75, 86, 94, 96–100 Chromosomen (KOBAYASHI 1976; UENO et al. 1980; VASIL'EV und VASIL'EVA 1982);
- Misgurnus anguillicaudatus — 48 (50) und 100 Chromosomen (RAICU und TAISESCU 1972; OJIMA und TAKAI 1979).

Bei den Arten mit vielen Chromosomen sind die Erythrozyten vergrößert (SEZAKI und KOBAYASHI 1978; VASIL'EV und VASIL'EVA 1982). Offenbar ist auch der DNA-Gehalt im Kern erhöht. Der polyploide Ursprung von Karpfen, Karauschen und einigen Cobitiden wird auch durch Angaben bestätigt, nach denen bei diesen die Zahl der duplizierten Loci erhöht ist (OHNO et al. 1967a; WOLF et al. 1969; ENGEL et al. 1971a, 1975; FERRIS und WHITT 1977b). Bei allen 14 untersuchten Arten der Catostomidae wurden im Karyotyp etwa 100 Chromosomen gezählt, der Gehalt an DNA ist erhöht. Die Polyploidisierung des Genoms bei den Catostomiden und einigen Cypriniden erfolgte offenbar nicht später als im mittleren Tertiär, das heißt vor über 50 Millionen Jahren im Gebiet des südöstlichen oder südlichen Asiens (UYENO und SMITH 1972). Die polyploiden Cobitiden sind anscheinend wesentlich jünger.

In der Evolution einer Reihe von Familien der Cypriniformes zeichnet sich deutlich eine Tendenz zur Verringerung der Chromosomensätze ab. So ist in der Familie Lebiasinidae bei einigen Arten die Chromosomenzahl auf 22–30 reduziert (Tab. 2, Abb. 14). In diesem Fall ist die Verbindung zwischen der Chromosomenzahl und der Spezialisierung deutlicher als bei den Salmoniden zu erkennen.

In einer Reihe von Familien (Characidae, Anostomidae u. a.) haben viele Arten eine erhöhte Chromosomenzahl (über 50), wobei es sich meist um zweiarmige metazentrische Chromosomen handelt (SCHEEL 1972a). Beim Anwachsen der Chromosomenzahl stieg bei den Characiden auch die Menge der DNA, mit aller Wahrscheinlichkeit aufgrund von Duplikationen, an.

Demnach erfolgte in der Ordnung der Cypriniformes die Evolution des Karyotyps mit unterschiedlichem Tempo in verschiedenen Richtungen, und dies führte zu einer erhöhten Divergenz der Chromosomensätze.

Dem Karyotyp nach ist die Ordnung der Welsartigen (Siluriformes) sehr heterogen. Bei vielen Arten übersteigt die diploide Zahl der Chromosomen 54 bis 60. Einige Arten aus den Familien der Clariidae und Callichthyidae mit vielen Chromosomen geben jedoch Grund zu der Annahme, daß sie polyploid sind. So gibt es in der Gattung Corydoras (Callichthyidae) einige Arten mit mehrfach vergrößerter Chromosomenzahl und Zahl der Arme:

Art	Chromosomenzahl	Armzahl
Corydoras arcuatus, C. axelrodi u. a.	46	92
C. metae	92	180
C. juli	92	184
C. aeneus	132	222

Der Gehalt an DNA erwies sich bei allen untersuchten Arten als hoch (4,1 bis 4,3 pg), darunter auch bei einer diploiden. In diesem Fall ist aber zu vermuten, daß es sich um einen Fehler in der Artbestimmung handelt (SCHEEL, pers. Mitt.).

Die Gattung *Noturus* (Fam. Ictaluridae) ist in der Chromosomenzahl sehr veränderlich, im Diploidstadium sind es bei mehr als 20 Arten zwischen 54 und 40 (LE GRANDE 1981). Es ist anzunehmen, daß die Verringerung der Chromosomenzahl durch zentrische Fusion, perizentrische Inversion und andere Umstrukturierungen unabhängig und parallel in zwei phylogenetischen Zweigen dieser Gattung entstand. Für die Gattung *Ictalurus* aus der gleichen Familie ist dagegen eine größere Chromosomengarnitur von 48 bis 62 charakteristisch.

Die ausgedehnte und gut untersuchte Ordnung der Zahnkarpfen (Cyprinodontiformes) kann als anschauliches Beispiel für die Beziehung zwischen Chromosomenzahl und Spezialisierung dienen. Die vermutete Ausgangszahl der Chromosomen (48) in der Familie Cyprinodontidae wurde nur bei 45 % der Arten beibehalten. Bei den übrigen verringerte sie sich bis herab zu Karyotypen von 18 bis 20 Chromosomen (Tab. 2, Abb. 14). Ein ähnliches Bild bietet auch die Familie Goodeidae. Unter den lebendgebärenden Poeciliidae herrscht im Gegensatz dazu ein Chromosomensatz von 48 Chromosomen vor.

In der Familie Cyprinodontidae treffen wir Unterschiede im Grad der Reduktion zwischen den Gattungen mit zwischenartlicher und innerartlicher Variabilität der Karyotypen an. Innerhalb vieler polytypischer Gattungen ist ein und dieselbe Gesetzmäßigkeit festzustellen – das Vorhandensein einer größeren oder kleineren Zahl von Arten mit reduzierter Chromosomenzahl. Folgende Beispiele dieser Variabilität sind zu nennen (nach SCHEEL 1972a und pers. Mitt. von Dr. Scheel):

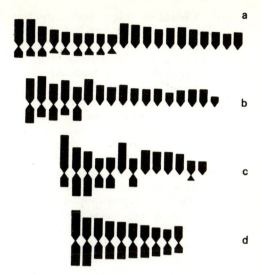

Abb. 15
Haploide Chromosomensätze bei unterschiedlichen Rassen von *Aphyosemion calliurum*, Schema (SCHEEL 1972a). Von oben nach unten: n = 20 (a); n = 17 (b); n = 13 (c); n = 10 (d).

Mit der Verringerung der Zahl der Elemente vergrößert sich die Anzahl der großen metazentrischen Chromosomen (Abb. 15).
Als Hauptmechanismus der Reduktion sind zentrische Fusionen anzunehmen. Eine große Rolle spielten auch die perizentrischen Inversionen (SCHEEL 1972a, 1972b). Bei einigen Arten bleibt die innerartliche Variabilität der Karyotypen nicht hinter der zwischenartlichen zurück. So erhielt SCHEEL (1972a) für drei Arten von *Aphyosemion* folgende Karyotypenreihen:

– *A. bivittatum* – 40, 38, 36, 34, 30, 26
– *A. calliurum* – 40, 38, 36, 34, 32, 30, 26, 22, 20
– *A. cameronense* – 34, 32, 30, 28, 26, 24

Gattung	Auftretende Diploidzahl bei verschiedenen Arten*					
Fundulus	48 (15);	46 (4);	44 (1);	40 (2);	34 (1);	32 (1)
Rivulus	48 (5);	46 (3);	44 (2);	40 (1);		
Aplocheilus	50 (4);	48 (7);	42 (1);	40 (2);	38 (1);	34 (2)
Nothobranchius	44 (1);	38 (3);	36 (3);	18 (1)		
Aphyosemion	46 (2);	42 (4);	40 (19);	38 (4);	36 (4);	34 (3);
	32 (1);	30 (3);	28 (2);	22 (2);	20 (3);	18 (1)

* In Klammern: Zahl der Arten

Diese Variation trägt systematischen Charakter, die Varietäten von unterschiedlichen geographischen Orten haben unterschiedliche Chromosomenzahlen. Bei seiner Analyse der Art *A. bivittatum* weist SCHEEL darauf hin, daß Karyotypen mit Chromosomensätzen von 40 oder 38 Chromosomen charakteristisch für die am meisten „verallgemeinerten" Varietäten sind. Im Verlauf der Besiedlung ausgedehnter Gebiete tropischer Wälder (vor Millionen Jahren) müssen die Ausgangsformen ziemlich variabel gewesen sein, demzufolge mußten sie Genotypen mit maximaler Variabilität, d. h. mit geringer Koppelung der Gene, haben. Nachdem in der Folgezeit in die gleichen kleinen, sehr stark isolierten Gewässer die anderen Arten von *Aphyosemion* eingedrungen waren, wurde eine maximale Spezialisierung und Begrenzung der Variabilität vorteilhaft. Im Verlauf der Auslese ergaben sich Vorteile für Individuen mit geringer Chromosomenzahl, d. h. mit beständigeren Genkombinationen. Der gleiche Vorgang der Spezialisierung und der parallelen Verringerung der Chromosomenzahl erfolgte auch bei der Ausbreitung von *A. calliurum*. Die Erhaltung jeder dieser Arten wurde ermöglicht durch das Vorhandensein von Varietäten mit plastischerem Genotyp, d. h. mit geringerem Grad der Koppelung und größerer Chromosomenzahl. Beim zufälligen Aussterben stark spezialisierter Formen können die frei gewordenen ökologischen Nischen durch diese hinreichend „flexiblen" Varietäten eingenommen worden sein (SCHEEL, pers. Mitt.).

Dieses bemerkenswerte Beispiel der eigenartigen „Adaptationsstrategie" einer Art zeigt, daß bei den Zahnkarpfen in jedem einzelnen Fall die Evolution des Karyotyps durch das Ungleichgewicht mehrerer Kräfte bestimmt wurde. Die wichtigsten von diesen waren die Vorteile der Spezialisierung und gleichzeitig die Notwendigkeit der Erhaltung einer hinreichenden Plastizität. Die überzähligen, spezialisierten Varietäten und Arten und möglicherweise auch die Gattungen starben bei ungünstigen Veränderungen der Lebensbedingungen aus.

In einer der Gattungen der Familie Poeciliidae, *Poeciliopsis*, gibt es triploide Arten und Varietäten mit 72 Chromosomen, die offenbar im Ergebnis der Hybridisation und Gynogenese entstanden (vgl. Kapitel 7). Triploide Formen können auch bei bestimmten Kreuzungen verschiedener *Poecilia*-Arten auftreten.

Von den übrigen Ordnungen der Fische sind einige Familien der Barschartigen (Perciformes) besser als die anderen untersucht worden. Zu dieser heterogenen Gruppe gehören Familien mit äußerst unterschiedlichem Grad der Plastizität und Spezialisierung. Eine große Anpassungsfähigkeit ist insbesondere für die Familien Percidae und Centrarchidae charakteristisch. Fast alle Arten dieser Familien besitzen Karyotypen mit 48 Chromosomen. Die Gattung *Etheostoma* (Percidae) bildet eine Ausnahme. Die zahlreichen Arten dieser Gattung sind hoch spezialisiert, jedoch bleibt die Chromosomenzahl bei allen unverändert ($2n = 48$). Familien wie Gobiidae, Cichlidae und Anabantidae enthalten viele spezialisierte Formen, und insbesondere unter diesen sind viele Fälle mit zahlenmäßiger Verringerung des Karyotyps zu finden (Tab. 2).

Über die Ordnungen Gasterosteiformes, Scorpaeniformes, Pleuronectiformes, Mugiliformes und andere ist wenig zu sagen, da nur vereinzelte Untersuchungen vorliegen. Bei den Fischen dieser Gruppen wird die Tendenz zur Verminderung der Chromosomenzahl sehr deutlich (Tab. 2).

Demnach läßt die Gegenüberstellung aller untersuchten Fischartigen und Fische die Schlußfolgerung zu, daß die Zahl der Chromosomen und auch die Menge der DNA im Genom mit zunehmender Entwicklung von primitiveren zu höher organisierten Gruppen zweifellos abnimmt. Diese Gesetzmäßigkeit wurde von vielen Autoren festgestellt (HINEGARDNER 1968, 1976a; HINEGARDNER und ROSEN 1972; KIRPIČNIKOV 1973b; OHNO 1974). Unter den primitivsten Gruppen haben die Inger und Lungenfische einen zahlenmäßig geringen Chromosomensatz, aber für diese ist ein hoher DNA-Gehalt charakteristisch.

In verschiedenen taxonomischen Gruppen ist sowohl eine Verringerung als auch eine Vergrößerung der Chromosomenzahl zu beobachten. Die Reduktion der Chromosomen kann man offensichtlich nicht einer zufälligen Fixierung von ROBERTSON-Translokationen zuschreiben; wahrscheinlicher ist, daß die natürliche Auslese, die durch die Lebensbedingungen dieser oder jener Gruppe und durch den Charakter der Anpassung der Fische an die Umweltbedingungen bestimmt wird, entscheidend beteiligt ist. Die Abnahme der Chromosomenzahl ist zweifellos in einer Reihe von Fällen mit der Spezialisierung der Arten verbunden, die eine Begrenzung der Kombinationen des genetischen Materials erforderte. Dieser Zusammenhang ist jedoch nicht absolut – die Veränderung der Chromosomenzahl und der Menge an DNA im Zellkern kann auch das Ergebnis der Anpassung an spezifische Lebensbedingungen, insbesondere an die Notwendigkeit der Veränderung des Stoffwechselniveaus, sein.

Die Hauptrolle bei der Evolution der Karyotypen der Fische spielten Chromosomenumbildungen in Form zentrischer Fusionen (und wahrscheinlich auch Fissionen) sowie perizentrischer Inversionen. Man darf nach der Analogie zu anderen Organismen eine starke Beteiligung von parazentrischen Inversionen, Tandemduplikationen und kleineren Deletionen an diesem Prozeß vermuten. Bisher verfügen wir aber noch nicht über adäquate Methoden, um diese chromosomalen Veränderungen bei Fischen feststellen zu können.

Polyploidisierung hat in der Evolution der Fische mehrmals stattgefunden. Als erwiesen darf man Fälle einer unabhängigen Entstehung polyploider Formen in der Familie Acipenseridae, bei Salmoniformes und Cypriniformes sowie in geringerem Umfang bei den Siluriformes ansehen. Es ist nicht ausgeschlossen, daß Polyploidie auch in der Evolution einiger anderer taxonomischer Gruppen vorgekommen ist. Die Möglichkeit des Überlebens polyploider Formen bei Fischen ist dadurch gegeben, daß bei vielen von ihnen der Typ der genetischen Geschlechtsdeterminierung vergleichsweise einfach ist und daß bei einigen Geschlechtschromosomen auch ganz fehlen (VIKTOROVSKIJ 1969).

Die Evolution des Chromosomenapparates bei den Dipnoi stellt ein ganz außergewöhnliches Beispiel für die mehrmalige Vergrößerung des Chromosomenmaterials und die parallele Zunahme der Zellgröße dar. Dieses Beispiel kann sich als nützlich für die Untersuchung der Wege des Vordringens der Wasserorganismen auf das Land erweisen.

Es gibt Hinweise auf das Vorhandensein von Unterschieden in der Chromosomenzahl zwischen Süßwasser- und Meeresfischen sowie zwischen Tiefsee- und Küstenformen (NIKOL'SKIJ 1973; NIKOL'SKIJ und VASIL'EV 1973). Die von den Autoren postulierte erhöhte Chromosomenzahl bei Süßwasserfischen erscheint zweifelhaft. In einer ganzen Reihe von Ordnungen oder einzelnen Familien zeichnen sich Süßwasserarten durch stark reduzierte Chromosomenzahlen aus, die Meeres- und Wanderfische dagegen durch erhöhte. Ein anschauliches Beispiel für das Auftreten verringerter Chromosomensätze bieten vor allem die im Süßwaser lebenden Zahnkarpfen. Weniger Zweifel gibt es an der größeren Chromosomenzahl bei arktischen Formen, aber auch in diesem Fall darf man den Hauptfaktor für die Divergenz der Karyotypen bei den Fischen nicht vergessen, d. h. den Grad ihrer Spezialisierung, der bei den Bewohnern der Tropen und Subtropen zweifellos größer ist.

In seiner letzten Arbeit wies VASIL'EV (1983) an einem umfangreichen Material eine erhebliche positive Korrelation zwischen der karyologischen Variabilität innerhalb bestimmter taxonomischer Gruppen und dem Grad der Isolierung der Arten nach. Interessant ist auch die von ihm festgestellte negative Korrelation zwischen der Vielfalt der Karyotypen und der Fruchtbarkeit der Fische. Demzufolge verstärkt sich die Divergenz der Karyotypen der Fische, wenn sie isoliert leben und die Fruchtbarkeit vermindert ist.

1.5. Chromosomenpolymorphismus

Es wurde schon gezeigt, daß die Chromosomenzahlen bei Fischen beträchtlich variieren und daß einer der wichtigsten Mechanismen dieser Veränderungen die zentrische Fusion von Chromosomen verschiedener Paare darstellt (ROBERTSON-Translokationen). Die erste Folge derartiger Umstrukturierungen, sofern sie in der Population erhalten bleiben, ist Polymorphismus in bezug auf die Chromosomenzahl. Man kann von drei Stufen des Chromosomenpolymorphismus sprechen:

1. Polymorphismus verschiedener Zellen bei ein und demselben Exemplar (intraindividuelle Stufe oder Mosaikform);
2. Unterschiede zwischen Individuen innerhalb einer Familie oder einer Population (Intra-Populationsstufe);
3. Unterschiede zwischen den Populationen oder Rassen (Unterarten) innerhalb einer Art (Inter-Populationsstufe).

Variabilität der Chromosomenzahl innerhalb eines Individuums (Mosaikform)

Mosaikformen wurden bei vielen Fischarten festgestellt. Bei Embryonen der Regenbogenforelle *(Salmo gairdneri)* ließen sich folgende Chromosomenzahlen finden (OHNO et al. 1965):

Gesamtzahl der Chromosomen	59	60	61	62	63	64
davon telozentrische	14	16	18	20	22	24
Zahl der Metaphasen						
erster Embryo	2	15	6	1	0	3
zweiter Embryo	3	4	0	8	1	2
dritter Embryo	1	21	2	1	1	0

Es ist ersichtlich, daß in diesem Fall die Variation der Chromosomenzahl zweifellos auf ROBERTSON-Verschmelzungen und -Teilungen zurückzuführen ist. Variable Chromosomenzahlen sind auch für die Mehrzahl der Organe der heranwachsenden und adulten Forellen charakteristisch.

Ähnliche Ergebnisse wurden bei der familienweisen Analyse von Regenbogenforellenembryonen der Ropscha-Population erhalten (Tab. 5). Es wurden große Unterschiede sowohl zwischen den Familien als auch zwischen den einzelnen Embryonen innerhalb einer Familie festgestellt. Der Umfang der Variabilität bei jedem Embryo ist nicht sehr groß. Ebenso wie in den Versuchen OHNOS wurde ein gewisses Vorherrschen der geradzahligen Chromosomensätze beobachtet. Bei der guten Qualität der von KAJDANOVA angefertigten Aufnahmen sind Zählfehler sicher weitgehend auszuschließen (Abb. 16). Die Zahl der Arme war in fast allen Fällen gleich (104). Variabilität der Chromosomenzahl von Zelle zu Zelle bei der Regenbogenforelle wurde auch in anderen Arbeiten beschrieben (FUKUOKA 1972b).

Eine große Variabilität innerhalb des Individuums fand ROBERTS (1970) bei dem Atlantischen Lachs *(Salmo salar)*. Leider rufen die Zahlen von ROBERTS einige Zweifel hervor, da das Material zur Gewinnung der Mitosen aus einer Zellkultur des Ovars stammte. Im Verlauf der Kultivierung

Tabelle 5

Karyotyp-Variation der Regenbogenforelle der Ropscha-Population, Gebiet Leningrad (nach KAJDANOVA 1974)

Familie Nr.	Embryo Nr.	Karyotypen (2n)							Gesamtzahl der gezählten Metaphasen
		58	59	60	61	62	63	64	
1	1	2	2	1	1				6
	2		1	4	1				6
	3			1	1	6			8
2	1			2	3	1			6
	2				6	1			7
3	1				6	4	1		11
	2				2	4	4		10

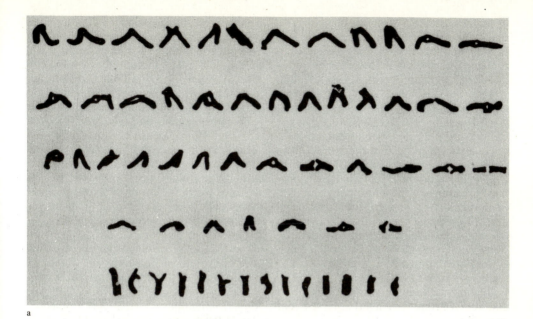
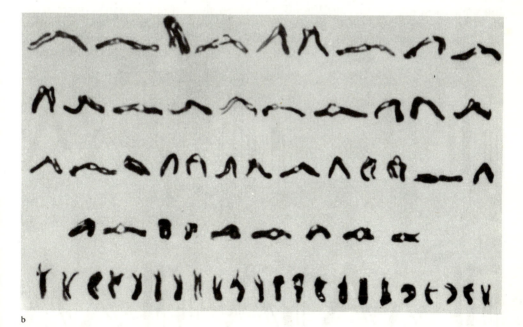

Abb. 16
Chromosomenpolymorphismus bei der Regenbogenforelle *(Salmo gairdneri)*. 2n = 59 (a); 2n = 63 (b). Die ersten 4 Reihen zeigen metazentrische und subzentrische Chromosomen, die unterste Reihe: akrozentrische Chromosomen. Präparate und Foto T. I. Kajdanova.

könnten einzelne Chromosomen während der Zellteilung verlorengegangen sein. Außerdem könnten sich die in der Regel zweiarmigen Chromosomen (beim Lachs sind es 7 bis 8 Paare) unter den spezifischen Bedingungen der Zellkultur am Centromer getrennt haben.

Nach BARŠIENE (1977a, 1978, 1980) ist der Zellpolymorphismus beim Atlantischen Lachs ziemlich groß, steht aber nur wenig in Beziehung zu ROBERTSON-Translokationen. Es liegen ihm offenbar fehlerhafte Disjunction homologer Chromosomen, die Eliminierung einiger von ihnen während der Mitose und Translokationen zwischen den Chromosomen zugrunde. Am häufigsten sind nach BARŠIENE (1978, 1980) Chromosomensätze der Typen 16 m + 42 a (N. F. = 74) und 14 m + 44 a (N. F. = 72). Es kommen aber auch Mitosescheiben mit anderen Chromosomenverhältnissen der zwei Typen vor.

Ein umfangreiches Material zur Variation der Chromosomensätze (Mosaikform) in den Embryonalstadien der Entwicklung von *Oncorhynchus nerka* wurde von ČERNENKO (1968, 1971, 1976b, 1977) vorgelegt. Für jeden Embryo ist eine eigene Chromosomenvariabilität charakteristisch. Am häufigsten sind Chromosomensätze mit den Modalzahlen 56, 57 und 58. Die Zahl der akrozentrischen Chromosomen nimmt mit der Vergrößerung der Gesamtzahl der Chromosomen zu, und dies spricht zugunsten des Vorhandenseins von ROBERTSON-Translokationen. Allerdings sind auch andere Typen von Chromosomenumstrukturierungen nicht ausgeschlossen. Bei *O. kisutch* wurde ebenfalls Polymorphismus festgestellt, aber die Zahl der Chromosomen variiert in engeren Grenzen (58 oder 60) (OHNO et al. 1969a). Die ROBERTSON-Translokationen erfolgen hier nur zwischen zwei Chromosomenpaaren, die Zahl der Arme bleibt strikt unverändert und beträgt 104.

Beim Sonnenbarsch *(Lepomis cyanellus)* wurde bei einer der domestizierten Populationen eine auf zentrischer Verschmelzung der Chromosomen zweier Paare beruhende Variabilität der Chromosomenzahl gefunden (BEÇAK et al. 1966). Bei den Exempla-

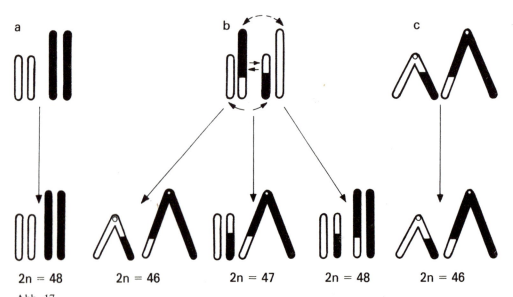

Abb. 17
Schema der somatischen Aufspaltung hinsichtlich der Chromosomenzahl bei *Lepomis cyanellus* BEÇAK et al. 1966). Dargestellt sind nur 2 Chromosomenpaare, die von der Translokation betroffen sind. a normale Homozygoten mit 48 akrozentrischen Chromosomen, b Heterozygoten (2n = 47) mit Aufspaltung in den somatischen Zellen, c Homozygoten mit zentrischer Verschmelzung der Chromosomen zweier Paare (2n = 46, darunter zwei Paare metazentrischer Chromosomen).

ren mit 47 Chromosomen, die nach ROBERTSON-Translokationen heterozygot waren, erfolgte die somatische Aufspaltung hinsichtlich der Chromosomenzahl mit der Bildung von Zellen dreier verschiedener Typen (2n = 46, 47 und 48). Die Zahl der großen metazentrischen Elemente betrug dementsprechend 2, 1 und 0 (Abb. 17).

Bei einem asiatischen Cypriniden *(Acheilognathus rhombea)* trug die somatische Segregation einen etwas anderen Charakter – bei ein und demselben Exemplar wurden Zellen mit drei verschiedenen, aber immer geradzahligen Chromosomensätzen gefunden. In den Zellen mit 48 Chromosomen waren diese alle akrozentrisch, bei 46 Chromosomen fanden sich im Karyotyp zwei metazentrische und bei 44 Chromosomen waren es 4 (NOGUSA 1955b). Offenbar erfolgten zwei Translokationen gleichzeitig: 4 akrozentrische Chromosomen, die zwei Paare gebildet hatten, wandelten sich in zwei metazentrische um oder 8 in 4.

Chromosomenpolymorphismus innerhalb eines Individuums ist bei den Salmoniden am verbreitetsten. OHNO (1970) erklärt das mit dem polyploiden Ursprung der Salmoniden. Zwischen den Paaren duplizierter Chromosomen blieb eine Affinität bestehen, in der Meiose bilden sich Multivalente. Bei der Regenbogenforelle kann die Chromosomenvariabilität nach der Mosaikform eine unmittelbare Folge ihres Hybridursprunges sein. Außer den Umstrukturierungen nach ROBERTSON sind bei den Salmoniden auch andere Mechanismen des Polymorphismus der Zellen möglich, z.B. Nicht-Trennung (Non-Disjunction), die Eliminierung einzelner kleiner Chromosomen, komplexe zwischenchromosomale Rearrangements und Inversionen. Hierbei kann sich auch die Zahl der Arme ändern (BARŠIENE 1977a; ČERNENKO 1977; GORŠKOVA 1980).

Variabilität der Chromosomenzahl innerhalb der Population (echter Polymorphismus)

Unterschiede hinsichtlich der Chromosomenzahl zwischen den Individuen einer Population wurden bei mehreren Fischarten gefunden. Vor allem wurde eine solche Variabilität bei den meisten Arten mit Chromosomenvariationen in ihren Zellen gefunden, die durch zentrische Fusionen bedingt sind. Zu diesen Arten gehören z. B. *Acheilognathus rhombea, Lepomis cyanellus, Salmo gairdneri, Salvelinus malma* und *S. leucomaenis*. Bei der Regenbogenforelle wurden innerhalb ein und desselben Zuchtstammes Exemplare mit unterschiedlichen Modalchromosomenzahlen gefunden, nämlich 58, 59, 60, 61, 62, 63 und sogar 64 (KAJDANOVA 1974, 1976; THORGAARD 1976; HARTLEY und HORNE 1982). In einer Population von *Lepomis cyanellus* wurden Exemplare mit folgenden Chromosomenzahlen gefunden: 48 (normale Homozygote), 47 (Heterozygote nach Translokation) und 46 (Homozygote nach Translokation (BEÇAK et al. 1966).

Ein Polymorphismus innerhalb der Population ist auch bei *Spicara flexuosa* (Centracanthidae) festzustellen. Die Modalchromosomenzahl schwankt hier bei den einzelnen Individuen zwischen 44, 45 und 46 (VASIL'EV et al. 1980). In der Familie Cottidae besitzt *Myoxocephalus scorpius* eine polymorphe Chromosomenzahl, in der Familie Gobiidae *Gobius ophiocephalus* (VASIL'EV 1983). In diesen Fällen wurden jedoch nur wenige Exemplare untersucht, und es sind weitere Auszählungen notwendig. Beim Weißmeerhering *(Clupea harengus)* kommen Exemplare mit 52 und 54 Chromosomen vor (KRYSANOV 1978). Unter den Lachsen sind *Oncorhynchus gorbuscha* (GORŠKOVA und GORŠKOV 1981) und *O. nerka* von Kamtschatka (ČERNENKO 1976, 1977; GORŠKOVA 1978) polymorph. Veränderlich ist auch der Karyotyp bei einigen Populationen der afrikanischen Zahnkarpfen *Aphyosemion cognatum, A. bivittatum, A. calliurum* und *A. cameronense* (SCHEEL 1966, 1972a). In all diesen Fällen hatten ROBERTSON-Translokationen große Bedeutung für die Evolution der Karyotypen.

Bei den Fischen kommt, wie bereits erwähnt, auch ein Chromosomenpolymorphismus innerhalb der Population vor, der nicht dem ROBERTSON-Typ entspricht. Dieser Variabilität, die von BARŠIENE (1977a) beim Atlantischen Lachs und von VASIL'EV (1983) bei *Benthophilus stellatus* sowie von

ARAI und FUJIKI (1978) bei *Pseudoblennius marmoratus* beschrieben wurde, liegt offenbar eine Umstrukturierung vom Typ der parazentrischen und perizentrischen Inversion zugrunde, die zu Änderungen der Zahl der Chromosomenarme führt. Das Auftreten von Trisomen in Populationen von Saiblingen der Gattung *Salvelinus* (DAVISSON et al. 1972) deutet auf die Möglichkeit einer aneuploiden Variabilität bei einigen Arten mit vielen Chromosomen hin. Dies stellten auch VASIL'EV (1983) und MITROFANOV (1983) fest. Schließlich unterliegt die Variabilität in der Zahl der Mikrochromosomen bei den Selachiern und den Stören keinem Zweifel (NYGREN und JAHNKE 1972b; FONTANA und COLOMBO 1974).

Variabilität der Chromosomenzahl zwischen Populationen

Unterschiede in der Chromosomenzahl zwischen Populationen ein und derselben Art sind in der Familie Cyprinodontidae besonders groß (SCHEEL 1972a). Ein Beispiel von mehreren Arten der Gattung *Aphyosemion* wurde bereits erwähnt (S. 43).
Reihen diploider Zahlen bei konstanter Armzahl wurden bei einigen Arten der Gattungen *Aplocheilus* und *Nothobranchius* gefunden. In dieser Familie wurde ein Unterschied zwischen den Populationen hinsichtlich der Chromosomenzahl (2n = 46 und 48) bei der Untersuchung von *Aphanius chantrei* (ÖZTAN 1954) und *Fundulus notatus* (BLACK und HOWELL 1978) festgestellt. Rassen mit 46 und 48 Chromosomen gibt es bei *Lepomis cyanellus* (ROBERTS 1964). Bei den Salmoniden erwiesen sich die Karyotypen von *Salmo gairdneri* (KAJDANOVA 1974) ebenso wie die von *S. clarki* und *S. aguabonita* (SIMON und DOLLAR 1963; GOLD und GALL 1975) sowie die von *Salvelinus malma* und *S. leucomaenis* (VIKTOROVSKIJ 1975a) als variabel.
Bei der Peipus- und der Ladogamaräne (*Coregonus lavaretus maraenoides* und *C. l. ludoga*) sind die Chromosomenzahlen gleich, im Karyotyp der Ladogamaräne ist jedoch die Zahl der zweiarmigen Chromosomen um 4 geringer; die Hybridform der Sewanpopulation erwies sich als polymorph (RUCHKJAN und ARAKELJAN 1980).

Die Sewanforelle *(Salmo ischchan)* ist in vier biologischen Rassen mit unterschiedlichen Chromosomenzahlen von 80 bis 82 vertreten (RUCHKJAN 1982). Chromosomenrassen gibt es auch bei zwei Arten der Familie Cobitidae, *Misgurnus anguillicaudatus* (OJIMA und TAKAI 1979b) und *Cobitis taenia* (UENO et al. 1980; VASIL'EV und VASIL'EVA 1982) sowie bei einem Wels aus der Familie Ictaluridae, *Noturus flavus* (LE GRANDE und CAVENDER 1980) und bei einigen anderen Süßwasserfischen.
Unterschiede zwischen den Populationen sind bei Fischen im allgemeinen in den taxonomischen Gruppen zu beobachten, für die auch die Variationen der Chromosomenzahl innerhalb der Population und innerhalb der Individuen charakteristisch sind. Diese Variabilität ist bei den Fischen nicht sehr weit verbreitet, obgleich die Unterschiede zwischen den Arten oft mit ROBERTSON-Translokationen und anderen Chromosomenumstrukturierungen verbunden sind, die im Laufe der Evolution fixiert wurden. Offenbar erfolgte die Umstrukturierung des Chromosomenapparates bei der Artbildung verhältnismäßig schnell, und man kann sie jetzt nur noch an einigen „heißen Punkten" der Fischevolution entdecken.

1.6. Geschlechtschromosomen

Lange Zeit hindurch wurden bei Chromosomenuntersuchungen an Fischen keine Heterochromosomen gefunden. Dies ist damit zu erklären, daß viele Fische im Vergleich zu den höheren Wirbeltieren einen relativ primitiven Mechanismus zur Festlegung des Geschlechts haben. Unter den rezenten Knochenfischen kommen echte synchrone oder simultane Hermaphroditen vor, hierzu gehören insbesondere einige Sägebarsche (Familie Serranidae) und einzelne Vertreter aus anderen Familien, z. B. *Rivulus marmoratus* aus der Familie Cyprinodontidae (HARRINGTON 1963, 1971; ATZ 1964; OHNO 1967 u. a.). Der simultane Hermaphroditismus ist in einer Reihe von Fällen durch konsekutiven, protandrischen oder meist protogynen ersetzt. Zu Anfang fungieren die Gonaden als Ovar, anschließend beginnt eine Degeneration der Oozyten, und es treten Abschnitte mit männlichen Geschlechtszellen auf (CLARK 1959 und SMITH 1975 – Fam. Serranidae; FISHELSON 1970 – Fam. Anthiidae; YOUNG und MARTIN 1982 – Fam. Lethrinidae). Bei allen hermaphroditischen Fischarten, sowohl bei den synchronen als auch bei den konsekutiven, fehlt offenbar eine genetische Geschlechtsbestimmung.

Einzelne hermaphroditische Exemplare und Intersexe wurden bei vielen Fischarten gefunden, die sich normalerweise durch deutliche Trennung der Geschlechter auszeichnen. Insbesondere kommen Hermaphroditen bei den Coregonen vor (PORTER und COREY 1974), ebenso beim Karpfen (KOSSMANN 1971), bei *Tilapia* (ROTHBARD et al. 1982) und beim Guppy (SPURWAY 1957). Beim Karpfen und Guppy erwies sich sogar die Selbstbefruchtung als möglich. Eine massenhaft auftretende Intersexualität ist für einige Populationen des Kaulbarsches *(Gymnocephalus cernua)* charakteristisch (BUCKAJA 1976).

Bei den meisten Fischen, darunter auch solchen, bei denen in seltenen Fällen Hermaphroditismus zu beobachten ist, ist ein echter genetischer Mechanismus zur Geschlechtsbestimmung vorhanden. Die unterschiedlichen Arten und manchmal auch ganze taxonomische Gruppen befinden sich in verschiedenen Entwicklungsetappen dieser Mechanismen. Zum primitivsten Typ gehört die polygene Bestimmung des Geschlechtes: die männlichen und weiblichen Gene befinden sich in vielen Chromosomen, und die Entwicklung in die männliche oder weibliche Richtung hängt von der Balance dieser Gene ab. Als Beispiele für einen solchen Mechanismus zur Geschlechtsbestimmung können der Schwertträger *(Xiphophorus helleri)*, aber auch *Limia (Poecilia) vittata* und *L. caudofasciata* aus der Familie Poeciliidae gelten (KOSSWIG 1965 u.a.). Jedes einzelne Gen, das auf die Entwicklung der Gonaden einwirkt, hat einen verhältnismäßig geringen Einfluß. Aus diesem Grunde können eine Veränderung der Umweltbedingungen der Fische und die Variation des Genotyps leicht mit einer Veränderung des Geschlechterverhältnisses verbunden sein.

Zu dem am weitesten entwickelten Typ der Steuerung des Geschlechts muß die Geschlechtsbestimmung durch spezielle Geschlechtschromosomen (Gonosomen) gezählt werden. Die Geschlechtschromosomen werden bei allen Tieren durch die Buchstaben X (weiblich) und Y (männlich) bezeichnet. Dabei handelt es sich um männliche Heterogamie (♀♀ haben zwei homologe X-Chromosomen, ♂♂ ein X und ein unpaariges Y). Im Falle der weiblichen Heterogamie sind die Geschlechtschromosomen des Männchens gleich (ZZ) und die Chromosomen des Weibchens verschieden (ZW).

Bei einigen Fischen aus den Familien Poeciliidae und Cyprinodontidae, *Poecilia reticulata* und *Oryzias latipes* wird das Geschlecht durch Chromosomen bestimmt, Unterschiede zwischen den Geschlechtschromosomen sind jedoch nicht zu erkennen. Diese Chromosomen lassen sich mit Hilfe von eingelagerten Farbgenen markieren. Man darf vermuten, daß sich die X- und Y-Chromosomen bei diesen Arten nur durch das Vorhandensein eines oder weniger spezifischer Geschlechtsgene unterscheiden. Das Crossing over zwischen X- und Y-Chromosomen ist bereits erschwert, der Vorgang der Zerstörung der unpaarigen Chromosomen befindet sich aber noch im Anfangsstadium. Japanischen Wissenschaftlern gelang vor kurzem die Feststellung, daß sich die Geschlechtschromosomen bei *Carassius auratus auratus* ihrer Größe nach nicht unterscheiden. Bei Differentialfärbung sind jedoch im Karyotyp des Weibchens zwei homologe Chromosomen mit charakteristischen S-Streifen am Ende des kurzen Arms gut zu erkennen. Beim Männchen besitzt nur ein Chromosom diesen Streifen (OJIMA und TAKAI 1979a).

In einigen Populationen der Poeciliiden und Tilapien sind X-Chromosomen mit in der Wirkungsintensität unterschiedlichen weiblichen Genen vorhanden (KALLMAN 1973; HAMMERMAN und AVTALION 1979; ORZACK et al. 1980).

Die Geschlechtsbestimmung durch differenzierte Gonosomen, die sich durch eines oder wenige Geschlechtsgene unterscheiden, ist offenbar charakteristisch für sehr viele Fische, insbesondere für die Mehrzahl der Salmoniden und Cypriniden sowie für Zahnkarpfen und andere Fische. Die genetischen Faktoren, die auf das Geschlecht einwirken (wahrscheinlich auf die Entwicklung der geschlechtsbestimmenden Hormone), sind bei ihnen auch in den Autosomen vorhanden. Besonders deutlich läßt sich die komplizierte Wechselwirkung der Geschlechtschromosomen und Autosomen in den Versuchen mit *Tilapia (Sarotherodon)* erkennen (HAMMERMAN und AVTALION 1979). Trotzdem spielen die Geschlechtsgene, die in den Gonosomen angeordnet sind, die Hauptrolle bei der Geschlechtsbestimmung. Die Geschlechtsumbildung unter Einwirkung äußerer Faktoren (Temperatur usw.) ist auch bei Fischen möglich, die Geschlechtschromosomen besitzen. Die Fütterung der Brut mit männlichen (Testosteron) und weiblichen (Östron) Hormonen oder deren Zusatz zum Wasser führen manchmal zur vollständigen Umbildung des Geschlechts, aber bei den Nachkommen der umgebildeten Fische wird das Geschlecht wieder durch Geschlechtschromosomen bestimmt (YAMAMOTO 1955, 1958 u. a.; JOHNSTON et al. 1978, 1979a, 1979b; GOETZ et al. 1979; OKADA et al. 1979; DONALDSON und HUNTER 1982).

Die hormonale Geschlechtsumwandlung ermöglicht die verhältnismäßig einfache Bestimmung des Typs der Heterogamie ohne Untersuchung der Chromosomen unter dem Mikroskop und ohne detaillierte genetische Analyse. Bei Homogamie der weiblichen Tiere ergibt ihre Umwandlung in männliche Tiere durch Testosteron und die Kreuzung dieser umgewandelten männlichen Fische mit normalen weiblichen in der Nachkommenschaft nur weibliche Exemplare. Bei Heterogamie der weiblichen Tiere resultieren aus der gleichen Kreuzung in der Nachkommenschaft sowohl männliche als auch weibliche Exemplare:

♂ XX (umgewandelt) × ♀ XX
= 100 % ♀♀ XX
♂ WZ (umgewandelt) × ♀ WZ
= 25 % ♂♂ ZZ + 50 % ♀♀ WZ
+ 25 % ♀♀ WW.

Dementsprechend sind bei der Gewinnung von Nachkommen von Männchen, die mit Hilfe von Östradiol in Weibchen umgewandelt wurden, bei männlicher und weiblicher Heterogamie folgende Nachkommen zu erwarten:

♀ XY (umgewandelt) × ♂ XY
= 25 % ♀♀ XX + 50 % ♂♂ XY
+ 25 % ♂♂ YY
♀ ZZ (umgewandelt) × ♂ ZZ
= 100 % ♂♂ ZZ.

Versuche mit *Salmo gairdneri* (JOHNSTON et al. 1979b), *Oncorhynchus kisutch* (HUNTER et al. 1982), *Carassius auratus* (YAMAMOTO und KAJISHIMA 1968; YAMAMOTO 1975a) und *Tilapia (Oreochromis) mossambica* (YANG YONGQUAN et al. 1979) zeigten, daß bei all diesen Arten die Männchen heterogametisch sind. Mit Hilfe der Gynogenese (vgl. Kapitel 7) wurde Heterogamie der Männchen beim Graskarpfen *(Ctenopharyngodon idella)* und der Weibchen bei der Flunder *(Platichthys flesus)* festgestellt (STANLEY 1976b; LINCOLN 1981).

In einigen Fischfamilien ist der Prozeß der Evolution der Geschlechtschromosomen noch wesentlich weiter fortgeschritten. Bis jetzt wurden bei mehr als 50 Arten aus den unterschiedlichsten Gruppen echte Heterochromosomen gefunden, die sich oftmals nach Größe und Struktur wesentlich voneinander unterscheiden (Tab. 6). Es herrscht hierbei männliche Heterogamie vom Typ XX (♀♀), XY (♂♂) vor, seltener ist weibliche Heterogamie (♀♀ WZ, ♂♂ ZZ). Bei *Gambusia affinis* ist weibliche Heterogamie für die Subspecies *G. a. affinis* von der Küste der Mexikanischen Bucht typisch. Die Subspecies *G. a. holbrooki* aus Amerika und Europa hat keine Heterochromosomen (BLACK und HOWELL 1979; LODI und MARCHIONNI 1980). Beschrieben wurde auch das vollständige Fehlen der Y-Chromosomen bei den Männchen (Typ XX-X0). Einige Karyologen sind jedoch der Ansicht, daß in solchen Fällen das Y-Chromosom durch Translokation mit einem der Autosomen verbunden ist (THORGAARD 1978; LODI und MARCHIONNI 1980b). Eine ebensolche Vereinigung von Y mit anderen (offenbar zwei) Chromosomen kann man auch für den Fall der Geschlechtsbestimmung nach dem Typ ♀♀ XXXX, ♂♂ XXY postulieren, der für drei Vertreter der Ordnung Cyprinodontifor-

Tabelle 6
Heterochromosomen bei Fischen

Ordnung, Familie	Gattung und Art	Typ des Heterochromosoms	Literaturquelle
Selachiiformes			
Dasyatidae	*Dasyatis sabina*	XY	DONAHUE 1974
Salmoniformes			
Salmonidae	*Salmo gairdneri*	XY	THORGAARD 1977
	Oncorhynchus nerka	XXY, XXXX	THORGAARD 1978
Galaxiidae	*Galaxias platei*	XY	CAMPOS 1972
Sternoptychidae	*Sternoptyx diaphana*	XO	EBELING und CHEN 1970
Bathylagidae	*Bathylagus milleri*	XY	EBELING und SETZER 1971
	B. ochotensis	XY	EBELING und CHEN 1970
	B. stilbius	XY	EBELING und CHEN 1970
	B. wesethi	XY	EBELING und CHEN 1970
Myctophiformes			
Neoscopelidae	*Scopelengys tristis*	XY	EBELING und CHEN 1970
	Zwei Arten (nicht identisch)	XY	EBELING und CHEN 1970
Myctophidae	*Lampanyctus ritteri*	XO	CHEN und EBELING 1974
	Symbolophorus californiensis	XY	CHEN und EBELING 1974
	Zwei Arten (nicht identisch)	XY	CHEN 1969
Synodontidae	*Saurida elongata*	ZW	PASSAKAS 1981
	S. undosquamis	ZW	PASSAKAS 1981
Anguilliformes			
Anguillidae	*Anguilla anguilla*	ZW	PASSAKAS und KLEKOWSKI 1972
	A. rostrata	ZW	OHNO et al. 1973
	A. japonica	ZW	PARK und KANG 1976
Congridae	*Astroconger myriaster*	ZW	PARK und KANG 1976
Cypriniformes			
Cyprinidae	*Vimba vimba*	XY	RUDEK 1974
	Carassius auratus	XY	OJIMA und TAKAI 1979
Erythrinidae	*Hoplias lacerdae*	XY	BERTOLLO 1978
Anostomidae	*Leporinas lacustris*	XY	GALETTI et al. 1981
	L. silvestrii	ZW	GALETTI et al. 1981
	L. obtusidens	ZW	GALETTI et al. 1981
Paradontidae	*Apareiodon affinis*	ZWW	MOREIRA et al. 1980
Siluriformes			
Bagridae	*Mystus tengara*	ZW	RISHI 1973
Loricariidae	*Plectostomus ancistroides*	XY	MICHELE et al. 1977
	Pl. macrops	XY	MICHELE et al. 1977
Ictaluridae	*Noturus taylori*	XY	LE GRANDE 1981
Siluridae	*Callichrous bimaculatus*	XY	RISHI 1976b
Cyprinodontiformes			
Cyprinodontidae	*Fundulus diaphanus*	XY	CHEN und RUDDLE 1970
	F. parvipinnis	XY	CHEN und RUDDLE 1970
	Germanella pulchra	XXY, XXXX	LEVIN und FOSTER 1972
	Megupsilon aporus	XXY, XXXX	UYENO und MILLER 1971

(Fortsetzung Tabelle 6 auf Seite 54)

Ordnung, Familie	Gattung und Art	Typ des Heterochromosoms	Literaturquelle
Poeciliidae	Gambusia affinis	ZW	Campos und Hubbs 1971; Chen und Ebeling 1968
	G. nobilis	ZW	Campos und Hubbs 1971; Chen und Ebeling 1968
	G. gaigei	ZW	Campos und Hubbs 1971; Chen und Ebeling 1968
	G. hurtadoi	ZW	Campos und Hubbs 1971; Chen und Ebeling 1968
	Mollienesia sphenops	ZW	Rishi und Gaur 1976
	Xiphophorus maculatus	XY	Foerster und Anders 1977
	X. xiphidium	XY	Foerster und Anders 1977
Goodeidae	Allodontichthys sp.	XY	Miller und Walters 1972
Bericiformes			
Melamphaeidae	Melamphaeus parvus	XY	Ebeling und Chen 1970
Anoplogasteridae	Scopelogadus mizolepis	XY	Ebeling und Chen 1970
	Scopeloberyx robustus	XY	Ebeling und Chen 1970
Gastcrosteiformes			
Gasterosteidae	Gasterosteus wheatlandi	XY	Chen und Reisman 1970
	Apeltes quadracus	ZW	Chen und Reisman 1970
Perciformes			
Periophthalmidae	Boleophthalmus boddaerti	ZW	Subrahmanyam 1969
Gobiidae	Gobiodon citrinus	XO	Arai und Sawada 1974
	Mogrunda obscura	XY	Nogusa 1955a
Belontiidae	Colisa lalius	ZO	Rishi 1976a
	C. fasciatus	ZO	Rishi 1979
Scatophagidae	Scatophagus argus	XY	Khuda-Bukhsh und Manna 1974
Osphronemidae	Trichogaster fasciatus	ZW	Rishi 1975
Cichlidae	Geophagus brasiliensis	XY	Michele und Takahashi 1977
Scorpaeniformes			
Cottidae	Cottus pollyx	XY	Miller und Walters 1972
Pleuronectiformes			
Gynoglossidae	Symphurus plagiusa	XO	Le Grande 1975
Tetraodontiformes			
Monacanthidae	Stephanolepis cirrhifer	XXY, XXXX	Murofushi et al. 1980

mes charakteristisch ist (Uyeno und Miller 1971, 1972; Levin und Foster 1972). Dieser Typ ist auch kennzeichnend für eine Art aus der Ordnung Tetraodontiformes (Murofushi et al. 1980) und für Gymnotoidei (Forresti 1974). Das unpaarige Chromosom kann infolge der Translokation hierbei sehr große Abmessungen erreichen (Abb. 18).

Hinsichtlich des Mechanismus der Geschlechtsbestimmung stellen die Fische demnach eine sehr heterogene Tiergruppe dar. Wir treffen hier den synchronen oder konsekutiven Hermaphroditismus und gemischte Geschlechtsbestimmung an, wobei auf die Entwicklung der Geschlechtsmerkmale sowohl der Genotyp als auch das Milieu einwirken. Außerdem begegnen wir polygenen Mechanismen, und schließlich sind echte Geschlechtschromosomen vorhanden. Bei der Geschlechtsbestimmung durch Chromosomen unterscheiden sich die unpaarigen Chromosomen (Y oder W), wie wir gesehen haben, oftmals nicht von ihren Homologen (X oder Z). In letzter Zeit wurden jedoch nicht wenige Fälle wesentlicher morphologischer Unterschiede zwischen ihnen festgestellt.

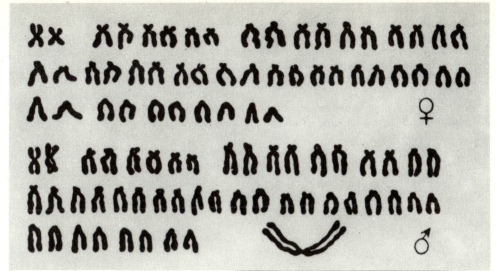

Abb. 18
Weibliche und männliche Karyotypen von *Megupsilon aporus*. Bei den Rogenern sind 44 Autosomen und 4 X-Chromosomen vorhanden; die Milchner besitzen 44 Autosomen, 2 X-Chromosomen und ein Riesen-Y-Chromosom (UYENO und MILLER 1971).

1.7. Nichtchromosomale Vererbung

Verbürgte Fälle einer nicht an Chromosomen gebundenen Vererbung wurden bei Fischen bisher nicht festgestellt. Die einzige Ausnahme davon ist die ziemlich weit verbreitete Erscheinung der Matroklinie, d. h. die vorzugsweise Weitergabe der mütterlichen Merkmale an die Nachkommenschaft bei einigen Kreuzungen. Die Matroklinie ist bei einigen innerartlichen und zwischenartlichen Kreuzungen von Fischen deutlich festzustellen. Ursache der Matroklinie können die drei folgenden Erscheinungen sein:

1. Strukturen im Cytoplasma, die DNA enthalten (vor allem Mitochondrien) und die die Synthese einiger spezifischer Eiweiße steuern. Die Weitergabe dieser nichtchromosomalen Gene erfolgt von der weiblichen Seite her über das Cytoplasma des Eies und kann zu einer mütterlichen Vererbung führen.

2. Die Ansammlung großer Mengen von Produkten der Tätigkeit der Chromosomen des mütterlichen Organismus (mRNA und Eiweiße) im Cytoplasma und Dotter der reifen Eizelle. Dies führt zum Vorherrschen mütterlicher Züge bei den Embryonen in den Anfangsstadien der Entwicklung. Man muß hinzufügen, daß viele väterliche Gene bei den Fischen offenbar erst im Stadium der Blastula und manchmal noch später ihre Tätigkeit (Eiweißsynthese) aufnehmen.
Der mütterliche Effekt bei Kreuzungen des Karpfens mit dem Amur-Wildkarpfen (KIRPIČNIKOV 1949), des Ropscha-Karpfens mit dem Ukrainischen Karpfen (ANDRIJAŠEVA 1966) und auch bei Kreuzungen des Karpfens mit der Karausche (NIKOLJUKIN 1952) hängt unserer Meinung nach mit diesem Mechanismus zusammen.

3. Die Befruchtung einer nicht reduzierten (diploiden) Eizelle mit normalem Sperma und das dadurch hervorgerufene Auftreten

von triploiden Keimen, bei denen auf zwei mütterliche Genome nur ein väterliches entfällt. Triploide, bei denen die mütterlichen Merkmale vorherrschen, wurden bei einigen entfernten Kreuzungen von Fischen festgestellt (Vasil'ev et al. 1978).

In den meisten Fällen einer matroklinen Vererbung bei Fischen ist eine Nachwirkung des Genotyps der Mutter sehr wahrscheinlich. Dafür spricht die Weitergabe der mütterlichen Merkmale nur in der ersten Generation und ihr Verschwinden in den nachfolgenden Generationen. Es unterliegt keinem Zweifel, daß Fakten einer echten nichtchromosomalen Vererbung auch bei Fischen entdeckt werden, wie sie bei einer Reihe von anderen Tieren (insbesondere bei *Drosophila*) und bei vielen Pflanzen gefunden wurden.

2. Genetik der Fische in Teichen und natürlichen Gewässern

2.1. Die Mendelschen Grundgesetze der Vererbung

Lange vor der Entwicklung der chromosomalen Theorie der Vererbung formulierte MENDEL (1865) in seiner klassischen Arbeit „Versuche über Pflanzenhybriden" die Grundprinzipien der Weitergabe der Merkmale an die Nachkommenschaft. Es handelt sich dabei um das Uniformitätsgesetz in der ersten Hybridgeneration, das Gesetz der Aufspaltung der Merkmale in der zweiten Hybridgeneration (Spaltungsgesetz), das Gesetz der Reinheit der Gameten und das Gesetz der unabhängigen Kombination der Erbfaktoren bei der Nachkommenschaft. Diese fundamentalen Regeln wurden 1900 unabhängig voneinander von CORRENS, TSCHERMAK und DE VRIES wiederentdeckt und bestätigt.

Den MENDELschen Regeln liegen die Gesetzmäßigkeiten des Verhaltens der Chromosomen im Verlauf der Reifung der Geschlechtszellen (Meiose) und bei der Befruchtung zugrunde. Die wichtigste Rolle spielt hierbei das Gesetz der Reinheit der Gameten. Die chromosomale Grundlage der Reinheit der Gameten besteht darin, daß im Kern jeder reifen Geschlechtszelle nur eines von zwei homologen Chromosomen vorhanden ist. Das Gen (die Anlage nach MENDEL) gelangt zusammen mit dem Chromosom, in dem es sich befindet, in die Gamete. Es verändert sich dabei unter dem Einfluß des Gens in einem anderen homologen Chromosom nicht. Die unterschiedlichen Formen ein und desselben Gens werden jetzt als Allele bezeichnet. Wenn bei einem Hybriden zwei verschiedene Allele ein und desselben Gens in zwei homologen Chromosomen vorhanden sind, kann nach der Reduktion nur eins von diesen in jeden Gameten gelangen. Es bilden sich in gleicher Anzahl zwei Typen von Gameten, wodurch das Spaltungsgesetz in der zweiten Generation bestimmt wird. Bei der Verschmelzung der Gameten während der Befruchtung werden die Chromosomen mit unterschiedlichen Allelen nach dem Gesetz des Zufalls kombiniert. Wenn keine besonderen Umstände eintreten, bilden sich in etwa gleicher Anzahl 4 Typen von Zygoten (Abb. 19).

Viele Merkmale der Pflanzen und Tiere vererben sich dominant, d. h. in der Hybridzygote setzt sich eines der Allele stärker als das andere durch und unterdrückt dieses im Prozeß der Entwicklung des Organismus. Das stärkere Allel wird als dominant, das schwächere als rezessiv bezeichnet. Bei vollständiger Dominanz des Allels A über das Allel a werden alle Nachkommen, die in einem Chromosom das Allel A besitzen, dem Elternteil ähnlich, der ihnen das Chromosom mit dem Gen A vermittelt hat. In der zweiten Hybridgeneration erhalten wir das klassische Mendelsche Verhältnis 3:1 (75 % AA und Aa, 25 % aa). Die Homozygoten AA sind von den Heterozygoten Aa bei vollständiger Dominanz nicht zu unterscheiden.

Wenn sich die Homozygoten AA von den Heterozygoten Aa unterscheiden, spaltet die zweite Hybridgeneration in drei Gruppen, AA, Aa und aa, im Verhältnis 1:2:1 (25 % AA, 50 % Aa und 25 % aa) auf. Dieses Verhältnis ist die allgemeinere, universale Folge des Gesetzes der Reinheit der Gameten, da es unmittelbar das Hauptgesetz der Verteilung der Chromosomen in der Meiose – die zufällige Aufspaltung der Chromosomen jeden Paares im Verlauf der Reduktion (Segregation) und die zufällige Verschmelzung von Gameten mit unterschiedlichen Sätzen von allelen Genen – zum Ausdruck bringt.

Die Dominanz ist selten vollständig. Nach einigen meist externen Merkmalen kann das Gen dominant sein, aber nach anderen, manchmal sehr wichtigen Merkmalen ist das Gen nur semidominant. Endprodukt je-

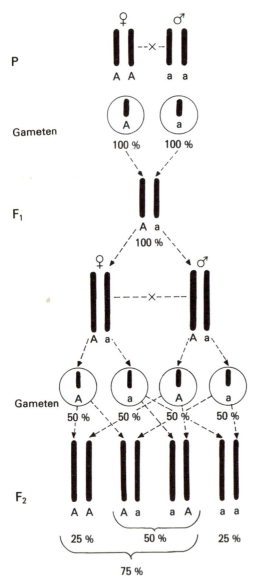

Abb. 19
Schema der Verteilung der Chromosomen und Gene bei der Meiose und Befruchtung als Grundlage der MENDELschen Regeln der Einheitlichkeit der ersten Hybridgeneration und der Aufspaltung in der zweiten Hybridgeneration.

des Gens (mit Ausnahme der Gene, die für die Synthese der Ribonucleinsäuren zuständig sind) sind die Polypeptide. Bei dem Homozygoten AA bildet sich ein Polypeptid, bei dem Homozygoten aa ein anderes.

Von dem Heterozygoten Aa können beide Polypeptide synthetisiert werden, oftmals kommt noch eine dritte Hybridform hinzu. Demzufolge unterscheiden sich in den meisten Fällen alle drei Genotypen nach dem Charakter der Eiweißsynthese ziemlich deutlich.

Bei Rückkreuzungen vom Typ Aa × aa und Aa × AA tritt in der Nachkommenschaft das Verhältnis 1:1 auf, da bei heterozygoten Exemplaren nur zwei Gametentypen gebildet werden, A und a (je 50 %).

Der wichtigste Ausdruck für das Gesetz der Reinheit der Gameten ist jedoch die Unterteilung der in Hinblick auf ein beliebiges Gen heterozygoten Exemplare in zwei zahlenmäßig gleiche Gruppen. Diese Unterteilung bildet im Prinzip die Grundlage für alle, auch für die sehr komplizierten genetischen Gesetzmäßigkeiten.

Die unabhängige Verteilung der Merkmale wird eindeutig durch die unabhängige Verteilung der Chromosomen der unterschiedlichen Paare in den Gameten bei der Reduktionsteilung erklärt. Bei zwei Paaren von Genen und Merkmalen (A und a und B und b) und dementsprechend bei zwei Chromosomenpaaren sind in der zweiten Hybridgeneration 16 Kombinationen von Genen möglich. Diese Genkombinationen kann man sich mit Hilfe des PUNNETT-Gitters, das die Formeln der Gameten und Zygoten angibt, leichter vorstellen (s. S. 59).

Bei vollständiger Dominanz teilt sich die Nachkommenschaft auf der Grundlage der von MENDEL erhaltenen Ergebnisse nach dem Phänotyp in vier Gruppen, AB, Ab, aB und ab im Verhältnis 9:3:3:1. Wenn die Dominanz nicht vollständig ist, werden die Relationen noch komplizierter (4:2:2:2:2:1:1:1:1). Es treten neun Klassen von Nachkommen auf, wobei die doppelt Heterozygoten AaBb zahlenmäßig am stärksten sind (s. Seite 59).

Bei der Aufspaltung in drei unabhängige Anlagen, d. h. nach drei Genen, die in verschiedenen Chromosomenpaaren lokalisiert sind, beträgt die Zahl der Gametentypen bei jedem der Elternteile 8 (2^3) und die Zahl der verschiedenen Zygoten (nach dem PUNNETT-Gitter berechnet) 64 (4^3).

Die Aufspaltung, die auf der Reinheit der

♂ Gameten	♀ Gameten			
	A B	A b	a B	a b
A B	A B / A B	A B / A b	A B / a B	A B / a b
A b	A B / A b	A b / A b	A B / a b	A b / a b
a B	A B / a B	A B / a b	a B / a B	a B / a b
a b	A B / a b	A b / a b	a B / a b	a b / a b
	Zygoten			

Gameten und auf der zufälligen Verteilung der Chromosomen während der Meiose begründet ist, ändert sich, wenn ein Gen das Auftreten eines anderen, nicht allelen Gens unterdrückt (Epistasie). So treten im Falle des Albinismus oftmals bei den in Hinblick auf das rezessive Gen homozygoten Albinos die anderen Gene der Pigmentierung nicht auf, und das Verhältnis 9:3:3:1 wandelt sich in das Verhältnis 9:3:4 um. Wenn beim Vorhandensein des Gens A Unterschiede zwischen den Genotypen BB, Bb und bb nicht zu bemerken sind, erhalten wir (bei vollständiger Dominanz) das Verhältnis 12:3:1. Möglich sind auch viele andere Zahlenverhältnisse.

Bei der Analyse der Vererbung der Merkmale begegnen wir sehr häufig Genen, die das Absterben bei Homozygotie bewirken (Letalgene). Wenn die Homozygoten aa nicht lebensfähig sind, überleben in der zweiten Hybridgeneration nur die Exemplare AA und Aa. Diese Generation erweist sich entweder als einheitlich, oder bei Unterschieden zwischen AA und Aa teilt sie sich in zwei Gruppen im Verhältnis zwei Heterozygoten zu einem Homozygoten. Bei vielen Tieren und Pflanzen konnte frühe embryonale Mortalität von 25 % der Nachkommen (bei bestimmten Zusammenstellungen der Eltern) beobachtet werden. In natürlichen Populationen sind die letalen Gene nicht weniger verbreitet als unter den Kulturpflanzen und den Haustieren.

An einem besonders gut geeigneten Laborobjekt, der Taufliege *(Drosophila)*, die sich durch einen sehr schnellen Generationswechsel auszeichnet, gelang es MORGAN und seinen Mitarbeitern, die Kopplung der Gene festzustellen, d. h. das Vorhandensein verschiedener Gene in ein und demselben Chromosom. Diese Gene werden zusammen vererbt, aber während der Reduktionsteilung kommt es zeitweise zu einer Chromosomenpaarung (Konjugation); dabei erfolgt oftmals ein Austausch von Teilen (Crossing over). Im Ergebnis des Crossing over entstehen in bestimmter Anzahl neue Genkombinationen – es treten Crossing-over-Exemplare auf. Die Häufigkeit des Crossing over ist der Entfernung zwischen den Genen im Chromosom proportional. Dadurch besteht die Möglichkeit, hinreichend genaue Genkarten der Chromosomen zu entwerfen.

Bei einer Häufigkeit des Crossing over von 10 % wird ein Teil der Gameten (10 %) Crossing-over-Chromosomen tragen. Demzufolge beträgt auch die Wahrscheinlichkeit des Auftretens von Crossing-over-Zygoten 10 %. Die Einheit des Abstandes zwischen den Genen ist als Crossing-over-Häufigkeit von 1 % definiert (Morgan-Einheit).

Es ist zu bemerken, daß die Gene, die in den Geschlechtschromosomen lokalisiert sind, sich auf etwas ungewöhnliche Weise vererben. Bei *Drosophila* haben die Weibchen die Geschlechtschromosomen XX, die Männchen XY. Im X-Chromosom sind viele Gene enthalten. Das Y-Chromosom ist bei *Drosophila* fast leer und besitzt keine dem X-Chromosom entsprechenden allelen Gene. Das Gen w (ein rezessives Gen, das bei den Fliegen das Auftreten der weißen Färbung der Augen bewirkt) ist im X-Chromosom lokalisiert. Bei der Kreuzung von homozygoten weißäugigen Weibchen mit rotäugigen Männchen ist eine eigenartige Überkreuzvererbung zu beobachten:

♀ $X^w X^w$ × ♂ $X^W Y$
weiße Augen   normale Augen
= ♀♀ $X^W X^w$ + ♂♂ $X^w Y$.
normale Augen   weiße Augen

Eine ungewöhnliche Art der Vererbung ist auch bei der Kreuzung von heterozygoten

Weibchen mit normalen (rotäugigen) Männchen festzustellen:

♀ $X^W X^w$ × ♂ $X^W Y$ = ♀♀ $X^W X^W$
normale   normale   normale
Augen   Augen   Augen
+ ♀♀ $X^W X^w$ + ♂♂ $X^W Y$ + ♂♂ $X^w Y$
normale   normale   weiße
Augen   Augen   Augen

Die Überkreuzvererbung ist für alle Merkmale (und Gene) charakteristisch, die mit dem Geschlecht gekoppelt sind.
Dies sind die grundlegenden Gesetzmäßigkeiten der Vererbung der Gene, die in den Autosomen und den Geschlechtschromosomen aller diploiden zweigeschlechtlichen Organismen vorhanden sind. Die Prinzipien der Vererbung gelten in vollem Umfang auch für die Fische. Die erblich bedingte Variabilität ist bei den Fischen ebenso groß wie bei den übrigen Tieren. Folgende vier Gruppen von erblicher Variabilität lassen sich differenzieren:

1. Qualitative morphologisch-anatomische Merkmale alternativen Charakters, die in Übereinstimmung mit den MENDELschen Gesetzen vererbt werden und eine deutliche Aufspaltung in der Nachkommenschaft bei der Kreuzung von Exemplaren ergeben, die sich durch diese Merkmale unterscheiden.
2. Quantitative Unterschiede hinsichtlich zahlreicher morphologischer und physiologischer Merkmale, die polygen vererbt werden. Diese Merkmale hängen in ihrer Erscheinungsform nicht nur von vielen Genen, sondern auch von vielen veränderlichen Umweltfaktoren ab. Die Wechselwirkungen der Gene, die auf ein Merkmal Einfluß haben, tragen oftmals additiven Charakter, die Einflüsse der einzelnen Gene addieren sich in solchen Fällen einfach. Möglich sind auch kompliziertere, nicht additive Wechselwirkungen; dazu zählen Dominanz, d.h. Unterdrückung eines Gens durch ein anderes, alleles Gen, Epistasis, d.h. Unterdrückung eines nicht allelen Gens durch ein Gen, und schließlich Superdominanz, d.h. das verstärkte Auftreten eines Merkmals bei einem Heterozygoten im Vergleich zu beiden Homozygoten.

Zu den typischen qualitativen Merkmalen, die bei den meisten Fischarten variieren, zählen die Zahl der Wirbel und der Flossenstrahlen, die Zahl der Schuppen und Kiemendornen, die Besonderheiten des Exterieurs, Länge und Körpermasse, der Sauerstoffbedarf, die Resistenz gegenüber hohen und niedrigen Temperaturen und andere.
3. Biochemische Unterschiede, bedingt durch die Variabilität der Blutgruppe und das Vorhandensein einiger Formen ein und desselben Proteins, die unter Kontrolle verschiedener Gene oder unterschiedlicher Allele eines Gens synthetisiert werden. Das Vorkommen multipler Eiweißformen, der Isozyme oder Isoformen, wurde jetzt bei praktisch allen Genen festgestellt, die Enzyme und andere Eiweiße codieren (MARKERT 1983). Allele Proteinunterschiede werden ähnlich vererbt wie die Differenzen der qualitativen Merkmale und sind ebenso wie diese den MENDELschen Gesetzmäßigkeiten unterworfen.
Die großen Fortschritte, die in letzter Zeit bei der Untersuchung der Eiweiße erzielt wurden, und besonders die Ausarbeitung von Methoden zur Unterscheidung der Eiweißfraktionen mit Hilfe der Stärke- und Polyakrylamidgel-Elektrophorese führten zur Ausbildung eines neuen, sich schnell entwickelnden Teilgebietes der Genetik – der biochemischen Genetik. Eine große Zahl von Untersuchungen auf diesem Gebiet wurde an Fischen durchgeführt.
4. Phänodevianten (LERNER 1954), d.h. Mißbildungen und verschiedenartige Abweichungen von der Norm. Diese sind gewöhnlich schwach manifestiert und werden kompliziert vererbt. Sie sind in natürlichen Fischpopulationen nicht selten zu beobachten; noch öfter beggnen wir ihnen in den Populationen der domestizierten Arten. Die Häufigkeit ihres Auftretens und der Grad der Veränderung des Merkmales hängen in starkem Maß vom sonstigen Genotyp und von den Unweltbedingungen ab. Inzucht und ungünstige Lebensbedingungen tragen zum Auftreten von Phänodevianten bei und verstärken die Manifestation des Merkmals. Die genetische Analyse der Merkmale dieses Typs ist gewöhnlich sehr schwierig.
In diesem Kapitel wird die Genetik der qua-

litativen Merkmale beim Karpfen und bei anderen Teich-, Seen- und Meeresfischen dargestellt. Das dritte Kapitel ist der Genetik der Aquarienfische gewidmet. Die Genetik der quantitativen Merkmale und die biochemische Genetik werden in den folgenden Kapiteln dieses Buches behandelt.

2.2. Die Vererbung qualitativer Merkmale beim Karpfen (Cyprinus carpio)

Unter den Nutzfischen war der Karpfen lange Zeit praktisch das einzige Objekt genetischer Untersuchungen. In den letzten Jahren erschienen Veröffentlichungen über den Modus der Vererbung einiger morphologischer und physiologischer Merkmale auch bei anderen Nutzfischen, hauptsächlich bei Vertretern der Cypriniden, Salmoniden, Catostomiden, Perciden und Siluriden. Zahlreiche Untersuchungen wurden mit Aquarienfischen und insbesondere mit einigen Arten aus den Familien Cyprinodontidae und Poeciliidae (eierlegende und lebendgebärende Zahnkarpfen) durchgeführt.

Genetik der Unterschiede in der Beschuppung

Als erster veröffentlichte RUDZINSKI (1928) Angaben über Kreuzungen von Karpfen mit unterschiedlicher Beschuppung. Er wies nach, daß volle Beschuppung beim Karpfen über Spiegelbeschuppung dominiert. Die folgenden Arbeiten (KIRPIČNIKOV und BALKAŠINA 1935, 1936; KIRPIČNIKOV 1937, 1945, 1948; GOLOVINSKAJA 1940, 1946; PROBST 1949b, 1950, 1953 u. a.) ermöglichten es, beim Karpfen zwei Paare von autosomalen, nicht miteinander gekoppelten (d. h. in verschiedenen Chromosomenpaaren befindlichen) Genen zu unterscheiden, die die Art der Beschuppung bestimmen. Folgende Genotypen und Phänotypen des Karpfens sind möglich (Abb. 20):

SSnn, Ssnn	Schuppenkarpfen
ssnn	Spiegelkarpfen
SSNn, SsNn	Zeilkarpfen
ssNn	Nacktkarpfen

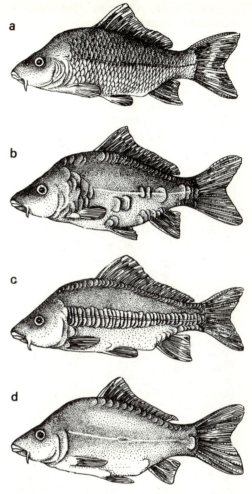

Abb. 20
Beschuppungstypen beim Karpfen *(Cyprinus carpio)*. a Schuppenkarpfen (SSnn und Ssnn), b Spiegelkarpfen (ssnn), c Zeilkarpfen (SSNn und SsNn), d Nacktkarpfen (ssNn).

Karpfen mit den Genotypen SSNN, SsNN und ssNN sind nicht lebensfähig. Die Embryonen, die das Gen N doppelt erhalten haben, sterben während des Schlupfes oder bald danach. Dies wurde von KIRPIČNIKOV und GOLOVINSKAJA im Jahre 1937 festgestellt (GOLOVINSKAJA 1946). Die Eier eines weiblichen Nacktkarpfens wurden in zwei Hälften geteilt, von denen jede mit dem Sperma eines von zwei nach Phänotyp und Genotyp unterschiedlichen Männchen besamt wurde.

Es werden die folgenden Kreuzungsformeln angenommen:

1. ♀ ssNn × ♂ ssnn = ssnn + ssNn
   Nackt-   Spiegel-   Spiegel- Nacktkarpfen   karpfen   karpfen   karpfen

2. ♀ ssNn × ♂ ssNn
   Nackt-   Nackt-
   karpfen   karpfen
   = ssnn + 2ssNn + ssNN
   Spiegel- Nackt-   nicht
   karpfen   karpfen lebensfähig

Die befruchteten Eier wurden nach Anheften auf einer Glasscheibe in fließendem Wasser bei einer Temperatur von 14 bis 18 °C erbrütet. Die Auszählung der abgestorbenen Eier auf speziell für diesen Zweck vorgesehenen Quadraten hatte folgendes Ergebnis:

	Kreuzung Nr. 1	Kreuzung Nr. 2
Verluste in den ersten Tagen der Erbrütung %	18,8	20,0
Verluste am letzten Tag der Erbrütung %	1,5	19,5
Gesamtzahl der Eier im Versuch St.	6072	7156

Tatsächlich betrug der Unterschied in der Überlebensrate zwischen den Kreuzungen Nr. 2 und Nr. 1 18 %. Offenbar schlüpften etwa 7 % der Embryonen und starben erst zu einem späteren Zeitpunkt.

Ähnliche Versuche wurden gegen Ende der 40iger Jahre bei höheren Temperaturen (20 bis 25 °C) durchgeführt (Probst 1950). Bis zum Schlupf war die Sterblichkeit im Versuch und in der Kontrolle praktisch gleich, bei der Nachkommenschaft von Kreuzungen eines Nacktkarpfenweibchens mit Nackt- und Zeilkarpfenmännchen wurden etwa 25 % Exemplare mit Verkrümmungen gefunden, die in der Regel als Larven zugrunde gehen. Die Gesamtzahl der nicht lebensfähigen Larven mit charakteristischer „Komma"-Form war folgende: letale Kreuzungsprodukte (Nn × Nn) – 25,9 % (461 von 1778 Stück), Kontrolle (Nn × nn) – 0,8 % (14 von 1805 Stück). Wie ersichtlich, ging ein Viertel aller Embryonen ein. Die lebensfähige Nachkommenschaft der „letalen" Kreuzungen teilte sich nach der Beschuppung in zwei Gruppen im Verhältnis 2:1 auf. Die für die rezessiven Letalen typische Aufspaltung war sowohl in unseren Versuchen als auch in den Versuchen von Probst festzustellen.

Die Erhöhung der Temperatur während der Embryonalentwicklung führt beim Karpfen zum Schlupf in früheren Entwicklungsstadien; infolgedessen erfolgt das Absterben der letalen Homozygoten erst nach dem Schlüpfen. Bei niedrigeren Wassertemperaturen sterben die Embryonen noch in den Eihüllen. Leider wurden detaillierte morphologische und histologische Untersuchungen an den zugrundegehenden Embryonen und Larven bisher nicht durchgeführt.

Das Gen S ist gegenüber dem Gen s dominant; bei der Kreuzung von zwei heterozygoten Schuppenkarpfen erhalten wir bei der Nachkommenschaft das klassische Mendelsche Verhältnis 3:1, bei der Rückkreuzung ein Verhältnis von 1:1. Als Beispiel seien die Ergebnisse von drei Kreuzungen angeführt:

1. Ssnn × Ssnn = 15 690 Schuppenkarpfen (75,9 %) + 4980 Spiegelkarpfen (24,1 %) (Kirpičnikov 1948)
2. Ssnn × Ssnn = 3526 Schuppenkarpfen (76,4 %) + 1089 Spiegelkarpfen (23,6 %) (Probst 1953)
3. Ssnn × ssnn = 3616 Schuppenkarpfen (50,5 %) + 3544 Spiegelkarpfen (49,5 %) (Probst 1953)

Die Spiegelkarpfen mit dem Genotyp ss sind durchaus lebensfähig, bei ungünstigen Haltungsbedingungen vergrößert sich die Zahl der Schuppenkarpfen bei der Rückkreuzung jedoch infolge ihrer höheren Lebensfähigkeit auf 52 bis 55 % (Kirpičnikov 1945).

Die Dominanz des Gens S ist offenbar nicht vollständig. Die heterozygoten Schuppenkarpfen wachsen etwas schneller als die homozygoten (KIRPIČNIKOV 1966b); bei den heterozygoten sind Störungen in der Anordnung der Schuppen auf dem Körper häufiger zu beobachten (STEFFENS 1966).

Die Unterschiede in der Lebensfähigkeit zwischen Karpfen mit den Genotypen Nn und nn sind wesentlich größer; die Heterozygoten zeichnen sich durch eine deutlich geringere Lebensfähigkeit aus. Auch bei verhältnismäßig günstigen Aufzuchtbedingungen ist eine ziemlich große Abweichung von dem zu erwartenden Verhältnis festzustellen. So ist bei der Kreuzung von vollbeschuppten Wildkarpfen mit Nacktkarpfen das Auftreten von Schuppen- und Zeilkarpfen in der Nachkommenschaft in gleichem Verhältnis zu erwarten:

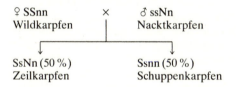

♀ SSnn   ×   ♂ ssNn
Wildkarpfen   Nacktkarpfen

SsNn (50 %)   Ssnn (50 %)
Zeilkarpfen   Schuppenkarpfen

Tatsächlich finden wir unter den Hybridsetzlingen schon im Alter von drei bis vier Monaten gewöhnlich bis zu 60 % Schuppenkarpfen und nur etwa 40 % Zeilkarpfen.

Die von uns aufgestellte Hypothese der Vererbung der Grundtypen der Beschuppung beim Karpfen wurde durch nachfolgende Arbeiten in vielen Ländern bestätigt. Offenbar entstanden die Gene N und s (oder sie wurden bemerkt) beim Europäischen Wildkarpfen *(Cyprinus carpio carpio)* bald nach dessen Domestikation als zwei unabhängige Mutationen. Das Ergebnis der Mutation S → s war das Auftreten von Spiegelkarpfen mit Streuschuppen. Die Mutation n → N führte zur Entstehung der Zeilkarpfen. Sowohl die Spiegelkarpfen als auch die Zeilkarpfen sind durch die teilweise Reduktion der Zahl der Schuppen und durch die Zunahme ihrer Größe charakterisiert. Die spätere Vereinigung der beiden mutanten Gene in einem Exemplar ergab den Nacktkarpfen (ssNn), der fast keine und manchmal überhaupt keine Schuppen mehr besitzt.

Tabelle 7
Vererbung der Beschuppung beim Karpfen

Eltern (unabhängig vom Geschlecht)			Zahl der Nachkommen (%)			
			Schuppen-karpfen	Spiegel-karpfen	Zeil-karpfen	Nackt-karpfen
Schuppen-karpfen	×	Schuppen-karpfen	100	–	–	–
			75	25	–	–
Schuppen-karpfen	×	Spiegel-karpfen	100	–	–	–
			50	50	–	–
Schuppen-karpfen	×	Zeil-karpfen	50	–	50	–
			37,5	12,5	37,5	12,5
Schuppen-karpfen	×	Nackt-karpfen	50	–	50	–
			25	25	25	25
Spiegel-karpfen	×	Spiegel-karpfen	–	100	–	–
Spiegel-karpfen	×	Zeil-karpfen	50	–	50	–
			25	25	25	25
Spiegel-karpfen	×	Nackt-karpfen	–	50	–	50
Zeil-karpfen	×	Zeil-karpfen	33,3	–	66,7	–
			25	8,3	50	16,7
Zeil-karpfen	×	Nackt-karpfen	33,3	–	66,7	–
			16,7	16,7	33,3	33,3
Nackt-karpfen	×	Nackt-karpfen	–	33,3	–	66,7

Spiegelkarpfen, Zeilkarpfen und Nacktkarpfen werden auch in Japan unter den Karpfen gefunden, die einer anderen, seit langer Zeit vom Europäischen Karpfen getrennten Unterart *(C. carpio haematopterus)* angehören. Vererbt werden diese Typen der Beschuppung beim Europäischen und Japanischen Karpfen auf gleiche Weise (KATASONOV 1971). Spiegel- und Zeilkarpfen werden auch vom Vietnamesischen Karpfen *(C. carpio viridiviolaceus = fossicola)* beschrieben (KIRPIČNIKOV 1967b; TRÂŇ DINH-TRONG 1967), obwohl eine Analyse ihrer Vererbung nicht durchgeführt wurde.

Demnach traten homologe Beschuppungsgene bei Karpfen auf, die drei Unterarten angehören und nicht nur unterschiedliche Verbreitungsgebiete besitzen, sondern sich auch in morphologischer und physiologischer Hinsicht stark voneinander unterscheiden. Das ist ein deutliches Beispiel für die Gültigkeit des Gesetzes der homologen Reihen der Vererbungsvariabilität bei Fischen, das von N.I. VAVILOV (1920) gefunden wurde.

Nachfolgend sind die theoretischen Ergebnisse aller möglichen Kreuzungen von Karpfen mit unterschiedlicher Beschuppung angeführt (Tab. 7). Die Aufspaltung entsprach in allen Fällen der Erwartung. Als Beispiel können Kreuzungen mit Zeilkarpfen dienen (in Klammern ist die theoretische Häufigkeit angegeben):

Die Unterschiede in der Lebensfähigkeit zwischen Karpfen, die das Gen N tragen, und solchen, die dieses Gen nicht besitzen, werden bei ungünstigen Haltungsbedingungen der Fische noch wesentlich verstärkt. In einem Versuch aus dem Jahr 1940 wurde die Nachkommenschaft einer Kreuzung zwischen Schuppen- und Nacktkarpfen (♀ Ssnn × ♂ ssNn) in drei Teiche mit sehr unterschiedlicher Produktivität gesetzt (KIRPIČNIKOV 1945). Die Zahl der abgefischten einjährigen Karpfen betrug (in %) die Seite 65 oben angeführten Werte.

Die verringerte Lebensfähigkeit der Karpfen mit dem Gen N ist die Folge der ungünstigen Wirkung dieses Gens auf eine große Zahl von Merkmalen (KIRPIČNIKOV et al. 1937). Die Allele des anderen Gens, S und s, haben ebenfalls einen pleiotropen Effekt, dieser ist jedoch wesentlich schwächer ausgebildet. Viele Organe des Karpfens ändern sich unter dem Einfluß der Beschuppungsgene, es treten hierbei auch morphologische und physiologische Veränderungen ein (Tab. 8). Die Masse der Schuppenkarpfen erweist sich gewöhnlich als etwas höher als die der Spiegelkarpfen, insbesondere wenn nicht gefüttert wird (ZELENIN 1974). Zeil- und Nacktkarpfen wachsen langsamer als die anderen Beschuppungstypen, dieses Zurückbleiben verstärkt sich bei Nahrungsmangel (KIRPIČNIKOV 1948). Ungeachtet des schlechteren Zuwachses der Zeil- und Nacktkarpfen liegt der Futteraufwand bei diesen höher (ŠČERBINA und CVETKOVA 1974). Sie zeich-

					Schuppenkarpfen		Spiegelkarpfen		Zeilkarpfen		Nacktkarpfen
1.	♀ SsNn Zeilkarpfen	×	♂ ssNn Nacktkarpfen	=	758 (725)	+	758 (725)	+	1406 (1450)	+	1426 (1450)
									(Golovinskaja 1946)		
2.	♀ SsNn Zeilkarpfen	×	♂ SsNn Zeilkarpfen	=	2263 (2223)	+	721 (741)	+	4454 (4447)	+	1455 (1488)
									(Probst 1949b)		
3.	♀ SsNn Zeilkarpfen	×	♂ SsNn Zeilkarpfen	=	343 (301)	+	109 (100)	+	568 (602)	+	184 (201)
									(Wohlfarth et al. 1963)		

	Schuppen-karpfen	Spiegel-karpfen	Zeil-karpfen	Nackt-karpfen
Unter günstigen Bedingungen	27,8	25,4	24,4	22,2
Unter mittleren Bedingungen	34,8	29,4	18,4	17,4
Unter schlechten Bedingungen	38,4	36,5	14,0	11,1

nen sich auch durch einen verstärkten Fettstoffwechsel aus. Im Sommer wird bei Zeil- und Nacktkarpfen mehr Fett gespeichert, im Winter wird es in größeren Mengen verbraucht als bei Schuppen- und Spiegelkarpfen (CVETKOVA 1969). Mit dieser Besonderheit ist wahrscheinlich auch die geringere Winterfestigkeit der einsömmerigen Fische verbunden, die das Gen N besitzen.

Die Reduktion des Kiemenapparates und die Verringerung der Zahl der Schlundzähne ist möglicherweise der Hauptfaktor für das verringerte Wachstum der Zeil- und Nacktkarpfen. Anstelle der beim Karpfen sonst üblichen dreireihigen Zähne (Formel 1.1.3–3.1.1) finden wir bei den Karpfen dieser beiden Gruppen oft zweireihige und sogar einreihige Zähne, die Zahnformeln

Tabelle 8
Pleiotroper Effekt der Beschuppungsgene beim Karpfen

Merkmale	Phänotypen und Genotypen				Literatur-quelle
	Schuppen-karpfen	Spiegel-karpfen	Zeil-karpfen	Nackt-karpfen	
Masse des Einsömmerigen, günstige Bedingungen*	100	93–96	85–88	79–80	5, 6, 10, 13
Desgl., ungünstige Bedingungen*	100	83–94	42–70	37–72	5, 6, 10
Masse der Zweisömmerigen*	100	94–96	86–91	83–84	10, 11
Durchschnittszahl der Weichstrahlen in der Rückenflosse (D)	18,8 (17–22)	18,7 (17–22)	16,4 (12–19)	15,4 (5–18)	2, 5, 6
Desgl., in der Afterflosse (A)	4,96	5,00	3,82	3,56	5, 6
Durchschnittszahl der Strahlen in der Bauchflosse (V)	8,91	8,68	8,76	8,47	5, 6
Durchschnittszahl der Weichstrahlen in der Brustflosse (P)	14,7	14,3	14,3	13,1	11
Zahl der Kiemendornen, Variation der Mittelwerte	24,6–25,1	24,3–24,8	19,4–21,6	18,5–20,5	2, 5, 6
Durchschnittszahl der Kiemenblättchen	88,6	83,5	82,3	83,2	11
Durchschnittszahl der Schlundzähne	9,22	9,58	7,63	7,44	5, 6
Längen-Höhen-Verhältnis l/H (Körperlänge zu max. Höhe), Variation	2,33–2,77	2,26–2,74	2,35–2,86	2,35–2,82	11
Fähigkeit zur Flossenregeneration*	100	76	39	19	10

(Fortsetzung Tabelle 8 auf Seite 66)

Merkmale	Phänotypen und Genotypen				Literatur-quelle
	Schuppen-karpfen	Spiegel-karpfen	Zeil-karpfen	Nackt-karpfen	
Längenverhältnis der vorderen und hinteren Schwimmblasenkammer	>1	<1	–	–	2, 3, 5, 6, 9
Erythrocytenzahl (Mill./mm^3)	1,93	1,99	1,76	1,69	1
Hämoglobin (g/100 ml)	9,02	8,87	8,18	8,28	1
Wärmetoleranz (kritische Temperatur, °C)	37,6	37,5	36,8	36,6	1
Widerstandsfähigkeit gegenüber Sauerstoff-mangel, Überlebens-rate (min)	210	210	132	132	1
Immunologische Reaktivität	schnell	schnell	langsam	langsam	7
Resistenz gegen Bauchwassersucht	–	erhöht	–	vermindert	8
Intensität des Fettstoffwechsels	gering	gering	erhöht	sehr hoch	4, 12
Allg. Lebensfähigkeit der einsömmerigen Fische unter optimalen Bedingungen*	100	91–98	87–93	80–92	5, 6, 10
Desgl., unter ungünstigen Bedingungen*	100	93–95	36–37	28–60	5, 6, 10

* In % des Wertes des jeweiligen Merkmales bei Schuppenkarpfen (= 100 %)

Literatur:
1. ČAN MAJ-TCHIEN (1969); 2. GOLOVINSKAJA (1940); 3. GOLOVINSKAJA (1965); 4. GOLOVINSKAJA et al. (1974b); 5. KIRPIČNIKOV (1945); 6. KIRPIČNIKOV (1948); 7. LUK'JANENKO und SUKAČEVA (1975); 8. MERLA (1959); 9. POPOVA (1969); 10. PROBST (1953); 11. STEFFENS (1966); 12. CVETKOVA (1969); 13. CVETKOVA (1974).

sind hierbei recht mannigfaltig (1.3–3.1.1, 1.3–3.1, 1.3–3 und manchmal sogar 3–3). Sehr charakteristisch ist die Wirkung der Gene s und N auf die Flossen des Karpfens. Beim Spiegelkarpfen ist die Zahl der Weichstrahlen in der Rückenflosse im Vergleich zum Schuppenkarpfen gewöhnlich etwas verringert. Auch die Zahl der Bauch- und Brustflossenstrahlen ist geringer. Beim Vorhandensein des Gens N tritt die Wirkung des Gens s stärker hervor, die Reduktion aller Flossen (Rücken-, After-, Brust- und Bauchflossen) ist beim Nacktkarpfen (s, N) in wesentlich stärkerem Maße ausgeprägt als beim Zeilkarpfen (S, N). Der reduzierende Einfluß des Gens N ist jedoch um ein mehrfaches größer. Bei Schuppen- und Spiegelkarpfen haben die Flossen weitgehend normale Struktur. Bei Zeil- und Nacktkarpfen entwickeln sich einige Weichstrahlen im mittleren und manchmal auch im hinteren Teil der Rückenflosse gar nicht, und die Gesamtzahl der Strahlen ist merklich verringert. Die Rückenflosse nimmt eine eigenartige Form an (Abb. 21). Eine starke Reduktion ist gewöhnlich auch an der Afterflosse festzustellen, in geringerem Umfang sind Bauch- und Brustflossen betroffen. Erniedrigt ist auch die Zahl der Hartstrahlen in Rücken- und Afterflosse. Wie ersichtlich, führt das Gen N zur Störung der Homöostase der Entwicklung des Karpfens. Das wird besonders deutlich bei der Untersuchung der Wechselwirkungen der Gene N und s. In Gegenwart des Gens N (bei den Heterozygoten Nn) verstärkt sich die Wirkung des Gens s erheblich, während es bei den Homozygoten nn

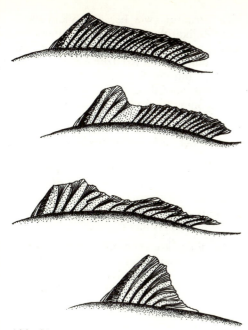

Abb. 21
Reduktion der Rückenflosse bei Zeil- und Nacktkarpfen.

relativ schwach in Erscheinung tritt. Diese Verstärkung des Einflusses wirkt sich auf viele Merkmale aus, darunter auf die Zahl der Kiemendornen, den Gehalt an Erythrocyten im Blut, die Intensität des Fettstoffwechsels und so weiter.

Von großem Interesse sind auch die Unterschiede zwischen den beiden Karpfengruppen (Nn und nn) gegenüber dem Einfluß von erhöhter Temperatur und Sauerstoffmangel, hinsichtlich der Zahl der Erythrocyten und des Hämoglobingehaltes im Blut sowie in der Fähigkeit zur Flossenregeneration. Zeil- und Nacktkarpfen treten in allen diesen Merkmalen hinter den Schuppen- und Spiegelkarpfen zurück, die Unterschiede sind statistisch gesichert (PROBST 1953; ČAN MAJ-TCHIEN 1969). Der erstaunlich weite Wirkungsbereich des Gens N läßt sich nur damit erklären, daß es schon in sehr frühen Entwicklungsstadien Einfluß nimmt und sehr wesentliche Formbildungsprozesse betrifft. Nach PROBST (1953) ist die Wirkung des Gens N verbunden mit einem Defekt in der Entwicklung des Mesenchyms. Das Gen N stellt offenbar eine große Mutation dar, vermutlich eine Chromosomenumstrukturierung vom Typ der Deletion, die einen kleinen Chromosomenabschnitt umfaßte. Bei den Homozygoten NN ist wahrscheinlich die Synthese eines oder mehrerer lebenswichtiger Eiweiße völlig eingestellt, und die homozygoten Exemplare können daher nicht überleben. Stark beeinträchtigt ist auch die Proteinsynthese bei den Heterozygoten. Von der Differenz zwischen den beiden Karpfengruppen in Hinblick auf die Eiweißzusammensetzung zeugen auch Angaben über Unterschiede zwischen beiden bezüglich der Erythrocytenantigene (ALTUCHOV et al. 1966; POCHIL' 1969).

Der wirtschaftliche Wert der verschiedenen genetischen Formen des Karpfens ist unterschiedlich. In der Wachstumsgeschwindigkeit erweisen sich Schuppenkarpfen in den meisten Fällen als etwas besser als Spiegelkarpfen, und Zeilkarpfen sind besser als Nacktkarpfen. Es gibt aber auch umgekehrte Verhältnisse. Zeil- und Nacktkarpfen wachsen jedoch immer langsamer als Schuppen- und Spiegelkarpfen. Das Zurückbleiben der Karpfen mit dem Gen N in der Wachstumsgeschwindigkeit und Lebensfähigkeit verstärkt sich bei ungünstigen Aufzuchtbedingungen (KIRPIČNIKOV 1945; LIEDER 1957; SCHÄPERCLAUS 1961 u. a.).

Schuppen- und Spiegelkarpfen gibt es bei vielen Karpfenstämmen. In einigen Stämmen kommen auch Nacktkarpfen vor, in den letzten Jahren wurden diese jedoch in der UdSSR, der DDR, der BRD und in einer Reihe anderer Länder ausgemerzt. Besonders niedrig ist die Widerstandsfähigkeit gegen Erkrankungen und während der Überwinterung bei den Zeilkarpfen. Gegenwärtig sind die Fischzüchter von der Züchtung der Zeilkarpfen abgegangen.

Die große Variabilität der mutanten Formen des Karpfens kommt auch im Beschuppungsbild selbst zum Ausdruck. Zahl und Anordnung der Schuppen bei Spiegel- und Nacktkarpfen hängen von einer Reihe von Modifikationsgenen ab, deren Vererbung bisher noch nicht in allen Einzelheiten aufgeklärt ist. Extreme Varianten sind die großschuppigen Spiegelkarpfen, deren

Körper dicht mit Schuppen bedeckt ist, und die Rahmenkarpfen, die nur einen breiten Schuppenrahmen entlang der Peripherie besitzen (Abb. 22). Nicht weniger als die Spiegelkarpfen sind auch die Zeilkarpfen variabel (Abb. 23).

Bei der Kreuzung des Karpfens mit der Karausche *(Carassius carassius)* und mit der Schleie *(Tinca tinca)* spalten die Beschuppungsgene nach den gleichen Regeln auf wie beim Karpfen; diese beiden Arten haben offensichtlich homologe Gene, die in homologen Chromosomen angeordnet sind. In der Nachkommenschaft von Kreuzungen der Karausche mit dem Nacktkarpfen treten fast zu gleichen Teilen Schuppen- und Zeilhybriden auf. Die Zeilkarpfkarausche ist äußerlich dem Zeilkarpfen sehr ähnlich (Abb. 24), die Flossen haben bei diesem jedoch eine normale Struktur (wie bei den Vietnamesischen Zeilkarpfen). Nach einer mündlichen Mitteilung von A. I. KUZEMA teilen sich die Nachkommen von Kreuzungen des Nacktkarpfens mit der Schleie ebenfalls in zwei Gruppen, anstelle der Zeilhybriden treten jedoch Spiegelhybriden auf.

Genetik der Färbungsunterschiede

Charakteristisch für alle Unterarten des Wildkarpfens und die domestizierten Stämme des Karpfens ist eine große Vielfalt der Färbungen. Genetisch gut untersucht sind folgende Formen:

1. Bläulinge kommen oft innerhalb domestizierter Stämme vor. Die blaue Färbung wird einfach rezessiv vererbt. Die deutschen Bläulinge (Gen bl$_D$) unterscheiden

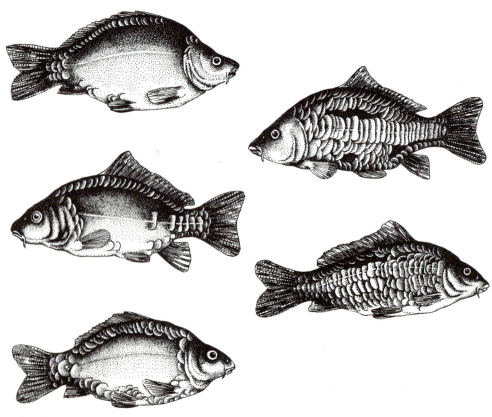

Abb. 22
Erbliche Variation von Lage und Zahl der Schuppen beim Spiegelkarpfen (ssnn).

Abb. 23
Erbliche Variation von Lage und Zahl der Schuppen beim Zeilkarpfen (SSNn und SsNn).

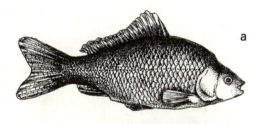

Abb. 24
Hybriden zwischen Karpfen *(Cyprinus carpio)* und Karausche *(Carassius carassius)*. a vollbeschuppt, b zeilschuppig (LIEDER 1957).

sich in ihrer Lebensfähigkeit und Wachstumsgeschwindigkeit fast nicht von normalen Karpfen (PROBST 1949a). Probst erhielt in der zweiten Generation folgendes Verhältnis der Phänotypen:

Generation	nichtblau		blau	
	Fisch-zahl	%	Fisch-zahl	%
F_2	4925	76,0	1553	24,0
R_1	757	50,0	756	50,0

Im vorliegenden Fall ist die blaue Färbung das Ergebnis der Unterentwicklung der Guaninkristalle (Reduktion der Guanophoren) in der Karpfenhaut. Die Erscheinung wird als Alampie bezeichnet.

Die polnischen Bläulinge, die in der Teichwirtschaft Ochaby auftraten, stellen offenbar eine andere Mutation dar (bl_P). Dieses Gen ist ebenfalls rezessiv, es besitzt aber eine stark pleiotrope Wirkung. Im ersten Lebensjahr wachsen diese Karpfen schneller als ihre normalen Altersgenossen.

Die polnischen Bläulinge können im ersten Lebensjahr eine um 10 bis 20 % höhere Stückmasse erreichen. Im zweiten und besonders im dritten und vierten Lebensjahr verlangsamt sich das Wachstum der Bläulinge merklich. Dreijährige Karpfen wogen nach WŁODEK (1963) 1960 durchschnittlich 1812 g (Bläulinge) und 2687 g (normale Fische).

Der israelische Bläuling (Gen bl_I) ist ebenfalls eine rezessive Mutation. Wachstum und Lebensfähigkeit der Homozygoten sind verringert (MOAV und WOHLFARTH 1968). Diese Mutation wird jetzt zur Markierung eines der Zuchtstämme benutzt, die zur Gewinnung von Gebrauchskreuzungen verwendet werden.

2. Goldvarietäten, genauer gesagt rot oder orange gefärbte Fische mit schwarzen Augen, kommen in vielen Ländern sowohl unter den kultivierten Stämmen des Karpfens als auch unter Populationen von Wildkarpfen vor. Eine deutliche Vererbung nach dem rezessiven Typ ist charakteristisch für den israelischen Goldkarpfen (Gen g). Er steht hinsichtlich Wachstumsgeschwindigkeit und Lebensfähigkeit den nicht gefärbten Karpfen wenig nach (MOAV und WOHLFARTH 1968). Das Gen g dient ebenfalls zur Markierung selektionierter Linien bei Gebrauchskreuzungen.

Die orange gefärbten japanischen Karpfen sind das Ergebnis des Zusammenwirkens zweier rezessiver Gene b_1 und b_2. Die genetische Formel dieser Karpfen ist $b_1b_1b_2b_2$ (KATASONOV 1974b, 1978). Bei der Kreuzung von Heterozygoten der Gene b_1 und b_2 ($B_1b_1B_2b_2$) untereinander ist nur der 16te Teil der Nachkommenschaft orange gefärbt.

Karpfen mit den Duplikat-Genen b_1 und b_2 wurden aus Japan in die UdSSR und einige osteuropäische Länder eingeführt. In Ungarn erhielten diese Gene die Bezeichnung p und r (Nagy et al. 1979). Im Larvenstadium sind die doppelt Homozygoten ($b_1b_1b_2b_2$) durchsichtig (in der Haut fehlen die schwarzen Pigmentzellen oder Melanophoren), nur die Augen sind bei ihnen schwarz (Abb. 25). Später treten auf dem Körper der Jungfische einzelne pigmentierte Abschnitte auf, die Karpfen werden orange-schwarz gefleckt (Schekken). Wegen des frühen Auftretens und der leichten Erkennbarkeit der Gene b_1 und

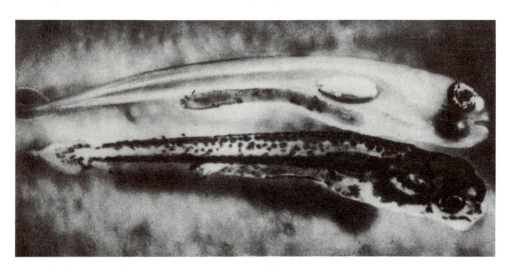

Abb. 25
Unpigmentierte ($b_1b_1b_2b_2$) und normale (B_1B_2) Karpfenlarve (Foto V. J. KATASONOV).

b_2 können sich diese bei einer Reihe von Selektionsexperimenten als sehr nützlich erweisen.

Spezialisierte Stämme von rot und orange gefärbten Karpfen gibt es in Indonesien auf der Insel Jawa (Ikan-mas und Laok-mas) und in Japan (Higoi) (BUSCHKIEL 1933, 1938; STEFFENS 1980). Rote Wildkarpfen wurden in den Bergregionen Vietnams gefunden, in einigen Gewässern erreicht ihr Anteil 40 bis 50 % (TRẦN DINH-TRONG 1967). Vereinzelt kommen Exemplare xanthoristischer Karpfen auch in deutschen Teichwirtschaften vor (STEFFENS 1980), festgestellt wurden sie auch in Seen Nordamerikas (SHOEMAKER 1943). Die Gesetzmäßigkeiten der Vererbung all dieser Goldmutanten wurden bisher nicht untersucht. Man darf annehmen, daß die Mutation in vielen Fällen mit einer (mehr oder weniger großen) Blockierung der Bildung des Melanins und der Entwicklung der Melanophoren verbunden ist.

3. Die Stahlfärbung ist eine rezessive Mutation (Gen r), sie wurde in der Nachkommenschaft japanischer Zierkarpfen festgestellt (KATASONOV 1974b, 1978) Bei den Stahlkarpfen ist die Zahl der roten und gelben Pigmentzellen, der Xantho- und Erythrophoren, reduziert. Das Gen r wird sehr klar vererbt, auf die Lebensfähigkeit der Karpfen hat es fast keinen Einfluß, und es wird zur Markierung selektionierter Stämme verwendet. Die Kombination der Gene r, b_1 und b_2 ergibt weiße Karpfen, die weder Melanophoren noch Xanthophoren besitzen.

4. Die grauen und gelben Karpfen sind gewöhnliche Pigmentierungsvarianten europäischer Karpfenstämme. Der Unterschied ist deutlich in der Färbung des Bauches ausgeprägt. Eine genetische Analyse wurde bisher nicht durchgeführt, man darf aber annehmen, daß der Unterschied zwischen ihnen durch nicht mehr als zwei bis drei Gene bestimmt wird. Die graue Färbung der israelischen Karpfen hängt vom Vorhandensein eines rezessiven Gens gr ab (MOAV und WOHLFARTH 1968), das ebenso wie das Gen g (Goldkarpfen) und das Gen bl_1 (Bläuling) als Markierung für die Ausgangslinien von Gebrauchskreuzungen benutzt wird.

5. Die hellen Karpfen stellen eine dominante Mutation dar, die unter den japanischen Zierkarpfen verbreitet ist (Abb. 26). Karpfen, die hinsichtlich dieses mutanten Gens homozygot sind (LL), sterben im Larven- und Jungfischstadium, unter den Einsömmerigen fehlen sie vollständig (KATASONOV 1976). Die Heterozygoten (Ll) überleben, sie zeichnen sich aber durch ver-

Abb. 26
Mutation „heller" Karpfen (L). Links normale Exemplare (ll), rechts Heterozygoten (Ll) (Foto V. J. KATASONOV).

ringerte Lebensfähigkeit aus. Das Gen L übt bei den Karpfen im heterozygoten Zustand eine stark pleiotrope Wirkung aus, die Brustflossen werden verlängert, die hintere Kammer der Schwimmblase verkürzt sich, und die Kopfabmessungen nehmen zu. Bei den hellen Karpfen ist die Länge des Darmes vergrößert, der Gehalt an Serumprotein ist geringer. Im ersten Lebensjahr zeichnen sie sich durch ein (um etwa 20 %) beschleunigtes Wachstum und ruhigeres Verhalten aus. Die Aufhellung des gesamten Körpers ist mit einer ständigen Kontraktion der Melanophoren verbunden (KATASONOV 1978).

6. Eine zweite dominante Mutation wurde bei den japanischen Chromkarpfen festgestellt. Sie besteht in einer eigenartigen hellgelben Zeichnung, d. h. Streifen am Rücken und Ornament am Kopf (Abb. 27). Karpfen mit dieser Zeichnung sind sowohl homozygot als auch heterozygot (DD und Dd) voll lebensfähig. In der zweiten Generation (nach Kreuzung der Heterozygoten) ist eine Aufspaltung nach dem Merkmal (mit Zeichnung – ohne Zeichnung) im Verhältnis 3 : 1 festzustellen. So besaßen bei einer der Kreuzungen 1678 Karpfen die Zeichnung (75,2 %), und 554 Karpfen wiesen die Zeichnung nicht auf (24,8 %) (KATASONOV 1973).

Das Gen D ist, ebenso wie das Gen L, pleiotrop, bei Exemplaren mit Zeichnung ist der Kopf verkleinert, die hintere Kammer der Schwimmblase verlängert, die Zahl der Wirbel vergrößert und das Exterieur in Richtung auf den Wildkarpfentyp verändert. Im Wachstum unterscheiden sich die Karpfen mit dem Gen D wenig von den Kontrollkarpfen ohne dieses Gen (KATASONOV 1974a).

Abb. 27
Mutation „Zeichnung" (DD und Dd) beim Karpfen (KATASONOV 1973).

Es kommen auch noch andere Variationen der Färbung sowohl bei domestizierten Karpfen als auch bei Wildkarpfen vor. Noch gar nicht untersucht wurden die grünen und violetten Karpfen, die nicht selten unter den Amurwildkarpfen und den Stämmen vorkommen, die mit deren Beteiligung entstanden. Nicht näher untersucht worden sind auch viele Farbvarietäten der Karpfen und Wildkarpfen in den Tropen, weiße, gelbe und zitronengelbe, violette und braune, echte Albinos und so weiter. Es ist zu vermuten, daß die Mehrzahl dieser Farbvarianten durch ein, manchmal zwei oder drei Gene bestimmt wird, die auf die Entwicklung der Pigmentzellen einwirken.

Bis in die jüngste Zeit wurde nicht ein einziger Fall einer Kopplung der Färbungsgene untereinander und mit den Beschuppungsgenen S und N festgestellt, wenn man die vermutete Kopplung der Duplikatloci b_1 und b_2 außer Betracht läßt (NAGY et al. 1979). Dies eröffnet große Möglichkeiten für die Nutzung vieler dieser Gene zur Markierung selektierter Formen und Stämme des Karpfens.

Vererbung anderer Merkmale

Angaben über die Vererbung von Merkmalen, die nicht mit der Beschuppung oder der Färbung zusammenhängen, sind nur in geringem Umfang vorhanden. Hier wird auf sehr interessante Fälle eingegangen.

Der Zwergkarpfen von Pisarzowice wurde in einer polnischen Teichwirtschaft gefunden (RUDZIŃSKI und MIACZYŃSKI 1961). Aus der Aufspaltung in der F_1-Generation ist zu schlußfolgern, daß es sich um eine dominante Mutation mit sehr stark verlangsamtem Wachstum handelt. In morphologischer Hinsicht ähneln die Zwergkarpfen normalen Fischen, sie haben jedoch ein etwas kleines Maul, und sehr oft sind Mißbildungen der Wirbelsäule bei ihnen zu beobachten (Verwachsung von Wirbelkörpern und anderes).

In China, Japan, Vietnam und Indonesien gibt es Zwergvarietäten und -stämme des Karpfens, die an die Aufzucht in flachen Teichen und auf Reisfeldern angepaßt sind. Unter den Wildkarpfen in der UdSSR kommen ebenfalls nicht selten sehr kleine For-

men vor. Insbesondere im Aralsee wurde eine Zwergform, der Schilfkarpfen, festgestellt, die bei einer Stückmasse von 200 bis 300 g geschlechtsreif wird. In Teichen wuchsen die einsömmerigen Exemplare dieses Wildkarpfens um ein mehrfaches langsamer als gleichalte Fische anderer Formen des Wildkarpfens und des domestizierten Karpfens (KIRPIČNIKOV 1958b, 1967b). Der Zwergwuchs erwies sich als erblich, detaillierte genetische Analysen wurden jedoch leider nicht durchgeführt. Zwergwildkarpfen besiedeln auch eine Reihe von Seen im Gebiet Chorezm ABDULLAEV und CHAKBERDIEV 1972).
Das Fehlen der Bauchflosse wird manchmal als rezessive Mutation vererbt (KIRPIČNIKOV und BALKAŠINA 1936). In einem der Seen im Flußsystem des Illinois (USA) lebt eine isolierte Population eines verwilderten Karpfens; über 40 % der Fische dieser Population fehlen eine oder beide Bauchflossen (THOMPSON und ADAMS 1936). Man darf vermuten, daß dieser Verlust erblichen Charakter besitzt. Es ist aber zu bemerken, daß beim Karpfen die Flossen oftmals durch Einwirkung ungünstiger Umweltbedingungen auf den Embryo oder die Larve reduziert werden (WUNDER 1932; TATARKO 1963, 1966). In diesen Fällen läßt sich nur von einer erblichen Veranlagung zur Störung der Entwicklung sprechen.
Einer der Karpfenstämme Indonesiens (Kumpai) besitzt außer einer gestreckten pfeilartigen Körperform auch verlängerte Flossen (STEFFENS 1980). Diese Veränderung hängt offenbar mit einer einfachen Genmutation zusammen.
Unter den Hybriden der zweiten Generation zwischen dem domestizierten und dem Amurwildkarpfen wurden von mir einige dutzend Fische festgestellt, die eine zusätzliche, vor dem After gelegene Flosse besaßen. Diese eindeutig atavistische Mutation wurde später auch in der vierten Hybridgeneration gefunden. Die zusätzliche Flosse bestand aus zwei bis vier großen Hartstrahlen (Abb. 28). Die Karpfen mit diesen Flossen waren vollständig lebensfähig und standen in der Wachstumsgeschwindigkeit hinter ihren normalen Geschwistern nicht zurück. Leider gingen diese interessanten Formen in der Folgezeit verloren.

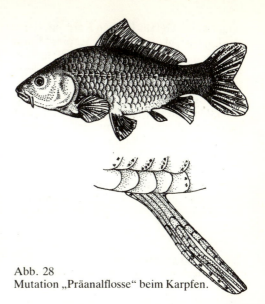

Abb. 28
Mutation „Präanalflosse" beim Karpfen.

Eine Mutante mit delphinähnlichem Kopf wurde in einem französischen Karpfenstamm gefunden. Die Kreuzung mit nichtverwandten Fischen ergab, daß es sich um ein dominantes, jedoch unvollständig manifestiertes Merkmal handelte. In der F_1-Generation wiesen nur 62 bis 76 % der Tiere diese Erscheinung auf (POJOGA 1969).
Schließlich läßt sich auch eine verhältnismäßig einfache genetische Erklärung für die Verkürzung des Körpers (durch Verschmelzung einer Reihe von Wirbeln) bei dem Stamm des Aischgründer Tellerkarpfens geben (HOFMAN 1927; WUNDER 1949a u. a.). Eine genaue genetische Analyse wurde in diesem Fall ebenfalls nicht durchgeführt. Nicht untersucht wurden auch die zahlreichen und vielgestaltigen Aberrationen, die häufig in natürlichen Populationen des Wildkarpfens vorkommen.
Demnach liegen Informationen über die Vererbung von etwa 15 bis 20 Genen beim Karpfen vor. Unter diesen sind die letalen Gene N (Reduktion der Beschuppung) und L (Aufhellung der Färbung) von besonderem Interesse, da sie in homozygotem Zustand zum Tode ihrer Träger führen. Beide Gene besitzen eine breite pleiotrope Wirkung und wurden seinerzeit von den Karpfenzüchtern selektiert. Die Verringerung der Nachkommenzahl um 25 % infolge des Ausfalls der letalen Homozygoten

bildet keine Gefahr für den Karpfen, der in der Lage ist, gleichzeitig bis zu einer Million und mehr Eier abzulegen. Die Erhaltung letaler Mutanten in Zuchtstämmen kann leicht mit einigen Vorteilen bei den in dieser Hinsicht Heterozygoten erklärt werden. Nacktkarpfen (Nn) wurden von den europäischen Fischzüchtern mit Erfolg verwendet, da ihnen die Schuppen fast vollständig fehlen. Die hellen japanischen Zierkarpfen (Ll) lenkten offenbar die Aufmerksamkeit der Züchter durch ihr außergewöhnliches Aussehen, insbesondere in Kombination mit anderen rezessiven Färbungsgenen, auf sich.

2.3. Die Vererbung qualitativer Merkmale bei anderen Teichfischen

Informationen über die Vererbung qualitativer Merkmale bei anderen Teichfischen sind sehr selten (KIRPIČNIKOV 1969a, 1971a; MERLA 1982 u. a.).

Regenbogenforelle

Bei der Regenbogenforelle *(Salmo gairdneri)* wurden drei Gene untersucht, die auf die Pigmentzellen einwirken. Das rezessive autosomale Gen a hat vollständigen Albinismus zur Folge. Hierbei steht die Aufspaltung in den Generationen F_2 und R_1 fast vollständig in Übereinstimmung mit dem Erwartungswert. So betrug die Aufspaltung in Versuchen, die in den USA durchgeführt wurden, in der F_2-Generation 16856 normal pigmentierte Fische und 5679 Albinos (74,8 und 25,2 %). In der R_1-Generation waren es dementsprechend 3253 und 3145 Fische (50,8 und 49,2 %) (BRIDGES und LIMBACH 1972). Es gibt Angaben über ein beschleunigtes Wachstum der hinsichtlich des Albinismusgens heterozygoten Fische. Das dominante Gen G bedingt das Auftreten der Gold-(Rot-)Färbung. Die Augen bleiben bei diesen Fischen im Gegensatz zu den Albinos pigmentiert (BEALL 1963). Forellen, die das Gen G doppelt erhalten haben, besitzen eine erhöhte Lichtempfindlichkeit, eine etwas geringere Aktivität und geringere Wachstumsgeschwindigkeit. Bei den heterozygoten dunkelgelben Forellen (Palomino-Färbung) ist das Wachstum um etwa 20 % besser (CLARK 1970; WRIGHT 1972). Beim Gen G handelt es sich ebenfalls um ein autosomales Gen.

Die Färbung Metallblau oder Cobalt (co) tritt bei Forellen im Alter von mehr als 200 Tagen auf. Die Fische sind zuerst hell (Pastellblau) und werden später dunkel. Diese Färbungsvariante ist nur bei der Haltung der Forellen in Becken leicht zu erkennen. Es wird eine rezessive Vererbung des Gens co (bei unvollständiger Manifestation) vermutet. Fische, die dieses Merkmal tragen, sind weniger aktiv als ihre normalen Altersgenossen und wachsen schneller (YAMAZAKI 1974; KINCAID 1975).

Bei den hinsichtlich des Gens a homozygoten Fischen und besonders bei denen, die in Hinblick auf das Gen co homozygot sind, ist der Gehalt an Carotinoiden und Melanin in der Haut stark vermindert und die Menge der Pteridine wesentlich erhöht (YAMAGUCHI und MIKI 1981).

Goldfisch

Viele Arbeiten sind der Vererbung der unterschiedlichen Merkmale beim Goldfisch *(Carassius auratus)* gewidmet, bei dem es sich um eine domestizierte Form des Giebels handelt. Die Rassen des Goldfisches fanden wegen ihrer schönen und vielseitigen Färbung, ihrer originellen Form und wegen der einfachen Haltung weltweite Verbreitung. Die rote Färbung, die für viele Stämme des Goldfisches charakteristisch ist, beruht auf dem Fehlen der Melanophoren in der Haut. Im Larvenstadium entwickelt sich das schwarze Pigment in der Haut normal, aber im Alter von zwei bis drei Monaten beginnt eine Destruktion der Melanophoren. Die Reste der Melanosomen (intrazelluläre Körperchen, die Melanin enthalten) werden von besonderen Zellen, den Melanophagen, aufgezehrt (TAKEUCHI und KAJISHIMA 1973). Es erfolgt eine allmähliche Depigmentierung, und die Jungfische nehmen die Goldfärbung an, wobei die Augen pigmentiert bleiben. Der Prozeß der Depigmentierung wird von den beiden dominanten Genen Dp-1 und Dp-2 gesteuert (KAJISHIMA 1965, 1975; KAJISHIMA und TAKEUCHI 1977). Der Ersatz dieser Gene durch die rezessiven Allele dp-1 und dp-2 führt dazu, daß die embryonalen

Melanophoren für die gesamte Dauer des Lebens beibehalten werden. Die Gene dp-1 und dp-2 sind bei den Fischen vorhanden, die die Bezeichnung Schwarze Mauren erhielten. In der F_2-Generation der Kreuzung des Goldfisches vom Wakin-Stamm mit Schwarzen Mauren entspricht die Aufspaltung der Färbung dem Verhältnis 15:1, und in der Rückkreuzung beträgt das Verhältnis 3:1 (KAJISHIMA 1977):

Generation	Goldvariante Stück	Pigmentierte Form Stück	Verhältnis
F_1	478	0	–
F_2	185	12	15,4:1
R_1	62	26	2,4:1

Der Zeitpunkt der Depigmentierung variiert stark und hängt nach Angaben von KAJISHIMA von der Zahl der dominanten Gene ab: je mehr Gene Dp im Genom vorhanden sind, desto schneller erfolgt sie. Bei Fischen, die im dritten Lebensjahr depigmentiert werden, ist offenbar nur ein Gen Dp vorhanden. Bei Rückkreuzungen ist die Aufspaltung annähernd 1:1 (es wurden 123 Goldformen und 133 dunkle Exemplare erhalten). Alle roten Varietäten des Goldfisches enthalten wahrscheinlich Depigmentierungsgene, dagegen alle dunkel gefärbten Stämme die rezessiven Allele dieser Gene.

Die blaue Färbung, die für einige Stämme charakteristisch ist, wird durch ein einfaches rezessives Gen bestimmt. Die Vererbung der braunen Färbung ist komplizierter. Für ihr Auftreten sind mehrere, möglicherweise sogar vier rezessive Gene erforderlich, obwohl sich dieses Merkmal in einigen Kreuzungen monohybrid verhält (CHEN 1934):

Generation	Kreuzungstyp	Braune Form Stück	Andere Färbungen Stück	Verhältnis
F_2	Massenkreuzung	4693	21	223:1
R_1	Massenkreuzung	2867	189	15,2:1
R_1	individuelle Kreuzung	387	129	3,0:1
R_1	individuelle Kreuzung	400	377	1,1:1

Gut zu verfolgen ist die Vererbung des Albinismus. Die echten albinotischen Formen mit rosa gefärbten Augen treten im Ergebnis des Zusammenwirkens der nicht allelen rezessiven Gene m und s (YAMAMOTO 1973) oder p und c (KAJISHIMA 1977) auf. Das Gen M (P) ist im Verhältnis zu den Genen S und s (C und c) epistatisch. Bei Kreuzungen von Albinos mit dunklen Exemplaren oder mit gewöhnlichen Goldfischen ist in der zweiten Generation eine Aufspaltung in drei phänotypische Gruppen (dunkle in frühen Entwicklungsstadien, helle und Albinos) im Verhältnis 12:3:1 festzustellen (YAMAMOTO 1973):

Dunkle Formen:	273 Stück (theoretisch 264),
Helle Formen:	62 Stück (theoretisch 66),
Albinos:	19 Stück (theoretisch 22).

Nachfolgend ist das PUNNETT-Gitter für diese Kreuzung dargestellt:

♀ MmSs × ♂ MmSs

♀ Gameten	♂ Gameten				
	MS	Ms	mS	ms	
MS	MMSS	MMSs	MmSS	MmSs	dunkel
Ms	MMSs	MMss	MmSs	Mmss	
mS	MmSS	MmSs	mmSS	mmSs	hell
ms	MmSs	Mmss	mmSs	mmss	Albino

Das Gen P (M nach YAMAMOTO) steuert die Ansammlung des schwarzen Pigments in den Retinazellen der Augen, das Gen C (S) wirkt auf die Pigmentzellen in der Haut ein (KAJISHIMA 1977; KAJISHIMA und TAKEUCHI 1977). Der Beginn der Wirkung des Gens C fällt auf das 22. Stadium der Embryonalentwicklung des Goldfisches (KAJISHIMA 1960). Die Embryonen mit den Genotypen ppCC und ppCc (mmSS und mmSs nach YAMAMOTO) haben unpigmentierte Augen, und man kann sie von Albinos ppcc nicht unterscheiden. Die Aufspaltung nach dem Merkmal Albinismus entspricht in der Periode zwischen dem 21. und 22. Stadium dem Verhältnis 3:1. Nach dem 22. Entwicklungsstadium werden bei den Embryonen, die das Gen C erhalten haben, die Augen dunkel, und bald lassen sich die Fische nicht mehr von den gewöhnlichen Goldvarianten unterscheiden: die Aufspaltung nach dem Albinismus entspricht etwa dem Verhältnis 15:1 (KAJISHIMA 1977):

Generation und Stadium	Pigmentierte Form Stück	Albino Stück	Verhältnis
F_2, Stadium 21	427	137	3,12:1
F_2, Stadium 27	991	65	15,2:1

Im Genom der Albinos sind auch die Gene Dp-1 und Dp-2 vorhanden, aber ihre Wirkung ist bei den Homozygoten ppcc (mmss) nicht festzustellen.

Die Durchsichtigkeit der Haut (transparency) hängt ebenfalls vom Zusammenwirken zweier Genpaare ab (CHEN 1928; MATSUI 1934; MATSUMOTO et al. 1960). MATSUI gibt folgende Klassifikation der Genotypen und Phänotypen:

ttNN und ttNn	– normal pigmentierte Exemplare,
ttnn	– netzartig transparente Exemplare,
TtNN, TtNn und Ttnn	– mosaikartig transparente Exemplare (Kaliko),
TTNN, TTNn und TTnn	– gleichmäßig transparente Exemplare

Bei Fischen mit dem Gen T, das sich zu den Genen N und n epistatisch verhält, ist die Menge aller Arten von Pigmentzellen, der Melanophoren, Xanthophoren und Iridophoren (Iridocyten), stark reduziert. Vor kurzem wurde das Gen g entdeckt, das wahrscheinlich mit dem Gen n von MATSUI identisch ist. Es reduziert die Menge der Iridophoren, d. h. der Pigmentzellen, die Guanin enthalten (KAJISHIMA 1977). Die Gene T und g (n) sind in verschiedenen Entwicklungsstadien wirksam: das Gen g beeinträchtigt die Synthese des Guanins in den frühesten Etappen der Differenzierung der Pigmentzellen, das Gen T beginnt nach Abschluß der Embryogenese zu wirken (KAJISHIMA 1977).

Bei einer der Unterarten des Giebels (*C. a. langsdorfi*) wurde das Gen ne (nacreous) gefunden, es ist autosomal rezessiv und bewirkt die Perlmuttfärbung der Schuppen, die auch durch die teilweise Reduktion der Iridophoren hervorgerufen wird (YAMAMOTO 1977). Bei den Perlmuttfischen ist auch die Zahl der Iridophoren in den Augen (um mehr als die Hälfte) reduziert. Bis jetzt ist nicht klar, ob die Gene ne und n (g) zu einer einzigen Serie von Allelen gehören oder ob es sich um unabhängige Loci handelt. Die für viele Stämme des Goldfisches typischen schleierartigen Flossen werden durch zwei oder drei Genpaare vererbt (MATSUI 1934). Die Teleskopform der Augen ist das Ergebnis der rezessiven Mutationen eines Gens. Bei der Kreuzung von Teleskopfischen mit Goldfischen, die normale Augen besitzen, ist normale Mendelsche Aufspaltung zu beobachten. Wenn man sie mit der Wildform des Giebels kreuzt, erweisen sich fast alle Nachkommen der zweiten Generation (99,9%) als normal. Wenn die Hybriden der ersten Generation jedoch erneut mit Teleskopgoldfischen gekreuzt werden, hat die Hälfte der Nachkommen Teleskopaugen (MATSUI 1934). Nach MATSUI hängt das Auftreten der Teleskopaugen beim Goldfisch von einem speziellen rezessiven Gen d (nach der Terminologie des Autors) und von Modifikatoren ab, die im Verlauf der Züchtung der Teleskopfische aufgetreten sind und das Gen d stabilisieren. Es wird angenommen, daß ein derartiger dominanter Modifikator vorhanden ist, wahrscheinlicher ist aber, daß es sich um mehrere handelt, da das Auftreten von Fischen mit Teleskopaugen in der zweiten Generation in so geringer Zahl (weniger als 0,1 %) anders schwer zu erklären wäre.

Viele Merkmale, die für die verschiedenen Zuchtformen des Goldfisches charakteristisch sind, wurden genetisch noch nicht untersucht. Die Goldfischrassen wurden im Verlauf eines ganzen Jahrtausends herausgebildet (BERNDT 1924; SCHMIDT 1935; CHEN 1956). Die vollständige Domestikation wurde in China in der Mitte des 12. Jahrhunderts abgeschlossen. In der Folgezeit entstanden zahlreiche Varietäten hinsichtlich Färbung und Körperbau. Um 1500 wurde der Goldfisch nach Japan gebracht, wo hauptsächlich im 18. und 19. Jahrhundert viele neue Rassen gezüchtet wurden. Interessant ist der Versuch, ein Gesamtschema der Evolution der Zuchtformen des Goldfisches aufzustellen (MATSUI 1956). Diesem Evolutionsprozeß lag offenbar die Auswahl einzelner auffälliger Mutationen zugrunde, die die Färbung, die Struktur der Flossen und Augen, die Struktur der Haut, der Körperform und anderer Merkmale grundlegend veränderten (Abb. 29, die Abbildung befindet sich auf dem Vorsatz vorn im Buch, die Legende steht auf dieser Seite unten). In der Folgezeit stabilisierte sich das Auftreten der neu selektierten Mutationen durch Modifikationsgene, es erhöhte sich auch die Lebensfähigkeit der mutanten Formen (Kompensationsauswahl, vgl. STRUNNIKOV 1974). Die Mehrzahl der Merkmale erwies sich als abhängig von zwei, drei und in einer Reihe von Fällen auch von einer größeren Zahl von Genen mit Wechselwirkung. Man darf vermuten, daß ähnliche Prozesse der Anhäufung von Mutationen, die das ausgewählte Merkmal stabilisieren, bei der Schaffung der Stämme vieler anderer domestizierter Tiere vor sich gehen. Beim Goldfisch kann die Bedingtheit vieler mutanter Merkmale durch zwei Loci auch anders erklärt werden, und zwar durch den polyploiden Ursprung dieser Art: viele Gene im Genom des Goldfisches sind zweifellos dupliziert.

Nach neueren karyologischen Untersuchungen war der Vorfahre der Goldfische eine der chinesischen Unterarten des Giebels, *Carassius auratus auratus* (OJIMA und UEDA 1978; OJIMA et al. 1979).

Sonstige Zuchtfische

Andere Teichfische sind genetisch so gut wie nicht untersucht worden, es gibt nur bei wenigen Merkmalen Angaben über die Vererbung. So ist die rote Färbung des Alands oder der Goldorfe *(Leuciscus idus)* nach unsern Unterlagen ein rezessives Merkmal, das durch ein Gen bestimmt wird. Dieses Gen hat eine stark negative Wirkung auf den Fisch, die Goldorfe zeichnet sich durch erhöhte Empfindlichkeit gegenüber elektrischem Strom und einer Reihe von Milieufaktoren, insbesondere gegenüber Sauerstoffmangel, aus.

Albinotische Formen kommen beim amerikanischen Marmorwels, *Ictalurus punctatus* (NELSON 1958; MENZEL 1959; PRATHER 1961 u. a.) sowie bei der verwandten Art *I. melas* (HICKS 1978) vor. Die rote Färbung bei *Lepomis cyanellus* wird einfach rezessiv mit pleiotroper Wirkung vererbt (DUNHAM und CHILDERS 1980). Ähnliche Mutanten (vollständige oder unvollständige Albinos) sind auch von anderen Teichfischen, insbesondere *Tilapia zillii* (CHERVINSKY 1967) bekannt. Exemplare mit schwarzen Flecken an den Körperseiten treten bei *Lepomis macrochirus* (FELLEY und SMITH 1978) auf.

Abb. 29

Genealogie der wichtigsten Varietäten (Rassen) des Goldfisches *(Carassius auratus)*, die von chinesischen und japanischen Fischzüchtern geschaffen wurden (MATSUI 1956). 1 Wildform, 2 Hibuna (gewöhnlicher Goldfisch), 3 Wakin, 4 Ryukin, 5 Maruko, 5a Rantyu, 5b mehrfarbiger Maruko, 5c Nankin, 6 Demekin (Teleskopfisch), 6a Aka (roter Demekin), 6b Kuro (schwarzer Demekin), 6c Sansuoki (Kaliko-Demekin), 7 Zikin, 8 Tosa-Kin, 9 Tetuonaga (lange Stahlflosse), 10 Oranda Sisigasira, 11 Watonai, 12 Syukin, 13 Syubunkin, 14 Kalikohybride (Hybride Ryukin × Kaliko Demekin), 15 Asuma Nisiki (Hybride Oranda × Kaliko Demekin), 16 Tetugyo (Stahlfisch), 17 Kinranshi (Hybride Wakin × Rantyu).

Fische ohne After- oder Bauchflossen werden bei den in Indien kultivierten Cypriniden der Gattungen *Catla* und *Cirrhinus* (KAUSHIK 1960) gefunden. Die Erblichkeit dieser Aberrationen wurde nachgewiesen. Keine oder nur sehr mangelhafte Angaben über die Genetik qualitativer morphologischer Merkmale liegen von wichtigen Zuchtobjekten, wie zum Beispiel den amerikanischen Saiblingen *(Salvelinus)*, der Peledmaräne *(Coregonus peled)*, Gras-, Silber- und Marmorkarpfen *(Ctenopharyngodon idella, Hypophthalmichthys molitrix, Aristichthys nobilis)*, den verschiedenen Catostomiden- und *Tilapia*-Arten und weiteren Zuchtfischen vor. Dies hemmt die Entwicklung der Züchtungsarbeit mit all diesen Arten, die in letzter Zeit vom Menschen domestiziert wurden.

2.4. Genetik der Wildfische

Daten über die Genetik der Fische in natürlichen Gewässern gibt es bisher nur in sehr begrenztem Umfang. Am besten sind die Stichlinge und einige Höhlenfische untersucht.

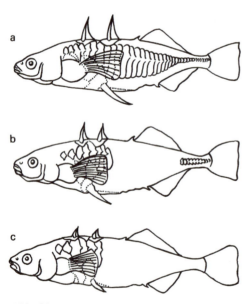

Abb. 30
Phänotypen und vermutete Genotypen des Dreistacheligen Stichlings *(Gasterosteus aculeatus)*.
a trachurus (TT), b semiarmatus (Tt), c leiurus (tt) (MÜNZING 1959, 1963).

Stichlinge

Bei dem weit verbreiteten Dreistacheligen Stichling *(Gasterosteus aculeatus)* findet sich sowohl in Europa als auch in Nordamerika ein Polymorphismus hinsichtlich der Lage und Anzahl der Knochenplatten an den Körperseiten. In den europäischen Populationen kommen drei gut ausgeprägte Phänotypen vor (Abb. 30). Dabei handelt es sich um die Formen stark beschildert *(trachurus)*, mittelmäßig beschildert *(semiarmatus)* und schwach beschildert *(leiurus)* (MÜNZING 1959, 1962, 1963). In Nordeuropa und an den Küsten des Schwarzen Meeres (im Salzwasser) herrscht die Form *trachurus* vor, in den Binnengewässern Westeuropas wird sie ersetzt durch die schwach beschilderte Varietät *(leiurus)*. In Osteuropa ist der Phänotyp *trachurus* nicht auf Meeresbiotope beschränkt und dominiert oftmals in Süßwasserpopulationen (MÜNZING 1972). Auf dem Gebiet der UdSSR sind die Meerespopulationen vorzugsweise durch die Form *trachurus* mit einer geringen Beimischung von *semiarmatus* vertreten. In einer Reihe von Seen und Flüssen leben jedoch nur schwach und mittelmäßig beschilderte Stichlinge (ZJUGANOV 1978). Nach Ansicht ZJUGANOVS (l. c.) wirkt die Auswahl im Süßwasser gegen den Phänotyp *trachurus*.

Bei den anadromen Populationen des Dreistachligen Stichlings im Ärmelkanal und in der Nordsee nimmt die Häufigkeit der stark beschilderten Varietät *trachurus* von Westen nach Osten von 20 auf 70 bis 90% zu. Die Besiedlung ist stufenförmig (clineartig) ausgeprägt. Einige Autoren verbinden diese Veränderung mit dem postglazialen Kontakt von Fischen aus zwei europäischen Siedlungsgebieten. Dabei handelt es sich um das südwestliche (atlantische) Gebiet, das vermutlich in der Eiszeit von Fischen besiedelt wurde, die der Form *trachurus* ähnlich waren, und um das südöstliche Gebiet (Binnengewässer), das von der Form *leiurus* bewohnt wurde. Im Gebiet der nacheiszeitlichen Intergradation bildeten sich entsprechend dieser Hypothese gemischte Populationen, und es entstanden die Verbreitungsmuster oder Besiedlungscline (MÜNZING 1962, 1972; KOSSWIG 1973).

In der Türkei gibt es Stichlingspopulationen, die nur aus mittelmäßig beschilderten Exemplaren bestehen (Münzing 1963). Derartige Populationen wurden auch in einigen Seen Kanadas gefunden (Hagen und Gilbertson 1973b).

In Amerika wurde eine im Vergleich zu Europa größere Vielfalt der Stichlingstypen festgestellt. Abgesehen von den drei mit den europäischen Formen identischen sind bei den anadromen, stark beschilderten Fischen die Schilder stärker ausgebildet als bei den gleichen Fischen im Süßwasser. In einigen Seen Amerikas leben ebenso wie in Europa Fische aller drei Grundtypen. In einer Reihe von Seen sind die Populationen gleichförmig. In Kalifornien fehlen die mittelmäßig beschilderten Formen ganz, in der Mehrzahl der Seen werden nur zwei Phänotypen gefunden (*trachurus* und *leiurus*) (Hagen 1967; Miller und Hubbs 1969; Hagen und Gilbertson 1973a; Coad und Power 1974; Avise 1976a, 1976b; Bell 1976, 1982). Es gibt in Amerika Seen, in denen völlig unbeschilderte (nackte) Stichlinge vorkommen (Ross 1973).

Es wurden mehrere Hypothesen zur Erklärung der Gesetzmäßigkeit der Vererbung des Merkmals Knochenschilder aufgestellt. Nach einer früheren Hypothese Münzings (1959) ist die Vererbung der Zahl der Knochenschilder mit dem Vorhandensein eines Locus mit zwei Allelen verbunden. Der Genotyp TT entspricht dem Phänotyp *trachurus*, den Genotypen Tt und tt sind die Phänotypen *semiarmatus* und *leiurus* zuzuordnen. Die Ergebnisse der Kreuzungen von Stichlingen (Tab. 9) passen allerdings nicht in den Rahmen dieser Hypothese. Im Widerspruch dazu stehen auch die Unterlagen über gleichartige Zwischenpopulationen (*semiarmatus*).

Amerikanische Autoren vermuten, daß bei den Stichlingen zwei additiv wirkende Gene vorhanden sind (Hagen und Gilbertson 1973b). In diesem Fall stellt sich der Zusammenhang zwischen den Phänotypen und Genotypen wie in der Aufstellung auf dieser Seite oben dar.

Eher zutreffend erscheint die Hypothese Zjuganovs (1983), nach der sich der Grad der Dominanz des Allels A des Grundlocus ändert, wenn eines der Allele des Locus C

Phänotypen	Genotypen	Zahl der dominanten Gene
trachurus	AABB, AaBB, AABb	4 und 3
semiarmatus	AAbb, AaBb, aaBB	2
leiurus	aaBb, Aabb, aabb	1 und 0

auftritt. Der Autor vermutet folgendes Verhältnis der Phänotypen und Genotypen:

trachurus — AACC, AACc, AAcc und Aacc
semiarmatus — AaCC und AaCc
leiurus — aaCC, aaCc und aacc

Wenn das Gen C in den Genotyp eingeht, wird das Gen a semidominant.

Die Ergebnisse der meisten Kreuzungen des Stichlings entsprechen dieser Hypothese (Tab. 9). In einigen Fällen muß jedoch ein dritter Locus (den wir mit den Buchstaben M und m bezeichnet haben), oder ein drittes Allel des Locus A angenommen werden, die auf die Entwicklung kleiner Schilder auf dem Schwanzstiel des Stichlings hinwirken. Das Auftreten eines solchen Gens bietet eine Erklärung für die Existenz von Populationen, die ganz aus halbbeschilderten Stichlingen bestehen, und für das Fehlen der Aufspaltung bei einigen Kreuzungen.

Die Untersuchung der natürlichen Populationen der amerikanischen Stichlinge hat gezeigt, daß der Grad der Dominanz des Merkmals *trachurus* tatsächlich von Population zu Population wechselt (Avise 1976b). Innerhalb eines jeden Grundphänotyps ist außerdem eine beträchtliche und zweifellos erbliche Variation der Zahl der Knochenschilder festzustellen. Zur Präzisierung des Charakters der Vererbung dieses Merkmals sind weitere genetische Untersuchungen erforderlich.

Die Anpassungsfunktion des Polymorphismus der Stichlinge hinsichtlich der Zahl der Knochenschilder steht außer Zweifel. Ein wichtiges Argument für den Anpassungscharakter dieser Variabilität ist die Konstanz des Verhältnisses der drei Phänotypen in allen örtlichen Stichlingspopulationen (MÜNZING 1972; AVISE 1976a; ZJUGANOV 1978; PAEPKE 1982). Parallele Besiedlungscline hinsichtlich der Zahl der drei Stichlingsformen wurden in vielen Flußsystemen festgestellt. Je weiter man sich stromaufwärts bewegt, um so schneller nimmt die Menge der stark beschilderten Stichlinge *(trachurus)* ab (BELL 1982). An die Binnengewässer sind Fische mit schwach ausgebildeten Knochenschildern besser angepaßt, an das Salzwasser des Meeres dagegen die mit Knochenschildern geschützten Formen. Dieser Unterschied wird durch eine Differenz in der Widerstandsfähigkeit der Spermien gegenüber Salzwasser untermauert. Die obere Grenze des Salzgehaltes, bei der die Spermien ihre Beweglichkeit behalten, liegt bei den Stichlingen der Typen *trachurus* und *leiurus* bei 52 beziehungsweise 16‰ (ZJUGANOV und CHLEBOVIČ 1979).

Die Zugehörigkeit zu einem der drei Grundtypen und die Variation der Zahl der Knochenschilder bei den Fischen eines beliebigen Typs korrelieren mit der Menge der Raubfische. Je mehr Raubfische im Gewässer vorhanden sind, desto reicher sind die Fische mit Platten und Stacheln ausgestattet (KYNARD 1979). Vielfalt der Raubfische im Gewässer verstärkt den Polymorphismus (MASKELL et al. 1978). Dieser Faktor spielt offensichtlich eine große Rolle für die Beibehaltung des Polymorphismus hinsichtlich des Grades der Beschilderung der Stichlinge in vielen Binnengewässern der Alten und Neuen Welt. Ein Zusammenhang des Polymorphismus mit abiotischen Umweltfaktoren (außer Salzgehalt) wurde bisher nicht festgestellt, obwohl ein solcher Zusammenhang in Hinblick auf eine Reihe quantitativer Merkmale, z. B. Zahl der Wirbel und Kiemendornen sowie Körperform, zweifellos besteht (HAGEN und GILBERTSON 1972). Unterschiede im Ausmaß der Aufnahme schwach beschilderter Stichlinge durch Raubfische wurden auch bei der Untersuchung der Variabilität eines anderen Schutzorganes, der Rückenstacheln, festgestellt. Im Meiersee (USA) wurde ein Polymorphismus der Stichlinge hinsichtlich der Färbung beobachtet. Eine Untersuchung des Mageninhaltes von

Tabelle 9
Aufspaltung nach dem Merkmal „Knochenschilder" beim Dreistacheligen Stichling *(Gasterosteus aculeatus)*
T – Typ trachurus, S – Typ semiarmatus, L – Typ leiurus
A und a, C und c, M und m – vermutliche Gene (ZJUGANOV 1983)

Eltern			Nachkommen (%) (in Klammern – erwartete Zahl)			Vermutliche Genotypen	n	Literaturquelle
Phänotypen		Vermutliche Genotypen	Phänotypen					
			T	S	L			
T × T	AA(c)	AA(c)	100(100)	–	–	AA(100)	141	4
	AA(c)	AA(c)	100(100)	–	–	AA(100)	28	5
	Aacc	Aacc	76(75)	–	24(25)	AAcc(25) + Aacc(50) + aacc(25)	135	5
	Aacc	Aacc	95(75)	–	5(25)	AAcc(25) + Aacc(50) + aacc(25)	20	1

T × S	Aacc	AaCC	24(25)	58(50)	18(25)	AaCc(25) + AaCc(50) + aaCc(25)	71	4
T × L und L × T	AAcc	aaCc	54(50)	46(50)	—	AaCc(50) + Aacc(50)	46	5
	AAcc	aaCc	45(50)	55(50)	—	AaCc(50) + Aacc(50)	29	5
	AAcc	aaCc	74(50)	26(50)	—	AaCc(50) + Aacc(50)	53	2
	Aacc	aacc	50(50)	1(0)	49(50)	Aacc(50) + aacc(50)	48	1
	Aacc	aacc	76(50)	—	24(50)	Aacc(50) + aacc(50)	17	1
	Aacc	aacc	70(50)	—	30(50)	Aacc(50) + aacc(50)	37	4
	Aacc	aaCc	29(25)	38(25)	33(50)	AaCc(25) + Aacc(25) + [aaCc + aacc](50)	21	4
	Aacc	aaCc	42(25)	15(25)	42(50)	AaCc(25) + Aacc(25) + [aaCc + aacc](50)	33	2
S × S	AaCc	AaCc	44(37,5)	36(37,5)	20(25)	AA(25) + [AaCC + AaCc](37,5) + Aacc(12,5) + aa(25)	25	5
	aaccmm	aaccmm	—	100(100)	—	aaccmm(100)	182	3
S × L	AaCC	aaCC	—	50(50)	50(50)	AaCC(50) + aaCC(50)	?	3
	AaCC	aaCC	—	52(50)	48(50)	AaCC(50) + aaCC(50)	27	5
	AaCc	aaCc	16(12,5)	33(37,5)	50(50)	[AaCC + AaCc](37,5) + Aacc(12,5) + [aaCC + aaCc + aacc](50)	154	3
	aaCCmm	aaCCMM	—	—	100(100)	aaCCMm(100)	?	3
L × L	aa(c)	aa(c)	—	—	100(100)	aa(100)	?	1,3
	aa(c)	aa(c)	—	—	100(100)	aa(100)	141	4
	aa(c)Mm	aa(c)Mm	—	11(25)	89(75)	[aaMM + aaMm](75) + aamm(25)	27	3

Literatur:

1. Avise 1976a; 2. Avise 1976b; 3. Hagen und Gilbertson 1973b; 4. Paepke 1982; 5. Zjuganov 1983

Raubfischen und direkte Versuche zur Aufnahme durch Raubfische zeigten, daß die Stichlinge mit roter Kehle und verkürzten Rückenstacheln in größerer Menge aufgenommen werden (MOODIE 1972). Der Unterschied in der Färbung der Kehle wird offenbar durch ein autosomales Gen mit zwei kodominanten Allelen bestimmt, die Länge der Stacheln ist ein polygenes Merkmal (HAGEN und MOODIE 1979).

Variabel bezüglich der Zahl und Größe der Knochenplatten sind auch die Stichlingsarten *Pungitius pungitius*, *P. platygaster* und *P. sinensis* (MÜNZING 1969; TANAKA 1982). Über die genetische Natur dieser Variabilität ist jedoch nichts bekannt. In kanadischen Seen sind Populationen von *P. pungitius* und *Culaea inconstans* nicht selten, bei denen zahlreichen Fischen die Bauchflossen und sogar die Beckenknochen fehlen. Alle Fische im Fox-Holl-See gehören zu dieser Gruppe, während in dem nahegelegenen Rigsee ihr Anteil unter 4% liegt (NELSON 1971, 1977). Bei *Culaea inconstans* wurde diese Variabilität in mehr als 20 kanadischen Populationen festgestellt, der Anteil der Fische ohne Beckenknochen beträgt in diesen Populationen zwischen 20 und 95%. Kreuzungen ergaben, daß diese Aberration von ein oder zwei Loci bestimmt wird, wobei sie offensichtlich unvollständig auftritt (NELSON 1977).

Ebenso wie in bezug auf die Knochenschilder wurde ein enger Zusammenhang zwischen der Verbreitung dieser genetischen Variabilität und dem Vorhandensein von Raubfischen festgestellt. Je weniger Raubfische vorhanden sind, um so größer ist der Anteil der aberranten Formen in der Population. Beim Vierstacheligen Stichling *(Apeltes quadracus)* ist der Polymorphismus der Zahl der Rückenstacheln sehr beständig. Über 50 Jahre änderte sich der Anteil der morphologischen Formen überhaupt nicht (BLOUW und HAGEN 1981). Der Mechanismus der Vererbung ist in diesem Fall noch nicht untersucht worden.

Höhlenfische

Ein kleiner mexikanischer Süßwasserfisch aus der Familie Characidae, *Astyanax mexicanus*, hat nahe Verwandte, die unterirdisch in Höhlen leben *(Anoptichthys antrobius, A. jordani, A. hubbsi)*. All diese Troglobionten lassen sich leicht mit *Astyanax mexicanus* kreuzen. Die drei Höhlenarten sind blind und mehr oder weniger frei von Pigment (Melanin und Guanin). Die Blindheit wird durch viele additiv wirkende Gene bestimmt (KOSSWIG 1963; PFEIFFER 1967; PETERS und PETERS 1973 u. a.). Die Pigmentreduktion hängt bei den Höhlenfischen von ein oder zwei mendelnden Genen ab. Die albinotische Mutation wird bei *Anoptichthys antrobius* einfach rezessiv vererbt. In der F_2-Generation wurden nach Kreuzung von *Anoptichthys* und *Astyanax* 787 normal gefärbte Fische und 278 Albinos erhalten (SADOGLU 1955, 1957). Später wurde bei dieser Art noch eine andere Mutation, das Gen bw (braune Färbung) gefunden. Die drei Typen der Färbung, normale (dunkle), braune und helle (Albinos), werden durch das Zusammenwirken von zwei nicht miteinander gekoppelten Genen a und bw bestimmt (Tab. 10). Das Gen a ist, wie viele andere albinotische Mutanten, epistatisch bezüglich des Pigmentgens bw. Die Aufspaltung entspricht daher in der F_2-Generation dem Verhältnis 9:3:4. In diesem Falle sind die Homozygoten aa lebensfähig, auch das Gen bw besitzt keine letale Wirkung. Mutationen, die mit bw eine Ähnlichkeit haben, gibt es auch bei den anderen Höhlenfischen der Gattung *Anoptichthys*.

Die Besiedlung der Höhlen mit Fischen wurde von der allmählichen Akkumulation von Allelen in den Höhlenpopulationen begleitet, die den Gesichtssinn schwächten und die Pigmentbildung verhinderten. Nach der Zahl der Gene zu urteilen, die im Prozeß der Degeneration der Augen zusammenwirkten (mindestens sechs nach WILKENS 1970), ist die Möglichkeit einer Präadaption, des zufälligen Hineingeratens von blinden, pigmentlosen Fischen in die Höhlen sehr unwahrscheinlich. Die Anhäufung von degenerativen Allelen erfolgte wahrscheinlich im Verlauf der Selektion, die die Eliminierung unnötiger Organe und die Abschwächung der Färbung ermöglichte. Einige Autoren vermuten, daß bei der Besiedlung der Höhlen der „Effekt des Begründers" große Bedeutung gehabt haben könnte, d. h. bei wenigen eingewander-

Tabelle 10
Erblichkeit der Färbung bei blinden Höhlenfischen und ihren normalen, in Flüssen lebenden Verwandten

Phänotyp	Systematische Stellung	Genotypen
Normale silbrige Färbung	*Astyanax mexicanus*	$\dfrac{+\ +}{+\ +}$
	Hybridpopulationen	$\dfrac{a\ +}{+\ +};\ \dfrac{+\ bw}{+\ +},\ \dfrac{a\ bw}{+\ +}$
Braune Färbung	Hybridpopulationen	$\dfrac{+\ bw}{+\ bw};\ \dfrac{+\ bw}{a\ bw}$
Helle Färbung (Albinos)	*Anoptichthys* sp. (Höhlenformen)	$\dfrac{a\ bw}{a\ bw};\ \dfrac{a\ bw}{a\ +}$
	Hybridpopulationen	$\dfrac{a\ +}{a\ +};\ \dfrac{a\ bw}{a\ +};\ \dfrac{a\ bw}{a\ bw}$

ten Fischen sollten Gene vorhanden gewesen sein (darunter auch degenerative), die sich später bei der Vergrößerung des Bestandes automatisch vervielfachten (Peters und Peters 1973). Unserer Ansicht nach ist diese Vermutung ebenso wie die Hypothese der Präadaption wenig begründet.
Im Verlauf der Evolution ging bei den Höhlenfischen die Schutzreaktion verloren, die bei allen Oberflächenbewohnern vorhanden ist. Das Fehlen der Reaktion auf Schreck wird bei den Fischen der Gattung *Anoptichthys* durch das Zusammenwirken von zwei rezessiven, nicht gekoppelten Genen bestimmt. Die Aufspaltung in der F_2-Generation entsprach etwa dem Verhältnis 15:1 (Pfeiffer 1966). Interessant ist zum Vergleich, daß sich bei *Poeciliopsis viriosa* (Poeciliidae) eine rezessive Mutation als ausreichend erwies, um eine andere sehr wichtige Verhaltensreaktion zu zerstören, nämlich die Fähigkeit der männlichen Tiere, Feinde und Konkurrenten durch schnelle Farbintensivierung zu verscheuchen. Ein mutantes Gen hemmt die Bildung der Xanthophoren im Schuppenepithel, und die Schreckfärbung wird unmöglich (Vrijenhoek 1976).

Sonstige Fische

Bei einem Fisch aus der Familie Poeciliidae, *Aphanius anatoliae*, gibt es in der Natur Variationen im Charakter der Beschuppung. Die Häufigkeit des Auftretens von vier Grundtypen, vollbeschuppt, beschuppt mit schuppenfreiem Bauch, schwach beschuppt und zeilbeschuppt, ist in den verschiedenen kleinen Populationen dieser Art unterschiedlich und hat sich im Laufe der 30jährigen Untersuchungen stark verändert (Grimm 1979). Es ist anzunehmen, daß diese Variation durch zwei oder drei Gene bestimmt wird. Die Reduktion der Beschuppung ist in diesem Falle als Nebenergebnis der regressiven Evolution der Poeciliiden zu betrachten (Grimm 1980).

Ein Polymorphismus der Färbung ist charakteristisch für einige Buntbarsche (Cichlidae), insbesondere für *Cichlasoma citrinellum*. Zwei Farbvarietäten vererben sich offenbar mit Hilfe eines Locus mit zwei Allelen. Zwischen den morphologischen Gruppen besteht eine teilweise Isolation, bei der Fortpflanzung wählen die Weibchen aus jeder Gruppe als Partner vorzugsweise ähnlich gefärbte Männchen aus (Barlow 1973). Bei *Pseudotropheus zebra* (Malawi-See) gibt es nebeneinander vier verschiedene Farbformen. Die Varianten W und B kreuzen sich nicht mit den Varianten OB und BB. Man vermutet, daß es sich um sympatrische Zwillingsarten handelt. Die Variation im Bereich jeder Art wird offenbar durch einen Locus mit dominanten und rezessiven Allelen bestimmt (Fryer und Iles 1972; Holzberg 1978; Schröder 1980). Unter den Schmerlen der Unterart *Noemacheilus barbatulus toni* (Familie Cobitidae), die die Gewässer der Bezirke Nowgorod und Leningrad in der UdSSR besiedeln, fanden wir mehrmals grell gefärbte Fische zweier Typen, rote mit roten Augen (vollständige Albinos) und orange gefärbte mit schwarzen Augen (Halbalbinos). Kreuzungen ergaben, daß der Albinismus durch ein rezessives Gen bestimmt wird. Der Genotyp der Halbalbinos wurde leider nicht ermittelt.

Albinotische Exemplare wurden auch bei vielen anderen Fischarten gefunden, so zum Beispiel beim Steinbeißer *(Cobitis taenia)*, bei einem Hai aus der Gattung *Stegostoma* (NAKAYA 1973), beim Karpfen in Nordamerika (JOHNSON 1968), bei *Scardinius erythrophthalmus* (GELOSI 1971, bei der Gattung *Kyphosus* (SGANO und ABE 1973), bei *Ictalurus punctatus* (AITKEN 1937), bei *Etheostoma olmstedi* (Denoncourt 1976) und bei *Limanda yokohamae* (ABE 1972), d. h. bei Nutzfischen und bei sonstigen Arten sowohl im Süßwasser als auch im Meer. Zur Entstehung des Albinismus reicht eine Mutation, die die Synthese des Melanins oder seiner Vorläufer stört. Das Merkmal wird daher in der Mehrzahl der Fälle monogen vererbt.

Individuen mit spiegelartiger Beschuppung kommen in Populationen der Rotfeder, *Scardinius erythrophthalmus* (RÜNGER 1934) und anderer Süßwasserfischarten vor. Es ist zu vermuten, daß es sich hierbei um Mutationen handelt.

Erblich sind auch einige andere aberrante Formen, die in natürlichen Fischpopulationen vorkommen (DAWSON 1964). Hierzu sind die Verlängerungen und Verdoppelungen der Flossen, Verkrümmungen der Wirbelsäule, Veränderungen in der Anordnung der Schuppen, Unterentwicklung der Augen und anderes zu zählen. In all diesen Fällen wurde jedoch keine genetische Analyse durchgeführt, es fehlt an Unterlagen nicht nur über die Art der Vererbung, sondern auch über die relative Bedeutung der Erblichkeit und der Milieufaktoren für das Entstehen dieser oder jener Aberration.

Daten über die Vererbung qualitativer Merkmale bei Fischen sind, wie wir sehen, nicht häufig. Der Karpfen wurde von allen Arten am besten untersucht, aber die Angaben über die Genetik des Karpfens sind auch noch sehr lückenhaft. Kenntnisse zur speziellen Genetik der Fische, insbesondere der Arten, die zur Zucht verwendet werden, sind für die richtige Planung der Züchtungsarbeit und zum Schutz und zur Erhaltung der Nutzfische wichtig. Die Sammlung dieser Unterlagen wird jetzt zu einer vordringlichen Aufgabe.

3. Genetik der Aquarienfische

Eine große Zahl genetischer Untersuchungen wurde an Aquarienfischen durchgeführt. In Anbetracht dessen, daß es zu diesem Gebiet der Fischgenetik einige gute Übersichten gibt (Gordon 1957; Dzwillo 1959; Kosswig 1965; Kallman und Atz 1966; Schröder 1974, 1976; Kallman 1975; Yamamoto 1975b), gehen wir nur auf einige wichtige Ergebnisse dieser Arbeiten ein.

3.1. Guppy *(Poecilia [Lebistes] reticulata)*

Der Guppy ist ein anspruchsloser Aquarienfisch aus der Familie Poeciliidae (Lebendgebärende Zahnkarpfen). Die Männchen des Guppys sind unterschiedlich bunt gefärbt, die Weibchen in den meisten Fällen monoton grau. In natürlichen Populationen ist ein Polymorphismus der Färbung der Männchen zu beobachten (Haskins und Haskins 1951, 1954; Haskins et. al. 1961; Kosswig 1964a u. a.). Die Aquarienfischzüchter schufen viele Guppystämme, die sich nach der Körperfärbung und der Form und Färbung der Flossen unterscheiden (Abb. 31, s. unten und im Buch hinten).

Die spezifische Besonderheit der Genetik der Guppys ist die Konzentration der Mehrzahl der Färbungsgene, aber auch einiger Gene, die die Struktur der Flossen bewirken, in den Geschlechtschromosomen X und Y. Heterogametisch sind beim Guppy die Männchen; unter dem Mikroskop gelang es jedoch nicht, Heterochromosomen festzustellen. Schmidt (1919a) stellte als erster fest, daß viele Färbungsgene beim Guppy vom Vater auf die Söhne über das Y-Chromosom vererbt werden. Später zeigte Winge (1922, 1927), daß sich einige dieser Gene stets im Y-Chromosom befinden, während andere durch Crossing over vom Y- zum X-Chromosom und umgekehrt übergehen können.

Bis jetzt wurden beim Guppy bis zu 19 Färbungsgene beschrieben, die ständig mit dem Y-Chromosom verbunden sind, und mehr als 16 Gene, die mit den X- und Y-Chromosomen gekoppelt sind. Außerdem wurde etwa ein Dutzend autosomaler Mutationen festgestellt, die die allgemeine Grundfärbung der Fische beeinflussen oder auf andere morphologische Merkmale einwirken (Tab. 11). Es wurden Mutationen gefunden, die auf alle Typen der Pigmentzellen Einfluß nehmen (Schröder 1969b).

Die Hauptgesetzmäßigkeiten der Vererbung dieser Gene sind die folgenden.

1. Strenge Weitergabe der Y-Gene in der männlichen Linie (einseitige maskuline Vererbung)

Im Y-Chromosom kann sich gleichzeitig nur ein einziges Gen befinden, das unlöslich mit diesem Chromosom verbunden ist. Eine Ausnahme bilden die Gene Vir-I und Vir-II (grüne Flecken am Körper), die offenbar mit anderen Genen verbunden sind (Natali und Natali 1931). Die Gene des Y-Chromosoms stellen entweder Allele eines Locus dar oder gehören zu einem Supergen, einer Familie von nahe beieinander befindlichen Loci mit vollständiger Unterdrückung des Crossing over. Als Beispiel

1. ♂ $Y_{Ma}X_o$ × ♀ X_oX_o (oder $X_{ch}X_{ch}$)

♂♂ $Y_{Ma}X_o$ + ♀♀ X_oX_o

2. ♂ $Y_{Ma}X_o$ × ♀ $X_{Ti}X_o$

♂♂ $Y_{Ma}X_{Ti}$ + ♂♂ $Y_{Ma}X_o$ + ♀♀ X_oX_{Ti} + ♀♀ X_oX_o

Abb. 31
Polymorphismus der männlichen Guppys *(Poecilia reticulata)* bezüglich der Gene in den Y- und X-Chromosomen (Winge 1927; Natali und Natali 1931; Kirpičnikov 1935b; Dzwillo 1959).

für die einseitige maskuline Weitergabe der Färbungsgene kann die Vererbung des Gens Ma dienen, das das Auftreten des schwarzen Flecks auf der Rückenflosse und die charakteristische Anordnung schwarzer und roter Flecken auf dem Körper der Männchen bestimmt (WINGE 1927, s. S. 85).

Auf die gleiche Weise werden auch alle anderen Gene, die im Y-Chromosom lokalisiert sind, von den Vätern an die Söhne weitergegeben.

2. Dominanz aller Färbungsgene, die sich im Y-Chromosom befinden

Beim Vorhandensein von X- und Y-Chromosomen im Genom treten die Gene der Y-Chromosomen unabhängig von der genetischen Struktur der X-Chromosomen auf. Für diese Dominanz gibt es zwei Erklärungen:
– Der Abschnitt des Y-Chromosoms, in dem diese Gene angeordnet sind, besitzt keine homologen Abschnitte im X-Chromosom.
– Der Locus des Y-Chromosoms, der für die Unterschiede der Färbung und die Form der Flossen (mit vielen multiplen Allelen) bei den Männchen verantwortlich ist, befindet sich in enger Kopplung mit dem männlichen Geschlechtsgen oder bildet sogar selbst stellvertretend den geschlechtsbestimmenden dominanten Faktor.

Zugunsten der zweiten Vermutung sprechen Beobachtungen über die Unterschiede in der Geschlechtsaktivität und der Beständigkeit des Mechanismus der Geschlechtsbestimmung in Guppylinien, die hinsichtlich Allelen des Haupt-Y-Gens differieren. Am kräftigsten ist offenbar das Gen Ma. Die Einführung dieses Gens in schwache Linien ermöglichte insbesondere das Verschwinden des Merkmals Hermaphroditismus, das beim Guppy manchmal zu beobachten ist (SPURWAY 1957).

Dominant sind nicht nur die Gene, die sich immer im Y-Chromosom befinden, sondern auch die Gene, die vom Y- ins X-Chromosom oder aus dem X- ins Y-Chromosom überwechseln. Sehr wahrscheinlich ist diese Dominanz ein direktes Ergebnis der Selektion von Färbungsgenen, die in natürlichen Populationen ein gut ausgewogenes polymorphes System darstellen (HASKINS und HASKINS 1954). Der Polymorphismus der Färbung gründet sich bei vielen Tieren auf einige gleichzeitig vorhandene dominante

Tabelle 11   Gene des Guppys

Gen	Merkmal	Literaturquelle
Y-Chromosom (nur Männchen)		
Maculatus (Ma)	Pigmentation	12
Armatus (Ar)	Pigmentation, Form der Schwanzflosse	12
Ferrugineus (Fe)	Pigmentation	12
Iridescens I, II (Ir)	Pigmentation	12
Aureus (Au)	Pigmentation	12
Pauper (Pa)	Pigmentation	12
Oculatus (Oc)	Pigmentation	12
Variabilis (Va)	Pigmentation	12
Sanguineus (Sa)	Pigmentation	12
Reticulatus (Re)	Pigmentation, Form der Schwanzflosse	1, 3
Bimaculatus (Bi)	Pigmentation, Form der Schwanzflosse	3
Trimaculatus (Tri)	Pigmentation, Form der Schwanzflosse	3
Bipunctatus (Bp)	Pigmentation	3
Viridis I, II (Vir)	Pigmentation	3
Inornatus (In)	Pigmentation	2
Filigran (Fil)	Pigmentation, Form der Schwanzflosse	4
Doppelschwert (Ds)	Form der Rücken- und Schwanzflosse	4

Gen	Merkmal	Literatur-quelle
X- und Y-Chromosom (nur Männchen)		
Elongatus (El)	Pigmentation, Form der Schwanzflosse	12
Coccineus (Co)	Pigmentation	12
Vitellinus I, II (Vi)	Pigmentation	3, 12
Luteus (Lu)	Pigmentation	12
Tigrinus (Ti)	Pigmentation	12
Purpureus (Pu)	Pigmentation	12
Cinnamomeus (Ci)	Pigmentation	12
Minutus (Min)	Pigmentation	12
Lineatus (Li)	Pigmentation, Form der Schwanzflosse	12
Caudomaculatus (Cm)	Pigmentation	3
Lutescens (Ls)	Pigmentation	3
Solaris (So)	Pigmentation	2
Flavus (Fl)	Pigmentation; gering ausgebildet bei den Weibchen	13
Nigrocaudatus I, II (Ni)	Pigmentation; beide Geschlechter	4, 9
Caudal pigment (Cp)	Pigmentation, Form der Schwanzflosse; gering ausgebildet bei den Weibchen	4
Farblose (rezessives Allel) (ch)	–	4
Autosomen		
Zebrinus (Ze)	Pigmentation; Männchen	12
albino (a)	Pigmentation; beide Geschlechter	7
blond (b)	Pigmentation; beide Geschlechter	5, 6
blue (bl)	Pigmentation; beide Geschlechter	4
gold (g)	Pigmentation; beide Geschlechter	5, 6
abnormis = hunch-back (hb)	Wirbelsäule; beide Geschlechter	2, 5
curvatus = lordosis (cu)	Wirbelsäule; beide Geschlechter	2, 10
Palla (Pa)	Wirbelsäule (bei Homozygoten letal)	14
coecus (cs)	Augen; beide Geschlechter	2
Elongated (Ea)	Form der Rücken- und Schwanzflosse; beide Geschlechter	8
Kalymma (Kal)	Form aller Flossen; beide Geschlechter	11
Supressor (Sup)	Form aller Flossen; beide Geschlechter	11

Literatur: 1. BLJACHER (1927, 1928); 2. KIRPIČNIKOV (1935b); 3. NATALI und NATALI (1931); 4. DZWILLO (1959); 5. GOODRICH et al. (1944); 6. HASKINS und DRUZBA (1938); 7. HASKINS und HASKINS (1948); 8. HORN (1972); 9. NYBELIN (1947); 10. ROSENTHAL und ROSENTHAL (1950); 11. SCHRÖDER (1969c); 12. WINGE (1927); 13. WINGE und DITLEVSEN (1948); 14. LODI (1967, 1978a)

Faktoren (FORD 1966 u. a.). Autosomale Gene des Guppys, die nicht mit dem Polymorphismus zusammenhängen, sind zum größten Teil rezessiv.

3. Das Vorhandensein rezessiver letaler Gene im Y-Chromosom des Guppys

Kamen gleichzeitig zwei Y-Chromosomen bei den Männchen vor, waren die hinsichtlich der Gene Ma, Ar und Pa homozygoten Exemplare nicht lebensfähig (WINGE und DITLEVSEN 1938; HASKINS et al. 1970), während sich die Männchen mit den Genotypen $Y_{Ma}Y_{Ar}$, $Y_{Ma}Y_{Pa}$ und $Y_{Pa}Y_{Ar}$ als lebensfähig und auch als fruchtbar erwiesen. Offenbar ist mit jedem der Gene, die sich im Y-Chromosom befinden, ein besonderer Letalfaktor gekoppelt. Diese Letalgene, die mit verschiedenen Farbgenen verbunden sind, sind nicht allel. HASKINS und Mitarbeitern gelang es nur, ein Männchen $Y_{MA}Y_{Ma}$ zu erhalten, das eine große Nachkommenschaft lieferte. Aller Wahrscheinlichkeit nach ist dies das Ergebnis des Crossing over zwischen dem Gen Ma und einem Letalgen.

Eines der Y-Chromosomen war in diesem Fall frei vom letalen Gen.

Letalgene im Y-Chromosom tragen zu einer stabilen Heterozygotie der Männchen des Guppys hinsichtlich der Hauptfarbgene bei. Im übrigen läßt sich die Akkumulation von Letalgenen als erste Etappe der Zerstörung des Y-Chromosoms betrachten. Beim Guppy beginnt dieser Prozeß offenbar gerade erst.

4. Möglichkeit des Crossing over zwischen den X- und Y-Chromosomen

Sie zeugt davon, daß sie homologe Abschnitte enthalten (WINGE 1923 u. a.). Einige Gene wechseln ziemlich oft aus dem X- in das Y-Chromosom und umgekehrt. So beträgt das Crossing over zwischen den Genen Ds und Cp etwa 10% (DZWILLO 1959). Ergebnisse des Crossing over wurden zum Aufstellen von Karten der Geschlechtschromosomen benutzt (WINGE 1934; WINGE und DITLEVSEN 1938, s. unten). Nach neueren Angaben (NAYUDU 1979) sind die Loci Ni-II, Fl und Cp in den X- und Y-Chromosomen in folgender Weise angeordnet:

M(f) (Geschlechtsfaktor)
– Ni-II – Fl – Cp

Die Beziehung zwischen der Lokalisierung dieser Gene und der früher untersuchten Gene Co, Ti, Lu und anderen ist bisher nicht bekannt. Die drei oben angeführten Gene Ni-II, Fl und Cp, die die Verteilung der schwarzen Flecken auf dem Körper des Guppys beeinflussen, unterscheiden sich durch die Struktur der Melanophoren. Bei Fischen mit dem Gen Fl stellen die Melanophoren Zellen mit vielen Ausläufern (Dendriten) dar. Bei Tieren mit dem Gen Cp sind diese Zellen bipolar, das Gen Ni-II bestimmt die Kronenstruktur der Melanophoren (NAYUDU und HUNTER 1979).

Die Chromosomenkarten wurden anhand eines verhältnismäßig kleinen Materials aufgestellt und bedürfen der Präzisierung. Insbesondere ist nicht klar, wo die letalen Gene im Y-Chromosom angeordnet sind.

5. Instabilität des genetischen Mechanismus der Geschlechtsbestimmung

In fast allen Linien der domestizierten Guppys treten von Zeit zu Zeit Männchen auf, die sich bei der Überprüfung ihrer Chromosomenformel als genetische Weibchen (XX) erweisen. Die Auswahl dieser spontan sich entwickelnden Männchen gestattete WINGE (1934), eine Linie ohne XY-Männchen aufzustellen:

♀ XX × ♂ XX (umgewandelt)
= ♀♀ XX + vereinzelte ♂♂ XX

Durch Selektion ließ sich die Zahl der umgewandelten Männchen in dieser Linie wesentlich erhöhen, und sie hielt sich über lange Zeit ohne Beteiligung normaler XY-Männchen. XY-Männchen können sich manchmal ebenfalls spontan in Weibchen umwandeln. Bei der Kreuzung derartiger Weibchen (mit männlichem Genom) mit normalen Männchen besteht die Nachkommenschaft zu 75% aus Männchen:

♀ X_oY_{Ma} × ♂ X_oY_{Pa}
= ♂♂ X_oY_{Ma} + ♂♂ X_oY_{Pa} + ♂♂ $Y_{Ma}Y_{Pa}$
75%
+ ♀♀ X_oX_o
25%

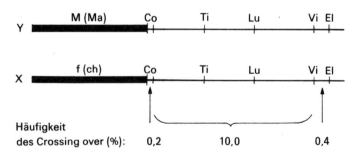

Durch die Verwendung von Männchen des Genotyps $Y_{Ma}Y_{Pa}$ konnte eine eingeschlechtliche männliche Nachkommenschaft erzielt werden (WINGE und DITLEVSEN 1938):

♂ $Y_{Ma}Y_{Pa}$ + ♀ X_oX_o = ♂♂ X_oY_{Ma} 45%
+ ♂♂ X_oY_{Pa} 55%

In Kreuzungen umgewandelter Weibchen und normaler Männchen, die im Y-Chromosom das Gen Ma haben, ergibt sich ein Letalverhältnis von 2:1, die Männchen $Y_{Ma}Y_{Ma}$ sterben ab:

♂ X_oY_{Ma} + ♀ X_oY_{Ma} = ♂♂ X_oY_{Ma} 67%
+ ♀♀ X_oX_o 33%

Bei alternden Guppyweibchen nimmt die Aktivität des weiblichen Geschlechtshormons ab, und es treten bei ihnen die Färbungsgene auf, die in den X-Chromosomen lokalisiert sind. Den Genotyp der Weibchen kann man auch im Falle ihrer spontanen Umkehr in Männchen feststellen und insbesondere, wenn die Umwandlung durch männliches Sexualhormon (Testosteron) induziert wird. Zusatz von Testosteron ins Wasser oder ins Futter ermöglicht es, XX-Männchen mit gut ausgeprägten Färbungsgenen zu erhalten (DZWILLO 1962, 1966; HASKINS et al. 1970). In ähnlicher Weise, aber mit Hilfe von weiblichem Geschlechtshormon (Östron, Östradiol), können leicht XY-Weibchen in großen Mengen erzeugt werden.

Es wird vermutet, daß beim Guppy neben den Hauptgeschlechtsgenen, die in den X- und Y-Chromosomen angeordnet sind, noch viele additiv wirkende schwache Geschlechtsgene, sowohl männliche als auch weibliche, vorhanden sind, die offenbar über viele Chromosomen verstreut sind (GORDON 1957; KOSSWIG 1964b u. a.). Der Gesamteinfluß dieser Gene kann stärker sein als die Wirkung der gonosomalen Faktoren des Geschlechts und so zu einer Umwandlung der Männchen in Weibchen und umgekehrt führen.

6. Hormonale Steuerung des Auftretens der Farbgene

Fast alle dominanten Farbgene sind bei den Weibchen inaktiv (WINGE 1927; GOODRICH et al. 1947). Eine Ausnahme bilden einige Gene, die außerhalb der Kontrolle der hormonalen Faktoren gelangten. So hat das Gen Fl (Gelbfärbung) eine schwache Wirkung auf die Färbung der normalen Weibchen. Ebenso ist es mit dem Gen Cp (Schwanzpigment). Stärker ausgeprägt ist bei den Weibchen das Auftreten der Gene Ni-I und Ni-II, insbesondere das des letzteren (DZWILLO 1959). Die Weibchen mit dem Gen Ni-II (nach HASKINS et al. 1970 – black) sind verhältnismäßig stark pigmentiert. Bei den Männchen ist die Pigmentierung schon bei den gerade erst geschlüpften Jungfischen zu beobachten.

7. Zwischen den verschiedenen Genen der Färbung sind oft epistatische Beziehungen festzustellen.

So ist bei den Männchen, die hinsichtlich des Gens g (Goldfärbung) homozygot sind, die Ausprägung des im Y-Chromosom befindlichen Gens Ma abgeschwächt (GOODRICH et al. 1947). Das Gen Fl unterdrückt im homozygoten Zustand das Auftreten der Gene Cp, Ni-II, Ir, Ds, ch (DZWILLO 1959; SCHRÖDER 1970, 1976).

8. Die autosomalen Gene werden beim Guppy streng nach MENDEL vererbt

Als Beispiel führen wir die Aufspaltung in der F_2-Generation an, die bei zwei Genen der Grundfärbung, blond (bl) und blau (r), dem klassischen Verhältnis 9:3:3:1 entspricht (DZWILLO 1959); in Klammern sind die erwarteten Werte angegeben:

Grau	(B, R)	– 52 Stück	(49,0)
Blau	(B, r)	– 14 Stück	(16,3)
Fahl	(b, R)	– 17 Stück	(16,3)
Weiß	(b, r)	– 4 Stück	(5,4)

Strikte Vererbung nach den MENDELschen Regeln wurde auch in bezug auf das dominante Gen Kal (Kalymma) festgestellt, das die Verlängerung aller Flossen bei den Fischen beider Geschlechter bewirkt (Abb.

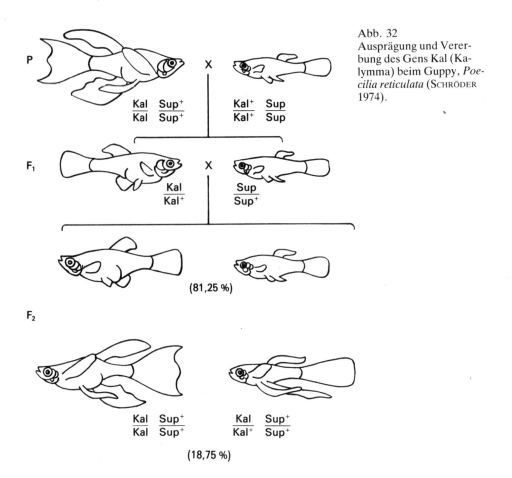

Abb. 32
Ausprägung und Vererbung des Gens Kal (Kalymma) beim Guppy, *Poecilia reticulata* (SCHRÖDER 1974).

32). Für die Ausprägung dieses Gens ist das Vorhandensein eines anderen rezessiven, nicht mit ihm gekoppelten Gens Sup⁺ in homozygotem Zustand erforderlich (SCHRÖDER 1969c). Das dominante Allel dieses letzteren Gens Sup unterdrückt die Wirkung des Gens Kal, und Fische mit der genetischen Struktur Kal Kal Sup Sup und Kal Kal Sup Sup⁺ erweisen sich als normal.

Zu den wichtigsten Ergebnissen der Untersuchungen über die Genetik des Guppys zählt der Nachweis, daß das Y-Chromosom bei dieser Art nicht zerstört ist und viele Gene enthält. Eines von ihnen (oder eine Gruppe nahe beieinander gelegener, eng gekoppelter Gene – ein Supergen) ist für die Geschlechtsbestimmung verantwortlich. Zugleich ist die gonosomale Geschlechtsbestimmung nicht vollständig.

Eine große Zahl von schwach wirkenden männlichen und weiblichen Genen in den Autosomen und im X-Chromosom verursacht häufig Geschlechtsumkehr. Die Ursachen der Entstehung und der festen Beibehaltung des Färbungspolymorphismus der Männchen in natürlichen Guppypopulationen sind bisher noch nicht voll geklärt. Am wahrscheinlichsten ist die Erklärung durch Selektion, die den Polymorphismus mit der Geschlechtsauswahl verbindet, und zwar mit der Auswahl der besonders intensiv gefärbten Männchen durch die Weibchen, oder durch Aktivierung des Laichspiels bei vergrößerter Vielfalt der Männchen (FARR 1976). Bedeutung hat auch der Druck der Raubfische; in Gewässern, wo der Raubfischdruck sehr groß ist, verringert sich die Vielfalt der Färbung der Männchen, insbesondere verschwinden fast alle Gene, die zum Übergang aus dem X-Chromosom in das Y Chromosom und umgekehrt fähig sind (HASKINS et al. 1961; ENDLER 1980).

3.2. Platy *(Xiphophorus [Platypoecilus] maculatus)*

Der Platy (Spiegelkärpfling) ist ebenso wie der zur gleichen Familie gehörende Guppy ein bevorzugtes Objekt genetischer Untersuchungen. Beim Platy gibt es keinen derartig stark ausgeprägten Geschlechtsdimorphismus in der Färbung, wie er für den Guppy charakteristisch ist. Die Männchen sind aber in natürlichen Populationen wesentlich bunter gefärbt als die Weibchen (KALLMAN 1970b). Wir gehen auf vier der wichtigsten Abschnitte der Genetik des Platys ein. Hierzu zählen:

1. Aufklärung des Mechanismus der genetischen Geschlechtsbestimmung bei dieser Art lebendgebärender Fische;
2. Analyse der Gesetzmäßigkeiten der Vererbung und Verteilung der unterschiedlichen Gene in den Chromosomen;
3. Untersuchungen des Polymorphismus der natürlichen Populationen des Platys hinsichtlich der Färbung;
4. Untersuchung der genetischen, biochemischen und physiologischen Mechanismen der Entstehung von bösartigen Geschwülsten (Melanom, Erythroblastom usw.) bei Zwischenart- und Zwischenpopulationshybriden des Platys.

1. Ebenso wie beim Guppy wird das Geschlecht durch Geschlechtschromosomen (Gonosomen) bestimmt, die die männlichen und weiblichen Faktoren (Gene) enthalten (BELLAMY 1923, 1928; GORDON 1937 u.a.). Eine eigenartige Besonderheit des Platys in natürlichen Populationen ist das Vorkommen von Geschlechtschromosomen dreier Typen, X, Y und W. Im X-Chromosom ist ein „schwaches" (rezessiv im Vergleich zum männlichen Faktor) Gen des weiblichen Geschlechts f enthalten; im W-Chromosom ist es offensichtlich durch den stärker dominanten weiblichen Faktor F ersetzt. Das Y-Chromosom trägt das Gen des männlichen Geschlechts M. Die W-, X- und Y-Chromosomen sind homolog (KOSSWIG 1954; KALLMAN 1973).

In den Platypopulationen kommen folgende Zusammenstellungen von Geschlechtschromosomen vor:

Weibchen — $X^f X^f$, $W^F X^f$, $W^F Y^M$
Männchen — $X^f Y^M$, $Y^M Y^M$

Bei Weibchen mit den Gonosomen WY dominiert der Faktor F über den Faktor M. Bei XY-Männchen dominiert dagegen der männliche Faktor. WW-Weibchen werden in natürlichen Populationen nicht gefunden (GORDON 1947a, 1947b, 1953, 1957; KALLMAN 1965a, 1965b, 1970b, 1973 u.a.). In vielen Populationen des Platys in Honduras und Mexiko kommen alle drei Typen von Geschlechtschromosomen vor, und dementsprechend treten Weibchen und Männchen mit unterschiedlichen Gonosomenkombinationen auf. In einigen Populationen fehlt das W-Chromosom, und die Geschlechtsbestimmung erfolgt nach dem klassischen Schema ♀♀ XX, ♂♂ XY (männliche Heterogametie) (BELLAMY 1936; BREIDER 1942; GORDON 1947a; KALLMAN 1975). Bisher läßt sich nicht sagen, ob es natürliche Populationen gibt, die nur aus WY-Weibchen und YY-Männchen (weibliche Heterogametie) bestehen. Interessant ist, daß bei der Einfuhr des Platys als Aquarienfisch besonders solche Exemplare aus Honduras kamen und den Grundstein für die domestizierten Stämme bildeten. Deswegen sind alle Zuchtvarietäten des Platys durch weibliche Heterogamie gekennzeichnet (GORDON 1951b).

Das Vorkommen dreier Typen von Gonosomen gestattet es, unterschiedliche Geschlechterverhältnisse bei der Kreuzung von Platys zu erhalten (ANDERS, A. et al. 1970; KALLMAN 1973 u.a.):

♀ XX × ♂ XY = ♀♀ XX + ♂♂ XY (1:1)
♀ WY × ♂ YY = ♀♀ WY + ♂♂ YY (1:1)
♀ WX × ♂ YY = ♀♀ WY + ♂♂ XY (1:1)
♀ WY × ♂ XY = ♀♀ WY + ♀♀ WX + ♂♂ XY + ♂♂ YY (1:1)
♀ WX × ♂ XY = ♀♀ WX + ♀♀ WY + ♀♀ XX + ♂♂ XY (3:1)
♀ XX × ♂ YY = ♂♂ XY (100%)

Bei der histologischen Untersuchung erwiesen sich alle Männchen aus der eingeschlechtlichen Nachkommenschaft als echte Männchen und nicht als umgewandelte Weibchen (CHAVIA und GORDON 1951). In einigen Platypopulationen sind autosomale Faktoren vorhanden, die stark auf die Geschlechtsbestimmung einwirken und – meist bei Zwischenpopulationskreuzungen – zum Auftreten von „Ausnahme"-Exemplaren mit verändertem Geschlecht führen. Eine besondere Neigung zur Geschlechtsumkehr haben Fische mit den weiblichen Karyotypen WX und WY. Bei Kreuzungen von Platys der zwei aus Honduras stammenden Linien N_p und C_p bilden umgewandelte WX- und WY-Männchen einen bedeutenden Anteil der Nachkommenschaft. Oftmals kehren sich bis zu 50% der genetischen Weibchen in Männchen um (KALLMAN 1968). In der Kreuzung

♀ WY × ♂ WY(umgewandelt)
= ♀♀ WW + ♀♀ WY + ♂♂ YY

treten Weibchen auf, die unter natürlichen Bedingungen nicht beobachtet wurden. Kreuzung von XX-Weibchen aus Mexiko mit YY-Männchen aus Aquarienlinien des Platys ergibt in der Nachkommenschaft nur XY-Männchen, aber einige von ihnen wandeln sich spontan in Weibchen um. In der zweiten Generation treten erneut XX-Weibchen auf, ein Teil von diesen wandelt sich ebenfalls spontan in Männchen um (Ausnahme-Männchen XX). Kreuzt man XX-Weibchen und XX-Männchen untereinander, so erhält man eine rein weibliche Nachkommenschaft:

♀ XX × ♂ XX (Ausnahme)
= ♀♀ XX (100%)

In einigen Kreuzungen dieses Typs kommen wiederum umgewandelte XX-Männchen vor. Die Verwendung derartiger Männchen für die Fortpflanzung führte im Verlauf von sieben bis neun Generationen enger Inzucht zur Vergrößerung der Zahl der XX-Männchen in dieser Linie auf im Mittel 30%, in einzelnen Kreuzungen erreichte die Zahl der Männchen sogar 50 bis 60% (ÖKTAY 1959; KOSSWIG 1964b; DZWILLO und ZANDER 1967). Offenbar führt die Inzucht zu einer Selektion der in den Autosomen verteilten positiven männlichen Geschlechtsfaktoren, die in ihrer Gesamtheit den weiblichen Faktor im X-Chromosom unterdrücken. Kreuzung von XX-Männchen mit Weibchen aus anderen Linien hatte eine entscheidende Senkung der Zahl der Ausnahme-Männchen zur Folge. Wie man sieht, liegen beim Platy offensichtlich zwei sonst miteinander unvereinbare Arten der Geschlechtsbestimmung, männliche und weibliche Heterogamie, vor.

2. Ebenso wie beim Guppy sind beim Platy viele Färbungsgene in den Geschlechtschromosomen lokalisiert, von denen die folgenden am besten untersucht sind:
N (Nigra) ist eine von den Aquarienfischzüchtern in großem Umfang genutzte dominante Mutation. Sie ruft eine markante Schwarzfärbung des Caudalteiles des Körpers und der Schwanzflosse durch Ansammlung großer Melanophoren hervor. Das halbdominante Gen Fu (Fuliginosus), das zur Schwarzfärbung des ganzen Körpers führt, ist wahrscheinlich ein Allel des Gens N. Die hinsichtlich des Gens Fu homozygoten Fische sind nicht lebensfähig (ÖKTAY 1954; GORDON und BAKER 1955). Beim Vorhandensein des rezessiven Allels n fehlen die Makromelanophoren in der Haut völlig. Die Gene N und Fu sind im Y-Chromosom lokalisiert, sie können aber durch Crossing over in das W-Chromosom übergehen (FRASER und GORDON 1928; GORDON 1937 u. a.).
Der Locus Sp (schwarze Punkte) ist in Platypopulationen durch viele Allele vertreten, Sp^1, Sp^2 bis Sp^{12}, Sd (spotted dorsal), Sd', Sd'' und andere (KALLMAN 1975). Nach GORDON (1947b) ist dieser Locus für die Verteilung der Makromelanophoren auf dem Körper und den Flossen, für die Bildung schwarzer Flecken und Streifen, zuständig. KALLMAN (1975) vermutet mindestens zwei eng gekoppelte Loci, Sp-A und -B, die sich im Grad der Ausbreitung und Größe der schwarzen Flecken auf dem Körper unterscheiden. Alle Allele des Gens (oder der Gene) Sp sind dominant im Verhältnis zum rezessiven Gen sp. Bei den Homozygoten spsp fehlen die Makromelanophoren ebenso wie bei den Homozygoten nn.

Das Gen Sp und seine Allele sind in natürlichen Populationen in den X- und Y-Chromosomen lokalisiert, in den Laborlinien wird es aber ebenso wie das Gen N nur über das Y-Chromosom übertragen. Die Gene N und Sp sind offenbar eng gekoppelt (GORDON 1937).

Das Gen Sb (schwarzer Bauch) (GORDON 1948) ist wenig untersucht; es ist durchaus möglich, daß es sich dabei um ein Allel des Locus Sp handelt.

Sr (gestreifter Körper) ist ein Locus mit mehreren Allelen, die ebenfalls die Anordnung der Makromelanophoren steuern. Die Selbständigkeit dieses Locus wird jedoch noch bezweifelt, obwohl er nur im Y-Chromosom lokalisiert ist und die Möglichkeit des Crossing over zwischen den Genen Sd und Sr dafür spricht, daß diese Gene nicht allel sind (ANDERS und ANDERS 1963; KALLMAN 1970c).

Die zweite Gruppe der Färbungsgene in den Geschlechtschromosomen des Platys sind diejenigen, die auf die Entwicklung der roten und gelben Pigmentzellen, der Xanthophoren und Erythrophoren, Einfluß nehmen. Diese Gene bilden eine Serie von zahlreichen Allelen (nicht weniger als 18, wahrscheinlich viel mehr) eines sehr polymorphen Locus (oder eines Supergens) (KALLMAN 1975).

Der Locus Dr reguliert die Pterinsynthese und die Anordnung der roten und gelben Pigmentzellen auf dem Körper des Platys (FRASER und GORDON 1928; GORDON 1937, 1956; KALLMAN und SCHREIBMAN 1971). In letzter Zeit wurden bei der Untersuchung natürlicher Platypopulationen viele neue Farbvarianten festgestellt, die wahrscheinlich durch Allele dieses Locus bestimmt werden (BOROWSKY und KALLMAN 1976). Die Allele Dr, Ar, Rt, Mr, CPo, Vo, Br, Fr, Nr und andere unterscheiden sich durch die Verteilung der roten Flecken, die Allele Ty, CPy, Ay und andere dagegen nach dem Typ der gelben Färbung voneinander.

Die genetische Grundlage dieser ungewöhnlich reichen Variabilität des Platys hinsichtlich der gelben, orangen und roten Färbung ist leider nicht völlig geklärt. Das Vorhandensein eines Supergens, das mehrere Gene vereint, ist sehr wahrscheinlich. Für diese Annahme spricht, daß Individuen festgestellt wurden, die die Merkmale zweier Gene tragen (Dr und Fr; Dr und Ay; Ir und Ay; Iy und CPo usw.), sowie die Möglichkeit des Crossing over bei einigen Genen (KALLMAN 1975). Zu einem unabhängigen Locus müssen insbesondere Färbungsvarianten Ir und Iy (rote und gelbe Iris) gezählt werden. Platys mit durchgehend roter Färbung (rubra) wurden früher für Träger eines besonderen Gens R gehalten. Nach neueren Vorstellungen wird diese Färbung durch ein Allel des gleichen Supergens Dr (Br, roter Körper) bestimmt. Alle Allele dieses Supergens sind in bezug auf das allgemein rezessive Allel dr dominant.

Das Supergen Dr ist in den Y- und X-Chromosomen lokalisiert und eng mit den Genen N, Sp und Sr gekoppelt. Möglich sind Crossing over und Übergang der „Farb"-Allele in das W-Chromosom (MCINTYRE 1961), obwohl in der Natur in diesem Chromosom gewöhnlich nur das rezessive „farblose" Allel dr enthalten ist. Das Auftreten von Genen der Dr-Serie hängt von der Hormonaktivität und von der Gendosis ab (VALENTI und KALLMAN 1973). Viele Allele (Mr, CP_o-2, V_o, Fr, Rt, Tr und einige andere) sind nur bei den Männchen aktiv (KALLMAN 1975).

Es wird vermutet, daß sich in den Y- und X-Chromosomen auch Regulatorgene (R) und Operatorgene (O) befinden, die die Tätigkeit der strukturellen „Pigment"-Loci regulieren (ANDERS et al. 1973).

Die semidominanten allelen Gene P^e beziehungsweise P^l bedingen die frühe oder späte Differenzierung und Aktivierung der gonadotropen Zone der Adenohypophyse (KALLMAN und SCHREIBMAN 1973). Die Männchen mit dem Gen P^e zeichnen sich durch frühen Eintritt der Geschlechtsreife und geringere Körpergröße aus. Das Gen P^e ist gekoppelt mit den Genen Sp, Sr, Dr und Ir, das Gen P^l dagegen mit den Genen Br (rubra) und N (Y-Chromosom). Es ist nicht ausgeschlossen, daß in diesem Fall nicht unterschiedliche Gene vorliegen, sondern daß es sich um die pleiotrope Wirkung der Färbungsgene handelt (SCHREIBMAN und KALLMAN 1977). Das Gen P ist, wie sich erwiesen hat, bei den Platys in einer Serie von zahlreichen Allelen (nicht weniger als vier) vertreten. Jedes von ihnen ist mit einem bestimmten Färbungsgen gekoppelt und unterscheidet sich durch den Zeitpunkt der Gonadenreifung bei den Männchen und möglicherweise auch bei den Weibchen (KALLMAN und BORKOSKI 1978). Für die Reifungsgeschwindigkeit der Gonaden bei den Platymännchen haben außerdem auch Umwelteinflüsse, insbesondere das Vorhandensein oder Fehlen anderer Fische des gleichen Geschlechts, große Bedeutung (SOHN 1977).

So sind in den Geschlechtschromosomen des Platys die Gene N, Sp (Supergen), Sr, Dr (ebenfalls ein Supergen), P, R, O und das Geschlechtsgen M (das im Y-Chromosom die Entwicklung der Fische in die männliche Richtung lenkt) lokalisiert. Dem geschlechtsbestimmenden Gen am nächsten befindet sich offenbar Dr, weiterhin folgen die Gene R, O, Sp und Sr. Mit den Genen Sp und Sr ist das Gen P eng gekoppelt. Für die genauere Lokalisation der unterschiedlichen Gene in den Y- und X-Chromosomen sind zusätzliche genetische und cytologische Untersuchungen erforderlich.

In den Aquarienlinien des Platys mit weiblicher Heterogamie (♀♀ WY, ♂♂ YY) werden die Gene, die sich im W-Chromosom befinden, in der weiblichen Linie von den Müttern auf die Töchter vererbt. Eine Ausnahme bilden nur die Crossing-over-Individuen, deren Anteil gewöhnlich 1 bis 2 % nicht übersteigt (FRASER und GORDON 1928; BELLAMY 1933b; GORDON 1937; MCINTYRE 1961). Die Gene, die im Y-Chromosom lokalisiert sind, werden als gewöhnliche Mutationen vererbt, die mit dem Geschlecht gekoppelt sind. Wir führen ein Beispiel einer solchen Vererbung an (in Klammern sind die Phänotypen der Fische angegeben):

$$♀ W_{nDrSp}Y_{ndrSd} \times ♂ Y_{Ndrsp}Y_{Ndrsp}$$
$$(DrSpSd) \qquad (N)$$
$$= ♀♀ W_{nDrSp}Y_{Ndrsp} + ♂♂ Y_{ndrSd}Y_{Ndrsp}$$
$$(NDrSp) \qquad (NSd)$$

Bei dieser Kreuzung werden die im W-Chromosom gelegenen Gene Dr und Sp in der weiblichen Linie weitergegeben, während die Gene Sd und N (im Y-Chromosom) durch Überkreuzvererbung von der Mutter auf die Söhne (Sd) und vom Vater auf die Töchter (N) übertragen werden.

In den Autosomen des Platys wurden bisher wenige Gene festgestellt. Zwei Loci kontrollieren die Bildung und Anordnung der kleinen Pigmentzellen, der Mikromelanophoren. Der Locus C (nach Gordon P) bestimmt den Typ der Ansammlung der Mikromelanophoren (die Zeichnung) auf dem Schwanzstiel und an der Basis der Schwanzflosse. Acht (oder mehr) domi-

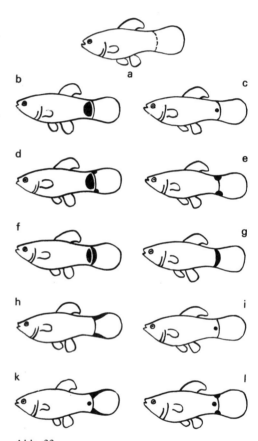

Abb. 33
Allele des autosomalen Gens P (Synonym C), das die Anordnung der Mikromelanophoren beim Platy *(Xiphophorus maculatus)* bestimmt. a normales regressives Allel p; dominante Allele: b P^M (Moon), c P^O (one spot), d P^{Mc} (Moon complete), e P^T (Twin spot), f P^{Cc} (Complete crescent), g P^C (Crescent), h P^{Co} (Comet), i P^D (Dot), k, l Heterozygoten P^{OCo} und P^{OT} (GORDON 1947; GORDON und GORDON 1957; KALLMAN 1975).

nante Allele dieses Locus, M, Mc, T, C, Cc, O, Co, D (Abb. 33) und einige seltene Varianten bilden in natürlichen Platypopulationen noch ein polymorphes System. In jeder Population gibt es gewöhnlich nicht weniger als vier bis fünf Allele des Locus C.

Alle hier aufgeführten Allele sind in Hinblick auf das normale Allel C^+ dominant. Sein Vorhandensein führt dazu, daß auf dem Schwanz der Fische keinerlei Ansammlungen von Mikromelanophoren gebildet werden (GORDON 1947b, 1953; KALLMAN 1970b, 1975; BOROWSKY und KALLMAN 1976). Bei den Heterozygoten sind zwei Typen der Anordnung der Mikromelanophoren auf dem Schwanz kombiniert, es bilden sich doppelte Zeichnungen (Beispiel: OT, CcO, CcD und andere). Sehr selten sind Fische, bei denen gleichzeitig drei Typen der Ansammlung der Mikromelanophoren zusammenwirken. Es wird vermutet, daß auch diese polymorphe Genserie durch einen komplizierten doppelten oder dreifachen Locus (Supergen) gesteuert wird (KALLMAN und ATZ 1966; KALLMAN 1975).

Ein anderer autosomaler Locus, St, bewirkt die Entwicklung kleiner Melanophoren auf dem ganzen Körper des Platys. Der Ersatz dieses Gens durch das rezessive Allel st, das offenbar gleichbedeutend mit dem Gen g ist (BELLAMY 1933a), führt zum vollständigen Verschwinden der kleinen schwarzen Pigmentzellen. Die Fische werden goldfarben, hell (GORDON 1927, 1957). Das Gen oc kommt beim Platy normalerweise nicht vor, aber bei Zwischenarthybriden bildet sich, wenn es vorhanden ist, in den Augen ein Katarakt.

3. Der Polymorphismus der Platypopulationen hinsichtlich der Färbungsgene ist, wie wir gesehen haben, sehr groß. In der Natur kommen mehr als 130 Färbungstypen vor (GORDON und GORDON 1957; KALLMAN 1973, 1975). Grundsätzlich wird die Variabilität durch einige Loci bestimmt, die auf die Entwicklung der Makro- und Mikromelanophoren einwirken, und durch zwei bis drei Loci, die die Entwicklung der Xantho- und Erythrophoren steuern. Jeder der Loci ist in den Populationen durch eine große Zahl von dominanten oder semidominanten Allelen vertreten. Die ersten Autoren, die die mexikanischen und zentralamerikanischen Populationen untersuchten, zählten 8 Allele des autosomalen Locus C und 5 Allele des mit dem Geschlecht gekoppelten Locus Sp (GORDON und GORDON 1957). Nach späteren Angaben sind es jedoch wesentlich mehr. Wir stellen die wichtigsten Schlußfolgerungen zusammen, die auf der Grundlage der Untersuchungen der Platypopulationen gezogen wurden.

Alle Allele, die diesen oder jenen Typ der Färbung der Fische bestimmen, sind dominant gegenüber ihrem normalen farblosen Allel. Beim Vorhandensein der rezessiven Allele n, sp, sd oder sr sind bei den Platys nur kleine, gleichmäßig über den Körper verteilte Makro- und Mikromelanophoren vorhanden. Beim Vorkommen der rezessiven Allele dr, ir und anderer fehlen die Ansammlungen von Xantho- und Erythrophoren.

Zwischen den Populationen gibt es Unterschiede in der Häufigkeit der einzelnen Gene. Ihre Häufigkeit ändert sich auch mit der Zeit, insgesamt erwiesen sich aber die Verlagerungen in der Konzentration der Gene im Laufe der siebzigjährigen Beobachtungen als sehr geringfügig. Offenbar wird das Verhältnis der Allele in jeder Population durch die Selektion bestimmt (GORDON und GORDON 1957; KALLMAN 1975). Gleiche Zeichnungstypen werden dabei in verschiedenen Populationen durch verschiedene Gensätze kontrolliert. Die gleichartige Bezeichnung eines Allels (KALLMAN 1970a) bedeutet noch nicht, daß es in unterschiedlichen Regionen des Gebietes gleichwertig ist, unter ein und derselben Bezeichnung kann sich eine ganze Gruppe von Allelen verbergen. All dies spricht für den selektiven Charakter des Polymorphismus.

In der Mehrzahl der Platypopulationen sind alle drei Typen von Gonosomen vorhanden (X, Y und W). Im W-Chromosom sind jedoch im allgemeinen nur die rezessiven Allele der Farbloci vorhanden, die die graue Schutzfärbung bestimmen. In allen Populationen sind die Weibchen wesentlich schwächer gefärbt als die Männchen, die

Selektion verläuft offensichtlich gegen die unnötige bunte Färbung der Weibchen. Die Entstehung des W-Chromosoms mit starkem weiblichem Faktor kann als Anpassungserscheinung betrachtet werden, die die Aufrechterhaltung des Geschlechtsdimorphismus in der Färbung ohne hormonale Steuerung gewährleistet. In einigen Populationen, die nur aus XX-Weibchen und XY-Männchen bestehen, ist die Intensität der Färbung bei Weibchen und Männchen fast gleich (KALLMAN 1971). Wie spezielle Versuche gezeigt haben, ist die Fitness der XW- und YW-Weibchen und der XY-Männchen größer als die der XX-Weibchen und YY-Männchen. Der Polymorphismus hinsichtlich der Geschlechtschromosomen ist in Platypopulationen beständig und seiner Natur nach ausgewogen (ORZACK ct al. 1980).

Demnach hat der Polymorphismus der Pigmentation beim Platy und beim Guppy trotz einiger Unterschiede in den Mechanismen der genetischen und hormonalen Steuerung viele gemeinsame Züge. In beiden Fällen werden in den Populationen die dominanten Gene akkumuliert, die oftmals so eng miteinander gekoppelt sind, daß von der Bildung von Supergenen gesprochen werden kann. Alle Loci bilden Serien mit zahlreichen Allelen. Die Mehrzahl der Gene ist in den Geschlechtschromosomen lokalisiert. Beim Platy wie beim Guppy wird der Polymorphismus durch die Geschlechtsselektion aufrecht erhalten (FERNO und SJÖLANDER 1973). Das bunte Farbkleid korreliert mit der hohen Aktivität und Aggressivität der Männchen. Dagegen führt das Vorhandensein von Raubfischen zum Überleben von einfach gefärbten, weniger auffälligen Individuen.

Es ist interessant, daß der gleiche Widerspruch zwischen der Geschlechtsselektion und der Selektion unter dem Einfluß von Raubfischen auch bei dem afrikanischen Fisch *Nothobranchius guentheri* aus der Familie der Cyprinodontidae zu finden ist (HAAS 1976). Einer der Mechanismen, die in der Natur den Polymorphismus der Färbung aufrecht erhalten, ist offenbar die höhere Überlebensrate der Heterozygoten (Heterosis). So haben bei den Platys die hinsichtlich des autosomalen Gens C Heterozygoten mehr Nachkommen als die Homozygoten (BOROWSKY und KALLMAN 1976).

4. Einer der interessantesten und wichtigsten Abschnitte der Genetik der Platys ist die Genetik der bösartigen Geschwülste. Die genetisch bedingten Melanome wurden fast gleichzeitig von drei Autoren beschrieben (HAUSSLER 1928; KOSSWIG 1929; GORDON 1931). Sie fanden diese bei der Untersuchung von Hybriden zwischen Platy (*Xiphophorus maculatus*) und Schwertträger (*X. helleri*). Bei der Weitergabe einiger Gene des Platys, insbesondere von N (schwarzer Schwanz, Sd (schwarze Flecken auf der Rückenflosse), Sp (schwarze Flecken auf dem Körper), Sb (schwarzer Bauch), Fu (schwarzer Körper) und Sr (gestreifter Körper), an die F_1-Hybriden verstärkt sich das Auftreten dieser Gene (KOSSWIG 1937a, 1937b; GORDON 1948, 1950, 1951a u. a.). Bei der Rückkreuzung der Hybriden mit dem Schwertträger entstehen oftmals maligne Tumoren, Melanome oder

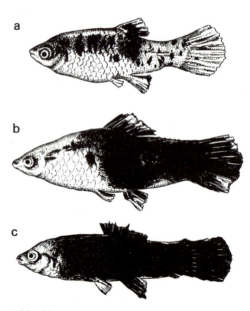

Abb. 34
Melanome bei Hybriden zwischen Platy und Schwertträger (*Xiphophorus maculatus* × *X. helleri*). a und b F_1-Hybriden, c R_1-Hybride (ANDERS et al. 1973).

Melanosarkome, an Flossen, Haut und oftmals auch inneren Organen (Abb. 34). Ein stark entwickeltes Melanom kann zur unmittelbaren Todesursache der Fische werden (GORDON 1957; KOSSWIG 1965; ANDERS et al. 1973; VIELKIND und VIELKIND 1982). Melanome bilden sich nur beim Vorhandensein von Genen, die die Entwicklung der Makromelanophoren steuern; im Genom der Hybriden gelangen diese Gene dann offenbar außer Kontrolle (BERG und GORDON 1953; GORDON 1958; ZANDER 1969 u. a.).

Die Gene, die die Bildung der Xantho- und Erythrophoren steuern, verstärken ihre Wirkung ebenfalls im Ergebnis der Hybridisierung. Bei Rückkreuzungen der Hybriden des Platys mit dem Schwertträger, die das Gen Rt (rote Kehle) erhalten haben, entwickelt sich ein Erythroblastom. Die Kombination der Gene Fu und Rt wird begleitet vom Auftreten zweier Geschwülste, Melanomen und Erythroblastomen, die sich gegenseitig unterdrücken (GORDON 1957). Beim Zusammenwirken des Gens a (Albinismus) vom Schwertträger mit dem Gen Sd vom Platy entsteht ein amelanotisches Melanom, d. h. ein Tumor, dessen sich schnell teilende Zellen kein Melanin enthalten (VIELKIND et al. 1970). Das Vorhandensein des gleichen Gens a und des Gens oc vom Platy bei Hybriden, die hinsichtlich des Gens oc homozygot sind, führt zu Augentumoren (GORDON 1957).

Die genetische Kontrolle über die Bildung der Geschwülste wurde auch in Versuchen zur Wirkung carcinogener Substanzen auf die Rückkreuzungshybriden von *Xiphophorus maculatus* und *X. variatus* mit dem Schwertträger gezeigt. Melanome entwickeln sich, wenn bei den Hybriden die Gene Sr, Sd^{del}, Li und Pu vorhanden waren. Neuroblastome und Epitheliome entstanden bei Fischen, die das Gen Li aufwiesen (SCHWAB et al. 1978). Die Mutante Sd^{del} stellt eine Deletion des proximalen Abschnitts des X-Chromosoms dar, die auch das Gen Sd und das eng damit gekoppelte Regulatorgen (Abschnitt) R umfaßt. Bei der Einwirkung von N-Methyl-N-Nitrosoharnstoff entwickelten sich bei 26 von 60 mutanten Versuchsfischen Neoplasmen, die sich im Falle des Fehlens der Regulatorgene in ein malignes Melanom umwandelten (SCHWAB und SCHOLL 1981; ANDERS 1981).

Offenbar gibt es beim Schwertträger keine Regulatorgene, die den Prozeß der Entwicklung der Makromelanophoren steuern und die zur endgültigen Differenzierung der Pigmentzellen und zur Einstellung ihrer Teilung führen. Der Entstehung des Melanoms liegt eine Veränderung des normalen Verlaufs der Entwicklung der Pigmentzellen zugrunde. Für den Regelfall kann dieser Prozeß schematisch auf folgende Weise dargestellt werden (GORDON 1959; ANDERS und ANDERS 1978; SCHWAB und SCHOLL 1981; VIELKIND und VIELKIND 1982):

Chromatoblasten → Melanoblasten → Melanocyten → Melanophoren.

Wenn im Genom die Gene Sp, Sd, N und andere vorhanden sind, die die Bildung der Makromelanophoren codieren, verstärkt sich in den Melanoblasten und den Melanocyten die Speicherung von Melanin, und sie wandeln sich in große Pigmentzellen, Makromelanophoren, um. Die Differenzierung wird in diesem Fall vollständig abgeschlossen. In den Geschlechtschromosomen und in den Autosomen haben die Platys Gene, die diesen Prozeß steuern und die Teilungsgeschwindigkeit der Melanocyten begrenzen. Ein großer Teil der Melanocyten und der Melanophoren wird hierbei durch besondere Zellen, die Phagozyten, vernichtet (ANDERS und ANDERS 1978). Die Entwicklung zu malignen Neoplasmen bei den Rückkreuzungshybriden von Platys mit Schwertträgern ist auf das Einstellen der hemmenden Wirkung der mit den gonosomalen und autosomalen Genen gekoppelten Regulatorgene zurückzuführen. Die Melanocyten fahren fort, sich in großem Umfang zu teilen, und dies führt zuerst zu einer starken Melanisierung, später zum Auftreten von Melanomen. Die Pigmentzellen schaffen es nicht, sich zu differenzieren, ihre Anzahl wächst schnell, und es entstehen bösartige Geschwülste (LEUKEN und KAISER 1972; HENZE und ANDERS 1975; VIELKIND 1976; VIELKIND und VIELKIND 1982). Regulatorfunktion haben die Gene (oder Chromosomenabschnitte), die eng mit dem entsprechenden Pigmentgen (R) gekoppelt sind, aber auch Gene, die sich in den Autosomen finden (ANDERS, F. et al. 1972). Unter den letzteren konnte ein stark wirkender Locus entdeckt werden, der später die Bezeichnung Diff erhielt (ANDERS F. 1967, 1968; VIELKIND 1976). Die Aufspaltung in der R_1-Generation in bezug auf dieses Gen teilt die Rückkreuzungshybriden vom Platy und Schwertträger in zwei deutlich unterscheidbare Gruppen. So wurden bei den Hybriden, wenn das Gen Sd vorhanden war, 1344 Exemplare mit schwach entwickelten, ungefährlichen Geschwülsten (Genotyp Sd/+, Diff/+) gefunden. Es traten andererseits 1358 Exemplare mit stark entwickeltem, fortschreitendem Melanom (Genotyp Sd/+, +/+) auf (ANDERS A. et al. 1973). Wenn man das Haupt-Makromelanophorengen (Sp, Sd, N und andere) mit dem Buchstaben M kennzeichnet, kann man die Genotypen des Platys und seiner Hybriden mit dem Schwertträger auf allgemeine Weise folgendermaßen darstellen (VIELKIND et al 1971; SCHWAB und SCHOLL 1981; VIELKIND und VIELKIND 1982):

Platy: $\dfrac{MR}{MR}, \dfrac{Diff}{Diff}$ normale Fische mit unterschiedlicher Entwicklung von Makromelanophoren

F_1: $\dfrac{MR}{++}, \dfrac{Diff}{+}$ verstärkte Pigmentierung

R_1: $\dfrac{MR}{++}, \dfrac{Diff}{+}$ „gutartiges" Melanom

$\dfrac{MR}{++}, \dfrac{+}{+}$ bösartiges Melanom

$\dfrac{++}{++}, \dfrac{Diff}{+}$ Fische ohne Anhäufung von Makromelanophoren

oder $\dfrac{++}{++}, \dfrac{+}{+}$

Das Gen Diff erwies sich als gekoppelt mit dem Esteraselocus (Est-1), das Crossing over zwischen diesen betrug 10 bis 25%. Die Kopplung dieser beiden Gene erleichtert das Herausfinden der Exemplare in der Hybridnachkommenschaft, die das Gen Diff von ihren Eltern erhalten haben (SICILIANO et al. 1976; AHUJA et al. 1980; SCHWAB und SCHOLL 1981).

Es ist zu vermuten, daß jedes Makromelanophorengen von einem eigenen System mit ihm gekoppelter und nicht gekoppelter Modifikatoren, den Supressoren, begleitet wird. Diese Systeme entstanden offenbar im Laufe einer natürlichen Selektion auf den optimalen Stand der Entwicklung. Zur Zerstörung dieser Systeme führt nicht nur die zwischenartliche Hybridisation.

GORDON (GORDON und SMITH 1938; GORDON 1950, 1951b, 1957; GORDON und GORDON 1957) beobachtete ein verstärktes Auftreten von Pigmentgenen und sogar die Entstehung von Melanomen bei Zwischenpopulationshybriden des Platys. Bei der Kreuzung von Exemplaren aus Populationen von Jamapa (Honduras) und Kotzakoleas (Mexiko) verstärkt das Gen Sd seine Wirkung bei den Hybriden. Nach drei Generationen der Selektion auf die maximale Entwicklung kam es bei den Hybriden zu typischen Melanomen. Offenbar werden in den verschiedenen Populationen verschiedene Regulatorkomplexe ausgesondert.

Die Entwicklung zur Bösartigkeit kann auch durch epigenetische und umweltbedingte Faktoren hervorgerufen werden. Auf den Prozeß der Bildung von Melanomen wirken Hormone, zyklische Verbindungen wie AMP (Adenosinmonophosphat), die Ernährungs- und Temperaturverhältnisse, die Haltungsbedingungen der Fische, der Salzgehalt des Wassers usw. ein; es handelt sich dabei um Einflüsse, die den Verlauf der Differenzierung der Pigmentzellen verändern. Große Bedeutung haben auch Mutationen der Regulatorgene, einschließlich Deletionen, die von Mutagenen hervorgerufen werden (ANDERS und ANDERS 1978). Schließlich führen auch carcinogene Substanzen zur Entwicklung bösartiger Geschwülste gleicher Art. Das ist manchmal sogar der Fall, wenn im Genom die Pigmentgene fehlen (SCHWAB und SCHOLL 1981).

Bei der Übertragung von Hybridmelanomen auf Embryonen von Platy, Schwertträger und deren Hybriden verläuft die Entwicklung der Geschwülste bei den Hybridembryonen am intensivsten (HUMM et al. 1957). Das Auftreten von Makromelanophorenanhäufungen bei einigen Embryonen des Schwertträgers nach Injektion von DNA aus unterschiedlichen Linien des Platys (im Bereich der Vorstadien der Melanoblasten) war der potentiellen Fähigkeit der Makromelanophorengene zur Melanombildung proportional. Maximaler Effekt wurde in den Versuchen mit DNA-Übertragung erzielt, wenn die verwendeten Linien die mutanten Gene Sd′, Sr′ und Li′ enthielten (VIELKIND und VIELKIND 1982). Generell nimmt die Tendenz zur Bildung von Neoplasmen zu, wenn die Färbungsgene des Platys mit den Genen von Schwertträgern (*Xiphophorus helleri* und *X. montezumae*) kombiniert werden. Die Übertragung von Pigmentgenen der Schwertträger auf Platys führt dagegen zu ihrer Abschwächung und Repression (KALLMAN 1975).

Vor kurzem wurden beim Platy Chromosomenaberrationen festgestellt. Dabei handelte es sich um Deletionen im X-Chromosom und Translokationen eines großen Pigments des Y-Chromosoms auf das X-Chromosom. Bildung von Melanomen bei Hybriden trat nur dann auf, wenn die Färbungsgene Sd, Sr oder Ar im veränderten Karyotyp erhalten blieben (AHUJA et al. 1979).

Die Bildung von Geschwülsten bei den Hybriden wird manchmal mit einem speziellen Gen Tu (Tumor) in den Chromosomen in Verbindung gebracht (AHUJA und ANDERS 1976; VIELKIND 1976; ANDERS und ANDERS 1978; SCHWAB et al. 1978). Die Hypothese, nach der das Vorkommen eines besonderen Tumorgens im Genom aller Fische der Unterfamilie Xiphophorinae postuliert wird, wobei auch die gesunden Exemplare eingeschlossen sind (ANDERS und ANDERS 1978), stützt sich unserer Ansicht nach auf schwache Argumente. Einen experimentellen Beweis dieser Hypothese gibt es nicht. In allen Fällen, in denen Geschwülste auftraten, die durch unnormale Entwicklung der Pigmentzellen bei den Fischen bedingt wurden, konstatieren wir eines der Hauptfärbungsgene im Genom.

Die einfachste und wahrscheinlich der Wahrheit am nächsten kommende Erklärung für die Entstehung der Melanome und der anderen bösartigen Geschwülste bei den Fischen ist die Erklärung, die schon von GORDON (1957, 1958) gegeben wurde. Danach kann die Zerstörung des stabilen genetischen Gleichgewichts im Ergebnis der Hybridisation, der Selektion oder der Mutation von einem Verstärken oder Abschwächen der Aktivität der Färbungsgene begleitet werden. Die Melanome und die anderen Pigmentgeschwülste können infolge eines erheblich verstärkten Auftretens dieser Gene bei Veränderungen der Wirkung der kontrollierenden (regulierenden) Faktoren entstehen. In einer Reihe von Arbeiten, die in letzter Zeit veröffentlicht wurden, wird eine genaue Darstellung der Hypothese der Mechanismen der Störung des genetischen Gleichgewichts zwischen Pigmentgenen und Regulatorelementen gegeben (ANDERS und ANDERS 1978; VIELKIND und VIELKIND 1982 u. a.). Einige Autoren bringen die Bildung maligner Tumoren mit einem erhöhten Gehalt an freien Aminosäuren in Zusammenhang (ANDERS, F. et al. 1962; KOSSWIG 1965). Nach ANDERS erfolgt eine Stimulierung der Entwicklung der Geschwülste, wenn die Fische in Wasser mit einem Überschuß an Aminosäuren gehalten werden. Festgestellt wurde auch, daß die Aktivität der Thyrosinase proportional zum Grad des Auftretens des Makromelanophorengens ist. Am geringsten ist sie beim Schwertträger, etwas erhöht bei den Hybriden der F_1-Generation, und sie erreicht ihr Maximum bei den R_1-Hybriden insbesondere dann, wenn in deren Genom das Gen Diff fehlt (VIELKIND et al. 1977).

Abschließend kann festgestellt werden, daß das Schaffen von Platylinien ohne Regulatorgene (insbesondere ohne das Gen Diff) nützlich für eine schnelle Kontrolle der Verunreinigung des Wassers sein kann. Diese Linien besitzen eine erhöhte Empfindlichkeit gegenüber carcinogenen Substanzen (ANDERS, F. et al. 1980; SCHWAB und SCHOLL 1981).

Dies sind die wichtigsten Ergebnisse der Untersuchungen über Tumoren bei den Platyhybriden. Die Geschwülste entstehen auch bei der Kreuzung anderer Fischarten aus der Familie Poeciliidae (z. B. *Xiphophorus helleri* und *X. variatus*, *X. montezu*-

mae und *X. maculatus*). Sie entwickeln sich aber auch bei Hybriden in einer Reihe anderer Familien und Ordnungen (ERMIN 1954; KOSSWIG 1965; SCHWAB et al. 1978). Die Arbeiten, die an Fischen (hauptsächlich am Platy) durchgeführt wurden, gaben einen Einblick in die genetischen Ursachen des Entstehens von Melanomen, Melanosarkomen und anderen bösartigen „Pigment"-Tumoren. Ähnliche genetische Mechanismen können auch bei der Entwicklung derartiger Geschwülste bei höheren Wirbeltieren (einschließlich dem Menschen) vorkommen. Eine wichtige Rolle bei diesen Prozessen spielen vermutlich mutationsbedingte Störungen der genetischen Systeme, die den normalen Verlauf der Entwicklung der Pigmentzellen steuern. Die Untersuchungen an Fischen haben gezeigt, wie präzis sich die verschiedenen Elemente im Genom der Eukaryoten zusammenfügen.

3.3. Japankärpfling
(Oryzias [Aplocheilus] latipes)

Der zur Familie Cyprinodontidae gehörende Japankärpfling (Medaka) wurde hauptsächlich von japanischen Genetikern untersucht. Besondere Aufmerksamkeit widmete man dem Mechanismus der chromosomalen Geschlechtsbestimmung bei diesem Aquarienfisch und der Ausarbeitung von Methoden zur hormonalen und genetischen Steuerung des Geschlechts. Beim Japankärpfling sind die Milchner heterogametisch ($♂♂$ XY, $♀♀$ XX). Die Färbung der Aquarienvarietäten wird durch das Zusammenwirken der Allele von drei Hauptloci und mehreren zusätzlichen Loci bestimmt.

Die Genotypen aller häufigen Färbungsvarianten wurden ermittelt (Tab. 12). Bei der Wildform ist die braune Färbung mit drei dominanten Genen, R, B und I, verbunden. Die Mutationen des Gens R führen zur Verringerung der Zahl der Carotinoide in den Xanthophoren und im Ergebnis dessen zu mehr oder weniger abgeschwächter Pigmentierung; im Zusammenwirken mit dem Gen ci bewirken sie das Auftreten blauer Fische (Guaninreduktion). Die Mutationen des Gens B unterdrücken die Entwicklung der Melanophoren; das Allel B^1 bestimmt die Pigmentverteilung. Die Mutation i hemmt die Entwicklung aller Pigmentzellen, die Homozygoten ii sind vollständige Albinos mit roten Augen. Das Gen ci, das mit dem Gen i gekoppelt ist (Crossing-over-Frequenz etwa 4,5 %), unterdrückt teilweise die Wirkung

Tabelle 12
Phänotypen und Genotypen des Japankärpflings, *Oryzias latipes* (nach AIDA 1921, 1930; GOODRICH 1929; YAMAMOTO 1969)

Phänotyp	Genotyp		
	X-, Y-Chromosomen	Autosom I	Autosom II
Braun, Wildform	RR, RR^d, Rr	BB, BB^1, Bb	II, Ii
Braun, Färbung abgeschwächt	R^dR^d, R^dr	BB, BB^1, Bb	II, Ii
Orange (Rot)	RR, RR^d, Rr	bb	II, Ii
Orange gefleckt	RR, RR^d, Rr	B^1B^1	II, Ii
Orange gefleckt, abgeschwächt	R^dR^d, R^dr	B^1B^1	II, Ii
Blau	rr	BB, BB^1, Bb	II, Ii
Weiß gefleckt	rr	B^1B^1, B^1b	II, Ii
Weiß	rr	bb	II, Ii
Albino (Embryonen)*	Alle Genotypen	Alle Genotypen	ii

* Das Gen i (rezessiv) ist in bezug auf alle Allele des Locus B epistatisch. Bezüglich des Locus R ist Epistasie während der Embryonalentwicklung zu beobachten. Bei adulten Fischen, die hinsichtlich i homozygot sind (ii), treten beim Vorhandensein der Gene R und R^d Spuren von Pigmenten auf, die durch diese Gene bedingt sind.

des Gens i, indem es das Auftreten unvollständiger Albinos bedingt (YAMAMOTO und OIKAWA 1963).
In den X- und Y-Chromosomen des Japankärpflings wurde nur ein Pigmentlocus R mit drei gut untersuchten Allelen gefunden. Alle Allele des Locus R können durch Crossing over aus dem X-Chromosom in das Y-Chromosom übergehen. Die Häufigkeit des Crossing over ist jedoch sehr gering und beträgt bei Milchnern mit der Struktur XY nur 0,2 % (YAMAMOTO 1964). Bei den XY-Rogenern (Exemplare, die mit Hilfe von Östron in Weibchen umgewandelt wurden), beträgt der Anteil etwa 1 %. Für normale Wildfische ist das Vorhandensein des Gens R in den Geschlechtschromosomen charakteristisch. Wie die genetische Analyse ergab, sind jedoch die Milchner der Struktur $Y^R Y^R$ so gut wie nicht lebensfähig, bei der Kreuzung ♀ $X^r Y^R$ × ♂ $X^r Y^R$ ist in der Nachkommenschaft ein Letalverhältnis von 2 : 1 festzustellen. YAMAMOTO (1967) vermutet, daß sich in der Nachbarschaft des Gens R im Y-Chromosom ein inerter Abschnitt befindet (im X-Chromosom ist er nicht vorhanden). Die hinsichtlich des inerten Abschnittes ($R^- R^-$) homozygoten Fische sind nicht lebensfähig. Einfacher wäre die Annahme, daß das Gen R beim Japankärpfling eng mit einem spezifischen letalen Gen gekoppelt ist. Bei in geringer Zahl gewonnenen Ausnahmeexemplaren $Y^R Y^R$ befindet sich der Letalfaktor sehr wahrscheinlich nur in einem der beiden Y-Chromosomen. Das Vorhandensein nur eines einzigen „Farb"-Locus in den Geschlechtschromosomen ist beim Japankärpfling wahrscheinlich damit verbunden, daß es bei dieser Art in den natürlichen Populationen keinen Polymorphismus hinsichtlich der Färbung gibt.

Obwohl die genetische Geschlechtsbestimmung beim Japankärpfling sehr genau ist, tritt in seltenen Fällen spontane Geschlechtsumkehr auf (AIDA 1936; YAMAMOTO 1955 u. a.). Diese läßt sich durch Hormone (Östron oder Testosteron) erzielen. YAMAMOTO (1955, 1958, 1959a, 1959b, 1961, 1963, 1967) gelang es, eine Methode zur Massenumwandlung genetischer Milchner in Rogener und umgekehrt auszuarbeiten. Eine Veränderung in der Entwicklung der Gonaden wurde vorwiegend durch Hormonzusatz zum Futter erreicht. Die umgewandelten Exemplare hatten eingeschlechtliche Nachkommen oder Nachkommen mit verändertem Geschlechterverhältnis (YAMAMOTO 1958, 1967, 1968 u. a.):

1. ♀ XX × ♂ XX (umgewandelt) = ♀♀ (100 %)
2. ♀ XY (umgewandelt) × ♂ XY = ♂♂ (75 %) + ♀♀ (25 %)
3. ♀ XY + ♂ YY (aus der zweiten Kreuzung) = ♂♂ (100 %)
4. ♀ YY (umgewandelt) × ♂ YY (aus der zweiten Kreuzung) = ♂♂ (100 %)
5. ♀ XX × ♂ YY (aus der zweiten Kreuzung) = ♂♂ (100 %)
6. ♀ $X^r Y^{R,l}$ (umgewandelt) × ♂ $X^r Y^{R,l}$ = ♂♂ (67 %) + ♀♀ (33 %)

Infolge der Seltenheit spontaner Geschlechtsumkehr und der geringen Häufigkeit des Crossing over stimmen die bei den Kreuzungen beobachteten Verhältnisse mit den theoretischen Werten sehr gut überein. Obwohl die umgewandelten Fische nach allen äußeren Merkmalen von den normalen fast nicht zu unterscheiden waren, blieben sie im Wachstum etwas zurück: XX-Männchen wuchsen langsamer als XY-Männchen, XY- und YY-Rogener hatten ein langsameres Wachstum als XX-Rogener. Diese Verzögerung läßt sich möglicherweise durch Unterschiede in der Stoffwechselintensität zwischen normalen Rogenern und Milchnern erklären, die Differenzen sind wahrscheinlich durch den unterschiedlichen Gensatz in den X- und Y-Chromosomen bedingt (FINEMAN et al. 1974, 1975). Es wurde außerdem festgestellt, daß die YY-Männchen bei der Paarung aktiver als die normalen XY-Milchner sind, offenbar infolge der Verdoppelung der Dosis des „männlichen" Gens (WALTER und HAMILTON 1970).

Beim Japankärpfling wurden auch autosomale Mutationen festgestellt, die den Bau der Wirbelsäule betreffen. Die rezessiven Gene fu (fused) und wa (wavy) besitzen Ähnlichkeit mit entsprechenden Genen beim Guppy (AIDA 1921; YAMAMOTO et al. 1963 u. a.).

Obgleich das Geschlecht beim Japankärpfling durch Hormonbehandlung verändert werden kann, ist der Mechanismus der chromosomalen Geschlechtsbestimmung bei dieser Art weiter entwickelt als beim Platy. Im Y-Chromosom ist ein starker männlicher Geschlechtsfaktor enthalten. Der Einfluß der Geschlechtsgene, die in den Autosomen angeordnet sind, ist relativ gering. Das Y-Chromosom ist im genetischen Sinne nicht leer, aber der Prozeß seiner Zerstörung (Anhäufung von Chromosomenaberrationen) hat zweifellos schon begonnen. Es ist zu vermuten, daß die Geschlechtschromosomen beim Japankärpfling schon bald auch cytologisch mit Hilfe moderner Methoden der Differentialfärbung nachgewiesen werden.

3.4. Labyrinthfische (Anabantidae)

Der Kampffisch (*Betta splendens*) ragt unter den Aquarienfischen durch seine bunte und wechselnde Färbung hervor. Die bekannten Spiele der Männchen dieser Art erinnern in ihrer Spannung und Dauer an Hahnenkämpfe (daher auch die Bezeichnung dieser Fische). Die schöne normale Färbung der männlichen Kampffische wird während der Spiele ausgesprochen strahlend, da die Intensität der Färbung im Erregungszustand erheblich zunimmt. Die Rogener sind nicht so farbenprächtig wie die Männchen, aber auch sie sind in ihrem Äußeren sehr ansprechend.

Gut untersucht wurde bei den Kampffischen nur die Vererbung der Farbe. Wir führen die Gene an, die von verschiedenen Autoren beschrieben wurden.

Die Gene V und v (A_2 und A_1 nach UMRATH 1939) wirken auf die Zahl der Guanophoren (Iridocyten), die in erheblicher Menge in der Haut der Kampffische gebildet werden (WALLBRÜNN 1958). Beim Genotyp vv wird die Färbung grünlich, beim Genotyp VV heller mit einer Stahltönung. Das Gen V ist partiell dominant; die Heterozygoten Vv haben eine bläuliche Färbung und lassen sich leicht von beiden Homozygoten unterscheiden.

Das Gen c führt zu einer starken Reduktion aller Chromatophoren und zu fast vollständigem Albinismus. Ebenso wie bei anderen Fischen ist die albinotische Mutation epistatisch in bezug auf die übrigen Pigmentgene (UMRATH 1939; EBERHARDT 1941; WALLBRÜNN 1958).

Die Gene B und b (M und m nach UMRATH 1939) wirken auf die Größe der Melanophoren. Bei den Homozygoten bb sind sie kleiner; die Xantho- und Erythrophoren treten daher deutlicher hervor, und die Fische nehmen eine hellrote (Gold-)Färbung an. Das Gen B bedingt im Zusammenwirken mit dem Gen C (normales Allel des Albinismusgens) das Auftreten einer dunkelroten Grundfärbung (WALLBRÜNN 1958). Die Gene L und l nehmen auf die Erythro- und Xanthophoren Einfluß; beim Genotyp llCB wird die Färbung des Körpers schwarzbraun. Das Gen L ist partiell dominant, die Heterozygoten Ll unterscheiden sich deutlich von den Homozygoten. Das Zusammenwirken der Gene llCCbb führt zu Exemplaren mit einer intensiv roten Färbung (UMRATH 1939).

Das Gen ri wirkt ebenso wie das Gen V auf die Anzahl der Iridocyten, wobei deren Dichte verringert wird (EBERHARDT 1941). Die Vorstellung einer Selbständigkeit der Gene Ri und ri auf der einen Seite und der Gene V und v auf der anderen Seite ist noch zu überprüfen.

Das Gen nr führt offenbar zur teilweisen Reduktion der Erythrophoren (es beeinflußt die Synthese der Pterine). Die Fische mit dem Gen nr werden nicht rot, sondern gelb (LUCAS 1972; ROYAL und LUCAS 1972). Das Gen nr ist nicht mit den oben beschriebenen Genen gekoppelt.

Unter den Flossenmutanten muß ein dominantes Gen erwähnt werden, das bei den Milchnern zu einer starken Verlängerung der unpaarigen Flossen führt. Das Auftreten dieses Gens erfolgt unter hormonaler Kontrolle (EBERHARDT 1943). Wenn es vorhanden ist, haben die Weibchen normale Flossen.

Die mutanten Gene V (Stahlfärbung), b (abgeschwächte Melanophoren) und c (Albinismus) verringern die Lebensfähigkeit der Homozygoten. Alle diese Genserien sind autosomal. Die Kampffische gehören zu den protogynen Hermaphroditen; die Entwicklung der Gonaden verläuft bei allen

Exemplaren zuerst in der weiblichen Richtung, danach wandelt sich ein Teil davon in Milchner um (LUCAS 1968). Das Geschlecht kann sich sowohl spontan als auch unter dem Einfluß von Hormonen ändern (GORDON 1957). Das Entfernen der Ovarien führt bei adulten Fischen in der Mehrzahl zur Umwandlung in vollwertige Milchner. Es wird vermutet, daß das Geschlecht von einer großen Zahl von Genen abhängt, die in den verschiedenen Chromosomen angeordnet sind. Geschlechtschromosomen wurden bei dieser Art noch nicht gefunden (LOWE und LARKIN 1975).

Der Paradiesfisch oder Makropode (*Macropodus opercularis*) hat wie der Kampffisch eine lebhafte, variable Färbung. Die Weibchen sind ebenfalls nicht so bunt wie die Männchen gefärbt. Es gibt nur wenige Angaben über die Vererbung bestimmter Merkmale bei den Makropoden. Gefunden wurde eine albinotische Mutation (a), die sich als rezessiv erwies (GOODRICH und SMITH 1937). In der F_2- und in der R_1-Generation wurden Zahlenwerte erhalten, die gut mit den Erwartungen übereinstimmten: F_2 – 204:62 (3:1) und R_1 – 552:551 (1:1).

Das Geschlechterverhältnis ist bei dieser Art etwa 1:1. Man darf annehmen, daß die Geschlechtsbestimmung monofaktoriell erfolgt, obwohl dies noch nicht erwiesen ist. Bei der nahe verwandten Art (oder Unterart) *M. concolor* herrschen in der Nachkommenschaft gewöhnlich die Milchner vor, ihr Anteil schwankt zwischen 68 und 91% (SCHWIER 1939). Ebenso wie bei den Kampffischen erfolgt die Geschlechtsbestimmung offenbar polygen, wobei ebenfalls ein protogyner juveniler Hermaphroditismus besteht.

3.5. Andere Aquarienfische

Xiphophorus helleri (Schwertträger)

Zu den Makromelanophorengenen gehören die Gene Db^1 und Db^2 (Dabbed, verwaschene Färbung) sowie das Gen Sn (Seminigra, schwarze Flecken). Alle drei Gene sind dominant, sie treten bei beiden Geschlechtern auf. Das Gen Sn ist offenbar allel den Genen der Sp-Serie des Platys gegenüber. Im Hybridgenom verstärkt das Gen Sn seine Wirkung. Bei Rückkreuzung führt sein Auftreten jedoch zu Melanosarkomen (BREIDER 1956; KALLAM und ATZ 1966; WOLF und ANDERS 1975).

Auf die Entwicklung der Xantho- und Erythrophoren wirken die Gene Mo (Montezuma, orange-rote Färbung) und Rb (Rubescens, rote Färbung). Das Gen Rb gelangte aller Wahrscheinlichkeit nach aus dem Genom des Platys in den Schwertträger (KALLMAN und ATZ 1966).

In einigen Schwertträgerpopulationen kommt ein dominantes Gen vor, das die orange Färbung des Schwertes bedingt (VALENTI 1972; KALLMAN 1975).

Die Gene C und P bestimmen die Art der Ansammlung von Mikromelanophoren an der Basis der Schwanzflosse. Die Genotypen und Phänotypen sind in diesem Falle folgendermaßen miteinander verbunden (KERRIGAN 1934):

CCPP, CcPP, CCPp und CcPp – ovale schwarze Fläche am Schwanz (crescent);

CCpp und Ccpp – zwei schwarze Flecken am Schwanz (twin spot);

ccpp, ccPp und ccPP – unpigmentierte Fische.

Die Gene P und p sind Allele der Gene der C-(P-)Serie des Platys. Das Gen c unterdrückt ihr Auftreten. Es ist möglich, daß das Gen Gr (Grave, dunkel), das in einer Schwertträgerpopulation festgestellt wurde, allel im bezug auf einen dieser Loci ist (KALLMAN und ATZ 1966).

Das Albinismusgen a (albino) und das Gen der Goldfärbung g (gold), die beide rezessiv sind, beeinträchtigen im homozygoten Zustand die Lebensfähigkeit der Fische (KOSSWIG 1935b; GORDON 1941, 1942).

Die Gene E und i sind Modifikatoren und verstärken die Ausprägung der Gene Co (Komet) und oc des Platys. Durch Zusammmenwirken der Gene E (des Schwertträgers) und Co (des Platys) wurde ein Platystamm mit schwarzen Flecken gezüchtet, der Wagtail-Platy (Gordon 1946, 1952). Das Zusammenwirken der Gene oc und i führt, wie bereits erwähnt, zur Bildung von Augentumoren (KOSSWIG 1965).

Die allen Aquarianern gut bekannten roten Schwertträger sind ebenfalls aus einer

Kreuzung hervorgegangen. Es handelt sich dabei um das Ergebnis der Einführung des Platygens Rt in das Genom des Schwertträgers und um das Zusammenwirken dieses Gens mit der albinotischen Mutation a. Bei der Züchtung der roten Schwertträger wurden mehrmals Rückkreuzungen vorgenommen (KOSSWIG 1961, 1965).

Das Gen Da (Dorsalis alta; SIMPSON-Faktor) führt zur verstärkten Entwicklung (Verlängerung) der Weichstrahlen der Rücken- und Afterflosse. Die Homozygoten in bezug auf das Gen Da sind nicht lebensfähig. Die heterozygoten Milchner Dada überleben, infolge der veränderten Form der Gonopodien sind sie jedoch steril. Die Gewinnung von Nachkommen ist nur durch künstliche Besamung möglich (SCHRÖDER 1966).

Wie bei vielen anderen Fischen gibt es auch beim Schwertträger Mutationen, die zum Auftreten verschiedener Skelettmißbildungen führen. Hierzu gehört insbesondere die rezessive Mutation Sc (Spinal curvature) (ROSENTHAL et al. 1958).

Beim Schwertträger werden alle Gene autosomal vererbt. Geschlechtschromosomen wurden bei dieser Art nicht gefunden. Das Geschlecht wird polygen bestimmt, die männlichen und weiblichen Faktoren sind offenbar über alle Chromosomen verteilt (KOSSWIG 1935a, 1954; DZWILLO und ZANDER 1967 u. a.). In jedem Fall hängt das Geschlecht davon ab, welche Gene im Genom vorherrschen. Einfluß auf die Geschlechtsbestimmung haben auch die Umweltfaktoren. Vor kurzem wurde ein hermaphroditischer Stamm bei dieser Art gefunden (LODI 1979).

Xiphophorus montezumae (Montezuma-Schwertträger)

Das Gen Nc (Nigrocaudatum) verstärkt, wie viele Gene der Platys, seine Ausprägung bei den Hybriden mit *X. helleri* bis zur Bildung von Melanomen (MARCUS und GORDON 1954). Bei der Unterart *X. m. cortezy* wurden drei autosomale, nicht gekoppelte Makromelanophoren-Gene gefunden. Dabei handelt es sich um At (Atromaculatus), Cam (Carbomaculatus) und Sc (Spottet caudal). Das Gen Cb (Caudal blot) bestimmt die Ansammlung von Mikromelanophoren auf dem Schwanz. Alle vier Gene sind dominant und kommen in allen untersuchten Populationen vor. Das Gen Sc ergibt bei Inzuchtlinien manchmal Melanome (KALLMAN 1971, 1975). Bei *X. montezumae* ist die Geschlechtsbestimmung gemischt, es kommen Gonosomen und polyfaktorielle Autosomen vor (ZANDER 1965).

Xiphophorus milleri (Miller-Platy)

Die Populationen dieser Art sind polymorph in bezug auf das Gen Gn (schwarze Gonopodien) und seines normalen Allels (nicht pigmentierte Gonopodien) (KALLMAN und BOROWSKY 1972). Das Gen Sv (Spottet ventral) befindet sich im Y-Chromosom und bewirkt die Bildung schwarzer Flecken auf dem Körper. Drei autosomale, vermutlich allele Gene wirken auf die Mikromelanophoren des Schwanzes: B (Bar), Pt (Point, verwandt mit dem Gen D von *X. maculatus*) und Ss (Single spot, ähnlich dem Gen 0 des Platys) (KALLMAN und ATZ 1966). Bei *X. milleri* sind die Milchner heterogametisch (XY).

Xiphophorus pygmaeus (Zwergschwertträger)

Die Gene Fl und Vfl (gelber Körper und gelber Schwanz) wirken auf Entwicklung und Ausbreitung der Xanthophoren. Bei Hybridisation von *X. pygmaeus* mit *X. maculatus* und *X. variatus* wird die Ausprägung beider Gene verstärkt. Die Zahl der Xanthophoren nimmt zu, und sie wandeln sich in Xanthoerythrophoren um; in den Pigmentzellen treten rote Körner auf. Rückkreuzungshybriden (mit *X. maculatus*) werden vollständig rot (ÖKTAY 1964; ZANDER 1968).

Xiphophorus variatus (Veränderlicher Spiegelkärpfling)

Die Gene P^1 und P^2 (Punctatus), Li (Lined), Sr (Striped), R (Ruber), Rb (Rubescens), O (Orange), Pu (Purpureus) liegen im X-Chromosom und sind offenbar den Loci Sp und Rd des Platys homolog (RUST 1939, 1941; BREIDER 1956; ANDERS, A. et al.

1973; KALLMAN 1975; BOROWSKY und KHOURI 1976). Die Gene P können auch im Y-Chromosom lokalisiert sein. Das Gen Gn bedingt analog zum ähnlichen Gen von *X. milleri* die Bildung schwarzer Flecken auf den Gonopodien und ist ebenfalls im X-Chromosom lokalisiert (KALLMAN und BOROWSKI 1972). Bei den Hybriden mit Schwertträgern, die die Gene Li und Pu von *X. variatus* erhalten haben, entwickeln sich Melanome (ANDERS, A. et al. 1973; ANDERS und ANDERS 1978; SCHWAB et al. 1978). Wenn das Gen P^2 bei *X. variatus* zweifach vorhanden ist, bildet sich das Melanom auch ohne Hybridisation (BOROWSKY 1973). Drei verschiedene Muster von Mikromelanophoren auf dem Schwanz, C (Crescent), Ct (Cut crescent) und + (Abwesenheit schwarzer Flecken), werden durch drei Allele eines autosomalen Locus bestimmt. Dieser ist offenbar dem entsprechenden Locus C (P) von *X. maculatus* homolog. Der Polymorphismus hinsichtlich der Gene C, Ct und + wird in natürlichen Populationen von *X. variatus* durch komplizierte Wechselbeziehungen zwischen den Phänotypen C, Ct und + sowie durch die Größe der Männchen und ihre Vermehrungsfähigkeit aufrecht erhalten. Es gibt Grund zu der Annahme, daß dem Polymorphismus des Mikromelanophorenmusters auf dem Schwanz bei *X. variatus* und *X. maculatus* physiologische Mechanismen vom Gleichgewichtstyp zugrunde liegen und daß die Unterschiede in der Färbung sekundär sind und keine unmittelbare Anpassungsfunktion haben (BOROWSKY 1981).

Bei der Unterart *X. variatus xiphidium* wurden in den X- und Y-Chromosomen zwei Makromelanophorengene gefunden. Dabei handelt es sich sehr wahrscheinlich um zwei Allele eines Locus, Fl^1 und Fl^2 (Flecked und Dusky) (KALLMAN und ATZ 1966).
Bei *X. variatus* wird das Geschlecht, ebenso wie bei *X. milleri*, *X. pygmaeus* und *X. montezumae*, durch Gonosomen bestimmt; die Männchen sind heterogametisch (GORDON 1957; KALLMAN 1975). Bei Kreuzungen von Weibchen von *X. variatus* mit Männchen von *X. maculatus* aus Aquarienlinien mit weiblicher Heterogamie besteht die Nachkommenschaft ausschließlich aus Männchen (KOSSWIG 1936):

♀ XX × ♂ YY = ♂♂ XY (100%)
(*variatus*) (*maculatus*)

In den Binnengewässern von Mexiko und Honduras kommen 19 Arten der Unterfamilie Xiphophorinae vor. Fast alle Arten sind hinsichtlich der Anordnung und der Zahl der schwarzen, roten und gelben Pigmentzellen polymorph. In vielen Fällen ändert sich die Ausprägung der Färbungsgene bei innerartlichen und zwischenartlichen Hybridisationen (ZANDER 1974).

Limia (Poecilia) nigrofasciata (Schwarzbandkärpfling) und andere Arten der Gattung *Limia*

Bei diesen Arten wurden ebenfalls Gene beschrieben, die auf die Entwicklung der Makro- und Mikromelanophoren Einfluß nehmen. Die Makromelanophoren sind homolog den entsprechenden Genen des Platys (BREIDER 1935). Hybridisation von *Limia* mit verwandten Arten hat Bildung von Melanomen zur Folge (BREIDER 1936, 1938).

Mollienesia sphenops (Spitzmaulkärpfling)

In natürlichen Populationen haben die Fische eine einheitlich graue Färbung und besitzen keinerlei schwarze Flecken. Die Aquarienlinien mit schwarzer Zeichnung sind nach SCHRÖDER (1964, 1974) durch zwei additive, partiell dominante Gene N und M charakterisiert. Die Vergrößerung der Zahl dieser Gene im Genom führt zu einer proportionalen Verstärkung der schwarzen Pigmentierung (Black Molly). Entsprechend der Intensität der schwarzen Färbung können die Fische sechs verschiedenen genetischen Klassen zugeordnet werden (Tab. 13). Die Aufspaltung in der F_2-Generation führt zum Auftreten aller Färbungstypen in der Nachkommenschaft (Abb. 35). Die biochemische Untersuchung von Individuen verschiedener Pigmentierungsklassen ergab, daß bei Fischen mit einer großen Melaninmenge der Gehalt an freien Aminosäuren in den Geweben etwas erhöht ist (SCHRÖDER und YEGIN 1968).

Tabelle 13
Genetik der schwarzen Pigmentierung bei *Mollienesia sphenops* (SCHRÖDER 1974)

Fischgruppen entsprechend der Färbungsintensität	Phänotyp		genetische Formel	Zahl der dominanten Gene
	beim Schlupf	im adulten Zustand		
I	grau, ohne Flecken, Iris schwach gefärbt	grau, ohne Flecken, Iris schwach gefärbt	nnmm	0
II	desgl.	dunkelgrau, mit vielen kleinen grauen Flecken, Iris schwach gefärbt	Nnmm nnMm	1
III a	desgl.	fast schwarz, mit wenigen kleinen grauen Flecken, Iris am Grunde schwach gefärbt	NNmm nnMM	2
III b	grau, mit wenigen Flecken, Iris schwach gefärbt	desgl.	NnMm	2
IV a	schwarz, mit hellem Bauch, Iris schwach gefärbt	gleichmäßig schwarz mit dunkler Iris	NnMM NNMm	3
IV b	gleichmäßig schwarz, mit dunkler Iris	desgl.	NNMM	4

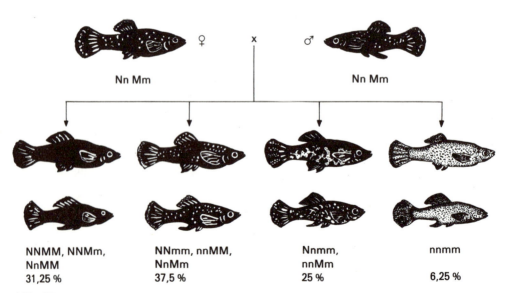

NNMM, NNMm, NnMM	NNmm, nnMM, NnMm	Nnmm, nnMm	nnmm
31,25 %	37,5 %	25 %	6,25 %

Abb. 35
Aufspaltung der schwarzen Pigmentierung bei Kreuzung von *Mollienesia sphenops* (SCHRÖDER 1974).

Abb. 36
Mutation „Lyra" bei *Mollienesia latipinna* (Schröder 1964).

Mollienesia latipinna (Breitflossenkärpfling)

Das Gen Ly (Lyra) verändert bei dieser Art im heterozygoten Zustand die Form der Rücken-, Schwanz- und Bauchflossen (Abb. 36). Die Homozygoten LyLy sind nicht lebensfähig. Man darf vermuten, daß dies mit der Unvereinbarkeit der Gameten, die das Gen Ly besitzen, zusammenhängt (Schröder 1964, 1965).

Poeciliopsis sp. sp.

Bei *P. lucida* wurden die rezessiven autosomalen Mutationen st (stubby, gekrümmte Wirbelsäule; Schultz 1963) und tr (transparent, durchsichtig; Moor 1974) gefunden. Die Homozygoten trtr sehen bunt aus, da an einzelnen Körperteilen die Iridocyten und die nicht kontrahierbaren Melanophoren fehlen. Bei *P. viriosa* blockiert die rezessive autosomale Mutation gr (grey) die Bildung der Xanthophoren im Schuppenepithel (Vrijenhoek 1976).

Rivulus urophthalmus (Schwanzfleckbachling, Familie Cyprinodontidae)

Die rezessive Mutation r führt zum Auftreten einer roten Färbung (Constantinescu 1928).

Familie Characidae

Eine albinotische Mutante mit verringerter Lebensfähigkeit der Homozygoten wurde bei *Hemigrammus caudovittatus* (Rautenflecksalmler) beschrieben (Stallknecht 1975). Bei *Hyphessobrycon callistus* (Serpasalmler) zeichnet sich die Unterart *H. c. callistus* gegenüber der Unterart *H. c. minor* durch einen dunklen länglichen Fleck im Bereich des Schultergürtels aus. Die Analyse der Hybriden ergab, daß dieses Merkmal durch ein autosomales, dominantes Gen (S) mit ausgesprochen Mendelscher Vererbung bestimmt wird (Frankel 1982).

Familie Cyprinidae

Bei *Brachydanio rerio* (Zebrabärbling) wurden Gene festgestellt, die für die Verteilung der Pigmentzellen (fr^+, fr) und für die Pigmentmenge (mlr^+, mlr, Modifikator ur) maßgeblich sind. Bei *B. frankei* ist von den beiden Allelen des Pigmentlocus nur einer vorhanden, fr (Frankel 1979). Das Gen Gr führt zur Zerstörung aller Xanthophoren und eines Teiles der Guanophoren und Melanophoren bei *B. rerio* (Kirschbaum 1977).

Pterophyllum eimekei (Kleiner Segelflosser, Familie Cichlidae)

Das partiell dominante autosomale Gen Lf bedingt die Verlängerung aller Flossen. In der F_2-Generation erfolgt die Aufspaltung nach Mendel im Verhältnis 1:2:1 (Sterba 1959). Die Primärwirkung des Gens Lf ist mit der Aktivierung der Schilddrüse verbunden.

Wir versuchen nun, einige Verallgemeinerungen zu geben. Unter den Zahnkarpfen (Cyprinodontiformes) finden sich Fische mit sehr unterschiedlichen Mechanismen der Geschlechtsbestimmung, angefangen bei echten Hermaphroditen (*Rivulus marmoratus*) bis zu Arten mit streng durch Chromosomen bedingter Geschlechtsbestimmung (*Poecilia reticulata, Xiphophorus maculatus, X. milleri, X. variatus, Oryzias latipes*). Beim Auftreten von Geschlechtschromosomen kann bei Männchen oder Weibchen Heterogamie vorliegen. Bei *X. maculatus* ist männliche und weibliche Heterogamie in einer Population möglich. In diesem Fall kommen im Karyotyp der Fische Geschlechtschromosomen dreier Typen (X, Y und W) vor. Drei verschiedene Geschlechtschromosomen werden auch bei *Tilapia* vermutet (AVTALION und HAMMERMAN 1978; HAMMERMAN und AVTALION 1979).

Aber auch beim perfektesten Mechanismus einer chromosomalen Geschlechtsbestimmung unterscheiden sich die unpaarigen Geschlechtschromosomen von ihren Homologen nur durch ein Gen, das das Geschlecht bestimmt (M oder F) oder durch einen unpaarigen Abschnitt. Die anderen Teile der unpaarigen Chromosomen enthalten viele aktive Gene. Die Y- (oder W-) Chromosomen befinden sich bei diesen Arten im Anfang des Destruktionsprozesses. Eine verhältnismäßig große Zahl von Fischarten besitzt jedoch echte Heterochromosomen, die wesentlich umfangreichere Veränderungen durchgemacht haben. Vor kurzem wurden deutlich unterscheidbare X- und Y-Chromosomen auch bei den Männchen von *Xiphophorus maculatus* gefunden (AHUJA et al. 1979).

Die Untersuchung des Polymorphismus der Färbung bei den Aquarienfischen ergab, daß dieser meist mit einem Geschlechtsdimorphismus verbunden ist und durch die Akkumulation unterschiedlicher dominanter Gene in den Populationen bestimmt wird. Die Entstehung und Erhaltung eines derartigen Polymorphismus in der Natur ist das Ergebnis zweier selektiver Faktoren, die in entgegengesetzter Richtung wirken: Geschlechtsselektion führt zu verstärkter Pigmentierung und ermöglicht eine größere Variabilität der Färbung bei den Männchen; auf der anderen Seite werden auffällig gefärbte Exemplare bevorzugt durch Raubfische aufgenommen. Der Polymorphismus der Färbung hat offenbar adaptiven Charakter.

Die Analyse der Wirkung der Färbungsgene im fremden (Hybrid-)Genotyp gestattete die Aufklärung einer sehr wichtigen Besonderheit des Genoms, die wahrscheinlich für alle Organismen charakteristisch ist. Alle Gene sind bei jeder Art sehr fein aneinander „angepaßt"; die Ausgewogenheit aller Elemente des Genoms wird bei der Hybridisation gestört. Einer der Hauptmechanismen, die das Auftreten bösartiger Pigmentgeschwülste bei Fischen (Melanome, Melanosarkome, Erythroblastome und andere) bedingen, ist der Verlust der Kontrolle über die Vermehrung der Pigmentzellen (Störung der komplizierten Regulationssysteme zwischen den Genen). Diese Veränderungen können rein genetisch sein, sie können aber auch durch epigenetische oder umweltbedingte Faktoren hervorgerufen werden.

4. Vererbung quantitativer Merkmale Phänodevianten bei Fischen

4.1. Allgemeine Gesetzmäßigkeiten der quantitativen Variabilität

Von seltenen Ausnahmen abgesehen ist es in keiner Fischpopulation möglich, zwei Exemplare zu finden, die einander vollständig gleichen. Die Unterschiede können morphologische, physiologische oder biochemische Merkmale betreffen; in der Regel sind sie quantitativer Natur. Die individuelle quantitative Variabilität innerhalb der Population hat einen doppelten Ursprung: Die Entwicklung des Organismus und all seiner Teile modifiziert sich sowohl bei Veränderungen des Genotyps als auch unter der Einwirkung von Umweltbedingungen. Die Variabilität der meisten meristischen oder diskontinuierlichen (zählbaren) quantitativen Merkmale der Fische ist dem Gesetz der Binomialverteilung unterworfen. Die Variation in der Zahl beliebiger Elemente entspricht dem Koeffizienten der Verteilung des Binoms $(a + b)^n$. Ist n hinreichend groß und liegen a und b nahe beieinander, strebt diese Verteilung zur Normalverteilung, die auf der Wahrscheinlichkeit des Zusammenwirkens einer großen Zahl zufälliger Ereignisse basiert (Abb. 37). Eine Normalverteilung ist in der Mehrzahl der Fälle auch für die Variabilität der kontinuierlichen (meßbaren) Merkmale der Fische gegeben. Zufällige Ereignisse sind in der biologischen Variabilität die Veränderungen eines quantitativen Merkmals unter dem Einfluß des Zusammenwirkens vieler Gene und vieler Umweltfaktoren. Sowohl die Gene als auch die Umweltfaktoren können auf ein Merkmal einen positiven wie einen negativen Effekt ausüben. Es ist leicht zu verstehen, daß beim zufälligen (den Gesetzen der Wahrscheinlichkeitstheorie unterworfenen) Zusammenwirken verschiedener genetischer und Umweltfaktoren die unterschiedlichen Kombinationen positiver und negativer Einflüsse am wahrscheinlichsten sind, die nahe dem Durchschnitt liegende Werte der Merkmale ergeben.

Die Normalverteilung, die sich grafisch als symmetrische Variationskurve (GAUSS-Kurve) darstellt, ist durch zwei leicht zu berechnende Konstanten* charakterisiert:

Das arithmetische Mittel:

$$\bar{x} = \frac{\sum v}{n} \qquad (1)$$

und die Standardabweichung:

$$\sigma = \pm \sqrt{\frac{\sum d^2}{n - 1}} \qquad (2)$$

Darin ist v der Wert des untersuchten Merkmals beim einzelnen Individuum, n die Zahl der Individuen und d die individuelle Abweichung (Differenz zwischen dem individuellen und dem Mittelwert des Merkmals). Zur Kennzeichnung der Variabilität wird auch die mittlere quadratische

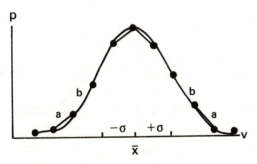

Abb. 37
Binomialverteilung entsprechend dem Binomialkoeffizienten der zehnten Potenz (a) und Normalverteilung (b).

* Die Schätzung der Parameter sowohl für die Normalverteilung als auch für die anderen Verteilungen ist in zahlreichen Lehrbüchern der biologischen Variationsstatistik angeführt (FISHER 1970; ROKICKIJ 1974; WEBER 1978; 1980 u. a.).

Abweichung oder Varianz (V oder σ^2) verwendet. Um sich von den benannten Größen zu lösen, drückt man die Standardabweichung in Prozent des arithmetischen Mittels aus (Variationskoeffizient):

$$\text{C.V.} = \frac{100 \cdot \sigma}{\bar{x}} \quad (3)$$

Die Variabilität quantitativer Merkmale, wie z.B. Masse und Länge des Körpers, Indizes des Exterieurs, Größe einzelner Organe, Hämoglobingehalt des Blutes, Intensität des Sauerstoffverbrauchs u.a., hat kontinuierlichen Charakter. Bei der Verarbeitung von Meßergebnissen teilt man die Skala zweckmäßigerweise in gleiche Abschnitte (Klassen) auf. Individuen mit nahe beieinander gelegenen Merkmalswerten werden in einer Klasse zusammengefaßt. Die biometrische Konstante wird hierbei näherungsweise berechnet. Dies geschieht auf der Grundlage der Mittelwerte des Merkmals für alle Individuen jeder Klasse. Die Variation der Fische nach der Körpermasse weicht oftmals von der Normalverteilung ab, die Variationskurve wird irregulär, sie bekommt mehrere Scheitelpunkte oder wird asymmetrisch. Mehrgipflige Variationskurven können entweder das Ergebnis der Vermischung nicht gleichartiger Gruppen von Fischen sein, oder sie sind auf genetische Aufspaltung infolge einer kleinen Zahl von Genen zurückzuführen, die auf die Wachstumsgeschwindigkeit einwirken. Oftmals wird eine rechtsseitige (negative) Asymmetrie beobachtet; sie ist das Ergebnis der großen Abhängigkeit der Wachstumsgeschwindigkeit von der Ausgangsmasse der Fische und in noch stärkerem Maße der Vorteile, die die größeren Fische bei der Nahrungskonkurrenz haben. Eine linksseitige (positive) Asymmetrie ist meist darauf zurückzuführen, daß in vielen Populationen und Fischgruppen einzelne mißgebildete, nicht vollwertige, schlecht wachsende Individuen vorkommen.

Eine leichte Asymmetrie kann durch logarithmische Darstellung der Massewerte beseitigt werden. Die Verteilung wird dadurch log-normal, sie unterscheidet sich äußerlich oft nicht von der Normalverteilung (Abb. 38).

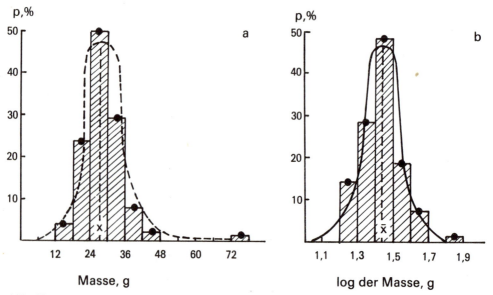

Abb. 38
Asymmetrische Variation der Körpermasse einsömmeriger Ropscha-Karpfen. a linearer Maßstab, b log-normale Kurve (semilogarithmischer Maßstab). Ropscha, Gebiet Leningrad, 1956, Teich Bystrjanka.

Bei einigen Merkmalen der Fische kann die Variabilität nicht auf die Normalverteilung zurückgeführt werden. Meist haben wir es in solchen Fällen mit der POISSON-Verteilung zu tun, die für das Auftreten seltener Ereignisse charakteristisch ist. Auf diesen bei Fischen verhältnismäßig seltenen Typ der Verteilung gehen wir hier nicht näher ein.

Gewöhnlich wird nicht die gesamte Population, sondern ein größerer oder kleinerer Teil davon untersucht. Das arithmetische Mittel wie auch die Indizes der Variabilität des Merkmals, die nach einer Stichprobe bestimmt wurden, sind daher Näherungswerte. Die Standardfehler dieser Größen werden nach folgenden Formeln berechnet:

$$m_{\bar{x}} = \pm \frac{\sigma}{\sqrt{n}} \quad ; \quad m_\sigma = \pm \frac{\sigma}{\sqrt{2n}} \quad ;$$

$$m_{C.V.} = \pm \frac{C.V.}{\sqrt{2n}} \qquad (4)$$

Nach den Größen dieser Fehler läßt sich der Bereich des tatsächlichen arithmetischen Mittels und der tatsächlichen Kennwerte der Variabilität für die gesamte Population bestimmen. Diese Konfidenz- oder Vertrauensintervalle werden mit größerer oder kleinerer Wahrscheinlichkeit ermittelt. Addition oder Subtraktion zweier Standardfehler ($\bar{x} \pm 2m_{\bar{x}}$ oder $\sigma \pm 2m_\sigma$) ergibt Vertrauensgrenzen mit einer Wahrscheinlichkeit von 0,95. Bei drei Standardfehlern steigt die Wahrscheinlichkeit auf 0,997. Demnach sind z. B. die Vertrauensgrenzen bei einer durchschnittlichen Stückmasse der Fische ($\bar{x}$) in der Stichprobe von 635 g und einem Standardfehler von $m_{\bar{x}} \pm 5,94$ g folgendermaßen zu berechnen:

für p = 0,95 : 623,12 − 646,88 g
für p = 0,997 : 617,18 − 652,82 g

Die Varianz (σ^2) hat große Bedeutung für die Analyse der Ursachen der Variabilität, insbesondere beim Trennen ihrer beiden Hauptbestandteile, der genotypischen und der umweltbedingten (paratypischen) Komponente. Dieses Trennen kann mit Hilfe der Varianzanalyse, dem Zerlegen der Varianz in ihre Bestandteile, vorgenommen werden. Die Varianzanalyse der quantitativen Variabilität der Organismen basiert auf der Gleichung:

$$\sigma_{Ph}^2 = \sigma_G^2 + \sigma_P^2 \qquad (5)$$

Darin bedeuten σ_{Ph}^2 die gesamte phänotypische Varianz, σ_G^2 die genotypische Varianz und σ_P^2 die paratypische (umweltbedingte) Varianz. Die paratypische Varianz schließt auch die Variabilität ein, die durch das Zusammenwirken von Genotyp und Umwelt bedingt wird (GINZBURG und NIKORO 1982), weshalb man die Formel (5) auch auf folgende Weise schreiben kann:

$$\sigma_{Ph}^2 = \sigma_G^2 + \sigma_E^2 + \sigma_I^2 \qquad (6)$$

Es stehen dabei σ_E^2 für die eindeutig durch Umwelteinflüsse bedingte Varianz und σ_I^2 für die sich aus der Wechselwirkung von Umwelt und Genotyp ergebende Varianz.

Die Ermittlung des Anteils der erblich bedingten Variabilität an der gesamten (phänotypischen) Variabilität eines Merkmales ist mit großen Schwierigkeiten verbunden. Wenn die umweltbedingte Varianz (σ_P^2) gleich Null wäre, d. h., wenn alle Individuen einer Population (oder Familie) sich während ihres ganzen Lebens unter vollständig gleichartigen Bedingungen befänden, ließe sich die genotypische Variabilität in reiner Form feststellen. Praktisch ist es jedoch nicht möglich, die Lebensbedingungen der Fische selbst innerhalb einer Familie vollständig gleich zu gestalten. Einfacher ist die eindeutig milieubedingte Variabilität abzutrennen. Es gibt Fischpopulationen, in denen alle Individuen genotypisch identisch sind. Dies sind Klone, Gruppen von Individuen, die von einem einzigen Weibchen stammen, das sich durch Selbstbefruchtung (Autogamie), Parthenogenese oder Gynogenese fortpflanzte. Bei *Rivulus marmoratus*, einem kleinen Fisch aus der Ordnung der Zahnkarpfen (Cyprinodontiformes), ist oft Hermaphroditismus und Selbstbefruchtung zu beobachten. Die Klone bestehen bei dieser Art aus genetisch gleichwertigen Individuen (KALLMAN und HARRINGTON 1964). Ebensolche homogenen Klone wurden auch bei *Mollienesia (Poecilia) formosa*, die sich durch Gynogenese vermehrt (KALLMAN 1962b), sowie bei einigen Formen des komplizierten diploid-triploiden Komplexes *Poeciliopsis* (VRIJEN-

HOEK et al. 1977) festgestellt. Wahrscheinlich treten Klone in den Populationen des eingeschlechtlichen Giebels auf, der sich ebenfalls gynogenetisch fortpflanzt.

Bei Fischen mit normal verlaufender sexueller Vermehrung werden keine Klone gebildet. Zur Verringerung der genetischen Variabilität führt die Verpaarung von Verwandten (Inzucht, inbreeding), aber selbst nach längerer Inzucht bleibt ein gewisser Anteil von Heterogenie erhalten. Mit Hilfe der künstlich (durch Bestrahlung oder auf chemischem Wege) hervorgerufenen Gynogenese (vgl. Kapitel 7.) lassen sich hinreichend homogene Linien bei Fischen schneller erhalten.

4.2. Methoden der Heritabilitätsbestimmung bei Fischen

Als Heritabilität wird der Anteil der erblichen Variabilität an der gesamten Variabilität eines Merkmals bezeichnet (LUSH 1941). Die Heritabilität entspricht dem Verhältnis der genotypischen und phänotypischen Varianz:

$$h^2 = \frac{\sigma_G^2}{\sigma_{PH}^2} \qquad (7)$$

Wie schon ausgeführt wurde, läßt sich die Größe der Heritabilität im weiteren Sinne dadurch bestimmen, daß man die genetische Varianz auf den Wert Null bringt und auf diese Weise die Umweltkomponente der Varianz in reiner Form erhält. Leider ist diese Möglichkeit bei den Fischen bisher auf wenige Arten beschränkt, die in der Natur homozygote Klone bilden. Unter den Bedingungen der zufallsgemäßen Paarung (Panmixie) und bei einer großen Zahl von Fischen in der Population, die sich im genetischen Gleichgewicht befinden (s. Kapitel 5), macht die innerfamiliäre genetische Varianz die Hälfte der gesamten genetischen Varianz der Population aus. Das Verhältnis der zwischenfamiliären phänotypischen Varianz zur gesamten Varianz (Korrelationskoeffizient innerhalb der Klasse) kann daher auch zur Bestimmung der Heritabilität im weiteren Sinne benutzt werden (ŽIVOTOVSKIJ 1981):

$$r_w = \frac{\sigma_{BF}^2}{\sigma_{PH}^2}; \quad h_G^2 = 2\frac{\sigma_{BF}^2}{\sigma_{Ph}^2} = 2r_w \qquad (8)$$

Darin ist σ_{BF}^2 die Varianz zwischen den Familien und r_w der Korrelationskoeffizient innerhalb der Klasse.

Alle Arten der Berechnung der Heritabilität im weiteren Sinne gründen sich darauf, daß Panmixie vorhanden ist, daß in der Population eine Selektion fehlt usw., d. h., daß Verhältnisse vorliegen, die in der praktischen Arbeit mit Tieren, darunter auch mit Fischen, schwer einzuhalten sind. Faktisch gelingt die Bestimmung von h_G^2 nur näherungsweise, und diese Kennziffer kann nur eine ganz allgemeine Vorstellung von dem Anteil der Erblichkeit eines Merkmals und der Möglichkeit seiner Verbesserung durch die Züchtung vermitteln (GINZBURG und NIKORO 1982).

Für den Züchter ist es wichtiger, den Grad der additiven genetischen Varianz, d. h. die Varianz festzustellen, die durch Polygene mit additiver Wirkung auf das Merkmal bedingt wird. Die relative Größe der additiven genetischen Varianz wird als Heritabilität im engeren Sinne oder als eigentliche Heritabilität bezeichnet:

$$h_A^2 = \frac{\sigma_A^2}{\sigma_{Ph}^2} \qquad (9)$$

Nach der Größe dieser Kennziffer kann man auf die zu erwartende Effektivität der künstlichen Zuchtwahl schließen. In der Fischzucht werden einige Verfahren zur Berechnung des Heritabilitätskoeffizienten h_A^2 angewandt.

Schätzung der realisierten Heritabilität nach der Effektivität der Auslese

Es sei S der Unterschied zwischen den Elternpaaren bezüglich eines Merkmals (Selektionsdifferenz) und R der Unterschied zwischen deren Nachkommen (Selektionserfolg). Das Verhältnis R:S gibt an, welcher Anteil der Unterschiede der Eltern in der Nachkommenschaft erhalten blieb, d. h. sich als erblich erwies. Dabei handelt es sich um die realisierte Heritabilität:

$$h^2 = \frac{R}{S} \qquad (10)$$

Tabelle 14
Schätzung der realisierten Heritabilität der Stückmasse bei *Tilapia* (nach ČAN MAJ-TCHIEN 1971)

Geschlecht	Durchschnittliche Stückmasse im Alter von 5 Monaten ($\bar{x} \pm m_{\bar{x}}$)						Heritabilität (groß – klein) $h^2 = \dfrac{R}{S}$
	Stückmasse der Laichfische (g)			Stückmasse der Nachkommen (g) bei getrennter Aufzucht			
	kleine	mittlere	große	von kleinen Eltern	von mittleren Eltern	von großen Eltern	
Rogener	15,72 ± 0,53	20,24 ± 0,32	24,80 ± 0,41	11,79 ± 0,38	12,87 ± 0,29	12,91 ± 0,29	$\dfrac{12,91 - 11,79}{24,80 - 15,72} = 0{,}123$
Milchner	16,84 ± 0,32	23,81 ± 0,22	28,37 ± 0,61	19,34 ± 0,56	20,30 ± 0,50	20,68 ± 0,39	$\dfrac{20,68 - 19,34}{28,37 - 16,84} = 0{,}116$

Ein gutes Beispiel für dieses Berechnungsverfahren bilden die Angaben von ČAN MAJ-TCHIEN (1971) zur realisierten Heritabilität der Stückmasse bei *Tilapia (Oreochromis) mossambica* (Tab. 14).

Bei der Schätzung der realisierten Heritabilität muß man bestrebt sein, die Fische zweier Generationen in ein und demselben Alter zu messen und zu wiegen und die Haltungsbedingungen möglichst gleich zu gestalten. Das gilt insbesondere für die Besatzdichte und die Fütterung. Die Unterschiede zwischen den Eltern können durch Auswahl von stark differierenden Paaren vergrößert werden. Bei mehreren zu vergleichenden Paaren wird der Mittelwert des Heritabilitätskoeffizienten berechnet.

Schätzung der Heritabilität nach der Regression zwischen Eltern und Nachkommen

In diesem Falle ist es notwendig, den Regressionskoeffizienten b zu berechnen, d. h., es ist festzustellen, welchen Wert ein Merkmal bei den Nachkommen annimmt, wenn der Wert bei den Eltern gleich 1 gesetzt wird. Hierfür kann fast immer die Gleichung der linearen Regression verwendet werden:

$$Y = a + bx \qquad (11)$$

Darin sind x und y die Merkmalswerte bei den Eltern und den Nachkommen, a ist eine Konstante, die den gesamten Unterschied in der Ausprägung des Merkmals zwischen den Generationen ausdrückt und b der Regressionskoeffizient. Wenn die Mittelwerte des Merkmals beider Eltern zugrunde gelegt werden, ist die Heritabilität mit dem Regressionskoeffizienten gleichzusetzen:

$$h^2 = b \qquad (12)$$

Wird der Vergleich nur mit einem Elternteil durchgeführt, nimmt die Formel folgende Gestalt an:

$$h^2 = 2b \qquad (13)$$

Die Verdoppelung von b ist notwendig, da die Nachkommen von dem betreffenden Elternteil in jedem Fall nur die Hälfte des Gensatzes erhalten.

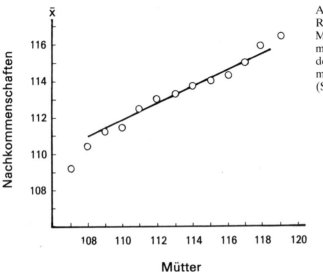

Abb. 39
Regression zwischen Müttern und Nachkommenschaften hinsichtlich der Wirbelzahl bei der Aalmutter, *Zoarces viviparus* (Smith 1921).

Bei Smith (1921) finden sich Angaben zur Regression der Wirbelzahl bei der lebendgebärenden Aalmutter, *Zoarces viviparus* (Abb. 39). Der Regressionskoeffizient betrug 0,404. Die Nachkommen wurden nur mit den Muttertieren verglichen, da Embryonen untersucht wurden, die aus dem Körper der Mutter entnommen worden waren. Daher ist nach der Gleichung (13):

$h^2 = 2b = 0,808$

In Versuchen mit Karpfen erhielten wir 1958 Durchschnittswerte für die Zahl der Weichstrahlen in der Rückenflosse der Eltern und ihren Nachkommen, wie auf dieser Seite unten angeführt.
Die Regressionsgleichung, die für diese Angaben berechnet wurde, hatte folgende Gestalt:

$y = 7,32 + 0,61x;$
daher ist $h^2 = b = 0,61$

Wenn man die Regressionsanalyse verwendet, sollten Eltern mit Merkmalswerten benutzt werden, die nahe dem Durchschnitt liegen; nur im mittleren Bereich ist die Regression gewöhnlich linear. Die Eltern und ihre Nachkommen sind ebenso wie im Falle der Bestimmung der realisierten Heritabilität möglichst unter gleichartigen Bedingungen aufzuziehen.

Schätzung der Heritabilität mittels Korrelation zwischen Verwandten

Zum Berechnen der Korrelation können drei Gruppen von Verwandten benutzt werden: Eltern und Kinder, Brüder und Schwestern (Vollgeschwister) sowie Halbbrüder und Halbschwestern (Halbgeschwister). In der Fischzüchtung wird zum Berechnen des Heritabilitätskoeffizienten vorzugsweise die Korrelation zwischen Eltern und Nachkommen verwendet. Ebenso wie im Falle der Regression können den Kindern entweder beide Eltern oder ein Elternteil gegenübergestellt werden. Dementsprechend wird die Heritabilität nach folgenden Formeln berechnet:

$h^2 = r$ oder $h^2 = 2r$ (14)

Eltern			Zahl der Kreuzungen	Nachkommenschaft
♀	♂	$\bar{x}$		$\bar{x} \pm m_{\bar{x}}$
20	18	19	12	18,91 ± 0,037
20	19	19,5	13	19,20 ± 0,036
20	20	20	5	19,54 ± 0,064

Die Korrelationsmethode wurde von uns zum Berechnen des Heritabilitätskoeffizienten der Zahl der Rückenflossenstrahlen beim Karpfen benutzt. In Ergänzung zu den Kreuzungen, die für die Regressionsanalyse durchgeführt wurden, erfolgten viele weitere Kreuzungen. Die Korrelation erwies sich als recht erheblich (Tab. 15), war aber geringer als bei der Berechnung nach der Regressionsgleichung (r = 0,48). Die Verringerung des Wertes erklärt sich daraus, daß die Extremvarianten einbezogen wurden, die zahlenmäßig den geringsten Anteil hatten, aber wesentlich auf den Korrelationskoeffizienten einwirkten.

Die Korrelation zwischen Vollgeschwistern läßt sich nutzen, wenn eine hinreichend große Zahl von Nachkommen zum Vergleich vorhanden ist (nicht weniger als 25 bis 30). Von jeder Nachkommenschaft eines Laicherpaares kann man hierbei nicht mehr als 2 bis 3 Paare von Fischen verwenden. Ein großes Problem für das Berechnen des Heritabilitätskoeffizienten nach der Vollgeschwisterkorrelation ist das Schaffen gleicher Umweltbedingungen für jede Familie. Man muß daher so früh wie möglich zur gemeinsamen Aufzucht der Fische aus den verschiedenen Familien übergehen. Brüder und Schwestern haben im Durchschnitt die Hälfte des Genotyps gemeinsam, daher wird zum Berechnen der Heritabilität der Faktor 2 eingesetzt:

$$h^2 = 2r_{fs} \qquad (15)$$

Dabei ist r_{fs} die phänotypische Korrelation zwischen Vollgeschwistern.

Halbgeschwister sind Fische, die einen gemeinsamen Vater, aber verschiedene Mütter haben, oder umgekehrt; sie sind nur zu 25 % genetisch miteinander verwandt. Das Bestimmen der Heritabilität nach der Korrelation von Halbgeschwistern ist weniger zuverlässig und außerdem sehr schwierig. Der Korrelationskoeffizient muß in diesem Falle mit 4 multipliziert werden:

$$h^2 = 4r_{hs} \qquad (16)$$

Die Haltungsbedingungen müssen auch hier für Eltern und Nachkommen gleich gestaltet werden.

Schätzung der Heritabilität mit Hilfe der Varianzanalyse

Hierzu ist es notwendig, gleichzeitig eine hinreichende Anzahl von verwandten Nachkommen von Laichfischen zu gewinnen, die einen Fischbestand (oder eine Population) bilden. Die Nachkommenschaft gewinnt man entweder durch diallele Kreuzungen (Abb. 40c) oder nach Art der hierarchischen Klassifikation (Abb. 40a, b).

Das Prinzip der hierarchischen Klassifikation wurde wiederholt in der Fischzüchtung angewandt. Durch die äußere Befruchtung der Eier bei der Mehrzahl der Fischarten und die hohe Fruchtbarkeit der Rogener lassen sich relativ leicht viele Kreuzungen

Tabelle 15
Korrelationstafel für die Zahl der Weichstrahlen in der Rückenflosse (D) bei den Eltern und ihren Nachkommen. Spezielle Kreuzungen von Karpfen mit künstlicher Besamung der Eier (Ropscha 1958; r = 0,48 ± 0,11)

Grenzen der Variation der Mittelwerte von D in der Nachkommenschaft	Mittelwerte von D bei den Eltern						Zahl der Kreuzungen (n)
	18,0	18,5	19,0	19,5	20,0	20,5	
20,0 – 20,5					1		1
19,5 – 20,0				4	3		7
19,0 – 19,5	1	2	7	7	1	1	19
18,5 – 19,0		3	6	4	1		14
18,0 – 18,5			4				4
17,5 – 18,0			1				1
17,0 – 17,5		1					1
16,5 – 17,0							0
16,0 – 16,5			1				1

gleichzeitig erzeugen. Die ersten Versuche mit hierarchischen Klassifikationen wurden von NENAŠEV (1966, 1969) an Karpfen durchgeführt. In hierarchischer Klassifikation wurden von ihm Nachkommen von einem Rogener, aber verschiedenen Milchnern verwandt, die in verwandtschaftlicher Beziehung Halbgeschwister sind. Die Exemplare jeder Nachkommenschaft stellen dagegen Vollgeschwister dar (Abb. 40a). Die Analyse der Variabilität der verschiedenen Gruppen der Nachkommen gestattet die Berechnung der Heritabilität eines untersuchten Merkmals.

Bei der Auswertung von Messungen (oder Wägungen) einer kleinen Zahl von Individuen aus jeder Kreuzung (zwischen 5 und 20) ist die erste Aufgabe das Berechnen der Summen der quadratischen Abweichungen vom Mittelwert (SS), getrennt nach Rogenern, nach Milchnern, gekreuzt mit einem Rogener, innerhalb der Nachkommenschaft und insgesamt für alle untersuchten Fische. Die Berechnungen werden nach folgenden Formeln durchgeführt:

$$\begin{aligned} SS_♀ &= ab \sum (\bar{x}_♀ - \bar{x})^2 \\ SS_♂ &= n \sum (\bar{x}_w - \bar{x}_♀)^2 \\ SS_w &= \sum (x - \bar{x}_w)^2 \\ SS_{Ph} &= \sum (x - \bar{x})^2 \end{aligned} \quad (17)$$

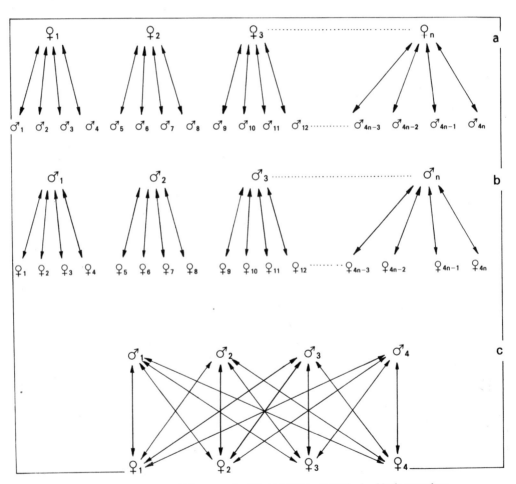

Abb. 40 Paarungsschemata zur Schätzung der Heritabilität mit Hilfe der Varianzanalyse. a und b hierarchische Klassifikation, c diallele Paarung des Typs 4 × 4.

Es bedeuten $\bar{x}$ allgemeines arithmetisches Mittel, $\bar{x}_w$ Mittelwerte der Nachkommenschaft, $\bar{x}_\female$ Mittelwerte der Nachkommenschaften eines Rogeners, x Einzelbeobachtungen, n Zahl der Individuen einer Nachkommenschaft, a Zahl der Rogener, b Zahl der Milchner, die mit einem Rogener gekreuzt wurden.

Auf der Grundlage der Summen der Quadrate werden die mittleren quadratischen Abweichungen, die beobachteten Varianzen (MS oder V nach Falconer 1960) berechnet. Man gewinnt sie durch Teilen der Summen der Quadrate (SS) durch die Zahl der Freiheitsgrade $a-1$ für $SS_\female$, $a(b-1)$ für $SS_\male$, $ab(n-1)$ für SS_w und $abn-1$ für SS_{Ph}. Nach der entsprechenden Division erhalten wir:

- $MS_\female$ oder MS_D
  Mittlere Abweichungsquadrate der Rogener;
- $MS_\male$ oder MS_S
  Mittlere Abweichungsquadrate der Milchner, die mit einem Rogener gekreuzt wurden;
- MS_{rand} oder MS_W
  Mittlere Abweichungsquadrate innerhalb der einzelnen Nachkommenschaften;
- MS_{Ph}
  allgemeine (phänotypische) Varianz aller Nachkommen;

Alle diese beobachteten Varianzen sind uneinheitlich und bestehen aus einer Reihe von Komponenten verschiedenen Ursprungs (Falconer 1960):

$$MS_D = \sigma_W^2 + n\sigma_S^2 + bn\sigma_D^2;$$
$$MS_S = \sigma_W^2 + n\sigma_S^2; \quad MS_W = \sigma_W^2 \qquad (18)$$

Aus ihnen läßt sich leicht die Größe der Varianzen σ_S^2 und σ_D^2 berechnen:

$$\sigma_D^2 = \frac{MS_D - MS_S}{bn};$$
$$\sigma_S^2 = \frac{MS_S - MS_W}{n} \qquad (19)$$

Jede der Varianzen σ_D^2 und σ_S^2 enthält 25 % der additiven genetischen Varianz der Eltern. Die Heritabilität kann daraus nach folgenden Formeln berechnet werden:

$$h_D^2 = \frac{4\sigma_D^2}{\sigma_{Ph}^2}; \quad h_S^2 = \frac{4\sigma_S^2}{\sigma_{Ph}^2};$$
$$h_{D,S}^2 = \frac{2(\sigma_D^2 + \sigma_S^2)}{\sigma_{Ph}^2} \qquad (20)$$

In den Versuchen mit den Fischen ist die auf die Rogener bezogene Heritabilität (h_D^2) oftmals wesentlich größer als die auf die Milchner bezogene. Diese höhere Heritabilität wird gewöhnlich durch den Maternaleffekt erklärt, aber auch durch die Wirkung der schwer einzuschätzenden gesamten Umwelt bei allen Nachkommen eines Rogeners, wodurch sich die Unterschiede zwischen den Nachkommenschaften verschiedener Rogener vergrößern und sich höhere Werte für V_D und σ_D^2 ergeben.

Die hierarchische Klassifikation ermöglicht nicht, die Varianz der Wechselwirkungen der Genotypen von Milchnern und Rogenern festzustellen. Diese geht als Bestandteil in die Komponenten σ_S^2 und σ_D^2 ein. Dadurch verringert sich die Genauigkeit der Heritabilitätsbestimmung im engeren Sinne nach dem hierarchischen Schema. Die Hauptursachen für Fehler liegen jedoch nicht hierin, sie resultieren vielmehr aus Problemen hinsichtlich der strengen methodischen Forderungen der Zerlegung der genetischen Varianz (s. S. 118) und aus technischen Schwierigkeiten der gleichzeitigen Aufzucht vieler Nachkommenschaften (Familien) von Fischen. Genauere Ergebnisse bei der Selektion von Fischen können mehr oder weniger umfangreiche dialelle Kreuzungen (Abb. 40c) mit anschließender zweifaktorieller Varianzanalyse bringen. Die Kreuzungen werden nach den Schemen 4×4, 5×5, 2×10 usw. vorgenommen. Vor kurzem wurden bei der Arbeit mit Salmoniden sogar Kreuzungen des Typs 20×20 durchgeführt, wobei gleichzeitig 400 Nachkommenschaften erhalten wurden. Bei den Berechnungen werden die Summen der quadratischen Abweichungen „zwischen den Rogenern" und „zwischen den Milchnern" sowie die Abweichungen der Wechselwirkungen von Rogenern und Milchnern und die zufälligen Abweichungen (Varianzen „innerhalb der Nachkommenschaft") bestimmt (zur Erklärung s. S. 115 ff.):

$$SS_\female = nb \sum (\bar{x}_\female - \bar{x})^2$$
$$SS_\male = na \sum (\bar{x}_\male - \bar{x})^2$$
$$SS_{\female,\male} = n \sum (\bar{x}_{\female,\male} - \bar{x}_\female - \bar{x}_\male + \bar{x})^2$$
$$SS_w = \sum (x - \bar{x}_{\female,\male})^2$$
$$SS_{Ph} = \sum (x - \bar{x})^2 \qquad (21)$$

Nach Division durch die Zahl der Freiheitsgrade (für die Abweichungen der Wechselwirkung ist sie $(a-1)(b-1)$) erhalten wir die mittleren quadratischen Abweichungen (MS oder V). Jede von diesen besteht aus den folgenden Komponenten:

$$MS_D = nb\sigma_D^2 + n\sigma_{D,S}^2 + \sigma_W^2$$
$$MS_S = na\sigma_S^2 + n\sigma_{D,S}^2 + \sigma_W^2 \qquad (22)$$
$$MS_{D,S} = n\sigma_{D,S}^2 + \sigma_w^2$$
$$MS_W = \sigma_W^2$$

Der Übergang zu den wahren (kausalen) Varianzen (σ^2) erfolgt nach den Formeln

$$\sigma_D^2 = \frac{MS_D - MS_{D,S}}{nb};$$
$$\sigma_S^2 = \frac{MS_S - MS_{D,S}}{na}; \qquad (23)$$
$$\sigma_{D,S}^2 = \frac{MS_{D,S} - MS_W}{n}$$

Als Beispiel führen wir ein vereinfachtes Berechnungsschema der Heritabilitätswerte für diallele Kreuzungen des Typs 2 × 2 an (Tab. 16). In diesem Beispiel ist die Heritabilität bezogen auf Rogener durch die gesamte Umwelt und den Maternaleffekt überhöht. Die auf die Milchner bezogene Heritabilität entspricht eher der Wirklichkeit, sie kann aber durch die Vergrößerung der Variabilität zwischen den Milchnern auch etwas vermindert sein. Die negative Varianz zeugt von einer geringen Wechselwirkung zwischen den Genotypen der Milchner und Rogener.

Die Varianzanalyse als Methode der Heritabilitätsschätzung hat bei der Anwendung auf Fische außer ihren Vorzügen auch eine Reihe wesentlicher Mängel. Hierzu gehören die folgenden:

1. Die engen Grenzen der Bedingungen, bei denen das Zerlegen der genetischen Varianz in ihre Grundbestandteile die Möglichkeit gibt, hinreichend genaue Zahlen zu erhalten. Zu diesen Bedingungen gehören die Panmixie (zufallsgemäße Kreuzung aller Individuen des Bestandes oder der Population), der genetische Gleichgewichtszustand des Bestandes und das Fehlen der Auslese (gleichartige genetische Struktur der Eltern- und Tochterpopulationen sowie des männlichen und weiblichen Teils der Population). In den meisten Fällen sind diese Bedingungen in bestimmtem Umfang gestört. Das führt zu großen Fehlern in der Berechnung der Heritabilitätskoeffizienten nach der Varianzanalyse (NIKORO und VASIL'EVA 1976; GINZBURG und NIKORO 1982). Bei großen Fischbeständen, die sich mehr oder weniger in Panmixie vermehren, vergrößert sich die Genauigkeit der Heritabilitätsschätzung mit Hilfe der Varianzanalyse.

2. Sehr oft tritt bei Fischen Maternaleffekt auf, und es entsteht ein zusätzlicher Umwelteffekt unter den Nachkommen eines Rogeners. Der Maternaleffekt bleibt lange erhalten (bis zu einem Jahr) und läßt sich schwer von der Varianz der gesamten Umwelt trennen. Aus diesem Grund erweist sich die auf die Rogener bezogene Heritabilität als überhöht. In erster Linie bezieht sich dies auf Merkmale, die das Wachstum und die Lebensfähigkeit der Fischbrut charakterisieren. Bei diallelen Kreuzungen von Peledmaränen (*Coregonus peled*) war z. B. der Einfluß der Rogener auf Körperlänge und Lebensfähigkeit der Brut 5- bis 6mal größer als der der Milchner (ANDRIJAŠEVA et al. 1983).

3. Die technischen Probleme der gleichzeitigen Durchführung vieler Kreuzungen und der nachfolgenden Aufzucht der Nachkommenschaften. Besonders schwierig ist die gemeinsame Aufzucht der Fische aus vielen Familien wegen der Kompliziertheit der Markierung der Fische und der stark ausgeprägten Nahrungskonkurrenz. Die erforderliche Teilung der Familien in drei bis vier Gruppen (Wiederholungen) und der Besatz von unterschiedlichen Teichen oder Becken führt zu einer großen „Varianz der Teiche", die die Genauigkeit der Heritabili-

Tabelle 16 Schema der Berechnung der Heritabilität der Masse bei dialleler Kreuzung des Typs 2 × 2 (vollständiger zweifaktorieller Varianzkomplex)

Merkmale	♀₁		♀₂		Summen der Quadrate SS	Freiheitsgrade d. f.	Mittlere Quadrate MS	Kausale Varianzen σ^2
	♂₁	♂₂	♂₁	♂₂				
Masse der Nachkommen, g	10; 15; 20	8; 14; 20	13; 16; 25	11; 16; 21				
x̄ für die Nachkommenschaften	15,0	14,0	18,0	16,0	—	—	—	—
x̄ für die Familien der einzelnen Rogener	14,5		17,0					
x̄ für die Familien der einzelnen Milchner	16,5	15,0	16,5	15,0				
x̄ für alle Individuen	15,75							
Abweichungen bei ♀♀ d d²	−1,25 1,5625 · 3 = 4,6875	−1,25 4,6875	+1,25 4,6875	+1,25 4,6875	18,75	1	18,75	3,00
Abweichungen bei ♂♂ d d²	+0,75 0,5625 · 3 = 1,6875	−0,75 1,6875	+0,75 1,6875	−0,75 1,6875	6,75	1	6,75	1,00
Abweichungen der d Wechselwirkungen (♀♀, ♂♂) d²	−0,75 + 1,25 − 0,75 = −0,25 0,0625 · 3 = 0,1875	−1,75 + 1,25 + 0,75 = +0,25 0,1875	+2,25 − 1,25 − 0,75 = +0,25 0,1875	+0,25 − 1,25 + 0,75 = −0,25 0,1875	0,75	1	0,75	(−10,17)
Zufällige Abweichungen d d²	−5; 0; +5 25 + 0 + 25 = 50	−6; 0; +6 36 + 0 + 36 = 72	−5; −2; +7 25 + 4 + 49 = 78	−5; 0; +5 25 + 0 + 25 = 50	250,00	8	31,25	31,25
Gesamtabweichungen d d²	−5,75; −0,75; +4,25 33,0625 + 0,5625 + 18,0625 = 51,6875	−7,75; −1,75; +4,25 60,0625 + 3,0625 + 18,0625 = 81,1875	−2,75; +0,25; +9,25 7,5625 + 0,0625 + 85,5625 = 93,1875	−4,75; +0,25; +5,25 22,5625 + 0,0625 + 27,5625 = 50,1875	276,25	11	25,11	25,11

$$h_D^2 = \frac{4\sigma_D^2}{\sigma_{Ph}^2} = 0{,}478; \quad h_S^2 = \frac{4\sigma_S^2}{\sigma_{Ph}^2} = 0{,}159; \quad h_{D,S}^2 = \frac{2(\sigma_D^2 + \sigma_S^2)}{\sigma_{Ph}^2} = 0{,}318$$

tätsschätzung beträchtlich verringert. In amerikanischen Untersuchungen über den Marmorwels, *Ictalurus punctatus* (REAGAN et al. 1976) wurde eine hierarchische Klassifikation mit 20 Milchnern und zwei Rogenern auf je einen Milchner verwendet (die zwei Kreuzungen wurden unmittelbar nacheinander durchgeführt). Die Larven wurden in Rinnen und Käfigen bis zum Alter von 15 Monaten aufgezogen.

Die sogleich entstehenden großen Unterschiede in der Besatzdichte drückten sich in der Vergrößerung der Variabilität durch die Varianz „zwischen den Rinnen" aus. Später wurden die Besatzdichten ausgeglichen, aber es entstanden Schwierigkeiten mit der Fütterung: Da entsprechend der Stückmasse der Fische gefüttert wurde, erhielten die „besten" Familien einen zusätzlichen Vorteil. Dadurch lassen sich die ungewöhnlich hohen Heritabilitätswerte für die Masse erklären (zwischen 0,61 und 0,75). Nach Meinung der Autoren könnte auch die assortative Paarung eine Rolle spielen, d. h. die Zusammenstellung von Rogenern und Milchnern zu Paaren entsprechend ihrer Größe. Besonders abhängig von den Versuchsbedingungen ist die Heritabilität der Stückmasse und der Körperlänge der Fische. In Anbetracht des Maternaleffektes und der gesamten Umwelt ist zu empfehlen, die Fische bis zu einem Alter von zwei Jahren aufzuziehen und nur bei ausreichender Zahl von Wiederholungen die Varianzanalyse der Fischgröße durchzuführen.

Schätzung der Heritabilität der Größe von Eiern und Brut nach der Formel von VOLOCHONSKAJA und VIKTOROVSKIJ

Wir setzen voraus, daß die Variabilität aller Oocyten im Ovar eines Rogeners eindeutig und ausschließlich paratypisch ist. Wenn wir die Varianz innerhalb eines Rogeners von der gesamten Varianz aller Oocyten vieler verschiedener Rogener abziehen, dann erhalten wir im Rest die reine genotypische Komponente der Varianz (VOLOCHONSKAJA und VIKTOROVSKIJ 1971):

$$h^2 = \frac{(\sigma_{Ph}^2 - \sigma_P^2)}{\sigma_{Ph}^2} \qquad (24)$$

Es ist nicht schwer zu verstehen, daß es diese Formel nur gestattet, die obere Grenze der Heritabilität zu bestimmen. Die durchschnittliche Eigröße jedes Rogeners hängt nicht nur vom Genotyp ab, sondern auch von den Lebensbedingungen des Rogeners vor der Ovulation sowie von seinem Alter und vom Reifegrad. Die Varianz zwischen den Rogenern schließt immer sowohl eine genotypische als auch eine phänotypische Varianz ein, und deren Anteil kann sehr unterschiedlich sein. Die tatsächliche Heritabilität des Durchmessers der Oocyten und der Länge der Brut ist immer (manchmal bedeutend) geringer als das Verhältnis

$$\frac{\sigma_{Ph}^2 - \sigma_P^2}{\sigma_{Ph}^2}$$

Die Formel von BOGYO und BECKER (1965)

Die norwegischen und amerikanischen Autoren verwenden zur Heritabilitätsbestimmung einer Reihe von Merkmalen angenäherte Formeln:

$$h_D^2 = \frac{4\sigma_D^2}{0{,}25 + \sigma_S^2 + \sigma_D^2};$$
$$h_S^2 = \frac{4\sigma_S^2}{0{,}25 + \sigma_S^2 + \sigma_D^2} \qquad (25)$$

Die Ergebnisse der Schätzungen nach diesen Formeln lagen nahe denen, die mit anderen Methoden erzielt wurden.

Die Methode von P. F. ROKICKIJ

ROKICKIJ (1974) weist auf die Möglichkeit eines vereinfachten Verfahrens zur Anwendung hierarchischer Klassifikationen hin. Dabei erfolgt ein direkter Vergleich der Laichfische eines Geschlechts (z. B. der Milchner) mit den Nachkommen. Die Heritabilität wird nach der Größe der Korrelation innerhalb einer Klasse durch Multiplikation der erhaltenen Werte mit 4 bestimmt:

$$h^2 = \frac{4\sigma_S^2}{\sigma_S^2 + \sigma_W^2} \qquad (26)$$

In dieser Formel enthält der Zähler die vierfache Varianz der Milchner, der Nenner die Summe der Varianzen zwischen den Milchnern und zwischen den Individuen in jeder Nachkommenschaft. In der Fischzüchtung kann diese Art der Heritabilitätsschätzung angewandt werden.

Schätzung der Heritabilität von Merkmalen, ausgedrückt in % der Überlebenden

Zur Gewinnung ausreichend genauer Werte der Heritabilität solcher Merkmale wie zum Beispiel Lebensfähigkeit, Resistenz gegenüber Krankheiten und Streßfaktoren der Umwelt, Anzahl der Mißbildungen usw. ist es notwendig, für jede Nachkommenschaft mindestens drei Wiederholungen bei der Aufzucht vorzusehen. Als Merkmal dient hier die relative Zahl der Überlebenden, eingegangenen oder mißgebildeten Fische. Die Varianz ändert sich in diesen Fällen in erheblichem Maße in Abhängigkeit vom numerischen Wert des Merkmals (Überlebensrate oder Verlustrate). Zur Eliminierung dieser Abhängigkeit werden die Daten der Verluste (der Überlebenden) nach folgender Formel umgebildet:

$$Y = \arcsin \sqrt{x} \qquad (27)$$

Diese Umwandlung wurde von einer Reihe von Autoren bei Versuchen mit Salmoniden benutzt (GJEDREM und AULSTAD 1974; KANIS et al. 1976 u. a.).

Die hier dargelegten Verfahren zur Schätzung des Heritabilitätskoeffizienten im engeren Sinne (h_A^2) berücksichtigen nur den Teil der genetischen Varianz, der auf den additiv wirkenden Genen beruht. Wir haben gesehen, daß die Darstellung der gesamten genetischen Varianz einschließlich des Verhältnisses der Dominanz, des Effektes der Superdominanz (des Vorteils der Heterozygoten) und der Epistasie (der nichtadditiven Wechselwirkungen nichtalleler Gene) mit großen Schwierigkeiten verbunden ist. Außerdem spielt die Varianz durch Superdominanz und Epistasie bei vielen Fischarten eine sehr wichtige Rolle. Es wurde insbesondere festgestellt, daß ein großer Teil der genetischen Varianz hinsichtlich der Variabilität der Masse, der Körperabmessungen und der allgemeinen Lebensfähigkeit der Cypriniden und Salmoniden aus der mit der Superdominanz und der Epistasie verbundenen Varianz besteht (WOHLFARTH und MOAV 1971; HOLM und NAEVDAL 1978). Eine genaue Analyse der nichtadditiven Komponenten der Varianz ist eine der wichtigsten Aufgaben bei der weiteren Untersuchung der Variabilität der Fische.

Wir haben uns hier nur auf die allgemeinen Prinzipien der Heritabilitätsbestimmung bei Fischen beschränkt. Geeignete Arbeitsformeln zur Schätzung der Heritabilität finden sich in vielen Lehrbüchern. Leider sind in dem speziellen Lehrbuch über Heritabilität von PLOCHINSKIJ (1964) viele schwere Fehler enthalten. Die Heritabilitätsindizes, die von PLOCHINSKIJ in großer Zahl vorgeschlagen wurden und auf den Korrelationen der Summen der quadratischen Abweichungen ohne Zerlegung der Varianz basieren, können nicht empfohlen werden. Alle diese Indizes definieren die Heritabilität nicht im genetischen Sinn des Wortes, sie bestimmen nicht den Anteil der additiven genetischen Varianz an der gesamten Variabilität des Merkmals. Sehr oft erweisen sie sich als stark überhöht (NIKORO und ROKICKIJ 1972; ROKICKIJ 1974).

Die allgemein angewandten Methoden der Heritabilitätsbestimmung wurden vor kurzem einer ernsten Kritik von Spezialisten der mathematischen Genetik unterzogen, die die Meinung vertreten, daß die Fehler bei den Heritabilitätsschätzungen (besonders bei der Varianzanalyse) unzulässig groß sind (NIKORO und VASIL'EVA 1976; GINZBURG und NIKORO 1982). Für die Bestimmung des spezifischen Anteils der erblichen Varianz werden nur die Regressionskoeffizienten und die Korrelationskoeffizienten zwischen nahen Verwandten (Eltern und Nachkommen, Vollgeschwister) empfohlen.

Wir haben keinen Zweifel daran, daß diese Kritik begründet ist. Es ist aber zu bemerken, daß in Versuchen mit Fischen die Werte der realisierten Heritabilität und der Regression ebenso wie die Indizes, die mit Hilfe der Varianzanalyse gewonnen werden, auch wenn sie nicht sehr exakt sind, in den meisten Fällen dennoch ein hinreichend genaues Bild vom Grad der genetischen Varianz in den Beständen und Populationen der Fische vermitteln und in bestimmtem Umfang die Planung der weiteren Züchtungsarbeit gestatten. Es gibt keinen Grund, von der Bestimmung der Heritabilitätskoeffizienten abzugehen.

4.3. Probleme der genetischen Untersuchung quantitativer Merkmale bei Fischen

Analyse des Charakters der Verteilung des untersuchten Merkmals

Die Übereinstimmung der Verteilung der Individuen mit der Normalverteilung, der Poisson-Verteilung oder einer beliebigen anderen läßt sich am einfachsten mit Hilfe des χ^2-Testes feststellen. Die Gleichung der Normalverteilung ermöglicht die genaue Bestimmung der Individuenzahl, die sich innerhalb bestimmter Grenzen des Variationsbereiches befinden muß, und gestattet es, diesen Wert mit dem tatsächlich festgestellten zu vergleichen. Diese Berechnungen können auch bei anderen Verteilungen durchgeführt werden. Eine wesentliche Hilfe bei der Analyse der Verteilung kann die Bestimmung der Schiefe (linksseitige oder rechtsseitige Asymmetrie) und des Exzesses (hochgipflige oder abgeflachte Variationskurve) leisten (ROKICKIJ 1974).

Schätzung der Heritabilität eines Merkmals

Bei der Planung züchterischer Arbeiten und bei der Analyse von Mikroevolutionsprozessen in natürlichen Populationen gewinnt diese Aufgabe eine erstrangige Bedeutung. Besonders wichtig ist es, bei der Züchtung den Umfang der Heritabilität im engeren Sinne zu kennen, da die Grundlage der Züchtung in erster Linie die additive Varianz ist; je höher ihr Anteil ist, um so besser sind die Ergebnisse. Bei sehr geringer Heritabilität muß die Massenauslese durch die Auslese nach Verwandten ersetzt werden, da die Heritabilität der Mittelwerte der Gruppen immer größer ist als die der individuellen Unterschiede.

Unter den Ursachen der nichtadditiven genetischen Varianz spielt bei den Fischen die Superdominanz die Hauptrolle. Die Bedeutung von Dominanz und Epistasie (Wechselwirkung nichtalleler Gene) ist für die quantitative Variabilität der Fische offenbar geringer. Ein hoher Wert der nichtadditiven Varianz zeugt von gut ausgewogenen genetischen Systemen mit Vorherrschen der Heterozygoten sowie von der Notwendigkeit, Kreuzungen zur Erhöhung der Effektivität der Auslese durchzuführen.

Bestimmung der annähernden Zahl der Gene, die auf ein bestimmtes Merkmal einwirken und sich in der Population oder in dem Bestand aufspalten

Von der Zahl der in Wechselwirkung stehenden Gene hängt die Verteilung der Individuen in der Nachkommenschaft ab. Das ist besonders in der zweiten und dritten Generation nach der Kreuzung von Fischen mit einem höheren Grad von Homozygotie der Fall.

Die Veränderung des Spaltungsmusters bei Tieren und Pflanzen bei Veränderung der Zahl der sich aufspaltenden Gene führte zu zahlreichen Versuchen zur Aufstellung von Formeln, die die Bestimmung dieser Zahl ermöglichen sollen. Leider ist jedoch keine von ihnen zur genauen Berechnung der Genzahl geeignet. Das Verhältnis der Variabilität in den verschiedenen Generationen hängt nicht nur von der Zahl der Gene, sondern auch vom Grad der parentalen Heterogenie, der Heritabilität des Merkmals und der Beständigkeit oder Inkonstanz der Umweltbedingungen ab. Es ist bisher noch nicht gelungen, alle diese Faktoren in Formeln zu fassen.

Die annähernde Bestimmung der Zahl der polymorphen Gene ist trotzdem möglich. Wenn ihre Zahl gering ist, weist die Verteilung oftmals mehrere Gipfel auf, die Variationskurven werden abgeflacht und weichen stark von der Normalverteilung ab. Die Wechselwirkung vieler Gene drückt sich dagegen meist in einer strengen Normal- oder lognormalen Verteilung (seltener POISSON-Verteilung) aus, wobei die Unterschiede zwischen den Generationen in der Variationsbreite verschwinden.

Analyse der Vererbung von Genen, die auf ein quantitatives Merkmal einwirken

Die Untersuchung der Gesetzmäßigkeiten der Vererbung einzelner Gene, die auf ein bestimmtes Merkmal einwirken, bleibt eine der wichtigsten Aufgaben der quantitativen Genetik der Fische. Auf diesem Gebiet wurde noch sehr wenig gearbeitet. Es ist sehr schwierig, Gene mit schwachem Effekt zu isolieren und zu analysieren. Unter den Genen mit Wechselwirkung, die auf ein bestimmtes (insbesondere selektiertes) Merkmal einwirken, ragen oftmals ein oder zwei Loci durch ihren starken Einfluß heraus. Die Feststellung derartiger Loci und ihre genetische Analyse kann die Züchtungsarbeit mit Fischen sehr erleichtern.

4.4. Variabilität und Heritabilität der Stückmasse und der Körperlänge, des Zeitpunktes der Gonadenreifung und der Fruchtbarkeit bei Fischen

Die Variabilität der Wachstumsrate ist für alle Fischarten charakteristisch. Auf das Wachstum wirken zahlreiche Gene ein, da sich die meisten Veränderungen im Körperbau der Fische oder in der Funktion ihrer Organe in irgend einer Weise auf die Nahrungsaufnahme oder die Verdauung auswirken. Großen Einfluß üben auch die verschiedenen Umweltfaktoren auf das Wachstum aus. Der Einfluß der Umwelt auf das Wachstum der Fische läßt sich schon während der Oocytenentwicklung in den Ovarien feststellen. Die verschiedenen Oocyten haben in Abhängigkeit von ihrer Lage im Eierstock eine unterschiedliche Versorgung, sie wachsen mit unterschiedlicher Geschwindigkeit und speichern eine unterschiedliche Menge an Nährstoffen (MEJEN 1940). Es ist jedoch möglich, daß das unterschiedliche Alter der Oocyten zum Zeitpunkt der Ovulation eine noch größere Bedeutung besitzt (SLUCKIJ 1971a).

Nach der Ovulation und der Befruchtung hat die Umwelt eine zusätzliche differenzierende Wirkung auf die Embryonalentwicklung der Fische innerhalb des Eies. Während der Erbrütung der Eier sind erhebliche Unterschiede hinsichtlich der Sauerstoffversorgung, der Temperatur, der Lichtverhältnisse usw. nicht zu vermeiden. Unter Berücksichtigung der Differenzen, die vor der Ovulation bestanden, führt diese Ungleichheit der Bedingungen bei einem Teil der Embryonen zu einer beschleunigten, bei einem anderen zu einer langsameren Entwicklung. Letzten Endes ergibt sich daraus eine wachsende Asynchronität der Embryogenese. Der Schlupf der Brut innerhalb einer Eipartie erstreckt sich im allgemeinen über viele Stunden. Die Heritabilität des Schlupfzeitpunktes ist nach Angaben für die Regenbogenforelle nicht sehr hoch (MCINTYRE und BLANC 1973).

Beim Wildkarpfen ist der Variationskoeffizient der Körperlänge der Larven unmittelbar nach dem Schlupf in der Regel nicht größer als 5 bis 6 % (SLUCKIJ 1971b). Bei der Peledmaräne *(Coregonus peled)* ist diese Variation noch geringer (ANDRIJAŠEVA et al. 1978). In der Folgezeit vergrößert sich die Variabilität der heranwachsenden Jungfische jedoch sehr schnell. Die großen und besonders früh geschlüpften Larven gehen eher zur selbständigen Ernährung über und überholen ihre Altersgenossen in der Wachstumsgeschwindigkeit. Auch Nahrungskonkurrenz führt zur Vergrößerung der Variabilität (NAKAMURA und KASAHARA 1955, 1957; MOAV und WOHLFARTH 1963; KRJAŽEVA 1966; WOHLFARTH 1977). Die Variationskoeffizienten der Stückmasse erreichen (besonders bei Übervölkerung) hohe Werte. Später beginnt sich der Einfluß der Umweltfaktoren (bei ausreichender Nahrungsmenge) auszugleichen, es erfolgt ein sekundäres Absinken der phänotypischen Variabilität von Länge und Masse der Fische. Beim Karpfen dauert dieses Absinken lange an (WŁODEK 1968), s. S. 124).

Ähnliche Werte ergaben sich auch in unseren Versuchen.

Wir betrachten jetzt, welche allgemeinen Gesetzmäßigkeiten bei der Untersuchung der Variabilität von Masse und Körperlänge bei Fischen festgestellt wurden.

Die Verteilung der Fische innerhalb von Populationen oder genetischen Gruppen gleichen Ursprungs entspricht entweder weitgehend der Normalkurve, oder sie ist durch eine mehr oder weniger große negative Asymmetrie gekennzeichnet. Haltung

Altersgruppe	C. V. (%)		
	1. Familie	2. Familie	3. Familie
0+ (Brut)	49,2	36,1	55,0
0+ (Einsömmerige)	22,7	26,8	34,3
1+ (Zweijährige)	13,7	20,3	19,9
2+ (Dreijährige)	16,0	13,8	11,2
3+ (Vierjährige)	11,6	12,4	10,9
4+ (Fünfjährige)	10,6	–	12,4
5+ (Sechsjährige)	8,8	–	11,3

von Karpfen in Käfigen oder Teichen bei hoher Bestandsdichte und unzureichendem Nahrungsangebot führt manchmal zu einer stark asymmetrischen Verteilung. Werden aus einer solchen Population die größten Exemplare, die Vorwüchser, entfernt, dann nehmen ihre Rolle sehr bald andere Exemplare ein, wenn weiterhin Nahrungskonkurrenz bestehen bleibt (NAKAMURA und KASAHARA 1957). Ernährungsvorteile führen zur Verlagerung der Variation auf die rechte Seite, die die großen Exemplare dadurch erhalten, daß sie ihren Artgenossen die Nahrung wegfressen. Die positive Korrelation zwischen der Anfangsgröße und der Wachstumsgeschwindigkeit ermöglicht eine Vergrößerung der Variabilität. Bei Fischen mit Schwarmverhalten und Bildung von Schulen, in denen die Jungfische einander nachahmen und während der Nahrungsaufnahme nicht zur Aggression neigen (*Carassius auratus, Zebrias zebra* u. a.) wachsen die Variationskoeffizienten von Masse und Körperlänge nicht so stark an, und die Verteilung bleibt nahezu normal (YAMAGISHI 1965, 1969). Bei den domestizierten Fischarten akkumulieren sich im Ergebnis der Selektion dominante Gene, die eine Beschleunigung des Wachstums ermöglichen (REISENBICHLER und MCINTYRE 1977; Versuche mit Forellen).
In den meisten Versuchen mit Fischen wurden bei Anwendung unterschiedlicher Methoden Heritabilitätswerte der Stückmasse und der Körperlänge erhalten, die 0,3, selten 0,4 bis 0,5, nicht übersteigen (Tab. 17). Eine Ausnahme bilden einige Angaben über den Lachs (LINDROTH 1972; RIDDELL et al. 1981) und den Marmorwels (REAGAN et al. 1976), wo die Heritabilitätskoeffizienten sehr hoch waren (bis 0,75). Im letzten Fall ist eine fehlerhafte Methodik anzunehmen, die eine sehr hohe Varianz der gesamten Umwelt und der Varianz zwischen den Käfigen bedingte. In den Versuchen LINDROTHS (l. c.) waren vermutlich ebenfalls methodische Fehler enthalten, die die Varianz der gesamten Umwelt vergrößerten. Besonders bedenklich ist in dieser Hinsicht die Berechnungsmethode nach der Korrelation zwischen Geschwistern. Bei einer schwachen Vererbung der individuellen Unterschiede erwies sich die Heritabilität der Durchschnittswerte der Gruppen (h_f^2) beim Karpfen als ziemlich hoch (MOAV et al. 1964 u. a.).
Bei der getrennten oder gemeinsamen Aufzucht der Nachkommen einer Kreuzung (in Versuchen zur Bestimmung der realisierten Heritabilität) sind die Heritabilitätskoeffizienten im Falle der gemeinsamen Aufzucht höher (ČAN MAJ-TCHIEN 1971). Die genetischen Unterschiede vergrößern sich sehr wahrscheinlich durch die verstärkte Wechselwirkung zwischen Genotyp und Umwelt unter dem Einfluß der Nahrungskonkurrenz und gleichzeitig durch den Wegfall der sehr großen allgemeinen Varianz der Teiche (MOAV et al. 1975b; WOHLFARTH et al. 1975a; MOAV 1979).
Verschiedene Familien der Regenbogenforelle differieren hinsichtlich der Effektivität der Ausnutzung unterschiedlicher Futtermittel (EDWARDS et al. 1977; AUSTRENG et al. 1977; AUSTRENG und REFSTIE 1979; REINITZ et al. 1979). Es gibt auch genetische Unterschiede in der Fähigkeit der Verdauung von Kohlenhydraten. Die Chancen der Züchtung von Forellen mit guter Verwertung hoher Kohlenhydratanteile sind jedoch gering (REFSTIE und AUSTRENG 1981). Die Ermittlung der Heritabilität all dieser physiologi-

Tabelle 17
Heritabilität der Stückmasse und Körperlänge bei Fischen

Art	Altersgruppe	Heritabilität (h_A^2)		Literaturquelle
		Berechnungsmethode	Mittelwerte	
Stückmasse				
Karpfen	Larven, 4 Tage	Varianzanalyse	0,20	22
(*Cyprinus*	Larven, 27 Tage	Varianzanalysen	0,11	22
carpio)	Einsömmerige	Varianzanalysen	0,20–0,39	21
	Einsömmerige aus Teichen	Varianzanalyse	0,48*	20
	desgl. aus Becken	Varianzanalyse	0,12	20
	Einjährige	Varianzanalyse	0,25	28
	Zweijährige	Varianzanalyse	0,35	28
	Laichfische	Realisierte Heritabilität (+ Züchtung)	0	17
	Laichfische	desgl. (− Züchtung)	0,2–0,3	17
Regenbogenforelle	Einsömmerige	Varianzanalyse und Korrelation	0,01–0,29	2
(*Salmo gairdneri*)	Einsömmerige	Korrelation (Geschwister)	0,04–0,18	5
	Einsömmerige	Varianz zwischen den Gruppen	0,07–0,22	3
	Einsömmerige	realisierte Heritabilität	0,06	15
	Einsömmerige	Korrelation (Geschwister)	0 –0,50	19
	Einsömmerige	Varianzanalyse	0,28–0,33	16
	Einsömmerige	Regression, Korrelation (Familien-Heritabilität)	0,26–0,29	14
	Zweisömmerige	Korrelation	0,21	7
	Laichfische, ♀♀	Korrelation	0,50	9
	Laichfische, ♂♂	Korrelation	0,31	9
Atlantischer Lachs (*Salmo salar*)	Eier (Masse)	Methode von Volochonskaja und Viktorovskij	0,69–0,84**	13
	Einsömmerige	Varianzanalyse und Korrelation (Geschwister)	0,60–0,70*	17
	Einsömmerige	Varianzanalyse	0,08–0,15	24
	Einsömmerige	Varianzanalyse	0,31–0,63*	25
	Vierjährige	Varianzanalyse	0,31	10
	Laichfische	Familien-Varianzen	0,22	26
Silberlachs (*Oncorhynchus kisutch*)	Einsömmerige 84 und 140 Tage	Varianzanalyse, hierarchischer Komplex (auf ♂♂ bezogen)	0,25–0,47	12
Marmorwels (*Ictalurus punctatus*)	Einsömmerige	Varianzanalyse	0,61–0,75*	23
Guppy (*Poecilia reticulata*)	Laichfische	Realisierte Heritabilität	0,10	27

(Fortsetzung Tabelle 17 auf Seite 126)

Art	Altersgruppe	Heritabilität (h_A^2)		Literaturquelle
		Berechnungsmethode	Mittelwerte	
Tilapia (*Oreochromis mossambicus*)	Laichfische Laichfische	realisierte Heritabilität, ♀♀ desgl., ♂♂	0,12–0,32 0,12–0,29	4 4
Tilapia (*Oreochromis niloticus*)	Brut, 45 Tage	Varianzanalyse, hierarchischer Komplex	0,04–0,35	29
Körperlänge				
Karpfen (*Cyprinus carpio*)	Eier (Durchmesser) Einsömmerige	Varianzanalyse Varianzanalyse, hierarchischer Komplex	0,24 0,20–0,29	22 21
Regenbogenforelle (*Salmo gairdneri*)	Eier (Durchmesser) Einsömmerige Einsömmerige Einsömmerige Zweijährige	Varianzanalyse desgl. und Korrelation (Geschwister) Korrelation (Geschw.) Korrelation (Geschw.) Varianzanalyse	0,29–0,32 0,03–0,37 0,08–0,32 0 –0,50 0 –0,30	8, 9 2 5 19 11
Atlantischer Lachs (*Salmo salar*)	Einsömmerige Einsömmerige Einsömmerige Vierjährige	Varianzanalyse Korrelation (Geschwister) Varianzanalyse Varianzanalyse	0,12–0,17 0 –0,35 0,03–0,73* 0,28	24 11 25 10
Silberlachs (*Oncorhynchus kisutch*)	Einsömmerige, 84 und 140 Tage	Varianzanalyse, hierarchischer Komplex (auf ♂♂ bezogen)	0,22–0,56	12
Peledmaräne (*Coregonus peled*)	Eier (Durchmesser) Larven, 1 Tag	Methode von Volochonskaja und Viktorovskij Varianzanalyse	0,41–0,65** 0,27–0,58	1 1
Marmorwels (*I. punctatus*)	Einsömmerige Einsömmerige	Varianzanalyse Varianzanalyse	0,12–0,67* ≥ 0,3	23 6
Tilapia (*Oreochromis niloticus*)	Brut, 45 Tage	Varianzanalyse, hierarchischer Komplex	0,10–0,54	29

* Werte sind anzuzweifeln
** Heritabilitätswerte überschätzt

Literatur:

1. ANDRIJAŠEVA et al. (1978); 2. AULSTAD et al. (1972); 3. AYLES (1975); 4. ČAN MAJ-TCHIEN (1971); 5. CHEVASSUS (1976); 6. EL-IBIARY und JOYCE (1978); 7. GALL (1975); 8. GALL (1978); 9. GALL und GROSS (1978); 10. GUNNES und GJEDREM (1978); 11. HOLM und NAEVDAL (1978); 12. IWAMOTO et al. (1982); 13. KAZAKOV und MELNIKOVA (1981); 14. KINCAID (1972); 15. KINCAID et al. (1977); 16. KLUPP et al. (1978); 17. LINDROTH (1972); 18. MOAV und WOHLFARTH (1976); 19. MØLLER et al. (1979); 20. NAGY et al. (1980); 21. NENAŠEV (1966); 22. POLJARUŠ und OVEČKO (1979); 23. REAGAN et al. (1976); 24. REFSTIE und STEINE (1978); 25. RIDDELL et al. (1981); 26. RYMAN (1972a); 27. RYMAN (1973); 28. SMIŠEK (1978); 29. TAVE und SMITHERMAN (1980).

schen Merkmale hat große Bedeutung für die Fischzüchtung.

Die relativ geringe Größe der Heritabilität von Masse und Länge der Fische sollte nicht überraschen. Die Wachstumsgeschwindigkeit ist eng verbunden mit der Fruchtbarkeit, dem Zeitpunkt der Reifung der Gonaden und der Lebensfähigkeit, d. h. den Hauptkomponenten des züchterischen Wertes (fitness) der Individuen (PURDOM 1979). Die Merkmale, die den züchterischen Wert bestimmen und damit die Fähigkeit, eine ausreichend große und lebensfähige Nachkommenschaft zu hinterlassen, zeichnen sich bei allen Tieren durch eine geringe Heritabilität aus (FALCONER 1960).

In bezug auf alle diese Merkmale erfolgt eine intensive Auslese, es werden komplizierte Systeme von miteinander verbundenen allelen und nichtallelen Genen geschaffen, es wird der Anteil der nichtadditiven genetischen Variabilität erhöht, und im Endergebnis wird die Heritabilität im engeren Sinne des Wortes verringert.

Ebenso wie bei vielen anderen Tieren ist die Heritabilität der Minusvarianten bei Fischen (Karpfen und *Tilapia*) größer als die der Plusvarianten (MOAV und WOHLFARTH 1967, 1968, 1976; ČAN MAJ-TCHIEN 1971; MOAV 1979). Der äußerste rechte Teil des Variationsbereiches der Stückmasse und der Körperlänge wird in hohem Maße durch zufällige Sieger in der Nahrungskonkurrenz gebildet, die sich genetisch wenig von den anderen Gliedern der Gemeinschaft unterscheiden. In die Gruppe der großen Fische gehen auch die heterozygoten Individuen mit superdominantem Auftreten von Genen ein, die auf das Wachstum einwirken; die Auswahl dieser Individuen dürfte kaum zu brauchbaren Ergebnissen führen.

Die Anzahl der Gene, die auf die Wachstumsgeschwindigkeit der Fische einwirken, wurde in keinem Fall bestimmt. Offenbar ist sie ziemlich groß. Unter den Genen mit geringem Effekt kommen auch Mutationen vor, die sich entsprechend den MENDELschen Regeln verhalten und die das Wachstum entscheidend verlangsamen (erblicher Zwergwuchs). Das Auftreten von Zwergmännchen bei den Lachsen ist eine sehr komplizierte Erscheinung. In diesem Fall ist der Zwergwuchs polygen. Die Anzahl der Zwergmännchen ist genetisch determiniert (GLEBE 1978; GLEBE et al. 1978, 1980; SAUNDERS und BAILEY 1980), die Heritabilität dieses Merkmales wurde jedoch nicht ermittelt.

Starke Wachstumsbeschleunigung ist oft mit Defekten in der Entwicklung der Gonaden verbunden, die ein Verlangsamen oder Einstellen der Geschlechtsreifung bedingen. In der Mehrzahl der Fälle sind diese Defekte erblich. Die Anhäufung solcher „Sterilitätsmutationen" kann für den Züchter sehr unangenehm sein.

Zu den Merkmalen, die den züchterischen Wert der Fische unmittelbar bestimmen, gehören der Zeitpunkt der Gonadenreifung und die Fruchtbarkeit. Beim Karpfen wird eine beschleunigte Reifung durch zahlreiche, überwiegend dominante Gene bedingt (HULATA et al. 1974). Die Varianzanalyse des Reifungszeitpunktes der westsibirischen Peledmaräne *(Coregonus peled)* aus dem Endyrsee, die im Leningrader Gebiet akklimatisiert wurde, zeigt eine große und über Jahre beständige Variabilität in der Reifungsgeschwindigkeit (ANDRIJAŠEVA 1978a). Eine beträchtliche erbliche Variabilität wurde auch in bezug auf die Fruchtbarkeit der Rogener der Peledmaräne festgestellt (ANDRIJAŠEVA 1978b). Die Koeffizienten der Wiederholbarkeit wurden nach folgender Formel berechnet (ROKICKIJ 1974):

$$r = \frac{\sigma_B^2}{\sigma_B^2 + \sigma_E^2} \qquad (28)$$

Darin bedeuten σ_B^2 die Varianz des Reifungszeitpunktes (oder der Fruchtbarkeit) der verschiedenen Rogener und σ_E^2 die Varianz des Reifungszeitpunktes (der Fruchtbarkeit) eines Rogeners in verschiedenen Jahren. Später wurden auch die Heritabilitätskoeffizienten beider Merkmale ermittelt (ANDRIJAŠEVA 1980, 1981; ANDRIJAŠEVA et al. 1983a, 1983b). Die Werte sind auf Seite 128 angegeben.

Der hohe Grad der Heritabilität der Fruchtbarkeit und besonders des Reifungszeitpunktes der Rogener kann damit erklärt werden, daß in dem Peledbestand von ROPSCHA zwei ökologisch unterschiedliche Subpopulationen mit unterschiedlichen Laich-

Merkmal	Kennwerte		
	Reproduzierbarkeit	Heritabilität	
		realisierte	Varianzanalyse
Reifungszeitpunkt	0,85	0,96	–
Arbeitsfruchtbarkeit	0,6–0,8	0,52–0,57	0,24–0,28

zeiten vertreten sind. Bei der Regenbogenforelle ist die Heritabilität der Fruchtbarkeit gering (0,20 bis 0,23) (GALL und GROSS 1978); Die Heritabilität des Zeitpunktes der Reifung ist dagegen mit 0,4 bis 0,7 ziemlich hoch (HOLM und NAEVDAL 1978; MØLLER et al. 1979). Die starke Abhängigkeit der Laichzeit der Forellenrogener vom Genotyp beschreiben viele weitere Autoren (DAVIS 1931; SCHÄPERCLAUS 1961; GARDNER 1976; NAEVDAL et al. 1979a, 1979b). Über die Heritabilität der Masse und des Durchmessers der Eier nach der Ovulation sind noch einige Bemerkungen nötig. Hohe Werte wurden bei der Pelemaräne und beim Atlantischen und Pazifischen Lachs erhalten (Tab. 17). Früher wurden auch hohe Ziffern bei *Oncorhynchus keta* und *O. gorbuscha* ermittelt (bis 0,97; VOLOCHONSKAJA und VIKTOROVSKIJ 1971). Es gibt keinen Zweifel, daß all diese Zahlen stark überhöht sind. Die Autoren, die die Formel von VOLOCHONSKAJA und VIKTOROVSKIJ verwenden, beachten nicht, daß in die Varianz zwischen den Rogenern auch die permanente Umweltvarianz eingehen kann, deren Umfang nicht leicht zu bestimmen ist. Diese Darlegungen lassen den Schluß zu, daß auch die Heritabilität der Größe der Spermienköpfe beim Karpfen überschätzt ist, die nach IZJUMOVA (1979) 0,88 beträgt. Die phänotypische Komponente der Varianz der Spermien (zwischen den Milchnern) kann sogar noch größer sein als die der Varianz der Größe der Eier zwischen den Rogenern.

Obgleich die additive genetische Varianz der Masse und der Größe der Fische im allgemeinen (von wenigen Ausnahmen abgesehen) nicht sehr groß ist, kann die Züchtung sich als effektiv erweisen, wenn die Methodik der Auslese und der Paarungen gut durchdacht ist. Hiervon zeugen insbesondere die erfolgreichen Versuche zur Verbesserung des Wachstums der Ukrainischen und der Ropschakarpfen im Verlauf von 5 bis 6 Züchtungsgenerationen (KUZEMA 1953; KIRPIČNIKOV 1972a) und bei der Regenbogenforelle innerhalb von drei Generationen (KINCAID et al. 1977).

4.5. Variabilität und Heritabilität der Lebensfähigkeit und der Widerstandsfähigkeit gegenüber Krankheiten und Umweltfaktoren

Die Lebensfähigkeit ist eine wichtige Komponente des züchterischen Wertes von Individuen, und es ist nicht verwunderlich, daß die Heritabilität dieses Merkmals sehr gering ist (Tab. 18). Etwas höhere Werte ergaben sich nur bei Versuchen mit Hybriden zwischen Bach- und Seesaiblingen *(Salvelinus fontinalis × S. namaycush)*. Dies hängt mit der Hybridherkunft des Versuchsmaterials zusammen; die Ausgangsarten haben zweifellos unterschiedliche Gensätze, die auf die Vitalität einwirken und sich in den Hybridgenerationen aufspalten. Eine geringe Heritabilität ist auch für die Resistenz der Fische gegenüber Krankheiten charakteristisch. Die Entstehung von Krankheiten hängt von dem allgemeinen Zustand des Organismus ab, d.h. von den Bedingungen, unter denen er sich vor dem Kontakt mit dem Erreger befand. Die Heritabilität der Krankheitsresistenz kann durch Aufzucht der Fische unter gleichmäßig günstigen Umweltbedingungen sowie durch Hybridisation erhöht werden. Vom Vorhandensein einer unbestreitbaren, wenn auch geringen genetischen Komponente der Krankheitsresistenz bei Fischen zeugen zahlreiche Angaben über Unterschiede von Linien, Stämmen und Rassen aufgezogener Fische hinsichtlich ihrer Resistenz gegenüber dieser oder jener Krankheit (WOLF 1954; SNIESZKO et al.

1959; EHLINGER 1964; DOLLAR und KATZ 1964; KIRPIČNIKOV und FAKTOROVIČ 1969, 1972; GJEDREM und AULSTAD 1974; PLUMB et al. 1975; AMEND 1976; ORD 1976; SAUNDERS und BAILEY 1980). In einzelnen Fällen kann die Resistenz gegenüber Krankheiten durch ein oder wenige Gene bestimmt werden (HINES et al. 1974), in den meisten Fällen ist sie jedoch polygen bedingt.

Die Widerstandsfähigkeit der Fische gegenüber der Einwirkung von Umweltfaktoren ist erblich, der Grad der Heritabilität kann jedoch sehr verschieden sein (Tab. 18). Zwischen Stämmen von Fischen wurden große Unterschiede in der Widerstandsfähigkeit gegenüber saurem Milieu (ROBINSON et al. 1976; SWARTS et al. 1978) und insbesondere auch gegenüber Insektiziden (FERGUSON et al. 1966; LUDKE et al. 1968; MACEK und SANDERS 1970; ANGUS 1983) festgestellt. Allerdings erwies sich die Heritabilität der Widerstandsfähigkeit gegenüber saurem Wasser als nicht sehr hoch. Es wurden genetische Unterschiede in der Empfindlichkeit von Karpfen *(Cyprinus carpio)* und Welsen *(Ictalurus melas)* hinsichtlich der Übersättigung des Wassers mit gelösten Gasen ermittelt (GRAY et al. 1982). Beim Streifenbarsch *(Morone saxatilis)* zeigten sich Differenzen in der Widerstandsfähigkeit der Geschlechtsprodukte gegenüber Beschädigungen beim Durchgang der Fische durch eine Stauanlage (WHIPPLE et al. 1981). Der hohe Heritabilitätswert der Toleranz von Karpfen gegenüber Sauerstoffmangel (Tab. 18) erklärt sich daraus, daß in den Varianzkomplex Fische dreier verschiedener Stammesgruppen aufgenommen wurden.

Große Unterschiede wurden in der Widerstandsfähigkeit der Fische gegenüber erhöhten Temperaturen beobachtet. Der Heritabilitätswert dieses Merkmals ist bei den Saiblingshybriden sehr groß. Die Auslese, die über mehrere Generationen von Hybriden durchgeführt wurde, ergab positive Resultate (GODDARD und TAIT 1976). Regenbogenforellen aus verschiedenen klimatischen Zonen Australiens haben unterschiedliche Toleranzen gegenüber Erwärmungen (MORRISSY 1973). Interessante Ergebnisse wurden vom Schlammpeitzger *(Misgurnus fossilis)* gewonnen. Nach Akklimatisation an erhöhte Temperaturen ging die Heritabilität der Widerstandsfähigkeit gegenüber Erwärmung erheblich zurück (PAŠKOVA et al. 1981). Die Autoren nehmen an, daß bei Änderungen der Umgebungstemperatur die paratypische Variabilität die genotypischen Unterschiede gleichsam „maskiert". Ähnliche Ergebnisse wurden auch von anderen Tierarten (Fröschen, Salamandern, Daphnien, Seepferdchen usw.) gewonnen. Der Heritabilitätskoeffizient der Wärmetoleranz kann sich leicht in Abhängigkeit von den Umweltbedingungen, vom Entwicklungsstadium des Organismus, von der Intensität der hormonalen Tätigkeit und anderen Faktoren ändern.

Die allgemeine Lebensfähigkeit der Fische, insbesondere in den frühen Entwicklungsstadien, ist eng mit der Heterozygotie und der mono- oder polygenen Heterosis verbunden. Erhöhte Heterozygotie ermöglicht bei Fischen ebenso wie bei anderen Tieren (und Pflanzen) eine Steigerung der Vitalität, enge Inzucht senkt dagegen die Lebensfähigkeit – um mehr als 10 % pro Generation – sehr schnell (ŠASKOL'SKIJ 1954; AULSTAD et al. 1972; KINCAID 1976 u. a.).

Die Korrelation der allgemeinen Lebensfähigkeit mit der Heterozygotie ist unserer Ansicht nach die Hauptursache für die relativ geringe Heritabilität dieses Merkmals, das in stärkerem Maß von der Gesamtheit vieler Gene mit nichtadditiver Wirkung abhängt. Über den Charakter der Vererbung der Gene für erhöhte Lebensfähigkeit und Widerstandsfähigkeit bei Fischen ist bisher leider fast nichts bekannt. Indirekte Beobachtungen lassen vermuten, daß unter diesen Genen sowohl dominante als auch rezessive Mutationen vorhanden sind, wobei offenbar die ersteren vorherrschen.

4.6. Variabilität und Heritabilität morphologischer Merkmale bei Fischen

Indizes des Exterieurs

Die größte Variabilität der Körperform ist bei Friedfischen schwach durchströmter Binnengewässer (Karpfen, Karausche und

Tabelle 18
Heritabilität der Lebensfähigkeit und Widerstandsfähigkeit bei Fischen

Art	Merkmal	Altersgruppe	Heritabilität (h_A^2) Berechnungsmethode	Mittelwerte	Literaturquelle
Karpfen (*Cyprinus carpio*)	Widerstandsfähigkeit gegenüber Sauerstoffmangel	Einsömmerige (4 Mon.)	Varianzanalyse	0,51*	9
Atlantischer Lachs (*Salmo salar*)	Lebensfähigkeit	Eier und Larven	Varianzanalyse	0,01–0,15	7
	Lebensfähigkeit	Setzlinge	Varianzanalyse	0,11–0,34	7
	Lebensfähigkeit	Setzlinge	Varianzen zwischen den Familien	0,10–0,20	11
	Resistenz gegen Viruserkrankung	Setzlinge	Varianzanalyse	0,07–0,15	5
Bachforelle (*Salmo trutta*)	Lebensfähigkeit	Eier und Larven	Varianzanalyse	0,01–0,05	7
	Widerstandsfähigkeit gegenüber saurem Wasser	Embryonen bis zum Schlupf	Varianzanalyse	0,09–0,33	3, 4
Regenbogenforelle (*Salmo gairdneri*)	Lebensfähigkeit	Eier, Larven	Varianzanalyse	0,06–0,14	7
Rotlachs (*Oncorhynchus nerka*)	Resistenz gegenüber infektiöser Nekrose	Setzlinge	Varianzanalyse	0,27–0,33	8
Königslachs (*Oncorhynchus tshawytscha*)	Resistenz gegenüber Dotterblasenwassersucht	Setzlinge	Varianzanalyse	0,04	2
Splake (*Salvelinus fontinalis* × *S. namaycush*)	Lebensfähigkeit	Setzlinge	Varianzanalyse	0,06–0,41	1
	Widerstandsfähigkeit gegenüber erhöhter Temperatur	Setzlinge	Varianzanalyse	0,38	6
	Resistenz gegenüber der blue sack disease	Setzlinge	Varianzanalyse	0,41–0,60	1

Schlammpeitzger (*Misgurnus fossilis*)	Widerstandsfähigkeit gegenüber erhöhter Temperatur	Brut	Varianzanalyse	0,61	10
	Widerstandsfähigkeit gegenüber erhöhter Temperatur	Brut nach der Akklimatisation an erhöhte Temperatur	Varianzanalyse	0,11	10

* Im Varianzkomplex sind Karpfen dreier verschiedener Linien enthalten, wodurch sich der Heritabilitätskoeffizient vergrößert

Literatur:

1. Ayles (1974); 2. Cramer und McIntyre (1975); 3. Edwards und Gjedrem (1979); 4. Gjedrem (1976); 5. Gjedrem und Aulstad (1974); 6. Ihssen (1973); 7. Kanis et al. (1976); 8. McIntyre und Amend (1978); 9. Nagy et al. (1980); 10. Pašková et al. (1981); 11. Ryman (1972a)

einige andere Arten) zu beobachten. Raubfische (Hecht, Forelle, Zander, Barsch) und Arten, die in stark strömenden Gewässern leben und über große Entfernungen wandern, sind wenig variabel. Die Variation der Merkmale des Exterieurs entspricht fast immer der Normalverteilung. Beim Karpfen betrug die realisierte Heritabilität des Verhältnisses der Länge zur Körperhöhe (l/H) 0,42 (Moav und Wohlfarth 1967). Ein ähnlicher Wert (0,43) wurde bei Verwendung der hierarchischen Varianzanalyse erhalten (Nenašev 1966). Offensichtlich haben die meisten Gene, die die Körperform beeinflussen, eine additive Wirkung. Selektion nach Indizes des Exterieurs ist effektiv, ungeachtet der großen Abhängigkeit von den Haltungsbedingungen. Oftmals sind jedoch unerwünschte „korrelierende Veränderungen" bei der Auslese nach dem Exterieur, wie Wirbelsäulenverkrümmung, Nachlassen der Wachstumsrate usw., zu beobachten.

Wirbelzahl

Eingehende Untersuchungen über die Variabilität der Zahl der Wirbel wurden an Heringen (Heincke 1898; Schnakenbeck 1927, 1931 und viele andere), außerdem an der Aalmutter (Schmidt 1917, 1920, 1921 u.a.), am Dorsch (Schmidt 1930), an der Forelle (Tåning 1952) und an einigen Zahnkarpfenarten (Kok-Leng-Tay und Garside 1972; Harrington und Crossman 1976 u.a.) vorgenommen. In der Fischsystematik wird die Wirbelzahl oft als Merkmal zur Unterscheidung lokaler Unterarten und Rassen benutzt. Es genügt, auf die Arbeiten hinzuweisen, die am Dorsch (Schmidt 1930; Dementeva et al. 1932) sowie am Stint (Kirpičnikov 1935a) und am Wildkarpfen (Kirpičnikov 1943, 1967b) durchgeführt wurden. Die Unterschiede in der Wirbelzahl zwischen den Rassen sind offenbar adaptiv (Ege 1942).

Die wichtigsten Ergebnisse der Untersuchungen über die Variabilität und Heritabilität der Wirbelzahl lassen sich folgendermaßen zusammenfassen:

a) Die Verteilung folgt in allen untersuchten Populationen und Beständen weitgehend der Normalkurve (Abb. 41). Die Variationskoeffizienten sind im allgemeinen nicht groß (1 bis 4 %), bei Fischen mit größerer Wirbelzahl kann das Ausmaß der Variation aber auch beträchtlich sein.

b) Die Heritabilität der Wirbelzahl ist sehr groß (Tab. 19). Der überwiegende Teil der genetischen Varianzen ist offenbar additiv. Unter Laborbedingungen ist die Varianz der Umwelt nicht groß. Es ist jedoch möglich, daß die umweltbedingte Komponente der Variabilität in natürlichen Populationen größer ist (DANNEVIG 1932, 1950). Beträchtliche Verschiebungen in der Zahl der Wirbel sind bei experimenteller Veränderung der Temperatur in der Periode der Embryonalentwicklung zu beobachten. Der Umfang dieser Veränderungen läßt sich nach Variationsreihen einschätzen, die bei Regenbogenforellen gewonnen wurden (ORSKA 1963) s. Seite 133 oben).

Die Eier wurden im Stadium der Gastrulation in einen anderen Temperaturbereich überführt.

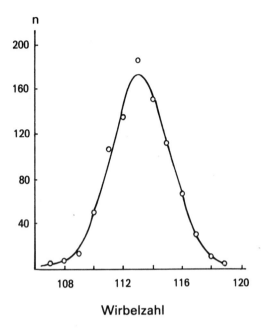

Abb. 41
Variation der Wirbelzahl bei der Aalmutter *(Zoarces viviparus)*. Dänemark, Icefjord, 857 Individuen (SMITH 1921).

Tabelle 19
Heritabilität der Wirbelzahl bei Fischen

Art	Heritabilität (h_A^2)		Literaturquelle
	Berechnungsmethode	Mittelwerte	
Karpfen	Realisierte Heritabilität	0,86	2
(Cyprinus carpio)	Varianzanalyse, auf ♀♀ bezogen	0,65	3
	desgl., auf ♂♂ bezogen	0,90	3
Regenbogenforelle	Realisierte Heritabilität	0,66	4
(Salmo gairdneri)			
Bachforelle	Regression „Eltern-Nachkommen"	0,90	6
(Salmo trutta fario)			
Medaka *(Oryzias latipes)*	Varianzen zwischen den Familien	0,90	1
Aalmutter	Regression „Mütter-Nachkommen"	0,81	5, 8, 9
(Zoarces viviparus)	Korrelation „Mütter-Nachkommen"	0,80	7

Literatur:
1. ALI und LINDSEY 1974; 2. KIRPIČNIKOV 1961; 3. NENAŠEV 1966; 4. ORSKA 1963; 5. SCHMIDT 1917; 6. SCHMIDT 1919b; 7. SCHMIDT 1920; 8. SMITH 1921; 9. SMITH 1922
4 – 9: eigene Berechnungen nach den Angaben der Autoren

Temperatur	Wirbelzahl							
°C	58	59	60	61	62	63	64	x̄
6 → 18	2	7	13	17	10	1		60,58
6 → 12				1	11	29	9	62,92

Ähnliche Veränderungen wurden bei der Erbrütung der Eier bei unterschiedlichen Temperaturen auch in Versuchen mit *Plecoglossus altivelis* ermittelt (KOMADA 1977):

10–15 °C x̄ = 63,94 ± 0,81
18–22 °C x̄ = 61,10 ± 0,77

Weitere derartige Versuche wurden mit *Fundulus heteroclitus* (GABRIEL 1944; FAHY 1972), Sardellen, *Engraulis anchoita* (CIECHOMSKI und WEISS de VIGO 1971), und Dorschen, *Gadus morhua* (Brander 1979), sowie einigen anderen Fischarten durchgeführt (s. auch LINDSEY und ARNASON 1981). Gewöhnlich ist eine negative Korrelation zwischen der Wassertemperatur und der durchschnittlichen Wirbelzahl festzustellen; das steht in Übereinstimmung mit den Angaben über die geografische Variabilität vieler Arten hinsichtlich ihrer Wirbelzahl (FOWLER 1970; GROSS 1977 u.a.). Bei der Bachforelle wurde die geringste Wirbelzahl jedoch bei der Erbrütung der Eier bei mittleren Temperaturen von etwa 6°C (SCHMIDT 1919; TÅNING 1952) festgestellt.

Die Veränderung der Wirbelzahl der Fische bei Änderung der Temperatur ist mit einer Beschleunigung oder Verlangsamung der Embryonalentwicklung verbunden (KWAIN 1975) und hängt möglicherweise mit Veränderungen des gesamten Stoffwechsels zusammen. Karpfen mit geringer Wirbelzahl verbrauchen, bezogen auf die Masseeinheit, weniger Sauerstoff als Karpfen mit vielen Wirbeln (COJ 1971a). Bei der Meerforelle verläuft der Stoffwechsel bei 6°C besonders ökonomisch (MARCKMANN 1954).

Die Beziehung zwischen der Zahl der Wirbel und dem Salzgehalt des Wassers kann unterschiedlich sein. Bei der Aalmutter wurde eine direkte Abhängigkeit gefunden, die der clinalen Variabilität in den Fjorden entspricht (SCHMIDT 1921; CHRISTIANSEN et al. 1981); die gleiche Erscheinung ist bei Heringen zu beobachten (HEMPEL und BLEXTER 1961). Bei *Fundulus* offenbarten Versuche eine negative Korrelation (KOK LENG-TAY und GARSIDE 1972). Im Süßwasser betrug der Mittelwert 33,95 ± 0,05, bei einem Salzgehalt von 16 ‰ 33,62 ± 0,09 und bei einem Salzgehalt von 26 ‰ 33,20 ± 0,08. Wie wir sehen, kann sich die Wirbelzahl ungeachtet ihrer hohen genetischen Bedingtheit unter dem Einfluß von Milieufaktoren, die für das Leben der Fische so wichtig sind wie Temperatur und Salzgehalt, leicht ändern.

c) Die Wirbelzahl wird bei Fischen durch eine große Zahl von Genen bestimmt. Langjährige Versuche zur Hybridisation des Europäischen Karpfens mit dem Amurwildkarpfen (zwei verschiedene Unterarten) zeigten, daß die Variation hinsichtlich der Wirbelzahl in der zweiten und dritten Hybridgeneration nicht im geringsten größer als bei den Parentalformen ist:

P : C.V. = 1,45 %, 1,48 %
     (n = 849 und 824);
F_2 : C.V. = 1,46 % (n = 911);
F_3 : C.V. = 1,41–1,52 % (n = 999).

Nach diesen Ergebnissen sind an der Ausprägung der Wirbelzahl beim Karpfen Dutzende von Genen beteiligt. Aufgrund der Aufspaltung der Nachkommen von bestrahlten Fischen wurde die Zahl der hieran beteiligten Gene beim Guppy mit 7 bis 10 angenommen (SCHRÖDER 1969a). Es ist möglich, daß diese Zahl etwas zu niedrig ist. Die Populationen vieler Fischarten sind hinsichtlich ihrer Wirbelzahl sehr heterogen. Wir führen dies auf komplexe Beziehungen zwischen der Wirbelzahl und Besonderheiten des Stoffwechsels zurück. Die Variation in bezug auf die Wirbelzahl ist wahrscheinlich die Folge einer adaptiven innerartlichen Variation der Fische hinsichtlich des Stoffwechselniveaus. Bei verwandten Fischarten beobachtet man eine Korrelation zwischen der Wirbelzahl und der Körperlänge (LINDSEY 1975).

Tabelle 20 Mütterlicher Effekt auf die Wirbelzahl bei der Hybridisation von Fischen

Domestizierter Karpfen × Amurwildkarpfen (Kirpičnikov 1949)		Domestizierter Karpfen × Karausche (Nikoljukin 1952)	
Zahl der Rumpfwirbel		Gesamtzahl der Wirbel	
Fischgruppe	$\bar{x} \pm m_{\bar{x}}$	Fischgruppe	$\bar{x} \pm m_{\bar{x}}$
Domestizierter Karpfen	18,48 ± 0,04	Domestizierter Karpfen	36,91 ± 0,06
Dom. Karpfen ♀ × Wildkarpfen ♂	18,12 ± 0,06	Dom. Karpfen ♀ × Karausche ♂	35,10 ± 0,06
Wildkarpfen ♀ × Dom. Karpfen ♂	17,80 ± 0,04	Karausche ♀ × Dom. Karpfen ♂	34,16 ± 0,08
Amur-Wildkarpfen	17,43 ± 0,02	Karausche	32,26 ± 0,21

Die Vererbung der Zahl der Wirbel wird bei den Fischen durch einen deutlichen mütterlichen Effekt noch weiter kompliziert, der besonders bei entfernten Kreuzungen zu beobachten ist (Tab. 20). Der maternale Einfluß auf die Wirbelzahl kann mit der frühen Bildung des vorderen Abschnitts der Wirbelsäule während der Embryogenese in der Periode der Gastrulation verbunden sein. Der väterliche Genotyp wirkt zu diesem Zeitpunkt noch fast gar nicht auf die Entwicklung des Embryos ein.

Zahl der Kiemendornen und Schlundzähne

Die Variation der Zahl der Kiemendornen ist bei den Fischen beträchtlich. Es wurde festgestellt, daß die Variation der Zahl der Kiemendornen ihrem Charakter nach nahe der Normalverteilung liegt (Abb. 42). Die endgültige Zahl der Kiemendornen wird bei einer Stückmasse von 30 g und mehr erreicht. Die Variabilität, die in den von uns untersuchten Gruppen einsömmeriger Karpfen festgestellt wurde, kann daher etwas überhöht sein (KIRPIČNIKOV 1943, 1967a, 1967b).
Zwischen den Fischpopulationen gibt es stabile erbliche Unterschiede hinsichtlich dieses Merkmals (SVÄRDSON 1952, 1957, 1970; KIRPIČNIKOV 1976b u. a.), aber die Umweltbedingungen wirken sich auch auf dieses Merkmal aus. So war die Zahl der Kiemendornen von *Fundulus heteroclitus* bei der Aufzucht in Brackwasser (16‰) geringer als bei der Aufzucht in Süß- oder

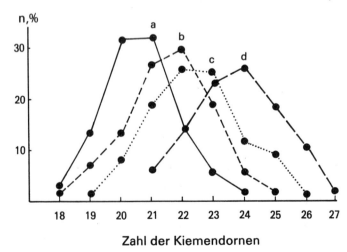

Abb. 42
Variation der Zahl der Kiemendornen beim Amur-Wildkarpfen (a), bei 2 Stämmen des Ropscha-Karpfens (b und c) und beim Galizischen Karpfen (d). 1948–1960, Teichwirtschaften Jashelbizy (Gebiet Nowgorod) und Ropscha (Gebiet Leningrad).

Salzwasser (KOK LENG-TAY und GARSIDE 1972). Das hängt offensichtlich mit der beschleunigten Differenzierung der Embryonen in Wasser von mittlerem Salzgehalt zusammen. Eine erhöhte Kiemendornenzahl wurde bei der Aufzucht junger Wildfische (*Oncorhynchus nerka* und Coregonen) in Becken beobachtet (MCCART und ANDERSEN 1967; TODD et al. 1981). Heritabilitätswerte wurden für zwei Fischarten bestimmt. Bei der Großen Maräne (*Coregonus lavaretus*) ist $h^2 = 0{,}54$ bis 0,81 (SVÄRDSON 1950, 1952; die Daten zur realisierten Heritabilität wurden von uns berechnet). Beim Dreistacheligen Stichling (*Gasterosteus aculeatus*) ergab sich für $h^2 = 0{,}58 \pm 0{,}06$ (Hagen 1973; Regressionsanalyse).

Die Heritabilität dieses Merkmals ist beim Karpfen zweifellos ebenfalls ziemlich hoch. Bei der Kreuzung eines Rogeners mit zwei Milchnern wurden folgende Kiemendornenzahlen auf dem ersten Bogen erhalten (KIRPIČNIKOV 1958a):

Kreuzung Nr. 1: 22 (♀), 25 (♂);
23,21 ± 0,16 (Nachkommenschaft);
Kreuzung Nr. 2: 22 (♀), 22 (♂);
21,49 ± 0,08 (Nachkommenschaft).

Die Heritabilität liegt also nahe 1.
Bei dem im Balchaschsee seit 28 Jahren eingebürgerten Wildkarpfen hat sich im Zeitraum von 1936 bis 1964 die Zahl der Kiemendornen im Durchschnitt von 23,5 auf 26,9 erhöht (BURMAKIN 1956; KIRPIČNIKOV 1967b). Die Zahl der Kiemendornen verändert sich auch leicht bei der Akklimatisation der Coregonidae (LINDSEY 1981). Diese Veränderungen betrachten wir als unmittelbares Ergebnis der natürlichen Auslese. Ein großer Teil der Variation der Kiemendornenzahl bei Fischen ist offenbar additiv. Die Zahl der Gene, die dieses Merkmal bedingen, ist wahrscheinlich nicht sehr groß. Es ist zweifellos eine Verringerung der Variation der Kiemendornenzahl bei Karpfen-Wildkarpfen-Hybriden der F_1-Generation und eine Vergrößerung bei den Hybriden der F_2-Generation festzustellen. Ähnliche Ergebnisse wurden bei der Untersuchung dieses Merkmals auch bei einigen Generationen von Maränenhybriden erhalten (SVÄRDSON 1970).

Die Zahl der Schlundzähne ist bei vielen Fischen relativ konstant, es gibt aber auch Arten mit variabler Schlundzahnformel. So wurden unter den Cypriniden 4 Arten mit der charakteristischen Formel 2.4–4.2 gefunden, die eine große Variabilität der summarischen Zahl der Schlundzähne aufweisen (EASTMAN und UNDERHILL 1973). Beim normalen Karpfen sind Abweichungen von der Formel 1.1.3.–3.1.1 relativ selten, aber das Gen N destabilisiert dieses Merkmal, und die Zahl der Schlundzähne wird bei Zeil- und Nacktkarpfen variabel, sie variiert im Bereich von 6 bis 8. Die Schlundzähne werden in der zweiten und dritten Reihe reduziert. Die Heritabilität der Zahl der Schlundzähne wurde nicht untersucht.

Zahl der Flossenstrahlen

Bei vielen Fischarten, darunter auch bei den meisten Cypriniden, variiert die Zahl der Flossenstrahlen (hauptsächlich die der Weichstrahlen) in der Rückenflosse, aber oftmals sind auch die anderen Flossen, After- und Schwanzflosse sowie Bauch- und Brustflossen, variabel. Die Struktur der Flossen ist eng mit den Besonderheiten des Schwimmens der Fische und ihrer Lebensweise verbunden; daher sind Veränderungen in der Zahl der Flossenstrahlen oftmals bei der Differenzierung einer Art in Unterarten und Rassen zu beobachten. So wurden Unterschiede in der Zahl der Flossenstrahlen zwischen zahlreichen örtlichen Populationen der Aalmutter gefunden (SCHMIDT 1917). Unterschiede in der Struktur der Flossen gibt es auch bei den Populationen von *Etheostoma nigrum* (THOMSON 1930; LAGLER und BAILEY 1947), bei den Unterarten des Wildkarpfens (*Cyprinus carpio carpio* und *C. c. haematopterus*) (SVETOVIDOV 1933; KIRPIČNIKOV 1943, 1967b), bei zahlreichen Standortvarietäten von *Oryzias latipes* (EGAMI 1954) und anderen. Die Verteilung der Zahl der Weichflossenstrahlen ist, von wenigen Ausnahmen abgesehen, nahezu normal. Bei der Aalmutter trägt sie in den meisten Fällen normalen Charakter, in einigen Populationen nähert sie sich jedoch mehr der POISSON-Verteilung (SCHMIDT 1917):

Ort der Probenahme	Zahl der Rückenflossenstrahlen und Verteilung der Fische											n
	0	1	2	3	4	5	6	7	8	9	10	
Limfjord					4	7	26	51	63	39	18	2	210
Gullmarfjord	24	2	1				3		1			31

In der Population des Limfjords vererbt sich die Zahl der Strahlen augenscheinlich polygen. Bei der Aalmutter des Gullmarfjords wurde offenbar ein Gen selektiert und stabilisiert, das die harten Flossenstrahlen in der Rückenflosse vollständig reduziert und wahrscheinlich allen übrigen Genen des polygenen Komplexes gegenüber epistatisch ist.
Einzelne Exemplare mit einer größeren Strahlenzahl (6 und 8) stellen offenbar Hybriden oder Einwanderer aus benachbarten Populationen dar.
Meist übersteigen die Variationskoeffizienten der Zahl der Flossenstrahlen 6 % nicht. Bei zehn Cyprinidenarten liegen sie für die Rückenflosse zwischen 1,8 und 5,7 % (MIASKOVSKI 1957). Bei schnell schwimmenden Fischen, die in fließendem Wasser leben, ist die Variabilität meist geringer.

Tabelle 21
Heritabilität der Zahl der Flossenstrahlen

Art	Merkmal	Heritabilität (h_A^2)		Literaturquelle
		Berechnungsmethode	Mittelwerte	
Karpfen (*Cyprinus carpio*)	Zahl der Weichstrahlen in der Rückenflosse	Regression „Eltern-Nachkommen"	0,46	3
		Regression „Eltern-Nachkommen"	0,61	2
		Korrelation „Eltern-Nachkommen"	0,57	2
		Varianzanalyse	0,63	3
Guppy (*Poecilia reticulata*)	Zahl der Weichstrahlen in der Rückenflosse	realisierte Heritabilität	0,59	5
	Zahl der Strahlen in der Schwanzflosse	Regression „Eltern-Nachkommen": Eltern im Alter von 4 – 6 Monaten	0,43–0,60	1
		Eltern im Alter von 6 – 18 Monaten	0,80–1,00	1
Aalmutter (*Zoarces viviparus*)	Zahl der Strahlen in der Rückenflosse	Regression „Mütter-Nachkommen"	0,79	4
	Zahl der Strahlen in der Brustflosse	Regression „Mütter-Nachkommen"	0,54	6
	Zahl der Strahlen in der Afterflosse	Regression „Mütter-Nachkommen"	0,60	4

Literatur:
1. BEARDMORE und SHAMI (1976); 2. KIRPIČNIKOV (nicht veröffentlicht); 3. NENAŠEV (1966); 4. SCHMIDT (1917); 5. SCHMIDT (1919a); 6. SMITH (1921)
4 – 6: eigene Berechnungen von h^2 nach den Angaben der Autoren

Angaben über die Heritabilität dieser Merkmale sind auf drei Fischarten beschränkt, die Heritabilitätskoeffizienten sind ziemlich hoch (Tab. 21). Ein Vergleich von Klonen der Art *Rivulus marmoratus* ergab, daß die Unterschiede zwischen den Klonen in der Strahlenzahl aller Flossen mit Ausnahme der Schwanzflosse beträchtlich sind; besonders groß sind sie in der Bauchflosse (HARRINGTON und CROSSMAN 1976). Die Varianz zwischen den Klonen ist nahe der additiven Varianz, obwohl sie diese wahrscheinlich etwas übertrifft. Der größte Wert dieser Varianz wurde für die V-Flosse und in einigen Versuchen für die A-, P- und D-Flossen ermittelt. Es gibt Anzeichen für eine hohe Heritabilität der Zahl der Strahlen in den D- und A-Flossen bei *Oryzias latipes* (ALI und LINDSEY 1974).

Von einer großen additiven genetischen Varianz der Zahl der Flossenstrahlen zeugen auch die Ergebnisse der Auslese. Selbst beim Guppy mit seiner unbedeutenden Variation der Strahlenzahl in der Rückenflosse ermöglichte die negative Selektion im Lauf von fünf Generationen eine Verringerung der Mittelwerte von 7 auf 6,465 (SVÄRDSON 1945). Die konstante Höhe der Variabilität dieses Merkmals in nachfolgenden Hybridgenerationen von Karpfen (Abb. 43) spricht ebenfalls für die Anwesenheit vieler additiv wirkender Gene. Auch aus der Aufspaltung bei paarweisen Kreuzungen von Karpfen, Wildkarpfen und Hybriden der zweiten bis vierten Generation ist darauf zu schließen (Tab. 22).
Bei Kreuzungen des Europäischen Karpfens mit dem Amurwildkarpfen ist eine

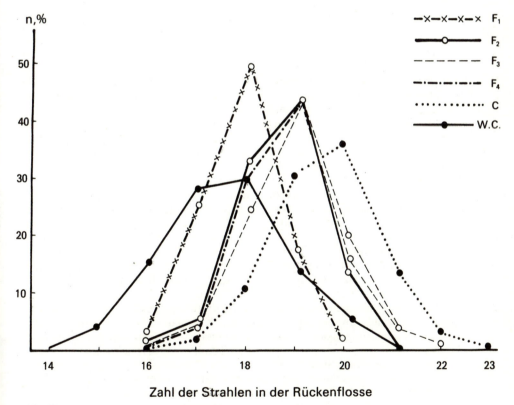

Abb. 43
Variationskurve der Zahl der Weichstrahlen in der Rückenflosse beim Amur-Wildkarpfen (W.C.), beim Ropscha-Karpfen der ersten bis vierten Zuchtgeneration (F_1, F_2, F_3 und F_4) und beim Galizischen Karpfen (C). 1946–1964, Ropscha.

Tabelle 22
Vererbung der Zahl der Weichstrahlen in der Rückenflosse bei paarweisen Kreuzungen von Wildkarpfen, Spiegelkarpfen und Ropscha-Karpfen der 2. – 4. Zuchtgeneration (eigene Angaben)

Mittelwerte der Eltern	Verteilung der Nachkommen nach der Zahl der Strahlen								Mittelwerte der Nachkommen
	14	15	16	17	18	19	20	21	22	
16,5	1	22	70	50	9	1				16,31
16,5			2	2	1					16,80
17,5		15	38	34	12	1				16,46
18,0				2	2					17,50
18,5		4	34	85	66	9	2			17,24
18,5				9	18	12	8	2		18,51
18,5				10	34	68	26	8	4	19,00
18,5				1	6	16	19	3		19,38
18,5				2	24	58	16	1		18,90
19,0			3	10	16	10	1			17,90
19,5				1	6	19	16	5		19,38
19,5					1	12	29	4	1	19,83
20,0				1	4	9	8	4		19,39
20,0					2	4	6	2		19,57
20,0			3	6	10	3	2			17,79
20,0				10	22	21	4			18,33
20,5					4	11	7	3		19,36
21,5					1	13	14	7	2	19,89

Verlagerung der Mittelwerte der Zahl der Flossenstrahlen in der Rückenflosse zum Wildkarpfen hin festzustellen. Offenbar sind beim Wildkarpfen dominante Gene vorhanden, die die Bildung der Strahlen in der Rückenflosse regulieren. Der adaptive Charakter der Flossenvariabilität geht auch aus Beobachtungen am Dreistacheligen Stichling *(Gasterosteus aculeatus)* hervor (HEUTS 1949). Die kleine Süßwasserrasse dieser Art unterscheidet sich in der Struktur der Flossen nicht von der großen Brackwasserrasse. Bei der Süßwasserform ändert sich die Zahl der Strahlen durch Temperatureinfluß jedoch nur bei Haltung im Süßwasser, bei der Brackwasserrasse ändert sie sich nur im Salzwasser. Wir nehmen an, daß die Fähigkeit zur Veränderung der Struktur der Flossen bei Veränderungen der Temperatur adaptiv ist.

Die Zahl der Gene, die auf die Struktur der Flossen beim Karpfen einwirken, ist ziemlich groß. Nicht weniger als 10 Gene bestimmen die Variabilität der Flossen bei *Mollienesia* und beim Guppy (SCHRÖDER 1965, 1969a). Auf die polygene Vererbung deuten auch Beobachtungen an der Aalmutter (CHRISTIANSEN et al. 1981), an der Scholle *(Pleuronectes platessa)* (MCANDREW et al. 1982) und anderen Arten hin.

Die paratypische Varianz hat außerdem wesentliche Bedeutung für die phänotypische Variabilität der Strahlenzahl. Bei *Fundulus heteroclitus* werden die wenigsten Strahlen bei Haltung der Embryonen in Brackwasser mit einem Salzgehalt von 16 ‰ gebildet (KOK LENG-TAY und GARSIDE 1972). Die Strahlenzahl in der Afterflosse hängt bei dieser Art auch von der Temperatur ab (FAHY 1979). Bei *Rivulus marmoratus* wurden in verschiedenen homozygoten Klonen unterschiedliche Abhängigkeiten der Zahl der Strahlen in D, A und V von der Temperatur festgestellt. Die negative lineare Korrelation wird in einigen Fällen von einer U-förmigen oder ∩-förmigen Abhängigkeit ersetzt (BARLOW 1961; HARRINGTON und CROSSMAN 1976). Es gibt demnach Gene, die den Charakter des Zusammenhanges zwischen der Temperatur und der Entwicklung der Flossen verändern. Bei der Bachforelle bildet sich die geringste Zahl von Flossenstrahlen bei mittleren Temperaturen (TÅNING 1952). Eine Senkung der Temperatur und dementsprechend eine Verlängerung der Erbrütungsperiode bei der Regenbogenforelle und beim Karpfen führen zu einer Vergrößerung der Strahlenzahl (KIRPIČNIKOV 1943; KWAIN 1975).

Die Flossengene gehören zu den schwierigen genetischen Komplexen, die die gesamte Entwicklung der Fische bestimmen. Die intensive Auslese hinsichtlich einer veränderten Zahl der Flossenstrahlen wird beim Guppy von Störungen in der Gonadenreifung begleitet (SVÄRDSON 1945). Eine stabilisierende Selektion in bezug auf die Zahl der Schwanzflossenstrahlen führt bei dieser Art zu einer Steigerung der Fruchtbarkeit und der Lebensfähigkeit sowie auch zu einer größeren Heterogenität in Hinblick auf einige Eiweißloci (BEARDMORE und SHAMI 1976, 1979). Beim Karpfen zieht die Auslese nach der Zahl der Rückenflossenstrahlen eine Veränderung der Merkmale des Exterieurs und andere schwer vorauszusagende Folgen nach sich (eigene Beobachtungen).

Zahl der Schuppen in der Seitenlinie

Dieses Merkmal ist bei einigen Fischarten sehr variabel. Bei den Maränen (*Coregonus* spp.) hat die Variation der Schuppenzahl vorwiegend paratypischen Charakter (SVÄRDSON 1950, 1952, 1958). Beim Karpfen betrug die Heritabilität 0,32 bis 0,42 (NENAŠEV 1966). Diese Werte wurden bei der Bearbeitung eines hierarchischen Varianzkomplexes erhalten, sie sind wahrscheinlich überhöht. Versuche zur Selektion von Karpfen, die von NENAŠEV und mir durchgeführt wurden (nicht veröffentlicht), erwiesen sich als wenig effektiv. Wir vermuten, daß der Einfluß der gesamten Umwelt auf dieses Merkmal, das im Laufe der Entwicklung erst später angelegt wird, sehr stark ist. Die Variation in der Zahl der Schuppen ist oftmals asymmetrisch: Die linke Hälfte der Verteilungskurve ist gestreckt. Die Ursachen dieser Asymmetrie sind ungeklärt.

Reduktion der Beschuppung

Bei den anatolischen Zahnkarpfen der Gattung *Aphanius* wurde eine geographische Variabilität der Gesamtzahl der Schuppen auf dem Körper festgestellt. An der Grenze des Verbreitungsgebietes treten fast nackte Formen auf. Die Vererbung ist eindeutig polygen. Es wird vermutet, daß der Polymorphismus von vorübergehender Natur ist (ÅSIRAY 1952; KOSSWIG 1965; FRANZ und VILLWOCK 1972). Polygen wird auch die Schuppengröße bei der verwandten Art *Kosswigichthys asquamatus* vererbt (VILLWOCK 1963).

Zahl der seitlichen Knochenplatten

Beim Dreistacheligen Stichling der schwach beschilderten Form *(leiurus)*, die einige Seen der USA und Kanadas bewohnt, erwies sich die Variation der Zahl der Platten an den Körperseiten als unerwartet groß. Die Heritabilität wurde nach der Regressionsmethode bestimmt (HAGEN und GILBERTSON 1973b). In verschiedenen Versuchsserien lagen die Heritabilitätskoeffizienten zwischen 0,50 und 0,84. Die Entwicklung der Knochenplatten befindet sich demnach unter der Kontrolle additiver genetischer Faktoren. Der Variabilitätskoeffizient der Zahl der Platten erreicht 18 bis 20 % (KYNARD und CURRY 1976). Bei den europäischen Stichlingen trägt die Variabilität hinsichtlich der Zahl der Seitenplatten zwischen verschiedenen Populationen eindeutig selektiven Charakter (GROSS 1977).

Zahl der Zwischenmuskelgräten

Nach einer Reihe von Autoren ist dieses Merkmal bei einigen Fischarten sehr variabel (LIEDER 1961). So beträgt der Variationskoeffizient beim Karpfen 10 bis 17 % (SENGBUSCH 1967; KOSSMANN 1972; SLUCKIJ 1976). Nach anderen Angaben ist jedoch die Variabilität der Zahl der Zwischenmuskelgräten beim Karpfen erheblich schwächer ausgeprägt (MOAV et al. 1975a). Zusätzliche Untersuchungen sind notwendig, der teilweise erbliche Charakter der Variation hinsichtlich dieses Merkmals steht aber außer Zweifel.

Zahl der Pylorusanhänge

Die Heritabilität dieses Merkmals, berechnet mit Hilfe der Eltern-Nachkommen-Regression, beträgt 0,53 bei der Bachforelle und 0,40 bei der Regenbogenforelle (BLANC et al. 1979; CHEVASSUS et al. 1979). Es wird eine geringe Zahl von Genen angenommen (BERGOT et al. 1976).

Reduktion der Augen

Blindheit und die fahle Färbung der Höhlenfische können mit der natürlichen Auslese einer oder mehrerer großer Mutationen verbunden sein. Gleichzeitig werden bei den Höhlenbewohnern viele Gene mit schwacher Manifestation akkumuliert, die negativ auf die Körperpigmentierung sowie die Struktur der Augen und des Sehzentrums im Mittelhirn einwirken (PFEIFFER 1967). Die polygene Natur der Reduktion der Augen wurde bei der Untersuchung von Hybriden zwischen *Astyanax* und *Anoptichthys* (Characidae) (WILKENS 1970, 1971) und bei der genetischen Analyse der Höhlenvertreter der Art *Poecilia (Mollienesia) sphenops* (Poeciliidae) (PETERS und PETERS 1968, 1973) festgestellt.

Viele weitere morphologische Merkmale von Fischen erwiesen sich als variabel. So gibt es Daten über die polygene Vererbung der Verkrümmung der Wirbelsäule und der Strahlenzahl in den Gonopodien bei Zahnkarpfen (SENGÜN 1950; GORDON und ROSEN 1951; SCHRÖDER 1969d). Die Reduktion der Knochen des Beckengürtels bei *Culaea inconstans* wird nach dem Ergebnis einer genetischen Analyse polygen vererbt (NELSON 1977). Unterschiede in der Zahl der Geschmacksknospen zwischen den in Oberflächengewässern und in Höhlen lebenden Formen von *Astyanax* werden durch zwei oder drei Genpaare bestimmt (SCHEMMEL 1974). Die Variabilität der Zahl der schwarzen Flecke auf dem Körper der Bachforelle ist polygen bedingt, der Variationskoeffizient liegt bei 0,40 (BLANC et al. 1982). Es ist zu hoffen, daß Angaben über die Vererbung morphologischer Merkmale bei Fischen (insbesondere solche, die züchterische Bedeutung haben) in der fischereilichen Literatur bald in größerer Zahl zu finden sein werden.

4.7. Variabilität und Heritabilität physiologischer und biochemischer Merkmale

Wir haben bereits gesehen, daß der Anteil der Erblichkeit an der Variabilität der Merkmale, die mit der Lebensfähigkeit und der Resistenz gegenüber ungünstigen Milieubedingungen und Krankheiten verbunden sind, nicht sehr groß ist (Tab. 18). Die Heritabilität der übrigen physiologischen Merkmale ist ebenfalls zum größten Teil gering, oftmals auch unglaubwürdig (Tab. 23). Leider verfügen wir nur über vereinzelte und nicht sehr zuverlässige Angaben über den Grad der Vererbung eines für die Wanderfische so wichtigen Merkmals, wie es der Koeffizient der Rückkehr ins Süßwasser ist (MCINTYRE 1979).

Die Heritabilität solcher Merkmale, wie der Zahl der Jungfische von Lachsen, die im Alter von einem Jahr ins Meer abwandern, und die Zahl der innerhalb eines Jahres zur Reifung kommenden Milchner übersteigt einen Wert von 0,3 bis 0,4 nicht. Eine genetische Komponente ist in diesem Falle unzweifelhaft vorhanden; zwischen den Beständen verschiedener Flüsse wurden sehr wesentliche Unterschiede im Prozentsatz der Smoltifikation festgestellt. Wie bereits festgestellt, ist die Variation in der Zahl der früh reifenden Zwergexemplare (Süßwasserformen) der Lachsmännchen teilweise mit einer erblichen Komponente verbunden (SAUNDERS und SREEDHARAN 1977). Wahrscheinlich hängt auch bei den Pazifischen Lachsen der Zwergwuchs sowohl von der Vererbung als auch von der Umwelt ab (s. KROGIUS 1978). Es ist zu vermuten, daß ein großer Teil der erblichen Variabilität dieses Merkmals nichtadditiv ist. Nach unseren Untersuchungen hängt der Zwergwuchs mit einer erhöhten Heterozygotie zusammen (KIRPIČNIKOV und MUSKE 1981). Polygen wird die Vorzugstemperatur vererbt (GODDARD und TAIT 1976). Als Material dienten Hybriden der 3., 4. und 5. Generation zwischen Bach- und Seesaibling *(Salvelinus fontinalis × S. namaycush)*. Nachgewiesen ist die polygene Vererbung des Heiminstinktes, d. h. der Fähigkeit der Wanderlachse und einiger anderer Arten, zur Fortpflanzung in die Bäche, Flüsse und

Tabelle 23
Heritabilität physiologischer und biochemischer Merkmale bei Fischen (mit Ausnahme der Resistenz und Lebensfähigkeit)

Art	Merkmal	Heritabilität (h_A^2)		Literaturquelle
		Berechnungsmethode	Mittelwerte	
Atlantischer Lachs (*Salmo salar*)	Erreichen des Smoltstadiums und Abwanderung im ersten Jahr	Varianzanalyse	0,0–0,27	8
		Varianzanalyse	0,1–0,4	4
	Anzahl der ♂♂, die im ersten Jahr reif werden	Varianzanalyse	0,05 – 0,10	4
Bachforelle (*Salmo trutta fario*)	Schwimmfähigkeit (Strömungswiderstand)	Varianzanalyse	0,26	1
Regenbogenforelle (*Salmo gairdneri*)	Anzahl der ♂♂, die im ersten Jahr reif werden	Varianzanalyse	0	4
	desgl., im zweiten Jahr	Varianzanalyse	0,4–0,7	4
Silberlachs (*Oncorhynchus kisutch*)	Rückkehr ins Süßwasser	realisierte Heritabilität	0,15–0,60*	7
Splake (*Salvelinus fontinalis* × *S. namaycush*)	Zurückhalten von Gas in der Schwimmblase	realisierte Heritabilität	0,20	2, 5
Makropode (*Macropodus opercularis*)	Schutzreaktion	realisierte Heritabilität	0,31–0,33	6
Karpfen (*Cyprinus carpio*)	Kohlenhydrat- und Fettgehalt	Varianzanalyse	0,14–0,17	9
Marmorwels (*Ictalurus punctatus*)	Fettgehalt	Varianzanalyse	0,08	3

* Diese Angaben erfordern Präzisierung

Literatur:

1. BLANC und TOULORGE (1981); 2. BUTLER (1968); 3. IL-IBRARY und JOYSE (1978); 4. HOLM und NAEVDAL (1978); 5. IHSSEN und TAIT (1974); 6. KABAI und CZANYI (1979); 7. MC INTYRE (1979); 8. REFSTIE et al. (1979); 9. SMIŠEK (1978)

Seen zurückzukehren, in denen ihre Eltern laichten. Diese Fähigkeit ist beim Vergleich verschiedener örtlicher Gruppen des Atlantischen Lachses und bei Inzuchtfamilien der Purpurforelle (*Salmo clarki*) unterschiedlich ausgebildet (BRANNON 1967; CARLIN 1969; RALEIGH und CHAPMAN 1971; BOWLER 1975; BAMS 1976). Ein Teil der Variation des Merkmals Heiminstinkt wird durch additiv wirkende Gene bestimmt (RYMAN 1970; RICKER 1972).

Die Laichzeit wurde bei der Regenbogenforelle in einigen Züchtungsgenerationen wesentlich verändert (LEWIS 1944; MILLENBACH

1973). Die polygene Natur und eine hohe Heritabilität der Variation der Laichzeit wurden für viele weitere Fischarten festgestellt, insbesondere, wie bereits erwähnt, für die Peledmaräne *(Coregonus peled)* (ANDRIJAŠEVA et al. 1978), den Graskarpfen *(Ctenopharyngodon idella)* und den Silberkarpfen *(Hypophthalmichthys molitrix)* (KONRADT 1973).

Die Fähigkeit der Fische, Netzen und Angeln zu entgehen, hängt von einer großen Zahl von Genen ab (BEUKEMA 1969; MOAV und WOHLFARTH 1973a; SUZUKI et al. 1978). Die Unterschiede hinsichtlich dieses Merkmals zwischen den chinesischen und europäischen Karpfen entstanden im Ergebnis unterschiedlicher Richtungen der natürlichen und künstlichen Auslese im Osten und Westen. Die Selektion im bezug auf die Fähigkeit, Netze zu meiden, war in China sehr intensiv, in Europa dagegen praktisch ausgeschlossen (WOHLFARTH et al. 1975a, b). Die Auslese führte (im Osten) vorwiegend zur Akkumulation dominanter und partiell dominanter Gene.

Die Fähigkeit der Brut von Saiblingshybriden *(Salvelinus fontinalis × S. namaycush)*, Gas in der Schwimmblase zurückzuhalten, ist polygen bedingt, die Heritabilität gering (Tab. 23).

Der Kannibalismus der kleinen Fischart *Poeciliopsis monacha* (Poeciliidae) wird polygen vererbt. Dies wurde durch Vergleich des Kannibalismus von diploiden und triploiden Hybriden zwischen *P. monacha* und der friedlichen Form *P. lucida* nachgewiesen (THIBAULT 1974).

Die Aggressivität der Fische sinkt bei Akkumulation von Mutationen, die durch Röntgenbestrahlung hervorgerufen werden. Die Versuche wurden mit *Cichlasoma nigrofasciata* (Cichlidae) durchgeführt. Es ist eine polygene Natur der Aggressivität zu vermuten (HOLZBERG und SCHRÖDER 1972).

Das Sexualverhalten bei den lebendgebärenden Zahnkarpfen wird polygen vererbt (CLARK et al. 1954; BARASH 1975). Beim Guppy erfolgt die Vererbung des Verhaltens der Männchen durch das Y-Chromosom, während die Modifikatoren durch die Autosomen vererbt werden (FARR 1983).

Bei den Makropoden ist die aktive Schutzreaktion ein polygen vererbtes Merkmal mit großer nichtadditiver genetischer Varianz (VADASZ et al. 1978). Die additive Heritabilität dieses Merkmals, das von den Autoren „tonic immobility" genannt wird, ist nicht groß (Tab. 23).

Bei Fischen gibt es sehr wenige Beispiele für die Vererbung biochemischer Merkmale mit quantitativem Charakter. Die Heritabilitätswerte des Kohlenhydrat- und Fettgehaltes bei Karpfen und des Fettgehaltes beim Marmorwels sind sehr niedrig (Tab. 23). Die genetische Komponente der Variation dieses Merkmals ist bei der Regenbogenforelle etwas größer (AYLES et al. 1979). Die biochemischen Charakteristika der Fische werden in starkem Maß von den Umweltbedingungen beeinflußt.

Die physiologischen und biochemischen Merkmale der Fische hängen von einer großen Zahl von Genen und offenbar von vielen Milieufaktoren ab. Die genetische Variation hinsichtlich dieser Merkmale enthält eine geringe additive Komponente, die nichtadditiven Quellen der genetischen Variabilität spielen jedoch bei der phänotypischen Variabilität vieler Merkmale eine entscheidende Rolle.

Die Ermittlung von Werten über die Heritabilität physiologischer und biochemischer Daten bei Fischen ist eine der wichtigsten und dringendsten Aufgaben der modernen fischereilichen Züchtungsarbeit.

4.8. Phänodevianten

Die Phänodevianten sind eine Gruppe mit eigenartigen Veränderungen, die eine Mittelstellung zwischen den qualitativen und quantitativen Merkmalen einnehmen. Diese Definition wurde von LERNER (1954) zur Kennzeichnung von erblichen Abweichungen von der Norm vorgeschlagen, die in der Manifestation und der Häufigkeit ihres Auftretens sehr veränderlich und der genetischen Analyse schwer zugänglich sind. Derartige Aberrationen wurden früher in großer Zahl bei *Drosophila* gefunden (DUBININ und ROMAŠOV 1932; DUBININ et al. 1937).

In natürlichen Fischpopulationen kommen im allgemeinen unterschiedliche Aberrationen vor, deren Häufigkeit gewöhnlich nicht groß ist, sich in einzelnen Fällen aber als be-

Tabelle 24
Aberrationen bei einsömmerigen Wildkarpfen der unteren Wolga (1937 – 1938)

Art der Aberration	Wolgadelta		Achtuba-Überschwemmungsgebiet		Kamennij Jar	
	Zahl*	%*	Zahl*	%*	Zahl*	%*
Unregelmäßigkeiten der Beschuppung	286 (359)	1,99 (2,50)	7 (8)	0,39	1	0,07
Flossenmißbildungen	254 (271)	1,76 (1,88)	11 (15)	0,61	11	0,75
Fehlen der Bauch- oder Afterflossen	5	0,03	0	0	0	0
Mißbildungen des Caudalteils der Wirbelsäule	27 (28)	0,19 (0,19)	2	0,11	3	0,20
Mopsköpfigkeit und Kieferkrümmung	26	0,18	1	0,06	20	1,37
Rückbildung oder Fehlen der Augen	13	0,09	1	0,06	0	0
Reduktion der Barteln	3	0,02	44 45	2,47	0	0
Unterentwicklung des Kiemendeckels	36	0,25	9	0,50	3	0,20
Unterbrochene oder gekrümmte Seitenlinie	45 (46)	0,31 (0,32)	1	0,06	0	0
Mosaikfärbung	2	0,02	0	0	0	0
Offensichtlich traumatische Mißbildungen	44	0,31	0	0	1	0,07
Gesamtzahl der aberranten Individuen	741	5,15	76	4,25	39	2,66
Gesamtzahl der verschiedenen Aberrationen	(833)	(5,79)	(82)	(4,60)	(39)	(2,66)
Gesamtzahl der untersuchten Fische	14375		1783		1465	

* In Klammern ist die Gesamtzahl der Aberrationen jeden Typs, einschließlich der gemeinsam mit anderen Aberrationen auftretenden, angegeben.

trächtlich erweisen kann. Viele Anomalien trafen wir insbesondere bei Untersuchungen von Jungfischen des Wildkarpfens in den Gewässern (Überschwemmungsflächen) des Wolgadeltas an; bis zu 5 % der untersuchten einsömmerigen Fische wiesen bestimmte Veränderungen auf (Tab. 24). Einige der von uns gefundenen Aberrationen können einfache rezessive oder dominante qualitative Mutationen gewesen sein, ein Teil der Mißbildungen ist traumatischen Ursprungs, ein großer Teil jedoch stellte zweifellos Phänodevianten dar. Hierzu zählen wir in erster Linie die zahlreichen Unregelmäßigkeiten der Beschuppung, viele der Flossenmißbildungen, aber auch Mopsköpfigkeit, Reduktion des Kiemendeckels und die häufigen Fälle der Verschmelzung von Wirbelkörpern. Ähnliche Arten von Phänodevianten finden sich auch beim Zuchtkarpfen. Besonders verbreitet sind folgende (Abb. 44):

1. Unregelmäßigkeiten der Beschuppung – unkorrekte Anordnung von Schuppen auf einzelnen Abschnitten oder auf dem ganzen Körper (KIRPIČNIKOV und BALKAŠINA 1936; PROBST 1953; STEFFENS 1966);
2. Flossenmißbildungen – die Reduktion der Flossen bis zu ihrem vollständigen Verschwinden, Veränderungen in der Struktur der Flossen (komprimierte und gekräuselte Flossen, einteilige oder verdoppelte Schwanzflossen usw.) (KIRPIČNIKOV und BALKAŠINA 1935, 1936; WUNDER 1949b, 1960; TATARKO 1961, 1963, 1966);
3. Reduktion des Kiemendeckels (WUNDER 1931, 1932; KIRPIČNIKOV und BALKAŠINA

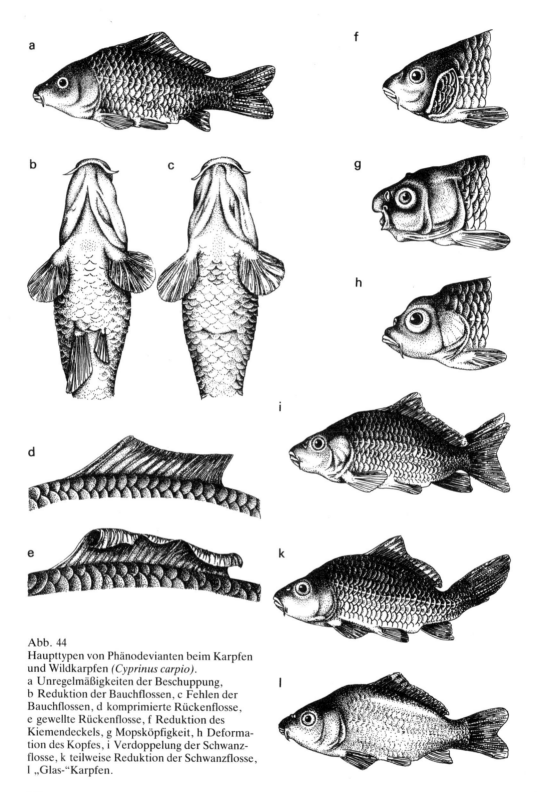

Abb. 44
Haupttypen von Phänodevianten beim Karpfen und Wildkarpfen *(Cyprinus carpio)*.
a Unregelmäßigkeiten der Beschuppung, b Reduktion der Bauchflossen, c Fehlen der Bauchflossen, d komprimierte Rückenflosse, e gewellte Rückenflosse, f Reduktion des Kiemendeckels, g Mopsköpfigkeit, h Deformation des Kopfes, i Verdoppelung der Schwanzflosse, k teilweise Reduktion der Schwanzflosse, l „Glas-"Karpfen.

1936; SCHÄPERCLAUS 1954; TATARKO 1961, 1966);
4. Mißbildungen und Unterentwicklung der Kieferknochen, Mopsköpfigkeit usw.;
5. Mißbildungen der Wirbelsäule (WUNDER 1931, 1934; VOLF 1956 u. a.);
6. Veränderungen der Haut und der Struktur der Schuppen, die zum Auftreten von „Glas"-Karpfen mit stark verlangsamtem Wachstum führen (KIRPIČNIKOV 1961);
7. Störungen in der Struktur des Darmes (SCHULJAK 1961).

Diese Aufzählung könnte noch fortgesetzt werden. Phänodevianten kommen bei der Mehrzahl der Fischarten vor. So wurden bei den Pazifischen Lachsen *(Oncorhynchus nerka, O. keta, O. gorbuscha)* Mißbildungen der Wirbelsäule (Verschmelzung von Wirbelkörpern) bei 2,8 bis 3,3 % der ausgewachsenen Fische festgestellt (GILL und FISK 1966). Bei Fischen aus der Familie Bothidae wurden bis zu 1 bis 2 % Veränderungen nach Art der Phänodevianten gefunden (HAAKER und LANE 1973). Sehr häufig ist bei vielen Arten ein unregelmäßiger Verlauf der Seitenlinie zu bemerken (GEYER 1940). Am häufigsten sind Phänodevianten bei der Inzucht und bei sehr ungünstigen Haltungsbedingungen zu finden. Beim Schwertträger *(Xiphophorus helleri)* wurden in einer der Inzuchtlinien viele Veränderungen der Struktur und Lage einiger Blutgefäße gefunden (BAKER-COHEN 1961). Bei der Regenbogenforelle stieg nach zwei Generationen enger Inzucht (Geschwisterkreuzungen) die Zahl der mißgebildeten Larven um 191 % (KINCAID 1976). Bei dem indischen Cypriniden *Labeo rohita* betrug die Zahl der äußerlich erkennbaren Mißbildungen der Wirbelsäule in einer der Inzuchtfamilien 10,9 %, beim Öffnen der Fische wurden 45 % Aberrationen festgestellt (IBRAHIM et al. 1982).

Wir versuchen nun, einige allgemeine Darlegungen über den Charakter der Erblichkeit von Phänodevianten zu formulieren.
Die Häufigkeit des Auftretens einer Phänodeviante hängt in starkem Maße von den Lebensbedingungen der Fische ab. Die wichtigsten Umweltfaktoren, die auf die Häufigkeit (Penetranz) und Ausprägung (Expressivität) einer derartigen Anomalie einwirken, sind Wassertemperaturen, Ernährung, die Gasverhältnisse und der pH-Wert des Wassers.

Die Zahl der Phänodevianten vergrößert sich bei Inzucht, sie erreicht zuweilen große Häufigkeiten (bis zu 30 bis 40 % und in einigen Fällen bis zu 70 bis 80 %). Die Vererbung ist in diesem Falle nicht den gewöhnlichen MENDELschen Gesetzmäßigkeiten unterworfen.

Die Phänodevianten bleiben im allgemeinen in der Wachstumsgeschwindigkeit und Lebensfähigkeit hinter den normalen Fischen zurück. Beim Karpfen z. B. kann die Verlangsamung des Wachstums bei den aberranten Fischen sehr erheblich sein (TOMILENKO und ŠPAK 1979). Die Einbeziehung stark wirkender pleiotroper Gene in den Genotyp, wie sie z. B. die Gene N und L beim Karpfen darstellen, führt zu einem Anwachsen der Zahl der Phänodevianten. Bei Nackt- und Zeilkarpfen ist ihre Zahl wesentlich größer als bei Schuppen- und Spiegelkarpfen. Zwischen den verschiedenen Fischrassen sind große Unterschiede in der Häufigkeit der Phänodevianten zu beobachten.

In der Natur sind die meisten Abweichungen bei der Untersuchung der kleinsten, jüngsten Exemplare festzustellen. So war beim Wildkarpfen der Wolga die Zahl der aberranten Individuen bei den sehr kleinen einsömmerigen Fischen während ihrer Abwanderung von den Überschwemmungsflächen am größten. In natürlichen Fischpopulationen erfolgt eine harte, stabilisierende Auslese, von der Norm abweichende Individuen gehen zugrunde.

Das Auftreten von Phänodevianten in einer Population kann als Kennzeichen für die Verminderung der genetischen und Entwicklungshomöostase betrachtet werden. Gene oder Genkombinationen, die bei gut ausbalanciertem Genotyp und unter optimalen Haltungsbedingungen nicht sichtbar werden, manifestieren sich bei Störungen des genetischen Gleichgewichts und unter ungünstigen Umweltverhältnissen. Die Wirkung dieser Gene hängt vom übrigen Genotyp und von vielen Milieufaktoren ab, daher fügt sich die Vererbung der Phänodevianten im allgemeinen schlecht in den Rahmen der MENDELschen Gesetze ein.

Richtiger ist es, in solchen Fällen nur von einer erblichen Veranlagung zur Mißbildung zu sprechen. Ständige Selektion kann einige der Aberrationen in Mutanten verwandeln, die den MENDELschen Regeln folgen. Ein beträchtlicher Teil der Phänodevianten wird jedoch von vielen Genen kontrolliert, wodurch ihre Untersuchung stark erschwert wird. Einzelne Aberrationen und insbesondere die Mißbildung der Wirbelsäule können als sehr empfindliche Indikatoren der mutagenen Wirkung von Bestrahlungen bei Fischen verwendet werden (SCHRÖDER 1979).

Die Vergrößerung der Zahl der Phänodevianten in Beständen domestizierter Fische deutet auf unerwünschte Folgen der Züchtung, auf übermäßige Intensität der Auslese oder auf eine zu enge Inzucht hin.

5. Biochemische Genetik der Fische

5.1. Allgemeine Grundzüge der Immungenetik bei Fischen

Bei den Fischen gibt es, ebenso wie bei allen Tieren, verschiedene Abwehrmechanismen gegenüber Infektionen, die durch pathogene Mikroorganismen und Parasiten hervorgerufen werden, sowie gegenüber dem Eindringen von Fremdeiweiß ins Blut. Die wichtigsten Schutzsysteme sind (CORBEL 1975; MARCHALONIS 1977):

1. Makrophagenzellen, darunter Granulocyten und Lymphocyten, im Blut.
2. Nichtspezifische Substanzen mit Schutzfunktion im Organismus. Hierzu kann man in erster Linie Properdin, Lysozym, Interferon und Komplement sowie die offenbar für Fische spezifischen lectinartigen Glycoproteide zählen (INGRAM 1980).
3. Vielfältige proteinhaltige Komponenten, Agglutinogene (Antigene), auf der Oberfläche der Erythrocyten, die die Variabilität der Blutgruppen bewirken.
4. Die Fähigkeit zur Bildung von spezifischen und ebenfalls sehr mannigfaltigen Antikörpern im Blutserum, die Fremdeiweiße oder ganze Organismen, die in den Fischkörper gelangt sind, binden oder zerstören.

Bezüglich der Zellpopulationen der Makrophagen und des Spektrums der nichtspezifischen Schutzsubstanzen sind die Fische den höheren Wirbeltieren im allgemeinen sehr ähnlich. Struktur und Funktion einiger Schutzsysteme sind allerdings bei den Fischen etwas vereinfacht. So besteht das Komplement bei den Knochenfischen aus vier oder fünf Komponenten anstelle aus neun, die beim Menschen gefunden wurden (MARCHALONIS 1977). Die Fähigkeit, spezifische Antikörper (Immunglobuline) zu bilden, ist bei den Fischen schwächer entwickelt als bei den Säugetieren. Bei den meisten Fischarten bestehen die Immunglobuline nur aus einem Typ (Ig M), und ihre Moleküle bestehen aus vier Polypeptidketten anstelle aus sechs (KOBAYASHI et al. 1982; BARANOV 1982). Die Immunität, die beim Kontakt mit Fremdeiweiß erworben wird (Immunologisches Gedächtnis), ist bei Fischen ihrer Natur nach unbeständig und bleibt nur über verhältnismäßig kurze Zeit erhalten. Andererseits werden Antikörper auch bei niedrigen Wassertemperaturen gebildet (RIDGWAY 1962).

Bei der Untersuchung der genetischen Variabilität der Fische wurde zuerst der Analyse der Blutgruppen mit Hilfe der Differentialagglutination der Erythrocyten große Aufmerksamkeit gewidmet. Die Variabilität der Blutgruppen erwies sich als sehr beträchtlich. Die Methode der Erythrocytenagglutination basiert auf dem Verkleben der roten Blutkörperchen beim Vermischen mit einem heterologen Serum (Hämagglutination). Unterschiede in der Zusammensetzung der Erythrocytenantigene zwischen einzelnen Individuen lassen sich mit Hilfe der Normal- oder Isoseren feststellen, die von Fischen der gleichen Art (Isohämagglutination) oder von anderen Fischarten und sogar von anderen Tieren (Heterohämagglutination) stammen. Die Isoseren ermöglichten nur in einigen Fällen, Unterschiede zwischen den Blutgruppen der Fische aufzudecken; wesentlich erfolgreicher war die Anwendung normaler (nichtimmuner) Heteroseren. Außer den Seren der Fische und Säugetiere erwiesen sich auch die Extrakte der Samen einiger Bohnengewächse (Lectine) als geeignete Differenzierungsagenzien. Die heute allgemein verbreitete Methode zur Untersuchung der Blutgruppen bei Fischen ist die Gewinnung von Immunseren. Den Versuchstieren werden Fischerythrocyten injiziert, und im Blut dieser Tiere bilden sich Antikörper zu den Erythrocytenantigenen der Spender. Die Seren der immunisierten Tiere nennt man immune Antiseren. Die Vermischung des Antiserums mit den Erythrocyten der untersuchten Fische führt zur Agglutination, wenn auf der Oberfläche der Erythrocyten die Antigene vorkommen, die bei den Spenderfischen vorhanden sind. Die Isoimmunisierung kann erfolgreich sein, bessere Ergebnisse liefert jedoch oft die Heteroimmunisierung, d. h. die Injektion von Erythrocyten anderer Fischarten in die Versuchstiere und die Gewinnung von heteroimmunen Antiseren.

Das Antiserum läßt sich dadurch abschwächen, daß man es mit Erythrocyten vermischt, die eins (oder mehrere) der zu untersuchenden Antigene enthalten; die Antikörper, die bei der Immunisierung der Tiere mit diesen Antigenen gebildet wurden, fallen zusammen mit den entsprechenden Antigenen aus dem Serum aus. Diese absorbierten oder getilgten Antiseren ermöglichen in einer Reihe von Fällen eine genauere Differenzierung der Genotypen.

Bei der Untersuchung des Verwandtschaftsgrades von Tieren verwendet man oft eine andere serologische Reaktion, die Präzipitation. Diese beruht auf der Bildung von Antikörpern (Präzipitinen) gegenüber Fremdeiweißen (Antigenen), die im Blutserum und verschiedenen Geweben des Organismus enthalten sind. Die Methode der Präzipitation wird erfolgreich bei den Arbeiten zur Systematik und Evolution der Fische angewandt. Mit ihrer Hilfe konnten zahlreiche interessante Angaben über den Grad der Verwandtschaft verschiedener Rassen, Unterarten, Arten und Gattungen gewonnen werden (TALIEV 1941, 1946; ZAKS und SOKOLOVA 1961; LIMANSKIJ 1964; POCHIL' 1969; LUK'JANENKO 1971; KOEHN 1971; HODGINS 1972; LUK'JANENKO et al. 1973; ŽUKOV 1974 u. a.).

In einer Reihe guter Abhandlungen wird die Methodik der serologischen Untersuchungen bei Fischen genau beschrieben, und es werden ausführliche Übersichten über die Literatur zur Immungenetik verschiedener Arten gegeben (ALTUCHOV 1969a, 1974; de LIGNY 1969; LUK'JANENKO 1971; RIDGWAY 1971 u. a.). Wir beschränken uns daher auf eine kurze Darstellung der Methoden zur Untersuchung der genetischen Variabilität der Blutgruppen in Fischpopulationen und auf die Betrachtung einiger besonders interessanter Beispiele.

Die Antigenvariabilität der Fischerythrocyten wird durch genetische Loci bestimmt, die zwei oder eine größere Zahl von Allelen besitzen, von denen jedes für die Bildung eines spezifischen Antigens zuständig ist. Die Blutgruppen, die von den Allelen eines Locus abhängen, stellen ein System dar. Bei jeder Fischart können mehrere derartige Systeme vorhanden sein.

Die Serien der allelen Gene erinnern nach der Art ihrer Vererbung und den Wechselwirkungen ihrer Produkte oftmals an das AB0-System des Menschen. Zu einem solchen System gehören drei Allele, von denen eins als das Nullallel bezeichnet wird. Das Nullallel bringt kein Protein- oder Antigenprodukt hervor. Bei einem hinsichtlich des Nullallels Heterozygoten bildet sich nur ein Erythrocytenantigen, das als „wirkendes" Allel codiert ist, bei einem Homozygoten entwickelt sich nicht ein einziges Antigen des gegebenen Systems. Fische mit den Genotypen aa und a0 haben daher ein Antigen A, Fische mit bb und b0 ein Antigen B, die Heterozygoten ab weisen zwei Antigene (A und B) auf, und die Homozygoten bezüglich des Nullallels (00) schließlich besitzen weder Antigen A noch B. Die spezifischen Immunantiseren mit den Antikörpern gegen Antigen A oder Antigen B ermöglichen die Unterscheidung der Genotypen. Das Anti-A-Serum agglutiniert die Erythrocyten der Fische mit den Allelen aa, a0 und ab, das Anti-B-Serum die Erythrocyten der Fische mit bb, b0 und ab. Beim Genotyp 00 ist mit keinem Antiserum eine Hämagglutination zu beobachten. Die Genotypen aa und a0 lassen sich manchmal quantitativ nach dem minimalen Titer (Verdünnungsgrad) des Serums unterscheiden, der zur Agglutination erforderlich ist. Das gleiche gilt für die Genotypen bb und b0. Oft gelingt es nur, die Fische nach dem Vorhandensein der Antigene in vier phänotypische Klassen einzuteilen – AB, A, B und 0. Wenn das Gen a vollständig über b dominiert, verringert sich die Zahl der Phänotypen auf drei – A (Genotypen aa, ab und a0), B (bb und b0) sowie 0 (00).

Häufig kommen bei Fischen auch ei⁻ fachere Systeme mit zwei, drei oder me aktiven codominanten Allelen vor. Im einfachsten diallelen System entsprechen die Genotypen und Phänotypen einander vollständig:

Genotypen (Allele)   aa   ab   bb
Phänotypen (Antigene) A   AB   B

In diesen Fällen werden bei den Heterozygoten beide Antigene gebildet. Eine solche Übereinstimmung (bei Codominanz und beim Fehlen der Nullallele) ist auch in multiplen Allelsystemen zu finden, z. B. beim Auftreten von vier allelen Genen:

Genotypen   aa   bb   cc   dd   ab   ac
Phänotypen A   B   C   D   AB   AC
Genotypen   ad   bc   bd   cd
Phänotypen AD   BC   BD   CD

Alle 10 Gruppen können bei der Auswahl der entsprechenden Seren oder anderer Reagenzien unterschieden werden.

Manchmal ermöglicht ein Normal- oder Immunserum oder Lectin nur, ein Antigen zu erkennen. Dann ist bei diallelem Blutgruppensystem eine positive Reaktion (Agglutination) bei den Fischen zweier Genotypen zu beobachten, eine negative dagegen bei den Fischen des dritten Genotyps. Die Population oder der Fischbestand läßt sich dann in zwei phänotypische Gruppen + (aa und ab) und − (bb) unterteilen. Beim Nullallel gehören zur Plusgruppe die Fische aa und a0, zur Minusgruppe die homozygoten 00-Individuen.

Die Zahl der codominanten Allele erreicht in einigen Blutgruppensystemen bei Fischen 10 bis 12. Viel hängt hier von der Differenzierungsfähigkeit des benutzten Reagens ab; bei einer Grobeinteilung können mehrere Genotypen als ein Genotyp betrachtet werden.

Die Richtigkeit dieser oder jener Hypothese der Vererbung der Blutgruppen kann mit Hilfe der Hybridanalyse überprüft werden. Diese wurde bei drei Süßwasserfischarten, Karpfen, Regenbogenforelle und Bachforelle, durchgeführt.

Bei Arbeiten am Karpfen *(Cyprinus carpio)* konnten bisher nur vorläufige Daten über die Vererbung einiger Serumantigene, Proteine und Lipoproteine, gewonnen werden (SLOTA et al. 1970; RAPACZ et al. 1971; SLOTA 1973). Eins von diesen (Lpf-1) erwies sich nach der Art der Vererbung als dominant.

Eine Variabilität der Erythrocytenantigene des Karpfens wurde ebenfalls festgestellt (POCHIL 1967; ILJASOV, mündl. Mitt.), in genetischer Hinsicht aber nicht untersucht. Bei der Regenbogenforelle *(Salmo gairdneri)* wurde die Vererbung der codominanten Allele r_1 und r_2 (Erythrocytenantigene R_I, R_{II} und $R_I + R_{II}$) überprüft. Die Aufspaltung stand in guter Übereinstimmung mit dem erwarteten Verhältnis (SANDERS und WRIGHT 1962):

$R_{I-II} \times R_{I-II} = 49R_I + 91R_{I-II} + 42R_{II}$;
$R_{II} \times R_{I-II} = 66R_{II} + 58R_{I-II}$ usw.

Bekannt ist auch ein komplizierteres Aufspaltungsmuster bezüglich mehrerer Allele (RIDGWAY 1962).

Bei der Bachforelle *(Salmo trutta* m. *fario)* bestätigte die genetische Analyse, daß ein System vom AB0-Typ mit drei Allelen vorhanden ist. Die Interpretation der Aufspaltung wurde jedoch durch ontogenetische Veränderungen im Antigengehalt der Erythrocyten bei einzelnen Individuen erschwert, wobei sich die Typen B_{I-II} und B_{II} in die Typen B_I und B_0 umwandelten (SANDERS und WRIGHT 1962).

Die Variabilität der Blutgruppen natürlicher Fischpopulationen, die mit Hilfe der Iso- oder Heteroimmunisierung oder durch Normalseren festgestellt wurde, läßt sich durch Anwendung des HARDY-WEINBERG-Gesetzes analysieren:

$$p^2(AA) + 2pq(AB) + q^2(BB) = 1 \quad (1)$$

Darin sind p und q die Häufigkeiten der Allele und AA, AB sowie BB die Genotypen und Phänotypen der Fische bei Codominanz von zwei Allelen eines Locus. Wenn freie Paarung (Zufallspaarung) beliebiger Individuen einer Population gegeben ist (Panmixie), Inzucht eine unwesentliche Rolle spielt und natürliche Selektion einen relativ geringen Einfluß hat, stellt sich schon in der zweiten Generation einer solchen Population ein Gleichgewicht der Häufigkeiten ein, das der oben angeführten Gleichung (1) entspricht.

Wenn die Werte für p und q bekannt sind, lassen sich die Gleichgewichtshäufigkeiten aller drei Genotypen berechnen und mit den tatsächlichen Beobachtungen vergleichen.

Wir führen ein Beispiel an. Eine große Stichprobe der Schwarzmeersardelle *(Engraulis encrasicholus)*, die 1963 bei Odessa entnommen wurde, wurde mit Hilfe von Pferde- und Schweine-Antiseren in drei Antigengruppen unterteilt. Wie erwartet, entsprechen diese drei Gruppen drei Genotypen eines diallelen Blutgruppensystems, A_1A_1, A_1A_2 und A_2A_2. Die Häufigkeiten waren folgendermaßen (LIMANSKIJ und GUBANOV 1968; ALTUCHOV et al. 1969a):

A_1A_1	A_1A_2	A_2A_2	n
138	28	2	168

Die Häufigkeit des Allels A_2 (q_{A_2}) in der Stichprobe ergibt sich aus der Gleichung

$$q_{A_2} = \frac{2\sum(A_2A_2) + \sum(A_1A_2)}{2n} \quad (2)$$

Bei allen Homozygoten A_2A_2 ist das Allel A_2 doppelt vorhanden; hierzu ist die Anzahl der Allele A_2 bei den Heterozygoten A_1A_2 hinzuzufügen und durch die Gesamtzahl der Allele in der Stichprobe (2n) zu teilen. In diesem Falle erhalten wir

$$q_{A_2} = \frac{4+28}{336} = 0{,}095; \quad q_{A_1} = 0{,}905$$

Diese Werte setzen wir in Gleichung (1) ein:

$$p^2(A_1A_1) = 0{,}819; \quad 2pq(A_1A_2) = 0{,}172;$$
$$q^2(A_2A_2) = 0{,}009$$

Durch Multiplikation der Häufigkeit der Genotypen mit 168 (Umfang der Stichprobe) erhalten wir die folgenden theoretisch zu erwartenden Werte:

$$A_1A_1 = 137{,}6; \quad A_1A_2 = 28{,}9;$$
$$A_2A_2 = 1{,}5$$

Wie man sieht, sind die erhaltenen Häufigkeiten den tatsächlich bestimmten sehr nahe. Mit Hilfe des χ^2-Testes läßt sich leicht nachweisen, daß die Differenzen zwischen den empirischen und theoretischen Häufigkeiten innerhalb der Fehlergrenzen liegen.

Berechnungen dieser Art können auch durchgeführt werden, wenn in einer Population drei oder vier codominante Allele eines Locus vorhanden sind. Wir führen die Gleichgewichtsformeln für diese Fälle an:

$$p^2(AA) + q^2(BB) + r^2(CC) + 2pq(AB) + 2pr(AC) + 2qr(BC) = 1 \quad (3)$$

$$p^2(AA) + q^2(BB) + r^2(CC) + t^2(DD) + 2pq(AB) + 2pr(AC) + 2pt(AD) + 2qr(BC) + 2qt(BD) + 2rt(CD) = 1 \quad (4)$$

Panmixie in mehr oder weniger großem Umfang, eine ausreichende Größe der Population (zur Vermeidung von Inzucht) und ein relativ kleiner Selektionskoeffizient sind die besonderen Charakteristika für die Mehrzahl der Fischarten, vor allem der Meeresfische. Dies bedingt ein Gleichgewicht der Genotypen in der Population. Bei der Untersuchung der Blutgruppen kann daher fast immer die Hypothese der Vererbung durch Vergleich der beobachteten Verhältnisse der Phänotypen mit den erwarteten überprüft werden. Die Übereinstimmung dieser und anderer Werte deutet auf die Eignung der aufgestellten Hypothese hin, obgleich der endgültige Nachweis ihrer Richtigkeit nur durch die Hybridanalyse erhalten werden kann.

Komplizierter wird es, wenn eine Antigengruppe mehrere Genotypen enthält, wie es z. B. im System der Erythrocytenantigene des AB0-Typs der Fall ist. Die Häufigkeit der Allele in der Stichprobe kann dann nur annähernd bestimmt werden, da es unmöglich ist, die Genotypen AA und A0 in der Gruppierung A und die Genotypen BB und B0 in der Gruppierung B zu differenzieren. Für triallele Systeme mit vier Phänotypen wurden Gleichungen ausgearbeitet, die es gestatten, die Häufigkeiten aller Allele hinreichend genau zu berechnen (BERNSTEIN 1925; TICHONOV 1967):

$$p_{(A)} = (1 - \sqrt{\bar{B} + \bar{o}})(1 + D);$$
$$q_{(B)} = (1 - \sqrt{\bar{A} + \bar{o}})(1 + D); \quad (5)$$
$$r_{(0)} = (\sqrt{\bar{o}} + D)(1 + D).$$

Darin sind $\bar{A}$, $\bar{B}$ und $\bar{o}$ die Häufigkeiten (in Teilen der Einheit) der antigenen Gruppen A, B und 0; D ist ein Korrekturfaktor, der den Berechnungsfehler der Allelhäufigkeiten verringert und nach der folgenden Formel ermittelt wird:

$$D = \frac{\sqrt{\bar{B}+\bar{o}}+\sqrt{\bar{A}+\bar{o}}-\sqrt{\bar{o}}-1}{2} \quad (6)$$

Wenn in einem AB0-System nur drei Phänotypen zu unterscheiden sind, wird der Fehler bei der Bestimmung der Allelhäufigkeit ziemlich groß, und ein Vergleich mit den Gleichgewichtshäufigkeiten kann nur wenig bringen.

Die Nichtübereinstimmung der beobachteten mit den theoretischen Häufigkeiten bei der Analyse der Variabilität der Fische bezüglich der Blutgruppen gibt Anlaß zu einigen Vermutungen, insbesondere:

1. Die Hypothese der Vererbung ist falsch.
2. Die Stichprobe schließt Vertreter verschiedener Populationen mit unterschiedlichen Häufigkeiten der Allele des betreffenden Locus ein. Die Vermischung der Populationen führt meist zu einer Verringerung der Anzahl der Heterozygoten (WAHLUND-Effekt) im Vergleich zu den erwarteten Werten.
3. Die Population ist sehr klein, und in ihr spielt Inzucht eine merkliche Rolle. Das Ergebnis besteht ebenfalls in einer Verringerung der Zahl der Heterozygoten.
4. Die verschiedenen Genotypen haben einen unterschiedlichen Selektions-(Zucht-)Wert. Daraus ergeben sich große Unterschiede der Lebensfähigkeit der Fische der verschiedenen Genotypen.
5. Bei der Vermehrung sind Kombinationen von Paaren zu beobachten, die bestimmte Genotypen haben (assortative Kreuzungen), oder bei denen eine selektive Befruchtung stattfindet.

Die Überprüfung dieser Vermutungen erfordert spezielle Versuche.

5.2. Beispiele für die Blutgruppenvariabilität bei Nutzfischen

Hering *(Clupea harengus)*

Die ersten Arbeiten, die der Immungenetik des Herings gewidmet waren, ermöglichten je nach dem Vorhandensein oder Fehlen eines spezifischen Erythrocytenantigens, zwei phänotypische Gruppen, C^+ und C^-, zu unterscheiden (RIDGWAY 1958; SINDERMANN und MAIRS 1959; SINDERMANN 1962, 1963). Später wurde dieses System hauptsächlich aufgrund der Arbeiten sowjetischer Wissenschaftler in die drei Phänotypen A_1, A_2 und A_0 unterteilt. Es wurde die Vermutung ausgesprochen, daß die Vererbung dieser Antigene durch drei Allele eines Locus bestimmt wird, unter denen sich ein 0-Allel befindet:

Genotypen: A_1A_1; A_1A_2; A_1a A_2A_2; A_2a aa
Phänotypen: A_1 A_2 A_0

Zur Unterscheidung dieser drei Gruppen von Heringen wurden Normalseren verschiedener Tiere, Kaninchenantiseren gegenüber Heringserythrocyten und Lectine verwendet (ALTUCHOV et al. 1968; ZENKIN 1969, 1971, 1972, 1973, 1974, 1978; TRUVELLER und ZENKIN 1977a). Die Hypothese von drei Allelen wurde mit Hilfe der HARDY-WEINBERG-Gleichung überprüft (ALTUCHOV et al. 1968). Wie bereits erwähnt, erwiesen sich jedoch später die Fehler bei den Berechnungen der theoretischen Häufigkeiten als zu groß (TRUVELLER und ZENKIN 1977a).

Die Populationsanalyse einer großen Zahl von Heringen zeigte, daß wesentliche genetische Unterschiede zwischen den atlantischen und baltischen Gruppierungen und zwischen den Populationen innerhalb jeder dieser Gruppierungen bestehen (ALTUCHOV et al. 1968; ZENKIN 1974; TRUVELLER und ZENKIN 1977b). Nordseeheringe und insbesondere die des Nordwest-Atlantiks sind in den meisten Fällen durch eine geringe Häufigkeit der Gruppen A_2 (0 bis 0,06) und A_0 (0 bis 0,08) gekennzeichnet; der Nullphänotyp fehlt in einer ganzen Reihe von Populationen vollständig. Bei den Ostseeheringen ist die A_2-Gruppe etwas häufiger (0,03 bis 0,10); in allen Stichproben, mit Ausnahme einer einzigen, ist der Nullphänotyp vorhanden. Dementsprechend ist für die Fische des Nordwest-Atlantiks charakteristisch, daß ein sehr großer Teil der A_1-Gruppe angehört, für die Populationen der Ostsee ist dieser Anteil minimal (TRUVELLER und ZENKIN 1977b).

Die Autoren des zitierten Beitrages stellen „eine zeitlich beständige, geordnete Differenzierung in der Häufigkeit der Erythrocytenantigene des A-Systems ... in jedem der untersuchten Gebiete" fest (S. 261) und betonen die Übereinstimmung der Differenzierung der Heringe (hinsichtlich der A-Blutgruppen) mit dem Bild der innerartlichen ökologischen Struktur dieser Spezies. Alle Unterarten des Herings (Atlantikhering, Weißmeerhering, Ostseehering, Pazifischer Hering) erweisen sich als polymorph hinsichtlich der Antigene des A-Systems. In allen innerartlichen Gruppen herrscht ein Typ (A_1) vor, es bleiben jedoch (bei relativ geringen Zahlen) die zwei anderen Typen erhalten. Der adaptive Wert dieser beständigen Variabilität der Blutgruppen ist bisher nicht klar, man kann sie aber mit zufälligen Prozessen nur sehr schwer erklären.

Sardelle *(Engraulis encrasicholus)*

In den Gewässern der UdSSR gibt es zwei reproduktiv isolierte Rassen der Sardelle, die Schwarzmeerrasse und die Rasse des Asowschen Meeres. Morphologisch sind sich diese Rassen sehr ähnlich, obgleich einige kleine Unterschiede in der Körperform und der Größe bestehen. Die Fische der Schwarzmeerrasse sind etwas größer (LIMANSKIJ und GUBANOV 1968). Die wichtigsten Unterschiede bestehen in den biologischen Besonderheiten dieser Rassen, die Schwarzmeersardelle laicht und ernährt sich im Schwarzen Meer, obgleich periodische Sommerwanderungen einzelner Fischbestände in das Asowsche Meer nicht ausgeschlossen sind. Die Asowsardelle laicht im Asowschen Meer und verbringt dort den ganzen Sommer, sie wandert nur zur Überwinterung an die Küsten des Kaukasus und der Krim ins Schwarze Meer. Im Frühjahr kehrt sie durch die Straße von Kertsch wieder in das Asowsche Meer zurück (NIKOLSKIJ 1950; MAJOROVA und ČUGUNOVA 1954). Immungenetische Untersuchungen gestatten auch bei dieser Art, ein Blutgruppensystem analog dem A-System der Heringe festzustellen. Bei der Schwarzmeersardelle wird vermutet, daß zwei Allele eines Locus (A_1 und A_2) und dementsprechend drei Genotypen, A_1A_1, A_1A_2 und A_2A_2 vorhanden sind (LIMANSKIJ 1964; LIMANSKIJ und PAJUSOVA 1969; ALTUCHOV et al. 1969 a).*
Hauptsächlich mit Hilfe von normalem Schweine- und Pferdeserum lassen sich zwei Phänotypen (Antigene), A_1 und A_2, feststellen. Die Individuen der A_1-Gruppe kann man nach der Stärke der Agglutinationsreaktion in zwei weitere Gruppen unterteilen. Nach den Vermutungen der Autoren entsprechen die drei Phänotypen den drei Genotypen des A-Locus (s. Seite 152 unten).
Die beiden ersten Gruppen lassen sich nicht leicht unterscheiden, man vereinigt sie daher in der Mehrzahl der Untersuchungen zu einer heterogenen Gruppe A_1. Kontrollzählungen wurden an Proben durchgeführt, die in die drei Phänotypen unterteilt waren.
Die Gegenüberstellung der empirischen und theoretischen Frequenzen für die Gesamtzahl der Probefänge, die in den Jahren 1963 bis 1966 im Schwarzen Meer durchgeführt wurden, zeigt eine gute Übereinstimmung (ALTUCHOV et al. 1969) (s. Seite 153 oben).
Das geringe Defizit an Heterozygoten erklärt sich wahrscheinlich aus der Vermischung von Subpopulationen, die sich in der Häufigkeit der beiden Allele etwas unterscheiden.

* Diese Genotypen wurden auch bei der Sardelle der Westküste Afrikas gefunden (LIMANSKIJ 1969).

Genotypen	A_1A_1	A_1A_2	A_2A_2
Antigene (Phänotypen)	A_1	A_1A_2	A_2
Grad der Erythrocytenagglutination	stark, bei beiden Seren	abgeschwächt, bei beiden Seren	nur bei Verwendung von Schweineserum

	A_1A_1	A_1A_2	A_2A_2	
erhalten	427	181	25	n = 633
erwartet	423,5	188,5	21,0	q_{A_2} = 0,182

Die Asowsardellen haben ein drittes (Null-)Allel A_0. Die Erythrocyten der hinsichtlich dieses Allels homozygoten Fische agglutinieren mit keinem Serum. Das diallele System ist hier in den triallelen AB0-Typ umgewandelt. Eine Aufteilung in vier Phänotypen (A_1, A_1A_2, A_2, A_0) wurde bei Stichproben durchgeführt, die im Juni 1965 genommen wurden. Sie ergab in der Mehrzahl der Fälle eine gute Übereinstimmung der faktischen und theoretischen Häufigkeiten (ALTUCHOV 1974). Die Summierung der Daten aller Proben zeigte, wie zu erwarten war, ein beträchtliches Defizit an Heterozygoten. Die Häufigkeiten der Allele betrugen für die Asowsche Rasse (im Jahr 1965):

p_{A_1} = 0,395;
q_{A_2} = 0,132;
r_{A_0} = 0,473

Demnach unterscheiden sich die zwei Rassen der Sardelle hinsichtlich des A-Systems der Blutgruppen signifikant voneinander. Innerhalb der Verbreitungsgebiete jeder Rasse fanden sich viele kleinere Gruppierungen, die in den Häufigkeiten der zwei (Schwarzmeerrasse) oder drei (Asowsche Rasse) Allele differieren. Das Wesen dieser Gruppierungen (in einer Reihe von Arbeiten werden sie als Elementarpopulationen bezeichnet) ist jedoch noch unklar. Sehr wahrscheinlich handelt es sich dabei nur um Fischschwärme, die sich aufgrund ihrer Herkunft und ähnlicher Körpergröße zeitlich vorübergehend vereinigen.
In manchen Jahren (z. B. 1966) dringen Schwarzmeersardellen in das Asowsche Meer ein; das führt zu gemischten Beständen von Vertretern beider Rassen mit intermediären Häufigkeiten der Allele des Locus A (ALTUCHOV 1974). Solche Vermischungen von Rassen können auch im Schwarzen Meer während der Überwinterung auftreten. Leider läßt sich über den Grad der Isolation beider Rassen auf der Grundlage der Angaben über die Allelhäufigkeiten eines Locus nur schwer urteilen. Zur Lösung dieses Problems ist es notwendig, zusätzliche komplexe genetische, morphologische und biologische Untersuchungen durchzuführen, die auch Massenmarkierungen von Fischen einschließen.

Kabeljau *(Gadus morhua)*

An der norwegischen Nordseeküste ist eine clinenabhängige Variabilität in der Häufigkeit einer Reihe von Genen gut zu beobachten, die auch die Allele des Hämoglobinlocus und die Blutgruppen A und E umfaßt (MØLLER 1966, 1967 u. a.). Die Untersuchungen über die Biologie des Kabeljaus in diesem Gebiet und die Struktur seiner Otolithen ermöglichten es, zwei Populationen zu unterscheiden. Dabei handelt es sich um die Küstenform und die arktische Form, die reproduktiv isoliert zu sein scheinen, sich aber morphologisch nicht unterscheiden lassen. Diese beiden Gruppen sind Doppelarten gleichzusetzen. Die clinenabhängige Variabilität entsteht infolge der zunehmenden Häufigkeit des arktischen Kabeljaus in nordöstlicher Richtung (MØLLER 1968, 1969). Der Unterschied zwischen der Küstenrasse und der arktischen Rasse (oder zwischen den Doppelarten) ist besonders groß hinsichtlich der Häufigkeit des Antigens E (E^+). Wenn man nach der Struktur der Otolithen jede Probe des Kabeljaus in zwei Gruppen unterteilt, dann beträgt die Häufigkeit des Antigens E^+ in der Gruppe der arktischen Fische 0,09 bis 0,34 und in der Gruppe der Küstenform 0,60 bis 0,90. Die Differenz der Häufigkeiten hinsichtlich der Blutgruppe A ist geringer, die Variation der Häufigkeiten des Phänotyps A^+ beträgt beim arktischen Dorsch 0,40 bis 0,61 und bei der Küstenform 0,55 bis 0,81. Trotz des geringeren Unterschiedes und der Überlappung der Variation ist die Differenz der Häufigkeiten jedoch auch in diesem Falle fast immer statistisch signifikant.
Die Häufigkeit der Blutgruppen A^+ und E^+

korrelierte mit den Häufigkeiten der Allele des Hb- und des Tf-Locus (MØLLER 1968). Der Autor vermutet, daß die reproduktive Isolierung der beiden Kabeljauformen, die offenbar im gleichen Gebiet und zur gleichen Zeit ablaichen, hauptsächlich durch Verhaltensmechanismen bestimmt wird, die einer besonderen Untersuchung bedürfen.

Die Unterscheidung von zwei sympatrischen Populationen, die sich nicht miteinander vermischen, hat beim Kabeljau große praktische Bedeutung. Für den endgültigen Beweis des Auftretens von Doppelarten sind jedoch zusätzliche Untersuchungen erforderlich.

Thunfische (*Thunnus thynnus. Th. alalunga, Th. albacares, Th. obesus, Katsuwonus pelamis*)

Die großen Meeresfische, die zur Unterordnung Thunnoidei gehören, haben erhebliche wirtschaftliche Bedeutung für Japan und einige andere asiatische Länder. Im Zusammenhang damit gewinnt die Populationsanalyse dieser Fischarten eine besondere Bedeutung. Die Untersuchung ihrer Blutgruppenvariabilität ermöglichte, weitgehend die Verbreitungsgebiete der lokalen Thunfischpopulationen festzustellen.

Beim Weißen Thun *(Th. alalunga)* wurden vier Systeme von Erythrocytenantigenen ermittelt (SUZUKI et al. 1958, 1959; SUZUKI 1962; KEYVANFAR 1962; FUJINO 1970 u. a.):

1. C-Phänotypen + und −;
2. Tg-Typ AB0 mit vier Grundphänotypen (3 oder 4 Allele);
3. G-Typ AB0 mit drei Phänotypen;
4. KEYVANFAR-System, ebenfalls Typ AB0, vier Phänotypen.

Die Differenzierung der Blutgruppen erfolgte beim Weißen Thun mit Hilfe von iso- und heteroimmunen Antiseren und Lectinen. Die Weißen Thune des Atlantischen und Pazifischen Ozeans unterscheiden sich durch die Häufigkeit der Allele einiger Systeme, wie z. B. Tg (bei den Fischen des Atlantiks ist ein zusätzlicher Phänotyp Tg-3 vorhanden), KEYVANFAR-System und andere. Die atlantische Population differiert von der des Mittelmeeres durch die Häufigkeit der Serumantigene.

Beim Weißen Thun *(Th. albacares)* des Pazifiks wurden bezüglich der Häufigkeiten der Phänotypen des C-Systems Unterschiede zwischen den nördlichen und südlichen Teilen des Verbreitungsgebietes festgestellt. Andererseits erwiesen sich die Genhäufigkeiten verschiedener Systeme in weiten Bereichen des Ozeans als ähnlich. Offenbar ist die pazifische Unterart des Weißen Thuns wegen der außerordentlichen Beweglichkeit dieser Fische nur in eine sehr geringe Zahl von höchstens drei bis vier reproduktiv isolierten Einheiten unterteilt.

Die Variabilität der Erythrocytenantigene des Großaugen-Thuns *(Th. obesus)* ist der des Weißen Thuns sehr ähnlich. Bei dieser Art wurden drei Systeme gefunden (SUZUKI und MORIO 1960; SUZUKI 1962; SPRAGUE et al. 1963; FUJINO 1970):

1. Tg mit drei oder mehr codominanten Allelen;
2. C vermutlich mit drei Allelen (Phänotypen C_1, C_2, C_3 und −);
3. AB0 mit vier Phänotypen (A, B, AB, 0), offenbar triallel.

Die Analyse der Phänotypen des AB0-Systems ergab eine verhältnismäßig gute Übereinstimmung der empirischen mit den theoretischen Häufigkeiten der Phänotypen bei einem geringen Überschuß an Heterozygoten (SPRAGUE et al. 1963 siehe Seite 155 oben).

Die Verteilung der Phänotypen nach dem Tg-System wich erheblich von der erwarteten ab, wahrscheinlich wegen des Nichtübereinstimmens der gewählten Hypothese mit dem tatsächlichen Charakter der Vererbung dieses komplexen Systems. Bei dem mit dem Großaugen-Thun nahe verwandten *Parathunnus mebachi* wurde ein polyalleles X-System mit 9 Phänotypen gefunden (SUZUKI 1967). Eine große Zahl von Arbeiten ist den Blutgruppen des Echten Bonito *(Katsuwonus pelamis)* gewidmet. Bei dieser kleinen, weit verbreiteten Art wurden nicht weniger als vier Antigensysteme differenziert (CUSHING 1956; SPRAGUE und HOLLOWAY 1962; FUJINO 1969, 1970 u. a.):

	A	B	AB	O	n
erhalten (Stück)	42	56	10	319	427
erwartet (Stück)	48,3	61,9	4,3	312,5	

1. C-System, Phänotypen + und −;
2. H-System, ebenfalls mit zwei Phänotypen;
3. B-System mit den Phänotypen K_1, K_2 und K_0 (FUJINO 1970); nach anderen Angaben lassen sich bis zu 6 Phänotypen unterscheiden (SPRAGUE und HOLLOWAY 1962);
4. Y-System mit 15 Phänotypen (6 codominante Allele).

Gute Übersichten über die Populationsuntersuchungen beim Bonito wurden von de LIGNY (1969) und FUJINO (1970) veröffentlicht. Hinsichtlich der Blutgruppen B und Y werden Unterschiede in der Häufigkeit einiger Phänotypen (K_1 nach dem B-System, Y^y nach dem Y-System) zwischen der atlantischen und der pazifischen Population festgestellt. Die wesentlichen Populationen des Pazifiks sind isoliert und durch eine leicht verringerte Häufigkeit des Phänotyps K_1 gekennzeichnet. Die zentralen Bereiche des Pazifischen Ozeans werden offenbar von einer einzigen, wenig differenzierten Population besiedelt. Eine reproduktiv isolierte Population im östlichen Teil des Ozeans ist zweifelhaft. Diese Schlußfolgerungen werden bei der Untersuchung des Polymorphismus einer Reihe von Eiweißen, insbesondere der Esterase, bestätigt. Demnach gibt es auch beim Echten Bonito keine kleinen lokalen, isolierten Populationen. Es finden sich ähnliche Häufigkeiten der Blutgruppen in Proben, die in sehr weit voneinander entfernten Bereichen des Ozeans entnommen wurden (FUJINO 1976).

Die Variabilität der Erythrocytenantigene bei anderen Thunfischarten ähnelt ihrem Charakter nach der von *Th. alalunga*, *Th. obesus* und *K. pelamis*. Einige wenig untersuchte Systeme wurden bei *Th. albacares* gefunden. Ein recht deutliches System mit 6 bis 7 Phänotypen, einschließlich einer Nullgruppe, wurde bei *Th. thynnus* festgestellt. (SUZUKI 1962; LEE 1965).

Viele andere Fischarten erwiesen sich hinsichtlich der Blutgruppen als polymorph. Hierzu kann man insbesondere die Sardine (SPRAGUE und VROOMAN 1962; VROOMAN 1964), vier Arten der Pazifischen Lachse (RIDGWAY 1958, 1966; RIDGWAY und KLONTZ 1961; RIDGWAY und UTTER 1964), die Regenbogenforelle und *Salmo aguabonita* (RIDGWAY 1962, 1966; CALAPRICE und CUSHING 1967), *Coregonus tugun* (ŽUKOV und BALACHNIN 1982) sowie *Rutilus rutilus heckeli* (BALACHNIN und ZRAŽEVSKAJA 1969) zählen. Individuelle Unterschiede bezüglich der Erythrocytenantigene wurden bei mehr als 100 Fischarten festgestellt, angefangen bei den Haien und Rochen bis zu den am weitesten entwickelten Familien der Knochenfische. Es ist zu betonen, daß diese Differenzen bei allen Fischarten anzutreffen sind.

Die Untersuchungen der Blutgruppen ermöglichen eine Reihe von Verallgemeinerungen:

Die Variabilität der Blutgruppen ist bei Fischen ebenso weit verbreitet wie bei anderen Wirbeltieren. Die Vererbung der Antigenunterschiede basiert auf allelen (oftmals multiplen) Systemen von Genen, die codominant und manchmal dominant im Verhältnis zueinander sind. In vielen Systemen finden sich Nullallele, d. h. Gene, deren Produkte sich nicht feststellen lassen.

Die wichtigste Grundlage für die Differenzierung der Blutgruppen ist die Auswahl von Reagenzien, die eine Agglutination der Erythrocyten bei Fischen eines bestimmten Genotyps hervorrufen und bei Fischen anderer Genotypen eine derartige Reaktion nicht bewirken. Die besten Ergebnisse liefern iso- und heteroimmune Antiseren, in einer Reihe von Fällen aber auch Lectine.

Bei vielen Fischarten unterscheiden sich einzelne Populationen durch die Häufigkeit der Allele der Blutgruppen signifikant von anderen Populationen.

Innerhalb der Verbreitungsgebiete jeder Population sind die Häufigkeiten der Phänotypen und Genotypen in den meisten Fällen dem HARDY-WEINBERGschen Gesetz unterworfen. Abweichungen vom Gleichgewicht können sich durch eine fehlerhafte genetische Hypothese, durch Störungen der Panmixie, durch eine zu geringe Größe der Population oder schließlich durch einen relativ starken Einfluß der natürlichen Auslese ergeben. Für die endgültige Überprüfung der Richtigkeit eines angenommenen genetischen Modells ist die Hybridanalyse notwendig.

5.3. Grundlagen des Proteinpolymorphismus bei Fischen

Mitte der fünfziger Jahre wurden neue empfindliche Methoden zur Trennung der Eiweiße durch Elektrophorese in Stärke- und Polyacrylamidgel ausgearbeitet (SMITHIES 1955). Es zeigte sich, daß die meisten Enzyme im Organismus in mehreren Formen vorkommen. Sie erhielten die Bezeichnung Isozyme oder Isoenzyme (HUNTER und MARKERT 1957; MARKERT und MØLLER 1959). Viele Isoenzyme sind genetisch determiniert und unterscheiden sich durch ihre Primärstruktur (Aminosäurensequenz) und durch andere Besonderheiten, wobei eine allgemein funktionelle Spezifität erhalten bleibt. Heute werden als Isozyme im allgemeinen die genetischen Varianten der Enzyme bezeichnet (SALMENKOVA 1973; MARKERT 1975; KOROČKIN et al. 1977), während im Gegensatz dazu die nicht vererblichen Veränderungen in der Struktur der Eiweiße Konformationen genannt werden. Weit verbreitet ist auch der Begriff Allozyme, der für die Produkte verschiedener Allele eines Gens benutzt wird.

Viele Eiweiße, die keine enzymatische Aktivität besitzen (z. B. Hämoglobin, Transferrine, Albumine u. a.), sind im Körper häufig ebenfalls in mehreren Formen, den Isoformen, vorhanden. Die allelen Varianten dieser Eiweiße nennt man manchmal Alloformen.

Die Anwendung der Elektrophorese zur Ermittlung alleler und nichtalleler Proteinvarianten wirkte sich revolutionierend auf die Populationsgenetik des Menschen, der Tiere, Pflanzen und Mikroorganismen aus.

Erstmals ergab sich die Möglichkeit einer genauen Analyse der genetischen Struktur von Populationen, da es die Elektrophorese in fast allen Fällen möglich machte, die Heterozygoten von dem Homozygoten zu

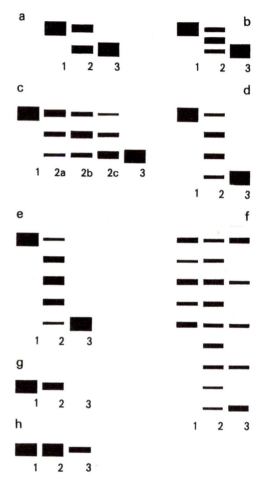

Abb. 45
Wichtigste Typen von Elektropherogrammen der polymorphen Eiweiße bei Fischen (Schema). a monomeres Eiweiß, b dimeres Eiweiß, Heterozygoten mit einem Hybridprodukt ($A_1^1A_1^2$), c dimeres Eiweiß, zwei duplizierte Loci mit ähnlichen Allelen, d trimeres Eiweiß mit zwei Hybridisozymen bei den Heterozygoten ($A_1^1A_2^2$ und $A_2^1A_1^2$), e tetrameres Eiweiß mit drei Hybridisozymen bei den Heterozygoten ($A_1^1A_3^2$, $A_2^1A_2^2$ und $A_3^1A_1^2$), f desgl. bei Anwesenheit zweier Loci (einer davon polymorph), g Variation mit einem Nullallel, h Variation bezüglich eines Regulatorgens. 1 und 3 Homozygoten, 2 Heterozygoten.

trennen und die Individuenzahl aller Genotypen zu berechnen.

Im Falle der monomeren Proteine, die keine quaternäre Struktur haben, zeigt sich bei allen Homozygoten nach spezifischer Färbung des Gels eine Bande (ein Streifen), die dem Ort der Konzentration des Eiweißes im Gel am Ende der Elektrophorese entspricht. Zwei Homozygoten unterscheiden sich in der Lage dieser Bande, wenn Unterschiede in der Zusammensetzung der beiden Allozyme (Alloformen) bestehen. Bei Heterozygoten werden beide Produkte gebildet (Codominanz) und dementsprechend findet man im Gel zwei Banden, wobei sich jede weniger intensiv als bei den Homozygoten färbt (Abb. 45a).

Bei dimerer Struktur des Proteins, d. h., wenn zwei Polypeptidketten im Eiweißkörper vorhanden sind, treten bei den Heterozygoten gewöhnlich drei Banden auf. Zwei von diesen entsprechen den reinen Eiweißformen (wie bei den Homozygoten). Der zwischen ihnen gelegene dritte Streifen ist eine Hybridbande und besteht aus zwei verschiedenen Polypeptiden, die durch unterschiedliche Allele codiert werden (Abb. 45b). Einige dimere Proteine bilden keine Hybridprodukte, was mit einer zeitlichen oder räumlichen Trennung während der Synthese der beiden allelen Formen des Eiweißes bei den Heterozygoten erklärt werden kann (FERRIS und WHITT 1978a).

Beim Auftreten von zwei homologen Loci, die im Ergebnis der Duplikation eines Gens entstanden sind und Isozyme mit gleichartiger elektrophoretischer Beweglichkeit codieren, führt der Polymorphismus von ähnlichen Allelen beider Loci zu fünf gut zu unterscheidenden genetischen Varianten in der Population. Bei Heterozygoten bezüglich eines von zwei solchen Loci entspricht die Anzahl der drei Isozyme dem Verhältnis $9:6:1$, bei Heterozygoten hinsichtlich zweier Loci beträgt das Verhältnis $1:2:1$, (Abb. 45c).

In den seltenen Fällen, in denen es sich um trimeres Eiweiß handelt, kann man in den Gelen (bei Heterozygoten) vier Isozyme im Verhältnis $1:3:3:1$ feststellen (Abb. 45d).

Bei den tetrameren Proteinen kann es bei den Homozygoten und Heterozygoten unterschiedliche Varianten der Bildung der Isoformen geben. Im einfachsten Fall ist bei einem Locus im Genom bei jedem Homozygoten nur eine Isoform vorhanden (Tetramere A_4^1 oder A_4^2), bei den Heterozygoten werden fünf Isoformen (Isozyme) synthetisiert. Die Polypeptide, die durch zwei Allele codiert werden, verbinden sich und ergeben die folgenden homo- und heterotetrameren Moleküle:

$$A_4^1; \ A_3^1 A_1^2; \ A_2^1 A_2^2; \ A_1^1 A_3^2; \ A_4^2$$

Die Aktivität dieser Isozyme entspricht bei der Elektrophorese meist dem Verhältnis $1:4:6:4:1$, was auf eine zufällige Kombination der Polypeptide A^1 und A^2 hindeutet (Abb. 45e).

Ein derartiges Bild der Isozyme wurde insbesondere bei der Glycerolaldehyd-Triphosphat-Dehydrogenase (G3PDH) bei den Hybriden von X. maculatus und X. helleri gefunden. Dies diente als Beweis für die tetramere Struktur des Enzyms (WRIGHT et al. 1972). Die Ausgangsformen (Eltern) hatten unterschiedliche Allele des G3PDH-Locus.

Viele tetramere Eiweiße eines Individuums werden durch zwei oder mehr Gene codiert. Im Fall der Hämoglobine der Tiere (darunter viele Fische) und des Menschen bildet sich das tetramere Protein durch Verbindung von zwei verschiedenen Homodimeren, deren Polypeptidketten von verschiedenen Genen codiert werden ($\alpha_2 \beta_2$, $\alpha_2 \gamma_2$ u. a.). Jedes Individuum hat mehrere Typen solcher Moleküle. Infolgedessen erweist sich das Hämoglobinspektrum bei der Elektrophorese schon bei den Homozygoten als sehr kompliziert, bei den Heterozygoten ist es noch komplizierter. Enzyme wie z. B. die Lactatdehydrogenase (LDH) sind im Genom der Fische ebenfalls durch mehrere Loci (mindestens zwei) vertreten. Die Produkte der zwei Hauptgene verbinden sich wie auch im Fall der allelen Produkte und ergeben fünf Isozyme (seltener werden bei den Fischen nur drei gebildet):

$$A_4; \ A_3B; \ A_2B_2; \ AB_3; \ B_4 \text{ oder}$$
$$A_4; \ A_2B_2; \ B_4$$

Wenn eines der Gene heterozygot ist, werden 15 Isozyme anstelle von 5 gebildet, bei doppelt Heterozygoten beträgt die Zahl 35.

Tatsächlich werden bei der Elektrophorese im allgemeinen weniger gezählt, da die elektrischen Ladungen bei einigen von ihnen identisch sind. Bei den Salmoniden finden wir z. B. bei Heterozygoten auf einen der LDH-Loci nur 9 deutlich unterscheidbare Banden im Gel (Abb. 45f).

Eine besondere Rolle spielen die Fälle, bei denen eines der Allele eines Eiweißlocus kein Produkt ergibt oder bei denen dieses Produkt sich als inaktiv erweist und nicht festgestellt werden kann. Ist ein solches Nullallel vorhanden, erscheint auf dem Elektropherogramm bei Homozygotie nichts. Bei Heterozygoten und Homozygoten hinsichtlich eines aktiven Allels ist eine Bande zu finden (die bei den Homozygoten stärker ausgeprägt ist). Polymorphismus bezüglich des Nullallels ist leicht von den anderen Typen des Proteinpolymorphismus zu unterscheiden (Abb. 45g).

Die genetische Analyse von Allelen, die Allozyme (oder Alloformen) mit gleicher Beweglichkeit im elektrischen Feld, jedoch mit unterschiedlicher Färbungsintensität codieren, gestattet die Variabilität der Regulatorgene festzustellen. Diese Gene verstärken oder verringern die Wirkung eines bestimmten strukturellen Gens (Abb. 45h). Wie aus Untersuchungen an *Drosophila* geschlossen werden kann, ist die Variation der Regulatorgene in den Populationen ebenso weit verbreitet wie die Variation der strukturellen Gene (McDonald und Ayala 1978; Ayala und McDonald 1980).

Unlängst wurden bei *Drosophila* zahlreiche „Temperatur"-Varianten der Isozyme gefunden. Diese Varianten sind durch allele Formen mit gleicher Beweglichkeit (und demzufolge mit ähnlicher elektrischer Ladung) vertreten, sie unterscheiden sich aber durch ihre Wärmebeständigkeit (Bernstein et al. 1973; Singh et al. 1975; Coyne et al. 1978; Lewontin 1978). Die Feststellung von Isozymen mit unterschiedlicher Wärmebeständigkeit ist möglich, wenn die Elektrophorese mit einer Erwärmung der Gewebehomogenate oder Seren bis auf Temperaturen, die die Eiweiße denaturieren oder die enzymatische Aktivität verhindern, kombiniert wird. Anschließend werden diese Varianten einer Hybridanalyse unterzogen.

Allele, die Proteine mit unterschiedlicher Wärmebeständigkeit produzieren, gibt es auch bei Fischen. So codiert bei *Oncorhynchus nerka* das Allel B^1 des LDH-B1-Locus in verschiedenen Populationen Allozyme mit gleicher elektrophoretischer Beweglichkeit, aber unterschiedlicher Wärmebeständigkeit (Allendorf und Utter 1979). In diesem Falle wurde keine genetische Analyse durchgeführt, es ist aber zu vermuten, daß es in den nördlichen und südlichen Populationen des Rotlachses der amerikanischen Pazifikküste zwei verschiedene Allele mit unterschiedlicher Resistenz ihrer Produkte gegenüber Erwärmung gibt. Wahrscheinlich ist die Häufigkeit der „Wärme"-Allele bei den Fischen ebenso groß wie bei den Insekten.

Die Identifizierung von Genotypen auf der Grundlage der Elektropherogramme läßt sich bei Fischen wie bei anderen Organismen verhältnismäßig leicht durchführen. Schwierigkeiten können beim Vorhandensein mehrerer Konformationen eines Isozyms (einer Isoform) entstehen, was meist damit zusammenhängt, daß an das Eiweißmolekül ein oder mehrere Teile anderer Substanzen angelagert sind. Schwer zu entziffern sind auch solche Fälle, bei denen die Aktivitätsbanden in den Gelen, die verschiedenen Alloformen entsprechen, sehr nahe beieinander liegen oder sogar vollständig zusammenfallen. In komplizierten Fällen werden immungenetische Methoden angewandt, insbesondere die Behandlung von Gewebehomogenaten mit dem Antiserum, das Antikörper gegenüber bestimmten Typen der zu untersuchenden Proteine enthält.

Von nicht geringerer Bedeutung ist die Hybridanalyse, d. h. die Kreuzung von Individuen mit unterschiedlichen Eiweiß-Phänotypen und die anschließende elektrophoretische Untersuchung der Nachkommenschaft. Diese Kreuzungen sind oftmals nicht besonders zeitaufwendig, da die Aufspaltung hinsichtlich der Eiweiße häufig schon bei den Embryonen und Larven untersucht werden kann (Mork und Sundnes 1983 u. a.).

Die Technik der Proteinelektrophorese in Stärke- und Polyacrylamidgelen ist in vielen Handbüchern detailliert dargestellt (Davis

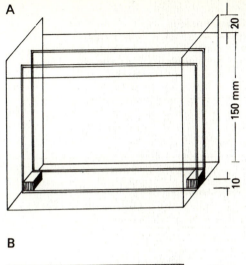

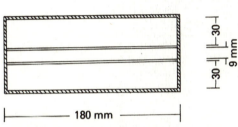

Abb. 46
Blockkammer für vertikale Polyacrylamidgel-Elektrophorese (Konstruktion nach V. A. POSPELOV). A Seitenansicht, B Draufsicht.

1964; SHAW und PRASAD 1970; BREWER und SING 1970; MAURER 1971; GORDON, A. 1975; HARRIS und HOPKINSON 1976; SEROV et al. 1977; OSTERMAN 1981; GAAL et al. 1981). Methodische Fragen werden hier nicht diskutiert. Es ist jedoch zu bemerken, daß gegenwärtig Kammern unterschiedlicher Konstruktion verwendet werden, die zur horizontalen und vertikalen Elektrophorese mit Kühlung oder ohne diese geeignet sind, wobei verschiedene Größen von Gelplatten oder Röhren verwendet werden. Günstig sind Kammern mit veränderlicher Geldicke (TRUVELLER und NEFEDOV 1974), die Gelplatten können in zwei, drei oder sogar vier Schichten unterteilt sein, wobei mehrere verschiedene Eiweiße nacheinander untersucht werden. Hinsichtlich ihrer Konstruktion ist die Kammer nach POSPELOV (Abb. 46) besonders einfach. Die Gele polymerisieren in diesem Fall zwischen zwei Gläsern in horizontaler Ebene. Wenn die Geldicke 2 mm nicht übersteigt, fließt die Flüssigkeit, die mit einer Pipette in den Raum zwischen den Gläsern eingeführt wird, infolge der Kapillarkräfte nicht aus. Es ist gefährlich, Eiweiße, die gegenüber Erwärmung empfindlich sind, in solchen Kammern zu trennen. Die Gele werden darin leicht überhitzt. Manchmal lassen sich gute Ergebnisse mit Hilfe der Elektrophorese in Agar oder Acetylcellulose erzielen (GAULDIE und SMITH 1978), die Stärke- und Polyacrylamidgel-Elektrophorese hat jedoch ein höheres Auflösungsvermögen. Eine noch bessere Trennung der Eiweiße ist durch die Isoelektrofokussierung der Proteine in Polyacrylamidgel zu erreichen (KÜHNL und SPIELMANN 1978).

Die Vorteile, die mit der elektrophoretischen Trennung der genetischen Eiweißvarianten verbunden sind, führten zu einer schnellen Einführung dieser Methode in die populationsgenetischen Untersuchungen und zur ebenso raschen Entwicklung eines neuen Wissensgebietes, der biochemischen Genetik der Populationen. Gleichzeitig wurden die polymorphen Proteinloci in großem Umfang als genetische Markierungen bei der Züchtung von Tieren und Pflanzen angewandt.

5.4. Allgemeiner Umfang des Polymorphismus bei Fischen

In den Versuchen, die in der Mitte der sechziger Jahre bei *Drosophila* durchgeführt wurden, zeigte sich, daß der Grad des genetischen Polymorphismus in den verschiedenen Populationen quantitativ durch gleichzeitige Untersuchung vieler Eiweiße bestimmt werden kann (HUBBY und LEWONTIN 1966; LEWONTIN und HUBBY 1966). Derartige Arbeiten wurden daraufhin an vielen anderen Organismen durchgeführt. Nach neueren Angaben (LEWONTIN 1974; POWELL 1975; SELANDER 1976; NEVO 1978) beträgt der Anteil polymorpher Loci in den einzelnen Populationen bei Pflanzen im Durchschnitt etwa 45 %, bei wirbellosen Tieren 40 bis 50 % und bei Wirbeltieren und beim Menschen 15 bis 30 %. Heterozygotie (durchschnittliche Zahl der Loci, die sich bei einem Exemplar, bezogen auf die Ge-

Tabelle 25
Umfang des Proteinpolymorphismus bei Fischartigen und Fischen

Familie	Gattung und Art	Zahl der Loci	Anteil der polymorphen Loci $\bar{P}$ %	durchschnittliche Heterozygotie $\bar{H}$ %	Literaturquelle
Cyclostomata					
Petromyzonidae	*Lampetra planeri*	30	30	7,6	70
	Petromyzon marinus	25	16	4,6	39
Pisces					
Polyodontidae	*Polyodon spathula*	35	3–6	1,3	16
Albulidae	*Albula vulpes*	84	–	0,5	52
	A. nemoptera	84	–	2,2	52
Chanidae	*Chanos chanos*	38	16–23	7,5	71
Clupeidae	*Clupea harengus*	33	33	11,3	51
	Clupea harengus	37	29–46	6,8–7,3	3
Salmonidae	*Salmo salar*	59	12	3,3	21
	Salmo salar	37	19	2,6	49
	Salmo salar	30	20	2,4	1, 32
	Salmo salar	45	7	2,3	60
	S. salar sebago	33	3	1,1	68
	S. gairdneri	19–23	26	3,7	65
	S. gairdneri	30	50	6,0	1
	S. gairdneri	24	–	10,3	10
	S. gairdneri	16	44	5,8	49
	S. gairdneri	26	31	14,9	27
	S. gairdneri	26	12–23	4,4–6,1	23
	S. clarki (Küstenpopulation)	30	50	6,3	1
	S. clarki (Süßwasserpopulation)	30	50	2,1	1
	S. clarki	> 30	> 50	10	15
	S. trutta	63	22	–	63
	S. trutta	35	26	2,5	49
	S. trutta m. fario	34	15	–	18
	S. apache	25	0	0	1
	Salvelinus fontinalis	39	50	8,1	61
	S. namaycush	50	12	1,5	22
	S. alpinus	34	11	3,6	51
	S. alpinus	26	11	3,0	37
	S. leucomaenis	38	8	2,4	51
	S. malma	–	13–15	–	50
	Oncorhynchus keta	20–25	18	4,5	1
	Oncorhynchus keta	46	11	2,0	2
	O. gorbuscha	20–25	–	3,9	1
	O. gorbuscha	30	15–17	2,9	46
	O. nerka	20	30	4,6	66
	O. tshawytscha	30	–	3,5	1
	O. kisutch	20–25	–	1,5	1
	O. masu	–	14–17	4,4	46

Familie	Gattung und Art	Zahl der Loci	Anteil der polymorphen Loci $\bar{P}$ %	durchschnittliche Heterozygotie $\bar{H}$ %	Literaturquelle
	Coregonus clupeaformis	–	22–28	7,7	34
	Coregonus clupeaformis	32	19	6,8	17
	Coregonus clupeaformis	–	–	7,0	28
	C. albula	25	52	8,0	69
	C. albula	–	28	12,0	40
	C. hoyi, kiji, zenihicus (3)	–	8	4,2	64
	C. lavaretus		39	10,0	40
	C. nasus		18	5,4	40
	C. pidschian		27	15,4	40
	C. peled		25	11,7	40
Osmeridae	Hypomesus olidus	28	36	11,3	49
Anguillidae	Anguilla anguilla	20	65	18,1	48
	Conger conger	20	32	7,6	48
Cyprinidae	Cyprinus carpio	44	48	–	47
	Rhinichthys cataractae	21	15	5,4	41
	Lavinia exilicauda	24	25	5,3	5
	Hesperoleucus symmetricus	24	25	6,8	5
	Kalifornische Cypriniden (9 Arten)	24	13	3,8	5
	Campostoma spp. (3)	19	19	5,6	13
Catostomidae	Thoburnia rhothoeca	34	18	5,5	11
	Th. hamiltoni	34	6	1,5	11
	Th. atripinnae	34	6	0,8	11
	Hypentelium spp. (3)		0–7,9	1,2–2,9	12
	Catostomus santaanae	–	12	4,0	14
Cobitidae	Cobitis delicata	20	10	1,1	33
Characidae	Astyanax spp. (oberirdisch)	17	29–41	11,2	6
	Astyanax spp. (Höhlenform)	17	0–10	3,6	6

(Fortsetzung Tabelle 25 auf Seite 162)

Familie	Gattung und Art	Zahl der Loci	Anteil der polymorphen Loci $\bar{P}$ %	durchschnittliche Heterozygotie $\bar{H}$ %	Literaturquelle
Amblyopsidae	Chologaster cornuta (oberirdisch)	19 – 22	–	4,0	62
	Ch. agassizi (fakultativ oberirdisch)	19 – 22	–	2,8	62
	Typhlichthys subterraneus (Höhlenform)	19 – 22	–	1,9	62
	Amblyopsis spelaea (Höhlenform)	19 – 22	–	1,9	62
	A. rosae (Höhlenform)	19 – 22	–	0,6	62
Cyprinodontidae	Fundulus heteroclitus	25	56	18,0	42
	Aphanius dispar	19	15	4,9	36
Poeciliidae	Poecilia reticulata	16	19; 25	8,4; 10,4	45, 53
	Poeciliopsis spp. (3)	16	5–10	1,6–4,7	67
Atherinidae	Leuresthes tenuis	33	15	3,6	59
	Leuresthes tenuis	33	–	3,8	19
	L. sarsina	33	–	3,3	19
	Menidia spp. (5)	24	10	5,1	31
Gadidae	Gadus morhua	15	30	8,0	20
	Gadus morhua	38	30	8,2	43
	Theragra chalcogramma	25	32	–	29
Macruridae	Coryphaenoides acrolepis	25	16	3,3	54
	Macruronus novaezelandiae	12	16	2,7	58
Gasterosteidae	Gaterosteus aculeatus (Süßwasserform)	–	21–27	8,4–10,0	4
	Gasterosteus aculeatus (anadrome Form)	–	42	13,0	4
Mugilidae	Mugil cephalus	30	20	7,1	59
Centrarchidae	Lepomis spp. (10)	14 – 15	16	5,9	7
	Pomoxis, Micropterus u. a. Arten (9)	11 – 14	–	3,0	8
Pomacentridae	verschiedene Arten (3)	20 – 29	15	8,3	59
Labridae	Halichoeres spp. (3)	28	–	5,7	59

Familie	Gattung und Art	Zahl der Loci	Anteil der polymorphen Loci $\bar{P}$ %	durchschnittliche Heterozygotie $\bar{H}$ %	Literaturquelle
Sparidae	Chrysophrys auratus	23	17 – 26	8,2	56
Clinidae	Gibbonsia metzi	28	18	4,3	59
Zoarcidae	Zoarces viviparus	32	28	8,9	24
Cichlidae	Cichlasoma cyanoguttatum	13	0	0	35
	Cichlasoma, Petrotilapia, Pseudotropheus spp. (7)	14 – 15	14 – 15	3,5 – 6,9	35
Gobiidae	Bathygobius ramosus	23	–	0,5	59
	Gillichthys mirabilis	29	20	4,6	59
Notothenidae	Trematodus spp. (3)	21 – 26	9	2,1	59
Scombridae	Scomber scombrus	–	16	2,7	57
	Scomber scombrus	–	18	4,9	55
Scorpaenidae	Sebastes spp. (3)	23	4–8	2,6	30
	Sebastes spp. (2)	–	–	0,4–6,0	72
	Sebastolobus spp. (2)	20	20 – 30	4,7–4,9	54
Hexagrammidae	Ophiodon elongatus	39	8	2,2	26
Pleuronectidae	Pleuronectes platessa	45	51	10,2	9
	Platichthys stellatus	32	56	9,7	25
	Kareius bicoloratus	32	25	8,9	25
	Hippoglossus hippoglossus	25	4	0,4	44
	verschiedene Arten (14)	8 – 23	28 (6–50)	8,5 (0,5–28,1)	38
Mittelwerte: nach eigenen Angaben			19,6 (n = 131)	5,34 (n = 149)	–
nach Fujio und Kato (1979)			19,4	5,9	
nach Paaver (1983)			19,1	6,3	

(Fortsetzung Tabelle 25 auf Seite 164)

Literatur zu Tabelle 25:

1. ALLENDORF und UTTER (1979); 2. ALTUCHOV et al. (1972); 3. ANDERSSON et al. (1981); 4. AVISE (1976); 5. AVISE und AYALA (1976); 6. AVISE und SELANDER (1972); 7. AVISE und SMITH (1974); 8. AVISE et al. (1977); 9. BEARDMORE und WARD (1977); 10. BUSACK et al. (1979); 11. BUTH (1979b); 12. BUTH (1980); 13. BUTH und BURR (1978); 14. BUTH und CRABTREE (1982); 15. CAMPTON (1980); 16. CARLSON et al. (1982); 17. CASSELMAN et al. (1981); 18. CHAKRABORTY et al. (1982); 19. CRABTREE (1983); 20. CROSS und PAYNE (1978); 21. CROSS und WARD (1980); 22. DEHRING et al. (1981); 23. FISHER et al. (1982); 24. FRYDENBERG und SIMONSEN (1973); 25. FUJIO (1977); 26. GIORGI et al. (1982); 27. GUYOMARD (1981); 28. IHSSEN et al. (1981); 29. IWATA und NUMACHI (1979); 30. JOHNSON A. G. et al. (1973); 31. JOHNSON M. S. (1976); 32. KHANNA et al. (1975b); 33. KIMURA MASAO (1978b); 34. KIRKPATRICK und SELANDER (1979); 35. KORNFIELD und KOEHN (1975); 36. KORNFIELD und NEVO (1976); 37. KORNFIELD et al. (1981); 38. KOVAL und BOGDANOV (1982); 39. KRUEGER und SPANGLER (1981); 40. LOKŠINA (1983); 41. MERRITT et al. (1978); 42. MITTON und KOEHN (1975); 43. MORK et al. (1982); 44. MORK und HAUG (1983); 45. NAYUDU (1975); 46. OMEL'ČENKO (1975b); 47. PAAVER (1983)a; 48. RODINO und COMPARINI (1978); 49. RYMAN (1983); 50. SALMENKOVA und OMEL'ČENKO (1978); 51. SALMENKOVA und VOLOCHONSKAJA (1973); 52. SHAKLEE und TAMARY (1981); 53. SHAMI und BEARDMORE (1978b); 54. SIEBENALLER (1978); 55. SMITH und JAMIESON (1980); 56. SMITH et al. (1978); 57. SMITH et al. (1981a); 58. SMITH et al. (1981b); 59. SOMERO und SOULE (1974); 60. STAHL (1981); 61. STONEKING et al. (1981b); 62. SWOFFORD et al. (1980); 63. TAGGART et al. (1982); 64. TODD (1981); 65. UTTER et al. (1973a); 66. UTTER et al. (1980); 67. VRIJENHOEK (1979a); 68. VUORINEN (1982); 69. VUORINEN et al. (1981); 70. WARD et al. (1981); 71. WINAUS (1980); 72. WISHARD et al. (1980).

samtzahl der Loci, in heterozygotem Zustand befinden) machte bei Pflanzen im Mittel 17 %, bei Wirbellosen 12 bis 15 % und bei Wirbeltieren und dem Menschen 3 bis 8 % aus.

Nicht wenige Arbeiten, die sich mit der Bestimmung des Umfangs des biochemischen Polymorphismus befassen, wurden an Fischen durchgeführt. (Tab. 25).

Die durchschnittlichen Werte von $\bar{P}$ (relative Zahl der polymorphen Loci) und $\bar{H}$ (durchschnittliche Heterozygotie) sind bei Fischen nicht groß. Außerdem sind große Unterschiede im Grad der genetischen Variabilität zwischen den taxonomischen Gruppen und innerhalb einiger von ihnen festzustellen. Zu den besonders heterogenen Gruppen gehören die Stinte *(Hypomesus)*, die Heringe *(Clupea harengus)*, die Maränen (Coregoninae) die Aale (Anguillidae), einige Arten von Zahnkarpfen *(Poecilia reticulata, Fundulus heteroclitus)*, der Stichling *(Gasterosteus aculeatus)*, der Kabeljau *(Gadus morhua)*, die Aalmutter *(Zoarces viviparus)*, die Familie der Schollen (Pleuronectidae) und einige andere. Relativ niedrige Werte sind charakteristisch für den Löffelstör *(Polyodon spathula)* und die Gattung *Albula* sowie für einige Salmonidae, Catostomidae und Scorpaenidae und den Heilbutt *(Hippoglossus hippoglossus)*. Die geringe Variabilität der Lachsartigen wird teilweise mit ihrem polyploiden Ursprung erklärt (ALTUCHOV et al. 1972; SALMENKOVA und VOLOCHONSKAJA 1973; ALTUCHOV 1974). Diese Hypothese erscheint uns ungenügend begründet. In der gleichen Gruppe finden wir sehr variable Forellen- und Saiblingsarten *(Salmo gairdneri, S. clarki, Salvelinus fontinalis)* und die sehr heterogenen Maränen *(Coregonus)*; bei der Kleinen Maräne *(C. albula)* und der Großen Maräne *(C. lavaretus)* beträgt die Zahl der polymorphen Loci 27 bis 40 %, die durchschnittliche Heterozygotie schwankt zwischen 10 und 15,5 %. Sehr variabel ist auch der Karpfen *(Cyprinus carpio)* (ALLENDORF und UTTER 1979; PAAVER 1979; TICHOMIROVA 1983, 1984a, 1984b). Es ist zu ergänzen, daß einige Autoren bei der Bestimmung des Heterogeniegrades der Salmoniden eine große Zahl von Loci wenig variabler, nichtenzymatischer Proteine, z. B. Hämoglobine und Cristalline, in ihre Berechnungen einbezogen haben (SALMENKOVA und VOLOCHONSKAJA 1973; OMEL'ČENKO 1975b).

Der relativ geringe Umfang der Variabilität in einigen taxonomischen Fischgruppen und bei einzelnen Arten innerhalb einer Familie kann auf ihre enge ökologische Spezialisierung oder die geringe Größe der natürlichen Populationen bei Arten, deren Areal in eine Vielzahl von isolierten Teilen aufgegliedert ist, zurückgeführt werden. Nach NEVO (1978) betragen die Durchschnittswerte der Heterozygotie, die für eine große Zahl von stark und wenig spezialisierten Tieren berechnet wurden, 0,037 und 0,071. Nach neueren Angaben von NEVO et. al. (1984) erreichen diese Größen für Wirbeltiere 0,043 und 0,059, wobei die Unterschiede signifikant sind ($r < 0,01$).

Bei den Characiden aus der Gattung *Astyanax* zeichnen sich die Arten, die in oberirdischen Gewässern leben, durch eine hohe Variabilität aus, während die Höhlenbewohner sehr monomorph sind. In einer Population wurde überhaupt kein Polymorphismus beobachtet (AVISE und SELANDER 1972). Ähnliche Feststellungen ergaben sich auch im Verhältnis der oberirdischen und der Höhlenarten der Familie Amblyopsidae (SWOFFORT et al. 1980). Der Monomorphismus der Höhlenfische kann das Ergebnis von Inzucht sein, die bei der zahlenmäßig geringen Stärke der Populationen unvermeidlich ist. Wahrscheinlich hängt er auch mit der großen Konstanz der Umweltbedingungen der Fische in den Höhlen zusammen.

Besonders wenig veränderliche Eiweiße sind bekanntlich die Histone, die zu den wichtigsten Komponenten der Chromosomen zählen. Vor kurzem wurde festgestellt, daß auch die Proteine der Zellmembranen ähnlich beständig sind (MANČENKO und NIKIFOROV 1979).

Es kann hinzugefügt werden, daß sich die Heterogenie der Zelleiweiße in Klonen humaner Zellen, die mit Hilfe von zweidimensionaler Elektrophorese und radioaktiver Markierung untersucht wurden, als sehr gering erwies (MCCONKEY et al. 1979).

Die Elektrophorese ermöglicht es lediglich, etwa ein Drittel der Allele jedes Locus festzustellen. Durch Erwärmen der Eiweiße (vor der Elektrophorese) gelingt es, einen wesentlichen Teil der restlichen biochemischen Variabilität zu ermitteln. Zieht man auf der einen Seite die Angaben über den unbedeutenden Polymorphismus der strukturellen Zelleiweiße und auf der anderen Seite das Vorhandensein der latenten „Wärme"-Allele in Betracht, so bestätigt sich, daß die Fische ebenso wie alle anderen Organismen außerordentlich heterogen sind. Selbst wenn man davon ausgeht, daß Heterozygotie nur die Hälfte des Wertes ausmacht, der experimentell gefunden wurde, und man hierfür 2,6 % ansetzt, beträgt die Zahl der heterozygoten Loci jedes Individuums beim Vorliegen von mindestens 10 000 strukturellen Genen im Genom der Fische durchschnittlich 260.

Die Fischpopulationen sind reich an polymorphen Genen, die zwei, drei und oftmals eine noch größere Zahl von Allelen aufweisen. Auf den Ursprung und die Bedeutung dieses außerordentlich großen Polymorphismus innerhalb der Populationen wird nach Behandlung aller bisher vorliegenden Angaben zur Genetik der Eiweißloci bei Fischen eingegangen.

5.5. Genetik der nicht enzymatischen Proteine bei Fischen

Transferrine

Unter den β-Globulinen des Blutserums spielen die Transferrine, die das für den Aufbau der Hämoglobinmoleküle notwendige Eisen transportieren, eine wichtige Rolle. Die einfache Feststellung der Transferrine bei der Elektrophorese und die erstaunliche Einfachheit der Vererbung der Allele des Transferrin(Tf)-Locus führte dazu, daß zahlreiche Arbeiten erschienen, die sich mit dem Polymorphismus dieses Proteins befassen (Tab. 26). Bei der Mehrzahl der Fischarten ist der Tf-Locus variabel, die Zahl der Allele schwankt zwischen 2 und 13 (meist 3 bis 4). Polymorphismus wurde in allen untersuchten taxonomischen Gruppen der Fischartigen und Fische festgestellt. Das Transferrin ist ein monomeres Eiweiß mit einer Molekularmasse von etwa 70 000 (VALENTA et al. 1976a; Untersuchung am Karpfentransferrin). Auf den Elektropherogrammen sind die Homozygoten im allgemeinen mit einer Bande (Isoform) vertreten, die Heterozygoten dagegen mit zwei (Abb. 47 und 48). Bei einigen Fischen (z. B. beim Atlantischen Lachs, *Salmo salar*) sind bei den Homozygoten anstelle einer Bande deren zwei vorhanden, bei den Heterozygoten sind es drei oder vier.

Tabelle 26
Polymorphismus des Transferrinlocus der Fischartigen und Fische

Familie	Gattung und Art	Zahl der Allele (q > 0,01)	Literaturquelle
Cyclostomata			
Myxinidae	Myxine glutinosa	2*	24
Petromyzonidae	Petromyzon marinus	2	6
Pisces			
Scyliorhinidae	Scyliorhinus spp. (2)	2	6
Acipenseridae	Acipenser gueldenstaedti	6	2, 7
	A. stellatus	3	8
	A. ruthenus	2	7
	Huso huso	3	7
Clupeidae	Clupea harengus	4	34, 46
	Alosa aestivalis	3	26
	Sprattus sprattus	3	57
Salmonidae	Salmo salar	4	28, 38
	S. gairdneri	2*	50, 51
	S. clarki	2*	52
	Salvelinus fontinalis	3	60
	Oncorhynchus kisutch	3	44, 49, 51
	Coregonus lavaretus	3	37
	C. albula	2	21
	C. nasus	2	21
Argentinidae	Argentina silus	2*	31
Cyprinidae	Cyprinus carpio	> 8	1, 3, 9, 33, 41, 53, 54
	Carassius carassius	5	39, 55
	Carassius auratus gibelio	7	39
	Tinca tinca	3	54, 55
	Leuciscus leuciscus	9	55
	L. cephalus	7	55
	L. idus	2	55
	Abramis brama	7	45, 55
	Rutilus rutilus	5	43
	Alburnus alburnus	9	55
	Scardinius erythrophthalmus	6	55
	Blicca bjoerkna	5	55
	Aspius aspius	2	42
	Barbus barbus	10	55
	B. meridionalis petenyi	4	53
	Hypophthalmichthys molitrix	3–5*	35, 55
	Aristichthys nobilis	3–5*	35, 55
	Chondrostoma nasus	2	55
	Notropis spp. (5)	bis 9	27
Catostomidae	Catostomus commersoni	2	5
	Ictiobus cyprinellus	2	18, 19
Anguillidae	Anguilla anguilla	4	10, 36
	A. rostrata	3	10
Ictaluridae	Ictalurus melas	4	25
Gadidae	Gadus morhua	13	15, 16
	G. virens	2	30
	G. pollachius	2	29
	G. merlangus	2	29
	G. aeglefinus	3	29

Familie	Gattung und Art	Zahl der Allele ($q > 0,01$)	Literaturquelle
Merluccidae	*Merluccius productus*	4	48
	M. merluccius	5	23
Serranidae	*Morone saxatilis*	2	32
Cichlidae	*Tilapia* spp. (2)	3	22
Sciaenidae	*Cynoscion regalis*	2*	40
	Leiostomus xanthurus	2	17
Thunnidae	*Thunnus albacares*	3	4, 13
	Th. alalunga	3	12
	Th. oxilunga	3	4
	Th. thynnus maccoyi	2	12
	Katsuwonus pelamis	3	13
Scombridae	*Sarda chiliensis*	2	4
Pleuronectidae	*Pleuronectus platessa*	3	20
	Hippoglossus stenolepis	4	20
	Reinhardtius hippoglossoides	2*	11
Tetraodontidae	*Opsanus tau*	3–4	14

* Zahl der Allele wurde nicht exakt ermittelt

Literatur:

1. BALACHNIN und GALAGAN (1972b); 2. BALACHNIN et al. (1972); 3. BALACHNIN et al. (1973); 4. BARRETT und TSUYUKI (1967); 5. BEAMISH und TSUYUKI (1971); 6. BOFFA et al. (1967); 7. ČICHAČEV (1982); 8. ČICHAČEV und CVETNENKO (1979); 9. CREYSSEL et al. (1966); 10. DRILHON und FINE (1971); 11. DJAKOV et al. (1981); 12. FUDJINO (1970); 13. FUDJINO und KANG (1968); 14. FYHN und SULLIVAN (1974b); 15. JAMIESON (1975); 16. JAMIESON und TURNER (1978); 17. JEFFREY (1981); 18. KOEHN (1969b); 19. KOEHN und JOHNSON (1967); 20. DE LIGNY (1966); 21. LOKŠINA (1980); 22. MALECHA und ASHTON (1968); 23. MANGALY und JAMIESON (1979); 24. MANWELL (1963); 25. MARNEUX (1972); 26. MCKENZIE und MARTIN (1975); 27. MENZEL (1976); 28. MØLLER (1970); 29. MØLLER und NAEVDAL (1966); 30. MØLLER und NAEVDAL (1974); 31. MØLLER et al. (1967); 32. MORGAN et al. (1973); 33. MOSKOVKIN et al. (1973); 34. NAEVDAL (1969); 35. NENAŠEV und RYBAKOV (1978); 36. PANTELOURIS et al. (1970); 37. PAVLU et al. (1971); 38. PAYNE (1974); 39. POLJAKOVSKIJ et al. (1973); 40. RUSSELL und JEFFREY (1978); 41. SAPRYKIN (1979); 42. SEDOV und KRIVASOVA (1973); 43. SEDOV et al. (1976); 44. SUZUMOTO et al. (1977); 45. TAMMERT (1974); 46. TRUVELLER et al. (1973a); 47. TSUYUKI et al. (1971); 48. UTTER und HODGINS (1971); 49–52. UTTER et al. (1970a, 1973b, 1980); 53. VALENTA (1978b); 54. VALENTA und KÁLAL (1968); 55. VALENTA et al. (1976a); 56. VALENTA et al. (1977b); 57. VELDRE und VELDRE (1979); 58. WILKINS (1971b); 59. WILKINS (1972); 60. WRIGHT und ATHERTON (1970).

Im Genom aller Fische ist gewöhnlich nur ein Tf-Locus vorhanden (oder in Aktion). Oftmals besitzt er mehrere Allele und dementsprechend auch Aloformen des Eiweißes. Polyploide Arten machen dabei keine Ausnahme; beim Karpfen, bei den beiden Karauschenarten, bei der Barbe *(Barbus barbus)* sowie bei allen Catostomiden und Salmoniden wurde ebenfalls nur jeweils ein Locus festgestellt. Dies läßt sich mit der Gleichartigkeit der Hauptfunktion des Transferrins, dem Eisentransport, erklären. Wenn ein zweiter Locus durch Verdopplung des Genoms oder regionale Duplikation entsteht, erweist er sich als unnötig und wird früher oder später zerstört oder inaktiv. Das Auftreten mehrerer Transferrinformen bei der Mehrzahl der Fischarten ist mit Sicherheit nicht zufällig. Einige Autoren bringen das mit der zweiten Funktion dieses Proteins, nämlich seiner bakteriziden oder Schutzeigenschaft in Zusammenhang (MANWELL und BAKER 1970; HEGENAUER und SALTMAN 1795 u. a.); diese ist

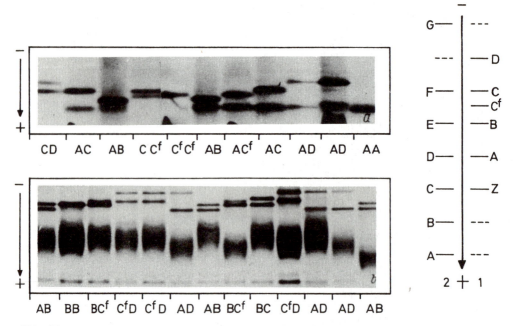

Abb. 47
Transferrine des Karpfens *(Cyprinus carpio)*. a Ural-Karpfen (Foto D. I. Ščerbenok), b Karpfen des Gebietes Moskau (Foto G. M. Sabinin). Kennzeichnungen der Fraktionen: 1 nach Moskovin et al. 1973, 2 nach Valenta et al. 1976a.

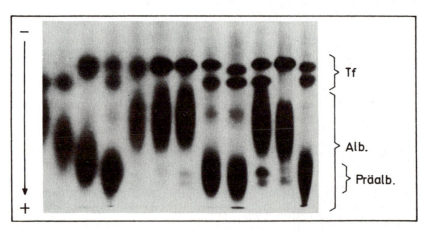

Abb. 48
Variabilität der Transferrine und Albumine beim Ropscha-Karpfen. Foto G. M. Sabinin.

bei den Heterozygoten stärker ausgeprägt. Eine genetische Analyse, die am Karpfen und drei Salmonidenarten durchgeführt wurde, zeigte eine exakte Mendelsche Vererbung aller Transferrinvarianten. Wir führen die Ergebnisse einiger typischer Kreuzungen an (s. Seite 169 oben).
Alle Tf-Allele sind codominant, die Verhältnisse der Phänotypen in der Nachkommenschaft entsprechen im allgemeinen den

Cyprinus carpio:	♀ CC × ♂ AB = 98 AC + 93 BC (Balachnin und Galagan 1972)	
	♀ AD × ♂ AA = 40 AA + 32 AD (Valenta et al. 1976a)*	
Salmo gairdneri:	♀ AA × ♂ AC = 32 AA + 28 AC (Utter et al. 1973c)	
Oncorhynchus kisutch:	♀ AC × ♂ BC = 30 AB + 28 AC + 25 BC + 29 CC (Utter et al. 1973c)	
Salmo salar:	♀ AC × ♂ AC = 29 AA + 52 AC + 21 CC (Møller 1970)	

* Die Kennzeichnungen der Allele wurden entsprechend denen von Moskovkin et al. (1973) verändert

erwarteten Werten, nur in einigen Fällen ist ein Defizit an Individuen bestimmter Klassen vorhanden. Nullallele wurden nicht gefunden. Manchmal ist die Bestimmung des Genotyps bezüglich des Tf-Locus nach den Elektropherogrammen wegen des Auftretens von drei anstelle von nur zwei Banden bei den Heterozygoten erschwert. Wie die Überprüfung eines solchen Falles beim Karpfen ergeben hat, war eine der drei Isoformen auf eine Konformationsänderung des Transferrinmoleküls zurückzuführen. Konformationsisoformen sind offenbar nicht selten, ihre Konzentration ist jedoch nicht groß, und meist erscheinen sie nur als schwache „Schatten" (Valenta et al. 1977b). Bei den Salmoniden und einer Reihe anderer Fische läßt sich die große Zahl der elektrophoretisch trennbaren Molekularformen durch eine unterschiedliche Anzahl von Sialsäureresten (ein bis vier) erklären, die sich an das Transferrin anlagern können (Herschberger 1970).

Das Verhältnis der Häufigkeiten der Tf-Allele in den Fischpopulationen läßt sich grundsätzlich gut nach der Hardy-Weinbergschen Formel beschreiben (Tab. 27). Es gibt aber auch Abweichungen, so fehlen in einzelnen Proben die Heterozygoten, seltener kommen sie in der Überzahl vor. Sehr wahrscheinlich liegt die Ursache für ein Defizit an Heterozygoten in der Vermischung zweier Populationen, die sich in der Allelhäufigkeit voneinander unterscheiden (Wahlund-Effekt). In zwei Proben von Lachsen aus Flüssen Neufundlands wurde z. B. ein Gleichgewicht der Häufigkeiten festgestellt (Møller 1970):

		AA	AC	CC
Indian-Fluß:	erhalten	1	14	97
	erwartet	0,6	14,8	96,6
Adis-Bach:	erhalten	21	56	43
	erwartet	20,0	58,0	42,0

Die Vermischung dieser Proben führte zu einem erheblichen Mangel an Heterozygoten:

	AA	AC	CC
erhalten	22	70	140
erwartet	13,9	85,8	132,2

Die Anzahl der Heterozygoten bezüglich des Tf-Gens erreicht in den Populationen vieler Fischarten 30 bis 40 % und manchmal, bei einer sehr großen Zahl von Allelen (z. B. beim Karpfen oder beim Kabeljau), übersteigt sie 50 und sogar 60 %. Die Transferrine gehören bei den Fischen zur Gruppe der variabelsten Proteine.

Die einfache Art der Vererbung, die niedrigen Selektionskoeffizienten hinsichtlich der allelen Tf-Varianten und die einfache Methodik der Bestimmung des Transferrins im Elektropherogramm ermöglichen es, die Transferrinallele als genetische Markierungen zu verwenden.

Hämoglobine

Nur bei 17 von insgesamt 75 bis zum Jahr 1969 untersuchten Fischarten wurde ein Polymorphismus der Hämoglobinloci festgestellt (Altuchov 1969b). Bis heute ist die Anzahl der polymorphen Arten auf fast 50 angestiegen. Polymorph sind die Inger der Art *Eptatretus stouti* (Li et al. 1972), einige Haiarten (Fyhn und Sullivan 1974), viele Störe (Cvetnenko 1980; Čichačev 1982; Rolle 1982), die Sprotte und die Chilenische Sardelle (Wilkens und Iles 1966; Simpson und Schlotfeldt 1966; Naevdal 1968; Veldre und Veldre 1979) und einige Salmoniden, insbesondere *Oncorhynchus keta, O. kisutch, Salvelinus malma* sowie eine Coregonenart (Lindsey et al. 1970; Omel'cenko 1975b). Von den Cypriniden sind der Karpfen *(Cyprinus carpio)*, die

Tabelle 27 Populationsvariabilität der Transferrintypen bei Fischen (in Klammern: Zahl der Fische, die nach der HARDY-WEINBERG-Formel zu erwarten war)

Art	Ort der Probe-nahme	Transferrintypen und ihre Häufigkeit (Stück)										n	Literatur-quelle
		A	B	C	D	AB	AC	AD	BC	BD	CD		
Wildkarpfen (*Cyprinus carpio*)	Donau	34 (31,8)	10 (4,9)	10 (7,0)	0 (0,1)	21 (24,9)	30 (30,9)	4 (4,2)	5 (11,7)	2 (1,6)	2 (2,0)	119*	2
Atlantischer Lachs (*Salmo salar*)	Kanada und USA (Labrador, Maine) Neufundland	10 (6,0) 0 (0,8)	– –	75 (71,0) 134 (134,9)	– –	– –	32 (40,0) 22 (20,3)	– –	– –	– –	– –	117*	4
												156	5
	England und Irland	– –	2 (0,9)	4288 (4291,2)	– –	– –	– –	– –	124 (121,9)	– –	– –	4414	6
Bachsaibling (*Salvelinus fontinalis*)	USA, Pennsylvania (Teichwirtschaft) (natürliche Gewässer)	2 (2) – –	54 (57) 1 (0,5)	249 (248) 125 (124,9)	– –	21 (19) –	36 (39) –	– –	240 (237) 14 (14,6)	– –	– –	602	8
												140	8
Hering (*Clupea harengus*)	Nordsee	34 (33,9)	79 (78,8)	–	–	103 (103,3)	–	–	–	–	–	216	7
Kabeljau (*Gadus morhua*)	Norwegische Küste	27 (25)	73 (67)	1409 (1405)	–	77 (81)	373 (373)	–	605 (613)	–	–	2564	3
Roter Thun (*Thunnus thynnus*)	Pazifischer Ozean	267 (268)	0 (1)	–	–	35 (33)	–	–	–	–	–	302	1
Weißer Thun (*Thunnus alalunga*)	Pazifischer Ozean	167 (164)	25 (22)	–	–	115 (121)	–	–	–	–	–	307	1

* Signifikante Abweichungen von den theoretischen Gleichgewichts-Häufigkeiten (Homozygotenüberschuß). Aus der Probe der Wildkarpfen wurde ein Individuum ausgeschieden, das wahrscheinlich bezüglich des fünften (seltenen) Allels heterozygot war

Literatur: 1. FUJINO und KANG (1968); 2. GALAGAN (1973); 3. MØLLER (1968); 4. MØLLER (1971); 5. PAYNE (1974); 6. PAYNE et al. (1971); 7. TRUVELLER et al. (1973a); 8. WRIGHT und ATHERTON (1970)

Schleie *(Tinca tinca)*, die Barbe *(Barbus barbus)* und die indischen Karpfen der Gattungen *Catla* und *Labeo* polymorph; ferner der Fernöstliche Schlammpeitzger (CALLEGARINI und CUCCHI 1968; DOBROVOLOV 1972; KIMURA MASAO 1976; KRISHNAJA und REGE 1977; KOSTENKO 1981). Polymorphismus wurde bei der Aalmutter (CRISTIANSEN und FRYDENBERG 1974; HJORTH 1974, 1975) und bei *Hippoglossoides platessoides* (NAEVDAL und BAKKEN 1974) festgestellt. Polymorph sind auch einige andere Fische (CALLEGARINI 1966; RAUNICH et al. 1966, 1967, 1972; WESTRHEIM und TSUYUKI 1967; SCHLOTFELDT 1968; CALLEGARINI und CUCCHI 1969; CUCCHI und CALLEGARINI 1969; SHARP 1969, 1973; MANWELL und BAKER 1970; HASNAIN et al. 1973; FYHN und SULLIVAN 1974b; KARTAVTSEV 1975).

Zehn Arten aus der Familie der Gadiden erwiesen sich als polymorph hinsichtlich des Hämoglobins, z. B. *Gadus morhua, Melanogrammus aeglefinus* und *Theragra chalcogramma*, ferner *Mallotus villosus* (SICK 1961, 1965a, 1965b; FRYDENBERG et al. 1965, 1969; WILKINS 1966, 1971a; MØLLER und NAEVDAL 1969; JAMIESON und JONSSON 1971; JAMIESON und THOMPSON 1972; OMEL'ČENKO 1975c; MORK et al. 1982).

Ebenso wie bei den Säugetieren treten die Hämoglobine auch bei den Fischen oft in mehreren molekularen Formen auf, die sich während der Ontogenese ablösen oder gleichzeitig vorkommen (BUHLER und SHANKS 1959; KOCH et al. 1967; WILKINS 1971a; LUK'JANENKO und GERASKIN 1971; zusammenfassende Angaben über multiple Hämoglobine sind in dem Buch von MANWELL und BAKER 1970 enthalten). Jedes Hämoglobinmolekül besteht aus vier Untereinheiten, die gewöhnlich zu zweien gruppiert sind. Sie werden durch unterschiedliche Gene codiert.

Beim Hämoglobinpolymorphismus finden sich mitunter zwei „gewöhnliche" (häufig vorkommende) allele Formen und ein bis zwei seltene Allele. Die Allele des Hb-Locus werden codominant vererbt. Bei Heterozygoten bilden sich beide Elternvarianten, aber die Hybridprodukte werden bei weitem nicht in allen Fällen synthetisiert. Eine Hybridanalyse wurde noch bei keiner Fischart durchgeführt, über den Charakter der Vererbung läßt sich nur nach Unterlagen aus Populationen urteilen.

Bei Cypriniden wurden bisher lediglich zwei Hämoglobingene festgestellt (HILSE et al. 1966; OHNO 1969a); es ist zu erwarten, daß ihre Zahl noch größer ist. Bei polyploiden Salmoniden sind mindestens 8 strukturelle Hämoglobingene vorhanden. Ihre Polypeptidprodukte kombinieren sich, wobei sie viele verschiedene Heterotetramere bilden, die jeweils aus zwei, drei und sogar vier verschiedenen Polypeptiden bestehen (TSUYUKI und RONALD 1970, 1971). Die Zahl der Banden auf den Elektropherogrammen erreicht 15 bis 18 (OMEL'ČENKO 1973).

Die Frage nach dem Umfang der Hämoglobinvariabilität bei Fischen ist noch nicht endgültig geklärt. Polymorphe Formen finden sich in den unterschiedlichsten taxonomischen Gruppen, und meist sind in diesen taxonomischen Gruppen auch viele monomorphe Arten vorhanden. In einigen Fischgruppen (z. B. bei den Gadiden) ist die Mehrzahl der Arten variabel. In anderen Gruppen (Salmoniden) ist Hämoglobinpolymorphismus selten. Insgesamt jedoch sind die Hämoglobine der Fische wesentlich weniger variabel als die Transferrine. In den meisten taxonomischen Gruppen gibt es viele monomorphe Arten, und die Hämoglobinzymogramme sind artspezifisch (ALTUCHOV 1969; ALTUCHOV und RYČKOV 1972; BUŠUEV et al. 1975). Dies ermöglicht, sie erfolgreich zur Diagnostik und Analyse der evolutionären Zusammenhänge zwischen nahe verwandten Fischarten anzuwenden. Der genetische Polymorphismus der Hämoglobine ist bei den Fischen ebenso wie bei vielen anderen Tieren und beim Menschen begrenzt. Dies hängt zweifellos damit zusammen, daß die Hämoglobinmoleküle in ihrer Wirkungsweise sehr spezifisch sind, und auch damit, daß die Wahrscheinlichkeit neuer nutzbringender Mutationen gering ist.

Haptoglobine

Diese Eiweiße gehören zu den β-Globulinen des Blutserums und erfüllen im Organismus eine spezifische Funktion, sie binden freies Hämoglobin. Die Bedeutung dieser Komplexbildung ist noch unbekannt (HARRIS 1970). Beim Menschen ist Haptoglobinpolymorphismus weltweit verbreitet (EFROIMSON 1968; HARRIS 1970). Bei Fischen ist die Variabilität der Haptoglobine bisher kaum untersucht worden. Beschrieben wurden drei Varianten (A, B, und 0) bei zwei Rotbarscharten, *Sebastes mentella* und *S. marinus* (NEFEDOV 1969), die Vererbung dieser Varianten wurde jedoch nicht verfolgt. Ein einfaches dialleles, codominantes System der Haptoglobine wurde beim Giebel entdeckt (POLJAKOVSKIJ et al. 1973). Es gibt Hinweise auf einen Haptoglobinpolymorphismus beim Karpfen (ČUTAEVA et al. 1975 b).

Albumine und Präalbumine

Eine genetische Variation der Albumine gibt es bei sehr vielen Fischarten. Nicht immer gelingt es, die bei der Elektrophorese auftretenden Verteilungsmuster der Albuminfraktionen zu entziffern. Manchmal sind sie diffus und bilden keine deutlichen Banden. Dies ist die Hauptursache für die geringe Zahl von Arbeiten, die der Genetik der Albumine gewidmet sind. Die meisten Untersuchungen wurden an Salmoniden durchgeführt. Polymorphe Albuminsysteme sind beim Atlantischen Lachs und der Regenbogenforelle, beim Keta- und Rotlachs sowie bei drei Arten der Gattung *Salvelinus* vorhanden. (WRIGHT et al. 1966; NYMAN 1967; WILKINS 1971b; ALTUCHOV et al. 1972; ALTUCHOV 1973; KEESE und LANGHOLZ 1974) und wurden auch bei vier Coregonenarten festgestellt (LOKŠINA 1980). Die Zahl der Allele eines Locus variiert zwischen zwei und vier bis fünf. Nicht weniger als sieben bis acht Albuminphänotypen sind beim Karpfen zu beobachten (Abb. 48). Drei Albuminphänotypen sind beim Giebel in dem belorussischen Sudobla-See zu unterscheiden, es werden zwei codominante, autosomale Allele vermutet (POLJAKOVSKIJ et al. 1973). Die Häufigkeitsverteilung lag nahe dem Gleichgewicht:

	AA	AO	OO	n
erhaltene Häufigkeiten	17	79	61	157
erwartete Häufigkeiten	20,3	72,3	64,4	

Polymorph hinsichtlich der Albumine sind auch ein Vertreter der Lungenfischgattung *Protopterus* (MASSEYEFF et al. 1963) sowie vier Störarten (LUK'JANENKO et al. 1971, 1975; BALACHNIN et al. 1972; ČICHAČEV und CVETNENKO 1979; CVETNENKO 1980), der Hering und die Sprotte (NAEVDAL 1969; VELDRE und VELDRE 1979), drei Arten der amerikanischen Cyprinidengattung *Notropis* (MENZEL 1976), *Lota lota* (NYMAN 1966; zitiert nach de LIGNY 1969), zwei Rotbarscharten (ALTUCHOV 1974), der Kabeljau (NYMAN 1966; zitiert nach de LIGNY 1969) und andere. Man darf vermuten, daß sich ebenso wie beim Tf-Locus sehr viele Fische als polymorph erweisen werden. Oft unterscheiden sich nahe verwandte Arten durch die Allele des Albuminlocus voneinander. Ein deutlich polymorphes Paraalbuminsystem wurde vor kurzem bei der Regenbogenforelle festgestellt (GALL und BENTLEY 1981). Polymorph sind zwei Loci mit übereinstimmender elektrophoretischer Beweglichkeit ihrer allelen Varianten. Diese Allele werden disom vererbt; eine genetische Analyse ergab, daß sich die duplizierten Loci in verschiedenen Chromosomen befinden.
Einfache dialele Systeme der Präalbumine wurden bei Regenbogenforelle und Seesaibling gefunden (WRIGHT et al. 1966; KEESE und LANGHOLZ 1974), ebenso beim Karpfen, beim Blei und einigen anderen Cypriniden (BALACHNIN et al. 1973; TAMMERT und PAAVER 1981) sowie bei *Myoxocephalus quadricornis* (NYMAN und WESTIN 1968).

Nicht identifizierte Serumproteine

Eine Variabilität nicht näher identifizierter Serumproteine wurde bei Stören (LUK'JANENKO und POPOV 1969; LUK'JANENKO et al. 1975), bei Sardinen (BARON 1972) und bei einigen Salmoniden und Cypriniden (DUFOUR und BARRETTE 1967; MCKENZIE und PAIN 1969; TANIGUCHI und ICHIWATARI 1972; KEESE und LANGHOLZ 1974; HARRIS 1974 u. a.) festgestellt. Ein einfaches, offenbar dialleles System wurde bei *Myoxocephalus bubalis* gefunden (NYMAN und WESTIN 1969). Die Autoren vermuten, daß es sich bei dem von ihnen untersuchten Eiweiß um

Ceruloplasmin handelt. Ein Polymorphismus der Serumproteine wurde auch bei einigen Plattfischarten beobachtet (KOVAL' und BOGDANOV 1982). Variabilität in der Zone A bei *Oncorhynchus nerka* und *O. keta*, die von ALTUCHOV et al. (1972) beschrieben wurde, war durch Variation in der qualitativen Zusammensetzung der Lipoproteine (Phospholipide) bedingt. Die Allele C und D unterscheiden sich durch den Gehalt an Lecithin und Isolecithin in ihren Produkten (Lipiden), die Heterozygoten nehmen in dieser Beziehung eine Zwischenstellung ein. Die Fraktionen, die durch diese Allele codiert werden, unterscheiden sich deutlich durch ihre elektrophoretische Beweglichkeit. In den Populationen von *O. keta* und *O. nerka* befinden sich die Allele C und D im Gleichgewicht (AKULIN et al. 1975).

Oftmals ist eine Variabilität der Serumproteine im Bereich der „langsamsten" Eiweißfraktionen, der Gammaglobuline, vorhanden. Eine detaillierte genetische, populationsmäßige Untersuchung dieser variablen Zonen ist infolge der ungenügend deutlichen Trennung der Gammaglobulinfraktionen in den Gelblöcken erschwert. Variation des Ca^{2+}-bindenden Proteins wurde bei einigen Arten der Gattung *Notropis* festgestellt (BUTH 1979 c).

Myogene (sarcoplasmatische Proteine der Skelettmuskulatur)

Bei den Fischen ergibt die Elektrophorese der Muskeleiweiße 15 bis 20 Fraktionen. Viele von ihnen erweisen sich innerhalb einer Art oder einer Population als monomorph, bei einigen Fischarten ist jedoch eine Variabilität bezüglich einer oder zweier Zonen festzustellen. Die Zahl der Allele beträgt meist zwei.

Beim Karpfen sind offenbar zwei Myogenloci polymorph. Besser untersucht ist der Polymorphismus der schnellen (in der Reihenfolge dritten) Fraktion My3. Bei einem erheblichen Teil der Individuen der europäischen Populationen fehlt diese Fraktion (Nullallel). In Stichproben sind nur zwei Phänotypen vertreten (Abb. 49), „+" (A) und „–" (a) (TRUVELLER et al. 1973 b; PAAVER 1979, 1983 b). Eine Analyse von Kreuzungen ergab, daß der „+"-Typ dominant und der „–"-Typ rezessiv ist (TRUVELLER et al. 1973 b; ČERFAS und TRUVELLER 1978). Es wurde folgende Nachkommenschaft erhalten:

1. a × a   (aa × aa)
   = a(aa),   100 %

2. A × A (wahrscheinlich Aa × Aa)
   = 73 A(AA + Aa) + 23 a(aa)

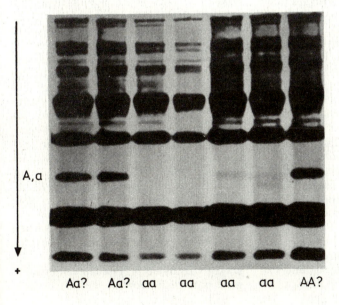

Abb. 49
Myogene des Karpfens *(Cyprinus carpio)*. Variabilität der Loci mit Nullallel (TRUVELLER et al. 1973 b).

Die Homo- und Heterozygoten AA und Aa unterscheiden sich ziemlich deutlich durch die Proteinmenge, die bei der Gelfärbung zutage tritt, bei den Homozygoten ist sie wesentlich größer.

Die Unterarten des Wildkarpfens, *Cyprinus carpio carpio* und *C. c. haematopterus*, unterscheiden sich durch die Häufigkeit des Auftretens des Allels a. Beim Amurwildkarpfen ist dessen Häufigkeit sehr groß (über 0,95), beim Mittelasiatischen und Europäischen Wildkarpfen herrscht das dominante Allel A vor (TRUVELLER et al. 1973b; PAAVER 1979, 1983a).

Der zweite, langsamere Locus My4 ist durch die beiden codominanten autosomalen Allele C und D vertreten.

Das „langsame" Allel D wurde nur beim israelischen Karpfen gefunden. Die homozygoten Träger dieses Allels (DD) bleiben im Wachstum zurück und sterben fast alle im Alter von 6 Monaten. Der Polymorphismus wird offenbar dadurch aufrecht erhalten, daß die Heterozygoten überleben (DOBROVOLOV et al. 1981).

Nullallele eines Myogenlocus wurden auch bei *Vimba vimba* (PAJUSOVA und KOREŠKOVA 1973; PAJUSOVA et al. 1976) und bei *Merluccius capensis* (NEFEDOV et al. 1973) gefunden.

Polymorphismus hinsichtlich eines oder zweier Myogenloci wurde bei Acipenseriden (ČICHAČEV 1983), beim Hering (2 Loci; SALMENKOVA und VOLOCHONSKAJA 1973; OMEL'ČENKO 1975b), bei Kilka, Sprotte und Schwarzmeersardelle (DOBROVOLOVA 1978; DOBROVOLOV und ŠCAIN 1978; DOBROVOLOV et al. 1980) sowie bei einer Reihe von Lachsen und Maränen (FERGUSON 1975, 1980; MAY et al. 1975; OMEL'ČENKO 1975; LOKŠINA 1980) festgestellt. Variabel sind einige Cypriniden und Catostomiden (TSUYUKI et al. 1967; DUBININ et al. 1975; TANIGUCHI und SAKATA 1977), *Menidia menidia* (MORGAN und ULANOWICZ 1976), *Stizostedion vitreum* und 2 Arten von *Sebastes* (TSUYUKI et al. 1965; UTHE et al. 1966), *Katsuwonus pelamis* (FUJINO 1970), Vertreter der Gattung *Myoxocephalus* (KARTAVCEV 1975). *Trachurus mediterraneus* (NEFEDOV et al. 1973), *Xiphophorus maculatus* und *Poeciliopsis monacha* (SICILIANO et al. 1973; LESLIE und VRIJENHOEK 1977), der Kabeljau (ODENSE et al. 1966b), *Merluccius productus* (UTTER und HODGINS 1971), *Anoplopoma fimbria* (TSUYUKI et al. 1965; TSUYUKI und ROBERTS 1969) und eine Reihe von Plattfischarten (WARD und BEARDMORE 1977; KOVAL' und BOGDANOV 1982).

Es ist zu vermuten, daß Myogenpolymorphismus bei der Mehrzahl der Fischarten vorkommt, jedoch nur wenige Fraktionen betrifft. Die Muskelproteine sind wesentlich beständiger und artspezifischer als die Serumproteine, und dies ermöglicht ihre Nutzung für systematische Untersuchungen bei Fischen.

Proteine der Augenlinse (Cristalline)

Beim Bachsaibling *(Salvelinus fontinalis)* erwiesen sich von 10 Banden der Cristalline auf den Elektropherogrammen, die wahrscheinlich 10 Loci entsprechen, vier als polymorph (ECKROAT und WRIGHT 1969; ECKROAT 1971, 1973). Genauer untersucht wurde die genetische Varianz von drei Loci. Die Allele eines Locus waren codominant, die der zwei anderen durch das Vorhandensein von „+"- und „−"-Varianten gekennzeichnet, hinsichtlich der Nullallele trat Aufspaltung ein. Eine Überprüfung ergab, daß diese beiden Loci unabhängig vererbt werden. In einem der heterogenen Systeme der Cristalline dominiert der Typ „−" (ECKROAT 1973), ein sehr seltener Fall in der biochemischen Genetik.

Weniger untersucht wurden die polymorphen Cristallinsysteme bei anderen Fischen. Zu den polymorphen Arten gehören der Rochen *Raja clavata* (BLAKE 1976), der Kabeljau (ODENSE et al. 1966b), Regenbogenforelle und *Salvelinus alpinus* (SMITH 1971a; SAUNDERS und MCKENZIE 1971), *Decapterus pinnulatus* (SMITH 1969), *Caulolatilus princeps* aus der Familie Branchiostegidae (SMITH und GOLDSTEIN 1967), *Sebastolobus alascanus* (SMITH 1971b), die Thune *Thunnus thynnus, Th. alalunga* und *Th. albacares* (SMITH 1965, 1968; GUTIERREZ 1969; SMITH und CLEMENS 1973), *Sarda chiliensis* (BARRETT und WILLIAMS 1967) sowie 3 Arten der Gattung *Myoxocephalus* (KARTAVCEV 1975).

Da die Cristalline bei Fischen erst ungenügend untersucht worden sind, ist es nicht möglich, eine allgemeine Einschätzung des Umfangs ihrer Variabilität vorzunehmen. Es läßt sich nur die vorläufige Schlußfolgerung ziehen, daß sie etwas variabler als die Muskelproteine, aber konstanter als die Transferrine und die anderen Serumproteine sind.

5.6. Genetik der Enzyme. Oxydoreductasen

Lactatdehydrogenase (LDH, 1.1.1.27)

Zu den bei Fischen am besten untersuchten Enzymen gehört die LDH, die den Lactat- und Pyruvatstoffwechsel steuert. Ebenso wie bei den Säugetieren (und dem Menschen) hat dieses Enzym bei den Fischen quaternäre Struktur und ist tetramer. Die vier Untereinheiten, die das LDH-Molekül bilden, können gleichartig oder verschieden sein, d. h. das Molekül kann homo- oder heterotetramer sein. Im letzten Fall werden zwei Typen von Polypeptiden, die durch zwei verschiedene (nichtallele) Loci codiert werden, kombiniert und bilden eine Serie aus fünf Isozymen:

A_4; A_3B; A_2B_2; AB_3; B_4

Bei einigen Fischen (Makrelen und andere) werden die Isozyme A_3B und AB_3 nicht synthetisiert (MARKERT und FAULHABER 1965), bei vielen anderen ist ihre Anzahl verringert. Manchmal fehlen die Heteropolymeren ganz (*Cynoscion regalis* und einige andere; s. WHITT 1970b).

Die Zahl der LDH-Gene im Genom der Fischartigen und Fische schwankt zwischen eins und fünf. (Tab. 28)

Bei den meisten Knochenfischen sind drei Loci vorhanden. Zwei von ihnen, A und B, sind dem Muskulatur- (M) und Herzgen (H) der Säugetiere homolog, das dritte (C) ist nur für Fische charakteristisch (MARKERT et al. 1975). Das Gen C (Synonyme: L und E) ist bei der Mehrzahl der Knochenfische in der Augenretina tätig und offenbar für die schnelle Regeneration der Sehpigmente, Rhodopsin und Porphyrin, notwendig (WHITT et al. 1973c; WHITT 1975a). Bei den Cypriniden und einigen Gadiden fehlen die Produkte dieses Gens in den Augen, aber in der Leber gibt es Isozyme, deren Eigenschaften denen der Augenisozyme der Salmoniden ähnlich sind und die durch einen spezifischen Locus (oder durch Loci)

Tabelle 28
Zahl der LDH-Loci bei Fischartigen und Fischen (nach MARKERT et al. 1975, ergänzt)

Taxonomische Gruppe	Zahl der Loci	Bezeichnung der Loci
Fischartige		
Neunaugen (Petromyzonidae)	1	A*
Inger (Myxinidae)	2	A, B
Fische		
Knorpelfische (Chondrichthyes)	2	A, B
Lungenfische (Dipnoi)	2 (3)	A, B, C?
Knorpelganoiden (Chondrostei)	2–5	A (1–2), B (1–2), C**
Knochenfische (Teleostei)		
diploide Arten	3	A, B, C
tetraploide Arten		
Salmoniden***	5	A_1, A_2, B_1, B_2, C
Karpfen, Karausche	5	A_1, B_1, B_2, C_1, C_2

*   Die Homologie des einzigen LDH-Locus bei den Neunaugen und des Locus A der übrigen Fische ist nicht endgültig erwiesen. Die Neunaugen besitzen möglicherweise noch einen zweiten, schwach wirkenden LDH-Locus (DELL AGATA et al. 1979)
** Die Zahl der Loci ist bei den tetraploiden Acipenseriden nicht exakt bestimmt
*** Die Zahl der LDH-Loci bei den Äschen ist nicht bekannt

codiert werden, der jetzt auch mit C bezeichnet wird (KEPES und WHITT 1972; MARKERT et al. 1975). In den Augen sind in diesem Fall nur die Isozyme der Serie B tätig. Alle untersuchten Salmoniden und auch alle tetraploiden Cypriniden (Karpfen und offensichtlich Karausche) haben je fünf LDH-Gene. Die Gene A und B bei den Salmoniden und die Gene B und C beim Karpfen sind dupliziert.

Beim Russischen Stör *(Acipenser gueldenstaedti)* ist das Spektrum der LDH-Isozyme sehr reich (Abb. 50). Die Zahl der LDH-Loci im Genom des Störs beträgt ebenso wie bei den Salmoniden offenbar 5 oder mehr. Sind die duplizierten Gene A, B oder C bei (ihrem Ursprung nach) tetraploiden Fischen vorhanden, werden die Heterotetrameren vorwiegend durch Kombination verwandter Polypeptide gebildet. Dabei entstehen die Isozymserien A1-A2, B1-B2 und C1-C2, von denen jede aus fünf Fraktionen besteht:

A_4^1; $A_3^1A_1^2$; $A_2^1A_2^2$; $A_1^1A_3^2$; A_4^2 oder
B_4^1; $B_3^1B_1^2$; $B_2^1B_2^2$; $B_1^1B_3^2$; B_4^2 usw.

Die heterogenen Isozyme (AB, AC und BC) werden bei weitem nicht von allen Arten synthetisiert, und gewöhnlich ist ihre Menge geringer (MASSARO 1972; SHAKLEE et al. 1973; MARKERT et al. 1975 u. a.). Die molekulare Hybridisation der Untereinheiten A, B und C ist bei den Salmoniden und Cypriniden auch unter experimentellen Bedingungen (in vitro) schwierig. Das hängt mit den großen Unterschieden zwischen den drei Typen der Untereinheiten (besonders zwischen A und B und A und C) hinsichtlich der summarischen Zusammensetzung der Aminosäuren und dementsprechend mit der Primärstruktur zusammen. So unterscheiden sich beim Königslachs *(Oncorhynchus tshawytscha)* die LDH-A und die LDH-B durch ihren Gehalt an 11 von 20 Hauptaminosäuren signifikant voneinander (LIM et al. 1975).

Die Vielfalt der LDH-Isozyme im Organismus der Fische wird beim Auftreten alleler Varianten in den einzelnen Loci noch erhöht. Die Serien der Allele des A-, B- und C-Locus wurden schon bei mehr als 70 Arten der Fischartigen und Fische, angefangen bei den Ingern bis zu den Plattfischen, festgestellt (SAČKO 1971; MARKERT et al. 1975 u. a.). Es ist unmöglich, hier eine Beschreibung aller Fälle des Polymorphismus bezüglich der LDH-Loci zu geben. Wir beschränken uns auf ihre Aufzählung und die Betrachtung einiger besonders interessanter Beispiele.

Beim Inger *Eptatretus stouti* wurden bei jedem von zwei sich unabhängig vererbenden LDH-Loci (A und B) zwei codominante Allele gefunden (OHNO et al. 1967b). Zwei Allele des Gens A wurden bei dem Rochen

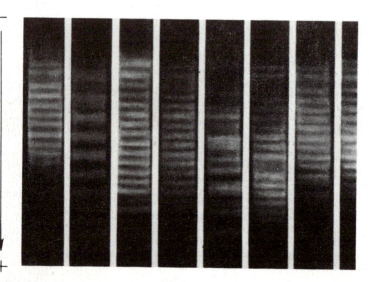

Abb. 50
Multiple LDH-Isozyme beim Russischen Stör, *Acipenser gueldenstaedti* (SLYN'KO 1976a).

Rhinobatos schlegeli (BRIDGES und FREIER 1966) ermittelt.

Polymorph hinsichtlich eines oder zwei LDH-Loci sind der Sterlet, der Russische Stör, der Sternhausen und andere Acipenseriden (ROLLE 1981; ČICHAČEV 1983).

Unter den Clupeiden wurde LDH-Polymorphismus beim Atlantischen Hering beobachtet (ODENSE et al. 1966a, 1971; NAEVDAL 1969, 1970; ANDERSON et al. 1981). Allele Varianten wurden für alle drei Loci gefunden. Die Variabilität des Locus LDH-1 hängt mit dem Auftreten eines Nullallels zusammen. Der codominante Charakter der Vererbung der restlichen LDH-Allele wurde durch Hybridanalyse bestätigt (KORNFIELD et al. 1981, 1982a). Bezüglich des Locus A sind *Engraulis encrasicholus* und *E. mordax* variabel (KLOSE et al. 1968; OHNO et al. 1968, 1969a; DOBROVOLOV 1976; DOBROVOLOV et al. 1980).

Viele Salmoniden sind bezüglich der LDH-Loci heterogen (Tab. 29). Neben der Variabilität der strukturellen Loci ist bei *Oncorhynchus keta, O. gorbuscha* und beim arktischen Saibling eine erbliche Variation im Grad des Auftretens (der Aktivität) der Allele ohne Veränderung der elektrophoretischen Beweglichkeit der Allozyme zu beobachten. Es ist in diesen Fällen

Tabelle 29
Polymorphismus der LDH-Loci bei polyploiden Fischarten

Art	Loci (in Klammern Anzahl der Allele)	Literaturquelle
Salmo salar	C(2)	19
S. trutta	B(2), C(2)	1, 3, 31, 52
S. gairdneri	B1(3), B2(3), C(2, Nullallel)	2, 17, 28, 41, 42, 44, 49, 52
S. clarki	C(2)	24, 45
Oncorhynchus keta	A2(2), B2(2), C(2)	4, 6, 27, 35, 36, 45
O. gorbuscha	C(2)	4, 32, 45
O. kisutch	B1(2), C(2)	45
O. nerka	B1(2)	5, 15, 16, 21, 22, 23, 35, 36, 43
Salvelinus fontinalis	B1(2), B2(3), C(2)	9, 10, 14, 30, 31, 39, 51
S. alpinus	B(2), C(2)	25, 37
S. malma	C(2)	32
Coregonus clupeaformis	A1(2), B1(2)	7, 8, 12, 20
C. lavaretus	B(2)	29
C. albula	B(2)	29
Cyprinus carpio	B1(3, Nullallel) C1(4), C2(3)	11, 18, 33, 34, 38, 46, 47, 48
Carassius carassius	B2(2)	46
Misgurnus fossilis	B1(2)	40

Literatur:

1, 2. ALLENDORF und UTTER (1973, 1975); 3. ALLENDORF et al. (1975); 4–6. ALTUCHOV et al. (1970, 1975a, 1980); 7. CASSELMAN et al. (1981); 8. CLAYTON und FRANZIN (1970); 9, 10. DAVISSON et al. (1972, 1973); ENGEL et al. (1973); 12. FRANZIN und CLAYTON (1977); 13. GOLDBERG (1966); 14. GOLDBERG et al. (1971); 15. HODGINS und UTTER (1971); 16. HODGINS et al. (1969); 17. HUZYK und TSUYUKI (1974); 18. IVANOVA et al. (1973); 19. KHANNA et al. (1975b); 20. KIRKPATRICK und SELANDER (1979); 21. KIRPIČNIKOV (1977); 22. KIRPIČNIKOV und IVANOVA (1977); 23. KIRPIČNIKOV und MUSKE (1980); 24. KLAR und STALNAKER (1979); 25. KORNFIELD et al. (1981); 26. KRUEGER und MENZEL (1979); 27. KULIKOVA und SALMENKOVA (1979); 28. LEARY et al. (1983); 29. LOKŠINA (1980); 30. MORRISON (1970); 31. MORRISON und WRIGHT (1966); 32. OMEL'ČENKO (1975a); 33, 34. PAAVER (1980, 1983); 35. RJABOVA-SAČKO (1977a); 36. SAČKO (1973); 37. SALMENKOVA und VOLOCHONSKAJA (1973); 38. SHAKLEE et al. (1973); 39. STONEKING et al. (1981a); 40. STOJKA (1979); 41. UTTER und ALLENDORF (1978); 42. UTTER und HODGINS (1972); 43–45. UTTER et al. (1973a, 1973b, 1980); 46. VALENTA (1978a); 47, 48. VALENTA et al. (1976b, 1978); 49. WILLISCROFT und TSUYUKI (1970); 50. WISEMAN et al. (1978); 51. WRIGHT und ATHERTON (1970); 52. WRIGHT et al. (1975).

Polymorphismus der Regulatorloci zu vermuten, die den Zeitpunkt und das Ausmaß der Manifestation der LDH-Gene kontrollieren.

Beim Bachsaibling *(Salvelinus fontinalis)* ist der Locus B ebenso wie bei anderen Salmoniden dupliziert. Dieser Fisch unterscheidet sich von der nahe mit ihm verwandten Art, dem Seesaibling *(S. namaycush)*, mit dem er sich leicht kreuzen läßt, durch die Allele des Gens B1. In einer der Rückkreuzungen (♀ *S. fontinalis* × ♂ F_1) tritt in der Nachkommenschaft eine Abweichung von der unabhängigen Verteilung auf, während in der reziproken Kreuzung die Aufspaltung dem Verhältnis 1:1:1:1 entspricht (MORRISON 1970):

$$♀ \underbrace{\frac{B1B2}{B1B2}}_{Salvelinus\ fontinalis} × ♂ \underbrace{\frac{B1B2'}{B1'B2}}_{F_1} = 495 \frac{B1B2}{B1B2} \quad (1)$$

$$+ 461 \frac{B1B2}{B1'B2'} + 122 \frac{B1B2}{B1B2'}$$

$$+ 136 \frac{B1B2}{B1'B2}$$

$$♀ \underbrace{\frac{B1B2'}{B1'B2}}_{F_1} × \underbrace{\frac{B1B2}{B1B2}}_{Salvelinus\ fontinalis} = 92 \frac{B1B2}{B1B2} \quad (2)$$

$$+ 113 \frac{B1'B2'}{B1B2} + 116 \frac{B1B2}{B1B2'}$$

$$+ 122 \frac{B1B2}{B1'B2}$$

In den folgenden Hybridgenerationen werden alle Übergänge gefunden, angefangen vom Vorherrschen der nichtväterlichen Genkombinationen B1B2 und B1'B2' bis zu solchen, bei denen alle Genotypen nahezu gleich verteilt sind. Hier liegt ein Fall von Pseudokopplung vor: Die Gene B1 und B2 sind wahrscheinlich in zwei Chromosomenpaaren lokalisiert, die durch gemeinsamen Ursprung miteinander verbunden sind. Infolge des Auftretens homologer Abschnitte kommt es bei den meiotischen Teilungen der Milchner nicht zu einer unabhängigen Verteilung der Chromosomen dieser Paare. Es ist sogar möglich, daß sie sich zeitweise miteinander verbinden und komplizierte interchromosomale Paarungen bilden. Solche Multivalenten sind in der Meiose bei einigen Salmoniden, insbesondere bei der Regenbogenforelle (OHNO et al. 1969a), beim Atlantischen Lachs (BARŠIENĖ 1977a) und beim Pazifischen Rotlachs (ČERNENKO 1971), oft festzustellen. Einige Autoren bringen das Vorkommen der chromosomalen Multivalenten mit zentrischen Fusionen des ROBERTSON-Typs in Verbindung (MORRISON 1970; DAVISSON et al. 1973).

Vor kurzem wurde ein Bachsaibling *(Salvelinus fontinalis)* gefunden, der sich als trisom bezüglich des Chromosoms erwies, das das Gen LDH-B2 trägt (DAVISSON et al. 1972). Die Analyse von Kreuzungen bestätigt die Vermutung, daß bei diesem Fisch drei Allele des Locus B2 (B2, B2', B2'') vorhanden waren. So wurden bei einer der Kreuzungen folgende Verhältnisse erhalten:

♀ B2B2 × B2B2'B2'' = 13 B2B2

+ 17 B2B2' + 23 B2B2''

+ 25 B2B2B2' + 10 B2B2B2''

+ 20 B2B2'B2''

Bei den vermutlich Trisomen wurde ein zusätzliches (85.) metazentrisches Chromosom festgestellt. Offenbar erhielt es der Embryo durch Fusion eines normalen Gameten mit einem Gameten, der aufgrund von Non-Disjunction ein überzähliges Chromosom besaß (DAVISSON et al. 1972).

Bei den zwischenartlichen Saiblingshybriden lassen sich im Gel bis zu 27 LDH-Isozyme und -Allozyme unterscheiden (MORRISON und WRIGHT 1966; BOUCK und BALL 1968; s. Abb. 51).

Die Vererbung der Allele der LDH-Gene bei nicht hybridisierten Saiblingen folgt den einfachen Mendelschen Regeln. Am besten untersucht sind die Allele des Locus B2 (WRIGHT und ATHERTON 1970):

B2B2 × B2'B2'' = 50 B2B2'

+ 54 B2B2'';

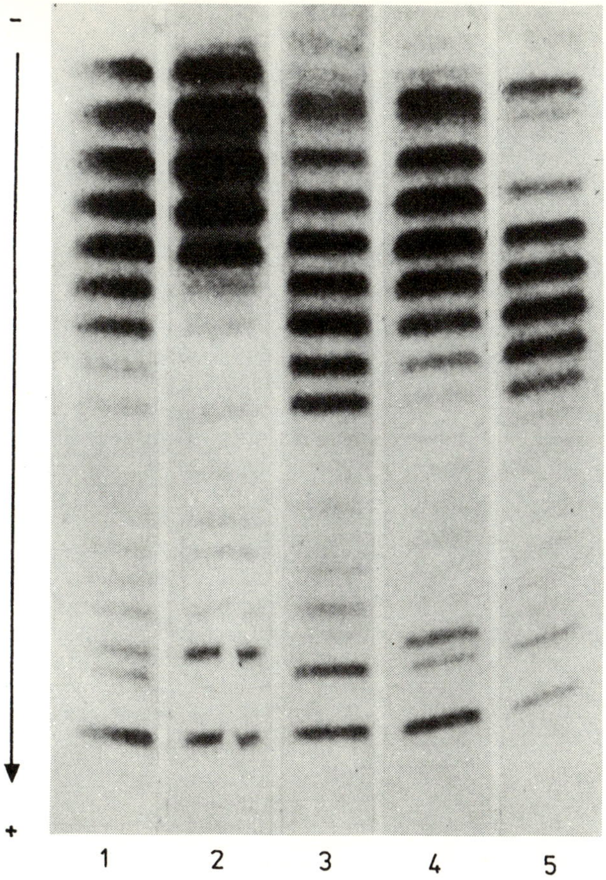

Abb. 51
Spektren der LDH-Isozyme und -Allozyme bei Saiblingen der Gattung *Salvelinus*. 1 und 2 *S. fontinalis*, 3 und 4 Hybriden *S. fontinalis* × *S. namaycush*, 5 *S. namaycush* (MORRISON und WRIGHT 1966).

$$B2B2'' \times B2B2'' = 12\,B2B2$$
$$+ 26\,B2B2''$$
$$+ 12\,B2''B2'';$$

$$B2'B2'' \times B2B2'' = 51\,B2B2'$$
$$+ 44\,B2B2''$$
$$+ 44\,B2'B2''$$
$$+ 31\,B2''B2''$$

usw.

In großen Beständen von Teichwirtschaften und in natürlichen Populationen sind die Verhältnisse der verschiedenen Genotypen der Saiblinge nahe den theoretisch berechneten Häufigkeiten. Wir führen zwei Beispiele von Bachsaiblingen aus den USA an (WRIGHT und ATHERTON 1970, s. unten).

Beim Rotlachs *(Oncorhynchus nerka)* wurden in fast allen Populationen zwei Allele des LDH-B1-Locus festgestellt (HODGINS et al. 1969 u. a.). Die „langsamen" Homozy-

		BB	BB'	BB''	B'B'	B'B''	B''B''	n
Teichwirtschaft	erhalten	280	25	25	0	0	1	331
	erwartet	280,7	23,2	25,0	0,5	1,0	0,5	
Bach	erhalten	196	8	6	0	0	0	210
	erwartet	196,4	7,7	5,7	0,1	0,1	0,04	

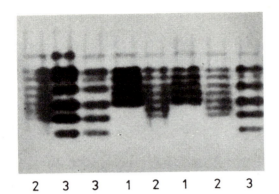

Abb. 52
LDH-Isozyme und -Allozyme bei *Oncorhynchus nerka*. 1 und 3 Homozygoten B1'B1' und B1B1, 2 Heterozygoten B1B1'.
Foto G. M. Sabinin.

goten B1'B1' haben 5 Isozyme der B-Serie (Kombinationen der Polypeptide B1 und B2), die nach der Elektrophorese in fast gleichem Abstand voneinander lokalisiert sind. Die Zymogramme der „schnellen" Homozygoten B1B1 enthalten ebenfalls 5 Isozyme, aber die Abstände zwischen ihnen sind doppelt so groß. Auf den Zymogrammen der Heterozygoten kann man bis zu 9 Banden anstelle der möglichen 15 zählen. Wahrscheinlich hängt das damit zusammen, daß die Ladungen einiger Isozyme und Allozyme zusammenfallen (Abb. 52). Die Vererbung dieser codominanten Allele entspricht dem einfachen Monohybridschema (Tab. 30).
Populationsanalysen des Rotlachses wurden mehrfach durchgeführt. Die Häufigkeiten der Genotypen bezüglich des LDH-B1-Locus waren gewöhnlich nahe dem Gleichgewicht. Im folgenden werden zwei Beispiele für Populationen Kamtschatkas gegeben (in Klammern sind die theoretischen Werte aufgeführt, siehe Seite 181 oben).

Das geringe Defizit der Heterozygoten im Asabatschje-See erklärt sich aus einer Vermischung von Proben vieler lokaler Populationen, die sich in der Häufigkeit der Allele B1 und B1' unterscheiden.
Bei der Regenbogenforelle *(Salmo gairdneri)* wurde ein Nullallel des Gens B2 festgestellt. Bei den Homozygoten hinsichtlich dieses Allels bleibt aus der Serie der Isozyme B1-B2 nur eines erhalten, das Homopolymer $B1_4$. Bei den Heterozygoten sind

Tabelle 30
Aufspaltung der Allele des LDH-B1-Locus in Kreuzungen von *Oncorhynchus nerka*; Embryonalmaterial (nach Kirpičnikov 1977)

Nummer der Kreuzung	Genotypen der Eltern		Anzahl der Individuen unterschiedlicher Genotypen in der Nachkommenschaft*			n
	♀	♂	B1'B1'	B1B1'	B1B1	
19	B1'B1'	B1B1'	293 (308)	323 (308)	–	616
6	B1B1'	B1'B1'	14 (15)	16 (15)	–	30
4	B1B1'	B1B1'	82 (72)	144 (144)	62 (72)	288
20	B1B1'	B1B1'	70 (69)	139 (138)	67 (69)	276

* in Klammern theoretische Werte

	B1B1	B1B1'	B1'B1'	n
Asabatschje-See	379	1247	1140	2766
(Altuchov et al. 1975a)	(364)	(1278)	(1124)	
Dalneje-See	9	195	1063	1267
(Kirpičnikov und Ivanova 1977)	(9)	(197)	(1061)	

alle 5 Isozyme vorhanden; ihre Aktivität ist jedoch unterschiedlich ausgeprägt, am aktivsten ist das Homopolymer $B1_4$, am wenigsten aktiv das Homopolymer $B2_4$. Die Heteropolymere nehmen eine Zwischenstellung ein. Ebenso wie beim Saibling ist zwischen den Genen B1 und B2 eine Pseudokopplung zu beobachten, wobei die Zahl der Rekombinanten genetisch kontrolliert wird (Wright et al. 1975).

Die summarische Aktivität der Isozyme der B-Serie beträgt bei Regenbogenforellen, die ein Nullallel des B2-Locus besitzen, bei den Heterozygoten 63 % der Aktivität der normalen Heterozygoten. Bei den Homozygoten liegt der Wert bezüglich des Nullallels bei 30 % (Leary et al. 1983).

Unter den Hechten (Esocidae) erwies sich *Esox americanus* als polymorph (Eckroat 1975). Die Häufigkeiten der Allele des Locus A sind in den Hechtpopulationen stabil.

Bei dem (seinem Ursprung nach) polyploiden Karpfen *(Cyprinus carpio)* sind drei von fünf Loci (B1, C1 und C2) in mehreren Allelen vertreten. Darunter befinden sich die Nullallele der Leberloci C1 und wahrscheinlich C2 (Klose et al. 1969b; Engel et al. 1973; Shaklee et al. 1973; Ivanova et al. 1973; Ferris und Whitt 1977c; Paaver 1978, 1979, 1980). Es ist möglich, daß sich verschiedene Autoren mit unterschiedlichen Nullallelen des gleichen Gens befaßten.

In natürlichen Populationen des Wildkarpfens, besonders in denen der Amur-Unterart *Cyprinus carpio haematopterus*, ist die Zahl der Allele der Loci C1 und C2 wesentlich größer als in den Beständen des Zuchtkarpfens (Paaver 1980, 1983b). Das Isozym A_4 liegt beim Karpfen auf den Elektropherogrammen zwischen den Isozymen $C2_4$ und $B1_4$ (Shaklee et al. 1973). Eine Identifizierung der Untereinheiten in den LDH-Heteropolymeren wurde bis jetzt noch nicht vorgenommen.

Bei Heterozygotie bezüglich eines von zwei duplizierten LDH-Loci ist das Auftreten von 15 Isozymen zu erwarten. Paaver (1983a) fand ein Exemplar eines Karpfens mit einem vollständigen Satz von Isozymen der Serie C1-C2 in einer Population des Amur-Wildkarpfens. Die Isozyme waren in Gruppen von ein, zwei, drei, vier und fünf Banden auf den Pherogrammen angeordnet:

$C1_4$;

$C1_3C2_1$; $C1_3C2_1'$;

$C1_2C2_2$; $C1_2C2_1C2_1'$; $C1_2C2_2'$;

$C1_1C2_3$; $C1_1C2_2C2_1'$; $C1_1C2_1C2_2'$; $C1_1C2_3'$;

$C2_4$; $C2_3C2_1'$; $C2_2C2_2'$; $C2_1C2_3'$; $C2_4'$

Polymorph hinsichtlich der LDH sind auch andere polyploide Cypriniden, Karausche *(Carassius* spp.) und Hundsbarbe *(Barbus meridionalis)* (Klose et al. 1969b; Valenta et al. 1977a). Viele diploide Vertreter dieser Familie sind ebenfalls polymorph bezüglich der LDH, darunter folgende europäische und asiatische Arten: Blei, Güster, Rotfeder und Döbel (Numachi 1972a; Valenta et al. 1976b, 1977a, 1978; Valenta 1978a) sowie die amerikanischen Arten der Gattungen *Rhinichthys, Notropis, Lavinia* und *Hesperoleucus* (Clayton und Gee 1969; Rainboth und Whitt 1974; Avise und Ayala 1976; Buth 1979c; Buth und Mayden 1981).

Variabilität der Struktur- und Regulatorgene der LDH wurde vor kurzem bei den Schlammpeitzgern *Misgurnus fossilis* und *M. anguillicaudatus*, Familie Cobitidae (Kimura Masao 1979; Stojka 1979; Kusen und Stojka 1980) und außerdem bei dem Characiden *Astyanax mexicanus* (Avise und Se-

LANDER 1972) entdeckt. Die Höhlenvertreter dieser Art sind monomorph.
Viele Arten der Zahnkarpfen (Cyprinodontiformes) sind polymorph bezüglich der LDH, es wurde eine Allelvariabilität aller drei Loci A, B und C festgestellt (WHITT 1970b; MASSARO und BOOKE 1971, 1972; SCHOLL und SCHRÖDER 1974; MITTON und KOEHN 1975; PLACE und POWERS 1978).
Bei den triploiden Formen von *Poeciliopsis monacha* und *P. lucida* sind im Genom drei Allele des Locus C enthalten (VRIJENHOEK 1972; LESLIE und VRIJENHOEK 1978). Die diploiden Formen von *P. monacha* sind polymorph hinsichtlich der Loci A und B (LESLIE und VRIJENHOEK 1977), die von *Fundulus heteroclitus* polymorph hinsichtlich des Locus B (PLACE und POWERS 1978, 1979). Bei *Oryzias latipes* tritt Polymorphismus des Locus A nur bei Milchnern mit YY-Chromosomen auf. Es ist zu vermuten, daß im X-Chromosom Gene vorhanden sind, die die Manifestation der verschiedenen Allele des Locus A ausgleichen (MATSUZAWA und HAMILTON 1973).
Polymorph bezüglich der Gene A und B sind viele Gadiden (MARKERT und FAULHABER 1965; UTTER und HODGINS 1969; 1971; ODENSE et al. 1969, 1971; LUSH 1970; ODENSE und LEUNG 1975; JAMIESON 1975; MORK et al. 1980, 1982; MORK und SUNDNES 1983). Bei den Perciformes sind einige Arten aus den Gattungen *Percina* und *Etheostoma* polymorph (PAGE und WHITT 1973b; ECHELLE et al. 1976; WISEMAN et al. 1978), ferner *Anoplarchus purpurescens* aus der Familie Blenniidae (JOHNSON M. 1971, 1977), *Sebastes inermis* aus der Familie Serranidae (NUMACHI 1972b) sowie einige Vertreter der Familien Cichlidae, Carangidae und Lutjanidae (KORNFIELD und KOEHN 1975; BASAGLIA und CALLEGARINI 1977; SLECHTOVA et al. 1982). *Micropterus salmoides* und *M. dolomieui* (Centrarchidae) haben unterschiedliche Allele des Locus C. In der zweiten Hybridgeneration ist eine Aufspaltung im Verhältnis 1:2:1 festzustellen (WHITT et al. 1971). Von den Plattfischen erwies sich *Lepidorhombus whiffiagonis* als polymorph (DANDO 1971); bei einigen anderen Arten wurden seltene Allele gefunden (JOHNSON A. 1977; WARD und BEARDMORE 1977).
Die Zahl der genetisch determinierten, evolutionär gefestigten LDH-Isozyme, die gleichzeitig in einem Individuum synthetisiert werden, beträgt bei den Knochenfischen gewöhnlich 3 bis 5, in einer Reihe von Fällen steigt sie auf 10 bis 15. Diese Variabilität wird dadurch bedingt, daß im Genom der Fische zwei, drei oder sogar fünf LDH-Loci vorhanden sind. Jedoch erweist sich auch diese große Variabilität der Lactatdehydrogenase, wie wir sehen, als unzureichend. In den Populationen vieler (möglicherweise sogar der meisten) Fischarten entsteht eine Allelvariabilität, die über lange Zeit erhalten bleibt und auch für viele polyploide Arten charakteristisch ist. Das Vorhandensein mehrerer LDH-Genotypen steigert offenbar die allgemeine Anpassungsfähigkeit einer Population und ermöglicht dadurch die Erhaltung der Art als ganzes.

NAD-abhängige Malatdehydrogenase (MDH, 1.1.1.37)

Das Enzym MDH tritt in den Geweben der Fische in zwei Formen, einer löslichen (s) und einer mitochondrischen (m), auf. Jede dieser beiden Formen wird durch ein selbständiges Gen, bei einer Reihe von Fischen jedoch durch zwei und sogar drei Gene codiert. Die MDH ist dimer, daher lassen sich bei den Homozygoten in den Gelen gewöhnlich eine Aktivitätsbande und bei den Heterozygoten drei Banden beobachten. Eine Zwischenbande entspricht einem Hybridmolekül (Abb. 53).
Polymorphe MDH-Loci (vorwiegend ihre löslichen Formen) wurden beim Meerneunauge, *Petromyzon marinus* (KRUEGER 1980; KRUEGER und SPANGLER 1981) und bei vielen Fischarten festgestellt. In einer Reihe von Fällen wurde der Polymorphismus gut untersucht.
Beim Russischen Stör *(Acipenser gueldenstaedti)* besteht das Spektrum der sMDH aus 7 bis 8 und bei einigen Individuen aus 9 bis 10 und mehr Fraktionen. Der Polymorphismus der Störe bezüglich der sMDH ist sehr kompliziert (SLYN'KO 1976a); es ist eine sorgfältige Populations- und Hybridanalyse der Variabilität erforderlich. Alle Gene der MDH sind bei den Acipenseriden offenbar dupliziert. Analog zu den Salmoniden kann

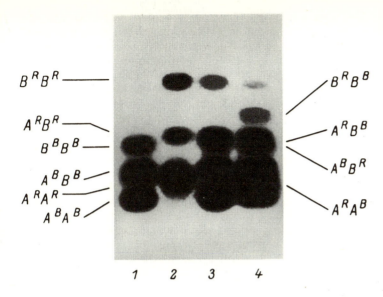

Abb. 53
MDH-Isozyme bei Centrarchidae. 1 *Lepomis macrochirus*, 2 *L. microlophus*, 3 Gemisch von Homogenaten beider Arten, 4 Hybride *L. macrochirus* × *L. microlophus* (WHITT et al. 1973a).

man Loci mit gleicher elektrophoretischer Beweglichkeit der Allozyme vermuten, die aber eine disome Vererbung der Allele aufweisen, die streng den MENDELschen Regeln folgt. Polymorph sind auch andere Vertreter der Acipenseriden (ČICHAČEV 1983).

Beim Hering *(Clupea harengus)* ist ein polymorphes System des Locus sMDH-4 vorhanden, das 4 Allele enthält (ODENSE und ALLEN 1971; SALMENKOVA und VOLOCHONSKAJA 1973; ANDERSSON et al. 1981). Zwei codominante Allele wurden auch bei der Sprotte *(Sprattus sprattus)* gefunden (KOVAL' 1976).

Bei den Salmoniden ist das Gen sMDH-B dupliziert. Bei der Regenbogenforelle sind beide Tochterloci B1 und B2 polymorph (BAILEY et al. 1970; NUMACHI et al. 1972; ALLENDORF et al. 1975, 1977; CLAYTON et al. 1975; SLYN'KO 1976b). Der Locus sMDH-A ist nach neuesten Angaben ebenfalls dupliziert, ein oder beide Tochtergene sind polymorph.

Die gleiche Beweglichkeit der allelen Produkte der duplizierten Loci (sMDH-1 und -2; SMDH-3 und -4) erschwert die Identifizierung der Verteilungsmuster der Allele in den Populationen, und man muß sich auf die Bestimmung der Häufigkeiten der Phänotypen beschränken. Die Hybridanalyse zeigte jedoch, daß die Varianten eines jeden Locus unabhängig (disom) und in voller Übereinstimmung mit den MENDELschen Regeln vererbt werden (UTTER et al. 1973b, 1980; SALMENKOVA und OMEL'ČENKO 1983).

Die Hypothese der tetrasomen Vererbung der Allele der sMDH (und einiger anderer Enzyme) bei polyploiden Fischarten, die von einer Reihe von Autoren aufgestellt wurde (BAILEY et al. 1970 u. a.), gründet sich auf das oft zu beobachtende Verhältnis von 9:6:1 der Aktivitäten dreier MDH-Isozyme bei den Heterozygoten (Abb. 45c). Diese Hypothese ist offensichtlich falsch. Vom theoretischen Standpunkt aus ist es schwer vorstellbar, daß in Millionen von Jahren, die nach der Verdoppelung des Chromosomensatzes vergingen, keine vollständige Duplizierung des Karyotyps erfolgte. Die Analyse der Vererbung bestätigte die Unabhängigkeit der Aufspaltung in zwei Duplikatgene (mit Ausnahme weniger Fälle von Pseudokopplung). Das Verhältnis 9:6:1 kann das Ergebnis der freien Kombination der Produkte der Tätigkeit (Polypeptide) zweier duplizierter Gene bei der Bildung von Dimeren sein, falls eines von ihnen heterozygot ist und die Allozyme gleiche Beweglichkeit aufweisen:

– Genotyp des Individuums:
sMDH B1$^{AA'}$, B2^{AA};

– Häufigkeit der Polypeptide:

$$q_A = \frac{3}{4}; \quad q_{A'} = \frac{1}{4}$$

Häufigkeit der Dimeren:

$$q_{AA} = \left(\frac{3}{4}\right)^2 = \frac{9}{16};$$

$$q_{AA'} = \frac{3}{4} \cdot \frac{1}{4} \cdot 2 = \frac{6}{16};$$

$$q_{A'A'} = \left(\frac{1}{4}\right)^2 = \frac{1}{16}.$$

Unabhängige (disome) Vererbung duplizierter Loci bei Fischen wurde bei der Untersuchung einiger Salmonidenarten festgestellt (MAY et al. 1975, 1979b; ALLENDORF et al. 1975; ALLENDORF und UTTER 1976; UTTER et al. 1980 u. a.).

Es gibt Hinweise auf Duplikationen bei den Vorfahren der Regenbogenforelle auch hinsichtlich des mMDH-Locus. Einer der beiden Tochterloci erwies sich als polymorph (CLAYTON et al. 1975).

Beim Atlantischen Lachs *(Salmo salar)* ist offenbar nur einer der sMDH-Loci polymorph (CROSS und WARD 1980). Bei der Seeforelle *(Salmo trutta)* werden beim Vorhandensein von vier sMDH-Loci wie bei der Regenbogenforelle zwei Paare von duplizierten Genen, MDH-1,2 und MDH-3,4, gebildet, von denen mindestens drei polymorph sind (ALLENDORF et al. 1977; CHAKRABORTY et al. 1982; TAGGART et al. 1982). Zu einem der genetischen Systeme gehört ein Nullallel (MAY et al. 1979a). Alle vier Loci, die ebenfalls paarweise angeordnet sind, sind bei *Salmo clarki* polymorph (UTTER et. al. 1980b; BUSACK et al. 1980).

Variabilität bezüglich der verdoppelten MDH-Loci wurde bei fast allen Arten der Gattung Oncorhynchus festgestellt, bei *O. gorbuscha* (sMDH-1,2 und -3,4), bei *O. keta, O nerka* und *O. masu* (sMDH-3,4) und bei *O. tshawytscha* (sMDH-3,4; mMDH) (BAILEY et al. 1970; SLYN'KO 1971a, 1971b; ASPINWALL 1974a, 1974b; OMEL'ČENKO 1975b; ALLENDORF et al. 1977; GRANT et al. 1980). Variabel sind auch die

Saiblinge *Salvelinus fontinalis* (STONEKING et al. 1981a, 1981b; sMDH-3), *S. namaycush* (DEHRING et al. 1981; sMDH-3,4), *S. leucomaenis* (SALMENKOVA und VOLOCHONSKAJA 1973; sMDH) und *S. alpinus* (RYMAN und STAHL 1981; sMDH-4), die Maränen *Coregonus clupeaformis* und *Prosopium* spp. (MASSARO 1972; FRANZIN und CLAYTON 1973; IMHOF et al. 1980; CASSELMAN et al. 1981), die Stinte *Hypomesus olidus* und *Osmerus eperlanus* (SALMENKOVA und OMEL'ČENKO 1978; LUEY et al. 1982) sowie *Plecoglossus altivelis* (SATO und ISHIDA 1977).

Die Populationen des Aales *(Anguilla anguilla)* im Mittelmeer sind nach den sMDH-Spektren in eine große Zahl von Phänotypen unterteilt. Es wird vermutet, daß in diesem Fall sieben Allele des Locus MDH-2 und zwei Allele des Locus MDH-1 vorliegen (COMPARINI et al. 1975; RODINO und COMPARINI 1978). Der Amerikanische Aal *(A. rostrata)* ist hinsichtlich der gleichen Systeme polymorph, er besitzt aber einen anderen Satz von Allelen des Locus MDH-2 (WILLIAMS et al. 1973; COMPARINI und SCHOTH 1982).

Karpfen, Karausche und viele andere Cyprinidenarten sind variabel bezüglich der MDH. Die Zahl variierender Loci beträgt eins bis drei und betrifft sowohl die s- wie auch die m-Formen der MDH (RAINBOTH und WHITT 1974; AVISE und AYALA 1976; BRODY et al. 1976; VALENTA 1977, 1978b; BUTH und BURR 1978; MERRITT et al. 1978; PEJIČ et al. 1978; BUTH 1979c; SORENSEN 1980; BUTH et al. 1983; TICHOMIROVA 1984a). Polymorph sind die Catostomiden *Thoburnia rhothoeca* und *Catostomus santaanae* (BUTH 1979b; BUTH und CRABTREE 1982) sowie der Characide *Astyanax mexicanus* (AVISE und SELANDER 1972).

Es werden nun die übrigen Fischarten genannt, die sich hinsichtlich der MDH als polymorph erwiesen haben.

Cyprinodontiformes: 6 Platy- und Schwertträgerarten (MITTON und KOEHN 1975; SHAMI und BEARDMORE 1978a; VRIJENHOEK 1979a; VRIJENHOEK und ALLENDORF 1980; TURNER und GROSSE 1980), *Fundulus heteroclitus* (WHITT 1970a; PLACE und POWERS 1978).

Beloniformes: *Cololabis saira* (NUMACHI 1970).

Gadiformes: *Gadus morhua, Theragra chalcogramma* (GRANT und UTTER 1980; MORK et al. 1982).
Gasterosteiformes: *Gasterosteus aculeatus* (AVISE 1976b).
Tetraodontiformes: *Navodon scaber* (GAULDIE und SMITH 1978).
Perciformes: *Zoarces viviparus* (FRYDENBERG und SIMONSEN 1973), 3 Arten von *Etheostoma* und 2 Arten von *Stizostedion* (CLAYTON et al. 1971, 1973b; MARTIN und RICHMOND 1973; SCHWEIGERT et al. 1977), *Micropterus salmoides* (PHILIPP et al. 1981), *Perccottus glehni* (IL'IN 1982).
Pleuronectiformes: *Pleuronectes platessa* (PURDOM et al. 1976; BEARDMORE und WARD 1977; MCANDREW et al. 1982), vier weitere Plattfischarten (JOHNSON und BEARDLEY 1975; JOHNSON A. 1977).
Die Malatdehydrogenase gehört demnach zu den Enzymen, die durch eine große Zahl von Isozymen und ein beträchtliches Ausmaß an genetischer Variabilität gekennzeichnet sind.
Die Vererbungssysteme sind bei diploiden Fischarten gewöhnlich einfach, eine Hybridanalyse wurde bei Zahnkarpfen und beim Kabeljau durchgeführt. Bei tetraploiden Arten, darunter den bezüglich der MDH sehr heterogenen Salmoniden, ist die Vererbung infolge der Überlagerung der Aktivitätsbanden der Allozyme der duplizierten Loci in den Elektropherogrammen komplizierter. Im Gegensatz zur LDH divergierten die Tochtergene der MDH (in der löslichen Form) zum größten Teil schwach nach der Polyploidisierung.

NADP-abhängige Malatdehydrogenase oder Malatenzym (ME, 1.1.1.39)

Angaben über die allele Variation des Malatenzyms bei Fischen sind auf eine verhältnismäßig geringe Zahl von Arten begrenzt. Innerartliche Variabilität der ME-Loci wurde beim Hering festgestellt (ANDERSSON et al. 1981; KORNFIELD et al. 1981), außerdem bei einer ganzen Reihe von Salmoniden, insbesondere bei *Salmo salar, S. trutta, S. apache, S. gairdneri, Salvelinus fontinalis, S. namaycush, Oncorhynchus gorbuscha, O. tshawytscha* und bei *Coregonus clupeaformis* (ALLENDORF et al. 1977; CROSS et al. 1979; KIRKPATRICK und SELANDER 1979; STONEKING et al. 1979, 1981; BUSACK et al. 1980; CROSS und WARD 1980; UTTER et al. 1980b; DEHRING et al. 1981; RYMAN und STAHL 1981). Polymorph bezüglich des Malatenzyms sind *Theragra chalcogramma* (GRANT und UTTER 1980), der amerikanische Cyprinide *Rhinichthys cataractae* (MERRITT et al. 1978) und drei Arten der Perciformes, *Perccottus glehni, Oreochromis niloticus* und *Chrysophrys auratus* (SMITH et al. 1978; IL'IN 1982; MCANDREW und MAJUMDAR 1983).

α-Glycerophosphatdehydrogenase (αGPD oder AGPD, 1.1.1.8)

Das Enzym αGPD (L-Glycerol-3-Phosphat-NAD-Oxydoreductase) wird manchmal mit dem Abkürzungssymbol G3PD(H) gekennzeichnet. Das führt zu Mißverständnissen, da für das Enzym D-Glyceroaldehyd-3-Phosphatdehydrogenase (1.2.1.12) ebenfalls oft das gleiche Symbol (G3PDH) benutzt wird.
Variabilität bezüglich der αGPD wurde bisher bei der genetischen Untersuchung vieler Fischarten festgestellt. Wir führen die interessantesten Ergebnisse an.
Bei der Regenbogenforelle ist in den Populationen einer von vier Loci durch zwei codominante Allele vertreten (für einen anderen sind nur seltene Allele bekannt) (ENGEL et al. 1971b; UTTER und HODGINS 1972; UTTER et al. 1973a, 1973b; ALLENDORF et al. 1975). Kreuzungen von Forellen mit unterschiedlichen Genotypen bezüglich des αGPD-Locus folgen eindeutig den Mendelschen Regeln (UTTER et al. 1973b):

$BB \times AB = 87\,BB + 84\,AB;$

$AB \times BB = 10\,BB + 10\,AB;$

$BB \times BB = 140\,BB$

Nach neueren Angaben (UTTER et al. 1980) wird das Enzym αGPD bei den polyploiden Salmoniden, ebenso wie die sMDH, durch zwei Locuspaare codiert. Innerhalb jeden Paares ist die elektrophoretische Beweglichkeit der Allozyme jedes Locus identisch. Bei der Regenbogenforelle sind beide Genpaare (1,2 und 3,4) variabel, offenbar liegen allele Varianten bei jedem Locus beider Paare vor. Den gleichen Charakter hat auch der Polymorphismus der Bachforelle (variabel ist ein Locus von vieren), von *Oncorhynchus keta* und *O. gorbuscha* (je zwei variable Loci) sowie von *O. kisutch* (ein Locus) (ALTUCHOV et al. 1972; ASPINWALL 1973, 1974b; MAY et al. 1975; ALLENDORF et al. 1976; UTTER et al. 1980b; RYMAN und STAHL 1980, 1981; SALMENKOVA et al. 1981; CHAKRABORTY et al. 1982). Eine Analyse der Vererbung eines der Loci von *O. gorbuscha*, die mit Hilfe der polyallelen Kreuzung nach dem Schema 15 ♀♀ × 15 ♂♂ (insgesamt 225 Kreuzungen) durchgeführt wurde, bestätigte die Richtigkeit der Hypothese von der diallelen codominanten Vererbung dieses Locus (ASPINWALL 1973). Dasselbe Resultat erzielten andere Autoren (SALMENKOVA und OMEL'ČENKO 1983).

Die Maränen *Coregonus clupeaformis*, *C. artedi*, *C. peled* und *C. albula* sind polymorph bezüglich eines der Loci der αGPD (CLAYTON et al. 1973a; IMHOF et al. 1980; LOKŠINA 1980, 1983; CASSELMAN et al. 1981; VUORINEN et al. 1981). Von großem Interesse sind die Analyse der Variabilität der Populationen und die Hybridanalyse (29 Kreuzungen), die bei *C. clupeaformis* durchgeführt wurden (CLAYTON et al. 1973a). Es wurde die Hypothese aufgestellt, daß zwei αGPD-Loci, einer (A) mit zwei und der andere (B) mit drei codominanten Allelen, unabhängig vererbt werden. Das Enzymmolekül besteht aus zwei Polypeptidketten, wobei die Produkte beider Gene (wie im Falle der sMDH) frei miteinander kombiniert werden. Möglich ist die Bildung von 15 Isozymen, experimentell lassen sich aber wegen der identischen elektrischen Ladung verschiedener Dimeren nur 7 unterscheiden. Auf den Pherogrammen sind 18 Phänotypen zu erkennen (Abb. 54).

Eine Populationsanalyse von *C. clupeaformis*, beheimatet in einem kanadischen See und akklimatisiert in einem anderen See, zeigte Übereinstimmung der empirischen mit den theoretischen Häufigkeiten im Ursprungsgewässer und einen Überschuß an Heterozygoten in der zweiten Generation der eingebürgerten Population (LOCH 1974, siehe Seite 187 oben).

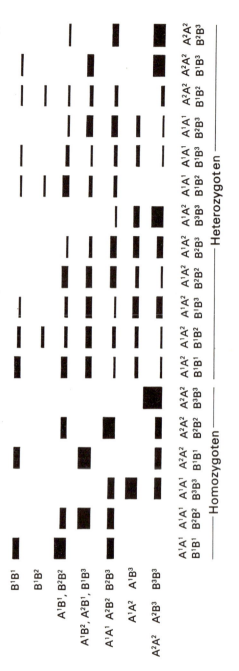

Abb. 54
Schema der elektrophoretischen αGPD-Spektren bei den Maränen *Coregonus clupeaformis* und *C. artedi*. Links vermutete Struktur der Isozyme, unten Genotypen (CLAYTON et al. 1973a).

	Genotypen und Häufigkeiten						
	B1B1	B2B2	B3B3	B1B2	B1B3	B2B3	n
Clearwater-See							
erhalten	24	5	20	16	37	21	123
erwartet	20,7	4,4	19,7	19,2	40,3	18,7	
Lyous-See							
erhalten	19	2	6	30	43	18	118
erwartet	26,1	5,7	11,3	24,4	34,4	16,1	

Wir führen nun die bezüglich der αGPD polymorphen Arten der Fischartigen und Fische an.

Cyclostomata: *Petromyzon marinus* (KRUEGER 1980; KRUEGER und SPANGLER 1981).

Clupeiformes: *Clupea harengus* (ANDERSSON et al. 1981).

Salmoniformes: *Salmo gairdneri, S. trutta, Oncorhynchus keta, O. gorbuscha, O. kisutch, Salvelinus fontinalis, Coregonus clupeaformis, C. artedi, C. peled, C. albula, Osmerus eperlanus, Hypomesus olidus, Plecoglossus altivelis* (neben den oben zitierten Arbeiten s. ENGEL et al. 1971b; SALMENKOVA und VOLOCHONSKAJA 1973; SATO und ISHIDA 1977; KIRKPATRICK und SELANDER 1979; STONEKING et al. 1981; ALTUCHOV et al. 1983).

Cypriniformes: Einige amerikanische Cypriniden (AVISE und AYALA 1976; BUTH und BURR 1978; BUTH 1979c), die Catostomiden *Moxostoma* spp., *Thoburnia rhothoeca, Erymyzon succetta* und andere (BUTH 1977b, 1979b; FERRIS und WHITT 1980; FERRIS et al. 1982), *Astyanax mexicanus* (AVISE und SELANDER 1972).

Cyprinodontiformes: *Ilyodon* sp. (TURNER und GROSSE 1980).

Beloniformes: *Cololabis saira* (NUMACHI 1971a).

Gadiformes: *Theragra chalcogramma* (JOHNSON A. 1977), *Macrurus rupestris* (LOGVINENKO und POLJANSKAJA 1981), *Macruronus novaezelandiae* (SMITH P.J. et al. 1981b).

Perciformes: *Sebastes alutus, S. caurinus* (JOHNSON et al. 1970a, 1973), *Morone americana, M. saxatilis* (SIDELL et al. 1978), sieben Arten aus der Familie Cichlidae (KORNFIELD 1978), die Tilapien *Sarotherodon aureus* und *S. jipe* (MCANDREW und MAJUMDAR 1983), *Katsuwonus pelamis* (MCCABE und DEAN 1970) und *Scomber scombrus* (SMITH und JAMIESON 1980).

Pleuronectiformes: *Lepidorhombus whiffiagonis* (DANDO 1970), *Pleuronectes platessa* und 5 andere Plattfischarten (JOHNSON und BEARDSLEY 1975; PURDOM et al. 1976; BEARDMORE und WARD 1977; JOHNSON A. 1977; WARD und GALLEGUILLOS 1978; MCANDREW et al. 1982).

Diese Aufzählung wird sich zweifellos bald erweitern.

Die αGPD ist bei Fischen eines der variabelsten Enzyme. Die Zahl der polymorphen Loci beträgt bei diploiden Arten 1 bis 2 und erreicht bei tetraploiden (Salmoniden) 3 bis 4. Die Anzahl der Allele umfaßt oftmals drei und sogar vier *(Cololabis saira)*. Ähnlich wie bei der sMDH divergierten die duplizierten Loci der αGPD bei den Salmoniden offenbar gar nicht oder fast gar nicht (nach der Identität der elektrophoretischen Beweglichkeit der Allozyme zu urteilen), aber die allelen Varianten dieser Loci werden disom vererbt.

Angaben zur Variabilität weiterer Oxydoreduktasen bei Fischen finden sich nachfolgend in einem Verzeichnis der polymorphen Arten, wobei, sofern es notwendig erscheint, kürzere Anmerkungen gemacht werden.

Alkoholdehydrogenase (ADH, 1.1.1.1)

Salmo clarki, S. gairdneri, Oncorhynchus keta, O. kisutch, Salvelinus fontinalis (ALLENDORF et al. 1975; KIJIMA und FUJIO 1978; UTTER et al. 1980; STONEKING et al. 1981) *Poecilia formosa, Oryzias latipes* (TURNER et al. 1980a; SAKAIZUMI et al. 1980a, 1980b), *Anguilla rostrata* (KOEHN und WILLIAMS 1978), *Ptychocheilus grandis* (AVISE und AYALA 1976), 9 Catostomidenarten (BUTH 1977a; FERRIS und WHITT 1980; BUTH und CRABTREE 1982), *Macruronus novaezelandiae* (SMITH et al. 1981b), *Lepomis macrochirus* (FELLEY und AVISE 1980), *Scomber scombrus* (SMITH und JAMIESON 1980b), *Rexea solandri, Girella tricuspidata* (GAULDIE und SMITH 1978), *Pleuronectes platessa* (WARD und BEARDMORE 1977).

Octanoldehydrogenase (ODH, 1.1.1.73)

Salvelinus fontinalis (STONEKING et al. 1981a), *Perccottus glehni* (IL'IN 1982), *Anoplopoma fimbria* (JOHNSON A. 1977), *Pleuronectes platessa, Platichthys flesus* (WARD und BEARDMORE 1977; WARD und GALLEGUILLOS 1978).

Glycerinsäure-2-Phosphatdehydrogenase (G2PD, 1.1.1.29)

Lepomis cyanellus (PASDAR et al. 1984).

6-Phosphogluconatdehydrogenase (6PGD, 1.1.1.43) (Abb. 55)

Chanos chanos (WINAUS 1980), *Clupea harengus, Hypomesus olidus* (SALMENKOVA und VOLOCHONSKAJA 1973), *Salmo clarki, Oncorhynchus gorbuscha, O. keta* (OMEL'ČENKO 1975; SALMENKOVA et al. 1979; UTTER et al. 1980b; SALMENKOVA und OMEL'ČENKO 1982, 1983), *Salvelinus fontinalis* (STONEKING et al. 1981a), *Coregonus peled* (LOKŠINA 1980), *Anguilla anguilla* (RODINO und COMPARINI 1978), *Cyprinus carpio, Barbus tetrazona, Carassius auratus* und drei andere europäische Cyprinidenarten (BENDER und OHNO 1968; KLOSE und WOLF 1970; SCHMIDTKE und ENGEL 1974; TICHOMIROVA 1983), *Misgurnus anguillicaudatus* (KIMURA MASAO 1976, 1978a), *Ictiobus cyprinellus* und 8 andere Catostomiden (FERRIS und WHITT 1980), *Astyanax mexicanus* (AVISE und SELANDER 1972), *Poecilia sphenops, Poeciliopsis monacha, Ilyodon* spp. (SCHOLL und SCHRÖDER 1974; LESLIE und VRIJENHOEK 1977; TURNER und GROSSE 1980), *Fundulus heteroclitus* (CASHON et al. 1981; VAN BENEDEN et al. 1981), *Theragra chalcogramma* (GRANT und UTTER 1980), *Zoarces viviparus* (YNDGAARD 1972), *Cheilodactylus macropterus* (GAULDIE und SMITH 1978), *Katsuwonus pelamis* (McCABE und DEAN 1970), *Pleuronectes platessa* (WARD und BEARDMORE 1977).

Die 6-Phosphogluconatdehydrogenase kann ebenso wie die αGPD zu den Enzymen gerechnet werden, deren Polymorphismus bei Fischen sehr groß ist.

Glucose-6-Phosphatdehydrogenase (G6PDH oder 6PGDH, 1.1.1.49)

Clupea harengus (SALMENKOVA und VOLOCHONSKAJA 1973), *Salmo gairdneri* (CEDERBAUM und YOSHIDA 1976), *Salvelinus fontinalis* (STEGEMAN und GOLDBERG 1971, 1972), *Oncorhynchus nerka* (OMEL'ČENKO 1975b; MACAK 1983), *Conger conger* (RODINO und COMPARINI 1978), *Cyprinus carpio, Abramis brama* (PAAVER 1978, 1980, 1983; TICHOMIROVA 1983), *Fundulus heteroclitus* (MITTON und KOEHN 1975), *Caranx georgianus, Cheilodactylus macropterus, Rexea solandri, Thyrsites atun* (GAULDIE und SMITH 1978).

Sorbitdehydrogenase (SDH, 1.1.1.14)

Clupea harengus, Salmo salar, S. trutta, S. gairdneri, Oncorhynchus nerka, Coregonus autumnalis (ENGEL et al. 1970; ALLENDORF et al. 1977; FERGUSON et al. 1978; CROSS und WARD 1980; ANDERSSON et al. 1981), *Angu-*

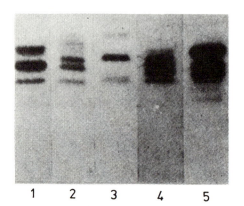

Abb. 55
Isozyme und Allozyme der 6PGD beim Goldfisch *(Carassius auratus).* 1 und 3 Homozygoten, 2, 4 und 5 Heterozygoten (SCHMIDTKE und ENGEL 1974).

illa spp. (KOEHN und WILLIAMS 1978; RODINO und COMPARINI 1978), *Carassius auratus* (LIN et al. 1969), *Rutilus rutilus, Tinca tinca* (ENGEL et al. 1971a), *Oryzias latipes* (SAKAIZUMI et al. 1980a, 1980b), *Gadus morhua* (MORK et al. 1982), *Macruronus novaezelandiae* (SMITH et al. 1981), *Arripis trutta* (GAULDIE und SMITH 1978), *Pleuronectes platessa* (WARD und BEARDMORE 1977; MCANDREW et al. 1982).

Isocitratdehydrogenase (IDH, 1.1.1.42)

Clupea harengus (Wolf et al. 1970; CASSELMAN et al. 1981; KORNFIELD et al. 1981), *Hypomesus olidus* (QUIROZ-GUTIERREZ und OHNO 1970), *Osmerus mordax, O. dentex* (LUEY et al. 1982), *Salmo salar, S. gairdneri, S. trutta, S. clarki henshawi, S. apache, Oncorhynchus keta, O. gorbuscha, O. tshawytscha, Salvelinus fontinalis, S. alpinus taranetzi, S. malma, Coregonus clupeaformis, C. albula* (WOLF et al. 1970; ROPERS et al. 1973; MAY et al. 1975; REINITZ 1977a; CROSS und PAYNE 1971, 1978; CROSS und WARD 1980; ALTUCHOV et al. 1980; UTTER et al. 1980; BUSACK et al. 1980; SLYNKO et al. 1980; CASSELMAN et al. 1981; RYMAN und STAHL 1981; STONEKING et al. 1981a; VUORINEN et al. 1981; TAGGART et al. 1982; SALMENKOVA und OMEL'ČENKO 1983; KARTAVCEV et al. 1983), *Anguilla anguilla, Conger conger* (RODINO und COMPARINI 1978), *Cyprinus carpio, Carassius auratus* (QUIROZ-GUTIERREZ und OHNO 1970; PAAVER 1983), *Barbus barbus, Rutilus rutilus* (ENGEL et al. 1971a), zwei amerikanische Cyprinidenarten (AVISE und AYALA 1976), *Astyanax* spp. (AVISE und SELANDER, 1972), *Gambusia affinis* und weitere vier Poeciliidenarten (SCHOLL und SCHRÖDER 1974; SICILIANO und WRIGHT 1973; LESLIE und VRIJENHOEK 1977; CASHON et al. 1981; SMITH M.W. et al. 1983), *Gasterosteus aculeatus* (AVISE 1976), *Gadus morhua, Theragra chalcogramma, Merluccius australis* (JOHNSON A. 1977; GAULDIE und SMITH 1978; MORK et al. 1982), *Zoarces viviparus* (FRYDENBERG und SIMONSEN 1973), *Chysophrys auratus* (SMITH et al. 1978), *Morone americana* (SIDELL et al. 1978), *Sarotherodon galileae, Micropterus salmoides* (PHILIPP et al. 1981; MCANDREW und MAJUMDAR 1983), *Seriola grandis, Rexea solandri, Genypterus blacoides* (GAULDIE und SMITH 1978), *Pleuronectes platessa, Platichthys flesus* (WARD und GALLEGUILLOS 1978; MCANDREW et al. 1982).

Die Zahl der Angaben über den IDH-Polymorphismus der Fische nimmt schnell zu. Viele Arten sind bezüglich zweier oder mehrerer Loci polymorph, die Zahl der Allele beträgt oft 3, 4 oder mehr. Bei den polyploiden Salmoniden ist die Variabilität der duplizierten Loci (1 und 2; 3 und 4) ähnlich wie bei den Genen sMDH und αGPD; es gibt Fälle, in denen die elektrophoretische Beweglichkeit identisch ist. Bei *Salvelinus fontinalis* wurde ein Nullallel des Locus IDH-4 gefunden (STONEKING et al. 1981a). Die Isocitratdehydrogenase ist zur Gruppe der (bei den Fischen) variabelsten Enzyme zu zählen.

Glycerinaldehyd-3-Phosphatdehydrogenase (G3PD, 1.2.1.12)

Xiphophorus maculatus (SICILIANO et al. 1973; MORIZOT et al. 1982a), *Anoplopoma fimbria* (JOHNSON A. 1977).

Xanthindehydrogenase (XDH, 1.2.1.37)

Catostomus commersoni (FERRIS und WHITT 1980), *Poecilia formosa* (TURNER et al. 1982), *Scomber scombrus* (SMITH und JAMIESON 1978), *Chrysophrys auratus* (SMITH et al. 1978).

Diaphorase (DIA, 1.6.9.1)

Salmo trutta (MAY et al. 1979a; TAGGART et al. 1982), *Salvelinus fontinalis* (STONEKING et al. 1981).

Catalase (CAT, 1.11.1.6)

Salmo gairdneri (UTTER et al. 1973c), *Sebastes* spp. (NUMACHI 1971b).

Peroxydase (PX oder PO, 1.11.1.7)

Clupea harengus (BOGDANOV et al. 1979), *Salmo salar* (NYMAN 1967), *Oncorhynchus nerka, O. masu* (OMEL'ČENKO 1975b), *Myoxocephalus quadricornis* (NYMAN und WESTIN 1968).

Superoxiddismutase oder Tetrazoliumoxydase (SOD oder TO, 1.15.1.1)

Clupea harengus (ANDERSSON et al. 1981; KORNFIELD et al. 1982a), *Alosa sapidissima* (LEARY et al. 1983), *Salmo trutta, S. gairdneri, S. clarki, S. apache* (UTTER 1971; CEDERBAUM und YOSHIDA 1972; LOCASCIO und WRIGHT 1973; UTTER et al. 1973a; OMEL'ČENKO 1975b; ALLENDORF et al. 1977; UTTER et al. 1980; BUSACK et al. 1980), *Salvelinus alpinus, S. leucomaenis, S. namaycush, S. malma* (SALMENKOVA und VOLOCHONSKAJA 1973; DEHRING et al. 1981; KARTAVCEV et al. 1983), *Oncorhynchus tshawytscha* (UTTER 1971; UTTER et al. 1973a), *Coregonus peled, C. nasus, C. albula* (LOKŠINA 1981, 1983; VUORINEN et al. 1981), *Hypomesus olidus* (SALMENKOVA und VOLOCHONSKAJA 1973), *Esox lucius* (HEALY und MULCAHY 1979), *Anguilla* spp. (TEGELSTRÖM 1975), *Cyprinus carpio* (PAAVER 1979, 1983) und mehr als sechs amerikanische Cyprinidenarten (AVISE und AYALA 1976; BUTH 1979c), sieben Catostomidenarten (FERRIS und WHITT 1980), *Poecilia sphenops, P. reticulata, Oryzias latipes* (SCHOLL und SCHRÖDER 1974; SHAMI und BEARDMORE 1978a; SAKAIZUMI et al. 1980), *Theragra chalcogramma, Merluccius merluccius* (IWATA 1973, 1975; MANGALY und JAMIESON 1978, 1979), drei Arten aus der Familie Percidae (MARTIN und RICHMOND 1973; PAGE und WHITT 1973a), *Zoarces viviparus* (FRYDENBERG und SIMONSEN 1973), *Sebastes inermis* (NUMACHI 1972b), *Micropterus salmoides* (PHILIPP et al. 1981), *Scomber scombrus* (SMITH und JAMIESON 1980), vier Arten der Gattung *Sarotherodon* (MCANDREW et al. 1983), *Thunnus thynnus* (EDMUNDS und SAMMONS 1973), *Pleuronectes platessa, Limanda limanda, Hippoglossoides elassodon, Atherestes stowias* (JOHNSON A. 1977); WARD und BEARDMORE 1977; WARD und GALLEGUILLOS 1978). Der relativ hohe Grad der TO-Variabilität der Fische kann teilweise damit zusammenhängen, daß sich dieses Enzym leicht feststellen läßt. Es markiert sich gut auf Gelen, die bei der Untersuchung vieler anderer Enzyme mit Tetrazoliumsalzen gefärbt werden. Die Tetrazoliumoxydase unterdrückt die Umwandlung des Tetrazoliums in Diformasan und zeichnet sich auf den Elektropherogrammen in Gestalt gut erkennbarer weißer Banden ab (Abb. 56).

Die Zahl der untersuchten Oxydoreductasen und insbesondere die Zahl der untersuchten Fischarten ist noch sehr gering. Es gibt keinen Zweifel, daß Untersuchungsergebnisse über den Polymorphismus der Oxydoreductasen bei Fischen in nächster Zeit schnell zunehmen werden.

5.7. Transferasen, Hydrolasen und andere Enzyme

Phosphoglucomutase (PGLUM oder PGM, 2.7.5.1)

Die PGLUM steuert die Umwandlung des Glucose-1-Phosphates und des Glucose-6-Phosphates und spielt eine Schlüsselrolle

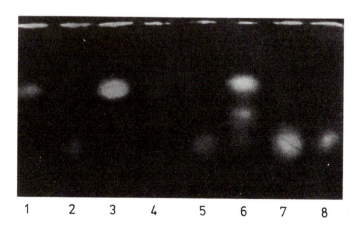

Abb. 56
Polymorphismus der Tetrazoliumoxydase (TO oder SOD) bei *Theragra chalcogramma*. 1 und 3 langsame Homozygoten SS, 2, 5, 7 und 8 schnelle Homozygoten FF, 4 und 6 Heterozygoten SF (IWATA 1975).

bei der Glycolyse. Die Zahl der hinsichtlich dieses Enzyms polymorphen Fischarten wächst schnell (Tab. 31). Wir begegnen genetisch bedingter PGLUM-Variabilität in allen untersuchten Fischordnungen und bei den beiden bisher untersuchten Vertretern der Fischartigen. Bei der Mehrzahl der Salmoniden und bei vielen Cypriniden und Perciden sind die PGLUM-Loci variabel. Die Zahl der Loci beträgt oftmals zwei bis drei und bei Arten, die noch nicht lange polyploid sind, vier bis fünf. Beim Karpfen *(Cyprinus carpio)* sind vier PGLUM-Loci polymorph. Einer von ihnen ist durch drei codominante Allele vertreten, zwei haben je zwei Allele. Die Expressivität des vierten

Tabelle 31
Polymorphismus der Fische hinsichtlich der Phosphoglucomutase (PGLUM)-, Glucosephosphatisomerase (GPI)- und Aspartataminotransferase (ASAT)-Loci
(+ Vorhandensein von zwei oder mehr Allelen)

Taxonomische Gruppe	PGLUM	GPI	ASAT	Literaturquelle
Cyclostomata				
Petromyzonidae				
Petromyzon marinus	+	+		47, 48
Lampetra planeri	+	+		101
Pisces				
Chimaeriformes				
Callorhynchus milii		+		31
Acipenseriformes				
Polyodon spathula	+			17
Gonorhynchiformes				
Chanos chanos	+	+		103
Clupeiformes				
Clupea harengus	+	+	+	4, 24, 45, 46, 55, 62, 75
Sprattus spp.	+	+		24, 31
Alosa sapidissima	+			51
Salmoniformes				
Salmo salar	+		+	⎫
S. trutta		+	+	⎪ 1, 2, 10, 23, 32,
S. gairdneri	+	+	+	⎬ 54, 56, 63, 71,
S. clarki	+	+	+	⎪ 73, 75, 78, 90,
S. apache	+			⎭ 96
Salvelinus fontinalis	+	+	+	⎫
S. namaycush			+	⎬ 25, 36, 45, 89
S. alpinus		+	+	⎭
S. a. taranetzi	+			⎫
Oncorhynchus nerka	+	+		⎪ 2, 3, 41, 42, 43,
O. gorbuscha	+	+	+	⎬ 50, 56, 62, 95,
O. keta			+	⎪ 97, 98
O. tshawytscha	+	+	+	⎭
Hypomesus olidus	+		+	62, 75
Osteoglossiformes				
Pantodon buchholzi		+		24
Anguilliformes				
Anguilla anguilla		+	+	20, 24, 66, 72, 102
Conger conger		+		21, 24
Cypriniformes				
Cyprinus carpio	+	+	+	9, 64, 65, 66, 77, 78, 80, 81, 91

(Fortsetzung Tabelle 31 auf Seite 192)

Taxonomische Gruppe	PGLUM	GPI	ASAT	Literaturquelle
Barbus barbus		+		79
Carassius auratus gibelio		+		79
Campostoma spp.		+ (2)		13
andere Cypriniden	+ (9)	+ (10)	+ (8)	6, 12, 15, 16, 77
Catostomus plebeius	+	+		29
C. commersoni		+	+	29
C. santaanae		+		14
Thoburnia spp.	+ (2)			11
Misgurnus anguillicaudatus	+			37, 40
Cobitis delicata	+	+	+	38
C. biwae	+			39
Botia macracanthus		+		28
Astyanax spp.		+ (2)		7, 49
Cyprinodontiformes				
Xiphophorus maculatus		+		82
Poecilia reticulata	+			80
P. formosa	+			73, 94
Poeciliopsis monacha	+		+	52, 99
Gambusia affinis	+	+	+	88, 104
G. heteroshir		+	+	104
Fundulus heteroclitus	I	+		59, 69
Cyprinodon novadensis			+	93
Oryzias latipes	+			74
Atheriniformes, Beloniformes				
Atherina presbyter		+		24
Belone belone		+		24
Zeiformes				
Cyttus australis	+			31
Gadiformes				
Gadus morhua	+	+		24, 61, 92
Merluccius australis		+		31
Macrurus rupestris	+			53
Gasterosteiformes				
Gasterosteus aculeatus	+	+		5, 8
Perciformes				
Micropterus salmoides	+	+	+	68
Etheostoma sp.			+	26
Zoarces viviparus	+	+	+	18, 19, 30, 33, 83, 105
Scomber scombrus	+	+		24, 86
Sarotherodon jipe	+			58
S. galilaeus		+		58
S. spilurus	+			58
andere Barschartige	+ (8)	+ (10)		31, 34, 76, 84, 85, 87
Scorpaeniformes				
Trigla kumu	+			31
Sebastes spp.	+ (3)			34, 35
Pleuronectiformes				
Pleuronectes platessa	+	+	+	22, 24, 57, 70, 100
Pl. flesus		+		24
andere Plattfische	+ (7)	+ (3)	+ (9)	24, 27, 31, 44
Tetraodontiformes				
Navodon scaber		+		31
Gesamtzahl der Arten	68	68	41	

Literatur zu Tabelle 31:

1. ALLENDORF und UTTER (1973); 2. ALLENDORF et al. (1977); 3. ALTUCHOV et al. (1975a); 4. ANDERSSON et al. (1981); 5. AVISE (1976b); 6. AVISE und AYALA (1976); 7. AVISE und SELANDER (1972); 8. BELL und RICHKIND (1981); 9. BRODY et al. (1979); 10. BUSACK et al. (1980); 11, 12. BUTH (1979b, 1979c); 13. BUTH und BURR (1978); 14. BUTH und CRABTREE (1982); 15. BUTH und MAYDEN (1981); 16. BUTH et al. (1983); 17. CARLSON et al. (1982); 18. CHRISTIANSEN und FRYDENBERG (1974); 19. CHRISTIANSEN et al. (1976); 20, 21. COMPARINI et al. (1975, 1977); 22. CROSS und PAYNE (1978); 23. CROSS und WARD (1980); 24. DANDO (1974); 25. DEHRING et al. (1981); 26. ECHELLE et al. (1976); 27. FELLEY und AVISE (1980); 28. FERRIS und WHITT (1977b); 29. FERRIS et al. (1982); 30. FRYDENBERG und SIMONSEN (1973); 31. GAULDIE und SMITH (1978); 32. HENRY und FERGUSON (1982); 33. HJORT (1971); 34. JOHNSON A. (1977); 35. JOHNSON et al. (1971); 36. KARTAVTCEV et al. (1983); 37–40. KIMURA (1978a, 1978b, 1978c, 1979); 41. KIRPIČNIKOV (1977); 42. KIRPIČNIKOV und IVANOVA (1977); 43. KIRPIČNIKOV und MUSKE (1980); 44. KORNFIELD (1978); 45, 46. KORNFIELD et al. (1981, 1982); 47. KRUEGER (1980); 48. KRUEGER und SPANGLER (1981); 49. KUHL et al. (1976); 50. KULIKOVA und SALMENKOVA (1979); 51. LEARY et al. (1983); 52. LESLIE und VRIJENHOEK (1977); 53. LOGVINENKO und POLJANSKAJA (1981); 54. LOUDENSLAGER und KITCHIN (1979); 55. LUSH (1969); 56. MAY et al. (1975); 57, 58. MCANDREW et al. (1982, 1983); 59. MITTON und KOEHN (1975); 60. MORK et al. (1982); 61. ODENSE et al. (1966a); 62. OMEL'ČENKO (1975b); 63. OP'T HOF et al. (1982); 64–66. PAAVER (1979, 1980, 1983); 67. PANTELOURIS (1976); 68. PHILIPP et al. (1981); 69. PLACE und POWERS (1978); 70. PURDOM et al. (1976); 71. ROBERTS et al. (1969); 72. RODINO und COMPARINI (1978); 73. RYMAN und STAHL (1981); 74. SAKAIZUMI et al. (1980); 75. SALMENKOVA und VOLOCHONSKAJA (1973); 76. SASSAMA und YOSHIYAMA (1979); 77, 78. SCHMIDTKE und ENGEL (1972, 1974); 79. SCHMIDTKE et al. (1975b); 80. SHAMI und BEARDMORE (1978a); 81. SHEARER und MULLEY (1978); 82. SICILIANO et al. (1973); 83. SIMONSEN und CHRISTIANSEN (1981); 84, 85. SMITH (1978, 1979b); 86. SMITH und JAMIESON (1980); 87. SMITH et al. (1978); 88. SMITH et al. (1983); 89. STONEKING et al. (1981a); 90. TAGGART et al. (1982); 91. TICHOMIROVA (1984b); 92. TILLS et al. (1971); 93. TURNER (1973b); 94. TURNER et al. (1982); 95, 96. UTTER und HODGINS (1970, 1972); 97, 98. UTTER et al. (1973b, 1980); 99. VRIJENHOEK (1979a); 100. WARD und BEARDMORE (1977); 101. WARD et al. (1981); 102. WILLIAMS et al. (1973); 103. WINAUS (1980); 104. YARDLEY und HUBBS (1976); 105. YNDGAARD (1972).

Locus ändert sich offenbar unter Einwirkung eines Regulatorgens (PAAVER 1979, 1983; TICHOMIROVA 1984b). Bei Characiden der Gattung *Astyanax* wurden in einer Population sechs Allele eines Locus gefunden. (AVISE und SELANDER 1972).
Die Phosphoglucomutase ist monomer, Hybridprodukte werden bei den Heterozygoten nicht gebildet. Eine Hybridanalyse erfolgte bei *Clupea harengus* (KORNFIELD et al. 1981), beim Karpfen (TICHOMIROVA 1984b), bei *Oncorhynchus nerka* (KIRPIČNIKOV 1977) und bei *Pleuronectes platessa* (PURDOM et al. 1976). In allen Fällen wurde einfache MENDELsche Vererbung der PGLUM-Varianten mit Codominanz bei den Heterozygoten festgestellt.

Beim Rotlachs sind alle bisher untersuchten Populationen (über 25) bezüglich eines der PGLUM-Loci polymorph. Die Unterschiede in der Allelhäufigkeit zwischen ihnen sind sehr gering (UTTER und HODGINS 1970; ALTUCHOV et al. 1975a, 1975b; KIRPIČNIKOV und IVANOVA 1977; GRANT et al. 1980; KIRPIČNIKOV und MUSKE 1980, 1981; MUSKE 1983; MACAK 1983a, 1983b).
Relative Beständigkeit der Allelhäufigkeiten der PGLUM-Loci ist auch bei anderen Fischarten festzustellen, insbesondere bei *Zoarces viviparus* (HJORTH 1971; CHRISTIANSEN et al. 1976) und bei *Clupea harengus* (KORNFIELD et al. 1982a).
Die PGLUM ist bei Fischen offenbar zur Gruppe der Enzyme mit großer Breite der genetischen Variabilität zu rechnen. Es ist zu vermuten, daß die Beständigkeit der Allelhäufigkeiten in diesem Fall mit monogener Heterosis, einem Vorteil der Heterozygoten in der Überlebensrate, verbunden ist (ALTUCHOV et al. 1975a, 1975b; KIRPIČNIKOV 1977).

Glucosephosphatisomerase oder Phosphoglucoseisomerase (GPI oder PGI, 5.3.1.9)

Polymorphismus hinsichtlich der GPI wurde bereits bei fast 70 Fischarten festgestellt (Tab. 31). Bei vielen Arten ist auch dieses Enzym polymorph. Es ist nicht ausgeschlossen, daß zwischen dem Polymorphismus der Fische bezüglich der PGLUM und der GPI eine Korrelation besteht, die eine funktionelle Grundlage hat (GAULDIE 1984).

Bei allen Fischarten sind im Genom mindestens zwei GPI-Loci (A und B) enthalten (FISHER et al. 1980), bei den seit langem polyploiden Arten (Karpfen, Karausche, Catostomiden, polyploide Schlammpeitzger, Salmoniden) sind es drei oder vier. Wenn vier Loci vorhanden sind, dann sind sie (ebenso wie die sMDH-Gene) zu Paaren schwach divergierender Gene angeordnet (UTTER et al. 1980). Als polymorph erweisen sich oft zwei GPI-Loci (*Astyanax* spp., *Xiphophorus maculatus, Anguilla anguilla, Conger conger, Zoarces viviparus, Pleuronectes platessa* und andere), und die Zahl der Allele erreicht bis zu vier und darüber. Die Höchstzahl der Allele (6) wurde bisher beim Hering und beim Kabeljau gefunden. Bei einem der Allele des Herings handelt es sich um ein Nullallel.

Die Phosphoglucoseisomerase, die die Umwandlung des Glucose-6-Phosphates und des Fructose-6-Phosphates katalysiert, ist dimer. Bei den Heterozygoten werden Hybridmoleküle gebildet, und in den Gelen finden sich drei Aktivitätsbanden (Heterozygote) oder eine Bande (Homozygote) des Enzyms. Die Spektren der Isozyme bei einigen tetraploiden Formen sind noch nicht vollständig entziffert.

Hybridanalysen, die bei der Aalmutter und bei der Scholle durchgeführt wurden, bestätigten die Vermutung, daß die GPI-Varianten streng nach den MENDELschen Regeln vererbt werden. Ebenso wie bei anderen Enzymen stellten sich Hypothesen über eine tetrasome Vererbung des Enzyms bei Polyploiden als falsch heraus. Die Aufspaltung in der Nachkommenschaft erfolgt immer disom, unabhängig für jeden Locus.

Die Phosphoglucoseisomerase kann ebenso wie die Phosphoglucomutase bei Fischen als eines der variabelsten Enzyme betrachtet werden.

Phosphomannoseisomerase (PMI, 5.3.1.8)

Dieses Enzym, das der PGI ähnlich ist, wurde in den letzten Jahren bei einer Reihe von Salmonidenarten untersucht und erwies sich bei vielen von ihnen als polymorph. Das Auftreten von zwei oder drei Allelen eines PMI-Locus wurde bei Vertretern der Gattungen *Oncorhynchus* (*O. nerka, O. keta, O. tshawytscha), Salmo* (*S. clarki*) und *Salvelinus* (*S. fontinalis*) festgestellt (GRANT et al. 1980; UTTER et al. 1980; STONEKING et al. 1981). PMI-Polymorphismus ergab sich auch bei den beiden untersuchten Species der Fischartigen, *Petromyzon marinus* und *Lampetra planeri* (KRUEGER 1980; WARD et al. 1981) sowie bei *Gambusia affinis* (SMITH et al. 1983). Nach diesen ersten Daten zu urteilen, ist die genetische Variabilität bezüglich der Phosphomannoseisomerase bei Fischen wahrscheinlich ebenso verbreitet wie die hinsichtlich der PGI und der PGLUM.

Aspartataminotransferase oder Glutamatoxalacetattransaminase (ASAT, AAT oder GOT, 2.6.1.1)

Dieses Enzym kommt in den Zellen der Fische in zwei Formen vor, einer löslichen (s) und einer mitochondrischen (m). Viele bezüglich der sASAT variablen Arten wurden unter den Salmoniden und Cypriniden, aber auch unter den Plattfischen festgestellt (Tab. 31). Polymorph sind alle Unterarten des Atlantischen Herings. In anderen taxonomischen Gruppen sind polymorphe Arten seltener. Wenig untersucht wurde der Polymorphismus hinsichtlich der mASAT.

Bei allen Salmoniden wird die lösliche Form der ASAT durch zwei nicht gekoppelte Gene codiert (Tab. 32). Die genetische Interpretation der Aufspaltung bezüglich der sASAT-Loci bei *O. keta* gründet sich auf die Vermutung, daß homologe dimere Isozyme gleiche elektrophoretische Beweglichkeit besitzen (ebenso wie im Falle der

Tabelle 32
Vererbung der ASAT-Varianten bei *Oncorhynchus keta* (nach May et al. 1975)

Vermutliche Genotypen der Elterntiere				Phänotypische Aufspaltung in der Nachkommenschaft			
♀		♂		Gruppe I	Gruppe II	Gruppe III	Gruppe IV
				(AAAA)	(AAAA′)	(AAA′A′)	(AA′A′A′)
A1A1	A2A2	A1A1′	A2A2′	44	85	43	–
A1A1	A2A2	A1A1′	A2A2*	32	31	–	–
A1A1	A2A2	A1A1	A2A2	20	–	–	–
A1A1′	A2A2*	A1A1′	A2A2′	16	40	44	19
A1A1	A2A2	A1A1′	A2A2*	138	120	–	–

* oder A1A1   A2A2′

duplizierten sMDH-, αGPD- und GPI-Loci):

1. $A1_2 = A1_1 A2_1 = A2_2$
2. $A1_1 A1_1' = A1_1 A2_1' = A1_1' A2_1 = A2_1 A2_1'$
3. $A1_2' = A1_1' A2_1' = A2_2'$

Wie schon oben bemerkt wurde, muß die summarische Anzahl der Isozyme dieser drei Typen bei freier Kombination der Polypeptide, die durch zwei Loci (A1 und A2) und deren Allele codiert werden, dem Verhältnis 9:6:1 bei einfach Heterozygoten, dem Verhältnis 1:2:1 bei doppelt Heterozygoten und bei Homozygoten bezüglich verschiedener Allele $\left(\dfrac{A1\ A2'}{A1\ A2'}\right)$ entsprechen. Eben diese Verhältnisse sind auch auf den Zymogrammen zu sehen (Abb. 57). Die sASAT-Varianten werden bei den Salmoniden disom vererbt. Die Aufspaltung jedes Locus hängt nicht von der seines Homologen ab.

Bei diploiden Cypriniden, Plötze, Schleie, *Barbus tetrazona* und anderen, ist offenbar ein sASAT-Locus vorhanden, die Zahl der Allele beträgt (beim Auftreten von Polymorphismus) zwei bis drei. Beim Karpfen und der Karausche wird angenommen, daß ebenso wie bei den Salmoniden zwei Loci vorhanden sind (Schmidtke und Engel 1972). Diese Loci divergierten strukturell und funktionell in der Zeit, die nach der Verdoppelung des Genoms verging (etwa 50 Mill. Jahre). Die Homopolymeren $A1_2$

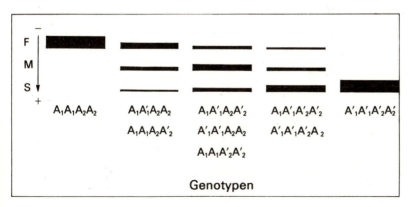

Abb. 57
Spektren der Isozyme und Allozyme der ASAT bei *Oncorhynchus keta* und *O. gorbuscha* (Schema). Links Fraktionen (Isozyme), unten Genotypen; Variation bezüglich zweier Loci (May et al. 1975).

und A2$_2$ haben unterschiedliche elektrische Ladungen. Auf den Elektropherogrammen sehen wir bei Karpfen, die hinsichtlich der Allele der sASAT-Gene homozygot sind, drei Aktivitätsbanden des Enzyms (die mittlere entspricht einem Heterodimeren); bei den bezüglich eines der Gene Heterozygoten sind sechs sichtbar.

Creatinphosphokinase oder Creatinkinase (CPK oder CK, 2.7.3.2)

Die Creatinkinase wird bei Fischen durch zwei (primitive Formen), drei (Holostei und Teleostei) und sogar vier (am weitesten fortgeschrittene Ordnungen der Knochenfische) Loci (A, B, C und D) codiert. Bei Polyploiden (Salmoniden, Cypriniden, Catostomiden) sind die Loci A und besonders B dupliziert (FERRIS und WHITT 1977a, 1977b, 1977c, 1978a; FISHER und WHITT 1978b; FISHER et al. 1980).
CPK-Polymorphismus wurde bei einer verhältnismäßig großen Zahl von Fischarten festgestellt, die den unterschiedlichsten taxonomischen Gruppen angehören. Eine genetische Analyse der Vererbung der Varianten dieses dimeren Enzyms wurde bisher nicht vorgenommen. Populationsangaben deuten darauf hin, daß einfache, hauptsächlich dialelle codominante Systeme vorhanden sind. Hybridisozyme zwischen den Produkten verschiedener Gene werden nicht immer gebildet (FISHER und WHITT 1978a).
Wir fügen eine Aufstellung der Arten an, die sich als polymorph bezüglich der CK erwiesen haben: *Carcharhinus springeri* (FERRIS und WHITT 1978a), *Polyodon spathula* (CARLSON et al. 1982), *Salmo gairdneri, S. trutta, Salvelinus fontinalis, Coregonus albula, Argentina silus* (EPPENBERGER et al. 1971; PERRIARD et al. 1972; ALLENDORF et al. 1976, 1977; MAY et al. 1979b; RYMAN und STAHL 1980; STONEKING et al. 1981b; VUORINEN et al. 1981), *Cyprinus carpio, Notropis* spp. (SCOPES und GOSSELIN-REY 1968; BUTH 1979c), fünf Catostomidenarten (BUTH 1979a; FERRIS und WHITT 1980; FERRIS et al. 1982), *Botia modesta* (FERRIS und WHITT 1977b), *Ictalurus melas, Xiphophorus helleri, Ilyodon* spp., *Prionotus tribulus* (FERRIS und WHITT 1978a; TURNER und GROSSE 1980), *Morone saxatilis* (GUSE et al. 1980), *Micropterus salmoides* (PHILIPP et al. 1981).

Esterasen (EST, 3.1.1.1, 3.1.1.2 und andere)

Esterasen sind Enzyme unterschiedlicher Wirkungsweise, deren gemeinsame Eigenschaft darin besteht, daß sie in der Lage sind, die Esterbindungen zu spalten (KOROČKIN et al. 1977). Diese Enzyme teilt man gewöhnlich in vier Hauptgruppen ein; Carboxyesterasen, Arylesterasen, Acetylesterasen und Acetylcholinesterasen einschließlich Pseudocholinesterasen (HOLMES und MASTERS 1976; MANWELL und BAKER 1970; KOROČKIN et al. 1977). Ebenso wie die Serumesterasen (hauptsächlich Carboxyesterasen) sind auch die Gewebeesterasen bei Fischen gewöhnlich die Produkte mehrerer Loci, und bei vielen ist eine individuelle Variabilität festzustellen. Beobachtet wurde sie bei Vertretern unterschiedlicher Familien. Die Zahl der Arten, bei denen polymorphe Esterasesysteme vorkommen, übersteigt hundert. Wir sind nicht in der Lage, hier das gesamte Schrifttum zur genetischen Variabilität der Esterasen bei Fischen anzuführen. Ein Teil dieser Literatur ist Bestandteil zusammenfassender Darstellungen (LIGHY 1969; NYMAN 1971; KIRPIČNIKOV 1973a; ALTUCHOV 1974 u. a.). Hier wird nur auf einige der wichtigsten Untersuchungen eingegangen.

Beim Bachneunauge *(Lampetra planeri)* erwies sich ein Esteraselocus, EST-D als polymorph. Seiner quaternären Struktur nach handelt es sich dabei um ein Dimer. Bei den Fischen sind die meisten EST-Loci Monomeren (WARD et al. 1981).

Beim Milchfisch (*Chanos chanos*, Gonorhynchiformes) wurde ebenfalls Variabilität bezüglich eines Locus mit vier Allelen festgestellt (WINAUS 1980).

Der Atlantische Hering (*Clupea harengus*) besitzt mindestens fünf Esteraseloci mit mehreren genetischen Varianten. Die Zahl der Allele eines jeden Locus beträgt vier bis

Tabelle 33
Polymorphismus eines Locus der Leber- und Herzesterase in Populationen des Atlantischen Herings (nach RIDGWAY et al. 1970)

Ort der Probenahme	Häufigkeit der Phänotypen						Konzentration der Allele		
	mm	ms	ss	mf	sf	ff	q_m	q_s	q_f
Georges Bank	218	117	19	7	1	0	0,77	0,22	0,011
Cape May	54	37	4	1	0	0	0,76	0,23	0,005
Westl. Maine	61	48	9	2	2	0	0,71	0,28	0,016
Nova Scotia	82	64	12	2	0	0	0,72	0,27	0,006

fünf (RIDGWAY et al. 1970; NAEVDAL 1970; SIMONARSON und WATTS 1971; SALMENKOVA und VOLOCHONSKAJA 1973; OMEL'ČENKO 1975b; ZENKIN 1976, 1979; KORNFIELD et al. 1982a). Meist herrscht in jedem genetischen Esterasesystem ein „dominierendes" Allel mit einer relativen Konzentration von 0,7 bis 0,9 und darüber vor. In den natürlichen Populationen des Atlantischen Herings *(C. h. harengus)* ist oftmals ein zeitlich und räumlich beständiges Verhältnis der Allele zu beobachten. Als Beispiel führen wir Populationen an, die im Nordatlantik untersucht wurden (Tab. 33; die seltenen Allele wurden in den Berechnungen nicht berücksichtigt).
Bei der Sardine *(Sardinops ocellata)* besteht das System des EST-II-Locus, das die Muskelesterasen codiert, aus 9 Allelen. In den Populationen wurden 24 Phänotypen gefunden (THOMPSON und MASTERT 1974). Polymorph bezüglich der EST sind auch viele andere Clupeiden, *Sardina pilchardus* (KRAJNOVIĆ OZRETIĆ und ZIKIĆ 1975), *Sardinella sp.* (BARON 1973), *Sprattus sprattus* (HOWLETT und JAMIESON 1971), *Engraulis encrasicholus* (DOBROVOLOV et al. 1980) und andere. Bei der Lodde *(Mallotus villosus)* enthält das Serumsystem 10 Allele (NYMAN 1971).

Beim Atlantischen Lachs können mit Hilfe der Elektrophorese 8 Esterasebanden festgestellt werden. 6 Banden des Leberenzyms sind polymorph (KHANNA et al. 1975a). Die Autoren bemerken, daß zu den polymorphen Esterasen offenbar auch die Carboxy-, Aryl- und Cholinesterasen gehören. Polymorph sind die Esteraseloci der Regenbogenforelle (KINGSBURG und MASTERS 1972; GROSSMAN 1977), des Arktischen Saiblings (HENRICSON und NYMAN 1976), von *Oncorhynchus nerka* (MACAK 1983), der Kleinen Maräne und der Peledmaräne (VUORINEN et al. 1981; LOKŠINA 1981) sowie anderer Salmoniden (Abb. 58).

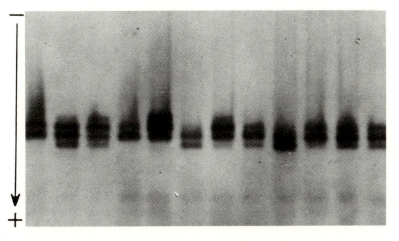

Abb. 58
Polymorphismus des EST-2-Locus bei *Oncorhynchus nerka.*
Foto
G. M. SABININ.

Unter den Cypriniden sind viele Arten hinsichtlich der EST-Loci polymorph. Von 5 *Notropis*-Arten besitzen mindestens drei polymorphe Systeme (KOEHN et al. 1971). Die Zahl der Allele schwankt zwischen 2 und 8 (MENZEL 1976). Manchmal kommen Nullallele vor. Beim Karpfen wurde das System der „schnellen" Serumesterasen mit 6 Allelen, darunter ein Nullallel, untersucht (MOSKOVKIN et al. 1973; ŠČERBENOK 1973; TRUVELLER et al. 1974; PAAVER 1979; ŠČEGLOVA und ILJASOV 1979). Bei den bezüglich jedes Allels Homozygoten sind auf den Zymogrammen zwei Banden vorhanden, eine Hauptbande und eine „Schatten"-Bande. Bei den Heterozygoten sind es drei. Diese Allele werden entsprechend den MENDELschen Regeln vererbt (TRUVELLER et al. 1974; ŠČERBENOK 1976; ČERFAS und TRUVELLER 1978; PAAVER 1980). Die „langsame" Serumesterase wird durch einen Locus mit drei Allelen, darunter ein Nullallel, codiert.

Ein EST-System, das in den Erythrocyten festgestellt wurde (und ebenfalls ein Nullallel besitzt), ist möglicherweise mit der langsamen Serum-EST identisch (BRODY et al. 1976). Ein trialleles System des EST-Locus wurde in einer zweigeschlechtlichen Giebelpopulation gefunden (POLJAKOVSKIJ et al. 1973). Diallele Systeme fanden sich beim Blei, der Plötze, dem Ukelei und dem Kaulbarsch (NYMAN 1965, 1969; TAMMERT und PAAVER 1981). Die Serum- und Leberesterasen des Aals zeigen eine komplizierte Variabilität (PANTELOURIS und PAYNE 1968; PANTELOURIS et al. 1976).

Bei *Fundulus* und zwei Arten der Gattung *Cyprinodon* (Cyprinodontidae) sind viele Banden der Esteraseaktivität vorhanden. Eines der polymorphen Systeme von Fundulus enthält 5 Allele (KEMPF und UNDERHILL 1974; CASHON et al. 1981).

Polymorphismus bezüglich eines EST-Locus wurde auch bei anderen Zahnkarpfen (YARDLEY und HUBBS 1976; HODGES und WHITMORE 1977; LESLIE und VRIJENHOEK 1977; SHAMI und BEARDMORE 1978a; TURNER et al. 1982) sowie bei *Ictalurus punctatus* (SKOW 1976) beschrieben.

Genauer untersucht wurden die polymorphen Esterasen (zwei Loci) bei der Aalmutter (SIMONSEN und FRYDENBERG 1972; CHRISTIANSEN et al. 1973, 1974; HJORT und SIMONSEN 1975). Eine Hybridanalyse bestätigte, daß in den Populationen zwei codominante Allele beider EST-Loci vorhanden sind. *Dentex tumifrons* und *Pagellus bogaravec* sind polymorph (KONISHI und TANIGUCHI 1975; TANIGUCHI und TASHIMA 1978).

Bei der Untersuchung der Populationen des Stöckers *(Trachurus trachurus)* wurde festgestellt, daß die Variation der „langsamen" und „schnellen" Allele der beiden Esteraseloci, EST-S und EST-F, eng miteinander korreliert ist (NEFEDOV et al. 1978; ZENKIN et al. 1979). Abhängigkeit zwischen der Allelvariabilität verschiedener Esteraseloci wurde auch bei anderen Fischarten festgestellt.

Das genetische System eines der Esteraseloci der Makrele *(Scomber scombrus)* zählt 9 Allele. Es wurde ein erhebliches Defizit an Heterozygoten in den Populationen festgestellt (SMITH et al. 1981a). Die Autoren erklären dies mit der Vermischung von Larven aus unterschiedlichen Laichsubpopulationen, in denen die Auslese in unterschiedlichen Richtungen wirken kann.

Zu erwähnen sind auch der Esterasepolymorphismus bei *Merluccius productus* und die große Vielfalt der polymorphen Esterasesysteme bei den Tilapien der Gattung *Sarotherodon* (MCANDREW und MAJUMDAR 1983), die drei oder vier Allele der Esteraseloci bei den Thunfischen (SPRAGUE 1967, 1970; FUJINO und KANG 1968; FUJINO 1970; MCCABE und DEAN 1970; SERENE 1971) und der Polymorphismus von mehr als 15 Plattfischarten (DE LIGNY 1968; KOVAL' und BOGDANOV 1979, 1982; D'JAKOV et. al. 1981) sowie von *Macrurus rupestris* (ALEKSEEV et al. 1979; NEFEDOV et al. 1976; DUŠČENKO 1979) und weiteren Arten.

Unter den 125 Fischarten, die die Korallenriffe besiedeln (68 Familien), sind viele polymorph bezüglich der Esterasen (LEIBEL und MARKERT 1978). Die Zahl der EST-Loci ist dabei sehr variabel, selbst bei relativ nahe verwandten Arten ist sie oft unterschiedlich.

Die Esterasen sind demnach hinsichtlich der Zahl der Loci, der Zahl der Allele pro

Locus und des Umfangs des Polymorphismus als die variabelsten Enzyme zu bezeichnen. Polymorph ist offenbar die Mehrzahl der Fischarten, unabhängig von ihrem taxonomischen Status. Polymorphismus tritt sowohl bei diploiden als auch bei (ihrem Ursprung nach) polyploiden Arten auf.

Über die Vererbung anderer Enzyme dieser Gruppe gibt es nur sehr wenige Angaben. Wir zählen die Arten auf, die sich bezüglich des einen oder anderen Enzyms als polymorph erwiesen haben.

Purin-Nucleosidphosphorylase (PNP, 2.4.2.1)

Lampetra planeri (WARD et al. 1979). Das PNP-Molekül hat beim Neunauge eine selten vorkommende trimere Struktur.

Glutamat-Pyruvattransaminase (GPT, 2.6.1.2)

Oncorhynchus nerka, *Salmo clarki* (GRANT et al. 1980; UTTER et al. 1980).

Hexokinase (HEX, 2.7.1.1)

Zoarces viviparus (FRYDENBERG und SIMONSEN 1973).

Adenylatkinase (AK, 2.7.4.3)

Lampetra planeri (WARD et al. 1981), *Chanos, chanos* (WINAUS 1980), *Oncorhynchus nerka* (OMEL'ČENKO 1975b), *Notropis* spp. (BUTH 1979c), *Misgurnus anguillicaudatus* (ONIWA und KIMURA 1981), *Micropterus salmoides* (PHILIPP et al. 1981), *Zoarces viviparus* (FRYDENBERG und SIMONSEN 1973).

Alkalische Phosphatase (AKP, 3.1.3.1)

Salmo gairdneri (DIEBIG et al. 1979).

Saure Phosphatase (ACP, 3.1.3.2)

Lampetra planeri (WARD et al. 1981).

Amylase (AMY, 3.2.1.1)

Xiphophorus montezumae (HERRERA 1979).

N-Acetyl-B-D-Galactosoaminidase (GAL, 3.2.1.53)

Oncorhynchus kisutch (UTTER et al. 1980).

Peptidase oder Leucinaminopeptidase (PEP oder LAP, 3.4.11)

Lampetra planeri (WARD et al. 1981), *Oncorhynchus keta*, *O. kisutch*, *O. tshawytscha*, *Salmo clarki*, *S. gairdneri* (UTTER et al. 1980b), *Coregonus clupeaformis* (KIRKPATRICK und SELANDER 1979), Cyprinidae der Gattungen *Campostoma* (3 Arten), *Notropis* und *Rhynichthys* (MERRITT et al. 1978; BUTH und BURR 1978; DOWLING et al. 1982), *Astyanax* sp. (AVISE und SELANDER 1972), *Oryzias latipes* und *Poeciliopsis monacha* (LESLIE und VRIJENHOEK 1977; WYBAN 1982), *Sebastes* spp. (JOHNSON et al. 1972), *Pleuronectes platessa* und andere Pleuronectidae (WARD und BEARDMORE 1977; JOHNSON A. 1977).

Glycyl-L-Leucinpeptidase (GLP, 3.4)

Salmo gairdneri (THORGAARD et al. 1983).

Adenosindesaminase (ADA, 3.5.4.4)

Lampetra planeri (WARD et al. 1981), *Salmo salar* (CROSS und WARD 1980), *Anguilla anguilla* (RODINO und COMPARINI 1978), *Zoarces viviparus* (SIMONSEN und CHRISTIANSEN 1981), *Sarotherodon* spp. (6 Arten), *Tilapia zillii* (MCANDREW und MAJUMDAR 1983), *Pleuronectes platessa* (WARD und BEARDMORE 1977; MCANDREW et al. 1982).

Anorganische Pyrophosphatase (IPP, 3.6.1.1)

Morone saxatilis (GUSE et al. 1980).

Aldolase (ALD, 4.1.2.13)

Coregonus clupeaformis (KIRKPATRICK und SELANDER 1979).

Carboanhydrase (CA, 4.2.1.1)

Salmo gairdneri (DIEBIG et al. 1979).

Fumarase (FUM, 4.2.1.2)

Coregonus albula (VUORINEN et al. 1981), *Xiphophorus maculatus*, *Gambusia affinis*, *G. heteroshir* (SICILIANO et al. 1973; YARDLEY und HUBBS 1976).

Aconitase (ACON, 4.2.1.3)

Clupea harengus (KORNFIELD et al. 1982a).

Glyoxylase (GLO, 4.4.1.5)

Salmo salar (CROSS und WARD 1980).

Triosephosphatisomerase (TPI, 5.3.1.1)

Salmo trutta (ALLENDORF et al. 1977), *Hesperoleucus symmetricus* (AVISE und AYALA 1976).

5.8. Genkopplung bei Fischen

Ungeachtet der großen Zahl von Arbeiten zur Genetik der Eiweiße bei Fischen wurde eine Kopplung von Genen bisher nur in sehr wenigen Fällen festgestellt. Es gibt Hinweise dafür, daß beim Karpfen ein Muskeleiweißlocus (My) und ein Locus der schnellen Esterasen (EST-F oder EST-1) gekoppelt sind (MOSKOVKIN et al. 1973). Offenbar sind auch die Gene EST-2 und LDH-C1 gekoppelt (PAAVER 1983), wobei Crossing over stattfindet, dessen Frequenz annähernd 10 % beträgt. In beiden Fällen sind jedoch noch zusätzliche Untersuchungen erforderlich.

Durch umfangreiche Untersuchungen an Regenbogenforellen und Saiblingen (*Salvelinus fontinalis* und *S. namaycush*) konnten bei diesen 11 Kopplungsgruppen festgestellt werden (MAY et al. 1980; WRIGHT et al. 1980; MORIZOT 1983a 1983b). Wir führen diese Gruppen an:

1. ASAT-2 – αGPD-1
2. MDH-1 – ASAT-1
3. ODH – MPI – GPI-3
4. GPI-1 – PEP-1
5. PEP-2 – SDH – GPI-2
6. IDH-3 – ME-2
7. ADA-1 – αGPD-3
8. MDH-4 – LDH-5 – Paralb-1,2 – LDH-1 – IDH-1
9. DIA – CK-2
10. ASAT-4 – PGAM-1 (Phosphoglyceratmutase)
11. GUS – CK-1

Es zeigt sich, daß die duplizierten Loci ASAT-1 und ASAT-2, GPI-1 und GPI-2 in unterschiedlichen Chromosomen angeordnet sind. Ein Crossing over gekoppelter Gene wurde nicht festgestellt.

Bei Sonnenbarschen der Gattung *Lepomis* sind die Gene αGPD und 6 GPD gekoppelt, die Frequenz des Crossing over macht 15 bis 22 % aus (WHEAT et al. 1973). Die Gene der G2PD, PGK (Phosphoglyceratkinase) und SOD sind auch gekoppelt, die Crossing-over-Frequenz beträgt 45,3 bzw. 24,7 % (PASDAR et al. 1984). Die Loci von sMDH-A und sMDH-B sind nicht gekoppelt (WHEAT et al. 1972).

Bei *Poeciliopsis* wurden zwei Kopplungsgruppen festgestellt (LESLIE 1979, 1982; LESLIE und PONTIER 1980):

1. EST-4 – IDH-2 – LDH-2 – EST-5 – LDH-1 (20, 10, 6 und 20 %);
2. TO – PGLUM (38 %).

In beiden Fällen gelang es, wie wir gesehen haben, die Crossing-over-Frequenz zu bestimmen.

Bei *Xiphophorus maculatus* und *X. helleri* wurden bereits 9 Kopplungsgruppen festgestellt, zu denen 27 Loci gehören (MORIZOT und ARAVINDA 1977; MORIZOT und SICILIANO 1979, 1982a; LESLIE und PONTIER 1980; MORIZOT 1983a, 1983b). Es handelt sich um folgende:

1. ADA – G6PDH – 6GPD (Crossing-over-Frequenz 13 und 17 %);
2. EST-2 – PK – EST-3,5 – LDH-1 – MPI (16, 8, 23 und 16 %);
3. GUK-2 – GAPD-1 (8 %);
4. PK-1 – GPI-1 – IDH (10 und 41 %);
5. EST-1 – EST-4 – MDH-2 (6 und 33 %);
6. GS (Glutamatsynthetase), Tf – UMPK (Uridinmonophosphatkinase) (11 %);
7. PGK (Phosphoglyceratkinase) – PGAM-1 (15 %);
8. GALT-1-PUT (Galactose-1-Phosphat-Uridyltransferase) – PGAM-2 (25 %);
9. GDA (Guanindesaminase) – PEP-2 (25 %).

16 Loci werden unabhängig vererbt (MORIZOT 1983a).

Bei *Fundulus heteroclitus* sind offenbar die Gene LDH-B und LDH-C gekoppelt (WHITT 1969). Vermutet wird die Kopplung zweier Hämoglobingene beim Kabeljau (SICK et al. 1973), der Gene sMDH-A1 und sMDH-A2 bei *Oncorhynchus keta* (ASPIN-

WALL 1974a) und der Gene ASAT-1 und ASAT-2 bei *Salmo clarki* (ALLENDORF und UTTER 1976). Alle diese Annahmen bedürfen jedoch noch der Überprüfung.

Die überwiegende Zahl der Gene, die Enzyme und Eiweiße ohne enzymatische Aktivität codieren, ist bei den Fischen nicht gekoppelt. Bei der großen Zahl von Chromosomen bei den Fischen (vorwiegend 24 bis 25 Paare und mehr) ist die Wahrscheinlichkeit gekoppelter Loci nicht groß.

5.9. Allgemeine Schlußfolgerungen

Die polymorphen Proteine der Fische können nach Umfang und Art ihrer genetischen Variabilität in mehrere Gruppen unterteilt werden. Diese Unterteilung ist allerdings eine sehr vorläufige, insbesondere bezieht sich das auf die Enzyme, die noch sehr unvollständig untersucht sind, was in hohem Maße von der angewandten Untersuchungsmethodik, der Verfügbarkeit der Reagenzien und anderen zufälligen Faktoren abhängt.

1. Unter allen bis jetzt untersuchten Proteinen nimmt das Transferrin einen besonderen Platz ein. Bei der Mehrzahl der untersuchten Fische ist nur ein Tf-Locus vorhanden, der fast immer in drei oder mehr Allelen vertreten ist. Tf-Polymorphismus ist offenbar für die meisten Fischarten charakteristisch. Als heterozygot bezüglich der Tf-Allele erwies sich ein bedeutender Anteil aller Individuen in den Populationen, oftmals sind es bis zu 40 bis 50 % und darüber. Aller Wahrscheinlichkeit nach sind die Albumine den Transferrinen in vieler Beziehung ähnlich, sie wurden aber bisher wenig untersucht. Die Spezifik der Genetik der Transferrine und Albumine hängt unserer Ansicht nach mit ihrer monomeren Struktur und wahrscheinlich mit der sehr großen Spezialisierung ihrer Funktion zusammen. Die Frage, warum sogar bei polyploiden Arten (Salmoniden, Cypriniden) nur ein Transferrinlocus aktiv ist, bleibt bis jetzt ungeklärt.

2. Die zweite Gruppe bilden die Esterasen. Die Variabilität der Esterasen nimmt infolge der Verdoppelung der Zahl der homologen Loci im Genom und der Zahl der Allele in jedem Locus einen großen Umfang an. Die Esterasen sind monomere, seltener dimere Enzyme. Für die Mehrzahl der Esterasen ist eine große Zahl von Substraten charakteristisch. Es ist möglich, daß sich gerade dadurch die erhöhte genetische Variabilität der Esteraseloci und die erhöhte Zahl der Loci selbst erklärt.

3. Zur dritten Gruppe können die Lactatdehydrogenase und die Creatinkinase gezählt werden. Ihre wichtigste Besonderheit bei Fischen besteht darin, daß im Genom mehrere Loci mit deutlich differenzierten Funktionen und mit Gewebespezifität vorkommen und daß die Fähigkeit zur Bildung von „Hybrid"-Heterotetrameren besteht, deren Untereinheiten durch verschiedene Gene codiert werden.

Die Vielzahl der LDH-Loci (fünf oder sechs bei polyploiden Formen) führt zur Bildung einer großen Zahl von Isozymen, bei Homozygoten bis zu 15 bis 18 und bei den Heterozygoten bis zu 25 bis 30. Ungeachtet des breiten Isozymspektrums bei den homozygoten Individuen ist die genetische Variabilität bezüglich der LDH innerhalb der Populationen bei polyploiden Salmoniden und Cypriniden ziemlich groß, obgleich sie etwas geringer als bei Diploiden ist.

Die hohe Gewebespezifität der vier Loci der Creatinkinase hat bei einigen Arten den Verlust der Fähigkeit zur Folge, Zwischenlocus-Hybridisozyme zu synthetisieren. Auch zwischen den Polypeptiden A und B der Lactatdehydrogenase (die den Isozymen M und H bei Säugetieren entsprechen) werden selten Hybridisozyme gebildet.

Es ist möglich, daß sich die Malatdehydrogenase in bezug auf einige Besonderheiten der Variabilität eng an die LDH und die CK anschließt.

4. Eine verhältnismäßig große Variabilität ist charakteristisch für solche Enzyme wie die 6-Phosphogluconatdehydrogenase (6PGD), die Phosphoglucomutase (PGLUM) und die Phosphoglucoseisomerase (PGI). Wenig untersucht wurde bei Fischen die Isocitratdehydrogenase, die möglicherweise ebenfalls zu dieser Gruppe gehört. Die PGLUM nimmt hierbei eine

gewisse Sonderstellung ein. Obwohl die Zahl der Arten, die bezüglich der PGLUM polymorph sind, verhältnismäßig groß ist, ist der Polymorphismus gewöhnlich auf einen Locus begrenzt, der meist nur in zwei, seltener in drei codominanten Allelen vertreten ist.
Alle aufgeführten Enzyme sind an der Glycolyse beteiligt. Die erwähnte Verbindung zwischen der Variabilität bezüglich der PGLUM und der PGI muß noch durch spezielle Versuche überprüft werden.

5. Relativ wenig variabel sind bei Fischen die Hämoglobine und die Muskelproteine – die Myogene, etwas variabler sind die Eiweiße der Augenlinse – die Cristalline. Bei einem geringen Umfang der genetischen (Intrapopulations-)Variabilität ist die Anzahl der Hämoglobinloci bei den Fischen ziemlich groß. Die Bildung einer großen Zahl von Zwischenlocus-Heterotetrameren (ebenso wie bei den Säugetieren) gewährleistet das Auftreten von Isoformen des Hämoglobins bei ein und demselben Individuum, wobei diese daran angepaßt sind, in verschiedenen Entwicklungsabschnitten der Fische wirksam zu werden.

Mutationen in den Hb- und My-Loci stören offenbar die normale Tätigkeit (im Falle des Hämoglobins den Sauerstofftransport) der Eiweißmoleküle und werden zum größten Teil aus den Populationen ausgeschieden. Als polymorph bezüglich des Hämoglobins (ebenso wie hinsichtlich anderer Proteine) erweisen sich die Vertreter sehr unterschiedlicher taxonomischer Gruppen.

6. Die strukturellen Eiweiße des Cytoplasmas, die Proteine der Zellmembranen, die Chromosomeneiweiße (Histone) und andere Proteine, die die Beständigkeit der Zellorganisation aufrechterhalten und gewährleisten, sind bei Fischen bisher nicht untersucht worden. Analog zu anderen Tieren ist zu erwarten, daß ihre Variabilität erheblich geringer ist und daß sie die sechste, beständigste Gruppe der Eiweiße im Fischorganismus bilden.
Eine umfangreiche Gruppe von Enzymen und nicht enzymatischen Proteinen wurde bisher noch völlig ungenügend untersucht oder von den Untersuchungen noch gar nicht erfaßt. Zu diesen Eiweißen gehören insbesondere die Gammaglobuline.

Die Mechanismen, die bei Fischen zur Differenzierung des Variabilitätsgrades der Eiweiße führen, sind noch lange nicht klar. Die Mehrzahl der Autoren versucht, diese Unterschiede mit funktionalen Besonderheiten der Proteine selbst zu erklären. Im Falle der Enzyme können Art und Vielfalt der Substrate wichtige Faktoren für das jeweilige Enzym sein. Die Anzahl der Untereinheiten im Eiweißmolekül ist wahrscheinlich ein anderer wesentlicher Faktor. Die Tetrameren erweisen sich sowohl beim Menschen wie auch bei den Tieren (einschließlich der Fische) als weniger variabel als die Dimeren und besonders die Monomeren (HARRIS et al. 1976; WARD 1977, 1978).

Wir haben schon bemerkt, daß offenbar alle Fischarten bezüglich der Blutgruppen heterogen sind. Die Bedeutung dieser Tatsache und insbesondere die Möglichkeit, diese Ergebnisse für die Lösung vieler Probleme der Evolution und für die Verbesserung der Züchtungsmethoden bei Fischen anzuwenden, unterstreichen die Notwendigkeit weiterer intensiver Untersuchungen auf diesem Gebiet.
In der überwiegenden Zahl der Fälle sind die Allele der Proteinloci bei Fischen codominant. Die Heterozygoten besitzen Isozyme (oder Isoformen), die für beide Homozygoten charakteristisch sind. Die Vererbung verläuft gewöhnlich streng in Übereinstimmung mit den MENDELschen Regeln. Als rezessiv erweisen sich nur die Nullallele und einige Allele der Regulatorgene. Jedoch lassen sich auch in diesen Fällen die bezüglich des dominanten Gens Homozygoten von den Heterozygoten oft nach der Menge des synthetisierten Produktes oder nach seiner Aktivität unterscheiden. Bei den Antigenen der Blutgruppen ist das Problem komplizierter, aber auch hier kann die Auswahl von empfindlicheren Agenzien die Trennung der homo- und heterozygoten Genotypen nach der Intensität der Agglutinationsreaktion ermöglichen.
In der überwiegenden Zahl der Fälle ist für

die genetischen Eiweißsysteme ein autosomaler Charakter der Vererbung typisch. Dies hängt damit zusammen, daß bei den Fischen große Chromosomensätze vorhanden sind und daß (bei den meisten Arten) die Divergenz der Geschlechtschromosomen gering ist.

Bei den (ihrem Ursprung nach) polyploiden Fischarten (einige Acipenseriden und Cypriniden, die Familien der Catostomiden und Salmoniden und andere) ist die Zahl der Loci, die zu einem Enzym gehören, im Durchschnitt erhöht, obgleich viele Enzyme bei den Diploiden und Tetraploiden durch die gleiche Zahl von Genen codiert werden (ENGEL et al. 1975; FERRIS und WHITT 1977a, 1977b). Wenn duplizierte Gene bei den Polyploiden ihre Aktivität be-

Tabelle 34
Genetische Variabilität der Proteine (ohne Blutgruppen) bei Karpfen *(Cyprinus carpio)*, Regenbogenforelle *(Salmo gairdneri)* und Atlantischem Hering *(Clupea harengus)*

Cyprinus carpio		*Salmo gairdneri*		*Clupea harengus*	
Loci	Zahl der Allele	Loci	Zahl der Allele	Loci	Zahl der Allele
Tf	>7–8	Tf	2	Tf	2–4
Hp	2 (?)	Alb	2	Alb	2
Präalb	2	Postalb	2	My-1	2
Alb	4	Lp (Linsenprotein)	2	My-2	2
My-2 (Nullallel)	2	CA	2	LDH-1	2
				LDH-2	2–3
My-4	2	LDH-3	2	LDH-3	2
Hb	2–3 (?)	LDH-4	3	sMDH-4	2
LDH-C1	3	LDH-5	2	ME-1,2	2
LDH-C2	3–4	sMDH-1,2	2	αGPD-1	2
LDH-B1 (Nullallel)	2–3	sMDH-3,4	3–4	G6PDH-1	2
sMDH-1		mMDH	4	G6PDH-2	2
(Regula-		ME-2	2	6PGD	2
torgen?		ME-3	2	SDH	3
Nullallel?)	2	αGPD-1,2	2	sIDH-1	2
sMDH-4		αGPD-3,4	2	sIDH-2	2
(Regula-		G6PDH	2	TO	2
torgen?		SDH	2	PGLUM-1	2
Nullallel?)	2	ADH	2	PGLUM-2	3
G6PDH	3–4	sIDH-1	2	PGI	3
H6PD	2	sIDH-2	2	ASAT-2	2
sIDH-1	2–3	sIDH-3,4	2		
sIDH-2	3–4	TO-1	3	ACON	2
TO	2	CAT	2	PX	2
PGLUM-3	3	PGLUM-1		EST-3	2–3
PGLUM-4	2	(Nullallel?		EST-4	2–3
PGLUM-5	2	Regulatorgen?)	2	EST-5	2–3
PGLUM-1,2		PGLUM-2	2		
(Regulatorgen?)	2	PGI-3	2		
PGI-1	2	ASAT-1,2	2		
PGI-2	2	CK-1	2		
ASAT	2	CK-2	2		
CK	2	AKP	2		
EST-1	3	GLAP	2		
EST-2	3–4	PEP-1	2		
EST-3	2	EST-1	2		
		EST-2	2		

halten, werden sie fast immer disom, unabhängig voneinander vererbt.

Einige bei den Polyploiden duplizierte Loci (αGPD, sMDH, IDH, sASAT, GPI und andere) codieren Enzyme mit gleichen Ladungen und offenbar ähnlichen Funktionen. In solchen Fällen sind sowohl die Loci (z. B. sASAT-A1 und sASAT-A2) als auch ihre Allele bei der Elektrophorese nicht zu unterscheiden. Die Differenzierung derart ähnlicher Loci ist nur durch eine spezielle Hybridanalyse möglich.

Die Variabilität der Regulatorgene wurde bei Fischen sehr wenig untersucht. Man kann nur vermuten, daß sie ebenso groß ist wie die Variabilität der strukturellen Loci.

Phylogenetisch verwandte Fischarten haben oftmals unterschiedliche Allele für ein und denselben Eiweißlocus. Bei der Analyse der polymeren Eiweiße (Dimeren und Tetrameren) finden sich bei den Hybriden zwischen solchen Fischarten auf den Elektropherogrammen nicht nur Aktivitätsbanden, die für die Eltern charakteristisch sind, sondern auch „Hybrid-"Banden, Beweis für die Ähnlichkeit der allelen Varianten.

Abschließend geben wir eine Liste der bis zum heutigen Zeitpunkt festgestellten polymorphen genetischen Proteinsysteme bei drei der am besten untersuchten Nutzfischarten (Tab. 34). In diese Aufstellung wurden die Loci nicht eingefügt, die die Blutgruppen kontrollieren. Die Zahl der untersuchten Systeme (und die Zahl der Loci) ist noch sehr gering, aber die Sammlung von Daten über die Vererbung der Proteine bei Fischen verläuft in schnellem Tempo.

Die Genetik der Fischproteine gründet sich hauptsächlich auf Untersuchungen über den natürlichen Polymorphismus der Populationen. In der Natur wurden im Laufe Hunderter von Tausenden und Millionen Jahren die nützlichen Allele ausgewählt, die in keiner Weise die Lebensfähigkeit ihrer Träger wesentlich senken. Dadurch unterscheiden sich die Allele der biochemischen Loci grundsätzlich von der Mehrzahl der mutanten Gene, die auf die qualitativen und quantitativen morphologischen Merkmale einwirken und im allgemeinen zu Abweichungen von der Norm führen. Die Nutzung der biochemischen Variabilität bei Forschungsarbeiten zur Genetik und vor allem zur Züchtung hat daher besonders große Perspektiven.

6. Nutzung der biochemischen Variabilität für embryologische, Populations- und Evolutionsuntersuchungen bei Fischen

6.1. Besonderheiten der Genmanifestierung während der Embryogenese

Die Entdeckung einer großen Zahl polymorpher biochemischer Systeme bei Fischen ermöglichte die Feststellung einiger für alle Tiere gültigen Gesetzmäßigkeiten der Genwirkung im Laufe der Embryonalentwicklung. Wir betrachten die interessantesten Ergebnisse der Untersuchungen, die an Fischen durchgeführt wurden.

Genaktivität in der Ontogenese

Die Oogenese ist bei den meisten Fischarten dadurch gekennzeichnet, daß die Oocytenmasse durch Speicherung von Reservestoffen (Dotter) um das Hundert- und sogar Tausendfache anwächst. Während der Vitellogenese, der Periode des schnellen Wachstums der Oocyten, nehmen die Chromosomen die Gestalt von „Lampenbürsten" an, es treten zahlreiche laterale DNA-Schleifen auf. In diesen Schleifen verläuft eine verstärkte Synthese von mRNA; gleichzeitig wird die Eiweißsynthese aktiviert, in den Oocyten werden große Proteinmengen akkumuliert. Ein Teil der mRNA wird im reifen Ei in Form stabiler, bisher wenig untersuchter Proteinkomplexe, der Ribonucleoproteide (mRNP), konserviert. Diese (zum gegebenen Zeitpunkt) nicht aktive mRNA erhielt die Bezeichnung maskierte oder informosomale mRNA. In den gereiften Eizellen, die bei Fischen über längere Zeiträume (einige Monate und sogar Jahre) in den Eierstöcken verbleiben können, wird fast kein Protein synthetisiert. Die Synthese beginnt erst wieder nach der Befruchtung.

Bis zum Blastulastadium und manchmal bis zum Beginn der Gastrulation sind die Gene des Keimes bei den Fischen offenbar nicht aktiv. Die Eiweißsynthese verläuft zu Anfang ausnahmslos auf den Matrizen (mRNA-Moleküle), die sich während der Oogenese als Informosomen angesammelt haben. Nur die mütterlichen Proteine werden synthetisiert. Hiervon zeugen viele Beobachtungen bei verschiedenen Fischarten (WHITT 1970b; SHAKLEE und WHITT 1977; NEJFACH und TIMOFEEVA 1977; NEJFACH und ABRAMOVA 1979; TIMOFEEV und NEJFACH 1982; FRANKEL 1983a). Die Menge einiger Enzyme, insbesondere der glycolytischen Enzyme und der des Kohlenhydratstoffwechsels, bleibt in dem sich entwickelnden Fischembryo fast konstant oder verringert sich langsam (MIL'MAN und JUROVICKIJ 1973). Zu diesen Enzymen gehören vor allem die LDH (Locus B), die MDH, die PK (Pyruvatkinase) und andere (SHAKLEE und WHITT 1977). Die Synthese der Enzyme auf der maternalen Matrizen-RNA hat in diesem Fall eine besonders große Bedeutung. Sie wird nur allmählich durch die Synthese der embryonalen (Zygoten-)Proteine ersetzt.

Produkte der väterlichen Allele einiger Loci können bei Fischen erst im Stadium der späten Blastula oder der Gastrula festgestellt werden. Ein erheblicher Teil der Gene wird noch später aktiv, manchmal nach Abschluß der Embryogenese (CHAMPION und WHITT 1976a; NEJFACH und ABRAMOVA 1979; IVANENKOV 1979, 1980 u. a.).

Differenzierung der Enzyme nach dem Zeitpunkt ihres Auftretens während der Ontogenese und nach ihrer Gewebespezifität

Bei den Fischen ist eine zeitliche und örtliche Differenzierung der Enzyme sehr stark ausgeprägt (MARKERT und URSPRUNG 1971; KOROČKIN 1977; SHAKLEE und WHITT 1977). Die bis heute untersuchten Enzyme der Fische lassen sich in mehrere Gruppen gliedern.

Zur ersten gehören Enzyme, die weit verbreitet sind und in fast allen Geweben und Organen sich entwickelnder und adulter Individuen vorkommen. Diese Enzyme gewährleisten einen normalen Verlauf der wichtigsten intrazellulären Reaktionen, der Glycolyse, des Kohlenhydratstoffwechsels, der Phosphatumsetzungen usw. Vielfach werden sie als „housekeeping"-Enzyme bezeichnet (NEJFACH und ABRAMOVA 1979). Hierzu sind die LDH und die MDH, die Cytochromoxydase, die G6PDH und die 6PGD, die Aldolase, einige Esterasen, die Creatinphosphokinase, die Phosphoglucomutase und andere zu zählen (SHAKLEE et al. 1974, 1977; FRANKEL und HART 1977; PONTIER und HART 1979; NEJFACH und ABRAMOVA 1979). Eine charakteristische Besonderheit all dieser Enyme und ihrer Hauptisozyme ist die relative Konstanz ihrer Konzentration in den sich entwickelnden Embryonen. Im Keim bleiben die Enzymmoleküle, die bereits in der Oocyte synthetisiert wurden, lange Zeit erhalten. Parallel verläuft die Synthese neuer Moleküle auf der mütterlichen mRNA, die (in Form der Informosomen) in der Oocyte gespeichert ist. Die Synthese neuer oder embryonaler Enzyme dieser Gruppe beginnt verhältnismäßig spät (SHAKLEE und WHITT 1977).

Eine zweite, verhältnismäßig kleine Gruppe bilden die Enzyme oder Isozyme, die nur für die Embryonalperiode charakteristisch sind und die zum Ende der Embryogenese oder im Larvenstadium verschwinden.

Die sehr umfangreiche dritte Gruppe enthält Enzyme, die eng mit der Gewebedifferenzierung verbunden sind und die gewöhnlich in einem bestimmten Entwicklungsstadium, manchmal sogar nach Abschluß der Embryogenese, auftreten (SHAKLEE et al. 1974; CHAMPION et al. 1975; IVANENKOV 1976; TIMOFEEV 1979).

Viele Enzyme werden bei den Fischen durch zahlreiche Loci codiert; bei den diploiden Arten sind es zwei bis vier, bei den alten Tetraploiden (Salmoniden, einige Cypriniden, Catostomiden und andere) sind es fünf bis sechs. Die Vergrößerung der Zahl der Loci ergibt sich entweder durch Tandemduplikation oder durch Verdoppelung des gesamten Genoms (OHNO 1970a, 1970b; MARKERT et al. 1975). Das Auftreten von zwei oder mehr homologen Genen wird von ihrer evolutionären Divergenz begleitet, von der Veränderung der Genstruktur und der Divergenz der Funktion ihrer Eiweißprodukte. Die „Arbeitsteilung" zwischen Isozymen (Isoformen), die von duplizierten Loci kontrolliert werden, gewährleistet die optimale Funktion eines jeden Enzyms (oder auch eines nicht enzymatischen Proteins wie des Hämoglobins) in den verschiedenen Geweben und Organen der Fische während unterschiedlicher Entwicklungsstadien und bei unterschiedlichen Milieubedingungen (HOCHACHKA und SOMERO 1973).

Genauer untersucht wurde die Differenzierung der LDH-Loci. Bei den diploiden Fischarten divergieren die Loci A, B und C (A und B sind den Loci M und H der höheren Wirbeltiere homolog) funktionell sehr stark. Die Aktivität des Isozyms A_4 ist gewöhnlich an die Muskeln gebunden, und es tritt in verhältnismäßig späten Stadien der Ontogenese auf. Der Locus B ist in der Regel während der gesamten Dauer der Embryonalentwicklung aktiv, später sind die Produkte dieses Locus in vielen Geweben und Organen, in erster Linie in Herz, Milz, Leber und Blut zu finden. Das Isozym LDH-B_4 kann zur Gruppe der „housekeeping"-Enzyme gestellt werden. Manchmal wird es durch das Isozym A_4 ersetzt (PHILIPP und WHITT 1977). Der Locus C ist bei der Mehrzahl der Knochenfischarten spezifisch für die Retina der Augen. Der Beginn der Synthese des Isozyms C_4 fällt bei den Larven in die Zeit des Abschlusses der Differenzierung der rezeptorischen Zellen in der Retina, d. h., sein Auftreten korrespondiert mit dem Beginn der Sehtätigkeit (NACANO und WHITELEY 1965; WHITT 1969, 1970b, 1975a; WHITT et al. 1973c; MILLER und WHITT 1975; MARKERT et al. 1975 u. a.). Bei den Cypriniden, Gadiden und einigen anderen Fischen fehlt ein augenspezifischer Locus, das Gen LDH-C wirkt in der Leber, wo es das Gen LDH-B ersetzt (WHITT und MAEDA 1970; MARKERT et al. 1975). Der Beginn der Aktivierung des C-Gens fällt in diesem Falle mit dem Beginn der Differenzierung des Lebergewebes zusammen (FRANKEL 1980; STOJKA 1982). Unterschiede in der Gewebespezifität und im Zeitpunkt der Aktivierung der LDH-Gene wurde bei *Brachydanio* und *Danio* (FRANKEL und

HART 1977; FRANKEL 1980, 1983a), *Misgurnus fossilis* (STOJKA 1982), *Lepomis cyanellus* (MILLER und WHITT 1975), *Erymyzon* (CHAMPION et al. 1975), *Oryzias latipes* (PHILIPP und WHITT 1977) und anderen Fischarten beobachtet.

Bei den ihrem Ursprung nach tetraploiden Arten wurden unter Beibehaltung der Gewebespezifität und der funktionellen Divergenz der Loci A, B und C Unterschiede zwischen den (durch Polyploidisierung) sekundär duplizierten Loci LDH-B1 und B2 festgestellt. Die Isozyme B1$_4$ und B2$_4$ erfüllen offenbar unterschiedliche Aufgaben (LIM et al. 1975; BAILEY und LIM 1975). Bei den Pazifischen Lachsen unterscheiden sie sich durch ihre Temperaturbeständigkeit und Aktivität voneinander (KIRPIČNIKOV 1977; KIRPIČNIKOV und MUSKE 1980). Die Divergenz der LDH-Gene ging bei vielen Fischarten, u. a. auch bei den diploiden Formen, so weit, daß die Bildung von Heterotetrameren, die aus den Untereinheiten A und B (AB_3, A_2B_2 und A_3B) oder A und C (AC_3 u. a.) bestehen, erschwert oder ganz unmöglich wurde.

Von anderen duplizierten Loci mit funktioneller Divergenz bei Fischen erwähnen wir nur einige. Die Enzyme Glucosephosphatisomerase (GPI), Malatdehydrogenase (MDH) und Creatinphosphokinase (CPK) sind bei *Lepomis cyanellus* jeweils durch zwei bis drei Loci vertreten. Einer von diesen codiert ein Isozym, das in den Oocyten, in Embryonen aller Entwicklungsstadien sowie in allen Geweben adulter Fische vorhanden ist. Das zweite wird erstmals beim Schlupf aktiviert und wirkt (später) nur in der weißen (Skelett-)Muskulatur. Eine ebensolche (wenn auch weniger deutliche) Unterteilung ist für die Loci der LDH, PGLUM, G6PDH, AK und EST charakteristisch. In allen Fällen hat mindestens ein Locus eine breite Wirkung für die Codierung der Synthese eines „housekeeping"-Enzyms (CHAMPION und WHITT 1976a). Oft ist der Zeitpunkt des Auftretens und der Lokalisation der Isozyme, die von verschiedenen homologen Loci produziert werden, bei systematisch sehr entfernten Fischarten ähnlich. Eine Ähnlichkeit im ontogenetischen Muster der Isozyme wurde insbesondere für 15 Enzyme (30 Loci) bei *Lepomis cyanellus* (Centrarchidae) und *Erymyzon succetta* (Catostomidae) festgestellt (CHAMPION et al. 1975). Bei den Cypriniden unterlagen die Loci der löslichen (cytoplasmatischen) Malatdehydrogenase sMDH-1 und sMDH-2 (VALENTA 1977) und drei Loci der Creatinkinase, A, B und C (PONTIER und HART 1979), einer beträchtlichen Divergenz. Die Gewebespezifität der Isozyme der CK wurde bei vielen Knochenfischarten untersucht. Vor kurzem wurde ein phylogenetisch sehr junger vierter Locus dieses Enzyms (CK-D) in den Hoden evolutionär besonders weit fortgeschrittener Knochenfische gefunden (FISHER und WHITT 1978a, 1978b; FERRIS und WHITT 1978a, 1979). WHITT (1981) bemerkt, daß alle Systeme mit zahlreichen Loci bei Fischen durch eine hohe Spezialisierung der Funktionen der einzelnen Loci gekennzeichnet sind. Eine Ausnahme bilden einige erst vor verhältnismäßig kurzer Zeit entstandene Paare von duplizierten Loci, sMDH-1,2 und -3,4, sIDH-1,2; ASAT-1,2 u. a. Die Produkte dieser Gene divergierten offenbar nur in geringem Umfang und sind oftmals durch ihre elektrophoretische Beweglichkeit nicht zu unterscheiden.

Der Zeitpunkt des Beginns der Manifestierung der Eiweißloci in der Ontogenese der Fische variiert sehr stark und wird, wie wir gesehen haben, durch den Beginn der intensiven Tätigkeit des entsprechenden Organs bestimmt. Beim Forellenbarsch *(Micropterus salmoides)* wurde folgende Reihenfolge der Einschaltung der verschiedenen Gene festgestellt: CK, AK, PGLUM, GPI, LDH, MDH, IDH, ASAT, 6PGD (PARKER et al. 1982). Bei anderen Fischarten kann diese Reihenfolge etwas anders sein. Frühe Aktivität ist vor allem für diejenigen Gene charakteristisch, die Syntheseprozesse im intrazellulären Stoffwechsel gewährleisten.

Eine Reihe von Enzymen kommt bei Fischen in zwei Formen vor, einer mitochondrischen und einer löslichen. Zu diesen Enzymen gehören die Malatdehydrogenase (MDH), die Aspartataminotransferase (ASAT), die Isocitratdehydrogenase (IDH), die Superoxiddismutase (SOD) und einige andere. Die Duplikation dieser Loci erfolgte offenbar vor Hunderten von Millionen Jahren, und die von ihnen codierten Polypeptide bilden keinerlei Hybridmoleküle.

Viele Isoformen besitzen bei den Fischen die Hämoglobine. So ist in der Ontogenese von *Oncorhynchus kisutch* und anderen Salmoniden ebenso wie bei den Säugetieren ein Wechsel der Hämoglobinfraktionen zu beobachten. Die Aktivität der verschiedenen Loci ändert sich im Laufe der Entwicklung (GILES und VANSTONE 1976).

Zur Berechnung der Zahl der Isozyme eines polymeren Enzyms kann man folgende Formel anwenden (SHAW 1964; KENNEY 1974):

$$C = \frac{(n + k - 1)!}{k! \ (n-1)!}$$

Darin sind n die Zahl der Loci und k die Zahl der Polypeptide im Enzymmolekül.
Für die LDH der Salmoniden und einiger Cypriniden (*Cyprinus carpio, Carassius* spp., *Barbus barbus*) ergibt sich beim Vorhandensein von 5 Loci und 4 Untereinheiten im Eiweißmolekül für C ein Wert von 70. Tatsächlich bilden jedoch viele Isozyme infolge großer Unterschiede in der Struktur der Polypeptide A, B und C oder wegen Differenzen im Zeitpunkt und Ort ihrer Synthese keine Heteropolymeren. Bei den Salmoniden kann man z. B. bei den Homozygoten nur bis zu 20 elektrophoretisch unterscheidbare LDH-Isozyme feststellen, bei den Heterozygoten steigt deren Anzahl bis auf 30 und darüber.

Manifestierung mütterlicher und väterlicher Allele bei Hybriden

Die Allele der biochemischen Loci, die von den Mutter- und Vatertieren empfangen wurden, werden bei den Fischen zur gleichen Zeit aktiviert (KOROČKIN 1976a, 1976b). Die synchrone Manifestierung mütterlicher und väterlicher Allele ist oftmals auch bei der zwischenartlichen Hybridisation, insbesondere bei Kreuzungen nahe verwandter Arten, zu beobachten. So tritt bei den reziproken Hybriden zwischen dem Schlammpeitzger (*Misgurnus fossilis*) und kleinen, wärmeliebenden Cypriniden die väterliche Aldolase zum gleichen Zeitpunkt auf (GLUŠANKOVA et al. 1973; NEJFACH et al. 1973, 1976). Das ergibt sich aus der Wärmestabilität der Hybrid-Aldolase, die bei den Ausgangsformen unterschiedlich ist (Abb. 59). In diesen Kreuzungen wurde auch Synchronität der Aktivierung der Allele verschiedener anderer Enzyme, EST, G6PDH, Cytochromoxydase, GLDH und LDH, nachgewiesen. Bei der Hybridisation zweier Arten von *Brachydanio* werden die väterlichen und mütterlichen Allele der Loci von LDH (FRANKEL und HART 1977), MDH, XDH, ASAT und CK-B (PONTIER und HART 1978, 1979) synchron aktiviert. Bei dem Hybriden *Lepomis cyanellus × L. gulosus* ist vollständige Synchronität der Aktivität der Allele des GPI-Gens und offensichtlich einer Reihe anderer Gene zu beobachten (CHAMPION und WHITT 1976b).

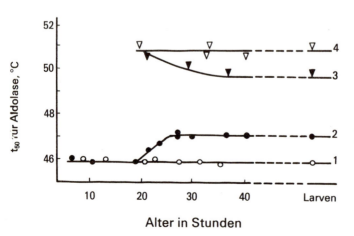

Abb. 59
Wärmestabilität der Allozyme der Aldolase (ALD) bei *Brachydanio rerio*, *Misgurnus fossilis* und deren Hybriden. 1 *M. fossilis*, 2 Hybride *M. fossilis* ♀ × *B. rerio* ♂, 3 Hybride *B. rerio* ♀ × *M. fossilis* ♂ 4 *B. rerio* (GLUŠANKOVA et al. 1973).

In weiter entfernten Kreuzungen erweist sich die Manifestierung väterlicher und mütterlicher Allele nicht selten als asynchron. Es wurden Hybriden beschrieben, bei denen die väterlichen Allele später oder schwächer als die mütterlichen in Erscheinung treten. So wurde eine Unterdrückung der väterlichen Allele der Loci von 6PGD, αGPD, LDH-B und ADH bei der Hybridisation der Regenbogenforelle *(Salmo gairdneri)* mit der Bachforelle *(S. trutta)* festgestellt (HITZEROTH et al. 1968; KLOSE et al. 1969a; OHNO 1969b). Das gleiche ergab sich auch bezüglich des GPI-Locus bei den Hybriden zwischen Bachforelle und Bachsaibling *(Salvelinus fontinalis)* (ENGEL et al. 1977). Repression des väterlichen Allels der Loci von LDH-B und αGPD wurde bei den Hybriden zwischen Bach- und Seesaibling beobachtet (GOLDBERG et al. 1969; YAMAUCHI und GOLDBERG 1974; WRIGHT et al. 1975; SCHMIDTKE et al. 1977). Die väterlichen Allele der EST- und ADH-Gene treten bei den Hybriden zweier Arten von *Brachydanio* und von *Barbus titteya* × *B. oligolepis* verzögert auf (HART und COOK 1977; FRANKEL 1973b, 1978, 1983b). Bei der Hybridisation der Sonnenbarsche *Lepomis cyanellus* und *Eupomotis (Lepomis) gibbosus* tritt die Aktivierung väterlicher Allele der Loci von GPI-B, CK-A und CK-B, MDH-A und MDH-B sowie LDH verzögert ein (WHITT et al. 1977). Es ist interessant, daß in diesem Falle bei den Embryonen der reziproken Kreuzungen, die nicht lebensfähige Hybriden ergeben, der Beginn der Aktivierung der väterlichen und mütterlichen Allele übereinstimmt. Der Unterschied in der Zeit der Manifestierung der väterlichen und mütterlichen Allele einiger Enzymloci korreliert bei den Sonnenbarschhybriden positiv mit dem genetischen Abstand zwischen den gekreuzten Arten (PHILIPP et al. 1980). Manchmal wird das mütterliche Allele unterdrückt. Dies wurde für die Loci von G6PDH und EST (Leber) bei den Hybriden *Micropterus salmoides* × *Lepomis cyanellus* (WHITT et al. 1972, 1973a) und für den G6PDH-Locus bei der Kreuzung der Bachforelle mit dem Saibling festgestellt (SCHMIDTKE et al. 1976a). Schließlich manifestiert sich bei Poeciliiden-Hybriden *(Xiphophorus maculatus, X. variatus* und *X. montezumae)* das für *X. maculatus* charakteristische AMY-Gen bei den Heterozygoten in der F_2-Generation immer verstärkt (KALLMAN 1975; HERRERA 1979). Bei den reziproken Hybriden *X. maculatus* × *X. xiphidium* ist in der Leber das Allel des 6PGD-Locus des Genoms von *X. xiphidium* immer aktiver (SCHOLL und ANDERS 1973a).

Hier wie auch in den anderen Fällen lassen sich die Asynchronität der Aktivierung und der unterschiedliche Grad der Manifestierung väterlicher und mütterlicher Allele als Ergebnis einer Störung der Kern-Cytoplasma-Beziehungen und ganz allgemein als Nichtübereinstimmung der komplizierten regulatorischen Prozesse, die die Genaktivität bei den gekreuzten Formen steuern, deuten (CHAMPION und WHITT 1976a; FRANKEL 1978; HERRERA 1979 u. a.). Es ist möglich, daß die Regulierung der Genwirkung auf der Stufe der Posttranskription im Verlauf der Translation gestört wird (KOROČKIN 1977). Unter bestimmten Umständen können sich die väterlichen oder mütterlichen Allele bei den Hybriden auch gar nicht manifestieren (OHNO 1969b; VRIJENHOEK 1972; WHITT 1975b). Je ferner die verwandtschaftlichen Verhältnisse der Eltern bei den Kreuzungen sind, desto größer ist die Wahrscheinlichkeit solcher Abweichungen von der Norm.

Zu erwähnen ist ein besonderer Fall vollständiger Nichtaktivität der Allele einer der Ausgangsformen bei bestimmten Hybriden. Bei der Kreuzung zwischen Lachs und Meerforelle *(Salmo salar* × *S. trutta)* nehmen die Spektren von Esterasen, Peroxydasen, Hämoglobinen und einer Reihe von Serumeiweißen in der ersten Generation eine intermediäre Stellung ein, in der F_2-, F_3- und R_1-Generation gleichen sie jedoch den Spektren, die für *S. trutta* charakteristisch sind (NYMAN 1967; CROSS und O'ROURKE 1978). Die Autoren erklären dies mit der Wirkung der Auslese zugunsten des Genoms von *S. trutta*. Diese Selektion muß sehr stark sein, da in der F_2- und den nachfolgenden Generationen keinerlei Variabilität bezüglich vieler Eiweißsysteme festzustellen ist.

6.2. Funktionale Unterschiede zwischen Isozymen (Isoformen) und zwischen allelen Formen der Eiweiße

Die Erhöhung der Zahl der Loci, die ein und dasselbe Eiweiß codieren, ermöglicht die Differenzierung dieser Loci und ihrer Produkte, der Eiweiße. Die Isozyme (und Isoformen), die im Organismus der Fische gleichzeitig vorkommen, unterscheiden sich oftmals durch ihre Ladungen, durch die MICHAELIS-Konstante und die Wärmebeständigkeit, durch die optimale Substratkonzentration, durch die Empfindlichkeit gegenüber Inhibitoren und manchmal auch durch die Substratspezifität. Beispiele für Unterschiede dieser Art lassen sich in großer Zahl anführen. Die umfangreichsten Daten liegen hinsichtlich der LDH-Isozyme vor.
Untersuchungen, die an Makrelen und einigen Salmoniden durchgeführt wurden, zeigten, daß die homopolymeren Isozyme der LDH nach ihren kinetischen Eigenschaften und ihrer Stabilität gewöhnlich in folgender Reihe angeordnet sind:

$$A_4 - B_4 - C_4$$

Hierbei zeichnet sich das Homopolymer A_4 durch die geringste Beständigkeit gegenüber Erwärmung, die Fähigkeit zur Tätigkeit unter anaeroben Bedingungen, durch ein hohes Pyruvatoptimum und durch maximale Unempfindlichkeit gegenüber Inhibitoren aus. Das Isozym C_4 besitzt entgegengesetzte Eigenschaften, das Isozym B_4 nimmt eine Zwischenstellung ein (HOCHACHKA 1967; SOMERO und HOCHACHKA 1969; WHITT 1970b, 1975a; WUNTCH und GOLDBERG 1970; SHAKLEE et al. 1973; LIM et al. 1975; BAILEY und LIM 1975).
Alle drei Isozyme unterscheiden sich durch ihre Gewebespezifität. Die Wirkung des Isozyms A_4 betrifft hauptsächlich das Muskelgewebe, B_4 ist, wie schon erwähnt, für die Mehrzahl der Organe und Gewebe der Fische charakteristisch (Housekeeping-Enzym), C_4 wird in der Retina der Augen oder (bei den Fischen einiger Familien) in der Leber synthetisiert (WHITT und MAEDA 1970; MARKERT et al. 1975). Wie bereits festgestellt wurde, sind die Gene A, B und C (L) bei Fischarten tetraploiden Ursprungs dupliziert. Die Tochterisozyme $B1_4$ und $B2_4$ weisen bei vielen Arten funktionale Unterschiede auf. Bei *Oncorhynchus tshawytscha* und *O. nerka* ist das Isozym $B1_4$ im Vergleich zu $B2_4$ weniger temperaturbeständig (LIM et al. 1975; KIRPIČNIKOV 1977). Das Tetramer $B1_4$ wird durch höhere Pyruvatkonzentrationen inhibiert, auch die MICHAELIS-Konstante ist verändert (LIM et al. 1975). Funktionale Unterschiede zwischen den Isozymen $A1_4$ und $A2_4$ wurden nicht ermittelt (LIM und BAILEY 1977).
Nach Angabe von RJABOVA-SAČKO (1977a) sind die Isozyme der Gruppe B bei den Salmoniden empfindlicher gegenüber Veränderungen des Sauerstoffgehaltes im Wasser, die Isozyme der Gruppe A dagegen empfindlicher gegenüber Temperaturänderungen. Bei der Überführung von *Fundulus heteroclitus* in warmes Wasser ist eine deutliche Erhöhung der Menge oder der Aktivität der Isozyme A_4 und A_3B zu beobachten; diese Isozyme katalysieren die Reaktionen unter den Bedingungen verstärkter Muskelglycolyse und erhöhter Pyruvatkonzentration offenbar effektiver (BOLAFFI und BOOKE 1974).
Bei Dipnoi und *Electrophorus* (Cypriniformes) sind die LDH-Isozyme für ungewöhnliche Funktionen gut geeignet (HOCHACHKA 1968).
Ähnliche Daten gibt es auch über andere Proteine. Bei *Lepomis*-Hybriden unterscheiden sich die PGI-Isozyme durch ihre Wärmebeständigkeit (CHAMPION und WHITT 1976b). Zwischen den Isozymen PGI-2 und PGI-3 gibt es bei *Salmo trutta* eine signifikante Differenz in der MICHAELIS-Konstante (HENRY und FERGUSON 1982). Eine unterschiedliche Wärmebeständigkeit ist für die Isozyme der αGPD der Coregonen charakteristisch (CLAYTON et al. 1973a).
Funktionale Anpassungsunterschiede wurden zwischen Isozymen einiger Enzyme bei Fischen der Familie Osteoglossidae, die im Wasser und an der Luft atmen können, festgestellt (HOCHACHKA et al. 1978).
Auch die Hämoglobinloci der Fische unterlagen einer funktionalen Divergenz. Beim Japanischen Aal *(Anguilla japonica)* wurden zwei Isoformen der Hämoglobine gefunden, von denen eine geringere Sauerstoffaffinität besitzt. Das Hämoglobin mit

verminderter Fähigkeit zum Sauerstofftransport ist in der marinen Lebensperiode der Aale tätig, das aktivere Hämoglobin im Süßwasser (POLUHOWICH 1972). Die Katoden- und Anodenfraktionen der Hämoglobine der Salmoniden unterscheiden sich durch ihre Temperaturbeständigkeit, die Sedimentationskonstante und andere Eigenschaften (BUŠUEV 1973).

Die Isoformen des Hämoglobins bei zwei sympatrischen Catostomidenarten entsprechen bezüglich ihrer funktionalen Besonderheiten den örtlichen Bedingungen. Bei *Catostomus clarki*, der schnellfließende Gewässer bevorzugt, sind Hämoglobinfraktionen vorhanden, die keinen BOHR-Effekt besitzen. Diese Fraktionen fehlen bei *C. insignis*, der stehende Gewässer bewohnt, vollständig (POWERS 1972).

Die Vielfalt der Hämoglobinmoleküle wird offenbar durch die Verschiedenheit der von ihnen ausgeübten Funktionen, Sauerstofftransport, Verbindung von Protonen, Reaktion mit ATP und organischen Phosphaten, bedingt (GREANEY et al. 1980). Zwischen den Wirkungen der Isozyme der Lactatdehydrogenase und den Isoformen des Hämoglobins wurden komplizierte physiologische Wechselbeziehungen festgestellt (POWERS et al. 1979).

Bei den poikilothermen Tieren, zu denen alle Fische gehören, scheint eine Variante eines Enzyms (oder eines anderen Eiweißes) oftmals nicht auszureichen, um eine normale Tätigkeit im gesamten Temperaturbereich zu gewährleisten (HOCHACHKA und SOMERO 1973). Die verschiedenen Isozyme ein und desselben Enzyms besitzen häufig unterschiedliche Temperaturkurven der Aktivität. Hierbei verlaufen, wie Untersuchungen an Gruppen von Enzymen bei *Lepomis cyanellus* (ALD, PK, LDH, MDH, G6PDH, SUCDH, Cyt-C u. a.) gezeigt haben, die Veränderungen der Aktivität bei Veränderungen der Temperatur bei den Enzymen eines Stoffwechselweges synchron (SHAKLEE et al. 1977). Die Vielzahl der Formen der Eiweiße wird noch verständlicher, wenn man bedenkt, daß außer der Temperatur auch viele andere äußere und innere Milieufaktoren, Sauerstoffsättigung des Wassers, Salzgehalt, Strömungsgeschwindigkeit, intrazelluläres Medium usw., variieren können. Ein Satz von Isozymen und Isoformen, die an alle Lebensbedingungen angepaßt sind, ist sowohl für das Individuum als auch für die Art als Ganzes vorteilhaft (JAKOVLEVA 1968; HOCHACHKA und SOMERO 1973; JOHNSON G. 1976; ALEKSANDROV 1977; KIRPIČNIKOV 1979b u. a.).

Zahlreiche Informationen liegen heute auch über die funktionalen Unterschiede zwischen den allelen Varianten, Allozymen oder Alloformen, ein und desselben Eiweißlocus vor.

Bei der Regenbogenforelle sind die Allozyme LDH-B$_4$, -B$_4'$ und -B$_4''$ (nach der Reinigung) durch unterschiedliche MICHAELIS-Konstanten, unterschiedliches Verhalten gegenüber Inhibitoren, durch größere oder geringere Stabilität gegenüber Wärme und Sauerstoffmangel gekennzeichnet (KAO und FARLEY 1978a, 1978b; KLAR et al. 1979; ROLLE 1981). Fische mit unterschiedlichen Genotypen bezüglich des Locus LDH-B2 unterscheiden sich durch ihre Wachstumsgeschwindigkeit und die Vermehrungsintensität, diese Unterschiede hängen jedoch vom genetischen Hintergrund ab (REDDING und SCHRECK 1979). Das Allozym B2$_4''$ befähigt zur schnelleren Katalyse der Umwandlung des Pyruvats in Lactat (und gleichzeitig ist es weniger beständig). Dies verschafft Fischen in Gewässern mit schneller Strömung einen Vorteil (TSUYUKI und WILLISCROFT 1973; HUZYK und TSUYUKI 1974). Unterschiede in der Aktivität gibt es auch zwischen den Allozymen des Locus LDH-C. Hierbei sind Forellen mit dem Genotyp LDH-C^{BB} beständiger gegen hohe Fließgeschwindigkeit (NORTHCOTE et al. 1970). In durchströmten Rinnen nehmen sie die Abschnitte ein, die dem Zufluß am nächsten gelegen sind, und im Fluß machen sie den Hauptteil der Population aus, die oberhalb des Staudammes lebt (NORTHCOTE und KELSO 1981). Es ist zu vermuten, daß sich in einer Arbeit japanischer Autoren (TSUYUKI und WILLISCROFT 1977) die Unterschiede in der Widerstandsfähigkeit gegenüber schneller Strömung auf die Allele des gleichen Locus C beziehen, der von den Verfassern LDH-Hα genannt wird. Es ist jedoch nicht ausgeschlossen, daß der Unterschied durch die Wirkung anderer Gene (möglicherweise Regulatorgene) bestimmt

wird, die mit dem Locus LDH-C gekoppelt sind, da bei der Stahlkopfforelle keine genetischen Unterschiede bemerkt wurden.
Beim Bachsaibling *(Salvelinus fontinalis)* gibt es zwischen den Allozymen, die von Allelen des Gens LDH-B1 codiert werden, einen Unterschied in der Grenzkonzentration des Inhibitors (Substrats) und in der Temperatur der Enzyminaktivierung. Die Unterschiede in der Temperaturstabilität erwiesen sich als beträchtlich: Für das Allozym $B1_4^a$ liegt die obere Grenze bei 70 bis 75 °C, für das Allozym $B1_4^i$ bei 65 bis 70 °C (Wuntch und Goldberg 1970).
Ebenso wie bei anderen Salmoniden bilden auch bei *Oncorhynchus nerka* die Untereinheiten LDH-B1 und LDH-B2 bei den hinsichtlich zweier Loci Homozygoten eine Serie von 5 Isozymen. Die Erwärmung von Homogenaten aus Jungfischen, die bezüglich des langsamen oder des schnellen Allels des Gens B1 homozygot waren, auf 65 °C vor der Elektrophorese führte zur fast vollständigen Zerstörung (oder Inaktivierung) des Homopolymeren $B1_4$. Das Homopolymer $B1_4^i$ („südliche") wurde durch diese Temperatur nicht beeinträchtigt. Erwärmung auf 70 °C führte sowohl zur Zerstörung des Homopolymeren $B1_4$ als auch zur Inaktivierung der zwei Heteropolymeren $B1_3B2_1$ und $B1_2B2_2$. Bei gleicher Erwärmung wurde die Aktivität des Homopolymeren $B1_4^i$ etwas vermindert, blieb aber erhalten. Keinerlei Veränderungen ergaben sich für die Aktivität der Heteropolymeren $B1_3^i B2_1$ und $B1_2^i B2_2$. Bei niedrigen und Zimmertemperaturen ist die Aktivität des Tetrameren $B1_4^i$ sogar noch etwas größer als die des Tetrameren $B1_4$. Der Unterschied in der Temperaturstabilität zwischen den beiden allelen Formen des Gens LDH-B1 übersteigt 10 °C. Das Allozym $B1_4^i$ ist auch beständiger gegenüber Harnstoff. Offenbar sind die Differenzen zwischen den Allozymen nicht spezifischer Natur (Abb. 60). Die Untersuchung der gereinigten Allozyme $B1_4$ und $B1_4^i$ homozygoter Fische ergab, daß sie sich durch die Michaelis-Konstante unterscheiden, bei 14 °C ist diese minimal und beträgt $1{,}78 \cdot 10^{-4}$ M bzw. $1{,}56 \cdot 10^{-4}$ M (Muske und Scholl-Engberts 1983).
Andere Fischgruppen wurden bisher weniger untersucht. Die LDH-Isozyme, die von

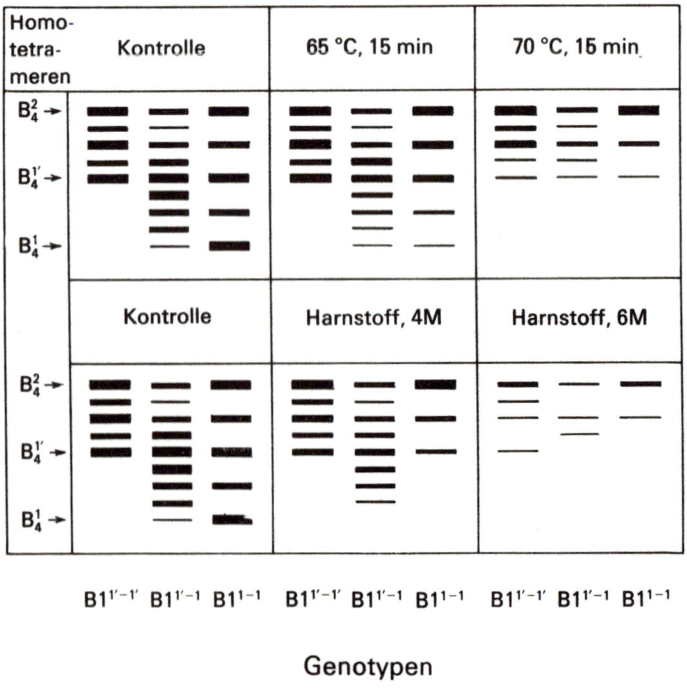

Abb. 60
Unterschiede in der Wärmestabilität und der Beständigkeit gegenüber Harnstoff zwischen den Iso(Allo-)zymen der LDH bei *Oncorhynchus nerka*. Links Typen der Homotetrameren, unten Genotypen. $B1^1$ und $B1^{1'}$ nördliches und südliches Allel des B1-Locus. Eigene Angaben.

Fischen dreier Genotypen der Art *Pimephales promelas* (Cyprinidae) produziert werden, unterscheiden sich durch die Michaelis-Konstante (Merritt 1972). Beim Karpfen (*Cyprinus carpio*) ist das Allozym A2$_4'$ (offenbar das Leberallozym C2$_4'$) beständiger gegen Wärme als das Allozym A2$_4$ (Rolle 1981). Bei *Fundulus heteroclitus* ist das Allozym B$_4^b$ bei niedrigen Temperaturen aktiver, das Allozym B$_4^a$ dagegen bei hohen Temperaturen (Place und Power 1979).

Die nahe verwandten Arten der Gattung *Sebastolobus* (Fam. Scorpaenidae), die in unterschiedlichen Tiefen leben, zeichnen sich durch eine Empfindlichkeit der Muskulatur-LDH gegenüber Druckveränderungen aus. Bei der Tiefseeform *S. altivelus* ist diese Empfindlichkeit verringert (Siebenaller und Somero 1978; Siebenaller 1978). Es ist anzunehmen, daß bei zwei Scorpaenidenarten unterschiedliche Allele des Locus LDH-A vorhanden sind und daß sie die Synthese von funktional sehr unterschiedlichen Allozymen steuern.

Interessant sind die Daten über die Esterasen. Bei *Catostomus clarki* erwiesen sich die Temperaturkurven der Aktivität der Esterasen, die von zwei Allelen des Locus EST-1 codiert werden, als sehr unterschiedlich (Abb. 61a). Die Esterase der hinsichtlich des nördlichen Allels b Homozygoten verlor bei Temperaturerhöhung schnell ihre Aktivität. Die Esterase der bezüglich des südlichen Allels Homozygoten verstärkte dagegen ihre Aktivität unter den gleichen Bedingungen. Die Esteraseaktivität der Heterozygoten hatte ihr Maximum bei mittleren Temperaturen (Koehn 1968, 1969a, 1970). Auch bei der kleinen amerikanischen Cyprinidenart *Notropis stramineus* wurden Differenzen in der Wärmebeständigkeit der Esterasenallozyme festgestellt (Koehn et al. 1971). Die Heterozygoten unterschieden sich in diesem Falle stark von den Homozygoten (Abb. 61b). Bei *Fundulus heteroclitus* unterschieden sich die Esterasenallozyme in der Substratspezifität und der Empfindlichkeit gegenüber Inhibitoren (Holmes und Whitt 1970). Bei *Notropis lutrensis* (Cyprinidae) gibt es zwischen drei Allelen des Locus MDH-B sehr wesentliche Unterschiede hinsichtlich

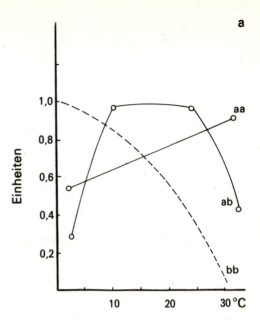

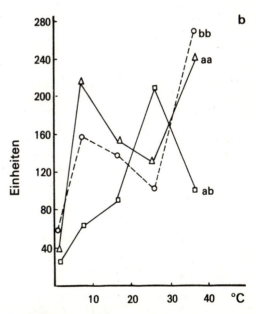

Abb. 61
Funktionale Unterschiede zwischen Esteraseallozymen. a *Catostomus clarki* (Catostomidae) b *Notropis stramineus* (Cyprinidae), aa und bb Homozygoten, ab Heterozygoten. Abszisse Temperatur (°C), Ordinate a Aktivität (Einheiten), b optische Dichte (Einheiten) (Koehn 1968; Koehn et al. 1971).

des Temperaturoptimums der Allozymaktivität (RICHMOND und ZIMMERMANN 1978). Höchste Aktivität der Allozyme der Homozygoten B^{ff}, B^{mm} und B^{ss} ist bei 20, 25 bzw. 30 °C zu beobachten. Bei *Gambusia affinis* haben die Allozyme des Locus MDH-1 unterschiedliche Wärmestabilität. Im warmen Wasser eines Kraftwerkes entsprechen die Allelfrequenzen des Locus MDH-1 dem Temperaturgradienten (SMITH M. H. et al. 1983).

Bei *Micropterus salmoides* sind die MICHAELIS-Konstanten des nördlichen und südlichen Homopolymeren der MDH (B_2^1 und B_2^2) bei 30 °C sehr unterschiedlich. Das Allozym B_2^1 verträgt Temperaturerhöhungen schlechter. Die Wärmestabilität ein und desselben Allozyms der MDH sowie dreier anderer Enzyme (CKA, CKB und ASAT) variiert unter dem Einfluß von Regulatorgenen. Bei 8 °C ist die Aktivität des Enzyms bei Fischen der nördlichen Unterart *M. s. salmoides*, bei 32 °C dagegen bei Fischen der südlichen Unterart *M. s. floridanus* größer (PHILIPP et al. 1982, 1983; HINES et al. 1983). Ein Vergleich der IDH-Allozyme der Regenbogenforelle ergab kinetische Unterschiede (MOON und HOCHACHKA 1972).

Bei *Oncorhynchus nerka* behielten die Allozyme der PGLUM die Unterschiede in der Wärmestabilität auch nach Reinigung der Enzyme bei (KIRPIČNIKOV und MUSKE 1980).

Differenzen wurden ferner zwischen den Alloformen einiger nicht enzymatischer Eiweiße festgestellt. Bei Karpfen (*Cyprinus carpio*), Blei (*Abramis brama*), Regenbogenforelle (*Salmo gairdneri*) und Silberlachs (*Oncorhynchus kisutch*) unterscheiden sich Individuen mit unterschiedlichen Allelen des Tf-Locus in Hinblick auf Lebensfähigkeit, Krankheitsresistenz und einige morphologische und physiologische Merkmale (ŠČERBENOK 1973, 1978, 1980a; SMIŠEK und VAVRUSKA 1975; HABERMAN und TAMMERT 1976; REINITZ 1977b; SAPRYKIN 1977a, b, c; 1979, 1980; MCINTYRE und JOHNSON 1977; SUZUMOTO al. 1977; SAPRYKIN und KAŠKOVSKIJ 1979; WINTER et al. 1980). Diese Zusammenhänge sind nicht immer konstant, sie können in einer Reihe von Fällen durch den genetischen Hintergrund beeinflußt werden (ILJASOV und ŠART 1979; ŠART und ILJASOV 1979). Im Falle der Allele Tf^A und Tf^D beim Karpfen ist anzunehmen, daß die Unterschiede in der Widerstandsfähigkeit ihrer Träger gegenüber Sauerstoffmangel unmittelbar durch die Gene A und D bestimmt werden.

Die funktionale Differenzierung der Allele bei Fischen ist eine weit verbreitete Erscheinung. Es ist zu vermuten, daß sich die Mehrzahl der Allozyme durch funktionale Besonderheiten voneinander unterscheidet. Eines der häufigsten Merkmale der Divergenz der Allozyme und Alloformen ist deren Unterschied hinsichtlich der Wärmestabilität und der Aktivität bei unterschiedlichen Temperaturen. In einigen Fällen sind die Besonderheiten der allelen Formen der Proteine eng mit den Lebensbedingungen der Fische verbunden.

6.3. Clinenabhängige Variabilität der Eiweißloci

In vielen Fällen des biochemischen Polymorphismus bei Fischen ändern sich die Allelhäufigkeiten bestimmter Gene gesetzmäßig entsprechend dem Verbreitungsgebiet, das die betreffende Art besiedelt. Das führt zur Ausprägung von geographischen Clinen, d. h. einer allmählichen Veränderung der Genfrequenzen in Abhängigkeit von den Breitengraden oder irgendeiner anderen Richtung. Eine Reihe der interessantesten Beispiele wird nachfolgend angeführt.

Die Populationen von *Catostomus clarki* (Catostomidae) wurden entlang der amerikanischen Atlantikküste auf einer Länge von 800 km untersucht. Die Konzentration des Allels EST^b betrug im Norden 0,82, sie sank im Süden bis auf 0 (KOEHN und RASMUSSEN 1967; KOEHN 1968, 1969a, 1970). Nahe verwandte Arten der Gattung *Catostomus*, die im Norden leben oder weit in die Flüsse aufsteigen (bis auf große Höhen über dem Meeresspiegel), besitzen nur ein Allel, das nach der elektrophoretischen Beweglichkeit seines Allozymproduktes dem nördlichen Allel von *C. clarki* ähnlich ist. Bei *Pantosteus* sp., der mit *C. clarki* sympatrisch ist, erscheinen auf den Pherogrammen zwei Aktivitätsbanden einer Esterase, die den Allozymen A und B von *C. clarki* entsprechen. Es wird vermutet, daß bei dieser Art eine „fixierte Heterozygotie" vorhanden ist (KOEHN und RASMUSSEN 1967). Bei der südlicheren Art *C. santaanae* entspricht eine Bande der Esteraseaktivität ihrer Lage nach dem Allozym A von *C. clarki*. Es ist eine große Stabilität der Häufigkeiten in Abhängigkeit von der Zeit zu beobachten (KOEHN 1970).

Eine clinenabhängige Variabilität bezüglich der Allele des Esteraselocus wurde beim Atlantischen Hering *(Clupea harengus)* festgestellt (ZENKIN 1978, 1979). Parallele Clinen wurden in allen drei Hauptteilen des weiten Verbreitungsgebietes dieser Art, im Nordwest-Atlantik, in der Nordsee und der Ostsee, beobachtet. Beim Hering wurden geographische Clinen auch bezüglich anderer polymorpher Eiweißsysteme ermittelt, bezüglich der Loci von LDH-B und ASAT (ODENSE et al. 1966a) und hinsichtlich der Blutgruppen des Systems A (ALTUCHOV et al. 1968; TRUVELLER und ZENKIN 1977b; ZENKIN 1978 u. a.).

Umfangreiche Daten wurden bei der Aalmutter *(Zoarces viviparus)* gesammelt. In 46 untersuchten Populationen (über 16000 Individuen) ändert sich die Konzentration eines der Allele des Locus EST-III von 0,02 bis 0,08 im Süden bis auf 0,30 im Norden der Ostsee. Parallel dazu variiert auch die Häufigkeit des Allels 1 des Locus Hb-1, sie steigt von 0,138 auf 0,806 (FRYDENBERG et al. 1973; CHRISTIANSEN und FRYDENBERG 1974; HJORT und SIMONSEN 1974). Die Frequenzen dieser beiden Loci korrelieren miteinander. Es gibt ferner spezielle Clinen innerhalb der Fjorde (CHRISTIANSEN 1977; CHRISTIANSEN und SIMONSEN 1978). Clinen in den Fjorden sowie im gesamten Verbreitungsgebiet von *Zoarces* wurden früher auch bei einer ganzen Reihe morphologischer Merkmale festgestellt (SCHMIDT 1917, 1919b, 1921; vgl. Kapitel 4).

Interessant ist die Variabilität bezüglich der Loci LDH-A und EST-M bei *Anoplarchus purpurescens* (Blenniidae). Sie steht in Beziehung zu den Breitengraden. Die Allelhäufigkeiten ändern sich im Puget Sound in Nord-Süd-Richtung folgendermaßen:

LDH-A' von 0,02 bis 0,26;
EST-M^f von 0,08 bis 0,27.

Die Korrelation der Frequenzen beider Loci erreicht 0,89. Die Allelhäufigkeiten des Locus LDH-A hängen mit den Temperatur- und Sauerstoffverhältnissen im Lebensraum zusammen. Die nahe verwandte Art *A. insignis* ist monomorph bezüglich des nördlichen Allels und lebt dementsprechend in kälteren Gewässern (JOHNSON M. S. 1971, 1977). Das Allelmuster der geographischen Variabilität bei *A. purpurescens* ist offenbar ziemlich kompliziert. Die Allelhäufigkeiten korrelieren am besten mit der Amplitude der Temperaturschwankungen (SASSAMA und YOSHIYAMA 1979).

Eine clinale Abhängigkeit der Loci von LDH, MDH, EST-4 und GPI wurde bei *Fundulus heteroclitus* (Poeciliidae) festgestellt (MITTON und KOEHN 1975). Besonders deutlich ist die Korrelation der Genhäufigkeiten von LDH, MDH und GPI mit den Durchschnittstemperaturen des Wassers. In Gebieten mit großen jährlichen Temperaturschwankungen ist die summarische Heterozygotie höher (Abb. 62). Die Variationen der Frequenzen sind beträchtlich, bei LDH zwischen 0,05 und 1,00, bei MDH zwischen 0,03 und 1,00, bei GPI zwischen 0,05 und 0,75 (POWERS und PLACE 1978). Als

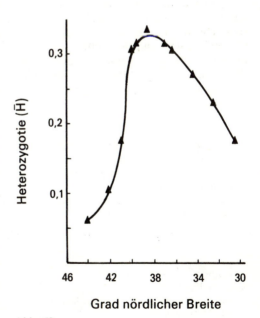

Abb. 62
Geographische Variabilität der durchschnittlichen Heterozygotie ($\bar{H}$) von vier Loci bei *Fundulus heteroclitus* (PLACE und POWERS 1979).

Hauptursache für die Bildung breitengradabhängiger Clinen bei *Fundulus heteroclitus* wird die Selektion angesehen, wobei ein wichtiger Faktor für diese Variabilität die Anpassung an die Temperaturverhältnisse im Verbreitungsgebiet ist. Als Auswirkung des gleichen Faktors kann auch das Auftreten von Clinen bezüglich des EST-Locus bei *Salvelinus alpinus* betrachtet werden. Die Konzentration eines der Allele in den Populationen steigt in südlicher Richtung von 0,17 auf 1,00 (NYMAN und SHOW 1971).

Beim Amerikanischen Aal *(Anguilla rostrata)* gibt es eine clinale Variabilität bezüglich der SDH- und PHI-Loci (das früher festgestellte Gefälle bezüglich der ADH konnte nicht bestätigt werden) (Abb. 63). Anfangs wurde vermutet, daß bei den Aalen während der Abwanderung von den Laichplätzen eine Differenzierung des Bestandes durch Unterschiede im Verhalten erfolgt (WILLIAMS et al. 1973). Später stellte sich jedoch heraus, daß die Cline bezüglich des PHI-Locus nur bei den ständigen Bewohnern der Gewässer vorhanden ist; bei neu eingewanderten Fischen konnte sie nicht festgestellt werden. Offenbar verstärkt sich die ursprüngliche genetische Differenzierung, die im Verlauf der Wanderung eintritt, durch Auslese bestimmter Genotypen während des Lebens der Aale im Süßwasser (KOEHN und WILLIAMS 1978; WILLIAMS und KOEHN 1984). Die Clinen hinsichtlich beider Loci zeigen keine zeitliche Veränderung.

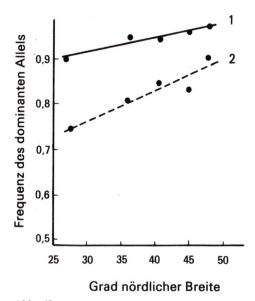

Abb. 63
Geographische Variabilität der Allelfrequenzen der Loci SDH (1) und PHI (2) bei *Anguilla rostrata* (WILLIAMS et al. 1973).

Eine Cline bezüglich der Allele des Tf-Locus wurde beim Atlantischen Lachs *(Salmo salar)* festgestellt, der im südlichen Teil Kanadas und im Norden der USA in die Flüsse aufsteigt (Tab. 35). Das Bild wird kompliziert durch die großen Schwankungen der Genhäufigkeiten in den einzelnen Flüssen (innerhalb jedes Subareals). Einer der Gründe für diese Schwankungen kann das

Tabelle 35
Frequenzen des Tf^A-Gens in Populationen von *Salmo salar* an den Küsten Kanadas und der USA (nach MØLLER 1971)

Ort der Probenahme	Zahl der Proben	Frequenzen	
		Mittelwerte	Variationen der Mittelwerte
Labrador	1	0,085	–
Newfoundland	3	0,151	0,07–0,24
Flüsse der St. Lawrence-Bucht, nördlicher Teil	10	0,440	0,24–0,65
Desgl., Miramichi-Fluß	24	0,351	0,22–0,48
Flüsse von New Brunswick	7	0,318	0,23–0,42
Nova Scotia	6	0,391	0,29–0,54
Maine, USA	5	0,548	0,46–0,60

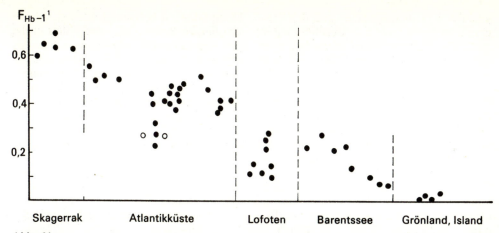

Abb. 64
Geographische Variabilität der Allelfrequenzen des Locus Hb–1^1 bei *Gadus morhua* (DE LIGNY 1969, auf der Basis der Angaben von FRYDENBERG et al. 1965 und MØLLER 1968).

Aussetzen von Lachsbrut durch die Fischzuchtbetriebe sein (MØLLER 1970, 1971; PAYNE 1974).
Beim Kabeljau *(Gadus morhua)* der Norwegischen See und der Ostsee ändern sich die Frequenzen der beiden Allele des Hämoglobinlocus vom Südwesten nach dem Nordosten hin (FRYDENBERG et al. 1965; SICK 1965a, 1965b). Die Kabeljauschwärme an der norwegischen Küste stellen ein Gemisch beider Formen, der arktischen und der Küstenform, dar, die sich durch die Struktur ihrer Otolithen voneinander unterscheiden (MØLLER 1968, 1971). MØLLER erklärt die clinale Variabilität der Häufigkeiten des Hb-Gens beim Kabeljau mit der Vergrößerung des Anteils der arktischen Form nach dem Nordosten der Norwegischen See hin. Das Vorhandensein einer Cline kann jedoch nicht das Ergebnis einer einfachen Mischung zweier Formen mit unterschiedlichen Häufigkeiten der Hb-Allele sein (Abb. 64). Die Frequenz des Gens Hb^1 schwankt nach den Angaben MØLLERS (1968) bei den beiden nahe verwandten Formen in den folgenden Grenzen:

    arktische Form: 0,03 – 0,21
    Küstenform: 0,13 – 0,43

Wie ersichtlich, können die Kabeljaupopulationen aus dem Skagerrak und dem Belt sowie aus der Nordsee weder der einen noch der anderen Form zugerechnet werden. Es kann ergänzt werden, daß die Hb-Cline auch beim Kabeljau der Ostsee, wo es die arktische Form nicht gibt, deutlich ausgeprägt ist (SICK 1965a; JAMIESON und OTTERLIND 1971). Die Häufigkeit des Allels Hb^1 nimmt hier vom Südwesten nach dem Nordosten hin ab. Es ist natürlich möglich, daß im westlichen und östlichen Teil der Ostsee zwei verschiedene Rassen leben, die sich in einer schmalen Zone vermischen (SICK 1965a), aber es ist wahrscheinlicher, daß das Gefälle auch in diesem Fall durch die Selektion aufrecht erhalten wird.
Eine vom Breitengrad abhängige Cline hinsichtlich der Loci von MDH-B, IDH-B, TO-A und ASAT wurde auch bei der Untersuchung von 90 Populationen des Forellenbarsches *(Micropterus salmoides)* in Nordamerika festgestellt (CHILDERS und WHITT 1976; PHILIPP et al. 1981; HINES et al. 1983). Es wird vermutet, daß der Auslesefaktor die Temperatur ist, die entweder unmittelbar auf die Allele der polymorphen Loci oder auf eng mit ihnen gekoppelte Gene einwirkt.
Eine Cline bezüglich der Allelhäufigkeiten der Loci von MDH-1, PGI-2 und PGLUM-1 wurde beim Meerneunauge *(Petromyzon marinus)* gefunden, das die Zuflüsse des Oberen Sees in Kanada besiedelt. Zwi-

schen den Genhäufigkeiten und den geographisch-ökologischen Besonderheiten der Flüsse gibt es eine schwache, aber signifikante Korrelation (KRUEGER und SPANGLER 1981).
Deutlich ausgeprägt ist eine clinenbedingte Variabilität bezüglich der Loci von LDH-B1 (LDH-4 nach GRANT et al. 1980) und PGLUM-1 beim Rotlachs *(Oncorhynchus nerka)* der amerikanischen Küste des Pazifischen Ozeans (HODGINS et al. 1969; HODGINS und UTTER 1971; UTTER et al. 1973b). Die Frequenz der (relativ) seltenen Allele nimmt nach dem Nordwesten hin zu (Tab. 36). Die Subpopulationen im Bereich einer großen Bucht (Cookbucht in Alaska) sind außerdem sehr heterogen. So ändert sich die Häufigkeit des nördlichen Allels der LDH-B1 von einer Subpopulation zur anderen in einem Bereich von 0,006 bis zu 0,381. Die Heterogenität ist besonders groß, wenn die Subpopulationen sehr isoliert sind (GRANT et al. 1980).
Auf Kamtschatka (einschließlich der Kommandeurinseln) ist eine kompliziertere Verteilung der Frequenzen zu beobachten, sie trägt einen netzartigen Charakter (Tab. 36). Die Häufigkeit des nördlichen Allels des Locus LDH-B1 ist in einigen Zuflüssen und in den Seen des Kamtschatkaflusses (Asabatschjesee, Dwuchjurtotschnajafluß) und im Natschikinskiesee (Frühjahrsrasse) am größten. In nahe benachbarten Populationen, aber auch bei den Saisonrassen des Rotlachses, können jedoch sehr unterschiedliche Häufigkeiten der Gene LDH-B1 und PGLUM-1 auftreten (zum Beispiel in den Populationen des Asabatschje- und Uschkowskojesees am Kamtschatkafluß).
Wie bereits erwähnt, zeichnet sich das nördliche Isozym der Lactatdehydrogenase, das Homopolymer $B1_4$, durch verminderte Wärmebeständigkeit und hohe Aktivität bei niedrigen Temperaturen aus (S. 212). Das Temperaturoptimum der Aktivität ist auch bei dem nördlichen Isozym der Phosphoglucomutase verringert. Die Temperaturverhältnisse, unter denen die Embryonalentwicklung und das anschließende Leben der Jungfische des Rotlachses im Süßwasser stattfinden, insbesondere die Temperaturunterschiede, können als Hauptfaktoren betrachtet werden, die die Häufigkeit dieses oder jenes Allels in der jeweiligen Population bestimmen (KIRPIČNIKOV und MUSKE 1980, 1981; MUSKE 1983). Auf die Häufigkeit der Allele wirken auch andere Umweltbedingungen, vor allem die Strömungsgeschwindigkeit des Wassers sowie die damit verbundenen Sauerstoffverhältnisse und die Akkumulation von Stoffwechselprodukten in den Laichbetten, ein (VARNAVSKAJA 1984).
Clinen wurden auch festgestellt bei *Coregonus clupeaformis* bezüglich des Locus LDH-A (IMHOF et al. 1980), bei *Rhinichthys cataractae* (Cyprinidae) bezüglich des EST-Locus (MERRIT et al. 1978), bei den Catostomiden *Hypentelium nigricans* und *Moxostoma macrolepidotum* bezüglich der CK bzw. ADH (BUTH 1977a, 1979a), bei *Gasterosteus aculeatus* bezüglich EST (RAUNICH et al. 1972), bei *Misgurnus anguillicaudatus* bezüglich LDH-A1, 6PGD, Hb und zwei Eiweißen des Blutserums (KIMURA MASAO 1976, 1978a, 1979), bei *Gadus merlangus* hinsichtlich des Hb (WILKINS 1971a), bei einigen *Menidia*-Arten bezüglich der Loci von EST, PHI u. a. (JOHNSON M. 1974, 1976), bei *Gambusia* nach dem Grad der Heterozygotie bezüglich der Loci GPI, IDH, MPI und PGLUM (SMITH M. W. et al. 1983) sowie bei einer Reihe weiterer Fischarten.
Die clinenbedingte Variabilität ist bei Fischen offenbar sehr stark verbreitet. Viele Clinen beziehen sich auf die Breitengrade, die Frequenzen der Gene ändern sich in Nord-Süd-Richtung.
In einigen Fällen wurde eine unzweifelhafte Verbindung der Allelhäufigkeiten mit den Temperaturverhältnissen festgestellt, unter denen die Fische in den verschiedenen Teilen ihres Verbreitungsgebietes leben. Bei einer Art zeigen einige Loci deutliche geographische Clinen, bei anderen Loci ist entweder eine Ähnlichkeit der Allelfrequenzen im gesamten Gebiet oder ein Fehlen des Polymorphismus in allen Populationen festzustellen. Das Muster der Häufigkeiten, das für eine Art als Ganzes charakteristisch ist, ist zeitlich meist sehr beständig, Unterschiede bleiben manchmal über viele Jahre erhalten. Es ist schließlich zu bemerken, daß bei verschiedenen Unter-

Tabelle 36
Allelfrequenzen der Loci von LDH-B1 und PGLUM-1 beim Rotlachs *(Oncorhynchus nerka)*

Gebiet	Alter und Rasse der Fische	Allelfrequenzen				Literaturquelle
		LDH-B1		PGLUM-1		
		q_{B1}	n	q_A	n	
Amerikanische Küste						
British Columbia und Staat Washington						
Wanderform	Laichfische	0,002	591	0,080	87	8
stationäre Form	Laichfische	–	–	0,163	95	8
Alaska						
Südosten	Laichfische	0,022	90	0,205	90	8
Cooke-Bucht						
Casilov-Fluß	Laichfische	0,119	879	0,341	879	2
Kenai-Fluß	Laichfische	0,256	420	0,197	420	2
Susitna-Fluß	Laichfische	0,193	393	0,447	393	2
Bristol-Bucht und Cooper-Fluß	Laichfische	0,119	865	0,292	406	8
Kamtschatka und Beringinsel (Kommandeurinsel)						
Kurilen-Inseln	Laichfische	0,171	281	0,333	204	5
Natschikinskie-See						
Frühjahrsrasse	Laichfische	0,247	215	0,309	193	7
Herbstrasse	Laichfische	0,060	92	0,289	90	7
Dalneje-See	abwandernde Jungfische, Gemischte Rassen					
	1973–1975	0,085	1267	–	–	4
	1976–1978	0,091	841	0,269	850	6
Blishneje-See	Laichfische	0,074	74	–	–	4
Kronozkoje-See	Laichfische					
	Benthophage	0,235	180	0,409	88	6
	Planktophage	0,100	144	0,281	94	6
Palana-Fluß	Laichfische	0,129	108	0,377	106	6
Kamtschatka-Fluß-Becken						
Asabatschje-See	Laichfische					
	Frühjahrsrasse	0,400	1750	0,222	1747	1
	Sommerrasse	0,298	1016	0,211	987	1
Dwuchjurtotschnaja-Fluß	Laichfische					
	Frühjahrsrasse	>0,750	?	–	–	9
	Sommerrasse	0,324	34	0,128	70	7
Uschkowskoje-See	Laichfische	0,084	101	–	–	3
	Setzlinge	0,081	480	0,200	140	5
Zufluß am Oberlauf	Laichfische	0,385	65	0,423	65	7
Beringinsel, Sarannoje See	Laichfische					
	Frühjahrsrasse	0,132	72	0,401	70	7
	Sommerrasse	0,049	191	0,353	191	7

Literatur:

1. ALTUCHOV et al. (1975a; die Einteilung in Rassen wurde von uns vorgenommen); 2. GRANT et al. (1980); 3. HODGINS et al. (1969); 4. KIRPIČNIKOV und IVANOVA (1977); 5. KIRPIČNIKOV und MUSKE (1980); 6. KIRPIČNIKOV und MUSKE (1981); 7. MUSKE (1983); 8. UTTER et al. (1973b); 9. VARNAVSKAJA (1983)

arten und Rassen einer Art parallele Clinen vorhanden sind und daß korrelierte Veränderungen der Häufigkeiten mehrerer verschiedener Gene auftreten.

Es lassen sich verschiedene Mechanismen für das Entstehen geographischer Clinen bezüglich der biochemischen Loci vorstellen. Zur clinalen Variabilität können der sekundäre Kontakt zweier früher isolierter Populationen und das allmähliche Eindringen von verschiedenen Allelen in die Vermischungszone führen. Möglich ist auch die Kopplung von Allelen eines Locus mit einer Inversion oder einem anderen Gen, das Selektionswert hat. Im Falle einer positiven Mutation und ihrer allmählichen Verbreitung über das Siedlungsgebiet der Art kann man von einem transistorischen Typ der Variabilität sprechen. Zweifellos ist jedoch die Selektion die wichtigste Ursache der clinalen Variabilität bei Fischen (ARONŠTAM et al. 1977). Die Cline ist zu einem großen Teil die direkte Antwort auf Differenzen hinsichtlich der Lebensbedingungen in den unterschiedlichen Regionen ihres Verbreitungsgebietes.

6.4. Monogene Heterosis bei Eiweißloci

Der Vorteil der Heterozygoten in Hinblick auf ihre Überlebensrate in natürlichen Fischpopulationen wird oft durch Vergleich der Anzahl der Heterozygoten in einer Stichprobe mit der erwarteten Anzahl festgestellt, die nach der HARDY-WEINBERG-Formel zu berechnen ist. Wenn der empirisch gefundene Heterozygotenanteil die erwartete Zahl signifikant übersteigt, ist eine monogene Heterosis hinsichtlich des untersuchten Locus zu vermuten.

Ein Übermaß an Heterozygoten bei verschiedenen Loci wurde in Populationen einer Reihe von Fischarten gefunden. Bei den Salmoniden gehören hierzu der Saibling (LDH-Locus), der Rotlachs (PGLUM-1-Locus) und die irische Reliktmaräne *Co-*

Tabelle 37
Häufigkeiten der Homo- und Heterozygoten bezüglich des Locus PGLUM-1 in Laichpopulationen und individuellen Kreuzungen von *Oncorhynchus nerka*

Ort der Probenahme und der Vornahme der Kreuzung	Jahr	Material	Anzahl der Fische (in Klammern: theoretisch erwartete Werte)	
			Heterozygoten	Homozygoten
Populationen				
Asabatschje-See (1)	1971	Laichfische	258 (245)	490 (503)
	1972	Laichfische	366 (357)	638 (647)
	1973	Laichfische	351 (330)	630 (651)
Kurilskoje-See (4)	1976, 1977	Laichfische	100 (90)	104 (114)
Dalneje-See (3, 4)	1973–1976	Zwergformen	111 (101)	155 (165)
	1977	Zwergformen	136 (107)	92 (120)
Kreuzungen				
Kurilskoje-See (2, 3)	1976	Larven, Kreuzung 16	115 (108)	101 (108)
	1976	Larven, Kreuzung 19	264 (247)	229 (247)
	1977	Larven, Kreuzung 4	105 (87)	69 (87)

Literatur:
1. ALTUCHOV et al. (1975a); 2. KIRPIČNIKOV (1977); 3. KIRPIČNIKOV und MUSKE (1980); 4. KIRPIČNIKOV und MUSKE (1981)

regonus pollan (mehrere Loci) (WRIGHT und ATHERTON 1970; ALTUCHOV et al. 1975a; FERGUSON 1974, 1975; FERGUSON et al. 1978). Es ist zu bemerken, daß die Zahl der Heterozygoten bezüglich des Locus PGLUM-1 bei der Untersuchung von Laichsubpopulationen des Rotlachses in fast allen Fällen die erwartete Anzahl übertraf (Tab. 37). Ein erhöhter Anteil an Heterozygoten hinsichtlich der Hp- und Alb-Loci (Haptoglobin und Albumin) wurde beim Giebel im weißrussischen Sudoblesee (POLJAKOVSKI et al. 1973) und hinsichtlich des SDH-Locus beim Goldfisch im Eriesee beobachtet (LIN et al. 1969). Ein ähnlicher Überschuß an Heterozygoten für die Allele des Hb-Locus wurde bei *Ictalurus nebulosus* (RAUNICH et al. 1966), für die des LDH-Locus beim Kabeljau (JAMIESON 1975) und für die des Tf-Locus bei *Katsuwonus pelamis* festgestellt (FUJINO und KANG 1968). Interessant sind die Angaben, die bei der Untersuchung der Populationen des pazifischen Rotbarsches *Sebastes alutus* gewonnen wurden. Die in tiefem Wasser lebenden Populationen zeichneten sich durch einen erheblichen Überschuß an Heterozygoten bezüglich der Loci PGLUM und αGPD aus. Dabei war zwischen den Häufigkeiten der Allele dieser Loci eine signifikante Korrelation vorhanden. In den Flachwasserpopulationen gab es weder ein Übermaß an Heterozygoten noch Wechselbeziehungen zwischen den Loci (JOHNSON A. et al. 1971).

Die Daten über einen Heterozygotenüberschuß in natürlichen Populationen können für sich allein nicht als Beweis für eine monogene Heterosis betrachtet werden. Eine erhöhte Heterozygotenzahl ist auch bei einigen Kreuzungssystemen festzustellen (Vorzugskombination von verschiedenen Laichfischen mit unterschiedlichen Genotypen), bei Selektion zugunsten eines Allels und bei Kopplungsungleichgewichten, d. h. bei enger Kopplung jedes Allels mit verschiedenen rezessiven Genen, die die Lebensfähigkeit vermindern. Sie kann auch das Ergebnis einer falschen genetischen Hypothese, insbesondere des Auftretens von Allelen, die bei der Elektrophorese nicht zu unterscheiden sind, sein.

Als beweiskräftiger sind die Ergebnisse von Laborkreuzungen bei Fischen zu betrachten. Kreuzungen mit nachfolgender Analyse einer hinreichend großen Nachkommenschaft wurden bei *Oncorhynchus nerka* durchgeführt (KIRPIČNIKOV 1977, 1979). Ein geringer Überschuß an Heterozygoten bezüglich des Locus PGLUM-1 wurde schon bei der Untersuchung der Brut beobachtet (Tab. 37). Bei Kreuzungen mit Karpfen hatten die Heterozygoten bezüglich des Tf-Locus (AB, AC, AD u. a.) ein beschleunigtes Wachstum und eine erhöhte Widerstandsfähigkeit gegenüber der Bauchwassersucht (ŠČERBENOK 1973; SAPRYKIN 1980). Vorteile in der Wachstumsrate wurden auch bei den Heterozygoten Tf^{BC} der Regenbogenforelle (REINITZ 1977b) sowie bezüglich der Lebensfähigkeit bei den Heterozygoten hinsichtlich des Locus Alb-1 von *Coregonus peled* festgestellt (LOKŠINA und ANDRIJAŠEVA 1981).

Innerhalb der Familie der Centrarchidae wurden zwischenartliche Kreuzungen durchgeführt. In einer Reihe von Fällen wurde bei F_2 und R_1 ein Heterozygotenüberschuß festgestellt, so bei Kreuzungen zweier Arten von *Micropterus* für die Loci LDH-C, MDH und IDH (WHITT et al. 1971; WHEAT et al. 1974), bei zwei Arten von *Lepomis* für die Loci MDH, EST und TO (WHITT et al. 1973b), bei zwei Arten von *Pomoxis* für den EST-Locus (METCALF et al. 1972) und bei Kreuzungen zwischen den Gattungen *Lepomis* und *Chaenobryttus* für den Hb-Locus (MANWELL et al. 1963). Zwei Arten von *Lepomis* erwiesen sich als unterschiedlich bezüglich der Allele zweier Loci von PGI-A und -B. Bei den F_2-Hybriden war die Zahl der doppelt Heterozygoten bezüglich dieser Loci merklich erhöht (WHITT et al. 1976):

homozygot – 42 (erwartet 64)
einfach heterozygot – 122 (erwartet 128)
doppelt heterozygot – 92 (erwartet 64)

In Rückkreuzungsnachkommenschaften von sechs *Xiphophorus*-Arten war die Summe der Heterozygoten hinsichtlich 29 polymorpher Loci statistisch gesichert größer als die Zahl der Homozygoten (MORIzot und Siciliano 1982b; unsere Berechnungen):

heterozygot – 6305 oder 51,3 ± 0,45 %
homozygot – 5973 oder 48,7 ± 0,45 %

Der unmittelbarste Beweis für das Vorhandensein einer monogenen Heterosis wäre die Feststellung eines funktionalen Vorteils (der besseren Funktion) des Hybrideiweißes der heterozygoten Individuen im Vergleich zu den Eiweißmolekülen der Homozygoten. Derartige Unterlagen liegen bisher kaum vor.

Bei den Hybriden *Lepomis cyanellus* × *Chaenobryttus gulosus* bildet sich außer den elterlichen Typen ein spezifisches Hybridhämoglobin. Dieses Hämoglobin besitzt eine größere Affinität zu Sauerstoff und dementsprechend eine größere Fähigkeit zur O_2-Übertragung als die Hämoglobine der Elterntiere (Manwell et al. 1963). Bei *Salvelinus fontinalis* bindet das Transferrin der hinsichtlich der Allele A, B und C Heterozygoten das Eisen besser als das Transferrin der Homozygoten (Herschberger 1970) (Abb. 65). Bei *Catostomus clarki* weist die Esterase-1 der Heterozygoten in einem weiten Temperaturbereich von 10 bis 30 °C eine höhere Aktivität als die der Homozygoten auf (Koehn 1969a). Bei *Oncorhynchus nerka* zeichnet sich die Lactatdehydrogenase der bezüglich des Gens LDH-B1 Heterozygoten durch erhöhte Fähigkeit zur Bindung von NADH aus. Der K_m-Wert ist bei 15 °C am niedrigsten (Versuche von Guilbert, zitiert nach Allendorf und Utter 1979). Die Kurve der Abhängigkeit des K_m-Wertes von der Temperatur verläuft bei den bezüglich dieses Gens Heterozygoten nahezu geradlinig, bei beiden Homozygoten U-förmig. Es ist zu erwarten, daß dies dem Enzym einen funktionalen Vorteil gibt (Muske und Scholl-Engberts 1983).

In allen diesen Fällen wurden heterogene Gemische von Eiweißmolekülen untersucht. Der Anteil einzelner Isoformen (Isozyme) an der monogenen Heterosis wurde bisher nicht ermittelt. Beim tetrameren Hämoglobin könnte der Vorteil der Heterozy-

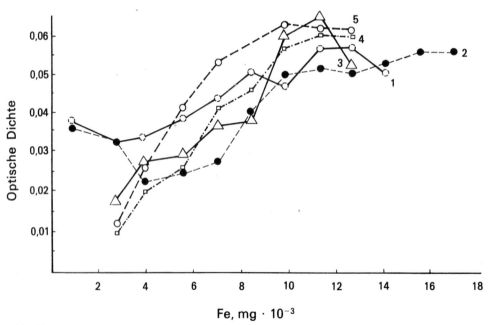

Abb. 65
Unterschiede in der optischen Dichte teilweise gereinigter Proben von Transferrin bei Zusatz unterschiedlicher Mengen an Eisen bei *Salvelinus fontinalis*. 1 und 2 homozygote Genotypen BB und CC; 3, 4 und 5 Heterozygoten BC, AC und AB (Herschberger 1970).

goten auf die Bildung eines zusätzlichen Hybridmoleküls zurückgeführt werden, im Falle der LDH kann er mit dem Auftreten von mehreren neuen Heteropolymeren zusammenhängen. Für Monomeren wie Transferrin und Esterase dürfte das Auftreten zweier verschiedener Eiweißmoleküle anstelle von nur einem und die dadurch bedingte normale Funktion des Proteins in einem weiteren Schwankungsbereich innerer und äußerer Faktoren als wahrscheinliche Ursache des Heterosiseffektes bei den Heterozygoten anzusehen sein.

In natürlichen Fischpopulationen ist monogene Heterosis offenbar nicht besonders häufig zu beobachten. Sehr viel mehr Daten unterstützen die Annahme, daß nicht der monogenen Heterosis, sondern der Heterozygotie hinsichtlich vieler Loci größte Bedeutung zukommt, da sie den Individuen noch wesentlich entscheidendere Vorteile verschafft (JOHNSON G. 1976; BEARDMORE und WARD 1977; BEARDMORE und SHAMI 1978; LEARY et al. 1983a). Über die Mechanismen der Wechselbeziehungen der Gene, die einen solchen Vorteil bewirken, wissen wir leider noch wenig.

6.5. Natürliche Auslese bezüglich einzelner alleler Gene

Die Allelhäufigkeiten in Fischpopulationen können sich unmittelbar durch natürliche Auslese ändern. Wir wollen hier jedoch die bereits oben betrachteten Ergebnisse über die Vergrößerung der Zahl der Heterozygoten bei Hybriden nicht analysieren, sondern gehen auf einige andere Arbeiten ein.

Indirekte Hinweise auf die Wirkung der Selektion geben Bestimmungen der Genhäufigkeiten bei verschiedenen Altersstufen einer Population. Altersbedingte Veränderungen in der Frequenz von Tf-Allelen wurden bei *Pleuronectes platessa* (DE LIGNY 1966) und *Katsuwonus pelamis* (FUJINO und KANG 1968), von EST-Allelen bei *Alburnus alburnus* (HANDFORD 1971) festgestellt. Beim Kabeljau *(Gadus morhua)* verändert sich die Frequenz der Hb-Allele während der Reifung der Geschlechtsprodukte. Auslesefaktor ist vermutlich die Temperatur (MORK et al. 1983). Bei *Fundulus heteroclitus* vergrößerte sich die summarische Anzahl der Heterozygoten bezüglich der drei Loci MDH, LDH und EST-4 in den Populationen mit zunehmendem Alter (MITTON und KOEHN 1975). Bei *Zoarces viviparus* richtet sich die Auslese im Gegensatz dazu in frühen Entwicklungsstadien gegen die EST-III-Heterozygoten. Da die Aalmutter lebendgebärend ist, läßt sich der Selektionsvorteil (w oder fitness) der drei Genotypen genau berechnen (CHRISTIANSEN et al. 1974, 1977; CHRISTIANSEN 1977, 1980):

Genotypen		
1/1	1/2	2/2
w 1,07	1,00	1,04

Bei Schollen, die in ihrem Verbreitungsgebiet im Alter von 100 bis 300 Tagen gefangen wurden, sank die summarische Zahl der Heterozygoten bezüglich der fünf Loci PGLUM-1, MDH-2, ADA, αGPD, PGI anfangs und stieg darauf erneut an, um den für adulte Individuen charakteristischen Wert zu erreichen (BEARDMORE und WARD 1977). Die Autoren vermuten, daß die Heterozygoten sich schneller entwickeln und als erste die Weideplätze besiedeln.

Von einer Selektion zugunsten der Heterozygoten zeugen auch die Ergebnisse von Untersuchungen an Populationen des Guppys, *Poecilia reticulata* (SHAMI und BEARDMORE 1978b; CHANGJIANG und SCHRÖDER 1984). Maximale Heterozygotie (für insgesamt 4 Loci) war mit den mittleren, zahlenmäßig stärksten Phänotypen hinsichtlich eines morphologischen Merkmals (Zahl der Schuppen in der Seitenlinie) verbunden. Während des Wachstums sterben die extremen Gruppen ab, damit verläuft in den Populationen eine stabilisierende Auslese, die gleichzeitig auf hohe Heterozygotie gerichtet ist (Tab. 38).

Die Selektion beginnt schon vor der Geburt der Jungfische, die Größe der Brut korreliert positiv mit dem Heterozygotiegrad (SHAMI und BEARDMORE 1978b).

Ein Vergleich wilder und domestizierter Populationen von *Oncorhynchus keta* ergab, daß die Häufigkeit von Heterozygoten bezüglich des Gens LDH-A2 unter natürli-

Tabelle 38
Mittlere Heterozygotie (H̄) bezüglich der Loci EST-2, MDH-1, PGLUM und TO (SOD) in Populationen von *Poecilia reticulata* (nach Shami und Beardmore 1978 b)

Alter der Fische (Wochen)	Zahl der Schuppen (Seitenlinie.)					
	23	24	25	26	27	28
3,7	25,0	45,1	48,3	50,7	49,6	37,5
60,0	–	–	48,0	57,3	45,8	–

chen Bedingungen größer als in Fischzuchtbetrieben ist (Rjabova-Sačko 1977a). Dies deutet auf eine Auslese zugunsten der Heterozygoten hin, die in der Natur stattfindet. Bei *Salmo trutta* erhöht sich die Konzentration des Allels CK-1^{100} unter den Bedingungen der Domestikation, innerhalb von zwei bis drei Generationen stieg die Häufigkeit dieses Allels von 0,17 auf 0,55 bis 0,57 (Ryman und Stahl 1980). Selektion nach Masse und Lebensfähigkeit führt in Karpfenteichwirtschaften zur Veränderung der Allelhäufigkeiten der Loci Tf und EST-1 (Saprykin 1976, 1977a, 1977b, Ščerbenok 1980). Es ist jedoch zu betonen, daß die Veränderung der Genfrequenzen in Teichwirtschaften nicht nur das Ergebnis der Auslese, sondern auch der Inzucht sein kann, die die zufälligen Prozesse verstärkt (Gendrift).

In den Populationen von *Chrysophrys auratus* (Küste Neuseelands) ändern sich die Allelhäufigkeiten des Locus EST-4 von Generation zu Generation. Die Frequenz des Allels EST-4^2 korreliert mit den jährlichen Schwankungen der Wassertemperatur in den Lebensräumen der Brut. Die Allelvariationen sind nicht groß, aber statistisch signifikant (Smith 1979a).

In der Zone der Einleitung warmer Abwässer eines schwedischen Kernkraftwerkes war die Häufigkeit des F-Allels des EST-Locus beim Kaulbarsch *(Gymnocephalus cernua)* signifikant erhöht (Nyman 1975). Veränderungen in der Häufigkeit einer Reihe von Genen im Bereich der Abflüsse von Kraftwerken wurden bei Centrarchiden festgestellt (Yardley et al. 1974). Im Wasser unterhalb eines Kraftwerkes wurde bei dem kleinen Cypriniden *Notropis lutrensis* eine Zunahme der Zahl der Heterozygoten hinsichtlich des Locus MDH-B festgestellt (Richmond und Zimmerman 1981). Ein Anwachsen der Heterozygotie bezüglich sieben Loci konnte auch bei *Gambusia affinis* in einem Warmwasserauslauf beobachtet werden (Feder et al. 1984). Unmittelbare Beweise für die Auslese liefern Experimente. Bei der Untersuchung von *Fundulus*-Populationen wurde eine Fischgruppe in warmem Wasser gehalten: Bei drei Loci wurden Veränderungen der Allelfrequenzen in derselben Richtung beobachtet, wie sie für südliche Populationen diser Art charakteristisch sind (Mitton und Koehn 1975). Nach Infektion von *Oncorhynchus kisutch* mit dem Erreger der Bakteriellen Nierenkrankheit betrug die Sterblichkeit der Fische dreier verschiedener Tf-Genotypen AA, AC und CC in der entsprechenden Reihenfolge 34,4, 18,8 und 10 % (Suzumoto et al. 1977; Winter et al. 1980). Verschiebungen in den Allelfrequenzen der Loci Tf und EST-F wurden bei Erkrankung von Karpfen an Bauchwassersucht festgestellt (Ščerbenok 1973; Kirpičnikov et al. 1976, 1979; Šart und Iljasov 1979; Iljasov und Šart 1979). Während der Überwinterung und in Versuchen mit starkem Sauerstoffdefizit ändert sich bei Karpfen die Allelhäufigkeit der Tf-Gens (Ščerbenok 1978, 1980a; Saprykin 1979). Bei einer raschen Temperatursteigerung war die Überlebensrate von einsömmerigen Karpfen, Regenbogenforellen und Sterlets mit verschiedenen Genotypen hinsichtlich der Loci der Lactatdehydrogenase äußerst unterschiedlich (Rolle 1981).

Durch Kreuzungen gewonnene Jungfische von *Anoplarchus purpurescens* wurden bei verschiedenen Temperaturen aufgezogen. Am Ende des Versuchs unterschieden sich die Warmwasserpopulationen in der Häu-

figkeit der Allele des LDH-Gens signifikant von den Kaltwasserpopulationen. Diese Differenzen spiegelten die Verhältnisse wider, die in natürlichen Populationen bei unterschiedlichen Wassertemperaturen herrschen (JOHNSON M. 1971). Brut von *Oncorhynchus nerka*, die von Laichfischen stammte, die heterozygot bezüglich der Loci PGLUM-1 und LDH-B1 waren, wurde der Einwirkung hoher Temperaturen und starken Sauerstoffmangels ausgesetzt. Die Allelfrequenzen beider Loci erwiesen sich bei den dagegen resistenten und nicht resistenten Individuen als unterschiedlich, in einigen Versuchen waren die Unterschiede signifikant (Tab. 39).
Die Aufzucht junger Rotlachse bis zu einem Alter von 2 bis 3 Monaten in Becken wird von einer beträchtlichen Längen- und Massenvariabilität der Jungfische begleitet. Die in der Wachstumsgeschwindigkeit zurückbleibenden Tiere unterschieden sich bezüglich der Allelhäufigkeiten des Locus LDH-B1 signifikant von den mittleren und großen Fischen (Abb. 66). In der Gruppe der kleinsten Setzlinge ist die Häufigkeit des seltenen Allels geringer, und dementsprechend ist auch die Heterozygotie schwächer ausgeprägt.

Es liegen demnach zahlreiche Untersuchungsergebnisse über die direkte Wirkung der Auslese auf die Allele der biochemischen Loci vor. Voraussetzung für den exakten Nachweis der Selektion sind spezifische Besonderheiten bei den Allozymen, die mit bestimmten Milieuverhältnissen verbunden sind (ALLENDORF und UTTER 1979). Diese Bedingung war bisher nur in wenigen Fällen gegeben, aber die Gesamtheit der Beobachtungen beweist überzeugend die große Bedeutung der Auslese als

Tabelle 39
Einfluß von erhöhter Temperatur und Sauerstoffmangel auf die Allelfrequenzen der Loci LDH-B1 und PGLUM-1 bei *Oncorhynchus nerka* (nach KIRPIČNIKOV 1977; KIRPIČNIKOV und MUSKE 1980)

Versuchsbedingungen und Material	Jahr	Versuchs-Nr.	Allelhäufigkeiten		Häufigkeitsunterschiede
			Kontrolle	Überlebende	
LDH-B1, $q_{B1'}$					
Schneller Temperaturwechsel (6 → 14 °C) beim Schlupf	1976	1	0,49	0,60**	+ 0,11
Langsamer Temperaturwechsel (6 → 28 °C), Brut	1976	2	0,47	0,38	− 0,09
(6 → 28 °C), Brut	1976	3	0,30	0,27	− 0,03
(6 → 28 °C), Brut	1977	4	0,51	0,63	+ 0,12
(6 → 28 °C), Brut	1977	5	0,30	0,23	− 0,07
(6 → 28 °C), Brut	1978	6	0,09	0,06	− 0,03
O_2-Mangel, Brut	1976	7	0,29	0,19***	− 0,10
O_2-Mangel, Brut	1976	8	0,28	0,24	− 0,04
O_2-Mangel, Brut	1978	9	0,096	0,068	− 0,028
PGLUM-1, q_A					
O_2-Mangel, Brut	1976	7	0,49	0,40*	− 0,09
O_2-Mangel, Brut	1976	8	0,57	0,55	− 0,02
O_2-Mangel, Brut	1978	9	0,15	0,10	− 0,05
O_2-Mangel, Brut	1978	10	0,23	0,15	− 0,08

* Irrtumswahrscheinlichkeit $p < 0,1$
** Irrtumswahrscheinlichkeit $p < 0,05$
*** Irrtumswahrscheinlichkeit $p < 0,01$

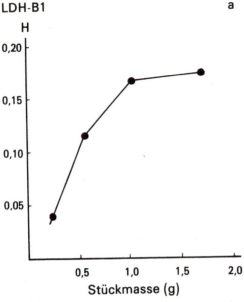

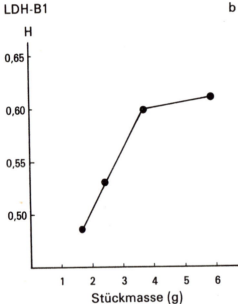

Abb. 66
Beziehung zwischen Heterozygotie der Allele des Locus LDH-B1 und Wachstumsgeschwindigkeit der Jungfische von *Oncorhynchus nerka*.
a Versuch mit Mischprobe (Laich aus dem Fischzuchtbetrieb Uschkowskoje auf Kamtschatka 1979); b Versuch mit Jungfischen aus der Nachkommenschaft einer paarigen Kreuzung von heterozygoten Laichfischen (Kamtschatka 1980).

Faktor, der die Entstehung und Aufrechterhaltung des Polymorphismus in der Natur ermöglicht. Wir fügen hinzu, daß die Auslese in natürlichen Populationen immer gleichzeitig eine große Zahl von polymorphen Systemen umfassen muß.

6.6. Biochemische Genetik und Systematik

Viele Arbeiten zur biochemischen Genetik der Rundmäuler und Fische sind der Präzisierung der systematischen Stellung der Arten und anderer taxonomischer Gruppen sowie der Analyse der phylogenetischen Zusammenhänge zwischen verwandten Arten und Gattungen gewidmet. In diesen Untersuchungen werden die artspezifischen Spektren der Eiweiße weithin genutzt. Angewandt wird auch die quantitative Bestimmung des Grades der genetischen Identität (und der Distanz) zwischen verwandten taxonomischen Fischgruppen bezüglich der Allelhäufigkeiten unterschiedlicher Proteinloci.

Es wurden verschiedene Methoden zur Berechnung spezieller Indices der Identität (der Gleichartigkeit) und der Unterschiedlichkeit (der genetischen Distanz) vorgeschlagen. Der Identitätsindex I bezüglich der Allele eines Locus kann in Anwendung der bekannten Methode von NEI (1972) nach folgender Formel berechnet werden:

$$I = \frac{\Sigma X_i Y_i}{\sqrt{\Sigma X_i^2 \, \Sigma Y_i^2}} \quad (1)$$

Darin sind X_i und Y_i die Häufigkeiten i der Allele des jeweiligen Locus in zwei zu vergleichenden Fischgruppen (Populationen, Unterarten, Arten oder taxonomische Gruppen höheren Ranges). Der durchschnittliche Identitätsindex (für alle Loci) ist

$$\bar{I} = \frac{\Sigma (\Sigma X_i Y_i)}{\sqrt{\Sigma (\Sigma X_i^2) \, \Sigma (\Sigma Y_i^2)}} \quad (2)$$

Der Distanzindex D wird nach der folgenden Formel berechnet

$$D = -\ln \bar{I} \quad (3)$$

Der Identitätsindex Ī variiert in einem Bereich von 0 bis 1. Bei vollständiger Übereinstimmung der Genotypen ist Ī = 1 und D = 0. Der Distanzindex D wächst nicht proportional zu Ī, bei geringer Identität (Ī = 0,25 und weniger) übersteigt er den Wert 1 und bei sehr niedrigen Werten von Ī strebt er zum Unendlichen.

Die Indizes von NEI können durch den Distanzindex und den Ähnlichkeitsindex oder Similarity-Index (D und S) von ROGERS (1972) und PREVOSTI et al. (1975) ersetzt werden:

$$D_R = \frac{1}{m} \Sigma \sqrt{\frac{(X_i - Y_i)^2}{2}} \quad (4)$$

$$S_R = 1 - D_R \quad (5)$$

$$\text{oder} \quad D_P = \frac{1}{m} \Sigma \Sigma \frac{|X_i - Y_i|}{2} \quad (6)$$

$$S_P = 1 - D_P \quad (7)$$

In all diesen Fällen schwanken S und D zwischen 0 und 1. Der Ähnlichkeitsindex von ROGERS ist das geometrische Mittel der Ähnlichkeitswerte der einzelnen Loci und liegt in seiner Größe gewöhnlich nahe dem Wert von Ī. Eine vergleichende Einschätzung dieser drei Verfahren zur Berechnung der Indizes sowie der selten angewandten Formel von HEDRICK (1971) wurde von PUDOVKIN (1979) vorgenommen. Er wies nach, daß die Ähnlichkeitsindizes von ROGERS und PREVOSTI bei nahe verwandten Formen etwas zu niedrige Werte angeben, während die Distanzindizes etwas überhöht sind. Bei deutlichen Unterschieden (Vergleiche von entfernten Arten, Gattungen usw.) ist es besser, die Methode von ROGERS anzuwenden, da der Wert D nach der Berechnung nach NEI nicht proportional zum Grad der Divergenz wächst.

Wiederholt wurden vereinfachte Methoden zur Ähnlichkeitsbestimmung erprobt. So läßt sich die Zahl der Proteinfraktionen mit gleicher elektrophoretischer Beweglichkeit ermitteln und durch den Mittelwert aller sichtbaren Fraktionen teilen (SHAW 1970):

$$Q = \frac{n}{0,5(N_1 + N_2)} \quad (8)$$

Darin sind n die Zahl der identischen Fraktionen, N_1 und N_2 die Zahl aller Fraktionen auf den Zymogrammen beider Arten.

In einer Reihe von Arbeiten wurden gleichartige Allele eines Locus mit dem Wert 1, unterschiedliche Allele mit dem Wert 0 bezeichnet. Im Falle eines Unterschiedes in den Häufigkeiten eines der Allele wurden Werte zwischen 0 und 1 eingesetzt, die der

Tabelle 40
Identitätsindices für Eiweißloci von 9 Cyprinidenarten, Berechnungen nach der Methode von NEI (nach AVISE und AYALA 1976)

Gattung und Art	1	2	3	4	5	6	7	8	9
1. *Hesperoleucus symmetricus*	×								
2. *Lavinia exilicauda*	0,95	×							
3. *Mylopharodon conocephalus*	0,91	0,86	×						
4. *Ptychocheilus grandis*	0,82	0,81	0,88	×					
5. *Orthodon microlepidotus*	0,60	0,54	0,58	0,58	×				
6. *Pogonichthys macrolepidotus*	0,49	0,47	0,55	0,55	0,34	×			
7. *Richardsonius egregius*	0,65	0,60	0,64	0,59	0,46	0,60	×		
8. *Gila bicolor*	0,78	0,70	0,84	0,72	0,60	0,51	0,64	×	
9. *Notemigonus crysoleucus*	0,41	0,40	0,45	0,37	0,34	0,33	0,38	0,41	×

Größe der Differenz umgekehrt proportional sind. Die Summe der erhaltenen Ähnlichkeitswerte wurde durch die Zahl der verglichenen Loci geteilt (UTTER et al. 1973a).

Zum Vergleich mehrerer Arten oder anderer taxonomischer Gruppen miteinander nach den Ähnlichkeits- und Distanzindices eignen sich Spezialtabellen. Als Beispiel führen wir Unterlagen über die Identitätsindices von 9 Arten amerikanischer Cypriniden auf (Tab. 40). Zwei Arten, *Hesperoleucus symmetricus* und *Lavinia exilicauda*, erwiesen sich danach ungeachtet der sehr beträchtlichen morphologischen und biologischen Unterschiede als einander sehr nahestehend (AVISE et al. 1975). Es wird vermutet, daß dies damit zusammenhängt, daß diese beiden Formen erst vor verhältnismäßig kurzer Zeit divergierten.

Auf der Grundlage der Identitätsindizes lassen sich Grafiken herstellen, die die Verteilung der Loci entsprechend dem Grad ihrer Ähnlichkeit bei den unterschiedlichen Arten zum Ausdruck bringen (Abb. 67). Gewöhnlich entfällt der größte Teil der Loci (bis zu 90 % und mehr) auf die beiden Randklassen, $I = 0$ und $I = 1$; die übrigen verteilen sich zwischen ihnen (AYALA 1975). Die wichtigste Aufgabe des Vergleichs nahe verwandter Fischarten nach Identitäts- und Distanzindices, die für eine ausreichend große Zahl von Loci (über 30) berechnet wurden, besteht in der Präzisierung der phylogenetischen Beziehungen zwischen diesen Arten. Matrizen, die die Werte für $\bar{I}(S)$ und D enthalten, können zum Aufstellen von Dendrogrammen (Abb. 68) und Stammbäumen dienen, die die wahrscheinlichsten Wege der Phylogenese grafisch darstellen. Die verbreitetste Methode zur Bildung von Dendrogrammen ist das allmähliche Ansetzen von Ästen des Baumes, beginnend mit den am engsten benachbarten Paaren von Arten oder Populationen mit maximalen Werten für $\bar{I}(S)$ und dementsprechend minimalen Werten für D (FARRIS 1972). Beim Dendrogramm werden die Werte für $\bar{I}$ oder D auf der Abszisse aufgetragen, beim Stammbaum dagegen gewöhnlich auf der Ordinate. Zwei oder mehr nahe verwandte Formenpaare (mit geringsten Werten für D) werden miteinander verbunden. Die Länge der verbindenden Äste läßt sich durch Berechnung der arith-

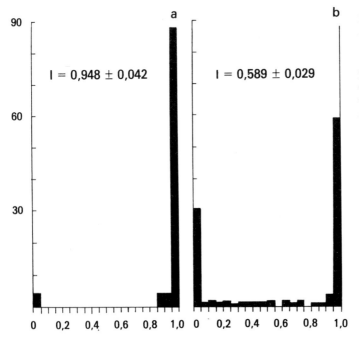

Abb. 67
Verteilung der Enzymloci bei kalifornischen Cypriniden nach dem Identitätsindex ($\bar{I}$) bei unterschiedlichen Arten und paarweisem Vergleich. a nahe verwandte Arten *Hesperoleucus symmetricus* und *Lavinia exilicauda*, b summarische Daten für 9 Arten und Gattungen. Abszisse Identitätsindex; Ordinate Anzahl der Loci (%) (AVISE et al. 1975; AVISE und AYALA 1976).

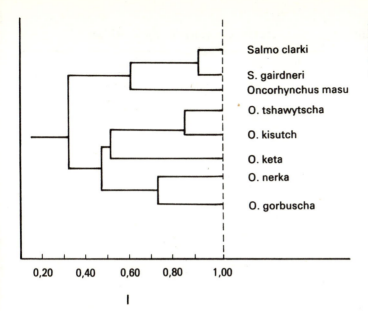

Abb. 68
Dendrogramm nach den Identitätsindices ($\bar{I}$) für einige Salmoniden (UTTER et al. 1973b).

metischen Mittelwerte aus allen möglichen Distanzen bestimmen:

$$D[(A, B), (C, D)] = \frac{D(AC) + D(AD) + D(BC) + D(BD)}{4} \quad (9)$$

Das Dendrogramm muß so „ökonomisch" wie möglich sein, d. h., die Summe aller Äste muß minimal sein (FARRIS 1972). Eine genaue Darstellung der verschiedenen Methoden zum Aufstellen von Dendrogrammen ist in der Arbeit von NEI (1981) enthalten.

Vor kurzem wurde ein originelles Verfahren zum Berechnen von Dendrogrammen für polyploide Fischgruppen vorgeschlagen (FERRIS und WHITT 1978b). Die genetischen Distanzen wurden in diesem Fall durch die relative Anzahl der doppelt erhalten gebliebenen (duplizierten) Loci ersetzt. Ein Dendrogramm, das auf diese Weise für die Familie Catostomidae aufgestellt wurde, brachte die phylogenetischen Beziehungen zwischen den Arten gut zum Ausdruck.

Es ist jedoch notwendig, auf die Bedingtheit von Schlußfolgerungen hinzuweisen, die auf der Grundlage der Analyse von Dendrogrammen gezogen wurden, die nur ein Merkmal berücksichtigen, nämlich die genetische Distanz oder die Zahl der duplizierten Loci, welche ihre Ausprägung (Expressivität) verloren haben. Diese Dendrogramme können nur eine allgemeine, schematische Vorstellung vom Verlauf der evolutionären Prozesse innerhalb eines Taxons vermitteln. Abgesehen davon sind sie aber unbedingt nützlich, wenn sie als Ergänzung zu Daten betrachtet werden, die durch andere Methoden der Systematik, insbesondere durch Vergleich morphologisch-anatomischer Merkmale, gewonnen wurden.

Wenn alle bisher durchgeführten Berechnungen der genetischen Identitätsindices für die verschiedenen taxonomischen Gruppen von Fischen zusammengefaßt werden, ergibt sich die Möglichkeit, den Grad der Identität taxonomischer Gruppen unterschiedlichen Ranges zu vergleichen (Tab. 41). Die Identität zwischen den Populationen ist sehr groß, die Indices liegen in der Regel über 0,97. Angaben über Unterarten liegen kaum vor, und die Werte für $\bar{I}$ schwanken in diesem Fall sehr stark. Eine sehr große Variation der Identitätsindices ist für die Arten charakteristisch, dies drückt offenbar den unterschiedlichen Grad der Divergenz der Arten in den verschiedenen systematischen Fischgruppen aus. Zu erwähnen sind zwei Extremfälle: Die sehr niedrigen Werte bei der Gattung *Aphanius* und die hohen Zahlen bei den Cichliden des Malawisees. Im ersten Fall

Tabelle 41
Indices der genetischen Identität für taxonomische Gruppen unterschiedlichen Ranges

Familie und Gattung	Identitätsindices				Literaturquellen
	Populationen	Unterarten	Arten	Gattungen	
Salmonidae	–	0,89	0,46	–	16
Cyprinidae, 9 Gattungen	0,99	–	–	0,57	2˙
Cyprinidae, *Lavinia-Hesperoleucus*	–	–	–	0,95	2
Catostomidae, *Moxostoma*	> 0,99	–	0,81	–	6
Catostomidae, *Campostoma*	0,98	0,84	0,84	–	8
Catostomidae, *Thoburnia*	> 0,99	–	0,76	–	7
Cobitidae	> 0,99	0,68	–	–	9
Cyprinodontidae, *Cyprinodon*	–	–	0,89	–	15
Cyprinodontidae, *Aphanius*	–	–	< 0,20	–	13
Poeciliidae	–	–	0,57	0,39	12
Gadidae, *Merluccius*	–	–	0,65	–	11
Centrarchidae	0,97	0,85	0,53	0,29	3, 4
Carangidae	–	–	0,70	0,34	1, 11
Sciaenidae	–	–	–	0,17	14
Cichlidae, Malawi-See	–	–	0,94	–	10
Pleuronectidae, *Pleuronectes, Limanda*	–	–	0,64	0,32	17
Pleuronectidae, *Hippoglossoides*	–	–	0,73	–	5

Literatur:

1. ALFEROVA und NEFODOV (1973); 2. AVISE und AYALA (1976); 3. AVISE und SMITH (1974); 4. AVISE et al. (1977); 5. BOGDANOV et al. (1979); 6. BUTH (1977b); 7. BUTH (1979); 8. BUTH und BURR (1978); 9. KIMURA und NYMAN (1976); 10. KORNFIELD (1978); 11. NEFEDOV et al. (1973); 12. SCHOLL und SCHRÖDER (1974); 13. SCHOLL et al. (1978); 14. SHAW (1970); 15. TURNER (1974); 16. UTTER et al. (1937a); 17. WARD und GALLEGUILLOS (1978)

verlief die Artbildung offenbar sehr schnell und wurde von einer starken Spezialisierung begleitet. Im zweiten Fall hatte die außerordentlich kurze Zeit der Divergenz der Arten eine entscheidende Bedeutung. Zwischen den Gattungen übersteigen die Identitätsindices im allgemeinen einen Wert von 0,40 nicht, nur bei den Cypriniden sind sie höher.

Genetische und morphologische Divergenz entsprechen einander, wie wir gesehen haben, nicht immer. Es wurde die Hypothese aufgestellt, daß die genetischen Veränderungen eine Funktion der Zeit sind und nicht mit der Geschwindigkeit und dem Umfang der Artbildung zusammenhängen (NEI 1972). Nach NEI kann die Zeit der Divergenz zweier Arten (oder Gattungen) nach folgender Formel bestimmt werden:

$$T = cD \qquad (10)$$

Darin sind T die Zeit vom Augenblick der Divergenz an in Millionen Jahren, D die genetische Distanz und c der Proportionalitätskoeffizient. Der Koeffizient c kann bei einem hohen Wahrscheinlichkeitsgrad mit $5 \cdot 10^6$ angenommen werden (NEI 1981). Die aufmerksame Durchsicht von Tabelle 41 läßt jedoch vermuten, daß die Geschwindigkeit der Ansammlung von Mutationen nicht nur durch die Zeit, sondern auch durch die Spezifik der Artbildung in den verschiedenen evolutionären Zweigen der Fische bestimmt wird. Die verstärkte Spezialisierung wird offenbar von einer Auslese zahlreicher mutativer Proteinveränderungen begleitet (bei den Salmoniden die Gattung *Oncorhynchus*, bei den Zahnkarpfen die Unterfamilie Aphanini sowie einige andere).

In letzter Zeit wird in der Fischsystematik mit Erfolg eine originelle Methode zum Bestimmen der Homologie der DNA bei verschiedenen Arten angewandt. Nach der Gewinnung von Hybrid-DNA-Molekülen erwärmt man diese auf hohe Temperaturen (75 °C und darüber) und vergleicht ihre Temperaturresistenz. Die Temperaturbeständigkeit der Hybrid-DNA-Moleküle ist dem Grad der Homologie der Ausgangsstrukturen der DNA proportional (MEDNIKOV et al. 1973b).

Nach Angaben der Autoren verringert sich der Anteil der homologen DNA mit der Zunahme des Distanzgrades der zu vergleichenden Fischarten. Er beträgt beim Vergleich verschiedener Fischklassen weniger als 20 %, beim Vergleich verschiedener Ordnungen liegt er zwischen 15 und 45 %. Die Gegenüberstellung von Familien ergibt einen Wert um 50 bis 70 %, und bei Gattungen und Arten steigt die DNA-Homologie bis auf 75 bis 100 % (MEDNIKOV et al. 1973a). Die Methode der molekularen DNA-Hybridisation gibt Anlaß zur Überprüfung einiger Vorstellungen zur Fischsystematik. Insbesondere die Knorpelfische (Chondrichthyes), die Knorpelganoiden (Chondrostei) und die Knochenfische (Teleostei) sind als unterschiedliche Klassen zu betrachten (POPOV et al. 1973; MEDNIKOV 1980 u. a.).

Die Methode der molekularen DNA-Hybridisation kann durch eine vergleichende Untersuchung der Struktur des Genoms ergänzt werden, durch Bestimmung des relativen Anteils einmaliger und unterschiedlicher, sich mehrfach wiederholender Sequenzen der DNA und ihrer Verteilung in den Chromosomen von verschiedenen Fischarten (KEDROVA et al. 1980; TUTUROV et al. 1980; KOSÜCK und BORCHSENIUS 1981; OLMO et al. 1982; GINATULIN 1984).

Aus der Vielzahl der Veröffentlichungen, in denen Angaben über die biochemische Genetik zur Präzisierung der systematischen Stellung und der Phylogenie von verwandten Fischgruppen genutzt werden, seien hier nur einige, die von größerem Interesse sind, erwähnt.

Neunaugen (Petromyzonidae)

Bei zwei Vertretern der Gattung *Mordax* sind die Hämoglobinspektren identisch; die Gattung *Geotria* unterscheidet sich in diesem Merkmal von *Mordax* (POTTER und NICOL 1968).

Knorpelfische (Chondrichthyes)

Bei den Haien ist im Vergleich zu den Rochen die Anzahl einmaliger Sequenzen im Genom etwas niedriger (OLMO et al. 1982). Angaben über die Reassoziationskinetik machen eine Polyploidisierung des Genoms bei den Vorfahren der Knorpelfische wahrscheinlich (OLMO et al. 1980).

Störe (Acipenseridae)

Eine strenge Spezifität der Hämoglobinfraktionen ist für jede der fünf untersuchten Störarten, Russischer Stör *(Acipenser gueldenstaedti)*, Sternhausen *(A. stellatus)*, Sterlet *(A. ruthenus)*, Schip *(A. nudiventris)* und Hausen *(Huso huso)* charakteristisch. Die Unterschiede in der Hämoglobinzusammensetzung zwischen diesen Arten entsprechen den Differenzen im Salzgehalt ihres Lebensraumes (GERASKIN und LUK'JANENKO 1972; LUK'JANENKO et al. 1983). Da die Proteinspektren bezüglich 37 Loci von *Scaphirhynchus platorynchus* und *S. albus* völlig identisch sind, stellen sie offensichtlich eine Art dar (PHELPS und ALLENDORF 1983).

Elopiden (Elopidae)

Zwei Fischarten aus Hawaii, *Albula vulpes* und *A. nemoptera*, unterscheiden sich durch 60 von 84 vermuteten biochemischen Loci. Die genetische Distanz (D) beträgt 1,16. Dies läßt auf die große genetische Entfernung zwischen den beiden Arten ungeachtet der äußerlich wenig erkennbaren morphologischen Unterschiede schließen (SHAKLEE und TAMARY 1981). Die Zeit vom

Beginn der Divergenz an beträgt nach Angaben der Autoren 20 bis 30 Millionen Jahre.

Heringe (Clupeidae)

Alosa pseudoharengus und *A. aestivalis* stehen einander serologisch (nach der Präzipitationsreaktion) und bezüglich der Blutgruppen sehr nahe, aber sie haben artspezifische Myogenspektren. *A. sapidissima*, *Brevoortia tyrannus* und insbesondere der Atlantische Hering *(Clupea harengus)* sind serologisch isoliert (SINDERMANN 1962; MCKENZIE 1973).

Lachse (Salmonidae)

Die Gattung *Oncorhynchus* läßt sich bezüglich der Myogene, der Hämoglobine, der Serumeiweiße und einiger Enzyme in drei Gruppen unterteilen. Zur ersten gehören *Oncorhynchus nerka* und *O. gorbuscha*. Zur zweiten Gruppe sind *O. tshawytscha*, *O. kisutch* und offenbar auch *O. keta* zu stellen. In die dritte Gruppe gehört der Kirschenlachs *(O. masu = O. rhodurus)* (Abb. 68). Der Kirschenlachs erwies sich als nahe verwandt mit der Gattung *Salmo*, insbesondere mit der Regenbogenforelle (TSUYUKI und ROBERTS 1966; OMEL'ČENKO et al. 1971; UTTER et al. 1973a, 1975; SLYN'KO 1976 b, 1978). Die Untersuchung der Chromosomenkomplexe der Pazifischen Lachse ergab, daß sich die erwähnten Artengruppen auch in der Struktur ihrer Karyotypen unterscheiden (GORŠKOVA 1979, 1980). Hinsichtlich der Myogenspektren differiert der Atlantische Lachs *(Salmo salar)* stark von den beiden Forellenarten *S. trutta* und *S. gairdneri* (GRAG und MCKENZIE 1970).

Innerhalb der Gattung *Salvelinus* bilden *S. fontinalis* und *S. namaycush* bezüglich der Myogen- und Hämoglobinspektren eine Gruppe, *S. malma*, *S. leucomaenis* und die Saiblinge von Kamtschatka eine andere Gruppe (YAMANAKI et al. 1967; OMEL'ČENKO 1975a). *Salvelinus fontinalis* unterscheidet sich außerdem sehr signifikant von *S. namaycush* hinsichtlich der Allelfrequenzen der LDH-B und G6PDH (MORRISON 1970; YAMAUCHI und GOLDBERG 1973).

Salvelinus malma von Tschukotka läßt sich von der sympatrischen Art *S. taranetzi* durch die Allele der Loci von ACP, IDH und EST-2 leicht unterscheiden. Die Identitäts- und Distanzindices, die nach Angaben für 27 Loci berechnet wurden, betrugen 0,92 bzw. 0,083 (KARTAVZEV et al. 1983). Die Dauer der Divergenz wird mit etwa 400 000 bis 600 000 Jahren angenommen. Innerhalb der komplizierten Art *S. alpinus* wurden aufgrund der Allelfrequenzen des EST-Locus sympatrische Zwillingsarten unterschieden (NYMAN 1972; HENRICSON und NYMAN 1976).
Mit Hilfe des Identitätsindexes, der für 27 Loci berechnet wurde, ließ sich feststellen, daß die Maränen *Coregonus pollan* und *C. autumnalis* einer einzigen Art angehören, I = 1,00 (FERGUSON et al. 1978).

Ein Vergleich der Eiweißspektren ermöglichte die Ermittlung von Hybriden zwischen *Salmo salar* und *S. trutta*. Diese Arten unterscheiden sich durch die Albumine, die Transferrine und die Esterasen des Blutserums; bei den Hybriden summieren sich die Fraktionen dieser Eiweiße (NYMAN 1970; PAYNE et al. 1972; SOLOMON und CHILD 1978). *Oncorhynchus keta* und *O. gorbuscha* lassen sich kreuzen und bringen Nachkommen hervor. Nach den Ergebnissen der Untersuchung vieler Enzymsysteme zu urteilen, sterben die Hybriden jedoch ab oder vermehren sich nicht. In den natürlichen Populationen beider Arten gibt es keine derartigen Hybriden (MAY et al. 1975). Die Hybriden von fünf Salmonidenarten sind leicht nach den Spektren von ADH, MDH, EST, PGLUM und PGI sowie My zu unterscheiden (GUYOMARD 1978).
Die Anwendung der molekularen DNA-Hybridisation ermöglichte es, in der Unterfamilie der Maränen (Coregoninae) drei getrennte Gruppen zu unterscheiden : 1. *Stenodus* und *Leucichthys*, 2. *Coregonus* und 3. *Prosopium* (MEDNIKOV et al. 1977). Die Regenbogenforelle *(S. gairdneri)* und *S. mykiss* sollten richtiger in einer Art zusammengefaßt werden (MEDNIKOV und ACHUNDOV 1975).

Aale (Anguillidae)

Am interessantesten sind Daten, die bestätigen, daß es sich beim Europäischen Aal *(Anguilla anguilla)* und beim Amerikanischen Aal *(A. rostrata)* um eine Art, aber zwei verschiedene, sehr große panmiktische Populationen (oder Subspecies) handelt. In der amerikanischen Population wurde ein seltenes Allel des Hb-Locus gefunden, das beim Europäischen Aal fehlt (SICK et al. 1967). Die zwei Formen unterscheiden sich auch durch die Frequenzen der EST-, MDH-2- und weiterer Gene (DE LIGNY und PANTELOURIS 1973; KOEHN und WILLIAMS 1978; WILLIAMS und KOEHN 1984), durch die Beweglichkeit der homologen LDH- und MDH-Fraktionen (TANIGUCHI und MORITA 1979), durch ihre Myogenspektren (JAMIESON und TURNER 1980) sowie durch die Wirbelzahl (WILLIAMS et al. 1984). Der mittlere Identitätsindex (I) für die europäische und amerikanische Aalpopulation ist ziemlich hoch (0,90).

Karpfenfische (Cyprinidae)

Auf der Grundlage des Vergleiches von Enzymen und nicht enzymatischen Eiweißen (bis zu 17 Loci) wurden die phylogenetischen Beziehungen zwischen einigen Arten der Gattung *Notropis* (Untergattung *Luxilus*) aufgeklärt. Unterschieden wurden vier phylogenetische Gruppen (RAINBOTH und WHITT 1974; MENZEL 1976; BUTH 1979c). Drei Unterarten der japanischen Silberkarausche, die zur Art *Carassius auratus* gehören, haben unterschiedliche Spektren der Muskeleiweiße und unterscheiden sich von der europäischen Art *C. carassius* (TANIGUCHI und SAKATA 1977). Anhand der LDH-Spektren wurde die systematische Stellung von 15 europäischen Cyprinidenarten präzisiert (VALENTA et al. 1976b). Die Hasel des Issyk-Kul-Sees, die gewöhnlich zwei verschiedenen Arten *(Leuciscus schmidti* und *L. bergi)* zugeordnet werden, unterscheiden sich hinsichtlich der Hämoglobinspektren und der Serumesterasen sowie bezüglich der Allele der entsprechenden Loci nicht. Es wird eine nahe Verwandtschaft zwischen diesen Formen vermutet, sie müßten besser zu einer Art zusammengefaßt werden (PAJUSOVA 1979). Die morphologisch ähnlichen Arten *Tribolodon brandti* und *T. hakonensis* sind nach ihren Myogen- und Serumproteinspektren leicht zu differenzieren (BUŠUEV et al. 1980).

Catostomiden (Catostomidae)

Die verwandtschaftlichen Beziehungen zwischen den Arten der Gattung *Hypentelium* wurden präzisiert. *H. roanokense* steht relativ weit entfernt von den beiden anderen Arten *H. etowanum* und *H. nigricans* ($\bar{I}$ = 0,71 bis 0,73, D = 0,31 bis 0,34), zwischen den beiden letztgenannten Species ist der Unterschied nicht groß, D = 0,10 (BUTH 1980).
Eine ähnliche Arbeit wurde bei drei Arten der Gattung *Thoburnia* durchgeführt (BUTH 1979b).

Salmler (Characidae)

Die höhlenbewohnenden und oberirdisch lebenden Vertreter des Komplexes *Astyanax–Anoptichthys* unterscheiden sich nur durch die Häufigkeit weniger biochemischer Loci und gehören vermutlich einer einzigen Gattung und Art an (AVISE und SELANDER 1972).

Zahnkarpfen (Cyprinodontiformes)

Die verwandtschaftlichen Beziehungen zwischen verschiedenen Arten des Platys wurden ermittelt (GREENBERG und KOPAC 1968; SCHOLL 1973; SCHOLL und ANDERS 1973b; SCHOLL und SCHRÖDER 1974). Interessant sind die Angaben über die große genetische Differenzierung der Arten der Unterfamilie *Aphanini;* in allen Fällen eines paarweisen Vergleichs war $\bar{I}$ kleiner als 0,20 (SCHOLL et al. 1978). Zwei Formen von *Ilyodon* (Goodeidae), die sich morphologisch unterscheiden, haben identische Eiweißspektren, die hinsichtlich der Allele von 38 Loci nicht differieren; sie gehören offensichtlich einer Art an (TURNER und GROSSE 1980; GRUDZIEN und TURNER 1982; TURNER et al. 1983). Bei neun Formen von *Poecilia sphenops* (drei Laborlinien, sechs lokale Gruppen) erwiesen sich die Identitätsindices, die nach 20 bis 35 Loci berechnet wurden, als sehr niedrig (0,50 bis 0,90). Aller Wahrscheinlichkeit nach ist *P. sphenops* ein aus vielen Arten zusammengesetzter komplizierter Komplex (BRETT et al. 1980). Die phylogenetischen Wechselbeziehungen zwischen 6 Arten der Gattung *Xiphophorus* wurden präzisiert. Das Dendrogramm, das auf der Grundlage von 49 Loci aufgestellt wurde (Abb. 69), entspricht gut dem Stammbaum, der sich auf morphologisch-anatomische Merkmale gründet. Unterschieden wurden Paare der nahe verwandten Arten *pygmaeus–montezumae* und *maculatus – variatus* (MORIZOT und SICILIANO 1982b). Schwertträger *(X. helleri)* und Platy *(X. maculatus)* haben unterschiedliche Esterasespektren. Die Hybriden zwischen ihnen können von beiden Arten leicht unterschieden werden (SICILIANO und WRIGHT 1976; AHUJA et al. 1977).

Dorsche (Gadidae)

Die immungenetische Untersuchung der Präalbumine von 9 Gadidenarten machte es möglich, diese in zwei Gruppen zu unterteilen (PIRONT und GOSSELIN-RAY 1975). 5 Arten von Seehechten *(Merluccius)*, die einer starken Transgression morphologischer Merkmale (Zahl der Wirbel und Kiemendornen) unterworfen sind, lassen sich leicht nach den Spektren der wasserlöslichen Muskeleiweiße diagnostizieren (MACKIE und JONES 1978).

Barsche (Percidae)

Die Gegenüberstellung von 68 Arten der Unterfamilie Etheostomatini nach den Spektren von LDH, MDH und TO ermöglichte die Bestätigung des monophyletischen Ursprungs der Gattungen *Percina* und *Etheostoma* und ließ die phylogenetischen Zusammenhänge zwischen den Arten erkennen (PAGE und WHITT 1973a, 1973b). 6 *Etheostoma*-Arten sind nach den Genfrequenzen und den Spektren von LDH, PGLUM und My in zwei Gruppen zu unterteilen (WOLFE et al. 1979). Die Forellenbarsche *Micropterus salmoides* und *M. dolomieui* unterscheiden sich durch die Allele bezüglich der Loci sMDH-B und LDH-C (WHEAT et al. 1971).

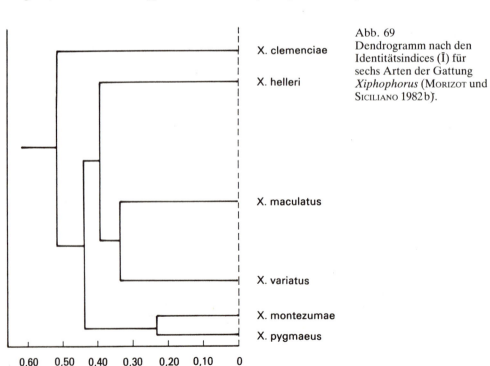

Abb. 69
Dendrogramm nach den Identitätsindices (Ī) für sechs Arten der Gattung *Xiphophorus* (MORIZOT und SICILIANO 1982b).

Buntbarsche (Cichlidae)

Die Variabilität von 27 Eiweißloci war bei mehreren morphologisch unterschiedlichen lokalen Cichlidenformen in einem amerikanischen See identisch. Das führte zur Schlußfolgerung, daß hier nur eine Art mit einer einzigen panmiktischen Population vorhanden ist (SAGE und SELANDER 1975; KORNFIELD et al. 1982b). Im afrikanischen Malawisee (Njassasee) entstanden in den 5000 Jahren seines Bestehens bis zu 300 Cichlidenarten (FRYER 1977). Die vergleichende Untersuchung von 7 Arten (in bezug auf 16 Loci) ergab, daß die Identitätsindices in diesem Falle hoch waren (im Durchschnitt 0,934 bei einer Schwankungsbreite zwischen 0,86 und 0,99). Ungeachtet dessen ist anzunehmen, daß die genetische Divergenz der Chichliden im Malawisee sehr schnell vonstatten ging (KORNFIELD 1978). Noch beträchtlicher war die Divergenz im Galilee-See, wo die Identitätsindices zwischen 0,25 und 0,95 schwankten. Wenig divergierten nur zwei Arten der Gattung *Tristramella* (KORNFIELD et al. 1979).

Stachelmakrelen (Carangidae)

Auf der Grundlage einer serologischen Analyse (Präzipitationsreaktion) wurde der systematische Status des Stöckers *(Trachurus)* des Schwarzen Meeres präzisiert. Die großen und kleinen Stöcker stellen offenbar selbständige Arten dar und unterscheiden sich vom Atlantischen Stöcker (ALTUCHOV und APEKIN 1963; LIMANSKY 1965, 1967). Nach Untersuchungen der Esterasen und Myogene wurden sieben Stöckerarten in mehrere phyletische Gruppen unterteilt (Tab. 42).

Platycephaliden (Platycephalidae)

In dieser Familie sind zwei nahe verwandte Arten (Geschwisterarten) nach ihrem Myogenspektrum leicht zu unterscheiden (TANIGUCHI et al. 1972).

Groppen (Cottidae)

Die Systematik von Arten, die zu den Gattungen *Myoxocephalus* (3 Species), *Enophrys* und *Hemitripterus* gehören, wurde präzisiert (KARTAVZEV 1975).

Schollen (Pleuronectidae)

Die Unterschiede zwischen Schollen *(Pleuronectes platessa)* und Flunder *(Pl. flesus)*, die in bezug auf 35 Loci bestimmt wurden, erwiesen sich als mäßig (D = 0,45); große Differenzen ergaben sich jedoch zwischen diesen beiden Arten und der Kliesche *(Limanda limanda)* (D = 1,01 und 1,29). Die genetische Distanz entspricht den morphologisch-anatomischen Unterschieden zwischen diesen Arten (WARD und GALLEGUILLOS 1978).
Angaben über die biochemische Genetik und die molekulare DNA-Hybridisation

Tabelle 42
Identitätsindices verschiedener Arten der Carangidae nach den Spektren der Esterasen und Myogene (nach ALFEROV und NEFEDOV 1973; NEFEDOV et al. 1973; berechnet nach der Methode von SHAW 1970)

Art	Esterasen					
	1	2	3	4	5	6
1. *Trachurus trachurus*	×	0,875	0,824	–	0,631	–
2. *T. picturatus*	0,522	×	0,667	–	0,471	–
3. *T. trecae*	0,750	0,640	×	–	0,555	–
4. *T.* sp.	0,880	0,462	0,741	–	–	–
5. *Caranx rhonchus*	0,518	0,429	0,482	0,467	×	–
6. *Decapterus punctatus*	0,296	0,357	0,276	0,267	0,250	×
7. *Vomer sitipinnis*	0,207	0,267	0,258	0,187	0,412	0,353
	Myogene					

werden auch in vielen anderen Arbeiten zur Präzisierung der Systematik der Fische benutzt (WRIGHT et al. 1963; LUSH et al. 1969; HUNTSMAN 1970; TANIGUCHI und NAKAMURA 1970; JOHNSON A. et al. 1970b, 1972; NEFEDOV 1971; SCHOLL und HOLZBERG 1972; JAMES 1972; FITZIMONS 1972; CLAYTON et al. 1973b; TURNER 1973a, 1974; ECKROAT 1974; SCHOLL und SCHRÖDER 1974; AVISE und SMITH 1974; GONZALES et al. 1974; JURCA 1974; JURCA und MATEI 1975; KARTAVZEV 1975; MESTER und TESIO 1975; PETERS et al. 1975; AVTALION et al. 1976; WANSTEIN und YERGER 1976; YARDLEY und HUBBS 1976; CHILD et ál. 1976; CHILD und SOLOMON 1977; KRISHNAJA und REGE 1977; KIMURA MASAO 1978a; NAEVDAL 1978; SCHOLL et al. 1978; SHEARER und MULLEY 1978; MEDNIKOV und MAKSIMOV 1979; CROSS 1979; LESLIE und PONTIER 1980; LOUDENSLAGER und GALL 1980; ZIMMERMAN et al. 1980; ČERNYŠOV 1980; CRABTREE 1981; SMITH et al. 1981b; SCHMIDTKE und KANDT 1981; GRUDZIEN et al. 1982; OSINOV 1983; RYMAN 1983; WHITMORE 1983 u. a.).
Leider haben wir hier nicht die Möglichkeit, die Ergebnisse all dieser Arbeiten darzulegen, die den unterschiedlichsten taxonomischen Gruppen der Fische gewidmet sind, und wir beschränken uns nur auf eine kurze und unvollständige Aufzählung.

6.7. Die Evolution der Fischproteine

Die Frage, wie und mit welcher Geschwindigkeit die Evolution der Eiweiße der lebenden Organismen verläuft, steht heute im Mittelpunkt der Aufmerksamkeit der Biologen. Zur Lösung dieser Frage lassen sich folgende Wege beschreiten:
1. Direkte Bestimmung der Reihenfolge der Basen in den DNA-Ketten, aus denen das jeweilige Gen besteht, oder Bestimmung der Aminosäurensequenz in den Polypeptidketten der Eiweiße bei den verschiedenen Arten von Tieren, Pflanzen und Mikroorganismen.
2. Hybridisation in vitro von Segmenten der einkettigen DNA, die von verschiedenen Organismen entnommen wurden (Gewinnung von Hybridduplexen) und Bestimmung des Grades der Homologie der DNA bei den zu vergleichenden Arten.

3. Ebensolche Hybridisation (in vitro) von Polypeptidketten homologer polymerer Eiweiße nach ihrer Trennung in Untereinheiten. Eine der aufwendigsten Techniken ist hierbei die Dissoziation der Untereinheiten durch Gefrieren und Auftauen und die nachfolgende Reassoziation der Polypeptide unterschiedlichen Ursprungs.
4. Serologische (immungenetische) Bestimmung der verwandtschaftlichen Beziehungen zwischen homologen Proteinen unterschiedlicher Arten und zwischen den Isozymen des Eiweißes einer Art.
5. Vergleich homologer Enzyme hinsichtlich ihrer katalytischen und kinetischen Eigenschaften. Hierzu gehört auch die Untersuchung des Grades der Divergenz der Funktionen duplizierter Loci und der Geschwindigkeit des Verlustes der Expressivität (silencing) eines der Duplikatgene, d. h. Fixierung der Nullallele.
6. Bestimmung der genetischen Identität ($\bar{I}$ oder S) und genetischen Distanz (D) zwischen taxonomischen Gruppen unterschiedlichen Ranges durch Vergleich der Allelzusammensetzung der Eiweißloci bei den zu untersuchenden Formen.

Viele dieser Methoden wurden bei Untersuchungen von Fischen angewandt. Die Nucleotidstruktur homologer Gene wurde bei Fischen bisher nicht dechiffriert, aber es gibt Daten über die Primärstruktur und den Aminosäurengehalt einiger Eiweiße. Von größtem Interesse sind Angaben über Hämoglobine und Immunglobuline.
Das monomere Hämoglobin der Neunaugen unterscheidet sich vom Hämoglobin des Menschen (α-Kette) durch 75% aller Aminosäurenreste (RUDLOFF et al. 1966). Die Differenz zwischen dem Neunaugenhämoglobin und der α-Kette des Karpfenhämoglobins betrifft 40% der Aminosäuren (BRAUNITZER 1966). Die Hämoglobine von Karpfen und Catostomiden unterscheiden sich hinsichtlich 18 Aminosäuren (14%). Die Divergenz dieser Fische ging vor etwa 50 Mill. Jahren vonstatten. Zwei Neunaugengattungen, *Lampetra* und *Petromyzon*, unterscheiden sich nur durch 5 Aminosäurenreste (GOODMAN et al. 1975). Die allelen Varianten des Hämoglobins beim Kabeljau differieren in einem Peptid (RATTAZZI und

Pik 1965). In diesem Fall ist im Molekül der α-Kette nur eine Aminosäure verändert. Beim Vergleich des Alters einer taxonomischen Gruppe mit der Zahl der substituierten Aminosäuren im Eiweißmolekül läßt sich die Geschwindigkeit der Evolution dieses Eiweißes (in groben Zügen) abschätzen. Der Ersatz einer Aminosäure im Hämobinmolekül erfolgte durchschnittlich alle 5 bis 8 Mill. Jahre. Angaben über die relative Beständigkeit des Tempos der Veränderung der Primärstruktur der Eiweiße (im geologischen Maßstab) führten zur Hypothese von der „Molekular-Evolutions-Uhr" (Fitch 1976). Die Konstanz der Evolutionsrate der Eiweiße ist gegenwärtig eines der Hauptargumente der Anhänger der „neutralen Evolution", der Hypothese von der zufälligen Fixierung nicht angepaßter (neutraler) Genmutationen im Laufe der Evolution.

Daten, die bei der Untersuchung der Fischhämoglobine gewonnen wurden, widersprechen dieser Hypothese. In den frühen Stadien der Divergenz der Fische und der landlebenden Wirbeltiere, die vor etwa 400 bis 500 Mill. Jahren vor sich ging, verlief die Hämoglobinevolution viel schneller als bei den höheren Wirbeltieren (Goodman 1976, 1981). Goodman bringt die beschleunigte Akkumulationsrate von Mutationen in den Hb-Molekülen mit der Notwendigkeit ihrer funktionalen Verbesserung und Spezialisierung in Zusammenhang. Später bewahrte die Selektion dieses Protein bei den Fischen ebenso wie bei anderen Wirbeltieren hauptsächlich nur noch vor Schädigungen, das heißt, sie spielte eine stabilisierende Rolle. Mit der Variabilität der Evolutionsrate der Hämoglobine ist die adaptive Natur der Veränderungen der Hämoglobinstruktur eng verbunden. An Fischen wurde dies von Riggs (1976) überzeugend nachgewiesen. Er stellte fest, daß sich die Hämoglobine der Knorpel- und Knochenfische durch den Grad der Beständigkeit gegenüber Harnstoff in Abhängigkeit von ihrem Gehalt im Blut unterscheiden. Eine adaptive Funktion haben auch die Differenzen zwischen den einzelnen Gruppen der Knochenfische bezüglich der Fähigkeit, Sauerstoff bei unterschiedlichen äußeren und inneren Bedingungen zu binden und abzugeben (vgl. auch S. 169). Nur ein kleiner Teil der Veränderungen der Hämoglobinstruktur kann als neutral bezeichnet werden (Milkman 1972; Fitch 1976, Fitch und Langley 1976; Goodman 1981 u. a.).

Die schweren Ketten der Immunglobuline wurden bei 6 Arten von Fischartigen und Fischen dechiffriert, die zu den folgenden 5 taxonomischen Gruppen gehören: Cyclostomata, Chondrichthyes, Chondrostei, Holostei und Teleostei (Marchalonis 1972). Der Grad der Divergenz dieser taxonomischen Gruppen wurde aufgrund der Unterschiede im Gehalt an verschiedenen Aminosäuren im Immunglobulinmolekül bestimmt. Die größte Differenz wurde beim Vergleich des Neunauges (Cyclostomata) mit dem Knochenhecht (Holostei) beobachtet, der summarische Index (Σd) betrug 70.

Ein großer Unterschied in der Eiweißstruktur wurde auch beim Vergleich der Immunglobuline des Neunauges und zweier Vertreter der Knorpelfische festgestellt ($\Sigma d = 40$ und 46). Die Differenzen zwischen den Knochenfischen und anderen taxonomischen Gruppen erwiesen sich als verhältnismäßig gering (Σd zwischen 12 und 26). Das Tempo der Evolution der Immunglobuline verlangsamte sich bei den höher entwickelten Knochenfischen. Es ist zu ergänzen, daß der Immunglobulinbestand bei Fischen im Vergleich zu dem der Vögel und Säugetiere im allgemeinen sehr begrenzt ist: Die schweren Ketten sind bei den Fischen lediglich durch die Komponente Ig-M vertreten, die übrigen Typen der schweren Ketten (Ig-G, Ig-A, Ig-D und Ig-E) fehlen. Nur bei den Dipnoi tritt ein zweiter Typ der schweren Ketten, Ig-N, mit verringerter Molekularmasse auf (Marchalonis 1977).

Es gibt auch Daten über ungleichmäßige Evolutionsraten bei anderen Eiweißen, insbesondere bei Cytochrom C (Margoliash et al. 1976; Lučnik 1978 u. a.) und bei den Myogenen (Romero-Herrera et al. 1982).

Die Hybridisation der DNA von unterschiedlichen Fischarten wird hauptsächlich zur Präzisierung der Fischsystematik angewandt (s. oben) und vermittelt nur eine allgemeine Vorstellung von den Evolutionsraten der Eiweiße bei den Fischen. Durch Hybridisation der Polypeptidketten polymerer Eiweiße gelingt es mit hinreichender Genauigkeit, den Verwandtschaftsgrad der Isozyme eines bestimmten Proteins bei einem Individuum oder von homologen Isozymen bei verschiedenen Fischarten festzustellen. Eingehende Untersuchungen dieser Art wurden bezüglich der Lactatdehydrogenase durchgeführt (MASSARO und MARKERT 1968; BAILEY und WILSON 1968; WHITT 1970b; MASSARO 1972; SENSABAUGH und KAPLANE 1972 u. a.). Es wurde eine große Ähnlichkeit der Untereinheiten der LDH-B und LDH-C und eine beträchtliche Divergenz bis zum vollständigen Verschwinden der Fähigkeit, Hybridtetrameren zu bilden, bei den Untereinheiten A und B festgestellt. Zwischen den Untereinheiten C aus der Netzhaut des Salmonidenauges und aus der Gadidenleber wurde eine Ähnlichkeit nachgewiesen (HOROWITZ und WHITT 1972; SHAKLEE et al. 1973; WHITT et al. 1973c, 1975; MARKERT et al. 1975; SHAKLEE und WHITT 1981).

Mit Hilfe der Molekularhybridisation gelang es bei einigen Knochenfischen, Hybridisozyme der dimeren Creatinkinase (CK) zu erhalten, die bei den Heterozygoten in vivo nicht gebildet werden. Das Fehlen der Heteropolymeren in den Fischzellen ist in diesem Fall die Folge einer örtlichen und (oder) zeitlichen Isolation der Synthese zweier alleler Proteinvarianten, die offenbar strukturell noch sehr ähnlich sind (FERRIS und WHITT 1978a). Es ist nicht ausgeschlossen, daß sich zwei identische CK-Polypeptide während der Translation der Eiweißketten oder unmittelbar danach zu einem dimeren Molekül vereinen, ähnlich wie dies in der ersten Etappe der Bildung des Hämoglobinmoleküls vorkommt (α_2, β_2 u. a.). CK-Hybridisozyme kann man auch von relativ weit voneinander entfernten Fischarten erhalten. Die Evolution der Creatinkinase geht offenbar nicht schneller vonstatten als die anderer Enzyme.

Die Verringerung der Fähigkeit zur Bildung von Hybriddimeren einer Reihe von Enzymen (GPI, LDH, MDH) bei einer Cyprinidenart *(Gyrinocheilus aymonieri)* hängt offenbar ebenso wie im Falle der CK nicht mit Veränderungen der Primärstruktur des Eiweißes, sondern mit der Evolution der Regulatormechanismen der Genausprägung zusammen (BUTH et al. 1983). Serologische und immunelektrophoretische Methoden wurden in großem Umfang bei der Untersuchung der Beziehungen zwischen verwandten Fischarten (ALTUCHOV 1969a; DE LIGNY 1969) und bei der Bestimmung des Homologiegrades von multiplen Isozymen oder Allozymen verschiedener Proteine angewandt. Besondere Bedeutung für die Analyse des Grades der Ähnlichkeit oder Unterschiedlichkeit von Isozymen (Allozymen) hat die Anwendung spezifischer Antikörper gegen bestimmte Isozyme bei der Elektrophorese. Die Fortschritte in der Klassifikation der Isozyme der LDH, MDH und einer Reihe anderer Enzyme, insbesondere bei polyploiden Fischen, stehen mit der Immunelektrophorese, oftmals kombiniert mit der Molekularhybridisation der Polypeptide, in Zusammenhang.

Angaben über die funktionalen und kinetischen Besonderheiten der Isozyme und Allozyme wurden bereits früher gemacht (S. 210). Hier ist nur zu unterstreichen, daß schon in den frühesten Etappen der evolutionären Divergenz der Enzyme, beim Entstehen des Polymorphismus der allelen Varianten eines Gens, in der Mehrzahl der Fälle wesentliche Unterschiede in der Kinetik und im Gesamtumfang der Aktivität zwischen den Allozymen zu beobachten sind. Funktional gut zu unterscheiden sind auch die Alloformen einer Reihe von nicht enzymatischen Eiweißen, z. B. des Transferrins und des Hämoglobins.

In letzter Zeit wurde der Analyse der Prozesse der Divergenz duplizierter Gene große Aufmerksamkeit geschenkt. Auf der Grundlage der Untersuchung der Lactatdehydrogenaseloci wurde ein allgemeines Schema der Divergenzevolution des Gens ausgearbeitet (MARKERT et al. 1975). Die Autoren geben vier Etappen dieser Evolution an (Abb. 70):

1. Etappe: Entstehung zweier identischer Gene entweder durch aufeinanderfolgende (Tandem-) Duplikationen der Chromosomenabschnitte oder durch Aneuploidie und Polyploidie.

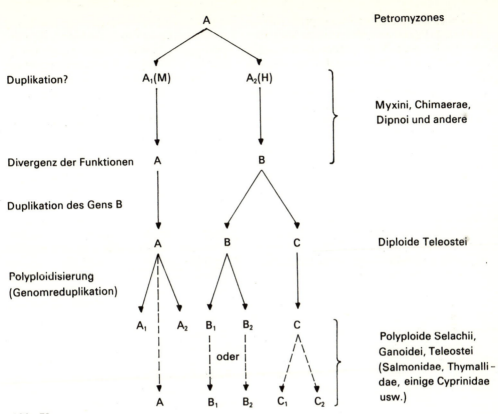

Abb. 70
Evolution der LDH-Loci bei Fischen (MARKERT et al. 1975).

2. Etappe: Primäre Divergenz in der Struktur der duplizierten Gene selbst oder in der Regulierung ihrer Wirkung. Sie wird begleitet von Unterschieden in den kinetischen Eigenschaften, der Aktivität und der Stabilität der Eiweiße.
3. Etappe: Fortsetzung (Verstärkung) der Divergenz der strukturellen und der entsprechenden Regulatorgene, Auftreten einer ontogenetischen gewebe- und stoffwechselbezogenen Spezialisierung der Eiweiße.
4. Etappe: Unabhängige Evolution der Tochtergene („Divergenzspezialisierung"), in deren Verlauf eine fortschreitende Differenzierung in den Funktionen der Proteine und den Mechanismen der Regulierung der Aktivität der Gene zu beobachten ist.

Die Duplikation mit nachfolgender Divergenz der Tochtergene halten die Autoren für den wichtigsten, wenn nicht einzigen Mechanismus, der neue Varianten des Ausgangseiweißes oder sogar eines neuen Eiweißes ermöglicht. Diese Ansicht teilen viele andere Forscher (OHNO et al. 1968, 1969a; OHNO 1970; ENGEL et al. 1970; SCHMIDTKE und ENGEL 1972, 1974 u. a.).

In den Anfangsetappen der Divergenz werden die Unterschiede offenbar vorwiegend durch die Evolution der Regulatormechanismen bestimmt. Es entstehen Differenzen im Grad der Ausprägung (der Aktivierung) der homologen Isozyme in den verschiedenen Geweben und Organen.

In der Familie Catostomidae, die den Prozeß der Polyploidisierung vor etwa 50 Mill. Jahren durchmachte, befindet sich die Mehrzahl der duplizierten Gene im Anfangsstadium der Divergenz – entweder treten beide Gene in allen Geweben gleichmäßig auf (14 % aller Loci), oder die Unterschiede in der Aktivität sind zwar vorhanden, aber überall ähnlich ausgeprägt (67 % der Loci) (FERRIS und WHITT 1979). Es kann mit großer Sicherheit angenommen werden, daß hier die Divergenz des Regulatorapparates die Hauptrolle spielt. Ein relativ geringer Teil der duplizierten Loci ist gewebespezifisch, in manchen Geweben (Organen ist das eine Gen aktiver, in anderen das zweite (19 % der Loci). In diesen Fällen ist der Prozeß der Divergenz aller Wahrscheinlichkeit nach erheblich weiter fortgeschritten, auch die strukturellen Loci sind wesentlich verändert.

Die große Bedeutung der Veränderung der Regulatorgene für die Evolution der Eiweiße wurde vor kurzem bei der Untersuchung der Familie Centrarchidae (PHILIPP et al. 1980) und beim Vergleich der Gewebeausprägung der Gene zweier Saiblingsarten aus Tschukotka nachgewiesen (KARTAVZEV et al. 1983). Den Umstrukturierungen der Regulatorsysteme wird jetzt auch eine wichtige Rolle bei der Evolution der höheren Eukaryoten zugesprochen (AYALA und MCDONALD 1980, 1981).

Ein gutes Beispiel für die Divergenzevolution eines Gens ist die Evolution der Loci der Lactatdehydrogenase (MARKERT et al. 1975; WHITT et al. 1975). Die frühen Wirbeltiere, die Vorfahren sowohl der Fische als auch der Landtiere, hatten nur einen LDH-Locus (Abb. 70). Die Neunaugen (Cyclostomata) besitzen auch heute noch nur einen Locus, der gewöhnlich mit A bezeichnet wird. Allerdings steht das Isozym A_4 der Neunaugen den Isozymen A_4 und B_4 der Knochenfische immunchemisch gleich nahe (HOROWITZ und WHITT 1972). Die erste Duplikation dieses Ausgangsgens erfolgte offenbar noch vor der Trennung der Fische von den Agnatha. Bei den Ingern (Myxini) gibt es schon zwei LDH-Loci, A und B.

Die Feststellung eines schwachen zusätzlichen Isozyms der LDH in einigen Geweben der Neunaugen läßt vermuten, daß die Duplikation des LDH-Locus in einer sehr frühen Etappe der Evolution der Wirbeltiere erfolgte (DELL'AGATA et al. 1979). Zwei Loci haben auch die Chimaeren, die Dipnoi und alle Knorpelfische. Bei den Actinopterygii finden sich schon drei Loci, A, B und C. Die zweite Duplikation, die Verdopplung des Gens B, ist in den frühen Etappen der Evolution der Actinopterygii festzustellen, schon die Knorpelganoiden haben ein Tochtergen C. Wie bei den Ganoiden ist auch bei den primitiven Knochenfischen, insbesondere bei den Aalartigen (Anguilliformes), das Isozym C_4 ebenso wie das Isozym B_4 in vielen Geweben vorhanden (WHITT et al. 1975). In allen relativ fortgeschrittenen Ordnungen erweist sich der Locus LDH-C schon als hoch spezialisiert. In den meisten Fällen ist er fast ausschließlich in der Retina der Augen aktiv (WHITT et al. 1973). In einer Reihe von Familien (Gadidae, Cyprinidae, Characidae, Catostomidae, Cobitidae) ist die Aktivität des Gens C jedoch, wie bereits erwähnt, mit der Leber verbunden. In den Augen wird es durch das Gen B ersetzt.

Die letzte Etappe der Evolution der LDH-Loci, ihre Verdopplung im Ergebnis der Polyploidisierung des Genoms, erfolgte vor verhältnismäßig kurzer Zeit in einer Reihe von taxonomischen Gruppen der Fische. Bei den Salmoniden, bei denen die Polyploidisierung vor über 20 Mill. Jahren erfolgte, sind die Gene A und B dupliziert. Die LDH wird bei ihnen durch 5 Loci, A_1, A_2, B_1, B_2 und C codiert. Bei den Cypriniden sind die Gene A, B_1, B_2, C_1 und C_2 vertreten, die Polyploidisierung fand vor etwa 50 Mill. Jahren statt. In beiden Fällen „verstummte" einer der sechs Tochterloci offenbar im Laufe der weiteren Entwicklung, er verlor seine Aktivität oder wurde vollständig zerstört (Abb. 70).

Es ist festzustellen, daß alle Tochtergene der LDH bei den Fischen ihre Hauptfunktion, Kontrolle des Pyruvat- und Lactatstoffwechsels, behalten haben (HOLMES 1973; MARKERT et al. 1975 u. a.). Der Prozeß der Divergenz der LDH-Loci ist noch nicht so weit fortgeschritten wie die Divergenz der Myoglobin- und Hämoglobinloci, die ebenfalls bereits zu Beginn der Wirbeltierevolution erfolgte (INGRAM 1963; OHNO 1970 a u. a.).

Bei den Fischen sind (mit nachfolgender Divergenz der Tochterloci) auch viele andere Gene dupliziert. Dabei handelt es sich insbesondere um die Gene der Malatdehydrogenase, der Glycerinaldehyd-3-Phosphatdehydrogenase, der 6-Phosphogluconatdehydrogenase, der Isocitratdehydro-

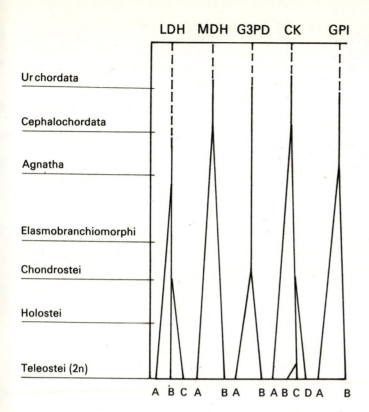

Abb. 71 Duplikation einiger Enzymloci bei Fischen (FISHER et al. 1980).

genase, der Creatinkinase, der Aspartataminotransferase und der Glucosephosphatisomerase (Abb. 71) (ADHASADEH und RITTER 1971; AVISE und KITTO 1973; ALLENDORF et al. 1976; FISHER und WHITT 1978b; WHITT et al. 1980; FISHER et al. 1980; TURNER et al. 1980; WHITT 1981; ALLENDORF und THORGAARD 1984). Die Zahl der Loci, die ein und dasselbe Eiweiß codieren, ist bei Fischen oftmals größer als bei Vögeln und Säugetieren, die den Prozeß der Polyploidisierung nicht durchgemacht haben.

Die erst vor relativ kurzer Zeit erfolgte Polyploidisierung des Genoms bei den Vorfahren der heutigen Salmoniden wurde nicht immer von einer merklichen Divergenz der Tochtergene begleitet. Die duplizierten Loci sMDH-1,2, sMDH-3,4, IDH-1 und -2, αGPD-1 und -2, -3 und -4, SDH-1 und -2, PGI-1 und -2, ASAT-1 und -2 codieren Allozyme mit gleicher elektrophoretischer Beweglichkeit. Auch ihre allelen Varianten stimmen bezüglich ihrer Beweglichkeit überein. Die Gene werden disom vererbt, aber die Produkte dieser verdoppelten Gene werden frei kombiniert, wobei sie Hybriddimeren und -tetrameren bilden (ALLENDORF und UTTER 1975, 1979; WRIGHT et al. 1980; KORNFIELD et al. 1981, 1982a; STONEKING et al. 1981a; DEHRING et al. 1981 u. a.).

Das Auftreten zweier Loci anstelle von nur einem ermöglicht die Ansammlung von Nullallelen in den Populationen. Die Fixierung des Nullallels eines von zwei homologen Loci führt zur vollständigen Ausschaltung (Verlust der Aktivität oder Ausfall) dieses Locus, ein Prozeß, der die Bezeichnung „Verstummen" (silencing) erhielt. Die evolutionshistorische Dynamik des Verlustes der Aktivität bei einem der Tochtergene wurde am Beispiel der Catostomidae verfolgt (FERRIS und WHITT 1979). Die Häufigkeit des Verstummens hängt von der Zeit, die seit der Polyploidisierung des Genoms vergangen ist, und von der Geschwindigkeit der Artbildung in dem jeweiligen Taxon ab. Bei den primitiven (sich langsam entwickelnden) Catostomiden blieben zwischen 50 und 65 % der aktiven duplizierten Loci erhalten. Bei den weiter fortgeschrittenen sind es 35 bis 45 % (FERRIS und WHITT 1977b; FERRIS et al. 1979; BUTH 1979d). Der Karpfen besitzt 52 % derartiger Loci (FERRIS und WHITT 1977a;), bei den stark spezialisierten Schlammpeitzgern der Gattung *Botia* ist der Anteil auf 15 bis 30 % verringert (FERRIS und WHITT 1977c). Interessant ist, daß bei den Catostomiden die Gene, die in doppelter Ausführung erhalten blieben, weniger variabel als die einzelnen waren (FERRIS und WHITT 1980). Untersucht wurden 20 Enzymloci bei 19 Arten. Der große Umfang des Polymorphismus, der für die Einzelgene charakteristisch ist, kompensiert offenbar den Aktivitätsverlust oder die Zerstörung ihrer Homologen. ALLENDORF (1979) bemerkt, daß die Fixierung der Nullallele mit verstärkter Geschwindigkeit bald nach der Duplikation erfolgen muß, später, beim Auftreten funktionaler Unterschiede zwischen den Tochtergenen, ist sie weniger wahrscheinlich.

Eine beträchtliche Vergrößerung der Zahl der Esteraseloci wurde bei vielen Fischfamilien beobachtet, die die Riffe des Karibischen Meeres besiedeln (LEIBEL und MARKERT 1978). Die Esterase-„Anreicherung" erfolgte unabhängig in verschiedenen taxonomischen Gruppen und verlief offenbar ziemlich schnell. Die Gründe für diese Akkumulation und ihre Mechanismen sind bisher unbekannt. Ebenso wie der Prozeß der funktionalen Divergenz der duplizierten Tochtergene läßt sich auch das Verstummen (Zerstörung oder Beschädigung) eines von ihnen im Ergebnis der Fixierung eines Nullallels bei der Untersuchung unterschiedlicher Proteine und unterschiedlicher taxonomischer Gruppen von Fischen verfolgen. Die Zerstörung unnötiger Gene kann eindeutig zufällig sein (FERRIS et al. 1979), es kann sich aber auch um ein Ergebnis der Selektion handeln. Ein Vergleich der Geschwindigkeit des Verstummens duplizierter Gene mit der Geschwindigkeit des Verlustes ihrer Aktivität, der mit Hilfe eines Computers (auf der Basis rein stochastischer Prozesse) durchgeführt wurde, ergab, daß das tatsächliche Verstummen wesentlich langsamer als das berechnete vonstatten ging (BAILEY et al. 1978). Dies spricht zugunsten der Wirkung der Auslese, die möglicherweise gegen das Auftreten von defekten Individuen wirkt. Beachtenswert ist auch, daß die ribosomalen Gene bei den altertümlichen Polyploiden in vergrößerter (doppelter) Anzahl erhalten bleiben (ENGEL et al. 1975), obgleich sich die polyploiden Arten im Eiweißgehalt der Gewebe, in der Aktivität der Enzyme, in der Größe der Zellen und anderen Merkmalen den diploiden Arten annähern.

Der Unterschied zwischen den Diploiden und den (ihrem Ursprung nach) Polyploiden hinsichtlich der Zahl der duplizierten Enzymloci ist bei den Clupeomorpha größer als in der Familie Cyprinidae (Tab. 43). Viele Gene sind jedoch sogar bei den Salmoniden gegenwärtig noch nicht dupliziert. So sind es bei der Regenbogenforelle nur etwa 50 % der Loci (ALLENDORF et al. 1975). Bei dem polyploiden Wels *Corydoras aeneus* hat sich diese Zahl auf 37,5 % verringert (DUNHAM et al. 1980). Bei den Clupeomorpha blieben im Gegensatz zu den Cypriniformes noch Unterschiede zwischen den Diploiden (Clupeidae) und den Tetraploiden (Salmonidae) bezüglich der DNA- und RNA-Menge im Zellkern, der Aktivität einer Reihe von Enzymen (LDH, PGI, 6PGD) und der Wärmestabilität der reassoziierten, sich nicht wiederholenden DNA erhalten (SCHMIDTKE und ENGEL 1975, 1976; SCHMIDTKE et al. 1975a, 1976a, 1976b, 1979).

Bei den diploiden Fischarten sind außer den LDH- und CK-Genen noch viele weitere dupliziert. Dies bezieht sich auf die Gene von 6PGD, PGI, MDH, ASAT und andere. Manchmal erweist sich die Divergenz der duplizierten Loci als sehr beträchtlich. Dies wurde insbesondere für die Gene von sMDH und mMDH sowie sASAT und mASAT festgestellt, die die löslichen und mitochondrischen Enzymformen codieren. Deren Produkte bilden keine Hybridheteropolymeren und haben sehr spezifische Funktionen.

Von den Arbeiten, die der Bestimmung der genetischen Ähnlichkeit und Distanz zwischen den Arten gewidmet sind, erwähnen wir hier nur einige, in denen diese Merk-

Tabelle 43
Anzahl der Loci einiger Enzyme bei diploiden und tetraploiden Fischarten. Clupeiformes und Cyprinidae nach ENGEL et al. (1975); Cobitidae nach FERRIS und WHITT (1977b)

Enzyme	Clupeiformes		Cyprinidae		Cobitidae	
	2n	4n	2n	4n	2n	4n
LDH-A, -B	2	4	2	3, 4	2	3, 4
sMDH	1	2	1, 2	2, 3	2	2
mMDH	1	2	1, 2	2	1	1
6PGD	1	1	1	2	1	1, 2
αGPD	3	3	1	2	–	–
sIDH, mIDH	2	4	3	4	–	–
sASAT	1, 2	2	1	1, 2	1	1
SDH	1	2	1	1	–	–
PGI	1, 2	2, 3	2	3, 4	2, 3	2, 3
TO (SOD)	–	–	–	–	1	2
CK	–	–	–	–	2	2, 3
ADH	–	–	–	–	1	1, 2
LDH-C, XDH G3PD, PGLUM, AK ALD, AP	–	–	–	–	7	7

male zur Ermittlung des Zeitpunktes (T) der Divergenz der taxonomischen Gruppen der Fische verwendet werden. Von besonders großem Interesse sind die Untersuchungen nahe verwandter Unterarten und Arten von Fischen, die das Meer auf verschiedenen Seiten der Landenge von Panama besiedeln. Zwei Arten von Grundeln (*Bathygobius andrei* und *B. soporator*) stehen sich morphologisch ziemlich nahe. Die genetische Distanz D, die nach den Häufigkeitsunterschieden von mehr als 40 Loci berechnet wurde, betrug 0,15; dementsprechend ist T = 2,4 Mill. Jahre. Zwei Arten der Gattung *Abudefduf* (Fam. Pomacentridae) sind morphologisch fast nicht zu unterscheiden. In diesem Falle betragen D = 0,32 und T = 5,2 Mill. Jahre (GORMAN et al. 1976; GORMAN und KIM 1977). Nach geologischen Erkenntnissen bildete sich die Landenge von Panama vor 2 bis 5 Mill. Jahren. Beide Werte von T fallen in diesen Zeitraum. In der folgenden Arbeit der Gruppe GORMAN (VAWTER et al. 1980) sind noch weitere 8 Paare atlantischer und pazifischer Arten und Unterarten von Fischen aufgeführt worden, die durch die Landenge getrennt wurden. Ein Vergleich der Unterarten ergab Werte für T zwischen 2,1 und 5,9, ein Vergleich der Arten solche zwischen 2,3 und 5,2 Mill. Jahren. Diese Werte entsprechen der geologischen Zeit der Divergenz.

In allen drei Arbeiten wurde der Koeffizient C in der Formel T = CD mit 16 (genauer 16,3) angenommen. Dieser Wert ist offenbar zu hoch (NEI 1981). Heute wird ein C-Wert von 5 für realistischer gehalten. Eine Neuberechnung der Werte für T, die in den zitierten Arbeiten angeführt sind, ergibt ein wesentlich geringeres Alter der Divergenz von 0,6 bis 1,7 Mill. Jahren. Die Genauigkeit der Molekularuhr stellt sich in diesem Fall als unzureichend heraus, die Rechenfehler sind sehr groß.

Vor kurzem wurde nachgewiesen, daß bei zwei Paaren von Knochenfischarten, die die östliche und westliche Küste der Landenge von Panama besiedeln, homologe LDH-Isozyme durch unterschiedliche Kältebeständigkeit charakterisiert sind und daß diese Differenzen den Besonderheiten der Ökologie der verglichenen Formen entsprechen (GRAVES et al. 1983). Demnach sind die fixierten Mutationen nicht neutral, selbst wenn die Molekularuhr einwandfrei arbeiten und die Ansammlung von Unterschieden in den Eiweißen nur von der Dauer der Divergenz abhängen würde. Das

Problem „Molekularuhr" ist bei weitem noch nicht gelöst.

Die Evolution der Gene und der entsprechenden Eiweiße verlief bei den Fischen ebenso wie bei anderen Organismen im allgemeinen sehr langsam. Im Laufe von Hunderten von Millionen Jahren wurde in den Eiweißen nur eine geringe Zahl von Aminosäureresten, im Durchschnitt 30 bis 40 in jedem Protein, ersetzt. Die tatsächliche Geschwindigkeit der Evolution der Eiweiße muß etwas größer sein (GOODMAN 1976), aber dies ändert nicht das generelle Bild. Die Beobachtungen an Fischen beweisen den Anpassungscharakter der Mehrzahl der evolutionären Proteinveränderungen überzeugend. Die Fixierung neutraler Mutationen konnte, auch wenn sie stattfand, nur einen geringen Teil der im Laufe der Evolution fixierten mutanten Differenzierungen der Eiweiße betreffen.

6.8. Biochemische Genetik und Populationsstruktur bei Fischarten

Fast alle Tier- und Pflanzenarten sind in eine mehr oder weniger große Zahl von vollständig oder teilweise isolierten Populationen, geographischen Unterarten (Rassen) und kleineren Gruppen unterteilt. Nur innerhalb dieser Gruppen kann theoretisch Panmixie, d.h. freie Kreuzung zwischen allen Individuen, festgestellt werden. Tatsächlich ist aber die Panmixie selbst in sehr kleinen Populationen nicht vollständig, sie wird durch viele Faktoren und in erster Linie durch Isolation aufgrund der Entfernung begrenzt. Die Möglichkeit der Kreuzung ist nur bei nahe beieinander befindlichen Individuen mit großer Wahrscheinlichkeit gegeben.

Bei den Fischen ist die Differenzierung der Arten stark ausgeprägt, allerdings mit sehr unterschiedlichem Umfang bei den verschiedenen Formen. Bis vor kurzem wurde die Populationsstruktur der Species hauptsächlich anhand quantitativer morphologischer Merkmale untersucht (Zahl der Wirbel, Flossenstrahlen, Kiemendornen oder verschiedene Indicies des Exterieurs usw.). In einer Reihe von Fällen gelang es, ein ziemlich klares Bild der innerartlichen Variabilität zu gewinnen. Bei der Untersuchung der Aalmutter *(Zoarces viviparus)* wurde die Arbeit durch die Möglichkeit von Experimenten etwas erleichtert, die die Erblichkeit der festgestellten Unterschiede bei quantitativen Merkmalen bestätigen. Beim Karpfen *(Cyprinus carpio)* stellte die Leichtigkeit seiner Aufzucht und kontrollierter genetischer Versuche einen günstigen Faktor dar. Bei der Arbeit mit anderen Arten, insbesondere mit dem Kabeljau *(Gadus morhua)* und dem Hering *(Clupea harengus)*, konnte die experimentelle Systematik aufgrund rein methodischer Schwierigkeiten nicht angewandt werden, und dies machte die Analyse der Populationsstruktur faktisch unlösbar. Zahlreiche Untersuchungen der Heringsrassen, der geographischen Gruppen des Kabeljaus, der Wolgaplötze *(Rutilus rutilus)* und vieler anderer Nutzfische erwiesen sich als wenig aussagekräftig. Die Schlußfolgerungen der Autoren blieben umstritten und waren wenig überzeugend.

Die Anwendung von Methoden der biochemischen Genetik kennzeichnete den Beginn einer neuen, fruchtbaren Etappe in der Fischpopulationsforschung. Untersuchungen dieser Art hatten das Ziel, einige Aufgaben zu lösen, von denen die folgenden die wichtigsten sind:

1. Ermittlung von Besonderheiten der Unterteilung der Art in Populationen (Bestimmung des Typs der Populationsstruktur);
2. Analyse der genetischen Unterschiede zwischen den Populationen und ihrer Adaptationsnatur;
3. Bestimmung der Grenzen zwischen benachbarten Populationen und des Grades ihrer Isolation;
4. Untersuchung der evolutionären Prozesse, die in Populationen ablaufen;
5. Analyse des Einflusses menschlicher Aktivität (Fang, Schutzmaßnahmen, kontrollierte Vermehrung, Umsetzung von Fischen aus anderen Gewässern) auf die Populationsstruktur und die zahlenmäßige Stärke der Art;
6. Erarbeitung von rationellen Wegen zur Regeneration und Erhaltung der Bestände der wichtigsten Nutzfische.

Die Lösung dieser Aufgaben wird durch die große zahlenmäßige Stärke der Populationen bei den meisten Fischarten, durch die leichte Beschaffbarkeit des Materials, durch die Einfachheit von Kreuzungen und der Aufzucht von Fischbrut, durch die Poikilothermie der Fische und schließlich durch das Vorkommen von Fischen ein und derselben Art bei sehr unterschiedlichen, häufig gegensätzlichen Milieubedingungen ermöglicht (ALLENDORF und UTTER 1979).

Bevor wir zu den Ergebnissen von Untersuchungen an Fischpopulationen kommen, sollen einige allgemeine Prinzipien solcher Untersuchungen dargestellt werden.

Das Grundverfahren zur Analyse der genetischen Struktur von Fischpopulationen ist gegenwärtig die Berechnung der Anzahl unterschiedlicher Phänotypen (Blutgruppen und Eiweiße) in der zu untersuchenden Populationsprobe, das Aufstellen einer Arbeitshypothese der Vererbung und das anschließende Überprüfen der Richtigkeit dieser Hypothese nach der HARDY-WEINBERG-Formel (ROKICKIJ 1974; LI 1976; ŽIVOTOVSKIJ 1983, 1984). Diese Formel drückt den Gleichgewichtszustand der Population aus. Wir erinnern daran, daß die Gleichgewichtsformel der Genotypenhäufigkeiten bei zwei Allelen folgende Gestalt hat:

$$p^2(AA) + 2pq(AB) + q^2(BB) = 1$$

Darin sind p und q die Frequenzen der Allele A und B; AA, AB und BB sind die Genotypen dreier Klassen von Individuen.

Wenn die beobachteten und die theoretisch berechneten Häufigkeiten der Phänotypen gut übereinstimmen, kann die Schlußfolgerung gezogen werden, daß sich die Population im Gleichgewicht befindet; die Hypothese der Vererbung wird als zufriedenstellend anerkannt. Eine endgültige Überprüfung ihrer Richtigkeit ist allerdings nur anhand von Kreuzungen, d.h. nach einer Hybridanalyse möglich. Die Kreuzungen ermöglichen es, die Loci exakt zu identifizieren und nichterbliche Proteinmodifikationen, darunter auch die nicht seltenen Konformationsänderungen, auszusondern.

Als nächstes erfolgen der Vergleich verschiedener Populationen einer Art hinsichtlich der Häufigkeiten der Blutgruppen und der Eiweißloci, das Bestimmen der Populationsgrenzen und das Feststellen von Clinen in den Frequenzen der einzelnen Gene. Häufig wird bei der Erforschung der Populationen nach Beziehungen zwischen den Allelhäufigkeiten und verschiedenen Umweltfaktoren gesucht. Es sind noch einige Schwierigkeiten zu erwähnen, die mit der Anwendung der HARDY-WEINBERG-Formel verbunden sind.

1. Das Vermischen uneinheitlicher Fischgruppen, die sich durch ihre Allelhäufigkeiten unterscheiden (Subpopulationen und unterschiedliche Altersgruppen), führt zum WAHLUND-Effekt (WAHLUND 1928), d.h. zur Vergrößerung der Zahl der Homozygoten und dementsprechend zur Verringerung der Zahl der Heterozygoten. In einer gemischten Population finden sich (bei einem diallelen System) folgende Frequenzen der Genotypen:

$$r_{AA} = p^2 + \sigma_{q_i}^2$$
$$r_{AB} = 2pq - 2\sigma_{q_i}^2$$
$$r_{BB} = q^2 + \sigma_{q_i}^2$$

Darin bedeuten p und q die Frequenzen der Allele A und B in einer gemischten Population, q_i ist die Frequenz des Allels in jeder Subpopulation (LI 1976).

Ein Defizit an Heterozygoten ist bei der Untersuchung von Fischpopulationen oft festzustellen, da reine panmiktische Gruppen selten sind. Selbst in einer einheitlichen Population kann bei Unterschieden in den Genhäufigkeiten zwischen den verschiedenen Altersgruppen die Zahl der Heterozygoten geringer als erwartet sein.

2. Der zweite wichtige Faktor, der Abweichungen der Häufigkeiten vom Gleichgewichtszustand in Richtung auf eine Senkung des Anteils der Heterozygoten in der Stichprobe bewirken kann, ist die Inzucht. Allgemein können die Frequenzen der Genotypen AA, AB und BB in einer Gleichgewichtspopulation bei einem Inzuchtkoeffizienten F* wie folgt angegeben werden:

---

* Der Inzuchtkoeffizient F kann Werte zwischen 0 und 1 annehmen und gibt an, welcher Anteil der Gene in der jeweiligen Gruppe von Individuen durch Verwandtschaftskreuzung homozygot geworden ist. Die Methoden zur Berechnung des Inzuchtkoeffizienten sind in Handbüchern angeführt (FALCONER 1960; LI 1976 u.a.).

$r_{AA} = p^2 + Fpq$
$r_{AB} = 2pq - 2Fpq$
$r_{BB} = q^2 + Fpq$

Wenn die Inzucht einen geringen Umfang hat (z. B. F = 0,01), dann ist auch die Vergrößerung der Homozygotenzahl unbedeutend, bei p = q = 0,5 beträgt sie nur 1 % und ist bei der Analyse kleiner Stichproben aus natürlichen Populationen fast zu vernachlässigen. Der Inzuchtkoeffizient hängt bekanntlich von der Größe der Population ab:

$$\Delta F = \frac{1}{2N_e}$$

Darin sind ΔF die Vergrößerung der Inzucht pro Generation und N_e die effektive Größe (der reproduktive Anteil) der Population* (FALCONER 1960).

Hieraus folgt, daß sogar bei N_e = 50 der Inzuchtkoeffizient nur um 0,01 pro Generation ansteigt und sich kaum auf das Verhältnis der Genotypen auswirkt. Bei einer geringen Zahl von Laichfischen (z. B. bei N_e = 10) wird die Abweichung größer. Bei den Fischen sind die Populationen in den meisten Fällen zahlenmäßig stark, N_e entspricht Tausenden oder sogar Zehntausenden von Individuen. Als Beispiel für relativ kleine Populationen können die Subpopulationen einiger Wandersalmoniden dienen, die infolge des Heiminstinktes (homing) streng an ihre Laichplätze angepaßt sind. Wenn jedoch zwischen diesen Subpopulationen ein Austausch von Individuen möglich ist (Migration), sinkt der Inzuchteffekt stark ab und kann fast vernachlässigt werden.

3. Assortative Paarung, d. h. die vorzugsweise Paarung von Individuen mit ähnlichen oder auch umgekehrt mit unterschiedlichen Genotypen, führt im ersten Falle zur Verringerung der Zahl der Heterozygoten, im zweiten zu deren Vergrößerung. Assor-

---

* Die effektive Größe der Population wird durch das Verhältnis der Zahl der ♀♀ und der ♂♂, die an der Fortpflanzung (Ablaichen) teilnehmen, nach der folgenden Formel bestimmt:

$$N_e = \frac{4 N_{♀♀} \cdot N_{♂♂}}{N_{♀♀} + N_{♂♂}}$$

tative Paarung hinsichtlich biochemischer Allele kommt bei Fischen offenbar selten vor, wenn diejenigen Gene nicht berücksichtigt werden, die eng mit den unpaarigen Geschlechtschromosomen gekoppelt sind (LI 1976). Es ist jedoch möglich, daß bei der Auswahl von Laicherpaaren nach der Körpergröße, die insbesondere bei *Oncorhynchus nerka* zu beobachten ist (KONOVALOV 1980b), auch eine Auswahl von Fischen mit ähnlichen Genotypen bezüglich der Eiweißloci stattfindet. Bei großen Unterschieden zwischen Alters- und Größengruppen hinsichtlich der Allelhäufigkeiten kann dies zur Verringerung der Heterozygotie führen.

4. Ein ständig wirkender, sehr wichtiger Faktor, der das genetische Gleichgewicht in Populationen stört, ist die Auslese. Wenn die Zahl der Heterozygoten in einer Probe mit 2B und die Allelfrequenzen (in einem diallelen System) mit p und q angenommen werden, kann das Verhältnis $\frac{B}{pq}$ als Index für die Abweichung von Panmixie betrachtet werden (NIKORO 1976):

$$Y = \frac{B}{pq}$$

Im Falle der Auslese gegen einen oder beide Homozygoten oder auch gegen einen Homozygoten und einen Heterozygoten (bei einem niedrigen Selektionskoeffizienten) ist Y > 1, d. h., es wird ein Überschuß an Heterozygoten zu beobachten sein. So sind, wenn die Überlebensraten dreier Genotypen (AA) 100 %, (AB) 90 % und (BB) 60 % betragen, bei Ausgangsfrequenzen der Allele von p = 0,2 und q = 0,8 bestimmte Frequenzen der Genotypen und Allele anzutreffen (siehe Seite 247 oben).
Bei einer Auslese, die gegen die Heterozygoten wirkt (Y < 1), werden diese natürlich verringert sein (NIKORO 1976). Das Gleichgewicht wird erst in der folgenden Generation wiederhergestellt.
Daraus lassen sich zwei wichtige Schlußfolgerungen ableiten:
1. Ein Überschuß an Heterozygoten spricht nicht unbedingt für ihren Selektionsvorteil (monogene Heterosis), er kann auch bei negativer assortativer Paarung und

	Genotypen			Allele	
	AA	AB	BB	p	q
Vor der Selektion (Gleichgewicht)	0,040	0,320	0,640	0,2	0,8
Nach der Selektion, tatsächliche Werte	0,056	0,405	0,539	0,23	0,77
Nach der Selektion, erwartete Werte	0,053	0,354	0,593	0,23	0,77
Differenz	+ 0,003	+ 0,051	− 0,054	−	−

noch öfter bei Auslese gegen eines der Allele zu beobachten sein.

2. Ein Mangel an Heterozygoten kann auf Vermischung von Populationen, auf Inzucht, auf positive assortative Kreuzung oder schließlich auf Auslese gegen die Heterozygoten zurückzuführen sein.

Da die Selektionskoeffizienten in der Natur gewöhnlich nicht hoch sind, bleiben Abweichungen vom Gleichgewicht, die durch Auslese hervorgerufen werden, oftmals unbemerkt. Eine Aussage darüber, ob eine Auslese zugunsten dieses oder jenes Allels vorliegt oder ob monogene Heterosis vorhanden ist, läßt sich aufgrund der Analyse des Verhältnisses der Genotypen nicht machen. Hierfür eignen sich entweder ein Vergleich der Altersgruppen in ein und derselben Population (am besten innerhalb einer Generation) oder direkte Selektionsversuche.

In den vergangenen Jahren wurden umfangreiche Daten zur Populationsgenetik verschiedener Meeres-, Wander- und Süßwasserfische gesammelt. Übersichten über die durchgeführten Arbeiten sind in einer Reihe von Zusammenstellungen zu finden (DE LIGNY 1969; ALTUCHOV 1974; UTTER et al. 1975; ALLENDORF und UTTER 1979; FERGUSON 1980). Wir gehen hier nur auf einige der interessantesten Untersuchungen ein.

Die Mehrzahl der Fischarten ist in Unterarten (Rassen), Populationen und halbisolierte Subpopulationen unterteilt. Die großen geographischen Gruppierungen innerhalb der Art, die Unterarten (Subspecies), teilen sich in lokale Rassen (nach ALTUCHOV 1973, 1974: lokale Stämme; nach KONOVALOV 1980a: Isolate) auf. Diese Rassen oder Stämme bilden nach ALTUCHOV und RYČKOV (1970) genetisch relativ stabile Populationssysteme. Die summarischen Genhäufigkeiten in diesen Stämmen können lange Zeit fast unverändert und stabil bleiben. Innerhalb jeder Rasse kann man Subpopulationen (Subisolate) finden, die mehr oder weniger isoliert voneinander sind, sich durch die Allelfrequenzen eines oder mehrerer Loci voneinander unterscheiden und bezüglich ihrer genetischen Struktur variabel sind. Die Populationsvariabilität als Funktion der Zeit hängt mit der verhältnismäßig geringen Stärke solcher „elementarer" (genauer gesagt MENDELscher) Populationen zusammen und wird durch das Zusammenwirken der vier Grundfaktoren der Evolution bedingt, Mutation, zufällige Gendrift (rein zufällige Veränderungen der Frequenzen infolge von Schwankungen der zahlenmäßigen Stärke des Laicherbestandes und geringer Größe von N_e), Migration (Vermischung von Fischen aus verschiedenen Subpopulationen) und Selektion (Vorteile in der Lebensfähigkeit von Individuen, die an die örtlichen Bedingungen angepaßt sind). Die Hierarchie innerartlicher Gruppen kann auch noch komplizierter sein, es können drei oder sogar vier Stufen der Unterteilung auftreten, wobei jahreszeitliche Rassen, Zwergformen usw. vorkommen.

Das Prinzip der hierarchischen Unterteilung der Arten und der relativen Stabilität der großen Einheiten (Rassen, Subspecies) höherer Ordnung (ALTUCHOV und RYČKOV 1970) wurde auf alle Arten von Fischen und anderen Tieren übertragen (ALTUCHOV 1973, 1974, 1981 u. a.). Wie einige Autoren (ARONŠTAM et al. 1977) feststellen, ist das im allgemeinen richtig. Es ist allerdings zu bemerken, daß die Stabilität eines Systems höherer Ordnung nur bei Konstanz der Umweltbedingungen in dem Lebensraum erhalten bleibt, der von diesem System (Rasse usw.) bewohnt wird. Eine gesetzmäßige gerichtete Veränderung des Milieus führt zu einer gerichteten, manchmal sehr wesentlichen Verlagerung der Genhäufigkeiten. Wir haben solche Verschiebungen bereits erwähnt, als wir Beispiele für Veränderungen der Genhäufigkeiten bei Fischen anführten, die in Gewässern leben, die von warmen Abwässern von Kraftwerken beeinflußt werden.

Frequenzfluktuationen erfolgen zweifellos auch in der Natur und ohne Beteiligung des Menschen. Sie laufen aber langsam ab und sind daher schwer zu entdecken.

Viele Arbeiten an den unterschiedlichsten Fischarten sind den genetischen Unterschieden zwischen Populationen gewidmet. Diese Differenzen treten besonders deutlich hervor, wenn Populationen durch natürliche Barrieren oder durch ökologische Besonderheiten getrennt sind. So unterscheiden sich *Salmo salar* und *Hippoglossoides platessoides* von der europäischen und der amerikanischen Atlantikküste durch die Häufigkeiten einer Reihe von Genen (NYMAN und PIPPY 1972; NAEVDAL und BAKKEN 1974 u. a.) Die neuseeländische Fischart *Genypterus blacoides* (Genypteridae) bildet an den Küsten Neuseelands zwei Populationen, die durch unterseeische Barrieren getrennt sind. Zwischen diesen Populationen bestehen deutliche Unterschiede bezüglich der Gene von GPI und PGLUM (SMITH, P. 1979b).

In Japan wird das Verbreitungsgebiet von *Oryzias latipes* von einem Komplex zahlreicher, mehr oder weniger isolierter Populationen eingenommen, für die jeweils bestimmte Genhäufigkeiten charakteristisch sind. Es lassen sich zwei Hauptgruppen von Populationen, eine nördliche und eine südliche, unterscheiden, die durch fixierte Allele der Loci ADH, PGLUM, IDH und anderer gekennzeichnet sind (SAKAIZUMI et al. 1983). Die großen Rassen (Stämme) der Wanderfische, insbesondere der Lachse, die in der Laichzeit an einzelne Seen gebunden sind, besitzen im allgemeinen unterschiedliche Allelhäufigkeiten bei vielen Genen (UTTER et al. 1973a, 1973b; ALTUCHOV 1974; KIRPIČNIKOV und IVANOVA 1977 u. a.). Signifikante Unterschiede bestehen bezüglich der Allelfrequenzen des Locus LDH-B1 zwischen den jahreszeitlichen Rassen von *Oncorhynchus nerka* (ALTUCHOV et al. 1975; eigene Berechnungen). Vermischungen zwischen diesen Rassen sind offenbar sehr selten.

In vielen Fällen nehmen die genetischen Differenzen den Charakter von Clinen an, wenn keine natürlichen Grenzen zwischen den Populationen vorhanden sind (s. S. 214). Die clinenbedingte Variabilität hängt oft mit den Gradienten von Milieubedingungen zusammen und ist offenbar adaptiv.

Die Bestimmung der Grenzen zwischen Populationen und die Feststellung des Isolierungsgrades von Populationen nach Unterschieden in den Genhäufigkeiten ist mit ernsten Schwierigkeiten verbunden. Von den Arbeiten, die in diese Richtung gehen, behandeln wir nur wenige. Untersuchungen der Blutgruppen und einiger Enzyme (Esterasen) bei *Katsuwonus pelamis* haben gezeigt, daß die Grenzen zwischen der westlichen und der östlichen Population (oder den Populationssystemen) nicht beständig sind und sich periodisch von Westen nach Osten und umgekehrt verlagern (FUJINO 1976, 1978). Es ist anzunehmen, daß ebensolche dynamische Grenzen zwischen den Populationen anderer, über weite Entfernungen wandernder Fische vorhanden sind, insbesondere bei anderen Thunfischen des Stillen und Atlantischen Ozeans. Die Seeforelle *(Salmo trutta)* bildet in einem skandinavischen See zwei sympatrische Populationen, die sich durch die Allele des Locus LDH unterscheiden (ALLENDORF et al. 1976; RYMAN et al. 1979). Das Fehlen von Heterozygoten bezüglich dieser Allele in dem See dient als Beweis für die Isolierung dieser Populationen. Hinsichtlich dieses Enzyms (Locus LDH-4) unterscheiden sich auch die anadromen Küstenformen und die bodenständigen Binnenformen der Regenbogenforelle *(S. gairdneri)* recht deutlich, und sie vermischen sich offenbar nicht (UTTER und ALLENDORF 1978).

Dem Ursprung der Unterschiede zwischen den Populationen ist eine Reihe von Arbeiten gewidmet. Wir erwähnen die interessanten Untersuchungsergebnisse an der kanadischen Maräne, *Coregonus clupeaformis* (FRANZIN und CLAYTON 1977). Anhand der Allelhäufigkeiten der Loci αGPD und LDH lassen sich zwei Hauptgruppen von Populationen dieser Maräne unterscheiden. Die westliche Gruppe besiedelt die Seen in der Nähe des Pazifischen Ozeans, die zentrale Gruppe bewohnt die Seen des zentralkanadischen Plateaus bis zur Grenze zwischen den Provinzen Manitoba und Ontario. Aufgrund der Verteilung der Allelfrequenzen wurde die Vermutung ausgesprochen, daß die Maränen Kanada im Postglacial von zwei Refugien aus besiedelten, dem Mississippigebiet (überwiegend) und dem Beringgebiet. Beide Herkünfte unterscheiden sich durch ihre genetische Struktur, die sich bei den dortigen Maränenpopulationen erhalten hat.

Die Evolutionsprozesse, die in Fischpopulationen ablaufen, wurden bisher noch fast gar nicht analysiert. Ein interessanter Versuch in dieser Richtung ist die Untersuchung der Populationen von *Oncorhynchus nerka* aus dem Asabatschjesee auf Kamtschatka (ALTUCHOV et al. 1975a, 1975b; ALTUCHOV 1981; NOVOSEL'SKAJA et al. 1982; ALTUCHOV et al. 1983). Es wird die Gesamtwirkung der drei Hauptmikroevolutionsfaktoren untersucht, die die genetische Struktur von Populationen bestimmen, Gendrift, Selektion und Migration (der Mutationsprozeß wird außer acht gelassen). Es wurde die Formel von WRIGHT (1951) benutzt, die für das Inselmodell einer Populationsstruktur vorgeschlagen wurde:

$$\varphi(q) = C \cdot \bar{W}^{2N} q^{4Nmq-1} p^{4Nmp-1}$$

Darin sind q und p die Allelfrequenzen des polymorphen Locus, C der Proportionalitätskoeffizient, $\bar{W}$ die durchschnittliche Adaptionsfähigkeit der Population bezüglich des jeweiligen Locus, N die zahlenmäßige Stärke der Population, m der Migrationsindex (Austausch mit benachbarten Populationen). Durch Einsetzen der empirisch ermittelten Werte für W, m, p, q und N in diese Formel gelangten die Autoren zu dem Schluß, daß der PGLUM-Polymorphismus der Rotlachspopulationen durch die Wirkung aller drei Faktoren (Selektion, Gendrift und Migration) bedingt wird, der Polymorphismus des Gens LDH-B1 sich aber im allgemeinen nur durch Drift und Migration ergibt. Später wurde nachgewiesen, daß auch Selektion, allerdings in geringerem Umfang, auf die Allelfrequenz des Locus LDH-B1 einwirkt (NOVOSEL'SKAJA et al. 1982).

Die Formel von WRIGHT nimmt an, daß die Selektion nur in einer ihrer Formen, der Auslese zugunsten der Heterozygoten, vorhanden ist. Wenn man bedenkt, daß bezüglich des Locus LDH-B1 wahrscheinlicher eine wechselnde Adaption der Allele, d. h. eine Selektion, zu erwarten ist, die ihre Richtung in den verschiedenen Lebensabschnitten der Individuen ändert, so muß angenommen werden, daß die Bedeutung der Auslese für die Aufrechterhaltung des Polymorphismus hinsichtlich des Locus LDH-B1 beim Rotlachs ebenfalls ziemlich groß sein muß. Diese Art der Selektion wird in der Formel von WRIGHT überhaupt nicht berücksichtigt.

Sehr umstritten ist die Hypothese von ALTUCHOV, nach der zwei Typen von Loci, monomorphe und polymorphe, vorkommen. Die Evolution verläuft hauptsächlich durch die schnelle Umstrukturierung der monomorphen Loci. Die polymorphen Gene betreffen nach dieser Hypothese nur zweitrangige Merkmale, die für die Adaptation keine große Bedeutung haben (ALTUCHOV 1969b, 1982; ALTUCHOV und RYČKOV 1972; ALTUCHOV und DUBROVA 1981). Diese Hypothese wurde einer berechtigten Kritik unterzogen (MINA 1978). Ihr widersprechen viele Daten zur biochemischen Genetik der Fische und anderer Tiere (einschließlich des Menschen), der Pflanzen und Mikroorganismen.

Leider gibt es bisher kaum Angaben über den Einfluß des Menschen auf die genetische Struktur der Fischpopulationen. Man kann lediglich auf die erhebliche genetische Verarmung der Karpfenbestände *(Cyprinus carpio)* hinweisen, die in den Teichwirtschaften der UdSSR gehalten werden (PAAVER 1980). Bei *Oncorhynchus keta* sind die

Jungfische, die in Fischzuchtbetrieben aufgezogen wurden, weniger heterozygot bezüglich des Locus LDH-A2 als die Fische, die aus der natürlichen Fortpflanzung hervorgingen (RJABOVA-SAČKO 1977b). Ein gutes Beispiel für die gesetzmäßigen Verschiebungen der Häufigkeiten einer Reihe von Genen bieten die von uns schon erwähnten schnellen Veränderungen der Frequenzen in Populationen, die der Einwirkung warmer Abwässer von Kraftwerken ausgesetzt sind (NYMAN 1975; FEDER et al. 1984 u. a.).

Wir betrachten nun kurz die Haupttypen der innerartlichen Struktur, die für die Fische charakteristisch sind (s. auch ALLENDORF und UTTER 1979).

Typ der Aalmutter *(Zoarces viviparus)*

Die geringe Beweglichkeit dieser Fische, die ein großes Gebiet besiedeln, führt zur Differenzierung in zahlreiche lokale, reproduktiv isolierte Gruppen, die an das Leben in vergleichsweise kleinen Gewässerbereichen angepaßt sind und sich nur wenig miteinander vermischen. Zwischen diesen Gruppen gibt es Unterschiede bei einer Reihe morphologischer Merkmale und parallel dazu hinsichtlich der Eiweißloci und der Blutgruppen. Bei der Aalmutter wurden Unterschiede bezüglich der Loci der Esterase, der Phosphoglucomutase und des Hämoglobins festgestellt (HJORTH 1971; CHRISTIANSEN und SIMONSEN 1978 u. a.). Es wurde eine clinale Variabilität bezüglich der Loci EST-III und Hb beobachtet (Übersicht s. CHRISTIANSEN 1977).

Ein charakteristischer Grundzug der innerartlichen Struktur dieses Typs ist die sehr weitgehende Differenzierung der Species, obwohl stark ausgeprägte geographische Barrieren nicht vorhanden sind, wobei allerdings eine Isolierung durch Entfernung gegeben ist. Durch die strenge Isolierung entsteht eine große Zahl lokaler Gruppen mit eigenen Genhäufigkeiten und spezifischen morpho-physiologischen Anpassungen. Leicht entsteht auch clinale Variabilität sowohl bezüglich quantitativer morphologischer Merkmale als auch hinsichtlich der Eiweißloci, oftmals sogar innerhalb eines kleinen Gewässers, z. B. einer Meeresbucht mit einem Gradienten des Salzgehaltes und der Temperatur.

Typ des Wildkarpfens *(Cyprinus carpio)*

Die Aufspaltung der Art hat im Fall der Halbwanderformen (Wildkarpfen) und der echten Seen- und Flußfische (Blei und andere) im allgemeinen ähnlichen Charakter. Die Süßwasserfische aus den verschiedenen Seen und Flußsystemen sind durch unüberwindliche geographische Barrieren, insbesondere durch Festland und den Salzgehalt des Meeres, voneinander isoliert. Detaillierte genetische Untersuchungen wurden bei *Catostomus clarki* (KOEHN 1968, 1969a), *Anoplarchus purpurescens* (JOHNSON M. 1971), *Coregonus clupeaformis* (FRANZIN und CLAYTON 1977; IHSSEN et al. 1981), *Micropterus salmoides* (PHILIPP et al. 1981) und *Lepomis macrochirus* (AVISE und FELLEY 1979; FELLEY und AVISE 1980) durchgeführt.

Jede isolierte Süßwasserfischpopulation unterscheidet sich von anderen durch die Allelfrequenzen einiger Gene. Noch deutlichere Unterschiede sind zwischen Rassen, die verschiedene Gewässersysteme besiedeln, und geographischen Unterarten zu beobachten. So herrschen z. B. beim Amurwildkarpfen die Allele Tf^D und My^- (Nullallel) vor, die in den europäischen Populationen selten sind (BALACHNIN und ROMANOV 1971; PAAVER 1979). Die Populationen von Graskarpfen *(Ctenopharyngodon idella)* und Silberkarpfen *(Hypophthalmichthys molitrix)* aus Amur und Janczy unterscheiden sich durch ihre Myogen- und Transferrinspektren und hinsichtlich der Allelfrequenzen eines G6PDH-Locus (PAJUSOVA et al. 1981). Die Unterschiede zwischen Populationen beziehen sich im allgemeinen nur auf wenige Loci, die Identitätsindices (I) betragen gewöhnlich 0,97 bis 0,99 und mehr (Tab. 41; s. auch AVISE 1976a). Die Isolierung lokaler Süßwasserfischpopulationen wird zum größten Teil nicht von einer Vergrößerung der geographischen Variabilität morphologischer Merkmale begleitet. Eine Erklärung dieser auf den ersten Blick paradoxen Tatsache stellt die Ähnlichkeit der ökologischen Lebensbedingungen der Fische dar, die unterschiedliche (isolierte) Flüsse und Seen bewohnen, die in einer Klimazone liegen. In den verschiedenen Gewässern nehmen diese Fische sehr ähnliche ökologische Nischen ein.

Eine stärkere genetische Differenzierung ist zu beobachten, wenn sich der Lebensraum über eine große Entfernung von Norden nach Süden erstreckt und wenn Populationen verglichen werden, die verschiedene Abschnitte (Oberlauf und Unterlauf) eines Flußgebietes besiedeln. Diese clinale Variabilität innerhalb eines Flusses ist tatsächlich in einer Reihe von Fällen, z. B. bei der Regenbogenforelle, festzustellen (NORTHCOTE et al. 1970; UTTER et al. 1975).

Wahrscheinlich müßte die Differenzierung der Art bei den kleinen Süßwasserfischen südlicher Gewässer aus den Familien Characidae, Cyprinodontidae, Poeciliidae, Goodeidae und anderer, die eine Vielzahl von oftmals sehr kleinen spezialisierten Subpopulationen in Afrika, Zentral- und Südamerika und in Asien bilden, einem besonderen Typ zugeordnet werden. Wir haben bereits die kürzlich veröffentlichte Untersuchung erwähnt, die bei *Oryzias latipes* aus Japan durchgeführt wurde und die eine große Differenzierung der lokalen Populationen dieser Art ergab (SAKAIZUMI et al. 1983). Leider wurden genetische Untersuchungen an Fischen dieses Typs bisher sehr selten durchgeführt.

Typ der anadromen Salmoniden
(*Salmo salar, S. gairdneri,*
Gattung *Oncorhynchus*)

Für alle Wandersalmoniden ist die Gebundenheit an ihr Laichrevier (homing) charakteristisch, was sie nach langem Aufenthalt im Meer veranlaßt, in den gleichen Fluß (See) und sogar den Abschnitt des betreffenden Binnengewässers zurückzukehren, wo sie schlüpften. Diese Verhaltensweise bedingt die reproduktive Isolierung der lokalen Gruppierung innerhalb jeder Art. Es entstehen hierbei oftmals ziemlich komplizierte hierarchische Zusammenhänge. Unterarten, die ein ausgedehntes Territorium einnehmen, unterteilen sich in Stämme eines Flusses oder eines Sees (Rassen, Isolate). Innerhalb dieser Stämme gibt es oft jahreszeitliche Rassen (bei den Pazifischen Lachsen Frühjahrs- und Sommerrasse, bei einigen Sommer- und Herbstrasse; beim Atlantischen Lachs und den Acipenseriden Frühjahrs- und Herbstrasse). Die Fische dieser Rassen steigen zu verschiedenen Zeiten ins Süßwasser auf und laichen zu unterschiedlichen Zeitpunkten. Schließlich ist noch jede Rasse eines Gewässers in mehreren, manchmal vielen, kleinen, ebenfalls reproduktiv mehr oder weniger isolierten Subpopulationen vertreten.

Genetische Untersuchungen zeigten, daß bei den Salmonidenpopulationen eine große Differenzierung in Hinblick auf die Blutgruppengene (RIDGWAY et al. 1958; RIDGWAY und KLONTZ 1961; RIDGWAY und UTTER 1963, 1964 u. a.) und die Eiweißloci besteht (ALTUCHOV 1974; ALLENDORF und UTTER 1979; UTTER et al. 1980b). Zwischen den lokalen Populationen von *Salmo salar* gibt es wesentliche Differenzen hinsichtlich mehrerer Loci, die beim Vergleich der amerikanischen und europäischen Rassen besonders ausgeprägt sind (NYMAN und PIPPY 1972; ALLENDORF und UTTER 1979). Die Lachse der Frühjahrs- und Herbstlaichzüge unterscheiden sich deutlich durch die Allelfrequenzen der Loci von IDH und ME (SLYNKO et al. 1980).

Genetische Unterschiede ließen sich auch beim Vergleich lokaler Gruppen der Stahlkopfforelle *(Salmo gairdneri)* nachweisen (ALLENDORF und UTTER 1975; 1979; UTTER und ALLENDORF 1978). Bei *Oncorhynchus gorbuscha* unterscheiden sich die Fische, die in den geraden und ungeraden Jahren laichen; sie besitzen unterschiedliche Allelfrequenzen einiger Gene (Tab. 44). Diese Generationen sind durch einen streng zweijährigen Lebens- und Reifungszyklus reproduktiv vollständig isoliert, nach dem ersten Laichen sterben alle Individuen ab.

Größere Unterschiede bezüglich der Allelfrequenzen einiger polymorpher Loci wurden bei ausführlichen Untersuchungen lokaler Stämme und Saisonrassen von *Oncorhynchus keta* aus Sachalin und von der Küste des Ochotskischen Meeres festgestellt (ALTUCHOV 1974; ALTUCHOV et al. 1972, 1980; BAČEVSKAJA 1983 u. a.).

Tabelle 44
Genfrequenzen in den „geraden" und „ungeraden" Populationen von *Oncorhynchus gorbuscha* (nach ASPINWALL 1974; SALMENKOVA et al. 1981)

Locus	Zahl der Subpopulationen	Häufigkeiten des vorherrschenden Allels ($\bar{x}$)	
		„gerade" Populationen	„ungerade" Populationen
MDH-A	3–4	0,992–1,000	0,927–0,974
MDH-B	3–4	0,910–0,963	0,717–0,865
αGPD	3–4	0,807–0,928	0,889–0,966
PGLUM	2–3	0,998–0,999	0,943–0,944
6PGD	2–3	0,806–0,826	0,892–0,902

Viele Untersuchungen befassen sich mit *Oncorhynchus nerka*. Bei dieser Art lassen sich verschiedene Fluß- und Seenstämme, Saisonrassen und sogar Alters- und Geschlechtsgruppen in jeder Subpopulation differenzieren (ALTUCHOV et al. 1975a, 1975b; ČERNENKO et al. 1980; GRANT et al. 1980; KIRPIČNIKOV und MUSKE 1981; MUSKE 1981, 1983; MACAK 1983a, 1983b; VARNAVSKAJA 1984). Jede Generation, die in den Dalnejesee (Kamtschatka) zurückkehrt, zeichnet sich durch ihre spezifische Häufig-

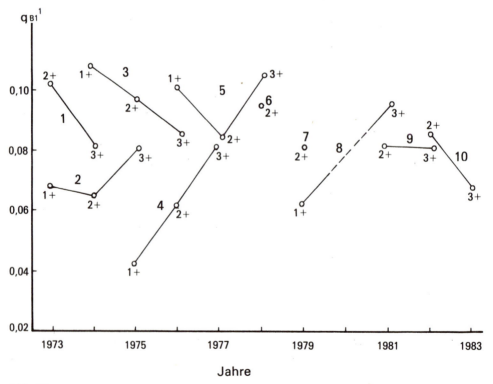

Abb. 72
Frequenzen (q) des Allels LDH-B1[1] bei abwandernden Jungfischen von *Oncorhynchus nerka* aus dem Dalneje-See (Kamtschatka) in aufeinanderfolgenden Generationen. Generationen: 1 1970, 2 1971, 3 1972, 4 1973, 5 1974, 6 1975, 7 1976, 8 1977, 9 1978, 10 1979; 1+, 2+, 3+ Altersgruppen der Fische (KIRPIČNIKOV und IVANOVA 1977; KIRPIČNIKOV und MUSKE 1981; ergänzt).

keit des Gens LDH-B1 aus (Abb. 72). Die Unterschiede in den Frequenzen entsprechen den Lebenszyklen des Lachses. Wenn man bedenkt, daß die Allele dieses Gens einen unterschiedlichen Anpassungswert besitzen (s. S.225) und daß die Selektion hinsichtlich der Allele offenbar im Larvenstadium erfolgt (KIRPIČNIKOV 1977), haben die gentischen Unterschiede zwischen den Generationen sehr wahrscheinlich adaptiven Charakter.

Der Austausch zwischen den Generationen von *O. nerka* im Dalnejesee ist ziemlich groß und beträgt offensichtlich mehr als 20 % (KROGIUS 1975, 1978). Um so erstaunlicher ist, daß beständige genetische Unterschiede zwischen den Generationen festgestellt wurden. Der Austausch von Individuen zwischen lokalen (benachbarten) Subpopulationen und wahrscheinlich auch zwischen Saisonrassen ist wesentlich geringer und übersteigt nach einer Reihe von Beobachtungen 2 bis 3 % nicht (HARTMAN und RALEIGH 1964; IL'IN et al. 1983). Ein solcher Austausch kann offenbar nicht als ernstes Hindernis für die genetische Differenzierung der Populationen angesehen werden. Der im Süßwasser lebende Serranide *Roccus chrysops*, der ebenfalls einen Heiminstinkt aufweist, bildet innerhalb eines Sees Subpopulationen aus, die sich durch das Serumeiweißspektrum unterscheiden (WRIGHT und HASLER 1967).

Typ des Herings *(Clupea harengus)*

Langjährige Untersuchungen der morphologischen Merkmale der Heringsrassen ergaben kein eindeutiges Bild der innerartlichen Struktur dieser individuenreichen marinen Fischart. Es gelang nur, Unterarten zu differenzieren (Antlantikhering, Ostseehering, Weißmeerhering, Pazifikhering). Innerhalb der Unterarten wurden ökologische Gruppierungen festgestellt, ozeanische und Küstenformen sowie Heringspopulationen mit unterschiedlichen Laichzeiten.

Auch genetische Untersuchungen (Blutgruppen, Serumeiweiße, Enzyme) brachten keine Klarheit. Im Fall des Herings kann mit Bestimmtheit nur von großen geographischen und ökologischen Gruppen gesprochen werden (ZENKIN 1979; BOGDANOV et al. 1979). Innerhalb dieser Gruppierungen gibt es Subpopulationen (ebenfalls gewöhnlich sehr viele), aber die Vermischung dieser Subpopulationen erreicht offenbar beträchtlichen Umfang. Bezüglich der besser untersuchten Esterasesysteme (3 Loci) und des A-Systems der Blutgruppen (1 Locus) gelang es allerdings, innerhalb jeder der drei großen geographischen Gruppen des Atlantikherings (Nordwestatlantik, Nordsee, Ostsee) je drei bis vier mehr oder weniger reproduktiv isolierte Subpopulationen zu unterscheiden und parallele Clinen in allen drei Regionen festzustellen (TRUVELLER 1978; ZENKIN 1979).

Eine in vieler Hinsicht ähnliche Artstruktur besitzen offenbar *Alosa sapidissima* (LEARY et al. 1983b), *Sprattus sprattus* (VELDRE und VELDRE 1979; APS und TANNER 1979), *Gadus morhua* (MØLLER 1966, 1969 u.a.; DE LIGNY 1969; CROSS und PAYNE 1978; JAMIESON und TURNER 1978), *Merluccius merluccius* (MANGALY und JAMIESON 1978), *Cololabis saira* (UTTER et al. 1975) und viele andere Meeresfischarten. Allen gemeinsam ist das Fehlen physikalischer Barrieren zwischen den Populationen und ihre große zahlenmäßige Stärke. Bei vielen dieser Fische, in erster Linie beim Hering, ist eine sehr große Heterogenität der Populationen zu beobachten (ALTUCHOV et al. 1972; SALMENKOVA und VOLOCHONSKAJA 1973; SALMENKOVA und OMEL'ČENKO 1978).

Typ der Thunfische (Thunnidae)

Da sich die Thune durch eine hervorragende Beweglichkeit auszeichnen und manchmal Entfernungen von Tausenden von Kilometern zurücklegen, bilden sie und die mit ihnen verwandten marinen Fischarten einen besonderen Typ der Artorganisation aus. Vollständig voneinander isoliert sind offenbar nur die Populationen verschiedener Ozeane. Innerhalb jedes Ozeans sind nur zwei, maximal drei Gruppierungen festzustellen (FUJINO 1970, 1976). Die Differenzen in den Genhäufigkeiten zwischen diesen Gruppen sind gering, und die Möglichkeit ihrer Vermischung kann bis jetzt nicht ausgeschlossen werden. Es ist zu vermuten, daß zu diesem Typ auch die noch gar nicht untersuchten Haie gehören.

Die von uns vorgenommene Typisierung der Populationsstruktur trägt natürlich vorläufigen Charakter und umfaßt nicht alle Varianten, die bei Fischen vorkommen. Bis jetzt läßt sich nur feststellen, daß die Differenzierung der Fische in Unterarten, Rassen, Stämme und Populationen sehr verschiedenartig sein kann. Mit Ausnahme derart beweglicher Fische wie z. B. Heringe, Thune, Haie und einige andere sind die Populationen bei der Mehrzahl der Arten deutlich differenziert, und dies ist gewöhnlich mit ihrer reproduktiven Isolation verbunden.

Wir vermuten, daß Selektion die Hauptursache der genetischen Differenzierung der Fischpopulationen ist. Gendrift, Migration und andere Faktoren haben eine untergeordnete Bedeutung. Die Gendrift, die auf Schwankungen der Populationsstärke beruht, kann nur dann eine nennenswerte Rolle spielen, wenn der an der Fortpflanzung beteiligte Teil der Population zahlenmäßig gering ist. Einige Fischpopulationen würden zweifellos „durch den Flaschenhals" gehen, Absinken des Wertes für N_e auf 50 und weniger Exemplare, aber die unvollständige Isolierung einer Population würde anschließend zu ihrer Vermischung und zur Eliminierung der Folgen der Drift beitragen. Die genetischen Unterschiede zwischen den Populationen haben bei Fischen unserer Ansicht nach zweifellos adaptiven Charakter.

6.9. Der Adaptationscharakter des biochemischen Polymorphismus

Nach der neutralistischen Evolutionstheorie erfolgte die Veränderung der Eiweiße durch Ersatz (ohne jede Selektion oder ohne nennenswerte Selektionsbeteiligung) eines Allels durch ein anderes im Ergebnis der Wechselwirkungen des Mutationsprozesses und zufälliger Veränderungen der Allelfrequenzen (Gendrift). Diese Hypothese, die von KIMURA und anderen vertreten wird (KIMURA MOTOO 1968a, 1968b, 1977, 1983; KIMURA und OHTA 1969, 1974; NEI et al. 1978 u. a.), wurde mehrfach der Kritik unterzogen (RICHMOND 1970; KIRPIČNIKOV 1972b, 1974b, 1981; LEWONTIN 1974; AYALA 1975, 1976; NEVO et al. 1984 u. a.) und soll hier nicht weiter diskutiert werden. Wir gehen lediglich auf ein Problem ein. Den Eckstein der neutralistischen Hypothese bildet die Annahme, daß der biochemische Polymorphismus einen neutralen oder fast neutralen Charakter besitzt. Nur in diesem Fall kann die Fixierung der Allele zufällig sein; wenn die Allele nicht neutral sind und eine unterschiedliche selektive Wertigkeit haben, dann wird die Auslese wesentlich schneller als die zufälligen (stochastischen) Prozesse wirken.

Die Daten über den Polymorphismus der Fische deuten auf eine unterschiedliche züchterische Wertigkeit der Allele hin. So bestehen zwischen den Isozymen und Allozymen vieler Enzyme (wie auch zwischen den Isoformen und Alloformen der nicht enzymatischen Proteine) erhebliche und deutliche funktionale Unterschiede. Diese finden ihren Ausdruck in unterschiedlicher Aktivität und Stabilität vieler Eiweiße, in unterschiedlicher Substrataffinität und in mehreren Besonderheiten. Sie korrelieren mit den Bedingungen, unter denen die jeweilige Variante des polymorphen Proteins aktiv ist.

Bei vielen Fischarten ist eine clinenabhängige (meist an die Breitengrade gebundene) Variabilität der Allelfrequenzen festzustellen, die vom Standpunkt einer sekundären Vermischung zweier Formen mit verschiedenen Genhäufigkeiten (Introgression) oder der Ausbreitung einer neuen mutanten Form schwer zu erklären ist. In einer Reihe von Fällen wurde ein unmittelbarer Zusammenhang zwischen der Richtung der Cline, den Umweltbedingungen und der Wärmestabilität der entsprechenden Allozyme gefunden: Nach Norden hin vergrößert sich die Konzentration des Allels, das das „nördliche" Allozym mit niedrigem Temperaturoptimum der Aktivität codiert. Einige Fälle monogener Heterosis von Eiweißloci wurden ermittelt. Der Vorteil der Heterozygoten ist ein direkter Hinweis auf die selektive Natur des Polymorphismus, wie auch immer der Mechanismus der Heterosis sein mag.

Der Vergleich der Allelfrequenzen unterschiedlicher Altersgruppen von Fischen in einer Population ermöglichte die Feststellung von Differenzen, die nur durch die

Wirkung der natürlichen Auslese erklärt werden können. Es wurden jahreszeitliche Veränderungen in der Konzentration der Allele gefunden (genauer gesagt in der Anzahl der Heterozygoten), die offensichtlich durch die Auslese bedingt wurden, deren Richtung sich im Laufe des Jahres änderte. Es ergab sich ein Zusammenhang zwischen Heterozygotie und dem Grad der Variabilität der Milieufaktoren sowie der Variabilität morphologischer Merkmale (JOHNSON und MICKEVICH 1977; LEARY et al. 1983a; NEVO et al. 1984). Unter extremen Bedingungen wie hohe Temperatur oder Sauerstoffmangel ändern sich die Allelfrequenzen, verschiedene Genotypen haben eine unterschiedliche Lebensfähigkeit.

Bei den meisten Fischarten gibt es polymorphe Loci mit Allelen, deren Häufigkeiten in den verschiedenen Populationen variieren (clinenbedingte Variabilität, Besonderheiten der Unterarten und Rassen usw.), und es gibt Loci, deren Allelfrequenzen im gesamten Verbreitungsgebiet gleich sind. Diese Erscheinung kann vom selektiven Standpunkt aus leicht erklärt werden, sie ist aber nur sehr schwer zu verstehen, wenn man von der neutralistischen Hypothese ausgeht (EFROIMSON 1971). Die Beziehungen zwischen der biochemischen Variabilität und der Umwelt sind in der Natur sehr kompliziert. Davon kann man sich leicht am Beispiel der besser untersuchten polymorphen Eiweißsysteme, z.B. LDH und Hb, überzeugen. Die Variabilität kann bei diesen Proteinen mit den Veränderungen vieler Milieufaktoren, Wassertemperatur, Sauerstoffgehalt, pH-Wert, Salinität usw., zusammenhängen (POWERS 1980).

Schließlich ist noch zu bemerken, daß der Grad der Enzymvariabilität bei Fischen, wie auch bei anderen Organismen, von der Struktur der Enzyme selbst und von deren Bedeutung für den Organismus abhängt. So besitzen die monomeren Enzyme eine höhere Variabilität als die dimeren und insbesondere die tetrameren. Differenzen dieser Art wurden bei Fischen (Plattfische), bei anderen Wirbeltieren und Wirbellosen sowie beim Menschen beschrieben (Tab. 45). Die verringerte Variabilität der polymeren Proteine kann auf zweierlei Weise erklärt werden. Mutative Veränderungen in den Polypeptidketten dieser Eiweiße werden oftmals auf ihre quaternäre Struktur einwirken und sich dadurch insgesamt schädlicher auswirken als Mutationen bei Monomeren. Außerdem können beim Vorhandensein von zwei oder mehr Polypeptiden im Molekül durch die Produkte zweier verschiedener Gene oder zweier Allele eines Gens he-

Tabelle 45
Umfang der Heterozygotie von Loci, die Enzyme mit unterschiedlicher quaternärer Struktur und unterschiedlichen funktionalen Eigenschaften codieren (nach HARRIS et al. 1976; WARD und BEARDMORE 1977; WARD 1977)

Taxonomische Gruppen	Enzymklasse	Heterozygotie ($\bar{H}$)		
		Monomeren	Dimeren	Tetrameren
Wirbellose	glycolytische	0,164	0,099	0,067
	sonstige	0,201	0,152	–
	insgesamt	0,186	0,124	0,067
Wirbeltiere	glycolytische	0,119	0,048	0,013
	sonstige	0,111	0,033	0,024
	insgesamt	0,113	0,040	0,015
darunter:				
Plattfische	glycolytische	0,483	0,218	0,003
	sonstige	0,079	0,015	0,431*
	insgesamt	0,164	0,132	0,057
Mensch	insgesamt	0,096	0,071	0,050

* ein Locus

teropolymere Isozyme (Isoformen) synthetisiert werden, die bis zu einem gewissen Grad die allelen Proteinvarianten ersetzen.

Die Enzyme, die an der Glycolyse und am Zitronensäurezyklus beteiligt sind, sind bei den Wirbellosen weniger variabel als die übrigen (GILLESPIE und KOJIMA 1968), obwohl es auch Ausnahmen von dieser Regel gibt (NEVO 1978). Die geringe Variabilität der glycolytischen Enzyme, die für die Wirbellosen charakteristisch ist, wird manchmal dadurch erklärt, daß es für diese Enzyme nur ein Substrat gibt (GILLESPIE und LANGLEY 1974). Aber diese Hypothese ließ sich nicht bestätigen (SELANDER 1976).

Wenn sich auch gegen einige der hier genannten Beobachtungen, die auf die adaptive Natur des biochemischen Polymorphismus hindeuten, noch Einwände erheben lassen, so sprechen sie doch insgesamt gegen die neutralistische Hypothese, selbst wenn man davon ausgeht, daß neutrale Gene mit Genen gekoppelt sind, die selektive Bedeutung haben. Der biochemische Polymorphismus ist sehr wichtig für die Existenz der Tier- und Pflanzenpopulationen. Er gewährleistet das Überleben der Population und der Art als Ganzes unter den sich zeitlich und räumlich ständig ändernden Lebensbedingungen. Große Bedeutung haben zweifellos auch die laufenden Fluktuationen des intrazellulären Stoffwechsels (JOHNSON G. 1976).

Während der Anpassungscharakter des biochemischen Polymorphismus für die meisten Naturwissenschaftler offensichtlich ist, sind die Mechanismen zu seiner Aufrechterhaltung in den Populationen bei weitem noch nicht aufgeklärt. Es lassen sich jedoch zwei Hauptmechanismen für die Aufrechterhaltung der Variabilität der Eiweißloci anführen. Einer von ihnen nutzt den Vorteil der Heterozygoten. Ein gutes Beispiel dafür bietet der PGLUM-Locus bei *Oncorhynchus nerka*. In vielen Populationen und auch bei individuellen Kreuzungen ist ein Überschuß an Heterozygoten bezüglich dieses Locus vorhanden. Alle Populationen sind polymorph, wobei sich die Allelfrequenzen nicht sehr stark unterscheiden. Der Überschuß an Heterozygoten hinsichtlich des PGLUM-Gens ist entweder auf monogene Heterosis oder ein Kopplungsgleichgewicht zurückzuführen, d. h. das Vorkommen zweier Gene in einem Chromosom, die die Lebensfähigkeit in homozygotem Zustand verringern:

$$\text{Homozygoten:} \quad \frac{l_1 \ PGLUM^A \ +}{l_1 \ PGLUM^A \ +} \quad \text{oder}$$

$$\frac{+ \ PGLUM^B \ l_2}{+ \ PGLUM^B \ l_2}$$

$$\text{Heterozygoten:} \quad \frac{+ \ PGLUM^B \ l_2}{l_1 \ PGLUM^A \ +}$$

Bei dieser chromosomalen Struktur werden sich die Homozygoten durch eine verringerte Lebensfähigkeit auszeichnen. Bei den Heterozygoten wird der semiletale Effekt der rezessiven Gene l_1 und l_2 getilgt. Zugunsten der Vermutung, daß ein Kopplungsungleichgewicht im Falle des PGLUM-Gens besteht, sprechen die Ergebnisse des Vergleichs der kinetischen Charakteristika der gereinigten Präparate der Phosphoglucomutase, die von drei Genotypen des Rotlachses, $PGLUM^{AA}$, $PGLUM^{AB}$ und $PGLUM^{BB}$, erhalten wurden. Die kinetischen Eigenschaften der gereinigten Phosphoglucomutase der Heterozygoten waren im Vergleich zu den Isozymen der Homozygoten intermediär (KIRPIČNIKOV und MUSKE 1980). Die höhere Überlebensrate der Heterozygoten scheint mit der Bildung von verwickelten Proteinkomplexen zusammenzuhängen, die die Produkte verschiedener Gene enthalten und eine bessere Funktion bei den heterozygoten Individuen gewährleisten.

Welcher Art auch immer der Mechanismus der Heterosis in diesem Fall sein mag, der Vorteil der Heterozygoten hinsichtlich der Lebensfähigkeit gewährleistet die Beständigkeit des Polymorphismus beim PGLUM-Gen, und dieser bleibt lange Zeit und über das gesamte Verbreitungsgebiet erhalten. Ein ähnlicher Mechanismus der Erhaltung eines polymorphen Systems dieses Gens kommt offenbar auch bei einigen anderen Fischen, insbesondere bei der Aalmutter, vor (CHRISTIANSEN et al. 1976).

Noch größere Bedeutung für die Erhaltung polymorpher Eiweißsysteme in Populationen hat die Erhöhung der summarischen Heterozygotie der Individuen (offensichtlich bis zu einer bestimmten Grenze). Besonders interessant sind in diesem Zusammenhang die schon von uns erwähnten neuen Angaben über die bedeutende Vergrößerung der Heterozygotie hinsichtlich sechs Loci bei *Gambusia* im Warmwasserauslauf eines Kraftwerkes (FEDER et al. 1984) und über die negative Korrelation zwischen der Heterozygotie bezüglich fünf polymorpher Loci und der Asymmetrie morphologischer Merkmale bei der Regenbogenforelle (LEARY et al. 1983a). Die Verringerung der Asymmetrie spricht für eine Erhöhung der Konstanz der Entwicklungsprozesse (Homöostase der Entwicklung) bei heterozygoten Individuen.

Der zweite, vielleicht sogar noch wichtigere Mechanismus zur Aufrechterhaltung des Polymorphismus in den Populationen beruht auf dem variablen Selektionswert von zwei oder mehr Allelen, die gemeinsam in der betreffenden Population vorkommen. Diese „Wechseladaptation" der Allele (TIMOFEEV-RESOVSKIJ und SVIREŽEV 1966) berücksichtigt die Änderung der Richtung der Auslese in Abhängigkeit von den äußeren (oder inneren) Bedingungen und vom Entwicklungsstadium des Organismus. Die Selektion wirkt hier zugunsten des einen, dort zugunsten des anderen Allels.

Die Differenzen zwischen den Allelen bestehen sehr oft in einer unterschiedlichen Wärmestabilität und Aktivität der von ihnen codierten Allozyme (Alloformen). Die Wärmebeständigkeit der Gewebe und Gewebeeiweiße erweist sich in den meisten Fällen selbst bei sehr nahe verwandten Arten und manchmal auch Unterarten der Fische als unterschiedlich. Dies wurde bei den Rassen von *Coregonus autumnalis* und *Thymallus thymallus* (UŠAKOV et al. 1962), bei verschiedenen Gadidenarten (KUSAKINA 1967; ANDREEVA 1971) sowie bei nahe verwandten Arten von Rotbarschen und Stökkern (ALTUCHOV et al. 1967; ALTUCHOV 1967) festgestellt. Zwischen der Temperaturstabilität der Proteine und den Temperaturverhältnissen, unter denen die Art lebt, gibt es bei der überwiegenden Mehrzahl der Tiere, Pflanzen und Mikroorganismen eine gute Übereinstimmung (ALEKSANDROV 1975). Die Artbildung steht offenbar mit erblichen Veränderungen der Wärmebeständigkeit der Eiweißmoleküle in Zusammenhang. Nach der Hypothese von ALEKSANDROV hat nicht die unmittelbare Veränderung der Wärmestabilität des Eiweißes (diese liegt oft außerhalb der Grenzen der in der Natur zu beobachtenden Schwankungen) eine Bedeutung, sondern die Veränderung der Konformationsflexibilität der Proteinmoleküle, die mit dem Grad der Beständigkeit der Eiweiße gegenüber intensiver Erwärmung und gegenüber der Einwirkung denaturierender Substanzen verbunden ist. Für die optimale Funktion eines Eiweißes ist ein bestimmtes Gleichgewicht zwischen Beständigkeit und Flexibilität, zwischen Stabilität und Aktivität erforderlich, und dies wird durch die Selektion von Allelen erreicht, die diese beiden Merkmale verändern (ALEKSANDROV 1975). Eine ähnliche Annahme wurde auch von JOHNSON G. (1976) ausgesprochen.

Die Evolution von Wärmebeständigkeit und Aktivität der Eiweißmoleküle kann auch auf anderen, komplizierteren Wegen erfolgen (HOCHACHKA und SOMERO 1973). Hierzu sind die Veränderung der Fähigkeit des Eiweißes zur Komplexbildung mit anderen Proteinen und Nichtproteinkomponenten des Cytoplasmas, die Veränderung der Substrataffinität u. a. zu zählen. Es gibt allerdings keinen Zweifel, daß die direkten Veränderungen der Primärstruktur der Polypeptide, die von Veränderungen der Konformationsflexibilität der Eiweißmoleküle begleitet werden, eine sehr wichtige Rolle in der Evolution spielen. Die Zunahme der „Starrheit" eines Eiweißes bezeichnet hierbei eine gewisse Verringerung seiner Aktivität (bei gleichen Temperaturen) und umgekehrt.

An Fischen wurden viele Beobachtungen über Unterschiede dieser Art zwischen allelen Proteinvarianten gemacht. Der Locus LDH-B1 bei *Oncorhynchus nerka* kann als Beispiel dienen. Beim Fehlen eines sichtbaren Vorteils der Heterozygoten gibt es zwischen den Allelen B1 und B1' einen beträchtlichen Unterschied in der Wärmebeständigkeit und Aktivität der von ihnen codierten Allozyme (S. 212, s. KIRPIČNIKOV 1977). Wie wir gesehen haben, ist das nördliche Allozym (Homotetramere $B1'_4$) nicht stabil gegenüber Erwärmung, aber es behält seine volle Aktivität bei niedrigen Temperaturen. Zwei Allele mit unterschiedlichen Temperaturoptima der Aktivität der entsprechenden Allozyme ergänzen einander in den Populationen des Rotlachses und vergrößern die gesamte Fitness (W) der Population. Von besonderem Interesse sind Angaben über die Steigerung der Wärmebeständigkeit der Muskelproteine einiger Artbastarde von Fischen (KUSAKINA 1959, 1964). Diese erhöhte Wärmestabilität der Hybridproteine könnte durch monogene Heterosis oder durch die Wechselwirkung mehrerer Gene bedingt sein.

Bei Wechseladaptation der Allele kann die Selektion zu verschiedenen Jahreszeiten, in verschiedenen Lebensräumen der Fische und zu verschiedenen Zeitpunkten der Ontogenese das Überleben von Individuen mit unterschiedlichen Genotypen ermöglichen. Die Beständigkeit eines solchen Systems erhöht sich, wenn die Heterozygoten einen, wenn auch nicht sehr großen, allgemeinen Selektionsvorteil gegenüber den Homozygoten erhalten. Wir vermuten, daß dieser Vorteil leicht sekundär durch Kopplung oder Auslese von Modifikatorgenen entstehen kann.

Dies sind die beiden wichtigsten (aber nicht einzigen) Mechanismen, die eine lange Aufrechterhaltung vieler polymorpher genetischer Systeme in den Populationen gewährleisten. Der biochemische Polymorphismus ist zweifellos adaptiv und kann nicht als Folge einer willkürlichen Ansammlung neutraler Mutationen angesehen werden.

7. Gynogenese bei Fischen*

7.1. Natürliche Gynogenese und Hybridogenese

Unter den Knochenfischen sind mehrere Arten bekannt, die in der Natur fast ausschließlich aus Rogenern bestehen. Diese eingeschlechtlichen Formen vermehren sich durch Gynogenese oder Hybridogenese.

Gynogenese ist ein seltener Typ der geschlechtlichen Fortpflanzung, bei dem eine Besamung zwar notwendig ist, der Kernapparat des in die Eizelle eingedrungenen Spermiums im Plasma des Eies jedoch inaktiviert wird und die Entwicklung des Keimes allein unter Kontrolle der mütterlichen Vererbung erfolgt. Die Chromosomen des Spermiums werden bald nach der Besamung eliminiert. Zur Entstehung der Gynogenese ist demnach das Zusammenwirken zweier Typen erblicher Veränderungen erforderlich: 1. Mutationen, die die genetische Inaktivierung des Spermiums bewirken und 2. Mutationen, die die Reduktion der weiblichen Chromosomen während der Oocytenreifung verhindern. Die Bedeutung des Spermiums bei der gynogenetischen Fortpflanzung ist bis jetzt nicht klar. Reife Eier gynogenetischer Arten entwickeln sich nicht, wenn das Spermium fehlt. Es ist nicht ausgeschlossen, daß die Hauptrolle des Spermiums darin besteht, daß es das Centrosom, die wesentliche Komponente des Apparates der Zellteilung, einbringt. Es ist auch möglich, daß beim Eindringen des Spermiums eine Art „physiologischer Heterosis" entsteht (GOLOVINSKAJA 1954).

Hybridogene Formen kommen in der Natur als permanente Hybriden zwischen zwei nahe verwandten bisexuellen Species vor. In den Anfangsstadien der Keimzellenreifung werden bei den Rogenern alle dem Ursprung nach „männlichen" Chromosomen eliminiert, und in den Gameten verbleibt nur das mütterliche Genom. In jeder neuen Generation wird bei der Kreuzung dieser Rogener mit Milchnern nahe verwandter Arten die Hybridkonstitution wiederhergestellt.

Unter den Wirbeltieren kommt Hybridogenese bei Fischen und Fröschen *(Rana esculenta)* vor (UZZELL et al. 1975; BORKIN und DAREVSKIJ 1980).

Gynogenetische und hybridogene Formen bilden eingeschlechtliche weibliche Populationen. Die Fortpflanzung der gynogenetischen und hybridogenen Formen erfolgt unter Beteiligung von Milchnern nahe verwandter bisexueller Arten. Unter den Fischen ist Gynogenese vom Giebel, *Carassius auratus gibelio* (Familie Cyprinidae), und von einigen Vertretern der kleinen lebendgebärenden Fische der Familie Poeciliidae (Gattungen *Poecilia* und *Poeciliopsis*) bekannt. Es wird vermutet, daß Gynogenese bei einigen Schlammpeitzgern (Familie Cobitidae) (VASIL'EV und VASIL'EVA 1982) und auch bei Ährenfischen (Familie Atherinidae) (ECHELLE und MOSIER 1981, 1982) auftritt. Hybridogenese wurde nur in der Gattung *Poeciliopsis* gefunden.

Natürliche Gynogenese wurde erstmals bei *Poecilia formosa* festgestellt, die die Flüsse des Golfs von Mexiko besiedelt (HUBBS und HUBBS 1932). Innerhalb ihres Verbreitungsgebietes (südliches Texas und nordöstliches Mexiko) kommt *P. formosa* gemeinsam mit den nahe verwandten Arten *P. latipinna* und *P. mexicana* vor. In den Küstenlagunen Ostmexikos lebt *P. formosa* zusammen mit den beiden bisexuellen Arten. Die Milchner von *P. latipinna* und *P. mexicana* gewährleisten die gynogenetische Fortpflanzung der eingeschlechtlich-weiblichen Populationen von *P. formosa*. Bei Laborkreuzungen von weiblichen *P. formosa* mit Milchnern von 50 verschiedenen Arten, Unterarten und Rassen von *Poecilia* sowie mit Milchnern einer anderen Gattung der

---

* Das Kapitel wurde von N.B. ČERFAS verfaßt

gleichen Familie bestanden die Nachkommenschaften stets nur aus Rogenern der mütterlichen Form (HUBBS und HUBBS 1946a).

In den natürlichen Populationen ist *P. formosa* in diploider und triploider Form vertreten.

Die diploiden Rogener von *P. formosa* besitzen ebenso wie die nahe verwandten bisexuellen Arten 46 Chromosomen. Die Untersuchung der morphologischen Merkmale (HUBBS und HUBBS 1932, 1946a) und der elektrophoretischen Spektren einiger Eiweiße (ABRAMOFF et al. 1968; BALSANO 1969) sowie die karyologische Analyse (PREHN und RASCH 1969) ermöglichten die Schlußfolgerung, daß die diploiden Rogener von *P. formosa* Hybriden zwischen *P. latipinna* und *P. mexicana* sind. Die spätere Präzisierung dieser Angaben und Laborkreuzungen zeigten, daß an der Entstehung der diploiden *P. formosa* auch andere nahe verwandte Arten oder Unterarten beteiligt gewesen sein können (TURNER et al. 1980c, MONACO et al. 1982).

Bei den triploiden Rogenern von *P. formosa* sind 69 Chromosomen vorhanden (PREHN und RASCH 1969; RASCH et al. 1970). Die triploide Form entstand im Ergebnis der Kreuzung diploider Rogener von *P. formosa* mit Milchnern von *P. mexicana* (BALSANO et al. 1972), die zur Unterart *limantouri* gehören (MONACO et al. 1984). Nach den morphologischen Merkmalen nehmen die triploiden Rogener eine intermediäre Stellung zwischen der diploiden Form von *P. formosa* und *P. mexicana* ein, sind aber der ersteren ähnlicher (MENZEL und DARNELL 1973). Die diploiden und triploiden Formen von *P. formosa* sind sich bezüglich der Spektren vieler Eiweißloci ähnlich (TURNER et al. 1980c). Triploide Rogener stellen einen regelmäßigen Anteil an den Populationen von *P. formosa*. Das Verhältnis der Diploiden zu den Triploiden ist in den verschiedenen Gewässern unterschiedlich, und in einigen Gebieten ist die diploide Form sehr selten (MENZEL und DARNELL 1973; TURNER et al. 1982).

Neue Generationen von triploiden weiblichen *P. formosa* können unter natürlichen Verhältnissen auf zweierlei Weise entstehen: 1. durch gynogenetische Fortpflanzung triploider Rogener von *P. formosa* und 2. bei Kreuzungen diploider Rogener von *P. formosa* mit Milchnern von *P. mexicana* oder wahrscheinlich von *P. latipinna* (RASCH und BALSANO 1973a, 1973b). Die letztere Möglichkeit wurde bestätigt, als triploide Nachkommen von einem trächtigen Rogener von *P. formosa* erhalten wurden, der in einem natürlichen Gewässer gefangen worden war. Sie erwiesen sich alle als Rogener und hatten normal entwickelte Eierstöcke (STROMMEN et al. 1975).

Die Besonderheiten der Oocytenreifung bei den Rogenern von *P. formosa* wurden noch nicht gründlich untersucht. Ursprünglich wurde angenommen, daß möglicherweise eine prämeiotische Endomitose (Chromosomenverdopplung) ohne nachfolgende Zellteilung in den Oocyten der Rogener beider Formen stattfindet (SCHULTZ und KALLMAN 1968; RASCH et al. 1970). Untersuchungen, die später mit Hilfe der Cytofotometrie und der Autoradiografie durchgeführt wurden, zeigten aber, daß bei den Rogenern im Laufe der Meiose keine Konjugation homologer Chromosomen (Synapsis) stattfindet. Die erste Reifungsphase ist im wesentlichen eine mitotische Teilung und nicht von einer Reduktion der Chromosomenzahl begleitet (RASCH et al. 1982; MONACO et al. 1984). Unzweifelhafte indirekte Hinweise auf die Ausschaltung der Meiose bei *P. formosa* ergeben sich aber daraus, daß ein klonaler Typ der Fortpflanzung bei dieser Form festgestellt wurde. Durch Gewebetransplantation wurde nachgewiesen, daß verschiedene Klone in den natürlichen Populationen von *P. formosa* vorhanden sind (KALLMAN 1962a, 1962b; DARNELL et al.1967; TURNER et al. 1980c, 1982).

Während der gesamten Untersuchungen wurden in den Populationen von *P. formosa* lediglich einige Dutzend Milchner gefunden (DARNELL und ABRAMOFF 1968 u. a.). Nur gelegentlich brachten diese Milchner im Laboratorium bei Kreuzungen mit ihren Rogenern Nachkommen. Ein großer Teil der Milchner erwies sich als reproduktiv nicht vollwertig. Die Milchner von *P. formosa* haben eine Ähnlichkeit mit den durch Hormonbehandlung maskulinisierten Rogenern dieser Form, sie ähneln aber auch den Milchnern der F_1-Hybridgeneration aus Kreuzungen zwischen *P. latipinna* und *P. mexicana*. Das Auftreten vereinzelter Milchner in den natürlichen Populationen (und in einigen Laborbeständen) von *P. formosa* ist sehr wahrscheinlich das Ergebnis der phänotypischen Geschlechtsumkehr bei gynogenetischen Rogenern oder der zufälligen Hybridisierung nahe verwandter bisexueller Arten (HUBBS et al. 1959 u. a.). Nicht ausgeschlossen ist auch die teilweise Erhaltung des väterlichen Chromatins, das zum Auftreten von Merkmalen des männlichen Geschlechts führt (HASKINS et al. 1960).

Die Gynogenese bei *P. formosa* ist offenbar erst vor verhältnismäßig kurzer Zeit entstanden (TURNER et al. 1980c). Vom phylogenetisch jungen Ursprung der diploiden Rogener von *P. formosa* zeugt auch deren phänotypische Ähnlichkeit mit den Hybriden zwischen *P. mexicana* und *P. latipinna* nach morphologischen und biochemischen Merkmalen (HUBBS und HUBBS 1946b; BALSANO 1969). Die Gewinnung triploider Hybriden aus Laborkreuzungen diploider Rogener von *P. formosa* mit Milchnern anderer Arten (die durchschnittliche Häufigkeit derartiger Hybriden beträgt etwa 1 %; s. SCHULTZ und KALLMAN 1968; RASCH und BALSANO 1973a) wie auch die Gewinnung triploider Nachkommen von einem diploiden Rogener (STROMMEN et al. 1975) deuten darauf hin, daß zwischen den gynogenetischen Rogenern von *P. formosa* und den diploiden bisexuellen Arten noch keine vollständige reproduktive Isolation besteht. Das Fehlen von *P. formosa* in bestimmten Teilen des Verbreitungsgebietes der Parentalarten weist ebenfalls auf den jungen Ursprung dieser Art hin (DARNELL und ABRAMOFF 1968).

An der Pazifikküste Mexikos wurde ein einzigartiger eingeschlechtlich-zweigeschlechtlicher Komplex festgestellt, dem gynogenetische und hybridogene Formen sowie nahe mit ihnen verwandte bisexuelle Arten der Gattung *Poeciliopsis* angehören (MILLER und SCHULTZ 1959; SCHULTZ 1961, 1969, 1977). Von zentraler Bedeutung für die Entstehung der Eingeschlechtlichkeit bei *Poeciliopsis* ist offenbar das Genom von *P. monacha*, das in allen hybridogenen und gynogenetischen Formen dieser Gattung vorkommt.

Es wurden vier diploide hybridogene Formen unterschiedlichen Ursprungs beschrieben: *P. monacha – lucida* (P_{m-l}), *P. monacha – occidentalis* (P_{m-o}), *P. monacha – latidens* (P_{m-lat}) und *P. monacha (viriosa) – lucida* ($P_{m(v)-l}$) (SCHULTZ 1961, 1969, 1977; VRIJENHOEK und SCHULTZ 1974 u. a.). Die drei ersten Formen sind Hybriden zweier Arten, sie enthalten je ein Genom von diesen Arten und nehmen hinsichtlich ihrer morphologischen Merkmale eine intermediäre Stellung zwischen ihnen ein. Die trihybride Form weist die Kennzeichen von drei Arten auf. Die Introgression der Gene von *P. viriosa* konnte über das Genom von *P. monacha* bei Kreuzungen der Rogener von *P. monacha* mit Milchnern von *P. viriosa* erfolgen, da bei den Hybriden dieser Kreuzung eine normale Meiose stattfindet (SCHULTZ 1977).

Jede hybridogene Form pflanzt sich unter Beteiligung „ihrer" (gemeinsam mit ihr vorkommenden) bisexuellen Art fort: P_{m-l} und $P_{m(v)-l}$ mit den Milchnern von *P. lucida*, P_{m-lat} mit den Milchnern von *P. latidens* und P_{m-o} mit den Milchnern von *P. occidentalis*. Die Nachkommen aus diesen Kreuzungen stellen stets Hybriden dar (sie haben je ein Genom jedes Elternteils) und sind ausschließlich Rogener.

Die erste Besonderheit ist, wie bereits oben erwähnt, die Gewährleistung der Eliminierung des (seinem Ursprung nach) männlichen Genoms bei den hybridogenen Rogenern: Das Genom des Vatertieres wird selektiv aus dem Chromosomensatz ausgeschieden. Dies wurde durch unterschiedliche Kreuzungen, unter anderem auch durch Verwendung von Markierungsgenen (Allele des LDH-Locus) nachgewiesen (VRIJENHOEK 1972).

Die Eliminierung der männlichen Chromosomen erfolgt in der frühen Meiose, vor Beginn der Vitellogenese. Im Prozeß der Reifung macht der haploide weibliche Chromosomensatz (24 „*monacha*"-Chromosomen) eine (Äquations-)Teilung durch, wobei sich ein einziges Polkörperchen bildet. In der Eizelle verbleiben auf diese Weise 24 (ihrer Herkunft nach) weibliche Chromosomen. Bei der Befruchtung bringt das Spermium der entsprechenden bisexuellen Art 24 männliche Chromosomen in das Ei ein, und der Hybridkaryotyp wird wiederhergestellt (SCHULTZ 1977).

Die Genome von *P. lucida*, *P. occidentalis* und *P. latidens* können sich gegenseitig ersetzen. Es wird vermutet, daß die hybridogene Form P_{m-o} bei Kreuzungen der Rogener von *P. monacha* mit Milchnern von *P. occidentalis* (im Gebiet des gemeinsamen Vorkommens dieser bisexuellen Arten) auftreten kann. Es ist aber auch nicht ausgeschlossen, daß sich die P_{m-o}-Rogener durch Kreuzung von P_{m-l}-Rogenern (die in das Verbreitungsgebiet von *P. occidentalis* eindrangen) mit Milchnern der letzteren Art bildeten. Die Entstehung der hybridogenen Form P_{m-lat} erfolgte sehr wahrscheinlich durch Ersatz des Genoms von *P. lucida* durch das Genom von *P. latidens* bei Kreuzungen von hybridogenen P_{m-l}-Rogenern mit Milchnern von *P. latidens* (SCHULTZ 1977).

Die zweite Besonderheit der hybridogenen Formen, ihre Eingeschlechtlichkeit, ist nicht vollständig geklärt. Es ist möglich, daß die entscheidende Bedeutung für die Geschlechtsbestimmung bei der Hybridogenese der Wechselwirkung der geschlechtsbestimmenden Faktoren zukommt, und zwar handelt es sich dabei um den Einfluß der stärkeren Faktoren des weiblichen Geschlechtes bei *P. monacha* (SCHULTZ 1977).

Die Nachkommenschaft von Kreuzungen hybridogener Rogener mit Milchnern von *P. monacha* unterscheidet sich nach ihren Merkmalen nicht von *P. monacha* (SCHULTZ 1977; LESLIE und VRIJENHOEK 1978; VRIJENHOEK 1979a). Es ist offensichtlich, daß der Chromosomensatz „monacha" bei den hybridogenen Rogenern und der haploide Chromosomensatz bei Individuen, die die bisexuellen Populationen von *P. monacha* bilden, identisch sind. In den Populationen von *P. monacha* kommen auch gegenwärtig noch Rogener mit erblicher Neigung zur Hybridogenese vor. Dies wird insbesondere durch die erfolgreiche Synthese hybridogener P_{m-l}-Rogener unter Laborbedingungen bestätigt, obgleich nur 7 % der Kreuzungen ein positives Resultat brachten (SCHULTZ 1973, 1977; ANGUS und SCHULTZ 1979).

Die hybridogenen Formen werden von einigen Autoren als Vorläufer der gynogenetischen Formen der Gattung *Poeciliopsis* angesehen. Der Mechanismus der eingeschlechtlichen Fortpflanzung kann sich bei den Hybriden im Ergebnis der Eliminierung der männlichen Chromosomen zu Beginn der Meiose oder auch durch die nicht zufallsgemäße Trennung der (ihrem Ursprung nach) männlichen und weiblichen Chromosomensätze bei den Rogenern während der Reduktionsteilung herausgebildet haben (VRIJENHOEK 1979b). Der Übergang von der Hybridogenese zur Gynogenese ist mit der Störung des Hybridogenesemechanismus verbunden. Dieser Prozeß kann umfassen:

1. den Verlust der Reduktion des männlichen Chromosomensatzes während der Reifung des Eies und
2. die Eliminierung der Chromosomen des Spermiums kurz nach dessen Eindringen in das Ei.

Drei gynogenetische Formen von *Poeciliopsis* wurden beschrieben: P_{2m-l}, P_{m-2l} und (am wenigsten untersucht) $P_{2m(v)-l}$. Alle sind triploid, und, wie die hybridogenen Formen, besitzen sie keine selbständige taxonomische Nomenklatur. Die willkürlichen Kennzeichnungen (2m-l usw.) geben die Zahl der Genome jeder Elternart im Chromosomensatz an. Als Vorläufer der beiden ersten Formen werden die hybridogenen P_{m-l}-Rogener angenommen, als Vorläufer der dritten Form gelten die $P_{m(v)-l}$-Rogener. Die gynogenetischen Formen kommen sympatrisch mit den bisexuellen Arten vor: P_{2m-l} tritt gemeinsam mit *P. monacha*, P_{m-2l} gemeinsam mit *P. lucida* auf. Sie unterscheiden sich durch die Struktur der Zähne, der Wirbelzahl und einige andere morphologische Merkmale voneinander. Bezüglich der biologischen Besonderheiten hat jede gynogenetische Form eine charakteristische vorzugsweise Ähnlichkeit mit „ihrer" bisexuellen Art. Gynogenese wurde im Ergebnis von Kreuzungen mit Milchnern mehrerer bisexueller sympatrischer und allopatrischer Arten festgestellt (SCHULTZ 1967).

Die Hybridnatur der gynogenetischen Individuen von *Poeciliopsis* wurde aufgrund einer morphologischen Analyse (SCHULTZ 1966, 1969) und mit Hilfe biochemischer Markierungsgene nachgewiesen (VRIJENHOEK 1972). Die gynogenetischen P_{2m-l}-Rogener besitzen 72 Chromosomen. Die Triploidie wurde direkt durch Ermittlung der Chromosomenzahl (SCHULTZ 1971) und indirekt nach der Größe der Erythrocytenkerne, cytofotometrisch (nach dem DNA-Gehalt in den Zellkernen) sowie nach den LDH-Spektren festgestellt (VRIJENHOEK 1972; CIMINO 1973, 1974). Bei der Reifung der gynogenetischen Rogener machen die primären Oogonien eine Endomitose durch (CIMINO 1972a, 1972b). Das hexaploide Ei durchläuft die Meiose, wobei die Bivalente durch die Schwesterchromosomen gebildet werden. Dieser Mechanismus gewährleistet die genetische Gleichheit der gesamten Nachkommenschaft der Mutter und die klonale Fortpflanzung.

Der einzige bekannte Fall eines Milchners in der Nachkommenschaft eines P_{2m-l}-Rogeners erklärt sich durch den Verlust eines „*monacha*"-Genoms (CIMINO und SCHULTZ 1970). Nach dem äußerlichen Erscheinungsbild war der Milchner ein typischer Hybride P_{m-l}.

Die diploiden hybridogenen und die triploiden gynogenetischen Individuen leben gewöhnlich gemeinsam in den meisten eingeschlechtlichen Populationen von *Poeciliopsis*. In den gemischten eingeschlechtlichen Populationen können die Triploiden von den ihnen äußerlich ähnlichen Diploiden nach dem Erythrocytendurchmesser unterschieden werden. Der Anteil der Diploiden schwankt, meist aber herrschen sie vor. Die Zahl der Triploiden vergrößert sich infolge ihrer höheren Fruchtbarkeit am Ende der Trockenzeit (THIBAULT 1978).

Noch ein Beispiel natürlicher Gynogenese bei Fischen betrifft einen Vertreter der Familie Cyprinidae, den Giebel, *Carassius auratus gibelio* (GOLOVINSKAJA und ROMAŠOV 1947). Beim Giebel ist eine gynogenetische (eingeschlechtliche) Form neben der gewöhnlichen zweigeschlechtlichen Form der gleichen Art bekannt, von der sie morphologisch nicht zu unterscheiden ist (GOLOVINSKAJA et al. 1965).

Das weite Verbreitungsgebiet des Giebels erstreckt sich von Japan bis nach Westeuropa. Im östlichen Teil des Verbreitungsgebietes, einschließlich einiger Gewässer Sibiriens, kommen hauptsächlich bisexuelle Populationen vor. Dabei herrschen jedoch zahlenmäßig die Rogener vor, was offenbar das Ergebnis der Vermischung eingeschlechtlicher und zweigeschlechtlicher Formen ist. Das Gleichgewicht zwischen diesen beiden Formen bestimmt das allgemeine Verhältnis der Rogener zu den Milchnern in den Populationen. Nach Westen hin sinkt der Prozentsatz der Milchner in den Giebelpopulationen allmählich, und im europäischen Teil des Verbreitungsgebietes ist diese Art fast überall durch die eingeschlechtliche gynogenetische Form vertreten. Das Vorkommen bisexueller Populationen in einzelnen Gewässern des europäischen Teils der UdSSR wurde durch zufällige Einwanderung von zweigeschlechtlichen Giebeln aus dem Amur bedingt. In Europa (Rumänien, Bulgarien, DDR und BRD) gibt es beide Formen, aber die eingeschlechtliche herrscht vor. In den gemischten Populationen vermehren sich die gynogenetischen Rogener unter Beteiligung von Milchnern der zweigeschlechtlichen Form der gleichen Art. In den eingeschlechtlichen Populationen pflanzen sie sich dagegen unter Beteiligung von Milchnern nahe verwandter Arten (Wildkarpfen, Plötze, Karausche und andere) fort. In den Teichwirtschaften verwendet man zur Vermehrung des Giebels meist Karpfenmilchner.

Kreuzungen bestätigten das Vorhandensein der Gynogenese, in allen Fällen erbte die Nachkommenschaft nur die mütterlichen Merkmale (Tab. 46). Strahlenbehandlung von Karpfenchromosomen, die für die bisexuelle Form letal gewesen wäre, hatte keine hemmende Wirkung auf die Entwicklung der Nachkommenschaft der eingeschlechtlichen Form, da die paternalen Chromosomen keinen Anteil an der Entwicklung eingeschlechtlicher Giebel haben. Cytologisch wurden die frühen Entwicklungsphasen der gynogenetischen Form bis zum Stadium der zwei Blastomeren verfolgt (GOLOVINSKAJA 1954; KOBAYASHI 1971; OJIMA und ASANO 1977). Nach dem Eindrin-

Tabelle 46   Zusammenstellung der Arten, von denen Milchner in Kreuzungen mit Rogenern der eingeschlechtlichen Form des Giebels verwendet wurden

Milchner	Nachkommen	Literaturquelle
Cyprinidae		
Cyprinus carpio	Carassius auratus gibelio, Rogener	3
Desgl., Sperma bestrahlt	desgl.	4
Carassius auratus	desgl.	3
Carassius auratus gibelio:		
eingeschlechtliche Form	desgl.	1
zweigeschlechtliche Form	desgl.	2
C. carassius	desgl.	3
Tinca tinca	desgl.	3
Rutilus rutilus	desgl.	3
Hemibarbus labeo	desgl.	5
Cobitidae		
Misgurnus fossilis	desgl.	4
Salmonidae		
Salmo gairdneri	desgl.	6

Literatur: 1. GOLOVINSKAJA (1954); 2. GOLOVINSKAJA (1960); 3. GOLOVINSKAJA und ROMAŠOV (1947); 4. GOLOVINSKAJA et al. (1965); 5. KRYŽANOVSKIJ (1947); 6. ČERFAS (1971)

gen in die Eizelle bildet sich der Spermatozoenkopf nicht in den männlichen Pronucleus um und beteiligt sich nicht an der ersten Furchungsteilung. In dieser Periode hat er die Gestalt eines dichten Chromatingebildes und wird anschließend offenbar eliminiert (Abb. 73).
Bei der diploiden Form des Giebels beträgt die Chromosomenzahl 94 bis 100 (ČERFAS 1966a; OJIMA et al. 1966); es besteht große

 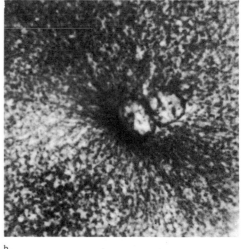

a   b

Abb. 73   Vorbereitung zur ersten Furchungsteilung beim Giebel *(Carassius auratus gibelio).*
a eingeschlechtliche Form, triploider weiblicher Pronucleus und Spermatozoenkopf;
b zweigeschlechtliche Form, weiblicher und männlicher Pronucleus.

Ähnlichkeit zwischen den Karyotypen des Giebels und des Karpfens (OJIMA und HITOTSUMACHI 1967). Alle untersuchten gynogenetischen Giebelrogener aus europäischen Populationen erwiesen sich mit einer Chromosomenzahl von 135 bis 146 oder 160 als triploid (ČERFAS 1966a, 1966b; PEHÁR et al. 1979). In japanischen Populationen sind triploide und seltener tetraploide gynogenetische Formen mit 156 (3n) und 206 (4n) Chromosomen weit verbreitet (KOBAYASHI et al. 1970, 1977; KOBAYASHI und OSHI 1972; LIN et al. 1980). Beschrieben wurde eine individuelle Variabilität mit Zahlen zwischen 153 und 160 Chromosomen bei einzelnen Rogenern. Bei einigen Individuen wurden Mikrochromosomen gefunden (MURAMOTO 1975). In chinesischen Gewässern wurden bisexuelle diploide (2n = 100) und gynogenetische triploide (3n = 162) Formen der chinesischen Karausche *(C. auratus)* festgestellt (RUIGUANG 1982). Zur Bestimmung des Ploidiegrades verwendete man die Erythrocytengrößen (ČERFAS 1966a; ČERFAS und ŠART 1970; SEZAKI et al. 1977), aber auch die Gene der Muskeleiweiße und der Creatinkinase (LIN et al. 1978).

Die Meiose wurde bei den triploiden Giebeln eingehend untersucht (ČERFAS 1966a). Bei der Reifung treten Konjugation der homologen Chromosomen, Crossing over und Reduktionsteilung nicht auf. Die Eizelle durchläuft zwei Reifungsteilungen. In der ersten (abortiven) Teilung bildet sich eine dreipolige Spindel (Abb. 74), die sich später in eine zweipolige umwandelt. Die univalenten Chromosomen verteilen sich zwischen den beiden Polen entweder gleichmäßig oder im Verhältnis 1:2. Anschließend vereinigen sich alle univalenten Chromosomen zu einer einheitlichen triploiden Metaphaseplatte der zweiten (tatsächlich aber der ersten) Teilung, die eine normale Mitose darstellt. In diesem Stadium befindet sich die Eizelle zum Zeitpunkt der Ovulation (Abb. 75). Die Meiose wird bald nach dem Eindringen des Spermiums durch Abscheidung des ersten (und einzigen) Polkörperchens abgeschlossen. Die in der Eizelle verbleibende triploide Gruppe weiblicher Chromosomen wandelt sich in den weiblichen Pronucleus um und bildet anschließend die Metaphaseplatte

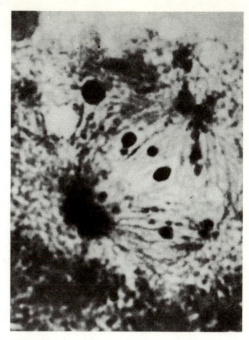

Abb. 74
Erste Furchungsteilung bei einem gynogenetischen Weibchen des Giebels (tripolare Mitose).

der ersten Furchungsteilung. Eine einzige (Äquations-)Reifeteilung erfolgt auch in den Oocyten der gynogenetischen triploiden Rogener der japanischen Karausche (KOBAYASHI 1976). Die dargestellten Besonderheiten der Meiose bei den triploiden Giebelrogenern bedingen ihre clonale Fortpflanzung. In dieser Hinsicht sind die Giebel den übrigen gynogenetischen Formen der Fische ähnlich.

In den europäischen gynogenetischen Giebelpopulationen sind die Milchner noch seltener als bei *P. formosa*. Im Verlauf von mehr als 25 Untersuchungsjahren wurden nur zwei Milchner gefunden. Einer von diesen brachte Nachkommen mit „seinem" gynogenetischen Rogener, erwies sich aber als reproduktiv nicht vollwertig bei Kreuzungen mit einem Karpfenrogener. Der andere war vollständig steril (GOLOVINSKAJA 1960). In den japanischen Populationen kommen triploide Milchner vor (MURAMOTO 1975); ihre Fortpflanzungsfähigkeit wurde jedoch nicht geprüft. Es wurde die

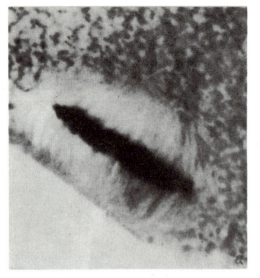 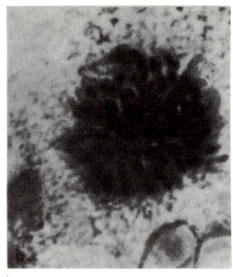

a　　　　　　　　　　　　　　b
Abb. 75
Oocyte des eingeschlechtlichen Giebels zum Zeitpunkt der Ovulation. a Metaphasenspindel;
b triploide Metaphaseplatte.

Möglichkeit nachgewiesen, triploide gynogenetische Giebelrogener durch Einwirkung von männlichem Sexualhormon (Methyltestosteron) zur Geschlechtsumkehr zu bringen (GOMEL'SKIJ und ČERFAS 1982). Hormonstörungen können auch die Ursache für das Auftreten der seltenen Männchen unter den gynogenetischen Rogenern in natürlichen Populationen sein.
Unlängst wurde in der Nähe Moskaus ein Komplex von diploiden, triploiden und tetraploiden Formen der Gattung *Cobitis* (Fam. Cobitidae) entdeckt. Alle Triploiden sind in diesem Fall Weibchen und pflanzen sich wahrscheinlich durch Gynogenese fort. Vermutlich sind diese Triploiden durch Hybridisierung entstanden (OSINOV et al. 1983).
Demnach ist die natürliche Gynogenese bei den Fischen wie auch bei den parthenogenetischen und gynogenetischen Formen anderer Tiere eng mit Erscheinungen der Hybridisation, Apomixis und Polyploidie verbunden (ASTAUROV 1971).
Den ersten Schritt in der Reihe der Ereignisse, die zur triploiden Gynogenese in der Familie Poeciliidae führte, bildete die zwischenartliche Hybridisation. Die Hybridisation wurde dadurch ermöglicht, daß sich die Arten leicht kreuzen ließen und daß infolge geringerer Lebensfähigkeit ein Mangel an Milchnern in den natürlichen Populationen bestand. Die Hybriden mußten sich wegen der Störung des Gleichgewichts zwischen den Genomen der Ausgangsarten durch eine geringere Fruchtbarkeit auszeichnen.
Die zweite wichtige Stufe besteht im Ausfall der Reduktionsteilung bei den Hybriden und in der offenbar gleichzeitigen Entwicklung der Fähigkeit zur parthenogenetischen Fortpflanzung (diploide ameiotische Parthenogenese). Im Ergebnis dessen wird bei den Hybriden die normale Fruchtbarkeit wiederhergestellt. Beim Vorhandensein von Mechanismen, die die Inaktivierung des männlichen Kerns nach dem Eindringen des Spermiums in das Ei gewährleisten, kann die Parthenogenese leicht durch die diploide Gynogenese ersetzt werden. Schließlich führten Rückkreuzungen von diploiden gynogenetischen Rogenern mit Milchnern bisexueller Arten zum Auftreten von triploiden echten Hybriden, die sich ebenfalls gynogenetisch fortpflanzten. Dieser Prozeß verläuft offensichtlich unter Be-

teiligung von spezifischen Genen, die die beiden Hauptelemente der Gynogenese, Ausschaltung der Reduktion der weiblichen Chromosomen und genetische Inaktivierung des Spermiums, steuern. Hybridursprung wurde für alle gynogenetischen Formen der Familie Poeciliidae nachgewiesen. Die Reihenfolge der Stadien, die zur triploiden Gynogenese führten, läßt sich nur bei *P. formosa* verfolgen. Sehr wahrscheinlich sind die gynogenetischen Formen von *Poeciliopsis* ebenfalls durch Hybridisation und Hybridogenese entstanden, obwohl es an unmittelbaren Beweisen dafür fehlt.

Der Ursprung der gynogenetischen Formen des Giebels ist bisher noch nicht klar. Der wichtigste Hinweis, der gegen seinen Hybridursprung spricht, ist die morphologische Ähnlichkeit der Rogener der diploiden bisexuellen Form mit den Triploiden. Vollständig ausschließen läßt sich ein Hybridursprung der Gynogenese beim Giebel jedoch nicht. Zugunsten des letzteren sprechen Besonderheiten der Chromosomenverteilung während der ersten meiotischen Teilung. Diese deuten auf cytologische und genetische Ungleichheit der Genome hin, die den triploiden Satz bilden. Festgestellt wurden außerdem große Unterschiede zwischen den eingeschlechtlichen und zweigeschlechtlichen Formen hinsichtlich der Erythrocytenantigene (POCHIL' 1969), obgleich diese auch das Ergebnis der Anhäufung von Mutationen bei den Rogenern der eingeschlechtlichen Form sein können.

Weitere Ergebnisse, die die Möglichkeit des Hybridursprungs der Gynogenese beim Giebel unterstützen, wurden bei der Untersuchung von Hybriden aus Kreuzungen des Giebels (zweigeschlechtliche Form) mit dem Karpfen gewonnen. Einige Rogener dieser Hybriden (F_1) bringen nichtreduzierte diploide Gameten hervor (EMEL'JANOVA und ČERFAS 1980). Dies führt zum Auftreten von Triploiden in den Rückkreuzungen der F_1-Rogener mit Milchnern der Ausgangselternarten, Karpfen und zweigeschlechtliche Form des Giebels (ČERFAS und ILJASOVA 1980b; ČERFAS et al. 1981; OJIMA et al. 1975). Nach Angaben japanischer Autoren beträgt die Chromosomenzahl bei diesen Triploiden 145 bis 160, ebenso viele wie bei der triploiden Form des Giebels aus natürlichen Populationen. Triploide Nachkommen wurden auch unter den F_1-Hybriden festgestellt, die aus Kreuzungen zwischen Karpfenrogenern und Giebelmilchnern gewonnen wurden (OJIMA und UEDA 1978). Alle triploiden F_1-Hybriden erwiesen sich als Rogener und hatten im Chromosomensatz ein spezifisches C-färbbares Segment. Diese Markierung fehlt bei beiden Elternformen, ist aber bei den triploiden gynogenetischen Rogenern vorhanden.

Die triploide (Hybrid-)Gynogenese konnte beim Giebel auf einem kürzeren Weg entstehen als bei *Poecilia*, indem das Stadium der diploiden Gynogenese ausgelassen wurde. Bei Massenhybridisation zwischen Karpfen und Giebel unter natürlichen Verhältnissen konnten einzelne fruchtbare oder teilweise fruchtbare triploide Rogener entstehen, die den Grundstein zu den triploiden Klonen (bei genetischer Inaktivierung des männlichen Kerns) legten. Die Fähigkeit zur Gynogenese konnte beim Giebel die Notwendigkeit zur Hybridisation der Rogener dieser Art abwenden, wenn sie zufällig in fremde Gewässer gerieten, wo sie von den eigenen Milchnern isoliert waren (GOLOVINSKAJA und ROMAŠOV 1947).

Die Erscheinung der Hybridgynogenese (das Auftreten von Individuen mütterlichen Typs bei entfernten Kreuzungen) bestätigt eine solche Möglichkeit. Dieser Weg der Gynogeneseentstehung schließt die Hybridisation nicht aus, die später entstanden sein könnte.

Eine vergleichende Analyse zeigt die sehr große Ähnlichkeit des Giebels mit den triploiden rückgekreuzten Hybriden, die zwei Genome des Giebels und ein Genom des Karpfens besitzen (ČERFAS und ILJASOVA 1980b). In der Kombination mit den beiden Genomen des Giebels werden offenbar einige Gene des Karpfens unterdrückt und inaktiviert. Im Verlauf der Evolution der gynogenetischen Form des Giebels konnte eine gerichtete Auslese erfolgen, die die Ähnlichkeit der gynogenetischen Rogener mit der bisexuellen Ausgangsform verstärkte. Man muß schließlich in Betracht ziehen, daß das Entstehen gynogenetischer Formen nicht mit der Vereinigung von voll-

ständigen Genomen, aber mit der Introgression einiger Chromosomen (Gene) einer Art in das Genom der zweiten Art verbunden sein könnte.
Die Evolution der gynogenetischen triploiden Formen war offenbar von Chromosomenmutationen begleitet. Hiervon zeugen die karyotypischen Besonderheiten der Rogener von *P. formosa* (PREHN und RASCH 1969) und die verringerte DNA-Menge in den Kernen der gynogenetischen Rogener der Familie Poeciliidae (CIMINO 1974).
Die adaptiven Möglichkeiten der hybridogenen und gynogenetischen Formen werden durch komplizierte Wechselwirkungen einer großen Zahl von Faktoren bestimmt. Eine sehr wichtige Rolle spielt der Grad der genetischen Variabilität der hybridogenen und gynogenetischen Rogener, die keinen normalen Geschlechtsprozeß und damit verbundene Segregation und Rekombination der Gene aufweisen. Von großer Bedeutung für die Beurteilung der genetischen Variabilität in den hybridogenen und gynogenetischen Populationen waren Versuche zur Gewebetransplantation und elektrophoretische Untersuchungen. Beide Methoden, insbesondere aber die erste, ermöglichten, die klonale Struktur der hybridogenen und gynogenetischen Populationen aufzudecken und die Besonderheiten der klonalen Variabilität festzustellen (KALLMAN 1962a, 1962b; MOORE 1976, 1977; VRIJENHOEK et al. 1977, 1978; LESLIE und VRIJENHOEK 1978; THIBAULT 1978; ANGUS und SCHULTZ 1979; BULGER und SCHULTZ 1979; VRIJENHOEK 1979a, 1979b; ANGUS 1980; TURNER et al. 1980c u. a.).
Bei den hybridogenen Rogenern gibt es folgende Ursachen für die klonale Variabilität:

1. periodische Hybridisation der bisexuellen Arten (die zum Auftreten neuer hybridogener Formen führt);
2. Mutationen;
3. Rekombinationen;
4. zufällige Introgression der Gene der väterlichen Art.

Der erste der genannten Faktoren wirkt in Gebieten, in denen die „elterlichen" bisexuellen Arten sympatrisch nebeneinander vorkommen und hat dort die größte Bedeutung (ANGUS und SCHULTZ 1979; ANGUS 1980; VRIJENHOEK 1984). Die Fähigkeit des Genoms von *P. monacha*, sich abwechselnd an hybridogenen und normalen Geschlechtsprozessen zu beteiligen, gewährleistet den Zustrom von Mutationen aus den bisexuellen Populationen in die hybridogenen. Dieser Prozeß erweist sich auch für die bisexuelle *P. monacha* als geeignet, da er die Aufrechterhaltung eines hinreichend hohen Grades der Variabilität in den bisexuellen Populationen sicherstellt (VRIJENHOEK 1979a, 1979b). Eine zusätzliche Quelle der genetischen Variation bildet bei den hybridogenen Formen das väterliche Genom, das der bisexuellen Art entlehnt wurde.
Die klonale Variabilität ist in den gynogenetischen Populationen wesentlich geringer als in den hybridogenen. Bei den gynogenetischen Formen stellen Klonbildung „de novo" und Mutationen die wichtigsten Quellen der genetischen Variabilität dar.
Die Vorzüge des Auftretens nur eines Geschlechts bei der Parthenogenese bringt man mit der Verdopplung der Fortpflanzungsgeschwindigkeit und der Möglichkeit einer weiten Verbreitung in Zusammenhang. Alle eingeschlechtlich weiblichen Formen der Fische unterscheiden sich von den parthenogenetischen Tieren dadurch, daß sie obligatorische „Parasiten" und vollständig von nahe verwandten bisexuellen Arten abhängig sind. In erster Linie trifft das auf die lebendgebärenden Formen aus der Familie Poeciliidae zu. Spezielle Untersuchungen (MCKAY 1971; MOORE und MCKAY 1971; SCHULTZ 1971) ergaben, daß in den gemischten eingeschlechtlich-zweigeschlechtlichen Populationen von *Poecilia* und *Poeciliopsis* sehr komplizierte Wechselbeziehungen zwischen den eingeschlechtlichen und zweigeschlechtlichen Formen aufgebaut werden. Die Milchner der bisexuellen Arten sind in der Lage, die eigenen Rogener und die aus eingeschlechtlichen Populationen zu unterscheiden und ziehen es vor, die ersteren zu besamen. Dies gilt insbesondere für die Vertreter der Gattung *Poeciliopsis*. Eine ähnliche Erscheinung ist auch in gemischten Populationen von Salamandern zu beobachten (BORKIN und DAREVSKIJ 1980). Die Auswahl bei der Besamung ist das Ergebnis der Selek-

tion von Genen, die das Paarungsverhalten steuern. Parallel dazu sind, wie Untersuchungen an P_{m-21}-Rogenern zeigen, adaptive Veränderungen möglich, die die Ähnlichkeit der gynogenetischen Rogener zu den Milchnern der bisexuellen Art *(P. lucida)* verstärken. Dies erhöht die Wahrscheinlichkeit, daß die Rogener besamt werden (SCHULTZ 1977; LESLIE und VRIJENHOEK 1978).

Der Vorzug, den die Milchner „ihren" Rogenern gewähren, führt insgesamt zu einem Rückgang der Fruchtbarkeit der gynogenetischen Rogener. Der Anteil der nicht besamten Rogener ist um so höher, je größer die Zahl der eingeschlechtlichen Formen in der Population ist (MOORE 1976; MOORE und BRADLEY 1979). Für die hybridogenen P_{m-o}-Rogener ist z. B. eine Situation ungünstig, wo ihr zahlenmäßiger Anteil über 84,5 % ansteigt (MOORE 1976). Beim Giebel ist diese Abhängigkeit aufgrund der äußeren Besamung weniger ausgeprägt. Dies ermöglichte es der eingeschlechtlichen Form des Giebels, sich weit auszudehnen und im größten Teil des Verbreitungsgebietes zu dominieren.

Die genetischen Vorteile der gynogenetischen Formen beruhen auf ihrer Hybridnatur, dem ameiotischen Typ der Reifung und der Triploidie. Diese Besonderheiten eröffnen die Möglichkeit der Entstehung und Aufrechterhaltung von gut adaptierten heterozygoten genetischen Systemen (VRIJENHOEK et al. 1977; TURNER et al. 1980a, 1980c, 1982). Die Zahl der heterozygoten Loci (P) ist bei den gynogenetischen (und hybridogenen) Formen wesentlich größer als bei Individuen aus den bisexuellen Populationen der elterlichen Arten (VRIJENHOEK et al. 1977, 1978; TURNER 1980c u. a.). Der hohe Grad der Heterozygotie ($\bar{H}$ bis 52 %) erhöht die Stabilität der Entwicklung der Fische (VRIJENHOEK und LERMAN 1982). Spezielle Versuche an gynogenetischen Rogenern von *Poeciliopsis* zeigten, daß diese unter Laborbedingungen eine höhere Überlebensrate besitzen als die Rogener der nahe verwandten zweigeschlechtlichen Arten. Eingeschlechtlichkeit und Heterosis, die den gynogenetischen Formen eigen sind, ermöglichen ihnen, ihre Populationen nach Perioden der Depression schnell wiederherzustellen (SCHULTZ 1971; BULGER und SCHULTZ 1979, 1983). Die Divergenz in verschiedene Klone (die sich nach dem Charakter der Ernährung, der Temperaturempfindlichkeit und anderen Besonderheiten unterscheiden) ermöglicht es, die Milieubedingungen auf unterschiedliche Weise zu nutzen, und gestattet den hybridogenen und gynogenetischen Formen, unterschiedliche ökologische Nischen schnell zu besetzen. Dies kompensiert offenbar die geringere Fruchtbarkeit und bedingt die große zahlenmäßige Stärke der eingeschlechtlichen Formen innerhalb des Verbreitungsgebietes. An hybridogenen Populationen von P_{m-l} und P_{m-o} wurde gezeigt, daß zwischen der Zahl der Klone und der zahlenmäßigen Stärke der eingeschlechtlichen Form eine sehr hohe positive Korrelation besteht (VRIJENHOEK 1979).

Von besonderem Interesse sind Hybridogenese und Gynogenese im Zusammenhang mit den Problemen der Evolution der polyploiden bisexuellen Arten der Fische. Viele Autoren (MOORE et al. 1970; SCHULTZ 1977; VASIL'EV 1977; THIBAULT 1978; BORKIN und DAREVSKIJ 1980) nehmen an, daß die triploide Gynogenese (und Parthenogenese) bei den Wirbeltieren keine evolutionäre Sackgasse darstellt.

Der Übergang zur Tetraploidie ist bei Kreuzungen von triploiden gynogenetischen Rogenern mit Milchnern nahe verwandter Arten im Ergebnis der Vereinigung eines triploiden weiblichen und eines haploiden männlichen Pronucleus möglich. Offenbar entstand auf diese Weise die tetraploide gynogenetische Form des Giebels. Das Vorhandensein von 4 Genomen eröffnet die Möglichkeit der Wiederherstellung der funktionalen Diploidie (normale Meiose und Übergang zu normaler geschlechtlichen Fortpflanzung). In der Evolution der gynogenetischen Hybridformen kann dieser Vorgang zum Auftreten von bisexuellen Amphidiploiden führen. Ein Modell des vermuteten Prozesses der Entstehung bisexueller amphidiploider Formen wurde mit Erfolg am Seidenspinner *Bombyx mori* dargestellt (ASTAUROV 1969, 1971). Experimentelle Untersuchungen in dieser Richtung können auch bei Fischen wertvolle Resultate liefern.

7.2. Induzierte Gynogenese

Die Möglichkeit einer induzierten diploiden Gynogenese bei Fischen zieht seit langem die Aufmerksamkeit der Wissenschaft auf sich. Die Gewinnung lebensfähiger gynogenetischer Nachkommen bei Arten, die sich auf normalem geschlechtlichem Wege fortpflanzen, gestattet es, eine Reihe wichtiger theoretischer biologischer Probleme und wesentlicher Aufgaben der praktischen Züchtung zu lösen.

Erste Hinweise auf die Möglichkeit einer induzierten Gynogenese sind in der Arbeit von OPPERMAN (1913) enthalten, die an der Bachforelle *(Salmo trutta fario)* durchgeführt wurde. Später wurden diese Beobachtungen durch Versuche an Schlammpeitzgern bestätigt (NEJFACH 1956). Der Grundstein zur systematischen Untersuchung der induzierten diploiden Gynogenese bei Fischen wurde durch die Arbeiten am Schlammpeitzger und am Karpfen gelegt (ROMAŠOV et al. 1960; GOLOVINSKAJA et al. 1963). Heute wird diploide Gynogenese bei vielen Fischarten induziert, hauptsächlich bei Objekten der Fischzucht (Tab. 47).

Methoden der Gewinnung diploider gynogenetischer Nachkommenschaft

Die experimentelle diploide Gynogenese erfordert die Lösung zweier Aufgaben: Genetische Inaktivierung der männlichen Chromosomen und Beseitigung der Reduktion des weiblichen Chromosomenkomplexes. Die Inaktivierung der männlichen Chromosomen wird durch die Behandlung des Spermas mit hohen Dosen von Mutagenen erreicht. Zu diesem Zweck verwendet man Gamma-, Röntgen- und Ultraviolettstrahlung (Strahlungsgynogenese) und seltener biologisch aktive Verbindungen (chemische Gynogenese).

Die Möglichkeit der genetischen Inaktivierung der männlichen Geschlechtszelle hängt mit der unterschiedlichen Empfindlichkeit der Chromosomen und des Cyto-

Tabelle 47
Verzeichnis der Arten, bei denen diploide Gynogenese induziert wurde

Familie und Art	Literaturquelle
Acipenseridae, verschiedene Arten	16
Salmonidae	
Silberlachs *(Oncorhynchus kisutch)*	13
Bachforelle *(Salmo trutta)*	9
Regenbogenforelle *(S. gairdneri)*	3, 4, 12
Peledmaräne *(Coregonus peled)*	7, 20
Atlantischer Lachs *(Salmo salar)*	12
Cyprinidae	
Europäischer Karpfen *(Cyprinus carpio)*	1, 2, 5, 8, 21
Zebrabärbling *(Brachydanio rerio)*	18
Graskarpfen *(Ctenopharyngodon idella)*	8, 17
Silberkarpfen *(Hypophthalmichthys molitrix)*	6
Marmorkarpfen *(Aristichthys nobilis)*	6
Cobitidae	
Schlammpeitzger *(Misgurnus fossilis)*	14, 15
Pleuronectidae, verschiedene Arten	9, 10, 11, 19

Literatur:

1. ČERFAS (1975); 2. ČERFAS (1978); 3. CHOURROUT (1980); 4. CHOURROUT (1982); 5. GOLOVINSKAJA et al. (1963); 6. MAKEEVA und KOREŠKOVA (1982); 7. MANTEL'MAN (1978); 8. NAGY et al. (1978); 9. PURDOM (1969); 10. PURDOM (1970); 11. PURDOM und LINCOLN (1974); 12. REFSTIE (1983); 13. REFSTIE et al. (1982); 14. ROMAŠOV und BELJAEVA (1965b); 15. ROMAŠOV et al. (1960); 16. ROMAŠOV et al. (1963); 17. STANLEY und SNEED (1974); 18. STREISINGER et al. (1981); 19. THOMPSON (1983); 20. COJ (1972); 21. COJ (1981).

plasmas gegenüber der Einwirkung von Mutagenen zusammen. Die höhere Empfindlichkeit des Vererbungsapparates gestattet es, mutagene Dosen auszuwählen, bei denen die männlichen Chromosomen vollständig zerstört werden, die Spermien aber ihre Fähigkeit behalten, in die Eizelle einzudringen und diese zur Entwicklung anzuregen. Für die genetische Inaktivierung des Spermas bestrahlt man es mit Dosen von etwa 100 kR (Gamma-, Röntgenstrahlen) oder mit 1 000 – 3 000 erg/mm^2 (UV-Strahlung).* In den Versuchen zur chemischen Gynogenese verwendet man Embichin (Chlormethan, $C_5H_{11}Cl_2N$, in Konzentrationen von 1 bis 3 mg/l), Dimethylsulfat ($7{,}7 \cdot 10^{-3}$ mol) und einige andere Verbindungen (VASECKIJ 1966; KOTOMIN 1968; COJ 1972). Bei der chemischen Gynogenese besteht die Gefahr, daß das Mutagen in die Eizelle gelangt, was sich ungünstig auf die Entwicklung des Keims auswirken kann (MANTEL'MAN und KAJDANOVA 1978).

Die cytologische Analyse zeigte, daß sich das bestrahlte Spermium nach dem Eindringen in die Eizelle in den männlichen Pronucleus umwandelt, die männlichen Chromosomen aber anschließend eine Pyknose durchmachen und eliminiert werden (ROMAŠOV und BELJAEVA 1964, 1965a). Das vom Spermium eingebrachte Centriol ermöglicht die Bildung der Spindel der ersten Furchungsteilung, an der nur die weiblichen Chromosomen beteiligt sind. Demnach verläuft die Entwicklung des Keims bei vollständiger genetischer Inaktivierung des Spermiums allein auf der Grundlage der weiblichen Chromosomen, das heißt gynogenetisch.

Das Problem der experimentellen diploiden Gynogenese besteht in erster Linie in der Erarbeitung von Methoden zur Diploidisierung des weiblichen Chromosomensatzes. Bei den Fischen befindet sich das ovulierte reife Ei im Stadium der Metaphase II der Meiose und enthält eine reduzierte Zahl von Chromosomen. Embryonen, die bei der Insemination des Eies durch genetisch inaktiviertes Sperma entstehen, stellen Haploide mit einem bestimmten Komplex von Abweichungen in der Entwicklung dar (Haploidsyndrom). Charakteristische Defekte sind: Verkürzung und Krümmung des Körpers, Ödem in Pericard, unvollständige Entwicklung der Augen, Störung der Pigmentation. Die Haploiden überleben die Embryogenese verhältnismäßig gut, sterben aber beim Schlupf oder in den folgenden Tagen.

In seltenen Fällen (mit einer Häufigkeit von in der Regel weniger als $1 \cdot 10^{-3}$) treten unter den haploiden Nachkommen vereinzelte, äußerlich normale Embryonen auf, die im Ergebnis spontaner Diploidisierung des weiblichen Chromosomenkomplexes entstehen. Nach GOLOVINSKAJA et al. (1963) ist das spontane Auftreten von diploiden gynogenetischen Nachkommen beim Karpfen besonders groß, wenn überreife Eier verwendet werden. Eine erhöhte Neigung zur induzierten diploiden Gynogenese (bis zu 1,7 % diploide Embryonen) ist bei Hybriden aus Kreuzungen zwischen dem Europäischen Karpfen und dem Japanischen Farbkarpfen zu beobachten (ČERFAS und ILJASOVA 1980a).

Zur Steigerung der Diploidisierungshäufigkeit des weiblichen Chromosomensatzes verwendet man meist Temperaturschocks, d. h. Einwirkung hoher oder niedriger subletaler Temperaturen auf die Eier. Diese Einflußnahme kann vor der Insemination der Eier (Metaphase II), kurz nach der Insemination (Anaphase II) und in der Periode der ersten Furchungsteilung des Keims stattfinden.

Der Temperaturschock im Stadium von Metaphase II und Anaphase II verhindert die Abtrennung des sekundären Polkörperchens, und die Diploidisierung der weiblichen Chromosomen erfolgt durch Vereinigung zweier haploider Sätze, Produkten der zweiten meiotischen Teilung (MAKINO und OJIMA 1943; ROMAŠOV und BELJAEVA 1965a). Dieser Mechanismus der Diploidisierung wirkt nach einer genetischen Analyse auch beim spontanen Auftreten von diploiden gynogenetischen Embryonen bei Karpfen und Scholle (GOLOVINSKAJA und ROMAŠOV 1966; THOMPSON et al. 1982).

Einwirkung auf die Eier während der ersten Furchungsteilung zerstört die Furchungs-

---

* 1 erg = 10^{-7} J
  1 R   = $2{,}58 \cdot 10^{-4}$ C/kg

spindel und führt zur Verschmelzung zweier schwesterlicher haploider Sätze.
Der Prozeß der Diploidisierung der weiblichen Chromosomen verläuft bei der induzierten Gynogenese nicht immer ganz exakt. Beim Karpfen (GERVAI et al. 1980a) und beim Zebrabärbling (STREISINGER et al. 1981) wurden viele aneuploide gynogenetische Embryonen gefunden.
Die Effektivität des Temperaturschocks wird durch seine Dauer und die Temperatureinwirkung, aber auch durch den Zustand der weiblichen Chromosomen zu Beginn des Schocks bestimmt. Die Temperaturverhältnisse hängen von den artbedingten Besonderheiten der Fische ab. Cytologische Untersuchungen beim Schlammpeitzger (ROMAŠOV und BELJAEVA 1965b) und indirekte Beobachtungen bei Karpfen, Regenbogenforelle, Peledmaräne sowie bei Plattfischen und Silberlachs haben gezeigt, daß die Einwirkung nach der Insemination am wirksamsten ist, wenn die weiblichen Chromosomen die Anaphase II durchlaufen.

Mit Hilfe von Temperaturschocks gelang es bei verschiedenen Fischarten, den Anteil an diploiden gynogenetischen Nachkommen beträchtlich zu steigern (Tab. 48) und bei Verwendung von nicht bestrahltem Sperma auch triploide Nachkommen in großen Mengen zu erhalten (Tab. 49). In Versuchen mit dem Zebrabärbling und der Forelle konnte der Temperaturschock mit Erfolg durch Erhöhen des hydrostatischen Druckes in der Metaphase und Anaphase II und während der ersten Furchungsteilung ersetzt werden (STREISINGER et al. 1981; LOU und PURDOM 1984; CHOURROUT 1984). Die Massenproduktion gynogenetischer Brut wurde in letzter Zeit bei Karpfen, Graskarpfen, Zebrabärbling und den Hybriden zwischen dem zweigeschlechtlichen Giebel und dem Karpfen möglich (ČERFAS 1975; STANLEY 1976a; NAGY et al. 1978; ČERFAS und ILJASOVA 1980a, 1980b). Die Hybriden zwischen Giebel und Karpfen besitzen die einzigartige Fähigkeit, zahlreiche diploide gynogenetische Nachkommen ohne Schockeinwirkung zu liefern. Dies ist durch den Wegfall der Reduktionsteilung der Chromosomen im Verlauf der Oocytenreifung bei den Hybridrogenern bedingt (EMEL'JANOVA und ČERFAS 1980).
Die gynogenetische Natur der diploiden Nachkommen kann durch morphologische Untersuchung der Fische oder (genauer) durch spezielle genetische Analyse nachgewiesen werden. Morphologische Kriterien verwendet man bei entfernten Kreuzungen, d. h. bei der Insemination mit Sperma einer Art, die sich nach ihrer Morphologie leicht von der mütterlichen Form unterscheiden läßt. In allen Fällen hatten die Nachkommen bei diesen heterogenen Besamungen (Tab. 50) nur die Merkmale der mütterlichen Art.
Die Analyse nach Markierungsgenen läßt sich bei genetisch gut untersuchten Objekten anwenden. Bisher werden Markierungsgene hauptsächlich in Arbeiten mit Karpfen genutzt. Eine Bestätigung für das Vorliegen von Gynogenese bei Untersuchungen dieser Art ist das Fehlen von Nachkommen mit einem dominanten (oder codominanten) Merkmal des Vaters. Als Beispiel kann das Auftreten von Spiegelkarpfen (ss) in der Nachkommenschaft von „Kreuzungen" eines Spiegelkarpfens mit einem Wildkarpfen gelten, der die genetische Formel SS hat. Das Fehlen von Nachkommen des dominanten Typs, d. h. von Schuppenkarpfen, bestätigt mit Sicherheit die genetische Inaktivierung des bestrahlten Spermas des Wildkarpfens (GOLOVINSKAJA et al. 1963). In Versuchen bei Karpfen verwendete man auch das Beschuppungsgen N, das Zeichnungsgen D, das Gen der hellen Färbung L sowie einige biochemische Markierungen (codominante Allele des Transferrins, der Muskelesterase und andere) (ČERFAS 1977; ČERFAS und TRUVELLER 1978).
Besonders geeignet sind bei solchen Untersuchungen die Gene, die in den frühen Stadien der Embryonal- oder Larvalentwicklung auftreten, wie z. B. die dominanten Allele der duplizierten Gene der Orangefärbung beim Karpfen (B_1B_2, das Gen der Färbung gol^+ beim Zebrabärbling (STREISINGER et al. 1981) oder die Proteingene bei Atlantischen Lachs (STANLEY 1983).

Tabelle 48
Gewinnung von gynogenetischen Diploiden durch Temperaturschocks

Taxonomische Gruppe	Bedingungen des Temperaturschocks				Anteil an diploiden Nachkommen, %		Literaturquelle (siehe Tab. 47)
	Stadium*	Zeit nach Insemination, min	Temperatur, °C	Einwirkungsdauer, min	Versuch	Kontrolle, ohne Schockbeeinflussung	
Acipenseridae, verschiedene Arten	M II	0	3–4	180–360	0,3–4,3	0,3–1,5	16
Salmo gairdneri	?	25	26	20	80,0	0	3
Oncorhynchus kisutch	M II	0–10	0,5	240	0,2–8,7	0	12
Coregonus peled	M II	5–7	0	120	0,3–5,7	0,06–0,5	7
Cyprinus carpio	M II	0	8–9	210	8,0	0,1	1
Desgl.	M II	0	7,5	330	22,2	1,0	2
Desgl.	M II	0	6–7	300	2,8–13,0	0,3–3,1	21
Desgl.	A II	15	4	60	36,4	0,2	8
Desgl.	A II	5	4	60	8,2	0,2	8
Brachydanio rerio	Furchung	13	41,4	2	10–20,0	0,0003 (?)	18
Ctenopharyngodon idella	?	5	4	60	23,0		8
Misgurnus fossilis	A II	10	0,5–3,0	180	14,9	0,3	14
Desgl.	A II	8	34	4	7,0	–	14
Pleuronectidae, verschiedene Arten	?	20	1	180	>60,0	<1,0	9
Desgl.	?	10–20	0,5	240	93,0	3,5–4,0	11

* M II und A II: Metaphase und Anaphase der 2. meiotischen Teilung

Tabelle 49
Gewinnung von Triploiden durch Temperaturschocks

Taxonomische Gruppe	Zeit nach Insemination min	Einwirkungsdauer min	Temperatur °C	Anteil an triploiden und tetraploiden Nachkommen %	Literaturquelle
Acipenseridae, verschiedene Arten	3–5	3–7	34	33–52	11
desgl.	1. Furchungsteilung	1–5	34	2–14 (4n)	11
Salmonidae					
Salmo gairdneri	25	20	26	100	2
desgl.	10	1	37	>40	9
desgl.	300	1	36	>10 (4n)	6
Oncorhynchus gorbuscha	30	10	29	21	1
O. keta	39	7	31–32	6	1
Salmo mykiss	20	7	31–32	24	1
Cyprinidae					
Cyprinus carpio	1–9	45	0–2	100	3
Ictaluridae					
Ictalurus punctatus	5	60	5	100	12, 13
Gasterosteidae					
Gasterosteus aculeatus	3	90–180	0	56	7, 8
desgl.	10	5	34	50	7, 8
Cichlidae					
Oreochromis aureus	15	60	11	75	10
Pleuronectidae					
Pl. platessa, Pl. flesus	15	120–240	0–1	100	4, 5

Literatur:
1. ČERNENKO (1981); 2. CHOURROUT und QUILLET (1982); 3. GERVAI et al. (1980); 4. LINCOLN (1981); 5. PURDOM (1972); 6. REFSTIE (1981); 7. SWARUP (1959a); 8. SWARUP (1959b); 9. THORGAARD et al. (1981); 10. VALENTI (1975); 11. VASECKIJ (1967); 12. WOLTERS et al. (1981); 13. WOLTERS et al. (1982).

Tabelle 50
Verzeichnis der Fischarten, bei denen gynogenetische Nachkommen durch Anwendung von bestrahltem Sperma anderer Arten erhalten wurden

Gekreuzte Arten		Literaturquelle
Rogener	Milchner (Sperma bestrahlt)	
Acipenser gueldenstaedti	Huso huso	8
Huso huso	Acipenser gueldenstaedti	8
Oncorhynchus kisutch	O. tshawytscha	6
Salmo gairdneri	O. kisutch	1
Cyprinus carpio	verschiedene Fischarten	2 u. a.
Ctenopharyngodon idella	Carassius auratus	10
Ctenopharyngodon idella	Cyprinus carpio	9

(Fortsetzung der Tabelle auf Seite 275)

Gekreuzte Arten		Literatur-quelle
Rogener	Milchner (Sperma bestrahlt)	
Hypophthalmichthys molitrix	Cyprinus carpio	3
Misgurnus fossilis	Cyprinus carpio	7
Misgurnus fossilis	Carassius carassius	7
Misgurnus fossilis	Carassius auratus gibelio	7
Pleuronectes platessa	Hippoglossus hippoglossus	5
Pleuronectes platessa	Platichthys flesus	4

Literatur:

1. CHOURROUT (1982); 2. GOLOVINSKAJA et al. (1963); 3. MAKEEVA und KOREŠKOVA (1982); 4. PURDOM (1969); 5. PURDOM und LINCOLN (1974); 6. REFSTIE et al. (1982); 7. ROMAŠOV et al. (1961); 8. ROMAŠOV et al. (1963); 9. STANLEY und JONES (1976); 10. STANLEY und SNEED (1974)

Tabelle 51
Aufspaltung biochemischer Loci in den gynogenetischen Nachkommenschaften bei Regenbogenforelle, Karpfen und Scholle

Locus	Genotyp des Rogeners (Allele)	Zahl der Individuen in den Nachkommenschaften (in Klammern – Phänotypen)			Literatur-quelle
		Homozygoten		Heterozygoten	
Regenbogenforelle *(Salmo gairdneri)*					
LDH-4	1/2	39(1)	55(2)	2 (1/2)	4
MDH-1	1/2	11(1)	5(2)	5 (1/2)	4
PGLUM-2	1/2	46(1)	44(2)	14 (1/2)	4
SOD-1	1/2	0(1)	0(2)	129 (1/2)	4
IDH-2	1/2	33(1)	23(2)	128 (1/2)	4
IDH-3	1/2	63(1)	82(2)	201 (1/2)	4
GLP-1	1/2	41(1)	50(2)	90 (1/2)	4
EST-1	1/2	11(1)	18(2)	148 (1/2)	4
Karpfen *(Cyprinus carpio)*					
EST-1	B/C	28(B)	25(C)	21 (B/C)	1
EST-2	B/b	38(B)	32(b)	7 (B/b)	1
Tf	A/C	79(A)	76(C)	10 (A/C)	1
Tf	A/D	56(A)	72(D)	5 (A/D)	1
Tf	A/B	69(A)	65(B)	9 (A/B)	2
Scholle *(Pleuronectes platessa)*					
PGLUM	3/4	30(3)	42(4)	324 (3/4)	3
GPI-B	6/7	41(6)	42(7)	5 (6/7)	3
GPI-B	4/6	71(4)	60(6)	133 (4/6)	3
MDH-A	2/3	70(2)*	124(3)*	124 (2/3)	3

* signifikante Abweichung vom Verhältnis der Homozygoten 1:1

Literatur:

1. ČERFAS und TRUVELLER (1978); 2. NAGY et al. (1978); 3. PURDOM et al. (1976); 4. THORGAARD et al. (1983)

Cytogenetische Besonderheiten der induzierten Gynogenese

Der cytologische Mechanismus der Diploidisierung des Chromosomensatzes der Eizelle bestimmt die wichtigsten Grundzüge der künstlichen Gynogenese: Aufspaltung in den Nachkommenschaften und hoher Homozygotiegrad der gynogenetischen Individuen. Diese Besonderheiten unterscheiden die induzierte meiotische Gynogenese grundsätzlich von der natürlichen ameiotischen.

Die Aufspaltung in gynogenetischen Nachkommenschaften wurde am gründlichsten beim Karpfen (GOLOVINSKAJA und ROMAŠOV 1966; ČERFAS 1977; ČERFAS und TRUVELLER 1978; NAGY et al. 1979) und bei der Regenbogenforelle (THORGAARD et al. 1983) analysiert. Fünf Loci wurden bei der Scholle untersucht (PURDOM et al. 1976; THOMPSON 1983), und fragmentarische Angaben wurden über den Zebrabärbling veröffentlicht (STREISINGER et al. 1981). Gynogenetische Nachkommen von heterozygoten Rogenern enthielten drei genotypische Klassen: zwei Typen von Homozygoten und eine von heterozygoten Individuen (Tab. 51). Dieser Charakter der Aufspaltung ist das Ergebnis der zufälligen Segregation von Allelen und des Zwischenchromatid-Crossing-over zwischen einem Gen und einem Centromer während der ersten meiotischen Teilung (Abb. 76).

Crossing over ist ein Faktor, der die Homozygotie der gynogenetischen Nachkommen begrenzt. Bei Karpfen, Regenbogenforelle und Scholle ist der Anteil der gynogenetischen Heterozygoten bezüglich einzelner Gene sehr unterschiedlich. Dies wird offenbar durch die unterschiedliche Entfernung der Gene vom Centromer und dementsprechend durch die unterschiedliche Häufigkeit des Zwischenchromatidaustausches bedingt. Bezüglich einiger Gene ist der Anteil der heterozygoten Nachkommen

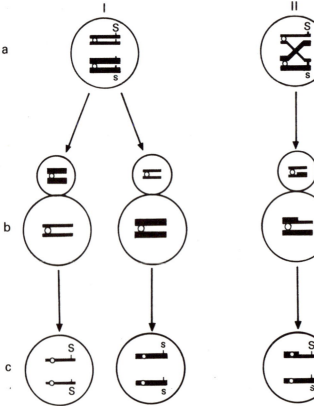
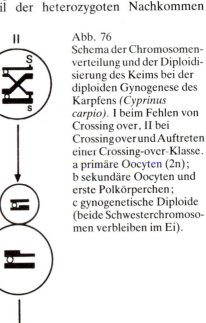

Abb. 76
Schema der Chromosomenverteilung und der Diploidisierung des Keims bei der diploiden Gynogenese des Karpfens *(Cyprinus carpio)*. I beim Fehlen von Crossing over, II bei Crossing over und Auftreten einer Crossing-over-Klasse.
a primäre Oocyten (2n);
b sekundäre Oocyten und erste Polkörperchen;
c gynogenetische Diploide (beide Schwesterchromosomen verbleiben im Ei).

sehr hoch (Tab. 51). Besonders hohe Werte wurden bei Versuchen mit der Regenbogenforelle erhalten (THORGAARD et al. 1983; GUYOMARD 1984). Dennoch beschleunigt die meiotische Gynogenese beim Karpfen die Homozygotisierung stärker als alle anderen Systeme von Kreuzungen zwischen nahe verwandten Formen, einschließlich der Selbstbefruchtung (Autogamie) (NACE et al. 1970). Der Inzuchtkoeffizient (mittlere Wahrscheinlichkeit des Übergangs von Genen in homozygoten Zustand innerhalb einer Generation) beträgt beim Karpfen 0,6 (ČERFAS 1977). Nach anderen Autoren, die die Aufspaltung hinsichtlich dreier Gene berücksichtigten, erreicht dieser Wert 0,9 (NAGY et al. 1979). Die Diploidisierung der weiblichen Chromosomen im Stadium der ersten Furchungsteilung gewährleistet den Übergang aller Gene in den homozygoten Zustand. Im Zusammenhang mit der großen mittleren Häufigkeit des Zwischenchromatid-Crossing-over bei der Regenbogenforelle (THORGAARD et al. 1983) empfiehlt es sich, bei der Arbeit mit der Forelle insbesondere diese Methode zur Vergrößerung des Inzuchtkoeffizienten durch Gynogenese anzuwenden.

Allgemeine Eigenschaften gynogenetischer Nachkommen

In gynogenetischen Nachkommenschaften sind vielfältige Merkmale von Inzuchtdepression zu beobachten. Dazu gehören insbesondere geringere Lebensfähigkeit, verlangsamte Wachstumsgeschwindigkeit sowie das Auftreten von morphologischen Defekten und Störungen in der Entwicklung des Fortpflanzungssystems.
Die Überlebensrate ist in den frühen Larvenstadien besonders stark reduziert. Dies wurde in Versuchen mit Stören, Regenbogenforellen, Peledmaränen, Karpfen, Schlammpeitzgern und Plattfischen festgestellt (ROMAŠOV et al. 1963; ROMAŠOV und BELJAEVA 1965b; PURDOM 1969; COJ 1972; CHOURROUT 1982). Große Verluste sind schon beim Schlupf und beim Übergang zur aktiven Ernährung zu beobachten. Im Laufe der ersten beiden Wochen der Postembryonalentwicklung betrug die Sterblichkeit beim Karpfen etwa 50% (GOLOVINSKAJA et al. 1963; ČERFAS 1975). Bei der Scholle waren 10 Tage nach dem Schlupf weniger als 10% der Larven am Leben (PURDOM 1969). Bei den Stören verendete praktisch die gesamte Brut während des Übergangs zur aktiven Ernährung (ROMAŠOV et al. 1963), bei der Regenbogenforelle erreichte die Mortalität zu diesem Zeitpunkt 50% (CHOURROUT und QUILLET 1982).
Die Überlebensrate gynogenetischer Karpfen betrug innerhalb von zwei Monaten der gemeinsamen Aufzucht in vier verschiedenen Versuchen 9, 13, 21 und 95% der Überlebensrate der Kontrollfische (NAGY et al. 1978).
Nach unseren Ergebnissen (ČERFAS 1978) beträgt die Überlebensrate gynogenetischer Karpfen im ersten Lebensjahr 20% und im zweiten Sommer 40%. Die Überlebensrate der verschiedenen individuellen Nachkommenschaften schwankt stark. In den höheren Altersgruppen ist die Überlebensrate besser (80 bis 90%).
Bei gynogenetischen Graskarpfen überlebten von 34 Diploiden 6 Exemplare bis zum Alter von drei Jahren (STANLEY 1976b). Beim Zebrabärbling überlebten bis zum Eintritt der Geschlechtsreife etwa 20% der gewonnenen diploiden Nachkommen (STREISINGER et al. 1981). Bei gynogenetischen einsömmerigen Peledmaränen wurde dagegen eine hohe Überlebensrate von bis zu 90% registriert (COJ 1972).
Ein Vergleich des Wachstums gynogenetischer Karpfen der dritten Generation der induzierten Gynogenese mit dem Wachstum von Kontrollfischen (Halbgeschwistern aus Kreuzungen des gleichen gynogenetischen Rogeners mit einem normalen Karpfenmilchner) ergab, daß die gynogenetischen Karpfen bis zum 70. Tag der Aufzucht in Käfigen nur halb so schwer wurden (ČERFAS 1978).
Die Durchschnittsmasse einsömmeriger Karpfen, die in Teichen aufgezogen wurden, schwankte sehr stark (zwischen 5 und 83 g), je nach der Überlebensrate der individuellen Nachkommenschaften in Zusammenhang mit der Besatzdichte. Der Zuwachs in der Sommerperiode erreichte bei zweijährigen und älteren Fischen bis zu 1 kg (ČERFAS 1975). Bei gynogenetischen Graskarpfen war eine Wachstumsdepression

nicht zu beobachten (STANLEY und SNEED 1974).

An äußeren Defekten, die bei gynogenetischen Fischen vorkommen, sind oft Körperkrümmungen und Kopfmißbildungen festzustellen. Unter den Verhaltensmerkmalen ist eine eigentümliche Drehbewegung zu erwähnen. Diese Anomalien sind den Störungen ähnlich, die von Inzuchtfischen bekannt sind (PURDOM 1969; CHOURROUT 1980).

Das Geschlechterverhältnis der gynogenetischen Nachkommenschaften wird durch die chromosomale Konstitution des weiblichen Geschlechts bestimmt. Bei weiblicher Homogametie (♀♀XX) müssen die Nachkommen ausschließlich XX-Rogener sein. Bei Heterogamie der Rogener (♀♀ZW) ist das Auftreten normaler ZZ-Milchner und offenbar nicht lebensfähiger WW-Rogener zu erwarten. Normale ZW-Rogener können bei einem wenig wahrscheinlichen Crossing over zwischen den geschlechtsbestimmenden Faktoren in den Geschlechtschromosomen entstehen.

Alle gynogenetischen Karpfen (untersucht wurden etwa 500 Fische), Graskarpfen und Silberlachse* waren Rogener (STANLEY 1976; GOMEL'SKIJ et al. 1979; REFSTIE et al. 1982). Rogener und Milchner wurden unter den gynogenetischen Nachkommen der Scholle festgestellt. Die Annahme von Heterogamie der Rogener bedarf bei dieser Art noch einer sorgfältigen Überprüfung (PURDOM 1972).

Als zweigeschlechtlich erwiesen sich einige gynogenetische Klone des Zebrabärblings (STREISINGER et al. 1981). Vereinzelte Milchner wurden auch in gynogenetischen Nachkommenschaften anderer Fische gefunden. Die spontane phänotypische Umkehr einzelner Rogener mit XX-Chromosomen in Milchner ist bei Gynogenese aufgrund der Abschwächung der Homöostase der Entwicklung und der gesteigerten Empfindlichkeit der hochhomozygoten gynogenetischen Individuen möglich.

In vielen gynogenetischen Nachkommenschaften des Karpfens wurden Rogener

---

* Das Auftreten von Männchen in einer der Versuchsgruppen führen die Autoren auf eine Verunreinigung zurück.

mit Defekten in der Entwicklung des Fortpflanzungssystems festgestellt (GOLOVINSKAJA et al. 1974a; GOMEL'SKIJ et al. 1979). Besonders typische Störungen sind Reduktion der Ovarien, Asymmetrie des rechten und linken Teils des Ovars, Intersexualität. Diese Anomalien führen zu einer Verringerung der Fruchtbarkeit und manchmal zu vollständiger Sterilität. Unter den gynogenetischen Fischen gibt es auch Rogener mit normaler Fruchtbarkeit. Dies ermöglichte die Gewinnung einer zweiten bis vierten (beim Karpfen) und einer zweiten (beim Graskarpfen) aufeinanderfolgenden gynogenetischen Generation (CERFAS 1975; STANLEY 1976b; BAKOS 1978; NAGY et al. 1978; ČERFAS und ILJASOVA 1980a). Eine Erhöhung der Überlebensrate bis auf 68 % in der zweiten gynogenetischen Generation wurde beim Zebrabärbling festgestellt (STREISINGER et al. 1981). Intensive Auslese in Richtung auf Steigerung der Lebensfähigkeit und normale Entwicklung der Gonaden kann in einer Reihe von gynogenetischen Generationen offenbar die Inzuchtdepression beträchtlich abschwächen, indem die schädlichen rezessiven Gene eliminiert werden.

Der spontane Ertrag gynogenetischer Diploider in der zweiten und dritten Generation lag beim Karpfen um eine Größenordnung höher als in den gynogenetischen Nachkommenschaften von normalen Rogenern und erreichte 2,0 bis 3,5 % der Zahl der Embryonen, die zur Entwicklung gelangten (ČERFAS und ILJASOVA 1980a). Dies ist das Gesamtergebnis der größeren Häufigkeit der Diploidisierung des weiblichen Chromosomensatzes und der gesteigerten Lebensfähigkeit in den frühen Entwicklungsstadien.

7.3. Praktische Anwendung der Gynogenese

Gynogenese kann in genetischen und züchterischen Arbeiten bei Fischen in großem Umfang genutzt werden (GOLOVINSKAJA 1968; STANLEY und SNEED 1974; ČERFAS 1978). Sie gestattet es, das Zwischenchromatid-Crossing-over zwischen zwei

Tabelle 52
Entfernung der Gene der Regenbogenforelle, des Karpfens, des Zebrabärblings und der Scholle vom Centromer, ausgedrückt in % des Crossing over, bei vollständigem Ausschluß von doppeltem Crossing over

Merkmal	Locus	Entfernung vom Centromer	Literaturquelle
Regenbogenforelle *(Salmo gairdneri)*			
Lactatdehydrogenase	LDH-3,4	0–1,1	6,7
Malatdehydrogenase	MDH-1	11,9	6
Malatdehydrogenase	MDH-3,4	49,1	6
Malat-Enzym	ME-2	40,6	6,7
Isocitratdehydrogenase	IDH-2	34,8–38,6	6,7
Isocitratdehydrogenase	IDH-3	29,0	6
α-Glycerophosphatdehydrogenase	αGPD-1*	49,4	7
α-Glycerophosphatdehydrogenase	αGPD-3*	38,1	7
Phosphogluconatkinase	PGK	32,9	7
Phosphoglucomutase	PGLUM-2	0–6,8	6,7
Fructosediphosphatase	FDP	48,5	7
Glycil-Leucinpeptidase	GLP	24,9	6
Superoxiddismutase	SOD-1	47,0–50,0	6,7
Esterase	EST-1	41,8	6,7
Karpfen *(Cyprinus carpio)*			
Beschuppung	S	2 (6)**	1,2
Beschuppung	N	49	1
Zeichnung auf dem Rücken	D	35	1
helle Färbung	L	37	1
Färbung orange, dupliz. Gene	B1, B2	6,1 (6,6)**	2
Esterase	EST-S	5	1
Esterase	EST-F	14	1
Transferrin	Tf	3	1
Zebrabärbling *(Brachydanio rerio)*			
Esterase	EST	7,0	4
Scholle *(Pleuronectes platessa)*			
Malatdehydrogenase	MDH-A	19,5	3
Phosphoglucomutase	PGLUM	40,9; 34,6***	3,5
Glucosephosphatisomerase	GPI-A	22,5; 14,6***	3,5
Glucosephosphatisomerase	GPI-B	9,3; 11,6***	3,5

* In der Kennzeichnung der Autoren G3PD
** Die Entfernungen, die von Nagy et al. (1979) angegeben wurden, sind in Klammern gesetzt. Sie wurden unter der Annahme berechnet, daß Interferenz vollständig ausgeschlossen ist und doppeltes Crossing over (d. h. Crossing over im Grenzbereich von Abschnitten, wo bereits ein Austausch stattfand) unterdrückt wurde (K = 1).
*** Werte von spontaner Gynogenese

Literatur:
1. Čerfas und Truveller (1978); 2. Nagy et al. (1979); 3. Purdom et al. (1976); 4. Streisinger et al. (1981); 5. Thompson et al. (1982); 6. Thorgaard et al. (1983); 7. Wright et al. (1983)

Homologen während der ersten meiotischen Teilung festzustellen und gibt damit die Möglichkeit, die Gene im Verhältnis zum Centromer zu kartieren. Diese Kartierung wurde bei mehreren Fischarten durchgeführt. In größerem Rahmen erfolgte sie bei Regenbogenforelle und Karpfen (Tab. 52). Im Grad des Crossing over und dementsprechend in der Entfernung der Gene vom Centromer gibt es erhebliche Schwankungen.

Bei einigen Genen beträgt die Häufigkeit des Crossing over 100 % (Gen SOD bei der Regenbogenforelle und Gen N beim Karpfen). Die Ursachen dieser Erscheinung sind bisher nicht klar. Man kann nur vermuten, daß eine positive Chromosomeninterferenz vorhanden ist, die den einzigartigen Austausch zwischen Locus und Centromer gestattet (ČERFAS 1977; THORGAARD et al. 1983; GUYOMARD 1984).

Mit Hilfe der Gynogenese ist eine Lösung derart wichtiger Fragen der genetischen Theorie möglich, wie z. B. die Bestimmung des Grades der paratypischen, nicht vererblichen Variabilität der Merkmale, die genaue Bewertung der Größe der Inzuchtdepression bei Fischen, die schnelle Aufdeckung und Analyse der Vererbung rezessiver Gene, die Bestimmung der Chromosomenkonstitution des Geschlechts und einige andere.

In der Züchtung kann die induzierte meiotische Gynogenese vor allem angewandt werden, um beschleunigt Inzuchtlinien zum Zwecke der anschließenden Hybridisation im großen Maßstab, zu schaffen. Besonders aussichtsreich ist die Diploidisierung der Chromosomen bei der Gynogenese durch Fusion der Kerne im Stadium der ersten Furchungsteilung. Der Erfolg der Arbeit hängt von der Fertilität der Rogener ab. Möglich sind drei Typen von Kreuzungen bei der breiten Anwendung der Hybridisation:

1. Kreuzung von gynogenetischen Rogenern mit nicht verwandten Milchnern (Top cross).
2. Kreuzung von Inzuchtlaichfischen unterschiedlicher Ursprungs (Zwischenlinienkreuzungen).
3. Gewinnung von „doppelten" Hybriden zwischen vier Inzuchtlinien).

Die Zwischenlinienkreuzungen erfordern die vorherige Gewinnung von Inzuchtmilchnern. Diese Aufgabe kann durch hormonale Geschlechtsumkehr bei einem Teil der gynogenetischen Rogener oder mit Hilfe der induzierten Androgenese gelöst werden.

Die hormonale Geschlechtsumkehr gynogenetischer Rogener wird durch Steroidhormone erreicht. Gegenwärtig wird sie in Versuchen mit Karpfen und Zebrabärblingen angewandt (NAGY et al. 1981; STREISINGER et al. 1981 u. a.). Der Erfolg bei der Umkehr von Rogenern in Milchner unter Einwirkung von Testosteron in Experimenten mit der Regenbogenforelle (CHEVASSUS et al. 1979) und mit dem Giebel (GOMEL'SKIJ und ČERFAS 1982) läßt auf die Möglichkeit hoffen, gynogenetische Milchner auch bei diesen Arten zu erhalten.

Hochinzuchtmilchner können auch durch mehrfache Rückkreuzungen gynogenetischer Rogener mit ihren „normalen" Söhnen erhalten werden (NAGY und CSÁNYI 1978; s. Kapitel 8). Von den gleichen Autoren wird die Gewinnung „halbgynogenetischer" bisexueller Linien vorgeschlagen. Dieses Kreuzungssystem verspricht eine beschleunigte Eliminierung schädlicher Gene, aber ein (im Vergleich zur Gynogenese) langsameres Anwachsen der Homozygotie.

Bei Arten mit männlicher Heterogamie läßt sich Gynogenese zur Gewinnung von eingeschlechtlich weiblichen Nachkommenschaften anwenden. Ein begrenzender Faktor kann dabei die verringerte Fruchtbarkeit der gynogenetischen Rogener sein. Eine befriedigende Lösung dieser Aufgaben erfordert das Zusammenwirken von Gynogenese und hormonaler Geschlechtsumkehr: Normale Rogener werden mit gynogenetischen Milchnern nach Geschlechtsumkehr gekreuzt. Diese Methode wurde zur Steuerung des Geschlechts bei Salmoniden, Tilapien, Plattfischen und Cypriniden angewandt (CHEVASSUS et al. 1979; WOHLFARTH und HULATA 1983; BYE und JONES 1981 u. a.).

Ausgearbeitet wurde ein Verfahren zur Erzeugung von entfernten Fischhybriden mit männlicher Sterilität (ČERFAS et al. 1982). Bei Hybriden zwischen dem Giebel und dem Karpfen wurde auf diese Weise bereits die dritte aufeinanderfolgende Generation erhalten (ČERFAS und EMEL'JANOVA 1984).

Gynogenese kann auch zur Steuerung der Fortpflanzung von Fischen unter natürlichen Bedingungen verwendet werden, wobei eingeschlechtlich weibliche Nachkommenschaften in der Natur verwendet werden (STANLEY und SNEED 1974).

Die induzierte Gynogenese ist in einer Reihe von Zuchtprogrammen enthalten, die für den Karpfen aufgestellt wurden. Am weitesten fortgeschritten ist diese Methode in den Arbeiten zur Züchtung des Kasachstaner Karpfens, bei dem schon mehrere gynogenetische Nachkommenschaften der ersten Generation der Gynogenese von Zuchtlinien erhalten wurden (COJ 1981).

8. Aufgaben und Methoden der Fischzüchtung

8.1. Zuchtziele

Die Verbesserung wirtschaftlich wichtiger Eigenschaften der Fische durch Züchtung ist aufgrund der bei ihnen wie auch bei anderen Organismen vorhandenen Variabilität vieler morphologischer, physiologischer und biochemischer Merkmale möglich. Ein großer Teil dieser Variabilität ist, wie wir gesehen haben, erblich, und dadurch wird die Effektivität der Züchtungsarbeit gewährleistet.

Der Grad der genetischen Variabilität ist in den Fischpopulationen insbesondere nach den Ergebnissen der Untersuchung des Proteinpolymorphismus sehr hoch.

Genetische und züchterische Maßnahmen sind sowohl bei der Domestikation und der Entwicklung neuer Stämme von Teichfischen als auch bei der Vermehrung und Aufzucht von Seen- und Flußfischen wie von Wander- und Meeresfischen notwendig. Die Erhaltung der Bestände und die Verbesserung der Qualität wildlebender Nutzfischarten, die sich durch den Menschen nicht kultivieren lassen, erfordert ebenfalls die Beachtung und Anwendung der Kenntnisse der modernen Genetik. Eine wichtige Rolle spielen Genetik und Züchtung auch bei der Arbeit mit Aquarienfischen.

Zuchtziele bei vollständig domestizierten Fischen, die in Teichen, Käfigen oder Becken aufgezogen werden

Wichtigste Aufgabe ist in diesem Falle die Verbesserung der für die Produktion entscheidenden Merkmale bei den vorhandenen und neu geschaffenen Stämmen. Im Vordergrund stehen dabei die Beschleunigung des Wachstums und die Erhöhung der Überlebensrate der aufzuziehenden Fische (SCHÄPERCLAUS 1961; KIRPIČNIKOV 1966a; KIRPIČNIKOV 1971b, STEFFENS 1974a u. a.).

Die Wachstumsgeschwindigkeit wird durch die Menge der aufgenommenen Nahrung und durch den Grad ihrer Verwertung bestimmt. Demzufolge kann von zwei Richtungen der Züchtung bezüglich der Wachstumsgeschwindigkeit gesprochen werden, von der Züchtung auf intensivere Aufnahme der Nährtiere und Futtermittel (Steigerung der Ernährungsaktivität) und von der Züchtung auf eine bessere Nahrungsverwertung (Senkung des Futteraufwandes) (KIRPIČNIKOV 1966a; STEFFENS 1980; MERLA 1979; KINGHORN 1981; GJEDREM 1983). In beiden Fällen hängt der Züchtungserfolg in beträchtlichem Maße von der Widerstandsfähigkeit der Fische gegenüber verschiedenen ungünstigen Umwelteinflüssen und gegenüber Krankheiten ab.

Von größter Bedeutung für die Züchtung der Fische, die in Teichen und insbesondere in Käfigen und anderen Haltungseinrichtungen aufgezogen werden, ist die Erhöhung ihrer Resistenz gegenüber der Einwirkung von Milieufaktoren, vor allem von hohen oder niedrigen Temperaturen, von geringen Sauerstoffgehalten, von niedrigem pH-Wert, gegenüber dem Einfluß von industriellen oder landwirtschaftlichen Abprodukten sowie gegenüber der Akkumulation von Stoffwechselprodukten usw. (KIRPIČNIKOV 1971b; SWARTS et al. 1978 u. a.). Besondere Beachtung gewinnt die Auslese auf Widerstandsfähigkeit bei der Haltung und Aufzucht der Fische in Käfigen, Becken und Aquarien und im Kühlwasser von Elektrokraftwerken (STEFFENS 1980; ZONOVA und PONOMARENKO 1978, 1980; GOLOVINSKAJA 1983).

Eine wichtige Rolle in den Züchtungsprogrammen muß auch die Selektion auf die Erhöhung der Resistenz der Fische gegenüber Invasions- und Infektionskrankheiten spielen. Die Resistenz ist insbesondere gegenüber den weltweit verbreiteten Virus- und Bakterienkrankheiten und gegenüber den lokal auftretenden Krankheiten, die mit den üblichen Methoden schwer zu behandeln oder zu verhüten sind, zu erhöhen

(WOLF 1954; SNIESZKO 1957; SCHÄPERCLAUS 1961; EHLINGER 1964, 1977; KIRPIČNIKOV 1966a, 1966b, 1971b; KIRPIČNIKOV et al. 1972a, 1972b, 1976, 1979; GJEDREM und AULSTAD 1974; ILJASOV 1983; GJEDREM 1983).

Große Bedeutung für die Entwicklung der Fischzucht in Teichen, Käfigen und Becken hat die Verbesserung der fortpflanzungsbiologischen Eigenschaften. Die Aufgaben der Züchtung können in diesem Falle je nach dem Zuchtobjekt und den Aufzuchtbedingungen sehr verschieden sein. So ist für den Teichkarpfen *(Cyprinus carpio)*, die Peledmaräne *(Coregonus peled)* und die Tilapien eine langsamere Geschlechtsreifung günstig (KIRPIČNIKOV 1966a; ČAN MAJ-TCHIEN 1971; ANDRIJAŠEVA et al. 1978a, 1983). Bei der Züchtung der Regenbogenforelle *(Salmo gairdneri)* und der sibirischen Peledmaräne ist es oftmals zweckmäßig, eine Verlagerung des Reifetermins der Laichfische in eine günstigere Zeit zu erreichen und Stämme mit unterschiedlichen Zeitpunkten der Laichreife zu erhalten (SCHÄPERCLAUS 1961; STEFFENS 1974a, 1974b; KINCAID 1981; ANDRIJAŠEVA 1981; ANDRIJAŠEVA et al. 1983). Eine Veränderung des Reifetermins, der mit einer effektiveren Wirkung der Hypophyseninjektion verbunden ist, erweist sich für die Züchtung des Graskarpfens *(Ctenopharyngodon idella)*, des Silberkarpfens *(Hypophthalmichthys molitrix)* und des Marmorkarpfens *(Aristichthys nobilis)* als notwendig (KONRADT 1973). Bei der Züchtung einiger Fischarten ist es von wesentlicher Bedeutung, eine bessere Fruchtbarkeit und eine höhere Überlebensrate während der Embryonalentwicklung zu erzielen (SLUCKIJ 1978; MANTEL'MAN 1980, 1983; ANDRIJAŠEVA 1981; ANDRIJAŠEVA et al. 1983).

Eine der wichtigsten, aber schwer durchzuführenden Aufgaben der Züchtung ist die Verbesserung der Qualität der Fische als Nahrungsmittel, die Vergrößerung des eßbaren Anteils, die Verringerung des Fettgehaltes im Fleisch, die Reduzierung der Grätenzahl usw. (VON SENGBUSCH und MESKE 1967; MOAV et al. 1971, 1979; STEFFENS 1980; BAKOS 1979; GJEDREM 1983).

In Ländern mit stark entwickelter Sportfischerei wird die Möglichkeit des leichten Fanges der Fische mit der Angel bei gleichzeitiger Erhaltung der Fähigkeit, sich zu wehren (zu kämpfen), zu einem Züchtungsziel (BEUKEMA 1969; SAUNDERS 1977).

Bei schnell reifenden Fischen (z. B. Tilapien) ist es eine vorrangige Aufgabe, Kombinationen zu finden, die eingeschlechtliche Nachkommen oder Nachkommen mit vollständiger Sterilität in wenigstens einem Geschlecht haben (HICKLING 1968; CHAUDHURI 1971; MOAV 1979; CHEVASSUS 1979; HULATA et al. 1981, 1983). Für die Saiblinge der Gattung *Salvelinus* (Hybriden zwischen *S. fontinalis* und *S. namaycush*, Splake), die in tiefe Gewässer gesetzt werden, besteht ein Züchtungsziel in der Steigerung der Fähigkeit, Gase in der Schwimmblase zu halten (TAIT 1970). Es kann auch weitere, noch speziellere Ziele der Züchtung bei Teichfischen geben.

Die Lösung aller hier aufgeführten Aufgaben erfordert eine umfangreiche, gut durchdachte und oftmals sehr langwierige Züchtungsarbeit. Besonders schwer zu erreichen sind Veränderungen der Merkmale, die mit der Fortpflanzung zusammenhängen. Die Heritabilität solcher Eigenschaften ist gewöhnlich nicht groß (s. Kapitel 4), da sie in starkem Maß durch ausgewogene, stabile polymorphe Systeme bestimmt werden, die im Verlauf einer ständig wirkenden natürlichen Auslese entstanden. Nicht weniger schwierig ist die Züchtung auf Resistenz gegenüber Krankheiten. Das erfordert die Aussonderung spezieller isolierter Bereiche und das Suchen von „Markierungen" für die Resistenz (HUTT 1970, 1974). Die Schwierigkeit dieser Züchtung besteht vor allem in der Natur der Wechselbeziehungen zwischen dem Wirt (Fisch) und dem Parasiten (Krankheitserreger). Im allgemeinen vermehrt sich der Krankheitserreger viel schneller und effektiver als der Wirt. Im Verlauf der Fortpflanzung kann er (im Ergebnis der Auslese) genetischen Veränderungen unterliegen und gefährlich für die auf Resistenz gezüchteten Fische werden.

Der Übergang zu industriemäßigen Methoden der Aufzucht von Fischen in Netzkäfigen, Stauseen usw. erfordert ihre schnelle Anpassung an neue Lebensbedingungen, neue Futtermittel und neue Methoden der

Vermehrung. Dies muß in allen Züchtungsprogrammen berücksichtigt werden.
Die Züchtung sollte gleichzeitig mit der Domestikation neuer Arten von Süßwasserfischen beginnen. Ein verspäteter Beginn kann zur Verarmung der genetischen Struktur der gezüchteten Art oder Unterart und sogar zu deren schneller Degeneration führen.

Zuchtziele bei kultivierten Seen- und Flußfischen, Wander- und Meeresfischen

Bei der Arbeit mit nicht domestizierten Fischen, die als Aufzuchtobjekte in Betracht kommen, insbesondere mit so wertvollen Arten wie z. B. Stören, Lachsen und Maränen, gibt es andere Züchtungsaufgaben. Das wichtigste Ziel besteht in der Erhaltung der komplizierten natürlichen Populationsstruktur jeder Art (ALTUCHOV 1973; LARKIN 1981; KAZAKOV et al. 1983; GOLOVINSKAJA 1983). Besonders aktuell ist das für die Wanderformen unter den Salmoniden, die einen starken Heiminstinkt besitzen und die nach dem Aufenthalt im Meer in den Fluß oder See und sogar genau zu dem Laichplatz zurückkehren, von dem sie stammen. Bei diesen Fischen gibt es eine Vielzahl örtlicher reproduktiv isolierter Populationen, die sich genetisch und ökologisch voneinander unterscheiden. Beim Rotlachs *(Oncorhynchus nerka)* sind z. B. über 2000 solcher Populationen vorhanden (ALLENDORF und UTTER 1979), und beim Atlantischen Lachs *(Salmo salar)* sind es bis zu 10000 (SAUNDERS und BAILEY 1980). Um eine genetische Verarmung der Art zu vermeiden, sind für die Aufzucht und für die Planung des Fanges Maßnahmen zur Reproduktion einer möglichst großen Zahl von örtlichen und jahreszeitlichen Rassen, aus denen sich die jeweilige Art oder der Bestand in einem Fluß zusammensetzen, notwendig. Diese Forderung bezieht sich auch auf die Vermehrung vieler Süßwasser- und Meeresfische, bei denen es sich nicht um Wanderformen handelt.
Ebenso wichtig ist es, die hohe Heterogenität in jeder Zuchtpopulation zu erhalten, insbesondere bei der Arbeit mit so fruchtbaren Fischen wie Stören, Maränen, Wildkarpfen, Bleien und anderen.

Folgende Aufgaben zur Verbesserung der Wanderfische durch Züchtung sind zu nennen:

1. Gewährleistung eines schnellen Wachstums der Jungfische während des Lebens im Süßwasser (in den Fischzuchtbetrieben) und Verkürzung des Prozesses der Smoltifikation, d. h. der Vorbereitung der Jungfische auf die Abwanderung ins Meer (GJEDREM 1975, 1976; REFSTIE et al. 1977a; GJEDREM und SKJERVOLD 1978; ALLENDORF und UTTER 1979; SAUNDERS und BAILEY 1980).
2. Erhöhung der Fruchtbarkeit der Laichfische (SAUNDERS und BAILEY 1980).
3. Steigerung der allgemeinen Lebensfähigkeit und der Resistenz der Jungfische gegenüber Krankheiten in der Süßwasser-Periode (GJEDREM 1975; SAUNDERS und BAILEY 1980; SAUNDERS und SCHOM 1981).
4. Beschleunigung des Wachstums und Verbesserung der Überlebensrate (Wiederfangrate) während des Lebens im Meer (DONALDSON und MENASVETA 1961; DONALDSON 1969; RYMAN 1970; SAUNDERS 1977; BARDACH 1972; GJEDREM und SKJERVOLD 1978).
5. Verkürzung der Aufenthaltsdauer der Fische im Meer (DONALDSON 1969; SAUNDERS und BAILEY 1980 u. a.).

SAUNDERS (1978b) unterstreicht im Programm des nordamerikanischen Lachsforschungszentrums (North-American Salmon Research Center, N.A.S.R.C.), das die züchterischen und genetischen Arbeiten mit dem Atlantischen Lachs zum Inhalt hat, daß damit eine Verbesserung der wichtigsten fischereibiologischen Eigenschaften erreicht werden soll, die die verschiedenen Lachspopulationen charakterisieren. Eine der wichtigsten Aufgaben des Zentrums ist die Schaffung von Lachsstämmen für diejenigen Flüsse und Seen, in denen die Lachse durch übermäßige Befischung, Verunreinigung des Wassers oder Vernichtung der Laichplätze verschwunden sind.

In den letzten Jahren hat eine rasche Entwicklung der Speisefischaufzucht wildlebender Fischarten (Salmoniden, Aale und viele andere) in Becken sowie in Netzkäfigen in Flüssen und im Meer stattgefunden. In einer Reihe von Ländern entstanden Meeresfarmen, d. h. abgetrennte Meeresabschnitte in Flachwassergebieten, manchmal auch Schwimmkäfiganlagen, in denen Meeres- und Wanderfische aufgezogen werden, wobei eine intensive Fütterung erfolgt und sogar eine Düngung vorgenommen wird. Es ist zu erwarten, daß die Fläche der Meeresfarmen bald Millionen von Hektar erreichen wird. Im Zusammenhang damit ergibt sich die Aufgabe, die Fische durch Züchtung an diese Speisefischaufzucht anzupassen. Im Falle der Salmoniden betrifft das die Verzögerung der Geschlechtsreifung, die Beschleunigung des Wachstums und die Vergrößerung der Überlebensrate der Fische in den Netzkäfigen im Meer (SAUNDERS 1978b; MØLLER et al. 1979; ŠEVCOVA und ČUKSIN 1979).

Ganz allgemein gesagt wird die Aufgabe der Züchtung in der Anpassung der Fische an hohe Besatzdichten, eingeschränkte Bewegungsmöglichkeit, Erhöhung der Effektivität der Nutzung von Futtermitteln sowie in der Steigerung der Resistenz gegenüber Krankheiten usw. bestehen.

Züchterisch-genetische Maßnahmen in der Fischwirtschaft

Der Fischfang führt insbesondere bei seiner Intensivierung fast unausweichlich zu einer Degeneration der Wildfischarten, d. h. zur Verringerung der Größe, zur beschleunigten Reifung und zur Verschlechterung der Qualität der Fische als Nahrungsmittel. Die wichtigste Ursache dieser Erscheinung besteht darin, daß die besten und größten Vertreter der Population weggefangen werden (s. S. 313).

Wenn eine Kontrolle über die Fortpflanzung der Fische nicht möglich ist, müssen die züchterisch-genetischen Maßnahmen auf die Abwendung der Degeneration aller Fangobjekte und die Erhaltung (oder Wiederherstellung) ihrer Bestände gerichtet werden. Auf der Grundlage der genetischen Unterlagen müssen strenge, für alle Länder verbindliche Regeln für den Fang und die jährlichen Fangquoten ausgearbeitet werden.

Züchtung von Zierfischen

Die Hauptaufgabe der Züchtung von Zierfischen für Aquarien und Teiche besteht in der Schaffung neuer Stämme und Varietäten mit schöner Färbung und Körperform. Über die Zweckmäßigkeit der Erweiterung der Zahl der gezüchteten Arten und Rassen gibt es keinen Zweifel. Von großem wissenschaftlichem Interesse ist die Herausbildung genetisch markierter Linien von Aquarienfischen, die zur Untersuchung einiger theoretischer Probleme der modernen Genetik und Züchtung geeignet sind (Problem der Erblichkeit des Krebses, Mechanismen der Steuerung der Genwirkung während der Entwicklung, genetischer Polymorphismus, Heritabilität der Zuchtmerkmale und Selektionserfolg, Inzuchtdepression und Heterosis sowie viele andere).

Vor der Fischzüchtung stehen also große und sehr verantwortungsvolle Aufgaben, die zwar lösbar, aber keinesfalls immer leicht durchzuführen sind.

8.2. Zuchtmethoden: Massenauslese

Als Massenauslese oder Individualselektion bezeichnen Züchter und Genetiker die Auswahl der (aus züchterischer Sicht) nach dem Phänotyp besten Individuen und ihre Verwendung zur Zucht. Die Merkmale können bei der Auslese sehr unterschiedlich sein, man wählt sie entsprechend den Zuchtzielen aus. Zu nennen sind Körpermasse und Körpergröße, das Exterieur, Färbung, Beschuppungstyp, das Fehlen von Defekten, Resistenz gegenüber ungünstigen Umweltbedingungen und Krankheiten sowie einige physiologische und biologische Eigenschaften, die beim lebenden Fisch leicht festgestellt werden können, usw. (KIRPIČNIKOV 1966a). Möglich ist Massenauslese nach der Geschwindigkeit der Gonadenreifung und nach dem Alter des Eintritts der Bereitschaft zum Abwandern (Smoltstadium bei Wanderlachsen), nach bestimmten internen Merkmalen, z. B. nach der Zahl der Zwischenmuskelgräten, der Größe der Schwimmblase u. a. (KIRPIČNIKOV 1971b; GJEDREM 1983). Analog zur Züchtung landwirtschaftlicher Tiere kön-

nen für die Auslese auch Indices verwendet werden, die sich auf ein Punktsystem mehrerer Merkmale gründen, z. B. Wachstumsgeschwindigkeit, Körperform, Fettgehalt usw. (BAKOS et al. 1978; KINGHORN 1982).
Bei der Massenauslese bleibt der Genotyp des selektierten Individuums unbekannt. Die Massenauslese ist daher eine Auslese allein nach dem Phänotyp und beinhaltet immer das große Risiko einer falschen Auswahl.
Der Erfolg der Massenauslese wird nach folgender Formel (FALCONER 1960) bestimmt:

$$R = i \cdot \sigma \cdot h^2 = Sh^2 \qquad (1)$$

Darin sind R die genetische Veränderung des selektierten Merkmals (Selektionserfolg) in einer Generation, i die standardisierte Selektionsdifferenz, σ die Standardabweichung des Merkmals, h^2 dessen Heritabilität und S die tatsächliche Selektionsdifferenz, d. h. der Unterschied zwischen dem Durchschnittswert des Merkmals bei den ausgewählten Individuen und dem Wert für den gesamten Zuchtstamm vor der Auslese ($\bar{x}_s - \bar{x}$).
Die standardisierte Selektionsdifferenz i läßt sich als Selektionsdifferenz in Abhängigkeit von der Standardabweichung ausdrücken:

$$i = \frac{S}{\sigma} \qquad (2)$$

Wenn z. B. die Masse aller Karpfen bei einer Teichabfischung im Durchschnitt 480 g (bei einer Standardabweichung von 60 g) und die durchschnittliche Stückmasse der für den Zuchtstamm ausgewählten Fische 630 g betrug, dann ergeben sich für die Selektionsdifferenz $(630 - 480) = 150$ g. In diesem Falle ist $i = \frac{150}{60} = 2,5$.
Die Heritabilität der Masse (h^2) ist bei den Fischen nicht hoch (s. Kapitel 4). Setzt man sie mit 0,1 an, so erhalten wir entsprechend Formel (1):

$$R = 2,5 \cdot 60 \cdot 0,1 = 15,0 \text{ g}$$

Für den Fischzüchter, der mit langsam reifenden Tieren arbeitet, ist es wichtig, die Möglichkeit zu haben, den Selektionserfolg für ein Jahr zu berechnen. Formel (1) nimmt dann folgende Gestalt an:

$$R = \frac{Sh^2}{I} = \frac{i\sigma h^2}{I} \qquad (3)$$

Darin bedeutet I das Generationsintervall (in Jahren).
Für den Karpfen in europäischen Teichwirtschaften kann $I = 4$ gesetzt werden; wir erhalten in unserem Falle:

$$R = \frac{15}{4} = 3,75 \text{ g}$$

Berechnungen dieser Art ermöglichen die annähernde Voraussage eines möglichen mehrjährigen Resultates der Zuchtarbeit. In dem angeführten Beispiel läßt sich eine Vergrößerung der durchschnittlichen Stückmasse der Karpfen um 10% (48 g) durch Auslese der positiven genetischen Varianten in etwa 13jähriger Züchtungsarbeit erreichen. Derartige Prognosen können nicht sehr genau sein, da die Werte, die in Formel (1) eingehen, sich von Jahr zu Jahr verändern. Die Heritabilität unterliegt in der Regel besonders starken Veränderungen und verringert sich häufig mit fortschreitender Selektion in Abhängigkeit vom Grad der Inzucht, von der Größe des Bestandes, von der Art der Fortpflanzung und von anderen Faktoren.
Für die Fischzüchter, die es mit sehr fruchtbaren Fischen zu tun haben, ist das Verhältnis der Zahl der für die Zucht ausgewählten Individuen zu ihrer Ausgangszahl (Remontierungsrate v) ein wichtiges Kennzeichen der Selektionsschärfe (KIRPIČNIKOV 1966a, 1971b):

$$v = \frac{n \cdot 100}{N} \% \qquad (4)$$

N und n bedeuten die Zahl der Fische vor und nach der Auslese. Die große Fruchtbarkeit vieler Fischarten ermöglicht es, hohe Werte für die Selektionsintensität und niedrige für die Remontierungsrate zu erhalten. Der Wert für i kann theoretisch bis auf 4 steigen, v kann bis auf 0,1 und sogar 0,01 sinken (Selektion im Verhältnis 1:1000 und 1:10000). Remontierungsrate und standardisierte Selektionsdifferenz stehen in einem bestimmten Zusammenhang

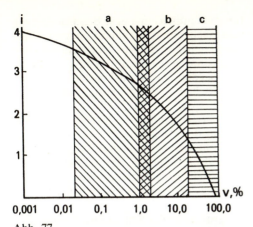

Abb. 77
Verhältnis zwischen standardisierter Selektionsdifferenz (i) und Remontierungsrate (v). a Zone, die charakteristisch für die Selektion von Nutzfischen ist; b desgl. für die Selektion von Geflügel; c desgl. für die Selektion von Großvieh. Die Remontierungsrate ist im logarithmischen Maßstab angegeben.

(Abb. 77). Bei kleinen Werten für v (0,01 und weniger) wirkt sich eine weitere Senkung kaum noch auf den Wert von i aus und rechtfertigt den Aufwand nicht mehr, der für die Aufzucht von Fischen in so großen Mengen für die Selektion erforderlich ist.
Ein Vergleich der standardisierten Selektionsdifferenzen, die typisch für die Züchtungsarbeiten bei Fischen, Vögeln und Großvieh sind, zeigt, daß die Fischzüchtung die günstigste Position einnimmt (Abb. 77). Dieser Vorteil muß jedoch mit Vorsicht genutzt werden; die übermäßige Vergrößerung von S und i im Ergebnis einer strengen Auslese kann nachteilige Folgen haben. Extreme Fische, die hinsichtlich eines beliebigen Merkmals sehr stark vom Mittelwert abweichen, weisen oftmals korrelative Veränderungen auf (FALCONER 1960). Diese wirken sich häufig negativ auf die Lebensfähigkeit aus. So wurde festgestellt, daß bei besonders hochrückigen Karpfen die Wirbelsäule mißgebildet ist (HOFMANN 1927; MOAV und WOHLFARTH 1967). Karpfen mit einer hohen Wirbelzahl zeichnen sich durch eine verringerte Widerstandsfähigkeit gegenüber Sauerstoffmangel aus (COJ 1971a). Unter den schnellwüchsigen Karpfen ist die Zahl der Fische mit Störungen der Gonadenentwicklung erhöht (KIRPIČNIKOV 1961), bei Rekordexemplaren ist der Hämoglobingehalt im Blut verringert (POPOV 1978). Salmoniden mit raschem Wachstum im ersten Lebensjahr zeigten eine beschleunigte Reifung der Geschlechtsdrüsen, und die Zahl kleiner Laichfische war erhöht (THORPE et al. 1983; GALL 1983). Eine verbesserte Resistenz gegenüber Furunkulose bei amerikanischen Saiblingen war mit einer verminderten Resistenz gegenüber Kiemenerkrankungen verbunden (EHLINGER 1977). Beispiele für die korrelative Wirkung der Selektion ließen sich in großer Zahl anführen. Wir verweisen lediglich auf das starke Absinken der Überlebensrate bei Regenbogenforellenbrut *(Salmo gairdneri)* nach mehrjähriger Züchtung auf hohe Wachstumsgeschwindigkeit, die in den USA von der Gruppe DONALDSON durchgeführt wurde (HERSCHBERGER et al. 1976), sowie auf die Verringerung der Heterozygotie eines Peledmaränenstammes *(Coregonus peled)* nach strenger Auslese (v = 0,05) bezüglich der Masse (LOKŠINA und ANDRIJAŠEVA 1981; ANDRIJAŠEVA et al. 1983c).
Die Heritabilität der Masse bei positiver Selektion ist bei den Fischen ebenso wie bei anderen Tieren in vielen Fällen geringer als die bei negativer Selektion (MOAV und WOHLFARTH 1967, 1968, 1973b; WOHLFARTH und MOAV 1971; MOAV 1979). Ein spezieller Versuch zur Selektion von Karpfen *(Cyprinus carpio)* in beiden Richtungen ergab, daß der Selektionserfolg asymmetrisch ist: er ist ziemlich beträchtlich bei der Auslese auf geringe Masse und nicht sehr groß bei positiver Selektion (MOAV et al. 1976). Die Selektionsasymmetrie kann verschiedene Ursachen haben. Beim Karpfen wurde festgestellt, daß die Varianz der Masse im Grunde genommen nichtadditiv ist. Eine hohe Masse erreichen Individuen mit hohem Heterozygotiegrad, und dies läßt die positive Massenauslese in einer Reihe von Fällen ohne Ergebnis verlaufen. In Beständen mit erhöhter Heterozygotie (die durch Hybridisation gewonnen wurden) ist die Auslese auch in der Plusrichtung effektiv (KIRPIČNIKOV 1972a; WOHLFARTH 1983).
Beim Karpfen und wahrscheinlich auch bei vielen anderen Fischarten nehmen bei hohen Besatzdichten in den Teichen die

größten Fische (Vorwüchser) innerhalb des Bestandes dank ihres anfänglichen Größenvorteils und der Nahrungskonkurrenz den führen den Platz ein (s. Kapitel 4). Der Unterschied zwischen ihnen und den anderen Individuen in der gleichen Population ist größtenteils nicht erblich, obgleich sie sich von den übrigen auch durch genetische Besonderheiten unterscheiden (WOHLFARTH 1977). Das Vorhandensein solcher Vorwüchser in den Beständen muß ebenfalls den Selektionserfolg in der Plusrichtung verringern.

Massenauslese in der Fischzucht ist daher mit mäßiger Intensität und Stärke durchzuführen. Die Selektionsdifferenz (i) sollte 1,5 bis 2,0 im äußersten Fall 2,5 nicht übersteigen; als die günstigsten Remontierungsraten (v) sind 10 bis 20% zu betrachten. Empfehlungen über die Einbeziehung von Fischen in den Zuchtstamm, die vom Mittelwert der Masse oder bezüglich irgendeines anderen Merkmals um 2σ bis 3σ abweichen (WLØDEK 1968), kann schwerlich zugestimmt werden.

Eine genauere Einschätzung hinsichtlich einer besseren Wachstumsleistung ermöglicht anstelle der Stückmasse das Verhältnis des individuellen Zuwachses zum durchschnittlichen Zuwachs aller gemeinsam aufgezogenen Fische. Dieser Wert erhielt von polnischen Autoren die Bezeichnung Wachstumskoeffizient (STEGMAN 1965, 1967, 1969 u. a.):

$$W = \frac{V_2 - V_1}{\overline{x}_2 - \overline{x}_1} \qquad (5)$$

Darin sind V_2 und V_1 die End- und Anfangsmasse des Einzelfisches, $\overline{x}_2$ und $\overline{x}_1$ die End- und Anfangswerte der durchschnittlichen Masse aller Fische. STEGMAN empfiehlt, Fische für die Zucht auszuwählen, deren Wachstumskoeffizient den Wert 1 für die Dauer von zwei bis drei aufeinanderfolgenden Jahren überschritten hat. Ein Nachteil der Auslese nach dem Wachstumskoeffizienten ist die unbedingt erforderliche individuelle Markierung aller aufgezogenen Fische. Dies begrenzt die zahlenmäßige Stärke des für die Selektion benutzten Bestandes auf mehrere hundert Stück und engt dadurch die Möglichkeiten der Züchtung wesentlich ein. Diese Beschränkungen sind auch bei Anwendung anderer allgemein üblicher Indizes der individuellen Wachstumsgeschwindigkeit unvermeidlich, z. B. bei den Wachstumskonstanten und der spezifischen Wachstumsgeschwindigkeit nach SCHMAL'GAUZEN (1935).

Wir betrachten nun die Verfahren zur Erhöhung des Selektionserfolges. Aus Formel (3) geht hervor, daß drei Wege möglich sind: Vergrößerung der Selektionsdifferenz, Steigerung der Heritabilität und Verkürzung des Generationsintervalls.

Vergrößerung der Selektionsdifferenz (S)

Je größer die Selektionsstärke ist (je kleiner v ist), desto größer wird S sein. Wie wir gesehen haben, läßt sich die Selektionsdifferenz jedoch nicht unbegrenzt erhöhen. Da nach Formel (2) $S = i\sigma$ ist, kann versucht werden, die Variabilität des Züchtungsmerkmals zu steigern. Zulässig ist die Vergrößerung entweder der genetischen (additiven) Komponente der Varianz, d. h. die Vergrößerung der Heritabilität, oder die proportionale Erhöhung sowohl der genetischen als auch der phänotypischen (umweltbedingten) Varianz.

Erhöhung der Heritabilität (h^2)

Die Heritabilität im engeren Sinne des Wortes wird bekanntlich durch den Anteil der additiven genetischen Varianz an der gesamten Varianz des Merkmals (σ_A^2/σ_{Ph}^2) bestimmt. Die Vergrößerung der Heritabilität läßt sich demnach durch Erhöhung des relativen Anteils der additiven genetischen Varianz erreichen.

Der wichtigste Weg zu dieser Vergrößerung der Heritabilität ist die Fremdzucht (Outbreeding). Inzucht (Inbreeding) führt schnell zur Reduzierung der genetischen Varianz. Die Geschwindigkeit der Homozygotisierung wurde praktisch für alle Arten der Fortpflanzung von Organismen bestimmt und ist dem Grad der Verwandtschaft der gepaarten Individuen proportional (FALCONER 1960; LI 1976 u. a.). Beim Vorhandensein von 50 bis 100 Laichfischen, die zur Fortpflanzung verwendet werden, läßt sich der Einfluß der Inzucht auf ein Minimum begrenzen, jedoch nicht vollständig ausschließen. Zur Vergrößerung der Heritabilität eines ausgewählten Merkmals sind Kreuzungen unumgänglich. Ein gut durchdachtes System von Kreuzungen gestattet die Aufrechterhaltung der genetischen Variabilität auf einem hohen Stand. Eine zusätzliche Quelle der genetischen Variabilität kann die künstliche Mutagenese bilden, die Gewinnung von Mutationen unter Einwirkung von Bestrahlung oder von chemischen Substanzen.

Eine wesentliche Rolle bei der relativen Vergrößerung der additiven genetischen Varianz spielt die Verringerung der Größe der phänotypischen (umweltbedingten) Varianz σ_E^2, des Anteils der Variabilität, der durch den Einfluß der Umwelt bedingt wird. Diese Reduzierung wird in solchen Fällen effektiv sein, wo die Umweltvarianz nicht mit der genetischen korreliert und die Verringerung der ersteren nicht von einer merklichen Verringerung der letzteren begleitet wird.

In der Fischzüchtung lassen sich zur Verringerung der phänotypischen Variabilität zahlreiche Maßnahmen durchführen (KIRPIČNIKOV 1966a, 1969b), von denen die folgenden besonders wichtig sind:

1. Schaffung gleichartiger Bedingungen für die Haltung aller Laichfische, insbesondere vor der Fortpflanzung.
2. Gleichzeitige Durchführung aller Paarungen.
3. Maximale Standardisierung der Umweltverhältnisse während der gesamten Aufzuchtdauer der Fische, beginnend mit der Erbrütung der Eier bis zur Auslese.
4. Haltung der Fische in Teichen, Becken und Käfigen bei üblicher Besatzdichte, die die allgemeinen Normen nur wenig übersteigt, um eine unnötige Konkurrenz zu vermeiden.
5. Vermeidung der Vermischung (vor der Auslese) von Material, das in verschiedenen Haltungseinrichtungen aufgezogen wurde.
6. Eng begrenzte Besatztermine; der Besatz sollte möglichst gleichzeitig erfolgen.
7. Durchführung der Auslese vorzugsweise in dem Alter, das der Speisefischgröße entspricht.

Auf die letzte Bedingung muß etwas näher eingegangen werden. Die Wechselbeziehung zwischen Genotyp und Alter ist bei den Fischen im Gegensatz zu einigen landwirtschaftlichen Nutztieren und Kulturpflanzen nicht groß, aber sie besteht immerhin. So besitzen beim Karpfen bis zu 20% der Fische, die im ersten Lebensjahr durch ihre Stückmasse hervorragten (Vorwüchser), im zweiten Lebensjahr diesen Vorteil nicht mehr. In den ersten Lebensabschnitten kommt der maternale Effekt deutlich zum Ausdruck, d. h. der Einfluß der Bedingungen, unter denen der Rogener gehalten wurde, auf die Qualität der Geschlechtsprodukte und nach der Befruchtung auf das Wachstum und die Lebensfähigkeit der Jungfische (KIRPIČNIKOV 1966c; NAGY et al. 1980). Ein maternaler Effekt wurde auch bei der Analyse des Wachstums bei Jungfischen des Atlantischen Lachses festgestellt (FRIARS et al. 1979). Die phänotypische (umweltabhängige) Komponente der Gesamtvarianz ist zu Anfang besonders groß. Später verringert sie sich, und die Heritabilität der Stückmasse (und der Größe) wächst auf das Zwei- bis Dreifache. Diese Erhöhung wurde beim Karpfen (KIRPIČNIKOV 1971b), bei der Regenbogenforelle und dem Atlantischen Lachs (GALL 1974; REFSTIE und STEINE 1978) und bei Tilapien ČAN MAJ-TCHIEN 1971) festgestellt. Später wirken sich allerdings die Unterschiede in der Geschwindigkeit der Reifung stark auf das Wachstum der Fische aus. Demzufolge ist die günstigste Zeit für die Auslese hinsichtlich der Stückmasse ein mittleres Alter. Eine Selektion bei Larven und einsömmerigen Fischen wie auch eine Auslese geschlechtsreifer Fische ist weniger effektiv. Empfehlungen zur intensiven Selektion bei Brut (ZONOVA 1978) oder eine Auslese mit gleicher Stärke in allen Altersstufen (BRUŽINSKAS 1979) müssen als unzweckmäßig gelten.

Beschleunigung des Generationswechsels

Die Reduzierung des Generationsintervalls auf die Hälfte bedeutet eine Verdoppelung des Selektionserfolgs. Daher hat die Beschleunigung des Generationswechsels bei der Ausarbeitung von Zuchtprogrammen große Bedeutung. Ein früherer Eintritt der Geschlechtsreife läßt sich durch längere Haltung der Fische im Warmwasser erreichen. Besonders zweckmäßig ist die Erwärmung des Wassers in der Winterperiode in Regionen mit gemäßigtem oder kaltem Klima. In großen Zuchtzentren müssen spezielle, das ganze Jahr über erwärmte Becken und Aquarien mit kontrollierten Temperaturverhältnissen errichtet werden, Komplexe, die den Phytotronen der Botaniker ähnlich sind. In den Fällen, wo die Züchtung auf eine Erhöhung der Widerstandsfähigkeit der Fische gegenüber niedrigen Temperaturen gerichtet ist, ist die Überführung der Fische in erwärmtes Wasser gleich nach der Selektion zu empfehlen.

Für die südlichen Bezirke eignet sich eine andere Methode zur Beschleunigung des Generationswechsels, die von uns am Karpfen erprobt wurde (KIRPIČNIKOV und ŠART 1976). Die Fische werden, nachdem sie das Speisefischalter und die entsprechende Größe erreicht haben, bei stark verringerter Besatzdichte gehalten. Auf diese Weise kann die Reifungszeit um ein bis zwei Jahre verkürzt werden. Es ist bekannt, daß der Eintritt der Geschlechtsreife bei hinreichend hohen Wassertemperaturen in starkem Maße von der Größe der Fische bestimmt wird.

Die Massenauslese war bis in die jüngste Zeit die Hauptmethode der Fischzüchtung. Die Karpfenzüchtung in Europa gründete sich in der Vergangenheit (beginnend etwa mit dem 15. Jahrhundert) ausschließlich auf die Massenauslese. Die Erfolge der Züchtung waren nicht sehr bedeutend, da die Methoden der Auslese primitiv waren. Viele notwendige Voraussetzungen waren für sie nicht gegeben. Große Bedeutung hatte der hohe Homozygotiegrad der Karpfenbestände in den kleinen, in der Regel teichwirtschaftlichen Betrieben Deutschlands, Österreichs, Polens und anderer europäischer Länder.

Die Auslese erfolgte hauptsächlich hinsichtlich zweier Merkmale, der Wachstumsgeschwindigkeit und der Hochrückigkeit. Dabei ergaben sich unerwünschte korrelative Veränderungen, es verschlechterten sich einige physiologische Merkmale, und die Lebensfähigkeit verringerte sich (STEFFENS 1964). Noch primitiver war die Karpfenzüchtung in China und anderen asiatischen Ländern. Die modernen chinesischen Karpfen haben viele Besonderheiten ihres Vorfahren, des fernöstlichen Wildkarpfens (*Cyprinus carpio haematopterus*) beibehalten (HULATA et al. 1974; MOAV et al. 1975b; WOHLFARTH et al. 1975a, 1975b, 1983).

Die Züchtung der Regenbogenforelle (*Salmo gairdneri*) und der Meerforelle (*S. trutta*), des Bachsaiblings (*Salvelinus fontinalis*), des Marmorwelses (*Ictalurus punctatus*) und anderer relativ neuer Objekte der Teichwirtschaft wurde ebenfalls in jeder Generation vorzugsweise in Form einer Massenauslese bezüglich der Merkmale Wachstum, Fruchtbarkeit und Resistenz durchgeführt (HAYFORD und EMBODY 1930; SCHÄPERCLAUS 1961; HUET 1973; STEFFENS 1974b; SAVOST'JANOVA 1976; KINCAID et al. 1977; KATO 1978; REAGAN 1980; DUNHAM 1981 DUNHAM und SMITHERMAN 1983 u. a.).

Die Massenauslese behält ihre Bedeutung auch in Zukunft, insbesondere bei der Verbesserung von Merkmalen mit hoher Heritabilität (0,3 und darüber). Die Betrachtung der vieljährigen Züchtungsarbeiten, die in verschiedenen Ländern durchgeführt wurden, zeigt, daß die Massenauslese sogar bei geringer Heritabilität von individuellen Unterschieden in der Stückmasse und der Resistenz gegenüber Krankheiten eine bedeutende Verbesserung dieser Merkmale gestattet (SCHÄPERCLAUS 1953; KIRPIČNIKOV 1971b; GJEDREM 1983; GALL 1983; ILJASOV et al. 1983).

8.3. Zuchtmethoden: Selektion nach Verwandtenleistung

Im Gegensatz zur Massenauslese ist die Auslese nach Verwandten hauptsächlich eine Selektion nach Genotypen; in den Zuchtstamm werden Individuen aufgenommen, deren positive Eigenschaften nach der Qualität ihrer nächsten Verwandten bestimmt werden. In der Fischzucht werden zwei Formen dieser Auslese angewandt.

Familienselektion

Mehrere Familien, Nachkommen von verschiedenen Paaren oder kleiner Gruppen von Laichfischen, werden unter möglichst identischen Bedingungen aufgezogen. Die Laicherpaare werden teilweise nach diallelem Schema gekreuzt, wobei jeder Laichfisch zur Gewinnung zweier oder einer größeren Zahl von Familien verwendet wird (s. S. 295). Entsprechend ihrer Leistung werden die besten dieser Familien für die weitere Aufzucht und Fortpflanzung selektiert. Die Beurteilung der Familien erfolgt nach den Durchschnittswerten jeder Familie.

In der Karpfenzucht *(Cyprinus carpio)* wird nach den allgemein bekannten Methoden der Vermehrung anstelle eines Paares von Laichfischen oftmals ein Satz verwendet, der aus einem Rogener und zwei Milchnern besteht; seltener sind die Familien Nachkommen mehrerer Fische (4 oder mehr). Familienselektion kann bei richtiger Durchführung sehr effektiv sein. Die Gleichung für den Selektionserfolg (auf ein Jahr berechnet) lautet:

$$R_f = \frac{S_f \cdot h_f^2}{I} = \frac{i_f \cdot \sigma_f \cdot h_f^2}{I} \qquad (6)$$

Alle Werte im Zähler auf der rechten Seite der Gleichung beziehen sich auf die arithmetischen Mittel der Familien und nicht auf die individuellen Werte des Merkmals. Die Selektionsintensität (i_f) ist bei der Familienselektion geringer als bei der Massenauslese, da gewöhnlich nur eine begrenzte Zahl von Familien gleichzeitig aufgezogen werden kann. Auch die Standardabweichung (σ_f) ist verringert, da die Variabilität der Durchschnittswerte immer geringer ist als die der individuellen Werte. Die Heritabilität der Durchschnittswerte (h_f^2) ist dagegen erhöht. Bei gleichen Haltungsbedingungen für alle Familien nähert sich der Wert von h_f^2 dem Wert eins, obgleich er ihn wegen der Varianz der gesamten Umwelt, die durch unvermeidliche Unterschiede in den Aufzuchtbedingungen und in der Reifung der Laichfische und dementsprechend in den Eigenschaften der von ihnen produzierten Gameten bedingt ist, niemals erreicht.

Wenn die Beurteilung der Familie bezüglich des selektierenden Merkmals die Öffnung oder Beschädigung der Fische erfordert, sondert man zur Untersuchung 20 bis 30 oder mehr Exemplare aus, und bei positiver Bewertung werden ihre Geschwister aus der gleichen Familie in den Zuchtstamm aufgenommen. Diese Art der Familienselektion nennt man Geschwisterselektion.

Die Aufzucht von Fischen aus verschiedenen Familien kann getrennt (jede Familie in einer eigenen Haltungseinrichtung) oder gemeinsam erfolgen, wenn die Fische markiert sind. Beide Methoden haben ihre Vor- und Nachteile (KIRPIČNIKOV 1966b). Bei getrennter Aufzucht ist eine drei- oder viermalige Wiederholung erforderlich; für die Beurteilung von 10 Familien werden dann 30 bis 40 ähnliche, voneinander isolierte Teiche, Käfige oder Becken benötigt. Dies erweist sich oftmals als eine kaum zu überwindende Schwierigkeit für den Züchter. Bei der gemeinsamen Aufzucht (in einer einzigen Haltungseinrichtung) ist es nicht leicht, die Markierung einer großen Zahl von Fischen aus allen Familien durchzuführen. Erhebliche Probleme entstehen in diesem Fall in Zusammenhang mit der Abhängigkeit der Wachstumsrate der Fische von ihrer Ausgangsmasse. Diese Abhängigkeit wurde beim Karpfen detailliert untersucht (MOAV und WOHLFARTH 1968, 1974; WOHLFARTH und MOAV 1971, 1972 u. a.). Versuche, die in Abwachsteichen mit Fischen durchgeführt wurden, die am Ende der Aufzucht Stückmassen von 500 bis 700 g erreichten, zeigten, daß Massedifferenzen, die zum Zeitpunkt des Besatzes der Teiche 1 g betrugen (bei Satzfischen von 30 bis 50 g), sich bis zur Abfischung auf 3 bis 4 g erhöhten. Diese Vergrößerung ist die Folge der Nahrungskonkurrenz: Die größeren Individuen haben in einem geschlossenen Gewässer Vorteile bei der Futteraufnahme. Bei der Bearbeitung von Unterlagen über die gemeinsame Aufzucht von Fischen aus zwei oder mehr Familien muß der durchschnittliche Zuwachs der Fische jeder Familie entsprechend der folgenden Gleichung umgerechnet werden:

$$y' = y - Kd \qquad (7)$$

Darin sind y der festgestellte durchschnittliche Zuwachs aller Fische der jeweiligen Familie, y' der korrigierte durchschnittliche Zuwachs, K der lineare Regressionskoeffizient des Zuwachses in Beziehung zur Anfangsmasse (Korrekturkoeffizient) und d die Differenz zwischen der Anfangsmasse der Fische einer gegebenen Familie und der durchschnittlichen Anfangsmasse der Fische aller Familien (MOAV und WOHLFARTH 1974). Beim Vergleich zweier Gruppen miteinander wird der Unterschied in der Höhe des Zuwachses zwischen ihnen nach folgender Formel umgerechnet:

$$D' = D - Kd' \qquad (8)$$

Es bedeuten D und D' der beobachtete und berechnete Unterschied in den Zuwachsraten und d' der Unterschied zwischen den beiden Gruppen in der Anfangsmasse.
Kompensatorisches Wachstum, d. h. schnelleres Wachstum von Fischen, die vorher unter ungünstigen Bedingungen gehalten wurden (ZAMACHAEV 1967), vermindert wahrscheinlich die Aussagekraft der Berechnung nach den Gleichungen (7) und (8) etwas.
Die Differenzen in den Besatzstückmassen bei Versuchsbeginn lassen sich durch das Verfahren der multiplen Aufzucht (multiple-nursing method) vermeiden (MOAV und WOHLFARTH 1968, 1973b; MOAV et al. 1971). Das Wesen dieser Methode besteht in der Aufzucht der zu vergleichenden Gruppen (Familien) vor dem Hauptversuch bei unterschiedlichen Besatzdichten. Haltung einer Gruppe mit niedriger Stückmasse bei geringerer Besatzdichte ermöglicht es, den Unterschied in der Durchschnittsmasse schnell auszugleichen (Abb. 78), da das Wachstum der Fische in geschlossenen Gewässern umgekehrt proportional der Besatzdichte ist.
Wenn ein solcher Ausgleich nicht möglich ist, wird es erforderlich, in Vorversuchen den Wert des Korrekturkoeffizienten K zu bestimmen, da dessen Wert (in Abhängigkeit vom Konkurrenzdruck) in weiten Grenzen schwankt.

Der Vergleich des Fischwachstums bei getrennter und gemeinsamer Aufzucht zeigte, daß die genetische Komponente des Wachstums in beiden Fällen eine ähnliche Größe hat, die Korrelation zwischen dem Wachstum der Fische ist in zwei verschiede-

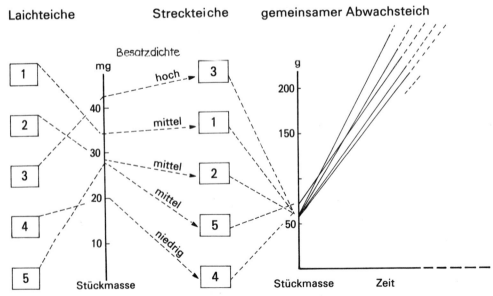

Abb. 78
Anwendung der „Methode der multiplen Aufzucht" zum Ausgleich der Anfangsdurchschnittsmassen der zu vergleichenden Nachkommen (WOHLFARTH und MOAV 1971; ergänzt).

nen Teichen hoch (WOHLFARTH und MOAV 1968; MOAV und WOHLFARTH 1973b). Die Wertigkeit der Fische bei gemischtem Besatz kann durch folgende Gleichung ausgedrückt werden (MOAV und WOHLFARTH 1974):

$$g_2 = (1 + \alpha)g_1 + A \qquad (9)$$

Darin sind g_2 und g_1 die relative Wertigkeit der Fische bei gemeinsamer und getrennter Aufzucht, α ein Faktor der Vergrößerung der genetischen Komponente durch die Konkurrenz, A die Erhöhung der Wertigkeit durch die Aggressivität der Fische. Direkte Beobachtungen haben gezeigt, daß der Wert A geringen Einfluß auf das Endergebnis einer gegebenen Fischgruppe hat, wenn die Aufzucht in einem gemeinsamen Teich erfolgt. Hieraus ist die sehr wichtige Schlußfolgerung zu ziehen, daß die genetischen Unterschiede zwischen den Familien bei gemeinsamer Aufzucht erhalten oder sogar verstärkt werden. Bei Beachtung einer Reihe von Bedingungen (s. unten) lassen sich Familien objektiv beurteilen, wenn sie gemeinsam aufgezogen werden.

Für die endgültige Wahl der Aufzuchtmethode für die Leistungsprüfung hat die Analyse der Interaktion zwischen Genotyp und Umwelt, die von israelischen Autoren durchgeführt wurde, große Bedeutung (MOAV 1979; WOHLFARTH et al. 1983). Für den Karpfen ergeben sich die unten dargestellten Wechselwirkungen.

Der Rang, den eine Familie in der Leistungsprüfung einnimmt, ändert sich beim Übergang von einem Teich zum anderen und von einer Altersstufe zur anderen nur wenig, er hängt aber in hohem Maße von der Jahreszeit, in der die Aufzucht stattfindet, und von den Haltungsbedingungen (insbesondere Düngung, Fütterung, Wasserversorgung usw.) ab. Diese Abhängigkeit muß bei der Ausarbeitung von Zucht-

programmen und bei der Durchführung der Familienselektion beachtet werden.

Wir zählen die wichtigsten Bedingungen auf, die bei der Familienselektion in der Fischzucht berücksichtigt werden müssen (KIRPIČNIKOV 1966b, 1966c, 1968, 1971b; MOAV et al. 1971 u. a.).

1. Aufzucht und Haltung der Laichfische (besonders der Rogener) bis zur Durchführung der Paarungen unter ähnlichen, die Reifung begünstigenden Verhältnissen (Verringerung der Varianz der gesamten Umwelt).
2. Gleichzeitige Durchführung von Paarungen, die das Ziel haben, Familien für die nachfolgende Beurteilung zu gewinnen.
3. Vorzugsweise Nutzung der künstlichen Besamung bei den Paarungen.
4. Erbrütung der Eier in gleichen Apparaten und in gleichen Mengen, Standardisierung der Temperatur- und Sauerstoffverhältnisse, der Beleuchtung und der Rate des Wasserwechsels.
5. Aufzucht von Brut, Setzlingen und älteren Fischen in nahrungsreichen Gewässern (Verringerung der Nahrungskonkurrenz). Die Aufzuchtbedingungen dürfen sich dabei nicht wesentlich von den in der Praxis üblichen unterscheiden.
6. Sorgfältige Standardisierung der Besatzdichte aller Familien während der getrennten Aufzucht. Größere Unterschiede in der Besatzdichte können den nachfolgenden Vergleich der Familien beträchtlich stören. Bei der Aufzucht der Fische in Käfigen, Becken oder Teichen unter Verwendung von Lebendfutter oder von Futtergemischen muß die Futtermenge in allen Varianten der Versuche gleich sein (WOHLFARTH 1983).
7. Bei getrennter Aufzucht der Fische verschiedener Familien ist eine mindestens dreifache Wiederholung erforderlich. Die Varianz der Teiche übersteigt gewöhnlich

Art der Wechselwirkung	Größe
Genotyp – Teich	gering
Genotyp – Fischalter	mittel
Genotyp – Besatzdichte (Konkurrenz)	mittel
Genotyp – Aufzuchtsaison	beträchtlich
Genotyp – Fütterung und Düngung	beträchtlich
Genotyp – Aufzuchtsystem	beträchtlich

die genetische Varianz der Familienmittel um ein Mehrfaches (WOHLFARTH und MOAV 1968). Daher erfordern Teichversuche besonders viele Wiederholungen. Abgegrenzte Abschnitte in einem Teich ergeben ebenso wie einander ähnliche Becken oder Käfige eine geringere Streuung der Daten.

8. Bei gemeinsamer Aufzucht von Fischen aus verschiedenen Familien ist es unumgänglich, die durchschnittlichen Besatzstückmassen anzugleichen. Wenn das nicht möglich ist, muß der Korrekturkoeffizient K bestimmt und eine Korrektur bei den beobachteten Zuwachswerten vorgenommen werden. Sehr wichtig ist es in diesem Falle, die Nahrungskonkurrenz nach Möglichkeit zu verringern und den Besatz mit den Fischen aus verschiedenen Familien gleichzeitig durchzuführen (mit Gruppenmarkierungen). Für die objektive Beurteilung reichen 2 bis 3 Wiederholungsteiche aus. Die gemeinsame Aufzucht von mehr als 10 bis 12 Familien ist sehr schwer durchzuführen. Für die vergleichende Beurteilung genügt es, aus jeder Familie ohne Auswahl jeweils 30 bis 50 Exemplare zu entnehmen.

9. Das Auftreten eines starken maternalen Effektes bei den Fischen, Einfluß der Aufzuchtbedingungen und des Alters der Rogener auf deren Nachkommenschaft, erfordert die Prüfung der Familien nach vollständiger Eliminierung dieses Faktors. Am stärksten wirkt sich der Maternaleffekt auf die Eigrößen und die Schlupfrate aus (KIRPIČNIKOV 1959, 1961, 1966b). Am Ende des ersten Lebensjahres verliert sich beim Karpfen (in gemäßigtem Klima) der maternale Effekt. Das Auftreten eines lange wirkenden maternalen Effektes erschwert beschleunigte Prüfungen von Karpfenfamilien unter Laborbedingungen, wie sie von ungarischen Autoren empfohlen wurde (NAGY et al. 1980). Ein erheblicher maternaler Effekt ist bei der Regenbogenforelle und dem Atlantischen Lachs festzustellen (GALL 1974; FRIARS et al. 1979). Der paternale Effekt, Einfluß der Größe und des Alters der Milchner auf die Qualität der Nachkommenschaft, ist schwächer ausgeprägt. Beim Karpfen ist der paternale Effekt nur im Laufe der ersten beiden Lebensmonate festzustellen.

10. Die endgültige Beurteilung und Auslese der besten Familien muß, wie im Falle der Massenauslese, hauptsächlich in dem Alter vorgenommen werden, in dem die Fische Speisefischgröße erreicht haben.

Bewertung der Laichfische durch Nachkommenschaftsprüfung

Die Bewertung der Laichfische durch Nachkommenschaftsprüfung kann auf unterschiedliche Weise erfolgen. Die einfachste Methode ist der Vergleich von Nachkommenschaften, die von einem Paar oder einem Satz von Laichfischen erhalten wurden (Abb. 79a, b). In diesem Fall werden nicht einzelne Laichfische, sondern ihre Kombinationen beurteilt, es erfolgt eine Auslese auf allgemeine Kombinationseignung.

Sehr oft verwenden die Fischzüchter vereinfachte diallele Kreuzungen (Abb. 79c). Einzelne Milchner (oder Rogener) werden an ein oder zwei Vertreter des anderen Geschlechts angepaart (KIRPIČNIKOV 1959, 1966b, 1971; KUZEMA 1961, 1962; POLIKSENOV 1962). Die Kreuzung jedes zu prüfenden Milchners mit denselben zwei Rogenern gewährleistet eine hinreichend genaue Beurteilung des Zuchtwertes dieser Milchner (Tab. 53).

Empfohlen wurde auch die unvollständige diallele Kreuzung (Abb. 79d) (MOAV und WOHLPARTH 1960), sie hat sich aber in der Praxis nicht durchgesetzt.

Die vollständige diallele Kreuzung (2 × 2, 3 × 3, 5 × 5, 10 × 10 usw.; Abb. 79e, f) ermöglicht ebenfalls die Selektion der besten Vertreter sowohl des einen wie des anderen Geschlechts. Da die Zahl der Nachkommenschaften hier proportional dem Quadrat der Zahl der zu prüfenden Laichfische eines Geschlechts ansteigt, entstehen bei höheren Zahlen Schwierigkeiten mit der Aufzucht der Nachkommenschaften. In der Karpfenzucht ziehen die Züchter Kreuzungsschemata vor, die es gestatten, entweder die Milchner oder die Rogener zu beurteilen. In der Forellenzucht und bei der Zucht des Atlantischen Lachses wurden multiple Kreuzungen des Typs 2 × 2, 3 × 3 und 4 × 4 mehrfach druchgeführt (GJEDREM und SKJERVOLD 1978; SAUNDERS 1978a, 1978b; MØLLER et al. 1979; SAUNDERS und

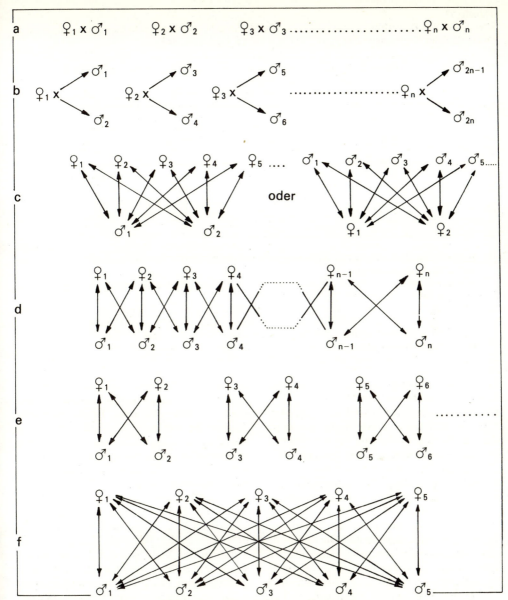

Abb. 79
Unterschiedliche Paarungsschemata bei der Nachkommenschaftsprüfung von Laichfischen.
a Bewertung von Laicherpaaren, b Bewertung von Sätzen von Laichfischen (1 ♀, 2 ♂♂), c Bewertung von Laichfischen eines Geschlechts, d unvollständige diallele Kreuzung, e, f vollständige diallele Kreuzungen des Typs 2×2 und 5×5.

BAILEY 1980). Bei der Zucht des Graskarpfens wurde das Schema 5×5 angewandt (SLUCKIJ 1971a). Die Ausrüstung der Fischzuchtbetriebe mit Standardapparaten und Rinnen zur Erbrütung der Eier und zur Haltung der Brut sowie mit Käfigen zur Aufzucht der Jungfische ermöglicht es, in der Züchtungsarbeit vollständige diallele Kreuzungen mit Salmoniden in großem Umfang durchzuführen.

Tabelle 53
Ergebnisse der Bewertung von Karpfenmilchnern durch Nachkommenschaftsprüfung anhand einfacher dialleler Kreuzungen des Typs 2 ♀♀ × 5 ♂♂ (KIRPIČNIKOV 1961)

Milchner Nr.	Rang, der von den Milchnern hinsichtlich der Wachstumsrate der Nachkommenschaft eingenommen wird (Durchschnitt von 18 Versuchen gemeinsamer und getrennter Aufzucht)*			
	Kreuzung mit ♀ 1		Kreuzung mit ♀ 2	
	Rang	Bewertungsindex**	Rang	Bewertungsindex**
69	1	1,71	1	1,86
74	2	2,13	3–4	3,21
65	3	3,13	2	2,71
10	4	3,33	3–4	3,25
3***	5	4,25	5	3,64

* In den Versuchen mit gemeinsamer Aufzucht wurde die Markierung mit Isotopen und mechanischen Marken vorgenommen.
** Als Bewertungsindex wurde der Mittelwert der Rangfolge der Nachkommenschaften bezüglich der Wachstumsrate aus allen 18 Versuchen eingesetzt.
*** Milchner Nr. 3 war, ebenso wie beide Rogener, heterozygot bezüglich des Gens s. In den Nachkommenschaften dieses Milchners wurde eine Aufspaltung bezüglich der Beschuppung beobachtet (75 % Schuppenkarpfen, 25 % Spiegelkarpfen). Dies könnte das Wachstum der Jungfische etwas verschlechtert haben.

Die Hauptschwierigkeit bei der Beurteilung der Laichfische mit Hilfe der Nachkommenschaftsprüfung sind nicht die diallelen Kreuzungen, sondern das Problem der gleichzeitigen Haltung der zahlreichen Nachkommenschaften unter gleichen Bedingungen. In den ersten Versuchen, die mit Karpfen durchgeführt wurden (KUZEMA 1961, 1962), gab es keine Wiederholungen bei der getrennten Aufzucht, die Varianz zwischen den Teichen hat zweifellos die genetische Varianz überdeckt. Die Methode der gemeinsamen Kontrolle, d. h. zusätzlicher Besatz aller Teiche mit leicht unterscheidbaren oder markierten Fischen einer Kontrollgruppe, wurde bei züchterischen Arbeiten am Belorussischen Karpfen von POLIKSENOV (1962) angewandt. Leider waren die Unterschiede in den Besatzstückmassen in diesem Falle sehr groß und überlagerten die genetischen Unterschiede im Wachstum und in der Überlebensrate. Es gab auch noch andere Mißerfolge bei Versuchen zur Beurteilung von Laichfischen durch Nachkommenschaftsprüfung.
Die gemeinsame Aufzucht der zu vergleichenden Familien, die Wiederholung der Versuche und die Korrekturen bei Differenzen in der Ausgangsstückmasse ermöglichen es, eine objektive Beurteilung der Laichfische vorzunehmen und die besten Paare oder Gruppen für die Vermehrung auszuwählen. So wurde in Israel die Bewertung von 11 Nachkommenschaften des Karpfens mit fünfmaliger Wiederholung durchgeführt, und zwar in Teichen, die sich durch ihr Nahrungsangebot stark unterschieden (Abb. 80). Die besten Familien behaupteten ihre führende Position im Zuwachs in der Mehrzahl der Teiche, insbesondere in solchen mit besonders günstigen Bedingungen. Bei verschlechterten Verhältnissen verändert sich die Rangfolge der Familien (nach den durchschnittlichen Zuwachsraten) etwas, obgleich auch in diesem Fall der Unterschied zwischen den Plus- und Minusvarianten erhalten bleibt. Die Varianzanalyse ergab, daß die Varianz zwischen den Teichen die zwischen den Nachkommenschaften übersteigt. Die Wechselwirkung dieser beiden Faktoren ist nicht sehr groß, aber durchaus signifikant, insbesondere beim Vergleich der extremen Teichvarianten.

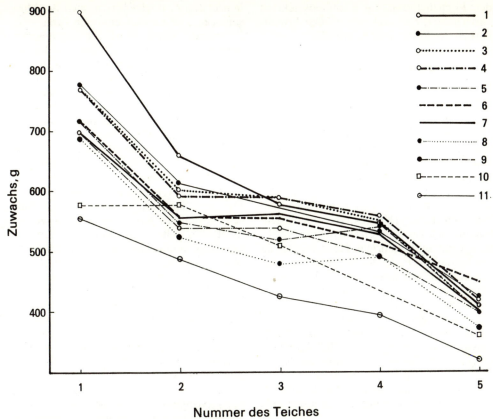

Abb. 80
Zuwachs von Karpfen aus 11 verschiedenen Familien bei Aufzucht in Teichen mit unterschiedlichem Ernährungsstatus (WOHLFARTH und MOAV 1971).

Die Bedingungen, die bei der Planung von Nachkommenschaftsprüfungen zu beachten sind, bleiben die gleichen wie bei der Familien- und Geschwisterselektion. Zulässig ist sowohl die gemeinsame als auch die getrennte Aufzucht. Die Bewertung der Nachkommen kann getrennt nach wichtigen Produktionskennziffern oder nach einem System von Indizes erfolgen, das sich auf die Beurteilung mehrerer Merkmale nach einem Punktsystem gründet (BAKOS et al. 1978). Es ist notwendig, die starke Abhängigkeit der Wachstumsrate von der Besatzdichte zu berücksichtigen: Dem Ausgleich der Zahl der Fische in den verschiedenen Versuchsvarianten ist besondere Aufmerksamkeit zu widmen. In unseren Versuchen mit Karpfen erfolgte diese Angleichung in den frühen Stadien der Entwicklung (bei Haltung in Käfigen) alle drei Tage. Die Menge des Futters war hierbei in allen Käfigen gleich groß (ILJASOV et al. 1983).

Abschließend fassen wir die Effektivität der Familienselektion und der Nachkommenschaftsprüfung zusammen. Im Falle der Familienselektion werden für die Reproduktion Fische aus den produktivsten und widerstandsfähigsten Familien ausgewählt, bei der Nachkommenschaftsprüfung wählt man die Laichfische aus, die die beste Nachkommenschaft liefern. Bei der Prüfung der Laichfische vergehen ein oder sogar zwei Jahre, dementsprechend vergrößert sich das Generationsintervall. Zeitverluste bei der Züchtung sind sehr unerwünscht (KIRPIČNIKOV 1971b; GJEDREM 1983), daher ist in der Fischzüchtung die Familienselektion vorzuziehen, die dank der großen Fruchtbarkeit der Fische leicht durchführbar ist.

8.4. Kombinierte Auslese

Die Gegenüberstellung der Gleichungen

$$R = \frac{Sh^2}{I} \text{ (3) und } R_f = \frac{S_f \cdot h_f^2}{I} \text{ (6)}$$

ermöglicht es, zu entscheiden, welche Selektionsmethode am günstigsten in der Fischzüchtung anzuwenden ist. Wenn $Sh^2 > S_f h_f^2$ ist, dann muß die Massenauslese der Familienselektion vorgezogen werden und umgekehrt (KIRPIČNIKOV 1968). Die Familienselektion ist effektiver bei Merkmalen mit sehr niedriger Heritabilität, da nur in diesem Falle die Verringerung der Selektionsdifferenz um das 3- bis 4fache beim Vergleich der Familien durch das Anwachsen der Heritabilität der Mittelwerte der Familien kompensiert wird. So kann sich bei der Auslese nach der Stückmasse der Jungfische bei $h^2 = 0,2$ der Übergang zur Familienselektion oder zur Nachkommenschaftsprüfung als zweckmäßig erweisen, wenn die Heritabilität der Mittelwerte der Familien nur wenig unter eins liegt.

Die Variabilität der Masse ist bei der Mehrzahl der Fische generell nichtadditiv. Dies spricht hauptsächlich zugunsten des Übergangs zur Familienselektion, wenn die Beschleunigung des Wachstums der Fische eine der wichtigsten Aufgaben des Zuchtprogramms ist. Bei der Züchtung des Atlantischen Lachses wird nicht selten empfohlen, die Massenauslese auf Merkmale des Wachstums zu beschränken und hinsichtlich solcher Merkmale wie Widerstandsfähigkeit der Fische gegenüber äußeren Einwirkungen und Krankheiten, Zeitpunkt der Geschlechtsreife sowie Besonderheiten des Exterieurs die Familienselektion anzuwenden (GJEDREM 1975 u. a.). Unserer Meinung nach ist die Massenauslese zweckmäßiger hinsichtlich der Kennzeichen des Exterieurs und anderer morphologischer Merkmale zu nutzen, deren Heritabilität 0,3 bis 0,4 übersteigt (s. Kapitel 4). Die Verbesserung der Wachstumsleistung erfordert unbedingt die Familienselektion, obgleich sich auch die Massenauslese als nützlich erweisen kann.

Es wurde bereits auf die technischen Schwierigkeiten der Aufzucht und des objektiven Vergleichs einer hohen Zahl von Nachkommenschaften bei der Arbeit mit derartig großen Züchtungsobjekten wie Karpfen und Lachsen hingewiesen. Eine Lösung des Problems kann die kombinierte Auslese bieten (KIRPIČNIKOV 1967a, 1968), die in der Aufeinanderfolge der Familienselektion, der Massenauslese und, wenn möglich, der Nachkommenschaftsprüfung im Laufe einer Generation besteht.

Der erste Schritt in der kombinierten Auslese besteht in Kreuzungen heterogener, nicht verwandter Laichfische mit dem Ziel der Gewinnung einer geringen Zahl von Nachkommenschaften (bis zu 10 in der Karpfenzüchtung oder einigen Dutzend in der Salmonidenzüchtung). Während der Aufzucht dieser Familien werden ihre Produktionseigenschaften überprüft und die besten Familien selektiert. In der zweiten Etappe erfolgt eine Massenauslese in einigen der besten Familien. Bei Tausenden oder mehr Exemplaren in jeder Familie kann die Auslese mit großer Intensität und Stärke vorgenommen werden. In der dritten Etappe wird die Nachkommenschaftsprüfung durchgeführt. Es werden nur die Laichfische eines Geschlechts, bei dem die Geschlechtsreife früher eintritt (in der Karpfenzucht die Milchner) geprüft. Zum Zeitpunkt der Reifung der Fische des anderen Geschlechts muß diese Prüfung vervollständigt werden.

Die Effektivität der kombinierten Auslese ist theoretisch gleich der Summe der Effektivitäten aller angewandten Selektionsverfahren:

$$R_S = R_f + R_m + R_{pr} \qquad (10)$$

Darin sind R_f, R_m und R_{pr} die Effektivität der Familienselektion, der Massenauslese und der Nachkommenschaftsprüfung.

Die kombinierte Auslese wurde von uns bei der Herauszüchtung des Ropscha-Karpfens angewandt (KIRPIČNIKOV et al. 1972b) und wird in großem Umfang bei züchterischen Arbeiten mit dem Atlantischen Lachs (GJEDREM und SKJERVOLD 1978; GJEDREM

1979, 1983; GALL 1983) und dem Marmorwels (BONDARI 1983) genutzt. Bei der Salmonidenzüchtung wurden Massenauslese und Familienselektion kombiniert, Nachkommenschaftsprüfungen fanden jedoch nicht statt.

8.5. Inzucht, Kreuzungen und Zuchtsystem

Eine wichtige Rolle in der Züchtungsarbeit spielen Verwandtschaftspaarung (Inzucht, Inbreeding) und Kreuzung von Nichtverwandten (Fremdzucht, Outbreeding).

Inzucht

Der Grad der Inzucht kann durch den Inzuchtkoeffizienten F ausgedrückt werden, der von WRIGHT eingeführt wurde. Dieser Koeffizient entspricht der Wahrscheinlichkeit der Vergrößerung der Zahl der Homozygoten in der Nachkommenschaft während einer Generation.* Der Wert für F hängt vom Verwandtschaftsgrad der gepaarten Individuen ab. Bei der Selbstbefruchtung von Pflanzen erreicht der Inzuchtkoeffizient den Maximalwert (0,50), bei Paarungen von Geschwistern und von Eltern mit Kindern beträgt er 0,25, bei anderen, weiter entfernten Paarungen sinkt er auf 0,125 und noch geringere Werte je Generation. Bei Fischen läßt sich der höchste Wert für Inzucht durch Gynogenese erreichen (s. Kapitel 7). Theoretisch müßten alle Nachkommen von gynogenetischen Rogenern nach meiotischer Gynogenese vollständig homozygot sein (F = 1). Durch Zwischenchromatid-Crossing-over verringert sich der Inzuchtkoeffizient jedoch etwas, beim Karpfen zum Beispiel auf 0,60 bis 0,75, bei der Scholle auf 0,78 bis 0,89 (THOMPSON et al. 1982; NAGY et al. 1983;

THOMPSON 1983). Die Verdoppelung des Chromosomensatzes bei den haploiden gynogenetischen Keimen im Stadium der ersten Furchungsteilung ermöglicht es, diese Verringerung zu vermeiden und vollständig homozygote Individuen zu erhalten (STREISINGER et al. 1981).

In panmiktischen Populationen von begrenztem Umfang oder in einem Zuchtbestand sind zufällige Paarungen verwandter Individuen unvermeidlich. Je geringer die effektive Größe der Population (N_e) ist, desto höher ist für sie der Inzuchtkoeffizient:

$$F = \frac{1}{2N_e} \qquad (11)$$

Bei einem bestimmten Inzuchtgrad in einer Population oder einem Zuchtbestand verlagert sich die Genotypenfrequenz in jeder Generation in Richtung auf eine Vergrößerung der Zahl der Homozygoten. Diese Tendenz wird durch die folgende Formel beschrieben (LI 1976):

$$(p^2 + Fpq)_{AA} + (2pq - 2Fpq)_{AB} \\ + (q^2 + Fpq)_{BB} = 1 \qquad (12)$$

Bei einem geringen Wert für F, z.B. F = 0,01 (N_e = 50), ist die Zunahme der Homozygotie unbedeutend, sie macht sich jedoch bei sehr geringen Individuenzahlen in der Population oder im Bestand stärker bemerkbar. In den Fischzuchtbetrieben ist die Zahl der Laichfische wegen ihrer hohen Fruchtbarkeit oftmals nicht groß, und bei Verwendung der Nachkommenschaft von ein oder zwei der besten Paare für die Reproduktion, d.h. bei N_e = 2 − 4, kann der Inzuchtkoeffizient einen Wert von 0,1 bis 0,25 erreichen; im Ergebnis dessen nimmt die Homozygotie ziemlich schnell zu (z.B. TANIGUCHI et al. 1983).

Die normale Konsequenz der Inzucht ist bei der Mehrzahl der Kulturpflanzen und der domestizierten Tiere, darunter auch der Fische, die Verringerung der Lebensfähigkeit und die Verlangsamung des Wachstums der Nachkommenschaft, was als Inzuchtdepression bezeichnet wird. Ursache der Depression ist die Zunahme der Homozygotie und vor allem der Übergang einiger schädlicher rezessiver Gene in homozygoten Zustand. Eine wesentliche Rolle spielt

---

* Gemeint ist die relative Homozygotie, d.h. die Zahl der Loci, die im Verlauf einer Inzuchtgeneration homozygot geworden ist. Die tatsächliche (absolute) Homozygotie ist immer größer, da eine beträchtliche Zahl von Genen in allen, auch in ursprünglich Outbreeding-Populationen homozygot ist. Die tatsächliche Homozygotie läßt sich ziemlich genau mit Hilfe der Methoden der biochemischen Genetik bestimmen (s. Kapitel 5. und 6.).

bei den Fischen in jedem Fall auch die allgemeine Abnahme der Heterozygotie durch die Inzucht. Bezüglich vieler Produktivitätsmerkmale, darunter auch Wachstumsgeschwindigkeit und Lebensfähigkeit, werden im Verlauf der Auslese komplizierte polygene heterozygote Systeme geschaffen, die durch Inzucht zerstört werden.

Eine Inzuchtgeneration (Geschwisterkreuzung) verlangsamt das Wachstum von Karpfen um 10 bis 20%, die Lebensfähigkeit sinkt beträchtlich, und die Zahl der Mißbildungen nimmt zu (MOAV und WOHLFARTH 1968; WOHLFARTH und MOAV 1971). Selbst eine gemäßigte Inzucht führt beim Karpfen zu Inzuchtdepression (KIRPIČNIKOV 1960, 1966b, 1969b). Bei Inzuchtnachkommenschaften treten oftmals Abweichungen von der Norm, Phänodevianten, auf (KIRPIČNIKOV 1961), die sich durch schlechteres Wachstum und geringere Lebensfähigkeit auszeichnen (TOMILENKO und ŠPAK 1979). Erhöhte Häufigkeit von Mißbildungen wurde bei Inzucht von Regenbogenforellen beobachtet (KINCAID 1983), ebenso beim Zebrabärbling (PIRON 1978) und anderen Arten gezüchteter Fische. Nachteilige Folgen von Inzucht bei Fischen wurden von vielen Autoren herausgestellt (KUZEMA 1953; ŠASKOL'SKIJ 1954; LIEDER 1956; SCHÄPERCLAUS 1961; VON LIMBACH 1970; NAGEL 1970; ČAN MAJ-TCHIEN 1971; IHSSEN 1976; KINCAID 1976, 1980, 1983; ANDERSON und WOODS 1979; MERLA 1979; MRAKOVČIČ und HALEG 1979; WINEMILLER und TAYLOR 1982; GALL 1983; GJERDE et al. 1983).

Nach KINCAID beträgt die Verlangsamung des Forellenwachstums bei enger Inzucht 5 bis 10%. Verschlechtert ist das Wachstum bei Inzucht-Bachsaiblingen, *Salvelinus fontinalis* (COOPER 1961), geringer ist auch die Lebensfähigkeit von Inzucht-Guppys, *Poecilia reticulata* (GIBSON 1954).

Die Größe der Inzuchtdepression kann nach der folgenden Formel (KINCAID 1983) berechnet werden:

$$X = \frac{\bar{x}_1 - \bar{x}_2}{\bar{x}_1} \qquad (13)$$

In der Formel sind $\bar{x}_1$ und $\bar{x}_2$ die Durchschnittswerte des Merkmals bei Fremdzucht und bei Inzucht.

Es ist zu bemerken, daß Inzucht bei vielen Aquarienfischen nicht von merklichen Depressionen begleitet wird. Die strenge und sorgfältige Auslese der besten Individuen, die von den Aquarienfischzüchtern durchgeführt wird, überdeckt offenbar die Schäden durch Inzucht. In Versuchen mit Seidenspinnern *(Bombyx)* wurde festgestellt, daß Inzuchtdepression ziemlich schnell durch Selektion von Kompensatorgenen abgeschwächt wird (STRUNNIKOV 1974). Dieser Prozeß dürfte bei längerer Inzucht auch bei Fischen erfolgen. Es ist ferner möglich, daß die schwache Ausprägung von Inzuchtdepression bei Aquarienfischen mit ihrer verhältnismäßig geringen Fruchtbarkeit und damit zusammenhängt, daß bei ihren Vorfahren in der Natur eine große Zahl von kleinen, isolierten Populationen vorhanden war. In diesen Populationen ist Inzucht unvermeidlich, und die Auslese führt ständig zum Erlöschen der Inzuchtdepression.

Obgleich Inzucht grundsätzlich ungünstig ist, kann sie in der Züchtungsarbeit mit Fischen großen Nutzen bringen. Dieser Nutzen besteht primär in der Stabilisierung der selektierten Merkmale durch erhöhte Homozygotie und in ihrer verstärkten Manifestierung. Der wichtigste Anwendungsfall der Inzucht in der Fischzucht besteht allerdings ebenso wie in der Züchtung vieler anderer Tiere und Pflanzen in der Gewinnung von Gebrauchshybriden mit Heterosis durch Kreuzung von Individuen aus verschiedenen Inzuchtlinien (Zwischenlinien-Gebrauchshybridisation). Das Problem der Gebrauchshybridisation wird später behandelt.

Kreuzung als Methode zur Erhöhung der Heterogenität des Zuchtmaterials

Der Selektionserfolg hängt in hohem Maße von der erblichen Heterogenität des züchterisch zu bearbeitenden Bestandes ab. Die Kreuzung nichtverwandter Individuen bereichert den Stamm, indem sie die genetische Komponente seiner Varianz vergrößert, die Züchtung beschleunigt und die nachteiligen Folgen der Inzucht beseitigt (KIRPIČNIKOV 1971b; WOHLFARTH et al. 1980; ILJASOV et al. 1983; GJEDREM 1983). Vor Beginn von Züchtungsmaßnahmen bei einer Fischart ist es notwendig, das zweckmäßigste Zuchtsystem auszuwählen, das die Schaffung einer optimalen Struktur der Rasse sowie die Erhaltung einer ausreichend hohen Heterogenität ermöglicht (KINCAID 1977, 1983; TOMILENKO 1981; GALL 1983).

Die Domestikation von Fischen ohne einen gut durchdachten Plan zur züchterischen Bearbeitung führt zu einer schnellen Verminderung der Lebensfähigkeit der Jungfische, zur Vergrößerung der Zahl der angeborenen Mißbildungen (THOMAS und DONAHOO 1977; KINCAID 1981, 1983; BRAUN und KINCAID 1982) und zur Verringerung der Heterogenität des Bestandes (ŠČERBENOK 1980b; ALLENDORF und PHELPS 1980; STAHL 1983; CROSS und KING 1983).

Eines der einfachsten Zuchtsysteme besteht in der Aufteilung einer Rassegruppe in zwei, drei oder eine größere Zahl von Linien oder Stämmen. In jeder von ihnen wird gemäßigte Inzucht zugelassen, und in jeder Generation wird eine Auslese vorgenommen (KIRPIČNIKOV 1960; GOLOVINSKAJA 1962). Von Zeit zu Zeit werden die Fische der verschiedenen Linien miteinander gekreuzt. Daneben werden die Kreuzungen auch zur Speisefischproduktion benutzt. Diese Methode wurde angewandt bei der Schaffung der Rasse „Ropscha-Karpfen" (KIRPIČNIKOV 1972a), bei der Züchtung des Mittelrussischen Karpfens und bei der Schaffung einer gegenüber der Bauchwassersucht resistenten Karpfenrasse (KIRPIČNIKOV et al. 1972a, 1979; GOLOVINSKAJA et al. 1975; ILJASOV et al. 1983).

Eine andere Methode zur Erhaltung der Heterogenität eines Zuchtstammes ist die Schaffung eines Reservegenfonds in Form einer hinreichend großen Gruppe von Fischen, deren Züchtung nicht mit Inzucht verbunden ist. Bei Verarmung (Verringerung der Variabilität) einer Linie werden deren Vertreter mit Fischen aus dem Reservefonds gekreuzt. Dadurch wird die im Laufe der Selektion verlorengegangene Heterogenität wiederhergestellt (MOAV und WOHLFARTH 1967). Für die Purpurforelle *(Salmo clarki)* wurden periodische Kreuzungen der Fische domestizierter Linien mit Individuen aus natürlichen Populationen empfohlen (ALLENDORF und PHELPS 1980). Solche Kreuzungen sind nur in den frühesten Etappen der Züchtungsarbeit zulässig.

Für die Regenbogenforelle wurde auch das Verfahren der Rotationskreuzung vorgeschlagen (KINCAID 1977). Die Wechselkreuzung der Fische aus verschiedenen Linien wird in jeder Generation durchgeführt (Abb. 81). Wenn drei Linien vorhanden sind, erhalten wir in der ersten Generation Zweifachhybriden und in der zweiten Dreifachhybriden (AABC, ABBC und ABCC). Infolgedessen muß sich in dem Bestand ein hoher Grad an Heterogenität erhalten.

Topcross, d. h. periodische Kreuzung von Individuen aus Inzuchtlinien mit Individuen aus einer Fremdzuchtreserve, und reziproke periodische Selektion mit Auslese auf Kombinationseignung der Laichfische verschiedener Stämme oder Linien (Abb. 82) wurde in der Fischzüchtung bisher noch nicht angewandt.

Die Heterogenität eines Zuchtstammes kann auch durch einmalige (einführende) Kreuzung mit Fischen aus anderen Stämmen vergrößert werden.

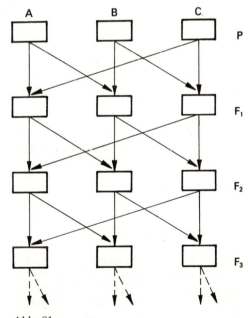

Abb. 81
Rotationssystem der Fischzucht (KINCAID 1977). A, B, C Linien (Nachkommenschaften); P, F_1, F_2, F_3 aufeinanderfolgende Fischgenerationen.

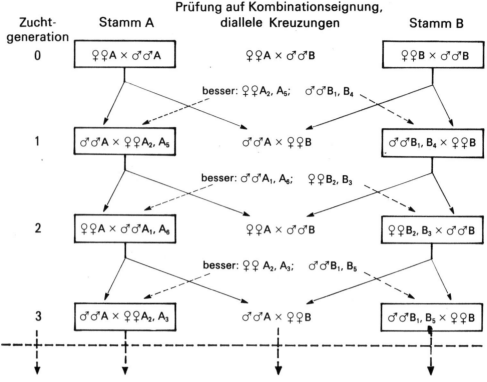

Abb. 82
Schema der reziproken periodischen Selektion in der Fischzüchtung. Züchtung zweier Stämme mit Prüfung der Kombinationseignung.

Welcher Art das Zuchtsystem auch sein mag, eine andauernde Aufrechterhaltung hoher Heterogenität eines Stammes ist nicht möglich, wenn gleichzeitig intensive Selektion durchgeführt wird. Von Zeit zu Zeit sind radikale Maßnahmen erforderlich, neue Zwischenstammeskreuzungen, entfernte Hybridisation, künstliche Mutagenese und andere.

Synthetische Züchtung

Die Kombination nützlicher Eigenschaften zweier Stämme, Varietäten, Arten und manchmal sogar Gattungen ist eine Aufgabe, die sehr oft vor Fischzüchtern steht. Eine derartige Synthese kann auf verschiedene Weise erreicht werden.
Die Kombinationskreuzung (Abb. 83a) wird genutzt, wenn nützliche Eigenschaften der beiden gekreuzten Stämme oder Arten verbunden werden sollen. Sie erfordert eine sehr sorgfältige Selektion in allen Hybridgenerationen. Mit Hilfe der Kombinationskreuzung wurden der Ukrainische und der Ropscha-Karpfen geschaffen (KUZEMA 1953; KIRPIČNIKOV und GOLOVINSKAJA 1966; KIRPIČNIKOV 1972a); sie wurde auch bei der Züchtung des Mittelrussischen Karpfens (GOLOVINSKAJA et al. 1975) und eines bauchwassersuchtresistenten Karpfens (KIRPIČNIKOV und FAKTOROVIČ 1972) angewandt. Es wird vermutet, daß die Ungarischen Karpfen das Ergebnis der Kombination der Merkmale zweier oder dreier Stämme sind, und zwar eines wenig produktiven örtlichen Karpfens, des hochrückigen deutschen Aischgründers und möglicherweise eines aus Japan eingeführten Stammes (BAKOS 1974). Hybridursprung hat auch der Rumänische Karpfen (POJOGA 1967). Gute Per-

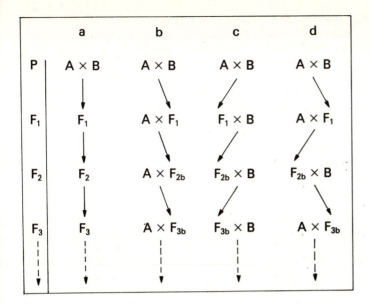

Abb. 83 Grundtypen der synthetischen Züchtung. a Kombinationskreuzung, b Veredlungskreuzung, c Verdrängungskreuzung, d alternative Kreuzung.

spektiven haben Versuche zur Synthese charakteristischer Merkmale zweier amerikanischer Saiblingsarten, *Salvelinus fontinalis* und *S. namaycush* (IHSSEN 1973). Kombinationskreuzungen sind ferner in vielen anderen Fällen der synthetischen Züchtung erfolgversprechend. Als Beispiele seien die Zwischengattungskreuzungen des Hausens mit dem Sterlet *(Huso huso × Acipenser ruthenus)* (BURCEV 1971, 1983; BURCEV und SEREBRJAKOVA 1980) sowie des Silberkarpfens mit dem Marmorkarpfen *(Hypophthalmichthys molitrix × Aristichthys nobilis)* (VOROPAEV 1969, 1978; GREČKOVSKAJA et al. 1979) genannt.

Die Veredelungskreuzung (Abb. 83 b) wird angewandt, wenn in einen hochproduktiven örtlichen Stamm eine oder mehrere wertvolle Eigenschaften eines anderen Stammes (oder einer Art) eingeführt werden sollen. Nach der ersten Hybridisation beider Formen kreuzt man die Hybriden der folgenden Generationen mit den Individuen des örtlichen (zu verbessernden) Stammes zurück, wobei die Rückkreuzungshybriden für den Zuchtstamm behalten werden, die die gewünschten Merkmale des Stammes aufweisen, der die Verbesserung bringen soll. Wenn diese Eigenschaften durch dominante Gene bestimmt werden, die sich deutlich manifestieren, ist das Problem der Erhaltung der gewünschten Merkmale verhältnismäßig leicht zu lösen. Bei rezessiven Genen und darüber hinaus bei polygener Vererbung ist die Gefahr des Verlustes der Merkmale des Stammes, der die Verbesserung bringen soll, sehr groß.

Die Verdrängungskreuzung ist der Veredelungskreuzung sehr ähnlich (Abb. 83 c). Nach der Hybridisierung beider Stämme wird eine Serie von Rückkreuzungen durchgeführt, die Hybriden werden aber wiederholt mit Individuen des Stammes gekreuzt, der die Verbesserung bringen soll, und nicht mit dem örtlichen Stamm.

Die alternative Kreuzung (Abb. 83 d) ermöglicht am ehesten die Vermeidung von Inzucht bei der Synthese der Besonderheiten zweier Stämme. Die abwechselnde Kreuzung der Hybriden mit Individuen beider Stämme wird von der Selektion der gewünschten Kombination von Merkmalen begleitet. Nach drei bis vier Generationen wird die alternative durch die Kombinationskreuzung mit dem Ziel der Stabilisierung der Merkmale des neuen Hybridstammes ersetzt.

Die Veredelungs- oder Verdrängungskreuzung und die Kombinationskreuzung werden oft miteinander kombiniert. Das war insbesondere bei der Züchtung des Niwka-Karpfens der Fall (KUZEMA et al. 1970).

Eines der Haupthindernisse bei der Züchtung entfernter Hybriden ist deren teilweise oder vollständige Unfruchtbarkeit, die vielen Hybridformen eigen ist. Von großem theoretischem und praktischem Interesse ist in diesem Zusammenhang die komplizierte Arbeit zur Gewinnung fruchtbarer Hybriden des Karpfens *(Cyprinus carpio)* und der Karausche *(Carassius carassius)*, die vor über 40 Jahren in der Ukraine begonnen wurde (KUZEMA und TOMILENKO 1965). Die (wenn auch nur teilweise) Wiederherstellung der Fruchtbarkeit gelang durch Verwendung des Goldfisches *(Carassius auratus)* und des Ropscha-Karpfens als Vermittler. Die große Variabilität hinsichtlich der Fruchtbarkeit und Überlebensrate der Hybriden der zweiten Generation zwischen Hausen und Sterlet läßt darauf hoffen, daß auch in diesem Falle die Züchtung auf vollständige Wiederherstellung der Fruchtbarkeit erfolgreich sein wird (BURCEV und SEREBRJAKOVA 1980).

Gebrauchshybridisation

Das Problem der praktischen Anwendung von Hybriden der ersten Generation in der Fischzucht wird in den Arbeiten ANDRIJAŠEVAS (1966, 1971a, 1971b) gründlich behandelt. Die Aufzucht von Hybriden der ersten Generation ist zweckmäßig, wenn diese einen Heterosiseffekt aufweisen, d. h., wenn sie ihre Elternformen in einer Reihe von Merkmalen übertreffen. Es wird hier nicht auf die komplizierte Frage der Heterosis eingegangen, ihr wurden viele ausführliche Abhandlungen gewidmet (siehe z. B. CHADŽINOV 1935; DOBZHANSKY 1952; CROW 1952; HAYES 1952; MATHER 1955; HALDANE 1955; KIRPIČNIKOV 1967c, 1974a; GUŽOV 1969; STRUNNIKOV 1974 u. a.).

Es ist lediglich festzustellen, daß der Heterosis zwei einander ergänzende grundsätzliche genetische Mechanismen zugrunde liegen: Kombination nützlicher dominanter Gene von beiden Kreuzungspartnern bei den Hybriden (Hypothese der Dominanz) und generelle Vergrößerung des Heterozygotiegrades bei den Hybriden (Hypothese der Superdominanz). In beiden Fällen erfolgt eine biochemische Anreicherung („versatility" nach HALDANE 1955) der Hybridformen (KIRPIČNIKOV 1974a). Unter natürlichen Verhältnissen kommt Heterosis gewöhnlich in der Verbesserung der Überlebensrate und Fortpflanzungsfähigkeit der Hybriden zum Ausdruck. Heterosis dieser Art ist charakteristisch für viele innerartliche und einige zwischenartliche Fischhybriden und entspricht dem Begriff Euheterosis, der von DOBZHANSKY (1952) eingeführt wurde. Zugrunde liegen ihr hauptsächlich Vorteile in der Lebensfähigkeit der Heterozygoten. Hybriden zwischen vom Menschen geschaffenen Rassen und Stämmen (Linien) zeichnen sich oftmals durch Gigantismus, Beschleunigung des Wachstums und Vergrößerung des gesamten Organismus oder einzelner Teile, aus („Luxurieren" nach DOBZHANSKY). Aller Wahrscheinlichkeit nach ist die Hauptursache in diesen Fällen die Kombination der Wirkung dominanter Gene und der Rückgang der Inzuchtdepression, die durch Homozygotie hinsichtlich schädlicher rezessiver Merkmale bedingt ist (ANDRIJAŠEVA 1971b).

Oftmals ist auch bei den Hybriden die Überlebensrate erhöht, insbesondere bei Kreuzungen von Inzuchtlinien oder von Rassen mit starker Inzucht. In der Fischzüchtung tritt Heterosis beider Typen auf. Die wichtigste Voraussetzung für den Erfolg der Gebrauchshybridisation bei Fischen ist ihre sorgfältige Durchführung. Die Hybriden der ersten Generation müssen vollständig aus den Gewässern entfernt werden; gelangen sie gewollt oder ungewollt in den Zuchtstamm, so führt dies zur Verunreinigung der Laicherbestände der Ausgangsformen und hat oftmals schwerwiegende Konsequenzen. Als Beispiel führen wir die Hybridisation des domestizierten Karpfens mit seiner Stammform, dem Wildkarpfen, an, die in der UdSSR und in einer Reihe osteuropäischer Länder vorgenommen wurde. Häufig wurden die Hybriden weiter gehalten, und die Folge davon waren eine Verunreinigung der Bestände des Wildkarpfens und des Teichkarpfens und eine Verschlechterung wirtschaftlich wichtiger Leistungen. Ein weiteres eindrucksvolles Beispiel ist die Hybridisation des Hausens mit dem Sterlet. Die Hybriden der ersten Generation (Bester) besitzen gute Eigenschaften, vom Hausen erben sie das schnelle Wachstum und vom Sterlet die Anpassungsfähigkeit an Süßwasser (NIKOLJUKIN 1971; BURCEV 1971). Leider setzte man die Hybriden in großen Mengen in Flüsse, Seen, Haffe und Stauseen aus, was zu einer Kontamination der Acipenseridenbestände führte.

Der Reinheit der Gebrauchshybridisation können genetische Marker sehr dienlich sein, beide Eltern und die Hybriden können sich hinsichtlich der Allele der Gene der Färbung, der Beschuppung und einiger biochemischer Loci unterscheiden (MOAV et al. 1976a, 1976b; BRODY et al. 1976; KIRPIČNIKOV und KATASONOV 1978).

Wir führen zunächst die aussichtsreichsten innerartlichen Hybridkombinationen auf.

1. Hybriden zwischen Karpfenrassen (Cyprinus carpio)

Heterosis ist zu beobachten bei Kreuzungen des Ukrainischen und des Ropscha-Karpfens (KUZEMA und TOMILENKO 1962; KUZEMA et al. 1968; KIRPIČNIKOV et al. 1971; TOMILENKO et al. 1974, 1978; ALEKSEENKO 1979, 1982; TOMILENKO 1982; DEŠKO 1982), aber auch des Ukrainischen und des Moldauischen Karpfens (LOBČENKO 1982b). Gute Ergebnisse liefert die Kreuzung des Karpfens der Rasse Dor-70 (Israel) mit dem Jugoslawischen Karpfen (WOHLFARTH et al. 1980) und mit dem Taiwan-(Chinesischen) Karpfen (MOAV et al. 1975b; WOHLFARTH et al. 1975a; MOAV 1979). Letztere Kombination ist besonders für die Aufzucht in verhältnismäßig armen Teichen zu empfehlen (WOHLFARTH et al. 1983). Bei den Hybriden werden jedoch oft verschiedene Anomalien der Gonadenentwicklung beobachtet (HULATA et al. 1980). Heterosis bezüglich Lebensfähigkeit und Produktivität ist bei Kreuzungen ungarischer und polnischer Karpfen (RYCHLICKI 1973; WŁODEK und MATLAK 1978; WRONA et al. 1980), bei Kreuzungen deutscher und Mittelrussischer Karpfen (PONOMARENKO 1980), bei der Hybridisation des japanischen Yamato-Karpfens mit dem europäischen Spiegelkarpfen (SUZUKI 1979) und bei vielen Kreuzungen zwischen japanischen Karpfenrassen festzustellen (SUZUKI und YAMAGUCHI 1980).

2. Hybriden pflanzenfressender Fische der Familie Cyprinidae

Bei Kreuzungen von Graskarpfen *(Ctenopharyngodon idella)* aus den Flüssen Jangtse (China) und Amur (UdSSR) ist Heterosis in Hinblick auf Überlebensrate und Wachstumsgeschwindigkeit zu beobachten; einen gleichen Heterosiseffekt fanden wir bei der Untersuchung von Kreuzungen zwischen Silberkarpfen *(Hypophthalmichthys molitrix)* aus China und dem Amur (POLJARUŠ 1983).

3. Innerartliche Hybriden bei Salmoniden

Heterosis wurde bei Kreuzungen zwischen einigen Rassen der Regenbogenforelle *(Salmo gairdneri)* festgestellt (GALL 1969; REICHLE 1974; LINDER et al. 1983; AYLES und BAKER 1983). Erhöhte Lebensfähigkeit ist charakteristisch für Hybriden zwischen der normalen Regenbogenforelle und ihrer albinotischen Form (SUBLA und CHANDRASEKARAN 1978). Heterosis tritt ferner bei Hybriden zwischen zwei Unterarten von *Oncorhynchus masu* (CHEVASSUS 1979) sowie zwischen Rassen von *O. kisutch* (HERSCHBERGER 1978) und des Bachsaiblings *(Salvelinus fontinalis)* auf (WEBSTER und FLICK 1981).

4. Hybriden von Welsen der Familie Ictaluridae

Kreuzung von Marmorwelsen *(Ictalurus punctatus)* unterschiedlicher Rassen oder örtlicher Stämme führt zu Heterosis bezüglich des Wachstums und der Lebensfähigkeit (GIUDICE 1966; SNEED 1971; GREEN et al. 1979; SMITHERMAN et al. 1983).

5. Hybriden des domestizierten Karpfens verschiedener Rassen mit dem Amurwildkarpfen (Cyprinus carpio carpio × C. c. haematopterus)

Die Karpfen-Wildkarpfen-Hybriden zeichnen sich durch stark ausgeprägte Heterosis im ersten Lebensjahr aus und werden in der Ukraine in großem Umfang aufgezogen (KIRPIČNIKOV 1959, 1962; ANDRIJAŠEVA

1966; KARNENKO 1966; TOMILENKO et al. 1977; DEŠKO 1982).
Es gibt auch gute Aussichten für die praktische Anwendung einer Reihe von zwischenartlichen und Zwischengattungshybriden. Hierzu gehören:
1. Hybriden der Ladoga- oder Peipusmaräne *(Corogonus lavaretus)* mit der Kleinen Maräne *(C. albula)* (NESTERENKO 1957; LEMANOVA 1960, 1965; GORBUNOVA 1962.
2. Hybriden des Bachsaiblings *(Salvelinus fontinalis)* und des Seesaiblings *(S. namaycush)*, die als Splake bezeichnet werden (AYLES 1974; IHSSEN 1976; CHEVASSUS 1979).
3. Hybriden des See- und Bachsaiblings und des Wandersaiblings *(S. alpinus)* (CHEVASSUS 1979).
4. Hybriden zwischen Oncorhynchus keta und O. gorbuscha (SUZUKI 1975).
5. Hybriden zwischen Angehörigen der Gattung Ictiobus (Catostomidae) (GIUDICE 1964).
6. Hybriden von Tilapien *(Sarotherodon sp., Oreochromis sp.)* mit überwiegendem Anteil schnellwüchsiger Milchner (HICKLING 1960, 1968; PRUGININ et al. 1975; LOVSHIN und DA SILVA 1976; HULATA et al. 1981, 1983; PINTO 1982).
7. Hybriden von Hechten der Gattung Esox (ARMBRUSTER 1966).
8. Hybriden von Sonnenbarschen (Centrarchidae) der Gattung Lepomis (CHILDERS 1971).
9. Hybriden der Welse *Ictalurus punctatus × I. furcatus* (GIUDICE 1966; YANT et al. 1975; SMITHERMAN et al. 1983).
10. Zwischengattungshybriden von Hausen und Sterlet (Bester, *Huso huso × Acipenser ruthenus)* sowie Hybriden zwischen Hausen und Schip *(A. nudiventris)* (NIKOLJUKIN 1971; BURCEV 1971, 1983; VODOVOZOVA 1979).
11. Zwischengattungshybriden von Karpfen und Karausche *(Cyprinus carpio × Carassius auratus; C. carpio × Carassius carassius)*. Diese sterilen Hybriden vereinigen in günstiger Weise einige Eigenschaften der Elterntiere in sich und können zum Besatz von Gewässern verwendet werden, die für die Karpfenaufzucht wenig geeignet sind (MATSUI 1931; NIKOLJUKIN 1952, 1972).
12. Zwischengattungshybriden von Silberkarpfen und Marmorkarpfen *(Hypophthalmichthys molitrix × Aristichthys nobilis)* (VINOGRADOV und EROCHINA 1964; VOROPAEV 1969; GREČKOVSKAJA et al. 1979).
13. Zwischengattungshybriden der Indischen Karpfen *(Catla catla × Labeo rohita)* (CHAUDHURI 1971).

Eine große Zahl aussichtsreicher Hybridkombinationen in den Familien Salmonidae und Cyprinidae (SUZUKI und FUKUDA 1972; CHEVASSUS 1979; RJABOV 1979), Centrarchidae (HUBBS und HUBBS 1933; CHILDERS 1971) und Ictaluridae (SNEED 1971) ist möglich. Hybriden mit Heterosiseffekt lassen sich auch gewinnen, wenn Fische aus Inzuchtlinien miteinander gekreuzt werden. Besonders weit fortgeschritten sind Versuche dieser Art zur Gewinnung von Vierfachhybriden beim Karpfen in Ungarn (BAKOS 1974, 1979). Diese Arbeiten sind noch nicht abgeschlossen (Abb. 84), aber einige Hybridkombinationen erwiesen sich als hochproduktiv. Unter gemäßigten Klimabedingungen erfordern solche Untersuchungen sehr viel Zeit. Die Nutzung von Warmwasser und die Anwendung der Gynogenese können sie beschleunigen.
Die hohe Fruchtbarkeit und die äußere Befruchtung, die für viele Fischarten charakteristisch sind, erleichtern die Gewinnung von Hybriden der ersten Generation in Mengen, die zur Versorgung von großen Aufzuchtbetrieben ausreichen. Es ist jedoch zu berücksichtigen, daß viele Hybriden fruchtbar sind und daß dies oftmals die Gefahr der Verunreinigung der Laicherbestände der Ausgangsformen mit sich bringt. Eine der wichtigsten Aufgaben der Genetik und Züchtung besteht in der Gewinnung unfruchtbarer oder eingeschlechtlicher Gebrauchshybriden.

8.6. Neue Richtungen in der Fischzüchtung

Seit einigen Jahren finden moderne genetische Methoden der Züchtung in Zusammenhang mit der schnellen Entwicklung von Molekular- und biochemischer Genetik und dem Anwachsen der Erkenntnisse über die spezielle Genetik der Fische immer breiteren Eingang in die Praxis der Fischzucht (KIRPIČNIKOV 1971b, 1979a, 1983;

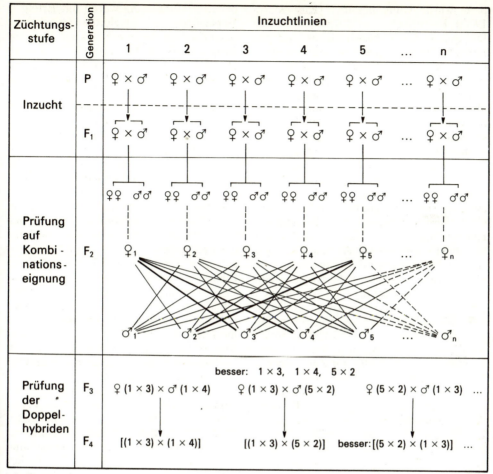

Abb. 84
Schema der Gewinnung von Doppelgebrauchshybriden des Karpfens (BAKOS 1974, mit geringen Vereinfachungen).

SMITH P. 1980; GOLOVINSKAJA 1983; WOHLFARTH 1983). Auf einige Aspekte sei im folgenden hingewiesen.

Züchtung und spezielle Genetik der Fische

Informationen über die Vererbung morphologischer (qualitativer sowie quantitativer), physiologischer und biochemischer Merkmale von Fischen leisten bei der Organisation der Züchtung wesentliche Hilfe. Einige Gene können unmittelbar in der Züchtung verwendet werden. Hierbei verläuft die Auslese zugunsten oder zuungunsten dieser Gene. Ein gutes Beispiel für die Nutzung von Daten über die spezielle Genetik ist die Entfernung des rezessiven Gens s (Spiegelbeschuppung) aus dem Laicherbestand des Ropscha-Karpfens. Im Verlauf der Züchtung wurden über 400 Laichfische mit Hilfe von Rückkreuzungen auf Homozygotie hinsichtlich des Gens S überprüft. Im Ergebnis dieser Untersuchungen wurden drei bezüglich des Gens S homozygote Linien des Ropscha-Karpfens geschaffen, die Aufspaltung der Beschuppung wurde völlig beseitigt (KIRPIČNIKOV 1972a; KIRPIČNIKOV et al. 1979).

Die Allele des Transferrinlocus sind bei Fischen, wie gezeigt werden konnte (s. Kapitel 6), funktional nicht gleichwertig. Fische unterschiedlicher Tf-Genotypen weisen Differenzen in der Resistenz gegenüber einer Reihe von Erkrankungen sowie der Winterfestigkeit und hinsichtlich Sauerstoffmangel auf. Die Unterschiede der Tf-Genotypen in der Widerstandsfähigkeit werden von einigen Autoren mit bakteriziden Eigenschaften dieses Eiweißes erklärt (WEINBERG 1974). Wenn eine Korrelation zwischen dem Tf-Genotyp der Fische und ihrer Resistenz gegenüber bestimmten Krankheiten oder Umwelteinwirkungen besteht, ist eine direkte Auslese nach den Allelen des Transferrinlocus möglich.

Große Aussichten bietet die Nutzung von Genen zur Markierung von Zuchtlinien (MOAV et al. 1976a; BRODY et al. 1976, 1979; MOAV 1979). Gegenwärtig werden genetische Marker mit Erfolg zur Kennzeichnung unterschiedlicher Karpfenlinien verwendet. Der Arbeitsplan zur Züchtung des Mittelrussischen Karpfens umfaßt die Schaffung von zwei Linien, die hinsichtlich der Loci S (Beschuppung) und D (Färbung des Rückens und des Kopfes) differieren. Die Linie ssDD ist ein Spiegelkarpfen mit Zeichnung (heller Streifen) auf dem Rücken. Die Linie SSdd ist vollbeschuppt ohne Zeichnung. Die Gebrauchshybriden dieser beiden Linien (Genotyp SsDd) lassen sich nach dem Phänotyp leicht von den Parentalformen unterscheiden. Sie sind Schuppenkarpfen und weisen eine Zeichnung auf (KATASONOV 1974b; KIRPIČNIKOV und KATASONOV 1978; ŽALJUNENE 1979; PAK und COJ 1982).

Mit rezessiven Färbungsgenen wurden zwei Karpfenlinien in Israel markiert (MOAV und WOHLFARTH 1968). Eine von diesen Linien ist homozygot in bezug auf die Gene b (blaue Färbung) und gr (graue Färbung). Die andere ist homozygot hinsichtlich des Gens g (Goldfärbung). Bei den Hybriden sind alle drei Gene heterozygot (B/b Gr/gr G/g), und die Fische sind normal gefärbt.

In der ČSSR wurden verschiedene Karpfenlinien mit Allelen des Transferrinlocus markiert (VALENTA et al. 1976a, 1978). Genetische Markierung wurde mit Erfolg in Versuchen zur induzierten Gynogenese beim Karpfen (GOLOVINSKAJA und ROMAŠOV 1966; ČERFAS und TRUVELLER 1978; NAGY et al. 1978), in Versuchen zur Identifizierung der Arten, Rassen und Hybriden von *Tilapia* (CRUZ et al. 1982; MCANDREW und MAJUMDAR 1983) sowie in anderen genetisch-züchterischen Experimenten angewandt. Die Markierungsgene gestatten es, den Anteil der Erbanlagen zu bestimmen, den verschiedene Hybridrassen vom Amurwildkarpfen erhielten (PAAVER 1980, 1983a).

Das Problem der Verwendung der Variabilität hinsichtlich der Allele der biochemischen Loci bei Populationsuntersuchungen an Wildfischen und bei der Untersuchung der natürlichen Gynogenese und Hybridogenese wurde im 6. und 7. Kapitel dieses Buches behandelt.

Es ist zu betonen, daß in den Fällen, wo zwischen genetischen Markierungen und züchterisch wertvollen Eigenschaften eine merkliche Korrelation besteht, die Markierung der Zuchtlinien mit großer Vorsicht nach einem sorgfältig ausgearbeiteten Plan vorgenommen werden muß.

Große Bedeutung für den Züchter hat die Sammlung von Unterlagen über die Vererbung quantitativer Merkmale und insbesondere von Produktionskennziffern bei Fischen. Die Daten über die Heritabilität verschiedener Merkmale sind ziemlich zahlreich (s. Kapitel 4), viele von ihnen sind aber unzuverlässig (GALL 1983). Je mehr genaue Angaben über die Heritabilität züchterisch wichtiger Eigenschaften vorliegen, desto leichter wird es, langfristige Zuchtprogramme aufzustellen und die effektivsten Zuchtmethoden auszuwählen.

Induzierte Mutagenese

Die genetische Variabilität kann bei Fischen durch Behandlung der Gameten mit ionisierender Strahlung (SCHRÖDER 1973) und mit chemischen Mutagenen, Nitrosomethyl- und Nitrosoethylharnstoff (NMH und NEH), Ethylenimin (EI) und anderen Substanzen, beträchtlich gesteigert werden (COJ 1969a, 1969b, 1978, 1980; COJ et al. 1973). Dank der hohen Fruchtbarkeit der Fische sind die Perspektiven für die Anwendung der induzierten Mutagenese in der Fischzucht sehr günstig. Mit ihrer Hilfe läßt sich die Heterogenität der Rassen vergrößern und die Effektivität der Auslese erhöhen. Ein erster Versuch dieser Art wurde bei Züchtungsarbeiten am Krasnodar-Karpfen durchgeführt (KIRPIČNIKOV 1972a, 1972b). Besonders erfolgreich verläuft die Arbeit mit mutagenen Linien des Kasachstaner Karpfens. In diesem Falle gelang es mit Hilfe von NEH, EI und anderen Alkylverbindungen, den Grad der Variabilität wirtschaftlich wichtiger Merkmale beträchtlich zu vergrößern (COJ 1978, 1983; COJ und ČERFAS 1984).

Die Suche nach einzelnen nützlichen Mutanten ist in der Fischzüchtung wenig aussichtsreich. Ihr Auftreten und ihre Nutzung werden durch den späten Eintritt der Geschlechtsreife bei den gezüchteten Fischarten eingeschränkt.

Gynogenese in der Züchtung

Die Bedeutung der Gynogenese für die Erhöhung der Effektivität der Züchtungsarbeit wurde bereits behandelt (Kapitel 7). Der Hauptvorteil der Gynogenese besteht in der Möglichkeit, mit ihrer Hilfe schnell hochhomozygote Inzuchtlinien zu schaffen, die anschließend für die Gewinnung von Hybriden mit Heterosiseffekt und genetische Untersuchungen verwendet werden können. Selbst bei hohem Zwischenchromatid-Crossing-over, das insbesondere bei der meiotischen Gynogenese der Regenbogenforelle zu beobachten ist (THORGAARD et al. 1983, GUYOMARD 1984), übersteigt der Inzuchtkoeffizient nach einer Gynogenesegeneration den Wert 0,44 (eigene Berechnungen), d. h., er liegt nahe dem der Inzucht bei Selbstbefruchtung. Beim Karpfen erreicht dieser Wert 0,75. Wie sich nach dem völligen Anwachsen von Gewebetransplantaten ergab, wird die Homozygotie nach vier Gynogenesegenerationen nahezu vollständig (NAGY et al. 1983).

Noch schneller und zuverlässiger kann Homozygotie durch Verdoppelung des haploiden Chromosomensatzes bei gynogenetischen Keimen im Stadium der ersten Furchungsteilung erreicht werden. Ein erfolgreicher Versuch dieser Art wurde beim Zebrabärbling *(Brachydanio rerio)* durchgeführt. Nach einer Gynogenesegeneration mit Inaktivierung der Spermien durch UV-Bestrahlung und anschließender Fusion beider Kerne des in Teilung befindlichen Keims unter Einwirkung von erhöhtem hydrostatischem Druck wurden Klone homozygoter, identischer diploider Individuen gewonnen (STREISINGER et al. 1981).

Ungarische Autoren (NAGY und CSANYI 1978) schlugen zwei interessante Schemata des Zusammenwirkens von Gynogenese mit normaler zweigeschlechtlicher Fortpflanzung in der Züchtung vor (Abb. 85a, b). In beiden Fällen erreichen sowohl die Milchner als auch die Rogener schnell einen hohen Inzuchtgrad, obwohl der Inzuchtkoeffizient im ganzen langsamer anwächst als bei kontinuierlicher Gynogenese.

In den letzten Jahren wird Gynogenese mit Erfolg zur Beschleunigung des Prozesses der Homozygotisierung von Karpfenbeständen nach mutagener Einwirkung (COJ 1980, 1981, 1983), zur Gewinnung fruchtbarer Hybriden zwischen Karpfen und Karausche (ČERFAS und ILJASOVA 1980b) sowie zur Herauszüchtung von Inzuchtlinien der Peledmaräne (MANTEL'MAN 1978, 1980) angewandt. Es ist jedoch zu berücksichtigen, daß sich bei der Diploidisierung der Kerne gynogenetischer Embryonen, die durch Temperatureinwirkung erhalten wurden, viele der Embryonen als aneuploid erweisen (GERVAI et al. 1980a).

Geschlechtsumkehr und Gewinnung eingeschlechtlicher Nachkommenschaften

Einige Fischhybriden sind eingeschlechtlich, in anderen Fällen weicht das Geschlechterverhältnis stark vom normalen Verhältnis 1:1 ab. Diese aberranten Situationen wurden insbesondere in der Familie Poeciliidae und bei den Tilapien (Familie Cichlidae) gefunden und erklären sich in der Regel durch den unterschiedlichen Typ der Geschlechtsbestimmung bei den gekreuzten Formen (s. Kapitel 3). Es wurde zu Anfang vermutet, daß viele zwischenartliche Kreuzungen der Tilapien eingeschlechtlich männliche Nachkommen liefern (HICKLING 1960, 1968; PRUGININ et al. 1975; MOAV 1979). Gegenwärtig wird diese

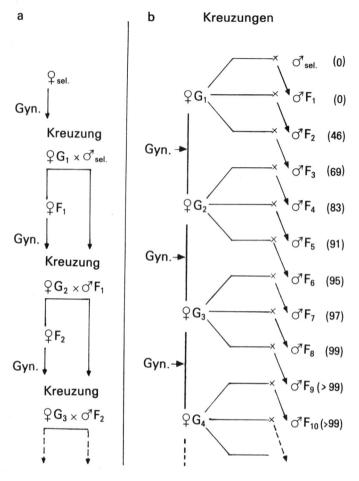

Abb. 85
Zwei Schemata zur Nutzung der Gynogenese in der Karpfenzüchtung. a Gewinnung semigynogenetischer Linien, b Anwendung der Gynogenese zur schnellen Vergrößerung der Homozygotie der Milchner. Gyn. Gynogenese; G_1, G_2, G_3, G_4 gynogenetische Generationen; ♀ sel. und ♂ sel. ausgewählte Laichfische. In Klammern Grad der Übereinstimmung (in %) der bisexuellen Populationen mit der gynogenetischen Linie. F_1, F_2, F_3 ... usw. einjährige Milchner aus der Nachkommenschaft, die in den nachfolgenden Kreuzungen verwendet wurden (Nagy und Csányi 1978).

Vorstellung aber in Zweifel gezogen (Mires 1977). Wahrscheinlich kann man nur bei zwei Kreuzungen mit dem ausschließlichen Auftreten von Milchnern in der Nachkommenschaft rechnen (Pinto 1982):

1. *Tilapia (Sarotherodon) hornorum* × *T. (Oreochromis) aureus.*
2. *Tilapia (Sarotherodon) hornorum* × *T. (Oreochromis) niloticus.*

In allen anderen Kombinationen, insbesondere bei den Kreuzungen von *Tilapia (Oreochromis) niloticus* mit Milchnern von *T. (O.) aureus* und bei allen Kreuzungen unter Beteiligung von *T. (O.) mossambicus*, treten neben den Milchnern auch häufig Rogener auf; die Hybriden sind, nebenbei bemerkt, fruchtbar (Pinto 1982; Hulata et al. 1981, 1983).

Eingeschlechtliche Nachkommenschaften konnten bei Fischen auch auf andere Weise erhalten werden, insbesondere durch Gynogenese und durch Fütterung der Jungfische mit Sexualhormonen (Testosteron und Estradiol). Nach den letzten Übersichten (Chevassus et al. 1979; Gomel'skij 1980; Yamazaki 1983) konnte eine vollständige oder fast vollständige Umkehr der ♀♀ in ♂♂ und der ♂♂ in ♀♀ schon bei vielen Fischarten erreicht werden. Sie wurde beobachtet bei einigen Arten der Tilapien (Guerrero 1979; Hopkins et al. 1979; Jensen und Shelton 1979; Calhoun und Shelton 1983), beim Atlantischen Lachs, bei *Oncorhynchus tshawytscha* und *O. kisutch* (Simpson 1979; Johnston et al. 1978, 1979a; Goetz et al. 1979; Donaldson und Hunter 1982; Hunter et al. 1983), bei der

Regenbogenforelle und beim Bachsaibling (SIMPSON 1976; OKADA et al. 1979; JOHNSTON et al. 1979b), beim Giebel (GOMEL'SKIJ und ČERFAS 1982) sowie weiteren Arten. Eine Geschlechtsumkehr durch Hormonbeeinflussung ist in den Anfangsstadien der Differenzierung der Gonaden möglich (YAMAMOTO 1962; GOMEL'SKIJ 1980). Nach GOMEL'SKIJ gibt es zwei Wege der Nutzung der umgewandelten Tiere, ihre unmittelbare Aufzucht bis zum Speisefisch oder die Kreuzung der umgewandelten mit normalen Individuen. Bei männlicher Heterogamie liefern diese Kreuzungen folgende Ergebnisse:

1. ♀ normal (XX) × ♂ umgewandelt (XX)
   = 100 % ♀♀ (XX);
2. ♀ umgewandelt (XY) × ♂ normal (XY)
   = 25 % ♀♀ XX + 50 % ♂♂ XY
   + 25 % ♂♂ YY.

Verwendet man die ♂♂ YY weiter für Kreuzungen, so läßt sich eine ausschließlich männliche Nachkommenschaft erhalten:

3. ♀ normal (XX) × ♂ YY
   = 100 % ♂♂ (XY);
4. ♀ umgewandelt (XY) × ♂ YY
   = 100 % ♂♂ (XY + YY).

Einige dieser Kreuzungen wurden in der Praxis bei der Arbeit mit Salmoniden angewandt. Beim Silberlachs und beim Atlantischen Lachs erwiesen sich alle umgewandelten Milchner als steril (SIMPSON 1976; GOETZ et al. 1979).

Die hormonal bedingte Umkehr gynogenetischer Rogener in Milchner eröffnet breite Möglichkeiten der geschlechtlichen Fortpflanzung von gynogenetischen Individuen, vor allem zur Gewinnung von Heterosishybriden zwischen gynogenetischen Inzuchtklonen. Es können auch viele andere Züchtungsprobleme gelöst werden, insbesondere die Produktion von Individuen des Geschlechts, das sich durch die besseren Produktionsqualitäten auszeichnet.

Polyploidie

Triploide Embryonen treten bei Fischen auf, wenn diploide Eizellen mit normalen haploiden Spermien befruchtet werden:

$$2n + n = 3n$$

Triploide wurden in Nachkommenschaften gynogenetischer Rogener der Regenbogenforelle, des Atlantischen Lachses, des Karpfens und des Marmorwelses festgestellt (CHOURROUT 1980; OJIMA und MAKINO 1978; WOLTERS et al. 1981, 1982; CHOURROUT und QUILLET 1982; ALLEN 1983; CHOURROUT 1984). Anwendung des Wärmeschocks oder Erhöhung des hydrostatischen Drucks nach der Befruchtung hat 100 % Triploide auch bei normalen Rogenern des Seenlachses zur Folge (BENFEY und SUTTERLIN 1984). Bei Regenbogenforellen werden nicht nur Triploide, sondern auch Tetraploide durch hohen Druck 5 Stunden und 50 Minuten nach der Befruchtung erzeugt.

Bei den gynogenetischen Hybridrogenern (F_1) von *Carassius auratus gibelio* × *Cyprinus carpio* sind bei der Befruchtung der Eizellen durch Spermien des Giebels oder des Karpfens alle Embryonen triploid (ČERFAS 1980; ČERFAS et al. 1981). Sterilität der Triploiden wurde bei den rückgekreuzten Hybriden von Karpfen und Giebel beobachtet (ČERFAS et al. 1981), in allen übrigen Fällen von Triploidie wird sie vermutet. Die Analyse der Karyotypen steriler Individuen des Bachsaiblings (*Salvelinus fontinalis*) ergab, daß sie in der Regel polyploide Mosaikformen sind ($2n - 5n$) (ALLEN und STANLEY 1978). Die in Regenbogenforellenbeständen vorkommenden adulten Triploiden (THORGAARD und GALL 1979) sind offenbar ebenfalls steril.

Morphologisch normale triploide Jungfische der Regenbogenforelle und des Karpfens sind durchaus lebensfähig und weisen in Teichen ein gutes Wachstum auf (GERVAI et al. 1980; CHOURROUT und QUILLET 1982). Für triploide juvenile Marmorwelse ist eine normale Lebensfähigkeit und ein (im Vergleich zu diploiden Individuen) beschleunigtes Wachstum charakteristisch (WOLTERS 1982). Diese Eigenschaften der Triploiden in Zusammenhang mit ihrer Sterilität ermöglichen es, triploide Nachkommenschaften für die Aufzucht in Gewässern vorzusehen, wo eine Fortpflanzung der Fische nicht wünschenswert ist. Ein negativer Faktor ist hierbei, daß in den Nachkommenschaften gynogenetischer Rogener

auch defekte Aneuploide vorkommen (GERVAI et al. 1980a).
Das Problem der Gewinnung vollwertiger Triploider in großen Mengen kann auch auf andere Weise gelöst werden, und zwar mit Hilfe der Kreuzung von diploiden mit tetraploiden Individuen. Ein realer Weg zur Gewinnung von Tetraploiden ist die Verdoppelung des Chromosomensatzes der Embryonen im Stadium der Furchung. Es ist zu hoffen, daß auch dieses Problem bald erfolgreich gelöst wird.

Karyologische Untersuchungen

Chromosomenuntersuchungen können nützlich sein bei Arbeiten zur Hybridisation und Gynogenese, bei der Gewinnung von Triploiden und Tetraploiden zu praktischen Zwecken, bei der Untersuchung des Mechanismus der Geschlechtsbestimmung und bei Versuchen zur hormonalen Geschlechtsumkehr sowie bei weiteren Fragestellungen.
Die Populationen und Bestände der Regenbogenforelle, des Atlantischen Lachses, des Rotlachses, des Giebels und einer Reihe anderer Fische unterscheiden sich durch die Struktur der Chromosomensätze voneinander. Die Analyse der Karyotypen örtlicher Bestände dieser Fische kann dazu beitragen, ihren Ursprung festzustellen und die richtigen Methoden zur Fortpflanzung und Züchtung auszuwählen.
Besondere Bedeutung haben karyologische Untersuchungen für die Analyse der Prozesse der Gonadenreifung bei entfernten Fischhybriden, vor allem wenn sie weitgehend unfruchtbar sind, und bei der Untersuchung der mutagenen Folgen von Strahlungen in Gebieten, in denen diese erhöht sind.

8.7. Züchtung von Fischen in natürlichen Gewässern

Die Züchtung von Wildfischarten ist möglich, wenn ihre Fortpflanzung unter teilweiser oder vollständiger Kontrolle durch den Menschen stattfindet. Es ist zu berücksichtigen, daß diese Fische einen großen Teil ihres Lebens freilebend verbringen, wobei sie bestimmte ökologische Nischen und einen bestimmten Platz in den natürlichen Biozönosen einnehmen. Eine unvorsichtige, einseitige und zu intensive Selektion kann leicht das komplizierte Gleichgewicht zwischen den Arten in den Biozönosen stören und beträchtlichen Schaden anrichten.
Bei der Arbeit mit Wanderfischarten gewinnt die Auslese auf maximale Rückkehr der in den Fischzuchtbetrieben gewonnenen und aufgezogenen Fische aus dem Meer in den Heimatfluß oder -see besondere Bedeutung (RYMAN 1970; GJEDREM 1983). Die Wiederfangrate muß das Hauptmerkmal auch bei der Züchtung der Seen- und Flußfische sein. Sie hängt ab von der Qualität der aufgezogenen Jungfische, von der Strategie des Aussatzes in das natürliche Gewässer und von allen Faktoren der Adaptation der Fische an die Lebensbedingungen nach dem Besatz (GALL 1983). Die Selektion auf erhöhten Wiederfang ist jedoch nicht leicht. Hierfür ist Familienselektion mit der Bewertung Dutzender Familien (nach der Wiederfangrate), verbunden mit Gruppenmarkierungen der ausgesetzten Jungfische, notwendig.
In der Natur ergibt sich in den frühen Entwicklungsstadien der Fische eine scharfe natürliche Auslese, in deren Verlauf die Mehrzahl der von der Norm abweichenden, schwächlichen, im Wachstum zurückgebliebenen Individuen eingeht (SAUNDERS und BAILEY 1980). Bei der kontrollierten Fortpflanzung sind die Embryonen und Larven vor Feinden und ungünstigen Umweltbedingungen geschützt. Die Variabilität der in Fischzuchtbetrieben aufgezogenen Jungfische ist erhöht (IL'ENKOVA und KAZAKOV 1981). Da auch nicht vollwertige Exemplare am Leben bleiben, sinkt die durchschnittliche Überlebensrate der Juvenilen, die in natürliche Gewässer ausgesetzt werden. Dieser gefährlichen Konsequenz, die sich aus der Vervollkommnung des Erbrütungsprozesses und der Aufzuchttechnologie ergibt, kann begegnet werden, wenn die Brut speziellen Belastungen ausgesetzt wird und die Exemplare mit mangelhafter Widerstandsfähigkeit ausgesondert werden. Von schwedischen Züchtern wurde vorgeschlagen, die Eier nach der Befruchtung auf abgegrenzten Laichplätzen direkt

in das Gewässer zu bringen; dieser Vorschlag erfordert eine sorgfältige Überprüfung.

Bei der Arbeit mit Fischen, die natürliche Gewässer besiedeln, muß die Auslese grundsätzlich eine erhaltende (stabilisierende) Rolle spielen und hauptsächlich in der Merzung von Individuen bestehen, die zurückbleiben oder von der Norm abweichen. Das Kriterium des Selektionserfolges kann nur der Wiederfang sein.

Eine derartige erhaltende Auslese ist zweckmäßigerweise in allen Fischzuchtbetrieben durchzuführen, die sich mit der Fortpflanzung der jeweiligen Art beschäftigen. Zur Vermeidung von Inzucht und verringerter Heterozygotie dürfen die Laichfische, die zur Gewinnung von Eiern und Sperma verwendet werden, nicht nahe verwandt sein. Ihre Anzahl darf in jeder Vermehrungsanlage nicht unter 50 bis 100 Exemplare sinken.

Nach Möglichkeit sollten alle wesentlichen Populationen einer Art, bei Salmoniden auch die einzelnen lokalen und jahreszeitlichen (saisonalen) Subpopulationen vermehrt werden (ALTUCHOV 1974, 1983; ALLENDORF und UTTER 1979). Zur Gewinnung des Laiches empfiehlt es sich, Fische aus verschiedenen Subpopulationen und aus verschiedenen Größen- und Altersgruppen zu kreuzen (KRUEGER et al. 1981). Die Beachtung dieser Empfehlungen ermöglicht es, in den zu vermehrenden Populationen einen hinreichend hohen Grad an Heterogenität zu erhalten und Degeneration zu vermeiden.

Die Salmoniden zeichnen sich durch eine erstaunliche Fähigkeit zur Anpassung an veränderte Umweltverhältnisse aus. Die Regenbogenforelle *(Salmo gairdneri)*, deren Heimat der nordwestliche Teil Nordamerikas ist, hat sich an das Leben in allen Kontinenten unter den verschiedenartigsten klimatischen Bedingungen angepaßt (STEFFENS 1981). Der Königslachs *(Oncorhynchus tshawytscha)*, der in Chile eingebürgert wurde, hat sich dort akklimatisiert und steigt in die Flüsse Südamerikas zum Laichen auf. Atlantischer Lachs *(Salmo salar)* und Silberlachs *(O. kisutch)* werden mit Erfolg in schwimmenden Netzkäfigen im Meer bis zur Speisefischgröße und sogar bis zur Fortpflanzungsfähigkeit aufgezogen (DONALDSON und JOYNER 1983). Die Züchtung von Salmoniden zum Zwecke ihrer Einbürgerung in neuen Gebieten und zur Besiedlung von Gewässern, in denen sie durch den Menschen ausgerottet wurden, kann unter Anwendung noch radikalerer Züchtungsmethoden durchgeführt werden. Eines der schwierigsten Probleme der gegenwärtigen Fischwirtschaft ist die Abwendung der Entartung (des Größenrückgangs) der Fische, die einem intensiven Fang unterworfen sind. Es gibt zahlreiche Beispiele für eine derartige Entwicklung, und die Notwendigkeit spezieller Maßnahmen zum Schutz des Genfonds der Nutzfische wird immer deutlicher sichtbar (RIGGS und SNEED 1959; DONALDSON und MENASVETA 1961; NIKOL'SKIJ 1966; GWANABA 1973; KIRPIČNIKOV 1973b; MOAV et al. 1978; FAVRO et al. 1979, 1980, 1982).

Eine der möglichen Lösungen dieses Problems ist die Aufhebung des Mindestmaßes, d. h. der geringsten für den Fang zugelassenen Fischgröße. Die Notwendigkeit des Schutzes der Jungfische vor Raubbau ist unbestritten, aber das Mindestmaß hat bei intensiver Bewirtschaftung auch eindeutig negative Folgen. Von allen Altersgruppen (mit Ausnahme der jüngsten) verbleiben die Fische mit der geringsten Wachstumsrate im Gewässer. Die besten und größten Individuen werden vollständig oder nahezu vollständig herausgefangen. Dies bedeutet eine intensive negative Auslese in jeder Generation. Wir haben gesehen, daß die Selektion zur Minusseite in der Regel sehr effektiv ist. Der Schaden dieser Auslese übersteigt offenbar den Nutzen durch den Schutz der Jungfische, die das erlaubte Limit nicht erreicht haben, beträchtlich. Wahrscheinlich müßte das Mindestmaß durch Kontrollen über die Gesamtmenge der gefangenen Fische ersetzt werden. Außerdem müßten Schutzgebiete für Jungfische festgelegt werden, in denen jeder Fischfang verboten ist.

Eine zweite wichtige genetische Maßnahme sind strenge differenzierte Fangquoten für jede reproduktiv isolierte Population einer gegebenen Art. Allgemeine, für die Art insgesamt geltende Fangquoten sind nicht zu vertreten, da sie oftmals dazu führen, daß eine Population nach der anderen zerstört wird.

Zur Anreicherung des Genfonds der Nutzfische wurde vor kurzem vorgeschlagen, in großem Maßstab eine Hybridisation der wilden Art mit ihren domestizierten, hochproduktiven Verwandten vorzunehmen (MOAV et al. 1978). Dieser Vorschlag läßt sich nur bei einigen Fischarten befolgen, die sowohl in wilden Populationen als auch in gut domestizierten Stämmen vorkommen (Karpfen, Regenbogenforelle, Saiblinge). Es ist zu bemerken, daß eine solche Hybridisation auch unerwünschte Folgen haben könnte. Insbesondere kann sie zu Störungen der Reifung und zur Abnahme der Effektivität der Fortpflanzung der Fische führen. In jedem konkreten Fall ist eine allseitige und gründliche Betrachtung aller möglichen positiven und negativen Folgen der Hybridisation erforderlich.

Die Anstrengungen der Genetiker müssen sich zum gegenwärtigen Zeitpunkt auf die Untersuchung der Struktur innerhalb der Arten und Populationen bei den wichtigsten Fangobjekten in Flüssen, Seen und Meeren und auf die Analyse der genetischen Folgen der Überfischung richten. Dies bietet die Möglichkeit, reale Wege zur Wiederherstellung der Bestände der Arten festzulegen, die bereits beeinträchtigt wurden, und die Zerstörung der Populationen solcher Arten abzuwenden, die bisher noch nicht das Opfer unkontrollierter, übermäßiger und falscher Befischung geworden sind.

8.8. Die wichtigsten vom Menschen geschaffenen Fischrassen

Die Zahl der Fischrassen, die den an eine Rasse zu stellenden strengen Anforderungen genügen, ist bisher noch sehr gering. Fischrassen beschränken sich daher auf den Karpfen *(Cyprinus carpio)* und einige andere Ojekte der Teichwirtschaft. Zu vielen Rassen fehlen leider die Beschreibungen. Nachfolgend werden die am besten beschriebenen und in wirtschaftlicher Hinsicht wichtigsten Rassen aufgeführt.

Karpfen *(Cyprinus carpio)*

Für die UdSSR sind nachstehende Karpfenrassen zu nennen (KIRPIČNIKOV und GOLOVINSKAJA 1966; KIRPIČNIKOV 1981; GOLOVINSKAJA 1983).

Ukrainischer Karpfen (Abb. 86). Der Ukrainische Karpfen ist in zwei Beschuppungsformen, Schuppen- und Rahmenkarpfen (Rahmenkarpfen sind Fische mit rahmenartiger Spiegelbeschuppung) vertreten. Diese Rasse wurde im Ergebnis langjähriger Selektion aus Kreuzungen verschiedener Karpfenstämme der Ukraine herausgezüchtet (KUZEMA 1953; TOMILENKO et al. 1978). Gegenwärtig besteht die Ukrainische Rasse aus mehreren Linien und Stämmen, die sich durch ihren Ursprung und ihre Produktivität unterscheiden. Es handelt sich um die Linien Antoniny-Sozulinez. Niwka, Ljuben', Neswič sowie die Stämme Poltawa, Donezk und andere (GREČKOVSKAJA 1971; TOMILENKO 1981, 1982). Der Niwka-Schuppenkarpfen kann als selbständige Tochterrasse bezeichnet werden. Dieser Karpfen wurde durch Veredelungskreuzung des Ukrainischen Schuppenkarpfens mit dem Ropscha-Karpfen herausgezüchtet (1953). Anschließend folgten zwei Generationen Verdrängungskreuzung (auf den Ukrainischen Karpfen) und Vermehrung unter sich (Abb. 87). Die Hauptmethode der Selektion war die Massenauslese. Der Niwka-Karpfen zeichnet sich durch erhöhte Kältebeständigkeit und Winterfestigkeit, durch schnelles Wachstum und relative Hochrückigkeit aus. Vom Ropscha-Karpfen erbte er die grünliche Färbung (KUZEMA et al. 1970; TOMILENKO und KUČERENKO 1975; KUČERENKO 1978, 1979).

Alle neuen Linien des Ukrainischen Karpfens wurden durch Kreuzung von Karpfen der Ausgangszuchtbestände mit Karpfen anderer Rassen erhalten, die sich durch höhere Lebensfähigkeit im Vergleich zu den hochproduktiven, aber weniger widerstandsfähigen reinrassigen Ukrainischen Karpfen auszeichnen.

Ropscha-Karpfen (Abb. 87, 88). Im Ergebnis der Kreuzung des Galizier Karpfens mit dem Amur-Wildkarpfen *(Cyprinus carpio haematopterus)* und der anschließenden

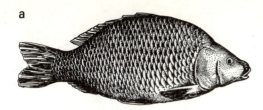

Abb. 86
Ukrainischer Karpfen. a Schuppenkarpfen, b Rahmenkarpfen. Foto V. G. TOMILENKO.

Selektion der Hybriden wurde eine Karpfenrasse herausgezüchtet, die für die Haltung in den nördlichen und nordwestlichen Gebieten der UdSSR Vorteile besitzt (KIRPIČNIKOV 1967a, 1972a, 1981; ZONOVA und KIRPIČNIKOV 1971; KIRPIČNIKOV et al. 1972b; ZONOVA 1976). Hauptmethode der Selektion war auch in diesem Fall die Massenauslese, die mit großer Intensität in drei parallelen Linien (M, MB und B) durchgeführt wurde, die sich nach dem Erbanteil des Amur-Wildkarpfens unterschieden. Der Ropscha-Karpfen erhielt vom Amur-Wildkarpfen die erhöhte Kältebeständigkeit und die generell hohe Überlebensrate. Die Karpfen dieser Rasse haben eine längliche Körperform, wachsen im ersten Lebensjahr schnell und vertragen die Überwinterung unter den harten Bedingungen des Nordwestens der UdSSR gut. Im zweiten und besonders im dritten Lebensjahr verlangsamt sich das Wachstum der Ropscha-Karpfen. Gegenwärtig wird der Ropscha-Karpfen im Gebiet von Leningrad, Pskow und Nowgorod sowie in Estland gehalten. Er wird in großem Umfang bei der Schaffung anderer, mehr wärmeliebender Karpfenrassen genutzt.
Hybriden der ersten Generation zwischen dem domestizierten Karpfen und dem Amur-Wildkarpfen. Diese Gebrauchshybriden sind durch Heterosis hinsichtlich Lebensfähigkeit und Wachstumsgeschwindigkeit insbesondere während des ersten Lebensjahres gekennzeichnet (KIRPIČNIKOV 1962; ANDRIJAŠEVA 1966; KARPENKO 1966). Sie werden heute in großen Mengen in der Ukraine aufgezogen.
Para-Karpfen. Selektion von Hybriden zwischen dem rasselosen örtlichen Karpfen, dem Ukrainischen Rahmenkarpfen und dem Amur-Wildkarpfen wurde seit 1949 in der Teichwirtschaft Para durchgeführt. Sie führte zu einer Rasse, die sich durch hohe produktive Qualitäten auszeichnet (BOBROVA 1978; GOLOVINSKAJA und BOBROVA 1982). Es werden zwei Linien parallel selektiert, die Kreuzungsprodukte zwischen ihnen werden zur Aufzucht von Speisefischen in vielen Gebieten der UdSSR verwandt.
In der UdSSR werden auch andere Forschungsarbeiten zur Züchtung von örtlichen Rassen des Karpfens vorgenommen. Wir führen die am weitesten fortgeschrittenen Arbeiten auf.
Der Mittelrussische Karpfen wird durch Kombinationszüchtung, d. h. Vereinigung der Eigenschaften von vier verschiedenen Karpfenrassen der UdSSR geschaffen. Bei der Züchtung werden induzierte Mutagenese, Gynogenese, genetische Markierung der Linien und andere moderne Zuchtmethoden angewandt (GOLOVINSKAJA 1969; GOLOVINSKAJA et al. 1975; KATASONOV 1981; KATASONOV et al. 1980, 1982).
Der Krasnodar-Karpfen ist eine bauchwassersuchtresistente Form. Parallele Selektion dreier Karpfenrassen, des lokalen (LK), des Ropscha-Karpfens (R) und von Hybriden zwischen dem Ukrainischen und dem Ropscha-Karpfen (UR) auf Resistenz gegenüber der für den Karpfen gefährlichen Infektionskrankheit, der Bauchwassersucht, wird seit 1963 über 5 bis 7 Generationen durchgeführt (Abb. 87) (KIRPIČNIKOV et al. 1971, 1972a, 1976, 1979; KIRPIČNIKOV und FAKTOROVIČ 1972; ILJASOV et al. 1983). Der züchterische Erfolg erwies sich insbesondere bei den Nachkommen UR als ziemlich groß (Abb. 89). Für die praktische Aufzucht werden Hybriden zwischen den drei Linien verwendet.
Der Sarbojan-(Westsibirische)Karpfen wurde durch Kreuzung zwischen einem ört-

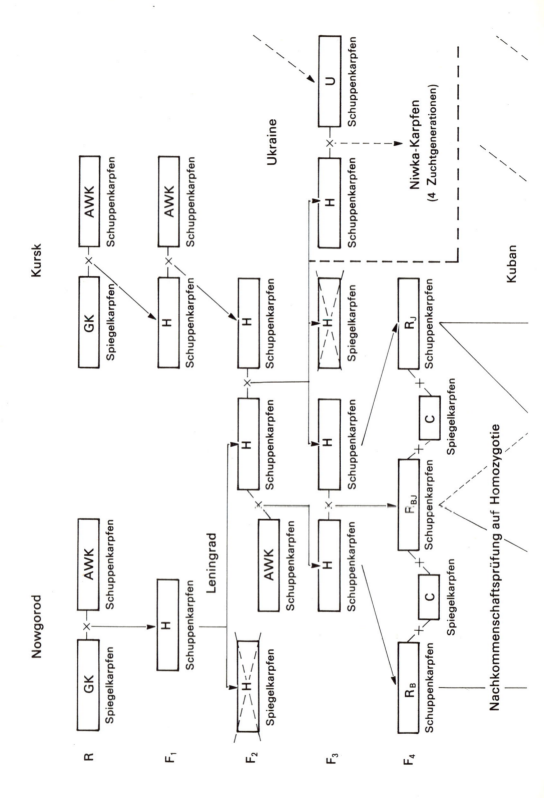

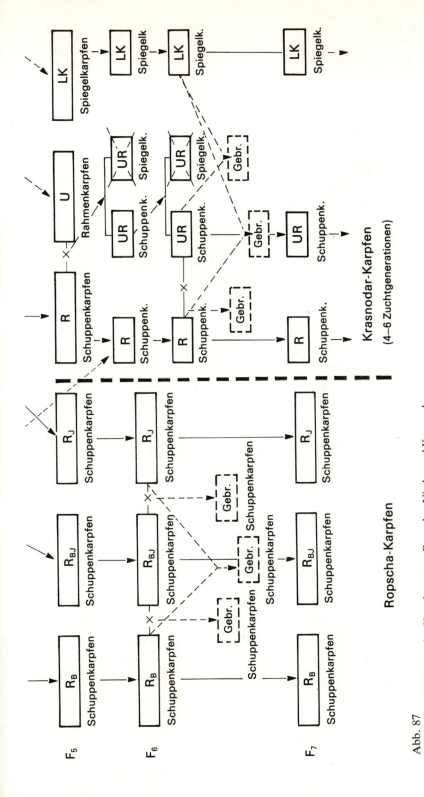

Abb. 87
Schema der Züchtung der Karpfenrassen Ropscha, Niwka und Krasnodar.
Abkürzungen: GK Galizier Karpfen, AWK Amur-Wildkarpfen, H Hybriden, U Ukrainischer Karpfen, R, R_B, R_J und R_{BJ} Nachkommen des Ropscha-Karpfens, UR Hybriden zwischen dem Ukrainischen und dem Ropscha-Karpfen, LK lokaler Krasnodar-Karpfen, Gebr. Gebrauchskreuzung, C rasseloser Karpfen.

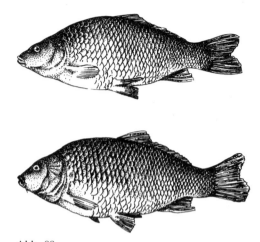

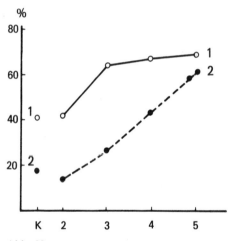

Abb. 88
Dreijährige (2+) Ropscha-Karpfen. 5. Zuchtgeneration.

Abb. 89
Ergebnis der Resistenzzüchtung gegenüber Bauchwassersucht beim Krasnodar-Karpfen (Nachkomme UR). 1 Gesamtüberlebensrate (%), 2 Zahl der Fische, die gesund blieben (%). Abszisse Zuchtgenerationen. K. Kontrollfischgruppe. Versuchsbereich Angelinsk im Gebiet Krasnodar 1979–1980. Alle 5 Fischgruppen wurden 1978 zum gleichen Zeitpunkt gewonnen und gemeinsam aufgezogen. Die Infektion erfolgte durch Kontakt (gemeinsame Haltung mit erkrankten Fischen) ILJASOV et al. 1983.

lichen rasselosen Karpfen und dem Ropscha-Karpfen und nachfolgende Selektion der Hybriden erhalten.

Der Kasachstaner Karpfen wird auf der Grundlage der Selektion örtlicher rasseloser Karpfen geschaffen. Zur Beschleunigung der Selektion und zur Verbesserung ihrer Effektivität werden in starkem Maße moderne genetische Methoden, induzierte chemische Mutagenese und Gynogenese, angewandt (COJ 1976, 1978, 1980, 1981, 1983).

Der Weißrussische Karpfen wird seit mehreren Dutzend Jahren gezüchtet (POLIKSENOV 1962). Die vierte und fünfte Zuchtgeneration zeichnen sich durch hohe Produktivität aus (ČUTAEVA et al. 1975a; ČUTAEVA und VETOCHINA 1982).

Züchterische Arbeiten am Karpfen werden auch in Grusinien (GORADZE 1982), in der Moldauischen Republik (LOBČENKO et al. 1979; LOBČENKO 1982), in Litauen (BRUŽINSKAS 1979), Estland und Usbekistan durchgeführt.

In Rumänien, Polen, Ungarn, der DDR, der BRD, Jugoslawien und Frankreich gibt es bisher kaum ausgeprägte Karpfenrassen. Bei den Karpfen, die in Rumänien gezogen werden, lassen sich zwei Rassen unterscheiden, an denen seit 1940 und 1953 gearbeitet wird (POJOGA 1967, 1972; COSTEA et al. 1980). Als Ausgangsmaterial dienten in einem Fall der Galizier und der Lausitzer Karpfen (Rasse Dumbrava Sibiu), im anderen Fall der Lausitzer, der Ungarische und der Rumänische Karpfen (Rasse Podul Iloaiei). In beiden Fällen wurden am Anfang der Züchtungsarbeit domestizierte Karpfen zur Erhöhung der Widerstandsfähigkeit gegenüber Erkrankungen mit örtlichen Wildkarpfen gekreuzt. Anschließend führte man unter den Hybriden jeder Generation eine Massenauslese durch (ILJASOV 1983).

In Ungarn verläuft in der Teichwirtschaft Szarvas intensive Arbeit zur Karpfenzüchtung unter Anwendung von Familienselektion, Inzucht und Gynogenese. Besonders hoch sind die produktiven Qualitäten der Hybriden zwischen Inzuchtlinien (BAKOS 1978, 1979). Als leistungsstark unter den dortigen Verhältnissen erwies sich der Hybridkarpfen Szarvas 215 (BAKOS 1982, MERLA und SEELAND 1984).

In Polen gibt es einzelne Zuchtstämme des Karpfens, eine vergleichende Bewertung ihrer produktiven Eigenschaften wurde aber nicht durchgeführt.

In der Deutschen Demokratischen Republik sind die Karpfenbestände in den verschiedenen Teichwirtschaften offenbar recht einheitlich (STEFFENS 1980). Die Unterschiede zwischen den örtlichen Stämmen sind in der Regel nicht groß (NAGEL 1970; MÜLLER 1975).

Die alten „Rassen" des Karpfens, der Galizier und der hochrückige Aischgründer, der Lausitzer, der Böhmer und der breitrückige Franke sowie örtliche Stämme, die auf dem Territorium Deutschlands zum Ende des 19. und Beginn des 20. Jahrhunderts vorkamen (WALTER 1901; KIRPIČNIKOV und BALKAŠINA 1953; STEFFENS 1980), gibt es heute nicht mehr. Die Nachkriegskarpfenzucht in der DDR und BRD entwickelte sich auf der Grundlage weniger, weitgehend vermischter Bestände des Teichkarpfens (SCHÄPERCLAUS 1961).

In Jugoslawien erwiesen sich von drei untersuchten Rassen die Karpfen aus der Teichwirtschaft Dinnyes als die besten. Die Karpfen des Stammes Nasyce werden in Israel mit Erfolg zur Gewinnung von Gebrauchshybriden in Kombination mit der Rasse Dor-70 genutzt (WOHLFARTH et al. 1980, 1983), aber sie selbst wachsen langsam.

Unterlagen über Leistungsprüfungen von Karpfen aus Frankreich und der BRD stehen nicht zur Verfügung.

In Israel wurde im Ergebnis von Massenauslese und Familienselektion, die über fünf Generationen durchgeführt wurde, die hochproduktive Karpfenrasse Dor-70 geschaffen (WOHLFARTH et al. 1980). Die Besonderheiten dieser Rasse bestehen im geringen Auftreten von Inzuchtdepressionen und in guter Kombinationseignung.

In Indonesien werden viele örtliche Karpfenrassen gezüchtet, von denen die folgenden am bekanntesten sind: Ikan mas, Puntener Karpfen, Sinjonia, Kumpai und Tjikö (STEFFENS 1980). Die Wachstumsrate der Indonesischen Karpfen ist nicht hoch, aber unter den tropischen Bedingungen können die europäischen Karpfen mit ihnen nicht konkurrieren (BUSCHKIEL 1938).

In Japan gibt es mehrere Rassen. Gute Leistungen zeigen der Yamato-, der Shinshu- und der Asagi-Karpfen (alles Schuppenkarpfen). Als Zierrassen wurden der Higoi (Goldkarpfen) und der Irigoi (vielfarbiger Karpfen) geschaffen. Unter den Irigoi-Karpfen kommen alle Varianten der Beschuppung vor (STEFFENS 1980; SUZUKI et al. 1976; SUZUKI und YAMAGUCHI 1980a, 1980b). Die Geschichte der Züchtung dieser Karpfenrassen ist leider nicht bekannt.

Die wichtigste chinesische Karpfenrasse ist Big-Belly. Der Big-Belly-Karpfen zeichnet sich durch ein verhältnismäßig geringes Wachstum, Frühreife und Fruchtbarkeit, erhöhte Überlebensrate sowie die Fähigkeit aus, Netzen und anderen Fanggeräten zu entgehen (WOHLFARTH et al. 1975b).

Die europäischen, chinesischen und japanischen Karpfenrassen lassen sich ohne Schwierigkeiten miteinander kreuzen und ergeben fruchtbare Nachkommen.

Goldfisch *(Carassius auratus)*

Viele Varietäten (Rassen) des Goldfisches wurden in China und Japan gezüchtet (PIECHOCKI 1973). In China begann die Domestikation dieser Art 1163. Im Jahre 1643 wurden 6 Rassen des Goldfisches registriert (CHEN 1956). Nach ihrer Akklimatisation in Japan im 16. Jahrhundert wurden dort zahlreiche neue Rassen geschaffen. Das Schema der Züchtung dieser Rassen wurde bereits an anderer Stelle dargestellt (Kapitel 2).

Regenbogenforelle *(Salmo gairdneri)*

Die Regenbogenforelle wird in vielen Ländern gezüchtet (STEFFENS 1981); es wurde eine große Zahl von örtlichen Rassen geschaffen, die sich hinsichtlich ihrer Produktionsmerkmale, der Resistenz gegenüber Krankheiten und ungünstigen Umweltfaktoren, der Laichzeit, der Fähigkeit, Strömungen zu widerstehen, sowie bezüglich anderer wirtschaftlich wichtiger Merkmale unterscheiden (SCHÄPERCLAUS 1961; REINITZ et al. 1978, 1979; KLUPP 1979; KINCAID 1981; REFSTIE und AUSTRENG 1981 u. a.). Unter den europäischen Rassen der Regenbogenforelle zeichnet sich die Dänische Forelle durch ihre Wachstumsgeschwindigkeit aus (SAVOST'JANOVA 1971, 1976). Versuche, die in Finnland durchgeführt wurden, zeigten gute Qualitäten der Kamloops-Forelle und ihrer Kreuzungen mit anderen Linien (LINDER et al. 1983).

Lokale Rassen der Regenbogenforelle gibt es in Norwegen, Schweden, Frankreich und anderen europäischen Ländern.

In den USA und Kanada sind gegenwärtig mindestens 100 örtliche Formen (Rassen oder Linien) der Regenbogenforelle vorhanden (KINCAID 1981). Langjährige Selektion im Staat Washington (Seattle), die im Jahre 1932 begonnen wurde, führte zu einer bedeutenden Beschleunigung des Wachstums und der Reifung und zur Erhöhung der Fruchtbarkeit der Forellen. Es wurde die DONALDSON-Forelle herausgezüchtet (DONALDSON 1969; DONALDSON und JOYNER 1983). Leider wurde die Selektion von einer gewissen Senkung der Widerstandsfähigkeit der Fische begleitet (KATO 1974; HERSCHBERGER et al. 1976). Seit 1930 wird im Staat Virginia (CORDON und NICOLA 1970), seit 1967 im Staat New York (BRUHN und BOWEN 1973; KINCAID et al. 1977; BRAUN und KINCAID 1982) Forellenzüchtung durchgeführt. Von den im Laboratorium für Fischgenetik in Wyoming geprüften Forellenstämmen erwiesen sich u. a. als wertvoll: „Manchester" (Staat Iowa), „Sand Creek" (Staat Dakota), „Growth 3 F" und „Growth 6 F" (Staat Wyoming), „Davis" (Staat Virginia). Die Stämme „Shepherd of the Hills", „Pit River", „Manchester" und eine Reihe anderer zeichnen sich durch erhöhte Widerstandsfähigkeit gegenüber einigen Krankheiten aus (KINCAID 1981).

Zwischen den lokalen Formen der Regenbogenforelle gibt es große Unterschiede bezüglich der Laichzeit. Züchtung auf Veränderung des Reifungszeitpunktes erwies sich in vielen Fällen als erfolgreich, die genetische Variabilität dieses Merkmals ist bei der Forelle sehr groß (DRECUN 1977; KATO 1978; KINCAID 1981; ČERBENOK et al. 1982; SCHMIDT 1982).

Der Selektionserfolg bei der Regenbogenforelle resultiert in starkem Maß aus der Heterogenität dieser Art. Ihre erhebliche genetische und karyologische Variabilität hängt offenbar mit ihrem großen Verbreitungsgebiet und ihrem Hybridursprung zusammen. Die Ausgangsbestände der domestizierten Regenbogenforelle wurden durch Kreuzung verschiedener lokaler, stationärer und anadromer Populationen gewonnen (KINCAID 1981; STEFFENS 1981).

Purpurforelle *(Salmo clarki)*

Nach dem Register gibt es in den USA über 10 domestizierte Stämme dieser Forellenart (KINCAID 1981). Von größtem Interesse sind der 1953 selektierte Stamm „Snake River" (Staat Wyoming) und drei Stämme, die widerstandsfähig gegen stark alkalisches Wasser sind, „Walker Lake", „Heenan Lake" (Staat Nevada) und „Lahontan Cutthroat" (Staat Oregon).

Bach- und Seeforelle *(Salmo trutta)*

In den USA wurden langjährige, erfolgreiche Arbeiten zur Selektion der Seeforelle auf Resistenz gegenüber Furunkulose durchgeführt (EHLINGER 1964, 1977). Gegenwärtig gibt es in den USA über 30 Stämme von domestizierten Seeforellen, darunter über 5 Stämme mit erhöhter Widerstandsfähigkeit gegenüber Furunkulose (KINCAID 1981). Hierzu gehören die Stämme „Rome Strain" und „Rome Lab.", „Bennington" (Staat Vermont), „West Virginia", „Wild Rose" (Staat Wisconsin). Einige Stämme sind auch auf beschleunigtes Wachstum selektiert worden.

Bachsaibling *(Salvelinus fontinalis)*

Die zahlreichen domestizierten Stämme des Bachsaiblings unterscheiden sich durch ihre Wachstumsgeschwindigkeit und die Resistenz gegenüber Krankheiten voneinander. Züchterische Arbeiten zur Verbesserung dieser Merkmale werden seit vielen Jahren durchgeführt (HEYFORD und EMBODY 1930; WOLF 1954; SNIESZKO 1957; FLICK und WEBSTER 1976; WEBSTER und FLICK 1981; KINCAID 1981). In einigen Fällen war die Selektion erfolgreich. Von über 30 Zuchtstämmen des Bachsaiblings sind die Stämme „Rome Strain", „Rome Lab." und „Bennington" gegenüber Furunkulose resistent. Zu erwähnen ist auch der gegenüber der Infektiösen Pankreasnekrose resistente Stamm „Bellefonte Open" (Staat Pensylvania) (KINCAID 1981). Gute Ergebnisse bringt die Aufzucht des Hybriden *S. fontinalis* × *S. namaycush* (Splake).

Atlantischer Lachs *(Salmo salar)*

Züchtungsarbeiten am Atlantischen Lachs wurden in großem Maßstab im Jahre 1971 in Norwegen und 1976 in Kanada aufgenommen. Sie werden auch in Schottland durchgeführt (NAEVDAL et al. 1975; SAUNDERS 1978a, 1978b; GJEDREM 1979, 1983; SAUNDERS und BAILEY 1980; CROSS und KING 1983). Die Arbeitsprogramme umfassen sowohl die Selektion anadromer Formen des Lachses als auch die Züchtung von besonderen Stämmen, die für die Speisefischaufzucht in Teichen und schwimmenden Käfigen im Meer vorgesehen sind. Die ersten Ergebnisse dieser Arbeiten zeugen davon, daß es möglich ist, den Atlantischen Lachs zu domestizieren.

Marmorwels *(Ictalurus punctatus)*

Mit Züchtungsarbeiten am Marmorwels wurde in mehreren Fischzuchtbetrieben der USA vor etwa 50 Jahren begonnen. Die Selektion war in einigen Fällen erfolgreich (REAGAN et al. 1976; REAGAN 1980; BONDARI 1980, 1983; DUNHAM 1981; DUNHAM und SMITHERMAN 1982, 1983). Bei der Züchtung auf beschleunigtes Wachstum wurde die Massenauslese angewandt. In einem Fall lieferte auch die Familienselektion positive Ergebnisse (BONDARI 1983).

Die Leistungsprüfung einiger domestizierter Stämme des Marmorwelses gestattete es, die besten Stämme herauszustellen. Dies sind die Stämme „Marion" (Staat Alabama) und „Kansas" (Staat Kansas) (GREEN et al. 1979; SMITHERMAN et al. 1983). Es wurden auch leistungsstarke Heterosis-Gebrauchshybriden ermittelt („Marion" × „Kansas" und „Oburn" × „Rio Grande") und eine Bewertung triploider Formen durchgeführt (WOLTERS et al. 1981, 1982).

Arbeiten zur Züchtung des Marmorwelses wurden auch in der UdSSR aufgenommen.

Weitere Fischarten

Die Züchtung anderer Süßwasserfische, hauptsächlich neuer Objekte der Teichwirtschaft, befindet sich noch in den ersten Anfängen. Mit Untersuchungen zur Selektion des Graskarpfens *(Ctenopharyngodon idella)*, des Silberkarpfens *(Hypophthalmichthys molitrix)* und des Marmorkarpfens *(Aristichthys nobilis)* wurde vor kurzem begonnen. Die Züchtungsarbeiten an diesen Arten müssen im Zusammenhang mit Entartungserscheinungen, die in einigen Be-

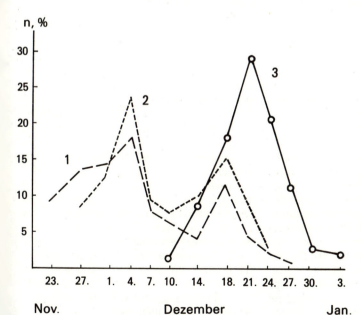

Abb. 90
Ergebnis der Selektion auf den Reifungszeitpunkt der Rogener in einem Bestand von domestizierten Peledmaränen *(Coregonus peled)*. Abszisse Zeitpunkt der Reifung der Rogener, Ordinate Anzahl der reifen Rogener (in %), 1 und 2 Ausgangsbestände (n = 385 und 436 Exemplare), 3 F_1 von ausgewählten, spät reifenden Rogenern des ersten Ausgangbestandes (n = 260 Exemplare) (ANDRIJAŠEVA et al. 1983).

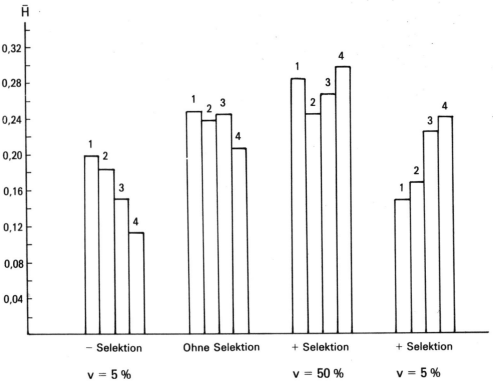

Abb. 91
Umfang der durchschnittlichen Heterozygotie bezüglich dreier Loci der Esterase und der Albumine bei einsömmerigen Peledmaränen *(Coregonus peled)* mit unterschiedlicher Stückmasse. Abszisse Varianten mit unterschiedlicher Selektionsintensität bei den einsömmerigen Fischen, Ordinate durchschnittliche Heterozygotie der ausgewählten Fische bezüglich der Loci EST-1, EST-2, EST-3 und Alb. 1, 2, 3 und 4 Wiederholungen der Versuche (LOKŠINA und ANDRIJAŠEVA 1981).

ständen festgestellt wurden, beschleunigt werden (GOLOVINSKAJA 1983). Angefangen wurden züchterische Arbeiten bei den Acipenseriden, vor allem beim Bester *(Huso huso × Acipenser ruthenus)*, bei *Polyodon spathula* und anderen (BURCEV 1983). Untersuchungen an der Peledmaräne *(Coregonus peled)* lieferten sehr interessante Ergebnisse (ANDRIJAŠEVA 1967, 1978a und b, 1981; LOKŠINA und ANDRIJAŠEVA 1981; ANDRIJAŠEVA et al. 1983; MANTEL'MAN 1983). Es zeigte sich, daß eine Generation der Massenauslese auf späte (Herbst-)Reifung der Rogener für eine beträchtliche Verlagerung des Reifungszeitpunktes in der Nachkommenschaft ausreicht (Abb. 90). Bei der Selektion hinsichtlich der Masse wurde maximale Heterogenität (bezüglich dreier biochemischer Loci) in einer Fischgruppe festgestellt, die mit mäßiger Stärke (v = 50 %) selektiert wurde. Bei scharfer Auslese (v = 5 %) verringert sich die durchschnittliche Heterozygotie sowohl in der Plus- als auch in der Minusrichtung beträchtlich (Abb. 91).

Praktisch nichts wurde bisher in züchterischer Hinsicht bei der Gattung *Ictiobus* und einigen anderen vor kurzem domestizierten Süßwasserfischarten unternommen. Die schnelle Entwicklung der Fischzucht führt unausweichlich zur Domestikation vieler neuer Arten, und vor den Züchtern steht die Aufgabe der Schaffung von Rassen, die zur Haltung unter den verschiedenartigsten Bedingungen geeignet sind. Die Fischzüchtung, die in letzter Zeit hinter der anderer Tiere und Pflanzen zurückgeblieben ist, wird sich in beschleunigtem Tempo entwickeln. Der Rückstand wird, wie zu hoffen ist, bald überwunden sein.

9. Schlußfolgerungen

Aufgabe der Züchtung ist die Verbesserung der vorhandenen und die Schaffung neuer Rassen (Sorten) sowie von Hybridformen bei Tieren, Pflanzen und Mikroorganismen. Ihrem Wesen nach ist die Züchtung ein schöpferischer Prozeß, und wie bei jeder schöpferischen Arbeit wird der Erfolg der Züchtung in erster Linie durch die Persönlichkeit des Züchters und seine Fähigkeit bestimmt, vorausschauend zu denken, das Gute und Schlechte zu erkennen, den richtigen Weg der Züchtungsarbeit auszuwählen und große Fehler zu vermeiden. Fähigkeit und Begabung allein reichen jedoch nicht aus, schneller und effektiver züchterischer Fortschritt ist heutzutage nur bei tiefgründigen Kenntnissen auf dem Gebiet der Genetik und der angrenzenden biologischen Disziplinen wie Embryologie, Physiologie, vergleichende Anatomie, Biochemie, mathematische Statistik usw. möglich. Der Züchter muß auch in der Theorie der Züchtung, die schon weitgehend fundiert ist, gut ausgebildet sein.

Die hier vorgenommene Durchsicht der wichtigsten Fragen der Fischgenetik hat gezeigt, daß in den letzten Jahren eine schnelle Akkumulation von Unterlagen über Vererbung und Variabilität der Fische erfolgt ist. Es ergab sich eine große Zahl neuer experimenteller Erkenntnisse, die unbedingt bei der Verbesserung der Zuchtmethoden und ihrer unmittelbaren Anwendung berücksichtigt werden müssen.

Im Abschnitt über die stofflichen Grundlagen der Vererbung wurde eine eingehende Darstellung der Karyotypen der Fischartigen und Fische gegeben. Bis Anfang 1986 überstieg die Zahl der Arten mit bekanntem Karyotyp 1 700. Durch diese Forschungen wurden praktisch alle Fischordnungen erfaßt, besonders viele Arten wurden bei den Clupeiformes, Cypriniformes und Cyprinodontiformes analysiert. Als wichtigstes Ergebnis all dieser Untersuchungen ist festzustellen, daß die Variabilität der Chromosomenzahlen bei den Fischen außergewöhnlich groß ist. Die Diploidzahlen schwanken bei ihnen zwischen 12 und 250. Als allgemeine Gesetzmäßigkeit wurde ein gewisses Absinken der Chromosomenzahl (von 48 bis 80 auf 40 bis 46) und der DNA-Menge im Chromosomensatz mit zunehmendem Übergang zu den weiter fortgeschrittenen und damit spezialisierteren taxonomischen Gruppen der Fische gefunden.

Eines der interessantesten Resultate der Untersuchung der Karyotypen der Fische war die Feststellung polyploider Arten und ganzer Familien von Polyploiden. Einige Acipenseriden und Cypriniden, die gesamte Familie der Catostomiden, einzelne Arten von Cobitiden und Characiden, alle Salmoniden einschließlich der Coregonen und Äschen haben verdoppelte Chromosomensätze und eine erhöhte DNA-Menge. Die Verdoppelung der Chromosomensätze erfolgte offenbar vor 20 bis 50 Millionen Jahren, in einigen Gruppen (bei den Acipenseriden und Cobitiden) konnte Polyploidie auch vor verhältnismäßig kurzer Zeit entstehen. Bei den polyploiden Formen sind ursprünglich alle Gene verdoppelt. Einer von zwei homologen Loci blieb oftmals in der Folgezeit schweigend oder ging vollständig verloren. Als dupliziert erwiesen sich bis zum heutigen Zeitpunkt nur einige Gene (zwischen 30 und 60 % aller untersuchten Loci bei den polyploiden Formen).

Neben den Arten, die eine konstante Chromosomenzahl haben, wurden auch einzelne polymorphe Arten mit veränderlichen Sätzen festgestellt. Zu ihnen gehören insbesondere viele Salmoniden (Regenbogenforelle, Atlantischer Lachs und andere), einige Cypriniden (z. B. der Giebel) und Zahnkarpfen (eine Reihe von Arten der Gattung *Aphyosemion* und andere). Es wurde festgestellt, daß dem Chromosomenpolymorphismus bei Fischen mindestens drei Hauptmechanismen zugrunde liegen können, ROBERTSON-Translokationen (Fusionen und Fissionen von akro- und metazentrischen Chromosomen), Non-Disjunction, die offenbar von der Eliminierung kleiner Chromosomen begleitet wird, und möglicherweise Inversionen und Translokationen sowie Änderung der Ploidie im Ergebnis der Bildung diploider Gameten.

Große Fortschritte sind bei der Untersuchung des Mechanismus der Geschlechtsbestimmung bei Fischen und seiner Kontrolle zu beobachten. Geschlechtschromosomen wurden bei mehr als 45 Fischarten gefunden; festgestellt wurde sowohl männliche als auch weibliche Heterogamie (erstere herrscht vor). Es gibt auch Arten, bei denen beide Typen der Geschlechtsbestimmung vorkommen. Durch Selektion und neuerdings durch Sexualhormone gelingt es, schon im Jungfischstadium das Geschlecht zu verändern und eingeschlechtliche Nachkommenschaft zu erhalten.

Auf dem Gebiet der speziellen Fischgenetik sind die Erfolge bisher noch als spärlich zu bezeichnen. Die Genetik morphologischer (qualitativer) Merkmale ist nur am Beispiel des Karpfens und einiger Aquarienfischarten gut bekannt. Die Gene, die beim Karpfen untersucht wurden, folgen den MENDELschen Regeln und werden von den Züchtern weitgehend als genetische Markierungen genutzt. Die Genetik der Aquarienfische (vor allem *Xiphophorus maculatus*, *Poecilia reticulata* und *Oryzias latipes*) trägt dazu bei, eine ganze Reihe wichtiger Fragen der modernen Biologie zu lösen, das Problem des Polymorphismus natürlicher Populationen, das Problem der Erblichkeit des Krebses, das Problem der genetischen Mechanismen von Geschlechtsbestimmung und -umkehr und andere. Insbesonders die Untersuchung der Genetik der Tumoren beim Platy (Melanom, Erythroblastom und andere) hat gezeigt, daß das Auftreten bösartiger Geschwülste mit Störungen der Balance der Gene verbunden ist, die die Entwicklung der Pigmentzellen steuern. Dieses Gleichgewicht wird durch die zwischenartliche Hybridisation gestört, es kann aber auch durch Auslese beeinträchtigt werden.

Die Analyse der Mechanismen zur Geschlechtsbestimmung lieferte äußerst wichtige Ergebnisse; sie ergab, daß bei den Fischen alle möglichen Typen der Geschlechtsbestimmung vorhanden sind, angefangen bei der lediglich umweltbedingten (nicht genetischen) bei Hermaphroditen (Serranidae und einige andere) bis zur eindeutig chromosomenbedingten in der Mehrzahl der taxonomischen Gruppen. Eine Mittelstellung nehmen die Arten mit polygenem Charakter der Geschlechtsbestimmung ein (*Xiphophorus helleri* und andere). Im Unterschied zu Vögeln, Säugern und vielen Wirbellosen unterscheiden sich bei der Mehrzahl der Fische mit chromosomaler Geschlechtbestimmung die Geschlechtschromosomen (X und Y) nur durch ein geschlechtsbestimmendes Gen (oder Abschnitt). Dies bedingte in der Vergangenheit die Möglichkeit der Entstehung von Polyploiden bei den Fischen und erleichtert heute die Entwicklung von Methoden der künstlichen Geschlechtsumkehr.

Fortschritte gibt es auch auf dem Gebiet der Untersuchung quantitativer Merkmale der Fische. In der Regel werden sie polygen vererbt und stehen unter starkem Einfluß der Umwelt. Die Heritabilität vieler quantitativer Merkmale, insbesondere solcher von adaptivem Wert (selective value oder fitness), zu denen bei den Fischen in erster Linie die Masse, die Körperlänge und die Überlebensrate in den frühen Entwicklungsstadien gehören, ist nicht groß und übersteigt oft 0,1 bis 0,2 nicht. Obgleich in letzter Zeit die Methoden der quantitativen Genetik und insbesondere die Verfahren der Heritabilitätsbestimmung einer ernsten Kritik unterzogen werden (vgl. z. B. NIKORO 1976; GINZBURG und NIKORO 1982), liefern die Heritabilitätsschätzungen von Merkmalen bei Fischen nach den Regressions- und Korrelationskoeffizienten (zwischen Verwandten) und auf der Grundlage dialleler und hierarchischer Komplexe im allgemeinen ähnliche Resultate und gestatten näherungsweise die Bestimmung des tatsächlichen Anteils der genetischen Varianz an der Gesamtvarianz des Merkmals. Die Bestimmung ist genau genug, um auf der Basis des h^2-Wertes ein geeignetes

Zuchtverfahren für eine bestimmte Fischart auswählen zu können.

Eines der Gebiete der Fischgenetik, die sich besonders stürmisch entwickeln, ist die biochemische Genetik, die in großem Umfang für embryologische sowie Populations- und Evolutionsuntersuchungen genutzt wird. Hinsichtlich ihrer biochemischen Variabilität sind die Fische mit anderen Wirbeltierklassen, insbesondere Säugern, vergleichbar. Eine große Zahl von Eiweißloci, und zwar sowohl Loci von Enzymen als auch von nichtenzymatischen Proteinen, ist in Fischpopulationen polymorph, der durchschnittliche Heterozygotiegrad (hauptsächlich für Enzymloci) beträgt 4 bis 5 %.

Neben dem Polymorphismus, d. h. dem Vorhandensein von zwei oder mehreren Allelen eines Locus in den Populationen, wurden für viele Eiweiße zwei oder eine größere Anzahl von Genen mit unabhängiger Vererbung beschrieben. In einzelnen Fällen erreicht die Zahl der homologen Loci 5 bis 6 (Lactatdehydrogenase bei den polyploiden Acipenseriden, Cypriniden und Salmoniden). Die Evolution verschiedener biochemischer Loci, insbesondere der Loci der Lactatdehydrogenase und der Creatinkinase, wurde verfolgt. Das Anwachsen der Zahl homologer Gene ist mit Polyploidisierung und mit Tandemduplikationen verbunden und wird von einer Divergenz der Funktionen der Tochtergene, manchmal auch von dem Auftreten „schweigender" Gene, begleitet. Die Zahl der Isozyme eines Proteins kann 15 bis 20 erreichen, unter Berücksichtigung des genetischen Polymorphismus bis zu 25 bis 30 (bei Heterozygoten hinsichtlich eines oder zweier Loci).

Untersuchungen über die biochemische Genetik (einschließlich Arbeiten zur Variabilität der Blutgruppen) werden bei einer immer größeren Zahl von Arten vorgenommen. Die Sammlung von Daten über die Vererbung genetischer Unterschiede für Dutzende verschiedener biochemischer Systeme ermöglichte die Klärung vieler Fragen der Fischsystematik, die Aufstellung von Stammbäumen und Dendrogrammen, und war hilfreich für die Ermittlung der Abstammung der Arten und manchmal nahe verwandter Gattungen von Fischen.

Der Beitrag der biochemischen Genetik zur Systematik und Phylogenie der Fische ist sehr groß (FERGUSON 1980). Außerordentliche theoretische und praktische Bedeutung erlangte die genetische (biochemische) Forschung für die Analyse der innerartlichen (Populations-)Struktur der Fische, für die Ableitung und Charakterisierung einzelner Populationen. Die Ergebnisse genetischer Arbeiten werden bei der Ausarbeitung von Empfehlungen zum Schutz der Bestände, beim rationellen Fang und bei der Vermehrung der wichtigsten Nutzfischarten angewandt (ALLENDORF und UTTER 1979; ALTUCHOV 1983).

Ein großer Teil der biochemischen Genetik der Fische ist der Analyse der Regulierung der Wirkung einzelner Loci während der Entwicklung und zeitlichen und örtlichen Differenzierung der Isozyme gewidmet. Die Haupttypen homologer Loci wurden nach dem Charakter ihres Auftretens beschrieben. Es erfolgte eine Unterteilung in House-keeping-Isozyme, die offenbar in allen Etappen der individuellen Entwicklung und in allen Geweben wirksam sind, und in die spezialisierteren Isozyme, deren Synthese an bestimmte Gewebe und streng festgelegte Zeitpunkte gebunden ist.

Zahlreiche Beobachtungen über die clinen- und netzwerkabhängige geographische Variabilität der Allelfrequenzen in Populationen wurden durchgeführt. Informationen, die auf eine natürliche Auslese bezüglich der Allele der biochemischen Loci schließen lassen, wurden gesammelt. Erfolgreiche Versuche über künstliche und natürliche Auslese unter Berücksichtigung von Streßeinwirkungen wurden durchgeführt. Es konnten eindeutige funktionale und häufig adaptive Unterschiede zwischen den Isozymen und den allelen Eiweißformen (Allozymen) festgestellt werden. In einer Reihe von Fällen wurde monogene Heterosis beobachtet, die in einer erhöhten Lebensfähigkeit der Heterozygoten oder in einer besseren Funktion der Proteine heterozygoter Individuen zum Ausdruck kommt. All das spricht zugunsten einer selektiven (ausgewogenen) Hypothese des Ursprungs und der Erhaltung des biochemischen Polymorphismus in den Fischpopulationen und wahrscheinlich aller anderen Organismen und gegen eine neutralistische Erklärung des Polymorphismus und der Evolution der Proteine (KIRPIČNIKOV 1981).

Zu erwähnen sind auch die bedeutenden Fortschritte bei der Untersuchung seltener tierischer Fortpflanzungsformen, der Gynogenese und der Hybridogenese, die bei einigen Fischen und Amphibien vorkommen. Es wurde festgestellt, daß Gynogenese bei Fischen meiotisch, d. h. ohne Ausschluß der meiotischen Teilung, und ameiotisch erfolgen kann, wenn die Meiose durch einen speziellen Mechanismus ersetzt wird, der den Übergang des gesamten mütterlichen Chromosomensatzes ohne Reduktion im Gameten gewährleistet. Bei der meiotischen Gynogenese erhält der weibliche Gamet einen haploiden Chromosomensatz, der männliche Gamet beteiligt sich nicht an der Entwicklung, die Embryonen erweisen sich daher als nicht lebensfähige Haploide. Die Anwendung des Kälteschocks nach der Insemination ermöglicht es, im Ergebnis der Verschmelzung des mütterlichen Pronucleus mit dem Kern des sekundären Polkörperchens oder durch Vereinigung zweier embryonaler Kerne nach Furchung gynogenetische Diploide zu erhalten. Diese induzierte diploide Gynogenese ist ein sehr wichtiges Instrument in den Händen des Züchters, das die Schaffung von Inzuchtlinien bei Fischen wesentlich beschleunigt und eine Reihe anderer Arbeiten ermöglicht. Durch natürliche Hybridogenese wird in Fischpopulationen ständig ein hoher Grad an Heterozygotie aufrecht erhalten. Im Verlauf der Meiose gelangt immer nur das mütterliche Genom in den Gameten, während das väterliche zusammen mit dem Polkörperchen eliminiert wird. Nach der Befruchtung enthält der Embryo wieder zwei zusammengehörige Genome, ein mütterliches und ein väterliches, die unterschiedlichen Unterarten oder Arten angehören. Die Hybridogenese stellt bei Fischen einen eigenartigen Mechanismus zur beständigen Festigung der Heterosis dar.

Dies sind die wichtigsten Ergebnisse der Untersuchungen über verschiedene Aspekte der Fischgenetik, die in den letzten Jahrzehnten durchgeführt wurden. Ihre planmäßige Anwendung in der Züchtungsarbeit ermöglicht es, den Selektionsprozeß beträchtlich zu beschleunigen und seine Effektivität zu vergrößern. Vieles ist noch zu tun: Notwendig sind detaillierte Untersuchungen über die Genetik der wichtigsten Objekte der Fischzucht, insbesondere die Genetik morphologischer (Markierungs- und quantitativer) und biochemischer Merkmale. Es sind Schnellmethoden zur Analyse der Fischchromosomen und zur Differenzierung einzelner Chromosomenpaare, einschließlich der Geschlechtschromosomen, sowie zur Klärung der Vererbung biochemischer Loci auszuarbeiten. Sehr wichtig ist es, Kopplungsgruppen bei kultivierten Fischarten zu identifizieren.

Die Liste der Aufgaben, die vor denen stehen, die sich mit den Problemen der Fischgenetik befassen, ist sehr groß. Aber schon heute ist die Genetik der Fische zu einem bedeutenden selbständigen Gebiet der modernen Genetik der Tiere und Pflanzen geworden und übt großen Einfluß sowohl auf die Organisation der Züchtungsarbeiten bei Fischen als auch auf den Schutz der Bestände und die Reproduktion der Nutzfischarten in Flüssen, Seen und Meeren aus. Genetische Untersuchungen an Fischen ermöglichen es auch, viele theoretische Probleme der modernen Biologie besser zu verstehen.

Auf dem Gebiet der Gentechnik wurden neuerdings erste erfolgversprechende Ergebnisse in Versuchen zur Klonung der Gene des Wachstumshormons von Fischen und Säugetieren und die Übertragung dieser Gene in das Genom von Fischembryonen erzielt (Gentransfer).

Literaturverzeichnis[1]

ABDULLAEV, M. A., und CHAKBERDIEV, B.: Der Zwerg-Wildkarpfen *Cyprinus carpio* L. der Seen des Gebietes Choresm. Vopr. Ichtiol. 12 (1977) 6, 1114–1117 (r).
* ABE, S.: Notes on the chromosomes of two species of fresh water cottoid fishes. CIS 13 (1972), 25–27.
* ABE, S.: Karyotypes of 6 species of anabantoid fishes. CIS 19 (1975), 5–7.
* ABE, S.: A cyto-taxonomical study in some freshwater cottoid fishes (Cottidae, Pisces). Cytologia 41 (1976) 2, 323–329.

ABE, S. und MURAMOTO, J.-I.: Differential staining of chromosomes of two salmonoid species, *Salvelinus leucomaenis* (Pallas) and *Salvelinus malma* (Walbaum). Proc. Jap. Acad. Sci. Ser. B 50 (1974) 7, 507–511.

ABE, T.: A partially albinistic specimen of *Limanda yokohamae* (Gunther). UO (Japan) 14 (1972),1–2.

ABRAMOFF, P., DARNELL, R. M. und BALSANO, J. S.: Electrophoretic demonstration of the hybrid of the gynogenetic teleost *Poecilia formosa*. Amer. Natur. 102 (1968) 928, 555–558.

ADHASADEH, H., und RITTER, H.: Polyploidisierung in der Fischfamilie Cyprinidae, Ordnung Cypriniformes. Duplikation der Loci für Nadabhängige Malatdehydrogenasen. Humangenetik 11 (1971) 2, 91–94.
* AHMED M.: A chromosome study of two species of *Gobiosoma* from Venezuela (Gobiidae: Teleostei). Bol Inst. Oceanogr. Univ. Oriente 13 (1974) 1–2, 11–16.

AHUJA, M. R. und ANDERS, F.: A genetic concept of the origin of cancer, based in part upon studies of neoplasms in fishes. In: Progress in experimental tumor research. Vol. 20. Karger, Basel (1976), 380–397.

AHUJA, M. R., SCHWAB, M., und ANDERS, F.: Tissue-specific esterases in the xiphophorine fish *Platypoecilus maculatus, Xiphophorus helleri* and their hybrid. Biochem. Genet. 15 (1977) 7–8, 601–610.

AHUJA, M. R., LEPPER, K., und ANDERS, F.: Sex chromosome aberations involving loss and translocation of tumor-inducing loci in *Xiphophorus*. Experientia 35 (1979) 1, 28–30.

AHUJA, M. R., SCHWAB, M., und ANDERS, F.: Linkage between a regulatory locus for melanoma cell differentiation and an esterase locus in *Xiphophorus*. J. Heredity 71 (1980) 6, 403–407.

AIDA, T.: On the inheritance of color in a freshwater fish *Aplocheilus latipes* with special reference to the sex-linked inheritance. Genetics 6 (1921) 3, 554–573.

AIDA, T.: Further genetical studies of *Aplocheilus latipes*. Genetics 15 (1930) 1, 1–16.

AIDA, T.: Sex reversal in *Aplocheilus latipes* and a new explanation of sex differentiation. Genetics 21 (1936) 1, 136–153.

AITKEN, W. W.: Albinism in *Ictalurus punctatus*. Copeia (1937) 1, 64.

ÄKSIRAY, F.: Genetical contribution to the systematical relationship of Anatolian cyprinodont fishes. Hydrobiology (Istanbul) (B) 1 (1952), 33–81.

AKULIN, V. N., SVETASĚV, V. I., und SALMENKOVA, E. A.: Die innerartliche genetische Variabilität der Phospholipide des Blutserums von *Oncorhynchus nerka* und *Oncorhynchus keta*. Ž. Evol. Bioch., Fiziol. 11 (1975) 3, 306–308 (r).

ALEKSEENKO, A. A.: Die physiologischen Merkmale der Hybriden zwischen dem Ropscha- und dem Ukrainischen Karpfen und deren Ausgangsformen. In: Selekcija produkvych ryb. Kolos. Moskva (1979), 61–66 (r).

ALEKSEENKO, A. A.: Die biologischen Besonderheiten und die fischereiliche Bedeutung der Hybriden der 1. Generation zwischen dem Ukrainischen Rahmenkarpfen und dem Ropscha-Karpfen. Avtoref. kand. diss., Izd. Schakad. USSR, Kiew 1982, 21 S. (r).

ALEKSEEV, F. E., ALEKSEEVA, E. I., und TITOVA, N. V.: Das polymorphe System der Muskelesterasen, ihre ökologische Struktur und die Untersuchung der Art bei *Macrurus rupestris*. In: Biochimičeskaja i populacionnaja genetika ryb. Inst. Zitol. AN SSSR, Leningrad (1979), 58–63 (r).

ALEXANDROV, V. YA.: Cell, molecules and temperature. Springer, Heidelberg – Berlin – New York 1977

ALFEROVA, N. M., und NEFEDOV, G. N.: Elektrophoretische Untersuchung der Muskelesterasen einiger Fischarten des Ostatlantiks. In: Biochemičeskaja genetika ryb. Inst. Citol. AN SSSR, Leningrad (1973), 195–200 (r).

---

[1] Literaturangaben mit * sind in Tabelle 2 verwendet; (r)= Veröffentlichung in Russisch

ALI, M. Y., und LINDSEY, C. C.: Heritable and temperature-induced meristic variation in the medaka *Oryzias latipes*. Can. J. Zool. 52 (1974) 8, 959–976.

ALLEN, S. K.: Flow cytometry: assaying experimental polyploid fish and shellfish. Aquaculture 33 (1983) 1–4, 317–328.

ALLEN, S. K., und STANLEY, J. G.: Reproductive sterility in polyploid brook trout, *Salvelinus fontinalis*. Trans. Am. Fish. Soc., 107 (1978) 3, 473–478.

ALLENDORF, F. W., und PHELPS, S. R.: Loss of genetic variation in a hatchery stock of cutthroat trout. Trans. Am. Fish. Soc, 109 (1980) 6, 537–546.

ALLENDORF, F., und UTTER, F. M.: Gene duplication within the family Salmonidae: disomic inheritance of two loci reported to be tetrasomic in rainbow trout. Genetics 74 (1973) 4, 647–654.

ALLENDORF, F., und UTTER, F. M.: Genetic variation of steelhead. In: Annual Rep. Coll. Fish. Univ. Wash. 415 (1975), 44.

ALLENDORF, F., und UTTER, F. M.: Gene duplication in the family Salmonidae. III. Linkage between two duplicated loci coding for aspartate amino transferase in the cutthroat trout *(Salmo clarkii)*. Hereditas 82 (1976) 1 : 19–24.

ALLENDORF, F. W., und UTTER, F. M.: Population genetics of fish. In: Fish Physiology. Vol. 8. Academic Press, London – New York (1979), 136–187.

ALLENDORF, F., UTTER, F. M., und MAY, B. P.: Gene duplication within the family Salmonidae. II. Detection and determination of the genetic control of duplicate loci through inheritance studies and the examination of populations. In: Isozymes. Vol. IV. Academic Press, London – New York (1975), 415–432.

ALLENDORF, F., RYMAN, N., STENNEK, A., und STÅHL, G.: Genetic variation in Scandinavian brown trout *(Salmo trutta* L.): evidence of distinct sympatric population. Hereditas 83 (1976) 1, 73–82.

ALLENDORF, F. M., MITCHELL, N., RYMAN, N., und STÅHL, G.: Isozyme loci in brown trout *(Salmo trutta* L.): detection and interpretation from population data. Hereditas 86 (1977) 2, 179–190.

ALLENDORF, F. W.: Rapid loss of duplicate gene expression by natural selection. Heredity 43 (1979) 2, 247–258.

ALLENDORF, F. W., und THORGAARD, G. H.: Tetraploidy and the evolution of salmonid fishes. In: Evolutionary genetics of fishes. Plenum Press, New York – London (1984), 1–53.

* AL-SABTI, K.: Chromosomal studies by blood leukocyte culture technique on three salmonids from Yugoslavian waters. J. Fish Biol. 26 (1985) 1, 5–12.

ALTUCHOV, JU. P.: Untersuchung der Wärmebeständigkeit isolierter Muskeln und serologische Analyse der „großen" und „kleinen" Stöcker des Schwarzen Meeres. In: Tr. Karadagskoj Biol. St. AN SSSR, L' vov 18 (1962) 3–16 (r).

ALTUCHOV, JU. P.: Untersuchung der Wärmebeständigkeit isolierten Muskelgewebes zweier Arten des Stöckers aus dem Schwarzen Meer und der Nordsee. DAN SSSR 175 (1967) 2, 467–469 (r).

ALTUCHOV, JU. P.: Über die immunogenetische Untersuchung des Problems der innerartlichen Differenzierung bei Fischen. In: Uspechi sovremennoj genetiki, Nauka, Moskva 2 (1969a), 161–195 (r).

ALTUCHOV, JU. P.: Über das Verhältnis zwischen Mono- und Polymorphismus der Hämoglobine in der Mikroevolution der Fische. DAN SSSR 189 (1969b) 15, 1 115–1 117 (r).

ALTUCHOV, JU. P.: Die lokalen Rassen der Fische als genetisch stabile Populationssysteme. In: Biochimičeskaja genetika ryb., Inst. Zitol, AN SSSR, Leningrad (1973), 43–53 (r).

ALTUCHOV, JU. P.: Populationsgenetik der Fische. Piščevaja promyšlennost', Moskva (1974), 247 S. (r).

ALTUCHOV, JU. P.: Die erbliche Heterogenität der Populationen der pazifischen Lachse und ihre Bedeutung für die Theorie und Praxis einer regulierten Fischerei. In: Genetika i razmnoženie morskich životnych. DVNC AN SSSR, Vladivostok (1981), 20–28 (r).

ALTUCHOV, JU. P.: Biochemische Genetik der Population und die Evolution. In: Molekuljarnyc mcchanizmy gcnetičcskich proccssov. Nauka, Moskva (1982), 89–112 (r).

ALTUCHOV, JU. P., und APEKIN, V. S.: Serologische Analyse der Verwandtschaftsbeziehungen zwischen dem „großen" und dem „kleinen" Stöcker des Schwarzen Meeres. Vopr. Ichtiol. 3/1 (1963) 26, 39–50 (r).

ALTUCHOV, JU. P., und DUBROVA, JU. E.: Der biochemische Polymorphismus der Population und seine biologische Bedeutung. Usp. Sovr. Biol. 91 (1981) 3, 467–480 (r).

ALTUCHOV, JU. P., und RYČKOV, JU. G.: Die Populationssysteme und ihre Strukturkomponenten. Genetische Stabilität und Variabilität. Ž. Obšč. Biol. 31 (1970) 5, 507–526 (r).

ALTUCHOV, JU. P., und RYČKOV, JU. G.: Der genetische Monomorphismus der Arten und seine mögliche biologische Bedeutung. Ž. Obšč. Biol. 33 (1972) 3, 281–300 (r).

ALTUCHOV, JU. P., und VARNAVSKAJA, N. V.: Die adaptive genetische Struktur und ihr Zusammenhang mit der Differenzierung innerhalb der Art nach Geschlecht, Alter und Wachstumsgeschwindigkeit bei einem Pazifischen Lachs, *Oncorhynchus nerka*. Genetika 19 (1983) 5, 796 bis 802 (r).

ALTUCHOV, JU. P., MATVEEVA, A. I., und RUSANOVA, B. M.: Die Wämebeständigkeit isolierten Muskelgewebes und die antigenen Besonderheiten der Erythrocyten einiger Zuchtformen des Karpfens. Citologija 8 (1966) 1, 100 bis 104 (r).

ALTUCHOV, JU. P., NEFEDOV, G. N., und PAJUSOVA, A. N.: Cytophysiologische Analyse der Divergenz des Gold- und Schnabelschnauzenbarsch des Nordwestatlantiks. In: Izmenčivost' teploustojčivosti kletok životnych v onto- i filogeneze. Nauka, Leningrad (1967), 82–98 (r).

ALTUCHOV, JU. P., TRUVELLER, K. A., ZENKIN, V. S., und GLADKOVA, N. S.: Das A-Blutgruppensystem beim Atlantischen Hering (*Clupea harengus* L.). Genetika 4 (1968) 2, 155–167 (r).

ALTUCHOV, JU. P., LIMANSKIJ, V. V., PAJUSOVA, A. N., und TRUVELLER, K. A.: Immunogenetische Analyse der innerartlichen Differenzierung der Europäischen Sardelle *Engraulis encrasicholus* im Schwarzen und Asowschen Meer, I, II. Genetika 5 (1969) 4, 50–64; 5, 81–94 (r).

ALTUCHOV, JU. P., SALMENKOVA, E. A., und SAČKO, G. D.: Duplikation und Polymorphismus der Gene der Lactatdehydrogenase bei den Pazifischen Lachsen. DAN SSSR 195 (1970) 2, 711–714 (r).

ALTUCHOV, JU. P., SALMENKOVA, E. A., OMEL'ČENKO, V. T., SAČKO, G. D., und SLYN'KO, V. I.: Über die Zahl der monomorphen und polymorphen Loci in den Populationen von *Oncorhynchus keta* Walb., einer der tetraploiden Salmonidenarten. Genetika 8 (1972) 2, 67–75 (r).

ALTUCHOV, JU. P., SALMENKOVA, E. A., KONOVALOV, S. M., und PUDOVKIN, A. I.: Die Konstanz der Verteilung der Genfrequenzen der Lactatdehydrogenase und Phosphoglukomutase im System der Subpopulationen lokaler Fischrassen (am Beispiel von *Oncorhynchus nerka* Walb.). I. Stabilität des Bestandes bei gleichzeitiger Variabilität der Subpopulationen, die ihre Struktur bilden. II. Zufällige Gendrift, Migration und Selektion als Faktoren der Konstanz. Genetika 11 (1975a, b) 4, 44–53, 54–62 (r).

ALTUCHOV, JU. P., SALMENKOVA, E. A., RJABOVA, G. D., und KULIKOVA, N. I.: Die genetische Differenzierung der Populationen des Keta-Lachses und die Effektivität einiger Einbürgerungsmaßnahmen. Biol. Morja (1980), 23–38 (r).

ALTUCHOV, JU. P., SALMENKOVA, E. A., OMEL'ČENKO, V. T., und EFANOV, B. N.: Die genetische Differenzierung und die Populationsstruktur des Gorbuscha-Lachses des Bezirkes Sachalin-Kurilen. Biol. Morja (1983) 2, 46–54 (r).

* ALVAREZ, M. C., CANO, J., und THODE, G.: DNA content and chromosome complement of *Chromis chromis* (Pommacentridae, Perciformes). Caryologia 33 (1980) 2, 267–274.

* ALVAREZ, M. C., THODE, G., und CANO, J.: Somatic karyotypes of two Medeterranean teleost species: *Phycis phycis* (Gadidae) and *Epinephelus alexandrinus* (Serranidae). Cytobios 38 (1983) N 150, 91–95.

AMEND, D.: Prevention and control of viral diseases of salmonids. J. Fish. Res. B. Can. 33 (1976) 4 part 2, 1056–1066.

* ANBINDER, E. M., GLUBOKOVSKIJ, M. K., und POKAZIJ, N. V.: Der Karyotyp des Sachaliner Taimen. Biol. Morja (1982) 4, 59–60 (r).

ANDERS, A., und ANDERS, F.: Genetisch bedingte XX- und XY-♀♀ und YY-♂♂ beim wilden *Platypoecilus maculatus* aus Mexiko. Z. Vererbungsl. 94 (1963) 1, 1–18.

ANDERS, A., und ANDERS, F.: Etiology of cancer as studied in the platyfish-swordtail system. Biochem. Biophys. Acta, 516 (1978) 1, 61–95.

ANDERS, A., ANDERS, F., FÖRSTER, W., KLINKE, R., und RASE, S.: XX-, XY-, YY-Weibchen und XX-, XY-, YY-Männchen bei *Platypoecilus maculatus* (Poeciliidae). Zool. Anz., Suppl. B 33 (1970), 333–339.

ANDERS, A., ANDERS, F., und PURSGLOVE, D. L.: X-ray induced mutations of the genetically determined melanoma system of xiphophorin fish. Experientia 27 (1971), 931–932.

ANDERS, A., ANDERS, F., und KLINKE, K.: Regulation on gene expression in the Gordon-Kosswig melanoma system, I, II. In: Genetics and mutagenesis of fish. Springer, Berlin–Heidelberg–New York (1973), 33–52, 53–63.

ANDERS, F.: Tumour formation in platyfish-swordtail hybrids as a problem of gene regulation. Experientis 23 (1967) 1, 1–10.

ANDERS, F.: Genetische Faktoren bei der Entstehung von Neoplasmen. Zentralbl. Vet. Med. 15 (1968) 1, 29–46.

ANDERS, F.: Hereditary and environmental factors in the causation of neoplasma. Klin. Wochenschr. 59 (1981) 17, 943–956.

ANDERS, F., VESTER, F., KLINKE, K., und SCHUMACHER, H.: Genetische und biochemische Untersuchungen über die Bedeutung der freien Aminosäuren für die Tumorgenese bei Art- beziehungsweise Gattungsbastarden lebendgebärender Zahnkarpfen (Poeciliidae). Biol. Zentralbl. 91 (1962) 1–2, 45–65.

ANDERS, F., KLINKE, K., und VIELKIND, U.: Genregulation und Differenzierung im Melanom-System der Zahnkärpflinge. Biol. Unserer Zeit, Verlag Chemie GmbH, Weinheim (1972), 35 bis 66.

Anders, F., Schwab, M., und Scholl, E.: A strategy for breeding test-animals of high susceptibility to carcinogenes. In: Short term tests for chemical carcinogens. Springer Berlin–Heidelberg–New York (1980), 399–407.

Anderson, D., und Woods, D. E.: Evaluation of intensive inbreeding for selection of trout brood stock. In: Rep. Sect. Fish. Invest., Minnesota Dep. Nat. Resour. 364 (1979), 1–31.

Andersson, L., Ryman, N., Rosenberg, R., und Stahl, G.: Genetic variability in Atlantic herring (Clupea harengus harengus): description of protein loci and population data. Hereditas, 95 (1981) 1, 69–78.

Andreeva, A. P.: Die Wärmebeständigkeit des Collagens der Haut einiger Arten und Unterarten der Gadiden. Citologija 13 (1971) 8, 1004 bis 1006 (r).

Andrijaševa, M. A.: Heterosis bei innerartlichen Kreuzungen des Karpfens. Izv. Gos. NIORCH 61 (1966), 62–79 (r).

Andrijaševa, M. A.: Commercial hybridization and heterosis in fish culture. In: Rep. FAO/UNDP (TA) (2926), Rome (1971a), 248–262.

Andrijaševa, M. A.: Auftreten von Heterosis bei Fischen und ihre Anwendung in der Fischzucht. Izv. GosNIORCH 75 (1971b), 100–113 (r).

Andrijaševa, M. A.: Züchterisch-biologische Charakteristik der Endyr-Peledmaräne. Izv. GosNIORCH 107 (1976), 64–75 (r).

Andrijaševa, M. A.: Züchterisch-genetische Analyse der Endyr-Peledmaräne während der Laichzeit. Izv. GosNIORCH 130 (1978a), 6–14 (r).

Andrijaševa, M. A.: Züchterisch-genetische Charakteristik der Laicherbestände der Endyr-Peledmaräne hinsichtlich ihrer Fruchtbarkeit. Izv. GosNIORCH 130 (1978b), 15–24 (r).

Andrijaševa, M. A.: Züchterisch-genetische Charakteristik der Laicherbestände von Peledmaränen unterschiedlichen Ursprungs. Sb. Naučn. Tr. GosNIORCH 153 (1980), 3–14 (r).

Andrijaševa, M. A.,: Methoden und Ergebnisse der Auslese bei der Züchtung der Peledmaräne I. Auslese nach einigen züchterisch-biologischen Merkmalen. Sb. Naučn. Tr. GosNIORCH 174 (1981), 59–70 (r).

Andrijaševa, M. A., und Černjaeva, E. V.: Der Grad der phänotypischen und genetischen Variabilität des Durchmessers der ovulierenden Eier bei der Endyr-Peledmaräne. Izv. GosNIORCH 130 (1978), 25–34 (r).

Andrijaševa, M. A., Mantel'man, I. I., und Kajdanova, T. I.: Ergebnisse züchterisch-genetischer Untersuchungen an der Peledmaräne. Sb. Naučn. Tr. VNIIPRCH 20 (1978), 112–124 (r).

Andrijaševa, M. A., Černjaeva, E. V., und Efanov, G. V.: Die Verwendung diallele Kreuzungen zur Beurteilung des Grades der genotypischen Variabilität bezüglich der Lebensfähigkeit der Embryonen und der Länge der Larven bei der Peledmaräne. Sb. Naučn. Tr. GosNIORCH 200 (1983a): 127–147 (r).

Andrijaševa, M. A., Lokšina, A. B., und Efanov, G. V.: Richtungen, Methoden und Ergebnisse der Selektion bei der Züchtung der Peledmaräne. In: Genetika promyslovych ryb i ob'ektov akvakul'tury. Legkaja i Piščevaja Promyšlennost', Moskva (1983b), 86–93 (r).

Andrijaševa, M. A., Mantel'man, I. I., Kajdanova, T. I., Černjaeva, E. V., Lokšina, A. B., Efanov, G. V., und Poljakova, L. A.: Züchterisch-genetische Untersuchungen einiger Coregonen. In: Biolog. osnovy rybovodstva: Problemy genetiki i selekcii. Nauka, Leningrad (1983c), 146–166 (r).

Angus, R. A.: Geographic dispersal and clonal diversity in unisexual fish populations. Amer. Natur. 115 (1980) 4, 531–550.

Angus, R. A., und Schultz, R. J.: Clonal diversity in the unisexual fish Poeciliopsis monacha-lucida: a tissue graft analysis. Evolution 33 (1979) 1 p. I, 27–40.

Angus, R. A.: Phenol tolerance in populations of mosquitofish from polluted and non-polluted waters. Trans. Am. fish. Soc. 112 (1983) 6, 794–799.

* Arai, R., und Fujiki, A.: Chromosomes of two species of atherinoid fishes. Bull. Nat. Sci. Mus. (Tokyo), Ser. A 4 (1978a) 2, 147–150.
* Arai, R., und Fujiki, A.: Chromosomes of three species of cottid fishes from Japan. Bull. Nat. Sci. Mus. (Tokyo), Ser A 4 (1978b) 3, 233–239.
* Arai, R., und Fujiki, A.: Chromosomes of Japanese gobioid fishes, IV. Bull. Nat. Sci. Mus. (Tokyo) Ser. A 5 (1979) 2, 153–159.
* Arai, R., und Hirano, H.: First record of the clariid catfish, Clarias fuscus from Japan. Jap. J. Ichthyol. 21 (1974), 53–60.
* Arai, R., und Inoue, M.: Chromosomes of nine species of Chaetodontidae and one species of Scorpidae from Japan. Bull. Nat. Sci. Mus. (Tokyo), Ser A 1 (1975) 4, 217–224.
* Arai, R., und Inoue, M.: Chromosomes of seven species of Pomacentridae and two species of Acanthuridae from Japan. Bull. Nat. Sci. Mus. (Tokyo), Ser. A 2 (1976) 2, 73–78.
* Arai, R., und Katsuyama, I.: Notes on the chromosomes of three species of shore fishes. Bull. Nat. Sci. Mus. (Tokyo) 16 (1973) 6, 405–408.
* Arai, R., und Katsuyama, I.: A chromosome study of four species of Japanese catfishes (Pisces, Siluriformes). Bull. Nat. Sci. Mus. (Tokyo) 17 (1974) 3, 187–191.

* Arai, R., und Kobayashi, H.: A chromosome study on thirteen species of Japanese gobiid fishes. Jap. J. Ichthiol. 20 (1973) 1, 1–6.
* Arai, R., und Koike, A.: Chromosomes of labroid fishes from Japan. Bull. Nat. Sci. Mus. (Tokyo) Ser. A 6 (1980a) 2, 119–135.
* Arai, R., und Koike, A.: A karyotype study on two species of freshwater fishes transplanted into Japan. Bull. Nat. Sci. Mus. (Tokyo), Ser. A. 6 (1980b) 4, 275–278.
* Arai, R., und Sawada, Y.: Chromosomes of Japanese gobioid fish. I, II. Bull. Nat. Sci. Mus. (Tokyo) 17 (1974) 2, 97–102; 17 (1974) 4, 269 bis 274.
* Arai, R., und Sawada, Y.: Chromosomes of Japanese gobioid fish. III. Bull. Nat. Sci. Mus. (Tokyo), Ser. A 1 (1975) 4, 225–232.
* Arai, R., und Shiotsuki, K.: A chromosome study of three species of the tribe Salarini from Japan (Pisces, Blennidae). Bull. Nat. Sci. Mus. (Tokyo) 16 (1973) 4, 581–584.
* Arai, R., und Shiotsuki, K.: Chromosomes of six species of Japanese blennioid fishes. Bull. Nat. Sci. Mus. (Tokyo) 17 (1974) 4, 261–268.
* Arai, K., Tsubaki, H., Ishitani, Y., und Fujino, K.: Chromosomes of *Haliotis discus hannai* and *H. discus*. Bull. Jap. Soc. Sci. Fish. 48 (1982) 12: 1689–1692.
* Arai, R., Katsuyama, I., und Sawada, Y.: Chromosomes of Japanese gobioid fishes. Bull. Nat. Sci. Mus. (Tokyo) 17 (1974) 4, 269–274.
* Arai, R., Nagaiwa, K., und Sawada, Y.: Chromosomes of Chanos chanos (Gonorynchiformes, Chanidae). Jap. J. Ichthyol. 22 (1976) 4, 241–242.
* Aref'ev, V. A.: Polykaryogramm-Analyse des Typs *Acipenser nudiventris*. Vopr. Ichtiol. 23 (1983) 2, 209–218 (r).

Armburster, D.: Hybridization of the chain pikkerel and northern pike. Progr. Fish – Cult. 28 (1966) 2, 76–78.

Aronštam, L. A., Borkin, L. Ja., und Pudovkin, A. I.: Die Isoenzyme in der Populations- und Evolutionsgenetik. In: Genetika izofermentov. Nauka, Moskva 1977, 199–269 (r).

Aspinwall, N.: Inheritance of alpha-glycerophosphate dehydrogenase in the pink salmon, *Oncorhynchus gorbuscha* (Walb.). Genetics 73 (1973) 4, 639–643.

Aspinwall, N.: Genetic analysis of duplicate malate dehydrogenase loci in the pink salmon, *Oncorhynchus gorbuscha* (Walb.). Genetics 76 (1974a) 1, 65–72.

Aspinwall, N.: Genetic analysis of North American populations of the pink salmon *(Oncorhynchus gorbuscha)*, possible evidence for the neutral mutation-random drift hypothesis. Evolution 28 (1974b) 2, 295–305.

Astaurov, B. L.: Experimentelle Polyploidie und die Hypothese des indirekten (durch Parthenogenese vermittelten) Ursprungs der natürlichen Polyploidie bei bisexuellen Tieren. Genetika 5 (1969) 7, 129–148 (r).

Astaurov, B. L.: Parthenogenese und Polyploidie in der Evolution der Tiere. Priroda (1971) 6, 20–28 (r).

Atz, J. W.: Intersexuality in fishes. In: Intersexuality in vertebrates including man. Academic Press, London–New York (1964), 145–232.

Aulstad, D., Gjedrem, T., und Skjervold, H.: Genetic and environmental sources of variation in length and weight of rainbow trout *(Salmo gairdneri)*. J. Fish. Res B. Can. 29 (1972) 3, 237–241.

Austreng, E., und Refstie, T.: Effect of varying dietary protein level in different families of rainbow trout. Aquaculture 18 (1979), 145–156.

Austreng, E., Risa, S., Edwards, D. J., und Hvidsten, H.: Carbohydrate in rainbow trout diets. II. Influence of carbohydrate levels on chemical composition and feed utilization of fish from different families. Aquaculture 11 (1977), 1, 39–50.

Avise, J. C.: Genetic differentiation during speciation. In: Molecular evolution. Sinauer Assoc., Sunderland (1976a), 106–122.

Avise, J. C.: Genetics of plate morphology in an unusual population of three spine sticklebacks *(Gasterosteus aculeatus)*. Genet. Res. 27 (1976b) 1, 33–46.

Avise, J. C., und Ayala, F. J.: Genetic differentiation in speciose versus depauperate phylads: evidence from the California minnows. Evolution 30 (1976) 1, 46–58.

Avise, J. C., und Felley, J.: Populationstrukture of freshwater fishes. I. Genetic variation of bluegill *(Lepomis macrochirus)* populations in man-made reservoirs. Evolution 33 (1979) 1, p. I, 15–26.

* Avise, J. C., und Gold, J. R.: Chromosomal divergence and speciation in two families of North American fishes. Evolution 31 (1977) 1, 1–13.

Avise, J. C., und Kitto, G. B.: Phosphoglucose isomerase gene duplication in the bony fishes: an evolutionary history. Biochem. Genet. 8 (1973), 113–132.

Avise, J. C., und Selander, R. K.: Evolutionary genetics of cavedwelling fishes of the genus *Astyanax*. Evolution 26 (1972) 1, 1–19.

Avise, J. C. und Smith, M. H.: Biochemical genetics of sunfish. II. Genetic similarity between hybridizing species. Amer. Natur. 108 (1974) 962, 458–472.

Avise, J. C., Smith, J., und Ayala F.: Adaptive differentiation with little genic change between two native California minnows. Evolution 29 (1975) 3, 411–426.

Avise, J. C., Straney, D. O., und Smith, M. H.: Biochemical genetics of sunfish. IV. Relationships of centrarchid genera. Copeia (1977) 2, 250–258.

Avtalion, R. R., und Hammerman, I. S.: Sex determination in *Sarotherodon* (Tilapia). I. Introduction to a theory of autosomal influence. Bamidgeh 30 (1978) 4, 110–115.

Avtalion, R. R., Duczyminer, M., Wojdany, A., und Pruginin, Y.: Determination of allogenic and xenogenic markers in the genus of Tilapia. II. Identification of *Tilapia aurea*, *T. vulcani* and *T. nilotica* by electrophoretic analysis of their serum proteins. Aquaculture 7 (1976) 5, 255–265.

Ayala, F. J.: Genetic differentiation during the speciation process. In: Evolutionary biology. Vol 8. Plenum Press, New York–London (1975), 1–78.

Ayala, F. J.: Molecular genetics and evolution. In: Molecular evolution. Sinauer Assoc., Sunderland 1976, S. 1–20.

Ayala, F. J., und McDonald, J. F.: Continuous variation: possible role of regulatory genes. In: Animal genetics and evolution. Dr. W. Junk, B. V. Publ., The Hague 1980, 1–15.

Ayala, F., und McDonald, J.: Rolle der Regulatorgene in der adaptiven Evolution. In: Voprosy obščej genetiki. Nauka, Moskva 1981, 92–107 (r).

Ayles, G. B.: Relative importance of additive genetic and maternal sources of variation in early survival of young splake hybrids *(Salvelinus fontinalis* × S. namaycush). J. Fish. Res. B. Can. 31 (1974) 9, 1499–1502.

Ayles, G. B.: Influence of the genotype and the environment on growth and survival of rainbow trout *(Salmo gairdneri)* in central Canadian aquaculture lakes. Aquaculture 6 (1975) 2, 181 bis 188.

Ayles, G. B., und Baker, R. F.: Genetic differences in growth and survival between strains and hybrids of rainbow trout *(Salmo gairdneri)* stocked in aquaculture lakes in the Canadian prairies. Aquaculture 33 (1983) 1–4, 269–280.

Ayles, G. B., Barnard, D., und Hendzei, M.: Genetic differences in lipid and dry matter content between strains of rainbow trout *(Salmo gairdneri)* and their hybrids. Aquaculture 18 (1979) 3, 253–262.

Bačevskaja, L. T.: Die genetischen Unterschiede der lokalen Bestände des Keta-Lachses in einigen Flüssen an der Küste des Ochotskischen Meeres In: 10. Vses. simpoz. „Biolog. Probl. Severa" Inst. Biolog. Magadan 2 (1983), 143–144 (r).

Bachmann K.: The nuclear DNA of *Polypterus palmas*. Copeia (1972) 2, 363–365.

Bachmann, K., Goin, C. B., und Goin, C. J.: Nuclear DNA amounts in vertebrates. In: Evolution of genetic systems. Brockhaven Symp. Biol., 23 (1974), 419–450.

Bailey, G. S., und Lim, S. T.: Gene duplication in salmonid fish: evolution of A lactate dehydrogenase with an altered functions. In: Isozymes. Vol. IV. Plenum Press. New York–London (1975), 401–414.

Bailey, G. S., und Wilson, A. C.: Homologies between isoenzymes of fishes and those of higher vertebrates. Evidence for multiple H_4 lactate dehydrogenases in trout. J. Biol. Chem. 243 (1968) 22, 5843–5853.

Bailey, G. S., Cocks, G. T., und Wilson, A. C.: Gene duplication in fishes: malate dehydrogenases of salmon and trout. Biochem. Biophys. Res. Commun. 34 (1969) 5, 605–612.

Bailey, G. S., Wilson, A. C., Halver, J., und Johnson, C.: Multiple forms of supernatant malate dehydrogenase in salmonid fishes: biochemical, immunological and genetic studies. J. Biol. Chem. 245 (1970) 22, 5927–5940.

Bailey, G. S., Poulter, R. T. M., und Stockwell, P. A.: Gene duplication in tetraploid fish: model for gene silencing at unlinked duplicated loci. Proc. Nat. Acad. Sci. USA 75 (1978) 11, 5575–5579.

Baker-Cohen, K. F.: Visceral and vascular transposition in fishes and a comparison with similar anomalies in man. Am. J. Anat. 109 (1961) 1, 37–55.

Bakos, J.: Production of carps, having a better productive capacity, by means of crossbreeding different regional breeds. Külon. Kiserl. Közlem. 67 B (1974), 113–125.

Bakos, J.: The present state and prospective results on carp selection. In: Increasing productivity of fishes by selection and hybridization. Szarvas (1978) 1–7.

Bakos, J.: Crossbreeding Hungarian races of common carp to develop more productive hybrids. In: Advances in aquaculture. Fishing News Books Ltd., Farnham (1979), 635–642.

Bakos, J.: Ergebnisse der Züchtungsforschung bei den Karpfen in der Ungarischen Volksrepublik. Fortschr. Fischereiwiss. 1 (1982), 99–102.

Bakos, J., Krasznai, Z., und Marian, T.: Ergebnisse züchterischer und genetischer Untersuchungen bei Fischen in Ungarn. Sb. Naučn. Tr. VNIIPRCH 20 (1978), 125–139 (r).

Balachnin, I. A., und Galagan, N. P.: Verteilung und Überlebensrate von Individuen mit unterschiedlichen Transferrintypen in der Nachkommenschaft des Karpfens bei unterschiedlichen Laicherkombinationen. Gidrobiol. Ž. 8 (1972a) 3, 56–61 (r).

Balachnin, I. A., und Galagan, N. P.: Die Transferrintypen des Donau-Wildkarpfens und anderer Vertreter von *Cyprinus carpio* (L.) aus den Gewässern der UdSSR. Gidrobiol. Ž. 8 (1972b) 6, 108–110 (r).

BALACHNIN, I. A., und ROMANOV, L. M.: Verteilung und Genhäufigkeit der Transferrintypen beim rasselosen Karpfen und Amurwildkarpfen. Gidrobiol. Ž. 7 (1971) 3, 84–86 (r).

BALACHNIN, I. A., und ZRAŽEVSKAJA, I. V.: Zeitpunkt und Charakter der Entstehung und die Vererbung der Blutgruppen beim Dnepr – Taran. Citol i Genet. 3 (1969) 2, 124–127 (r).

BALACHNIN, I. A., GALAGAN, N. P., LUK'JANENKO, V. I., und POPOV, A. V.: Der genetische Polymorphismus bezüglich einiger Komponenten des Fischblutes (Stör und Karpfen). DAN SSSR 204 (1972) 5, 1250–1252 (r).

BALACHNIN, I. A., BOGDANOV, L. V., und LAZOVSKIJ, A. A.: Die Typen des Hämoglobins, Transferrins und Präalbumins und der Gehalt an Kalium im Blut von Karpfen aus der Teichwirtschaft „Volma" (BSSR). Vestn. Zool. 7 (1973) 2, 26–29 (r).

BALSANO, J. S.: Systematic relations of fishes of the genus *Poecilia* in Eastern Mexico based upon plasma protein electrophoresis. Ph. D. Thesis, Marq. Univ. Diss. 29 (1969) 9, 3533-B.

BALSANO, J. S., DARNELL, R. M., und ABRAMOFF, P.: Electrophoretic evidence of triploidy associated with populations of the gynogenetic teleost *Poecilia formosa*. Copeia (1972) 2, 292–297.

BAMS, R. A.: Survival and propensity for homing as affected by presence or absence of locally adapted paternal genes in two transplanted populations of pink salmon (*Oncorhynchus gorbuscha*). J. Fish. Res. B. Can. 33 (1976) 12, 2716–2725.

BARANOV, O. K.: Die Genetik der Immunoglobuline: Erfolge und Probleme. Usp. Sovr. Biol. 94 (1982) 2 (5), 184–202 (r).

BARASH, D. P.: Behavioral individuality in the cichlid fish *Tilapia mossambica*. Behav. Biol. 13 (1975) 2, 197–202.

BARDACH, J. E. (Ed.): Aquaculture: the farming and husbandry of freshwater and marine organisms. Wiley and Sons, New York 1972.

BARKER, C. J.: A method for the display of chromosomes of plaice, *Pleuronectes platessa* and other marine fishes. Copeia (1972) 2, 365–372.

BARLOW, G. W.: Causes and significance of morphological variation in fishes. System Zool. 10 (1961) 3, 105–117.

BARLOW, G. W.: Competition between color morphs of the polychromatic Midas cichlid, *Cichlasoma citrinellum*. Science 179 (1973) 4075, 806–807.

BARON, J. C.: Preliminary studies on the blood of *Sardinella* from the West African coast. Proc. 12th Eur. Conf. Anim. Blood Gr. Bioch. Polym., Budapest (1972), 593–595.

BARON, J. C.: Les estérases du sérum de *Sardinella aurita* Val. Application à l'étude des populations. Oceanogr. Fr., 11 (1973) 4, 389–418.

BARRETT, I., und TSUYUKI, H.: Serum transferrin polymorphism in some scombroid fishes. Copeia (1967) 3, 551–557.

BARRETT, I., und WILLIAMS, A.: Soluble lens proteins of some scombroid fishes. Copeia (1967) 2, 468–471.

* BARŠIENE, JA. V.: Die Variabilität der Chromosomensätze in den Zellen unterschiedlicher Organe und Gewebe des Atlantischen Lachses. Citologija 19 (1977a) 7, 791–797 (r).

* BARŠIENE, JA. V.: Der Karyotyp der Zwergmännchen des Atlantischen Lachses. Citologija 19 (1977b) 8, 906–913 (r).

* BARŠIENE, JA. V.: Karyologische Analyse der Nase, *Chondrostoma nasus*. Citologija 19 (1977c) 3, 390–392 (r).

* BARŠIENE, JA. V.: Die ontogenetische Variabilität der Zahl der Chromosomen beim Atlantischen Lachs (*Salmo salar* L.). Genetika 14 (1978) 11, 2029–2036 (r).

BARŠIENE, JA. V.: Der Mechanismus der ontogenetischen Variabilität der Chromosomensätze des Atlantischen Lachses (*Salmo salar* L.). In: Kariologičeskaja izmenčivost', mutagenez i ginogenez u ryb. Inst. Citol AN SSSR, Leningrad (1980), 3–9 (r).

BARŠIENE, JA. V.: Der individuelle Chromosomenpolymorphismus beim Atlantischen Lachs. Citologija 23 (1981) 6, 692–700 (r).

BASAGLIA, F., und CALLEGARINI, C.: Controllo delle frequenze alleliche a genotipiche nelle popolazioni Italiane di *Trachurus trachurus* (Suro) polimorfe per gli isoenzimi della latico deidrogenasi (LDH). Rendiconti, 111B (1977), 12–16.

BASS, R. A., Chromosomal polymorphism in cardinals, *Cardinalis cardinalis*. Canad. J. Genet. Cytol. 21 (1979) 4, 549–553.

BEALL, H.: The West Virginia centennial golden trout. W. Vancouver Conserv. Mag. 27 (1963), 20–22.

BEAMISH, R. J., und MILLER, R. R.: Cytotaxonomic study of gila trout, *Salmo gilae*. J. Fish. Res. B. Can. 34 (1977) 7, 1041–1045.

BEAMISH, R. J., und TSUYUKI, H.: A biochemical and cytological study of the longnose sucker (*Catostomus catostomus*) and large and dwarf forms of the white sucker (*C. commersoni*). J. Fish. Res. B, Can. 28 (1971) 11, 1745–1748.

*BEAMISH, R. J., und UYENO, T.: Karyotype of *Hiodon tergisus* and DNA values of *Hiodon tergisus* and *H. alosoides*. CIC 24 (1978), 5–8.

*BEAMISH, R. J., MERRILEES, M. J., und GROSSMAN, E. J.: Karyotypes and DNA values for members of the suborder Exocoidei (Osteichthyes: Salmoniformes). Chromosoma 34 (1971) 3, 436.

BEARDMORE, J. A., und SHAMI, S. A.: Parental age, genetics variation and selection. In: Population genetics and ecology. Academic Press, London – New York (1976). 3–22.

BEARDMORE, J. A., und SHAMI, S. A.: Heterozygotie und optimaler Phänotyp bei der stabilisierenden Auslese. In: 14. Meždun. genet. kongress, sekc. zaseg. Nauka, Moskva 1 (1978), 451 (r).

BEARDMORE, J. A., und SHAMI, S. A.: Heterozygosity and the optimum phenotype under stabilizing selection. Aquilo, Ser. Zool. 20 (1979), 100–110.

BEARDMORE, J. A., und WARD, R. D.: Polymorphism, selection and multilocus heterozygosity in the plaice, Pleuronectes platessa L. In: Measuring selection in natural populations. Springer, Berlin–Heidelberg–New York (1977), 207–222.

BEÇAK, W., BEÇAK, M. L., und OHNO, S.: Intraindividual chromosomal polymorphism in green sunfish (Lepomis cyanellus) as evidence of somatic segregation. Cytogenetics 5 (1966) 5, 313–320.

BELL, M. A.: Evolution of phenotypic diversity in Gasterosteus aculeatus superspecies on the Pacific coast of North America. System Zool. 25 (1976) 2, 211–226.

BELL, M. A.: Differentiation of adjacent stream populations of threespine sticklebacks. Evolution 36 (1982) 1, 189–199.

BELL, M. A.: Evolutionary phenetics and genetics. The threespine stickleback Gasterosteus aculeatus and related species. In: Evolutionary genetics of fishes. Plenum Press, New York–London (1984), 431–528.

BELL, A., und RICHKIND, K. E.: Clinal variation of lateral plates in threespine stickleback fish. Amer. Natur. 117 (1981) 2, 113–132.

BELLAMY, A. W.: Sex-linked inheritance in the teleost Platypoecilus maculatus Anat. Rec. 24 (1923), 419–420.

BELLAMY, A. W.: Bionomic studies on certain teleosts (Poeciliinae). II. Color pattern inheritance and sex in Platypoecilus maculatus. Genetics 13 (1928) 3, 226–232.

BELLAMY, A. W.: Bionomic studies on certain teleosts (Poeciliinae). III. Hereditary behavior of the color character gold. Genetics 18 (1933a) 6, 522–530.

BELLAMY, A. W.: Bionomic studies on certain teleosts (Poeciliinae) VI. Crossing over and nondisjunction in Platypoecilus maculatus Günth. Genetics 18 (1933b) 6, 531–534.

BELLAMY, A. W.: Interspecific hybrids in Platypoecilus: one species ZZ-WZ, the other XY-XX. Proc. Nat. Acad. Sci. USA 22 (1936) 9, 531–536.

BENDER, K., und OHNO, S.: Duplication of the autosomally inherited 6-phosphogluconate dehydrogenase gene locus in tetraploid species of cyprinid fish. Biochem. Genet. 2 (1968) 1, 101–107.

BENEDEN, R. J. van, CASHON, R. E., und POWERS, D. A.: Biochemical genetics of Fundulus heteroclitus (L.). III. Inheritance of isocitrate dehydrogenase (IDH-A and IDH-B), 6-phosphogluconate dehydrogenase (6PGDH-A) and serum esterase (Est 5) polymorphisms. Bioch. Genet. 19 (1981) 7–8, 701–714.

BENFEY, T. J., und SUTTERLIN, A. M.: Triploidy induced by heat shock and hydrostatic pressure in landlocked Atlantic salmon (Salmo salar). Aquaculture 36 (1984) 4, 359–367.

* BERBEROVIĆ, LJ., und SOFRADŽIJA, A.: Pregled podataka o kromosomskim garniturama slatkovodnih riba Jugoslavije. Ichthyologia (Beograd) 4 (1972) 1, 1–21.

* BERBEROVIĆ, LJ., CURIĆ, M., HADŽISELIMOVIĆ, R., und SOFRADŽIJA, A.: Hromosomka garnitura neretvanske mekausne Salmothymus obtusirostris oxyrhynchus (Steindachner). Acta Biol. Jugosl. F 2 (1970) 1, 55–63.

* BERBEROVIĆ, LJ., HADŽISELIMOVIĆ, R., und PAVLOVIĆ, B.: Chromosome set of the species Aulopige hügeli Heckel. Bull. Sci. 18 (1973) (1–3), 10–11.

BERBEROVIĆ, LJ., HADŽISELIMOVIĆ, R., und SOFRADŽIJA, A.: U poredni pregled osnovnih podataka hromosomskim garniturama vrsta Chondrostoma phoxinus Heckel i Ch. kneri Heckel. Ichthyologia 2 (1970) 1, 25–30.

BERBEROVIĆ, LJ., SOFRADŽIJA, A., und OBRADOVIĆ, S.: Chromosome complement of Ictalurus nebulosus (Le Sueur), Ictaluridae, Pisces, Bull. Sci. Cons. Acad. Sci. Arta RSFY A20 (1975) 5–6, 149–150.

BERG, O., und GORDON, M.: Relationship of atypical pigment cell growth to gonadal development on hybrid fishes. In: Pigment cell growth. Academic Press, London–New York 1953, S. 43–72.

BERGOT, P., CHEVASSUS, B., und Blanc, J.-M.: Déterminisme génetique du nombre de caeca pyloriques chez la truite fario (Salmo trutta L.) et la truite arc-en-ciel (Salmo gairdneri Rich). Ann. Hydrobiol. 7 (1976) 2, 105–114.

BERNDT, W.: Vererbungsstudien an Goldfischrassen. Z. Indukt. Abstammungs-Vererbungsl. 36 (1924) 3–4, 161–349.

BERNSTEIN, F.: Zusammenfassende Betrachtungen über die erblichen Blutstrukturen des Menschen. Z. Indukt. Abstammungs-Vererbungsl. 37 (1925) 1, 237–270.

BERNSTEIN, S. C., THROCKMORTON, L. H., und HUBBY, J. L.: Still more genetic variability in na-

tural populations. Proc. Nat. Acad. Sci. USA 70 (1973) 12, 3928–3931.
* BERTOLLO, L. A. C., TAKAHASHI, C. S., und FILHO, O. M.: Cytotaxonomic considerations on *Hoplias lacerdae* (Pisces, Erythrinidae). Rev. Bras. Genet. 1 (1978) 2, 103–120.
* BERTOLLO, L. A. C., TAKAHASHI, C. S., und FILHO, O. M.: Karyotypic studies of two allopatric populations of the genus *Hoplias* (Pisces, Erythrinidae). Rev. Bras. Genet. 2 (1979) 1, 17–37.
BERTOLLO, L. A. C., TAKAHASHI, C. S., und FILHO, O. M.: Multiple sex chromosomes in the Genus *Hoplias* (Pisces; Erythrinidae). Cytologia 48 (1983) 1, 1–12.
BEUKEMA, J. J.: Angling experiments with carp (*Cyprinus carpio* L.). I. Differences between wild, domesticated and hybrid strains. Neth. J. Zool. 19 (1969) 4, 596–609.
* BLACK, A., und HOWELL, W. M.: A distinctive chromosomal race of the cyprinodontid fish, *Fundulus notatus*, from the upper Tombigbee River system of Alabama and Mississippi. Copeia (1978) 2, 280–288.
BLACK, D. A., und HOWELL, W. M.: The North American mosquitofish, *Gambusia affinis*, a unique case in sex chromosome evolution. Copeia (1979) 3, 509–513.
BLACKE, B.: Polymorphic forms of eye lens protein in the ray, *Raja clavata* (L.) Comp. Biochem. Phys. 54B (1976) 4, 441–442.
BLANC, J. M., und TOULORGE, J. F.: Variabilité génétique de la performance de nage chez d'alevin de truite fario (*Salmo trutta*). Ann. Génét. Sél. Anim. 13 (1981) 2, 165–176.
BLANC, J. M., CHEVASSUS, B., und BERGOT, P.: Déterminisme génétique du nombre de caeca pyloriques chez la truite fario (*Salmo trutta* L.) et la truite arc-en-ciel (*S. gairdneri* Rich.). III. Effet du génotype et de la taille des oeufs sur la réalisation du caractère chez la truite fario. Ann. Génét. Sél. Anim. 11 (1979) 1, 93–103.
BLANC, J. M., POISSON, H., und VIBERT, R.: Variabilite génétique de la ponctuation noire sur la truitelle fario (*Salmo trutta* L.). Ann. Génét. Sél. Anim. 14 (1982) 2, 225–236.
BLJACHER, L. JA.: Beiträge zur Genetik von *Lebistes reticulatus* Peters. Tr. lab. eksper. biol. mosk. zoop., Moskva 3 (1927), 139–152 (r).
BLJACHER, L. JA.: Beiträge zur Genetik von *Lebistes reticulatus* Peters. Tr. lab. eksper. biol. mosk. zoop., Moskva 4 (1928), 245–253 (r).
BLOUW, D. M., und HAGEN, D. W.: Ecology of the fourspine stickleback *Apeltes quadracus*, with respect to a polymorphism for dorsal spine number. Canad. J. Zool. 59 (1981) 9, 1677 bis 1692.
BOBROVA, J. U. P.: Durchführung und wichtigste Ergebnisse der Züchtung des Karpfens in der Teichwirtschaft „Para" Sb. naučn. tr. VNIIPRCH 20 (1978), 99–111 (r).
BOFFA, G. A., FINE, J. M., DRILHON, A., und AMOUCH, T.: Immunoglobulins and transferrin in marine lamprey sera. Nature (London) 214 (1967) 5089, 700–702.
BOGDANOV, L. V., FLUSOVA, G. D., BILIM, L. A., und ŠELOBOD, L. M.: Populationsgenetische Untersuchungen am Pazifischen Hering (*Clupea harengus pallasi*). In: Biochimičeskaja i populjacionnaja genetika ryb. Inst. Citol AN SSSR, Leningrad (1979), 74–82 (r).
BOGYO, T. P., und BECKER, W. A.: Estimates of heritability from transformed percentage sib data with unequal subclass numbers. Biometrics 21 (1965), 1001–1007.
BOLAFFI, J. L., und BOOKE, H. E.: Temperature effects on lactate dehydrogenase isozyme distribution in sceletal muscle of *Fundulus heteroclitus*. Comp. Biochem. Phys. 48B (1974) 4, 557–564.
BONDARI, K.: Cage performance and quality comparisons of tilapia and divergently selected channel catfish. Proc. Ann. Conf. Southeast Assoc. Fish Wildl. Ag. 34 (1980), 88–98.
BONDARI, K.: Response to bidirectional selection for body weight in channel catfish. Aquaculture 33 (1983) 1–4, 73–81.
* BOOKE, H. E.: Cytotaxonomic studies of the coregonine fishes of the Great Lakes, USA: DNA and karyotype analysis. J. Fish. Res. B. Can. 25 (1968) 8, 1667–1687.
* BOOKE, H. E.: A cytotaxonomic study of the round white fishes, genus *Prosopium*. Copeia (1974) 1, 115–119.
* BOOKE, H. E.: Cytotaxonomy of the salmonid fish *Stenodus Leucichthys*. J. Fish. Res. B. Can. 32 (1975) 2, 291–296.
* BOOTHROYD, E. R.: Chromosome studies on three Canadian populations of Atlantic salmon, *Salmo salar* L. Can. J. Genet. Cytol. 1 (1959) 2, 161–172.
BORKIN, L. JA., und DAREVSKIJ, I. S.: Die netzartige (hybridogene) Artbildung bei den Wirbeltieren. Ž. Obšč. Biol. 41 (1980), 4, 485–505 (r).
BOROWSKY, R.: Melanomas in *Xiphophorus variatus* (Pisces. Poecilidae) in the absence of hybridization. Experientia 29 (1973) 11, 1431–1433.
BOROWSKY, R.: Tailspots of *Xiphophorus* and the evolution of conspicuous polymorphism. Evolution 35 (1981) 2, 345–358.
BOROWSKY, R., und KALLMAN, K. D.: Patterns of mating in natural populations of *Xiphophorus* (Pisces, Poeciliidae). I. Xiphophorus maculatus from Belize and Mexico. Evolution 30 (1976) 4, 693–706.
BOROWSKY, R., und KHOURI, J.: Patterns of mating in natural populations of *Xiphophorus*. II.

335

X. variatus from Tamanlipas, Mexico, Copeia (1976) 4, 727-734.

BOUCHARD, R. A.: Moderately repetitive DNA in evolution. Intern. Rev. Cytol. 76 (1982), 113-193.

BOUCK, G. R., und BALL, R. C.: Comparative electrophoretic patterns of lactate dehydrogenase in three species of trout. J. Fish. Res. B. Can 25 (1968) 7, 1323-1331.

BOWLER, B.: Factors influencing genetic control in lakeward migrations of cut-throat trout fry. Trans. Am. Fish. Soc. 104 (1975) 3, 474-482.

BRANDER, K.: The relationship between vertebral number and water temperature in cod. J. Conseil 38 (1979) 3, 286-292.

BRANNON, F. L.: Genetic control of migrating behavior of salmon. Prog. Rep. Int. Pacific Salmon Fish. Comm. 16 (1967), 1-31.

BRAUHN, J. L., und KINCAID, H.: Survival, growth and catchability of rainbow trout of four strains. North Amer. J. Fish. Manag. 2 (1982) 1, 1-10.

BRAUNITZER, G.: Phylogenetic variation in the primary structure of hemoglobin. J. Cell. Phys. 67 (1966) Suppl. 1, 1-19.

BREIDER, H.: Geschlechtsbestimmung und -differenzierung bei *Limia nigrofasciata, caudofasciata, vittata* und deren Artbastarden. Z. Indukt. Abstammungs-Vererbungsl. 68 (1935), 2, 265-299.

BREIDER, H.: Eine Allelenserie von Genen verschiedener Arten. Z. Indukt. Abstammungs-Vererbungsl. 72 (1936) 1, 80-87.

BREIDER, H.: Die genetischen histologischen und zytologischen Grundlagen der Geschwulstbildung nach Kreuzung verschiedener Rassen und Arten lebendgebärender Zahnkarpfen. Z. Zellforschung Mikrosk. Anat. 28 (1938) 5, 784-828.

BREIDER, H.: ZW-Männchen und WW-Weibchen bei *Platypoecilus maculatus*. Biol. Zentralbl. 62 (1942) 1, 187-195.

BREIDER, H.: Farbgene und Melanosarkomhäufigkeit (Ein Beitrag zur Physiologie der Color-Serie der Poeciliinae). Zool. Anz. 156 (1956) 5 bis 6, 129-140.

BRETT, B. L. H., TURNER, B. J., und MILLER, R. R.: Allozymic divergences among the shortfin mollies of the *Poecilia sphenops* species complex. Isoz. Bull, 13 (1980), 104.

BREWER, C. J., und SING, C. P.: An introduction to isozyme techniques. Academic Press, London-New York 1970.

BRIDGES, R. A., und FREIER, E. F.: Genetic and conformational heterogeneity of lactate dehydrogenase enzymes. Tex. Rep. Biol. Med. 24 (1966) Supp., 375-385.

BRIDGES, W. R., und LIMBACH, B. von: Inheritance of albinism in rainbow trout. J. Heredit 63 (1972) 3, 152-153.

BRITTEN, R.: DNA sequence organization and repeat sequences. In: Chromosomes Today, L., G. Allen a. Unwin, 7 (1981), 19-23.

BRODY, T., MOAV, R., ABRAMSON, Z. V., HULATA, G., und WOHLFARTH, G.: Application of electrophoretic genetic markers to fish breeding. II. Genetic variation within maternal halfsibs in carp. Aquaculture 9 (1976) 4, 351-366.

BRODY, T., KIRSHT, D., PATAG, G., WOHLFARTH, G., HULATA, G. und MOAV, R.: Biochemical genetic comparison of the Chinese and European races of the common carp. Anim. Blood Gr. Biochem. Genet. 10 (1979) 3, 141-149.

BRUHN, F. S., und BOWEN, J. T.: Selection of rainbow trout broodstock, 1968. Prog. Fish-Cult. 35 (1973) 2, 119.

BRUŽINSKAS, JU.: Zur Methodik der künstlichen Auslese bei der Vermehrung des Karpfens. In: Selekc.-plem. rabota v prudovom rybovodstve. Inst. Zool., Parazit. AN Lit. SSR, Vil'nijus (1979), 36-41 (r).

BUCKAJA, N. A.: Über die starke Intersexualität beim Kaulbarsch *Acerina cernua* des östlichen Teils des Finnischen Meerbusens. Vopr. Ichtiol. 16 (1976) 5 (100), 812-821 (r).

BUHLER, D. R., und SHANKS, W. E.: Multiple hemoglobins in fishes. Science 129 (1959) 3353, 899-900.

BULGER, A. J., und SCHULTZ, R. J.: Heterosis and interclonal variation in thermal tolerance in unisexual fishes. Evolution 33 (1979) 3, 848-859.

BULGER, G. J., und SCHULTZ, R. J.: Origin of thermal adaptation in northern vs. southern populations of a unisexual fish. Evolution 36 (1982) 5, 1041-1050.

BURCEV, I. A.: Ziele und Methoden der Aufzucht und Selektion von Hybriden zwischen Hausen und Sterlet. In: Aktual'nye voprosy osetrovogo chozjajstva. Volga, Astrachan' (1971), 11-17 (r).

BURCEV, I. A.: Hybridisation und Selektion von Acipenseriden bei der Aufzucht im vollen Zyklus und bei der Domestikation. In: Biolog. osnovy rybovodstva: Problemy genetiki i selekcii, Nauka, Leningrad (1983), 102-113 (r).

BURCEV, I. A., und SEREBRJAKOVA, E. V.: Die Beurteilung von Laichfischen des Besters (Hybriden zwischen Hausen *Huso huso* und Sterlet *Acipenser ruthenus*) nach zytologischen Merkmalen und der Lebensfähigkeit der Nachkommenschaft. In: Kariologičeskaja izmenčivost', mutagenez i ginogenez u ryb. Inst. Citol, AN SSSR, Leningrad (1980), 63-69 (r).

BURMAKIN, E. V.: Über die Veränderungen der Morphologie des im Gebiet des Balchasch-Sees eingebürgerten Wildkarpfens. Zool. Z. 35 (1956) 12, 1887-1895 (r).

* BUSACK, C. A., und THORGAARD, G. H.: Karyotype of the Sacramento perch, *Archoplites interruptus*. Calif. Fish and Game 66 (1980) 3, 189.

BUSACK, C. A., HALLIBURTON, R., und GALL, G. A. E.: Electrophoretic variation and differentiation in four strains of domesticated rainbow trout *(Salmo gairdneri)*. Can. J. Genet. Cytol. 21 (1979) 1, 81–94.

BUSACK, C. A., THORGAARD, G. H., BANNON, M. P., und GALL, G. A. E.: An electrophoretic, karyotypic and meristic characterization of the Eagle Lake trout, *Salmo gairdneri aquilarum*. Copeia (1980) 3, 418–424.

BUSCHKIEL, A. L.: Teichwirtschaftliche Erfahrungen mit Karpfen in den Tropen. Z. Fischerei Hilfswiss. 31 (1933) 4, 619–644.

BUSCHKIEL, A. L.: Grenzen der Vererblichkeit von Karpfeneigenschaften. Z. Fischerei Hilfswiss. 36 (1938) 1, 1–22.

BUŠUEV, V. P.: Die Zusammensetzung der Hämoglobine der Salmoniden aus zwei Komponenten als Ausdruck ihres allotetraploiden Ursprungs. In: Biochimičeskaja genetika ryb. Inst. Citol AN SSSR, Leningrad (1973), 62–66 (r).

BUŠUEV, V. P., OMEL'ČENKO, V. T., und SALMENKOVA, E. A.: Artspezifität und innerartliche Konstanz der elektrophoretischen Eigenschaften und der Wärmestabilität der Hämoglobine einiger Fische der Ordnung Clupeiformes. Z. Obšč. Biol. 36 (1975) 4, 569–578 (r).

BUŠUEV, V. P., SITIKOVA, O. JU., und BOGDANOV, L. V.: Die biochemische Differenzierung der Pazifischen Rotfedern der Gattung *Tribolodon* (Cyprinidae) aus dem Kievka-Fluß, Vopr. Ichtiol. 20 (1980) 3 (122), 445–451 (r).

BUTH, D. G.: Alcohol dehydrogenase variability in *Hypentelium nigricans*. Biochem. Syst. Ecol. 5 (1977a) 1, 61–63.

BUTH, D. G.: Biochemical identification of *Moxostoma rhothoecum* and *M. hamiltoni*, Biochem. Syst. Ecol. 5 (1977b) 1, 57–60.

BUTH, D. G.: Creatine kinase variability in *Moxostoma macrolepidotum* (Cypriniformes, Catostomidae). Copeia (1979a) 1, 152–154.

BUTH, D. G.: Genetic relationships among the torrent suckers, genus *Thoburnia*. Biochem. Syst. Ecol. 7 (1977b) 4, 311–316.

BUTH, D. G.: Biochemical systematics of the cyprinid genus *Notropis*. I. The subgenus Luxilus. Biochem. Syst. Ecol. 7 (1979c) 1, 69–79.

BUTH, D. G.: Duplicate gene expression in tetraploid fishes of the tribe Moxostomatini (Cypriniformes, Catostomidae). Comp. Biochem. Phys. 63 B (1979d) 1, 7–12.

BUTH, D. G.: Evolutionary genetics and systematic relationships in the catostomid genus *Hypentelium*. Copeia (1980) 2, 280–290.

BUTH, D. G., und BURR, B. M.: Isozyme variability in the cyprinid genus *Campostoma*. Copeia (1978) 2, 298–311.

BUTH, D. G., und CRABTREE, C. B.: Genetic variability and population structure of *Catostomus santaanae* in the Santa Clara drainage. Copeia (1982) 2, 439–444.

BUTH, D. G., und MAYDEN, R. L.: Taxonomic status and relationships among populations of *Notropis pilsbryi* and *N. zonatus* (Cypriniformes, Cyprinidae) as shown by the glucosephosphate isomerase, lactate dehydrogenase and phosphoglucomutase enzyme systems. Copeia (1981) 3, 583–589.

BUTH, D. G., RAINBOTH, W. J., und JOSWIAN, G. R.: Restriction of interlocus heteropolymer assembly in *Gyrinocheilus aymonieri* (Cypriniformes: Gyrinocheilidae). Isoz. Bull, 16 (1983) 55.

BUTLER, L.: The potential use of selective breeding in the face of changing environment. In: A symposium on introduction of exotic species. Montreal (1968), 54–72.

BYE, V., und JONES, A.: Sex control – a method for improving productivity in turbot farming. Fish Farming International 8 (1981) 3, 31–32.

CALAPRICE, J. R., und CUSHING, J. E.: A serological analysis of three populations of golden trout, *Salmo aguabonita* Jordan. Calif. Fish Game 53 (1967) 4, 273–281.

CALHOUN, W. E., und SHELTON, W. L.: Sex ratios of progeny from mass spawnings of sex-reversed broodstock of *Tilapia nilotica* Aquaculture 33 (1983) 1–4, 365–371.

CALLEGARINI, C.: Le emoglobine di alcune popolazioni di Ictaluridae (Teleostei) dell'Italia septentrionale. Rendiconti 100 (1966) 1, 31–35.

CALLEGARINI, C., und CUCCHI, C.: Intraspecific polymorphism of hemoglobin in *Tinca tinca*. Biochem. Biophys. Acta 160 (1968) 2, 264–266.

CALLEGARINI, C., und CUCCHI, C.: Polimorphismo intraspecifico delle emoglobino di *Cottus gobio* (Teleostei, Cottidae). Rendiconti 103 (1969) 11, 269–275.

* CALTON, M. S., und DENTON, T. E.: Chromosomes of the chocolate gourami: a cytogenetic anomaly. Science 185 (1974) 4151, 618–619.

* CAMPOS, H. H.: Karyology of three galaxiid fishes, *Galaxias maculatus*. G. platei and Brachigalaxia vullocki. Copeia (1972) 2, 368–370.

* CAMPOS, H. H., und HUBBS, C. I.: Cytomorphology of six species of gambusine fishes. Copeia (1971) 3, 566–569.

* CAMPOS, H. H., und HUBBS, C. I.: Taxonomic implecations of the karyotype of *Opsopoedus emiliae*. Copeia (1973) 1, 161–163.

CAMPTON, D. E.: Genetic structure of sea-run cutthroat trout *(Salmo clarkii clarkii)* popula-

tions in the Puget Sound region. M.S. Thesis, Univ. of Wash., Seattle 1980.
* CANO, J., THODE, G., und ALVAREZ, M. C.: Analisis cariologico de seis especies de espáridos del Mediterráneo. Genetica Iber. 33 (1981) 3–4, 181–188.
* CAPANNA, E., und CATAUDELLA, S.: The chromosomes of *Calamoichthys calabaricus* (Pisces, Polypteriformes). Experientia 29 (1973) 4, 491–492.
CARLIN, B.: Salmon tagging experiments. In: Laxforskingsinstitutet meddelande, Stockholm (1969), 2–4, 8–13.
CARLSON, D. M., KETLER, M. K., FISHER, S. E., und WHITT, G. S.: Low genetic variability in paddlefish population. Copeia (1982) 3, 721–725.
CASHON, R. E., van BENEDEN, R. J., und POWERS, D. A.: Biochemical genetics of *Fundulus heteroclitus* (L.). IV. Spatial variation in gene frequencies of IDH-A, IDH-B, 6Pgdh-A, Est-S. Biochim. Genet. 19 (1981) 7–8, 715–728.
CASSELMANN, J. M., COLLINS, J. J., GROSSMANN, E. J., IHSSEN, P. E., und SPANGER, G. R.: Lake whitefish *(Coregonus clupeaformis)* stocks of the Ontario waters of Lake Huron. Can. J. Fish. Aquat. Sci., 38 (1981) 12, 1772–1789.
* CATAUDELLA, S., und CAPANNA, E.: Chromosome complement of three species of Mugilidae (Pisces, Perciformes). Experimentia 29 (1973) 4, 489–490.
* CATAUDELLA, S., und CIVITELLI, M. V.: Cytotaxonomical consideration of the genus *Blennius* (Pisces Perciformes). Experientia 31 (1975) 2, 167–169.
* CATAUDELLA, S., CIVITELLI, M. V., und CAPANNA, E.: The chromosomes of some Mediterranean teleosts: Scorpaenidae, Serranidae, Labridae, Blenniidae, Gobiidae (Pisces; Scorpaeniformes, Perciformes). Bol.Zool. 40 (1973) 3–4, 385–389.
* CATAUDELLA, S., CIVITELLI, M. V., und CAPANNA, E.: Chromosome complements of the mediterranean mullets (Pisces, Perciformes). Caryologia 27 (1974) 1, 93–105.
* CATAUDELLA, S., PERIN RIZ, P., und SOLA, L.: A chromosome study of eight mediterranean species of Sparidae (Pisces, Perciformes). Genetica 54 (1980) 2, 155–159.
* CATAUDELLA, S., SOLA, L., ACCAME MURATORI, R., und CAPANNA, E.: The chromosomes of 11 species of Cyprinidae and one Cobitidae from Italy, with some remarks on the problem of polyploidy in the Cypriniformes. Genetica (Hague) 43 (1977) 3, 161–171.
* CATAUDELLA, S., SOLA, L., und CAPANNA, E.: Remarks on the karyotype of the Polypteriformes. The chromosomes of *Polyptera delhezi, P. endlicheri congicus* and *P. palmas*. Experientia 34 (1978) 8, 999–1000.
CEDERBAUM, S. D., und YOSHIDA, A.: Tetrasolium oxidase polymorphism in rainbow trout. Genetics 72 (1972) 2, 363–367.
CEDERBAUM, S. D., und YOSHIDA, A.: Glucose-6-phosphate dehydrogenase in rainbow trout. Biochem. Genet. 14 (1976) 3–4, 245–258.
CHADŽINOV, M. I.: Heterosis. In: Teoretičeskie osnovy selekcii rastenij. 1. Sel'chozgiz, Moskva-Leningrad (1935), 435–490 (r).
CHAKRABORTY, R., HAAG, M., RYMAN, N., und STÅHL, G.: Hierarchical gene diversity analysis and its application to brown trout population data. Hereditas 97 (1982) 1, 17–21.
CHAMBON, P.: Split genes. Scient. Amer. 244 (1981) 5, 48–59.
CHAMPION, M. J., und WHITT, G. S.: Differential gene expression in multilocus iszyme system of the developing green sunfish. J. Exp. Zool. 196 (1976a) 3, 263–282.
CHAMPION, M. J., und Whitt, G. S.: Synchronous allelic expression at the glucosephosphate isomerase A and B loci in interspecific sunfish hybrids. Biochem. Genet. 14 (1976b) 9–10, 723–738.
CHAMPION, M. J., SHAKLEE, J. B., und WHITT, G. S.: Developmental genetics of teleost isozymes. In: Isozymes. Vol III. Academic Press, London–New York (1975), 417–437.
* CHATTERJEE, K., und MAJHI, A.: Chromosomes of two species of Indian fishes. Proc. 6lst Ind. Sci. Congr. 7 (1974), 132–133.
CHAUDHURI, H.: Fish hybridization in Asia with special reference to India. Rep. FAO/UNDP (TA), 2926) Rome (1971), 151–159.
CHAVIA, W., und GORDON, M.: Sex determination in *Platypoecilus maculatus*. I. Differentiation of the gonads in members of all male broods. Zoologica 36 (1951) 2, 135–146.
CHEN, F. Y.: Preliminary studies in the sex-determining mechanism of *Tilapia mossambica* Peters and *T. hornorum* Trewavas. Verh. Int. Ver. Limn. 17 (1969), 719–724.
CHEN, S. C.: Transparency and mottling, a case of mendelian inheritance in the goldfish, *Carassius auratus*. Genetics 13 (1928) 2, 434–452.
CHEN, S. C.: The inheritance of the blue and brown colours in the goldfish, Carassius auratus. J. Genet. 29 (1934) 1, 61–74.
CHEN, S. C.: A history of the domestication and the factors of the varietal formation of the common goldfish, *Carassius auratus*. Sci. Sinica 5 (1956) 2, 287–321.
* CHEN, T. R.: Comparative karyology of selected deep-sea and shallow-water teleost fishes. Ph. D. Thesis, Yale Univ., New Haven 1967.
CHEN, T. R.: Karyological heterogamety of deep-sea fishes. Postilla 130 (1969) 1, 1–29.

* CHEN, T. R.: A comparative chromosome study of twenty killifish species of the genus *Fundulus* (Teleostei: Cyprinodontidae). Chromosoma 32 (1971) 4, 436–453.

CHEN, T. R. und EBELING, A. W.: Karyological evidence of female heterogamety in the mosquito-fish, *Gambusia affinis*. Copeia (1968) 1, 70–75.

* CHEN, T. R., und EBELING, A. W.: Chromosomes of the goby fishes in the genus *Gillichthys*. Copeia (1971) 1, 171–174.

* CHEN, T. R., und EBELING, A. W.: Cytotaxonomy of Californian myctophoid fishes. Copeia (1974) 4, 839–848.

* CHEN, T. R., und REISMAN, H. M.: A comparative study of the North American species of stickleback (Teleostei: Gasterosteidae). Cytogenetics 9 (1970) 5, 321–332.

* CHEN, T. R., und RUDDLE, F. H.: A chromosome study of four species and a hybrid of the killifish genus *Fundulus* (Cyprinodontidae). Chromosoma 29 (1970) 3, 255–267.

CHERVINSKI, J.: Polymorphic characters of *Tilapia zillii* (Gerv.). Hydrobiologia 30 (1967) 1, 138–144.

CHEVASSUS, B.: Variabilité et héritabilité des performances de croissance chez la truite arc-en-ciel (*Salmo gairdneri* Rich.). Ann. Génét. Sel. Anim. 8 (1976) 2, 273–283.

CHEVASSUS, B.: Hybridization in salmonids: results and perspectives. Aquaculture 17 (1979) 2, 113–128.

CHEVASSUS B., BLANC, J. M., und BERGOT, P.: Genetic analysis of the number of pyloric caeca in brown trout (*Salmo trutta* L.) and rainbow trout (*Salmo gairdneri* Rich.). II. Effet du genotype du milieu l'élévage et de l'alimentation sur la réalization du caractère chez la truit arc-en-ciel. Ann. Génet. Sél. Anim. 11 (1979) 1, 79–92.

* CHIARELLY, A. B., und CAPANNA, E.: Checklist of fish chromosomes. In: Cytotaxonomy and vertebrate evolution. Academic Press. London–New York (1973), 205–252.

* CHIARELLY, B., FERRANTELLI, O., und CUCCHI, C.: The karyotype of some teleostean fish obtained by tissue culture in vitro. Experientia 25 (1969) 4, 426–427.

CHILD, A. R., und Solomon, D. J.: Observations and morphological and biochemical features of some cyprinid hybrids. J. Fish Biol. 11 (1977) 2, 125–131.

CHILD, A. R., BURNELL, A. M., und WILKINS, N. P.: The existence of two races of Atlantic salmon in the British Isles. J. Fish Biol. 8 (1976) 1, 35–43.

CHILDERS, W. F.: Hybridization of fishes in North America (family Centrarchidae). In: Rep. FAO/UNDP (TA), (2826), Rome (1971), 133 bis 142.

CHILDERS, W. F., und WHITT, G. S.: The clinal distribution and environmental selection of two MDH "B" alleles in *Micropterus salmoides*. Isoz. Bull. 9 (1976) 54.

CHINGJANG, WU., und SCHRÖDER, J. H.: Monomorphic and polymorphic isozymes in laboratory strains of guppies (*Poecilia reticulata* Peters). Biol. Zbl. 103 (1984) 1, 61–67.

* CHOUDHURI, R. C., PRASAD, R., und DAS, C. C.: Chromosomes of six species of marine fishes. Caryologia 32 (1979) 1, 15–21.

* CHOUDHURY, R. C., PRASAD, R., und DAS, C. C.: Karyological studies in five tetraodontiform fishes from the Indian Ocean. Copeia (1982) 3, 728–732.

CHOURROUT, D.: Thermal induction of diploid gynogenesis and triploidy in the eggs of the rainbow trout (*Salmo gairdneri* Richardson). Reprod. Nutr. Dev. 20 (1980) 3 A, 727–733.

CHOURROUT, D.: La gynogenèse chez les vertebres: revue bibliographique. Reprod. Nutr. Dev. 22 (1982) (3 A), 713–734.

CHOURROUT, D.: Pressure induced retention of second polar body and suppression of first cleavage in rainbow trout: production of all-triploids, all-tetraploids and heterozygous and homozygous diploid gynogenetics. Aquaculture 30 (1984) 1–2, 111–126.

CHOURROUT, D., und QUILLET, E.: Induced gynogenesis in the rainbow trout: sex and survival of progenees production of all-triploid populations. Theor. Appl. Genet. 63 (1982) 3, 201 bis 205.

CHRISTIANSEN, F. B.: Population genetics of *Zoarces viviparus* (L.), a review. In: Measuring selection in natural populations. Springer, Berlin–Heidelberg–New York (1977), 21–47.

CHRISTIANSEN, F. B.: Studies on selection components in natural populations using population samples of mother-offspring combinations. Hereditas 92 (1980) 2, 199–203.

CHRISTIANSEN, F. B., und FRYDENBERG, O.: Geographical patterns of four polymorphisms in *Zoarces viviparus* as evidence of selection. Genetics 77 (1974) 3, 765–770.

CHRISTIANSEN, F. B., und FRYDENBERG, O.: Selection component analysis of natural polymorphisms using mother-offspring samples of successive cohorts. In: Population genetics and ecology. Academic Press. London–New York (1976), 277–301.

CHRISTIANSEN, F. B., und SIMONSEN, V.: Geographic variation in protein polymorphism in the eelpout, *Zoarces viviparus* (L.). In: Marine organisms. Plenum. Publ. Corp., New York (1978), 171–194.

CHRISTIANSEN, F. B., FRYDENBERG, O., und SIMONSEN, V.: Genetics of Zoarces populations. IV. Selection component analysis of an esterase polymorphism using population samples, including mother-offspring combinations. Hereditas 73 (1973) 2, 291-304.

CHRISTIANSEN, F. B., FRYDENBERG, O., GYLDENHOLM, A. O. und SIMONSEN, V.: Genetics of Zoarces populations. VI. Further evidence based on age group samples, of a heterozygote deficit in the Est III polymorphism. Hereditas 77 (1974) 2, 225-236.

CHRISTIANSEN, F. B., FRYDENBERG, O., HJORTH, J. P., und SIMONSEN, V.: Genetics of Zoarces populations. IX. Geographical variation at the three phosphoglucomutase loci. Hereditas 83 (1976) 2, 245-256.

CHRISTIANSEN, F. B., FRYDENBERG, O., und SIMONSEN, V.: Genetics of Zoarces populations. X. Selection component analysis of Est III polymorphism using samples of successive cohort. Hereditas 87 (1977) 2, 129-150.

CHRISTIANSEN, F. B., NIELSEN, B. V., und SIMONSEN, V.: Genetical and morphological variation in the eelpout Zoarces viviparus. Canad. J. Genet. Cyt. 23 (1981) 2, 163-172.

CICUGINA, V. G.: Über den Karyotyp des Drachenkopfes. Citologija 11 (1969) 5, 626-631 (r).

CICUGINA, V. G.: Die Chromosomensätze einiger Schwarzmeerfische. In: Voprosy rybochozjajstvennogo osvoenija i sanitarno-biologičeskogo režima vodoemov Ukrainy. Urožaj, Kiev (1970), 75-76 (r).

CIECHOMSKI, DE J., und WEISSE DE VIGO, G.: The influence of the temperature an the number of vertebrae in the Argentine anchovy, Engraulis anchoita. J. Conseil 34 (1971) 1, 37-42.

CIMINO, M. C.: Egg-production, polyploidization and evolution in a diploid all-female fish of the genus Poeciliopsis. Evolution 26 (1972a) 2, 294-306.

CIMINO, M. C.: Meiosis in triploid all-female fish (Poeciliopsis, Poeciliidae). Science 175 (1972b) 4029, 1484-1485.

CIMINO, M. C.: Karyotypes and erythrocyte sizes of some diploid and triploid fishes of the genus Poeciliopsis. J. Fish. Res. B. Can. 30 (1973) 11, 1736-1737.

CIMINO, M. C.: The nuclear DNA content of diploid and triploid Poeciliopsis and other poeciliid fishes with reference to the evolution of unisexual forms. Chromosoma 47 (1974) 3, 297 bis 307.

CIMINO, M. C., und SCHULTZ, R. J.: Production of a diploid male offspring by a gynogenetic triploid fish of the genus Poecilliopsis. Copeia (1970) 4, 760-763.

* CLARK, B., und MATHIS, P.: Karyotypes of middle Tennessee bullheads: Ictalurus melas and Ictalurus natalis (Cypriniformes: Ictaluridae). Copeia (1982) 2, 457-460.

CLARK, E.: Functional hermaphroditism and self-fertilization in a serranid fish. Science 129 (1959) 3343, 215-216.

CLARK, E., ARONSON, L. R., und GORDON, M.: Mating behavior patterns in two sympatric species of xiphophorin fishes: their inheritance and significance in sexual isolation. Bull. Am. Mus. Nat. Hist. 103 (1954) 2, 139-225.

CLARK, F. H.: Pleiotropic effects of the gene for golden color in rainbow trout. J. Heredity 61 (1970) 1, 8-10.

CLAYTON, J. W., und FRANZIN, W. G.: Genetics of multiple lactate dehydrogenase isozymes in muscle tissue of lake whitefish. J. Fish. Res. B. Can. 27 (1970) 6, 1115-1121.

CLAYTON, J. W. und GEE, J. H.: Lactate dehydrogenase isozymes in longnose und blacknose dace (Rhinichthys cataractae and Rh. Atratulus) and their hybrid. J. Fish. Res. B. Can. 26 (1969) 11, 3049-3053.

CLAYTON, J. W. TRETIAK, D. N., und KOOYMAN, A. H.: Genetics of multiple malate dehydrogenase isozymes in skeletal muscle of walleye (Stizostedion vitreum vitreum). J. Fish. Res. B. Can. 28 (1971) 4, 1005-1008.

CLAYTON, J. W., FRANZIN, W. G., und TRETIAK, D. N.: Genetics of glycerol-3-phosphate dehydrogenase isozymes in white muscle of lake whitefish (Coregonus clupeaformis). J. Fish. Res. B. Can. 30 (1973a) 2, 187-193.

CLAYTON, J. W., HARRIS, R. E. K., und TRETIAK, D. N.: Identification of supernatant and mitochondrial isozymes of malate dehydrogenase on electrophoregrams applied to the taxonomic discrimination of walleye (Stizostedion vitreum vitreum), sauger (S. canadense), and suspected interspecific hybrid fishes. J. Fish. Res. B. Can. 30 (1973b) 7, 927-938.

CLAYTON, J. M., TRETIAK, D. N., BILLECK, B. N., und IHSSEN, P.: Genetics of multiple supernatant and mitochondrial malate dehydrogenase isozymes in rainbow trout (Salmo gairdneri). In: Isozymes. Vol IV. Academic Press., London-New York (1975), 433-448.

COAD, B. W., und POWER, G.: Meristic variation in the threespine stickleback, Gasterosteus aculeatus, in the Matamek river sistem, Quebec. J. Fish. Res. B. Can. 31 (1974) 6, 1155-1157.

* COLLARES-PEREIRA, M. J.: Cytotaxonomic studies in Iberian cyprinids. I. Karyology of Chondrostoma lusitanicum Collares-Pereira, 1980. Cytologia 48 (1983) 4, 753-760.

COJ, R. M.: Die Wirkung von Dimethylsulfat und Nitrosomethyl-Harnstoff auf in der Entwicklung befindliche Eier der Regenbogenforelle und der Peledmaräne. Citologija 11 (1969a) 11, 1140-1448 (r).

Coj, R. M.: Die Wirkung von Nitrosamethyl-Harnstoff und Dimethylsulfat auf die Spermien der Regenbogenforelle und der Peledmaräne. DAN SSSR 189, (1969 b) 1, 411–414 (r).

Coj, R. M.: Die Korrelation zwischen einigen morphologischen und physiologischen Merkmalen des Ropscha-Karpfens. Izv. GosNIORCH 74 (1971 a), 39–44 (r).

Coj, R. M.: Der Einfluß von Dimethylsulfat auf die Mutationsfrequenz der Gene S und N beim Karpfen (*Cyprinus carpio* L.). DAN SSSR 197 (1971 b) 3, 701–704 (r).

Coj, R. M.: Chemische Gynogenese bei Regenbogenforelle und Peledmaräne. Genetika 8 (1972) 2, 185–188 (r).

Coj, R. M.: Probleme der künstlichen Mutagenese in der Fischzucht. Izv. GosNIORCH 107 (1976), 109–118 (r).

Coj, R. M.: Künstliche Mutagenese in der Praxis der Züchtung von Teichfischen. In: Povyšenie produkt. prodovych ryb. s pomošč'ju selekcii i gibridizacil. Szarvas (1978), 121–141 (r).

Coj, R. M.: Chemische Mutagenese bei der Züchtung des Ostkasachstaner Karpfens. In: Kariologič. izmenč., mutagenez i ginogenez u ryb. Inst. Citol. AN SSSR, Leningrad (1980), 55–62 (r).

Coj, R. M.: Künstliche Mutagenese und Gynogenese in der Praxis der Karpfenzüchtung. Genetika 17 (1981) 6, 1095–1102 (r).

Coj, R. M.: Ergebnisse der praktischen Anwendung der Methoden der induzierten Mutagenese und Gynogenese in der Karpfenzüchtung. In: Biologičeskie osnovy rybovodstva: Problemy genetiki i selekcii Nauka, Leningrad (1983), 83–91 (r).

Coj, R. M., Golodov, Ju. F., und Men'šova, A. I.: Einfluß chemischer Mutagene auf die Variabilität der morphologischen und physiologischen Merkmale beim Karpfen. In: Biochimičeskaja genetika ryb. Inst. Citol. AN SSSR, Leningrad (1973), 97–103 (r).

Coj, R. M. Men'šova A. I., und Golodov, Ju. F.: Die Spezifität chemischer Mutagene bei der Einwirkung auf Spermien von *Cyprinus carpio* L. Genetika 10 (1974 a) 2, 68–72 (r).

Coj, R. M., Men'šova, A. I., und Golodov, Ju. F.: Die Häufigkeit spontaner und induzierter Mutationen der Beschuppungsgene beim Karpfen. Genetika 10 (1974 b) 11, 60–62 (r).

* Colombera, D., und Rasotto, M.: Chromosome studies in males of *Gobius niger jozo* (Padoa) and *G. paganellus* (L.) (Gobiidae, Osteichthyes). Caryologia 35 (1982) 2, 257–260.

Comparini, A., Rizzotti, M., Nardella, M., und Rodino, E.: Ricerche elettroforetiche sulla variabilita genetica di *Anguilla anguilla.*, Bol. Zool. 42 (1975) 2–3, 283–288.

Comparini, A., Rizzotti, M., und Rodino, E.: Genetic control and variability of phosphoglucose isomerase (PGI) in eels from the Atlantic ocean and Mediterranean sea. Mar. Biol. 43 (1977) 2, 109–116.

Comparini, A., und Schoth, M.: Comparison of electrophoretic and meristic characters of O-group eel larvae from the Sargasse Sea. Helgol. Meeresunters. 35 (1982) 3, 289–299.

Constantinesku, G. K.: Kreuzungsversuche mit *Rivulus urophthalmus*. Z. Indukt. Abstammungs-Vererbungsl. 47 (1928) 2, 341.

* Cook, P. C.: Karyotypic analysis of the gobiid fish genus *Quietula* Jordan and Evermann. J. Fish Biol. 12 (1978) 2, 173–179.

Cooper, E. L.: Growth of wild and hatchery strains of brook trout *(Salvelinus fontinalis)* Trans. Am Fish. Soc. 90 (1961) 4, 424–438.

Corbel, M. J.: The immune response in fish: a review. J. Fish Biol. 7 (1975) 5, 539–563.

Cordon, A. J., und Nicola, S. J.: Harvest of four strains of rainbow trout, *Salmo gairdneri*, from Beardsley reservoir, California, Calif. Fish. Game 56 (1970) 4, 271–287.

Costea, E., Cristian, A., und Matei, D.: Cercetări si experimentări de selective prin incrucisări intre crapal sălbatie, autohton si form de crap de culture (autohton si din import). Hidrobiologia (RSR) 16 (1980), 275–281.

Coyne, J. A., Felton, A. A., und Lewontin, R. C.: Extent of genetic variation at a highly polymorphic esterase locus in *Drosophila pseudoobscura*. Proc. Nat. Acad. Sci. USA 75 (1978) 10, 5090–5093.

Crabtree, C. B.: Subspecific genetic differentiation in the topsmelt *(Atherinops affinis)*. Isoz. Bull. 14 (1981), 86–87.

Crabtree, C. B.: Assessment of genetic differentiation within the atherinid genus *Leuresthes*. Isoz. Bull. 16 (1983) 77.

Cramer, S. P., und McIntyre, J. D.: Heritable resistance to gas bubble disease in fall chinook salmon. US Nat. Mar. Fish. Serv., Fish. Bull. 73 (1975) 4, 934–938.

Creyssel, R., Richard, G. B. und Silberzahn, P.: Transferin variants in carp serum. Nature (London) 212 (1966) 5068, 1362.

Crick, F.: Split genes and RNA splicing. Science 204 (1979) 4390, 264–271.

Cross, T. F.: Isozymes of interspecific hybrids of the fish family Cyprinidae, Proc. R. Ir. Acad. 78B (1979) 22, 323–330.

Cross, T. F., und King, J.: Genetic effects of hatchery rearing in Atlantic salmon. Aquaculture 33 (1983) 1–4, 33–40.

Cross, T. F., und O'Rourke, F. J.: An electrophoretic study of the haemoglobins of some hybrid fishes. Proc. R. Ir. Acad. 78B (1978) 11, 171–178.

CROSS, T. F., und PAYNE, R. H.: NADP-isocitrate dehydrogenase polymorphism in the Atlantic salmon. *Salmo salar*. Fish. Biol. 11 (1971) 5, 493–496.

CROSS, T. E., und PAYNE, R. H.: Geographic variation in Atlantic cod *Gadus morhua*, of Eastern-North America: a biochemical systematics approach. J. Fish. Res. B. Can. 35 (1978) 1, 117–123.

CROSS, T. F., und WARD, R. D.: Protein variation and duplicate loci in the Atlantic salmon, *Salmo salar* L. Genet. Res. 36 (1980) 2, 147 bis 165.

CROSS, T. F., WARD, R. D., und ABREU-GROBOIS, A.: Duplicate loci and allelic variation for mitochondrial malic enzyme in the Atlantic salmon, *Salmo salar* L. Comp. Biochem. Phys., 62B (1979) 4, 403–406.

CROW, J. F.: Dominance and overdominance. In: Heterosis. Iowa State College Press, Ames (1952), 282–297.

CRUZ, T. A., THORPE, J. P., und PULLIN, R. S. V.: Enzyme electrophoresis in *Tilapia zillii*: a pattern for determining biochemical genetic markers for use in tilapia stock indentification. Aquaculture 29 (1982) 2, 311–329.

* CUCCHI, C.: Il cariotipo di *Tinca tinca* (prolabile eterogametia femminile). Rendiconti 117B (1977), 101–106.

CUCCHI, C., und CALLEGARINI, C.: Analisi elettroforetica delle emoglobini e delle globine di due distinte popolazioni di *Gobius fluviatilis* (Teleostei, Gobiidae). Rendiconti 103 (1969) 11, 276.

* CUCCHI, C., und MARIOTTI, A.: Il cariotipo dei centrarchidi (Teleostei). Ferrara Ann. Univ. Ser. 13 (1976) 21, 233–238.

CUELLAR, O., und UYENO, T.: Triploidy in rainbow trout. Cytogenetics 11 (1972) 6, 508–515.

CUSHING, J. E.: Observations on the serology of tuna. Spec. sci. Rep., US Fish. Wildl. Serv. (1956) 183, 1–14.

CVETKOVA, L. I.: Über einige Besonderheiten des Fetthaushaltes bei Karpfen der vier Genotypen. Sb. naučn. rabot VNIIPRCH 2 (1969), 190–202 (r).

CVETKOVA, L. I.: Vergleichende Untersuchungen von einsömmerigen Karpfen der vier Hauptgenotypen. I. Charakteristik des Wachstums der Einsömmerigen der verschiedenen Genotypen des Karpfens bei getrennter und gemeinsamer Aufzucht. Tr. VNIIPRCH 23 (1974), 36–41 (r).

CVETNENKO, JU. B.: Charakteristika der Bluteiweiße der Acipenseriden des Asowschen Meeres. Avtoref. kand. diss. Inst. Evol. Fiziol. i Bioch. AN SSSR, Leningrad 1980. 24 S. (r).

ČAN MAJ-TCHIEN: Die Variabilität einiger physiologischer Merkmale bei Karpfen unterschiedlicher Genotypen. In: Genetika, selekcija i gibridizacija ryb. Nauka, Moskva (1969), 117–123 (r).

ČAN MAJ-TCHIEN: Ein Versuch zur Bestimmung der realisierten Heritabilität der Masse bei Tilapia (*Tilapia mossambica* Peters). Genetika 7 (1971) 12, 53–59 (r).

ČERFAS, N. B.: Natürliche Triploidie bei den Rogenern der eingeschlechtlichen Form des Giebels (*Carassius auratus gibelio* Bl.) Genetika 2 (1966a) 5, 16–24 (r).

ČERFAS, N. B.: Analyse der Meiose bei der eingeschlechtlichen und zweigeschlechtlichen Form des Giebels. Tr. VNIIPRCH 14 (1966b), 63–82 (r).

ČERFAS, N. B.: Natural and artificial gynogenesis of fish. Rep. FAO/UNDP(TA), 2926 Rome 1971, 274–291.

ČERFAS, N. B.: Untersuchungen zur diploiden, durch Bestrahlung bewirkten Gynogenese beim Karpfen. I. Versuche zur Gewinnung von diploiden gynogenetischen Nachkommen in großem Umfang. Genetika 11 (1975) 7, 78–86 (r).

ČERFAS, N. B.: Untersuchungen zur diploiden, durch Strahlung bewirkten Gynogenese bei Karpfen. II. Aufspaltung bezüglich einiger morphologischer Merkmale in den gynogenetischen Nachkommenschaften. Genetika 13 (1977) 5, 811–820 (r).

ČERFAS, N. B.: Induzierte Gynogenese beim Karpfen und die Hauptrichtungen ihrer Anwendung bei selektionsgenetischen Arbeiten. Sb. naučn. tr. VNIIPRCH 20 (1978), 149–173 (r).

ČERFAS, N. B.: Über den Zustand der Geschlechtsdrüsen bei den gynogenetischen und rückgekreuzten Hybriden zwischen Giebel und Karpfen. Sb. naučn. tr. VNIIPRCH 28 (1980), 84–96 (r).

ČERFAS, N. B., und COJ, R. M.: Neue genetische Methoden in der Fischzüchtung. Legkaja i Piščevaja Promyšlennost', Moskva 1984. 110 S. (r).

ČERFAS, N. B., und EMEL'JANOVA, O. V.: Über die fischereilichen Qualitäten der Hybriden zwischen Giebel und Karpfen. Rybnoe Chozjastvo (1984) 12, 36–39 (r).

ČERFAS, N. G., und ILJASOVA, V. A.: Einige Ergebnisse von Untersuchungen zur diploiden, durch Strahlung bewirkten Gynogenese beim Karpfen (*Cyprinus carpio*). In: Kariologičeskaja izmenčivost', mutagenez i ginogenez u ryb. Inst. Litol. ANN SSSR, Leningrad (1980a), 74 bis 81 (r).

ČERFAS, N. B., und ILJASOVA, V. A.: Induzierte Gynogenese bei Hybriden zwischen Giebel und Karpfen. Genetika 16 (1980b) 7, 1260–1269 (r).

ČERFAS, N. B., und ŠART, L. A.: Über Triploidie in den moldauischen Populationen des Giebels. Sb. naučn. rabot VNIIPRCH 5 (1970), 276 (r).

ČERFAS, N. B., und TRUVELLER, K. A.: Untersuchungen zur diploiden, durch Strahlung bewirkten Gynogenese beim Karpfen. III. Analyse der gynogenetischen Nachkommenschaften nach biochemischen Markern. Genetika 14 (1978) 4, 599–604 (r).

ČERFAS, N. B., GOMELSKIJ, B. I., EMEL'JANOVA, O. V., und REKUBRATSKIJ, A. V.: Triploidie bei den rückgekreuzten Hybriden zwischen Giebel und Karpfen. Genetika 17 (1981) 6, 1136–1139 (r).

* ČERNENKO, E. V.: Die Karyotypen der Zwerg- und Wanderform des Nerka-Lachses *Oncorhynchus nerka* (Walb.) aus dem Dalneje-See (Kamtschatka). Vopr. Ichtiol. 8 (1968) 51 (52), 834–846 (r).

* ČERNENKO, E. V.: Über den Chromosomensatz des Nerka-Lachses. In: Naučn. soobšč. Inst. Biol. Morja. 2. DVNC, Vladivostok (1971), 228–231 (r).

* ČERNENKO, E. V.: Differenzierung des Bestandes des bodenständigen Nerka-Lachses (*Oncorhynchus nerka* Kennerlui) im Kronozkoje-See. In: Lososevidnye ryby. Zool. Inst. AN SSSR, Leningrad (1976a), 119 (r).

ČERNENKO, E. V.: Genom-Mutationen bei den Embryonen der Wanderform und der Süßwasser-Zwergform des Nerka-Lachses im Dalneje-See (Kamtschatka). Vopr. Ichtiol. 16 (1976b) 3 (98), 416–423 (r).

* ČERNENKO, E. V.: Variabilität des Karyotyps beim Nerka-Lachs (*Oncorhynchus nerka*) im Dalneje-See (Kamtschatka), Avtoref. kand. diss. MGU, Moskva (1977) 22 S. (r).

* ČERNENKO, E. V.: Chromosomenpolymorphismus beim Nerka-Lachs *Oncorhynchus nerka*. Kariologičeskaja izmenčivost', mutagenez i ginogenez u ryb. Inst. Citol. AN SSSR, Leningrad (1980), 24–28 (r).

ČERNENKO, E. V.: Induktion von Triploidie bei den Pazifischen Lachsen. In: Genetika, selekcija. gibridizacija ryb. (Tez. dokl. 2. Vses. soveŠč. I. AZNIIRCH, Rostov/Don 1981, 74 bis 75 (r).

ČERNENKO, E. V., und VIKTOROVSKIJ, R. M.: Die Chromosomensätze von *Oncorhynchus masu*, *Salvelinus leucomaenis* und *Salvelinus malma*. In: Naučn. soobšč, Inst. Biol. Morja. 2. DVNC, Vladivostok (1971), 232–235 (r).

ČERNENKO, E. V., KURENKOV, S. I., und RJABOVA, G. D.: Differenzierung des Bestandes des bodenständigen *Oncorhynchus nerka* im Kronozkoje-See. In: Populjacionnaja biologija i sistematika lososevych. DVNC, Vladivostok (1980), 11–15 (r).

ČERNYŠEV, V. A.: Über die Ergebnisse der Molekular-Hybridisation der DNS bei den Baikal-Grundeln aus den Familien Cottidae und Comephoridae, DAN SSSR 252 (1980) 4, 1012 (r).

ČICHAČEV, A. S.: Kontrolle über die genetische Struktur der Populationen und die Hybridisation wertvoller Fischrassen bei der künstlichen Aufzucht. In: Biologičeskie osnovy rybovodstva, Problemy genetiki i selekcii. Nauka, Leningrad (1983), 91–102 (r).

ČICHAČEV, A. S., und CVETNENKO, JU. B.: Untersuchung der Bluteiweiße der asowschen Acipenseriden bei ihrer künstlichen Fortpflanzung. Tr. VNIRO 52 (1979a) 1, 87–182 (r).

ČICHAČEV, A. S., und CVETNENKO, JU, B.: Polymorphismus des Albumins und Transferrins in der asowschen Population des Sternhausens (*Acipenser stellatus* L.). Biochimičeskaja i populjacionnaja genetika ryb. Inst. Citol. AN SSSR, Leningrad (1979b), 111–115 (r).

ČUTAEVA, A. I., und VETOCHINA, M. V.: Ergebnisse der fischereilichen Bewertung der Zuchtstämme der 4. und 5. Zuchtgeneration des Weißrussischen Karpfens. Sb. naučn. tr. VNIIPRCH 33 (1982), 33–42 (r).

ČUTAEVA, A. I., DOMBROVSKIJ, V. K., und FILINOVIČ, E. I.: Fischereilich-biologische Charakteristik des Weißrussischen Karpfens. Mat. Vses. soveŠč. po organiz. selekc.-plem. raboty i ulučŠeniju soderž. matočnych stad v rybchozach strany. VNIIPRCH, Moskva (1975a), 44–56 (r).

ČUTAEVA, A. I., DOMBROVSKIJ, V. K., GUZJUK, S. N. und LAZOVSKIJ, A. A.: Polymorphismus des Izobelinsker Karpfens hinsichtlich einiger Eiweißsysteme. Osnovy bioproduktivnosti vnutrennich vod Pribaltiki. Izd. AN Lit. SSR, Vil'njus (1975b), 311–313 (r).

DANDO, P. H.: Megrim (*Lepidorhombus whiffiagonis*) populations in the English Channel and approaches – lactate dehydrogenase and glycerol-3-phosphate dehydrogenase polymorphisms. J. Mar. Biol. 50 (1970), 801–818.

DANDO, P. H.: Lactate dehydrogenase polymorphism in the flatfish (Heterosomata). Rapp. P.-V. Reun. 161 (1971), 133.

DANDO, P. H.: Distribution of multiple glucose-phosphate isomerases in teleostean fishes. Comp. Bioch. Physiol. 47B (1974) 3, 663–679.

DANNEVIG, A.: Is the number of vertebrae in the cod influenced by light or high temperature during early stages. J. Conseil 7 (1932) 60–62.

DANNEVIG, A.: The influence of the environment on number of vertebrae in plaice. Rep. Norw. Fish. Invest. 9 (1950) 1–6.

* DANZMANN, R. G.: The karyology of eight species of fish belonging to the family Percidae. Can. J. Zool. 57 (1979) 10, 2055–2060.

DARNELL, R. M., und ABRAMOFF, P.: Distribution of the gynogenetic fish, *Poecilia formosa*, with remarks on the evolution of the species. Copeia (1968) 2, 354–361.

DARNELL, R. M., LAMB. E., und ABRAMOFF, P.: Matroclinous inheritance and clonal structure of a Mexicam population of gynogenetic fish, *Poecilia formosa*. Evolution 21 (1967) 1, 168–173.

DAS, R. K., und KAR, R. N.: Somatic chromosome analysis of a siluroid fish, *Rita chrysea* Day. Caryologia 30 (1977) 2, 247–253.

DAVIS, B. J.: Disc electrophoresis. II. Method and application to human serum proteins. Ann. New York Acad. Sci. 121 (1964), 404–427.

DAVIS, H. S.: The influence of heredity on the spawning season of trout. Trans. Am. Fish. Soc. 61 (1931) 1, 43.

* DAVISSON, M. T.: Karyotypes of the teleost family Esocidae. J. Fish. Res. B. Can 29 (1972) 5, 579–582.

DAVISSON, M. T., WRIGHT, J. E., und ATHERTON, L. M.: Centric fusion and trisomy for the LDH-B locus in brook trout, *Salvelinus fontinalis*, Science 178 (1972) 4064, 992–993.

DAVISSON, M. T., WRIGHT, J. E., und ATHERTON, L. M.: Cytogenetic analysis of pseudolinkage of LDH loci in the teleost genus *Salvelinus*. Genetics 73 (1973) 4, 645–658.

DAWSON, D. E.: A bibliography of anomalies of fishes. Gulf Res. Rep. 1 (1964) 6, 308–399.

DEHRING, T. R., BROWN, A. F., DAUGHERTY, C. H., und PHELPS, S. A.: Survey of the genetic variation among Eastern lake Superior lake trout *(Salvelinus namaycush)*. Can. J. Fish. Aquat. Sci. 38 (1981) 12, 1 738–1 746.

DELL'-AGATA, M., GIOVANNINI, E., DI COLA, D., und PIERDOMENICO, S.: Studi preliminari sulla lattatodeidrogenasi in *Lampetra planeri* (Bloch.). Riv. Biol. 72 (1979) 1–2, 109–129.

DEMENT'EVA, T. F., PLEČKOVA, E. K., ROZANOVA, M. I., und TANASIJČUK, V. S.: Die Rassenzusammensetzung des Dorsches der Barents-See. Dokl. 1 sessii Okeanogr. Inst. 2 (1932), 49–68 (r).

DENONCOURT, R. F.: A description of Xanthic tessellated darters, *Etheostoma olmstedi* (Teleostei: Percidae). Copeia (1976) 4, 813–815.

* DENTON, T. E.: Fish chromosome methodology. Thomas Springfield 1973, 166 S.

* DENTON, T. E., und HOWELL, W. M.: Chromosomes of the African politerid fishes, *Polypterus palmas* and *Calamoichthys calabaricus*. Experientia 29 (1973) 1, 122–124.

DEŠKO, V. I.: Die züchterische Selektionsarbeit in der Teichwirtschaft des Betriebes „Poltava-Rybchoz". Vnedrenie intensivnych form vedenija rybn. chozjajstva vnutr. vodoemov USSR Ukr. NIIRCH, Kiev (1982), 134–135 (r).

DIEBIG, E., MEYER, J.-N., und GLODEK, P.: Biochemical polymorphismus in muscle and liver extracts and in the serum of the rainbow trout *Salmo gairdneri*. Anim. Blood. Gr. Biochem. Gen. 10 (1979) 3, 165–174.

* DIMOVSKA, A.: Chromosome set of fishes from the population of ochrid salmon (*Salmo lethnica* Kar.). God. Zb. Priv. Math. Fak. Univ. Skopye 12 (1959) 1, 117–135.

* DINGERKUS, G., und HOWELL, W. M.: Karyotypic analysis and evidence of tetraploidy in the North America paddlefish, *Polyodon spathula*. Science 194 (1976) 4 267, 842–843.

DJAKOV, JU. P., KOVAL', E. Z., und BOGDANOV, L. V.: Der innerartliche biochemische Polymorphismus und die Populationsstruktur von *Reinhardtius hippoglossoides* (Walb.) (Pleuronectidae) im Bering- und Ochotskischen Meer. Vopr. Ichtiol. 21 (1981) 5, 809–815 (r).

DOBROVOLOV, I.: The electrophoretic analysis of barbel (genera *Barbus* Cuvier) haemoglobins from Danube and Kamchia. Proc. Peopl. Mus. Varna 8 (1972), 294–297.

DOBROVOLOV, I.: Multiple forms of lactate dehydrogenase in anchovy (*Engraulis encrasicholus* L.) from the Black Sea, the Sea of Asov and the Atlantic Ocean. Dokl. Bolgar Akad. Nauk (Sofia) 29 (1976) 6, 877–880.

DOBROVOLOV, I., und TSCHAYN, K. H.: Electrophoretic investigation of the muscle myogens in sprat (*Sprattus sprattus* L.) from the Black Sea, Baltic Sea and Atlantic Ocean. Proc. Inst. Fish. Resour. (Varna) 16 (1978), 123–128.

DOBROVOLOV, I., YANNOPOULOS, C., und DOBROVOLOVA, S.: Biochemical genetic variation in anchovy *Engraulis encrasicholus* L. Compt. Rend. Acad. Bulg. Sci. 33 (1980) 6, 869–872.

DOBROVOLOV, I., TSEKOV, A., und DOBROVOLOVA, S.: Biochemical polymorphism of the muscle myogens in the carp *Cyprinus carpio* L. Compt. Rend. Acad. Bulg. Sci. 34 (1981) 2, 245–248.

DOBROVOLOVA, S.: Polymorphism of the muscle proteins of *Clupeonella delicatula* (Nordmann). Proc. Inst. Fish. Resour., (Varna) 16 (1978), 129–133.

DOBZHANSKY, Th.: Nature and origin of heterosis. In: Heterosis. Ames, Academic Press, London–New York (1952), 218–223.

DOLLAR, A. M., und KATZ, M.: Rainbow trout brood stocks and strains in American hatcheries as a factors in the occurrence of hepatoma. Progr. Fish-Cult. 26 (1964) 4, 167–174.

* DONAHUE, W. H.: A karyotypic study of three species of Rajiformes (Chondrichthyes, Pisces). Can. J. Genet. Cytol., 16 (1974) 1, 203–211.

DONALDSON, E. M., und HUNTER, G. A.: Sex control in fish with particular reference to salmonoids. Can. J. Fish. Aquat. Sci., 39 (1982) 1, 99 bis 110.

DONALDSON, L. R.: Selective breeding of salmonoid fishes. In: Marine Aquaculture. Oregon State Univ. Press. Newport (1969), 65–74.

Donaldson, L. R., und Joyner, T.: The salmonid fishes as a natural livestock. Scient. Amer. 249 (1983) 1, 50–55.

Donaldson, L. R., und Menasveta, D.: Selective breeding of chinook salmon. Trans. Am. Fish. Soc. 90 (1961) 2, 160–164.

* Dorofeeva, E. A.: Karyologische Begründung für die systematische Einordnung der Lachse des Kaspischen und Schwarzen Meeres (*Salmo trutta caspius* Kessl., *S. trutta labrax* Pall). Vopr. Ichtiol. 5 (1965) 1, 38–45 (r).

* Dorofeeva, E. A.: Die Chromosomenkomplexe der Sevan-Forellen (*Salmo ischchan* Kessl.) im Zusammenhang mit der Karyosystematik der Salmoniden. Zool. Z. 46 (1967) 2, 248–253 (r).

* Dorofeeva, E. A.: Verwendung von karyologischen Unterlagen zur Lösung von Problemen der Systematik und Phylogenie der Salmoniden. In: Osnovy klassifikacii i filogenii lososevidnych ryb. Zool. Inst. AN SSSR, Leningrad (1977), 86–95 (r).

* Dorofeeva, E. A., und Ruchkjan, R. G.: Die Divergenz von *Salmo ischchan* im Lichte der karyologischen und morphologischen Unterlagen. Vopr. Ichtiol. 22 (1982) 1, 36–48 (r).

* Doucette, A. J., und Fitzsimons, M.: Karyology of the ladyfish *Elops saurus*. Jap. J. Ichth. 29 (1982) 2, 223–226.

Dowling, T., Joswiak, G. R., und Moore, W. S.: Allozyme differences in *Notropis* hybrids. Isoz. Bull. 15 (1982), 123.

Drecun, D.: Urgoi selekcija i ispitivanje plodnosti maticnog materijala na pastrmskom ribnjaku „Moraca". Ribarstvo Jugoslavije 28 (1977) 4, 83–87.

Drilhon, A., und Fine, I. M.: Les groupes de transferrines dans le genre *Anguilla* L. Rapp. P.-V. Reun. 161 (1971). 122–125.

Dubinin, N. P., Altuchov, Ju. P., Salmenkova, E. A., Milašnikov, A. N., und Novikova, T. A.: Analyse der monomorphen Gen-Marker in Populationen als Methode zur Beurteilung der Mutagenität der Umwelt. DAN SSSR 225 (1975) 3, 693–696 (r).

Dubinin, N. P., und Romašov, D. D.: Genetische Grundlagen der Artstruktur und ihre Evolution. Biol. Z. 1 (1932) 5–6, 52–95 (r).

Dubinin, N. P., Romasov, D. D., Geptner, M. A., und Demidova, Z. P.: Aberrativer Polymorphismus bei *Drosophila fasciata* Meig. Biol. Z. 6 (1937) 2, 311–354 (r).

Duchac, B., Huber, F., Mueller, H. J., und Senn, D.: Mating behavior and cytogenetic aspects of sex reversion in the fish *Coris julis* L. (Labridae, Teleostei). Experientia 38 (1982) 7, 809–812.

Dufour, D., und Barrette, D.: Polymorphismus des lipoproteines et des glycoproteins sériques chez la truite. Experientia 23 (1967) 5, 955–966.

Dunham, R. A., und Childers, W.-F.: Genetics and implications of the golden color morph in green sunfish (*Lepomis cyanellus*). Progr. Fish-Cultur. 42 (1980) 3, 160–163.

Dunham, R. A., und Philipp, D. P., und Whitt, G. S.: Levels of duplicate gene expression in armoured catfishes. J. Heredity 71 (1980) 2, 248–252.

Dunham, R. A., und Smitherman, R. O.: Response to selection and realized heritability for body weight in three strains of channel catfish, *Ictalurus punctatus*, grown in earthen ponds. Aquaculture 33 (1983) 1–4, 89–96.

Duščenko, V. V.: Die Frequenzen der Phänotypen der schnellen Esterasen bei *Macrurus rupestris*. Plateau Chatton. In: Biochimičeskaja i populjaciionnaja genetika ryb. Inst. Citol. AN SSSR, Leningrad (1979), 54–57 (r).

Dzwillo, M.: Genetische Untersuchungen an domestizierten Stämmen von *Lebistes reticulatus* (Peters) Mitt. Hamburg. Zool. Mus. Inst. 57 (1959), 143–186.

Dzwillo, M.: Über künstliche Erzeugung funktioneller Männchen weiblichen Genotyps bei *Lebistes reticulatus*. Biol. Zentralbl. 81 (1962) 2, 575–584.

Dzwillo, M.: Über den Einfluß von Methyltestosteron auf primäre und sekundäre Geschlechtsmerkmale während verschiedener Phasen der Embryonalentwicklung von *Lebistes reticulatus*. Verh. Dtsch. Zool. Ges., Jena 29 (1966), 471–476.

Dzwillo, M., und Zander, C. D.: Geschlechtsbestimmung bei Zahnkarpfen (Pisces). Mitt. Hamburg. Zool. Mus. Inst. 64 (1967), 147–162.

Eastman, J. T., und Underhill, J. C.: Intraspecific variation in the pharyngeal tooth formulae of some cyprinid fishes. Copeia (1973) 1, 45–53.

Ebeling, A. W., und Chen, T. R.: Heterogamety in teleostean fishes. Trans. Am. Fish. Soc. 99 (1970) 1, 131–138.

Ebeling, A. W., und Setzer, P. Y.: Cytological confirmation of female homogamety in the deepsea fish, *Bathylagus milleri*. Copeia (1971) 3, 560–562.

Ebeling, A. W., Atkin, N. B., und Setzer, P. Y.: Genome size of teleostean fishes: increase in some deep-sea species. Amer. Natur. 105 (1971) 946, 549–562.

Eberhardt, K.: Die Vererbung der Farben bei *Betta splendens* Regan. Z. Indukt. Abstammungs-Vererbungsl., 79 (1941) 3, 548–560.

Eberhardt, K.: Ein Fall von geschlechtskontrollierter Vererbung bei *Betta splendens* Regan. Z. Indukt. Abstammungs-Vererbungsl., 81 (1943) 1, 72–83.

ECHELLE, A. A., ECHELLE, A.-F., und TABER, B. A.: Biochemical evidence for congeneric competition as a factor restricting gene flow between populations of a darter (Percidae: *Etheostoma*). Syst. Zool. 25 (1976) 3, 228–235.

ECHELLE, A. A., und MOSIER, D. T.: All female fish: a cryptic species of *Menidia*. Science 212 (1981), 4501, S. 1411–1413.

ECHELLE, A. A., und MOSIER, D. T.: *Menidia clarkhubbsi* n. sp. (Pisces: Atherinidae), an all-female species. Copeia (1982) 3, 533–540.

ECKROAT, L. R.: Lens protein polymorphisms in hatchery and natural populations of brook trout, *Salvelinus fontinalis* (Mitch.). Trans. Am. Fish. Soc. 100 (1971) 3, 527–536.

ECKROAT, L. R.: Allele frequency analysis of five soluble protein loci in brook trout, *Salvelinus fontinalis* (Mitch.). Trans. Am. Fish. Soc. 102 (1973) 2, 335–340.

ECKROAT, L. R.: Interspecific comparisons of lens proteins of Esocidae. Copeia (1974) 4, 977 bis 978.

ECKROAT, L. R.: Heterozygosity at the lactate dehydrogenase A locus in grass pickerel, *Esox americanus vermiculatus*. Copeia (1975) 3, 466 bis 470.

ECKROAT, L. R., und WRIGHT, J. E.: Genetic analysis of soluble lens protein polymorphism in brook trout, *Salvelinus fontinalis*. Copeia (1969) 3, 466–473.

EDMUNDS, P. H., und SAMMONS, J. I.: Similarity of genic polymorphism of tetrazolium oxidase in blue tuna (*Thunnus thynnus*) from the Atlantic coast of France and the western North Atlantic. J. Fish. Res. B. Can. 30 (1973) 7, 1031–1032.

EDWARDS, D., und GJEDREM, T.: Genetic variation in survival of brown trout eggs, fry and fingerlings in acidic water. In: SNSF-Project, Norway, Oslo, FR, 16/79 (1979), 1–28.

EDWARDS, D. J., AUSTRENG, E., RISA, S., und GJEDREM, T.: Carbohydrate in rainbow trout diets. I. Growth of fish of different families fed diets containing different proportions of carbohydrate. Aquaculture 11 (1977) 1, 31–38.

EFROIMSON, V. P.: Einführung in die medizinische Genetik. Medicina Moskva (1968), 391 (r).

EFROIMSON, V. P.: Immungenetik. Medicina, Moskva (1971), 333 S. (r).

EGAMI, N.: Geographical variation in the male characters of the fish, *Oryzias latipes*. Annot. Zool. Jap. 27 (1954) 1, 7–12.

EGAMI, N., und HYODO-TAGUCHI, Y.: Dominant lethal mutation rates in the fish, Oryzias latipes, irradiated at various stages of gametogenesis. In: Genetics and mutagenesis of fish. Springer, Berlin–Heidelberg–New-York (1973), 75–81.

EGE, V.: A transplantation experiment with *Zoarces viviparus*. C. R. Trav. Lab. Carlsb., Ser. Physiol. 23 (1942) 17, 65–75.

EHLINGER, N. F.: Selective breeding of trout for resistance to furunculosis. New York Fish Game. J. 11 (1964) 2, 78–90.

EHLINGER, N. F.: Selective breeding of trout for resistance to furunculosis. New York Fish Game. J. 24 (1977) 1, 25–36.

EL-IBIARY, H. M., und JOYCE, J. A.: Heritability of body size traits, dressing weight and lipid content in channel catfish. J. Anim. Sci. 47 (1978) 1, 82–88.

EL-IBIARY, H. M., ANDREWS, J. W., JOYCE, J. A., und PAGE, J. W.: Source of variations in body size traits, dress out weight, and lipid content and their correlations in channel catfish, *Ictalurus punctatus*. Trans. Am. Fish. Soc. 102 (1976), 2, 267–272.

ELOVENKO, V. N.: Untersuchung des Karyotyps von *Perccottus glehni* im Zusammenhang mit der Einbürgerung. In: Genetika, selekcija, gibridizacija ryb. (Tez. 2. vses. sovešč.). AZNIIRCh, Rostov/Don (1981), 161–162 (r).

EMEL'JANOVA, O. V., und ČERFAS, N. B.: Ergebnisse der zytologischen Analyse unbefruchteter Eier eines Rogeners der Karpfkarausche F_1, der aus einer Kreuzung Giebel ♀ × Karpfen ♂ erhalten wurde. Sb. naučn. tr. VNIORCh 28 (1980), 106–116 (r).

ERMOLENKO, L. N., und VIKTOROVSKIJ, R. M.: Divergenz der Isoenzyme von Fischen aus der Unterfamilie Coregoninae. In: Biologia presnovodnych životnych Dal'nego Vostoka, DVNC, Vladivostok (1982), 54–63 (r).

ENDLER, J. A.: Natural selection on color patterns in *Poecilia reticulata*. Evolution 34 (1980) 1, 76–91.

* ENDO, A., und INGALLS, T. H.: Chromosomes of the zebra fish. J. Hered. 59 (1968) 4, 382–384.

ENGEL, W., OPT HOF, J., und WOLF, U.: Genduplikation durch polyploide Evolution: die Isoenzyme der Sorbitdehydrogenase bei herings- und lachsartigen Fischen (Isospondyli). Humangenetik 9 (1970) 2, 157–163.

ENGEL, W., FAUST, J., und WOLF, U.: Isoenzyme polymorphism of the sorbitol dehydrogenase and the NADP-dependent isocitrate dehydrogenase in the fish family Cyprinidae. Anim. Blood Gr. Biochem. Genet. 2 (1971a) 1, 127 bis 133.

ENGEL, W., SCHMIDTKE, J., und WOLF, U.: Genetic variation of α-glycerophosphate dehydrogenase isoenzymes in clupeoid and salmonoid fish. Experientia 27 (1971b) 12, 1489–1491.

ENGEL, W., SCHMIDTKE, J., VOGEL, W., und WOLF, U.: Genetic polymorphism of lactate dehydrogenase isoenzymes in the carp (*Cyprinus carpio* L.) apparently due to a „nullallele". Biochem. Genet. 8 (1973) 3, 281–289.

ENGEL, W., SCHMIDTKE, J., und WOLF, U.: Diploid-tetraploid relationship in teleostean fishes. In: Isozymes, Vol. IV. Academic Press, London–New York (1975), 449–465.

ENGEL, W., KUHL, P., und SCHMIDTKE, J.: Expression of the paternally derived phosphoglucose isomerase genes during hybrid trout development. Comp. Biochem. Phys. 56 B (1977) 2, 103–108.

EPPENBERGER, H. M., SCHOOL, A., und URSPRUNG, H.: Tissue-specific isoenzyme patterns of creatine kinase (2.7.3.2.) in trout. FEBS Lett. 15 (1971) 5, 317–319.

EPPLEN, J. T., und ENGEL, W.: Zur Evolution des Eukaryotengenoms. Verh. Naturwiss. Vereins Hamburg 24 N. F. (1980) 1, 35–78.

ERMIN, R.: On the ocular tumor with exophthalmia in an interspecific hybrid of *Anatolichthys*. Rev. Fac. Sci. Univ. Istanbul, Ser. B 19 (1954) 3, 203–212.

FAHY, W. E.: Influence of temperature change on number of vertebrae and caudal fin rays in *Fundulus majalis* (Walbaum). J. Conseil 34 (1972) 2, 217–231.

FAHY, W. E.: The influence of temperature change on number of anal fine rays developing in *Fundulus majalis* (Walbaum). J. Conseil 38 (1979) 3, 280–285.

FALCONER, D. S.: Introduction to quantitative genetics. Oliver and Boyd, Edinburgh–London 1960.

FARR, J. A.: Social facilitation of male sexual behaviour, intrasexual competition and sexual selection in the guppy, *Poecilia reticulata*. Evolution 30 (1976) 4, 707–717.

FARR, J. A.: Biased sex ratios in laboratory strains of guppies *Poecilia reticulata*. Heredity 47 (1981) 2, 237–248.

FARR, J. A.: The inheritance of quantitative fitness traits in guppies *Poecilia reticulata* (Pisces: Poeciliidae). Evolution 37 (1983) 6, 1193 bis 1209.

FARRIS, J. S.: Estimating phylogenetic trees from distance matrices. Amer. Natur. 106 (1972) 951, 645–668.

FAVRO, L. D., KUO, P. K., und MCDONALD, J. F.: Population-genetic study of the effects of selective fishing on the growth rate of trout. J. Fish. Res. B. Can. 36 (1979) 5, 552–561.

FAVRO, L. D., KUO, P. K., und MCDONALD, J. F.: Effects of unconventional size limits on the growth rate of trout. Can. J. Fish. Aquat. Sci. 37 (1980) 5, 873–876.

FAVRO, L. D., KUO, P. K., MCDONALD, J. F., FAVRO, D. D., und KUO, A. D.: A multilocus genetic model applied to the effects of selective fishing on the growth rate of trout. Can. J. Fish. Aquat. Sci. 39 (1982) 11, 1540–1543.

FEDER, J. L., SMITH, M. H., CHESSER, R. K., GODT, M. JA. W., und ASBURY, K.: Biochemical genetics of Mosquitofish. II. Demographic differentiation of populations in the thermally altered reservoir. Copeia (1984) 1, 108–119.

FELLEY, J. D., und AVISE, J. C.: Genetic and morphological variation of bluegill populations in Florida lakes. Trans. Am. Fish. Soc. 109 (1980) 1, 108–115.

FELLEY, J. D., und SMITH, M. H.: Phenotypic and genetic trends in bluegills of a single drainage. Copeia (1978) 1, 175–177.

FERGUSON, A.: The genetic relationships of the coregonid fishes of Britain and Ireland indicated by electrophoretic analysis of tissue proteins. J. Fish Biol. 6 (1974) 3, 311–315.

FERGUSON, A.: Myoglobin polymorphism in the pollan (Osteichthyes: Coregoninae). Anim. Blood Gr. Biochem. Genet. 6 (1975) 1, 25–29.

FERGUSON, A: Biochemical systematics and evolution. Backie, Glasgow-London 1980.

FERGUSON, A., HIMBERG, K.-J. M., und SVÄRDSON, G.: Systematics of the Irish pollan (*Coregonus pollan* Thompson): an electrophoretic comparison with other holarctic Coregoninae. J. Fish Biol. 12 (1978) 3, 221–233.

FERGUSON, D. E., LUDKE, J. L., und MURPHY, C. C.: Dynamics of endrin uptake and release by resistant and susceptible strains of mosquitofish. Trans. Am. Fish. Soc. 95 (1966) 4, 335 bis 344.

FERNO, A., und SJÖLANDER, S.: Some imprinting experiments on sexual preferences for colour variants in the platyfish (*(Xiphophorus maculatus).*) Z. Tierpsychol. 33 (1973) 3–4, 417–423.

FERRIS, S. D., und WHITT, G. S.: Loss of duplicate gene expression after polyploidization, Nature (London) 265 (1977a) 5591, 258–260.

FERRIS, S. D., und WHITT, G. S.: Duplicate gene expression in diploid and tetraploid loaches (Cypriniformes, Cobitidae). Biochem. Genet. 15 (1977b) 11–12, 1097–1112.

FERRIS, S. D., und WHITT, G. S.: The evolution of duplicate gene expression in the carp *(Cyprinus carpio)*. Experientia 33 (1977c) 10, 1299–1301.

FERRIS, S. D., und WHITT, G. S.: Genetic and molecular analysis of nonrandom dimer assembly of the creatine kinase isozymes of fishes. Biochem. Genet. 16 (1978a) 7–8, 811–829.

FERRIS, S. D., und WHITT, G. S.: Phylogeny of tetraploid catostomid fishes based on the loss of duplicate gene expression. Syst. Zool. 27 (1978b) 2, 189–206.

FERRIS, S. D., und WHITT, G. S.: Evolution of the differential regulation of duplicate genes after polyploidization. J. Mol. Evol. 12 (1979) 3, 267–317.

FERRIS, S. D., und WHITT, G. S.: Genetic variability in species with extensive gene duplication: the tetraploid catostomid fishes. Amer. Natur., 115 (1980) 5, 650–666.

FERRIS, S. D., BUTH, D. G., und WHITT, G. S.: Substantial genetic differentiation among populations of Catostomus plebeius. Copeia (1982) 2, 444–449.

FERRIS, S. D., PORTNOY, S. L., und WHITT, G. S.: The roles of speciation and divergence time in the loss of duplicate gene expression. Theoret. Popul. Biol. 15 (1979) 1, 114–139.

FINEMAN, R., HAMILTON, J., CHASE, G., und BOLLING, D.: Length, weight and secondary sex character development in male and female phenotypes in three sex chromosomal genotypes (XX, XY, YY) in the killifish, Oryzias latipes. J. Exp. Zool. 189 (1974) 2, 227–233.

FINEMAN, R., HAMILTON, J., und CHASE, G.: Reproductive performance of male and female phenotypes in three sex chromosomal genotypes (XX, XY, YY) in the killifish Oryzias latipes. J. Exp. Zool. 192 (1975) 3, 349–354.

FISHELSON, L.: Protogynous sex reversal in the fish Anthias squamipinnis (Teleostei, Anthiidae) regulated by the presence fish. Nature (London) 277 (1970) 5253, 90–91.

FISHER, R. A.: Statistical methods for research workers. 14th edn. Oliver and Boyd, Edinburgh 1970.

FISHER, S. E., und WHITT, G. S.: Evolution of isozyme loci and their differential tissue expression. J. Mol. Evol. 12 (1978a) 1, 25–55.

FISHER, S. E., und WHITT, G. S.: Testis specific creatine kinase isozymes. Isoz. Bull. 11 (1978b), 31.

FISHER, E., SHAKLEE, J. B., FERRIS, S. D., und WHITT, G. S.: Evolution of five multilocus isozyme systems in the chordates. Genetica 52/53 (1980) 1, 73–85.

FISHER, P. W., BROWNE, D., CAMERON, D. G., und VYSE, E. R.: Genetics of rainbow trout in a geothermally heated stream. Trans. Am. Fish. Soc. 111 (1982) 3, 312–316.

FITCH, W. M.: Molecular evolutionary clocks. In: Molecular Evolution. Sinauer Assoc., Sunderland. (1976), 160–178.

FITCH, W. M., und LANGLEY, C. H.: Protein evolution and the molecular clock. Feder. Proc. 35 (1976) 10, 2092–2097.

FITZSIMONS, J. M.: A revision of two genera of goodeid fishes (Cyprinodontiformes, Osteichthyes) from the Mexican plateau. Copeia (1972) 4, 728–756.

FITZSIMONS, J. M., und DOUCETTE, A. J.: Karyology of the shads Dorosoma cepedianum and D. petenense (Osteichthyes: Clupeiformes). Copeia (1981) 4, 908–911.

FLICK, W. A., und WEBSTER, D. A.: Production of wild, domestic and interstrain hybrids of brook trout (Salvelinus fontinalis) in natural ponds. J. Fish. Res. B. Can. 33 (1976) 7, 1525 bis 1539.

* FOERSTER, W., und ANDERS, F.: Zytogenetischer Vergleich der Karyotypen verschiedener Rassen und Arten lebendgebärender Zahnkarpfen der Gattung Xiphophorus. Zool. Anz. 198 (1977) 3–4, 167–177.

* FONTANA, F.: Nuclear DNA content and cytometry of orythrocytes of Huso huso L., Acipenser sturio L. and Acipenser naccarii Bonaparte. Caryologia 29 (1976) 1, 127–138.

* FONTANA, F., und COLOMBO, G.: The chromosomes of Italian sturgeons. Experientia 30 (1974) 6, 739–742.

* FONTANA, F., CHIARELLI, B., und ROSSI, A. C.: Il cariotipo di alcune specie di Cyprinidae, Centrarchidae, Characinidae studiate mediante colture „in vitro". Caryologia 23 (1970) 4, 549–564.

FORD, E. B.: Genetic polymorphism. Proc. R. Soc. Ser. B. 164 (1966) 995, 350–361.

FORRESTI, F.: Heteromorphismo cromosômico em peixes: evidências de um novo mecanismo. Ciência e Cultura 26 (1974), 248.

FOWLER, J. A.: Control of vertebrae number in teleosts – an embryological problem. Quant. Rev. Biol. 45 (1970) 2, 148–167.

FRANKEL, J. S.: Gene activation of alcohol dehydrogenase in Danio hybrids. J. Heredity 69 (1978) 1, 57–58.

FRANKEL, J. S.: Inheritance of spotting in the leopard danio. J. Heredity 70 (1979) 4, 287–288.

FRANKEL, J. S.: Lactate dehydrogenase isozymes of the leopard danio Brachydanio nigrofasciatus: their characterization and ontogeny. Comp. Biochem. Phys. 67 B (1980) 1, 133–137.

FRANKEL, J. S.: Inheritance of shoulder spotting in the jewel tetra, Hyphessobrycon callistus. J. Hered. 73 (1982) 4, 310.

FRANKEL, J. S.: A synchronus isozyme expression during hybrid development in the teleost genus Danio. Isoz. Bull. 16 (1983a), 64.

FRANKEL, J. S.: Allelic asynchrony during Barbus hybrid development. J. Hered. 74 (1983b) 4, 311–312.

FRANKEL, J. S., und HART, N. H.: Lactate dehydrogenase ontogeny in the genus Brachydanio (Cyprinidae). J. Hered. 68 (1977) 2, 81–86.

FRANZ, R., und VILLWOCK, W.: Beitrag zur Kenntnis der Zahnentwicklung bei oviparen Zahnkarpfen der Tribus Aphanini (Pisces, Cyprinodontidae). Mitt. Hamburg. Zool. Mus. Inst. 68 (1972), 135–176.

FRANZIN, W. G., und CLAYTON, J. W.: A biochemical genetic study of zoogeography of lake white-fish (Coregonus clupeaformis) in western Canada. J. Fish. Res. B. Can. 34 (1977) 5, 617 bis 625.

FRASER, A. C., und GORDON, M.: Crossing-over between the W and Z chromosomes of the killifish Platypoecilus. Science 67 (1928) 1740, 470.

FRIARS, G., BAILEY, J. K., und SAUNDERS, R. L.: Considerations of a method of analyzing diallel crosses of Atlantic salmon. Canad. J. Genet. Cytol. 21 (1979) 1, 121–128.

FRYDENBERG, O., und SIMONSEN, V.: Genetics of *Zoarces* populations. V. Amount of protein polymorphism and degree of genic heterozygosity. Hereditas 75 (1973) 2, 221–232.

FRYDENBERG, O., MØLLER, D., NAEVDAL, G., und SICK, K.: Haemoglobin polymorphism in Norwegian cod populations. Hereditas 53 (1965) 2, 255–271.

FRYDENBERG, O., NIELSEN, J. T., und SIMONSEN, V.: The maintenance of the hemoglobin polymorphism of the cod. Jap. J. Genet. 44 (1969), Suppl. 1, 160–165.

FRYDENBERG, O., GYLDENHOLM, A. O., HJORTH, J. P., und SIMONSEN, V.: Genetics of *Zoarces viviparus*. III. Geographic variation in the esterase polymorphism Est III. Hereditas 73 (1973) 2, 233–238.

FRYER, G.: Evolution of species flocks of cichlid fishes in African lakes. Z. Zool. Syst. Evol. Forsch. 15 (1977) 1, 141–165.

FRYER, G., und ILES, T. D.: The cichlid fishes of the great lakes of Africa: their biology and evolution. Oliver and Boyd, Edinburgh 1972.

FUJINO, K.: Atlantic skipjack tuna genetically distinct from Pacific specimens. Copeia (1969) 3, 626–628.

FUJINO, K.: Immunological and biochemical genetics of tunas. Trans. Am. Fish. Soc. 99 (1970) 1, 152–178.

FUJINO, K.: Subpopulation identification of skipjack tuna specimens from the south-western Pacific Ocean. Bull. Jap. Soc. Sci. Fish. 42 (1976) 11, 1229–1235.

FUJINO, K.: Blood group and biochemical genetic research in fisheries biology. ABPI (Japan) 6 (1978), 1–11.

FUJINO, K., und KANG, T.: Transferrin groups of tunas. Genetics 59 (1968) 1, 79–91.

FUJIO, Y.: Natural hybridization between *Platichthys stellatus* and *Kareius bicoloratus*: Jap. J. Genet. 52 (1977) 2, 117–124.

FUJIO, J., und KATO, Y.: Genetic variation in fish populations. Bull. Jap. Soc. Sci. Fish. 45 (1979) 9, 1169–1178.

* FUJIOKA, Y.: A comparative study of the chromosomes in Japanese freshwater fishes. I. A study of the somatic chromosomes of the common catfish *Parasilurus asotus* (L.). Bull. Fac. Educ. Yamaguchi Univ. 23 (1973), 191–195.

* FUKUOKA, H.: Chromosomes of the sockeye salmon *(Oncorhynchus nerka)*. Jap. J. Genet. 47 (1972a) 6, 459–464.

* FUKUOKA, H.: Chromosome number variation in the rainbow trout (*Salmo gairdneri irideus* Gibbons). Jap. J. Genet. 47 (1972b) 6, 455–458.

* FUKUOKA, H., und NIIGAMA, H.: Notes on the somatic chromosomes of ten species of pleuronectid fishes. CIS 11 (1970), 18–19.

FYHN, E. H., und SULLIVAN, B.: Elasmobranch hemoglobins: dimerization and polymerization in various species. Comp. Biochem. Phys. 50 B (1974a) 1, 119–129.

FYHN, E. H., und SULLIVAN, B.: Hemoglobin polymorphism in fishes. I. Complex phenotypic pattern in the toadfish, *Opsanus tau*. Bioch. Genet. 11 (1974b) 5, 373–385.

GAAL, O., MEDGYESI, G. A., und VERECZKEY, L.: Electrophoresis in the separation of biological macromolecules. J. Wiley and Sons, Chichester–New York–Brisbane–Toronto 1981.

GABRIEL, M. L.: Factors affecting the number and form of vertebrae in *Fundulus heteroclitus*. J. Exp. Zool. 95 (1944) 1, 105–143.

GALAGAN, N. P.: Die Transferrine des Donau-Wildkarpfens. Gidrobiol. Z. 9 (1973) 2, 94–99 (r).

GALETTI, P. M., FORESTI, F., BERTOLLO, L. A. C., und MOREIRA, F. O.: Heteromorphic sex chromosomes in three species of the genus Leporinus (Pisces, Anostomidae). Cytogen. Cell Genet., 29 (1981) 3, 138–142.

GALL, G. A.: Quantitative inheritance and environmental response of rainbow trout. In: Fish in Research. Academic Press, New York (1969), 177–185.

GALL, G. A. E.: Influence of size of eggs and age of female on hatchability and growth in rainbow trout. Calif . Fish Game 60 (1974) 1, 26–36.

GALL, G. A. E.: Genetics of reproduction in domesticated rainbow trout. J. Anim. Sci. 40 (1975) 1, 19–28.

GALL, G. A. E.: Genetic control of reproductive function in domesticated rainbow trout. Abstr. 14th Int. Genet. Congr. Sect. Sessions 1 (1978), 505.

GALL, G. A. E.: Genetics of fish: a summary of discussion. Aquaculture 33 (1983) 1–4, 383 bis 394.

GALL, G. A., und BENTLEY, B.: Paraalbumin polymorphism: an unlinked two locus system in rainbow trout. J. Hered. 72 (1981) 1, 22–26.

GALL, G. A. E., und CROSS, S. J.: A genetic analysis of the performance of three rainbow trout broadstocks. Aquaculture 15 (1978) 2, 113 bis 127.

GARDNER, M. L.: A review of factors which may influence the sea-age and maturation of Atlantic salmon *Salmo salar* L. J. Fish Biol. 9 (1976) 3, 289–327.

GAULDIE, R. W.: A reciprocal relationship between heterozygosities of the phosphoglucomutase and glucosephosphate isomerase loci. Genetica 63 (1984) 2, 93–103.

GAULDIE, R. W., und SMITH, R. J.: The adaptation of cellulose acetate electrophoresis to fish enzymes. Comp. Biochem. Phys. 61 B (1978) 2, 421–425.

GELOSI, E.: Xantocroismo in *Scardinius erythrophthalmus* (L.). Boll. Pesca Piscicolt. Idrobiol. 26 (1971) 1–2, 243–244.

GERASKIN, T. P., und LUK'JANENKO, V. I.: Die Artspezifität der Zusammensetzung der Hämoglobinfraktionen im Blut der Acipenseriden. Z. Obšč. Biol. 33 (1972) 4, 478–483 (r).

GERŠENZON, S. M.: Grundlagen der modernen Genetik. 2. Aufl. Naukova Dumka, Kiev (1983), 502 (r).

GERVAI, J., MARIAN, T., KARSZNAI, Z., NAGY, A., und CSANYI, V.: Occurence of aneuploidy in radiation gynogenesis of carp. J. Fish Biol. 16 (1980a) 4, 435–439.

GERVAI, J., PETER, S., NAGY, A., HORVATY, L., und CSANYI, V.: Induced triploidy in carp, *Cyprinus carpio*. J. Fish Biol. 17 (1980b) 6, 667–671.

GEYER, F.: Abnorme Seitenlinien bei Fischen. Z. Fischerei Hilfswiss. 38 (1940) 2, 221–253.

GIBSON, M. B.: Upper lethal temperature relations of the guppy, *Lebistes reticulatus*. Can. J. Zool. 32 (1954), 393.

GILES, M. A., und VANSTONE, W. E.: Ontogenetic variation in the multiple hemoglobins of coho salmon *(Oncorhynchus kisutch)* and effect of environmental factors on their expression. J. Fish. Res. B. Can. 33 (1976) 5, 1144–1149.

GILL, C. D., und FISK, D. M.: Vertebral abnormalities in sockeye, pink, and chum salmon. Trans. Am. Fish. Soc. 95 (1966) 2, 177–182.

GILLESPIE, J., und KOJIMA, K.: The degree of polymorphism in enzymes involved in energy production compared to that in nonspecific enzymes in two *D. ananassae* populations. Proc. Nat. Acad. Sci. USA 61 (1968) 3, 582–585.

GILLESPIE, J. H., und LANGLEY, C. H.: A general model to account for enzyme variation in natural populations. Genetics 76 (1974) 4, 837 bis 848.

GINZBURG, E. CH., und NIKORO, E. S.: Varianzanalyse und Züchtungsprobleme. Nauka, Novosibirsk (1982), 168 (r).

GIORGI, A. E., MILNER, G., und TEEL, D.: Polymorphism isozymes in ling-cod, *Ophiodon elongatus*. Isoz. Bull. 15 (1982), 120–121.

GIUDICE, J. J.: Production and comparative growth of three buffalo hybrids. Proc. South-East Assoc. Game Comm. 18 (1964), 1–13.

GIUDICE, J. J.: Growth of a blue-channel catfish hybrid as compared to its parental species. Progr. Fish-Cult. 28 (1966) 3, 142–145.

GJEDREM, T.: Possibilities for genetic gain in salmonids. Aquaculture 6 (1975) 1, 23–29.

GJEDREM, T.: Genetic variation in tolerance of brown trout to acid water. In: SNSF-Project, Norway, Oslo, FR 5/76 (1976), 1–11.

GJEDREM, T.: Selection for growth rate, and domestication in Atlantic salmon. Z. Tierz. Züchtungsbiol. 96 (1979) 1, 56–59.

GJEDREM, T.: Genetic variation in quantitative traits and selective breeding in fish and shellfish. Aquaculture 33 (1983) 1–4, 51–72.

GJEDREM, T., und AULSTAD, D.: Selective experiments with salmon. I. Differences in resistance to vibrio disease of salmon parr *(Salmo salar)*. Aquaculture 3 (1974) 1, 51–59.

GJEDREM, T., und SKJERVOLD, H.: Improving salmon and trout farm yields through genetics. World Rev. Anim. Prod. 14 (1978) 3, 29–38.

* GJEDREM, T., EGGUM, A., und REFSTIE, T.: Chromosomes of some salmonids and salmonid hybrids. Aquaculture 11 (1977) 4, 335–348.

GJERDE, B., und GJEDREM, T.: Estimates of phenotypic and genetic parameters for some carcass traits in Atlantic salmon and rainbow trout. Aquaculture 36 (1983) 1–2, 97–110.

GJERDE, B., GUNNES, K., und GJEDREM, T.: Effect of inbreeding on survival and growth in rainbow trout. Aquaculture 34 (1983) 3–4, 327 bis 332.

GLEBE, B. D., SAUNDERS, R. L., und SREEDHARAN, A.: Genetic and environmental influence in expression of precocious sexual maturity of jatchery reared Atlantic salmon *(Salmo salar)* paar. Can. J. Genet. Cytol. 20 (1978) 3, 444.

GLEBE, B. D., EDDY, W., und SAUNDERS, R. L.: The influence of parental age at maturity and rearing practice on precocious maturation of hatchery-reared Atlantic salmon parr. NASRC Rep. (1980), 4.

GLUŠANKOVA, M. A., KOROBCOVA, N. S., und KUSAKINA, A. A.: Ausnutzung der Wärmebeständigkeit des Eiweißes bei der Untersuchung des Auftretens der Aldolasegene bei Hybridembryonen von Fischen. In: Biochimičeskaja genetika ryb. Inst. Citol. AN SSSR, Leningrad (1973), 76–84 (r).

GOETZ, F. W., DONALDSON, E. M., HUNTER, und DYE, H. M.: Effects of estradiol 17 β and 17 α – methyltestosteron on gonadal differentiation in the coho salmon *(Oncorhynchus kisutch)*. Aquaculture 17 (1979) 2, 267–278.

GOLD, J. R.: Systematics of western North American trout (Salmo), with notes on the redband trout of Sheep Heaven Greek, California. Can. J. Zool. 55 (1977) 11, 1858–1873.

* GOLD, J. R.: Cytogenetics. In: Fish physiology. Vol. 8. Academic Press, London–New York (1979), 353–405.

* GOLD, J. R.: Chromosomal change and rectangular evolution in North American cyprinid fishes. Genet. Res. 35 (1980) 2, 157–164.

GOLD, J. R., AVISE, J. C.: Spontaneous triploidy in the California roach *Hesperoleucus symmetricus* (Pisces: Cyprinidae). Cytogenet. Cell. Genet. 17 (1976) 3, 144–149.

* GOLD, J. R., und AVISE, J. C.: Cytogenetic studies in North American minnows (Cyprinidae). I. Karyology of nine California genera. Copeia (1977) 3, 541–549.

* GOLD, J. R., und GALL, G. A. E.: Chromosome cytology and polymorphism in the California High Sierra golden trout *(Salmo aguabonita)* Can. J. Genet. Cytol. 17 (1975) 1, 41–54.

* GOLD, J. R., AVISE, J. C., und GALL, G. A. E.: Chromosome cytology in the cutthroat trout series *Salmo clarkii* (Salmonidae) Cytologia 42 (1977) 2, 377–382.

* GOLD, J. R., JANAK, B. J., und BARLOW, J. A.: Karyology of four North American percids (Perciformes: Percidae). Can. J. Genet. Cytol. 21 (1979a) 2, 187–191.

* GOLD, J. R., KAREL, W. J., und STRAND, M. R.: Chromosome formulae of North American fishes. Progr. Fish. Cult. 42 (1980) 1, 10–23.

* GOLD, J. R., WHITLOCK, C. W., KAREL, W. J., und BARLOW, J. A.: Cytogenetic studies in North American minnows (Cyprinidae). VI. Karyotypes of thirteen species in the genus *Notropis*. Cytologia 44 (1979b) 2, 457–466.

* GOLD, J. R., WOMAC, W. D., DEAL, F. H., und BARLOW, J. A.: Gross karyotype change and evolution in North American cyprinid fishes. Genet. Res. 32 (1978) 1, 37–46.

* GOLD, J. R., WOMAC, W. D., DEAL, F. H., und BARLOW, J. A.: Cytogenetic studies in North American minnows (Cyprinidae). VII. Karyotypes of 13 species from the southern United States. Cytologia 46 (1981) 1–2, 105–115.

GOLDBERG, E.: Lactate dehydrogenase of trout: hybridization in vivo and in vitro. Science 151 (1966) 3714, 1091–1093.

GOLDBERG, E., CUERRIER, J. P., und WARD, J. C.: Lactate dehydrogenase ontogeny, paternal gene activation and tetramer assembly in embryos of brook trout, lake trout and their hybrids. Biochem. Genet. 2 (1969) 3, S. 335–350.

GOLDBERG, E., KEREKES, J., und GUERRIER, J. P.: Lactate dehydrogenase polymorphism in wild populations of brook trout from Newfoundland. Rapp. P.-V. Reun. 161 (1971), 97–99.

GOLOVINSKAJA, K. A.: Die Pleiotropie der Beschuppungsgene beim Karpfen. DAN, SSSR 28 (1940) 6, 533–536 (r).

GOLOVINSKAJA, K. A.: Über die Zeilform des Zuchtkarpfens. DAN, SSSR 54 (1946) 7, 637 bis 640 (r).

GOLOVINSKAJA, K. A.: Fortpflanzung und Vererbung beim Giebel. Tr. VNIIPRCh 6 (1954), 34 bis 57 (r):

GOLOVINSKAJA, K. A.: Über die Milchner des Giebels und ihre Kreuzung mit dem Karpfen. Rybovodstvo i rybolovstvo (1960) 6, 16–17 (r).

GOLOVINSKAJA, K. A.: Die Züchtungsarbeit in der Teichwirtschaft. Rybovodstvo i rybolovstvo (1962) 3, 7–10.

GOLOVINSKAJA, K. A.: Über die Bedeutung der Variabilität der Schwimmblase für die Züchtung des Karpfens. Tr. VNIIPRCh 13 (1965), 97–103 (r).

GOLOVINSKAJA, K. A.: Die künstliche Gynogenese bei den Fischen und die Perspektiven ihrer Anwendung zur Schaffung von Heterosis-Kombinationen. In: Geterozis in životnovodstvo. Kolos, Moskva (1968), 248–254 (r).

GOLOVINSKAJA, K. A.: Die ersten Etappen zur Schaffung der Rasse des Mittelrussischen Karpfens. In: Prudovoe rybovodstvo. Piščepromizdat, Moskva (1969), 139–148 (r).

GOLOVINSKAJA, K. A.: Stand und Perspektiven der züchtungsgenetischen Untersuchungen und der Züchtungsarbeit in der Fischzucht der UdSSR. In: Biolog. osnovy rybovodstvo: Problemy genetiki i selekcii. Nauka, Leningrad (1983), 22–34 (r).

GOLOVINSKAJA, K. A., und BOBROVA, JU. P.: Die wichtigsten Ergebnisse und die weiteren Aufgaben der Selektion des Parakarpfens. Sb. naučn. tr. VNIIPRCh 33 (1982), 3–31 (r).

GOLOVINSKAJA, K. A., und ROMAŠOV, D. D.: Die Aufspaltung bezüglich des Merkmals der Beschuppung bei der diploiden Gynogenese beim Karpfen. Tr. VNIIPRCh 14 (1966), 227–335 (r).

GOLOVINSKAJA, K. A., und ROMAŠOV, D. D. (unter Mitarbeit von V. A. MUSSELIUS: Untersuchungen zur Gynogenese beim Giebel. Tr. VNIIPRCh 4 (1947), 73–113 (r).

GOLOVINSKAJA, K. A., ROMAŠOV, D. D., und ČERFAS, N. B.: Über die Strahlungsgynogenese beim Karpfen. Tr. VNIIPRCh 12 (1963), 149 bis 167 (r).

GOLOVINSKAJA, K. A., ROMAŠOV, D. D., und ČERFAS, N. B.: Die ein- und zweigeschlechtlichen Formen beim Giebel (*Carassius auratus gibelio* Bl.). Vopr. Ichtiol. 5 (1965) 4, 614–629 (r).

GOLOVINSKAJA, K. A., ČERFAS, N. B., und CVETKOVA, L. I.: Ergebnisse der Überprüfung der Fortpflanzungsfähigkeit von Karpfenmilchnern gynogenetischen Ursprungs. Tr. VNIIPRCh 23 (1974a), 20–26 (r).

GOLOVINSKAJA, K. A., ŠČERBINA, M. A., SOLV'EVA, L. M., und BOBROV, A. S.: Die Wechselbeziehungen zwischen der Herkunft von einsömmerigen Karpfen und den Prozessen der Speicherung und Verwendung der Nährstoffe im Winter. Tr. VNIIPRCh 23 (1974b), 48–54 (r).

GOLOVINSKAJA, K. A., KATASONOV, V. JA., BOBROVA, JU. P., und POPOVA, A. A.: Arbeiten zur

Schaffung der Rasse des Mittelrussischen Karpfens. In: Materialy vses. sovešč. po organizac. selekc.-plem. raboty i ulučš. matočn. stad v rybchozach strany. Piščevaja Promyšlennost', Moskva (1975), 14–30 (r).

GOMEL'SKIJ, B. I.: Hormonale Geschlechtsumwandlung bei Fischen und die Möglichkeiten ihrer Anwendung in der Fischzucht (Literaturübersicht). Sb. naučn. tr. VNIIPRCh 28 (1980), 117–136 (r).

GOMEL'SKIJ, B. I., und ČERFAS, N. B.: Die hormonale Geschlechtsumwandlung als Methode zur Untersuchung der genetischen Steuerung der natürlichen Gynogenese bei Fischen. DAN SSSR 263 (1982) 2, 467–470 (r).

GOMEL'SKIJ, B. I., ILJASOVA, V. A., und ČERFAS, N. B.: Untersuchungen zur diploiden Strahlungsgynogenese beim Karpfen. IV. Zustand der Gonaden und Einschätzung der Fortpflanzungsfähigkeit von Karpfen gynogenetischen Ursprungs. Genetika 15 (1979) 9, 1643–1650 (r).

GONZALEZ, D. R., PADRON, M., und SUBERO, L. E.: Analysis electroforetico de hemoglobina, lactato deshidrogenasa, esterasa y proteinas no enzymaticas de dos especies del genero *Anchoa* (Pisces: Engraulidae). Biol. Inst. Oceanogr. Univ. Oriente 13 (1974) 1–2, 47–52.

GOODARD, CL., und TAIT, J. S.: Preferred temperature of F_3 to F_5 hybrids of *Salvelinus fontinalis* × *S. namaycush*. J. Fish. Res. B. Can. 33 (1976) 2, 197–202.

GOODMAN, M.: Protein sequences in phylogeny. In: Molecular evolution. Sinauer Assoc., Sunderland (1976), 141–159.

GOODMAN, M.: Globin evolution was apparently very rapid in early vertebrates: a reasonable case against the rateconstancy hypothesis. J. Molec. Evol. 17 (1981) 2, 114–120.

GOODMAN, M., MOORE, G. W., und MATSUDA, G.: Darwinian evolution in the genealogy of haemoglobin. Nature (London) 253 (1975) 5493, 603–608.

GOODRICH, H. B.: Mendelian inheritance in fish. Q. Rev. Biol. 4 (1929) 1, 83–99.

GOODRICH, H. B., und SMITH, M. A.: Genetics and histology of the color pattern in the normal and albino paradise fish, *Macropodus opercularis* L. Biol. Bull. 73 (1937) 3, 627–534.

GOODRICH, H. B., JOSEPHSON, N. D., TRINKAUS, J. P., und STATE, J. M.: The cellular expression and genetics of two new genes in *Lebistes reticulatus*. Genetics 29 (1944) 6, 584–592.

GOODRICH, H. B., HINE, R. L., und LESNER, H. M.: Interaction of genes in *Lebistes reticulatus*. Genetics 32 (1947) 3, 535–540.

GORADZE, R. CH.: Die Züchtung des Karpfens in Grusinien. Sb. naučn. tr. VNIIPRCh 33 (1982), 43–54 (r).

GORBUNOVA, L. A.: Hybridisation von Coregonen als ein Weg zur Steigerung der Produktivität der karelischen Seen. In: Biologija vnutrennych vod Pribaltiki. AN SSSR, Moskva (1962), 77–79 (r).

GORDON, A. H.: Electrophoresis of proteins in polyacrylamide and starch gels. North-Holland, Amsterdam 1975.

GORDON, H., und GORDON, M.: Maintenance of polymorphism by potentially injurious genes in eight natural populations of the platy fish, *Xiphophorus maculatus*, J. Genet. 55 (1957) 1, 1–44.

GORDON, M.: The genetics of a viviparous topminnow *Platypoecilus*: the inheritance of two kinds of melanophores. Genetics 12 (1927) 2, 253–283.

GORDON, M.: Hereditary basis of melanosis in hybrid fishes. Am. J. Cancer 15 (1931) 3, 1495–1523.

GORDON, M.: Genetics of *Platypoecilus*. III. Inheritance of sex and crossing-over of the sex chromosomes in the platyfish. Genetics 22 (1937) 2, 376–392.

GORDON, M.: Back to their ancestors. J. Hered. 32 (1941) 11, 385–390.

GORDON, M.: Mortality of albino embryos and aberrant Mendelian ratios in certain broods of *Xiphophorus helleri*. Zoologica 27 (1942) 1, 73–74.

GORDON, M.: Introgressive hybridization in domesticated fishes. I. The behavior of comet, a *Platypoecilus maculatus* gene in *Xiphophorus helleri*. Zoologica 31 (1946) 1, 77–88.

GORDON, M.: Genetics of *Platypoecilus maculatus*. IV. The sex determining mechanism in two wild populations of the mexican platy fish. Genetics 32 (1947a) 1, 8–17.

GORDON, M.: Speciation in fishes. Adv. Genet. 1 (1947b), 95–132.

GORDON, M.: Effects of five primary genes on the site of melanomas in fishes and the influence of two color genes on their pigmentation. In: The biology of melanomas, Vol. 4. Acad. Sci., New York (1948), 216–268.

GORDON, M.: The origin of modifying genes that influence the normal and atypical growth of pigment cells in fishes. Zoologica 35 (1950) 1.

GORDON, M.: Genetic and correlated studies of normal and atypical pigment cell growth. Growth Symp. 10 (1951a), 153–219.

GORDON, M.: Genetics of *Platypoecilus maculatus*. 5. Heterogametic sex-determining mechanism in females of a domesticated stock originally from British Honduras. Zoologica 36 (1951b), 127–134.

GORDON, M.: Inheritance in aquarium fishes. 3. The genetics of the wagtail platy. Aquarist 17 (1952), 186–190.

GORDON, M.: Hereditary differences in seven natural populations of the platyfish, Xiphophorus maculatus. Proc. XIV Int. Congr. Zool., Copenhagen (1953), 172–176.

GORDON, M.: An intricate genetic system that controls nine pigment cell patterns in the platyfish. Zoologica 41 (1956) 1, 153–162.

GORDON, M.: Physiological genetics of fishes. In: The physiology of fishes. Vol. II. Academic Press., London–New York (1957), 431–501.

GORDON, M.: A genetic concept for the origin of melanomas. Ann. New York Acad. Sci. 71 (1958) 6, 1213–1222.

GORDON, M.: The melanoma cell as an incompletely differentiated pigment cell. In: Pigment cell biology. Academic Press, London–New York (1959), 215–236.

GORDON, M., und BAKER, K. F.: Post-natal lethal gene in the platy fish, *Xiphophorus maculatus*. Anat. Rec. 122 (1955) 2, 436–437.

GORDON, M., und ROSEN, D. E.: Genetics of species differences in the morphology of the male genitalia of xiphophorin fishes. Bull. Am. Mus. Nat. Hist. 95 (1951) 7, 409–464.

GORDON, M., und SMITH, G. M.: The production of a melanotic neoplastic disease in fishes by selective matings. IV. Genetics of geographical species hybrids. Am. J. Cancer 34 (1938) 3, 543–565.

GORMAN, G. C., und KIM, Y. J.: Genotypic evolution in the face of phenotypic conservativeness: *Abudefduf* (Pomacentridae) from the Atlantic and Pacific sides of Panama. Copeia (1977) 4, 694–697.

GORMAN, G. C., KIM, Y. J., und RUBINOFF, R.: Genetic relationships of three species of *Bathygobius* from the Atlantic and Pacific sides of Panama. Copeia (1976) 2, 361–364.

* GORŠKOV, S. A., und GORŠKOVA, G. V.: Chromosomenpolymorphismus des Gorbuscha-Lachses. Oncorhynchus gorbuscha. Citologija 23 (1981) 8, 954–959 (r).

* GORŠKOVA, G. V.: Einige Besonderheiten der Karyotypen der Pazifischen Lachse. Citologija 20 (1978) 12, 1431–1435. (r).

* GORŠKOVA, G. V.: Karyologie und Chromosomenpolymorphismus der Pazifischen Lachse. In: Kariologičeskaja izmenčivost', mutagenez i ginogenez u ryb. Inst. Citol. AN SSSR, Leningrad (1980), 29–33 (r).

* GORŠKOVA, G. V., und GORŠKOV, S. A.: Die Chromosomensätze der jahreszeitlichen Rassen des Nerka-Lachses *Oncorhynchus nerka* im Azabače-See (Kamtschatka). Zool.Ž. 57 (1978) 9, 1382–1388 (r).

GRAG, R. W., und MCKENZIE, J. A.: Muscle protein electrophoresis in the genus *Salmo* of Eastern Canada. J. Fish. Res. B. Can. 27 (1970) 11, 2109–2112.

* GRAMMELVEDT, A.-F.: Chromosomes of salmon (*Salmo salar*) by leucocyte culture. Aquaculture 5 (1975) 2, 205–209.

GRANT, W. S., und UTTER, F. M.: Biochemical genetic variation in walleye pollock. *Theragra chalcogramma* population structure in the southeastern Bering Sea and the Gulf of Alaska. Can. J. Fish. Aquat. Sci. 37 (1980) 7, 1093–1100.

GRANT, W. S., MILNER, G. B., KRASNOWSKI, P., und UTTER, F. M.: Use of biochemical genetic variants for identification of sockeye salmon *Oncorhynchus nerka* stocks in Cook Inlet, Alaska. Can. J. Fish. Aquat. Sci. 37 (1980) 8, 1236–1247.

GRAVES, J., ROSENBLATT, R. H., und SOMERO, G. N.: Kinetical and electrophoretical differentiation of lactate dehydrogenase of teleost species pairs from the Atlantic and Pacific coasts of Panama. Evolution 37 (1983) 1, 30–37.

GRAY, R. H., PAGE, T. L., SAROGLIA, M. G., und BRONZI, P.: Comparative tolerance to gas supersaturated water of carp, *Cyprinus carpio* and black bullhead, *Ictalurus melas*, from the USA and Italy. J. Fish Biol. 20 (1982) 2, 223–227.

GREANEY, G. S., HOBISH, M. K., und POWERS, D. A.: The effects of temperature and pH on the binding of ATP to carp (*Cyprinus carpio*) deoxyhemoglobin. J. Biol. Chem. 255 (1980) 2, 445–453.

GREČKOVSKAJA, A. P.: Fischzüchterisch-biologische Charakteristik der Karpfen eines neuen Zuchtstammes (Ukn-52) und ihrer Hybriden in den Teichwirtschaften der westlichen Gebiete der Ukraine. Avtoref. kand. diss. Černovick. Gosud. Univ., Černovicy (1971) 27 S. (r).

GREČKOVSKAJA, A. P., TURANOV, V. F., und PULJAEVA, V. L.: Rückkreuzungen von Tolstolob-Hybriden. In: Materialy vses. naučn. konf. po razvitiju i intensifikacii rybovodstva vo vnutr. vodoemach Severnogo Kavkaza. AZNIIRCh, Moskva (1979), 58–61 (r).

GREEN, O. L., SMITHERMAN, R. O., und PARDUE, G. B: Comparisons of growth and survival of channel catfish, *Ictalurus punctatus*, from distinct populations. In: Advances in aquaculture. Fishing News Books Ltd., Farnham (1979), 626–628.

GREENBERG, S. S., und KOPAC, M. J.: Electrophoretic analysis of species relationships in the genus *Xiphophorus*. Comp. Biochem. Phys. 28 (1968) 1, 37–54.

GREGORY, P. E., HOWARD-PEEBLES, P. N., ELLENDER, R. D., und MARTIN, B. J.: G-banding of chromosomes from three established marine fish cell lines. Copeia (1980) 3, 545–547.

GRIMM, H.: Veränderungen in der Variabilität von Populationen des Zahnkarpfens *Aphanius anatoliae* während 30 Jahren 1943–1974. Z. Zool. Syst. Evol.-Forsch. 17 (1979) 4, 272–280.

GRIMM, H.: Investigations on the problem of scale reduction and sulphate tolerance of West Anatolian cyprinodonts (Pisces). Intern. Rev. ges. Hydrobiol. 65 (1980) 4, 517–533.

GROSS, H. P.: Adaptive trends of environmentally sensitive traits in the three-spined stickleback Gasterosteus aculeatus L. Z. Zool. Syst. Evol.-Forsch. 15 (1977) 4, 252–278.

GROSSMAN, G. D.: Polymorphism of plasma esterases in rainbow trout. Progr. Fish-Cult. 39 (1977) 1, 35–36.

GRUDZIEN, T. A., und TURNER, B. J.: Allozymic variation in the trophic types of Ilyodon, a genus of goodeid fishes. Isoz. Bull. 15 (1982), 134.

GRUDZIEN, T. A., TROST, J. C., und TURNER, B. J.: Genetic differentiation in Allodontichthys, a genus of darter-like goodeid fishes. Isoz. Bull. 15 (1982), 132.

GUERRERO, R. D.: Culture of male Tilapia mossambica produced through artificial sex reversal. In: Advances in aquaculture. Fishing New Books Ltd., Farnham (1979), 166–168.

GUNNES, K., und GJEDREM, T.: Selection experiments with salmon. IV. Growth of Atlantic salmon during two years in the sea. Aquaculture 15 (1978) 1, 19–33.

GUSE, C. J., NEY, J. J., und TURNER, B. J.: Allozymic evidence of reproductive isolation between two components of a landlocked population of striped bass. Isoz. Bull. 13 (1980), 101.

GUTIERREZ, M.: Estudio electroforetico de las proteinas solubles de tres zonas del cristalino de atun Thunnus thynnus L. Invest. Pesq. 33 (1969) 1, 149–169.

GUYOMARD, R.: Identification par electrophorese d'hybrides de salmonides. Ann. Génet. Sél. Anim. 10 (1978) 1, 17–27.

GUYOMARD, R.: Electrophoretic variation in four French populations of domesticated rainbow trout (Salmo gairdneri). Can. J. Genet. Cytol. 23 (1981) 1, 33–47.

GUYOMARD, R.: High level of residual heterozygosity in gynogenetic rainbow trout, Salmo gairdneri Rich. Theoret. Appl. Genet. 67 (1984) 4, 307–316.

GUŽOV, JU. L.: Heterosis und Ertrag. Kolos, Moskva 1969. 223 S. (r).

GWAHABA, J. J.: East Afric. Wildl. J. 11 (1973), 317 (zit. nach Moav et al. 1978).

* GYLDENHOLM, A. O., und SCHEEL, J. J.: Chromosome numbers of fishes. J. Fish Biol. 3 (1971) 3, 479–486.

HAAKER, P. L., und LANE, E. D.: Frequencies of anomalies in a bothid, Paralichthys californicus and a pleuronectid, Hypsopsetta guttulata flatfish. Copeia (1973) 1, 22–25.

HAAS, R.: Sexual selection in Nothobranchius guentheri (Pisces: Cyprinodontidae). Evolution 30 (1976) 3, 614–622.

HABERMAN, H., und TAMMERT, M.: On connections of the individual productivity of the bream with the genotype in some Estonian lakes. In: Eston Contrib. Int. Biol. Programme. Tallinn, 10 (1976), 100–113.

* HAFEZ, L., LABAT, R., QUILLIER, R.: Etude cytogenetiques chez quelques espèces de cyprinides de la region midi pyreneas. Bull. Soc. Hist. Natur. Toulouse 144 (1978) 1–2, 122–159.

HAGEN, D. W.: Isolating mechanisms in threespine stickleback (Gasterosteus). J. Fish. Res. B. Can. 24 (1967) 8, 1637–1692.

HAGEN, D. W.: Inheritance of number of lateral plates and gill rakers in Gasterosteus aculeatus. Heredity 30 (1973) 3, 303–312.

HAGEN, D. W., und GILBERTSON, L.: Geographic variation and environmental selection in Gasterosteus aculeatus L. in the Pacific Northwest, America. Evolution 26 (1972) 1, 32–51.

HAGEN, D. W., und GILBERTSON, L. G.: Selective predation and the intensity of selection acting upon the lateral plates of three-spine sticklebacks. Heredity 30 (1973a) 3, 273–287.

HAGEN, D. W., und GILBERTSON, L. G.: The genetics of plate morphs in fresh water threespine sticklebacks. Heredity 31 (1973b) 1, 75–84.

HAGEN, D. W., und MOODIE, G. E. E.: Polymorphism for breeding colors in Gasterosteus aculeatus. I. Their genetics and geographic distribution. Evolution 33 (1979) 2, 641–648.

* HAIMOVICI, S., und CIUCA, L.: Observations concernant les chromosomes chez Eudoontomyson maria (Cyclostomata, Petromyzonidae). Ann. Sti. Univ. Jasi., Sect. 2, 19 (1973) 2a, 345–348.

HALDANE, J. B. S.: On the biochemistry of heterosis and the stabilization of polymorphism. Proc. R. Soc. London, Ser. B 144 (1955) 915, 217–220.

HAMMERMAN, I. S., und AVTALION, R. R.: Sex determination in Sarotherodon (Tilapia), part 2. Theoret. Appl. Genet 55 (1979) 3–4, 177–187.

HANDFORD, P. T.: An esterase polymorphism in the bleak Alburnus alburnus (Pisces). In: Ecological genetics and evolution. Blackwell Sci. Publ., Oxford–Edinburgh (1971), 289–297.

HARRINGTON, R. W.: Environmentally controlled induction of primary male gonochorists from eggs of the self-fertilizing hermaphroditic fish, Rivulus marmoratus. Biol. Bull. 132 (1963) 1, 174–199.

HARRINGTON, R. W.: How ecological and genetic factors interact to determine when self-fertilizing hermaphrodites of Rivulus marmoratus change into functional secondary males with a reappraisal of the modes of intersexuality among fishes. Copeia (1971) 3, 389–432.

HARRINGTON, R. W., und CROSSMAN, R. A.: Temperature induced meristic variation among three homozygous genotypes (clones) of the self-fertilizing fish *Rivulus marmoratus*. Can. J. Zool. 54 (1976) 7, 1143–1155.

HARRIS, H.: The principles of human biochemical genetics. North-Holland Publ. Co., Amsterdam–London 1970.

HARRIS, H., und HOPKINSON, D. A.: Handbook of enzyme electrophoresis in human genetics. Elsevier, Amsterdam 1976.

HARRIS, H., HOPKINSON, D. A., und EDWARDS, Y. H.: Polymorphism and the subunit structure of enzymes: controversy. Proc. Nat. Acad. Sci. USA 74 (1976) 2, 698–701.

HARRIS, J. E.: Electrophoretic patterns of blood serum proteins of the cyprinid fish, *Leuciscus leuciscus* (L). Comp. Biochem. Phys. 48 B (1974) 3, 389–399.

HART, N. H., und COOK, M.: Esterase isozyme patterns in developing embryos of *Brachydanio rerio* (zebra danio), *B. albolineatus* (pearl danio) and their hybrids. J. Exp. Zool. 199 (1977) 1, 109–118.

HARTLEY, S. E., und HORNE, M. T.: Chromosome polymorphism in the rainbow trout. Chromosoma 87 (1982) 4, 461–468.

HARTMAN, W. L., und RALEIGH, R. V.: Tributary homing of sockeye salmon at brooks and Karluk Lakes, Alaska, J. Fish. Res. B. Can. 21 (1964) 3, 485–504.

HASKINS, C. P., und DRUZBA, J. P.: Note on anomalous inheritance of sex-linked color factors in the guppy. Amer. Natur. 72 (1938) 743, 571 bis 574.

HASKINS, C. P., und HASKINS, E. F.: Albinism, a semilethal autosomal mutation in *Lebistes reticulatus*. Heredity 2 (1948) 2, 251–262.

HASKINS, C. P., und HASKINS, E. F.: The inheritance of certain color patterns in wild populations of *Lebistes reticulatus* in Trinidad. Evolution 5 (1951) 3, 216–225.

HASKINS, C. P., und HASKINS, E. F.: Note on a „permanent" experimental alteration of genetic constitution in a natural population. Proc. Nat. Acad. Sci. USA 40 (1954) 7, 627–635.

HASKINS, C. P., HASKINS, E. F., und HEWITT, R. E.: Pseudogamy as an evolutionary factor in the poeciliid fish *Mollienesia formosa*. Evolution 14 (1960) 4, 473–483.

HASKINS, C. P., HASKINS, E. F., MCLAUGHLIN, J. J., und HEWITT, R. E.: Polymorphism and population structure in *Lebistes reticulatus*, an ecological study. In: Vertebrate speciation. Univ. Texas Press., New York (1961), 320–395.

HASKINS, C. P., YOUNG, P., HEWITT, R. E., und HASKINS, E. F.: Stabilized heterozygosis of supergenes mediating certain Y-linked colour patterns in populations of *Lebistes reticulatus*. Heredity 25 (1970) 4, 575–589.

HASNAIN, A. U., SIDDIQUI, A. Q., und ALI, S. A.: Hemoglobin polymorphism in the air-breathing climbing perch, *Anabas testudineus* (B). Curr. Sci. 42 (1973) 19, 691–692.

HAUSSLER, G.: Über die Melanombildung bei Bastarden von *Xiphophorus helleri* und *Platypoecilus maculatus* var. rubra. Klin. Wochenschr. 7 (1928) 33, 1561–1562.

HAYES, H. K.: Development of the heterosis concept. In: Heterosis, Iowa St. Coll. Press., Ames (1952), 49–68.

HAYFORD, C. O., und EMBODY, C. E.: Further progress in the selective breeding of brook trout at the New Jersey state hatchery. Trans. Am. Fish. Soc. 60 (1930) 1, 109–113.

HEALY, J. A., und MULCAHY, M. F.: Polymorphic tetrameric superoxide dismutase in the pike *Esox lucius* L. (Pisces: Esocidae). Comp. Biochem. Phys. 62 B (1979) 4, 563–565.

HEDRICK, P. W.: A new approach to measuring genetic similarity. Evolution 25 (1971) 2, 276 bis 280.

HEGENAUER, J., und SALTMAN, P.: Iron and susceptibility to infection disease. Science 188 (1975) 4192, 1038–1039.

HEINCKE, G.: Naturgeschichte des Herings. I. Die Lokalformen und die Wanderungen des Herings in den europäischen Meeren. Abh. Dtsch. Seefisch.-Ver. 2 (1898), 1–136.

HEMPEL, G., und BLAXTER, J. H. S.: The experimental modification of meristic characters in herring (*Clupea harengus* L.), Rapp. P.-V. Reun. 26 (1961) 3, 336–346.

HENRICSON, J., und NYMAN, L.: The ecological and genetical segregation of two sympatric species of dwarfed char (*Salvelinus alpinus* L. species complex). Rep. Inst. Freshwater Res. Drottningholm 55 (1976), 15–37.

HENRY, T., und FERGUSON, A.: Kinetic differences in phosphoglucose isomerase isozymes of *Salmo trutta*. Isoz. Bull. 15 (1982), 88.

HENZE, M., und ANDERS, F.: Über einen Makropterinophoren-komplexlocus und dessen Expressionskontrolle im Genom von *Platypoecilus maculatus, Xiphophorus helleri* und *X. montezumae cortezi* (Poeciliidae). Verh. Dtsch. Zool. Ges. 69 (1975), 159–162.

HERRERA, R. J.: Preferential gene expression of an amylase allele in interspecific hybrids of *Xiphophorus* (Pisces: Poeciliidae). Biochem. Genet. 17 (1979) 3–4, 223–227.

HERSCHBERGER, W. K.: Some physicochemical properties of transferrins in brook trout. Trans. Am. Fish. Soc. 99 (1970) 1, 207–218.

HERSCHBERGER, W. K.: The use of interpopulation hybridization in development of coho salmon stocks for aquaculture. Proc. Ann. Meet. World. Maricult. Soc. 9 (1978), 147–156.

HERSCHBERGER, W. K., BRANNON, E. L., DONALDSON, L. R., YOKOYAMA, G. A., und ROLEY, S. E.: Salmonid aquaculture studies: selective breeding. Ann. Rep. Coll. Fish. Univ. Washington (1976) 444, 61.

HEUTS, M. J.: Racial divergence in fin ray variation patterns in *Gasterosteus aculeatus*. Genetics 49 (1949) 1, 185–192.

HICKLING, C. F.: The Malacca *Tilapia* hybrids. J. Genet. 57 (1960) 1, 1–10.

HICKLING, C. F.: Fish hybridization. FAO Fish. Rep. Rome 44 (1968) 4, 1–11.

HICKS, D. C.: A population of albino black bullheads, *Ictalurus melas*. Copeia (1978) 1, 184 bis 185.

HILSE, K., SORGER, U., und BRAUNITZER, G.: Zur Phylogenie des Hämoglobinmoleküls. Über den Polymorphismus und die N-terminalen Aminosäuren des Karpfenhämoglobins. Z. Physiol. Chem. 344 (1966) 1–3, 166–168.

HINEGARDNER, R.: Evolution of cellular DNA content in teleost fishes. Amer. Natur. 102 (1968) 928, 517–523.

HINEGARDNER, R.: Evolution of genome size. In: Molecular evolution. Sinauer Assoc., Sunderland (1976a), S. 179–199.

HINEGARDNER, R.: The cellular DNA content of sharks, rays and some other fishes. Comp. Biochem. Phys. 55B (1976b) 3, 367–370.

HINEGARDNER, R., und ROSEN, D. E.: Cellular DNA content and the evolution of teleostean fishes. Amer. Natur. 106 (1972) 951, 621–644.

HINES, R. S., WOHLFARTH, G. W., MOAV, R., und HULATA, G.: Genetic differences in susceptibility to two diseases among strains of the common carp. Aquaculture 3 (1974) 2, 187–197.

HINES, S. A., PHILIPP, D. P., CHILDERS, W. F., und WHITT, G. S.: Thermal kinetic differences between allelic isozymes of malate dehydrogenase (Mdh-B locus) of largemouth bass *Micropterus salmoides*. Biochem. Genet. 21 (1983) 11 bis 12, 1143–1153.

HITOTSUMACHI, S., SASAKI, M., und OJIMA, Y.: A comparative karyotype study in several species of Japanese loaches (Pisces, Cobitidae). Jap. J. Genet. 44 (1969) 3, 157–161.

HITZEROTH, H., KLOSE, J., OHNO, S., und WOLF, U.: Asynchronous activation of parental alleles at the tissue-specific gene loci observed on hybrid trout during early development. Biochem. Genet. 1 (1968) 3, 287–300.

HJORTH, J. P.: Genetics of *Zoarces* populations. I. Three loci determining the phosphoglucomutase isoenzymes in brain tissue. Hereditas 69 (1971) 2, 233–241.

HJORTH, J. P.: Genetics of *Zoarces* populations. VII. Fetal and adult hemoglobins and a polymorphism common to both. Hereditas 78 (1974) 1, 69–72.

HJORTH, J. P.: Molecular and genetic structure of multiple hemoglobins in the eelpout, *Zoarces viviparus*. Biochem. Genet. 13 (1975) 5–6, 379–391.

HJORTH, J. P., und SIMONSEN, V.: Genetics of *Zoarces* populations. VIII. Geographical variation common to the polymorphic loci Hb I and Est III. Hereditas 81 (1974) 2, 173–184.

HOCHACHKA, P. W.: Organization of metabolism during temperature compensation. In: Molecular mechanism of temperature adaptation. Am. Assoc. Adv. Sci. Washington 1967, S. 177–203.

HOCHACHKA, P. W.: Lactate dehydrogenase function in *Electrophorus swimbladder* and in the lungfish lung. Comp. Biochem. Phys. 27 (1968) 4, 613–617.

HOCHACHKA, P. W., und SOMERO, G. N.: Strategies of biochemical adaptation. W. B. Saunders Co, Philadelphia–London–Toronto 1973.

HOCHACHKA, P. W., GYPPY, M., GURERLEY, H. E., STOREY, K. B., und HULBERT, W. C.: Metabolic biochemistry of water- vs airbreathing osteoglossids fishes. Can. J. Zool. 56 (1978) 4, 736–750, 751–768.

HODGES, D. H., und WHITMORE, D. H.: Muscle esterases of the mosquitofish, *Gambusia affinis*. Comp. Biochem. Phys. 58B (1977) 4, 401–407.

HODGINS, H.: Serological and biochemical studies in racial identification of fishes. In: The stook concept in pacific salmon. Univ. Brit. Columbia, Vancouver (1972), 199–208.

HODGINS, H., und UTTER, F. M.: Lactate dehydrogenase polymorphism of sockeye salmon (*Oncorhynchus nerka*). Rapp. P.-V. Reun. 161 (1971), 100–101.

HODGINS, H., AMES, W. E., und UTTER, F. M.: Variants of lactate dehydrogenase isozymes in sera of sockeye salmon *(Oncorhynchus nerka)*. J. Fish. Res. B. Can. 26 (1969) 1, 15–19.

HOFMANN, J.: Die Aischgründer Karpfenrasse. Z. Fischerei Hilfswiss. 25 (1927) 2, 291–365.

HOLM, M., und NAEVDAL, G.: Quantitative genetic variation in fish – its significance for salmonid culture. In: Marine organisms, Plenum Press, New York (1978), 679–698.

HOLMES, R. S.: Evolution of lactate dehydrogenase genes. FEBS Lett. 28 (1973), 51–55.

HOLMES, R. S., und MASTERS, C. J.: The developmental multiplicity and isoenzyme status of cavian esterases. Biochem. Biophys. Acta 132 (1967) 2, 379–399.

HOLMES, R. S., und WHITT, G.: Developmental genetics of the esterase isoenzyme of *Fundulus heteroclitus*. Biochem. Genet. 4 (1970) 4, 471 bis 480.

HOLZBERG, S.: A field and laboratory study of the behaviour and ecology of *Pseudotropheus zebra*

(Boul.), an endemic cichlid of Lake Malawi (Pisces; Cichlidae). Z. Zool. Syst. Evol.-Forsch. 16 (1978) 2, 171–187.

HOLZBERG, S., und SCHRÖDER, J. H.: Behavioural mutagenesis of the convict cichlid fish, *Cichlasoma nigrofasciatum* Guenther. I. The reduction of male aggressiveness in the first generation. Mutat. Res. 16 (1972) 2, 289–296.

HOORNBEEK, F. K., und BURKE, P. M.: Induced chromosome number variation in the winter flounder. J. Hered. 72 (1981) 3, 189–192.

HOPKINS, K. D., SHELTON, W. L., und ENGLE, C. R.: Estrogen sex-reversal of *Tilapia aurea*. Aquaculture 18 (1979) 3, 263–268.

HORN, P.: A mindkét ivaru guppiu (*Poecilia reticulata* Pet.) matatkozo uj autoszomalis dominanc mutacio. Allattani Kozl. 59 (1972) 1–4, 53–59.

HOROWITZ, J. J., und WHITT, G. S.: Evolution of a nervous system specific lactate dehydrogenase isozyme in fish. J. Exp. Zool. 180 (1972) 1, 13 bis 32.

* HOWELL, W. M.: Somatic chromosomes of the black ghost knifefish, Apteronotus albifrons (Pisces: Apteronotidae). Copeia (1972) 1, 191 bis 193.

* HOWELL, W. M., und DENTON, T. E.: Chromosomes of ammocoetes of the Ohio brook lamprey, *Lampetra aepyptera*. Copeia (1969) 2, 393–395.

* HOWELL, W. M., und DUCKETT, C. R.: Somatic chromosomes of the lamprey, Ichthyomyzon gagei (Agnatha; Petromyzonidae). Experientia 27 (1971) 2, 222–223.

* HOWELL, W. M., und VILLA, I.: Chromosomal homogeneity in two sympatric cyprinid fishes of the genus *Rhinichthys*. Copeia (1976) 1, 112 bis 116.

HOWLETT, G., und JAMIESON, A.: A system of muscle esterase variants in the sprat (*Sprattus sprattus*). Rapp. P.-V. Reun. 161 (1971), 45 bis 47.

HUBBS, C. L., und HUBBS, L. C.: Apparent parthenogenesis in nature in a form of fish of hybrid origin. Science 76 (1932) 1983, 628–630.

HUBBS, C. L., und HUBBS, L. C.: The increased growth, predominant maleness and apparent infertility of hybrids sunfishes. Pap. Mich. Acad. Sci. 17 (1933), 613–641.

HUBBS, C. L., und HUBBS, L. C.: Breeding experiments with the invariably female strictly matroclinous fish, *Mollienesia formosa*. Genetics 31 (1946a) 2, 218.

HUBBS, C. L., und HUBBS, L. C.: Experimental breeding of the Amazon molly. Aquarium J. 17 (1946b) 8, 4–6.

HUBBS, C. L., DRENRY, G. E., und WARBURTON, B.: Occurrence and morphology of a phenotypic male of a gynogenetic fish. Science 129 (1959) 3357, 1227–1229.

HUBBY, J. L., und LEWONTIN, R. C.: A molecular approach to the study of genic heterozygosity in natural populations. I. The number of alleles at different loci in *Drosophila pseudoobscura*. Genetics 54 (1966) 2, 577–594.

HUDSON, R. G.: A comparison of karyotypes and erythrocyte DNA quantities of several species of catfish (Siluriformes) with phylogenetic implications. Ph. D. Thesis, N. Carol. St. Univ., Raleigh 1976.

HUET, M.: Textbook of fish culture: breeding and cultivation of fish. Fishing News Books Ltd., Farnham 1973.

HUIYI YANG: Studies of the karyotype of *Siniperca chuatsi*. Acta Genetica Sinica 9 (1982) 2, 143–146.

HULATA, G., MOAV, R., und WOHLFARTH, G.: The relationship of gonad and egg size to weight and age in the European and Chinese races of the common carp *Cyprinus carpio* L. J. Fish Biol. 6 (1974) 4, 745–758.

HULATA, G., MOAV, R., und WOHLFARTH, G.: Genetic differences between the Chinese and the European races of the common carp. III. Gonad abnormalities in hybrids. J. Fish Biol. 16 (1980) 4, 369–370.

HULATA, G., ROTHBARD, S., und WOHLFARTH, G.: Genetic approach to the production of all-male progeny of tilapia. In: Intensive Aquaculture, Eur. Maricult. Soc., Spec. Publ. 6 (1981), 181 bis 190.

HULATA, G., WOHLFARTH, G., und ROTHBARD, S.: Progeny-testing selection of *Tilapia* broodstocks producing all-male hybrid progenies – preliminary results. Aquaculture 33 (1983) 1–4, 263–268.

HUMM, D. G., CLARK, E. E., und HUMM, J. H.: Transplantation of melanomas from platyfish-swordtail hybrids into embryos of swordtails, platyfish and their hybrids. J. Exp. Biol. 34 (1957) 4, 518–528.

HUNTER, G. A.: Production of all-female and sterile coho salmon, and experimental evidence for male heterogamety. Trans. Am. Fish. Soc. 111 (1982) 3, 367–372.

HUNTER, G. A., DONALDSON, E. M., STOSS, J., und BAKER, I.: Production of monosex female groups of chinook salmon *(Oncorhynchus tschawytscha)* by the fertilization of normal ova with sperm from sex-reversed females. Aquaculture 33 (1983) 1–4, 355–364.

HUNTER, R. L., und MARKERT, G. L.: Histochemical demonstration of enzymes separated by zone electrophoresis in starch gels. Science 125 (1957) 3261, 1294–1295.

HUNTSMAN, G. R.: Disc gel electrophoresis of blood sera and muscles extracts from some catostomid fishes. Copeia (1970) 3, 457–467.

HUTT, F. B.: Genetic resistance to infection. In: Resistance to infectious desease. Modern Press, Saskatoon 1970. 1–11.

HUTT, F. B.: Genetic indicators of resistance to disease in domestic animals. In: Proc. 1st World Congr. of genetica applied to livestock production, Madrid (1974), 179–185.

HUZYK, L., und TSUYUKI, H.: Distribution of „LDH-B" gene in resident and anadromous rainbow trout *(Salmo gairdneri)* from streams in British Columbia. J. Fish. Res. B. Can. 31 (1974) 1, 106–108.

IBRAHIM, K. H., GUPTA, S. D., und SEN, P. R.: Malformation of the vertebral column in single spawn progeny of *Labeo rohita* (Hamilton). Bamidgeh 34 (1982) 2, 59–62.

* IDA, H., IWASAWA, T., und KAMITORI, M.: Karyotypes of eight species of *Sebastes* from Japan. Jap. J. Ichthyol. 29 (1982) 2, 162–168.

IHSSEN, P.: Inheritance of thermal resistance in hybrids of *Salvelinus fontinalis* and *S. namaycush.* J. Fish. Res. B. Can. 30 (1973) 3, 401–408.

IHSSEN, P.: Selective breeding and hybridization in fisheries management. J. Fish. Res. B. Can. 33 (1976) 2, 316–321.

IHSSEN, P.: Inheritance of bluesac disease for hatchery char of the genus *Salvelinus.* Envir. Biol. Fish. 3 (1978) 3, 317–320. ·

IHSSEN, P. E., BOOKE, H. E., CASSELMAN, J. M., MAGLADE, J. M., PAYNE, N. R., und UTTER, F. M.: Stock identification: materials and methods. Can. J. Fish. Aquat. Sci. 38 (1981) 12, 1838–1855.

IHSSEN, P., und TAIT, J. S.: Genetic differences in retention of swimming bladder gas between two populations of lake trout *(Salvelinus namaycush).* J. Fish. Res. B. Can. 31 (1974) 5, 1351–1354.

IL'ENKOVA, S. A., und KAZAKOV, R. V.: Morphologische Charakteristik der aus Brutanstalten stammenden Jungfische der Wandersalmoniden der Gattung *Salmo.* I. Beurteilung der phänotypischen Variabilität der Einsömmerigen des Atlantischen Lachses *Salmo salar* L. Sb. naučn. tr. Gos NIORCh 174 (1981), 15–28 (r).

IL'IN, I. I.: Untersuchung des biochemischen Polymorphismus in den natürlichen Populationen von *Perccottus glehni* Dyb. II. Altersbedingte Variabilität und geschlechtsbedingte Unterschiede der genotypischen und Allelfrequenzen der Loci der Oktanodehydrogenase, Malatdehydrogenase und des Malikenzyms bei *Perccottus glehni* aus drei Populationen des Gebietes Moskau. Genetika 18 (1982) 10, 1645–1652 (r).

IL'IN, V. K., KONOVALOV, S. M., und ŠEVLJAKOV, A. G.: Der Migrationskoeffizient und die Raumstruktur der Pazifischen Lachse. In: Biologičeskie osnovy razvitija lososevogo chozjajstva v vodoemach SSSR, Nauka, Moskva 1983, 9–18 (r).

ILJASOV, JU. I.: Genetische Grundlagen der Züchtung von Fischen auf Widerstandsfähigkeit gegenüber Krankheiten. In: Biologičeskie osnovy rybovodstva: Problemy genetiki i selekcii. Nauka, Leningrad (1983), 121–129 (r).

ILJASOV, JU. I., und ŠART, L. A.: Die polymorphen genetischen Systeme des Blutserums und ihre Beziehungen zu den Selektionsmerkmalen beim Karpfen (*Cyprinus carpio* L.). In: Biochimičeskaja i populjacionnaja genetika ryb. Inst. Citol. AN SSSR, Leningrad (1979), 152 (r).

ILJASOV, JU. I., KIRPIČNIKOV, V. S., und ŠART, L. A.: Methoden und Effektivität der Züchtung des Karpfens auf erhöhte Widerstandsfähigkeit gegenüber Bauchwassersucht. In: Biologičeskie osnovy rybovodstva: Problemy genetiki i selekcii. Nauka, Leningrad (1983), 130–146 (r).

IMAI, H. T.: On the origin of telocentric chromosomes in mammals. J. Theoret. Biol. 71 (1978) 4, 619–638.

IMHOF, M., LEARY, R., und BOOKE, H. E.: Population or stock structure of lake whitefish, *Coregonus clupeaformis*, in northern lake Michigan as assessed by isozyme electrophoresis. Can. J. Fish. Aquat. Sci. 37 (1980) 5, 783–793.

INGRAM, G. A.: Substances involved in the natural resistance of fish to infection – a review. J. Fish. Biol. 16 (1980) 1, 23–60.

INGRAM, V. M.: The hemoglobins in genetics and evolution. Columbia Univ. Press, New York 1963.

* ITOH, Y., und NIIJAMA, H.: Comparative chromosome studies of two cyprinid fishes, Ugui, *Trilodon hakonensis* and Ezo-ugi, *T. ezoe.* Bull. Fac. Fish. Hokkaido Univ. 23 (1972) 2, 73–76.

IVANENKOV, V. V.: Expression von väterlichen Genen der Lactatdehydrogenase, Glutamatdehydrogenase und Acetylcholinesterase in der Entwicklung von Hybriden zwischen den Arten aus den Familien Cobitidae und Cyprinidae. Ontogenez 7 (1976) 6, 579–589 (r).

IVANENKOV, V. V.: Esterase-2 in der Entwicklung des Schlammpeitzgers *(Misgurnus fossilis).* Die Heterogenität der Eier des Schlammpeitzgers bezüglich der Expression der allelen Gene der Esterase-2. In: Biochimičeskaja i populjacionnaja genetika ryb. Inst. Citol. AN SSSR, Leningrad (1979), 29–35 (r).

IVANENKOV, V. V.: Esterase-2 in the development of loach *(Misgurnus fossilis).* I. Period of expression of esterase-2 genes and duration of maternal enzyme resistance in the embryos. II. Differential expression of the allelic esterase-2 genes in the oocytes and eggs. III. Absence of feedback in the regulation of EST-2 gene expression. Isoz. Bull. 13 (1980), 76–78.

IVANENKOV, V. V.: Carboxylesterase-2 in the development of the loach (*Misgurnus fossilis* L.) Bioch. Gen. 18 (1980a) 3-4, 353-364.

IVANENKOV, V. V.: Differencial expression of allelic carboxylesterase-2 genes in oocytes of loach (*Misgurnus fossilis* L.) and heterogeneity of loach oocytes and eggs for the expression of allelic carboxylesterase-2 genes. Bioch. Gen. 18 (1980b) 3-4, 365-375.

* IVANOV, V. N.: Die Chromosomen des Schwarzmeer-Steinbutts *Rhombus maeoticus* Pall. DAN SSSR 187 (1969) 6, 1397-1399 (r).

* IVANOV, V. N.: Die Chromosomen der Schwarzmeer-Gobiidae *Gobius melanostomus* und *G. batrachocephalus*. Citol. i Genet. 9 (1975) 6, 551-552 (r).

IVANOVA, I. M., KIRPIČNIKOV, V. S., und ROLLE, N. N.: Variabilität der Lactatdehydrogenase (LDH) beim Karpfen und Wildkarpfen *Cyprinus carpio* L. In: Biochimičeskaja genetika ryb. Inst. Citol. AN SSSR, Leningrad (1973), 91-96 (r).

IWAMOTO, R. N., SAXTON, A. M., und HERSCHBERGER, W. K.: Genetic estimates for length and weight of *coho salmon* during freshwater rearing. J. Heredity 73 (1982) 3, 187-191.

IWATA, M.: Genetic polymorphism of tetrazolium oxidase in walleye pollock. Jap. J. Genet. 48 (1973) 2, 147-149.

IWATA, M.: Genetic indentification of walleye pollock (*Theragra chalcogramma*) populations on the basis of tetrazolium oxidase polymorphism. Comp. Biochem. Phys. 50B (1975) 1, 197-201.

IWATA, M., und NUMACHI, K.: Pollock populations in north part of Pacific Ocean. In: Abstr. 14th Pacific Sci. Congr., Comm. F. Sect. F-IIa, Moscow (1979), 161-162.

IZJUMOV, JU. G.: Bestimmung des Vererbungskoeffizienten der Größe der Spermatozoiden beim Karpfen. Sb. naučn. tr. GosNIORCh 139 (1979), 127-129 (r).

JAKOVLEVA, V. I.: Isoenzyme. Usp. Biol. Chimii 9 (1968) 1, 55-94 (r).

JALABERT, B., KAMMACHER, P., und LESSENT, P.: Determinisme du sexe chez les hybrides entre *Tilapia macrochir* et *T. nilotica*. Ann. Biol. Anim. Bioch. Bioph. 11 (1971) 1, 155-165.

JAMES, G. D.: Revision of the New Zealand flatfish genus *Peltorhamphus* with description of two new species. Copeia (1972) 2, 345-355.

JAMIESON, A.: Enzyme of Atlantic cod stocks on the North American banks. In: Isozymes. Vol. IV. Academic Press, London-New York (1975), 491-515.

JAMIESON, A., und JONSSON, J.: The Greenland component of spawning cod at Iceland. Rapp. P.-V. Reun. 161 (1971), 65-72.

JAMIESON, A., und OTTERLIND, J.: The use of cod blood protein polymorphism in the Belt Sea, the Sound and the Baltic Sea. Rapp. P.-V. Reun. 161 (1971), 55-59.

JAMIESON, A., und THOMPSON, D.: Blood proteins in North-Sea cod (*Gadus morhua* L.) Proc. 12th Eur. Conf. Anim. Blood Gr. Biochem. Polym., Budapest 1972, 585-591.

JAMIESON, A., und TURNER, R. J.: The extended series of Tf alleles in Atlantic cod *Gadus morhua* L. In: Marine organisms. Plenum Press, New York 1978, 699-729.

JAMIESON, A., und TURNER, R. J.: Muscle protein differences in two eels *Anguilla anguilla* (L.) and *A. rostrata* (Le Seuer). Biol. J. Linn. Soc. 13 (1980), 41-45.

JEFFREY, J. E.: Distribution of serum transferrin i spot *Leiostomus xanthurus*. Anim. Blood Gr. Biochem. Genet. 12 (1981) 2, 139-143.

JENSEN, G. L., und SHELTON, W. L.: Effect of estrogens on *Tilapia aurea*: implications for production of monosex genetic male tilapia. Aquaculture 16 (1979) 3, 233-242.

* JIN SONIA, M., und TOLEDI, V.: Citogenetica de *Astyanax fasciatus* e *A. bimaculatus* (Characidae, Tetragonopterinae). Cienc. Cult. 27 (1975) 10, 1122-1124.

JOHNSON, A. G.: A survey of biochemical variants found in ground fish stocks from the North Pacific and Bering Sea. Anim. Blood Gr. Biochem. Genet. 8 (1977) 1, 13-19.

JOHNSON, A. G., und BEARDSLEY, A. J.: Biochemical polymorphism of starry flounder, *Platichthys stellatus* from the north-western and north-eastern Pacific Ocean. Anim. Blood Gr. Biochem. Genet. 6 (1975) 1, 9-18.

JOHNSON, A. G., UTTER, F. M., und HODGINS, H. O.: Electrophoretic variants of L-alpha-glycerophosphate dehydrogenase in Pacific Ocean perch (*Sebastodes alutus*). J. Fish. Res. B. Can. 27 (1970a) 5, 943-945.

JOHNSON, A. G., UTTER, F. M., und HODGINS, H. O.: Interspecific variation of tetrazolium oxidase in *Sebastodes* (rockfish). Comp. Biochem Phys. 37 (1970b) 2, 281-285.

JOHNSON, A. G., UTTER, F. M., und HODGINS, H. O.: Phosphoglucomutase polymorphism in Pacific Ocean perch., *Sebastodes alutus*. Comp. Biochem. Phys. 39 (1971) 2, 285-290.

JOHNSON, A. G., UTTER, F. M., und HODGINS, H. O.: An electrophoretic investigation of the family Scorpaenidae. Fish. Bull. 70 (1972), 403-413.

JOHNSON, A. G., UTTER, F. M., und HODGINS, H. O.: Estimate of genetic polymorphism and heterozygosity in three species of rockfish (genus *Sebastes*). Comp. Biochem. Phys. 44B (1973) 2, 397-406.

JOHNSON, G. B.: Genetic polymorphism and enzyme function. In: Molecular evolution. Sinauer Assoc., Sunderland (1976), 46–59.

JOHNSON, J. E.: Albinistic carp, *Cyprinus carpio*, from Roosevelt lake, Arizona. Trans. Am. Fish. Soc. 97 (1968) 2, 209–210.

JOHNSON, M. S.: Adaptive lactate dehydrogenase variation in the crested blenny, *Anoplarchus*. Heredity 27 (1971) 2, 205–226.

JOHNSON, M. S.: Comparative geographic variation in *Menidia*. Evolution 28 (1974) 3, 607–618.

JOHNSON, M. S.: Biochemical systematics of the atherinid genus *Menidia*. Copeia (1976) 4, 662–691.

JOHNSON, M. S.: Association of allozymes and temperature in the crested blenny *Anoplarchus purpurescens*. Mar. Biol. 41 (1977) 2, 147–152.

JOHNSON, M. S., und MICKEVICH, M. F.: Variability and evolutionary rates of characters. Evolution 31 (1977) 3, 642–648.

JOHNSTON, R., SIMPSON, T. H., und YOUNGSON A. F.: Sex reversal in salmonid culture. Aquaculture 13 (1978) 2, 115–134.

JOHNSTON. R., SIMPSON, T. H., YOUNGSON, A. F., und WHITEHEAD, C.: Sex reversal in salmonid culture. P. II. The progeny of sex-reversal rainbow trout. Aquaculture 18 (1979a) 1, 13–19.

JOHNSTON R., SIMPSON, T. H., und WALKER, A. F.: Sex reversal in salmonid culture. P. III. The production and performance of all-female populations of brook trout. Aquaculture 18 (1979b) 3, 241–252.

* JOSWIAK, G. R., STARNES, W. C., und MOORE, W. S.: Karyotypes of three species of the genus *Phoxinus* (Pisces: Cyprinidae). Copeia (1980) 4, 913–916.

JURCA, V.: Electroforeza hemoglobinei unor specii si linii de cipriniḍe in gel de poliacrilamida. Stud. Cerc. Biochim. 17 (1974) 3, 259–264.

JURCA, V., und MATEI, G.: Proteinele din musclii scheletici la unele specii si linii de ciprinide. Stud. Cerc. Biochim. 18 (1975) 2, 115–118.

KABAI, P., und CSANYI, V.: Genetical analysis of tonic immobility in two subspecies of *Macropodus opercularis*. Acta Biol. 29 (1979) 3, 295 bis 298.

* KAJDANOVA, T. I.: Untersuchung des Chromosomenpolymorphismus bei der Regenbogenforelle (*Salmo irideus* G.) und der Bachforelle (*Salmo trutta m. fario* L.). Izv. GosNIORCh 97 (1974), 155–158 (r).

KAJDANOVA, T. I.: Vergleichende Analyse des Chromosomenpolymorphismus in der „dänischen" und „Gostilizker" Population der Regenbogenforelle. Izv. GosNIORCh 113 (1976), 51–76 (r).

* KAJDANOVA, T. I.: Untersuchung der Karyotypen zweier Coregonenarten. Izv. GosNIORCh 130 (1978), 50–55 (r).

* KAJDANOVA, T. I.: Vergleichende karyologische Analyse einiger Arten von Lachsen und Maränen. In: Kariologičeskaja izmenčivost', mutagenez i ginogenez u ryb. Inst. Citol. AN SSSR, Leningrad (1980), 16–23 (r).

* KAJDANOVA, T. I., und EFANOV, G. V.: Der Karyotyp der Peipusmaräne. Izv. GosNIORCh 107 (1976), 94–97 (r).

KAJISHIMA, T.: Heredities of de-coloration in the goldfish. Jap. J. Genet. 40 (1965), 397–398.

KAJISHIMA, T.: In vitro analysis of gene depression in goldfish choroidal melanophores. J. Exp. Zool. 191 (1975) 1, 121–126.

KAJISHIMA, T.: Genetic and developmental analysis of some new color mutants in the goldfish, *Carassius auratus*. Genetics 86 (1977) 1, 161–174.

KAJISHIMA, T., und TAKEUCHI, I. K.: Ultrastructural analysis of gene interaction and melanosome differentiation in the retinal pigment cells of the albino goldfish. J. Exp. Zool. 200 (1977) 3, 349–376.

KALLMAN, K. D.: Gynogenesis in the teleost *Mollienesia formosa* (Girard) with a discussion of the detection of parthenogenesis in vertebrates by tissue transplantation. J. Genet. 58 (1962a) 1, 7–21.

KALLMAN, K. D.: Population genetics of the gynogenetic teleost, *Mollienesia formosa*. Evolution 16 (1962b) 4, 497–504.

KALLMAN, K. D.: Genetics of tissue transplantation in isolated platyfish populations. Copeia (1964a) 3, 513–522.

KALLMAN, K. D.: An estimate of the number of histocompatibility loci in the teleost *Xiphophorus maculatus*. Genetics 50 (1964b) 4, 583–595.

KALLMAN, K. D.: Sex determination in the teleost *Xiphophorus milleri*. Am. Zool. 5 (1965a) 2, 246–247.

KALLMAN, K. D.: Genetics and geography of sex determination in the poeciliid fish, *Xiphophorus maculatus*. Zoologica 50 (1965b) 1, 151 bis 190.

KALLMAN, K. D.: Evidence for the existence of transformer genes for sex in the teleost *Xiphophorus maculatus*. Genetics 60 (1968) 4, 811 bis 828.

KALLMAN, K. D.: Different genetic basis of identical pigment patterns in two populations of platyfish, *Xiphophorus maculatus*. Copeia (1970a) 3, 472–475.

KALLMAN, K. D.: Sex determination and the restriction of sex-linked pigment patterns to the X- and Y-chromosomes in populations of a poeciliid fish, *Xiphophorus maculatus*, from the Belize and Sibun rivers of British Honduras. Zoologica 55 (1970b) 1, 1–16.

KALLMAN, K. D.: Stable changes in pigment patterns after crossing-over in the teleost *Xiphophorus maculatus* (Abstr.). Genet. 64 (1970c) 2, p. 2, 32.

KALLMAN, K. D.: Inheritance of melanophore patterns and sex determination in the Montezuma swordtail, X. montezumae cortezi Rosen. Zoologica 56 (1971) 3, 77–94.

KALLMAN, K. D.: The sex-determining mechanism of the platyfish, *Xiphophorus maculatus*. In: Genetics and mutagenesis of fish. Springer, Berlin–Heidelberg–New York 1973, 19–28.

KALLMAN, K. D.: The platyfish, *Xiphophorus maculatus*. In: Handbook of genetics. Vol. IV. Plenum Press, New York (1975), 81–132.

KALLMAN, K. D. und ATZ, J. W.: Gene and chromosome homology in fishes of the genus *Xiphophorus*. Zoologica 51 (1966) 4, 107–135.

KALLMAN, K. D., und BORKOSKI, V.: A sex-linked gene controlling the onset of sexual maturity in female and male platyfish (*Xiphophorus maculatus*), fecundity in females and adult size in males. Genetics 89 (1978) 1, 79–119.

KALLMAN, K. D., und BOROWSKY, R.: The genetics of gonadal polymorphism in two species of poeciliid fish. Heredity 28 (1972) 2, 297–310.

KALLMAN, K. D., und HARRINGTON, R. W.: Evidence for the existence of homozygous clones in the self-fertilizing hermaphroditic teleost *Rivulus marmoratus* (Poey). Biol. Bull. 26 (1964) 1, 101–114.

KALLMAN, K. D., und SCHREIBMAN, M. P.: The origin and possible genetic control of new stable pigment patterns in the poeciliid fish *Xiphophorus maculatus*. J. Exp. Zool. 176 (1971) 2, 147 bis 168.

KALLMAN, K. D., und SCHREIBMAN, M. P.: A sex-linked gene controlling gonadotrop differentiation and its significance in determining the age of sex maturation and size of the platyfish *Xiphophorus maculatus*. Gen. Comp. Endocrinol. 21 (1973) 2, 287–304.

* KANG, Y. S., und PARK, E. H.: Studies on the karyotypes and comparative DNA values in several Korean cyprinid fishes. Korean J. Zool. 16 (1973a) 1, 97–108.

* KANG, Y. S., und PARK, E. H.: Somatic chromosomes of the Manchurian trout, *Brachymystax lenok* (Salmonidae). CIS 15 (1973b) 10–11.

KANIS, E., REFSTIE, T., und GJEDREM, T.: A genetic analysis of egg, alevin and fry mortality in salmon *(Salmo salar)*, sea trout (S. trutta) and rainbow trout *(S. gairdneri)*. Aquaculture 8 (1976) 3, 259–268.

KAO, Y-H. J., und FARLEY, T. M.: Thermal modulation of pyruvate substrate inhibition in the $B_4^{2'}$ and $B_4^{2''}$ liver lactate dehydrogenases of rainbow trout, *Salmo gairdneri*. Comp. Biochem. Phys. 60B (1978a) 2, 153–155.

KAO, Y-H. J., und FARLEY, T. M.: Purification and properties of allelic lactate dehydrogenase isozymes an the B^2 locus in rainbow trout, *Salmo gairdneri*. Comp. Biochem. Phys. 61B (1978b) 4, 507–512.

KARPENKO, I. M.: Wildkarpfen-Karpfen-Hybriden. Kamenjar, L'viv (1966), 83 S. (r).

KARTAVCEV, JU. F.: Vergleichende elektrophoretische Analyse der Hämoglobine, der wasserlöslichen Proteine der Muskulatur und der Augenlinsen von fünf Grundelarten aus der Fam. Cottidae. Biol. Morja (1975) 2, 31–38 (r).

KARTAVCEV, JU. F., und KARPENKO, A. I.: Variabilität und Heritabilität der Masse und Größe der Eier des Keta-Lachses in zwei Flüssen Sachalins. In: Morfologija, struktura, populjacij i problemy radiacaz'n. ispol'zov. lososevidnych ryb. Nauka, Leningrad (1983), 96–97 (r).

KARTAVCEV, JU. F., GLUBOKOVSKIJ, M. K., und ČEREŠNEV, I. A.: Genetische Differenzierung und Variabilität zweier sympatrischer Arten des Saiblings *(Salvelinus, Salmonidae)* in Čukotka. Genetika 19 (1983) 4, 584–593 (r).

KATASONOV, V. JA.: Züchtung des Mittelrussischen Karpfens. In: Genetika, selekcija, gibridizacija ryb. (Tez. 2. vses. sovešč.). AzNIIRCh, Rostov/Don (1981), 92–94 (r).

KATASONOV, V. JA., BOBROVA, JU. P., und STOJANOVSKIJ, I. I.: Der Stand der Arbeiten zur Züchtung des Mittelrussischen Karpfens. Sb. naučn. tr. VNIIPRCh 28 (1980), 3–24 (r).

KATASONOV, V. JA., STOJANOVSKIJ, I. I., und UVAROV, K. V.: Bildung und Verwendung des Zuchtstammes im Fischzuchtbetrieb „Osenka". Sb. naučn. tr. VNIIPRCh 33 (1982), 55–63 (r).

KATASONOV, V. JA.: Ergebnisse der Untersuchung der Japanischen Zierkarpfen und ihrer Hybriden. In: Razvitie prudovogo rybovodstva i racional'noe osvoenie vodoemov i vodochranilišč. VNIIPRCh, Moskva (1971), 223–225 (r).

KATASONOV, V. JA.: Untersuchung der Färbung bei den Hybriden zwischen dem normalen und dem (Japanischen) Zierkarpfen. 1. Mitt. Untersuchung der dominanten Färbungstypen. Genetika 9 (1973) 8, 59–69 (r).

KATASONOV, V. JA.: Untersuchung der Färbung bei den Hybriden zwischen dem normalen und dem (Japanischen) Zierkarpfen. 2. Mitt. Die pleiotrope Wirkung der dominanten Gene der Färbung. Genetika 10 (1974a) 12, 56–66 (r).

KATASONOV, V. JA.: Verwendung der Japanischen Chromkarpfen zur Schaffung genetisch markierter Karpfenlinien. Tr. VNIIPRCh 23 (1974b), 10–19 (r.).

KATASONOV, V. JA.: Über die letale Wirkung des Gens der hellen Färbung beim Karpfen *(Cyprinus carpio)*. Genetika 12 (1976) 4, 152–161 (r).

KATASONOV, V. JA.: Untersuchung der Färbung bei den Hybriden zwischen dem normalen und dem (Japanischen) Zierkarpfen. 3. Mitt. Untersuchung der Färbungstypen blau und orange. Genetika 14 (1978) 12, 2184–2192 (r).

KATO, T.: On domestication of salmonid fishes. Fish Cult. 11 (1974) 10, 56–59.

KATO, T.: Selective breeding of rainbow trout with regard to reproduction characteristic. In: Proc. 7th Japan-Soviet Joint Symp. on Aquaculture, Tokyo Sept. 1978, 137–144.

KAZAKOV, R. B., und MEL'NIKOVA, M. N.: Der Grad der Heritabilität der Eimasse beim Atlantischen Lachs *Salmo salar* L. Sb. naučn. tr. GosNIORCh 174 (1981), 23–27 (r).

KAZAKOV, R. B., ZELINSKIJ, JU. P., und SMIRNOV, JU. A.: Züchterisch-genetische Untersuchungen beim Atlantischen Lachs *Salmo salar* L. im Zusammenhang mit der Populationsstruktur und den karyologischen Besonderheiten der Art. In: Genetika promysl. ryb. i ob'ektov akvakul'tury. Legkaja i piščevaja promyšlennost', Moskva (1983), 83–86 (r).

KAUSHIK, N. K.: On the absenc of pelvic fins in *Cirrhina mrigala* (Ham.) and anal fin in *Catla catla* (Ham.) Curr. Sci. 29 (1960) 8, 316–317.

KEDROVA, O. S., VLADYČENSKAJA, N. S., und ANTONOV, A. S.: Divergenz der unikalen und der sich wiederholenden Reihenfolgen in den Genomen der Fische. Molek. Biol. 14 (1980) 5, 1001–1012 (r).

KEESE, A., und LANGHOLZ, H. J.: Electrophoretische Studien zur Populationsanalyse bei der Regenbogenforelle. Z. Tierz. Züchtungsbiol. 91 (1974) 1–2, 109–124.

KEMPF, C. T., und UNDERHILL, D. K. A serum esterase polymorphism in *Fundulus heteroclitus*. Copeia (1974) 3, 792–794.

KENNEY, W. C.: Molecular nature of isozymes. Horizonts Biochem. Biophys. 1 (1974), 38–61.

KEPES, K. L., und WHITT, G. S.: Specific lactate dehydrogenase gene function in the differenciated liver of cyprinid fish. Genetics 71 (1972) Suppl., 29.

KERRIGAN, A. M.: The inheritance of the crescent and twin spot marking in *Xiphophorus helleri*. Genetics 19 (1934) 6, 581–599.

KEYVANFAR, A.: Serologie et immunologie de deux especes de thonides (*Germo alalunga* Gm. et *Th. thynnus* L.) de l'Atlantique et de la Mediterranée. Rev. Trav. Inst. Pêche Mar. 26 (1962) 4, 407–450.

KHANNA, N. D., JUNEJA, R. K., und LARSSON, B.: Electrophoretic studies on esterases in the Atlantic salmon, *Salmo salar* L. Swed. J. Agric. Res. 5 (1975a) 4, 193–197.

KHANNA, N. D., JUNEJA, R. K., und LARSSON, B.: Electrophoretic studies on proteines and enzymes in the Atlantic salmon, *Salmo salar*, L. Swed. J. Agric. Res. 5 (1975b) 4, 185–192.

* KHUDA-BUKHSH, A. R.: Somatic chromosomes of an exotic fish, *Puntius japonicus*. J. Cytol. Genet. (India) (1975) Suppl.: 1118.

* KHUDA-BUKHSH, A. R.: Chromosomes in three species of fishes, *Aplocheilus panchax* (Cyprinodontidae), *Later calcerifer* (Percidae) and *Gadusia charpa* (Clupeidae). Caryologia 32 (1979a) 2, 161–169.

* KHUDA-BUKHSH, A. R.: Karyology of 2 species of hillstream fishes, Barilius bendelisis and Rasbora daniconius (Cyprinidae). Curr. Sci. 48 (1979b) 17, 793–795.

* KHUDA-BUKHSH, A. R.: A high number of chromosomes in the hillstream cyprinid, *Tor putitora* (Pisces). Experientia 36 (1980), 173–174.

* KHUDA-BUKHSH, A. R., und MANNA, G. K.: Somatic chromosomes in seven species of teleostean fishes. CIS 17 (1974), 5–6.

KIJIMA, A., und FUJIO, Y.: Geographic distribution of IDH and LDH isozymes in chum salmon populations. Bull Jap. Soc. Sci. Fish. 45 (1978) 3, 287–296.

KIKNADZE, I. I.: Die funktionale Organisation der Chromosomen. Nauka, Leningrad 1972. 211 S. (r).

* KIMIZUKA, Y., und KOBAYASHI, H.: Geographical distributions of karyological races of *Cobitis biwae*. Jap. J. Ichthyol. 30 (1983) 30, 308–312.

* KIMIZUKA, Y., KOBAYASHI, H., und MIZUNO, N.: Geographic distributions and karyotypes of *Cobitis takatsuensis* and *Niwaella delicata* (Cobitidae). Jap. J. Ichthyol. 29 (1982) 3, 305–310.

KIMURA MASAO: Hemoglobin electrophoretic patterns of the loach, Misgurnus anguillicaudatus. Jap. J. Genet. 51 (1976) 2, 143–145.

KIMURA MASAO: Protein polymorphism and geographic variation in the loach *Misgurnus anguillicaudatus*. Anim. Blood Gr. Biochem. Genet. 9 (1978a) 1, 13–20.

KIMURA MASAO: Protein polymorphism and genic variation in a population of the loach *Cobitis delicata*. Anim. Blood Gr. Biochem. Genet. 9 (1978b) 3, 183–186.

KIMURA MASAO: Phosphoglucomutase electrophoretic patterns of the loach *Cobitis biwae*. Anim. Blood Gr. Biochem. Gen. 9 (1978c) 3, 187–190.

KIMURA MASAO: Geographical variation of lactate dehydrogenase and phosphoglucomutase in the loach, *Misgurnus anguillicaudatus*. Anim. Blood Gr. Biochem. Genet. 10 (1979) 4, 253 bis 256.

KIMURA MOTOO: Evolutionary rate at the molecular level. Nature (London) 217 (1968a) 5129, 624–626.

KIMURA MOTOO: Genetic variability maintained in a finite population due to mutational production of neutral and nearly neutral isoalleles. Genet. Res. 11 (1968b) 3, 247–269.

KIMURA MOTOO: The neutral theory of molecular evolution and polymorphism. Scientia 112 (1977) 9–12, 687–707.

KIMURA MOTOO: The neutral theory of molecular evolution. Cambridge Univ. Press. Cambridge 1983.

KIMURA MOTOO und OHTA, T.: The average number of generation until fixation of a mutant gene in a finite population. Genetics 61 (1969) 3, 763 bis 771.

KIMURA MOTOO und OHTA, T.: On some principles governing molecular evolution. Proc. Nat. Acad. Sci. USA 71 (1974) 7, 2848–2852.

KINCAID, H. L.: A preliminary report of the genetic aspects of 150-day family weight in hatchery rainbow trout. In: Proc. 52nd Ann. Conf. West. Assoc. State Game Fish. Comm., Portland (1972), 562–565.

KINCAID, H. L.: Iridescent metallic blue color variant in rainbow trout. J. Heredity 66 (1975) 2, 100–101.

KINCAID, H. L.: Inbreeding in rainbow trout (*Salmo gairdneri*). J. Fish. Res. B. Can. 33 (1976) 11, 2420–2426.

KINCAID, H. L.: Rotational line crossing: an approach to the reduction of inbreeding accumulation in trout brood stocks. Progr. Fish-Cult. 39 (1977) 4, 179–181.

KINCAID, H. L.: Inbreeding in salmonds. In: Fish Salmonid genetics: status in Aquaculture. Univ. of Washington, Seattle (1980) 762, 42 S.

KINCAID, H. L.: Trout strain registry. Nat. Fish. Cent. Leetown, Kearneysville 1981, 118 S.

KINCAID, H. L.: Inbreeding in fish populations, used for aquaculture. Aquaculture 33 (1983) 1 bis 4, 215–227.

KINCAID, H. L., BRIDGES, W. R., und LIMBACH, B. VON: Three generations of selection for growth rate in fall-spawning rainbow trout. Trans. Am. Fish. Soc. 106 (1977) 6, 621–628.

KINGHORN, B. P.: Quantitative genetics in fish breeding. Ph. D. Thesis, Univ. of Edinburgh 1981, 142 S.

KINGHORN, B. P.: Genetic effects in crossbreeding. II. Multibreed selection indices. Z. Tierz. Züchtungsbiol. 99 (1982), 315–320.

KINGHORN, B. P.: Genetic variation in food conversion efficiency and growth in rainbow trout. Aquaculture 32 (1983) 1–2, 141–155.

KINGSBURG, N., und MASTERS, G. I.: Heterogeneity, molecular weight interrelationships and developmental genetics of the esterase isoenzymes of the rainbow trout. Biochem. Biophys. Acta 258 (1972) 2, 455–465.

KIRBY, R. F., THOMPSON, U. W., und HUBBS, C. I.: Karyotypic similarities between the mexican and blind tetras. Copeia (1977) 3, 578–580.

KIRKPATRICK, M., und SELANDER, R. K.: Genetics of speciation in lake whitefishes in the Allegash basin. Evolution 33 (1979) 1, p. 2, 478–485.

KIRPIČNIKOV, V. S.: Ein biologisch-systematischer Abriß des Stintes des Weißen Meeres, der Tscheschska-Bucht und der Petschora. Tr. VNIRO 1 (1935a), 103–194 (r).

KIRPIČNIKOV, V. S.: Die autosomen Gene bei *Lebistes reticulatus* und das Problem der genetischen Bestimmung des Geschlechts. Biol. Ž. 4 (1935b) 2, 343–354 (r).

KIRPIČNIKOV, V. S.: Die wichtigsten Beschuppungsgene beim Karpfen. Biol. Ž. 6 (1937) 3, 601–632 (r).

KIRPIČNIKOV, V. S.: Experimentelle Systematik des Wildkarpfens (*Cyprinus carpio* L.). I. Wachstum und morphologische Charakteristik des Taparawai-, des Wolga- kaspischen und des Amur-Wildkarpfens unter den Bedingungen der Aufzucht in Teichen. Izv. AN SSSR 4 (1943), 189–220 (r).

KIRPIČNIKOV, V. S.: Einfluß der Aufzuchtbedingungen auf Überlebensrate, Wachstumsgeschwindigkeit und Morphologie von Karpfen unterschiedlichen Genotyps. DAN SSSR 47 (1945) 7, 521–524 (r).

KIRPIČNIKOV, V. S.: Vergleichende Charakteristik der vier Hauptformen des Zuchtkarpfens bei ihrer Aufzucht im Norden der UdSSR. Izv. VNIORCh 26 (1948), 145–170 (r).

KIRPIČNIKOV, V. S.: Der Amur-Wildkarpfen im Norden der UdSSR. Rybnoe Chozjajstvo (1949) 8, 39–44 (r).

KIRPIČNIKOV, V. S.: Genetische Methoden der Individualauslese in der Karpfenzucht. DAN SSSR 121 (1958a) 4, 682–685 (r).

KIRPIČNIKOV, V. S.: Der Grad der Heterogenität in den Populationen des Wildkarpfens und der Hybriden zwischen Wildkarpfen und Karpfen. DAN SSSR 122 (1958b) 4, 716–719 (r).

KIRPIČNIKOV, V. S.: Genetische Methoden der Fischzüchtung. Bjull. Mosk. Obščestva Ispyt. Prir. 64 (1959) 1, 121–137 (r).

KIRPIČNIKOV, V. S.: Die Organisation der Züchtungsarbeit in der Karpfenzucht. Naučn.-techn. Bjull. VNIORCh 11 (1960), 38–40 (r).

KIRPIČNIKOV, V. S.: Die genetischen Methoden der Selektion in der Karpfenzucht. Z. Fischerei NF 10 (1961) 1–3, 137–163.

KIRPIČNIKOV, V. S.: Hybridisation des Karpfens mit dem Wildkarpfen. In: Tr. 2. plenuma Komm. po rybochoz. issled. zap. časti Tichogo okeana. VNIRO, Moskva (1962), 162–169 (r).

KIRPIČNIKOV, V. S.: Ziele und Methoden der Karpfenzüchtung. Izv. GosNIORCh 61 (1966a) 7 bis 28 (r).

KIRPIČNIKOV, V. S.: Methoden zur Überprüfung der Laichfische nach der Nachkommenschaft in

den Karpfenteichwirtschaften. Izvest. GosNIORCh 61 (1966b), 40–61 (r).
KIRPIČNIKOV, V. S.: Hybridisation des Europäischen Karpfens mit dem Amur-Wildkarpfen und Selektion der Hybriden. Diss. Zool. Inst. Leningrad (1967a) 68 S. (r).
KIRPIČNIKOV, V. S.: Homologe erbliche Variabilität und die Evolution des Wildkarpfens (*Cyprinus carpio* L.). Genetika 3 (1967b) 2, 34–47 (r).
KIRPIČNIKOV, V. S.: Allgemeine Theorie der Heterosis. 1. Mitt. Die genetischen Mechanismen der Heterosis. Genetika 3 (1967c) 10, 167 (r).
KIRPIČNIKOV, V. S.: Efficiency of mass selection and selection for relatives in fish culture. FAO Fish. Rep. Rome 44 (1968) 4, 179–194.
KIRPIČNIKOV, V. S.: Der gegenwärtige Stand der Fischgenetik. In: Genetika, selekcija i gibridizacija ryb. Nauka, Moskva (1969a), 9–29 (r).
KIRPIČNIKOV, V. S.: Theorie der Fischzüchtung. In: Genetika, selekcija i gibridizacija ryb. Nauka, Moskva (1969b), 44–58 (r).
KIRPIČNIKOV, V. S.: Genetics of the common carp (*Cyprinus carpio* L.) and other edible fishes. In: Rep. FAO/UNDP (TA), 2926, Rome (1971a), 186–201.
KIRPIČNIKOV, V. S.: Methods of fish selection. I. Aims of selection and methods of artificial selection. 2. Crossing, modern genetic methods of selection, selection techniques. In: Rep. FAO/UNDP (TA), 2926 (Rome 1971 b) 202–216, 217–227.
KIRPIČNIKOV, V. S.: Methoden und Effektivität der Selektion des Ropscha-Karpfens. 1. Mitt. Ziele der Selektion, Ausgangsformen und das System der Kreuzungen. Genetika 8 (1972a) 8, 65–72 (r).
KIRPIČNIKOV, V. S.: Biochemischer Polymorphismus und das Problem der sogenannten nichtDarwinschen Evolution. Usp. Sovr. Biol. 74 (1972 b) 2 (5), 231–246 (r).
KIRPIČNIKOV, V. S.: Biochemical polymorphism and microevolution processes in fish. In: Genetics and mutagenesis of fish. Springer, Berlin-Heidelberg-New York (1973 a), 223–241.
* KIRPIČNIKOV, V. S.: On karyotype evolution in Cyclostomata and Pisces. Ichthiologia 5 (1973b) 1, 55–77.
KIRPIČNIKOV, V. S.: Anwendung der genetischen Selektion in der Fischwirtschaft der UdSSR und den Ländern Osteuropas (Stand und Perspektiven). Tr. VNIIPRCh 21 (1973 c), 94–108 (r).
KIRPIČNIKOV, V. S.: Die genetischen Mechanismen und die Evolution der Heterosis. Genetika 10 (1974 a) 4, 165–179 (r).
KIRPIČNIKOV, V. S.: Der Anpassungscharakter des biochemischen Polymorphismus bei Fischen. In: Funkcional'naja morfologija, genetika i biochimija kletki. Inst. Citol. AN SSSR, Leningrad (1974 b), 320–322 (r).

KIRPIČNIKOV, V. S.: Der selektive Charakter des biochemischen Polymorphismus beim Nerka-Lachs (Oncorhynchus nerka Walb.) auf Kamtschatka. In: Osnovy klassifikacii i filogenii lososevidnych ryb. Zool. Inst. AN SSSR, Leningrad (1977), 53–60 (r).
KIRPIČNIKOV, V. S.: Genetische Grundlagen der Fischzüchtung. Nauka, Leningrad 1979a, 391 S. (r).
KIRPIČNIKOV, V. S.: Funktionale Unterschiede zwischen den Isozymen (Isoformen) und zwischen den allelen Formen der Eiweiße bei den Fischen. In: Biochimičeskaja i popujacionnaja genetika ryb. Inst. Citol. AN SSSR, Leningrad (1979 b), 5–9 (r).
KIRPIČNIKOV, V. S.: Entstehung und Aufrechterhaltung des biochemischen Polymorphismus in den Populationen von Tieren und Pflanzen. In: Voprosy obščej genetiki (Tr. 14. Mežd. genet. kongressa). Nauka, Moskva (1981), 18–27 (r).
KIRPIČNIKOV, V. S.: Genetic bases of fish selection. Springer-Verlag, Berlin-Heidelberg-New York 1981.
KIRPIČNIKOV, V. S.: Genetische Untersuchungen bei Fischen in der UdSSR und im Ausland. In: Biologičeskie osnovy rybovodstva: Problemy genetiki i selekcii. Nauka, Leningrad (1983), 7–22 (r).
KIRPIČNIKOV, V. S., und BALKAŠINA, E. I.: Beiträge zur Genetik und Züchtung des Karpfens. 1. Mitt. Zool. Ž. 14 (1935) 1, 45–78 (r).
KIRPIČNIKOV, V. S., und BALKAŠINA, E. I.: Beiträge zur Genetik und Züchtung des Karpfens. 2. Mitt. Biol. Ž. 5 (1936) 2, 327–376 (r).
KIRPIČNIKOV, V. S., und FAKTOROVIČ, K. A.: Erhöhung der Widerstandsfähigkeit des Karpfens gegenüber der Bauchwassersucht durch Züchtung, II. Verlauf der Züchtung und Beurteilung der gezüchteten Rassengruppen. Genetika 8 (1972) 5, 44–54 (r).
KIRPIČNIKOV, V. S., und FAKTOROVIČ, K. A.: Genetische Methoden der Fischkrankheitsbekämpfung. Z. Fischerei NF 17 (1969) 1–4, 227.
KIRPIČNIKOV, V. S., FAKTOROVIČ, K. A., BABUŠKIN, JU. P., und NINBURG, E. A.: Züchtung des Karpfens auf Widerstandsfähigkeit gegenüber Bauchwassersucht. Izv. GosNIORCh 74 (1971), 140–153 (r).
KIRPIČNIKOV, V. S., FAKTOROVIČ, K. A., und SULEJMANJAN, V. S.: Erhöhung der Widerstandsfähigkeit des Karpfens gegenüber der Bauchwassersucht durch Züchtung, I. Methoden der Auslese auf Widerstandsfähigkeit. Genetika 8 (1972a) 3, 34–41 (r).
KIRPIČNIKOV, V. S., FAKTOROVIČ, K. A., und ŠART, L. A.: Züchtung des Karpfens auf Widerstandsfähigkeit gegenüber Bauchwassersucht. Izv. GosNIORCh 106 (1976), 16–28 (r).

KIRPIČNIKOV, V. S., GOLOVINSKAJA, K. A., und MICHAJLOV, F. N.: Die wichtigsten Beschuppungstypen beim Karpfen und ihr Zusammenhang mit wirtschaftlich wertvollen Merkmalen. Rybnoe Chozjajstvo (1937) 10–11, 51–59 (r).

KIRPIČNIKOV, V. S., und GOLOVINSKAJA, K.-A.: Charakteristik der Laichfische der wichtigsten Rassengruppen des Karpfens, die in der UdSSR gehalten werden. Izv. GosNIORCh 61 (1966), 28–39 (r).

KIRPIČNIKOV, V. S., ILJASOV, JU. I., ŠART, L. A., und FAKTOROVIČ, K. A.: Selection of common carp (Cyprinus carpio) for resistance to dropsy. In: Advances in aquaculture. Fishing News Books Ltd., Farnham (1979), 628–633.

KIRPIČNIKOV, V. S., und IVANOVA, I. M.: Variabilität der Frequenzen der allelen Loci der Lactatdehydrogenase und Phosphoglucomutase in lokalen Populationen, unterschiedlichen Altersgruppen und aufeinanderfolgenden Generationen des Nerka-Lachses (Oncorhynchus nerka W.). Genetika 13 (1977) 7, 1183 bis 1193 (r).

KIRPIČNIKOV, V. S., und KATASONOV, V. JA.: Selektionsgenetische Untersuchungen und Stand der Züchtungsarbeit in der Teichwirtschaft der UdSSR. Tr. VNIIPRCh 20 (1978), 3–51 (r).

KIRPIČNIKOV, V. S., und MUSKE, G. A.: Funktionale Unterschiede zwischen den Allozymen beim Pazifischen Nerka-Lachs (Oncorhynchus nerka Walb.). In: Mat. XVI. Meźd. konf. po gruppam krovi i biochimičeskomu polimorfizmu životnych. Leningrad (1979), 228–234 (r).

KIRPIČNIKOV, V. S., und MUSKE, G. A.: The adaptive value of biochemical polymorphismus in animal and plant populations. In: Animal genetics and evolution. V. Junk, B. V. Publ., Hague (1980), 183–193.

KIRPIČNIKOV, V. S., und MUSKE, G. A.: Populationsgenetik des Kamtschatka-Nerka-Lachses Oncorhynchus nerka Walb. In: Genetika i razmnoženie morskich životnych. Mat. 14. Tichook. konf., sekc. „Morskaja biologija" 2. DVNC, Vladivostok (1981), 59–71 (r).

KIRPIČNIKOV, V. S., PONOMARENKO, K. V., TOLMAČEVA, N. V., und COJ, R. M.: Methoden und Effektivität der Züchtung des Ropscha-Karpfens. 2. Mitt. Methoden der Durchführung der Auslese. Genetika 8 (1972 b) 9, 42–53 (r).

KIRPIČNIKOV, V. S., und ŠART, L. A.: Beschleunigung des Generationswechsels beim Karpfen durch Züchtung in den südlichen Bezirken der UdSSR. Tr. VNIIPRCh 23 (1976), 55–63 (r).

KIRSCHBAUM, F.: Zur Genetik einiger Farbmusternmutanten der Zebrabarbe Brachydanio rerio (Cyprinidae, Teleostei) und zum Phänotyp von Artbastarden der Gattung Brachydanio. Biol. Zentralbl. 96 (1977) 2, 211–222.

* KITADA, J.-I., und TAGAWA, M.: On the chromosomes of the racefield eel (Fluta alba = Monopterus albus). Kromosomo 88–89 (1972), 2804 bis 2807.

* KITADA, J.-I., und TAGAWA, M.: Somatic chromosomes of three species of Cyclostomata. CIS 18 (1975), 10–12.

KLAR, G. T., und STALNAKER, G. B.: Electrophoretic variation in muscle lactate dehydrogenase in Snake Valley cutthroat trout, Salmo clarkii subsp. Comp. Biochem. Phys. 64 B (1979) 2, 391–394.

KLAR, G. T., STALNAKER, G. B., und FARLEY, T. M.: Comparative blood lactate response to low oxygen concentrations in rainbow trout, Salmo gairdneri, LDH B2 phenotypes. Comp. Biochem. Phys. 63 A (1979) 2, 237–240.

KLOSE, J., und WOLF U.: Transitional hemizygosity of the maternally derived allele at the 6 PGD locus during early development of the cyprinid fish Rutilus rutilus. Biochem. Genet. 4 (1970) 1, 87 bis 92.

KLOSE, J., WOLF, U., HITZEROTH, H., RITTER, H., ATKIN, N. B., und OHNO, S.: Duplication of LDH gene loci by polyploidization in the fish order Clupeiformes. Humangenetics 5 (1968) 3, 190–196.

KLOSE, J., HITZEROTH, H., RITTER, H., SCHMIDT, E., und WOLF, U.: Persistance of maternal isoenzyme patterns of the lactate dehydrogenase and phosphoglucomutase system during early development of the hybrid trout. Biochem. Genet. 3 (1969a) 1, 91–97.

KLOSE, J., WOLF, U., HITZEROTH, H., RITTER, H., und OHNO, S.: Polyploidization in the fish family Cyprinidae, order Cypriniformes. II. Duplication of the gene loci coding for LDH (E.C.1.1.1.27) an 6 PGDH (E.C.1.1.1.44) in various species of Cyprinidae. Humangenetics 7 (1969b) 3, 245–250.

KLUPP, R.: Genetic variance of growth in rainbow trout (Salmo gairdneri). Aquaculture 18 (1979) 2, 115–122.

KLUPP, B., HEIL, G., PIRCHER, F.: Effects of interaction between strains and environment on growth traits in rainbow trout (Salmo gairdneri). Aquaculture 14 (1978) 3, 271–275.

* KNEZEVIC, B., KAVARIC, M., und FONTANA, F.: Chromosome morphology of Pachychilon pictum (Heck. et Kuer, 1858) (Cyprinidae, Pisces) from Shadar Lake. Poljoprivreda i Sumarstvo 22 (1976) 3.

KOBAYASHI, H.: A cytological study on gynogenesis of the triploid ginbuna (Carassius auratus langsdorfii). Zool. Mag. 80 (1971) 9, 316–322.

* KOBAYASHI, H.: Comparative study of karyotypes in the small and large races spinous loaches (Cobitis biwae). Zool. Mag. 85 (1976) 1, 81–87.

KOBAYASHI, H., und OCHI, H.: Chromosome studies of the hybrids, ginbuna *(Carassius auratus langsdorfii)* × *kinbuna (C. auratus* subsp.) and ginbuna × loach *(Misgurnus anguillicaudatus).* Zool. Mag. 81 (1972) 2, 67–71.

* KOBAYASHI, H., KAWASHIMA, J., und TAKEUCHI, N.: Comparative chromosome studies in the genus *Carassius* especially with a finding of polyploidy in the ginbuana *(C. auratus langsdorfii).* Jap. J. Ichthyol. 17 (1970) 4, 153–160.

KOBAYASHI, H., OCHI, H., und TAKEUCHI, N.: Chromosome studies in the genus *Carassius*: comparison of *C. auratus grandoculis, C. a. buergeri* and *C. a. langsdorfii.* Jap. J. Ichthyol. 20 (1973) 1, 7–12.

KOBAYASHI, H., NAKANO, K., und NAKAMURA, M.: On the hybrids, 4 n ginbuna *(Carassius auratus langsdorfii)* × kinbina *(C. auratus* subsp.) and their chromosomes. Bull. Jap. Soc. Sci. Fish. 43 (1977) 1, 31–37.

KOBAYASHI, K., HARA, A., TAKANO, K., und HIRAI, H.: Studies on subunit components of immunoglobulin M from a bony fish, the chum salmon, *Oncorhynchus keta.* Molec. Immun. 19 (1982) 1, 95–103.

KOCH, H. J. A., WILKINS, N. P., BERGSTRÖM, E., und EVANS, J. C.: Further studies of the multiple components of the haemoglobins of *Salmo salar* L. Meded. Vlaam, Acad. 29 (1967) 7, 1–16.

KOEHN, R. K.: The component of selection in the maintenance of a serum esterase polymorphism. Proc. 12th Int. Congr. Genet. Tokyo 1 (1968), 1227.

KOEHN, R. K.: Esterase heterogeneity: dynamic of a polymorphism. Science 163 (1969a) 3870, 943–944.

KOEHN, R. K.: Hemoglobins of fishes of the genus *Catostomus* in western North America. Copeia (1969b) 1, 21–30.

KOEHN, R. K.: Functional and evolutionary dynamics of polymorphic esterases in catostomid fishes. Trans.Am. Fish. Soc. 99 (1970) 1, 219 bis 228.

KOEHN, R. K.: Biochemical polymorphism: a population strategy. Rapp. P.-V. Reun. 161 (1971), 147–153.

KOEHN, R. K., und JOHNSON, D. W.: Serum transferrin and serum esterase polymorphisms in an introduced population of the bigmouth buffalofish, *Ictiobus cyprinellus.* Copeia (1967) 4, 805 bis 809.

KOEHN, R. K., und RASMUSSEN, D. I.: Polymorphic and monomorphic serum esterase heterogeneity in catostomid fish populations. Biochem. Genet. 1 (1967) 2, 131–144.

KOEHN, R. K., und WILLIAMS, G. G.: Genetic differentiation without isolation in the American eel, *Anguilla rostrata.* II. Temporal stability of geographic pattern. Evolution 32 (1978) 3, 624 bis 637.

KOEHN, R. K., PERETZ, J. E., und MERRITT, R. B.: Esterase enzyme function and genetical structure of population of the freshwater fish. *Notropis stramineus* Amer. Natur. 105 (1971) 941, 51–68.

KOK LENG TAY und GARSIDE, E. T.: Meristic comparisons of populations of mummichog *Fundulus heteroclitus* (L.) from Sable Island and mainland Nova Scotia. Can. J. Zool. 50 (1972) 1, 13–17.

KONISHI, Y., und TANIGUCHI, N.: Polymorphism in the liver esterase pattern of the sparid fish *Dentex tunifrons.* Jap. J. Ichthyol. 21 (1975) 4, 220–222.

KONOVALOV, S. M.: Populationsbiologie der Pazifischen Lachse. Piščevaja Promyšlennost', Moskva (1980a) 237 S. (r).

KONOVALOV, S. M.: Besonderheiten der Wachstumsstruktur von Subpopulationen des Nerka-Lachses *Oncorhynchus nerka* (Walbaum) in der ersten Generation. In: Populjac. biol. i sistem. lososevych.Sb. rabot Inst. Biol. Morja DVNC AN SSSR 18, Vladivostok (1980b), 3 bis 10 (r).

KONRADT, A. G.: Aufgaben der selectionszüchterischen Arbeit mit pflanzenfressenden Fischen. Izv. GosNIORCh 85 (1973), 2–9 (r).

KORNBERG, R. D., und KLUG, A.: Nucleosome. Scient. Amer. 244 (1981) 2, 52–64.

KORNFIELD, I. L.: Evidence for rapid speciation in African cichlid fishes. Experientia 34 (1978) 3, 335–336.

KORNFIELD, I. L.: Distribution of constitutive heterochromatin and the evolution of sex chromosomes in Fundulus. Copeia (1981) 4, 916–918.

KORNFIELD, I. L., und KOEHN, R. K.: Genetic variation and speciation in New World cichlids. Evolution 29 (1975) 3, 427–437.

KORNFIELD, I. L., und NEVO, E.: Likely pre-Suez occurrence of a Red fish *Aphanius dispar* in the Mediterranean. Nature (London) 264 (1976) 5583, 289–291.

KORNFIELD, I. L., RITTE, U., RICHLER, C., und WAHRMAN, J.: Biochemical and cytological differentiation among cichlid fishes of the sea of Galilee. Evolution 33 (1979) 1, p. 1, 1–14.

KORNFIELD, I., GAGNON, P. S., und SIDELL, B. D.: Inheritance of allozymes in Atlantic herring *(Clupea harengus harengus).* Canad. J. Genet. Cyt. 23 (1981) 4, 715–720.

KORNFIELD, I., SIDELL, B. D., und GAGNON, P. S.: Stock definition in Atlantic herring *(Clupea harengus harengus):* genetic evidence for discrete fall and spring spawning populations. Can. J. Fish. Aquat. Sci. 39 (1982a) 12, 1610–1621.

KORNFIELD, I., SMITH, D. C., GAGNON, P. S., und TAYLOR, J. N.: The cichlid fish of Cuatro Cienegas, Mexico: direct evidence of conspecificity among distinct trophic morphs. Evolution 36 (1982b) 4, 658–664.

KOROČKIN, L. I.: Die Wechselwirkung der Gene in der Entwicklung. Nauka, Moskva (1976a) 276 S. (r).

KOROČKIN, L. I.: Genetik der Isoenzyme und die Entwicklung. Ontogenez 7 (1976b) 1, 3–17 (r).

KOROČKIN, L. I.: Die Aktivität der Gene, die die Synthese der Isoenzyme in der Ontogenese der Tiere steuern. In: Genetika izofermentov. Nauka, Moskva (1977), 149–167 (r).

KOROČKIN, L. I., SEROV, O. L., und MANČENKO, G. P.: Der Begriff der Isoenzyme. In: Genetika izofermentov. Nauka, Moskva (1977), 5 bis 17 (r).

KOSSMANN, H.: Hermaphroditimus und Autogamie beim Karpfen. Naturwissenschaften 58 (1971) 6, 328–329.

KOSSMANN, H.: Untersuchungen über die genetische Varianz der Zwischenmuskelgräten des Karpfens. Theoret. Appl. Genet. 42 (1972) 2, 130–135.

KOSSWIG, C.: Zur Frage der Geschwulstbildung bei Gattungsbastarden der Zahnkarpfen *Xiphophorus* und *Platypoecilus*. Z. Indukt. Abstammungs-Vererbungsl. 52 (1929) 1, 114–120.

KOSSWIG, C.: Genotypische und phänotypische Geschlechtsbestimmung bei Zahnkarpfen und ihren Bastarden. VI. Über polyfactorielle Geschlechtsbestimmung. Roux' Arch. Entw.-Mech. 133 (1935a) 1, 140–195.

KOSSWIG, C.: Über Albinismus bei Fischen. Zool. Anz. 110 (1935b) 1, 41–47.

KOSSWIG, C.: Homogametische ZZ- und WW-Weibchen entstehen nach Artkreuzung mit dem im weiblichen Geschlecht heterogametischen *Platypoecilus maculatus*. Biol. Zentralbl. 56 (1936) 2, 409–414.

KOSSWIG, C.: Über die veränderte Wirkung von Farbgenen in fremden Genotypen. Biol. Generalis 13 (1937a), 276–293.

KOSSWIG, C.: Kreuzungen mit *Platypoecilius xiphidium*. Roux' Arch. Entw.-Mech. 136 (1937b) 3, 491–528.

KOSSWIG, C.: Zur Geschlechtsbestimmungsanalyse bei den Zahnkarpfen. Rev. Fac. Sci. Univ. Istanbul, Ser. B. 19 (1954) 3, 187–190.

KOSSWIG, C.: Über sogenannte homologische Gene. Zool. Anz. 166 (1961) 9–12, 333–356.

KOSSWIG, C.: Genetische Analyse konstruktiver und degenerativer Evolutionsprozesse. Z. Zool. Syst. Evol.-Forsch. 1 (1963) 1, 205–239.

KOSSWIG, C.: Problems of polymorphism in fishes. Copeia (1964a) 1, 65–75.

KOSSWIG, C.: Polygenic sex determination. Experientia 20 (1964b) 1, 1–10.

KOSSWIG, C.: 40 Jahre genetische Untersuchungen an Fischen. Abh. und Verh. Naturwiss. Ver. Hamburg 10 (1965), 13–39.

KOSSWIG, C.: The role of fish in research on genetics and evolution. In: Genetics and mutagenesis of fish. Springer, Berlin–Heidelberg–New York (1973), 3–16.

KOSTENKO, S. G.: Polymorphismus der Eiweiße des Ukrainischen Karpfens und des Amur-Wildkarpfens. In: Genetika, selekcija, gibridizacija ryb (Tez. 2. vses. sovešč.) AzNIIRCh, Rostov/Don (1981), 148–149 (r).

KOTOMIN, A. V.: Anwendung physikalischer und chemischer Methoden zur Inaktivierung der Kerne zur Untersuchung ihrer morphologischen Funktion in der Enwicklung. Avtoref. kand. diss. MGU, Moskva (1968) 28 S. (r).

KOVAL', E. Z., und BOGDANOV, L. V.: Der biochemische Polymorphismus von 9 Plattfischarten der Unterfamilie Pleuronectinae in der Bucht Peters des Großen. In: Biochimičeskaja i populjacionnaja genetika ryb. Inst. Citol. AN SSSR, Leningrad (1979), 99–105 (r).

KOVAL', E. Z., und BOGDANOV, L. V.: Vergleich der elektrophoretischen Eiweißspektren bei verschiedenen Arten der Pazifischen Plattfische (Pleuronectiformes, Pleuronectidae). Vopr. Ichtiol. 22 (1982), 4, 679–685 (r).

KOVAL', L. I.: Über die innerartliche Heterogenität der Nordseesprotte. In: Ekologičeskaja fiziologija ryb. 2. Naukova Dumka, Kiev (1976), 51–52 (r).

KRAJNOVIČ-OZRETIČ, M., und ZIKIČ, R.: Esterase polymorphism in the Adriatic sardine (*Sardine pilchardus* Walb.). I. Electrophoretic and biochemical properties of the serum and tissue esterases. Anim. Blood Gr. Biochem. Genet. 6 (1975) 4, 201–213.

* KRASZNAI, Z., und MARIAN, T.: Results of karyological and serological investigations on *Silurus glanis*. In: Increasing productivity of fishes by selection and hybridization. Szarvas (1978), 112–120.

KRJAŽEVA, K. V.: Einfluß der Besatzdichte auf Wachstum, Variabilität und Überlebensrate bei Hybridkarpfenbrut. Izv. GosNIORCh 61 (1966), 80–101 (r).

KRISHNAJA, A. P., und REGE, M. S.: Haemoglobin heterogeneity in two species of the Indian carp and their fertile hybrids. Ind. J. Exp. Biol. 15 (1977) 10, 925–926.

* KRISHNAJA, A. P., und REGE, M. S.: A cytogenetic study on the *Gambusia affinis* population from India. Cytologia 48 (1983) 1, 47–49.

KROGIUS, F. V.: Populationsdynamik und Wachstum der Brut des Nerka-Lachses *Oncorhynchus nerka* Walb. im Dalneje-See (Kamtschatka). Vopr. Ichtiol. 15 (1975) 4 (93), 612–629. (r).

KROGIUS, F. V.: Über die Bedeutung genetischer und ökologischer Faktoren in der Populationsdynamik des Nerka-Lachses *Oncorhynchus nerka* (Walb.) im Dalneje-See. Vopr. Ichtiol. 18 (1978) 2 (109), 211–221 (r).

KRUEGER, C. C.: Detection of variability at isozyme loci in sea lamprey, *Petromyzon marinus*. Can. J. Fish. Aquat. Sci. 37 (1980) 11, 1630 bis 1634.

KRUEGER, C. C., und MENZEL, B. W.: Effects of stocking on genetics of wild brook trout populations. Trans. Am. Fish. Soc. 108 (1979) 3, 277 bis 287.

KRUEGER, C. C., und SPANGLER, G. R.: Genetic identifications of sea lamprey (*Petromyzon marinus*) populations from the Lake Superior basin. Can. J. Fish. Aquat. Sci. 38 (1981) 12, 1832–1837.

KRUEGER, C. C., GHARRETT, A. J., DEHRING, T. R., und ALLENDORF, F. W.: Genetic aspects of fisheries rehabilitation programs. Can. J. Fish. Aquat. Sci. 38 (1981) 12, 1877–1881.

KRYSANOV, O. JU.: Die Variabilität der Chromosomenzahl beim Hering. In: Ekologija ryb Belogo morja. Nauka Moskva 1978, 94–97 (r).

KRYŽANOVSKIJ, S. G.: Das System der Familie der Karpfenfische (Cyprinidae). Zool. Ž. 26 (1947) 1, 53–64 (r).

KUČERENKO, A. P.: Selektion der 2. und 3. Generation des Ukrainischen (Niwka-) Schuppenkarpfens und seine fischereibiologische Charakteristik. Avtoref. kand. diss. MGU, Moskva 1978 (r).

KUČERENKO, A. P.: Einschätzung der Fruchtbarkeit und des Spermas des Ukrainischen Niwka-Schuppenkarpfens. In: Mat. vses. naučn. konf. po napravl. i intensifikacii rybovodstva vo vnutr. vodoemach Severnogo Kavkaza. AzNIIRCh, Moskva (1979), 126–128 (r).

KUHL, P., SCHMIDTKE, J., WEILER, C., und ENGEL, W.: Phosphoglucose isomerase isozymes in the characid fish *Cheirodon axelrodi*: evidence for a spontaneous gene duplication. Comp. Biochem. Phys. 55B (1976) 2, 279–281.

KÜHNL, P., und SPIELMANN, W.: Investigation on the polymorphism of phosphoglucomutase (PGM, 2.7.5.1.) by isoelectric focusing on polyacrylamide gels. In: XIV Int. Congr. Genet., Moscow, Contrib. Pap. Session, Abstr. 1 (1978), 134.

KULIKOVA, N. I., und SALMENKOVA, E. A.: Elektrophoretische Untersuchung der Muskeleiweiße des Amur-Sommerketa-Lachses *(Oncorhynchus keta)* und des Gorbuscha-Lachses *(O. gorbuscha)*. In: Biochimičeskaja i populjacionnaja genetika ryb. Inst. Citol. AN SSSR, Leningrad (1979), 125–128 (r).

KUSAKINA, A. A.: Zytophysiologische Untersuchung des Muskelgewebes bei der Heterosis bei einigen Hybriden zwischen verschiedenen Fischarten. Citologija 1 (1959) 1, 111–119 (r).

KUSAKINA, A. A.: Über die Steigerung der Widerstandsfähigkeit der Muskeleiweiße bei Heterosishybriden zwischen der Kleinen Maräne und der Ladogamaräne. Citologija 5 (1964) 4, 493–495 (r).

KUSAKINA, A. A.: Die Wärmebeständigkeit der Aldolase und Cholinesterase bei nahe verwandten Arten poikilothermer Tiere. In: Izmenčivost' teploustojčivosti kletok v onto- i filogeneze. Nauka, Leningrad (1967), 242–249 (r).

KUSEN, S. J., und STOJKA, R. S.: The utilization of $AgNO_3$ for identification of lactate dehydrogenase in the loach *(Misgurnus fossilis)*. Isoz. Bull. 13 (1980), 82.

KUZEMA, A. I.: Die ukrainischen Karpfenrassen. In: Tr. sovešč po vopr. prudov. rybov. Izd. AN SSSR, Moskva (1953), 65–70 (r).

KUZEMA, A. I.: Über die Nachkommenschaftsprüfung von Laichfischen in der Karpfenzucht. Naučn. tr. UkrNIIRCh 13 (1961), 72–84 (ukrain.).

KUZEMA, A. I.: Die Nachkommenschaftsprüfung von Laichkarpfen. Naučn. tr. UkrNIIRCh 14 (1962), 71–84 (ukrain.).

KUZEMA, A. I., und TOMILENKO, V. G.: Reserven zur Steigerung der fischereilichen Produktivität von Teichen. Naučn. tr. UkrNIIRCh 14 (1962), 85–88 (ukrain.).

KUZEMA, A. I., und TOMILENKO, V. G.: Züchtung neuer Cyprinidenrassen durch die Methode der entfernten Hybridisation. Rybnoe Chozjajstvo, Kiev 2 (1965), 3–17 (r).

KUZEMA, A. I., KUČERENKO, A. P., und TOMILENKO, V. G.: Die ökonomische Effektivität der Aufzucht von Hybriden zwischen dem Ukrainischen und dem Ropscha-Karpfen. Rybnoe Chozjajstvo, Kiev 6 (1968), 68–74 (r).

KUZEMA, A. I., KUČERENKO, A. P., und TOMILENKO, V. G.: Bildung eines neuen Zuchtstammes des Ukrainischen Schuppenkarpfens (UNK-59). Rybnoe Chozjajstvo, Kiev 10 (1970), 3–11 (r).

KWAIN, W.: Embryonic development, early growth and meristic variation in rainbow trout (*Salmo gairdneri*) exposed to combinations of light intensity and temperature. J. Fish. Res. B. Can. 32 (1975) 3, 397–402.

KYNARD, B. E.: Population decline and change in frequencies of lateral plates in threespine sticklebacks *(Gasterosteus aculeatus)*. Copeia (1979) 4, 635.

KYNARD, B., und CURRY, K.: Meristic variation in the threespine stickleback, *Gasterosteus aculeatus*, from Auke Lake, Alaska. Copeia (1976) 4, 811–816.

LAGLER, K. F., und BAILEY, R. M.: The genetic fixity of differential characters in subspecies of the percid fish, *Boleosoma nigrum*. Copeia (1947) 1, 50–59.

* LALIBERTE, M. F., LAFAURIE, M., LAMBERT, J. C., und AYRAUD, N.: Etude préliminaire du caryotype de *Mullus barbatus* Linné. Rapp. P.-V. Reun., 25–26 (1979) 10, 125–130.

LARKIN, P. A.: A perspective on population genetics and salmon management. Can. J. Fish, Aquat. Sci. 38 (1981) 12, 1469–1475.

LAW, W. M., ELLENDER, R. D., WHARTON, J. H., und MIDDLEBROOKS, B. L.: Fish cell culture: properties of a cell line from the sheepshead, *Archosargus probatocephalus*. J. Fish. Res. B. Can. 23 (1978) 4, 767–768.

LEARY, R. F., ALLENDORF, F. W., und KNUDSEN, K. L.: Development stability and enzyme heterozygosity in rainbow trout. Nature 301 (1983a) 5895, 71–72.

LEARY, R. F., BOOKE, H. E., und MOFFITT, C. M.: Electrophoretic variation in American shad, *Alosa sapidissima*. Isoz. Bull. 16 (1983b), 73.

LEARY, R. F., KNUDSEN, K. L., und ALLENDORF, F. W.: Developmental instability of heterozygotes for a null allele at an LDH locus in rainbow trout. Isoz. Bull. 16 (1983c), 76.

LEE, G. M., und WRIGHT, J. E.: Mitotic and meiotic analysis of brook trout, *Salvelinus fontinalis*. J. Heredity 72 (1981) 5, 321–327.

LEE, J. V.: Observations sur la sérologie et l'immunologie des trons rouges (*Thunnus thynnus* L.) de Mediterranée. Rapp. P.-V. Reun. 18 (1965), 225–228.

* LEGENDRE, P., und STEVEN, D. M.: Denombrement des chromosomes chez quelques cyprins. Natur. Canad. 96 (1969), 913–918.

* LE GRANDE, W. H.: Karyology of six species of Louisiana flatfishes (Pleuronectiformes, Osteichthyes). Copeia (1975) 3, 516–522.

* LE GRANDE, W. H.: Cytotaxonomy and chromosomal evolution in North American catfishes (Siluriformes, Ictaluridae) with emphasis on *Noturus*. Th. D. Thesis, Ohio St. Univ., Columbia 1978.

* LE GRANDE, W. H.: The chromosome complement of *Arius felis* (Siluriformes, Arridae). Jap. J. Ichthiol. 27 (1980) 1, 82–84.

* LE GRANDE, W. H.: Chromosomal evolution in North American catfishes (Siluriformes; Ictaluridae) with particular emphasis on the madtoms, *Noturus*. Copeia (1981) 1, 33–52.

* LE GRANDE, W. H., und CAVANDER, T. M.: The chromosome complement of the stonecat madton, *Noturus flavus* (Siluriformes, Ictaluridae) with evidence for the existence of a possible chromosomal race. Copeia (1980) 2, 341–344.

* LE GRANDE, W. H., und FITZSIMONS, I. M.: Karyology of the mulets *Mugil curema* and *M. cephalus* (Perciformes; Mugilidae) from Louisiana. Copeia (1976) 2, 388–391.

LEIBEL, W. S., und MARKERT, C. L.: Preliminary notes on the evolution of fish esterases. I. An electrophoretic survey of Carribean reef fishes. Isoz. Bull. 11 (1978), 58.

LEMANOVA, N. A.: Eine vergleichende und experimentelle Analyse der zwischenartlichen Hybriden in der Gattung *Coregonus*. In: Otdalennaja gibridizacija rastenij i životnych. AN SSSR, Moskva (1960), 511–519 (r).

LEMANOVA, N. A.: Untersuchung der diagnostischen Merkmale, der Biologie und der Gametogenese von rückgekreuzten Hybriden *Coregonus albula* × *C. lavaretus ludoga*. Actoref. kand. diss., Leningrad 1965 (r).

LERNER, I. M.: Genetic homeostasis. Oliver and Boyd, Edinburgh 1954.

LESLIE, J. F.: A four point linkage group in *Poeciliopsis monacha* (Pisces, Poeciliidae). Isoz. Bull. 12 (1979), 33.

LESLIE, J. F.: Linkage analysis of seventeen loci in poeciliid fish (genus *Poeciliopsis*). J. Heredity 73 (1982) 1, 19–23.

LESLIE, J. F., und PONTIER, P. J.: Linkage conservation of homologous esterase loci in fish (Cyprinodontoidei; Poeciliidae). Biochem. Genet. 18 (1980) 1–2, 103–115.

LESLIE, J. F., und VRIJENHOEK, R. C.: Genetic analysis of natural populations of *Poeciliopsis monacha*: allozyme inheritance and pattern of mating. J. Heredity 68 (1977) 5, 301–306.

LESLIE, J. F., und VRIJENHOEK, R. C.: Genetic dissection of clonally inherited genomes of *Poeciliopsis* I. Linkage analysis and preliminary assessment of deleterious gene loads. Genetics 90 (1978) 4, 801–811.

LEUKEN, W., und KAISER, V.: The role of melanoblasts in melanophore pattern polymorphism of *Xiphophorus* (Pisces, Poeciliidae). Experientia 28 (1972) 11, 1340–1341.

LEVAN, A., FREDGA, K., und SANDBERG, A. A.: Nomenclature for centromeric position on chromosomes. Hereditas 52 (1964) 2, 201–220.

* LEVIN, B., und FOSTER, N. R.: Cytotaxonomic studies in Cyprinodontidae: multiple sex chromosomes in *Germanella pulchra*. Notulae natur. Acad. Nat. Sci. Philad. 446 (1972), 1–5.

LEWIS, R. C.: Selective breeding of rainbow trout at Hot Creek hatchery. Calif. Fish Game 30 (1944), 95–97.

LEWONTIN, R. C.: The genetic basis of evolutionary change. Columbia Univ. Press, New York–London 1974.

LEWONTIN, R. C.: Genetic heterogeneity of electrophoretic alleles. In: XIV. Congr. Genet.,

Moscow, Contrib. Pap. Session. Abstr. 1 (1978), 467.

LEWONTIN, R. C., und HUBBY, J. L.: A molecular approach to the study of genic heterozygosity in natural populations. II. Amount of variation and degree of heterozygosity in natural populations of *Drosophila pseudoobscura*. Genetics 54 (1966) 2, 595–609.

LI, CH. CH.: First course in population genetics. Boxwood Press, Pacific Grove (Calif.), 1976.

* LI, Y.-C., LI, K., und ZHOU, D.: Studies on karyotypes of Chinese cyprinid fishes. I. Karyotypes of ten species of Abramidinae. Acta Genetica Sinica 10 (1983) 3, 216–222.

* LI, K., LI, Y.-C., ZHOU, M., und ZHOU, D.: Studies on the karyotypes of Chinese cyprinid fishes. II. Karyotypes of four species of Xenocyprininae. Acta Zool. Sinica 29 (1983) 3, 207 bis 213.

LI, SH.-L, TOMITA, S., und RIGGS, A.: The hemoglobins of the pacific hagfish, *Eptatretus stoutii*. I. Isolation, characterization and oxygen equilibria. Biochem. Biophys. Acta 278 (1972) 2, 344–354.

LIEDER, U.: Über einige genetische Probleme in der Fischzucht. Z. Fischerei NF 5 (1956) 1–2, 133–142.

LIEDER, U.: Die Ergebnisse der im Jahre 1956 durchgeführten Karpfen-Karauschen-Kreuzungen. 1. Beitrag zur Anwendung der „entfernten" Hybridisation in der Fischzüchtung. Z. Fischerei NF 6 (1957), 283–299

LIEDER, U.: Untersuchungsergebnisse über die Grätenzahlen bei 17 Süßwasser-Fischarten. Z. Fischerei NF 10 (1961) 2, 329–350.

* LIEPPMAN, M., und HUBBS, C.: A karyological analysis of two cyprinid fishes, *Notemigonus chrysoleucas* and *Notropis lutrensis*. Tex. Rep. Biol. Med. 27 (1969), 427–435.

LIGNY, W. DE: Polymorphism of serum transferrins in plaice. Proc. 10th Europ. Conf. Anim. Blood. Gr. Biochem. Polym., Paris (1966), 373 bis 378.

LIGNY, W. DE: Polymorphism of plasma esterases in flounder and plaice. Genet. Res. 11 (1968) 2, 179–182.

LIGNY, W. DE: Serological and biochemical studies on fish populations. In: Oceanogr. Mar. Biol. Annu. Rev. 7 (1969), 411–513.

LIGNY, W. DE, und PANTELOURIS, E. M.: Origin of the European eel. Nature (London) 246 (1973) 5434, 518–519.

LIM, S. T., und BAILEY, G. S.: Gene duplication in salmonid fishes, evidence for duplicated but catalytically equivalent A_4 lactate dehydrogenases. Biochem. Genet. 15 (1977) 7–8, 707–721.

LIM. S. T., KAY, R. M., und BAILEY, G. S.: Lactate dehydrogenase isozymes of salmonid fish, evidence for unique and rapid functional divergence of duplicated H_4 lactate dehydrogenases. J. Biol. Chem. 250 (1975) 5, 1790–1800.

LIMANSKIJ, V. V.: Analyse der innerartlichen Differenzierung einiger Fische des Schwarzen und Asowschen Meeres mit Hilfe der Präcipitat-Reaktion. Tr. Az ČerNIRO 22 (1964), 31–37 (r).

LIMANSKIJ, V. V.: Feststellung von Unterschieden in den Erythrocyten-Antigenen der „großen" und „kleinen" Form des Schwarzmeer-Stöckers mit Hilfe der Heteroagglutinations-Reaktion mit normalem menschlichem Serum. Vopr. Ichtiol. 5 (1965) 4, 695–697 (r).

LIMANSKIJ, V. V.: Untersuchung der Serum-Agglutinine der Stöcker des Schwarzen Meeres und der Westküste Afrikas. In: Obmen veščestv in biochimija ryb. Nauka, Moskva (1967), 308 bis 310 (r).

LIMANSKIJ V. V.: Untersuchung der Erythrocyten-Antigene der Atlantischen Anchovis der Westküste Afrikas. Vopr. Ichtiol. 9 (1969) 2, 366–369 (r).

LIMANSKIJ, V. V., und GUBANOV, E. P.: Morphologische Analyse der verschiedenen Gruppen der Anchovis (*Engraulis encrasicholus*) des Asowschen und Schwarzes Meeres und des Atlantiks, die sich durch den Antigengehalt des Blutes unterscheiden. Vopr. Ichtiol. 8 (1968) 5 (52), 799–806 (r).

LIMANSKIJ, V. V., und PAJUSOVA, A. N.: Über die Immungenetischen Unterschiede der Elementarpopulationen der Anchovis. Genetika 5 (1969) 6, 109–118 (r).

LIMBACH, B. VON: Fish genetic laboratory. In, Progress in sport fishery research 1969. Res. Publ. 88, Washington (1970), 110–117.

LIN, C. C., SCHIPMANN, G., KITTRELL, W. A., und OHNO, S.: The predominace of heterozygotes found in wild goldfish of lake Erie at the gene locus for sorbitol dehydrogenase. Biochem. Genet. 3 (1969) 6, 603–607.

LIN, S. M., SEZAKI, K., KOBAYASI, H., und NAKAMURA, M.: Simplified techniques for determination of polyploidy in ginbuna *Carassius auratus langsdorfii*. Bull. Jap. Soc. Sci. Fish. 44 (1978) 6, 601–606.

LIN, S. M., SEZAKI, K., HASHIMOTO, K., und NAKAMURA, M.: Distribution of polyploids of „ginbuna" *Carassius auratus langsdorfii* in Japan. Bull. Jap. Soc. Sci. Fish. 46 (1980) 4, 413–418.

LINCOLN, R. F.: Sexual maturation in female triploid plaice, *Pleuronectes platessa*, and plaice-flounder, *Platichthys flesus*, hybrids. J. Fish Biol. 19 (1981) 5, 449–503.

LINDER, D., SUMARI, O., NYHOLM, K., und SIRKKOMAA, S.: Genetic and phenotypic variation in production traits in rainbow trout strains and strain crosses in Finland. Aquaculture, 33 (1983) 1–4, 129–134.

LINDROTH, A.: Heritability estimates of growth in fish. Aquilo, Ser. Zool. 13 (1972), 77–80.

LINDSEY, C. C.: Pleomerism, the widespread tendency among related fish species for vertebral number to be correlated with maximum body length. J. Fish. Res. B. Can. 32 (1975), 2453 bis 2469.

LINDSEY, C. C.: Stocks are chameleons: plastisity in gill rakers of coregonid fishes. Can. J. Fish. Aquat. Sci. 38 (1981) 12, 1497–1506.

LINDSEY, C. C., und ARNASON, A. N.: A model for responses of vertebral numbers in fish to environmental influences during development. Can. J. Fish. Aquat. Sci. 38 (1981) 3, 334–347.

LINDSEY, C. C., CLAYTON, J. W., und FRANZIN, W. G.: Zoogeographic problems and protein variation in the *Coregonus clupeaformis* white fish species complex. In: Biology of coregonid fishes. Univ. Manitoba Press, Winnipeg (1970), 127–146

LOBČENKO, V. V.: Über die Zielprogrammierung der Züchtungsarbeit mit dem Karpfen in Moldawien. In: Effektivnoe ispol'zovanie vodoemov Moldavii (Tez. dokl. Respubl. konf.). Mold. R abochoz., Kisinev (1982a) 6–7 (r).

LOBČENKO, V. V.: Rassegruppen des Karpfens in der Fischzucht Moldawiens und die Perspektiven ihrer Einführung. In: Vnedrenie intens. form vedenija ryb. chozjajstva vo vnutr. vod. USSR. Ukr.NIIRCh, Kiev (1982b), 142–143 (r).

LOBČENKO, V. V., KPUR, V. V., und RYNGUCKIJ, V. V.: Einige Ergebnisse der Karpfenzüchtung in Moldawien. In: Mat. vses. naučn. konf. po napravleniju i intensifikacii rybovodstva vo vnutr. vodoemach Severnogo Kavkaza. AzNIIRCh, Moskva (1979), 135–136 (r).

LOCASCIO, N. J., und WRIGHT, J. E.: A study of achromatic regions in species of Salmonidae and Esocidae. Comp. Biochem. Phys., 45B (1973) 1, 13–16.

LOCH, I. C.: Phenotypic variation in the lake white fish, *Coregonus clupeaformis*, induced by introduction into a new environment. J. Fish. Res. B. Can. 31 (1974) 1, 55–62.

LODI, E.: Un nuovo mutante di *Lebistes reticulatus* Peters. Boll. Zool. 34 (1967), 131–132.

LODI, E.: Palla: a hereditary vertebral deformity in the guppys *Poecilia reticulata* Peters (Pisces, Osteichthyes). Genetica 48 (1978a) 3, 197–200.

* LODI, E.: Chromosome complement of the guppy, *Poecilia reticulata* Peters (Pisces, Osteichthyes). Caryologia 31 (1978b) 4, 475–477.

LODI, E.: Induction of atypical gonapophyses within the gonapodial suspensorium of the palla mutant male of *Poecilia reticulata* Peters (Poeciliidae, Osteichthyes). Monit. Zool. Ital. 13 (1979) 2–3, 95–104.

LODI, E.: Competition between palla and normal bearing spermatozoa of *Poecilia reticulata* (Pisces; Poeciliidae). Copeia (1981) 3, 624–629.

* LODI, E., und MARCHIONNI, V.: Chromosome complement of the masked loach *Sabanejewia larvata* (De Fil.) (Pisces, Osteichthyes). Caryologia 33 (1980a) 4, 435–440.

* LODI, E., und MARCHIONNI, V.: The karyotypes of *Gambusia affinis holbrooki* Gir. from Viveron lake (Italy) and from an artificial lake of Nicósia (Cyprus) Pisces, Poeciliidae). Atti Soc. Ital. di Sci. Natur. 121 (1980b) 3, 211–220.

LOGVINENKO, B. M., und POLJANSKAJA, I. B: Der genetische Polymorphismus der α-Glycerophosphatdehydrogenase und der Phosphoglucomutase der Muskeln von *Macrurus rupestris*. Biol. Nauki 7 (1981), 15–18 (r).

LOKŠINA, A. B.: Vergleichende elektrophoretische Analyse einiger Eiweiße der Coregonen. Sb. naucn. tr. GosNIORCh 153 (1980), 46–57 (r).

LOKŠINA, A. B.: Genetische Analyse einiger biochemischer Merkmale bei der Peledmaräne. Sb. naucn. tr. GosNIORCh 174 (1981), 54–59 (r).

LOKŠINA, A. B.: Genetische Untersuchung des Eiweiß-Polymorphismus der Peledmaräne (Coregonus peled Gmelin) und einiger Maränen der Gattung *Coregonus*. Avtoref. kand. diss. LGU, Leningrad (1983) 16 S. (r).

LOKŠINA, A. B., und ANDRIJAŠEVA, M. A.: Methoden und Ergebnisse bei der Selektion der Peledmaräne. II. Veränderung der genetischen Struktur des Bestandes bei der Auslese. Sb. naučn. tr. GosNIORCh 174 (1981), 71–80 (r).

LOU, Y. D., und PURDOM, C. E.: Diploid gynogenesis induced by hydrostatic pressure in rainbow trout, *Salmo gairdneri* Rich. J. Fish Biol. 24 (1984) 6, 665–670.

LOUDENSLAGER, E. J., und GALL, G. A. E.: Geographic patterns of protein variation and subspeciation in cutthroat trout, *Salmo clarkii*. Syst. Zool. 29 (1980) 1, 27–42.

* LOUDENSLAGER, E. J., und KITCHIN, R. M.: Genetic similarity of two forms of cutthroat trout, *Salmo clarkii*, in Wyoming, Copeia (1979) 4, 673

LOUDENSLAGER, E. J., und THORGAARD, G. H.: Karyotypic and evolutionary relationships of the Yellowston (*Salmo clarkii bouvieri*) and West-Slope (*S. c. lewisi*) cutthroat trout. J. Fish. Res. B. Can. 36 (1979) 6, 630–635.

LOVSHIN, L. D., und DA, SILVA, A. B.: Culture of monosex and hybrid tilapias. In: FAO/CIFA, Symp. Aquacult. Africa. CIFA Techn. PAP. 4 (1976) Suppl. 1, 548–564.

LOWE, T. P., und LARKIN, J. R.: Sex reversal in *Betta splendens* Regan with emphases on the problem of sex determination. J. Exp. Zool. 191 (1975) 1, 25–30.

Lucas, G. A.: Factors, affecting sex determination in, *Betta splendens*. Genetics 60 (1968) 1, p. 2, 199–200.

Lucas, G. A.: A mutation limiting the development of red pigment in *Betta splendens*, the Siamese fighting fish. Proc. Iowa Acad. Sci. 79 (1972) 1, 31–33.

Lučnik, A. N.: Der spontane Mutationsprozeß und die Geschwindigkeit der Evolution. In: Itogi nauki i techniki. Obščaja genetika. 3. VINITI, Moskva (1978), 38–73 (r).

Ludke, J. L., Ferguson, D. E., und Burke, W. D.: Some endrin relationships in resistant and susceptible populations of golden shiners, *Notemigonus chrysoleucas*. Trans. Am. Fish. Soc. 97 (1968) 3, 260–263.

* Lueken, W.: Chromosomenzahlen bei *Orestias* (Pisces, Cyprinodontidae). Mitt. Hamburg. Zool. Mus. Inst. 60 (1962), 195–198.

Luey, J. E., Krueger, C. C., und Schreiner, D. R.: Genetic relationships among smelt, genus *Osmerus*. Copeia (1982) 3, 725–728.

Luk'janenko, V. I.: Immunbiologie der Fische. Piščevaja Promyšlennost', Moskva (1971) 360 S. (r).

Luk'janenko, V. I., und Geraskin, P. P.: Die Dynamik der Formierung der Fraktionszusammensetzung des Hämoglobins in der frühen Ontogenese des Russischen Störs (*Acipenser güldenstädti* Brandt). DAN SSSR 198 (1971) 5, 1242–1244 (r).

Luk'janenko, V. I., und Popov, A. V.: Die Eiweiß-Zusammensetzung des Blutserums zweier allopatrischer Populationen des Sibirischen Störs *Acipenser baeri*. DAN SSSR 186 (1969) 1, 233–235 (r).

Luk'janenko, V. I., und Sukačeva, G. A.: Besonderheiten der immunologischen Reaktivität von vier Genotypen des Karpfens. In: Mat. 6. Vses. sovešč.po boleznjam ryb. Piščevaja Promyšlennost', Moskva (1975), 62–76 (r).

Luk'janenko, V. I., Popov, A. V., und Mišin, E. A.: Heterogenität und Polymorphismus der Serumalbumine bei den Fischen. DAN SSSR 201 (1971) 3, 737–740 (r).

Luk'janenko, V. I., Karataeva, B. B., und Terent'ev, A. A.: Die immungenetische Spezifität der jahreszeitlichen Rassen des Russischen Störs. DAN SSSR 213 (1973) 2, 458–461 (r).

Luk'janenko, V. I., Popov, A. V., Mišin, E. A., und Surial', A. I.: Die innerartliche Variabilität der Fraktionszusammensetzung der Serum-Eiweiße beim Sternhausen *Acipenser stellatus*. Ž. Ekol. Biochim. Fiziol. 11 (1975) 2, 191 (r).

Luk'janenko, V. I., Geraskin, P. P., und Bal', N. V.: Ökologische Besonderheiten der Hämoglobinogramme von drei Arten der Acipenseridae. Ž. Ekol. Bioch. Fiziol. 14 (1978) 4, 347–350 (r).

Luk'janenko, V. V., und Luk'janenko, V. I.: Über Polymorphismus und Monomorphismus des Hämoglobins zweier Populationen des Sibirischen Störs. DAN SSSR 278 (1984) 5, 1254–1257 (r).

Lush, I. E.: Polymorphism of a phosphoglucomutase isoenzymes in the herring (*Clupea harengus*). Comp. Biochem. Phys. 30 (1969) 2, 391–397.

Lush, I. E.: Lactate dehydrogenase isoenzymes and their genetic variation in coalfish (*Gadus virens*) and cod (*Gadus morhua*). Comp. Biochem. Phys. 32 (1970) 1, 23–32.

Lush, I. E., Cowey, C. B., und Knox, D.: The lactate dehydrogenase isozymes of twelve species of flatfish (Heterosomata). J. Exp. Zool. 171 (1969) 1, 105–118.

Macak, E. A.: Genetische Differenzierung des Nerka-Lachses *(Oncorhynehus nerka)* des Kurilskoje-Sees während der Laichwanderung. In: Biologičeskie problemy Severa (Tez. 10. Vses, simpoz. 2). Inst. biol. problem Severa, Magadan (1983a), 194–195 (r).

Macak, E. A.: Genetische Struktur der Population des Nerka-Lachses im Kurilskoje-See (Kamtschatka). In: Morfologija, struktura populjacij i problema racional'nogo ispol'zovanija lososevidnych ryb. (Tez. koord. sov.). Nauka, (Leningrad 1983b), 129 (r).

Macek, K. J., und Sanders, H. O.: Biological variation in the susceptibility of fish and aquatic invertebrates to DDT. Trans. Am. Fish., Soc. 99 (1970) 1, 89–90.

Mackie, M., und Jones, B. W.: The use of electrophoresis of the water-soluble (sarcoplastic) proteins of fish muscle to differentiate the closely related species of hake (*Merluccius* sp.) Comp. Biochem. Phys. 59B (1978) 2, 95–98.

Majorova, A. A., und Čugunova, N. I.: Biologie, Verteilung und Beurteilung der Bestände der Schwarzmeersardelle. Tr. VNIRO 28 (1954), 5–33 (r).

Makeeva, A. P., und Koreškova, N. P.: Analyse der gynogenetischen Nachkommenschaft des Silberkarpfens *Hypophthalmichthys molitrix* bezüglich Morphologie und biochemischer Marker. Sb. naučn. tr. VNIIPRCh 33 (1982), 185–210 (r).

* Makino, S.: The chromosomes of two elasmobranch fishes. Cytologia 2, (1937), 867–876.

* Makino, S.: The chromosomes of the carp, *Cyprinus carpio*, including those of some related species of Cyprinidae for comparison. Cytologia 9 (1939) 4, 430–437.

Makino, S., und Ozima, Y.: Formation of the diploid eggs nucleus due to suppression of the second maturation division, induced by refrigera-

tion of eggs of the carp, *Cyprinus carpio*. Cytologia 13 (1943) 1, 55–60.
* MAKOEDOV, A. N.: Der Karyotyp der Sibirischen Äsche *Thymallus arcticus* (Pallas) aus den Gewässern Nordost-Asiens. In: Biologija presnovodnych životnych Dal'nego Vostoka. DVNC, Vladivostok (19827, 84–86 (r).
MALECHA, S., und ASHTON, G. C.: Inbreeding in Tilapia ssp. in Hawaii. Proc. 12th Int. Congr. Genet. Tokyo 1 (1968), 224.
MANČENKO, G. P., und NIKIFOROV, S. M.: Der niedrige Grad der genetischen Variabilität der nichtenzymatischen Eiweiße bei den Seesternen. Biol. Morja (1979) 4, 86–88 (r).
MANGALY, G., und JAMIESON, A.: Genetic tags applied to the European hake, *Merluccius merluccius*. Anim. Blood Gr. Biochem. Genet. 9 (1978) 1, 39–48.
MANN, G. J., und MCCART, P. J.: Comparison of sympatric dwarf and normal populations of least cisco (*Coregonus sardinella*) inhabiting Trout Lake, Yukon territory. Can. J. Fish. Aquat. Sci. 38 (1981) 2, 240–244.
* MANNA, G. K., und KHUDA-BUKHSH, A. R.: Somatic chromosomes of two hybrid carps. CIS 16 (1974), 26–28.
* MANNA, G. K., und KHUDA-BUKHSH, A. R.: Karyomorphology of cyprinid fishes and cytological evaluation of the family. Nucleus 20 (1977) 1–2, 119–127.
* MANNA, G. K., und KHUDA-BUKHSH, A. R.: Karyomorphological studies in three species of teleostean fishes. Cytologia 43 (1978) 1, 69–73.
* MANNA, G. K., und PRASAD, R.: Chromosomes in three species of fish. Nucleus 16 (1973) 3, 150–157.
* MANNA, G. K., und PRASAD, R.: Cytological evidence for two forms of *Mystus vittatus* as two species. Nucleus 17 (1974 a) 1, 4–8.
* MANNA, G. K., und PRASAD, R.: Chromosome analysis in three species of fishes belonging to family Gobiidae. Cytologia 39 (1974 b) 3, 609–618.
MANTEL'MAN, I. I.: Cytologische Untersuchung einiger pflanzenfressender Fische und ihrer Hybriden. Izv. GosNIORCh 85 (1973), 87–92 (r).
MANTEL'MAN, I. I.: Anwendung von Temperatur- „Strömen" bei der Durchführung von Selektionsarbeiten mit der Peledmaräne. Izv. GosNIORCh 130 (1978), 50–55 (r).
MANTEL'MAN, I. I.: Beurteilung unterschiedlicher Bestände der Peledmaräne nach der Überlebensrate der Embryonen. Sb. naučn. tr. GosNIORCh 153 (1980), 20–26 (r).
MANTEL'MAN, I. I.: Beurteilung von Laichfischen der Peledmaräne nach der Überlebensrate der Nachkommenschaft. In: Genetika promyslovych ryb. i ob'ektov akvakul'tury. Legkaja i piščevaja promyslennost', Moskva (1983), 93–98 (r).
MANTEL'MAN, I. I., und KAJDANOVA, T. I.: Anwendung der chemischen Methode zur Inaktivierung der Spermien bei der Gewinnung gynogenetischer Larven der Peledmaräne. Izv. GosNIORCh 130 (1978), 35–44 (r).
MANWELL, C.: The blood proteins of cyclostomes: a study in phylogenetic and ontogenetic biochemistry. In: The biology of myxine. Universitetsforlaget, Oslo (1963), 372–455.
MANWELL, C., und BAKER, C. M. A.: Molecular biology and the origin of species. Heterosis, protein polymorphism and animal breeding. Sidgwick and Jackson, London 1970.
MANWELL, C., BAKER, C. M. A., und CHILDERS, W.: The genetics of hemoglobin in hybrids. I. A molecular basis for hybrid vigour. Comp. Biochem. Phys. 10 (1963) 1, 103–120.
MARCHALONIS, J. J.: Conservatism in the evolution of immunoglobulin. Nature (London), New Biol. 236 (1972) 64, 84–86.
MARCHALONIS, J. J.: Immunity in evolution: Harvard Univ. Press, Cambridge (Massachusetts) 1977.
MARCKMANN, K.: Is there any correlation between metabolism and number of vertebrae (and other meristic characters) in the sea trout (*Salmo trutta trutta* L.). Medd. Dan. Fisk Havunders, 1 (1954) 3, 1–9.
MARCUS, T. R., und GORDON, M.: Transplantation of the Sc melanoma in fishes. Zoologica 39 (1954) 3, 123–131.
MARGOLIASH, E., FERGUSON-MILLER, S., CHAE HEE-KANG, und BRAUTIGAN, D. L.: Do evolutionary changes in cytochrome C structure reflect functional adaptations. Feder. Proc. 35 (1976) 10, 2124–2130.
* MARIAN, T., und KRASZNAI, Z.: Comparative karyological investigations on chinese carps. In: Increasing productivity of fishes by selection and hybridization. Szarvas (1978 a), 79–97.
* MARIAN, T., und KRASZNAI, Z.: Zytologische Untersuchungen bei der Familie Cyprinidae (Pisces). Biol. Zentralbl. 97 (1978 b) 2, 205–214.
MARKERT, C. L.: Isozymes: conceptual history and biological significance. In: Isozymes: current topics in biological and medical research. Bd. 7: Molecular structure and regulation. Alan R. Liss. Inc., New York (1983), 1–17.
MARKERT, C. L., und FAULHABER, I.: Lactate dehydrogenase isozyme pattern of fish. J. Exp. Zool. 159 (1965) 2, 319–332.
MARKERT, C. L., und MØLLER, F.: Multiple forms of enzymes: tisue, ontogenetic and specific patterns. Proc. Nat. Acad. Sci. USA 45 (1959) 5: 753–763.

MARKERT, C. L., und URSPRUNG, H.: Developmental genetics. Prentice-Hall, Englewood Cliffs 1971.
MARKERT, C. L., SHAKLEE, J. B., und WHITT, G. S.: Evolution of a gene. Science 189 (1975) 4197, 102–114.
MARNEUX, M.: Etude de l'isotypie et de l'allotypie de la transferrine chez Ictalurus melas. Ann. Embryol. Morphol. 5 (1972) 3, 227–245.
MARTIN, F. D., und RICHMOND, R. C.: An analysis of five enzyme gene loci in four etheostomid species (Percidae: Pisces) in an area of possible introgression. J. Fish Biol. 5 (1973) 3, 511–517.
MASKELL, M., PARKIN, D. T., und VESPOOR, E.: Apostatic selection by sticklebacks upon a dimorphic prey. Heredity 39 (1978) 1: 83–90.
MASSARO, E. J.: Isozyme patterns of coregonine fishes: evidence for multiple cistrons for lactate and malate dehydrogenases and achromatic band in the tissues of *Prosopium cylindraceum* (Pallas) und *P. coulteri* (Eig. and Eig.). J. Exp. Zool. 179 (1972) 2, 247–262.
MASSARO, E. J., und BOOKE, H. E.: Photoregulation of the expression of lactate dehydrogenase isozymes in *Fundulus heteroclitus* (L.). Comp. Biochem. Phys. 38 B (1971) 2, 327–332.
MASSARO, E. J., und BOOKE, H. E.: A mutant A-type lactate dehydrogenase subunit in *Fundulus heteroclitus* Copeia (1972) 2, 298–302.
MASSARO, E. J., und MARKERT, C. L.: Isozyme patterns of salmonid fishes: evidence for multiple cistrons for lactate dehydrogenase polypeptides. J. Exp. Zool. 168 (1968) 2, 223 bis 238.
MASSEYEFF, R., GODET, R., und GOMBERT, J.: Les proteines seriques de *Protopterus annectens*. Etude electrophoretique. C. R. Seance Soc. Biol. 157 (1963) 1, 167–173.
MATHER, K.: The genetical basis of heterosis. Proc. R. Soc. London, Ser. B. 144 (1955) 915, 143–162.
MATSUI, Y.: Genetical studies of fresh-water fish. 2. On the hybrid of *Cyprinus carpio* L. and *Carassius carassius* (L.) (*auratus* L.). J. Imper. Fish. Exper. St. 2 (1931), 129–137.
MATSUI, Y.: Genetical studies on gold-fish of Japan. 1. On the varieties of gold-fish and the variations in their external characteristics. 2. On the Mendelian inheritance of the telescope eyes of gold-fish. 3. On the inheritance of the scale transparency of gold-fish. 4. On the inheritance of caudal and anal fins of gold-fish. J. Imper. Fish Inst. 30 (1934) 1, 1–96.
MATSUI, Y.: Gold-fish. In: Exhibits Int. Genet. Symp., Tokyo, Kyoto (1956), 97–105.
MATSUMOTO, J., KAJISHIMA, T., und HAMA, T.: Relation between the pigmentation and pterin derivatives of chromatophores during development in the normal black and transparent scaled types of goldfish (*Carassius auratus*). Genetics 45 (1960) 9, 1178–1192.
MATSUZAWA, T., und HAMILTON, J. B.: Polymorphism in lactate dehydrogenases of sceletal muscle associated with YY sex chromosomes in medaka (*Oryzias latipes*). Proc. Soc. Exp. Biol. Med. 142 (1973) 1, 232–236.
* MATTHEY, R.: Les chromosomes des vertebrés. F. Rouge, Lausanne 1949.
MAURER, G.: Disk – Elektrophorese. Mir, Moskva (1971) 242 S. (r).
MAURO, M. L. und MICHELI, G.: DNA reassociation kinetics in diploid and phylogenetically tetraploid Cyprinidae. J. Exp. Zool. 208 (1979) 3, 407–416.
MAY, B., UTTER, F. M. und ALLENDORF, H. W.: Biochemical genetic variation in pink and chum salmon. Inheritance of intraspecies variation and apparent absence of interspecies introgression following massive hybridization of hatchery stocks. J. Heredity 66 (1975) 4, 227–232.
MAY, B., STONEKING, M., und WRIGHT, J. E.: Joint segregation of malate dehydrogenase and diaphorase loci in brown trout (*Salmo trutta*). Trans. Am. Fish. Soc. 108 (1979a) 4, 373–377.
MAY, B., WRIGHT, J. E., und STONEKING, M.: Joint segregation of biochemical loci in Salmonidae: results from experiments with *Salvelinus* and review of the literature on other species. J. Fish. Res. B. Can. 36 (1979b): 1114–1128.
MAY, B., STONEKING, M., und WRIGHT, J. E.: Joint segregation of biochemical loci in Salmonidae. II. Linkage associations from a hybridized Salvelinus genome (*S. namaycush* × *S. fontinalis*). Genetics 95 (1980) 3, 707–726.
MCANDREW, B. J., und MAJUMDAR, K. C.: *Tilapia* stock identification using electrophoretic markers. Aquaculture 30 (1983) 2, 249–261.
MCANDREW, B. J., WARD, R. D., und BEARDMORE, J. A.: Lack of relationship between morphological variance and enzyme heterozygosity in the plaice, *Pleuronectes platessa*. Heredity 48 (1982) 1, 117–125.
MCCABE, M. M., und DEAN, D. M.: Esterase polymorphisms in the scipjack tuna, Katsuwonus pelamis, Comp. Biochem. Phys. 34 (1970) 3, 671–681.
MCCART, P., und ANDERSEN, B.: Plasticity of gillraker number and length in *Oncorhynchus nerka*. J. Fish. Res. B. Can. 24 (1967) 9, 1999 bis 2002.
MCCONKEY, E. H., TAYLOR, B. J., und DUG PHAN: Human heterozygosity: a new estimate. Proc. Nat. Acad. Sci. USA 78 (1979) 12, 6500 bis 6504.
MCDONALD, J. F., und AYALA, F. J.: Gene regulation in adaptive evolution. Can. J. Genet. Cytol. 20 (1978) 2, 159–175.

McIntyre, J.: Selective breeding for increased yield in coho salmon. In: Papers DSF Nat. Com. West Yellowstone (1979), 5.

McIntyre, P.: Crossing over within the macromelanophore gene in the platyfish, *Xiphophorus maculatus*. Amer. Natur. 95 (1961) 884, 323–324.

McIntyre, J. D., und Amend, D. F.: Heritability of tolerance for infectious hematopoietic necrosis in sockeye salmon *(Oncorhynchus nerka)*. Trans. Am. Fish. Soc., 107 (1978) 2, 305–308.

McIntyre, J. D., und Blanc, J. M.: A genetic analysis of hatching time in steelhead trout *(Salmo gairdneri).*, J. Fish. Res. B. Can. 30 (1973) 1, 137–139.

McIntyre, J. D., und Johnson, A. K.: Relative yield of two transferrin phenotypes in coho salmon. Progr. Fish-Cult. 39 (1977) 2, 175–177.

McKay, F. E.: Behavioral aspects of population dynamics in unisexual-bisexual *Poeciliopsis* (Pisces: Poeciliidae). Ecology 52 (1971): 770 bis 790.

McKenzie, J. A.: Comparative electrophoresis of tissue from blueback herring *Alosa aestivalis* (Mitchill) and caspareau, *Alosa pseudoharengus* (Wilson). Comp. Biochem. Phys. 44B (1973) 1, 65–68.

McKenzie, J. A., und Martin, Ch.: Transferrin polymorphism in blueback herring, *Alosa aestivalis* (Mitchill). Can. J. Zool. 53 (1975) 11, 1479–1482.

McKenzie, J. A., und Pain, H.: Variation in the plasma proteins of Atlantic salmon *(Salmo salar* L.). Can. J. Zool. 47 (1969) 5, 759–761.

McPhail, J. D., und Jones, R. L.: A simple technique for obtaining chromosomes from teleost fishes. J. Fish. Res. B. Can. 23 (1966) 4, 767 bis 768.

Mednikov, B. M.: Anwendung der Methoden der Gensystematik beim Aufbau des Systems der Chordaten. In: Molekuljarnye osnovy genosistematiki. MGU, Moskva (1980), 203–215 (r).

Mednikov, B. M., und Achundov, A.: Systematik der Gattung *Salmo* im Lichte der Unterlagen über die Molekular-Hybridisation der DNA. DAN SSSR 222 (1975), 744–746 (r).

Mednikov, B. M., und Maksimov, V. A.: Die genetische Divergenz der Saiblinge *(Salvelinus)* der Tschuktschen-Halbinsel und die Probleme der Artbildung in dieser Gruppe. In: Biochimičeskaja i populjacionnaja genetika ryb. Inst. Citol. AN SSSR, Leningrad (1979), 45–48 (r).

Mednikov, B. M., Antonov, A. S., und Popov, L. S.: Gensystematik und Evolution der Gene der Fische. In: Biochimičeskaja genetika ryb. Inst. Citol. AN SSSR, Leningrad (1973a), 37 bis 42 (r).

Mednikov, B. M., Popov. L. S., und Antonov, A. S.: Charakteristik der Primärstruktur der DNA als Kriterium für die Konstruktion eines natürlichen Systems der Fische. Ž. Obšč. Biol. 34 (1973b) 4, 516–529 (r).

Mednikov, B. M., Rešetnikov, Ju. S., und Sůbina, E. A.: Untersuchung der Verwandtschaftsbeziehungen der Coregonen nach der Methode der Molekular-Hybridisation. Zool. Ž. 56 (1977) 3, 333–341 (r).

Mendel, G.: Versuche über Pflanzenhybriden, Verh. Naturforsch. Ver. Brünn 4 (1865), 1–47.

Menzel, B. W.: Biochemical systematics and evolutionary genetics of the common shiner species group. Biochem. Syst. Ecol. 4 (1976) 4, 281–293.

Menzel, B. W. und Darnell, R. M.: Morphology of naturally occurring triploid fish related to *Poecilia formosa*. Copeia (1973) 2, 350–352.

Menzel, R. W.: Further notes on the albino catfish. J. Heredity 49 (1959) 6, 284–293.

Merla, G.: Ein Beitrag zur Kenntnis der Anfälligkeit von Spiegel- und Nacktkarpfen gegenüber der infektiösen Bauchwassersucht. Dtsch. Fischerei-Ztg. 6 (1959) 2, 58–62.

Merla, G.: Grundlagen der Fischzüchtung. In: Industriemäßige Fischproduktion. Dtsch. Landwirtsch.-Verlag, Berlin (1979), 219–234.

Merla, G. Farbvarianten und ihre Vererbung bei Wirtschaftsfischen. Z. Binnenfischerei DDR 29 (1982) 5, 155–158.

Merla, G., und Seeland, G.: Tendenzen und Probleme in der Karpfenzüchtung. Notizen über eine Reise in die Ungarische Volksrepublik. Z. Binnenfischerei DDR 31 (1984) 1, 5–8.

* Merlq, S.: Osservazioni cariologicae su *Salmo carpio*. Boll. Zool 24 (1957) 2, 253–258.

* Merrilees, M. J.: Karyotype of *Galaxias maculatus* from New-Zealand. Copeia (1975) 1, 176 bis 178.

Merritt, R. B.: Geographical distribution and enzymatic properties of lactate dehydrogenase allozymes in the fathead minnow, *Pimephales promelas*. Amer. Natur. 106 (1972) 949, 173 bis 184.

Merritt, R. B., Rogers, J. F., und Kurz, B. J.: Genic variability in the longnose dace, *Rhinichthys cataractae*. Evolution 32 (1978) 1, 116–124.

Mester, L., und Tesio, C.: Recherches systematiques basèes sur l'éléctrophorese chez certain Blennidae (Pisces) de la mer Noire. Rev. Roum. Biol. 20 (1975) 2, 113–116.

Metcalf, R. A., Whitt, G. S., und Childers, W. T.: Inheritance of esterases in the white crappie *(Pomoxis annularis)*, black crappie *(P. nigromaculatus)* and their F_1 and F_2 interspecific hybrids. Anim. Blood Gr. Biochem. Genet. 3 (1972) 1, 19–33.

Miaskowski, M.: Variabilitätsstudien an den Flossen der Cypriniden. Arch. Fischereiwiss. 8 (1957) 1–2, 32–53.

* Michele, J. L., und Takahashi, C. S.: Comparative cytology of Tilapia rendalli and Geophagus brasilliensis (Cichlidae, Pisces). Cytologia 42 (1977) 3–4, 535–537.

* Michele, J. L., Takahashi, C., unf Ferrari, I.: Karyotype study of some species of the family Loricaridae (Pisces). Cytologia 42 (1977) 3–4, 539–546.

Milkman, R.: How much room is left for non-Darwinian evolution? In: Brookhaven Symp. Biol., „Evolution of Genetic Systems" 23 (1972), 217–229.

Millenbach, C.: Genetic selection of steelhead trout for management purposes. In: Int. Salmon Found., Spec. Publ. Ser. 4 (1973) 1, 253–257.

Miller, E. T., und Whitt, G. S.: Lactate dehydrogenase isozyme synthesis and cellular differentiation in the teleost retina. In: Isozymes. Vol. II. Academic Press, London–New York (1975), 359–374.

Miller, R. R.: Classification of the native trouts of Arizona with the description of a new species, Salmo apache. Copeia (1972) 3, 401–422.

Miller, R. R., und Echelle, A. A.: Cyprinodon tularosa, a new cyprenodontid fish from the Tularosa basin, New Mexico. Southwest Natur. 19 (1975) 4, 365–377.

Miller, R. R., und Fritzsimons, J. M.: Ameca splendens, a new genus and species of goodeid fish from Western Mexico, with remarks on the classification of the Goodeidae. Copeia (1971) 1, 1–13.

Miller, R. R., und Hubbs, C. L.: Systematics of Gasterosteus aculeatus, with particular reference to intergradation and introgression along the Pacific Coast of North America: a commentary on a recent contribution. Copeia (1969) 1, 62–69.

Miller, R. R., und Schultz, R. J: All female strains of the teleost fishes of the genus Poeciliopsis. Science 130 (1959) 3389, 1956–1957.

Miller, R. R., und Walters, V.: A new genus of cyprinodontid fish from Nuevo Leon, Mexico. Contr. Sci. Nat. Hist. Mus. Los Angeles C (1972) 233, 1–13.

Mil'man, L. S., und Jurovickij, Ju, G.: Mechanismen der enzymatischen Regulation des Kohlenhydratstoffwechsels in der frühen Embryogenese. Nauka, Moskva (1973) 235 S (r).

Mina, M. V.: Über die Populationsstruktur der Fische. Beurteilung einiger Hypothesen. Ž. Obšč. Biol. 39 (1978) 3, 453–460 (r).

Mires, D.: Theoretical and practical aspects of the production of all-male Tilapia hybrids. Bamidgeh 29 (1977), 94–101.

Mirsky, A. E., und Ris, H.: The desoxiriboncleic acid content of animal cells and its evolutionary significance. J. Gen. Phys. 34 (1951) 3, 451–462.

Mitrofanov, Ju. A.: Besonderheiten der innerartlichen Variabilität der Chromosomen bei den Knochenfischen. Ž. Obšč. Biol. 44 (1983) 5, 679–693 (r).

Mitton, J. B., und Koehn, R. K.: Genetic organization and adaptive response of allozymes to ecological variables in Fundulus heteroclitus. Genetics 79 (1975) 1, 97–111.

Moav, R.: Genetic improvement in aquaculture industry. In: Advances in aquaculture. Fishing News Books Ltd., Farnham (1979), 610–622.

Moav, R., und Wohlfarth, G.: Genetic improvement of carp. I. Theoretical background. Bamidgeh 12 (1960) 1, 5–12.

Moav, R., und Wohlfarth, G.: Breeding schemes for the genetic improvement of edible fish. In: Progress Report 1962, Jerusalem (1963), 1–40.

Moav, R., und Wohlfarth, G.: Breeding schemes for the genetic improvement of edible fish. In: Progress Report 1964–1965, Jerusalem (1967), 1–56.

Moav, R., und Wohlfarth, G.: Genetic improvement of yield in carp. FAO Fish. Rep. Rome 44 (1968) 4, 12–29.

Moav, R., und Wohlfarth, G.: Genetic correlation between seine escapability and growth capacity in carp. J. Heredity 61 (1973a) 4, 153 bis 157.

Moav, R., und Wohlfarth, G.: Carp breeding in Israel. In: Agricultural genetics. J. Wiley, New York–Toronto (1973b), 295–318.

Moav, R., und Wohlfarth, G.: Magnification through competition of genetic differences in yield capacity in carp. Heredity 33 (1974) 2, 181–202.

Moav, R., und Wohlfarth, G.: Two-way selection for growth rate in the common carp (Cyprinus carpio L.). Genetics 82 (1976) 1, 83–101.

Moav, R., und Wohlfarth, G., und Soller, M.: Breeding schemes for the genetic improvement of edible fish. In: Progress Report (1963), Jerusalem (1964), 1–46.

Moav, R., Ankorion, J., und Wohlfarth, W. G.: Genetic investigation and breeding methods of carp in Israel. In: Rep. FAO/UNDP (TA), 2926, Rome (1971), 160–185.

Moav, R., Finkel, A., und Wohlfarth, G.: Variability of intermuscular bones, vertebrae, ribs, dorsal fine rays and skeletal disorders in the common carp. Theoret. Appl. Genet. 46 (1975a) 1, 33–43.

Moav, R., Hulata, G., und Wohlfarth, G.: Genetic differences between the Chinese and European races of the common carp. I. Analysis of genotype-environment interactions for growth rate. Heredity 34 (1975b) 3, 323–330.

MOAV, R., BRODY, T., WOHLFARTH, G., und HULATA, G.: Applications of electrophoretic markers to fish breeding. I. Advantages and methods. Aquaculture 9 (1976a) 3, 217–218.

MOAV, R., SOLLER, M., und HULATA, G.: Genetic aspects of the transition from traditional to modern fish farming. Theoret. Appl. Genet. 47 (1976b) 2, 285–290.

MOAV, R., BRODY, T., und HULATA, G.: Genetic improvement of wild fish populations. Science 201 (1978) 4361, 1090–1094.

MOAV, R., BRODY, T., WOHLFARTH, G., und HULATA, G.: A proposal for the continuous production of F_1 hybrids between the European and Chinese races of the common carp in traditional fish farms of Southeast Asia. In: Advances in aquaculture. Fishing News Books Ltd., Farnham (1979), 635–638.

MØLLER, D.: Polymorphism of serum transferrin in cod. Fiskeridir. Skr. Havunders 14 (1966), 51–60.

MØLLER, D.: Red blood cell antigens in cod. Sarsia 29 (1967), 413–430.

MØLLER, D.: Genetic diversity in spawning cod along the Norwegian coast. Hereditas 60 (1968) 1, 1–32.

MØLLER, D.: The relationship between arctic and coastal cod in their immature stages illustrated by frequencies of genetic characters. Fiskeridir. Skr. Ser. Havunders 15 (1969), 220–233.

MØLLER, D.: Transferrin polymorphism in Atlantic salmon *(Salmo salar)*. J. Fish. Res. B. Can. 27 (1970) 6, 1617–1625.

MØLLER, D.: Concepts used in the biochemical and serological identification of fish stocks. Rapp P.-V. Reun. 161 (1971), 7–9.

MØLLER, D., und NAEVDAL, G.: Transferrin polymorphism in fishes. In: Proc. 10th Eur. Conf. Anim. Blood Gr. Biochem. Polym., Paris (1966), 367–372.

MØLLER, D., und NAEVDAL, G.: Studies on hemoglobins of some gadoid fishes. Fiskeridir. Skr. Ser. Havunders 15 (1969) 2, 91–97.

MØLLER, D., und NAEVDAL, G.: Comparison of blood proteins of coalfish from Norwegian and Icelandic waters. Fiskeridir. Skr. Ser. Havunders 16 (1974) 5, 177–181.

MØLLER, D., und NAEVDAL, G., und VALEN, A.: Serologiske undersøkelser for identifisering av fiskepopulasjoner i 1966. Fisken Havet 2 (1967), 15–20.

MØLLER, D., NAEVDAL, G., HOLM, M., und LERØY, R.: Variation in growth rate and age of sexual maturity in rainbow trout. In: Advances in aquaculture, Fishing News Books Ltd, Farnham (1979), 622–626.

MONACO, P. J., RASCH, E. M., BALSANO, J. S., und TURNER, B. J.: Muscle protein phenotypes and the probable evolutionary origin of a unisexual fish, *Poecilia formosa*, and its triploid derivates. J. Exp. Zool. 221 (1982) 2, 265–274.

MONACO, P. J., RASCH, E. M., und BALSANO, J. S.: Apomictic reproduction in the Amazon molly, *Poecilia formosa*, and its triploid hybrids. In: Evolutionary Genetics of Fishes, Plenum Press, New York–London (1984), 311–328.

MOODIE, G. E. E.: Predation, natural selection and adaptation in an unusual threespine stickleback. Heredity 28 (1972) 2, 155–168.

MOON, T. W., und HOCHACHKA, P. W.: Temperature and the kinetic analysis of trout isocitrate dehydrogenases. Comp. Biochem. Phys. 42B (1972) 4, 724–730.

MOORE, W. S.: A mutant affecting chromatophore proliferation in a poeciliid fish. J. Heredity 65 (1974) 6, 326–330.

MOORE, W. S.: Components of fitness in the unisexual fish *Poeciliopsis monacha-occidentalis*. Evolution 30 (1976) 3, 564–578.

MOORE, W. S.: A histocompatibility analysis of inheritance in the unisexual fish. *Poeciliopsis* 2 *monacha-lucida*. Copeia (1977) 2, 213–223.

MOORE, W. S., und BRADLEY, E. A.: The population structure of an asexual vertebrate P_{2m-1} (Pisces: Poeciliidae). Evolution 33 (1979) 2, 563–578.

MOORE, W. S., und MCKAY, F. E.: Coexistence in unisexual-bisexual species complexes of Poeciliopsis (Pisces: *Poeciliidae*). Ecology 52 (1971) 5, 791–799.

MOORE, W. S., MILLER, R., und SCHULTZ, R.: Distribution, adaptation and probable origin of an all-female form of *Poeciliopsis* (Pisces: Poeciliidae) in northwestern Mexico. Evolution 24 (1970) 4, 789–795.

* MOREIRA, F. O., BERTOLLO, A. C., und GALETTI, P. M.: Evidence for a multiple sex chromosome system with female heterogamety in *Apareiodon affinis* (Pisces, Paradontidae). Caryologia 33 (1980) 1, 83–91.

* MORELLI, S., BERTOLLO, L. A. C., FORESTI, F., MOREIRA, F., und ALMEIDA-TOLEDO, F. S.: Cytogenetic considerations on the genus Astyanax (Pisces, Characidae). I. Karyotypic variability. Caryologia 36 (1983) 3, 235–244.

MORELLI, S., BERTOLLO, L. A. C., und MOREIRA, F.: Cytogenetic considerations on the genus *Astyanax* (Pisces, Characidae). II. Occurence of natural triploidy. Caryologia 36 (1983) 3, 245–250.

MORGAN, R. P., und ULANOWICZ, N. I.: The frequency of muscle protein polymorphism in *Menidia menidia* (Atherinidae) along the Atlantic coast. Copeia (1976) 2, 356–360.

MORGAN, R. P., KOO, T. S. Y., und KRANTZ, G. E.: Electrophoretic determination of populations of the striped bass *Morone saxatilis* in the Upper Chesapeake Bay. Trans. Am. Fish. Soc. 102 (1973) 1, 21–32.

MORIZOT, D. C.: Comparative gene mapping in fishes. Isoz. Bull. (1983a) 16, 51.

MORIZOT, D. C.: Multipoint linkage groups of protein-coding loci in bony fishes. Isoz. Bull. (1983b) 16, 7.

MORIZOT, D. C., und ARAVINDA, C.: Linkage relationships of protein coding loci in fishes of the genus *Xiphophorus*. Genetics 86 (1977) 2, p. 2, 46.

MORIZOT, D. C., und SICILIANO, M. J.: Polymorphisms, linkage and mapping of four enzyme loci in the fish genus *Xiphophorus* (Poeciliidae). Genetics 93 (1979) 4, 947–960.

MORIZOT, D. C., und SICILIANO, M. J.: Linkage of two enzyme loci in fishes of the genus *Xiphophorus* (Poeciliidae): guanylate kinase 2 (GUK 2) and glyceraldehyde-3-phosphate dehydrogenase-1 (GAPD-1), designated as linkage group III. J. Heredity 73 (1982a) 3, 163–167.

MORIZOT, D. C., und SICILIANO, M. J.: Protein polymorphisms, segregation in genetic crosses and genetic distances among fishes of the genus *Xiphophorus* (Poeciliidae). Genetics 102 (1982b) 3, 539–556.

MORIZOT, D. C., WRIGHT, D. A., und SICILIANO, M. J.: Three linked enzyme loci in fishes: implications in the evolution of vertebrate chromosomes. Genetics 86 (1977) 3, 645–656.

MORIZOT, D. C., WRIGHT, D. A., und SICILIANO, M. J.: Regulation of glyceraldehyde-3-phosphate dehydrogenase inheritance and biochemistry of a low activity genetic variant in the platyfish, *Xiphophorus maculatus*. J. Exp. Zool. 223 (1982) 1, 1–9.

MORIZOT, D. C., GREENSPAN, J. A., und SICILIANO, M. J.: Linkage group VI of fish of the genus *Xiphophorus* (Poeciliidae): assignment of genes coding for glutamine synthetase, uridine monophosphate kinase and transferrin. Bioch. Gen. 21 (1983) 9–10. 1041–1049.

MORK, J., und HAUG, T.: Genetic variation in halibut *Hippoglossus hippoglossus* from Norwegian waters. Hereditas 98 (1983) 2, 167–173.

MORK, J., und SUNDNES, G.: Population genetic studies in fish may start at the egg stage: examples from gadoid species in Norwegian waters. Sarsia 68 (1983) 3, 171–175.

MORK, J. A., GISKEØDEGÅRD, R., und SUNDNES, G.: LDH gene frequencies in cod samples from two locations on the Norwegian coast. J. Conseil. 39 (1980) 1, 110–113.

MORK, J., REUTENWALL, C., RYMAN, N., und STÅHL, G.: Genetic variation in Atlantic cod (*Gadus morhua* L.): a quantitative estimate from a Norwegian costal population. Hereditas 96 (1982) 1, 55–61.

MORK, J., GISKEØDEGÅRD, R., und SUNDNES, G.: Haemoglobin polymorphism in *Gadus morhua*: genotypic differences in maturing age and withinseason gonad maturation. Helgoländer Meeresunters. 36 (1983) 3, 313–322.

MORRISON, W. J.: Nonrandom segregation of the lactate dehydrogenase subunit loci in trout. Trans. Am. Fish. Soc. 99 (1970) 1, 193–206.

MORRISON, W. J., und WRIGHT, J. E.: Genetic analysis of three lactate dehydrogenase isozyme systems in trout: evidence for linkage of genes coding subunits A and B. J. Exp. Zool. 163 (1966) 3, 259–270.

MORRISSY, N. M.: Comparison of strains of *Salmo gairdneri* Rich. from New South Wales, Victoria and Western Australia. Bull. Austr. Soc. Limnol. 5 (1973) 1, 11–20.

MOSKOVKIN, L. I., TRUVELLER, K. A., MASLENNIKOVA, N. A., und ROMANOVA, N. I.: Verteilung der Transferrintypen und das Bild der Esterasen beim Karpfen (*Cyprinus carpio* L.). In: Biochimičeskaja genetika ryb. Inst. Citol. AN SSSR, Leningrad (1973), 120–128 (r).

MRAKOVČIČ, M., und HALEG, L. E.: Inbreeding depression in the zebra fish *Brachydanio rerio* (Ham., Buch). J. Fish Biol. 15 (1979) 3, 323–327.

MÜLLER, W.: Der gegenwärtige Stand der Karpfenzüchtung in der DDR. Z. Binnenfischerei DDR 22 (1975) 5, 136–141.

MÜNZING, J.: Biologie, Variabilität und Genetik von *Gasterosteus aculeatus* L. (Pisces). Untersuchungen im Elbgebiet. Int. Rev. Hydrobiol. 44 (1959) 3, 317–382.

MÜNZING, J.: Ein neuer semiarmatus Typ von *Gasterosteus aculeatus* L. (Pisces) aus dem Izniksee. Mitt. Hamburg. Zool. Mus. Inst. 60 (1962), 181–194.

MÜNZING, J.: The evolution of variation and distributional patterns in European populations of the three-spined stickleback, *Gasterosteus aculeatus*. Evolution 17 (1963) 3, 320–332.

MÜNZING, J.: Variabilität, Verbreitung und Systematik der Arten und Unterarten in der Gattung *Pungitius* Coste, 1848 (Pisces, Gasterosteidae). Z. Zool. Syst. Evol.-Forsch. 7 (1969) 3, 208–233.

MÜNZING, J.: Polymorphe Populationen von *Gasterosteus aculeatus* L. (Pisces, Gasterosteidae) in sekundären Intergradationszonen der Deutschen Bucht und benachbarter Gebiete. Die geographische Variation der Lateralbeschilderung. Faun. Oekol. Mitt. 4 (1972) 3, 69–84.

MURAMOTO, J.: A note on triploidy of the funa (Cyprinidae, Pisces). Proc. Jap. Acad. Sci., Ser. B 51 (1975) 7, 583–587.

Muramoto, J.-I., Ohno, S., und Atkin, N. B.: On the diploid state of the fish order Ostariophysi. Chromosoma 24 (1968) 1, 59–66.

* Muramoto, J.-I., Igarashi, K., Itoh, M., und Makino, S.: A study of the chromosomes and enzymatic patterns of sticklehacks of Japan. Proc. Jap. Acad. Sci., Ser. B 45 (1969) 9, 803–807.

* Muramoto, J.-I., Atumi, J.-I., und Fukuoka, H.: Karyotypes of 9 species of the Salmonidae. CIS 17 (1974), 20–22.

* Murofushi, M., und Yosida, T. H.: Cytogenetical studies of fishes. I. Karyotypes of four filefishes. Jap. J. Genet. 54 (1979 a) 3, 191–196.

* Murofushi, M., und Yosida, T. H.: Cytogenetical studies on fishes. II. Karyotypes of four carangid fishes. Jap. J. Genet. 54 (1979 b) 5, 367–370.

Murofushi, M., Sikawa, S., Nishikawa, S., und Yosida, T. H.: Cytogenetical studies on fishes. III. Multiple sex chromosome mechanism in the filefish, *Stephanolepis cirrhifer*. Jap. J. Genet. 55 (1980) 2, 127–131.

* Murofushi, M., Nishikawa, S., und Yosida, T. H.: Cytogenetical studies on fishes IV. Karyotypes of six species in the sparoid fishes. Jap. J. Genet. 58 (1983) 4, 361–367.

Muske, G. A.: Untersuchung der genetischen Struktur der Population des Nerka-Lachses *Oncorhynchus nerka* (Walb.). In: Biol. osnovy rybovodstva: Problemy genetiki i selekcii. Nauka, Leningrad (1983), 186–194 (r).

Muske, G. A., und Scholl'-Engberts, A. D.: Kinetik der Lactatdehydrogenase-Reaktion bei einem Pazifischen Lachs, dem bezüglich des LDH-B1-Locus homo- und heterozygoten Nerka-Lachs *(Oncorhynchus nerka)*. In: Morfologija, struktura populjacij i problema racional'nogo ispol'zovanija lososevidnych ryb (Tez. koord. sov.). Nauka, Leningrad (1983), 140 bis 141. (r).

Nace, G. W., Richards, C. M., und Asher, J. R.: Parthenogenesis and genetic variability. I. Linkage and inbreeding estimation in the frog, *Rana pipiens*. Genetics 66 (1970) 2, 340–368.

Naevdal, G.: Studies on hemoglobins and serum proteins in sprat from Norwegian waters. Fiskeridir. Skr. Ser. Havunders. 14 (1968) 3, 160–182.

Naevdal, G.: Studies on blood proteins in herring. Fiskeridir. Skr. Ser. Havunders. 15 (1969) 3, 128–135.

Naevdal, G.: Distribution of multiple forms of lactate dehydrogenase, aspartate aminotransferase and serum esterase in herring from Norwegian waters. Fiskeridir. Skr. Ser. Havunders. 15 (1970) 6, 565–572.

Naevdal, G.: Difference between marinus and mentella types of redfish by electrophoresis of haemoglobin. Fiskeridir. Skr. Ser. Havunders. 16 (1978) 10, 731–736.

Naevdal, G., und Bakken, E.: Comparison of blood proteins from East and West Atlantic populations of *Hippoglossoides platessoides platessoides*. Fiskeridir. Skr. Ser. Havunders. 16 (1974), 183–188.

Naevdal, G., Holm, M., Møller, D., und Osthus, O. D.: Experiments with selective breeding of salmon. Int. Counc. Explor. Sea Comm. Meet. 1975, M, 22, 1–9.

Naevdal, G., Bjerk, Ø., Holm, M., Lerøy, R., und Møller, D.: Growth rate and age of sexual maturity of Atlantic salmon smoltifying aged one and two years. Fiskeridir. Skr. Ser. Havunders. 17 (1979 a), 11–17.

Naevdal, G., Holm, M., Lerøy, R., und Møller, D.: Individual growth rate and age at sexual maturity in rainbow trout. Fiskeridir. Skr. Ser. Havunders. 17 (1979 b), 1–10.

Nagel, L.: Prüfung sächsischer Zuchtkarpfenstämme auf Leistung und Resistenz. Z. Fischerei NF 18 (1970) 3–4, 217–226.

Nagy, A., und Csànyi, V.: Utilization of gynogenesis in genetic analysis and practical animal breeding. In: Increasing productivity of fishes by selection and hybridization. Szarvas (1978), 16–30.

Nagy, A., Rajki, K., Horvath, I., und Csànyi, V.: Investigation on carp, *Cyprinus carpio* L. gynogenesis. J. Fish Biol. 13 (1978) 2, 215–224.

Nagy, A., Rajki, K., Bakos, J., und Csànyi, V.: Genetic analysis in carp. *(Cyprinus carpio)* using gynogenesis. Heredity 43 (1979) 1, 35–40.

Nagy, A., Csànyi, V., Bakos, J., und Horvath, L.: Development of a short-term laboratory system for the evaluation of carp growth in ponds. Bamidgeh 32 (1980) 1, 6–15.

Nagy, A., Bercsenyi M., und Csànyi, V.: Sex reversal in carp *(Cyprinus carpio)* by oral administration of methyltestosterone. Can. J. Fish. Aquat. Sci. 38 (1981) 6, 725–728.

Nagy, A., Monostory, Z., und Csànyi, V.: Rapid development of the clonal state in successive gynogenetic generations of carp *(Cyprinus carpio)*. Copeia (1983) 3, 745–749.

Nakamura, N., und Kasahara, S.: A study of the phenomenon of the tobi koi or shoot carp. I. On the earliest stage at which the shoot carp appears. Bull. Jap. Soc. Sci, Fish. 21 (1955) 2, 73–76.

Nakamura, N., und Kasahara, S.: A study of the phenomenon of the tobi koi or shoot carp. III. On the results of culturing the modal group and the growth of carp fry reared individually. Bull. Jap. Soc. Sci. Fish. 22 (1957) 11, 674–678.

Nakano, E., und Whiteley, A. H.: Differentiation of multiple molecular forms of four dehydrogenases in the teleost, *Oryzias latipes*, studied by disc electrophoresis. J. Exp. Zool. 159 (1965) 1, 167–180.

NAKAYA, K.: An albino zebra shark *Stegostoma fasciatum* from the Indian ocean with comments on albinism in elasmobranchs. Jap. J. Ichtyol. 20 (1973) 2, 120–122.

* NANDA, A.: The chromosomes of *Mystus vittatus* and *Ompok pabda* (fam. Siluridae). Nucleus 16 (1973) 1, 29–32.

NATALI, V. F., und NATALI, A. I.: Zum Problem der Lokalisierung der Gene in den X- und Y-Chromosomen bei *Lebistes reticulatus*. Ž. Èksper. Biol. 7 (1931) 1, 41–70 (r).

* NATARAJAN, R., und SUBRAHMANYAN, K.: A karyotype study of some teleost from Postonovo waters. Proc. Ind. Acad. Sci., Ser. B 79 (1974) 5, 173–196.

NAYUDU, P. L.: Contributions to the genetics of *Poecilia reticulata*. Ph. D. Thesis, Monash. Univ., Clayton (Australia) 1975.

NAYUDU, P. L.: Genetic studies of melanic colour patterns, and atypical sex determination in the guppy, *Poecilia reticulata*. Copeia (1979) 2, 225 bis 231.

NAYUDU, P. L., und HUNTER, C. R.: Cytological aspects and differential response to melatonin of melanophore based color mutants in the guppy, *Poecilia reticulata*. Copeia (1979) 2, 232 bis 242.

* NAYYAR, R. P.: Karyotype studies in two cyprinids. Cytologia 27 (1962) 2, 229–231.

* NAYYAR, R. P.: Karyotype studies in seven species of Cyprinidae. Genetica (Holl.) 35 (1964) 1, 93–104.

* NAYYAR, R. P.: Karyotype studies in the genus *Notopterus* (Lac.). The occurrence and fate of univalent chromosomes in spermacytes of N. chitala. Genetica (Holl.) 36 (1965) 3, 398–405.

* NAYYAR, R. P.: Karyotype studies in thirteen species of fishes. Genetica (Holl.) 37 (1966) 1, 78 bis 92.

NEFEDOV, G. N.: Serum haptoglobins in the marinus and mentella types of North Atlantic redfish. Rapp. P.-V. Reun 161 (1971), 126–129.

NEFEDOV, G. N.: Die Serum-Haptoglobine der marinen Barsche der Gattung *Sebastes*. Vestn. Mosk. Univ. (1969) 1, 104–107 (r).

NEFEDOV, G. N., ALFEROVA, N. M., und GERMAN, S. M.: Elektrophoretische Untersuchung der Muskeleiweiße einiger Fischarten der Familien Merluccidae und Carangidae. Biochimičeskaja genetika ryb. Inst. Citol. AN SSSR, Leningrad (1973), 201–207 (r).

NEFEDOV, G. N., TRUVELLER, K. A., ALFEROVA, N. M., und ČUKSIN, JU. V.: Variabilität der elektrophoretischen Spektrums der Muskel-Esterasen bei Macrurus. Biol. Morja (1976) 4, 62–65 (r).

NEFEDOV, G. N., ALFEROVA, N. M., und ČUKSIN, J. V.: Polymorphismus der Muskelesterasen bei den Carangiden des Nordwest-Atlantiks. Biol. Morja (1978) 2, 64–74 (r).

NEI, M.: Genetic distance between populations. Amer. Natur. 106 (1972) 949, 283–292.

NEI, M., FUERST, P. A., und CHAKRABORTY, R.: Subunit molecular weight and genetic variability of proteins in natural populations. Proc. Nat. Acad. Sci. USA 75 (1978) 7, 3359–3362.

NEI, M.: Genetischer Abstand und die Molekular-Taxonomie. In: Vopr. obščej genetiki. Nauka, Moskva (1981), 7–18 (r).

NEJFACH, A. A.: Die Wirkung ionisierender Strahlung auf die Geschlechtszellen des Schlammpeitzgers (*Misgurnus fossilis* L.). DAN SSSR 111 (1956) 3, 585–588 (r).

NEJFACH, A. A., und ABRAMOVA, N. B.: Regulierung der Aktivität der Enzyme in der Entwicklung der Tiere. In: Biochimičeskaja i populjacionnaja genetika ryb. Inst. Citol. AN SSSR, Leningrad (1979), 18–23 (r).

NEJFACH, A. A., und TIMOFEEVA, M. JA.: Molekularbiologie der Entwicklungsprozesse. Nauka, Moskva (1977), 312 (r).

NEJFACH, A. A., GLUŠANKOVA, M. A., KOROBZOVA, N. S., und KUSAKINA, A. A.: Expression of genes controlling FDP-aldolase in fish embryos. Thermostability as a genetic marker. Dev. Biol. 34 (1973) 2, 309–320.

NEJFACH, A. A., GLUŠANKOVA, M. A., und KUSAKINA, A. A.: Time of function of genes controlling aldolase acrivity in loach embryo development. Dev. Biol. 50 (1976) 2, 502–510.

NELSON, B.: Progress report on golden channel catfish. Proc. South-East Assoc. Game Comm. 12 (1958), 75–77.

NELSON, J. S.: Absence of the pelvic complex in ninespine sticklebacks, *Pungitius pungitius*, collected in Ireland and Wood Buffalo National Park Region, Canada, with notes on meristic variation. Copeia (1971) 3, 707–717.

NELSON, J. S.: Evidence of a genetic basis for absence of the pelvic sceleton in brook stickleback *Culaea inconstans* and notes on the geographical distribution and origin of the loss. J. Fish. Res. B. Can. 37 (1977) 9, 1314–1320.

NENAŠEV, G. A.: Heritabilität einiger morphologischer (diagnostischer) Merkmale der Ropscha-Karpfen. Izv. GosNIORCh 61 (1966), 125–135 (r).

NENAŠEV, G. A.: Heritabilität einiger Zuchtmerkmale beim Karpfen. Izv. GosNIORCh 65 (1969), 185–195 (r).

NENAŠEV, G. A., und RYBAKOV, F. JU.: Die genetische Vielfalt des Transferrins und ihr Zusammenhang mit wirtschaftlich wichtigen Merkmalen des Silber- und Marmorkarpfens. Izv. GosNIORCh 130 (1978), 112–118 (r).

Nesterenko, N. V.: Ein Versuch zur Hybridisation der Kleinen Maräne des Ural mit der Peipusmaräne unter teichwirtschaftlichen Bedingungen. Izv. GosNIORCh 39 (1957), 41–59 (r).

Nevo, E.: Genetic variation in natural populations: paterns and theoty. Theoret. Popul. Biol. 13 (1978) 1, 121–177.

Nevo, E., Bailes, A., und Ben-Shlomo, R.: The evolutionary significance of genetic diversity: ecological, demographic and life history correlates. In: Evolutionary dynamics of genetic diversity. Lect. Notes in Biomathematics. 53, Ch. 2. Ed. of Inst. of Evolution, Haifa (1984), 13 bis 213.

Nikoljukin, N. I.: Zwischenartliche Hybridisation der Fische. Obl. Gesud. Izd., Saratov (1952), 310 (r).

Nikoljukin, N. I.: Hybridization of Acipenseridae and its practical significance. Rep. FAO/UNDP (TA), 2926, Rome (1971), 328–334.

Nikoljukin, N. I.: Die entfernte Hybridisation der Acipenseriden und Knochenfische. Piščevaja Promyšlenost', Moskva (1972), 335 (r).

Nikol'skij, G. V.: Spezielle Ichthyologie. Sovetskaja Nauka Moskva (1950), 436 (r).

Nikol'skij, G. V.: Über die Beteiligung von Genetikern an der Bearbeitung fischwirtschaftlicher Probleme. Vestn. Mosk. Univ. (1966) 6, 3–17 (r).

Nikol'skij, G. V.: Über die Wechselbeziehungen zwischen der Variabilität der Merkmale, der Energetik und dem Karyotyp bei Fischen. Ž. Obšč. Biol. 34 (1973) 4, 503–515 (r).

Nikol'skij, G. V., und Vasil'ev, V. P.: Über einige Gesetzmäßigkeiten in der Verteilung der Zahl der Chromosomen bei Fischen. Vopr. Ichtiol. 13 (1973) 1 (78), 3–22 (r).

Nikoro, Z. S.: Statistische Methoden in der Theorie der Züchtung. In: Modelirovanie biologičeskich sistem. Izd. Gesud. Univ. 1, Novosibirsk (1976), 1–78 (r).

Nikoro, Z. S., und Rokickij, P. F.: Anwendung und Möglichkeiten der Bestimmung der Heritabilitätskoeffizienten. Genetika 8 (1972) 2, 170–178 (r).

Nikoro, Z. S., und Vasil'eva, L. A.: Über Fehler bei der Verwendung züchtungsgenetischer Parameter in Populationen, die sich nicht im Gleichgewicht befinden. In: Matematičeskie modeli genetičeskich sistem. Inst. Citol. i Genet., Novosibirsk (1976), 69–111 (r).

* Nishikawa, S., und Sakamoto, K.: Comparative studies on the chromosomes in Japanese fishes. III. Somatic chromosomes of three anguilliform fishes. J. Shimonoseki Univ. Fish. 25 (1977) 3, 193–196.

* Nishikawa, S., und Sakamoto, K.: Comparative studies on the chromosomes in Japanese fishes. IV. Somatic chromosomes of two lizardfishes. J. Shimonoseki Univ. Fish. 27 (1978) 1, 113–117.

* Nishikawa, S., Armaoka, K., und Karasawa, T.: On the chromosomes of two species of eels *(Anguilla)*. CIS 12 (1971), 27–28.

* Nishikawa, S., Amaoka, K., und Nakanishi, K.: A comparative study of chromosomes of twelve species of gobioid fish in Japan. Jap. J. Ichthyol. 21 (1974) 2, 61–71.

* Nishikawa, S., Honda, M., und Wakatsuki, A.: Comparative studies on the chromosomes in Japanese fishes. II. Chromosomes of eight species in scorpionfishes. J. Shimomoseki Univ. Fish. 25 (1977) 3, 187–191.

* Nogusa, S.: Chromosome studies in Pisces. IV. The chromosomes of *Mogrunda obscura* (Gobiidae) with evidence of male heterogamety. Cytologia 20 (1955a) 1, 11–18.

*Nogusa, S.: Chromosome studies in Pisces. V. Variation of the chromosome number in *Acheilognathus rhombea* due to multiple-chromosomes formation. Annot. Zool. Jap. 28 (1955b) 4, 249–255.

* Nogusa, S.: Chromosome studies in Pisces. VI. The X-Y chromosomes found in *Cottus pollux* Günter (Cottidae). J. Fac. Sci. Hokkaido Univ., Ser. VI, Zool. 13 (1957) 2, 289–292.

* Nogusa, S.: A comparative study of the chromosomes in fishes with particular consideration on taxonomy and evolution. Mem. Hyogo Univ. Agric. 3 (1960) 1, 1–62.

Northcote, T. G., und Kelso, B. W.: Differential response to water current by two homozygous LDH phenotypes of young rainbow trout *(Salmo gairdneri)*. Can. J. Fish, Aquat Sci. 38 (1981) 3, 348–352.

Northcote, T. G., Williscroft, S. N., und Tsuyuki, H.: Meristic and lactate dehydrogenase genotype differences in stream populations of rainbow trout below and above a waterfall. J. Fish. Res. B. Can. 27 (1970) 11, 1987–1995.

Novosel'skaja, A. Ju.: Die genetische Differenzierung der lokalen Bestände des Nerka-Lachses *Oncorhynchus nerka* Walb. im Asabatschje-See (Kamtschatka). Avtoref. kand. diss. Inst. Obšč. Genetiki AN SSSR, Moskva (1980), 19 (r).

Novosel'skaja, A. Ju., Novosel'skij, Ju. I., und Altuchov, Ju. P.: Physikalisch-chemische Kennzeichen der Laichplätze und erbliche Heterogenität des Bestandes des Nerka-Lachses *Oncorhynchus nerka* (Walb.) im Asabatschje-See. Genetika 18 (1982) 6, 1004–1012 (r).

Numachi, K.: Polymorphism of malate dehydrogenase and genetic structure of juvenile population in saury *Cololabis saira*. Bull. Jap. Soc. Sci. Fish. 36 (1970) 12, 1235–1241.

Numachi, K.: Genetic polymorphism of α-glycerophosphate dehydrogenase in saury, *Cololabis saira*. Seven variant forms and genetic control. Bull. Jap. Soc. Sci. Fish. 37 (1971 a) 6, 755–760.

NUMACHI, K.: Electrophoretic variants of catalase in the black rockfish, *Sebastes inermis*. Bull. Jap. Soc. Sci. Fish. 37 (1971 b) 12, 1 177–1 181.

NUMACHI, K.: Genetic control and subunit composition of lactate dehydrogenase in *Pseudorasbora parva*. Jap. J. Genet. 47 (1972a) 3, 193 bis 202.

NUMACHI, K.: Genetic polymorphism of tetrazolium oxidase in black rockfish. Bull. Jap. Soc. Sci. Fish. 38 (1972b) 7, 789.

NUMACHI, K., MATSUMIYA, Y., und SATO, R.: Duplicate genetic loci and variant forms of malate dehydrogenase in chum salmon and rainbow trout. Bull. Jap. Soc. Sci. Fish. 38 (1972), 699 bis 706.

NYBELIN, O.: Ett fall av X-bunden nedärvning hos *Lebistes reticulatus* (Peters). Zool. Bijdrag. 25 (1947), 448–454.

NYGREN, A., und JAHNKE, M.: Cytological studies in *Myxine glutinosa* (Cyclostomata) from the Gullmaren fjord in Sweden. Swed. J. Agric. Res. 2 (1972a), 83–88.

* NYGREN, A., und JAHNKE, M.: Microchromosomes in primitive fishes. Swed. J. Agric. Res. 2 (1972b), 229–238.

* NYGREN, A., EDLUND, P., HIRSII, H., und ASHGREN, L.: Cytological studies in perch (*Perca fluviatilis* L.). pike (*Esox lucius* L.). pike perch (*Lucioperca lucioperca* L.) and ruff (*Acerina cernua* L.). Hereditas 59 (1968a) 2–3, 518–524.

* NYGREN, A., NILSSON, B., und JAHNKE, M.: Cytological studies in Atlantic salmon. Ann. Acad. Regiae Sci. Ups. 12 (1968b), 21–52.

* NYGREN, A., NILSSON, B., und JAHNKE, M.: Cytological studies in *Salmo trutta* and *S. alpinus*. Hereditas 67 (1971a) 2, 259–268.

* NYGREN, A., NILSSON, B., und JAHNKE, M.: Cytological studies in *Thymallus thymallus* and *Coregonus albula*. Hereditas 67 (1971b) 2, 269–274.

* NYGREN, A., NILSSON, B., und JAHNKE, M.: Cytological studies in the smelt (*Osmerus eperlanus* L.) Hereditas 67 (1971c) 2, 283–286.

* NYGREN, A., NILSSON, B., und JAHNKE, M.: Cytological studies in Hypotremata and Pleurotremata (Pisces). Hereditas 67 (1971d) 2, 275–282.

* NYGREN, A., LEIJON, U., NILSSON, B., und JAHNKE, M.: Cytological studies in *Coregonus* from Sweden. Ann. Acad. Regiae Sci. Ups. 15 (1971e), 5–20.

* NYGREN, A., NILSSON, B., und JAHNKE, M.: Cytological studies in Atlantic salmon from Canada, and in hybrids between Atlantic salmon and sea trout. Hereditas 70 (1972) 2, 295–306.

* NYGREN, A., BERGKVIST, C., WINDAHL, T., und JAHNKE, G.: Cytological studies in Gadidae. Hereditas 76 (1974) 2, 173–178.

* NYGREN, A., ANDREASSON, J., JONSSON, L., und JAHNKE G.: Cytological studies in Cyprinidae (Pisces). Hereditas 81 (1975a) 2, 165–172.

* NYGREN, A., NYMAN, L., SVENSSON, K., und JAHNKE, G.: Cytological and biochemical studies in back-crosses between the hybrid Atlantic salmon × sea trout and its parental species. Hereditas 81 (1975b) 1, 55–62.

NYMAN, L.: Inter- and intraspecific variations of proteins in fishes. Ann. Acad. Regiae Sci. Ups. 9 (1965), 1–18.

NYMAN, L.: Protein variations in Salmonidae. Rep. Inst. Freshwater Res. Drottningholm 47 (1967), 5–38.

NYMAN, L.: Polymorphic serum esterase in two species of freshwater fishes. J. Fish. Res. B. Can. 26 (1969) 9, 2 532–2 534.

NYMAN, L.: Electrophoretic analysis of hybrids between salmon (*S. salar* L.) and trout (*S. trutta* L.). Trans. Am. Fish. Soc. 99 (1970) 1, 229 bis 236.

NYMAN, L.: Plasma esterases of some marine and anadromous teleosts and their application in biochemical systematics. Rep. Inst. Freshwater Res. Drottningholm 51 (1971), 109–123.

NYMAN, L.: A new approach to the taxonomy of the „*Salvelinus alpinus*" species complex. Rep. Inst. Freshwater Res. Drottningholm 52 (1972), 103–131.

NYMAN, L.: Allelic selection in a fish (*Gymnocephalus cernua* L.) subjected to hotwater effluents. Rep. Inst. Freshwater Res. Drottningholm 54 (1975), 75–82.

NYMAN, L., und PIPPY, J. H. C.: Differences in Atlantic salmon, *Salmo salar*, from North America and Europe. J. Fish. Res. B. Can. 29 (1972) 2, 179–185.

NYMAN, L., und SHOW, D. H.: Molecular weight heterogeneity of serum esterases in four species of salmonid fish. Comp. Biochem. Phys. 40B (1971) 2, 563–566.

NYMAN, L., und WESTIN, L.: On the problem of sibling species and possible intraspecific variation in fourholm sculpin, *Myoxocephalus quadricornis* (L.). Rep. Inst. Freshwater, Res. Drottningholm 48 (1968), 57–66.

NYMAN, L., und WESTIN, L.: Blood protein systematics of Cottidae in the Baltic drainage area. Rep. Inst. Freshwater Res. Drottningholm 49 (1969), 264–274.

ODENSE, P. H., und ALLEN, T. M.: A biochemical comparison of some Atlantic herring populations. Rapp. P.-V. Reun. 161 (1971), 26.

ODENSE, P. H., und LEUNG, T. V.: Isoelectric focusing on polyacrylamide gel and starch gel electrophoresis of some gadiform fish lactate dehydrogenase isozymes. In: Isozymes. Vol. III.

Academic Press, London–New York (1975), 485–501.
ODENSE, P. H., ALLEN, T. M., und LEUNG, T. C.: Multiple forms of lactate dehydrogenase and aspartate aminotransferase in herring (*Clupea harengus* L.). Can. J. Biochem. 44 (1966a) 4, 1319–1324.
ODENSE, P. H., LEUNG, T. C., und ALLEN, T. M.: An electrophoretic study of tissue proteins and enzymes in four Canadian cod populations. Int. Counc. Explor. Sea, Comm. Mit. G-14 (1966b), 1–6.
ODENSE, P. H., LEUNG, T. C., ALLEN, T. M., und PARKER, E.: Multiple forms of LDH in the cod, *Gadus morhua* L. Biochem. Genet. 3 (1969) 4, 317–334.
ODENSE, P. H., LEUNG, T. C., und MACDOUGALL, Y. M.: Polymorphism of lactate dehydrogenase (LDH) in some gadoid species. Rapp. P.-V. Reun. 161 (1971), 75–79.
OHNO, S.: Sex chromosomes and sex-linked genes. Springer, Berlin–Heidelberg–New York 1967.
OHNO, S.: The role of gene duplication in vertebrate evolution. In: The biological basis of medicine. Vol. IV. Academic Press, London–New York (1969a), 109–132.
OHNO, S.: The preferential activation of maternally derived alleles in development of interspecific hybrids. Wistar Symp. Monogr. 9 (1969b), 137–150.
* OHNO, S.: Evolution by gene duplication. Springer, Berlin–Heidelberg–New York (1970a).
OHNO, S.: The enormous diversity in genome size of fish as a reflection of nature's extensive experiments with gene duplication. Trans. Am. Fish. Soc. 99 (1970b) 1, 120–130.
* OHNO, S.: Protochordata. Cyclostomata and Pisces. In: Animal cytogenesis. Vol. IV. Borntraeger, Berlin (1974), 1–91.
* OHNO, S., und ATKIN, N. B.: Comparative DNA values and chromosome complements of eight species of fishes. Chromosoma 18 (1966) 3, 455 bis 466.
* OHNO, S., STENIUS, C., FAISST, E., und ZENZER, M. T.: Postzygotic chromosomal rearrangements in rainbow trout (*Salmo irideus* Gibbons). Cytogenetics 4 (1965) 2, 117–129.
* OHNO, S., MURAMOTO, J., CHRISTIAN, L., und ATKIN, N. B.: Diploidtetraploid relationship among old-world members of the fish family Cyprinidae. Chromosoma 23 (1967a) 1, 1–9.
OHNO, S., KLEIN, J., POOLE, J., HARRIS, C., DESTREE, A., und MORRISON, M.: Genetic control of lactate dehydrogenase in the hagfish (*Eptatretus stouti*). Science 156 (1967b) 3771, 96–98.
OHNO, S., WOLF, H., und ATKIN, N. B.: Evolution from fish to mammals by gene duplication. Hereditas 59 (1968) 1, 169–187.

* OHNO, S., MURAMOTO, J., KLEIN, J., und ATKIN, B.: Diploid-tetraploid relationship in clupeoid and salmonid fish. In: Chromosomes today. Vol. II. Israel Univ. Press, Jerusalem (1969a), 139–147.
* OHNO, S., MURAMOTO, J., STENIUS, C., CHRISTIAN, L., und KITTRELL, W. A.: Microchromosomes in holocephalian, chondrostean and holostean fishes. Chromosoma 26 (1969b) 1, 35–40.
OHNO, S., CHRISTIAN, L., ROMERO, M., DOFUCU, R., und IVEY, C.: On the question of American eels, *Anguilla rostrata* versus European eels, *Anguilla anguilla*. Experientia 29 (1973) 7, 891.
OJIMA, Y., und ASANO, N.: A cytological evidence for gynogenetic development of the ginbuna (*Carassius auratus langsdorfi*). Proc. Jap. Acad. Sci., Ser. B. 53 (1977) 4, 138–142.
* OJIMA, Y., und HITOTSUMACHI, S.: Cytogenetic studies in lower vertebrates IV. A note on the chromosomes of the carp (*Cyprinus carpio*) in comparison with those of the funa and the goldfish (*Carassius auratus*). Jap. J. Genet. 42 (1967) 3, 163–167.
* OJIMA, Y., und KASHIWAGI, E.: A karyotype study of eleven species of labrid fishes from Japan. Proc. Jap. Acad. Sci., Ser. B 55 (1979) 6, 280–285.
OJIMA, Y., und MAKINO, S.: Triploidy induced by cold shock in fertilized eggs of the carp. A preliminary study. Proc. Jap. Acad. Sci., Ser. B 54 (1978) 7, 359–362.
OJIMA, Y., und TAKAI, A.: Further cytogenetical studies on the origin of the gold-fish. Proc. Jap. Acad. Sci., Ser. B 55 (1979a) 7, 346–350.
* OJIMA, Y., und TAKAI, A.: The occurence of polyploid in the Japanese common loach, *Misgurnus anguillicaudatus*. Proc. Jap. Acad. Sci., Ser. B 55 (1979b) 10, 487–491.
OJIMA, Y., und UEDA, T.: New C-banded marker chromosomes found in carp-funa hybrids. Proc. Jap. Acad. Sci., Ser. B 54 (1978) 1, 15–20.
* OJIMA, Y., HITOTSUMACHI, S., und MAKINO, S.: Cytogenetic studies in lower vertebrates. I. A preliminary report on the chromosomes of the funa (*Carassius auratus*) and goldfish (a revised study). Proc. Jap. Acad. Sci., Ser. B 42 (1966) 1, 62–66.
* OJIMA, Y., HAYASHI, M., und UENO, K.: Cytogenetic studies in lower vertebrates. II. Karyotype and DNA studies in 15 species of Japanese Cyprinidae. Jap. J. Genet. 47 (1972) 6, 631–640.
* OJIMA, Y., UENO, K., und HAYASHI, M.: Karyotypes of the Acheilognathinae fishes (Cyprinidae) of Japan with a discussion of phylogenetic problems. Zool. Mag. 82 (1973) 3, 171–177.
OJIMA, Y., HAYASHI, M., und UENO, K.: Triploidy appeared in the backcross offspring from funa × carp crossing. Proc. Jap. Acad. Sci., Ser. B 51 (1975) 8, 702–711.

* Ojima, Y., Ueno, K., und Hayashi, M.: A review of the chromosome number in fishes. Kromosomo (Tokyo) 2 (1976) 1, 19–47.
Ojima, Y., Ueda, T., und Narikawa, T.: A cytogenetic assessment on the origin of the goldfish. Proc. Jap. Acad. Sci., Ser. B 55 (1979) 1, 58–63.
Okada, H. H., Matsumoto, H., und Yamazaki, F.: Functional masculinization of genetic females in rainbow-trout. Bull. Jap. Soc. Sci., Fish. 45 (1979), 413–419.
Öktay, M.: Über Besonderheiten der Vererbung des Gens „fuliginosus" bei Platypoecilus maculatus. Istanbul Univ. Fen. Fac. Mecm. 19 (1954) 4, 303–327.
Öktay, M.: Weitere Untersuchungen über eine Ausnahme XX-Sippe des Platypoecilus maculatus mit polygener Geschlechtsbestimmung. Rev. Fac. Sci. Univ. Istanbul, Ser. B 24 (1959) 3–4, 225–233.
Öktay, M.: Über genbedingte rote Farbmuster bei Xiphophorus maculatus. In: Mitt. Hamburg. Zool. Mus. Inst., Kosswig-Festschrift, Hamburg (1964), 133–157
Olmo, E., Stingo, V., Odierna, G., und Capriglione, T.: Cryptic polyploidy in sharks and rays as revealed by DNA renaturation kinetics. Atti Accad. naz. Lincei 68 (1980) 6, 555–560.
Olmo, E., Stingo, V., Corbor, O., Capriglione, T., und Odierna, G.: Repetitive DNA and polyploidy in selachians. Comp. Bioch. Physiol. 73B (1982) 4, 739–746.
Omel'čenko, V. T.: Artspezifität und innerartliche Konstanz der Elektropherogramme der Hämoglobine bei einigen Fischen des Fernen Ostens. In: Biochimičeskaja genetika ryb. Inst. Citol AN SSSR, Leningrad (1973), 67–71 (r).
Omel'čenko, V. T.: Nutzung von Elektropherogrammen der Eiweiße in der Systematik der Arten der Gattung Salvelinus. Biol. Morja (1975a) 4, 76–79 (r).
Omel'čenko, V. T.: Elektrophoretische Untersuchung der Eiweiße der Fische im Zusammenhang mit dem Problem der Identifikation der Arten. Avtoref. kand. diss. DVNC, Vladivostok (1975b), 18 (r).
Omel'čenko, V. T.: Über den Polymorphismus der Hämoglobine bei Theragra chalcogramma. Biol. Morja (1975c) 5, 72–73 (r).
Omel'čenko, V. T., Volochonskaja, L. T., und Viktorovskij, R. M.: Über die Ähnlichkeit der Elektropherogramme der Hämoglobine einiger Salmoniden. In: Naučn. soobšč. Inst. Biol. Morja. 2. DVNC, Vladivostok (1971), 176–177 (r).
Oniwa, K., und Kimura, M.: Geographical variation of muscle adenylate kinase in the loach Misgurnus anguillicaudatum. Anim. Blood Gr. Biochem. Gen. 12 (1981) 4, 309–312.

Opperman, K.: Die Entwicklung von Forelleneiern nach Befruchtung mit radiumbestrahlten Samenfäden. Arch. Mikrosk. Anat. Abt. II 83 (1913) 1, 141–189, 4, 307–323.
Op't Hof, J., Schoeman, S. M., le Grange, L., und Osternoff, D. P.: Biochemical polymorphisms in South African freshwater fish Isoenzyme pattern in fish of the families Cyprinidae and Salmonidae. Anim. Blood Gr. Biochem. Genet. 13 (1982) 1, 1–9.
Ord, W. W.: Viral hemorragic septicemia: comparative susceptibility of rainbow trout (Salmo gairdneri) and hybrids (S. gairdneri × O. kisutch) to experimental infection. J. Fish Res. B. Can. 33 (1976) 5, 1205–1208.
Orska, I.: The influence of temperature on the development of meristic characters of the sceleton in Salmonidae. I. Temperature-controlled variations of the number of vertebrae in Salmo irideus Gibb. Zool. Pol. 12 (1963) 3, 309–339.
Orzack, S. H., Sohn, J. J., Kallman, K. D., Simon, A. L., und Johnston, R.: Maintenance of the three sex chromosome polymorphism in the platyfish, Xiphophorus maculatus. Evolution 34 (1980) 4, 663–672.
Osinov, A. G.: Über die genetische Ähnlichkeit der Sewan-Forelle Salmo ischchan Kessler mit der Weißmeer-Forelle Salmo trutta L. In: Morfologija, struktura populjacij i problema racional'nogo ispol'zovanija lososevidnych ryb. Nauka, Leningrad (1983), 150–152 (r).
Osinov, A. G., Vasil'eva, E. D., und Vasil'ev, V. P.: Über den Hybridursprung einer eingeschlechtlichen, triploiden Form der Gattung Cobitis (Cobitidae Pisces). DAN SSSR 272 (1983) 3, 716–718 (r).
Osterman, L. A.: Methoden zur Untersuchung der Eiweiße und Nukleinsäuren. Elektrophorese und Ultrazentrifugieren. Nauka, Moskva (1981), 286 (r).
Öztan, N.: Cytological investigation of the sexual differentiation in the hybrids of Anatolian cyprinodontids. Istanbul Univ. Fen. Fac. Mecm. 19 (1954) 4, 245–280.

Paaver, T.: The investigations on the fish biochemical genetics in the lake Vörtsjärv limnology station. In: Genetics in Soviet Estonia. Acad. Sci. Estonian SSR, Tallin (1978), 68–75.
Paaver, T. K.: Über den Polymorphismus der Myogene und einiger Enzyme beim Karpfen (Cyprinus carpio L.). In: Biochimičeskaja i populjacionnaja genetika ryb. Inst. Citol. AN SSSR, Leningrad (1979), 162–166 (r).
Paaver, T. K.: Der genetischer Polymorphismus der Eiweiße des Ropscha-Karpfens. Sb. naučn. tr. GosNIORCh 153 (1980), 81–93 (r).

PAAVER, T. K.: Biochemische Genetik des Karpfens *Cyprinus carpio* L. Valgus, Tallin (1983 a), 122 (r).

PAAVER, T. K.: Der genetische Polymorphismus der Eiweiße des Amur-Wildkarpfens. In: Biologičeskie osnovy rybovodstva: Problemy genetiki i selekcii. Nauka, Leningrad (1983 b), 180–186 (r).

PAAVER, T. K., und TAMMERT, M.: Über die elektrophoretische Untersuchung der Gewebe-Eiweiße einiger Süßwasserfische Estlands. Sb. studenc. naučn. tr., Izd. Gosud. Univ., Tartu (1975), 17–22 (r).

PAEPKE, H.-J.: Phänogeographische Strukturen in den Süßwasserpopulationen von *Gasterosteus aculeatus* L. (Pisces, Gasterosteidae) in der DDR und ihre evolutionsbiologischen Aspekte. Mitt. Zool. Mus. Berlin 58 (1982) 2, 269–328.

PAGE, L. M., und WHITT, G. S.: Lactate dehydrogenase isozymes, malate dehydrogenase isozymes and tetrazolium oxidase mobilities of darters (Etheostomatini). Comp. Biochem. Phys. 44 B (1973a) 2, 611–623.

PAGE, L. M., und WHITT, G. S.: Lactate dehydrogenase isozymes of darters and the inclusiveness of the genus *Percina*. In: Illinois Natur. Hist. Surv. Biol. Notes, Nr. 62, Departm. Registr. Education, Urbana (1973 b), 1–7.

PAJUSOVA, A. N.: Vergleich der elektrophoretischen Spektren der Hämoglobine und der Serum-Esterase zweier Arten von Döbeln des Issyk-Kul (*Leuciscus schmidti* und *L. bergi*). In: Biochimičeskaja i populjacionnaja genetika ryb. Inst. Citol. AN SSSR, Leningrad (1979), 120–124 (r).

PAJUSOVA, A. N., und KOREŠKOVA, N. D.: Cytophysiologische und elektrophoretische Analyse der Differenzierung der Zährte *Vimba vimba* (L.) aus dem Flußgebiet des Neman. In: Biochimičeskaja genetika ryb. Inst. Citol. AN SSSR, Leningrad (1973), 178–182 (r).

PAJUSOVA, A. N., und KOREŠKOVA, N. D., und ANDREEVA, A. P.: Cytophysiologische und biochemische Analyse der Zährte aus verschiedenen Bezirken des Verbreitungsgebietes. In: Rybec. Izd. AN Litovsk. SSSR, Vil'njus (1976), 109–146 (r).

PAJUSOVA, A. N., CELIKOVA, T. N., und AKOEV, N. N.: Über die Divergenz zweier Linien der pflanzenfressenden Fische, die ihren Ursprung in China und im Amur haben, bezüglich der mono- und polymorphen Eiweiße. In: Genetika, selekcija, gibridizacija ryb (Tez. 2. Vses. sovesc.). Az NIIRCh, Rostov/Don (1981), 47–48 (r).

PAK, I. V., und COJ, R. M.: Vorläufige Einschätzung der genetischen Struktur des ostkasachstaner Stammes des Karpfens (*Cyprinus carpio*) bezüglich einiger Eiweißsysteme des Blutserums und der weißen Skelettmuskulatur. Sb. naučn. tr. VNIIPRCh 33 (1982), 91–103 (r).

PANTELOURIS, E. M.: Aspartate aminotransferase variation in the Atlantic eel. J. Exp. Mar. Biol. Ecol. 22 (1976) 2: 123–130.

PANTELOURIS, E. M., und PAYNE, R. H.: Genetic variation in the eel. I. The detection of haemoglobin and esterases polymorphism. Genet. Res. 11 (1968) 3, 319–325.

PANTELOURIS, E. M., ARNASON, A., und TESCH, F. W.: Genetic variation in the eel. II. Transferrins, haemoglobins and esterases in the eastern North Atlantic. Possible interrelations of phenotypic frequency differences. Genet. Res. 16 (1970) 2, 277–284.

PANTELOURIS, E. M., ARMASON, A., und BUMPUS, R.: New observations on esterase variation in the Atlantic eel. J. Exp. Mar. Biol. Ecol. 22 (1976) 2, 113–121.

* PARK, E. H., und KANG, Y. S.: Karyotype conservation and difference in DNA amount in anguilloid fishes. Science 193 (1976) 4247, 64–66.

PARK, E. H., und KANG, Y. S.: Karyological confirmation of conspicuous ZW sex chromosomes in two species of Pacific anguilloid fishes (Anguilliformes: Teleostomi). Cytogenet. Cell. Gen. 23 (1979) 1–2, 33–38.

PARKER, H. R., PHILIPP, D. P., und WHITT, G. S.: Developmental patterns of gene expression in genetically different strains of largemouth bass (*Micropterus salmoides*). Isoz. Bull. 15 (1982), 115–116.

PASDAR, M., PHILIPP, D. P., und WHITT, G. S.: Enzyme activities and growth rates in two sunfish species and their hybrids. J. Heredity 75 (1984) 6, 453–456.

* PASSAKAS, T.: C-banding pattern in chromosomes of the European eel *(Anguilla anguilla)*. Folia Biol. 26 (1979) 4, 301–304.

* PASSAKAS, T.: Comparative studies on the chromosomes of the European eel *(Anguilla anguilla)* and the American eel *(A. rostrata)*. Folia Biol. 29 (1981) 1, 41–57.

* PASSAKAS, T., und KLEKOWSKI, R. Z.: Chromosomes of European eel *(Anguilla anguilla)* as related to in vivo sex determination. Pol. Arch. Hydrobiol. 20 (1972) 3, 517–519.

PAŠKOVA, I. M., AMOSOVA, I. S., SCHOLL', E. D., und ČERNOKOŽEVA, I. S.: Veränderung der Reaktion einer Population des Schlammpeitzgers auf Thermalauslese bei kurzfristiger Akklimatisation der Tiere. Ž. Obšč. Biol. 42 (1983) 4, 557–561 (r).

PAVLU, V., KALAL, D., VALENTA, M., und CEPICA, S.: Polymorfismus transferrinu krevniho sera siha severniho mareny (*Coregonus lavaretus maraena*) a sivena amerckeho (*Salvelinus fontinalis*). Živočišna Výroba 16 (1971), 403–407.

PAYNE, R. H.: Transferrin variation in North American populations of the Atlantic salmon *(Salmo salar)*. J. Fish. Res. B. Can. 31 (1974) 6, 1037–1041.

PAYNE, R. H., CHILD, A. R., und FORREST, A.: Geographical variation in the Atlantic salmon. Nature (London) 231 (1971) 5301, 240–242.

PAYNE, R. H., CHILD, A. R., und FORREST, A.: The existence of natural hybrids between the European trout and the Atlantic salmon. J. Fish Biol. 4 (1972) 2, 233–236.

PEDERSON, R. A.: DNA content, ribosomal gene multiplicity and cell size in fish. J. Exp. Zool. 177 (1971) 1, 65–78.

PEHÀR, M., RÁB, P., und PROKÉS, M.: Cytological analysis gynogenesis and early development of *Carassius auratus gibelio*. Acta Sci. Nat. Acad. Brno 13 (1975) 7, 13–36.

PEJIČ, K., MARIČ, C., und HADŽISELIMOVIČ, R.: Malate dehydrogenase polymorphism in some species of the genera *Alburnus* and *Salmo* (Pisces). In: XIV Int. Congr. Genet. (Moscow) Contrib. Pap., Session Abstr. 1 (1978), 147.

PENNERS, R.: Durch Röntgenstrahlen verursachte biologische Schäden. Untersuchungen mit und an dem Schwertträger. Z. Nat. Tech. 5 (1959), 403–407.

PERRIARD, J. C., SCHOLL, A., und EPPENBERGER, H. M.: Comparative studies on creatine kinase isozymes from skeletal muscle and stomach of trout. J. Exp. Zool. 182 (1972) 1, 119–126.

PETERS, N., und PETERS, G.: Zur genetischen Interpretation morphologischer Gesetzmäßigkeiten der degenerativen Evolution. Untersuchungen am Auge einer Höhlenform von *Poecilia sphenops*. Z. Morphol. Tiere 62 (1968) 3.

PETERS, N., und PETERS, G.: Genetic problems in the regressive evolution of cavernicolous fish. In: Genetics and mutagenesis of fish. Springer, Berlin–Heidelberg–New York (1973), 187–201.

PETERS, N., SCHOLL, A., und WILKENS, H.: Der Micos-Fisch, Höhlenfisch in statu nascendi oder Bastard? Ein Beitrag zur Evolution der Höhlentiere. Z. Zool. Syst. Evol.-Forsch. 13 (1975) 2, 110–124.

PEZOLD, F.: Evidence for multiple sex chromosomes in the freshwater goby, *Gobionellus shufeldti* (Gobiidae). Copeia (1984) 1, 235–238.

PFEIFFER, W.: Über die Vererbung der Schreckreaktion bei *Astyanax* (Characidae, Pisces). Z. Vererbungsl. 98 (1966) 2, 98–105.

PFEIFFER, W.: Die Korrelation von Augengröße und Mittelhirngröße bei Hybriden aus *Astyanax* × *Anoptichthys* (Characidae, Pisces). Roux'-Arch. Entw.-Mech. 159 (1967) 3, 365–378.

PHELPS, S. R., und ALLENDORF, F. W.: Genetic identity of pallid and shovenose sturgeon (*Scaphirhynchus albus* and *S. platorhynchus*). Copeia (1983) 3, 696–700.

PHILIPP, D. P., und WHITT, G. S.: Patterns of gene expression during teleost embryogenesis: lactate dehydrogenase isozyme ontogeny in the medaka *(Oryzias latipes)*. Dev. Biol. 59 (1977) 2, 183–197.

PHILIPP, D. P., PARKER, H. R., BEATY, P. R., CHILDERS, W. F., und WHITT, G. S.: The effect of genetic distance on differential gene expression during embryogenesis of sunfish hybrids. Isoz. Bull. 13 (1980), 87.

PHILIPP, D. P., CHILDERS, W. F., und WHITT, G. S.: Management implications for different genetic stocks of largemouth bass *(Micropterus salmoides)* in the United States. Can. J. Fish. Aquat. Sci. 38 (1981) 12, 1715–1723.

PHILIPP, D. P., HINES, S. A., CHILDERS, W. F., und WHITT, G. S.: Thermal kinetic studies of allelic isozymes at the MDH-B locus in largemouth bass, *Micropterus salmoides*. Isoz. Bull. 15 (1982), 122.

PHILIPP, D. P., KAMINSKI, CH., PARKER, H. R., PASDAR, M., und WHITT, G. S.: Differential thermal regulation of isozyme expression in four genetic stocks of largemouth bass *(Micropterus salmoides)*. Isoz. Bull. 16 (1983), 86–87.

PIECHOCKI, R.: Der Goldfisch (*Carassius auratus auratus*) und seine Varietäten. A. Ziemsen Verlag, Wittenberg Lutherstadt (1973).

PINTO, L. G.: Hybridizytion between species of *Tilapia*. Trans. Am. Fish. Soc. 111 (1982) 4, 481–484.

PIRON, R. D.: Spontaneous skeletal deformities in the zebra danio (*Brachydanio rerio*) bred for fish toxicity tests. J. Fish Biol. 13 (1978) 1, 79–83.

PIRONT, A., und GOSSELIN-REY, C.: Immunological cross-reactions among Gadidae parvalbumins. Biochem. Syst. Ecol. 3 (1975) 4, 251–255.

PLACE, A. R., und POWERS, D. A.: Genetic bases for protein polymorphism in *Fundulus heteroclitus* (L.). I. Lactate dehydrogenase (Ldh B), malate dehydrogenase (Mdh-A), glucosephosphate isomerase (Gpi-B), and phosphoglucomutase (Pgm A). Biochem. Genet. 16 (1978) 5–6, 577–591.

PLACE, A. R., und POWERS, D. A.: Genetic variation and relative catalytic efficiencies: lactate dehydrogenase B allozymes of Fundulus heteroclitus. Proc. Nat. Acad. Sci. USA 76 (1979) 5, 2354–2358.

PLOCHINSKIJ, N. A.: Heritabilität. Izd. Sib. otd. AN SSSR, Novosibirsk (1964), 312 (r).

PLUMB, H. A., GREEN, O. L., SMITHERMAN, R. O., und PARDUE, G. G.: Channel catfish virus experiments weith different strains of channel catfish. Trans. Am. Fish. Soc. 104 (1975) 1, 140–143.

POCHIL', L. I.: Die Erythrocyten-Antigene des Karpfens (*Cyprinus carpio* L.), des Graskarpfens (*Ctenopharyngodon idella* Vall.) und des Giebels (*Carassius auratus gibelio* Bloch). Tr. VNIIPRCh 15 (1967), 278–283 (r).

POCHIL', L. I.: Die zwischenartlichen und innerartlichen Unterschiede bezüglich der Erythrocyten-Antigene bei Teichfischen. In: Genetika selekcija i gibridizacija ryb. Nauka, Moskva (1969), 114–117 (r).

POJOGA, J.: Contributii la obtinerea unui metisi ši hibrizi de crap ši comportarea chez la hidropizia infectioasă. In: Inst. Agron. „N. Bălcescu", Atelierele didactice, Bucurest (1967), 37.

POJOGA, J.: Observations sur l'hérédité de la carpe. Bull. Franc. Piscic. 42 (1969) 235, 67–73.

POJOGA, J.: Race metis et hybrides chez la carpe. Bull. Franc. Piscic. 44 (1972) 244, 134–142.

POLIKSENOV, D. P.: Schaffung eines hochproduktiven und lebenskräftigen Zuchtstammes des Karpfens mit dem Ziel der Bildung einer neuen Rasse in Weißrußland. In: Vopr. rybnogo chozjajstva Belorussii. Izd. Min. vysš i. sredn. spec. obraz. BSSR, Minsk (1962), 5–62 (r).

POLJAKOVSKIJ, V. I., PANKOVSKAJA, A. A., und BOGDANOV, L. V.: Der biochemische Polymorphismus des Giebels, *Carassius auratus gibelio* Bl. aus dem Sudoble-See (BSSR). In: Biochimiceskaja genetika ryb. Inst. Citol. AN SSSR, Leningrad (1973), 161–177 (r).

POLJARUŠ, V. P.: Heterosis bei der innerartlichen Kreuzung von pflanzenfressenden Fischen. In: Mat. Vses. naucn. konf. po napravleniju i intensiv. rybovodstva vo vnutr. vodoemach Severnogo Kavkaza. MRCh SSSR, Moskva (1979), 176–177 (r).

POLJARUŠ, V. P.: Die innerartliche Kreuzung von pflanzenfressenden Fischen. In: Genetika promyslavych ryb i ob'ektov akvakul'tury. Legkaja i piscevaja promyslennost', Moskva (1983), 103–107 (r.)

POLJARUŠ, V. P., und OVEČKO, V. JU.: Heritabilität und Variabilität einiger Zuchtmerkmale der Brut des Karpfens. In: Selekcija prodovych ryb. Kolos, Moskva (1979), 111–116 (r).

POLUHOWICH, J. J.: Adaptive significance of eel multiple hemoglobin. Phys. Zool. 45 (1972) 3, 215–222.

PONOMARENKO, K. V.: Fischereiliche Bewertung verschiedener Gruppen des Karpfens, die in Käfigen und in Warmwasser aufgezogen wurden. Sb. naučn. tr. GosNIORCh 150 (1980), 67–81 (r).

PONTIER, P. J., und HART, N. H.: Isozyme expression in interspecific hybrids between two teleost, *Brachydanio albolineatus* and *Brachydanio rerio*. Isoz. Bull. 11 (1978), 55.

PONTIER, P. J., und HART, N. H.: Creatine kinase gene expression during the development of *Brachydanio*. J. Exp. Zool. 209 (1979) 2, 283–296.

POPOV, L. S., ANTONOV, A. S., MEDNIKOV, B. M., und BELOZERSKIJ, A. N.: Das natürliche System der Fische: Ergebnisse der Anwendung der Methode der Hybridisation der DNA. DAN SSSR 211 (1973) 3, 737–739 (r).

POPOV, O. V.: Anwendung der hämatologischen Analyse zur Charakterisierung der Zuchtgruppen des Karpfens. Sb. naučn. tr. VNIIPRCh 20 (1978), 188–189 (r).

POPOVA, A. A.: Die Variabilität des Darmes und der Schwimmblase bei Schuppen-, Spiegel-, Zeil- und Nacktkarpfen. In: Sb. naučn. rabot po prudovomu rybovodstvu. VNIIPRCh, Moskva (1969), 149–152 (r).

PORTER, T. R., und COREY, S.: A hermaphroditic lake whitefish, *Coregonus clupeaformis*, from lake Huron. J. Fish. Res. B. Can. 31 (1974) 12, 1944–1945.

* POST, A.: Vergleichende Untersuchungen der Chromosomenzahl bei Süßwasser-Teleosteern. Z. Zool. Syst. Evol.-Forsch. 3 (1965) 1–2, 47 bis 93.

* POST, A.: Ergebnisse der Forschungsreisen des FFS „Walter Hertwig" nach Südamerica. XXIV. Die Chromosomenzahlen einiger Atlantischer Myctophidenarten (Osteichthyes, Myctophoidei, Myctophidae). Arch. Fischereiwiss. 23 (1972) 2, 89–93.

* POST, A.: Chromosomes of two fish species of the genus *Diretmus* (Osteichthyes, Bericiformes, Diretmidae). In: Genetics and mutagenesis of fish. Springer, Berlin–Heidelberg–New York (1973), 103–111.

* POST, A.: Die Chromosomen von drei Arten aus der Familie Gonostomatidae (Osteichthyes, Stomiatoidei). Arch. Fischereiwiss. 25 (1974) 1, 51–55.

POTTER, I. C., und NICOL, P. L.: Electrophoretic studies on the haemoglobins of Australian lampreys. Aust. J. Exp. Biol. Med. Sci. 46 (1968) 5, 639–641.

* POTTER, I. C., und ROBINSON, E. S.: The chromosomes. In: The biology of lampreys. Vol. I. Academic Press, New York–London (1971), 279–294.

* POTTER, I. C., und ROTHWELL, B.: The mitotic chromosomes of the lamprey, Petromyzon marinus L. Experientia 26 (1970) 3, 429–430.

POWELL, J. R.: Protein variation in natural populations of animals. In: Evolutionary Biology. Vol. 8, Plenum Press, New York (1975), 79 bis 119.

POWERS, D. A.: Hemoglobin adaptation for fast and slow habitats in sympatric catostomid fishes. Science 177 (1972) 4046, 360–362.

POWERS, D. A.: Molecular ecology of teleost fish hemoglobins: strategies for adapting to changing environments. Amer. Zool. 20 (1980) 1, 139–162.

Powers, D. A., und Place, A. R.: Biochemical genetics of *Fundulus heteroclitus* (L.). I. Temporal and spatial variation in gene frequencies of Ldh-B, Mdh-A, Gpi-B and Pgm-A. Biochem. Genet. 16 (1978) 5–6, 593–607.

Powers, D. A., Greaney, G. S., und Place, A. R.: Physiological correlation between lactate dehydrogenase genotype and haemoglobin function in killifish. Nature (London) 277 (1979) 5693, 240–241.

* Prasad, R., und Manna, G. K.: Somatic and germinal chromosomes of a livefish, *Heteropneustes fossilis* (Block.). Cytologia 27 (1974) 2, 217 bis 223.

Prather, E. E.: A comparison of production of albino and normal channel catfish. Proc. Auburn. Univ. Agric. Exp. Stn., Auburn 1961 (nach Sneed 1971).

* Prehn, L. M., und Rasch, E. M.: Cytogenetic studies of *Poecilia* (Pisces). I. Chromosome numbers of naturally occurring poeciliid fishes and their hybrids from eastern Mexico. Can. J. Genet. Cytol. 11 (1969) 4, 880–895.

Prevosti, A., Ocana, J., und Alonso, G.: Distances between populations of *Drosophila subobscura*, based on chromosome arrangement frequencies. Theoret. Appl. Genet. 45 (1975) 6, 231–241.

*Prirodina, V. P.: Der Karyotyp des Neuseeländischen Dornhaies der Gattung *Squalus* L. In: Morfologija i sistematika ryb. Zool. Inst. AN SSSR, Leningrad (1978), 53–56 (r).

* Prirodina, V. P.: Der Karyotyp dreier Arten von Nototheniiden. Biol. Morja (1984) 3, 74–76 (r).

Prirodina, V. P., und Neelov, A. V.: Die Chromosomensätze zweier Fischarten der Gattung *Notothenia* s. str. (Familie Nototheniidae) aus der westlichen Antarktis. In: Morfologičeskie osnovy sistematiki kostistych ryb. i ich biologija. Zool. Inst. AN SSSR Leningrad (1984), 32–37 (r).

Probst, E.: Der Bläuling-Karpfen. Allg. Fischerei-Ztg. 74 (1949a) 13, 232–238.

Probst, E.: Vererbungsuntersuchungen beim Karpfen. Allg. Fischerei-Ztg. 74 (1949b) 21, 436–443.

Probst, E.: Der Todesfaktor bei der Vererbung des Schuppenkleides des Karpfens. Allg. Fischerei-Ztg. 75 (1950) 15, 369–370.

Probst, E.: Die Beschuppung des Karpfens. Münch. Beitr. Abwasser-Fischerei- u. Flußbiol. 1 (1953), 150–227.

* Prokof'eva, A. A.: Morphologie der Chromosomen einiger Fische und Amphibien. Tr. Inst. Genetiki 10 (1935), 153–178 (r).

Pruginin, Y., Rothbard, S., Wohlfahrt, G., Helevy, A., Moav, R., und Hulata, G.: All-male broods of *Tilapia nilotica* × T. aurea hybrids. Aquaculture 6 (1975) 1, 11–21.

Pudovkin, A. I.: Anwendung von Daten über die Allozyme zur Beurteilung der genetischen Ähnlichkeit. In: Biologiceskaja i populjacionnaja genetika ryb. Inst. Citol. AN SSSR, Leningrad (1979), 10–17 (r).

Purdom, C. E.: Radiation-induced gynogenesis and androgenesis in fish. Heredity 24 (1969) 3, 431–444.

Purdom, C. E.: Gynogenesis – a rapid method for producing inbred lines of fish. Fishing News Int. 9 (1970) 9, 29–30.

Purdom, C. E.: Induced polyploidy in plaice *(Pleuronectes platessa)* and its hybrid with the flounder *(Platichthys flesus)*. Heredity 29 (1972) 1, 11–24.

Purdom, C. E.: Genetic techniques in flatfish culture. J. Fish. Res. B. Can. 33 (1976) 4, p. 2, 1088–1093.

Purdom, C. E.: Genetics of growth and reproduction in teleosts. In: Fish phenology: anabolic adaptiveness in teleosts. Academic Press, London–New York (1979), 207–217.

Purdom, C. E., und Lincoln, R. F.: Gynogenesis in hybrids within the Pleuronectidae. In: Early life history of fish. Springer, Berlin–Heidelberg–New York (1974), 537–544.

Purdom, C. E., und Woodhead, D. S.: Radiation damage in fish. In: Genetics and mutagenesis of fish. Springer, Berlin–Heidelberg–New York (1973), 67–73.

Purdom, C. E., Thompson, D., und Dando, P. R.: Genetic analysis of enzyme polymorphismus in plaice *(Pleuronectes platessa)*. Heredity 37 (1976) 2, 193–206.

Quiroz-Gutierrez, M., und Ohno, S.: The evidence of gene duplication for S-form NADP-linked isocitrate dehydrogenase in carp and goldfish. Biochem. Genet. 4 (1970) 1, 93–99.

* Rab, P.: Karyotype of European catfish *Silurus glanis* (Siluridae, Pisces). With remarks on cytogenetics of siluroid fishes. Folia Zool. 30 (1981a) 3, 271–286.

* Rab, P.: Karyotype of European mudminnow *Umbra krameri*. Copeia (1981b) 4, 911–913.

* Rachlin, J. W., Beck, A. P., und O'Connor, J. M.: Karyotypic analysis of the Hudson River striped bass, *Morone saxatilis*. Copeia (1978) 2, 343–345.

* Raicu, P., und Taisescu, E.: *Misgurnus fossilis*, a tetraploid fish species. J. Heredity 63 (1972) 2, 92–94.

Raicu, P., Taisescu, E., und Banarescu, P.: *Carassius carassius* and *C. auratus*, a pair of diploid and tetraploid representative species (Pisces, Cyprinidae). Cytologia 46 (1981) 1–2, 233–240.

RAINBOTH, W. J., und WHITT, G. S.: Analysis of evolutionary relationships among shiners of the subgenus *Luxilus* (Teleostei, Cypriniformes, *Notropis*) with the lactate dehydrogenase and malate dehydrogenase isozyme systems. Comp. Biochem. Phys. 49 B (1974) 2, 241–252.

RALEIGH, R. F., und CHAPMAN, D. W.: Genetic control in lakeward migrations of cutthroat trout fry. Trans. Am. Fish. Soc. 100 (1971) 1, 33–40.

RAPACZ, J., SLØTA, E., und HASLER, J.: Preliminary studies on serum antigens and their development in carp. Rapp. P.-V. Reun. 161 (1971), 170–174.

RASCH, E. M., und BALSANO, J. S.: Biochemical and cytogenetic studies of *Poecilia* from eastern Mexico. II. Frequency perpetuation and proable origin of triploid genomes in females associated with *Poecilia formosa*. Rev. biol. trop. Univ. Costa Rica 21 (1973 a) 2, 351–381.

RASCH, E. M., und BALSANO, J. S.: Cytogenetic studies of *Poecilia* (Pisces). III. Persistence of triploid genomes in the unsexual progeny of triploid females associated with *Poecilia formosa*. Copeia (1973 b) 4, 810–813.

RASCH, E. M., DARNELL, R. M., KALLMAN, K. D., und ABRAMOFF, P.: Cytophotometric evidence for triploidy in hybrids of the gynogenetic fish, *Poecilia formosa* J. Exp. Zool. 160 (1965) 2, 155–159.

RASCH, E. M., PREHN, L. M., und RASCH, R. W.: Cytogenetic studies of Poecilia (Pisces). II. Triploidy and DNA levels in naturally occurring populations associated with the gynogenetic teleost, *Poecilia formosa* (Girard). Chromosoma 31 (1970) 1, 18–40.

RASCH, E. M., MONACO, P. J., und BALSANO, J. S.: Cytophotometric and autoradiographic evidence for functional apomixis in a gynogenetic fish *Poecilia formosa* and its related triploid unisexualis. Histochemistry 73 (1982) 4, 515 bis 533.

RATTAZZI, M. C., und PIK, C.: Haemoglobin polymorphism in cod *(Gadus morhua)*: a single peptide difference. Nature (London) 208 (1965) 5009, 489–491.

RAUNICH, L., CALLEGARINI, C., und CAVICCHIOLI, G.: Polimorfismo emoglobinico e caratteri sistematici del genere *Ictalurus* dell'Italia settentrionale. Arch. Zool. Ital. 51 (1966), 497–510.

RAUNICH, L., BATTAGLIA, B., CALLEGARINI, C., und MOZZI, C.: Il polimorfismo emoglobinico del genere *Gobius* del la Laguna di Venezia. Atti Ist Veneto Sci. Lett. Arti. 125 (1967), 87–105.

RAUNICH, L., CALLEGARINI, C., und CUCCHI, C.: Ecological aspects of hemoglobin polymorphism in *Gasterosteus aculeatus* (Teleostei). In: Proc. 5th Eur. Mar. Biol. Symp., Padova (1972), 153–162.

REAGAN, R. E.: Heritabilities and genetic correlations of desirable commercial traits in channel catfish. In: Compl. Rep. Miss. Agric. For. Exp. St. June (1980), 4–5.

REAGAN, R. E., PARDUE, G. B., und EISEN, E. J.: Predicting selection response for growth of channel catfish. J. Heredity 67 (1976)1, 49–53.

REDDING, J. M., und SCHRECK, C. B.: Possible adaptive significance of certain enzyme polymorphisms in steelhead trout *(Salmo gairdneri)*. J. Fish. Res. B. Can. 36 (1979) 5, 544–551.

* REES, H.: The chromosomes of *Salmo salar*. Chromosoma 21 (1967) 4, 472–474.

REFSTIE, T.: Tetraploid rainbow trout produced by cytochalasin B. Aquaculture 25 (1981) 1, 51–58.

REFSTIE, T.: Induction of diploid gynogenesis in Atlantic salmon and rainbow trout using irradiated sperm and heat shock. Can. J. Zool. 61 (1983) 11, 2411–2416.

REFSTIE, T., und ANSTRENG, E.: Carbohydrate in rainbow-trout diets. III. Growth and chemical composition of fish from different families fed four levels of carbohydrate in the diet. Aquaculture 25 (1981) 1, 35–49.

REFSTIE, T., und STEINE, T. A.: Selection experiments with salmon. III. Genetic and environmental sources of variation in length and weight of Atlantic salmon in the freshwater phase. Aquaculture 14 (1978) 3, 221–234.

REFSTIE, T., STEINE, T. A., und GJEDREM, T.: Selection experiments with salmon. II. Proportion of Atlantic salmon smoltifying at one year of age. Aquaculture 10 (1977 a) 3, 231–242.

REFSTIE, T., VASSVIK, V., und GJEDREM, T.: Induction of polyploidy in salmonids by cytochalasin B. Aquaculture 10 (1977 b) 1, 65–74.

REFSTIE, T., STOSS, J., und DONALDSON, E. M.: Production of all female coho salmon *(Oncorhynchus kisutch)* by diploid gynogenesis using irradiated sperm and cold shock. Aquaculture 29 (1982) 1, 67–82.

REICHLE, W.: Kann man die Regenbogenforelle züchterisch noch verbessern? Fischer Teichwirt 25 (1974) 8, 75–76.

REINITZ, G. L.: Inheritance of muscle and liver types of supernatant NADP-dependent isocitrate dehydrogenase in rainbow trout *(Salmo gairdneri)*. Bioch. Genet. 15 (1977 a) 5–6, 445–454.

REINITZ, G. L.: Tests for association of transferrin and lactate dehydrogenase phenotypes with weight gain in rainbow trout *(Salmo gairdneri)*. J. Fish. Res. B. Can. 34 (1977 b) 12, 2333–2337.

REINITZ, G. L., ORME, L. O., LEMM, C. A., und HITZEL, F. N.: Differential performance of four strains of rainbow trout reared under standardized conditions. Progr. Fish.-Cult. 40 (1978) 1, 21–23.

REINITZ, G. L., ORME, L. O., und HITZEL, F. N.: Variation of body composition and growth among strains of rainbow trout. Trans. Am. Fish. Soc. 108 (1979) 2, 204–207.

REISENBICHLER, R. R., und MCINTYRE, J. D.: Genetic differences in growth and survival of juvenile hatchery and wild steelhead trout, *Salmo gairdneri*. J. Fish. Res. B. Can. 34 (1977) 1, 123 bis 128.

REZNICK, D.: Genetic determination of offspring size in the guppy *(Poecilia reticulata)*. Amer. Natur. 120 (1982) 2, 181–188.

RICHMOND, M. C., und ZIMMERMANN, E. G.: Effect of temperature on activity of allozymic forms of supernatant malate dehydrogenase in the red shiner, *Notropis lutensis*. Comp. Biochem. Phys. 61 B (1978) 3, 415–422.

RICHMOND, R. C.: Non-Darwinian evolution, a critique. Nature (London) 225 (1970) 5237, 1025–1028.

RICKER, W. E.: Hereditary and environmental factors affecting certain salmonid populations. In: Symposium on the stock concept in Pacific salmon. MacMillan, New York (1972), 27–160.

RIDDELL, B. E., LEGGETT, W. C., und SAUNDERS, R. L.: Evidence of adaptive polygenic variation between two populations of Atlantic salmon *(Salmo salar)* native to tributaries of the S. W. Miramichi River, N. B. Can. J. Fish. Aquat. Sci. 38 (1981) 3, 321–333.

RIDGWAY, G. J.: Studies on the serology. In: Marine Fishery Investigations Oper. Rep., US Fish. Wildl. Serv., Bur. Comm. Fish., New York (1958), 1–13.

RIDGWAY, G. J.: Demonstration of blood groups in trout and salmon by isoimmunization. Ann. New York Acad. Sci. 97 (1962) 1, 111–115.

RIDGWAY, G. J.: A complex blood group system in salmon and trout. In: Proc. 10th Eur. Conf. Anim. Blood Gr. Biochem. Polym., Paris (1966), 361–365.

RIDGWAY, G. J.: Problems in the application of serological methods to population studies on fish. Rapp. P.-V. Reun. 161 (1971), 10–14.

RIDGWAY, G. J., und KLONTZ, G. W.: Blood types in Pacific salmon. Bull. Int. North-Pacific Fish. Comm. 5 (1961), 49–55.

RIDGWAY, G. J., und UTTER, F. M.: Salmon serology. In: Annu. Rep. Int. North Pacific Fish. Comm., 1961, Vancouver (1963), 106–108.

RIDGWAY, G. J., und UTTER, F. M.: Salmon serology. In: Annu. Rep. Int. North Pacific Fish. Comm., 1963 Vancouver (1964), 149–154.

RIDGWAY, G. J., CUSHING, J. E., und DURALL, G. L.: Serological differentiation of populations of sockeye salmon, *Oncorhynchus nerka*. Bull. Int. North-Pacific Fish. Comm. 3 (1958), 5–10.

RIDGWAY, G. J., SHERBURNE, S. W., und LEWIS, R. D.: Polymorphism in the esterase of Atlantic herring. Trans. Am. Fish. Soc. 99 (1970) 1, 147–151.

RIGGS, A.: Factors in the evolution of hemoglobin function. Feder. Proc. 35 (1976) 10, 2115 bis 2118.

RIGGS, C. D., und SNEED, K. E.: The effects of controlled spawning and genetic selection on the fish culture of the future. Trans. Am. Fish. Soc. 88 (1959) 1, 53–60.

* RISHI, K. K.: Somatic karyotypes of three teleosts. Genen Phaenen 16 (1973) 3, 101–107.
* RISHI, K. K.: Somatic and meiotic chromosomes of *Trichogaster fasciatus* (Teleostei, Perciformes; Osphronemidae)., Genen Phaenen 18 (1975) 2–3, 49–53.
* RISHI, K. K.: Karyotypic studies on four species of fishes. Nucleus 19 (1976a) 2, 95–98.
* RISHI, K. K.: Mitotic and meiotic chromosomes of a teleost *Callichromus bimaculatus* (Block.) with indications of male heterogamety. Sci. Cult. 28 (1976b) 10, 1171–1173.
* RISHI, K. K.: Somatic G-banded chromosomes of *Colisa fasciatus* (Perciformes; Belonidae) and confirmation of female heterogamety. Copeia (1979) 1, 146–149.
* RISHI, K. K.: Karyological study on a marine catfish *Arius dussumieri* (Ariidae: Siluriformes). CIS 34 (1983), 7–9.

RISHI, K. K., und GAUR, P.: Cytological female heterogamety in jet-black molly, *Mollienesia sphenops*. Curr. Sci. 45 (1976) 18, 669–670.

* RISHI, K. K., und SINGH, J.: Chromosomal analysis of the Indian silurid *Wallago attu* (Schn). (Fam. Siluridae). CIS 34 (1983a), 10–11.
* RISHI, K. K., und SINGH, J.: Karyological studies on two Indian estuarine catfishes, *Plotosus canius* Ham. and *Pseudotropius atherinoides* (Bloch.). Caryologia 36 (1983b) 2, 139–144.

RJABOV, I. I.: Hybridisation von Vertretern verschiedener Unterfamilien der Familie Cyprinidae. Vopr. Ichtiol. 19 (1979) 6 (119), 1025 bis 1042 (r).

RJABOVA-SAČKO, G. D.: Die Isozyme der Lactatdehydrogenase und einige Fragen der Ökologie und Evolution der Salmoniden der Gattungen *Oncorhynchus* und *Salvelinus*. In: Osnovy klassifikacii i filogenii lososevidnych ryb. Zool. Inst. AN SSSR, Leningrad (1977a), 61–65 (r).

RJABOVA-SAČKO, G. D.: Genetik der Isoenzyme der Lactatdehydrogenase bei den Pazifischen Lachsen. Avtoref. kand. diss. Inst. Obščej Genetiki, Moskva (1977b), 18 (r).

* ROBERTS, F. L.: A chromosome study of twenty species of Centrarchidae. J. Morphol. 115 (1964) 3, 401–417.

* ROBERTS, F. L.: Chromosome cytology of the Osteichthyes. Progr. Fish.-Cult. 29 (1967) 2, 75–83.
* ROBERTS, F. L.: Atlantic salmon (S. salar) chromosomes and speciation. Trans. Am. Fish. Soc. 99 (1970) 1, 105–111.

ROBERTS, F. L., WOHNUS, J. F., und OHNO, S.: Phosphoglucomutase polymorphism in the rainbow trout, *Salmo gairdneri*. Experientia 25 (1969) 10, 1109–1110.

* ROBINSON, E. S., und POTTER, I. C.: Meiotic chromosomes of *Mordacia praecox* and a discussion of chromosome numbers in lampreys. Copeia (1969) 4, 824–828.

ROBINSON, E. S., und POTTER, I. C.: The chromosomes of the southern hemispheric lamprey, *Geotria australis* Gray. Experientia 37 (1981) 3, 239–240.

* ROBINSON, E. S., POTTER, I. C., und WEBB, C. J.: Homogeneity of holarctic lamprey karyotypes. Caryologia 27 (1974) 4, 443–454.

ROBINSON, E. S., POTTER, I. C., und ATKIN, N. B.: The nuclear DNA content of lampreys. Experientia 31 (1975) 8, 912–913.

ROBINSON, G. D., DUNSON, W. A., WRIGHT, J. E., und MAMOLITO, G. E.: Differences in low pH tolerance among strains of brook trout *(Salvelinus fontinalis)*. J. Fish Biol. 8 (1976) 1, 5–17.

RODINO, E., und COMPARINI, A.: Genetic variability in the European eel *Anguilla anguilla* L. In: Marine organisms, Plenum Press, New York (1978), 389–425.

ROGERS, J. S.: Measures of genetic similarity and genetic distance. In: Univ. Texas Publ. (1972) 7213, 145–153.

ROKICKIJ, P. F.: Einführung in die statistische Genetik. Vysšaja Škola, Minsk (1974), 447 (r).

ROLLE, N. N.: Vergleichende Untersuchung des physiologischen und biochemischen Polymorphismus bei Fischen im Zusammenhang mit der rationellen Nutzung der Thermalgewässer. Avtoref. kand. diss. Inst. Evol. Fiziol. i. Biochimii, Leningrad (1981), 21 (r).

ROLLE, N. N.: Zur Beurteilung der Wärmeverträglichkeit der Fische bei der Nutzung des Warmwassers von Energieanlagen in der Fischwirtschaft. In: Racional'noe ispol'zovanie prirodnych resursov i ochrana okružajuščej sredy. Politechn. Inst., Leningrad (1982), 58–62 (r).

ROMAŠOV, D. D., und BELJAEVA, V. N.: Zur Frage der Cytologie der Strahlungs-Gynogenese und der Androgenese beim Schlammpeitzger (*Misgurnus fossilis* L.). DAN SSSR 157 (1964) 4, 964–967 (r).

ROMAŠOV, D. D., und BELJAEVA, V. N.: Analyse der Entstehung der Diploidie unter Einfluß der Abkühlung bei der Strahlungsgynogenese beim Schlammpeitzger. Citologija 7 (1965a) 5, 607 bis 615 (r).

ROMAŠOV, D. D., und BELJAEVA, V. N.: Erhöhung der Produktion von diploiden gynogenetischen Larven beim Schlammpeitzger (*Misgurnus fossilis* L.) durch Anwendung von Temperaturschocks. Bjull. MOIP, otd. biol. 60 (1965b) 5, 93–109 (r).

ROMAŠOV, D. D., GOLOVINSKAJA, K. A., BELJAEVA, V. N., BAKUNINA, E. D., POKROVSKAJA, G. L., und ČERFAS, N. B.: Über die durch Bestrahlung bewirkte diploide Gynogenese bei Fischen. Biofizika 5 (1960) 4, 461–468 (r).

ROMAŠOV, D. D., BELJAEVA, V. N., GOLOVINSKAJA, K. A., und PROKOF'EVA-BEL'GOVSKAJA, A. A.: Strahlenschäden bei Fischen. In: Radiacionnaja genetika. Atomizdat, Moskva (1961), 247–266 (r).

ROMAŠOV, D. D., NIKOLJUKIN, N. I., BELJAEVA, V. N., und TIMOFEEVA, N. A.: Über die Möglichkeit der Herbeiführung einer diploiden Gynogenese durch Bestrahlung bei den Acipenseriden. Radiobiologija 3 (1963) 1, 104–110 (r).

ROMERO-HERRERA, A. E., LIESKA, N., FRIDAY, A. E., und JOYSEY, K. A.: The primary structure of carp myoglobin in the context of molecular evolution. Philos. Trans. Roy. Soc. London 297 B (1982) 1084, 1–25.

ROPERS, H. H., ENGEL, W., und WOLF, U.: Inheritance of the S-form of NADP-dependent isocitrate dehydrogenase polymorphism in rainbow trout. In: Genetics and mutagenesis of fish. Springer, Berlin–Heidelberg–New York (1973), 319–327.

ROSENTHAL, H. L. und ROSENTHAL, R. S.: Lordosis, a mutation in the cyprinodont, *Lebistes reticulatus*. J. Heredity 41 (1950) 8, 217–218.

ROSENTHAL, H. L., MYERS, P. L., und BRUNING, M. K.: Spinal carvature, a mutation in the swordtail, *Xiphophorus*. J. Heredity 49 (1958) 5, 238–240.

* ROSS, M. R.: A chromosome study of five species of Etheostominae fishes (Percidae). Copeia (1973) 1, 163–165.

ROTHBARD, S., HULATA, G., und ITZKOVICH, J.: Occurence of spontaneous hermaphroditism in a *Sarotherodon* hybrid. Aquaculture 26 (1982) 3–4, 391–393.

ROYAL, B. K., und LUCAS, G. A.: Analysis of red and yellow pigments in two mutants of the Siamese fighting fish, *Betta splendens*. Proc. Iowa Acad. Sci. 79 (1972) 1, 34–37.

* RUCHKJAN, R. G.: Vergleichende Analyse der Karyotypen der Sewan-Forellen. Citologija 24 (1982) 1, 66–77 (r).

* RUCHKJAN, R. G., und ARAKELJAN, G. L.: Karyologische Begründung für den Hybrid-Ursprung der Sewan-Maränen (*Coregonus lavaretus*). In: Kariologiceskaja izmencivost', mutagenez i ginogenez u ryb. Inst. Citol. AN SSSR, Leningrad (1980), 34–42 (r).

Rudek, Z.: Karyological investigations of two forms of *Vimba vimba* occurring in Poland. Folia Biol. 22 (1974) 2, 211–216.

Rudloff, V., Zelenik, M., und Braunitzer, G.: Zur Philogenie des Hämoglobinmoleküls. Untersuchungen am Hämoglobin des Flußneunauges (*Lampetra fluviatilis*). Z. Physio. Chem. 344 (1966) 4–6, 284–288.

Rudzinski, E.: Über Kreuzungsversuche bei Karpfen. Fischerei-Ztg. (1928) 30, 593–597, 31, 613–618, 32, 636–640.

Rudzinski, E., und Miaczynski, T.: Zwerg-Karpfen von Pisarzowice. Acta Hydrobiol. 3 (1961) 2–3, 175–198.

Ruiguang, Z.: Studies of sex chromosomes and C-banding karyotypes of two forms of *Carassius auratus* in Kunming Lake. Acta Genet. Sinica 9 (1982) 1, 32–39.

* Ruiguang, Z., und Zheng, S.: Analysis and comparison of *Ctenopharyngodon idella* and *Megalobrama amblycephala* karyotypes. Acta Genet. Sinica 6 (1959) 2, 205–210.

* Ruiguang, Z., und Zheng, S.: Comparison of cariotypes of *ciprinus carpio, Carassius auratus* and also of *Aristichthys nobilis* and *Hypophthalmichthys molitrix*. Acta Genet. Sinica 7 (1980) 1, 72–76.

Runger, F.: Spiegelartige Beschuppungen bei Rotfedern und die Ursache ihrer Entstehung. Z. Fischerei Hilfswiss. 32 (1934) 4, 639–644.

Russel, H. A., und Jeffrey, J. E.: Serum transferrin polymorphism in grey trout, *Cynoscion regalis*, from the lower Rappa hannock River. Estuaries 2 (1979), 269–270.

Rust, W.: Männliche oder weibliche Heterogametie bei *Platypoecilus variatus*. Z. Indukt. Abstammungs-Vererbungsl. 77 (1939) 2, 172–176.

Rust, W.: Genetische Untersuchungen über die Geschlechtsbestimmungstypen bei Zahnkarpfen unter besonderer Berücksichtigung von Artkreuzungen mit *Platypoecilus variatus*. Z. Indukt. Abstammungs-Vererbungsl. 79 (1941) 3, 336–395.

Rychlicki, Z.: Ocena uzytkowa krzyzowki karpia wegierskiego z zatorskim. Gospod. Tybna 25 (1973) 3, 3–4.

Ryman, N.: A genetic analysis of recapture frequencies of released young of salmon (*S. salar* L.). Hereditas 65 (1970) 1, 159–160.

Ryman, N.: An analysiss of growth capability in full sib families of salmon (*Salmo salar* L.). Hereditas 70 (1972a) 1, 119–127.

Ryman, N.: Mortality frequencies in hatchery-reared salmon (*Salmo salar* L.). Hereditas 72 (1972b) 2, 237–242.

Ryman, N.: Two-way selection for body weight in the guppy fish, *Lebistes reticulatus*. Hereditas 74 (1973) 2, 239–245.

Ryman, N.: Patterns of distribution of biochemical genetic variation in salmonids: differences between species. Aquaculture 33 (1983) 1–4, 1–21.

Ryman, und Ståhl, G.: Genetic changes in hatchery stocks of brown trout (*Salmo trutta*). Can. J. Fish. Aquat. Sci. 37 (1980) 1, 82–87.

Ryman, N., und Ståhl, G.: Genetic perspectives of the identification and conservation of Scandinavian stocks of fish. Can. J. Fish, Aquat. Sci. 38 (1981) 12, 1562–1575.

Ryman, N., Allendorf, F. W. und Ståhl, G.: Reproductive isolation with little genetic divergence in sympatric populations of brown trout (*Salmo trutta*). Genetics 92 (1979) 2, 247–262.

Sačko, G. D.: Über den Grad des Polymorphismus in den Loci der Lactatdehydrogenase bei Fischen. In: Naučn. soobšč. Inst. Biol. Morja 2. DVNC, Vladivostok (1971), 190–195 (r).

Sačko, G. D.: Genetik der Isozyme der Lactatdehydrogenase bei den Pazifischen Lachsen. In: Biochimičeskaja genetika ryb. Inst. Citol. AN SSSR, Leningrad (1973), 155–160 (r).

Sadoglu, P.: A mendelian gene for albinism in natural cave fish. Experientia 13 (1955) 2, 394

Sadoglu, P.: Mendelian inheritance in the hybrid between the Mexican blind cave fishes and their overground ancestors. Verh. Dtsch. Zool. Ges. Graz (1957), 432–439.

Sadoglu, P., und McKee, A.: A second gene that affects eye and color in Mexican blind cave fish. J. Heredity 60 (1969) 1, 10–14.

Sage, R. D., und Selander, R. H.: Trophic radiation through polymorphism in cichlid fishes, Proc. Nat. Acad. Sci. USA 72 (1975) 11, 4669.

Sakaizumi, M., Egami, N., und Moriwaki, K.: Allozymic variation in wild populations of the fish *Oryzias latipes*. Proc. Jap. Acad. Sci., Ser. B 56 (1980) 7, 448–451.

Sakaizumi, M., Moriwaki, K., und Egami, N.: Allozymic variation and regional differentiation in wild populations of the fish *Oryzias latipes,* Copeia (1983) 2, 311–318.

* Sakamoto, K., und Nishikawa, S.: Chromosomes of three flatfishes (Pleuronectidae). Jap. J. Ichthyol. 27 (1980) 3, 268–272.

Salmenkova, E. A.: Genetik der Isoenzyme der Fische. Usp. Sovr. Biol. 75 (1973) 2, 217 (r).

Salmenkova, E. A., und Omel'čenko, V. T.: Polymorphismus der Eiweiße in den Populationen der diploiden und tetraploiden Fische. Biol. Morja (1978) 4, 67–71 (r).

Salmenkova, E. A., und Omel'čenko, V. T.: Der genetische Polymorphismus der G-Phosphogluconatdehydrogenase beim Gorbuscha-Lachs *Oncorhynchus gorbuscha*. Biol. Morja (1982) 4, 55–58 (r).

SALMENKOVA, E. A., und OMEL'ČENKO, V. T.: Genetische Analyse einiger polymorpher Enzymsysteme beim Gorbuscha-Lachs. In: Genetika promyslovych ryb. i obektov akvakul'tury. Legkaja i Piščevaja Promyšlennost', Moskva (1983), 8–15 (r).

SALMENKOVA, E. A., und VOLOCHONSKAJA, L. T.: Biochemischer Polymorphismus in den Populationen der diploiden und tetraploiden Fischarten. In: Biochimiceskaja genetika ryb. Inst. Citol. AN SSSR, Leningrad (1973), 54–61 (r).

SALMENKOVA, E. A., OMEL'CENKO, V. T., MALININA, T. V., AFANAS'EV, K. I., und ALTUCHOV, Ju. P.: Die populationsgenetischen Unterschiede zwischen gemischten Generationen des Gorbuscha-Lachses, der sich in den Flüssen der asiatischen Küsten des Nordpazifiks fortpflanzt. In: Genetika i razmnoženie morskich životnych. DVNC, Vladivostok (1981), 95–104 (r).

SAMOCHVALOVA, G. V.: E influß von Röntgenstrahlen auf Fische (Lebistes, Schwertträger und Karausche). Biol. Z. 7 (1938) 5, 1 023–1 034 (r).

SANDERS, B. G., und WRIGHT, J. E.: Immunogenetic studies in two trout species of the genus Salmo. Ann. New York Acad. Sci. 97 (1962), 116–130.

SAPRYKIN, V. G.: Zum Problem der Anwendung genetischer Marker bei der Selektion des Ural-Karpfens. Izv. GosNIORCh 107 (1976), 54–59 (r).

SAPRYKIN, V. G.: Einfluß der Auslese nach der Wachstumsgeschwindigkeit auf die Verteilung der Phänotypen und Genfrequenzen der Transferrine bei einsömmerigen Ural-Karpfen. In: Problemy genetiki i selekcii na Ural. Oblastn. Izd., Sverdlovsk (1977a), 173–174 (r).

SAPRYKIN, V. G.: Die Transferrine des Blutserums der Karpfen aus dem Urefta-See im Gebiet Tscheljabinsk. Tr. Permsk. lab. GosNIORCh 1 (1977b), 119–123 (r).

SAPRYKIN, V. G.: Die Überlebensrate einsömmeriger Karpfen mit unterschiedlichen Transferrintypen bei der Überwinterung im Warmwasser des Kraftwerkes Werchnetagilsk. Tr. Permsk. lab. GosNIORCh 1 (1977c), 130 (r).

SAPRYKIN, V. G.: Über die erbliche Natur des Polymorphismus der Ural-Karpfen bezüglich des Transferrinsystems. Sb. naučn. tr. Permsk. otd. GosNIORCh 153 (1980), 100–104 (r).

SAPRYKIN, V. G.: Korrelation der Transferrine mit dem Wachstum der Karpfen unter verschiedenen Umweltbedingungen. Sb. naučn. tr. GosNIORCh 2 (1979), 79–84 (r).

SAPRYKIN, V. G., und KAŠKOVSKIJ, V. V.: Zusammenhang zwischen den Transferrinen des Blutserums und dem Befall der Karpfen mit Dactylogyrus extensus und Ichthyophthirius multifiliis. Sb. naučn. tr. Permsk. otd. GosNIORCh 2 (1979), 85–87 (r).

* SASAKI, M., HITOTSUMACHI, S., MAKINO, S., und TERAO, T.: A comparative study of the chromosomes in the chum salmon, the kokanee salmon and their hybrids. Caryologia 21 (1968) 3, 389–394.

* SASAKI, T., und SAKAMOTO, K.: Karyotype of the rockfish, Sebastes taczanowskii St. CIS 22 (1977), 7–8.

SASSAMAN, C., und YOSHIYAMA, R. M.: Lactate dehydrogenase–a polymorphism of Anoplarchus purpurescens: geographic variation in central California. J. Heredity 70 (1979) 5, 329–34.

SASSAMAN, C., YOSHIYAMA, R. M., und DARLING, J. D. S.: Temporal stability of lactate dehydrogenase A clines of the high cockscomb Anoplarchus purpurescens. Evolution 37 (1983) 3, 472.

SATO, R., und ISHIDA, R.: Genetic variation in malate dehydrogenase and some isozymes in white muscle of ayu (Plecoglossus altivelis). Bull. Freshwater Fish. Res. Lab. Tokyo 27 (1977) 2, 75–83.

SAUNDERS, L. H., und MCKENZIE, J. A.: Comparative electrophoresis of arctic char. Comp. Biochem. Phys. 38 B (1971) 3, 487–491.

SAUNDERS, R. L.: Sea ranching – a promising way to enhance populations of Atlantic salmon for angling and commercial fisheries. In: IASF Spec. Publ. Ser. 7 (1977), 17–24.

SAUNDERS, R. L.: Annual report to the advisory council of the North American Salmon Research Center. NASRC Rep. 3 (1978a), 1–7.

SAUNDERS, R. L.: Annual report to the advisory council of the North American Salmon Research Center. NASRC Rep. 4 (1978b), 1–8.

SAUNDERS, R. L., und BAILEY J. K.: The role of genetics in Atlantic salmon management. In: Atlantic salmon: its future. Fishing News Books Ltd., Farnham (1980), 182–200.

SAUNDERS, R. L., und SREEDHARAN, A.: The incidence and genetic implications of sexual maturity in male Atlantic salmon parr. In: Int. Counc. Explor. Sea, Comm. Meet. (1977/M.,), 1–21.

SAUNDERS, R. L., und SCHOM, C. B.: Effects of life history on the genetic structure of Atlantic salmon (Salmo salar) populations. Genetics 97 (1981) Suppl. 1, 93.

SAVOSTJANOVA, G. G.: Vergleich einiger Stämme der Regenbogenforelle hinsichtlich ihres fischereilichen Wertes. Izv. GosNIORCh 74 (1971), 87–103 (r).

SAVOSTJANOVA, G. G.: Herkunft, Zucht und Züchtung der Regenbogenforelle in der UdSSR und im Ausland. Izv. GosNIORCh 117 (1976), 3–13 (r).

SAWADA, Y., und SAKAMOTO, K.: Chromosomes of a rare callionymid, Draculo mirabilis. Jap. J. Ichthyol. 26 (1980) 4, 367.

SCHÄPERCLAUS, W.: Bekämpfung der infektiösen Bauchwassersucht des Karpfens durch Züchtung erblich widerstandsfähiger Karpfenstämme. Z. Fischerei NF 1 (1953) 5–6, 321–353.

SCHÄPERCLAUS, W.: Fischkrankheiten. 3. Aufl. Akademie Verlag, Berlin 1954.

SCHÄPERCLAUS, W.: Lehrbuch der Teichwirtschaft. 2. Aufl. Paul Parey, Berlin–Hamburg 1961.

* SCHARMA, G. P., PRASAD, R., und NAYYAR, R. P.: Chromosome number and meiosis in three species of fishes. Res. Bull. Punjab Univ. 11 (1960), 99–103

* SCHEEL, J. J.: Taxonomic studies of African and Asian toothcarps (Rivulinae) based on chromosome numbers, haemoglobin patterns, some morphological traits and crossing experiments. Vidensk. Med. Dan. Naturhist. Foren. Khobenhag. 129 (1966), 123–148.

* SCHEEL, J. J.: Rivuline karyotypes and their evolution (Rivulinae, Cyprinodontidae, Pisces). Z. Zool. Syst. Evol.-Forsch. 10 (1972a) 3, 180–209.

* SCHEEL, J. J.: Die Chromosomen der drei Neon-Tetras. Aquar. Terrar. 9 (1972b), 307–309.

* SCHEEL, J. J.: Eine Übersicht zu *Aphyosemion cameronense*. Aquar. Terrar. 9 (1974), 306–307.

* SCHEEL, J. J., SIMONSEN, V., und GYLDENHOLM, A. O.: The karyotypes and some electrophoretic patterns of fourteen species of the genus *Corydorus*. Z. Zool. Syst. Evol.-Forsch. 10 (1972) 2, 144–152.

SCHEMMEL, C.: Genetische Untersuchungen zur Evolution des Geschmacks-Apparates bei cavernicolen Fischen. Z. Zool. Syst. Evol.-Forsch. 12 (1974) 3, 196–215.

SCHLOTFELDT, H. J.: Elektrophoretische Eigenschaften des Hämoglobins von zwei in Chile wirtschaftlich wichtigen Gadiden, *Merluccius gayi gayi* und *M. polylepis*, als Versuch zu einer Populationsstruktur-Analyse. Arch. Fischereiwiss. 19 (1968) 2–3, 236–245

SCHMIDT, J.: Racial investigations. I. *Zoarces viviparus* L. and local races of the same. C.R. Trav. Lab. Carlsberg 13 (1917) 3, 279–396.

SCHMIDT, J.: Racial investigations. III. Experiments with *Lebistes reticulatus* (Peters). C.R. Trav. Lab. Carlsberg 14 (1919a) 5, 1–8.

SCHMIDT, J.: La valeur de l'individu à titre de générateur apprecies suivant la méthode du croisement diallele. C.R. Trav. Lab. Carlsberg 14 (1919b) 6, 1–34.

SCHMIDT, J.: Racial investigations. V. Experimental investigations with *Zoarces viviparus* L. C.R. Trav. Lab. Carlsberg 14 (1920) 9, 1–14.

SCHMIDT, J.: Racial investigations VII. Annual fluctuations of racial characters in *Zoarces viviparus* L. C.R. Trav. Lab. Carlsberg 14 (1921) 15, 1–24.

SCHMIDT, J.: Racial investigations. X. The Atlantic cod (*Gadus callarias* L.) ans local races of the same. C.R. Trav. Lab. Carlsberg 18 (1930) 6, 1–71.

SCHMIDT, K.: Stand und Entwicklungsmöglichkeiten der Forellenzüchtung in der DDR. Fortschr. Fischereiwiss. 1 (1982), 103–108

SCHMIDTKE, J., und ENGEL, W.: Duplication of the gene loci coding for the supernatant aspartate aminotransferase by polyploidization in the fish family Cyprinidae. Experientia 28 (1972) 8, 976–978.

SCHMIDTKE, J., und ENGEL, W.: On the problem of regional gene duplication in diploid fish of the orders Ostariophysi and Isospondyli. Humangenetik 21 (1974) 1, 39–45.

SCHMIDTKE, J., und ENGEL, W.: Gene action in fish of tetraploid origin. I. Cellular and biochemical parameters in cyprinid fish. Biochem. Genet. 13 (1975) 1–2, 45–51.

SCHMIDTKE, J., und ENGEL, W.: Gene action in fish of tetraploid origin. III. Ribosomal DNA amount in cyprinid fish. Biochem. Genet. 14 (1976) 1–2, 19–26.

SCHMIDTKE J., und KANDT, I.: Single-copy DNA relationships between diploid and tetraploid teleostean fish. species. Chromosoma 83 (1981) 2, 191–197.

SCHMIDTKE, J., ATKIN, N. B., und ENGEL, W.: Gene action in fish of tetraploid origin. II. Cellular and biochemical parameters in clupeoid and salmonoid fish. Biochem. Genet. 13 (1975a) 5–6, 301–309.

SCHMIDTKE, J., DUNKHASE, G., und ENGEL, W.: Genetic variation of phospoglucose isomerase isoenzymes in fish of the orders Ostariophysi and Isospondyli. Comp. Biochem. Phys. 50 B (1975b) 3, 395–398.

SCHMIDTKE, J., KUHL, P., und ENGEL, W.: Transistory hemizygosity of paternally derived alleles in hybrid trout embryos. Nature (London) 260 (1976a) 5549, 319–320.

SCHMIDTKE, J., SCHULTZE, R., KUHL, P., und ENGEL W.: Gene action in fish of tetraploid origin. V. Cellular RNA and protein content and enzyme activities in cyprinid, clupeoid and salmonoid species. Biochem. Genet. 14 (1976b) 11–12, 975–980.

SCHMIDTKE, J., BUDIMAN, R., und ENGEL, W.: GPDH allele activation in brown trout x brook trout hybrids. Isoz. Bull. 10 (1977), 50–51.

SCHMIDTKE, J., SCHMIDT, E., MATZKE, E., und ENGEL, W.: Nonrepetitive DNA sequence divergence in phylogenetically diploid and tetraploid teleostean species of the family Cyprinidae and the order Isospondyli. Chromosoma 75 (1979) 2, 185–198.

SCHNAKENBECK, W.: Rassenuntersuchungen am Hering. Ber. Dtsch. Wiss. Komm. Meeresforsch. 3 (1927) 2, p. 2, 1–205.

SCHNAKENBECK, W.: Zum Rassenproblem bei den Fischen. Z. Morphol. Ökol. Tiere 21 (1931) 2, 409–556.

SCHOLL, A.: Biochemical evolution in the genus *Xiphophorus*. In: Genetics and mutagenesis of fish. Springer, Berlin–Heidelberg–New York (1973), 277–299.

SCHOLL, A., und ANDERS, F.: Tissue specific preferential expression of the *Xiphophorus xiphidium* allele for 6-phosphogluconate dehydrogenase in interspecific hybrids of platyfish (Poeciliidae, Teleostei). In: Genetics and mutagenesis of fish. Springer, Berlin–Heidelberg–New York (1973a), 301–313.

SCHOLL, A., und ANDERS, F.: Electrophoretic variation of enzyme proteins in platyfish and swordtails (Poeciliidae, Teleostei). Arch. Genet. 46 (1973b) 2, 121–129.

SCHOLL, A., und HOLZBERG, S.: Zone electrophoretic studies on lactate dehydrogenase isoenzymes in South American cichlids (Teleostei, Percomorphi). Experientia 28 (1972) 4, 489–491.

SCHOLL, A., und SCHRÖDER, J. H.: Biochemische Untersuchungen über die genetische Differenzierung mittelamerikanischer Zahnkarpfenarten (Cyprinodontiformes, Poeciliidae). Rev. Suisse Zool. 81 (1974) 3, 690–696.

SCHOLL, A., CORZILLIUS, B., und VILLWOCK, W.: Contribution to the genetic relationship of Old World Aphanini (Pisces, Cyprinodontidae) with special reference to electrophoretic techniques. Z. Zool. Syst. Evol.-Forsch. 16 (1978) 2, 116 bis 132.

SCHREIBMANN, M. P., und KALLMAN, K. D.: The genetic control of the pituitary gonadal axis in the platyfish, *Xiphophorus maculatus*. J. Exp. Zool. 200 (1977) 2, 277–293.

SCHRÖDER, J. H.: Genetische Untersuchungen an domestizierten Stämmen der Gattung *Mollienesia* (Poeciliidae). Zool. Beitr. 10 (1964), 369–463.

SCHRÖDER, J. H.: Zur Vererbung der Dorsalflossenstrahlenzahl bei *Mollienesia*-Bastarden. Z. Zool. Syst. Evol.-Forsch. 3 (1965) 2, 330–348.

SCHRÖDER, J. H.: Über Besonderheiten der Vererbung des Simpsonfaktors bei *Xiphophorus helleri* Heckel (Poeciliidae, Pisces). Zool. Beitr. 12 (1966) 1, 27–42.

SCHRÖDER, J. H.: Die Variabilität quantitativer Merkmale bei *Lebistes reticulatus* Peters nach ancestraler Röntgenbestrahlung. Zool. Beitr. 15 (1969a) 2–3, 237–265.

SCHRÖDER, J. H.: Erblicher Pigmentverlust bei Fischen, Aquar. Terrar. 16 (1969b) 8, 272–274.

SCHRÖDER, J. H.: Die Vererbung von Beflossungsmerkmalen beim Berliner Guppy (*Lebistes reticulatus* Peters). Theoret. Appl. Genet. 39 (1969c) 1, 73–78.

SCHRÖDER, J. H.: Inheritance of radiation-induces spinal curvatures in the guppy, L. *reticulatus*. Can. J. Genet. Cytol 11 (1969d) 4, 937–947.

SCHRÖDER, J. H.: X-ray induced mutations in the poeciliid fish, *Lebistes reticulatus* Peters. Mutat. Res. 7 (1969e) 1, 75–90.

SCHRÖDER, J. H.: Das Züchten von Aquarienfischen–einmal wissenschaftlich betrachtet. III. Zusammenwirken mehrerer Gene–Crossingover, drittes Mendelsches Gesetz. Aquat. Mag. 1 (1970), 8–17.

SCHRÖDER, J. H.: Teleosts as a tool in mutation research. In: Genetics and mutagenesis of fish. Springer, Berlin–Heidelberg–New York (1973), 91–99.

SCHRÖDER, J. H.: Vererbungslehre für Aquarianer. W. Keller and Co. Stuttgart 1974.

SCHRÖDER, J. H. Genetics for aquarists. T.F.H. Publications Inc., Neptune (New Jersey) 1976.

SCHRÖDER, J. H.: Methods of screening radiation induced mutations in fish. In: Methodology for assessing impacts of radioactivity on aquatic ecosystems. Vienna, IAEA Tech. Rep. Ser. (1979), 190, 381–402.

SCHRÖDER, J. H. Morphological and behavioural differences between the BB/OB and B/W colour morphs of *Pseudotropheus zebra* Boul. (Pisces; Cichlidae). Z. Zool. Syst. Evol.-Forsch. 18 (1980) 1, 69–76.

SCHRÖDER, J. H.: The guppy (*Poecilia reticulata* Peters) as a model for evolutionary studies in genetics, behavior, and ecology. Ber. nat.-med. Verein Innsbruck 70 (1983), 249–279.

SCHRÖDER, J. H., und YEGIN, M. M.: Qualitative und quantitative Bestimmung der freien Aminosäuren bei *Mollienesia sphenops* (Poeciliidae; Pisces). Biol. Zentralbl. 87 (1968) 1, 163–172.

SCHULTZ, R. J.: Reproductive mechanism of unisexual and bisexual strains of the viviparous fish *Poeciliopsis*. Evolution 15 (1961) 2, 302–325.

SCHULTZ, R. J.: Stubby, a hereditary vertebral deformity in the viviparous fish *Poeciliopsis prolifica*. Copeia (1963) 2, 325–330.

SCHULTZ, R. J.: Hybridization experiments with an all-female fish of the genus *Poeciliopsis*. Biol. Bull. 130 (1966) 3, 415–429.

SCHULTZ, R. J.: Gynogenesis and triploidy in the viviparous fish *Poeciliopsis*. Science 157 (1967) 3796, 1564–1567.

SCHULTZ, R. J.: Hybridization, unisexuality and polyploidy in the teleost *Poeciliopsis* (Poeciliidae) and other vertebrates. Amer. Natur. 103 (1969), 934, 605–619.

SCHULTZ, R. J.: Special adaptive problems associated with unisexual fishes. Amer. Zool. 11 (1971) 2, 351–360.

SCHULTZ, R. J.: Unisexual fish: laboratory synthesis of a „species". Science 179 (1973), 4069, 180–181.

SCHULTZ, R. J.: Evolution and ecology of unisexual fishes. Evol. Biol. 10 (1977), 277–331.

SCHULTZ, R. J., und KALLMAN, K. D.: Triploid hybrids between the all-female teleost *Poecilia formosa* and *Poecilia sphenops*. Nature (London) 219 (1968), 5150, 280–282.

SCHWAB, M., und SCHOLL, E.: Neoplasmic pigment cells induced by N-methyl-N-nitrosourea (MNK) on *Xiphophorus* and genetic contribution of their terminal differentiation. Differentiation 19 (1981) 2, 77–83.

SCHWAB, M., HAAS, J., ABDO, S., AHUJA, M. R., KOLLINGER, G., ANDERS, A., und ANDERS, F.: Genetic basis of susceptibility for development of neoplasms following treatment with N-methyl-N-nitrosourea (MNL) or X-rays in the platy-fishswordtail system. Experientia 34 (1978) 6, 780–782.

SCHWEIGERT, J. F., WARD, F. J., und CLAYTON, J. W.: Effects of fry and fingerling introductions on walleye *(Stizostedion vitreum vitreum)* production in West Blue Lake, Manitoba. J. Fish. Res. B. Can. 34 (1977) 11, 2142–2150.

SCHWIER, H.: Geschlechtsbestimmung und -differenzierung bei *Macropodus opercularis, concolor, chinensis* und deren Artbastarden. Z. Indukt. Abstammungs-Vererbungsl. 77 (1939) 2, 291–335.

SCOPES, R. H. und GOSSELIN-REY, C.: Polymorphism in carp muscle creatin kinase. J. Fish. Res. B. Can. 25 (1968) 12, 2715–2716.

SEDOV, S. I. und KRIVASOVA, S. B.: Vergleichende Analyse der innerartlichen Heterogenität der Fische des Kaspischen Meeres bezüglich des Polymorphismus der Blut-Eiweiße. In: Biochimičeskaja genetika ryb. Inst. Citol. AN SSSR, Leningrad (1973), 183–187 (r).

SEDOV, S. I., KRIVASOVA, S. B., und KOMAROVA, G. V.: Genetische und ökologisch-physiologische Charakteristik der Wolgaplötze des Kaspischen Beckens. In: Ekologiceskaja fiziologija ryb. 2. Naukova Dumka, Kiev (1976), 57 bis 58 (r).

SELANDER, B. H.: Genic variation in natural populations. In: Molecular evolution. Sinauer Assoc., Sunderland (1976), 21–45.

SENGBUSCH, R. von: Eine Schnellbestimmungsmethode der Zwischenmuskelgräten bei Karpfen zur Auslese von „grätenfreien" Mutanten (mit Röntgen-Fernsehkamera und Bildschirmgerät). Züchter 37 (1967) 6, 275–276.

SENGBUSCH, R. von, und MESKE, Ch.: Auf dem Wege zum grätenlosen Karpfen. Züchter 37 (1967) 2, 271–274.

SENGÜN, A.: Beiträge zur Kenntnis der erblichen Bedingtheit von Formunterschieden der Gonopodien lebendgebärender Zahnkarpfen. Rev. Fac. Sci. Univ. Instanbul, Ser. B. 15 (1950), 110–133.

SENSABAUGH, G. F., und KAPLANE N. O.: A lactate dehydrogenase specific to the liver of gadoid fish. J. Biol. Chem. 247 (1972) 2, 585–593.

SEPOVAARA, O.: Zur Systematik und Ökologie des Lachses und der Forellen in den Binnengewässern Finlands. Ann. Soc. Zool. Bot. Fenn, „Vaname" 24 (1962), 1–86.

* SEREBRJAKOVA, E. V.: Einige Beiträge zu den Chromosomenkomplexen der Acipenseriden. In: Genetika, selekcija i gibridizacija ryb. Nauka, Moskva 1969, 105–113 (r).

SEREBRJAKOVA, E. V.: Die Chromosomenkomplexe von Hybriden aus Kreuzungen von Acipenseriden mit unterschiedlichen Karyotypen. In: Otdalennaja gibridizacija rastenij i životnych. Kolos, Moskva (1970), 185–192 (r).

* SEREBRJAKOVA, E. V., AREF'EV, V. A., VASIL'EV, V. P., und SOKOLOV, L. I.: Untersuchung des Karyotyps des Hausens *Huso huso* (Acipenseridae, Chondrostei) im Zusammenhang mit seiner systematischen Stellung. In:.Genetika promyslovych ryb. i ob'ektov akvakul'tury. Legkaja i Piščevaja Promyšlennost', Moskva (1983), 63–69 (r).

SERENE, P.: Esterase of the North-East Atlantic albacor stock. Rapp. P.-V. Reun. 161 (1971), 119–121.

SEROV, O. L., KOROČKIN, L. I., und MANČENKO, G. P.: Elektrophoretische Methoden zur Unterstützung der Isoenzyme. In: Genetika izofermentov. Nauka, Moskau (1973), 18–64 (r).

* SEVERIN, S. O.: Der Chromosomensatz der Europäischen Äsche *Thymallus thymallus* (L.) Vopr. Ichtiol. 19 (1979) 2, 246–250 (r).

* SEVERIN, S. O. und ZINOV'EV, E. A.: Die Karotypen isolierter Populationen von *Thymallus arcticus* Pallas im Flußgebiet des Ob. Vopr. Ichtiol. 22 (1982) 1, 27–35 (r).

SEZAKI, K., und KOBAYASI, H.: Comparison of erythrocytic size between diploid and tetraploid in spinous loach, *Cobitis biwae*. Bull. Jap. Soc. Sci. Fish. 44 (1978) 8, 851–854.

SEZAKI, K., KOBAYASHI, H., und NAKAMURA, M.: Size of erythrocytes in the diploid and triploid specimens of *Carassius auratus langsdorfii*. Jap. J. Ichtyol 24 (1977) 2, 135–140.

SGANO, T., und ABE, T.: Xanthochromous examples of one or two species of sea chubs of the genus *Kyphosus* from the Bonin Island. UO (Japan) 16 (1973), 1–2.

SHAKLEE, J. B., und TAMARY, C. S.: Biochemical and morphological evolution of Hawaiian bonefishes *(Albula)*. Syst. Zool. 30 (1981) 1, 125 bis 146.

SHAKLEE, J. B., und WHITT, G. S.: Patterns of enzyme ontogeny in developing sunfish. Differentiation 9 (1977) 1, 85–95.

SHAKLEE, J. B., und WHITT, G. S.: Lactate dehydrogenase isozymes of gadiform fishes: divergent pattern of gene expression indicate a heterogeneous tyxon. Copeia (1981) 3, 563–578.

SHAKLEE, J. B., KEPES, K. L., und WHITT, G. S.: Specialized lactate dehydrogenase isozymes: the molecular and genetic basis for the unique eye and liver LDH-s of teleost fishes. J. Exp. Zool. 185 (1973) 2, 217–240.

SHAKLEE, J. B., CHAMPION, M. J., und WHITT, G. S.: Developmental genetics of teleosts: a biochemical analysis of lake chubsucker ontogeny. Dev. Biol. 38 (1974) 2, 356–382.

SHAKLEE, J. B., CHRISTIANSEN, J. H., SIDELL, B. D., PROSSER, C. L., und WHITT, G. S.: Molecular aspects of temperature changes in enzyme activities and isozyme patterns to metabolic reorganization in the green sunfish. J. Exp. Zool. 200 (1977) 1, 1–20.

SHAMI, S. A., und BEARDMORE, J. A.: Genetic studies of enzyme variation in the guppy, *Poecilia reticulata*. Genetica 48 (1978 a) 1, 67–73.

SHAMI, S. A., und BEARDMORE, J. A.: Stabilizing selection and parental age effects on lateral line scale number in the guppy *Poecilia reticulata* (Peters). Pak. J. Zool. 10 (1978 b) 1, 1–15.

* SHARMA, O. P., und AGARWAL, A.: The somatic and meiotic chromosomes of *Puntius conchonius* from the Jammu and Kashmir state, India. Genetica 56 (1981) 3, 235–237.

SHARP, G. D.: Electrophoretic study of tuna hemoglobins. Comp. Biochem. Phys. 31 B (1969) 5, 749–755.

SHARP, G. D.: An electrophoretic study of hemoglobins of some scombroid fishes and related forms. Comp. Biochem. Phys. 44 B (1973) 2, 381–388.

SHAW, C. R.: The use of genetic variation in the analysis of isozyme structure. In: Subunit structure of proteins, biochem. and genetic aspects. Brookh. Symp. in Biol. (1964), 117–130.

SHAW, C. R.: Electrophoretic variation in enzymes. Science 149 (1965) 3687, 936–943.

SHAW, C. R.: How many genes evolve? Biochem. Genet. 4 (1970) 2, 275–283.

SHAW, C. R., und PRASAD, R.: Starch gel electrophoresis of enzymes–a compilation of recipes. Biochem. Genet. 4 (1970) 2, 297–320.

SHEARER, K. D., und MULLEY, J. C.: The introduction and distribution of the carp, *Cyprinus carpio* L. in Australia, Austr. J. Mar. Freshwater Res. 29 (1978) 5, 551–563.

SHOEMAKER, H. H.: Pigment deficiency in the carp and the carpsucker. Copeia (1943) 1, 54.

SICILIANO, M. J., und WRIGHT, D. A.: Evidence for multiple unlinked genetic loci for isocitrate dehydrogenase in fish of the genus *Xiphophorus*. Copeia (1973) 1, 158–161.

SICILIANO, M. J., und WRIGHT, D. A.: Biochemical genetics of the platyfish-swordtail hybrid melanoma system. In: Progr. Exp. Tumor Res. 20 (1976), 398–411.

SICILIANO, M. J., WRIGHT, D. A., GEORGE, S. L., und SHAW, C. R.: Inter- and intraspecific genetic distances among teleosts. In: Abstr. 17th Congr. Int. Zool., Theme 5, 1973 (nach SICILIANO und WRIGHT 1976).

SICILIANO, M. J., MORIZOT, D. C., und WRIGHT, D. A.: Factors responsible for platyfish-swordtail hybrid melanoma–many or few. Pigm. Cell 2 (1976) 1, 47–58.

SICK, K.: Haemoglobin polymorphism in fishes. Nature (London) 192 (1961) 4805, 894–896.

SICK, K.: Haemoglobin polymorphism of cod in the Baltic and the Danish Belt Sea. Hereditas 54 (1965a) 1, 19–48.

SICK, K.: Hemoglobin polymorphism of cod in the North Atlantic Ocean. Hereditas 54 (1965b) 1, 49–73.

SICK, K., BAHN, E., FRYDENBERG, O., NIELSEN, J. T., und WETTSTEIN, D. von: Haemoglobin polymorphism of the American Freshwater *Anguilla*. Nature (London) 214 (1967) 5093, 1141 bis 1142.

SICK, K., FRYDENBERG, O., und NIELSEN, J. T.: Haemoglobin patterns of second-generation hybrids between plaice and flounder. Heredity 30 (1973) 2, 244–245.

SIDELL, B. D., OTTO, R. G., und POWERS, D. A.: A biochemical method for distinction of striped bass and white perch larvae. Copeia (1978) 2, 340–343.

SIEBENALLER, J. F.: Genetic variability in deep sea fishes of the genus *Sebastolobus* (Scorpaenidae). In: Marine organisms, Plenum Press, New York (1970), 95–122.

SIEBENALLER, J., und SOMERO, G. N.: Pressure-adaptive differences in lactate dehydrogenase of congeneric fishes living at different depths. Science 201 (1978) 4352, 255–259.

* SIMON, R. C.: Chromosome morphology and species evolution in the five North American species of Pacific salmon *(Oncorhynchus)*. J. Morphol. 112 (1963) 1, 77–94.

* SIMON, R. C., und DOLLAR, A. M.: Cytological aspects of speciation in two North American teleosts *Salmo gairdneri* and *S. clarkii lewisi*. Can. J. Genet. Cytol. 5 (1963) 1, 43–49.

SIMONARSON, B., und WATTS, D. C.: Muscle esterase and protein variation in stocks of herring from Blackwater, Dunmore and Ballantrae. Rapp. P.-V. Reun. 161 (1971), 27–31.

SIMONSEN, V., und CHRISTIANSEN, F. B.: Genetics of *Zoarces* populations. XI. Inheritance of electrophoretic variants of the enzyme adenosine deaminase. Hereditas 95 (1981) 2, 269–294.

SIMONSEN, V., und FRYDENBERG, O.: Genetics of *Zoarces* populations. II. Three loci determining isozymes in eye and brain tissue. Hereditas 70 (1972) 2, 235–242.

SIMPSON, J. C., und SCHLOTTFELDT, S.: Algunas observaciones sobre las caracteristicas electroforeticas de la hemoglobina de anchoveta *Engraulis ringens* J. en Chile- Invest. Zool. Chil. 13 (1966), 21–45.

SIMPSON, T. H.: Endocrine aspects of salmonid culture. Proc. Roy. Soc. Edinburgh 75B (1976) 17, 241–252.

SIMPSON, T. H.: Female stocks less vulnerable. Fish Farmer 2 (1979) 3, 20–21.

SINDERMANN, C. J.: Serology of Atlantic clupeoid fishes. Amer. Natur. 96 (1962) 889, 225–231.

SINDERMANN, C. J.: Use of plant hemagglutinins in serological studies of clupeoid fishes. US Fish. Wildl. Serv., Fish. Bull. 63 (1963) 1, 137–141.

SINDERMANN, C. J., und MAIRS, D. F.: A major blood group system in Atlantic sea herring. Copeia (1959) 3, 228–232.

SINGH, R. C., HUBBY, J. L., und THROCKMORTON, L. H.: The study of genic variation by electrophoretic and heat denaturation techniques at the octanol dehydrogenase locus in members of the Drosophila virilis group. Genetics 80 (1975) 3, 637–650.

SKOW, L. C.: Serum esterase variation on channel catfish: genetics and population analysis. Proc. Annu. Conf. Southwest Assoc., Fish Game Comm. 29 (1976), 57–62.

SLECHTOVA, V., RIVALTA, V. und CAMACHO, A.: Las isozimas de la dehidrogenasa lactica (LDH) cn peces de la familia Lutjanidae. Ciencias Biologicas (1982) 8, 25–30.

SLOTA, E.: Studies on serum antigens in carp. Anim. Blood Gr. Biochem. Genet. Genet. 4 (1973) 3, 175–179.

SLOTA, E., PAPAEZ, J., und STEFAN, L.: Wstepne badania ned grupanti krwi u karpia (*Cyprinus carpio*). Zesz. Probl. Postepów Nauk Rol. 4 (1970), 71–78.

SLUCKIJ, E. S.: Variabilität der Größen der ovulierenden Eier des Graskarpfens. Izv. GosNIORCh 74 (1971a), 128–139 (r).

SLUCKIJ, E. S.: Variabilität der Eier und Larven des Wildkarpfens des Zimljansker Stausees. Izv. GosNIORCh 74 (1971b), 62–86 (r).

SLUCKIJ, E. S.: Variabilität des Graskarpfens *Ctenopharyngodon* idella (Val.) unter den Bedingungen der künstlichen Fortpflanzung. Avtoref. kand. diss. GosNIORCh, Leningrad (1971c) 18. S. (r),

SLUCKIJ, E. S.: Variabilität des Ropscha-Karpfens hinsichtlich seiner Form und der Zahl der Zwischenmuskelgräten. Izv. GosNIORCh 107 (1976), 41–47 (r).

SLUCKIJ, E. S.: Die phänotypische Variabilität der Fische (Züchtungsaspekt). Izv. GosNIORCh 134 (1978), 3–132 (r).

SLYN'KO, V. I.: Der Polymorphismus der Isoenzyme der Malatdehydrogenase bei den Pazifischen Lachsen. In: Naučn. soobšč. Inst. Biologia Morja. 2. DVNC, Vladivostok (1971a), 207–211 (r).

SLYN'KO, V. I.: Eine Analyse der Genfrequenzen der Isoenzyme Malatdehydrogenase in den Populationen des Keta- und Gorbuscha-Lachses der Flüsse Sachalins. In: Naučn. soobšč. Inst. Biologia Morja. 2. DVNC, Vladivostok (1971b), 212–214 (r).

SLYN'KO, V. I.: Multiple Molekularformen der Malat- und Lactatdehydrogenase des Russischen Störs (*Acipenser güldenstädti* Br.) und des Hausens (*Huso huso* L.). DAN SSSR 228 (1976a) 2, 470–472 (r).

SLYN'KO, V. I.: Elektrophoretische Analyse der Isoenzyme der Malatdehydrogenase der Fische der Fam. Salmonidae. DAN SSSR 226 (1976b) 2, 448–451 (r).

SLYN'KO, V. I.: Der biochemische Polymorphismus in den Populationen der Salmoniden und sein Zusammenhang mit der Ökologie zweier Arten der Gattung *Oncorhynchus*, des Keta-Lachses *(O. keta)* und des Gorbuscha-Lachses *(O. gorbuscha)*. Avtoref. kand. diss. Inst. Obščej Genetiki, Moskva (1978) 19 S. (r).

SLYN'KO V. I., KAZAKOV, R. V., und SEMENOVA, S. K.: Untersuchung der populationsgenetischen Struktur des Atlantischen Lachses *(Salmo salar)* im Zusammenhang mit den Aufgaben seiner Aufzucht. I. Analyse der Genfrequenzen der Isocitratdehydrogenase, des Malic-Enzyms und der Malatdehydrogenase bei den Laichfischen des Newa-Lachses. Sb. naučn. tr. GosNIORCh 153 (1980), 71–81 (r).

SMIŠEK, Ja.: Genetische Untersuchungen des Karpfens in der ČSSR. sb. naučn. tr. VNIIPRCh 20 (1978), 140–148 (r).

SMIŠEK, J., und VAVRUSKA, A.: Vysledky korelaci transferinovych fenotypu k exterieru a k biochemickym hodnotam u kapra lyseho (ssnn). Bul. VURH Vodňany 11 (1975) 2, 3–10.

SMITH, A. C.: Intraspecific eye lens protein differences in yellow fin tuna, *Thunnus albacares*. Calif. Fish Game 51 (1965) 3, 163–167.

SMITH, A. C.: Electrophoretic studies of eye lens protein from marine fishes. Diss. Abstr. 28 (1968) 12, 68.

SMITH, A. C.: Protein variation in the eye lens nucleus of the mackerel scad *(Decapterus pinnulatus)*. Comp. Biochem. Phys. 28 (1969) 3, 1161–1168.

SMITH, A. C.: Genetic and evolutionary analysis of protein variation in eye lens nuclei of rainbow trout (*Salmo gairdneri*). Int. J. Biochem. 2 (1971a) 2, 384–388.

SMITH, A. C.: Protein differences in the eye lens cortex and nucleus of individual channel rockfish, *Sebastolobus alascanus*. Calif. Fish Gama 57 (1971b) 3, 177–181.

SMITH, A. C.: Pathology and biochemical genetic variation in the milkfish, *Chanos chanos*. J. Fish Biol. 13 (1978) 2, 173–177.

SMITH, A. C. und CLEMENS, H. B.: A population study by proteins from the nucleus of bluefin tuna eye lens. Trans. Am. Fish. Soc. 102 (1973) 3, 578–583.

SMITH, A. C., und GOLDSTEIN, R. A.: Variation in protein composition of the eye lens nucleus in ocean whitefish, *Caulolatilus princeps*. Comp. Biochem. Phys. 23 (1967) 2, 533–539.

SMITH, C. L.: The evolution of hermaphroditism in fishes. In: Intersexuality in animal kingdom. Springer, Berlin–Heidelberg–New York (1975), 295–310.

SMITH, K.: Racial investigations. VI. Statistical investigations on inheritance in *Zoarces viviparus* L. C.R. Trav. Lab. Carlsberg 14 (1921) 11, 1–60.

SMITH, K.: Racial investigations. IX. Continued statistical investigations with *Zoarces viviparus* L. C.R. Trav. Lab. Carlsberg 14 (1922) 19, 1–42.

SMITH, M. H., SMITH, M. W., SCOTT, S. L., LIU, E. H., und JONES J. C.: Rapid evolution in a post-thermal environment. Copeia (1983) 1, 193–197.

SMITH, M. L., und MILLER, R. R.: *Allotoca maculata* a new species of goodeid fish from Western Mexico, with comments on *Allotoca dugesi*. Copeia (1980) 3, 408–417.

SMITH, M. W., SMITH, M. H., und CHESSER, R. K.: Biochemical genetics of mosquitofish. Copeia (1983) 1, 182–193.

SMITH, P. J.: Esterase gene frequencies and temperature relationships in the New Zealand snapper *Chrysophrys auratus*. Mar. Biol. 53 (1979a) 4, 305–310.

SMITH, P. J.: Glucosephosphate isomerase and phosphoglucomutase polymorphisms in the New Zealand ling *Genypterus blacodes*. Comp. Biochem. Phys. 62B (1979b) 3, 573–577.

SMITH, P. J.: Application of genetics in aquaculture. In: Proc. Aquacult. Conf. Wellington, Occas. Publ. 27 (1980), 51–56.

SMITH, P. J., und JAMIESON, A.: Enzyme polymorphisms in the Atlantic mackerel, *Scomber scombrus* L. Comp. Biochem. Phys. 60B (1978) 3, 487–489.

SMITH, P. J., und JAMIESON, A.: Protein variation in the Atlantic mackerel *Scomber scombrus*, Anim. Blood Gr. Biochem. Genet. 11 (1980) 4, 207–214.

SMITH, P. J., FRANCIS, R. I. C. C., und PAUL, L. J.: Genetic variation and population structure in the New Zealand snapper. New. Zeal. I. Ma. Freshwater Res. 12 (1978) 4, 343–350.

SMITH, P. J., FRANCIS, R. I. C. C., und JAMIESON, A.: An excess of homozygotes at a serum esterase locus in the Atlantick mackerel *Scomber scombrus*. Anim. Blood Gr. Biochem. Genet. 12 (1981a) 3, 171–180.

SMITH, P. J., PATCHELL, G. J., und BENSON, P. G.: Genetic tags in the New Zealand hoki *Macruronus novaezelandiae*. Anim. Blood Gr. Biochem. Genet. 12 (1981b) 1, 37–45.

SMITHERMAN, R. O., DUNHAM, R. A., und TAVE, D.: Review of catfish breeding research 1969 bis 1981 at Auburn University. Aquaculture 33 (1983) 1–4, 197–205.

SMITHIES, O.: Zone electrophoresis in starch gel, group variations in the serum proteins of normal human adults. Biochem. J. 61 (1955) 4, 629–641.

SNEED, K. E.: Some current North American work in hybridization and selection of cultured fishes. In: Rep. FAO/UNDP(TA), 2926, Rome (1971), 143–150.

SNIESZKO, S. F.: Disease resistant and susceptible populations of brook trout (*Salvelinus fontinalis*). Spec. Sci. Rep. Fish. (1957) 208, 126–128.

SNIESZKO, S. F., DUNBAR, C., und BULLOCK, G.: Resistance to ulcer disease and furunculosis in eastern brook trout, *Salvelinus fontinalis*. Progr. Fish-Cult. 21 (1959) 3, 110–116.

* SOFRADZIJA, A., und BERBEROVIČ, LJ.: Comparative karyological investigation of *Paraphoxinus alepidotus, P. adspersus, P. pstrossi, P. metohiensis* and *P. croaticus*. Godisn. Biol. Inst. Univ. Sarajevu 25 (1972), 135–173.

* SOFRADZIJA, A., und BERBEROVIČ, LJ.: The chromosome number of *Barbus meridionalis petenyi* Heckel (Cyprinidae, Pisces). Bull. Sci. (Beograd) 18 (1973) 4–6, 77–78.

SOHN, J. J.: Socially induces inhibition of genetically determined maturation in the platyfish, *Xiphophorus maculatus*. Science 195 (1977) 4274, 199–201.

* SOLA, L., CATAUDELLA, S., und STEFANELLI, S.: I cromosomi di quatro specie di Scorpaenidae mediterranei (Pisces, Scorpaeniformes). Atti Accad. Naz. Lincei. Re. Cl. Fis. Mat. Nat. Rend. 64 (1978) 4, 393–396.

* SOLA, L., GENTILI, G., und CATAUDELLA, S.: Eel chromosomes, cytotaxonomical interrelationships and sex chromosomes. Copeia (1980) 4, 911–913.

SOLOMON, D. J., und CHILD, A. R.: Identification of juvenile natural hybrids between Atlantic salmon *(S. salar)* and trout *(S. trutta)*. J. Fish Biol. 12 (1978) 5, 499–501.

SOMERO, G. N., und HOCHACHKA, P. W.: Isoenzymes and short term temperature compensation in poikilotherms, activation of lactate dehydrogenase isoenzymes by temperature decreases. Nature (London) 223 (1969) 5202, 194–195.

SOMERO, G. N., und SOULE, M.: Genetic variation in marine fishes as a test of the niche-variation hypothesis. Nature (London) 249 (1974) 5458, 670–672.

SORENSEN, E. P.: Malate dehydrogenase polymorphism in *Notropis venustus* (Cyprinidae). Isoz. Bull. 13 (1980), 98.

SPINELLA, D. G., und VRIJENHOEK, R. C.: Immunochemical identification of a silent allele gene product in heterozygous fish of the genus *Poeciliopsis* (Poeciliidae). Isoz. Bull. 13 (1980), 50.

SPRAGUE, L. M.: Multiple molecular forms of serum esterase in three tuna species from the Pacific Ocean. Hereditas 57 (1967) 1–2, 198–204.

SPRAGUE, L. M.: The electrophoretic patterns of skipjack tuna tissue esterases. Hereditas 65 (1970) 2, 187–190.

SPRAGUE, L. M., und HOLLOWAY, J. R.: Studies of the erythrocyte antigenes of the skipjack tuna *(Katsuwonus pelamis)*. Amer. Natur., 96 (1962) 889, 233–238.

SPRAGUE, L. M., und VROOMAN, A. M.: A racial analysis of the Pacific sardine *(Sardinops caerulea)* based on studies of erythrocyte antigens. Ann. New York Acad. Sci 97 (1962), 131–138.

SPRAGUE, L. M., HOLLOWAY, J. R., und NAKASHIMA, L. I.: Studies of the erythrocyte antigenes of albacore, bigeye, skipjack, and yellow fin tunas and their use in subpopulation identification. Proc. World Sci. Meet. Biol. Tunas. Rel. Species, Exp. Papers (1963) 22, 1–15.

SPURWAY, H.: Hermaphroditism with selffertilization, and the monthly extrusion of unfertilized eggs, in the viviparous fish *Lebistes reticulatus*. Nature (London) 180 (1957) 4597, 1248 bis 1251.

* SRIVASTAVA, M. D. L., und DAS, B.: Somatic chromosomes of *Clarias batrachus* (Clariidae, Teleostomi). Caryologia 21 (1968) 4, 349–352.

* SRIVASTAVA, M. D. L., und DAS, B.: Somatic chromosomes of teleostean fish. J. Heredity 60 (1969) 1, 57–58.

* SRIVASTAVA, M. D. L., und KAUR, D.: The structure and behaviour pf chromosomes in six freshwater teleosts. Cellule 65 (1964) 1, 93–107.

STÅHL, G.: Genetic differentiation among natural populations of Atlantic salmon *(Salmo salar)* in North Sweden. Ecol. Bull. 34 (1981) 1, 95–105.

STÅHL, G.: Differences in the amount and distribution of genetic variation between natural populations and hatchery stocks of Atlantic salmon. Aquaculture 33 (1983) 1–4, 23–32.

STALLKNECHT, H.: Albinotische Rautenflecksalmler. Aquar. Terrar. 22 (1975) 3, 79–81.

STANLEY, J. G.: Production of hybrid androgenetic and gynogenetic grass carp and common carp. Trans. Am. Fish. Soc. 105 (1976a) 1, 10–16.

STANLEY, J. G.: Female homogamety in grass carp *(Ctenopharyngodon idella)* determined by gynogenesis. J. Fish. Res. Bd. Can. 33 (1976b) 6, 1373–1374.

STANLEY, J. G.: Gene expression in haploid embryos of Atlantic salmon. J. Heredity 74 (1983) 1, 19–22.

STANLEY, J. G., und JONES, J. B.: Morphology of androgenetic and gynogenetic grass carp, *Ctenopharyngodon idella* (Valenciennes). J. Fish Biol. 9 (1976) 4, 523–528.

STANLEY, J. G., und SNEED, K. E.: Artificial gynogenesis and its application in genetics and selective breeding of fishes. In: Early life history of fish. Springer, Berlin–Heidelberg–New York (1974), 527–536.

STEFFENS, W.: Vergleichende anatomisch-physiologische Untersuchungen an Wild- und Teichkarpfen (*Cyprinus carpio* L.) Ein Beitrag zur Beurteilung der Zuchtleistungen beim Deutschen Teichkarpfen. Z. Fischerei NF 12 (1964) 8–10, 725–800.

STEFFENS, W.: Die Beziehungen zwischen der Beschuppung und dem Wachstum sowie einigen meristischen Merkmalen beim Karpfen. Biol. Zentralbl. 85 (1966) 3, 273–288.

STEFFENS, W.: Aufgaben und Ziele der Forellenzüchtung. Z. Binnenfischerei DDR 21 (1974a) 8, 218–223.

STEFFENS, W.: Methoden und Ergebnisse der Forellenzüchtung. Z. Binnenfischerei DDR 21 (1974b) 8, 224–232.

STEFFENS, W.: Der Karpfen *Cyprinus carpio*, 5. Aufl. A. Ziemsen Verlag, Wittenberg Lutherstadt 1980.

STEFFENS, W.: Das Domestikationsproblem beim Karpfen (*Cyprinus carpio* L.) Verh. Intern. Verein. Limnol. 16 (1967), 1441–1448.

STEFFENS, W.: 100 Jahre Zucht der Regenbogenforelle (Salmo gairdneri) in Europa. Z. Binnenfischerei DDR 28 (1981) 11, 323–329.

STEGEMAN, J. J., und GOLDBERG, E.: Distribution and characterization of hexose-6-phosphate dehydrogenase in trout. Biochem. Genet. 5 (1971) 6, 579–589.

STEGEMAN, J. J., und GOLDBERG, E.: Inheritance of hexose-6-PDH polymorphism in brook trout. Biochem. Genet. 7 (1972) 3–4, 279–288.

STEGMAN, K.: Variability of weight-gains in carp in the first two years of life. Zootechnika

(Rybactwo, 2), Zesz. Nauk SGGW, Warszawa (1965), 67–92.

STEGMAN, K.: Pedigry of Osieku carp-line. Gospod. Rybna 19 (1967) 9, 3–5.

STEGMAN, K.: Analyse der Karpfengeschlechtsregister. Z. Fischerei NF 17 (1969) 5–7, 409 bis 421.

STERBA, G.: Über eine Mutation bei *Pterophyllum eimekei*. I. Anamnese und Beschreibung. Biol. Zentralbl. 78 (1959) 2, 323–333.

* STEVENSON, M. M.: A comparative chromosome study in the pupfish genus *Cyprinodon* (Teleostei: Cyprinodontidae). Ph. D. Thesis, Univ. Oklahoma, Norman 1975.

* STEVENSON, M. M.: Karyomorphology of several species of *Cyprinodon*. Copeia (1981) 2, 494 bis 498.

* STINGO, V.: The chromosomes of cartilaginous fishes. Genetika (Holl. 50) (1979) 3, 227–239.

STINGO, V., DE BUIT, M.-H., und ODIERNA, G.: Genom size of some selachian fishes. Boll. Zool. 47 (1980) 1–2, 129–138.

* STINGO, V., OLM, E., und CAPRIGLIONE, T.: Cytotaxonomy and genome organization in selachians. In: Abstr. 4 + th Congr. Europ. Ichthyol., Hamburg (1982), 292.

STOJKA, R. S.: Polymorphismus der Lactatdehydrogenase und sein Auftreten in der Ontogenese des Schlammpeitzgers *Misgurnus fossilis*. Avtoref. kand. diss. Gosud. Univ. L'vov (1979) 22 S. (r).

STOJKA, R. S.: Einige Besonderheiten der Isoenzym-Spektren der Glucosephosphatisomerase, Lactatdehydrogenase und Phosphoglucomutase in der Ontogenese des Schlammpeitzgers *Misgurnus fossilis*. Z. Evol. Bioch. Fiziol. 18 (1982) 2, 119–125 (r).

STONEKING, M., MAY, B., und WRIGHT, I. E.: Genetic variation and inheritance of quaternary structured malic enzyme in brook trout *Salvelinus fontinalis*. Biochem. Genet. 17 (1979) 7–8, 599–619.

STONEKING, M., WAGNER, D. J., und HILDEBRAND, A. C.: Genetic evidence suggesting subspecies differences between northern and southern populations of brook trout *Salvelinus fontinalis*. Copeia (1981 a) 4, 810–819.

STONEKING, M., MAY, B., und WRIGHT, J. E.: Loss of duplicate gene expression in salmonids: evidence for a null allele polymorphism at the duplicate aspartate aminotransferase loci in brook trout *(Salvelinus fontinalis)*. Biochem. Genet. 19 (1981b) 11–12, 1 063–1 078.

STREISINGER, G., WALKER, CH., DOWER, N., KNAUBER, D., und SINGER, F.: Production of clones of homozygous diploid zebra fish *(Brachydanio rerio)*. Nature 291 (1981) 5 813, 293 bis 296.

STROMMEN, C. A., RASCH, E. M., und BALSANO, J. S.: Cytogenetic studies of *Poecilia* (Pisces). V. Cytophotometric evidence for the production of fertile offspring by triploids related to Poecilia formosa. J. Fish Biol. 7 (1975) 5, 667 bis 676.

STRUNNIKOV, V. A.: Das Auftreten des kompensatorischen Genkomplexes – eine der Ursachen der Heterosis. Z. Obsc. Biol. 35 (1974) 5, 666 bis 677 (r).

SUBLA, RAO, B., und CHANDRASE-KARAN, G.: Preliminary report on hybridization experiments in trout–growth and survival of F_1 hybrids, Aquaculture 15 (1978) 3, 297–300.

* SUBRAHMANYAM, K.: A karyotypic study of the estuarine fish *Beleophthalmus boddaertie* (Pallas) with calcium treatment. Curr. Sci. 38 (1969) 18, 437–439.

* SUBRAHMANYAM, K., und NATARAJAN, R.: A study of the somatic chromosomes of *Therapon* Cuvier (Teleostei: Perciformes). Proc. Ind. Acad. Sci., Sect. B72 (1970) 6, 228–294.

* SUBRAHMANYAM, K., und RAMAMOORTHI, K.: A karyotype study in the estuarine worm eel, *Moringua linearis* (Gray). Sci. Cult. 37 (1971) 4, 201–202.

SUZUKI, A.: On the blood types of yellow fin and bigeye tuna. Amer. Natur. 96 (1962) 889, 239 bis 246.

SUZUKI, A.: Blood type of fish. Bull. Jap. Soc. Sci. Fish. 33 (1967) 4, 372–381.

SUZUKI, A., und MORIO, T.: Serological studies of the races of tuna. IV. The blood groups of the bigeye tuna. Rep. Nankai Reg. Fish. Res. Lab. 12 (1960), 1–13.

* SUZUKI, A., und TAKI, Y.: Karyotype of tetraploid origin in a tropical Asian cyprinid *Acrossocheilus sumatranus*. Jap. J. Ichthyol. 28 (1981) 2, 173–176.

* SUZUKI A., und YASUHIKO, Z.: Karyotype of a noemacheiline loach, *Lefua echigonia*. Jap. J. Ichthyol 29 (1982) 3, 303–304.

SUZUKI, A., SCHIMIZY J., und MORIO, T.: Serological studies of the races of tuna. I. The fundamental investigations and the blood groups of albacore. Rep. Nankai Reg. Fish, Res. Lab. 8 (1958), 104–116.

SUZUKI, A., MORIO, T., und MIMOTO, K.: Serological studies of the races of tuna. II. Blood groups frequencies of the albacore in Tg system. Rep. Nankai Reg. Fish. Res. Lab. 11 (1959), 17–23.

* SUZUKI, A., TAKI, Y., und URUSHIDO, T.: Karyotypes of two species of arowana *Osteoglossum bicirrhosum* and *O. ferreirai*. Jap. J. Ichthyol. 29 (1982) 2, 220–222.

SUZUKI, R.: Hybriden des Keta- und Gorbuscha-Lachses und ihre Nutzung. Fish Cultur. (Japan) 11 (1975) 12, 102–105 (jap.).

Suzuki, R.: Cross-breeding experiments on the salmonid fish in Japan. In: Proc. 5 th Japan-Soviet Joint Symp. Aquacult., Tokyo-Sapporo (1977), 175–188.

Suzuki, R.: The culture of common carp in Japan. In: Advances in Aquaculture. Fishing News Books Ltd., Farnham (1979), 161–166.

Suzuki, R., und Fukuda, Y.: Growth and survival of F_1 hybrids among salmonid fishes. Bull. Freshwater Fish. Res. Lab. 21 (1972) 3, 117 bis 138.

Suzuki, R., und Yamaguchi, M.: Improvement of quality in the common carp by crossbreeding. Bull. Jap. Soc. Sci. Fish. 46 (1980) 12, 1427 bis 1434.

Suzuki, R., Yamaguchi, M., Ito, T., und Toi, J.: Differences in growth and survival in various races of common carp. Bull. Freshwater Fish. Res. Lab. 26 (1976) 2, 59–69.

Suzuki, R., Yamaguchi, M., Ito, T., und Toi, J.: Catchability and pulling strength of various of the common carp caught by angling. Bull. Jap. Soc. Sci. Fish. 44 (1978) 7, 715–718.

Suzumoto, B. K., Schreck, C. B., und McIntyre, J. D.: Relative resistances of three transferrin genotypes of coho salmon *(Oncorhynchus kisutch)* and their hematological responses to bacterial kidney disease. J. Fish. Res. B. Can. 34 (1977) 1, 1–8.

Svärdson, G.: Chromosome studies on Salmonidae. Annu. Rep. Inst. Freshwater Res. Drottningholm 13 (1945a), 1–151.

Svärdson, G.: Polygenic inheritance in *Lebistes*. Ark. Zool. 36 A (1945b) 6, 1–9.

Svärdson, G.: The coregonid problem. II. Morphology of two coregonid species in different environments. Annu. Rep. Inst. Freshwater Res. Drottningholm 31 (1950), 151–162.

Svärdson, G.: The coregonid problem. IV. The significance of scales and gillrakers. Annu. Rep. Inst. Freshwater Res. Drottningholm 33 (1952), 204–332.

Svärdson, G.: The coregonid problem. VI. The palearctic species and their intergrades. Annu. Rep. Inst. Freshwater Res. Drottningholm 38 (1957), 267–356.

Svärdson, G.: Interspecific hybrid populations in *Coregonus*. In: Systematics of today. Univ. Årsskr. 6, Uppsala (1958), 231–239.

Svärdson, G.: Significance of introgression in coregonid evolution. In: Biology of coregonid fishes. Univ. Manitoba Press, Winnipeg (1970), 33–59.

Svetovidov, A. N.: Über den europäischen und ostasiatischen Karpfen *(Cyprinus carpio* L.). Zool. Anz. 104 (1933) 9–10, 257–268.

Swarts, F. A., Dunson, W. A., und Wright, J. E.: Genetic and environmental factors involved in increased resistance of brook trout to sulfuric acid solutions and mine acid polluted waters. Trans. Am. Fish. Soc. 107 (1978) 3, 651–677.

Swarup, H.: Production of triploidy in *Gasterosteus aculeatus* (L.). J. Genet. 56 (1959a) 2, 129 bis 141.

Swarup, H.: Effect of triploidy on the body size. General organization and cellular structure in *Gasterosteus aculeatus* (L.). J. Genet. 56 (1959b) 2, 141–155.

Swofford, D. L., Branson, B. A., und Sievert, G. A.: Genetic differentiation of cavefish populations (Amblyopsidae). Isoz. Bull. 13 (1980), 109.

Szarski, H.: Changes in the amount of DNA in cell nuclei during vertebrate evolution. Nature (London) 226 (1970) 5246, 651–652.

Šart, L. A., und Iljasov, Ju. I.: Über die Typen der Transferrine und Esterasen bei Laichkarpfen *(Cyprinus carpio* L.), die auf Widerstandsfähigkeit gegenüber Bauchwassersucht selektiert wurden. In: Biochimičeskaja i populjacionnaja genetika ryb. Inst. Citol. AN SSSR, Leningrad (1979), 147–151 (r).

Šaskol'skij, D. V.: Über die Inzucht des Karpfens in Teichwirtschaften. Tr. VNIIPRICh 7 (1954), 22–33 (r).

Ščeglova, N. V., und Iljasov, Ju. I.: Zur Frage der Esterasen beim Karpfen. In: Biochimičeskaja i populjacionnaja genetika ryb. Inst. Citol. AN SSSR, Leningrad (1979), 151–154 (r).

Ščerbenok, Ju. I.: Der Zusammenhang zwischen den polymorphen Systemen der Esterasen und Transferrine und den wirtschaftlich wichtigen Eigenschaften beim Karpfen. In: Biochimičeskaja genetika ryb. Inst. Citol. AN SSSR, Leningrad (1973), 129–137 (r).

Ščerbenok, Ju. I.: Hybrid-Analyse der Vererbung der Esterasen und Transferrine des Blutserums beim Ropscha-Karpfen. Izv. Gos. NIORCh 107 (1976), 48–53 (r).

Ščerbenok, Ju. I.: Auslese von Karpfenbrut mit unterschiedlichen Transferrin- und Esterasegenotypen auf Widerstandsfähigkeit gegenüber Sauerstoffdefizit. Izv. Gos. NIORCh 130 (1978), 107–111 (r).

Ščerbenok, Ju. I.: Natürliche Auslese beim Ropscha-Karpfen bezüglich der Transferrin- und Esterase-Loci während der Überwinterung. Sb. naučn. tr. GosNIORCh 153 (1980a), 94–99 (r).

Ščerbenok, Ju. I.: Analyse des biochemischen Polymorphismus von Stämmen einheimischer und deutscher Karpfen in der Warmwasseranlage Tscherepetsk. Sb. naučn. tr. GosNIORCh 150 (1980b), 58–65 (r).

Ščerbenok, Ju. I.: Michel', A. E., Kaiptofovič, E. N., und Vercholancceva, A. G.: Eine fischzüchterisch-biologische Charakteristik der Regenbogenforelle im Zusammenhang mit den unterschiedlichen Zeitpunkten der Reifung der Rogener während der Laichzeit. Sb. naučn. tr. VNIIPRCh 33 (1982), 147–157 (r).

ŠČERBINA, M. A., und CVETKOVA, L. I.: Vergleichende Untersuchungen einsömmeriger Karpfen von vier Genotypen. III. Effektivität der Nutzung der Nährstoffe und der Energie von Mischfutter. Tr. VNIIPRCh 23 (1974), 42–47 (r).

ŠEVCOVA, E. E., und ČUKSIN, V. S.: Betriebliche Lachsaufzucht in Meeresfarmen im Ausland. In: Morskoe rybovodstvo. Piščevaja Promyslennost', Moskva (1979), 36–41 (r).

ŠMAL'GAUZEN, I. I.: Bestimmung der grundlegenden Begriffe und Methoden der Untersuchung des Wachstums. In: Das Wachstum der Tiere. Izd. AN SSSR, Moskva–Leningrad (1935), 8–60 (r).

ŠMIDT, P. JU.: Vererbung und Abstammung der Rassen des Goldfisches. Priroda 24 (1935) 5, 29–34 (r).

ŠULJAK, T. S.: Fälle von Anomalien des Darmes beim Karpfen. Dokl. AN USSR 3 (1961), 384 bis 386 (ukrain.).

TAGGART, J., FERGUSON, A., und MASON, F. M.: Genetic variation in Irish populations of brown trout (*Salmo trutta* L.). Electrophoretic analysis of allozymes. Comp. Biochem. Phys. 69 B (1982) 3, 393–412.

TAIT, J. S.: A method of selecting trout hybrids (Salvelinus *fontinalis* × *S. namaycush*) for ability to retain swimbladder gas. J. Fish. Res. B. Can. 27 (1970) 1, 39–45.

TAKEUCHI, I., und KAJISHIMA, T.: Fine structure of gold-fish melanophages appearing in the depigmentation process. Annot. Zool. Jap. 46 (1973), 77–84.

* TAKI, Y., URUSHIDO, T., SUZUKI, A., und SERIZAWA, C.: A comparative chromosome study of *Puntius* (Cyprinidae, Pisces). I. Southeast Asian species. Proc. Jap. Acad. Sci., Ser. B 53 (1977) 6, 232–235.

TALIEV, D. N.: Serologische Analyse der Rassen des Baikal-Omuls (*Coregonus autumnalis migratorius* (Georgi)). Tr. Zool. Inst. 6 (1941) 4, 68–92 (r).

TALIEV, D. N.: Serologische Analyse einiger wildlebender und domestizierter Formen des Wildkarpfens (*Cyprinus carpio* L.). Tr. Zool. Inst. 8 (1946) 1, 43–88 (r).

TAMMERT, M.: Investigation of bream blood proteins by starch gel electrophoresis. In: Hydrobiol. Invest., Tallinn 6 (1974), 207–214.

TAMMERT, M., und PAAVER, T.: Über den Polymorphismus der Serum- und Muskeleiweiße von Blei und Wildkarpfen bei der Elektrophorese auf Polyakrylamidgel. In: Produkcionno-biologičeskie osobennosti i uslovija obitanija ryb. v oz. Jaschan Turkmenskoj SSR. Inst. Zool. I Bot., Tallin (1981), 141–150 (r).

TANAKA, S.: Variations in ninespine sticklebacks, *Pungitius pungitius* and *P. sinensis* in Honshu, Japan, Jap. J. Ichthyol. 29 (1982) 2, 203–212.

TANIGUCHI, N., und ICHIWATARI, T.: Inter- and intraspecific variation of muscle proteins in the Japanese crucian carp. I. Cellulose-acetate electrophoretic pattern. Jap. J. Ichthyol. 19 (1972) 4, 217–222.

TANIGUCHI, N., und MORITA, T.: Identification of European, American and Japanese eels by lactate dehydrogenase and malate dehydrogenase isozyme patterns. Bull. Jap. Soc. Sci. Fish. 45 (1979) 1, 37–41.

TANIGUCHI, N., und NAKAMURA, J.: Comparative electrophoregrams of two species of frigate mackerel. Bull. Jap. Soc. Sci. Fish. 36 (1970) 2, 173–176.

TANIGUCHI, N., und SAKATA, K.: Interspecific and intraspecific variations of muscle protein in the Japanese crucian carp. 2. Starch gel electrophoretic pattern. Jap. J. Ichthyol. 24 (1977) 1, 1–11.

TANIGUCHI, N., und TASHIMA, K.: Genetic variation of liver esterase in red sea bream. Bull. Jap. Soc. Sci. Fish. 44 (1978) 6, 619–622.

TANIGUCHI, N., OCHIAI, A., und MIYAZAKI, T.: Comparative studies of the Japanese platycephalid fishes by electropherograms of muscle protein, LDH and MDH. Jap. J. Ichthyol. 19 (1972) 2, 89–96.

TANIGUCHI, N., SUMANTADINATA, K., und IYAMA, S.: Genetic change in the first and second generations of hatchery stock of black seabream. Aquaculture 35 (1983) 4, 309–320.

TÅNING, A. V.: Experimental study of meristic characters in fishes. Biol. Rev. 27 (1952) 2, 169 bis 193.

TATARKO, K. I.: Anomalien im Bau des Kiemendeckels und der Flossen des Karpfens. Vopr. Ichtiol. 1 (1961) 3 (20), 412–420 (r).

TATARKO, K. I.: Morphologische Untersuchungen anomaler Brustflossen des Karpfens. Zool. Z. 42 (1963) 11. 1 666–1 678 (r).

TATARKO, K. I.: Anomalien beim Karpfen und ihre Ursachen. Zool. Z. 45 (1966) 12, 1 826 bis 1 834 (r).

TAVE, D., und SMITHERMAN, W. D.: Predicted response to selection for early growth in *Tilapia nilotica*. Trans. Am. Fish. Soc. 109 (1980) 4, 439–445.

* TAYLOR, K. M.: The chromosomes of some lower chordates. Chromosoma 21 (1967) 2, 181–188.

TEGELSTRÖM, H.: Interspecific hybridization in vitro of superoxide dismutase from various species. Hereditas 81 (1975) 2, 185–198.

THIBAULT, R. E.: Genetics of cannibalism in a viviparous fish and its relationship to population density. Nature (London) 251 (1974) 5417, 138–140.

THIBAULT, R. E.: Ecological and evolutionary relationships among diploid and triploid unisexual fishes, associated with the bisexual species, *Poeciliopsis lucida* (Cyprinodontiformes, Poeciliidae). Evolution 32 (1978) 3, 613–623.

* THODE, G., und ALVAREZ, M. C.: The chromosome complements of two species of *Gobius* (Teleostei, Perciformes). Experientia 39 (1983) 11, 1312–1314.

* THODE, G., CANO, J., und ALVAREZ, M. C.: Karyological study of four species of Mediterranean gobiid fishes. Cytologia 48 (1983) 1, 131 bis 138.

THOMAS, A. E., und DONAHOO, M. J.: Differences in swimming performance among strains of rainbow trout *(Salmo gairdneri)*. J. Fish. Res. B. Can. 34 (1977) 2, 304–306.

THOMPSON, D.: The efficiency of induced diploid gynogenesis in inbreeding. Aquaculture 33 (1983) 1–4, 237–244.

THOMPSON, D., PURDOM, C. E., und JONES, B. W.: Genetic analysis of spontaneous gynogenetic diploids in the plaice *Pleuronectes platessa*. Heredity 47 (1982) 2, 269–274.

THOMPSON, D. H.: Variation in fishes as a function of distance. Trans. Ill. State Acad. Sci. 23 (1930) 1, 276.

THOMPSON, D. H., und ADAMS, L. A.: A rare wild carp lacking pelvic fins. Copeia (1936) 1, 210.

THOMPSON, D., und MASTERT, S.: Muscle esterase genotypes in the pilchard, *Sardinops ocellata*. J. Conseil 36 (1974) 1, 50–53.

* THOMPSON, K. W.: Some aspects of chromosomal evolution of the Cichlidae (Teleostei: Perciformes) with emphasis on neotropical forms. Ph. D. Thesis, Univ. Texas, Austin 1976.

* THOMPSON, K. W.: Cytotaxonomy of 41 species of neotropical Cichlidae. Copeia (1979) 4, 679 bis 691.

* THOMPSON, K. W., HUBBS, CL., und EDWARDS, R. J.: Comparative chromosome morphology of the blackbasses. Copeia (1978) 1, 172–175.

THOMPSON, K. S.: An attempt to reconstruct evolutionary changes in the cellular DNA content of lungfish. J. Exp. Zool. 180 (1972) 3, 363–372.

THORGAARD, G. H.: Robertsonian polymorphism and constitutive heterochromatin distribution in chromosomes of the rainbow trout *(Salmo gairdneri)*. Cytogenet. Cell. Genet. 17 (1976) 4, 174–184.

THORGAARD, G. H.: Heteromorphic sex chromosomes in male rainbow trout. Science 196 (1977) 4292, 900–902.

THORGAARD, G. H.: Sex chromosomes in the sokkeye salmon: a Y-autosome fusion. Can. J. Genet. Cytol. 20 (1978) 2, 349–354.

* THORGAARD, G. H.: Chromosomal differences among rainbow trout populations. Copeia (1983) 3, 650–662.

THORGAARD, G. H., und GALL, G. A. E.: Adult triploids in a rainbow trout family. Genetics '93 (1979) 4, 961–973.

THORGAARD, G. H., JAZWIN, M. E., und STIER, A. R.: Polyploidy induced by heat shock in rainbow trout. Trans. Am. Fish. Soc. 110 (1981) 4, 546–550.

THORGAARD, G. H., RABINOVITCH, P. S., SHEN, M. W., GALL, G. A. E., PROPP, J., und UTTER, F. M.: Triploid rainbow trout identified by flow cytometry. Aquaculture 29 (1982) 3, 305–309.

THORGAARD, G. H., ALLENDORF, F. W., und KNUDSEN, K. L.: Genecentromere mapping in rainbow trout: high interference over long map distances. Genetics 103 (1983) 4, 771–783.

THORPE, J. E., MORGAN, R. I. G., TALBOT, C., und MILES, M. S.: Inheritance of developmental rates in Atlantic salmon, Salmo salar L. Aquaculture 33 (1983) 1–4, 119–128.

TICHOMIROVA, G. I.: Gewebe-Spezifität und Vererbung der Glucose-6-Phosphatdehydrogenase beim Karpfen (*Cyprinus carpio*). Genetika 19 (1983) 10, 1654–1659 (r).

TICHONOV, V. N.: Nutzung der Blutgruppen in der Tierzüchtung. Kolos, Moskva (1967), 389 S. (r).

TILLS, D., MOURANT, A. E., und JAMIESON, A.: Red-cell enzyme variant of Islandic and North Sea cod *(Gadus morhua)*. Rapp. P.-V. Reun. 161 (1971), 73–74.

TIMOVEEV, A. V.: Der Zeitpunkt des Auftretens der Gene der Glucose-6-Phosphatdehydrogenase beim Schlammpeitzger *(Misgurnus fossilis)*. In: Biologičeskaja i popupljacionnaja genetika ryb. Inst. Citol. AN SSSR, Leningrad (1979), 24–29 (r).

TIMOFEEV, A. V., und NEJFACH, A. A.: Verteilung der Aktivität der Glucose-6-Phosphatdehydrogenase in den Embryonen des Schlammpeitzgers während der Entwicklung. Ontogenez 13 (1982) 5, 530–533 (r).

TIMOFEEV-RESOVSKIJ, N. V., und SVIREŽEV, JU. M.: Adaptiver Polymorphismus in den Populationen von *Adalia bipunctata*. Probl. Kibernetiki 16 (1966), 137–146 (r).

TODD, T. N.: Allelic variability in species and stocks of Lake Superior ciscoes (Coregoninae). Can. J. Fish. Aquat. Sci. 38 (1981) 12, 1808 bis 1813.

TODD, T. N., SMITH, G. R., und CABLE, L. E.: Environmental and genetic contributions to morphological differentiation in ciscoes (Coregoninae) of the Great Lakes. Can. J. Fish. Aquat. Sci. 38 (1981) 1, 59–67.

* TOLEDO, V., und FERRARI, I.: Estudo citogenetico de *Pimolodella* sp. e *Rhamdia hilarii* (Pime-

lodidae, Pisces): cromossomo marcador. Cientifica (1976a) 4, 120–123.

Toledo, V., und Ferrari, I.: Variaca da tecnica de esmagamento para estudo cromossomico dem peizes. Cientifica (1976b) 4, 152–155.

Tomilenko, V. G.: Die Bildung der Struktur der Ukrainischen Karpfenrasse. In: Genetika, selekcija, gibridizacija ryb. (Tez. dokl. 2 Vses. soveŝč.). Az NIIRCh, Rostov/Don (1981), 20–22 (r).

Tomilenko, V. G.: Züchtungsarbeit mit den Karpfen der Ukrainischen Rasse. In: Vnedrenie intens. form vedenija ryb. chozjajstva vnutr. vodoemov USSR. Ukr. NIIRCh, Kiev (1982), 4–5 (r).

Tomilenko, V. G., und Kučerenko, A. P.: Züchtung der dritten Generation des ukrainischen Niwka-Schuppenkarpfens. Rybnoe Chozjajstvo, Kiev 20 (1975), 27–35 (r).

Tomilenko, V. G., und Špak, P. N.: Besonderheiten des Karpfenwachstums, die mit Abweichungen in der Entwicklung einiger Merkmale in Zusammenhang stehen. Rybnoe Chozjajstvo, Kiev 28 (1979), 25–28 (r).

Tomilenko, V. G., Alekseenko, A. A., und Kučerenko, A. P.: Das Auftreten von Heterosis bei der Kreuzung von Rogenern des Ropscha-Karpfens mit Milchnern der ukrainischen Rassen. In: Intensifikacija rybovodstva na Ukraine (Mat. konf.) UkrNIIRCh, Cherson (1974), 76–79 (r).

Tomilenko, V. G., Alekseenko, A. A., Pančenko, S. M., Olenec, N. I., und Drok, V. M.: Die Überwinterung verschiedener Hybriden des Karpfens. Rybnoe Chozjajstvo (1977) 2, 17–19 (r).

Tomilenko, V. G., Pančenko, S. M., und Želtov, Ju. O.: Karpfenzucht. Urozaj, Kiev (1978) 104 S. (ukrain.).

Trân Dinh-Trong: Unterlagen über die innerartliche Variabilität, Biologie und Verbreitung der Karpfen Nord-Vietnams (DRV). Genetika 3 (1967) 2, 48–60 (r).

* Tripathy, N. K., und Das, C. C.: Chromosomes in three species of Asian catfish. Copeia (1980) 4, 916–918.

Truveller, K. A.: Differenzierung der Populationen des Herings (Clupea harengus) der Nordsee mit Hilfe der Erythrocytenantigene und elektrophoretischen Eiweißspektren. Avtoref. kand. diss. Mosk. Univ., Moskva (1978) 21 S. (r).

Truveller, K. A., und Nefedov, G. N.: Vielzweck-Apparatur für vertikale Elektrophorese in parallelen Polyacrylamidgel-Platten. Biol. Nauki (1974) 9, 137–140 (r).

Truveller, K. A., und Zenkin, V. S.: Verteilung der Erythrocyten-Antigene beim Hering *Clupea harengus harengus* in den Gewässern des Nordatlantiks. I. Das Auftreten der Erythrocyten-Antigene. Genetika 13 (1977a) 2, 238–248 (r).

Truveller, K. A., und Zenkin, V. S.: Verteilung der Erythrocyten-Antigene beim Hering *Clupea harengus harengus* in den Gewässern des Nordatlantiks. II. Differenzierung bezüglich des Vorkommens der Erythrocyten-Antigene. Genetika 13 (1977b) 2, 249–263 (r).

Truveller, K. A., Alferova, N. M. und Maslennikova, N. A.: Elektrophoretische Untersuchungen der Eiweiße des Herings Clupea harengus L. In: Biochimiceskaja genetika ryb. Inst. Citol. AN SSSR, Leningrad (1973a), 188–194 (r).

Truveller, K. A., Maslennikova, N. A., Moskovkin, L. I., und Romanova, N. I.: Die Variabilität des elektrophoretischen Bildes der Myogene beim Karpfen und Wildkarpfen (*Cyprinus carpio* L.). In: Biochimiceskaja genetika ryb. Inst. Citol. AN SSSR, Leningrad (1973b), 113–119 (r).

Truveller, K. A., Moskovkin, L. I., und Maslennikova, N. A.: Hybrid-Analyse der elektrophoretischen Spektren der Esterasen des Karpfens (*Cyprinus carpio* L.). Tr. VNIIPRCh 23 (1974), 3–9 (r).

Tsuyuki, H., und Roberts, E.: Interspecies relationships within the genus *Oncorhynchus* based on biochemical systematics. J. Fish. Res. B. Can. 23 (1966) 1, 101–107.

Tsuyuki, H., und Roberts, E.: Muscle protein polymorphism of sablefish from the eastern Pacific Ocean. J. Fish. Res. B. Can. 26 (1969) 10, 2633–2641.

Tsuyuki, H., und Ronald, A. P.: Existence in salmonid hemoglobins of molecular species with three and four different polypeptides. J. Fish. Res. B. Can. 27 (1970) 6, 1325–1328.

Tsuyuki, H., und Ronald, A. P.: Molecular basis for multiplicity of Pacific salmon hemoglobins, evidence for in vivo existence of molecular species with up to four different polypeptides. Comp. Biochem. Phys. 39B (1971) 3, 503–522.

Tsuyuki, H., und Williscroft, S. N.: The pH activity relations of two LDH homotetramers from trout liver and their physiological significance. J. Fish. Res. B. Can. 30 (1973) 5, 1023 bis 1026.

Tsuyuki, H., und Williscroft, S. N.: Swimming stamina differences between genotypically distinct forms of rainbow *(Salmo gairdneri)* and steelhead trout. J. Fish. Res. B. Can. 34 (1977) 7, 996–1003.

Tsuyuki, H., Roberts, E., und Vanstone, W. E.: Comparative zone electropherograms of muscle myogens and blood hemoglobins of marine and freshwater vertebrates and their application to biochemical systematics. J. Fish. Res. B. Can. 22 (1965) 1, 203-213.

TSUYUKI, H., ROBERTS, E., und KERR, R. H.: Comparative electropherograms of the family Catostomidae. J. Fish. Res. B. Can. 24 (1967) 2, 299-304.

TSUYUKI, H., ROBERTS, E., und BEST, E. A.: Serum transferrin systems of the Pacific halibut *(Hippoglossus stenolepis)*. Rapp. P.-V. Reun. 161 (1971), 134.

TURNER, B. J.: Genetic divergence of Death Valley pupfish populations, species-specific esterases. Comp. Biochem. Phys. 46 B (1973 a) 1, 57-70.

TURNER, B. J.: Genetic variation of mitochondrial aspartate aminotransferase in the teleost *Cyprinodon nevadensis*. Comp. Biochem. Phys. 44 B (1973 b) 1, 89-92.

TURNER, B. J.: Genetic divergence of Death Valley pupfish species, biochemical versus morphological evidence. Evolution 28 (1974) 2, 281 bis 294.

TURNER, B. J.: Genic variation and differentiation of remnant natural populations of the desert pupfish, *Cyprinodon macularius*. Evolution 37 (1983) 4, 690-700.

TURNER, B. J., und GROSSE, D. L.: Trophic diversity in a genus of Mexican stream fishes, ecological polymorphism or speciation? Isoz. Bull. 13 (1980), 105.

TURNER, B. J., und LIU, R. K.: Extensive interspecific genetic compatability in the New World killifish genus *Cyprinodon*. Copeia (1977) 2, 259-269.

TURNER, B. J., BRETT, L. H., RASCH, E. M., und BALSANO, J. S.: Evolutionary genetics of a gynogenetic fish *Poecilia formôsa*, the Amazon molly. Evolution 34 (1980 a) 2, 246-258.

TURNER, B. J., MILLER, R. R. und RASCH, E. M.: Significant differential gene duplication without ancestral tetraploidy in a genus of mexican fish. Experientia 36 (1980 b) 8, 927-930.

TURNER, B. J., BRETT, B. H., und MILLER, R. R.: Interspecific hybridization and the evolutionary origin of a gynogenetic fish, *Poecilia formosa*. Evolution 34 (1980 c) 5, 917-922.

TURNER, B. J., MONACO, P. J., RASCH, E. M., und BALSANO, J. S.: Clonal heterogeneity and evolutionary dynamics in triploid unisexual fishes *(Poecilia)* from the Rio Soto la Marina (Mexico). Isoz. Bull. 15 (1982), 133.

TURNER, B. J., GRUDZIEN, T. A., ADKISSON, K. P., und WHITE, M. M.: Evolutionary genetics of trophic differentiation in goodeid fishes of the genus *Ilyodon*. Environm. Biol. of Fishes 9 (1983) 2, 159-172.

TUTUROV, JU. A., TUTUROVA, K. F., OMEL'ČENKO, V. T., und GERASIMENKO, T. P.: Anwendung der Methoden der Reassoziierung und der Molekular-Hybridisation zur Untersuchung der Struktur des Genoms und des Grades der Homologie der Nucleinsäure bei Fischen. In: Populjacionnaja biologija i sistematika lososevych. DVNC, Vladivostok (1980), 96-103 (r).

* UEDA, T.: Chromosomal polymorphism in the rainbow trout *(Salmo gairdneri)*. Proc. Jap. Acad. Sci. B 59 (1983) 6, 168-171.

UEDA, T., und OJIMA, Y.: Differential chromosomal characteristics in the funa subspecies *(Carassius)*. Proc. Jap. Acad. Sci. Ser. B 54 (1978) 6, 283-288.

* UEDA, T., und OJIMA, Y.: Geographic and chromosomal polymorphisms in the iwana *(Salvelinus leucomaenis)*. Proc. Jap. Acad. Sci. Ser. B 59 (1983) 8, 259-262.

UEDA, T., und OJIMA, Y.: Karyological characteristics of the brown trout, the Japanese char and their hybrids. Proc. Jap. Acad. 60 B (1984) 7, 249-252.

UENO, K.: Chromosomal polymorphism and variant of isozymes in geographical populations of *Pseudobagrus aurantiacus*, Bagridae. Jap. J. Ichthyol 21 (1974) 2, 158-164.

* UENO, K., und OJIMA, Y.: Diploid-tetraploid complexes in the genus *Cobitis* (Cobitidae, Cypriniformes). Proc. Jap. Acad. Sci. Ser., B 52 (1976) 11, 446-447.

* UENO, K., und OJIMA, Y.: Chromosome studies of two species of the genus *Coreoperca* (Pisces, Perciformes), with reference to the karyotypic differentiation and evolution. Proc. Jap. Acad. Sci., Ser. B 53 (1977) 6, 221-225.

* UENO, K., IWAI, S., und OJIMA, Y.: Karyotypes and geographical distribution in the genus *Cobitis* (Cobitidae). Bull. Jap. Soc. Sci. Fish. 46 (1980) 1, 9-18.

UMRATH, K.: Über die Vererbung der Farben und des Geschlechts beim Schleierkampffisch, *Betta splendens*. Z. Indukt. Abstammungs-Vererbungsl. 77 (1939) 2, 450-454.

UOTSON, Dž.: Molekulare Genbiologie. Mir, Moskva 1978, 720 S. (r)

* URUSHIDO, T., Takahashi, E., und Taki, Y.: Karyotypes of three species of fishes in the order Osteoglossiformes. CIS 18 (1975), 20-22.

* URUSHIDO, T., Takahashi, E., Taki, Y., und Kondo, N.: A karyotype study of polypterid fishes, with notes on their phyletic relationship. Proc. Jap. Acad. Sci., Ser. B 53 (1977) 3, 95-98.

UŠAKOV, B. P., VINOGRADOVA, A. I., und KUSAKINA, A. A.: Cytophysiologische Analyse der innerartlichen Differenzierung des Omuls und der Äsche des Baikalsees. Z. Obsc. Biol. 23 (1962) 1, 56-63 (r).

UTHE, J. F., ROBERTS, E., CLARK, L. W., und TSUYUKI, H.: Comparative electrophoregrams of representatives of the families Petromyzontidae, Esocidae, Centrarchidae und Percidae. J. Fish. Res. B Can. 23 (1966) 11, 1663–1671.

UTTER, F. M.: Tetrazolium oxidase phenotypes of rainbow trout *(Salmo gairdneri)* and Pacific salmon *(Oncorhynchus* spp.). Comp. Biochem. Phys. 39 B (1971) 4, 891–895.

UTTER, F. M., und ALLENDORF, F. W.: Determination of the breeding structure of steel-head populations through gene frequency analysis. In: Calif. Coop. Fish. Res. Unit., Spec. Rep. 77 (1978) 1, 44–54.

UTTER, F. M., und HODGINS, H. O.: Lactate dehydrogenase isozymes of Pacific hake *(Merluccius productus)*. J. Exp. Zool. 172 (1969) 1, 59–67.

UTTER, F. M., und HODGINS, H. O.: Phosphoglucomutase polymorphism in sockeye salmon. Comp. Biochem. Phys. 36 (1970) 1, 195–199.

UTTER, F. M., und HODGINS, H. O.: Biochemical polymorphism in the Pacific hake *(Merluccius productus)*. Rapp. P.-V. Reun. 161 (1971), 87–89.

UTTER, F. M., und HODGINS, H. O.: Biochemical genetic variation at six loci in four stocks of rainbow trout. Trans. Am. Fish. Soc. 101 (1972) 3, 494–502.

UTTER, F. M., AMES, W. E., und HODGINS, H. O.: Transferrin polymorphism in coho salmon *(Oncorhynchus kisutch)*. J. Fish. Res. B. Can. 27 (1970a) 12, 2371–2373.

UTTER, F. M., STORMONT, C. J., und HODGINS, H. O.: Esterase polymorphism in vitreous fluid of Pacific hake, *Merluccius productus*. Anim. Blood Gr. Biochem. Genet. 1 (1970b) 2, 69–82.

UTTER, F. M., HODGINS, H. O., ALLENDORF, F. W., JOHNSON, A. G., und Mighell, J. L.: Biochemical variants in Pacific salmon and rainbow trout, their inheritance and application in population studies. In: Genetics and mutagenesis of fish. Springer, Berlin – Heidelberg – New York (1973a), 329–339.

UTTER, F. M., ALLENDORF, F. W., und HODGINS, H. O.: Genetic variability and relationships in Pacific salmon and related trout based on protein variations. Syst. Zool. 22 (1973b) 3, 257 bis 270.

UTTER, F. M., MIGHELL, J. L., und HODGINS, H. O.: Inheritance of biochemical variants in three species of Pacific salmon and rainbow trout. In: Annu. Rep. Int. North Pacif. Fish. Comm. 1971, Vancouver (1973c), 97–100.

UTTER, F. M., HODGINS, H. O., und ALLENDORF, F. W.: Biochemical genetic studies of fishes, potentialities and limitations. In: Biochemical and biophysical perspectives in marine biology. Vol. 1. Academic Press, London – New York (1975), 213–234.

UTTER, F. M., ALLENDORF, F. W., und MAY, B.: Genetic bases of creatine kinase (E. C. 2.7.3.2.) isozymes in sceletal muscle of salmonid fishes. Biochem. Genet. 17 (1980a) 11–12, 1068 bis 1092.

UTTER, F. M., CAMPTON, D., GRANT, S., MILNER, G., SEEB. J., und Wishard, L.: Population structures of indigenous salmonid species of the Pacific Northwest. In: Salmonid Ecosystems of the North Pacific. Oregon St. Univ. Press, Corvallis (1980b), 285–304.

* UWA, H., IWANATSU, T., und OJIMA, Y.: Karyotype and banding analyses of *Oryzias celebensis* (Oryziatidae, Pisces) in cultured cells. Proc. Jap. Acad. Sci., Ser. B 57 (1981) 3, 95–99.

* UYENO, T.: A comparative study of chromosomes in the teleostean fish order Osteoglossiformes. Jap. J. Ichthyol. 20 (1973) 4, 211–217.

* UYENO, T., und MILLER, R. R.: Multiple sex chromosomes in a mexican cyprinodontid fish. Nature (London) 231 (1971) 5303, 452–453.

* UYENO, T., und MILLER, R. R.: Second discovery of multiple sex chromosomes among fishes. Experientia 28 (1972) 2, 223–225.

* UYENO, T., und MILLER, R. R.: Chromosomes and the evolution of the plagopterin fishes (Cyprinidae) of the Colorado river system. Copeia (1973) 4, 776–782.

* UYENO, T., und SMITH, G. R.: Tetraploid origin of the karyotype of catostomid fishes. Science 175 (1972) 4022, 644–646.

* UYENO, T., MILLER, R. R., und FITZSIMONS, J. M.: Karyology of the cyprinodontoid fishes of the Mexican family Goodeidae. Copeia (1983) 2, 497–510.

UZZELL, T., LESZEK, B., und RAINER, G.: Diploid and triploid progeny from a diploid female of *Rana esculenta* (*Amphibia sallienta*). Proc. Acad. Nat. Sci. Philadelphia 127 (1975) 11, 81–91.

VADASZ, C., KISS, B., und CZANYI, V.: Defensive behaviour and its inheritance in the anabantoid fish *Macropodus opercularis* and *M. o. concolor*. Behav. Process. 3 (1978) 2, 107–124.

VALENTA, M.: Polymorfismus a izoenzymave vzory malatdehydrogenazy u nekterych ryb celedi Cyprinidae. Živočišna Výroba 22 (1977) 50, 801–812.

VALENTA, M.: Polymorphism of A, B and C loci of lactate dehydrogenase in European fish species of the Cyprinidae family. Anim. Blood Gr. Biochem. Gen. 9 (1978a) 3, 139–149.

VALENTA, M.: Protein polymorphism in European fish species of the Cyprinidae family and utilization of polymorphic proteins for breeding in fish. In: Increasing productivity of fishes by selection and hybridization. Szarvas (1978b), 37–78.

VALENTA, M., und KALAL, L.: Polymorfismus serovych transferinu u kapra (*Cyprinus carpio* L.)

a lina (*Tinca tinca* L.). In: Sb. VZZ, Fak. Agron., Rada B, Praha (1968), 93–103.

VALENTA, M., STRATIL, A., SLECHTOVA, V., und KALAL, L.: Polymorphism of transferrin in carp (*Cyprinus carpio* L.): genetic determination, isolation and partial characterization. Biochem. Genet. 14 (1976a) 1–2, 27–45.

VALENTA, M., SLECHTOVA, V., SLECHTA, V., und KALAL, L.: Isoenzymy laktatdehydrogenazy v tkanich nekterych ryb celedi Cyprinidae. Živočišna Výroba 21 (1976b) 12, 901–916.

VALENTA, M., SLECHTA, V., SLECHTOVA, V., und KALAL, L.: Genetic polymorphism and isoenzyme patterns of lactate dehydrogenase in tench (*Tinca tinca*), crucian carp (*Carassius carassius*) and carp (*Cyprinus carpio*). Anim. Blood Gr. Biochem. Genet. 8 (1977a) 3, 217–230.

VALENTA, M., STRATIL, A., und KALAL, L.: Polymorphism and heterogeneity of transferrins in some species of the fish family Cyprinidae. Anim. Blood Gr. Biochem. Genet. 8 (1977b) 1, 93–109.

VALENTA, M., SLECHTOVA, V., KALAL, L., STRATIL, A., JANATKOVA, J., SLECHTA, V., RAB, P., und POKORNY, J.: Polymorphni bilkoving kapra obecneho (*Cyprinus carpio* L.), a lina obecneho (*Tinca tinca* L.) a moznosti jejich vyuziti v plemenarske praci. Živočišna Výroba 23 (1978) 11, 797–809.

VALENTI, R. J.: A qualitative and quantitative study of red and yellow pigmentary polymorphism in *Xiphophorus*. Ph. D. Thesis, New York Univ., New York 1972.

VALENTI, R. J.: Induced polyploidy in *Tilapia aurea* (Steindachner) by means of temperature shock treatment. J. Fish Biol. 7 (1975) 4, 519–528.

VALENTI, R. J., und KALLMAN, K. D.: Effects of gene dosage and hormones on the expression in Dr in the platyfish, *Xiphophorus maculatus* (Poeciliidae), Genet. Res. 22 (1973) 1, 79–89.

VARNAVSKAJA, N. V.: Die Verteilung der Genfrequenzen der Lactatdehydrogenase und der Phosphoglukomutase in den Populationen des Nerka-Lachses (*Oncorhynchus nerka* Walb.) auf Kamtschatka, die unterschiedliche Laichplatztypen bevorzugen. Genetika 20 (1984) 1, 100–106 (r).

VASECKIJ, S. G.: Über die chemische Inaktivierung der Spermienkerne des Störs. DAN SSSR 170 (1966) 4, 989–992 (r).

VASECKIJ, S. G.: Die Veränderung der Ploidie der Larven des Störs unter dem Einfluß der Wärmebehandlung der Eier in unterschiedlichen Entwicklungsstadien. DAN SSSR 172 (1967) 5, 1234–1237 (r).

* VASIL'EV, V. P.: Die Karyotypen einiger Formen des arktischen Saiblings *Salvelinus alpinus* (L.)
der Gewässer Kamtschatkas. Vopr. Ichtiol. 15 (1975a) 3, 417–430 (r).

* VASIL'EV, V. P.: Die Karyotypen verschiedener Formen des Kamtschatka-Mykiss *Salmo mykiss* Walb. und der Stahlkopf-Forelle S. gairdneri Rich. Vopr. Ichtiol 15 (1975b) 6, 998–1010 (r).

* VASIL'EV, V. P.: Über die Ploidie bei Fischen und einige Fragen der Evolution der Karyotypen der Lachsartigen (Salmonidae). Ž. Obšč. Biol. 38 (1977) 3, 380–392 (r).

* VASIL'EV, V. P.: Die Karyotypen von fünf Fischarten des Schwarzen Meeres. Citologija 20 (1978a) 9, 1092–1093 (r).

* VASIL'EV V. P.: Der Chromosomenpolymorphismus bei *Spicara smaris* (Pisces, Centracanthidae). Zool. Ž. 57 (1978b) 8, 1276–1278 (r).

* VASIL'EV, V. P.: Die Chromosomenzahl der Fischartigen und Fische. Vopr. Ichtiol. 20 (1980) 3 (122), 387–422 (r).

VASIL'EV, V. P.: Die Evolutionsaspekte der Karyotypenvielfalt und das Problem der stasipatrischen Artbildung bei den Fischen. Ž. Obšč. Biol. 43 (1982) 4, 455–469 (r).

VASIL'EV, V. P.: Einige Aspekte der Chromosomendifferenzierung der Fische. In: Biolog. osnovy rybovodstva, Problemy genetiki i selekcii. Nauka, Leningrad 1983, S. 166–180 (r).

* VASIL'EV, V. P., und POLIKARPOVA, L. K.: Die Karyotypen der Schwarzmeervertreter der Gattungen *Crenilabrus* und *Symphodus* (Perciformes, Labridae) und ein Beweis für natürliche Hybridisation *C. ocellatus* × *C. quinqemaculatus*. Zool. Z 59 (1980) 9, 1334–1342 (r).

* VASIL'EV, V. P., und VASIL'EVA, E. D.: Ein neuer diploid-polyploider Komplex bei den Fischen. DAN SSSR 266 (1982) 1, 250–252 (r).

VASIL'EV, V. P., MAKEEVA, A. P., und RJABOV, I. N.: Über die Triploidie entfernter Hybriden zwischen dem Karpfen und Vertretern anderer Unterfamilien der Familie Cyprinidae. Genetika 11 (1975) 8, 49–56 (r).

VASIL'EV, V. P., MAKEEVA, A. P., und RJABOV, I. N.: Untersuchung der Chromosomenkomplexe der Karpfenartigen und ihrer Hybriden. Genetika 14 (1978) 8, 1453–1460 (r).

VASIL'EV, V. P., IVANOV, V. N., und POLIKARPOVA, L. K.: Die Häufigkeiten der Chromosomen-Morphen in den verschiedenen Größengruppen von *Spicara flexuosa* (Centracanthidae) im Schwarzen Meer. In: Kariologiceskaja izmencivost', mutagenez i ginogenez u ryb. Inst. Citol. AN SSSR, Leningrad (1979), 35–40 (r).

* VASIL'EV, V. P., SOKOLOV, L. N., und SEREBRJAKOVA, E. V.: Der Karyotyp des Sibirischen Störs *Acipenser baeri* Brandt in der Lena und einige Probleme der Evolution der Karyotypen der Störartigen. Vopr. Ichtiol. 20 (1980) 6 (125), 814–822 (r).

* VASUDEVON, P., RAO, S. G. A., und RAO,

S. R. V.: Somatic and meiotic chromosomes of *Heteropneustes fossilis*. Curr. Sci. 42 (1973) 12, 427–428.

VAVILOV, N. I.: Das Gesetz der homologen Reihen in der erblichen Variabilität. Tr. 3 Vseros. s'ezda selekcionerov, Saratov (1920), 41–57 (r).

VAWTER, A. T., ROSENBLATT, R., und GORMAN, G. C.: Genetic divergence among fishes of the Eastern Pacific and the Caribbean: support for the molecular clock. Evolution 34 (1980) 4, 705 bis 711.

VELDRE, L. A., und VELDRE, I. R.: Über einige biochemische Merkmale des Blutes der Ostsee–Kilka. In: Biochimiceskaja i populjacionnaja genetika ryb. Inst. Citol. AN SSSR, Leningrad (1979), 71–74 (r).

* VERMA, G. K.: Studies on the structure and behaviour of chromosomes of certain freshwater and marine gobiid fishes. Proc. Nat. Acad. Sci. India 38 (1968), 178.

* VERVOORT, A.: Karyotype and DNA contents of *Phractolaemus ansorgei* Bigr. (Teleostei: Gonorynchiformes). Experientia 35 (1979) 4, 479–480.

* VERVOORT, A.: Karyotypes and nuclear DNA contents of Polypteridae (Osteichthyes). Experientia 36 (1980a) 6, 646–647.

* VERVOORT, A.: The karyotypes of seven species of *Tilapia* (Teleostei: Cichlidae). Cytologia 45 (1980 b) 4, 651–656.

* VERVOORT, A.: Tetraploidy in *Protopterus* (Dipnoi). Experientia 36 (1980b) 3, 294–295.

* VERVOORT, A.: The karyotypes of seven species of *Tilapia* (Teleostei: Cichlidae). Cytologia 45 (1980c) 4, 651–656.

VIALLI, M.: Volume et contenu en ADN par noyau. In: Cytochemical methods with quantitative aims. Academic Press, London–New York (1957), 284–293.

VIELKIND J., und VIELKIND, U.: Melanoma formation in fish of the genus *Xiphophorus*: a genetically based disorder in the determination and differentiation of a specific pigment cells. Can. J. Gen. Cyt. 24 (1982) 2, 133–149.

VIELKIND, J., VIELKIND, U., Götting, K. J., und ANDERS, F.: Über melanotische und albinotisch-amelanotische Melanome bei lebendgebärenden Zahnkarpfen. Zool. Anz. Suppl. 33 (1970), 339–341.

VIELKIND, J., VIELKIND, U., und ANDERS, F.: Melanotic and amelanotic melanomas in xiphophorin fish. Cancer Res. 31 (1971) 6, 868–875.

VIELKIND, U.: Genetic control of cell differentiation in platyfish-swordtail melanomas, J. Exp. Zool. 196 (1976) 2, 197–204.

VIELKIND, U., SCHLAGE, W., und ANDERS, F.: Melanogenesis in genetically determined pigment cell tumors of platyfish and platyfish-swordtail hybrids; correlation between tyrosinase activity and degree of malignancy. Ztschr. Krebsforsch. 90 (1977) 2, 285–299.

VIKTOROVSKIJ, R. M.: Über die Möglichkeiten der Polyploidie in der Evolution der Fische. In: Genetika, selekcija i gibridizacija ryb. Nauka, Leningrad (1969), 98–104 (r).

* VIKTOROVSKIJ, R. M.: Die Chromosomensätze von *Salvelinus leucomaenis* und *S. malma* (Salmoniformes, Salmonidae). Zool. Ž. 54 (1975 a) 5, 787–789 (r).

* VIKTOROVSKIJ, R. M.: Die Mechanismen der Artbildung bei den Saiblingen des Kronoz-Sees. Avtoref. kand. diss. Inst. Biol. Morja DVNC AN SSSR, Vladivostok (1975b) (r).

* VIKTOROVSKIJ, R. M.: Die Chromosomensätze der endemischen Saiblinge des Kronoz-Sees. Citologija 17 (1975c) 4, 464–466 (r).

* VIKTOROVSKIJ, R. M.: Evolution der Karyotypen der Saiblinge der Gattung *Salvelinus*. Citologija 20 (1978a) 7, 833–838 (r).

* VIKTOROVSKIJ, R. M.: Die Mechanismen der Artbildung bei den Saiblingen. Nauka, Moskva (1978b) 110 S. (r).

* VIKTOROVSKIJ, R. M.: Die Karyotypen der ostasiatischen Saiblinge. In: Biol. issledovanija vostočno-aziatskich morej. Inst. Biol. Morja DVNC AN SSSR, Vladivostok 3 (1978c), 21 bis 23 (r).

* VIKTOROVSKIJ, R. M., und ERMOLENKO, L. N.: Die Chromosomensätze von *Coregunus nasus* und *C. pidshian* und Probleme der Divergenz der Karyotypen der Coregonen. Citologija 24 (1982) 7, 797–801 (r).

VIKTOROVSKIJ, R. M. und GLUBOKOVSKIJ, M. K.: Mechanismen und Zeitpunkte der Artbildung bei den Saiblingen der Gattung *Salvelinus*. DAN SSSR 235 (1977) 4, 946–949 (r).

* VIKTOROVSKIJ, R. M. und MAKSIMOV, R. A.: Der Chromosomensatz der Amur-Maräne und einige Fragen der Evolution der Karyotypen der Coregonen. Citologija 20 (1978) 8, 967–970 (r).

VIKTOROVSKIJ, R. M., Ermolenko, L. N., und MAKSIMOV, A. N.: Die Divergenz der Karyotypen der Coregonen. Citologija 25 (1983) 11, 1 309–1 315 (r).

VILLWOCK, W.: Genetische Analyse des Merkmals „Beschuppung" bei anatolischen Zahnkarpfen (Pisces: Cyprinodontidae) im Auflöserversuch. Zool. Anz. 170 (1963) 1–2, 23–45.

VINOGRADOV V. K., und EROCHINA, L. V.: Hybriden zwischen Silber- und Marmorkarpfen. Rybovodstvo i rybolovstvo (1964) 5, 11–13 (r).

VODOVOZOVA, M. A.: Einige Unterlagen über die Aufzucht der Hybriden zwischen Hausen und Schip zu Speisefischen am Unterlauf der Kura. In: Osetrovye chozjajstvo vnutr. vod SSSR. Tez. i refer. 2. vses. cov. Volga, Astrachan' (1979), 42–43 (r).

VOLF, F.: Vady dedicneho zalozeni u kapra. Social Zemed. 6 (1956) 19, 1129–1132.

VOLOCHONSKAJA, L. G., und VIKTOROVSKIJ, R. M.: Über die Möglichkeit der Bestimmung des Anteils der erblichen Komponente an der Variabilität der Eier bei den Fischen. Naučn. soobšč. Inst. biolog. morja DVNC AN SSSR, Vladivostock 2 (1971), 42–44 (r).

VORONCOV, N. N.: Die Evolution des Karyotyps. In: Rukovodctvo po citologii 2. Nauka, Moskva – Leningrad (1966), 359–389 (r).

VOROPAEV, N. V.: Ein Versuch zur Hybridisation von Silber- und Marmorkarpfen und zur Aufzucht von Hybrid-Setzlingen der 2. Generation. In: Prudovoe rybovodstvo 2. Vses. n.-i. inst. prudov. rybov. Moskva (1969), 98–102 (r).

VOROPAEV, N. V.: Biologie und fischereiliche Bedeutung der Hybriden Silberkarpfen × Marmorkarpfen (*Hypophthalmichthys molitrix* Val. × *Aristichthys nobilis* Rich.). In: Povyšenie produkt. prudovych ryb. s pomošč'ju selekcii i gibridizacii. Sarvaš (1978), 98–104 (r).

VRIJENHOEK, R. C.: Genetic relationships of unisexual hybrid fishes to their progenitors using lactate dehydrogenase isozymes as gene markers (*Poeciliopsis*, Poeciliidae). Amer. Natur. 106 (1972) 952, 754–766.

VRIJENHOEK, R. C.: An allele affecting display coloration in the fish, *Poeciliopsis viriosa*. J. Heredity 67 (1976) 5, 324–325.

VRIJENHOEK, R. C.: Genetics of a sexually reproducing fish in a highly fluctuating environment. Amer. Natur. 113 (1979a) 1, 17–29.

VRIJENHOEK, R. C.: Factors affecting clonal diversity and coexistence. Amer. Zool. 19 (1979b) 3, 787–797.

VRIJENHOEK, R. C.: The evolution of clonal diversity in *Poeciliopsis*. In: Evolutionary Genetics of Fishes. Plenum Press, New York–London (1984), 399–429.

VRIJENHOEK, R. C., und ALLENDORF, F. W.: Protein polymorphism and inheritance in the fish *Poecilia mexicana* (Poeciliidae). Isoz. Bull. 13 (1980), 92.

VRIJENHOEK, R. C., und SCHULTZ, R. J.: Evolution of a trihybrid unisexual fish (*Poeciliopsis*, Poeciliidae). Evolution 28 (1974) 2, 306–319.

VRIJENHOEK, R. C., und LERMAN, S.: Heterozygosity and developmental stability under sexual and asexual breeding systems. Evolution 36 (1982) 4, 768–776.

VRIJENHOEK, R. C., ANGUS, R. A., und SCHULTZ, R. J.: Variation and heterozygosity in sexually vs. clonally reproducing populations of *Poeciliopsis*. Evolution 31 (1977) 4, 767–781.

VRIJENHOEK, R. C., ANGUS, R. A., und SCHULTZ, R. J.: Variation and clonal structure in a unisexual fish. Amer. Natur 112 (1978) 983, 41–55.

VROOMAN, A. M.: Serologically differentiated subpopulations of the Pacific sardine, *Sardinops caerulea*. J. Fish. Res. B. Can. 21 (1964) 4, 691 bis 701.

VUORINEN, J.: Little genetic variation in the Finnish lake salmon *Salmo salar sebago* (Gir.). Hereditas 97 (1982) 2, 189–192.

VUORINEN, J., HIMBERG, M. K.-J., und LANKINEN, P.: Genetic differentiation in *Coregonus albula* (L.) (Salmonidae) populations in Finland. Hereditas 94 (1981) 1, 113–121.

* WAHL, R. W.: Chromosome morphology in lake trout *Salvelinus namaycush*. Copeia (1960) 1, 16–19.

WAHLUND, S.: Zusammensetzung von Populationen und Korrelationserscheinungen vom Standpunkt der Vererbungslehre aus betrachtet. Hereditas 11 (1928) 1, 65–106.

WALLBRÜNN, H. M.: Genetics of the Siamese fighting fish, *Betta splendens*. Genetics 43 (1958) 2, 289–298.

WALKER, C., und STREISINGER, G.: Induction of mutations by Y-rays in pregonial germ cells of zebrafish embryos. Genetics 103 (1983) 1, 125.

WALTER, E.: Über Karpfenrassen. In: Knauthe K.: Die Karpfenzucht. Neudamm (1901), 41.

WALTER, R. O., und HAMILTON, J. B.: Supermales (YY sex chromosomes) and androgen-treated XY males: competition for mating with female killifish *Oryzias latipes*. Anim. Behav. 18 (1970) 1, 128–131.

WANSTEIN, M. P., und YERGER, R. W.: Protein taxonomy of the Gulf of Mexico and Atlantic Ocean sea trouts genus *Cynoscion*. Fish. Bull. 74 (1976) 3, 599–607.

WARD, R. D.: Relationship between enzyme heterozygosity and quaternary structure. Biochem. Genet. 15 (1977) 1–2, 123–135.

WARD, R. D.: Subunit size of enzymes and genetic heterozygosity in vertebrates. Biochem. Genet. 16 (1978) 7–8, 799–810.

WARD, R. D., und BEARDMORE, J. A.: Protein variation in the plaice, *Pleuronectes platessa* L. Genet. Res. 30 (1977) 1, 45–62.

WARD, R. D., und GALLEGUILLOS, R. A.,: Protein variation in the plaice, dab and flounder, and their genetic relationships. In: Marine organisms: genetics, ecology and evolution. Plenum Publ. Corp., New York (1978), 71–93.

WARD, R. D., McANDREW, B. J., und WALLIS, G. P.: Purine nucleoside phosphorylase variation in the brook lamprey *Lampetra planeri* Bloch (Petromizonae, Agnatha): evidence for a trimeric enzyme structure. Biochem. Genet. 17 (1979) 3–4, 251–256.

WARD, R. D., McANDREW, B. J., und WALLIS, G. P.: Enzyme variation in the brook lamprey,

Lampetra planeri (Bloch), a member of vertebrate group Agnatha. Genetica 55 (1981) 1, 67 bis 73.

WATSON, J. D.: Molecular biology of the gene. 3rd ed. W. B. Benjamin Inc., Menlo Park–London–Amsterdam 1976.

WATSON, J. D., und CRICK, F. A. C.: Genetical implications of the structure of deoxiribonucleic acid. Nature (London) 171 (1953) 4361, 964 bis 967.

WEBB, C. J.: Systematics of the *Pomatoschistus minutus* complex (Teleostei, Gobioidei). Phil. Trans. Roy. Soc. London B 291 (1980) 1049, 201–241.

WEBER, E.: Mathematische Grundlagen der Genetik. 2. Aufl. VEB Gustav Fischer Verlag, Jena 1978.

WEBER, E.: Grundriß der biologischen Statistik. 8. Aufl. VEB Gustav Fischer Verlag, Jena 1980.

WEBSTER, D. A., und FLICK, W. A.: Performance of indigenous exotic and hybrid strains of brook trout *(Salvelinus fontinalis)* in waters of the Adirondack Mountains, New York. Can. J. Fish. Aquat. Sci. 38 (1981) 12, 1701–1707.

WEINBERG, E. D.: Iron and susceptibility to infectious disease. Science 184 (1974) 4140, 952–956.

WESTRHEIM, S. J., und TSUYUKI, H.: *Sebastodes reedi*, a new scorpaenid fish in the Northeast Pacific Ocean. J. Fish. Res. B. Can. 24 (1967) 9, 1945–1954.

WHEAT, T. E., CHILDERS, W. F., MILLER, E. T., und WHITT, G. S.: Genetic and in vitro molecular hybridization of malate dehydrogenase isozymes in interspecific bass *(Micropterus)* hybrids. Anim. Blood Gr. Biochem. Genet. 2 (1971) 1, 3–14.

WHEAT, T. E., WHITT, G. S., und CHILDERS, W. F.: Linkage relationships between the homologous malate dehydrogenase loci in teleosts. Genetics 70 (1972) 2, 337–340.

WHEAT, T. E., WHITT, G. S., und CHILDERS, W. F.: Linkage relationships of six enzyme loci in interspecific sunfish hybrids (genus *Lepomis*). Genetics 74 (1973) 2, 343–350.

WHEAT, T. E., CHILDERS, W. F., und WHITT, G. S.: Biochemical genetics of hybrid sunfish: differential survival of heterozygotes. Biochem. Genet. 11 (1974) 3, 205–219.

WILLIAMS, G. C., und KOEHN, R. K.: Population genetics of North Atlantic catadromous eels *(Anguilla)* In: Evolutionary Genetics of Fishes. Plenum Press, New York – London (1984), 529 bis 560.

WILLIAMS, G. C., KOEHN, R. K., und THORSTEINSSON, V.: Icelandic eels: evidence for a single species of *Anguilla* in the North Atlantic. Copeia (1984) 1, 221–223.

WHIPPLE, J., ELDRIDGE, M., BENVILLE, T., BOWERS, M., JARVIS, B., und STAPP, N.: The effect of inherent parental factors on gamete condition and viability in striped bass *(Morone saxatilis)*. In: The Early Life History of Fish: recent studies. Copenhagen, Rapp. P.-V. Reun. 178 (1981) 93–94.

WHITE, M. M., und TURNER, B. J.: Genetic differentiation in *Goodea*, a like-dwelling goodeid fish. Isoz. Bull. 15 (1982), 131.

WHITMORE, D. H.: Introgressive hybridization of smallmouth bass *(Micropterus dolomieu)* and Guadalupe bass *(M. trecali)*. Copeia (1983) 3, 672–679.

WHITT, G. S.: Homology of lactate dehydrogenase genes: A gene function in the teleost nervous system. Science 166 (1969) 3909, 1156 bis 1158.

WHITT, G. S.: Genetic variation of supernatant and mitochondrial malate dehydrogenase isoenzymes in the teleost *Fundulus heteroclitus*. Experientia 26 (1970a) 3, 734–736.

WHITT, G. S.: Developmental genetics of the lactate dehydrogenase isozymes of fish. J. Exp. Zool. 175 (1970b) 1, 1–35.

WHITT, G. S.: A unique lactate dehydrogenase isozyme in the teleost retina. In: Vision in fishes. Plenum Publ. Corp., New York (1975a), 459–470.

WHITT, G. S.: Isozymes and developmental biology. In: Isozymes. Vol. III. Academic Press, London – New York 1975b, S. 1–8.

WHITT, G. S.: Evolution of isozyme loci and their differential regulation. In: Evolution today (Proc. 2^d Intern. Congr. Syst. Evol. Biol.) (1981), 271–289.

WHITT, G. S., und MAEDA, F. S.: Lactate dehydrogenase gene function in the blind cave fish, *Anoptichthys jordani*, and other characin. Biochem. Genet. 4 (1970) 6, 727–741.

WHITT, G. S., CHILDERS, W. F., und WHEAT, T. E.: The inheritance of tissue-specific LDH isozymes in interspecific bass *(Micropterus)* hybrids. Biochem. Genet. 5 (1971) 3, 257–273.

WHITT, G. S., CHO, P. L., und CHILDERS, W. F.: Preferential inhibition of allelic isozyme synthesis in an interspecific sunfish hybrid. J. Exp. Zool. 179 (1972) 2, 271–282.

WHITT, G. S., CHILDERS, W. F., und CHO, P. L.: Allelic expression at enzyme loci in an intertribal hybrid sunfish. J. Heredity 64 (1973a) 2, 55 bis 61.

WHITT, G. S., CHILDERS, W. F., TRANQUILLI, J., und CHAMPION, M.: Extensive heterozygosity in three enzyme loci in hybrid sunfish populations. Biochem. Genet. 8 (1973b) 1, 55–72

WHITT, G. S., MILLER, E. T., und SHAKLEE, J. B.: Developmental and biochemical genetics of lactate dehydrogenase isozymes in fishes. In: Genetics and mutagenesis of fish. Springer, Berlin–Heidelberg–New York (1973c), 243–276.

WHITT, G. S., SHAKLEE, J. B., und MARKERT, C. L.: Evolution of the lactate dehydrogenase isozymes of fishes. In: Isozymes. Vol. IV. Academic Press, London–New York (1975), 381 bis 400.

WHITT, G. S., CHILDERS, W. F., SHAKLEE, J. B., und MATSUMOTO, J.: Linkage analysis of the multilocus glucosephosphate isomerase isozyme system in sunfish (Centrarchidae, Teleostei). Genetics 82 (1976) 1, 35–42.

WHITT, G. S., PHILIPP, D. P., und CHILDERS, W. F.: Aberrant gene expression during the development of hybrid sunfishes (Perciformes, Teleostei)., Differentiation 9 (1977) 1, 97–109.

WHITT, G. S., FISHER, S. E., und FERRIS, S. D.: Evolution of multilocus isozyme systems. In: Problems in general genetics (Proc. 14th Intern. Congr. Gen.), Moscow 2 (1980) 2, 261–272.

* WICKBOM, T.: Cytological studies on the family Cyprinodontidae. Hereditas 29 (1943) 1, 1–24.

WILKENS, H.: Beiträge zur Degeneration des Auges bei Cavernicolen. Genzahl und Manifestationsart. Z. Zool. Syst. Evol. -Forsch. 8 (1970) 1, 1–47.

WILKENS, H.: Genetic interpretation of regressive evolutionary processes: studies on hybrid eyes of the Astyanax cave population (Characidae, Pisces). Evolution 25 (1971) 3, 530–544.

WILKINS, N. P.: Immunology, serology and blood group research in fishes. Proc. 10th Eur. Conf. Anim. Blood Gr. Biochem. Polym., Paris (1966), 355–359.

WILKINS, N. P.: Haemoglobin polymorphism in cod, whiting and pollock in Scottish waters. Rapp. P.-V. Reun. 161 (1971a), 60–63.

WILKINS, N. P.: Biochemical and serological studies on Atlantic salmon (Salmo salar L.). Rapp. P.-V., Reun. 161 (1971b), 91–95.

WILKINS, N. P.: Biochemical genetics of Atlantic salmon Salmo salar L. II. The significance of recent studies and their application in population identification. J. Fish Biol. 4 (1972) 4, 505 bis 517.

WILKINS, N. P., und ILES, T. D.: Haemoglobin polymorphism and its ontogeny in herring (Clupea harengus) and sprat (Sprattus sprattus). Comp. Biochem. Phys. 17 (1966) 4, 1141–1158.

WILLIAMS, G. C., KOEHN, R. K., und MITTON, J. B.: Genetic differentiation without isolation in the American eel. Anguilla rostrata. Evolution 27 (1973) 2, 192–201.

WILLISCROFT, S. N., und TSUYUKI, H.: LDH systems of rainbow trout: evidence for polymorphism in liver and additional subunits in gills. J. Fish. Res. B. Can. 27 (1970) 9: 1563–1567.

WILMOT, R. L.: A genetic study of the red-band trout. Ph. D. Thesis, Oregon State. Univ. 1974.

WINAYS, G. A.: Geographical variation in the milkfish Chanos chanos. I. Biochemical evidence. Evolution 34 (1980) 3, 558–574.

WINEMILLER, K. O., und TAYLOR, D. H.: Inbreeding depression in the convict cichlid Cichlasoma nigrofasciatum. J. Fish Biol. 21 (1982) 4, 399–402.

WINGE, O.: One-sided masculine and sex-linked inheritance in Lebistes reticulatus. C. R. Trav. Lab. Carlsberg 14 (1922) 18, 1–20.

WINGE, O.: Crossing-over between the X- and the Y-chromosomes in Lebistes. C. R. Trav. Lab. Carlsberg 14 (1923) 20, 1–19.

WINGE, O.: The location of eighteen genes in Lebistes reticulatus. J. Genet. 18 (1927) 1, 1–43.

WINGE, O.: The experiment alteration of sex chromosomes into autosomes and vice versa, as illustrated by Lebistes. C. R. Trav. Lab. Carlsberg 21 (1934) 1, 1–49.

WINGE, O., und DITLEVSEN, E.: A lethal gene in the Y-chromosome of Lebistes. C. R. Trav. Lab. Carlsberg 22 (1938) 11, 203–210.

WINGE, O., und DITLEVSEN, E.: Colour inheritance and sex determination in Lebistes. C. R. Trav. Lab. Carlsberg 24 (1948) 20, 227–248.

WINTER, G. W., SCHRECK, C. B., und MCINTYRE, J. D.: Resistance of different stocks and transferrin genotypes of coho salmon Oncorhynchus kisutch and steelhead trout Salmo gairdneri to bacterial kidney disease and vibriosis. Fish. Bull. 77 (1980) 4, 795–802.

WISEMAN, E. D., ECHELLE, A. A., und ECHELLE, A. F.: Electrophoretic evidence for subspecific differentiation and intergradation in Etheostoma spectabile (Teleostei: Percidae). Copeia (1978) 2, 320–327.

WISHARD, L. N., UTTER, F. M., und GUNDERSON, D. R.: Stock separation of five rockfish species using naturally occuring biochemical genetic markers. Marine Fish. Rev. 42 (1980) 3–4, 64 bis 73.

WŁODEK, J. M.: Der blaue Karpfen aus der Teichwirtschaft Landek. Acta Hydrobiol. 5 (1963) 4, 383–401.

WŁODEK, J. M.: Studies on the breeding of carp (Cyprinus carpio L.) at the experimental pond farms of the Polish Acad. of Science in South Silesia, Poland. FAO Fish. Rep. 44 (1968) 4, 93 bis 116.

WŁODEK, J. M. und MATLAK, O.: Comparative investigations of the growth of Polish and Hungarian carp in southern Poland. In: Increasing productivity of fishes by selection and hybridization. Szarvas 1978, S. 154–194.

WOHLFARTH, G.: Shoot carp. Bamidgeh 29 (1977) 2, 35–40.

WOHLFARTH, G. W.: Genetics of fish: applications to warmwater fishes. Aquaculture 33 (1983) 1–4, 373–381.

Wohlfarth, G. W., und Hulata, G.: Applied genetics of tilapias. Intern. Cent. Liv. Aquat. Resources Manag. Manila 1983, 26 S.

Wohlfarth G., und Moav, R.: The relative efficiency of experiments conducted in individed ponds and in ponds divided by nets. FAO Fish. Rep. 44 (1968) 4, 487–492.

Wohlfarth, G., und Moav, R.: Genetic investigation and breeding methods of carp in Israel. In: Rep. FAO/UNDP (TA) 2926, Rome (1971), 160–185.

Wohlfarth, G., und Moav, R.: The regression of weight gain on initial weight in carp. I. Methods and results. Aquaculture 1 (1972) 1, 7–28.

Wohlfarth, G., Lahman, M., und Moav, R.: Genetic improvement of carp. IV. Leather and line carp. in Fish ponds of Israel. Bamidgeh 15 (1963) 1, 3–8.

Wohlfarth, G., Moav, R., und Hulata, G.: Genetic differences between the Chinese and European races of the common carp. II. Multicharacter variation – a responce to the diverse methods of fish cultivation in Europe and China. Heredity 34 (1975a) 3, 341–350.

Wohlfarth, G., Moav, R., Hulata, G., und Beiles, A.: Genetic variation in seine escapability of the common carp. Aquaculture 5 (1975b) 3, 375–387.

Wohlfarth, G. W., Lahmann, M., Hulata, G., und Moav, R.: The story of „Dor-70", a selected strain of the Israeli common carp. Bamidgeh 32 (1980) 1, 3–5.

Wohlfarth, G. W., Moav, R., und Hulata, G.: A genotype-environment interaction for growth rate in the common carp, growing in intensively manured ponds. Aquaculture 33 (1983) 1–4, 187–195.

Wolf, B., und Anders, F.: *Xiphophorus*. I. Farbmuster. Univ. Gießen 1975.

Wolf, L. E.: Development of disease-resistant strains of fish. Trans. Am. Fish. Soc. 83 (1954) 2, 342–349.

* Wolf, U., Ritter, H., Atkin, N. B., und Ohno, S.: Polyploidization in the fish family Cyprinidae order Cypriniformes. I. DNA content and chromosome sets in various species of Cyprinidae. Humangenetik 7 (1969) 2, 240–244.

Wolf, U., Engel, W., und Faust, J.: Zum Mechanismus der Diploidisierung in der Wirbeltiereevolution: Koexistenz von tetrasomen und disomen Genloci der Isocitrat-Dehydrogenasen bei der Regenbogenforelle (*Salmo irideus*). Humangenetik 9 (1970) 1, 150–156.

Wolfe, G. W., Branson, B. A., und Jones, S. L.: An electrophoretic investigation of six species of darters in the subgenus *Catonotus*. Biochem. Syst. Ecol. 7 (1979) 1, 81–85.

Wolters, W. R., Libey, G. S., und Chrisman, C. L.: Induction of triploidy in channel catfish. Trans. Am. Fish. Soc. 110 (1981) 2, 310–312.

Wolters, W. R., Libey, G. S., und Chrisman, C. L.: Effect of triploidy on growth and gonad development of channel catfish. Trans. Am. Fish. Soc. 111 (1982) 1, 102–105.

Wright, J. E.: The palamino rainbow trout. Pa. Angler Mag. 41 (1972), 8–9 (nach Kincaid 1975).

Wright, J. E., und Atherton, L. M.: Polymorphism for LDH and transferrin loci in brook trout populations. Trans. Am. Fish. Soc. 99 (1970) 1, 179–192.

Wright, J. E., Sklenaric, R., und James, S. M.: Immunogenetic relationships of trout. Proc. 11th Int. Congr. Genet. 11 (1963), 4.

Wright, J. E., Atherton, L., de Buhr, A., Eckroat, L. R., Herschberger, W. K., und Morrison, W. J.: Polymorphism of soluble protein types in Salmonidae. Proc. 11th Pacific Sci Congr. Tokyo 7 (1966), 11.

Wright, J. E., Siciliano, M. J., und Baptist, J. N.: Genetic evidence for the tetramer structure of glyceraldehyde-3-phosphate dehydrogenase. Experientia 28 (1972) 8, 888–889.

Wright, J. E., Heckman, J. R., und Atherton, L. M.: Genetic and developmental analysis of LDH isozymes in trout. In: Isozymes. Vol. III. Academic Press, London–New York (1975), 375–401.

Wright, J. E., May, B., Stoneking, M., und Lee, G. M.: Pseudolinkage of the duplicate loci for supernatant aspartate aminotransferase in brook trout, *Salvelinus fontinalis*. J. Heredity 71 (1980) 4, 223–228.

Wright, J. E., Johnson, K. R., und May, B.: Determining gene-centromere distances for isozyme loci in triploid salmonids. Isoz. Bull. 16 (1983), 58.

Wright, S.: The genetical structure of populations. Ann. Eugenics 15 (1951), 323–354.

Wright, T. D., und Hasler, A. D.: An electrophoretic analysis of the effects of isolation and homing behavior upon the serum proteins of the white bass (*Roccus chrysops*) in Wisconsin. Amer. Natur. 101 (1967) 921, 401–413.

Wrona, J., Gacek, K., und Rychlicki, Z.: Wplyw ciezary samca karpia Zatorskiego w krzyzowce z wegierskim na produkcyjnosc mieszancow oraz sklad chemiszny ich skala. Roczn. Nauk. Zootechn., Warszawa 7 (1980) 2, 175–181.

Wunder, W.: Über erbliche Fehler beim Karpfen. Z. Fischerei Hilfswiss. 29 (1931) 1, 97–112.

Wunder, W.: Beschädigungen beim Karpfen, ihre Ursache und Vermeidung. Z. Fischerei Hilfswiss. 30 (1932) 1, 127–140.

WUNDER, W.: Beobachtungen über Knochenerweichung und nachfolgende Wirbelsäulenverkrümmung beim Karpfen (*Cyprinus carpio* L.). Z. Fischerei Hilfswiss. 32 (1934) 1, 37–67.

WUNDER, W.: Shortened spine, an hereditary character of the Aischgrund carp (*Cyprinus carpio* L.). Roux' Arch. Entw.- Mech. 144 (1949a) 1, 1–24.

WUNDER, W.: Fortschrittliche Karpfenteichwirtschaft. Schweizerbartsche Verlagsbuchh., Stuttgart 1949b.

WUNDER, W.: Erbliche Flossenfehler beim Karpfen und ihr Einfluß auf die Wachstumsleistung. Arch. Fischereiwiss. 11 (1960) 2, 106–119.

WUNTCH, T., und GOLDBERG, E.: A comparative physico-chemical characterization of lactate dehydrogenase isozymes in brook trout, lake trout and their hybrid splake trout. J. Exp. Zool. 174 (1970) 3, 233–252.

WURM, F., PAUL, G., und VIELKIND, J.: Suppression of melanoma development and regression of melanoma in xiphophorin fish after treatment with immune RNA. Cancer Research. 41 (1981) 9, 3377–3383.

WYBAN, J. A.: Soluble peptidase isozymes of the Japanese medaka *(Oryzias latipes)*; tissue distributions and substrate specificities. Biochem. Genet. 20 (1982) 9–10, 849–858.

* YABU, H., und ISHI, K.: Chromosomes in pacific saury, *Cololabis saira*. Bull. Jap. Soc. Sci. Fish. 47 (1981) 4, 559.

YAMAGISHI, H.: Comparative study on the growth of the fry of three races of Japanese crucian carp, *Carassius carassius* L., with special reference to behaviour and competition. Jap. J. Ecol. 15 (1965) 1, 100–113.

YAMAGISHI, H.: Postembryonal growth and its variability of the three marine fishes with special reference to the mechanism of growth variation in fishes. Res. Popul. Ecol. (Kyoto) 11 (1969) 1, 14–33.

YAMAGUCHI, K., und MIKI, W.: Comparison of pigments in the integument of cobalt, albino and normal rainbow trout, *Salmo gairdneri irideus*. Comp. Biochem. Phys. 68B (1981) 4, 517–520.

YAMAMOTO, T.-O.: Progeny of artificially induced sex reversal of male genotype (XY) in the medaka (*Oryzias latipes*) with special reference to YY male. Genetics 40 (1955) 3, 406–419.

YAMAMOTO, T.-O.: Artificial induction of functional sex reversal in genotypic females of the medaka (*Oryzias latipes*). J. Exp. Zool. 137 (1958) 2, 227–264.

YAMAMOTO, T.-O.: A further study on induction of functional sex reversal in genotypic males of the medaka *(Oryzias latipes)* and progenies of sex reversals. Genetics 44 (1959a) 4, p.2, 739–757.

YAMAMOTO, T.-O.: The effect of estrone dosage level upon the percentage of sex reversals in genetic male (XY) on the medaka *(Oryzias latipes).*, J. Exp. Zool. 141 (1959b) 1, 133–153.

YAMAMOTO, T.-O.: Progenies of sex reversal females mated with sex reversal males in the medaka, *Oryzias latipes*. J. Exp. Zool. 146 (1961) 2, 163–179.

YAMAMOTO, T.-O.: Hormonic factors affecting gonadal sex differentiation in fish. Gener. Comp. Endocr., Suppl. 1 (1962), 341–345.

YAMAMOTO, T.-O.: Induction of reversal in sex differentiation of YY zygotes in the medaka, Oryzias latipes. Genetics 48 (1963) 2, 293–306.

YAMAMOTO, T.-O.: The problem of viability of YY zygotes in the medaka, *Oryzias latipes*. Genetics 50 (1964) 1, 48–58.

YAMAMOTO, T.-O.: Estrone-induced white YY females and mass production of white YY males in the medaka, *Oryzias latipes*. Genetics 55 (1967) 2, 329–336.

YAMAMOTO, T.-O.: Matings of YY males with estron-induced YY females in the medaka *Oryzias latipes*. Proc. 12th Int. Congr. Genet. (Tokyo) 1 (1968), 153.

YAMAMOTO, T.-O. Inheritance of albinism in the medaka, *Oryzias latipes*, with special reference to gene interaction. Genetics 62 (1969) 4, 797–809.

YAMAMOTO, T.-O.: Inheritance of albinism in the goldfish, Carassius auratus. Jap. J. Genet. 48 (1973) 1, 53–64.

YAMAMOTO, T.-O.: YY male goldfish from mating estrogene-induced XY female and normal male. J. Heredity 66 (1975a) 1, 2–4.

YAMAMOTO, T.-O.: The medaka, *Oryzias latipes* and the guppy, *Lebistes reticulatus*. In: Handbook of genetics. Vol. IV. Plenum Publ. Corp., New York 1975b, S. 133–149.

YAMAMOTO, T.-O.: Inheritance of nacreous-like scaleness in the ginbuna, *Carassius auratus langsdorfii*. Jap. J. Genet. 52 (1977) 5, 373–378.

YAMAMOTO, T.-O., und KAJISHIMA, T.: Sex hormone induction of sex reversal in the goldfish and evidence for male heterogamety. J. Exp. Zool. 168 (1968) 2, 215–222.

YAMAMOTO, T.-O., und OIKAWA, T.: Linkage between albino gene (i) and colour interferer (ci) in the medaka, *Oryzias latipes*. Jap. J. Genet. 38 (1963) 5, 361–375.

YAMAMOTO, T.-O., TOMITA, H., und MATSUDA, N.: Hereditary and nonheritable vertebral anchylosis in the medaka *(Oryzias latipes)*. Jap. J. Genet. 38 (1963) 1, 36–47.

YAMANAKA, H., YAMAGUCHI, K., HASHIMOTO, K., und MATSUURA, H.: Starch gel electrophoresis of fish hemoglobins. III. Salmonid fishes. Bull. Jap. Soc. Sci. Fish. 33 (1967) 2, 195–207.

YAMAUCHI, T., und GOLDBERG, E.: Glucose-6-phosphate dehydrogenase from brook, lake and splake trout: an isozymic and immunological study. Biochem. Genet. 10 (1973) 2, 121–134.

YAMAUCHI, T., und GOLDBERG, R.: Asynchronous expression of glucose-6-phosphate dehydrogenase in splake trout embryos. Devel. Biol. 39 (1974) 1, 63–68.

* YAMAZAKI, F.: A chromosome study of the ayu, a salmonid fish. Bull. Jap. Soc. Sci. Fish. 37 (1971), 707–710.

YAMAZAKI, F.: On the so-called „cobalt" variant of rainbow trout. Bull. Jap. Soc. Sci. Fish. 40 (1974) 1, 17–25.

YAMAZAKI, F.: Sex control and manipulation in fish. Aquaculture 33 (1983) 1–4, 329–354.

YANG YONGQUAN, ZHANG ZHONGYING, LIN, KEHONG, WEI GUSHENG, XU ZHEN, HUANG ERCHUN, und GAO ZHIHUI: Preliminary investigation of physiological and genetical control of sex in *Tilapia mossambica*. Acta Genet. Sinica 6 (1979) 3, 305–310 (chines., engl. Zus.).

YANT, D. R., SMITHERMAN, R. O., und GREEN, O. L.: Production of hybrid (blue × channel) catfish in catfish ponds. Prod. Annu. Conf. Southeast Assoc., Game Fish. Comm. 29 (1975), 83–86.

YARDLEY, D., und HUBBS, C.: An electrophoretic study of two species of mosquitofish with notes on genetic subdivision. Copeia (1976) 1, 117–120.

YARDLEY, D., AVISE, J. S., GIBBONS, J. W., und SMITH, M. H.: Biochemical genetics of sunfish. III. Genetic subdivision of fish populations inhabiting heated waters. In: Thermal ecology, AEC Symp. Ser., New-York (1974), 255–263.

YNDGAARD, C. F.: Genetically determined electrophoretic variants of phosphoglucose isomerase and 6-phosphogluconate dehydrogenase in *Zoarces viviparus*. Hereditas 71 (1972) 1, 151–154.

YOUNG, P. C., und MARTIN, R. B.: Evidence for protogynous hermaphroditism in some lethrinid fishes. J. Fish Biol. 21 (1982) 4, 475–484.

ZAKS, M. G., und SOKOLOVA, M. M.: Immunserologische Unterschiede zwischen einzelnen Beständen des Nerka-Lachses. Vopr. Ichtiol. 1 (1961) 4 (21), 707–715 (r).

ZAMACHAEV, D. F.: Über kompensatorisches Wachstum. Vopr. Ichtiol. 7 (1967) 2, 303–305 (r).

* ZANANDREA, G., und CAPANNA, E.: Contributo alla cariologia del genere *Lampetra*. Boll. Zool. 31 (1964) 2, p. 1, 699–670.

* ZAN RUIGUANG, und SONG ZHENG: Analyse und Vergleiche der Karyotypen von *Cyprinus carpio* und *Carassius auratus* sowie von *Aristichthys nobilis* und *Hypophthalmichthys molitrix*. Acta Genet. Sinica 7 (1980) 1, 72–76 (chines.).

ZANDER, C. D.: Die Geschlechtsbestimmung bei *Xiphophorus montezumae cortezi*, Rosen (Pisces). Z. Vererbungsl. 96 (1965) 1, 128–141.

ZANDER, C. D.: Über die Vererbung von Y-gebundenen Farbgenen des *Xiphophorus pygmaeus nigrensis* Rosen (Pisces). Molec. Gener. Genet. 101 (1968) 1, 29–42.

ZANDER, C. D.: Über die Entstehung und Veränderung von Farbmustern in der Gattung *Xiphophorus*. Mitt. Hamburg. Zool. Mus. Inst. 66 (1969), 241–271.

ZANDER, C. D.: Genetische Merkmalsanalyse als Hilfsmittel bei der Taxonomie der Zahnkarpfen-Gattung *Xiphophorus*. Z. Zool. Syst. Evol.-Forsch. 13 (1974) 1, 63–78.

ZELENIN, A. M.: Die Besonderheiten des Wachstums von Schuppen- und Spiegelkarpfen bei unterschiedlichen Aufzuchtbedingungen. In: Biologičeskie resursy vodoemov Moldavii 12. Kišinev 1974, S. 182–189 (r).

* ZELINSKIJ, JU. P., POLINA, A. V., und MEDVEDEVA, I. M.: Karyotyp und die Formierung der Anpasssung des Süßwasser-Saiblings *Salvelinus alpinus lepeshini* des Ladogasees. Zool. Ž. 62 (1983) 5, 732–736 (r).

ZENKIN, V. S.; Immungenetische Untersuchungen der Populationen der Frühjahrs- und Herbstheringe der Ostsee. In: Tez. dokladov Konf. molodych učenych PINRO (1969) Murmansk, 87 (r).

ZENKIN, V. S.: Immunogenetical studies of Baltic populations of herring. Rapp. P.-V. Reun. 161 (1971), 40–44.

ZENKIN, V. S.: Über die Identität der „C" und „A" Erythrocyten-Antigene beim Atlantikhering und die Analyse der Verteilung der Blutgruppen beim Hering der Georges-Bank. Tr. VNIRO 85 (1972), 95–102 (r).

ZENKIN, V. S.: Analyse der Populationen des Atlantikherings *Clupea harengus harengus* hinsichtlich der Häufigkeit des Auftretens der Blutgruppen. Vopr. Ichtiol. 13 (1973) 5 (82), 798–804 (r).

ZENKIN, V. S.: Analysis of Baltic herring (*Clupea harengus membras* L.) populations by frequency of occurence of blood groups. Rapp. P.-V. Reun. 166 (1974), 124–125.

ZENKIN, V. S.: Biochemische Untersuchung des Polymorphismus der Myogene und Esterasen beim Atlantikhering (*Clupea harengus harengus* und Ostseehering *C. h. membras*). Tr. Atlant-NIRO 60 (1976), 111–116 (r).

ZENKIN, V. S.: Innerartliche Struktur des nordatlantischen Herings (*Clupea harengus harengus*) nach Untersuchungen über die Blutgruppen und die Allozyme der Muskelesterasen. Avtoref. kand. diss. Mosk. Gosud. Univ., Moskva (1978) 18 S. (r).

ZENKIN, V. S.: Biochemischer Polymorphismus und populationsgenetische Analyse des Atlantikherings, *Clupea harengus* L. In: Biochimičeskaja i populjacionnaja genetika ryb. Inst. Citol. AN SSSR, Leningrad (1979), 64–69 (r).

ZENKIN, V. S., RJAZANCEVA, E. I., und LOSEV, O. D.: Polymorphismus der Muskelesterasen und Analyse der Populationsstruktur des normalen und des Kap-Stöckers *Trachurus trachurus trachurus* und *T. t. capensis* vom westafrikanischen Schelf. In: Biochimičeskaja i populjacionnaja genetika ryb. Inst. Citol. AN SSSR, Leningrad (1979), 94–98 (r).

ZENZES, M. T., und VOICULESCU, I.: C-banding patterns in *Salmo trutta*, a species of tetraploid origin. Genetica (Holl.) 45 (1975) 4, 531–536.

ZIMMERMAN, E. G., und RICHMOND, M. C.: Increased heterozygosity at the Mdh-B locus in fish inhabiting a rapidly fluctuating thermal environment. Trans. Am. Fish. Soc. 110 (1981) 3, 410–416.

ZIMMERMAN, E. G., MERRITT, R. L., und WOOTEN, M. C.: Genetic variation and ecology of stoneroller minnows. Bioch. Syst. Ecol., 8 (1980) 4, 447–453.

ZJUGANOV, V. V.: Faktoren, die die morphologische Differenzierung beim Dreistachligen Stichling Gasterosteus aculeatus (Pisces, Gasterosteidae) bedingen. Zool. Ž. 57 (1978) 11, 1686–1694 (r).

ZJUGANOV, V. V., und CHLEBOVIC, V. V.: Analyse der Mechanismen, die die unterschiedliche Reaktion der Spermien der Meeres- und Süßwasserform des Dreistachligen Stichlings gegenüber dem Salzgehalt des Mediums bestimmen. Ontogenez 10 (1979) 5, 506–509 (r).

ZJUGANOV, V. V.: Genetics of osteal plate polymorphism and microevolution of threespine stickleback (*Gasterosteus aculeatus* L.). Theor. Appl. Gen. 65 (1983) 3, 239–246.

ZONOVA, A. S., und KIRPIČNIKOV, V. S.: The selection of Ropsha carp. In: Rep. FAO/UNDP (TA) 2926, Rome 1971, S. 233–247.

ZONOVA, A. S.: Einige Ergebnisse und Aufgaben für die weitere Selektion des Ropscha-Karpfens. Ivz. GosNIORCh 107 (1976), 18–24 (r).

ZONOVA, A. S.: Ein Versuch zur Massenauslese von Satzfischen des Ropscha-Karpfens nach der Wachstumsgeschwindigkeit. Ivz. GosNIORCh 130 (1978), 70–83 (r).

ZONOVA, A. S., und PONOMARENKO, K. V.: Elaboration of the biological bases of common carp selection in warm waters. In: Increasing productivity of fishes by selection and hybridization. Szarvas (1978), 142–153.

ZONOVA, A. S., PONOMARENKOV, N. V.: Variabilität der Merkmale des Wachstums und des Exterieurs der Karpfenlaicher bei der Aufzucht in Käfigen in Warmwasser. Sb. naučn. tr. GosNIORCh 150 (1980), 82–101 (r).

ŽALJUNENE, A. JU.: Anwendung genetischer Untersuchungen in der Fischzüchtung. In: Selekcionno-plemennaja rabota v prudovom rybovodstve. Inst. Zool. i Parazitol., Vil'njus (1979), 47–52 (r).

ŽIVOTOVSKIJ, L. A.: Statistische Methoden zur Analyse der Genfrequenzen in natürlichen Populationen. In: Itog. nauki i techniki. Obscaja genetika. VINITI 8, Moskva (1983), 76–104 (r).

ŽIVOTOVSKIJ, L. A.: Integration polygener Systeme in Populationen. Nauka, Moskva (1984) 182 S. (r).

ŽUKOV, V. V.: Die antigenen Beziehungen zwischen einigen Arten der Gattung *Coregonus* L. Vopr. Ichtiol. 14 (1974) 4, 558–565 (r).

ŽUKOV, V. V., und BALACHNIN, I. A.: Antigendifferenzierung bei *Coregonus tugun* Pall. auf den Laichplätzen im Gebiet des Severnaja-Sos'va-Flusses. Gidrobiol. Ž 18 (1982) 4, 51–58 (r).

Fischnamenverzeichnis

Aal s. *Anguilla*
Aale s. Anguillidae
Aalmutter s. *Zoarces viviparus*
Abramis brama 166, 172, 181, 188, 198, 214, 250, 284
Abudefduf 243
Acheilognathus rhombea 49
Acipenser baeri 37
A. gueldenstaedti 37, 166, 176f., 182, 231, 274
A. naccarii 27, 37
A. nudiventris 37, 231, 306
A. ruthenus 37, 166, 177, 224, 231, 303ff., 306, 322
A. schrencki 37
A. stellatus 37, 166, 177, 231
A. sturio 37
Acipenseridae 13, 33ff., 36f., 45, 50, 166, 169, 172, 174f., 177, 182f., 203, 231, 251, 270, 273f., 277, 284, 305, 322f., 325
Acipenseriformes 34f., 191
Actinopterygii 240
Ährenfische s. Atherinidae
Äschen s. Thymallidae
Agnatha 240f.
Aland s. *Leuciscus idus*
Albula 164
A. nemoptera 160, 231
A. vulpes 160, 231
Albulidae 160
Alburnus alburnus 166, 198, 223
Allodontichthys 54
Alosa aestivalis 166, 232
A. pseudoharengus 232
A. sapidissima 190f., 232, 253
Amblyopsidae 162, 165
Amblyopsis rosae 162
A. spelaea 162
Amia 13
Amiidae 36
Amiiformes 34f.
Anabantidae 36, 44, 102f.
Anguilla 188ff., 198
A. anguilla 53, 161, 166, 184, 188f., 191, 194, 199, 233
A. japonica 53, 210f.
A. rostrata 53, 166, 184, 187, 216, 233

Anguillidae 36, 53, 161, 164, 166, 233, 284
Anguilliformes 34f., 53, 191, 240
Anoplarchus insignis 215
A. purpurescens 182, 215, 224f., 250
Anoplogasteridae 54
Anoplopoma fimbria 174, 188f.
Anoptichthys 140, 233
A. antrobius 82
A. hubbsi 82
A. jordani 82
Anostomidae 36, 42, 53
Anthiidae 51
Apareiodon affinis 53
Apeltes quadracus 54, 82
Aphanini 231, 233
Aphanius 139, 229f.
A. anatoliae 83
A. chantrei 50
A. dispar 162
Aphyosemion 43f., 50, 323
A. bivittatum 43f., 49
A. calliurum 43f., 49
A. cameronense 43, 49
A. cognatum 49
Aplocheilus 43, 50, 100
Argentina silus 166, 196
Argentinidae 40, 166
Ariidae 36
Aristichthys nobilis 78, 166, 270, 283, 303, 306, 321
Arripis trutta 189
Aspius aspius 166
Astroconger myriaster 53
Astyanax 140, 161, 165, 189, 192ff., 199, 233
A. mexicanus 82f., 181, 184, 187f.
Atherestes stowias 190
Atherina presbyter 192
Atherinidae 36, 162, 259
Atheriniformes 34f., 192
Ayu s. *Plecoglossus altivelis*

Bachforelle s. *Salmo trutta*
Bachneunauge s. *Lampetra planeri*

Bachsaibling s. *Salvelinus fontinalis*
Bagridae 36, 53
Barbe s. *Barbus barbus*
Barbinae 41f.
Barbus 42
B. barbus 41, 166, 171, 189, 192, 208
B. brachycephalus 41f.
B. meridionalis 42, 166, 181
B. oligolepis 209
B. tauricus 42
B. tetrazona 188, 195
B. titteya 209
Barsch s. *Perca fluviatilis*
Barschartige s. Perciformes
Barsche s. Percidae
Bathygobius andrei 243
B. ramosus 163
B. soporator 243
Bathylagidae 36, 40, 53
Bathylagus milleri 53
B. ochotensis 53
B. stilbius 53
B. wesethi 53
Batomorpha 36
Belone belone 192
Beloniformes 34f., 184, 187, 192
Belontiidae 54
Benthophilus stellatus 49
Bericiformes 34f., 54
Bester 303f., 306, 322
Betta splendens 102f.
Bitterlinge s. Rhodeinae
Black Molly s. *Mollienesia (Poecilia) sphenops*
Blei s. *Abramis brama*
Blenniidae 182, 215
Blicca bjoerkna 166, 181
Boleophthalmus boddaerti 54
Bonito, Echter s. *Katsuwonus pelamis*
Bothidae 36, 145
Botia 242
B. macracanthus 42, 192
B. modesta 42, 196
Brachydanio 206, 208f.
B. frankei 107
B. rerio 107, 208, 270, 272f., 276ff., 279f., 300, 309

Brachymystax lenok 39
Branchiostegidae 174
Breitflossenkärpfling
  s. *Mollienesia (Poecilia) latipinna*
Brevoortia tyrannus 232
Buckellachs s. *Oncorhynchus gorbuscha*
Buntbarsche s. Cichlidae

Callichrous bimaculatus 53
Callichthyidae 36, 42
Callorhynchus milii 191
Campostoma 161, 192, 199, 230
Carangidae 182, 230, 235
Caranx georgianus 188
C. rhonchus 235
Carassius 181, 208
C. auratus 41, 51 ff., 74 ff., 124, 167, 188 f., 221, 233, 264 f., 274, 304, 306, 319
Carassius,
alle anderen Arten 77
Carassius auratus gibelio 30, 31, 41, 74, 112, 166, 172, 192, 198, 221, 233, 259, 263 ff., 272, 275, 280, 311 f., 323
Carassius carassius 41 f., 55, 68 f., 129, 134, 166 f., 175 f., 177, 184, 194 f., 233, 263 f., 275, 304, 306, 309
Carcharhinus springeri 196
Catla 78, 171
C. catla 306
Catostomidae 25, 30, 34 ff., 41 f., 61, 78, 161, 164, 166 f., 174, 184, 187 f., 190, 194, 196, 203, 206 f., 211, 213 f., 218, 229 f., 233, 236, 239 ff., 242, 306, 323
Catostomus clarki 211, 213 ff., 222, 250
C. commersoni 166, 189, 192
C. insignis 211
C. plebeius 192
C. santaanae 161, 184, 192, 215
Caulolatis princeps 174
Centracanthidae 49
Centrarchidae 44, 162, 182 f., 207, 221, 224, 230, 240, 306
Chaenobryttus 221
Ch. gulosus 222
Chanidae 160
Chanos chanos 160, 188, 191, 196, 199
Characidae 34 ff., 41 f., 82, 107, 140, 161, 165, 184, 233, 240, 251, 323

Cheilodactylus macropterus 188
Chimaerae 239 f.
Chimaeridae 33, 36
Chimaeriformes 191
Chologaster agassizi 162
Ch. cornuta 162
Chondrichthyes 13, 33 ff., 175, 231, 237, 240
Chondrostei 13, 33 ff., 175, 231, 237, 240 f.
Chondrostoma nasus 166
Chrysophrys auratus 163, 185, 189, 224
Cichlasoma 163
C. citrinellum 83
C. cyanoguttatum 163
C. nigrofasciata 142
Cichlidae 34 ff., 44, 54, 83, 107, 142, 162, 167, 182, 187, 229 f., 235, 274, 309
Cirrhinus 78
Clariidae 42
Clinidae 163
Clupea harengus 49, 131, 133, 151 f., 160, 164, 166, 170, 172, 177, 183, 185, 187 ff., 190 f., 193 f., 196 f., 199, 203, 215, 232, 244, 253 f.
Clupeidae 36 f., 160, 166, 177, 196, 232, 242
Clupeiformes 34 f., 37, 187, 191, 243, 323
Clupeomorpha 242
Clupeonella delicatula 174
Cobitidae 34 ff., 41 f., 50, 83 f., 161, 230, 240, 243, 259, 264, 266, 270, 323
Cobitis 266
C. biwae 42, 192
C. delicata 161, 192
C. taenia 30, 42, 50, 84
Coelacanthidae 36
Colisa fasciatus 54
C. lalius 54
Cololabis saira 184, 187, 253
Conger conger 161, 188 f., 191,
Congridae 53
Coregonidae 37, 51, 135, 174, 210, 284, 323
Coregoninae 164, 169, 172, 174, 232
Coregonus 40, 139, 164, 169, 172, 232
C. albula 161, 164, 166, 177, 186 f., 189 f., 196 f., 199, 306
C. artedi 186 f.
C. autumnalis 188, 232, 257
C. clupeaformis 161, 177,

184 ff., 187, 189, 199, 218, 249 f.
C. hoyi 161
C. kiji 161
C. lavaretus 50, 135, 161, 164, 166, 177, 306
C. nasus 40, 161, 166, 190
C. peled 78, 118, 123, 126 ff., 142, 161, 186 ff., 190, 197, 221, 270, 272 f., 277, 283, 287, 309, 321 f.
C. pidschian 161
C. pollan 220 f., 232
C. tugun 155
C. zenithicus 161
Corydoras 36, 42
C. aeneus 42, 242
C. arcuatus 42
C. axelrodi 42
C. juli 42
C. metae 42
Coryphaenoides acrolepis 162
Cottidae 49, 54, 235
Cottus pollyx 54
Ctenopharyngodon idella 52, 78, 142, 250, 270, 272 ff., 277 f., 283, 295, 305, 321
Culaea inconstans 82, 140
Cyclostomata 32, 34 ff., 187, 191, 237, 239 f.
Cynoscion regalis 167, 175
Cyprinidae 25, 34 ff., 41 f., 52 f., 78, 107 f., 135 f., 161 f., 171 ff., 187 ff., 190 ff., 206 ff., 233 ff., 264 ff., 280, 305 f.,
Cypriniformes 34 ff., 41 f., 45, 53, 187, 191, 210, 242, 323
Cyprininae 41
Cyprinodon 198, 230
C. novadensis 192

Cyprinodontidae 36, 43 f., 50 f., 96 f., 162, 198, 230, 251
Cyprinodontiformes 34 f., 43, 52 f., 107 f., 182 f., 231 f.
Cyprinus carpio 28, 41 f., 51, 61 ff., 114 ff., 123 ff., 131 ff., 141 ff., 164 ff., 167 ff., 172 ff., 188 ff., 270 ff., 276 ff., 289 ff., 296 ff., 304 ff., 314 ff., 324
– Aischgründer 73, 287, 302, 319
– Amur-Wild- 55, 72 f., 133 f., 137, 174, 181, 250, 290, 305, 308, 314 f.
– Asagi 319
– Belorussischer 296
– Big-Belly 319
– Böhmer 319

418

- BRD 318 f.
- Chinesischer 142, 290, 305, 319
- DDR 318 f.
- Deutscher 305, 319
- Domestizierter (Teich-) 134, 143 f., 224, 249, 283, 304 f., 314 ff.
- Europäischer 133, 137, 142, 173 f., 250, 271, 286, 318 f.
- Franke 319
- Galizier 134, 137, 314, 318 f.
- Higoi 71, 319
- Ikan-mas 71, 319
- Indonesischer 319
- Irigoi 319
- Israelischer 174, 294, 305, 308, 319
- Japanischer 271, 302, 305, 319
- Jugoslawischer 305, 318 f.
- Kasachstaner 281, 309, 318
- Krasnodar- 309, 315 ff., 318
- Kumpai 73, 319
- Laok-mas 71
- Lausitzer 318 f.
- Mittelasiatischer 174
- Mittelrussischer 301 f., 305, 315
- Moldauischer 305
- Niwka- 303, 314, 316 f.
- Para- 315
- Polnischer 305, 318
- Puntener 319
- Ropscha- 55, 110, 128, 134, 137 f., 168, 298, 301 f., 304 f.,
- Rumänischer 302, 318
- Sarbojan- 315
- Shinshu 319
- Sinjonia 319
- Tjikö 319
- Ukrainischer 55, 128, 302, 305, 314 ff.
- Ungarischer 302, 305, 318
- Ural- 168
- Weißrussischer 318
- Westsibirischer 315
- Wild- 68, 72 f., 123, 131 ff., 170 ff., 250 f., 304 f.
- Yamato- 305, 319

C. carpio carpio 135, 174, 305
C. carpio haematopterus 64, 135, 174 f., 250, 290, 305 f.
C. carpio viridiviolaceus 64
Cyttus australis 192

Danio 206
Dasyatidae 53

Dasyatis 33
D. sabina 53
Decapterus pinnulatus 174
D. punctatus 235
Dentex tumifrons 198
Dipnoi 33 ff., 44 f., 175, 210, 237, 239 f.
Döbel s. *Leuciscus cephalus*
Dorsch s. *Gadus morhua*
Dorsche s. Gadidae

Echeneidae 36
Elasmobranchiomorphi 241
Electrophorus 210
Elopidae 231
Engraulis anchoita 133
E. encrasicholus 150, 152 f., 174, 177, 197
E. mordax 177
E. ringens 169
Enophrys 235
Eptatretus stouti 169, 176
Erymyzon 207
E. succetta 187, 207
Erythrinidae 53
Esocidae 36
Esox 306
E. americanus 181
E. lucius 131, 190
Etheostoma 44, 182, 192, 234
E. nigrum 135
E. olmstedi 84
Etheostomatini 234
Eupomotis s. *Lepomis*

Flunder s. *Platichthys flesus*
Forellenbarsch s. *Micropterus*
Fundulus 43, 133, 198, 224
F. Liaphanus 53
F. heteroclitus 133 f., 138, 162, 182 f., 192, 200 f., 215 ff.
F. notatus 50
F. parvipinnis 53

Gadidae 162, 166, 171, 175, 182, 206, 230, 234, 238, 240, 257
Gadiformes 34 f., 185, 187, 192
Gadus aeglefinus s. *Melanogrammus aeglefinus*
G. merlangus 166, 218
G. morhua 131 f., 153 f., 162 ff., 185 f., 217 f., 236 f.
G. pollachius 166
G. virens 166
Galaxias platei 53
Galaxiidae 53
Gambusia 218, 257

G. affinis 52, 54, 189 f., 214 f.
G. gaigei 54
G. heteroshir 192, 199
G. hurtadoi 54
G. nobilis 54
Ganoidei 239
Ganoidomorpha 34 f., 239
Gasterosteidae 54, 162, 274
Gasterosteiformes 34 f., 44, 54, 185, 192
Gasterosteus aculeatus 78 ff., 135 f., 162 f., 185 f., 274
G. wheatlandi 54
Gelbflossen-Thun s. *Thunnus albacares*
Genypteridae 248
Genypterus blacoides 189, 248
Geophagus brasilliensis 54
Geotria 231
Germanella pulchra 53
Gibbonsia metzi 163
Giebel s. *Carassius auratus gibelio*
Gila bicolor 227
Gillichthys mirabilis 163
Girella tricuspidata 188
Gobiesociformes 34 f.
Gobiidae 36, 44, 54, 163
Gobiodon citrinus 54
Gobioidei 34 f.
Gobius melanostomus 27
G. ophiocephalus 49
Goldfisch s. *Carassius auratus*
Goldorfe s. *Leuciscus idus*
Gonorhynchiformes 34 f., 191
Gonostoma bathyphilum 37
G. elongatum 37
Gonostomidae 37
Goodeidae 43, 54, 233, 251
Graskarpfen s. *Ctenopharyngodon idella*
Groppen s. Cottidae
Großaugen-Thun s. *Thunnus obesus*
Güster s. *Blicca bjoerkna*
Guppy s. *Poecilia reticulata*
Gymnocephalus cernua 23, 51, 198, 224
Gymnotoidei 54
Gynoglossidae 54
Gyrinocheilidae 36
Gyrinocheilus aymonieri 238

Haie 13, 33, 155 f., 231 f., 253 f.
Halichoeres 162
Hasel s. *Leuciscus leuciscus*
Hausen s. *Huso*
Hecht s. *Esox*

419

Heilbutt s. *Hippoglossus hippoglossus*
Hemibarbus labeo 264
Hemigrammus caudovittatus 107
Hemirhamphidae 36
Hemitripterus 235
Hering s. *Clupea harengus*
Heringe s. Clupeidae
Heringsartige s. Clupeiformes
Hesperoleucus 181, 230
H. symmetricus 30, 161, 200 f.
Hexagrammidae 163
Hipoglossoides 230
H. elassodon 190
H. platessoides 171, 248
Hippoglossus hippoglossus 163 f., 275
H. stenolepis 167
Höhlenfische s. *Anoptichthys*
Holostei 13, 196, 237, 241
Hoplias lacerdae 53
Huchen s. *Hucho*
Hucho taimen 39
Hundsbarbe s. *Barbus meridionalis*
Huso dauricus 37
Huso huso 37, 166, 231, 274, 303 ff., 306, 322
Hypentelium 161
H. etowanum 233
H. nigricans 218, 233
H. roanokense 233
Hyphessobrycon callistus 107
Hypomesus 164
H. olidus 161, 184, 187 f., 190 f.
Hypophthalmichthys molitrix 78, 142, 166, 250, 270, 275, 283, 303, 305 f., 321

Ictaluridae 43, 50, 53, 166, 274, 305 f.
Ictalurus 43
I. furcatus 306
I. melas 77, 129, 166, 196
I. nebulosus 221
I. punctatus 77, 84, 120 ff., 198, 274, 290 f., 305 f.
Ictiobus 306, 322
I. cyprinellus 166, 188
Ilyodon 187 f., 196, 233
Inger s. *Myxine, Eptatretus,* Myxini, Myxinidae, Myxiniformes

Japankärpfling s. *Oryzias latipes*

Kabeljau s. *Gadus morhua*

Kamloops-Forelle s. *Salmo gairdneri kamloops*
Kampffisch s. *Betta splendens*
Kareius bicoloratus 163
Karpfen s. *Cyprinus carpio*
Karpfenartige s. Cypriniformes
Karpfenfische s. Cyprinidae
Karausche s. *Carassius carassius*
Katsuwonus pelamis 154 f., 167, 174, 187 f., 221, 223, 248
Kaulbarsch s. *Gymnocephalus cernua*
Kilka s. *Clupeonella delicatula*
Kirschenlachs s. *Oncorhynchus masu*
Knochenfische s. Teleostei
Knochenganoiden s. Holostei
Knochenhecht s. *Lepidosteus*
Knorpelfische s. Chondrichthyes
Knorpelganoiden s. Chondrostei
Köhler s. *Gadus virens*
Königslachs s. *Oncorhynchus tshawytscha*
Kosswigichthys asquamatus 139
Kyphosus 84

Labeo 171
L. rohita 145, 306
Labridae 162
Labyrinthfische s. Anabantidae
Lachs, Atlantischer s. *Salmo salar*
Lachsartige s. Salmoniformes
Lachse s. Salmonidae
Lachse, Pazifische s. *Oncorhynchus*
Lampanyctus ritteri 53
Lampetra 236
L. planeri 160, 191, 194, 196
Lavinia 181, 230
L. exilicauda 161, 227 f.
Lebiasinidae 34 f., 41 f.
Lebistes s. *Poecilia reticulata*
Leiostomus xanthurus 167
Lepidorhombus whiffiagonis 182, 187
Lepidosteiformes 34 f.
Lepidosteus 237
Lepomis 162, 200, 210, 221, 306
L. cyanellus 48 ff., 77, 188 ff.
L. gibbosus 209
L. gulosus 208
L. macrochirus 77, 183 f., 250

L. microlophus 183
Leporinas lacustris 53
L. obtusidens 53
L. silvestrii 53
Lethrinidae 51
Leucichthys 232
Leuciscus bergi 233
L. cephalus 166, 181
L. idus 77, 166
L. leuciscus 166
L. schmidti 233
Leuresthes sarsina 162
L. tenuis 162
Limanda 230
L. limanda 190, 235
L. yokohamae 84
Limia caudofasciata 51
L. nigrofasciata 105
L. vittata 51
Lodde s. *Mallotus villosus*
Löffelstör s. *Polyodon spathula*
Lophiiformes 34 f.
Loricariidae 53
Lota lota 172
Lungenfische s. Dipnoi
Lutjanidae 182
Luxilus 233

Macropodus 142
M. concolor 103
M. opercularis 103, 141
Macruridae 162
Macruronus novaezelandiae 162, 187 ff.
Macrurus rupestris 187, 192 f.
Makrelen s. Scombridae
Makropode s. *Macropodus*
Mallotus villosus 171, 197
Maräne, Große s. *Coregonus lavaretus*
Maräne, Kleine s. *Coregonus albula*
Maränen s. Coregonidae, Coregoninae, *Coregonus, Leucichthys, Prosopium, Stenodus*
Marmorkarpfen s. *Aristichthys nobilis*
Marmorwels s. *Ictalurus punctatus*
Mastacembelidae 36
Medaka s. *Oryzias latipes*
Meerforelle s. *Salmo trutta*
Meerneunauge s. *Petromyzon marinus*
Megupsilon aporus 13, 53, 55
Melamphaeidae 54
Melamphaeus parvus 54

Melanogrammus aeglefinus
  166, 171
Menhaden s. *Brevoortia tyrannus*
Menidia 162, 218
M. menidia 174
Merluccidae 167
Merluccius 230, 234
M. australis 189, 192
M. capensis 174
M. merluccius 167, 190, 253
M. productus 167, 174, 198
Micropterus 162, 221
M. dolomieui 182, 234
M. salmoides 182, 185, 189f., 192f., 207f., 234, 250
Milchfisch s. *Chanos chanos*
Miller-Platy s. *Xiphophorus milleri*
Mintai s. *Theragra chalcogramma*
Misgurnus 194
M. anguillicaudatus 42, 50, 171, 181, 188, 192, 199, 218
M. fossilis 32, 42, 129f., 177, 207f., 270f.
Mogrunda obscura 54
Mollienesia (*Poecilia*) 138
M. (P.) formosa 111, 187, 189, 192, 259ff., 265, 267f.
M. (P.) latipinna 107, 259ff.
M. (P.) mexicana 259ff.
M. (P.) sphenops 54, 105f., 140, 188, 190, 233f.
Monacanthidae 54
Montezuma-Schwertträger s. *Xiphophorus montezumae*
Mordax 231
Mormyriformes 34f.
Morone americana 187, 189
M. saxatilis 129, 167, 187f.
Moxostoma 187, 230
M. macrolepidotum 218
Mugil cephalus 162
Mugilidae 162
Mugiliformes 34f., 44
Myctophidae 53
Myctophiformes 34f., 53
Mylopharodon conocephalus 227
Myoxocephalus 174, 235
M. bubalis 172
M. quadricornis 172, 189
M. scorpius 49
Mystus tengara 53
Myxine glutinosa 166
Myxini 239f.
Myxinidae 166, 175f.
Myxiniformes 32, 34ff., 44

Narcine brasiliensis 33
Nase s. *Chondrostoma nasus*
Navodon scaber 185, 192
Neoscopelidae 53
Neunaugen s. Petromyzonidae, Petromyzoniformes
Noemacheilus barbatulus 83
Notemigonus crysoleucas 227
Nothobranchius 43, 50
N. guentheri 96
Nototheniidae 163
Notropis 41, 166, 172f., 181, 198f., 233
N. lutrensis 213, 224
N. stramineus 213
Notorus flavus 50
N. taylori 53

Oncorhynchus 155, 207, 231f., 251
O. gorbuscha 37ff., 49, 128, 145f., 184ff., 229f., 306
O. keta 37ff., 128, 145, 160f., 186ff., 223f., 249ff., 306
O. kisutch 38, 48f., 125f., 160f., 186f., 270ff., 305f.
O. masu 38, 160, 184, 189, 229, 232, 305
O. nerka 27, 38, 48f., 130f., 145f., 177ff., 218f., 256ff.
O. rhodurus 38, 232
O. tshawytscha 38, 130, 160f., 184ff., 210ff., 310f.
Ophiodon elongatus 163
Opsanus tau 167
Oreochromis 306
O. aureus 187, 274, 310
O. mossambicus 52, 113, 126, 310
O. niloticus 126, 185, 310
Orthodon microlepidotus 227
Oryzias latipes 51, 100ff., 107, 132f., 182f., 207, 248, 323
Osmeridae 36, 40, 161
Osmeroidei 34f.
Osmerus dentex 189
O. eperlanus 131, 184, 187
O. mordax 189
Osphronemidae 54
Osteoglossidae 210
Osteoglossiformes 34f., 191

Pagellus bogaraveo 198
Pantodon buchholzi 191
Pantosteus 214
Paradiesfisch s. *Macropodus opercularis*
Paradontidae 53
Parasalmo 38

Parathunnus mebachi 154
Peledmaräne s. *Coregonus peled*
Perca fluviatilis 131
Perccottus glehni 185, 188
Percidae 36, 44, 61, 190f., 234
Perciformes 34f., 44f., 182ff.
Percina 182, 234
Periophthalmidae 54
Petromyzon 236f.
P. marinus 160, 166, 182, 187, 191, 194, 217f.
Petromyzones 239
Petromyzonidae 160, 166, 175, 191, 231, 236, 239f.
Petromyzoniformes 32, 34ff.
Petrotilapia 163
Phractolaemidae 36
Pimephales promelas 213
Platichthys flesus 52, 188f., 192, 235, 274f.
P. stellatus 163
Plattfische 173f., 185f., 192f., 255, 272, 277, 280
Platy s. *Xiphophorus maculatus*
Platycephalidae 235
Platypoecilus s. *Xiphophorus*
Plecoglossus altivelis 133, 184, 187
Plectostomus ancistroides 53
P. macrops 53
Pleuronectes 230
P. flesus s. *Platichthys flesus*
P. platessa 22, 138, 163f., 185ff., 223f., 274ff., 299
Pleuronectidae 36, 163f., 167, 199, 230, 235, 270, 273f.
Pleuronectiformes 34f., 44, 54, 185, 187, 192
Plötze s. *Rutilus rutilus*
Poecilia 30, 44, 259ff., 267f.
P. formosa 111, 187, 189, 192, 259ff., 265, 267f.
P. latipinna 107, 259ff.
P. mexicana 259ff.
P. reticulata 51, 85ff., 107f., 133ff., 162f., 190f., 300f.
P. sphenops 54, 105f., 140, 188, 190, 233f.
Poeciliidae 22, 36ff., 83f., 140f., 189, 209f., 251ff., 309
Poeciliopsis 30, 44, 107, 111, 162, 200, 259, 261f., 267ff.
P. latidens 261f.
P. lucida 107, 142, 182, 261f., 269
P. monacha 142, 174, 182, 188, 192, 199, 261 ff., 268
P. occidentalis 261f.

P. viriosa 83, 107, 261
Pogonichthys macrolepidotus 227
Pollack s. *Gadus pollachius*
Polyodon spathula 37, 160, 164, 191, 196, 322
Polyodontidae 33 ff.
Polypteridae 36
Polypteriformes 34 f.
Pomacentridae 162, 243
Pomatomidae 36
Pomoxis 162, 221
Prionotus tribulus 196
Prosopium 40, 184, 232
Protopterus 172
P. dolloi 33
Pseudoblennius marmoratus 50
Pseudotropheus 163
P. zebra 83
Pterophyllum eimekei 107
Ptychocheilus grandis 187, 227
Pungitius platygaster 82
P. pungitius 82
P. sinensis 82
Puntius 42

Quappe s. *Lota lota*

Raja 33
R. clavata 174
Rapfen s. *Aspius aspius*
Rautenflecksalmler s. *Hemigrammus caudovittatus*
Regenbogenforelle s. *Salmo gairdneri*
Reinhardtius hippoglossoides 167
Rexea solandri 188 f.
Rhinichthys 181, 199
Rh. cataractae 161, 185, 218
Rh. schlegeli 177
Rhodeinae 41
Richardsonius egregius 227
Rivulus 43
R. marmoratus 50, 107 f., 137 f.
R. urophthalmus 107
Rochen 13, 33, 155, 231
Roccus chrysops 253
Rotbarsch 172, 257
Rotfeder s. *Scardinius erythrophthalmus*
Rotlachs s. *Oncorhynchus nerka*
Rundmäuler s. Cylostomata
Rutilus rutilus 155, 166, 189, 195, 198, 244, 263 f.

Sägebarsche s. Serranidae

Saibling s. *Salvelinus*
Saira s. *Cololabis saira*
Salmler s. Characidae
Salmo 232
S. aguabonita 38, 50, 155
S. apache 38, 160, 185, 189 ff.
S. carpio 38
S. clarki 38 f., 141, 160 f., 187 ff., 229, 301, 320
S. gairdneri 30 ff., 123 ff., 160 f., 187 ff., 211 ff., 257 f., 300 f., 311 ff.
S. gairdneri kamloops 320
S. gilae 38
S. ischchan 38 f., 50
S. letnica 38
S. mykiss 38, 232, 274
S. salar 25, 38 f., 46 f., 49, 124 ff., 128, 130, 141, 160, 165 f., 169 f., 172, 177 f., 184 f., 188 f., 191, 197, 199 f., 209, 216 f., 232, 248, 251, 270, 272, 284, 289, 294, 298, 310 ff., 313, 321, 323
S. trutta 38 ff., 130 ff., 184 ff., 224 ff., 270 f., 320
Salmonidae 13, 30 ff., 42 ff., 117 f., 158 ff., 194 ff., 210 ff., 251 ff., 305 f.
Salmoniformes 34 f., 37, 45, 53, 187, 191
Salmonoidei 34 f.
Salmothymus obtusirostris 38
Salvelinus 40, 50, 78, 172, 220, 232, 283, 287, 314
S. alpinus 38, 40, 160, 174, 177, 184 f., 197, 216, 232, 306
S. cronocius 38
S. fontinalis 30 f., 128 ff., 160 ff., 170 f., 184 ff., 200, ff., 283 ff., 300 f.
S. leucomaenis 25, 38, 49 f., 160, 184, 190, 232
S. malma 25, 38 ff., 49 f., 160, 169, 177, 189 f., 232
S. namaycush 38, 128 ff., 178 ff., 232, 283, 303 ff.
S. taranetzi 232
Sarda chiliensis 167, 174
Sardelle s. *Engraulis*
Sardellen 37
Sardina pilchardus 197
Sardine s. *Sardina, Sardinella, Sardinops*
Sardinella 172, 197
Sardinops caerulea 155
S. ocellata 197
Sarotherodon 52, 190 f., 306
S. aureus 187

S. galileae 189, 192
S. hornorum 310
S. jipe 187, 192
S. spilurus 192
Saurida elongata 53
S. undosquamis 53
Scaphirhynchus albus 231
S. platorhynchus 37, 231
Scardinius erythrophthalmus 84, 166, 181
Scatophagidae 54
Scatophagus argus 54
Schaufelstör s. *Scaphirhynchus platorhynchus*
Schellfisch s. *Melanogrammus aeglefinus*
Schip s. *Acipenser nudiventris*
Schlammpeitzger s. *Misgurnus*
Schleie s. *Tinca tinca*
Schmerle s. *Noemacheilus barbatulus*
Schmerlen s. Cobitidae
Schokoladengurami s. *Sphaerichthys osphromenoides*
Scholle s. *Pleuronectes platessa*
Schollen s. Pleuronectidae
Schwarzbandkärpfling s. *Limia nigrofasciata*
Schwarzfleckbachling s. *Rivulus urophthalmus*
Schwertträger s. *X. helleri*
Sciaenidae 167, 230
Scomber scombrus 163, 187 ff.,
Scombridae 163, 167, 175, 210
Scopelengys tristis 53
Scopeloberyx robustus 54
Scopelogadus mizolepis 54
Scorpaenidae 163 f., 213
Scorpaeniformes 34 f., 44, 54, 192
Scyliorhinidae 166
Scyliorhinus 166
Sebastes 163, 174, 189, 192, 199
S. alutus 187, 221
S. caurinus 187
S. inermis 182, 190
S. marinus 172
S. mentella 172
Sebastolobus 163, 213
S. alascanus 174
S. altivelus 213
Seeforelle s. *Salmo trutta*
Seehecht s. *Merluccius*
Seesaibling s. *Salvelinus namaycush*
Segelflosser, Kleiner s. *Pterophyllum eimekei*

Selachiiformes 33, 50, 53, 239
Selachomorpha 36
Seriola grandis 189
Serpasalmler s.
  Hyphessobrycon callistus
Serranidae 36f., 167, 182, 323
Silberkarpfen s. *Hypophthalmichthys molitrix*
Silberlachs s. *Oncorhynchus kisutch*
Siluridae 53, 61
Siluriformes 34ff., 42f., 45, 53
Sonnenbarsch s. *Lepomis*
Sonnenbarsche s. Centrarchidae
Sparidae 163
Sphaerichthys osphromenoides 26
Spicara flexuosa 49
Spiegelkärpfling s.
  Xiphophorus maculatus
Spiegelkärpfling, Veränderlicher s. *X. variatus*
Spitzmaulkärpfling s.
  Mollienesia (Poecilia) sphenops
Splake 128ff., 140ff., 178f., 283, 306, 320
Sprattus 191
S. sprattus 166, 172ff., 253
Sprotte s. *Sprattus sprattus*
Stachelmakrelen s. Carangidae
Stahlkopfforelle s. *Salmo gairdneri*
Stegostoma 84
Steinbeißer s. *Cobitis taenia*
Stenodus 232
Stephanolepis cirrhifer 54
Sterlet s. *Acipenser ruthenus*
Sternhausen s. *Acipenser stellatus*
Sternoptychidae 53
Sternoptyx diaphana 53
Stichling, Dreistacheliger s.
  Gasterosteus aculeatus
Stichling, Vierstacheliger s.
  Apeltes quadracus
Stichlingsartige s.
  Gasterosteiformes
Stint s. *Hypomesus, Osmerus*
Stizostedion 185
S. lucioperca 131
S. vitreum 174
Stöcker s. *Trachurus*
Stör, Amur- s. *Acipenser schrencki*

Stör, Baltischer s. *Acipenser sturio*
Stör, Russischer s. *Acipenser gueldenstaedti*
Stör, Sib. s. *Acipenser baeri*
Stör s. Acipenseridae
Streifenbarsch s. *Morone*
Sumatrabarbe s. *Barbus tetrazona*
Symbolophorus californiensis 53
Symphurus plagiusa 54
Synbranchiformes 34f.
Synodontidae 53

Teleostei 34f., 175, 182, 196, 206f., 231, 237ff., 240f., 243
Tetraodontidae 32, 36, 167
Tetraodontiformes 34f., 54, 185, 192
Theragra chalcogramma 162, 171, 185, 187ff., 190
Thoburnia 192, 230, 233
Th. atripinnae 161
Th. hamiltoni 161
Th. rhothoeca 161, 184, 187
Thun, Roter s. *Thunnus thynnus*
Thun, Weißer s. *Thunnus alalunga*
Thunfische s. Thunnidae, *Thunnus, Parathunnus, Katsuwonus*
Thunnidae 167, 198, 253f.
Thunnoidei 154ff.
Thunnus alalunga 154f., 167f.
Th. albacares 154f., 167, 174
Th. obesus 154f.
Th. oxilunga 167
Th. thynnus 154f., 167f., 190
Thymallidae 37, 175, 239, 323
Thymallus 40
Th. thymallus 257
Thyrsites atun 188
Tilapia 51f., 78, 108ff., 167, 198, 280ff., 306ff.
T. zillii 77, 199
Tinca tinca 68, 166, 171, 189, 195, 264
Tor putitora 42
Torpedinidae 33
Torpedo 33
Trachurus 235, 257
T. mediterraneus 174
T. picturatus 235
T. trachurus 198, 235

T. trecae 235
Trematodus 163
Tribolodon brandti 233
T. hakonensis 233
Trichogaster fasciatus 54
Trigla kumu 192
Tristramella 235
Typhlichthys subterraneus 162

Ukelei s. *Alburnus alburnus*

Vimba vimba 53, 174
Vomer sitipinnis 235

Wandersaibling s. *Salvelinus alpinus*
Waxdick s. *Acipenser gueldenstaedti*
Welsartige s. Siluriformes
Wittling s. *Gadus merlangus*

Xiphophorinae 99, 105, 184
Xiphophorus 221f., 234
X. clemenciae 234
X. helleri 31, 51, 96ff., 103ff., 145, 157, 196, 200, 234, 323
X. maculatus 31, 54, 91ff., 103ff., 157, 174, 189ff., 233f.
X. milleri 104f., 107
X. montezumae 99f., 104f., 199, 209, 234
X. pygmaeus 104f., 234
X. variatus 97f., 104f., 209, 234
X. xiphidium 54, 209

Zährte s. *Vimba vimba*
Zahnkarpfen s.
  Cyprinodontiformes
Zahnkarpfen, eierlegende s.
  Cyprinodontidae
Zahnkarpfen, lebendgebärende s. Poeciliidae
Zander s. *Stizostedion*
Zebrabärbling s. *Brachydanio rerio*
Zebrias zebra 124
Zeiformes 192
Zitterrochen s. *Narcine brasiliensis*
Zoarces viviparus 114, 131ff., 135f., 163f., 188ff., 192ff., 215f., 244, 250ff.
Zoarcidae 163
Zwergschwertträger s.
  Xiphophorus pygmaeus

Sachwortverzeichnis

AAT
  s. Aspartataminotransferase
Aberration 142 ff.
Abweichung, quadratische 116 ff., 121
Acetylcellulose 159
Aconitase (ACON) 199, 203
ACP s. Phosphatase, saure
ADA s. Adenosindesaminase
Adenin 14 f.
Adenohypophyse 93
Adenosindesaminase (ADA) 199 f., 223
Adenosinmonophosphat 98
Adenylatkinase (AK) 199, 207, 243
ADH
  s. Alkoholdehydrogenase
Ähnlichkeitsindex 227
Äquationsteilung 21 f., 261, 265
Agar 159
Agglutination 147 ff.
Agglutinogen 147
Aggressivität 142, 293
AGPD, α-GPD
  s. Alpha-Glycerophosphatdehydrogenase
AK s. Adenylatkinase
AKP s. Phosphatase, alkalische
Alampie 69
Albinismus 72, 74 ff., 82 ff., 97, 100 ff., 107
Albumin 156, 168, 172, 201, 203, 221, 322
Aldolase (ALD) 199, 206, 208, 211, 243
Alkoholdehydrogenase (ADH) 187 f., 203, 209, 216, 218, 232, 243, 248
Allel 57 ff., 79, 82 f., 85 f., 92 f., 95 f., 101, 104 f., 148 ff., 156 ff., 165, 171 ff., 175 f., 182 ff., 185 ff., 190 ff., 196 ff., 202 ff., 208 f., 210 ff., 216 ff., 223 ff., 254 f.
Alloform 156 ff., 167, 257
Allozym 156 ff., 177 ff., 185, 195, 212 ff., 238, 257 f.
Alpha-Glycerophosphatdehydrogenase (α-GPD,

AGPD) 185 ff., 200, 203 f., 209 f., 221, 223, 241, 243, 249, 252, 279
Alternative Kreuzung 303
Ameiose 276
Aminosäuren 17, 28, 99, 105, 176, 236 f.
Amylase (AMY) 199, 209
Anaphase 20, 272 f.
Aneuploidie 30, 50, 238, 272, 309, 312
Anpassung 45
Anticodon 18
Antigen 147 ff.
Antikörper 147 f., 158, 238
Antiserum 147 ff., 158
Apomixis 266
Appendices pyloricae, Zahl 140
Art 148, 229 ff., 244
-bildung 257
Aspartataminotransferase (ASAT, AAT) 191 f., 194 ff., 200 f., 203 f., 207, 215, 217, 241 f., 243
Asymmetrie, Verteilungskurve 122, 139
Atmung 33
Augendegeneration 82
Augenreduktion 140, 143
Augentumor 97, 103
Auslese s. Selektion
- nach Verwandten 122
Autogamie 51, 111, 277, 309
Autosomen 52, 55, 60, 80, 85, 87, 89 f., 92, 94 f., 96 ff., 101 ff., 107, 142, 172, 174, 203

Banding 25
Bartelnreduktion 143
Bauchwassersucht, Resistenz 66, 221, 224, 301 f., 315, 318
Beckengürtel, Reduktion 140
Befruchtung 24, 55, 57 f., 115, 123, 289, 311
-, selektive 151
Besamung 259, 269, 271 ff.
-, künstliche 104
Besatzdichte 120, 124, 285, 287, 293, 297

Beschuppung, *Aphanius* 83, 139
-, Karpfen 28, 61 ff., 143 f., 279, 307 f.
Beschuppungsanomalie 143 f.
Beschuppungsgen 31, 61 ff., 272
Bestrahlung 112, 270 f., 274 f., 289, 308
Betaglobulin 165, 171
Binom 109
Binomialverteilung 109
Blastula 31, 55, 205
Bläuling 68 ff.
Blindheit, Höhlenfische 140
blue sack disease, Resistenz 130
Blutgefäßveränderung 145
Blutgruppe 60, 147 ff., 202, 232, 245, 248, 250 f., 253
Blutgruppen, Hering 151 f., 215
-, Kabeljau 153 f.
-, Sardelle 152 f.
-, Thunfische 154 ff.
Blutserum 147 f., 165, 171 ff., 232
Brackwasserrasse, Stichling 138
Brutgröße, Heritabilität 120

Carboanhydrase (CA) 199, 203
Catalase (CAT) 189, 203
Centriol 271
Centromer 13, 20, 24, 26, 28 f., 48, 276, 279 f.
Centrosom 259
Ceruloplasmin 173
Chiasma 22
Chi^2-Test 122
Chlormethan 271
Chromatiden 14
Chromatin 14, 261, 264
Chromatoblast 97
Chromatophoren 102
Chromkarpfen 72
Chromomeren 14
Chromonemen 14, 20
Chromosomen 13 ff., 20 ff., 24 ff., 28 ff., 32 ff., 45 ff.,

50ff., 57ff., 59f., 85ff.,
  91ff., 97, 101ff., 107f., 232,
  259
–, akro(telo)zentrische 13,
  28f., 39, 46ff.
–, metazentrische 13, 26, 29,
  42f., 47ff., 178
–, submetazentrische 13, 47
–, subtelozentrische 13
Chromosomenaberration 102
– -arme 13, 24, 27, 29, 30, 32,
  37ff.
– -divergenz 32, 39, 42, 45
– -mutation 28ff.
– -polymorphismus 26, 45ff.
– -satz 13, 20, 22, 32ff., 39
– -typen 13
– -umstrukturierung 28ff.,
  38f., 43, 45, 48ff., 67
– -variabilität 37, 40
– -zahl 25ff., 30ff.
CK s. Creatinkinase
Cline 78, 80, 153, 214ff., 245,
  248, 250f., 253ff.
Code, genetischer 17
Codominanz 149f., 155, 157,
  168, 171f., 174, 176f., 180,
  183, 186, 193, 196, 198, 202,
  272
Codon 16ff., 28
Colchicin 25
CORRENS 57
Creatinkinase (CK) 196,
  200f., 203, 207, 209, 218,
  224, 238, 241ff.
Creatinphosphokinase (CPK)
  196, 206f.
Cristallin 164, 174f., 202f.
Crossing over 22, 30, 51, 59f.,
  85, 87, 92ff., 98, 100f., 200,
  265, 276ff., 280, 299, 309
Cytochalasin 32
Cytochrom C 237
Cytochromoxydase 206, 208
Cytoplasma 55, 202, 209
Cytosin 14f.

Darmstrukturstörungen 145
Degeneration 284f.
Deletion 28ff., 45, 67, 97ff.
Dendrogramm 228f., 234
Depigmentierung 74f.
Desoxyadenosin-5'-Phosphat
  14
Desoxycytidin-5'-Phosphat 14
Desoxyguanosin-5'-Phosphat
  14
Desoxyribonucleinsäure
  (DNA) 14ff., 28, 32f., 36f.,

40, 42, 44f., 55, 99, 205, 231,
  236, 242, 263
Desoxyribose 14f.
Desoxythymidin-5'-Phosphat
  14
DE VRIES 57
DIA s. Diaphorase
Diakinese 22
Diaphorase (DIA) 189, 200
Differentialfärbung 25
Dimer, dimer 194, 196, 201f.,
  204, 238, 241, 255
Dimethylsulfat 31, 271
Diploidie, diploid 30, 32, 37,
  40ff., 50, 55, 60, 111, 175,
  182, 195, 203, 206, 242f.,
  260f., 263, 266f., 269ff.,
  272f., 276ff., 280, 309, 311f.
Diplotän 22
Disjunction 48
Disomie, disom 172, 183f.,
  204
Distanzindex 226ff., 232f.,
  235f., 243
Divergenz 39ff., 45, 206f.,
  214, 230, 232, 235ff., 238ff.,
  241ff., 269
DNA
  s. Desoxyribonucleinsäure
– Hybridisation 231f.,
  235, 237
– Ligase 16
– Polymerase 16
Domestikation 60, 77, 124,
  224, 282, 284, 301,304f.,
  319ff.
Dominanz 57ff., 62, 73ff., 86,
  95, 102f., 108, 121f., 127,
  129, 138, 142ff., 155, 173f.,
  202, 272, 304
Doppelart 153f.
Doppelhelix 14f.
Dotter 22, 24, 205
– -blasenwassersucht,
  Resistenz 130
Drosophila 56, 59f., 159
Druck, hydrostatischer 311
Duplikation 28ff., 33, 40, 42,
  176, 183ff., 187, 206f., 210,
  239ff.

EI s. Ethylenimin
Eigröße, Heritabilität 120,
  126, 128, 294
Eingeschlechtlichkeit 262ff.,
  267f., 283, 309ff.
Eisentransport 165, 167, 222
Eiszeit 40
Eiweiß s. Protein

Elektropherogramm 156ff.,
  165, 169, 171, 174
Elektrophorese 60, 156ff.,
  165, 172f., 204, 238
Elementarpopulation 153
Embichin 271
Embryonalentwicklung 123,
  132ff., 205ff.
Endomitose 260, 263
Enzymgenetik 175ff.
Epistasie 59f., 75f., 82, 89,
  100, 121f., 136
Epitheliom 97
Erbrütung 139, 312
Erbrütungsverluste 62
Ernährung 145
Erythroblastom 91, 97, 108
Erythrocyten 37, 42, 66f.,
  147ff., 198, 263, 265, 267
– -agglutination 147ff.
Erythrophoren 71, 93, 95, 97,
  102ff.
Esterase (EST) 98, 155,
  196f., 200f., 203, 206ff.,
  209, 213ff., 216, 218, 221ff.,
  224, 232f., 235, 242, 248,
  250, 253, 272, 275, 279, 322
Estradiol 52, 89, 310
Estron 52, 89, 101
Ethylenimin (EI) 308f.
Euheterosis 304
Evolution 20, 28, 32ff., 49f.,
  148, 171, 202, 236ff., 239f.,
  244, 249ff., 267ff.
–, Goldfischzuchtformen 77
Exon 19f.
Expressivität 145, 229, 236
Exterieur 139, 244
–, Heritabilität 129f.
Exzeß 122

Färbung 285
–, Goldfisch 74ff.
–, Guppy 85ff.
–, Kampffisch 102f.
–, Karpfen 68ff., 279, 308
–, Paradiesfisch 103
–, Platy 92ff.
–, Regenbogenforelle 74
–, Stichling 80
Färbungsgen, Farbgen 51,
  68ff., 74ff., 85ff., 92ff.,
  100f., 102f., 108
Familie 115, 118, 231
Familienselektion 291ff., 312,
  318f., 321
Fanggeräte, Ausweichreaktion
  142, 283, 319
FDP s. Fructosediphosphatase

Fettgehalt, Marmorwels 141 f.
–, Regenbogenforelle 142
Fettstoffwechsel, Karpfen 65 ff., 141 f.
Fischschwarm 153
Fission 27, 40, 45
–, zentrische 29
Fitness 96, 127, 223, 258
Flossenanomalie 73, 78, 80, 84, 102, 104, 107, 143 f.
Flossenregeneration 67
Flossenstrahlenzahl 60, 65 f., 114 f., 135 ff., 244
Follikel 22
Fortpflanzung 283, 304, 314
Fortpflanzungsstörung 278
Freiheitsgrad 117 ff.
Fremdeiweiß 147
Fremdzucht 288, 299 ff.
Fruchtbarkeit 45, 115, 139, 278, 280, 283 f., 290, 299 f., 304, 308, 310, 319 f.
–, Heritabilität 123, 127 f.
Fructosediphosphatase (FDP) 279
Fütterung 120
Fumarase (FUM) 199
Fundamentalzahl 37 ff.
Furchungsteilung 264 f., 272, 277, 280, 309
Furunkulose, Resistenz 320
Fusion 27, 40, 280, 309
–, zentrische 26 f., 37 f., 40, 43, 45, 48 f., 178
Futteraufwand, Karpfen 64

GAL s. N-Acetyl-B-D-Galactosoaminidase
Galactose-1-Phosphat-Uridyltransferase (GALT-1-PUT) 200
Gamete 57 ff.
Gammaglobulin 173
Gammastrahlen 270 f.
Gastrulation 132, 134, 205
Gasverhältnisse 145
Gattung 148, 230 f.
GAUSS-Kurve 109
GDA s. Guanindesaminase
Gebrauchshybridisation 300, 304 ff., 317, 319, 321
Gen 14, 19 ff., 28, 57 ff., 122, 138, 142
– -drift 224, 247, 249, 254
– -kopplung 44, 59, 93, 98, 200 f., 221, 258
– -mutation 28, 31 f., 73, 237
– -transfer 326
– -zahl, Bestimmung 122

Generationsintervall 286, 289, 297
Generationswechsel 289
Genom 18, 21, 33, 36 f., 40, 42, 86, 88, 97, 99, 108, 167, 175 f., 201, 206, 209, 259, 261 f., 267 f.
Genonemen 14
Genotyp 115, 117 f., 148 ff., 286
–, Blutgruppe 148 ff.
–, Japankärpfling 100
–, Karpfen 61 ff.
–, Schwertträger 103
–, Stichling 79 f.
–, Transferring-Locus 169
geografische Variabilität, Wirbelzahl 133
Geschlechterverhältnis 51, 91 f., 101, 103, 278
Geschlechtsbestimmung 45, 51 f., 54, 86, 88, 91 f., 100 ff., 103 f., 107 f., 309 ff.
Geschlechtschromosomen 20, 45, 50 ff., 59 f., 85 ff., 91 ff., 97, 101 ff., 107 f., 142, 203, 246
Geschlechtsdimorphismus 85, 91, 96, 108
Geschlechtsgen 51 f., 85 ff., 94, 102
Geschlechtsreife 93, 251, 283, 285, 290
Geschlechtsumbildung (Geschlechtsumkehr) 52, 88 ff., 92, 101, 103, 261, 280, 309 ff.
Geschmacksknospen 140
Geschwisterart 235
Geschwisterkreuzung 145
Geschwisterselektion 297
Geschwulst s. Tumor
„Glas"-Karpfen 144
GLO s. Glyoxylase
Globulin 165, 171, 173
GLP s. Glycyl-L-Leucinpeptidase
Glucose-6-Phosphatdehydrogenase (G6PDH, 6PGDH) 188, 200, 203, 206 ff., 209, 211, 232, 250
Glucosephosphatisomerase (GPI) 191 f., 194, 200 ff., 203 f., 207 ff., 210, 215, 217 f., 221, 223, 232, 238, 241 ff., 248, 275, 279
Glutamat-Oxalacettransaminase (GOT) 191 f., 194 ff., 200 f.

Glutamat-Pyruvattransaminase (GPT) 199
Glutamatsynthetase (GS) 200
Glycerinaldehyd-3-Phosphatdehydrogenase (G3PD) 157, 189, 240, 243
Glycerinsäure-2-Phosphatdehydrogenase (G2PD) 188, 200
Glycolyse 191, 202, 205 f., 256
Glycoproteid 147
Glycyl-L-Leucinpeptidase (GLP) 199, 275, 279
Glyoxylase (GLO) 200
Goldfärbung 74 ff.
Goldkarpfen 70 f., 319
Gonade 50 f., 102 f.
Gonadenreifung 94, 139, 223, 287, 289, 314, 319 ff.
–, Heritabilität 123, 127 f., 298, 321 f.
Gonien 21 f.
Gonopodien 104 f., 140
Gonosomen s. Geschlechtschromosomen
GOT s. Glutamatoxalacettransaminase
G2PD s. Glycerinsäure-2-Phosphatdehydrogenase
G3PD s. Glycerinaldehyd-3-Phosphatdehydrogenase
G6PDH s. Glucose-6-Phosphatdehydrogenase
GPI s. Glucosephosphatisomerase
GPT s. Glutamat-Pyruvattransaminase
Grätenzahl, Karpfen 139, 283, 285
Granulocyten 147
GS s. Glutamatsynthetase
Guanin 14 f., 28, 69, 76, 82, 100
Guanindesaminase (GDA) 200
Guanophoren 69, 102, 107
Gynogenese 24, 32, 44, 111 f., 259 ff., 267 ff., 270 ff., 276 ff., 299, 306, 308 ff., 315, 318

Hämagglutination 147 ff.
Hämoglobin 66 f., 110, 153 f., 156 f., 164 f., 169, 171, 200, 202, 206, 208 ff., 215, 217, 221 ff., 231 f., 236 ff., 240, 250, 255, 287
Halbalbino 84
halbdominant s. Semidominanz

Halbgeschwister 114 ff.
Haploidie, haploid 30, 32 f.,
 43, 261 f., 271, 299, 309, 311
Haptoglobin (HP) 171 f., 203,
 221
HARDY-WEINBERG-
 Gesetz (-Gleichung) 149,
 151, 156, 169, 245
Harnstoffbeständigkeit 212
Hb s. Hämoglobin
Heiminstinkt (Homing),
 Heritabilität 140 f.
Heritabilität 112 ff., 122 ff.,
 286 f., 291, 298, 308
–, Eigröße 120, 126, 128
–, Exterieur 129 f.
–, Fruchtbarkeit 123, 127 f.
–, Gonadenreifung 123, 127 f.
–, Grätenzahl 139
–, Heiminstinkt 140 f.
–, Insektizidresistenz 129
–, Kiemendornenzahl 134 f.
–, Knochenplatten 139
–, Körperlänge 120, 123 f.,
 126 f.
–, Krankheitsresistenz 128 ff.
–, Laichzeit 141 f.
–, Lebensfähigkeit 128 ff.
–, morphologische Merkmale
 129 ff.
–, physiologische Merkmale
 140 ff.
–, realisierte 112 ff., 121,
 124 ff., 131 f., 135 f., 141
–, Schlundzahnzahl 135
–, Schlupfzeitpunkt 123
–, Schuppenzahl 139
–, Spermiengröße 128
–, Stückmasse 120, 123 ff., 287
–, Temperaturresistenz 129 ff.
–, Wirbelzahl 131 ff.
–, Zahl der Pylorusanhänge
 140
Heritabilitätsindizes 121
Heritabilitätskoeffizient
 112 ff., 121 f., 124, 127, 137,
 139
Heritabilitätsschätzung 112 ff.,
 121
Hermaphroditismus 50 f., 54,
 86, 102 ff., 107, 111
Heterochromatin 20
Heterochromosomen 50,
 52 ff., 85, 108
Heterogamie 51 f., 85, 91 f.,
 94, 100, 104 f., 107, 278, 280,
 311
Heterogenie 112, 122, 139,
 164, 284, 300 f., 309, 320, 322

–, LDH 176
–, Wirbelzahl 133
–, Zellproteine 165
Heterohämagglutination 147
Heteroimmunisierung 148 f.,
 155
Heteropolymer 181, 208, 212,
 223, 238, 242, 255 f.
Heteroserum 147
Heterosis 129, 193, 220 ff.,
 246 f., 254, 256, 258 f., 269,
 304 ff., 309, 315, 321
Heterotetramer,
 heterotetramer 171, 175 f.,
 201 f., 207
Heterozygotie 37, 48 f., 57 ff.,
 70 ff., 88, 95 f., 102, 104, 107,
 121 f., 127, 129, 140, 148 ff.,
 156 ff., 164 f., 168, 170 f.,
 173 f., 180 f., 186, 194 f., 198,
 201 f., 208 f., 213, 215, 220 ff.,
 223 ff., 238, 245 ff., 249,
 254 ff., 257 f., 269, 276, 287,
 304, 313, 322
Hexokinase (HEX) 199
hierarchischer Komplex 125 f.,
 139
Histone 14 f., 19, 165, 202
Homing (s. auch
 Heiminstinkt) 140 f., 251,
 253, 284, 312
Homöostase 66, 145, 278
Homogamie 52, 278
Homopolymer 181, 210, 212,
 214, 218
homotetramer 175
Homozygotie 48 f., 57 ff.,
 70 ff., 87, 89, 92, 96, 100, 102,
 104, 107, 122, 148 ff., 156 ff.,
 165, 170, 174, 180 f., 194 f.,
 198, 201 f., 208, 212 ff.,
 220 ff., 245 f., 256, 258, 276 f.,
 288, 290, 299 f., 304, 307,
 309 f.
Hormone,
 geschlechtsbestimmende
 52, 310 f.
Housekeeping-Enzym 206 ff.,
 210
Hp s. Haptoglobin
Hybridanalyse 149 f., 156, 158,
 171, 177, 182 f., 185 f., 193 f.,
 204, 245
Hybridisation 30, 44, 49 f., 55,
 57 ff., 73, 96 f., 104 f., 108,
 128 f., 136, 140 ff., 266, 268,
 274 f., 277, 280, 309, 312, 314
–, Acipenseridae 303 ff., 322
–, *Barbus* 209

–, *Brachydanio* 208 f.
–, *Catla* × *Labeo* 306
–, *Coregonus* 135, 306
–, entfernte 30, 134, 280,
 302 ff.
–, *Esox* 306
–, Graskarpfen 305
–, *Ictalurus* 305 f.
–, *Ictiobus* 306
–, Karpfen 55, 134 f., 137 f.,
 221, 304 f., 307 f., 314 ff., 318
–, Karpfen × Giebel 267, 272,
 311
–, Karpfen × Karausche 69,
 304, 306, 309
–, *Lepomis* 183, 208 f., 210,
 306
–, *Lepomis* × *Chaenobryttus*
 221 f.
–, *Micropterus* × *Lepomis* 209
–, *Misgurnus* × *Brachydanio*
 208
–, molekulare 176
–, *Oncorhynchus* 220 f., 232,
 274, 305 f.
–, *Poecilia* 259 ff.
–, *Poeciliopsis* 261 ff., 267
–, Regenbogenforelle 305
–, *Salmo* 209, 232
–, *Salmo* × *Salvelinus* 209
–, *Salvelinus* 128 ff., 140 ff.,
 178 f., 209, 283, 303, 305 f.,
 320
–, Silberkarpfen 305
–, Silber- × Marmorkarpfen
 303, 306
–, *Tilapia* 306, 308 ff.
–, *Xiphophorus* 96 ff., 157,
 209, 221, 234
Hybridogenese 259, 261 f.,
 267 ff., 308
Hydrolase 190 ff.

Identitätsindex 226 ff., 232 ff.,
 235 f., 250
IDH s. Isocitratdehydrogenase
Immungenetik 147 ff.
Immunglobulin (Ig) 19, 147,
 236 f.
Immunisierung 147 ff.
Immunserum 147
inbreeding s. Inzucht
Individualselektion 285 ff.
Informations-RNA 16
Informoson 205
Insektizidresistenz,
 Heritabilität 129
Inselmodell 249
Interaktion 293

Interferon 147
Interkinese 20
Interphase 14, 20
Intersexualität 51, 278
Introgression 254, 261, 268
Intron 19f.
Inversion 28f., 38, 40, 43, 45, 49f.
Inzucht 60, 92, 104, 112, 129, 145f., 149ff., 165, 224, 245f., 277f., 280, 285f., 288f., 299ff., 307, 313, 318
- -depression 277f., 299f., 304
- -koeffizient 245f., 277, 299, 309
- -linie 280, 300f., 304, 306, 309, 318
IPP s. Pyrophosphatase, anorganische
Iridocyten 76, 102, 107
Iridophoren 76
iRNA s. Informations-RNA
Isocitratdehydrogenase (IDH) 189, 200f., 203f., 207, 214, 217f., 221, 232, 240f., 243, 248, 251, 275, 279
Isoelektrofokussierung 159
Isoenzym s. Isozym
Isoform 60, 156ff., 165, 169, 202, 206, 208, 210ff., 222, 256
Isohämagglutination 147
Isoimmunisierung 148f., 155
Isolat 247, 251
Isolecithin 173
Isolierung, ökologische 248ff.
-, reproduktive 154, 251, 253f.
Isoserum 147
Isozym 60, 156ff., 175ff., 186, 195, 201f., 206, 208, 210ff., 222, 236, 238, 240, 243, 256

Kannibalismus, Heritabilität 142
Karyotyp 13, 20, 25, 27, 30ff., 232, 262, 265, 312
Kieferknochenmißbildung 145
Kieferkrümmung 143
Kiemenblättchen, Karpfen 65
Kiemendeckelreduktion 143f.
Kiemendornen 60, 80, 134, 234, 244
-, Karpfen 65, 67, 134
Kiemenerkrankung, Resistenz 287
Klasse 231
Klassifikation, hierarchische 115ff.

Klon 111f., 137f., 165, 260, 263, 265, 268f., 278, 309, 311
Knochenplatten, Stichling 78ff., 139
Körperform 285f.
-, Karpfen 131, 290, 314
Körperlänge, Heritabilität 120, 123f., 126f.
Kohlenhydrate, Verdauung 124
Kohlenhydratgehalt, Karpfen 141f.
Kohlenhydratstoffwechsel 205f.
Kombinationseignung 294, 301f., 306
Kombinationskreuzung 302f., 315
Kombinierte Auslese 298
Kompensationsauswahl 77
Kompensatorgen 300
Komplement 147
Konfidenzintervall 111
Konformation 156, 158, 169, 245, 257
Konjugation 265
Kopfdeformation 144
Kopplungsgleichgewicht 256
Korrelation 114f., 125f., 132, 136
Korrelationskoeffizient 112, 115, 121
Krankheitsresistenz 66f., 121, 128, 214, 221, 224, 282ff., 287, 298, 301f., 308, 315, 318ff.
-, Heritabilität 128ff.
Kreuzung (s. auch Hybridisation) 115ff., 122, 124, 168f., 173, 220f., 280, 289, 299ff.
-, diallele 115ff., 294ff.

Lactatdehydrogenase (LDH) 157f., 175ff., 200f., 203, 205ff., 208f., 210ff., 213, 215, 218f., 220f., 222ff., 225f., 232ff., 238ff., 242f., 248ff., 252f., 255, 257f., 261, 263, 275, 279
Lactatstoffwechsel 175, 211, 240
Längen-Höhen-Verhältnis, Karpfen 131
Laichzeit, Heritabilität 141f., 319, 321f.
LAP s. Leucinaminopeptidase
LDH s. Lactatdehydrogenase
Lebensfähigkeit 62ff., 66f., 69, 118, 121, 127, 139, 145,

214, 269, 277f., 282, 284f., 287, 289f., 299ff., 304f., 311f., 314f., 318f.
-, Heritabilität 128f.
Leber 206, 209, 238, 240
Lecithin 173
Lectin 147, 149, 151, 154f.
Leistungsprüfung 291, 293, 321
Leptonem 22
Leptotän 22
Letalgen 59, 61ff., 73, 87f., 101
Leucinaminopeptidase (LAP) 199
Lichteinfluß 123
Linie 301, 304, 308
„Linker"-DNA 15
Linsenprotein s. Cristallin
Lipoprotein 149, 173
Lungenorgan 33
Luxurieren 304
Lymphocyten 147
Lysozym 147
Makromelanophoren 92f., 95, 97ff., 103ff.
Makrophagen 147
Malatdehydrogenase, NAD-abhängige (MDH) 182ff., 200f., 203f., 206f., 209, 211, 214f., 217, 221, 223f., 232ff., 238, 240ff., 252, 275, 279
Malatdehydrogenase, NADP-abhängige s. Malatenzym
Malatenzym (ME) 185, 200f., 203, 251, 279
Marker, genetische 308
Markierung 70ff., 118, 153, 165, 169, 288, 291, 294, 296, 315
Markierungsgen 29, 72, 261, 263, 272
Massenauslese 122, 285ff., 291, 294, 298, 314f., 319, 321f.
Maternaleffekt 117f., 120, 134, 289, 294
Matroklinie 55f.
MDH s. Malatdehydrogenase, NAD-abhängige
ME s. Malatenzym
Meiose 20ff., 24, 26f., 30, 37, 40, 49, 57f., 260ff., 265, 269, 271, 273, 276, 280, 299
Melanin 71, 74f., 82, 84, 97, 105
Melanoblast 97, 99
Melanocyt 97
Melanom 91, 96ff., 104f., 108

Melanophagen 74
Melanophoren 31, 70ff., 74ff., 88, 92, 95, 97, 100, 102, 107
Melanosarkom 97, 100, 103, 108
Melanosomen 74
MENDELsche Regeln (Gesetze) 24f., 57ff., 76, 89, 107, 127, 145f., 168, 178, 183, 185, 193f., 198, 202
Merkmal, qualitatives 61ff.
–, quantitatives 122f.
Messenger-RNA 16ff., 55, 205f.
Metaphase 13, 20, 22, 24, 27, 46, 265f., 271ff.
MICHAELIS-Konstante 210ff., 213f.
Migration 246f., 249, 254
Mikrochromosomen 13, 33, 37, 50, 265
Mikromelanophoren 94f., 103ff.
Mindestmaß 313
Mißbildung 121, 142ff., 278, 300f.
Mitochondrien 15, 55
Mitose 20, 26f., 31, 46, 48, 260, 265
Mittel, arithmetisches 117
Mittelwert 109ff., 116f., 122, 138
Modalzahl 48f.
Modifikationsgen (Modifikator) 67, 76f., 98, 103, 107, 142, 258
monogen 84
Monomer, monomer 201f., 223, 255
Monomorphismus, Hämoglobin 171
–, Höhlenfische 165
–, Myogen 173
Mopsköpfigkeit 143ff.
MORGAN-Einheit 59
Mosaikfärbung 143
Mosaikform 46ff.
mRNA s. Messenger-RNA
Multivalente 49, 178
Muskelprotein s. Myogen
Mutagene, chemische 31f., 270f., 289, 301, 308f., 315
Mutation 28ff., 63, 67, 71, 77, 82, 84f., 99, 104, 107, 127, 129, 140, 142ff., 230, 237, 244, 247, 249, 254f., 259, 268, 289
Mutationsrate 28

Myogene (My) 173f., 200, 202f., 232ff., 235, 237, 250
N-Acetyl-B-D-Galactosoaminidase (GAL) 199
Nachkommenschaftsprüfung 115, 120f., 294ff., 316f.
Nacktkarpfen 61ff., 135, 145
Nahrungskonkurrenz 110, 118, 123f., 127, 291, 293
Nahrungsverwertung 282, 285
NEH s. Nitrosoethylharnstoff
Neoplasma 97, 99
Neuroblastom 97
Nierenkrankheit, Bakterielle 224
Nitrosoethylharnstoff (NEH) 31, 308f.
Nitrosomethylharnstoff (NMH) 308
N-Methyl-N-Nitrosoharnstoff 97
NMH s. Nitrosomethylharnstoff
Non-Disjunction 49, 178
Normalserum 149, 151
Normalverteilung 109ff., 122ff., 131f., 134f.
Nucleolus 14, 20f.
Nucleosomen 14f.
Nucleotid 14, 16f., 19, 28, 236
Nullallel 148f., 155f., 158, 169, 173f., 177, 180f., 198, 202f., 236, 241f., 250

Octanoldehydrogenase (ODH) 188, 200
Östradiol 52, 89, 310
Östron 52, 89, 101
Ontogenese 205ff., 258
Oocyte 21ff., 51, 55, 120, 123, 205ff., 259f., 266, 276
Oogenese 21ff., 205, 263
Operatorgen 93
Ordnung 231
Otolith 153, 217
Outbreeding s. Fremdzucht
Ovar 50, 103, 120, 123, 278
Ovulation 22, 120, 123, 265f.
Oxydoreductasen 175ff.

Paarung, assortative 120, 151, 246f.
Pachytän 22
Palomino-Färbung 74
Pankreasnekrose, Resistenz 320
Panmixie 112, 118, 149f., 156, 233, 235, 244ff., 299

Paraalbumin 172, 200
Parthenogenese 24, 111, 266, 268f.
Paternaleffekt 294
Penetranz, Anomalie 145
Peptidase (PEP) 199f., 203
Peroxydase (PX, PO) 189, 203, 209
PGAM s. Phosphoglyceratmutase
6PGD s. 6-Phosphogluconatdehydrogenase
6PGDH s. Glucose-6-Phosphatdehydrogenase
PGI s. Phosphoglucoseisomerase
PGK s. Phosphoglyceratkinase
PGLUM, PGM s. Phosphoglucomutase
Phänodeviante 60, 109ff., 142ff., 300
Phänotyp 286
–, Albumin 172
–, Blutgruppe 148ff., 245ff.
–, Japankärpfling 100
–, Karpfen 61ff.
–, Protein 245ff.
–, Schwertträger 103
–, Stichling 78ff.
–, Transferrin-Locus 168f.
Phagocyten 97
PHI s. Phosphohexoseisomerase
Phosphatase, alkalische (AKP) 199, 203
Phosphatase, saure (ACP) 199, 232
Phosphoglucomutase (PGLUM, PGM) 190ff., 200ff., 203, 206f., 214, 217ff., 220f., 223f., 232, 243, 248ff., 252, 256, 275, 279
6-Phosphogluconatdehydrogenase (6PGD) 188, 200f., 203, 206f., 209, 240, 242f., 252
Phosphoglucoseisomerase (PGI) 191f., 194, 200ff., 203f., 207ff., 210, 215, 217f., 221, 223, 232, 238, 241ff., 248, 275, 279
Posphoglyceratkinase (PGK) 200, 279
Phosphoglyceratmutase (PGAM) 200
Phosphohexoseisomerase (PHI) 216, 218
Phospholipid 173

429

Phosphomannoseisomerase (PMI) 194, 200
pH-Wert, Wasser 145, 255, 282
Pigmentierung 59, 68 ff., 74 ff., 85 ff., 92 ff., 100 ff., 105 f., 107 f., 140
Pigmentreduktion 82, 140
PK s. Pyruvatkinase
Plastiden 15
pleiotroper Effekt, Beschuppungsgen 64 ff., 145
-, Farbgen 71 ff., 77, 93 f.
Ploidie-Änderung 24, 30, 32 f., 37, 40 ff.
PMI s. Phosphomannoseisomerase
PNP s. Purin-Nucleosidphosphorylase
PO s. Peroxydase
POISSON-Verteilung 111, 122, 135
Polkörperchen 21 f., 24, 30, 261, 265, 276
Polyacrylamidgel 60, 156, 158 f.
Polygene, polygen 60, 82, 112, 129, 136, 138 ff., 142
Polymorphismus, AGPD 185 ff.
-, Albumin 172, 201, 203
-, ASAT 191 ff., 203, 215
-, Beschilderung 78 ff.
-, Beschuppung 139
, biochemischer 155 ff., 159 ff., 165 ff., -175 ff., 190 ff., 201 ff., 205 ff., 214 ff., 226, 254 ff., 257 f.
-, CPK 196
-, Cristalline 174 f., 202
-, EST 196 ff., 201, 203, 214 f.
-, Färbung 80, 82 f., 85 ff., 90 f., 95 f., 108
-, GPI 191 ff., 201
-, Hämoglobin 169, 171, 202 f., 217
-, Haptoglobin 171 f., 203
-, LDH 175 ff., 201, 203, 215, 218, 249
-, MDH 182 ff., 203
-, ME 185, 203
-, Myogene 173 f., 202 f.
-, PGLUM 191 f., 202 f., 249, 256
-, PMI 194
-, Protein 155 ff., 159 ff., 165 ff., 201 ff., 282
-, Regulatorloci 178, 204
-, Rückenstacheln 82

-, Serumproteine 165 ff., 172 f., 203
-, Transferrin 165 ff., 201, 203, 214, 216
Polypeptidsynthese 16 ff., 58, 171, 175 f., 236, 238
Polyploidie, polyploid 25, 32 f., 37, 40 ff., 45, 49, 77, 164, 167, 177, 181, 183, 185, 201, 203 f., 207, 229, 231, 238 ff., 241 f., 266, 269, 311 f.
Polyspermie 30
Polytänisation 33
Population 50, 109 ff., 115, 118, 123, 148 f., 151, 154 f., 164 f., 169, 171, 173, 214 ff., 229 f., 233, 244 ff., 284, 313
Populationsanalyse 151 ff., 244 ff., 308
Populationsgenetik 156, 244 ff.
Populationsstruktur 244 ff., 284
Porphyrin 175
Postalbumin (Postalb) 203
Posttranskription 209
Präalbumin (Präalb) 172, 203
Prämelanom 31
Präzipitation 148, 235
Pronucleus 24, 264 f., 271
Properdin 147
Prophase 20, 22
Protamin 14
Protein, dimeres 156 f.
-, monomeres 156 f.
-, nichtenzymatisches 164 ff.
-, tetrameres 156 f.
-, trimeres 156 f.
Proteinloci 139
Proteinpolymorphismus 155 ff., 159 ff., 165 ff., 201 ff., 282
Proteinsynthese 18, 28, 33, 37, 55, 58, 67, 205
Pseudokopplung 178, 183
Pteridin 74
Pterinsynthese 93, 102
Punktmutationen 28
PUNNETT-Gitter 58 f., 75
Purin-Nucleosidphosphorylase (PNP) 199
PX s. Peroxydase
Pyknose 271
Pylorusanhänge s. Appendices pyloricae
Pyrophosphatase, anorganische (IPP) 199
Pyruvatkinase (PK) 205, 211

Pyruvatstoffwechsel 175, 210 f., 240

Quartär 37
quaternär 175
Quinacrin 25

Rahmenkarpfen 68, 314 ff.
Rasse 148, 152 f., 244, 250 f., 284, 301, 308, 314 ff.
Rassen, Bachforelle 320
-, Bachsaibling 320
-, Goldfisch 77, 319
-, Karpfen 314 ff.
-, Marmorwels 321
-, Purpurforelle 320
-, Regenbogenforelle 319 f.
Reduktion, Beschuppung 139
Reduktionsteilung 21 f., 24 f., 57 ff., 262, 265 f., 270, 272
Reduplikation 20
Regression 113 f., 121, 125, 140
-, Flossenstrahlen 114, 136
-, lineare 113
-, Wirbelzahl 114, 132
Regressionsanalyse 114 f.
Regressionsgleichung 115
Regressionskoeffizient 113 f., 121
Regulatorgen 93, 97 ff., 158, 178, 202 f., 211, 239 f.
Reifegrad 120, 141 f., 283
Reifungsteilung 265
Rekombination 268
Remontierungsrate 286, 288
Replikation 16, 22, 28
Reservegenfonds 301
Resistenz 60, 121, 128 ff., 282 ff., 287, 290, 298, 301, 308, 315, 318 ff.
Retina 175, 206, 238, 240
rezessiv 57 ff., 68 ff., 74 ff., 87, 92, 95, 100, 107, 129, 143, 173, 307 f.
Rhodopsin 175
Ribonucleinsäure (RNA) 14 f., 18 ff., 58, 205, 242
Ribonucleoprotein (RNP) 205
Ribose 14
Ribosom 18, 21
ribosomale RNA 18 f., 21
Richtungskörperchen 21 f., 24, 30, 261, 265, 276
RNA s. Ribonucleinsäure
ROBERTSON-Translokation 28, 39, 45 f., 48 ff., 178
Röntgenstrahlen 30 ff., 142, 270 f.

Rotationskreuzung 301
rRNA s. ribosomale RNA
Rückkreuzungshybrid 303, 307, 311

Salinität 80, 98, 133 ff., 138, 211, 250, 255
Satelliten-DNA 20
Sauerstoffbedarf, -verbrauch 60, 66 f., 77, 110, 123, 133, 215, 218, 224, 237, 255
Sauerstoffmangel, Resistenz 129 f., 210 f., 214, 225, 282, 287, 308
Sauerstofftransport 202, 211, 222
Schiefe 122
Schilddrüse 107
Schilfkarpfen 73
Schleierschwanz 76
Schlundzähne, Karpfen 65 f., 135
Schlupfrate 294
Schlupfzeitpunkt, Heritabilität 123
Schreckreaktion 83
Schuppengröße, *Kosswigichthys* 139
Schuppenkarpfen 61 ff., 145, 272, 308, 314 ff.
Schuppenzahl 60, 139, 223
Schutzsubstanz, nichtspezifische 147
Schwarmverhalten 124
Schwimmblase 33, 66, 72, 141 f., 283, 285
Schwimmfähigkeit 141
SDH s. Sorbitdehydrogenase
Segregation 57, 268
Sehpigmente 175
Seitenlinie, Defekt 143, 145
Selbstbefruchtung 51, 111, 277, 309
Selektion 40, 45, 95, 99, 112, 118, 122, 127, 137, 139, 142, 145 f., 149, 156, 223 ff., 237, 242, 246 f., 249, 254 f., 257 f., 285 ff., 301 f., 312 ff., 318 ff.
Selektionsasymmetrie 287
Selektionsdifferenz 112, 286 ff.
Selektionserfolg 112, 286 ff., 289, 291, 300, 320
Selektionsintensität 286, 291, 322
Selektionskoeffizient 150, 169
Selektionsschärfe 286
Selektionsverfahren 290 ff.
Semidominanz 57, 92 f., 95

Serumprotein 72, 165 ff., 175, 209, 218, 232 f., 253
Sexualverhalten 142
Sialsäurerest 169
Silencing 236, 240 ff.
Similarity-Index 227
Skelettmißbildung 73, 104
Smoltifikation 140 f., 284 f.
SOD s. Superoxiddismutase
Sorbitdehydrogenase (SDH) 188 f., 200, 203, 216, 221, 241, 243
Spacer 19
Spaltungsgesetz 57
Spaltungsmuster 122
Spermatiden 21 ff.
Spermatocyte 21 ff., 26
Spermatogenese 21 ff.
Spermatozoen 21 ff., 32, 80, 259, 262, 265, 270 ff., 311
Spermiengröße, Heritabilität 128
Spezialisierung 45, 230
Spiegelbeschuppung, Rotfeder 84
Spiegelkarpfen 61 ff., 138, 145, 307 f., 314, 316 f.
Splicing 19 f.
Stärkegel 156, 158 f.
Stahlkarpfen 71
Stamm 247, 251, 254, 301 f.
Stammbaum 228, 234
Standardabweichung 109 f., 286, 291
Standardfehler 111
Sterilität 104, 278, 280, 283, 311
Sterilitätsmutation 127
Stoffwechselniveau 45, 133
Streßfaktor 121
Streuschuppen 63
Stückmasse, Heritabilität 120, 123 ff.
Subpopulation 152, 218, 221, 245 ff., 251 ff., 313
Superdominanz 60, 121 f., 127, 304
Supergen 85, 90, 93 f., 96
Superoxidismutase (SOD) 190, 200, 207, 224, 243, 275, 279 f.
Supressor 98
Synapsis 260
Synthetische Züchtung 302
Systematik 226 ff.

Tandemduplikation 33, 40, 45, 206, 238
Teilung, zentrische 29

Teleskopaugen 76 f.
Telophase 20
Temperatureinfluß 123, 132 f., 138 f., 145, 215 ff., 224 f., 248, 250, 255, 282
Temperaturresistenz 60, 66 f., 210 ff., 213 f., 231, 243, 254
–, Heritabilität 129 ff.
–, Isozyme 158 f., 210 ff., 213 f., 218, 222, 257 f.
Temperaturschock 32, 271 ff., 309, 311
Tertiär 37, 41 f.
Testosteron 52, 89, 101, 266, 280, 310
Tetramer, tetramer 175, 202, 204, 222, 238, 241, 255
Tetraploidie, tetraploid 24, 30, 32, 37, 42, 175 f., 185, 187, 194, 203, 207, 210, 242 f., 265 f., 296, 274, 311 f.
Tetrasomie, tetrasom 183, 194
Tetrazoliumoxydase (TO) 190, 200, 203, 217, 221, 224, 234, 243
Tf s. Transferrin
Thymin 14 f., 28
Thyrosinase 99
Titer 148
TO s. Tetrazoliumoxydase
tonic immobility 142
Top cross 280, 301
TPI s. Triosephosphatisomerase
Transferase 190 ff.
Transferrin (Tf) 154, 156, 165 ff., 175, 200 f., 203, 214, 222 ff., 250, 275, 279, 308
–, genetische Markierung 169, 272
Transfer-RNA 18 f.
Transkription 16 f., 19 f.
Translation 16, 19, 28 f., 48, 209
Translokaktion 28, 39 f., 49, 52, 54, 99
Trauma 143
Triosephosphatisomerase (TPI) 200
Triplett 17, 28
Triploidie, triploid 24, 30 ff., 41 f., 44, 55, 111, 182, 260 ff., 263 ff., 269, 274, 311 f., 321
Trisomie, trisom 30, 50, 178
tRNA s. Transfer-RNA
TSCHERMAK 57
Tumor 31, 96 ff., 108

Überlebensrate 62 ff., 66 f., 69,

118, 121, 127, 139, 145, 214, 269, 277f., 282, 284f., 287, 289f., 299ff., 304f., 311f., 314f., 318f.
–, Heritabilität 128f.
Ultraviolettstrahlen 270f., 309
UMPK s. Uridinmonophosphatkinase
Umwelteinfluß 60, 64, 67, 73, 77, 104, 109, 115, 117ff., 122ff., 128f., 132f., 139, 142, 145, 165, 245, 248, 254f., 282, 308, 319f.
Unfruchtbarkeit 30
Uniformitätsgesetz 57
Unterart 148, 152, 229f., 233, 244, 247, 250, 253f., 257, 284
Uracil 14
Uridinmonophosphatkinase (UMPK) 200

Variabilität 109ff., 116, 118, 120, 123f., 308
–, AGPD 185ff.
–, Albumin 172, 201, 203
–, ASAT 191ff., 203, 215
–, biochemische 155ff., 159ff., 165ff., 175ff., 190ff., 201ff., 205ff., 214ff., 282
–, Blutgruppen 151ff., 202ff.
–, clinale 214ff.
–, CPK 196
–, Cristalline 174f., 202
–, EST 196ff., 201, 203, 214f.
–, Fruchbarkeit 123
–, Gonadenreifung 123
–, GPI 191ff., 201ff.
–, Grätenzahl 139
–, Hämoglobin 169, 171, 202f., 217
–, Haptoglobin 172, 203
–, Kiemendornenzahl 60, 65, 67, 80, 134
–, Knochenplatten 139
–, Körperlänge 123
–, Krankheitsresistenz 128f.
–, LDH 175ff., 201, 215, 218
–, Lebensfähigkeit 128f.
–, MDH 182ff., 203
–, ME 185, 203
–, morphologische Merkmale 129ff., 282
–, Myogene 173f., 202f.
–, PGLUM 191f., 202f.
–, physiologische Merkmale 147ff., 282
–, PMI 194
–, Protein 155ff., 159ff., 165ff., 201ff.

–, Regulatorgene 178, 204
–, Schlundzahnzahl 65f., 134f.
–, Schuppenzahl 139
–, Serumproteine 165ff., 172f., 203
–, Stückmasse 123f.
–, Transferrin 165ff., 201, 203, 214, 216
–, Wachstum 123f., 298
–, Wirbelzahl 131ff.
–, Zahl der Pylorusanhänge 140
Variabilitätskoeffizient 139
Varianz 110ff., 117, 124
–, additive genetische 112, 117, 121f., 131f., 135, 137, 139, 141f., 288f.
–, genetische (genotypische) 118, 120f.
–, nichtadditive genetische 121f., 127, 129, 140, 142
–, paratypische 138
–, phänotypische 117, 120, 138, 288f.
–, wahre (kausale) 118f.
Varianzanalyse 111, 115ff., 121, 125f., 127, 130ff., 136, 141, 296
Varianzkomplex, hierarchischer 125f., 139
–, zweifaktorieller 119
Variationskoeffizient 110, 123f., 132, 136, 140
Variationskurve 109f., 122, 132, 134, 137, 139
Verdauung, Kohlenhydrate 124
Verdrängungskreuzung 303, 314
Veredelungskreuzung 303, 314
Verlustrate s. Überlebensrate
Verteilung, lognormale 122
Vertrauensintervall 111
Verwandtenleistung 290ff.
Viruserkrankung, Resistenz 130
Vitellogenese 205
Vollgeschwister 114ff.
Vorwüchser 124, 288f.
Vorzugstemperatur 140

Wachstum 110, 118, 120, 145, 277, 282ff., 292, 298ff., 311
–, Bachforelle 320
–, Bachsaibling 320
–, Heritabilität 123f.
–, Japankärpfling 101
–, Karpfen 64f., 67, 69f., 72f.,

290, 314f., 319
–, Marmorwels 321
–, Regenbogenforelle 74, 319f.
–, Rotlachs 225f.
–, *Tilapia* 113
–, Variabilität 123f., 225f.
Wachstumshormon 326
Wachstumskoeffizient 288
Wachstumsrate 291, 296ff., 313, 319
WAHLUND-Effekt 245
Wahrscheinlichkeit 111
Wasserströmung 131, 211, 218, 319
Wechselwirkung 118f., 122f.
–, nichtalleler Gene 122
–, nichtadditive 121
Wiederfangrate 312f.
Winterfestigkeit, Karpfen 65, 67, 308, 314f.
Wirbelsäule 101
Wirbelsäulenverkrümmung 140, 145
Wirbelverschmelzung 73, 143
Wirbelzahl 60, 72, 80, 131ff., 233f., 244, 262, 287

Xanthindehydrogenase (XDH) 189, 243
Xanthoerythrophoren 104
Xanthophoren 71, 76, 83, 93, 95, 97, 100, 102ff., 107
Xanthorismus 70f.
XDH s. Xanthindehydrogenase

Zeilbeschuppung, *Aphanius* 83
Zeilkarpfen 61ff., 135, 145
Zierkarpfen 319
Zitronensäurezyklus 256
Zuchtprogramm 293, 308
Zuchtsystem 299, 301f.
Zuchtwahl, künstliche 112
Zuchtziel 282ff.
Zufallspaarung 149
Zwergkarpfen 72f.
Zwergmännchen, Lachse 140
Zwergwuchs 127, 140
Zwillingsart 232
Zwischenlinienkreuzung 280
Zwischenmuskelgrätenzahl 139
Zwischenstammeskreuzung 302
Zygotän 22
Zygote 57ff.
Zymogramm 180, 195, 227

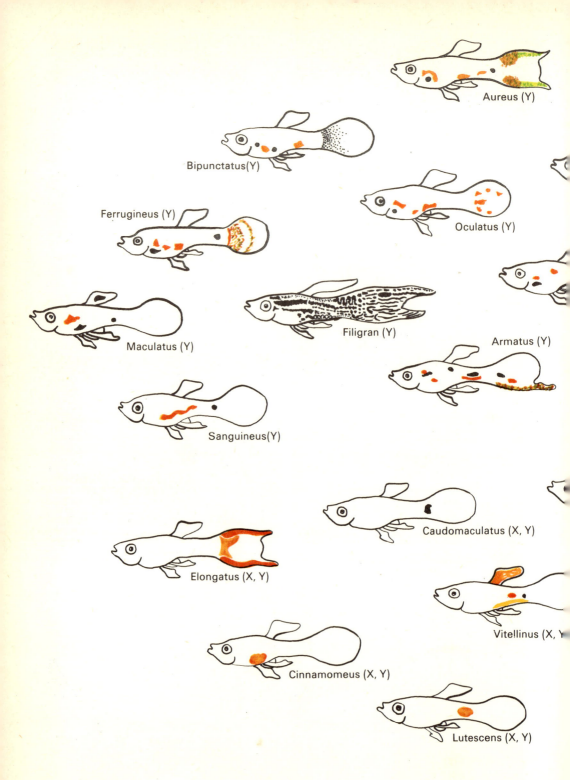

Abb. 31

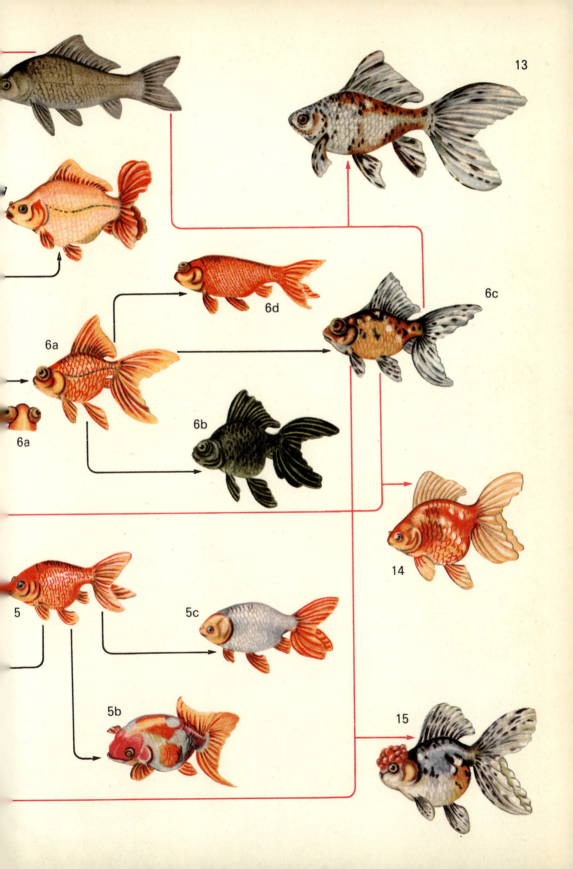